Information und Kommunikation

Herausgegeben von H. Marko und J. Hagenauer

Springer
Berlin
Heidelberg
New York
Barcelona
Budapest
Hongkong
London
Mailand
Paris
Santa Clara
Singapur
Tokio

Bernd Friedrichs

Kanalcodierung

Grundlagen und Anwendungen in modernen Kommunikationssystemen

unter Mitarbeit von Peter Herbig

Mit 112 Bildern, 32 Tabellen, 117 Beispielen und 160 Aufgaben

Springer

Herausgeber
Prof. Dr.-Ing. Dr.-Ing. E. h. HANS MARKO
Prof. Dr.-Ing. JOACHIM HAGENAUER
TU München, Lehrstuhl für Nachrichtentechnik
Institut für Informationstechnik
Arcisstraße 21
80290 München

Autor
Dr.-Ing. BERND FRIEDRICHS
Bosch Telecom GmbH
UC-MF/EWG 1
Gerbetstr. 33
71522 Backnang

Die Deutsche Bibliothek – CIP-Einheitsaufnahme
Friedrichs, Bernd: Kanalcodierung: Grundlagen und Anwendungen in modernen Kommunikationssystemen/Bernd Friedrichs. – Berlin; Heidelberg; New York; Barcelona; Budapest; Hong Kong; London; Mailand; Paris; Santa Clara; Singapur; Tokio: Springer, 1995
(Information und Kommunikation)
ISBN-13:978-3-642-64641-6 e-ISBN-13:978-3-642-60985-5
DOI:10.1007/978-3-642-60985-5

Softcover reprint of the hardcover lst edition 1996

Einbandgestaltung: Struve & Partner, Heidelberg
Herstellung: PRODUserv Springer Produktions-Gesellschaft, Berlin

SPIN 10470176 62/3020-5 4 3 2 1 0 – Gedruckt auf säurefreiem Papier.

Zur Buchreihe „Information und Kommunikation“

Die neue Buchreihe „Information und Kommunikation“ ist eine Weiterführung und Fortsetzung der früheren Reihe „Nachrichtentechnik“. Die Umbenennung wurde dadurch veranlaßt, daß die klassische Nachrichtentechnik durch die Aufnahme der Datenverarbeitung und ihrer Anwendungen wie der Automation sich immer mehr zu einer allgemeinen „Informationstechnik“ entwickelt hat und heute auch meist so bezeichnet wird. Hierbei soll, der Zielsetzung der Reihe entsprechend, die „Kommunikation“ nach wie vor eine bedeutende Rolle spielen, was in dem neuen Titel zum Ausdruck kommt.
Wie bereits in der früheren Reihe sollen auch in der neuen Reihe Monographien maßgebender Autoren für bestimmte Teilgebiete des großen und sich stetig weiterentwickelnden Bereiches der Informations- und Kommunikationstechnik aufgenommen werden. Hierbei sollen sowohl die Grundlagen als auch bestimmte Anwendungsgebiete schwerpunktmäßig behandelt werden. Die Bücher sollen daher sowohl für Studierende als auch für im Beruf stehende Fachleute von Nutzen sein. Bei dieser Konzeption sind teilweise Überlappungen des Stoffgebietes der einzelnen Bände unvermeidlich und sogar gewünscht. Es wird jedoch angestrebt, eine möglichst vollständige Darstellung der Grundlagen und der neuen Anwendungen des großen Gebietes der Informations- und Kommunikationstechnik zu erreichen. Der Springer-Verlag hat sich dankenswerterweise um eine entsprechende Gestaltung der neuen Bände bemüht. Wir wünschen der neuen Reihe viel Erfolg!

München, im Herbst 1994

Die Herausgeber
H. Marko J. Hagenauer

Vorwort

Seit der Begründung der Informations- und Codierungstheorie durch die Arbeiten von Claude E. Shannon sind fast fünf Jahrzehnte vergangen. In diesem Zeitraum hat sich die Kanalcodierung von einer rein theoretischen Disziplin zu einer ausgedehnten anwendungsorientierten Wissenschaft entwickelt. In fast allen modernen und leistungsfähigen Systemen zur Nachrichtenübertragung oder Nachrichtenspeicherung stellt die Kanalcodierung heute einen zentralen und prägenden Baustein dar. Mit der Compact Disc und mit Modems zur Datenübertragung dringen Codierungsverfahren inzwischen auch in die privat genutzte Elektronik vor.

Durch Kanalcodierung kann die Übertragungsqualität enorm gesteigert werden und gleichzeitig kommen die Übertragungsverfahren mit weniger Sendeleistung und teilweise auch mit weniger Bandbreite aus. Diese Vorteile müssen nicht mit einer Reduktion der Datenrate bezahlt werden, sondern nur mit einem erhöhten Aufwand an digitaler Signalverarbeitung in Sender und Empfänger. Die Codierungstheorie liefert Resultate zur Struktur und zu den Eigenschaften von Codes sowie effiziente und aufwandsgünstige Verfahren zur Decodierung. Zusammen mit der hochintegrierten Schaltungstechnik, die immer leistungsfähiger und kostengünstiger wird, führen die Fortschritte in der Kanalcodierung zu einer ständigen Weiterentwicklung der Übertragungsverfahren sowie zu einer effizienteren Nutzung der Übertragungskanäle.

Allerdings stellt die Kanalcodierung ein theoretisch außerordentlich schwieriges Gebiet dar, das sicherlich zu den anspruchsvollsten und faszinierendsten Disziplinen der Nachrichtentechnik wie auch der Informatik zählt. Das besondere Bedürfnis zur Darstellung der Grundlagen und Anwendungen der Kanalcodierung prägt sich in der Vielzahl von Lehrbüchern zu diesem Thema aus. Das Literaturverzeichnis weist fast 40 Bücher aus, die sich ausschließlich mit Kanalcodierung befassen, darunter auch einige Werke in deutscher Sprache. Viele Lehrbücher zur digitalen Übertragungstechnik enthalten ebenfalls ein in die Codierungstheorie einführendes Kapitel. Trotz dieser Vielzahl von Büchern, die sich in Umfang, Niveau und thematischen Schwerpunkten sehr unterscheiden, sehe ich durchaus die Notwendigkeit für ein weiteres Lehrbuch, das sich an folgenden Gesichtspunkten orientiert:

- Die beiden wichtigsten Codeklassen, nämlich Blockcodes einschließlich der hochentwickelten RS- und BCH-Codes mit ihrer komplexen mathematischen Struktur sowie Faltungs- und Trelliscodes in Verbindung mit digitalen Modulationsverfahren und moderner Empfängertechnik, werden mit dem gleichen Gewicht behandelt.

- Von den vielen bekannten speziellen Codeklassen werden aus Platzgründen sowie zur besseren Übersicht nur sehr wenige dargestellt, diese aber sehr ausführlich. Neben den üblichen Kanalmodellen AWGN und BSC werden auch Kanäle mit Fading und Interferenz-Verzerrungen berücksichtigt.
- Verschiedene aktuelle Anwendungen der Kanalcodierung in den Bereichen Satellitenkommunikation, Modemtechnik, Mobilfunk, Richtfunk und Audiotechnik werden ausführlich erörtert.
- Bis auf wenige Ausnahmen werden alle Aussagen ausführlich und vollständig bewiesen. Dem besseren Verständnis komplizierter Zusammenhänge dient streckenweise das klassische Schema Definition-Satz-Beweis-Beispiel.

Der Text soll zum Selbststudium geeignet sein, und zwar sowohl für Studenten der Nachrichtentechnik, Informatik oder Mathematik wie auch für Entwicklungsingenieure, die mit dem Entwurf und der Implementierung von Nachrichtensystemen befaßt sind. Vorausgesetzt werden lediglich einige nachrichtentechnische Grundkenntnisse. Jedes Kapitel enthält eine Reihe von Übungsaufgaben, zu denen auch Lösungshinweise angegeben sind. Das Buch gliedert sich in vier Teile:

Teil I: Grundlagen (Kapitel 1 und 2): Zunächst werden die wichtigen Begriffe des diskreten Kanals, der Maximum-Likelihood-Decodierung und des asymptotischen Codierungsgewinns ausführlich erklärt. Eine Einführung in die Shannon'sche Informationstheorie fördert das Verständnis für die prinzipiellen Grenzen und Möglichkeiten der Kanalcodierung. Die Kanalkapazität und der R_0-Wert werden für verschiedene Kanäle und Modulationsverfahren berechnet. Für den Spezialfall des binären symmetrischen Kanals werden das Shannon'sche Kanalcodierungstheorem und das R_0-Theorem vollständig bewiesen.

Teil II: Blockcodes (Kapitel 3 bis 7): Die Beschreibung linearer Codes durch Matrizen und zyklischer Codes durch Polynome folgt der üblichen Darstellungsweise. Besondere Berücksichtigung finden die asymptotischen Schranken in Verbindung mit der Informationstheorie, die umfassende Berechnung der Fehlerwahrscheinlichkeit bei Hard- und Soft-Decision Decodierung sowie die Leistungsfähigkeit zyklischer Codes bei Kanälen mit Bündelfehlern. Die mathematischen Grundlagen werden grundsätzlich erst dort entwickelt, wo sie auch wirklich benötigt werden. Die Theorie der Galoisfelder wird in Kapitel 6 unter rechentechnischen Aspekten dargestellt, während im Anhang verschiedene mathematische Existenzbeweise und weitergehende Begriffsbildungen insbesondere bei Polynomringen im Vordergrund stehen.

Den ersten von zwei Schwerpunkten des Buches bilden die RS- und BCH-Codes, die in Kapitel 7 mit der modernen spektralen Beschreibung eingeführt werden. Durch Restriktion im Zeitbereich auf den Primkörper $\mathbb{F}_p$ ergeben sich die BCH-Codes als Spezialfall der RS-Codes. Die Decodierung kann sowohl im Frequenz- wie im Zeitbereich stattfinden, wobei die Lösung der Schlüsselgleichung sowohl mit dem Berlekamp-Massey wie mit dem Euklidischen Algorithmus erfolgen kann. Auch die RS-Decodierung bei Kanälen mit Fehlern und Ausfällen sowie die Decodierung binärer BCH-Codes werden ausführlich behandelt.

Teil III: Faltungscodes und Trelliscodes (Kapitel 8 bis 10): Aufgrund des Prinzips der Punktierung erscheint es sinnvoll, binäre Faltungscodes nur mit der Coderate $R = 1/n$ zu betrachten. Die Beschreibung mit dem Trellisdiagramm bildet die Grundlage für die Maximum-Likelihood Decodierung mit dem Viterbi-Algorithmus, während das Zustandsdiagramm die Berechnung der Distanzeigenschaften und der Fehlerwahrscheinlichkeit ermöglicht. Mit RCPC-Codes und Soft-Output Decodierung werden aktuelle Entwicklungen berücksichtigt, die für verschiedene Anwendungen von zentraler Bedeutung sind.

Die Verfahren der sogenannten klassischen Kanalcodierung mit Block- und Faltungscodes sind zwar leistungseffizient, erfordern aber üblicherweise eine Expansion der Bandbreite. Dagegen ermöglicht die trelliscodierte Modulation in Verbindung mit höherstufigen digitalen Modulationsverfahren nicht nur leistungseffiziente, sondern auch bandbreiteneffiziente Übertragungsverfahren. Wegen der enormen Bedeutung bilden diese Methoden den zweiten großen Schwerpunkt des Buches. Neben den seit 1982 bekannten Ungerböck-Codes werden auch rotationsinvariante, mehrdimensionale, mehrstufige, blockcodierte und pragmatische TCM-Verfahren behandelt.

Teil IV: Ergänzungen und Anwendungen (Kapitel 11 und 12): Bei vielen Anwendungen liegen Fadingkanäle vor, für die geeignete Interleaving-Verfahren sowie Blockcodes und trelliscodierte Modulation diskutiert werden. Der Viterbi-Algorithmus erweist sich bei allen Systemen mit Trellisstruktur als attraktive Methode zur ML-Decodierung, als Beispiele werden die Entzerrung von Kanäle mit Intersymbol-Interferenzen, der optimale Empfänger bei Continuous Phase Modulation sowie die Soft-Decision Decodierung von Blockcodes betrachtet. Mit Produktcodes und der Summenkonstruktion können leistungsfähige Blockcodes aus einfachen Blockcodes generiert werden. Verschiedene Beispiele verdeutlichen die überragende Bedeutung des Prinzips der Codeverkettung.

Die eindrucksvolle Vielfalt der bei modernen Kommunikationssystemen eingesetzten Codierungsverfahren mit der jeweiligen Anpassung an die Kanaleigenschaften illustrieren verschiedene Anwendungen wie die Satellitenkommunikation bei erdfernen Forschungssatelliten, Modems für den Telefonkanal, digitale Mobilfunksysteme der heutigen und der zukünftigen Generation, digitale Breitband-Richtfunksysteme sowie die Nachrichtenspeicherung bei der Compact Disc.

Manche Lehrbücher zur Codierungs- und Informationstheorie sind nach meiner Auffassung entweder zu theoretisch geschrieben ohne die ingenieurmäßigen Probleme bei der Anwendung ausreichend zu berücksichtigen oder andererseits zu sehr anwendungsorientiert mit Vernachlässigung des mathematischen Hintergrundes. Mit diesem Buch wird ein einigermaßen ausgewogener Kompromiß zwischen Theorie und Anwendung angestrebt. Im Rahmen meiner Tätigkeit bei Bosch Telecom (vormals ANT Nachrichtentechnik) konnte ich über etliche Jahre hinweg Erfahrungen bei der Entwicklung und Implementierung codierter Übertragungssysteme sammeln.

Das Buch ist aus Unterlagen zu Kursen hervorgegangen, die ich seit längerer Zeit im Rahmen des Weiterbildungsprogramms meiner Firma veranstalte. Hinzu kommt die Vorlesung *Verfahren zur Kanalcodierung*, die ich seit 1993 an der Universität Karlsruhe für Studenten der Nachrichtentechnik im 8. Semester sowie für Informatiker und Mathematiker halte. Aus Zeitgründen kann in der Vorlesung allerdings nur etwa ein Drittel des Stoffes aus dem Buch behandelt werden.

An dieser Stelle möchte ich all denjenigen Personen danken, die mir bei der Erstellung des Buches behilflich waren. Zunächst geht mein Dank an Herrn Prof. F. Jondral vom Lehrstuhl für Nachrichtensysteme der Universität Karlsruhe, der die Vorlesung angeregt und gefördert hat, sowie an seinen Mitarbeiter Herrn G. Wetzker, der große Teile des Manuskriptes zweimal auf Fehler durchgesehen hat und mir dabei unzählige Hinweise zur Verbesserung der Darstellung gegeben hat. Viele Ratschläge verdanke ich auch Herrn Prof. D. Lazic vom Institut für Algorithmen und Kognitive Systeme. Die Hörer meiner Vorlesung in Karlsruhe und die Teilnehmer an meinen Kursen in Backnang haben zu der Arbeit mit Fragen, Anregungen und Verbesserungsvorschlägen wesentlich beigetragen.

Bei meinen Kollegen bedanke ich mich für vielerlei Unterstützung, insbesondere bei den Herren Dr. M. Welzenbach, Dr. W. Hauk und Dr. V. Hespelt für die immer kreative und stimulierende Atmosphäre. Ein ganz besonderer Dank gilt meinem Kollegen P. Herbig für zahllose anregende Diskussionen, für die fachliche Unterstützung insbesondere beim TCM-Kapitel, sowie für die Durchsicht der Aufgaben und das Korrekturlesen. Herr H. Erchinger stand mir bei LaTeXnischen Problemen zur Seite. Frau M. Schuler hat mit großer Sorgfalt alle Interleaf-Bilder angefertigt.

Nicht zuletzt geht der Dank an meine Eltern, die mit viel Engagement einen scheinbar kryptischen Text auf sprachliche Mängel durchgesehen haben.

Den Herausgebern Prof. H. Marko und Prof. J. Hagenauer danke ich für die Aufnahme des Buches in die Reihe „Information und Kommunikation". Schließlich bedanke ich mich bei den Mitarbeitern des Springer-Verlages, insbesondere bei Herrn Dr. D. Merkle, für die konstruktive und vertrauensvolle Zusammenarbeit.

Bernd Friedrichs — Backnang, im Juli 1995

Inhaltsverzeichnis

1. Einführung: Codes und Kanäle

In diesem Kapitel wird dargestellt, welche Bedeutung und welchen Platz die Kanalcodierung in einem digitalen Kommunikationssystem einnimmt. Daneben werden wichtige Grundbegriffe wie das Prinzip der Blockcodierung, die Maximum-Likelihood-Decodierung und der asymptotische Codierungsgewinn eingeführt.

1.1 Was ist Kanalcodierung ?

Als Begründer der Informations- und Codierungstheorie gilt Claude E. Shannon mit den beiden berühmten Arbeiten *A Mathematical Theory of Communication* und *Communication Theory of Secrecy Systems*, die 1948 und 1949 im Bell Systems Technical Journal veröffentlicht wurden (Nachdruck in [65, 66]). Die Shannon'sche Theorie bildet auch heute noch die Grundlage für das Verständnis der digitalen Übertragung mit dem Ziel einer sicheren, zuverlässigen und effizienten Kommunikation.

Sowohl die Datenquellen wie die Übertragungskanäle werden mit stochastischen Modellen beschrieben. Mit einem mathematischen Informationsmaß (Entropie) wird jeder Nachricht ein Informationsgehalt zugeordnet. Damit kann die minimale Anzahl von Symbolen bestimmt werden, die zur fehlerfreien Darstellung einer Nachricht unbedingt erforderlich sind. Eine längere Nachricht mit dem gleichen Informationsgehalt weist dann eine Redundanz auf. Codierung bedeutet im allgemeinen Fall die Zuordnung von Nachrichten zu einer Menge oder Folge von Symbolen. In der Shannon'schen Theorie werden drei Arten von Codierung unterschieden:

Quellencodierung (source coding): Die Nachrichten werden so komprimiert, daß zwar keine Informationen verloren gehen und somit eine perfekte Wiedergewinnung der Nachrichten möglich ist, aber dafür wird die Anzahl der zu übertragenden Symbole reduziert. Durch Quellencodierung wird also überflüssige Redundanz eliminiert und das Übertragungssystem entlastet.

Kanalcodierung (error control coding): Diese stellt Methoden und Verfahren zur Verfügung, mit denen Informationen von einer Quelle zur Sinke mit einem Minimum an Fehlern übertragen werden können. Den eigentlichen Informationen wird sendeseitig kontrolliert Redundanz hinzugefügt, so daß bei der Übertragung entstandene Fehler empfangsseitig erkannt und korrigiert werden können. Damit läßt sich eine extrem hohe Zuverlässigkeit der übertragenen Daten erreichen. Ferner sind Störungen kompensierbar, die durch andere Maßnahmen, wie beispielsweise durch eine Erhöhung der Sendeleistung, prinzipiell nicht zu verhindern wären.

Kryptographie: Darunter wird die Codierung zur Verschlüsselung verstanden, um Nachrichten für Unberechtigte unlesbar zu machen bzw. um zu verhindern, daß Nachrichten gefälscht oder vorgetäuscht werden können. Während durch Kanalcodierung Nachrichten auch im Fall von Störungen lesbar bleiben, sollen die verschlüsselten Nachrichten auch bei ungestörter Übertragung ohne Kenntnis des Schlüssels unlesbar sein.

In diesem Buch wird nur die Kanalcodierung behandelt, und zwar in enger Verbindung mit der digitalen Übertragungstechnik und modernen Modulationsverfahren, sowie unter Berücksichtigung der durch die Shannon'sche Informationstheorie aufgezeigten prinzipiellen Grenzen und Möglichkeiten einer zuverlässigen Informationsübertragung.

Seit 1948 hat sich die Kanalcodierung zu einer ausgedehnten anwendungsorientierten Wissenschaft entwickelt, die ihre wesentlichen Impulse der wechselseitigen Beeinflussung theoretisch und praktisch orientierter Arbeiten verdankt. Viele moderne digitale Systeme zur Nachrichtenübertragung erreichen ihre enorme Leistungsfähigkeit überhaupt nur durch den Einsatz von Kanalcodierung, dies gilt insbesondere bei stark gestörten Kanälen oder bei hohen Anforderungen an die Zuverlässigkeit. Eine spezielle Form der Übertragung (*von hier nach dort*) ist die Nachrichtenspeicherung (*von jetzt nach später*), da beim Ein- und Auslesen ebenso wie bei der Übertragung mit Störungen gerechnet werden muß, die den Einsatz von Fehlerschutzverfahren erfordern.

Neben der praktischen Bedeutung stellt die Kanalcodierung auch ein nachrichtentechnisch wie mathematisch hochinteressantes Gebiet dar, weil die Codes, die Algorithmen und die informationstheoretischen Grenzen auf einer anspruchsvollen, vielschichtigen und eleganten Theorie basieren. Über die Grundlagen der Übertragungstechnik und der Modulationsverfahren hinaus sind als Stichworte zu nennen: Wahrscheinlichkeitstheorie und Stochastik; Matrizen und lineare Algebra; endliche Körper und Polynomringe; Fouriertransformationen; spezielle Metriken; die Analyse, Synthese und Umformung von Schieberegistern; Zustandsautomaten; Trellisdiagramme; sowie effiziente Algorithmen und Strukturen.

Shannon konnte in der genannten Arbeit aus dem Jahr 1948 zeigen, daß jeder Übertragungskanal durch eine quantitative Größe namens *Kanalkapazität* beschrieben wird, so daß durch die Kanalcodierung eine beliebig kleine Fehlerrate erreicht werden kann, sofern die zu übertragende Datenrate kleiner als die Kanalkapazität ist und eine hinreichend aufwendige Verarbeitung in Sender und Empfänger möglich ist. Die Kanaleigenschaften begrenzen also nicht die Qualität der Übertragung, sondern nur den Durchsatz.

In der Shannon'schen Theorie wird die Existenz entsprechend leistungsfähiger Codes jedoch nur theoretisch nachgewiesen, eine praktische Konstruktionsvorschrift fällt dabei nicht ab. In den Jahren nach 1948 gelang es nicht, die theoretisch vorhergesagten Codes auch tatsächlich praktisch zu finden – allerdings waren zur damaligen Zeit die entsprechenden Verfahren technisch ohnehin noch nicht realisierbar. Nach einer Phase der Ernüchterung über den Wert der theoretischen Erkenntnisse konzentrierte sich die weitere Entwicklung deshalb zunächst darauf, Codes zu finden, mit denen zwar nicht die informationstheoretischen Grenzen erreicht werden können, die aber dafür tatsächlich eine vernünftige Realisierung erlauben. Im Vordergrund stehen dabei die Verbesserungen durch die Codierung gegenüber der uncodierten Übertragung, wobei sich der Vergleich üblicherweise auf die Reduktion in der Fehlerrate oder auf die Einsparung an Sendeleistung bezieht.

Inzwischen wurde eine kaum noch überschaubare Menge von speziellen Codes gefunden und analysiert. Von überragender praktischer Bedeutung sind aber dennoch nur einige wenige Codeklassen, nämlich die RS- und BCH-Blockcodes sowie einige relativ einfache Faltungscodes, die deshalb hier auch vorrangig berücksichtigt werden. Mit dem Prinzip der Codeverkettung und leistungsfähigen Algorithmen zur Decodierung ist der Abstand praktisch realisierbarer Verfahren zu den informationstheoretischen Grenzen inzwischen aber ziemlich klein geworden.

Es gibt zwei prinzipiell unterschiedliche Codeklassen, nämlich Blockcodes (BC, Kapitel 3 bis 7) und Faltungscodes (FC, Kapitel 8 und 9), deren theoretische wie praktische Behandlung sich als ziemlich unterschiedlich herausstellen wird. Wie in fast allen anderen Büchern stehen auch hier die Blockcodes am Anfang, da sich einige grundsätzliche Fragen sowie die Shannon'sche Informationstheorie (Kapitel 2) damit einfacher erläutern lassen. Dazu reichen schon geringe Kenntnisse über Blockcodes (entsprechend Kapitel 1) aus, während die hochentwickelten RS- und BCH-Blockcodes eine sehr komplexe mathematische Struktur aufweisen. Die Einbettung der Kanalcodierung in ein Übertragungssystem wird mit den anschließend behandelten Faltungscodes deutlich.

Für Block- und Faltungscodes in Verbindung mit einfachen Modulationsverfahren wird hier der Begriff *klassische Kanalcodierung* verwendet. Die bei der Codierung hinzugefügte Redundanz erhöht die Datenrate, so daß der Übertragungkanal häufiger benutzt werden muß bzw. mehr Bandbreite benötigt wird. Auf diese Weise lassen sich nur leistungs- aber nicht bandbreiteneffiziente Übertragungsverfahren erzielen. Mit den bahnbrechenden Arbeiten von G.Ungerböck, die seit 1982 unter dem Begriff der trelliscodierten Modulation (TCM, Kapitel 10) bekannt sind, kann eine leistungseffiziente Übertragung auch ohne Expansion der Bandbreite erreicht werden. Durch TCM kann gleichzeitig die Fehlerrate und die notwendige Sendeleistung sowie im Extremfall sogar die notwendige Bandbreite reduziert werden. Die TCM-Verfahren basieren primär auf Faltungscodes, teilweise aber auch auf Blockcodes.

Ferner ist zwischen zwei grundsätzlichen Prinzipien bei der Kanalcodierung zu unterscheiden, die davon abhängen, ob eine Information sehr schnell übertragen werden muß und ob ein Rückkanal verfügbar ist:

FEC-Verfahren (Forward Error Correction): Die bei der Kanalcodierung sendeseitig hinzugefügte Redundanz dient empfangsseitig zur *Korrektur* der Übertragungsfehler. Als Fehlerkorrekturcodes (error correction code) werden Blockcodes und Faltungscodes sowie die trelliscodierte Modulation verwendet. Allerdings wird sich später noch zeigen, daß man Faltungscodes und TCM-Verfahren eigentlich so nicht bezeichnen sollte, sondern besser als Übertragungscodes.

ARQ-Verfahren (Automatic Repeat Request): Hierbei werden die Übertragungsfehler nicht korrigiert, sondern es erfolgt empfangsseitig eine Beschränkung auf die *Erkennung* von Fehlern (error detection code). Dabei muß allerdings vorausgesetzt werden, daß die Übertragungszeit nicht extrem knapp vorgegeben wird und daß ein Rückkanal verfügbar ist. Bei erkannten Fehlern wird nämlich eine Wiederholung über diesen Rückkanal angefordert, um die Nachricht erneut zu senden oder um sie mit zusätzlicher Redundanz zu versehen. Zur Fehlererkennung werden fast ausschließlich Blockcodes verwendet.

Der Vorteil von ARQ liegt darin, daß zur Fehlererkennung weit weniger Redundanz als zur Fehlerkorrektur übertragen werden muß. Wenn allerdings Nachrichten wiederholt zu übertragen sind, kann es zu erheblichen Verzögerungen kommen. Der Durchsatz bei ARQ ist abhängig von der Kanalqualität, während die Fehlerrate davon unabhängig ist. Umgekehrt sind die Verhältnisse bei FEC: Die Kanalqualität bestimmt die Fehlerrate, aber nicht den Durchsatz. FEC- und ARQ-Verfahren können auch kombiniert werden, indem beispielsweise die Redundanz so dimensioniert wird, daß eine kleine Anzahl von Fehlern noch korrigierbar ist, aber bei vielen Fehlern eine Wiederholung angefordert wird. Aus Platzgründen werden in diesem Buch aber ausschließlich FEC-Verfahren behandelt.

Der Entwurf von leistungsfähigen Codierungsverfahren muß sich immer an den speziellen Randbedingungen des Übertragungssystems und inbesondere an den Eigenschaften des Übertragungskanals orientieren. Spezielle Anwendungen erfordern also spezielle Codes. Zu den wichtigsten Randbedingungen, die bei der Auswahl und Optimierung eines Übertragungssystems mit Kanalcodierung zu beachten sind, zählen die Eigenschaften des Übertragungskanals, insbesondere die verfügbare Bandbreite; die verfügbare Sendeleistung; das vorgegebene Modulationsverfahren, sofern nicht die Kanalcodierung und das Modulationsverfahren gemeinsam optimiert werden können; die Begrenzungen in der Verzögerungzeit bei der Übertragung; die Begrenzungen in der Komplexität der Signalverarbeitung in Sender und Empfänger; die Anforderungen an die Fehlerwahrscheinlichkeit und an die zulässigen Fehlerstrukturen nach der Decodierung; die Anforderungen an die Synchronisation; sowie Anforderungen sonstiger Art, wenn beispielsweise bei nichtlinearen Sendeverstärkern Modulationsverfahren mit konstanter Enveloppe erforderlich sind.

Daraus resultiert eine ziemlich komplexe Aufgabenstellung mit vielfältigen Lösungen je nach Gewichtung der einzelnen Randbedingungen. Die folgende Auflistung vermittelt einen Überblick zu den vielfältigen Anwendungen und Aufgaben der Kanalcodierung:

- Zur Leistungsersparnis, beispielsweise bei geostationären Kommunikationssatelliten („himmlischer" Kanal) und insbesondere bei erdfernen Forschungssatelliten (siehe Abschnitt 12.1). Hierbei liegt der Idealfall eines AWGN-Kanals vor (siehe Abschnitt 1.3), der zu statistisch unabhängigen Einzelfehlern führt.
- Zur Bandbreitenersparnis, indem die durch die Codierung erzeugte Redundanz nicht in zusätzlich zu übertragende Symbole mündet, sondern in höherstufige Codesymbole mit gleicher oder sogar reduzierter Datenrate. Als wichtige Anwendung sind beispielsweise die Telefonkanal-Modems zu nennen (siehe Abschnitt 12.2). Der digitale Mobilfunk (siehe Abschnitte 12.3, 12.4) ist ein typisches Beispiel für eine gleichermaßen leistungs- wie bandbreiteneffiziente Anwendung.
- Bei hohen Anforderungen an die Zuverlässigkeit wie beispielsweise im Rechnerverbund, bei der Kommunikation im Bankenbereich, bei sicherheitsrelevanten Diensten (z.B. Fernsteuerung im Bahnverkehr) sowie bei hochkomprimierten Daten. Hierbei sind oft Kombinationen mit kryptographischen Codes erforderlich.
- Bei zeitvariablen Störungen, wenn ein Codewort gute und schlechte Übertragungsabschnitte aufweist und der Empfänger die momentane Signalqualität gut schätzen kann. Insbesondere bei Mobilfunkkanälen treten Fadingeinbrüche auf, die kurz gegenüber der Codewortlänge und lang gegenüber der Symboldauer sind.
- Bei Kanälen mit Bündelfehlern, die typischerweise bei der Nachrichtenspeicherung auftreten, wie beispielsweise bei der Compact Disc (siehe Abschnitt 12.6).
- In Kombination mit der Quellencodierung, wenn die einzelnen Quellensymbole unterschiedlich wichtig sind und auch unterschiedlich gut geschützt werden sollen – aktuelle Beispiele sind die Sprachcodierung im GSM-Mobilfunk (siehe Abschnitte 8.3, 12.3, 12.4) und die Quellencodierung für den digitalen Hörrundfunk.
- Zur Erkennung von Fehlern anstelle der Korrektur. Im Zusammenhang mit der Quellencodierung von Sprache und Musik zählen hierzu auch Maßnahmen zur Fehlerverschleierung, so daß erkannte Fehler nicht zu subjektiven Auswirkungen führen (siehe Abschnitte 12.3, 12.4, 12.6).
- In Kombination mit ARQ-Verfahren wie vorangehend erläutert.
- Bei Störungen, die durch erhöhte Sendeleistung nicht zu unterdrücken sind wie beispielsweise Übersprechen, Knackgeräusche, Fading, Reflexionen, Mehrwegeausbreitung und Verzerrungen.

- Zur Verringerung der sogenannten Hintergrund-Fehlerrate, die bei nicht perfekten Sendern und Empfängern auftritt, beispielsweise aufgrund von Nichtlinearitäten (siehe Abschnitt 12.5).

1.2 Codierung in der Nachrichtenübertragung

Das Grundprinzip einer digitalen Nachrichtenübertragung mit Quellencodierung und Kanalcodierung zeigt Bild 1.1. Wie vorangehend dargestellt wird durch die Quellencodierung erst Redundanz eliminiert und durch die Kanalcodierung wird dann kontrolliert Redundanz hinzugefügt. Die in den Quellendaten eventuell vorhandene Redundanz ist für die Kanalcodierung unbrauchbar, da die Eigenschaften dieser Redundanz nicht genau kontrollierbar und steuerbar sind. Eventuell weisen die Quellendaten auch gar keine Redundanz auf.

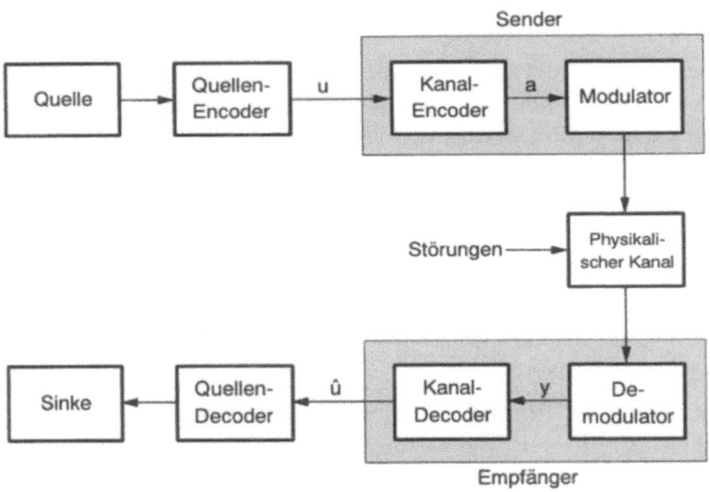

Bild 1.1. Digitale Nachrichtenübertragung mit Kanal- und Quellencodierung

Nach der Shannon'schen Theorie [39, 66] können wie in Bild 1.1 dargestellt die Quellencodierung und die Kanalcodierung getrennt ausgeführt und optimiert werden, was als *Separationsprinzip* bezeichnet wird. Allerdings kann es praktische Erfordernisse wie beispielsweise Beschränkungen in der Übertragungsverzögerung oder in der Komplexität geben, so daß ganz im Gegenteil Quellencodierung und Kanalcodierung aufeinander abgestimmt werden müssen (siehe dazu Abschnitt 12.3 und 12.4).

Jeder Encoder-Operation entspricht eine Decoder-Operation. Die Bezeichnung *Coder* wird nicht verwendet. Der in Bild 1.1 nicht dargestellte kryptographische Code ist normalerweise zwischen Quellencodierung und Kanalcodierung angeordnet. Nachfolgend wird die Quellencodierung und die Kryptographie nicht mehr betrachtet, so daß die Kanalcodierung auch kurz als Codierung bezeichnet werden kann.

Die Daten u werden direkt als Quellendaten angesprochen mit der Bezeichnung *Infobits* im Binärfall bzw. *Infosymbole* im mehrstufigen Fall. Der *Encoder* überführt die Infosymbole bzw. Infobits u in die *Codesymbole* bzw. *Codebits* a. Dabei wird Redundanz hinzugefügt, so daß die Datenrate durch den Encoder erhöht wird.

Mit dem *Modulator* wird der Encoder an den *physikalischen Kanal* (waveform channel, continuous channel, transmission channel) angeschlossen. Der physikalische Kanal kann keine diskreten Symbole übertragen, sondern nur zeitkontinuierliche Signale. Somit ist es die Aufgabe des Modulators, den diskreten Werten a derartige Signale zuzuordnen, die über den physikalischen Kanal übertragbar sind. Darin enthalten ist die Anpassung des modulierten Signals an den Übertragungsbereich bzw. an das Spektrum des physikalischen Kanals, insbesondere also die Verschiebung des Basisbandsignals in die Bandpaßlage. Bei den in Kapitel 10 behandelten Verfahren der trelliscodierten Modulation ist die Aufteilung des Senders in einen Encoder und einen Modulator allerdings nicht mehr eindeutig und in der Form aus Bild 1.1 auch nicht sinnvoll.

Der *physikalische Kanal* ist prinzipiell nicht ideal, d.h. er verändert die Signale bei der Übertragung. Das gilt sowohl bei drahtgebundener Übertragung (z.B. Teilnehmeranschlußleitung, Koaxialkabel, Glasfaserkabel), bei terrestrischen Funkkanälen (z.B. Mobilfunk, Richtfunk, Rundfunk, Kurzwellenfunk), bei Satellitenstrecken, bei Speicherung (z.B. Magnetmedien, elektronische und optische Speicher) wie natürlich auch bei Kombinationen dieser Kanäle. Der physikalische Kanal ist beispielsweise charakterisiert durch nichtideale Amplituden- und Phasengänge, durch Verzerrungen, durch Störungen aufgrund von Rauschen oder Übersprechen oder aufgrund atmosphärischer Effekte oder verschiedener Ausbreitungswege sowie durch absichtliche Störungen.

Am *Demodulator* liegen also nicht exakt die zeitkontinuierlichen Sendesignale an, sondern nur eine gestörte und verfälschte Version davon. Dennoch sollte der Empfänger die zeitdiskreten Sendewerte bzw. die Infosymbole möglichst genau rekonstruieren. Dazu wird zunächst im Demodulator aus dem Bandpaßsignal das Basisbandsignal zurückgewonnen, was bei kohärenten Empfängern eine ideale Träger- und Phasensynchronisation einschließt. Daraus wird eine zeitdiskrete Wertefolge hergestellt, so daß jedem Codesymbol a ein *Empfangswert* y entspricht. Bei der sogenannten *Soft-Decision Demodulation* soll der Demodulator derartige Werte y herstellen, die für den Decoder möglichst viel Information enthalten – es muß dann nicht zwangsläufig das Ziel sein, daß y möglichst genau a entspricht.

Der *Decoder* arbeitet zeitdiskret: Aus der im Takt der Codesymbole anliegenden Folge der Empfangswerte y wird eine Schätzung $\hat{u}$ für die Infosymbole u abgeleitet, wobei diese Schätzung i.a. eine zeitliche Verzögerung aufweist. Im idealen Fall arbeitet der Decoder sogar sequenzweise: Erst nach dem Empfang einer ganzen Sequenz von Empfangswerten wird auf einen Schlag die ganze Sequenz der Infosymbole geschätzt.

Für den Modulator sind die Codesymbole a nur Sendewerte ohne Kenntnis der Codierung. Um dies in besonderen Fällen hervorzuheben, werden in Analogie zu den Ausgangswerten y des Demodulators die Eingangswerte des Modulators auch mit x statt a bezeichnet.

1.3 Der Begriff des diskreten Kanals

Gemäß Bild 1.2 ist der ***diskrete Kanal*** (DC, discrete channel; auch digital channel, coding channel) die Zusammenfassung von Modulator, physikalischem Kanal und Demodulator. Der vom Modulationssystem erzeugte (zeit-)diskrete Kanal ist also in einem sehr allgemeinen Sinn zu verstehen, enthalten darin sind u.a. eventuell sehr komplexe Modulations- und Synchronisationsverfahren. In diesem Abschnitt werden idealisierte diskrete Kanäle formal beschrieben, während in Kapitel 12 einige sehr komplizierte Kanäle betrachtet werden, die bei verschiedenen Anwendungen entstehen.

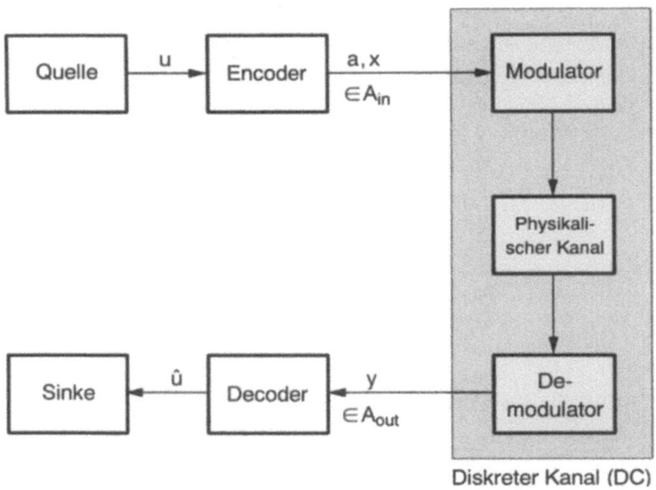

Bild 1.2. Erzeugung des diskreten Kanals durch das Modulationssystem

In der formalen Beschreibung wird ein diskreter Kanal charakterisiert durch das Tripel $(\mathcal{A}_{\text{in}}, \mathcal{A}_{\text{out}}, P_{y|x})$. Dabei bedeuten:

$\mathcal{A}_{\text{in}} =$ *Eingangsalphabet* mit q Werten. Dies ist der Wertebereich für die Infosymbole u sowie für die Codesymbole a sowie für die geschätzten Infosymbole $\hat{u}$, d.h. $u, a, \hat{u}$ sind jeweils q-stufig. Fallunterscheidungen:

Der einfachste Fall ist $q = 2$ für Binärcodes, wobei die Symbole lediglich Bits sind. Der allgemeine Fall ist $q = p^m$ mit p als Primzahl und m als natürlicher Zahl. Der Normalfall für die meisten Codes ist $q = 2^m$, wobei den Symbole jetzt Bitgruppen (z.B. Bytes bei $m = 8$) entsprechen.

$\mathcal{A}_{\text{out}}$ = *Ausgangsalphabet*: Dies ist der Wertebereich für die Empfangswerte y. Fallunterscheidungen für den Demodulator:

Bei *Hard-Decision* gilt $\mathcal{A}_{\text{out}} = \mathcal{A}_{\text{in}}$, d.h. der Demodulator schätzt direkt die gesendeten Werte a bzw. x. Diese Situation liegt bei einfachen Blockcodes vor. Im binären Fall gilt dann $\mathcal{A}_{\text{in}} = \mathcal{A}_{\text{out}} = \{0, 1\}$.

Bei *Soft-Decision* umfaßt $\mathcal{A}_{\text{out}}$ mehr Werte als $\mathcal{A}_{\text{in}}$ – im Extremfall gilt sogar $\mathcal{A}_{\text{out}} = \mathbb{R}$ für einen wertkontinuierlichen Demodulatorausgang. In diesem Fall kann der Demodulator besonders viel Information über den Kanal (Zustand, Qualität) vermitteln. Beispielsweise teilt der Demodulator dem Decoder mit, mit welcher Sicherheit er seine Entscheidungen getroffen hat (sehr sicher oder gerade an der Grenze). Zwar kann prinzipiell jedes Codierungsverfahren diese Information ausnutzen, praktikabel ist das jedoch meistens nur bei Faltungscodes. Ein typischer Fall bei $\mathcal{A}_{\text{in}} = \{0, 1\}$ ist ein 8-stufiges $\mathcal{A}_{\text{out}}$, d.h. der Empfangswert wird mit 3-Bit quantisiert (siehe dazu auch Bild 1.4 und 1.5).

$P_{y|x}$ = *Übergangswahrscheinlichkeit* (Kanalstatistik; conditional, transition probability): Dabei ist $P_{y|x}(\eta|\xi)$ die bedingte Wahrscheinlichkeit dafür, daß $y = \eta$ empfangen wurde unter der Voraussetzung, daß $x = \xi$ gesendet wurde.

Input x und Output y des Kanals werden hier also als Zufallsgrößen angenommen, deren Werte mit $\xi \in \mathcal{A}_{\text{in}}$ und $\eta \in \mathcal{A}_{\text{out}}$ bezeichnet werden. Vereinfachend wird auch $P(y|x)$ geschrieben, wenn es auf die Unterscheidung zwischen den Zufallsgrößen und ihren Werten nicht ankommt. Für die Übergangswahrscheinlichkeit gilt generell:

$$\sum_{\eta \in \mathcal{A}_{\text{out}}} P_{y|x}(\eta|\xi) = 1 \quad \text{für alle } \xi \in \mathcal{A}_{\text{in}}. \tag{1.3.1}$$

Für den diskreten Kanal sind einige wichtige Fallunterscheidungen zu vermerken: Neben einer Hard-Decision oder Soft-Decision Demodulation können die Übertragungseigenschaften *zeitinvariant* oder auch *zeitvariant* sein. Ferner kann der diskrete Kanal ein *Gedächtnis* haben (d.h. der Empfangswert ist nicht nur vom zuletzt gesendeten Wert abhängig, sondern auch von den vorangehend gesendeten Werten) oder er ist *gedächtnislos* (d.h. der Empfangswert ist nur vom aktuell gesendeten Wert abhängig).

Definition 1.1 (DMC). *Als* diskreter gedächtnisloser Kanal *(DMC, Discrete Memoryless Channel) wird ein diskreter Kanal mit endlichen Alphabeten* $\mathcal{A}_{\text{in}}$ *und* $\mathcal{A}_{\text{out}}$ *bezeichnet, der zudem gedächtnislos und zeitinvariant sein soll.*

Die Gedächtnislosigkeit ist dadurch gekennzeichnet, daß die Übergangswahrscheinlichkeit für Sequenzen in ein Produkt der Übergangswahrscheinlichkeiten für Einzelsymbole übergeht:

$$P(y_0, \ldots, y_{n-1} | x_0, \ldots, x_{n-1}) = \prod_{i=0}^{n-1} P(y_i | x_i). \tag{1.3.2}$$

Wenn die Übergangswahrscheinlichkeiten bei Hard-Decision gewisse Symmetrien erfüllen, reicht zur Charakterisierung des DMC ein einziger Parameter aus:

Definition 1.2 (Symmetrischer Hard-Decision DMC). *Als ein* q-närer symmetrischer Kanal mit Hard-Decision *wird ein DMC mit* $\mathcal{A}_{\text{in}} = \mathcal{A}_{\text{out}}$ *und der Übergangswahrscheinlichkeit*

$$P(y|x) = \left\{ \begin{array}{ll} 1 - p_e & y = x \\ p_e/(q-1) & y \neq x \end{array} \right\} \tag{1.3.3}$$

bezeichnet. Dieser Kanal ist eindeutig durch die Angabe der Symbol-Fehlerwahrscheinlichkeit p_e *bestimmt. Der binäre Fall mit* $\mathcal{A}_{\text{in}} = \mathcal{A}_{\text{out}} = \{0, 1\}$ *wird als* binärer symmetrischer Kanal *(BSC, Binary Symmetric Channel) bezeichnet.*

Für $p_e = 0$ ist der Kanal fehlerfrei und für $p_e = 1/2$ bei $q = 2$ wird in Kapitel 2 noch gezeigt, daß eine zuverlässige Übertragung prinzipiell unmöglich ist. Bei einem veränderlichen p_e würde ein zeitvarianter Kanal vorliegen. Diese Situation wird noch in Abschnitt 9.7 behandelt. Ausgeschrieben lautet (1.3.3) für den BSC:

$$\begin{array}{rclcl} P_{y|x}(0|0) & = & P_{y|x}(1|1) & = & 1 - p_e \\ P_{y|x}(1|0) & = & P_{y|x}(0|1) & = & p_e. \end{array} \tag{1.3.4}$$

Mit der Wahrscheinlichkeit p_e wird das Bit bei der Übertragung verfälscht und mit der Wahrscheinlichkeit $1 - p_e$ ist die Übertragung korrekt:

$$\begin{array}{rcl} P(y = x) & = & 1 - p_e \\ P(y \neq x) & = & p_e. \end{array} \tag{1.3.5}$$

Beispiel: Unter der Voraussetzung, daß 110 gesendet wurde, wird 101 mit der Wahrscheinlichkeit $P_{y|x}(101|110) = P_{y|x}(1|1)P_{y|x}(0|1)P_{y|x}(1|0) = (1-p_e) \cdot p_e \cdot p_e$ empfangen.

Das Prinzip des BSC zeigt Bild 1.3, wobei die Kanten von $x \in \mathcal{A}_{\text{in}}$ nach $y \in \mathcal{A}_{\text{out}}$ mit den Übergangswahrscheinlichkeiten $P(y|x)$ beschriftet sind.

Für den q-nären symmetrischen Hard-Decision DMC gelten einige wichtige allgemeine Formeln:

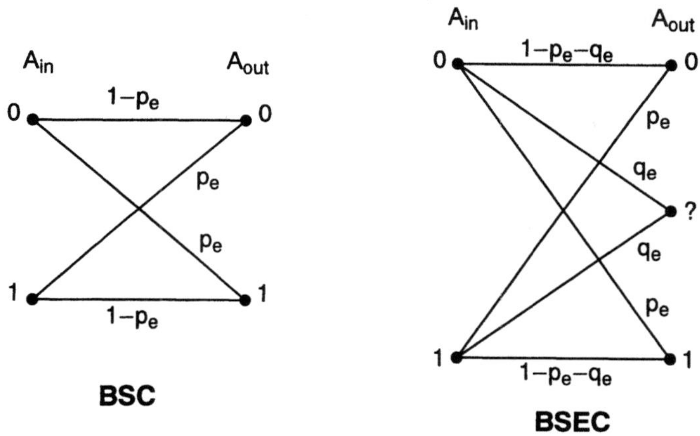

Bild 1.3. Modelle diskreter gedächtnisloser Kanäle (BSC, BSEC)

(1) Mit P_{ee} (ee = error event) wird die Wahrscheinlichkeit bezeichnet, daß bei der Übertragung einer Sequenz $\boldsymbol{x} = (x_0, x_1, \ldots, x_{n-1})$ der Länge n mindestens ein Fehler auftritt:

$$\begin{aligned} P_{ee} &= P(\boldsymbol{y} \neq \boldsymbol{x}) \\ &= 1 - P(\boldsymbol{y} = \boldsymbol{x}) \\ &= 1 - P(y_0 = x_0, \ldots, y_{n-1} = x_{n-1}) \\ &= 1 - P(y_0 = x_0) \cdots P(y_{n-1} = x_{n-1}) \\ &= 1 - (1 - p_e)^n && (1.3.6) \\ &\approx np_e \quad \text{bei } np_e \ll 1. && (1.3.7) \end{aligned}$$

(1.3.7) folgt aus der Binomialentwicklung $(1 - p_e)^n = \sum_{i=0}^{n} \binom{n}{i}(-p_e)^i$.

(2) Die Wahrscheinlichkeit dafür, daß eine Sequenz von n Bits in eine andere bestimmte Sequenz verfälscht wird, wobei r Fehler auftreten, beträgt:

$$P(\text{von } n \text{ Bits sind } r \text{ bestimmte Bits falsch}) = p_e^r(1 - p_e)^{n-r}. \qquad (1.3.8)$$

(3) Die Wahrscheinlichkeit für r Fehler in einer Sequenz von n Bits beträgt nach der Binomialverteilung (siehe Anhang A.3):

$$P(\text{von } n \text{ Bits sind } r \text{ Bits falsch}) = \binom{n}{r} p_e^r(1 - p_e)^{n-r}. \qquad (1.3.9)$$

Eine Verallgemeinerung des BSC ist der in Bild 1.3 ebenfalls dargestellte *binäre symmetrische Kanal mit Ausfällen* (BSEC, Binary Symmetric Erasure Channel), bei dem der Output ternär ist: $\mathcal{A}_{\text{out}} = \{0, ?, 1\}$. Hierbei entscheidet der Demodulator auf den „Wert“ ?, wenn die Entscheidung auf 0 oder 1 sehr unsicher wäre. Für den Decoder ist es besser, über den Sendewert gar keine

Information zu haben als eine Information, die in der Hälfte aller Fälle falsch ist. Der BSEC ist der einfachste Fall eines diskreten Kanals mit Soft-Decision mit

$$P(y|x) = \begin{Bmatrix} 1 - p_e - q_e & \text{für } y = x \\ q_e & \text{für } y = ? \\ p_e & \text{sonst} \end{Bmatrix}. \tag{1.3.10}$$

Natürlich gilt hierbei $P_{y|x}(0|x) + P_{y|x}(?|x) + P_{y|x}(1|x) = 1$ für $x \in \mathcal{A}_{\text{in}} = \{0, 1\}$. Für $q_e = 0$ wird der BSEC zum BSC und für $p_e = 0$ wird der BSEC zum reinen *Auslöschungskanal* (BEC, Binary Erasure Channel). Ein weiteres sehr wichtiges DMC-Modell ist:

Definition 1.3. *Als* AWGN-Kanal *(Additive White Gaussian Noise) wird ein Kanal mit binärem Input bezeichnet, bei dem weißes normalverteiltes (Gaußsches) Rauschen ν additiv überlagert wird:*

$$y = x + \nu.$$

Dabei sind x und ν statistisch unabhängig. Mit E_c wird die Energie pro Codebit und mit N_0 wird die einseitige Rauschleistungsdichte bezeichnet. Für die Alphabete gilt $\mathcal{A}_{\text{in}} = \{-\sqrt{E_c}, +\sqrt{E_c}\}$ und $\mathcal{A}_{\text{out}} = \mathbb{R}$ und die Übergangswahrscheinlichkeiten haben die Form von Verteilungsdichten:

$$f_{y|x}(\eta|\xi) = \frac{1}{\sqrt{\pi N_0}} \exp\left(-\frac{(\eta - \xi)^2}{N_0}\right). \tag{1.3.11}$$

Also ist y bei gegebenem x normalverteilt mit dem Erwartungswert $x = \xi$ und der Varianz $\sigma^2 = N_0/2$, die der Varianz des Rauschens entspricht. Wenn der AWGN mit binärer Modulation (ASK, Amplitude Shift Keying) betrieben wird und im Demodulator binär quantisiert wird, so ergibt sich wieder ein BSC mit der Bit-Fehlerwahrscheinlichkeit

$$\begin{aligned} p_e &= P_{y|x}(y < 0 \mid x = +\sqrt{E_c}) \;=\; P_{y|x}(y > 0 \mid x = -\sqrt{E_c}) \\ &= \int_0^{+\infty} \frac{1}{\sqrt{\pi N_0}} \exp\left(-\frac{(\eta + \sqrt{E_c})^2}{N_0}\right) d\eta \\ &= Q\left(\sqrt{\frac{2E_c}{N_0}}\right). \end{aligned} \tag{1.3.12}$$

Dabei ist

$$Q(\alpha) = \frac{1}{\sqrt{2\pi}} \int_\alpha^\infty e^{-\eta^2/2}\, d\eta = \frac{1}{2}\operatorname{erfc}\left(\frac{\alpha}{\sqrt{2}}\right) \tag{1.3.13}$$

$$= P(\nu > \alpha\sqrt{N_0/2}) \tag{1.3.14}$$

Tabelle 1.1. BSC-Fehlerwahrscheinlichkeit

p_e	E_c/N_0 [dB]	p_e	E_c/N_0 [dB]
10^{-1}	−0,86	10^{-11}	13,52
10^{-2}	4,33	10^{-12}	13,93
10^{-3}	6,79	10^{-13}	14,31
10^{-4}	8,40	10^{-14}	14,66
10^{-5}	9,59	10^{-15}	14,99
10^{-6}	10,53	10^{-16}	15,29
10^{-7}	11,31	10^{-17}	15,57
10^{-8}	11,97	10^{-18}	15,84
10^{-9}	12,55	10^{-19}	16,09
10^{-10}	13,06	10^{-20}	16,32

die *komplementäre Gaußsche Fehlerfunktion* (siehe Anhang A.3). Den numerischen Zusammenhang zwischen p_e und E_c/N_0 zeigt Tabelle 1.1 und der graphische Verlauf ist in den Bildern mit Fehlerwahrscheinlichkeits-Kurven dargestellt (siehe z.B. Bild 1.10, Kurve „uncodiert“, $E_c = E_b$).

Wenn beim AWGN im Demodulator nicht binär mit 1 Bit sondern oktal mit 3 Bit quantisiert wird, so ergibt sich ein DMC mit $\mathcal{A}_{\text{in}} = \{-\sqrt{E_c}, +\sqrt{E_c}\}$ und oktalem $\mathcal{A}_{\text{out}} = \{-1, -1', -1'', -1''', +1''', +1'', +1', +1\}$. Von einiger Bedeutung ist dabei die Wahl der 7 Sprungstellen in der *Quantisierungskennlinie*, was in [49] genauer analysiert wird.

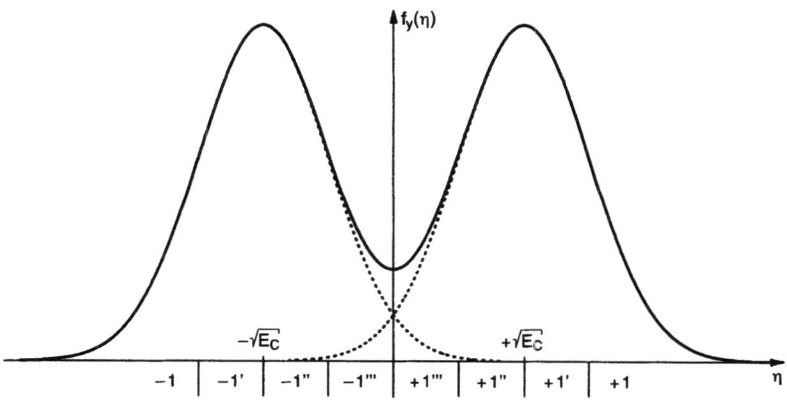

Bild 1.4. Oktale Quantisierung der AWGN-Empfangswerte

In Bild 1.4 wird eine Kennlinie mit äquidistanten Sprungstellen angenommen, die genau auf die Sendewerte $-\sqrt{E_c}, +\sqrt{E_c}$ ausgerichtet ist, was im Demodulator natürlich eine Pegelregelung erfordert. Die Verteilungsdichtefunktion der Empfangswerte $f_y(\eta) = \frac{1}{2}\left(f_{y|x}(\eta| - \sqrt{E_c}) + f_{y|x}(\eta| + \sqrt{E_c})\right)$ ergibt sich durch Überlagerung von zwei Normalverteilungen, wobei für die Darstellung in Bild 1.4 $E_c/N_0 = 3$ dB angenommen wurde. Dabei sind die

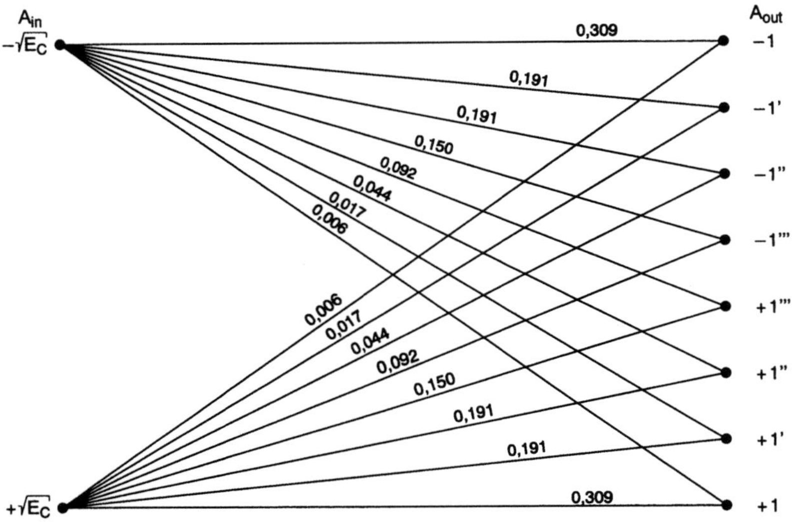

Bild 1.5. Übergangswahrscheinlichkeiten beim oktal quantisierten AWGN

Übergangswahrscheinlichkeiten von $-\sqrt{E_c}$ nach $+1$ oder $+1'$ nahezu Null. In Bild 1.5 sind die Übergangswahrscheinlichkeiten des oktalen Kanals dagegen für $E_c/N_0 = -3$ dB angegeben. Die Werte in Bild 1.5 werden beispielsweise wie folgt berechnet:

$$\begin{aligned} P(-1'''| - \sqrt{E_c}) &= P(-0{,}5\sqrt{E_c} < y < 0 | x = -\sqrt{E_c}) \\ &= P(0{,}5\sqrt{E_c} < \nu < \sqrt{E_c}) \\ &= Q(0{,}5\sqrt{2E_c/N_0}) - Q(\sqrt{2E_c/N_0}) \\ &= Q(0{,}5) - Q(1) \;=\; 0{,}3085 - 0{,}1587 \;=\; 0{,}1498. \end{aligned}$$

Für 2-dimensionale Modulationsverfahren bzw. Signalkonstellationen wird Definition 1.3 zum *2-dimensionalen AWGN* erweitert. Bei jeder Kanalbenutzung werden zwei Werte gesendet und zwei Werte empfangen, die in komplexer Schreibweise zu $x = x_I + jx_Q$ zusammengefaßt werden, wobei I für Inphase und Q für Quadraturphase steht. Für das überlagerte Rauschen gilt entsprechend $\nu = \nu_I + j\nu_Q$. Die Rauschenergie in jeder Komponente ist weiterhin $N_0/2$ und beide Komponenten sind statistisch unabhängig. Die Rauschenergie des 2-dimensionalen Rauschens ergibt sich über den Betrag einer komplexen Zahl:

$$E(|\nu|^2) \;=\; E(\nu_I^2 + \nu_Q^2) \;=\; \frac{N_0}{2} + \frac{N_0}{2} \;=\; N_0. \tag{1.3.15}$$

Die Übergangswahrscheinlichkeit entspricht der in Bild 1.6 dargestellten 2-dimensionalen Normalverteilung:

$$f_{y|x}(\eta|\xi) \;=\; \frac{1}{\pi N_0} \exp\left(- \frac{(\eta_I - \xi_I)^2 + (\eta_Q - \xi_Q)^2}{N_0} \right). \tag{1.3.16}$$

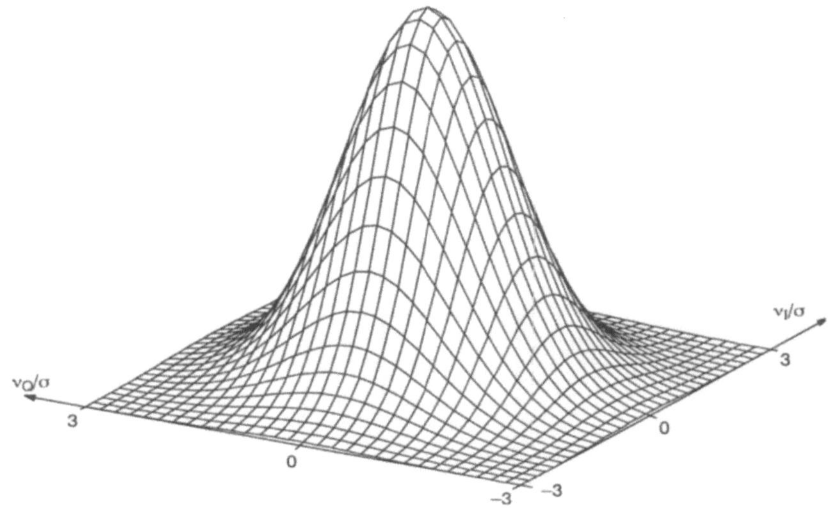

Bild 1.6. Verteilungsdichtefunktion der 2-dim. Normalverteilung ($\sigma = \sqrt{N_0/2}$)

Bisher wurden nur zeitinvariante und gedächtnislose Kanäle betrachtet, bei denen statistisch unabhängige Einzelfehler auftreten. Die weiteren Kapitel führen noch verschiedene andere Kanaltypen ein: In den Abschnitten 5.6 bis 5.8, in Kapitel 7 und in Abschnitt 9.6 werden Kanäle betrachtet, bei denen Fehler in Bündeln auftreten. In Abschnitt 9.7 werden spezielle zeitvariante Kanäle diskutiert, die bei der Decodierung von Faltungscodes entstehen sowie Super-Kanäle bei verketteten Codes. Die für moderne Anwendungen sehr wichtigen Kanäle mit Fading sowie mit Verzerrungen werden in Kapitel 11 diskutiert. Weitere Kanaltypen werden in Kapitel 12 eingeführt.

1.4 Grundprinzip der Blockcodierung

Das Grundprinzip der Blockcodierung zeigt Bild 1.7: Der Datenstrom der Infosymbole bzw. Codesymbole wird unterteilt in Blöcke der Länge k bzw. n, die als *Infowörter* $\boldsymbol{u} = (u_0, \ldots, u_{k-1})$ bzw. *Codewörter* $\boldsymbol{a} = (a_0, \ldots, a_{n-1})$ bezeichnet werden. Dabei gilt $k < n$. Der Encoder ordnet jedem Infowort ein Codewort zu. Am Ausgang des diskreten Kanals entsteht das *Empfangswort* $\boldsymbol{y} = (y_0, \ldots, y_{n-1})$, aus dem der Decoder die Schätzung $\hat{\boldsymbol{u}} = (\hat{u}_0, \ldots, \hat{u}_{k-1})$ für das Infowort gewinnt.

Die Zuordnung der Codewörter zu den Infowörtern im Encoder ist (1) *eindeutig* und *umkehrbar*, indem zwei verschiedenen Infowörtern zwei verschiedene Codewörter zugeordnet werden, so daß zu jedem Codewort genau ein Infowort gehört; (2) *zeitinvariant*, indem die Zuordnungsvorschrift immer gleich bleibt;

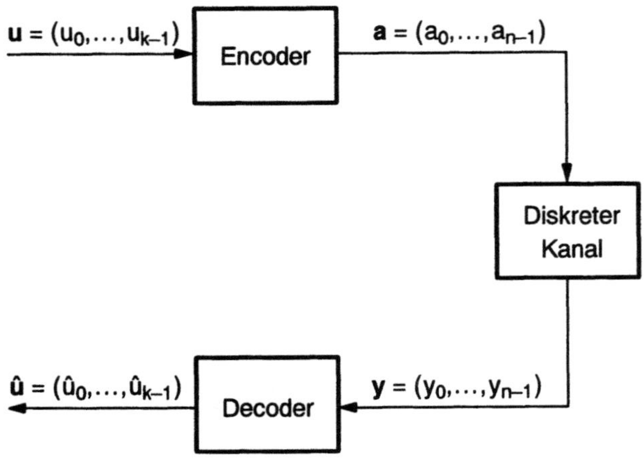

Bild 1.7. Prinzip des (n, k)-Blockcodes

(3) *gedächtnislos*, indem jedes Infowort nur auf ein Codewort wirkt und jedes Codewort nur durch ein Infowort bestimmt wird.

Ohne die Forderung der Gedächtnislosigkeit würde sich ein Faltungscode ergeben (siehe Definition 8.1), bei dem neben dem aktuellen Infowort auch die vorangehenden Infowörter auf das Codewort einwirken. So gesehen sind Blockcodes also spezielle Faltungscodes.

Wegen der Gedächtnislosigkeit und Zeitinvarianz braucht die Folge der Infowörter bzw. Codewörter nicht durchnumeriert zu werden, da immer nur die Übertragung eines Wortes betrachtet wird.

Definition 1.4. *Durch die vorangehend beschriebene Methode wird ein* (n, k)-Blockcode *definiert, der in ausführlicherer Schreibweise auch als* $(n, k, d_{\min})_q$-*Blockcode bezeichnet wird, wobei* q *die Stufenzahl der Symbole* $u_i, a_i, \hat{u}_i$ *und* $d_{\min}$ *die Minimaldistanz (siehe Definition 1.8) bezeichnet. Als* Blocklänge *wird* n *bezeichnet und als* Coderate *wird das Verhältnis von* k *zu* n *bezeichnet:*

$$R = \frac{k}{n} < 1 \qquad \textit{Einheit: Infosymbol/Kanalbenutzung.} \tag{1.4.1}$$

Als Code Γ *wird die Menge aller Codewörter bezeichnet.*

Die Coderate $R \leq 1$ ist mit der eigentlich dimensionslosen Einheit Infosymbol/Codesymbol versehen. Da pro Codesymbol der diskrete Kanal genau einmal benutzt wird, ergibt sich die in (1.4.1) angegebene Einheit.

Die Datenraten werden immer auf Bit statt Symbol bezogen, d.h. die *Infobitrate* r_b hat die Einheit Infobit/s und die *Codebitrate* r_c hat die Einheit Codebit/s. Bei q-stufigen Symbolen entspricht ein Symbol genau $\log_2 q$ Bits, so daß $r_b/\log_2 q$ die Infosymbolrate und $r_c/\log_2 q$ die Codesymbolrate bzw. die Kanalbenutzungsrate ist. Pro Sekunde werden also $r_c/(n \cdot \log_2 q)$ Codeblöcke übertragen. Die Codierung bewirkt wegen

$$r_c = r_b \cdot \frac{1}{R} = r_b \cdot \frac{n}{k} \tag{1.4.2}$$

eine Erhöhung der Datenrate um den Faktor $1/R = n/k$, der deshalb zuweilen auch als ***Bandbreitenexpansionsfaktor*** bezeichnet wird. $R = 1$ bedeutet uncodierte Übertragung. Manchmal ist es erforderlich, die Coderate auf Bits statt auf Symbole zu beziehen:

$$R_b = R \cdot \log_2 q = \frac{k}{n} \cdot \log_2 q \qquad \text{Einheit: Infobit/Kanalben.} \tag{1.4.3}$$

Im binären Fall gilt natürlich $R_b = R$.

Die Anzahl der Infowörter der Länge k mit q-stufigen Symbolen beträgt offensichtlich q^k und somit gibt es auch $q^k = |\Gamma| = q^{nR} = 2^{nR_b}$ Codewörter. Die Anzahl der möglichen Sendewörter der Länge n beträgt jedoch q^n. Der Code Γ ist also eine Untermenge der Mächtigkeit q^k in der Menge aller q^n Wörter.

Der Begriff des Blockcodes wurde in Definition 1.4 etwas eingeschränkt festgelegt. In der allgemeinsten Form darf die Mächtigkeit $|\Gamma|$ eine beliebige ganze Zahl sein, d.h. nicht unbedingt eine q-Potenz. In diesem Fall resultiert dann $R_b = \frac{1}{n}\log_2|\Gamma|$ und $k = nR = \frac{\log_2|\Gamma|}{\log_2 q}$ ist nicht mehr notwendigerweise ganzzahlig. Durch diese Verallgemeinerung ergeben sich aber keine theoretischen Vorteile und in der Praxis wird immer $|\Gamma| = q^k$ mit ganzzahligem k gewählt.

Die *Güte eines Codes* wird ausschließlich dadurch geprägt, wie geschickt aus den q^n Wörtern die q^k Codewörter ausgewählt werden. Es wird darauf hinauslaufen, daß sich die Codewörter möglichst stark voneinander unterscheiden müssen.

Der Encoder trifft nur eine Zuordnung zwischen den q^k Infowörtern und den q^k Codewörtern. Wie diese Zuordnung über die Forderungen der Eindeutigkeit, Zeitinvarianz und Gedächtnislosigkeit hinaus organisiert ist, bleibt im Prinzip weitgehend belanglos. Insofern ist der Begriff *Güte eines Encoders* sinnlos. Allerdings werden in der Praxis fast ausschließlich systematische Encoder verwendet (siehe Definition 1.5) und zur Vereinfachung der Realisierung fast ausschließlich lineare Codes (siehe Kapitel 3) bzw. zyklische Codes (siehe Kapitel 5).

Definition 1.5. *Bei einem* systematischen Encoder *(auch: systematischer Code) erfolgt die Zuordnung zwischen Infowörtern und Codewörtern derart, daß das Infowort explizit Teil des Codewortes ist. Die restlichen $n-k$ Stellen heißen dann* Prüfstellen *(Prüfbits, parity bits).*

Beispiel 1.1. Die beiden Zuordnungen (Prüfstellen hinten bzw. vorn)

$00 \mapsto 000$	$00 \mapsto 000$
$01 \mapsto 011$	$01 \mapsto 101$
$10 \mapsto 101$	$10 \mapsto 110$
$11 \mapsto 110$	$11 \mapsto 011$

erzeugen den gleichen $(3,2)_2$ Code $\Gamma = \{000, 011, 101, 110\}$. Der Codemenge kann nicht angesehen werden, in welcher Weise encodiert wurde. Beide Encoder sind als gleichwertig anzusehen. □

Definition 1.6. *Zwei Blockcodes heißen* identisch, *wenn ihre Codemengen identisch sind. Zwei Blockcodes heißen* äquivalent, *wenn nach einer geeigneten Vertauschungsvorschrift für die Komponenten der Codewörter die Codemengen identisch sind.*

1.5 Hammingdistanz und Minimaldistanz

Es seien $\boldsymbol{x}, \boldsymbol{y}, \boldsymbol{z}$ jeweils Wörter der Länge n mit q-stufigen Werten (beispielsweise Codewörter oder Empfangswörter).

Definition 1.7. *Die* Hammingdistanz $d_H(\boldsymbol{x}, \boldsymbol{y})$ *ist definiert als die Anzahl der Abweichungen zwischen den Komponenten von* $\boldsymbol{x}$ *und* $\boldsymbol{y}$. *Sofern eine Null definiert ist, wird als* Hamminggewicht $w_H(\boldsymbol{x})$ *die Anzahl der Komponenten von* $\boldsymbol{x}$ *bezeichnet, die ungleich Null sind.*

Für den Zusammenhang zwischen Abstand und Gewicht gilt:

$$w_H(\boldsymbol{x}) = d_H(\boldsymbol{x}, \boldsymbol{0}) \quad \text{mit} \quad \boldsymbol{0} = (0, \ldots, 0). \tag{1.5.1}$$

Falls im Wertebereich der Symbole eine „Subtraktion“ definiert ist, gilt weiter:

$$d_H(\boldsymbol{x}, \boldsymbol{y}) = w_H(\boldsymbol{x} - \boldsymbol{y}). \tag{1.5.2}$$

Satz 1.1. *Die Hammingdistanz ist eine* Metrik *im mathematischen Sinn, d.h. es gelten folgende Eigenschaften:*

$$d_H(\boldsymbol{x}, \boldsymbol{y}) = d_H(\boldsymbol{y}, \boldsymbol{x}) \tag{1.5.3}$$

$$0 \leq d_H(\boldsymbol{x}, \boldsymbol{y}) \leq n \tag{1.5.4}$$

$$d_H(\boldsymbol{x}, \boldsymbol{y}) = 0 \iff \boldsymbol{x} = \boldsymbol{y} \tag{1.5.5}$$

$$d_H(\boldsymbol{x}, \boldsymbol{y}) \leq d_H(\boldsymbol{x}, \boldsymbol{z}) + d_H(\boldsymbol{z}, \boldsymbol{y}). \tag{1.5.6}$$

Die Beziehung (1.5.6) wird als Dreiecksungleichung *bezeichnet und ist in Bild 1.8 veranschaulicht. Falls Addition und Subtraktion im Wertebereich der Symbole definiert sind, so gelten für das Hamminggewicht folgende Eigenschaften:*

$$w_H(\boldsymbol{x}) = w_H(-\boldsymbol{x}) \tag{1.5.7}$$

$$0 \leq w_H(\boldsymbol{x}) \leq n \tag{1.5.8}$$

$$w_H(\boldsymbol{x}) = 0 \iff \boldsymbol{x} = \boldsymbol{0} \tag{1.5.9}$$

$$w_H(\boldsymbol{x} + \boldsymbol{y}) \leq w_H(\boldsymbol{x}) + w_H(\boldsymbol{y}). \tag{1.5.10}$$

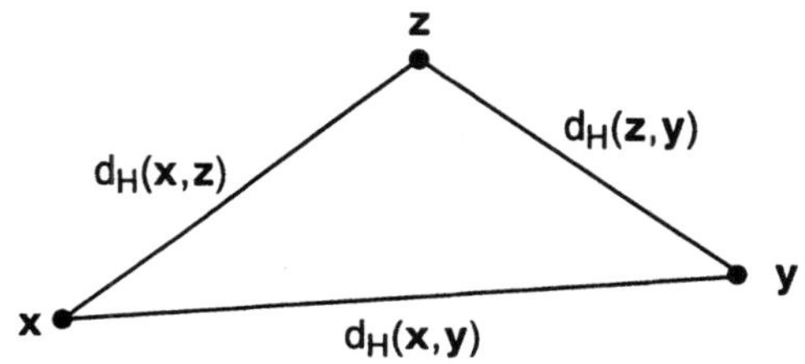

Bild 1.8. Veranschaulichung der Dreiecksungleichung für die Hammingdistanz

Definition 1.8. *Die* Minimaldistanz $d_{\min}$ *eines* $(n, k, d_{\min})$*-Blockcodes* Γ *ist definiert als die minimale Hammingdistanz zwischen allen Codewörtern:*

$$d_{\min} = \min\{d_H(\boldsymbol{a}, \boldsymbol{b}) \mid \boldsymbol{a}, \boldsymbol{b} \in \Gamma \;, \; \boldsymbol{a} \neq \boldsymbol{b}\}. \tag{1.5.11}$$

Die Minimaldistanz ist der wichtigste Parameter, der die Güte eines Codes bestimmt. Die vollständige Charakterisierung eines Codes wird später durch die Gewichtsverteilung gegeben (siehe Definition 3.7). Zur Bestimmung der Minimaldistanz müssen die Abstände aller Codewörterpaare betrachtet werden. Je größer die Minimaldistanz ist, je stärker sich also die Codewörter voneinander unterscheiden, desto besser ist der Code. Bei gegebener Coderate $R = k/n$ und gegebener Blocklänge n sollte derjenige Code gewählt werden, der zu großem $d_{\min}$ führt. Normalerweise wird $d_{\min}$ größer (d.h. besserer Code), wenn die Coderate kleiner wird (d.h. mehr Bandbreite erforderlich) oder wenn die Blocklänge größer wird (d.h. komplexere Verarbeitung erforderlich).

Beispiel 1.2. Der $(7,4)_2$-Hamming-Code besteht aus 16 Codewörtern der Länge 7:

$$\begin{aligned} \Gamma = \{ \; & 0000000, \; 1000011, \\ & 0001111, \; 1001100, \\ & 0010110, \; 1010101, \\ & 0011001, \; 1011010, \\ & 0100101, \; 1100110, \\ & 0101010, \; 1101001, \\ & 0110011, \; 1110000, \\ & 0111100, \; 1111111 \; \}. \end{aligned}$$

Der Code ist hier durch eine Aufzählung der Codewörter gegeben und nicht durch die (unwesentliche) Art der Encodiervorschrift (systematisch, Infobits vorn). Der Vergleich der ersten beiden Codewörter ergibt $d_{\min} \leq 3$. Bei der Betrachtung aller Paare findet sich kein Paar mit der Hammingdistanz 2, so daß $d_{\min} = 3$ folgt. □

Klar ist schon jetzt, daß es besserer Methoden zur Beschreibung der Codemenge und zur Berechnung der Minimaldistanz bedarf – dazu wird später eine algebraische Struktur auf der Codemenge eingeführt.

1.6 Maximum-Likelihood-Decodierung

Die optimale Decodiervorschrift ist dadurch definiert, daß die Wort-Fehlerwahrscheinlichkeit $P_w = P(\hat{\boldsymbol{u}} \neq \boldsymbol{u})$ nach dem Decoder minimal wird:

Unterstellt wird also ein stochastischer Kanal (beispielsweise ein DMC), der zu Fehlern im Empfangswort führt, die möglicherweise durch den Decoder nicht korrigiert werden können und damit zu Fehlern im geschätzten Infowort führen. Derartige Fehler sollen während einer Übertragung von vielen Worten möglichst selten auftreten. Nicht berücksichtigt wird dabei, ob in einem falsch geschätzten Infowort nur ein Fehler oder mehrere Fehler enthalten sind. Eine solche Minimierung der Bit-Fehlerwahrscheinlichkeit $P_b = P(\hat{u}_i \neq u_i)$ ist wesentlich schwieriger.

Ziel ist also, daß das geschätzte Infowort möglichst oft exakt mit dem Infowort auf der Sendeseite übereinstimmt. Diese Forderung ist das Kriterium, nach dem der Decoder konstruiert werden soll. Es wird sich gleich zeigen, daß man diese Konstruktionsvorschrift für den Decoder ableiten kann, auch wenn das Kriterium P_w gar nicht explizit berechnet werden kann:

$$\begin{aligned} P_w &= P(\hat{\boldsymbol{u}} \neq \boldsymbol{u}) \quad \longrightarrow \text{ Minimum} \\ &= P(\hat{\boldsymbol{a}} \neq \boldsymbol{a}). \end{aligned} \tag{1.6.1}$$

Wegen der eindeutigen Zuordnung zwischen Infowörtern und Codewörtern kann anstelle des Infowortes auch das Codewort geschätzt werden. Die Schätzung für das Infowort ist genau dann korrekt, wenn die Schätzung für das Codewort korrekt ist. Deshalb kann die Wort-Fehlerwahrscheinlichkeit anstelle der Infowörter auch über die Codewörter definiert werden.

Bild 1.9 zeigt das Prinzip zur Herleitung der Decodiervorschrift. Der Decoder wird wie angegeben zerlegt in einen Codewortschätzer (hier mit δ bezeichnet) und ein Encoder-Inverses. Dieses Encoder-Inverse ist eine direkte

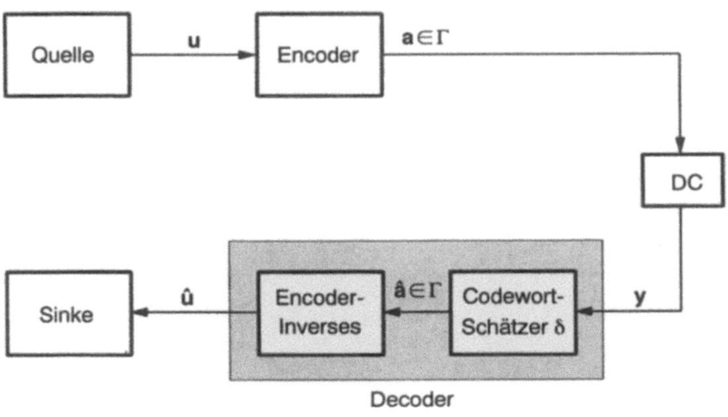

Bild 1.9. Zur Herleitung der Decodiervorschrift

Umkehrung des Encoders und hat zu den geschätzten Codewörtern $\hat{\boldsymbol{a}}$ lediglich das zugehörige Infowort $\hat{\boldsymbol{u}}$ zu bestimmen. Das ist eine triviale Operation, beispielsweise sind bei systematischen Encodern lediglich die Prüfstellen auszublenden.

Die gesamte Intelligenz des Decoders steckt im Codewortschätzer, der im Gegensatz zum Encoder-Inversen nicht die Encodiervorschrift, sondern nur die Codemenge kennen muß. Zum Empfangswort $\boldsymbol{y}$ wird also im Codewortschätzer das geschätzte Codewort bestimmt – formal ist das eine Abbildung wie folgt:

$$\delta \;:\; \boldsymbol{y} \mapsto \delta(\boldsymbol{y}) = \hat{\boldsymbol{a}} \in \Gamma. \tag{1.6.2}$$

Die Funktion δ ist so zu konstruieren, daß die Wort-Fehlerwahrscheinlichkeit minimal wird:

$$P_w = P(\delta(\boldsymbol{y}) \neq \boldsymbol{a}) \tag{1.6.3}$$

Bei der Übertragung über einen diskreten Kanal mit Hard-Decision (also mit $\mathcal{A}_{\text{in}} = \mathcal{A}_{\text{out}}$) sind folgende Fälle zu unterscheiden:

$\boldsymbol{y} = \boldsymbol{a}$ Fehlerfreie Übertragung.

$\boldsymbol{y} \in \Gamma \backslash \{\boldsymbol{a}\}$ Verfälschung in ein anderes Codewort – dieser Fall kann niemals erkannt oder korrigiert werden.

$\boldsymbol{y} \notin \Gamma$ Die Verfälschung ist generell erkennbar und eventuell korrigierbar durch den Decoder. Bei $\delta(\boldsymbol{y}) = \boldsymbol{a}$ wird korrekt decodiert und bei $\delta(\boldsymbol{y}) \neq \boldsymbol{a}$ wird falsch decodiert. Der Fall $\delta(\boldsymbol{y}) =$ undefiniert tritt zwar beim idealen Decoder nicht auf, aber bei praktisch realisierten Decodern ist dieser Fall jedoch durchaus sinnvoll (siehe nachfolgende Erklärung).

In der formalen Beschreibung ordnet δ jedem der q^n möglichen Empfangsworte eines der q^k Codewörter zu. Später wird sich noch zeigen, daß man bei der Realisierung des Decoders teilweise darauf verzichtet, jedem möglichen Empfangswort die optimale Schätzung zuzuordnen – stattdessen wird die optimale Decodiervorschrift nur für die häufiger vorkommenden Empfangswörter realisiert. Mit dieser Methode können sich für den Decoder ganz erhebliche Vereinfachungen bei der Realisierung ergeben.

Wenn ein Empfangswort vollständig vorliegt, so kann (abgesehen von verarbeitungstechnischen Verzögerungen) sofort blockweise eine Schätzung des Codewortes bzw. Infowortes erfolgen. Im Normalfall kann also eine Schätzung für das erste Infosymbol empfangsseitig frühestens dann erfolgen, wenn das zuletzt gesendete Codesymbol empfangen wurde. Somit bestimmt die Blocklänge n eine untere Grenze für die prinzipiell mindestens auftretende Verzögerungszeit bei der codierten Übertragung.

Voraussetzung (gleiche Apriori-Wahrscheinlichkeiten) *zur Herleitung der Decodiervorschrift: Alle q^k Infowörter sollen mit der gleichen Wahrscheinlichkeit q^{-k} von der Quelle abgegeben werden.*

Mit dieser Voraussetzung treten auch alle Codewörter mit der gleichen Wahrscheinlichkeit q^{-k} auf. Die Wahrscheinlichkeit, daß ein Fehler bei der Decodierung auftritt unter der Voraussetzung, daß das Codewort $\boldsymbol{a}$ gesendet wurde, ergibt sich aus der Summation über diejenigen Empfangswörter, die zu einer Schätzung ungleich $\boldsymbol{a}$ führen:

$$\begin{aligned} P(\delta(\boldsymbol{y}) \neq \boldsymbol{a} \mid \boldsymbol{a} \text{ gesendet}) &= \sum_{\substack{\boldsymbol{y} \\ \delta(\boldsymbol{y}) \neq \boldsymbol{a}}} P(\boldsymbol{y} \text{ empfangen} \mid \boldsymbol{a} \text{ gesendet}) \\ &= \sum_{\substack{\boldsymbol{y} \\ \delta(\boldsymbol{y}) \neq \boldsymbol{a}}} P_{y|x}(\boldsymbol{y}|\boldsymbol{a}). \end{aligned} \tag{1.6.4}$$

Ferner gilt bei der Summation über alle Codewörter und alle Empfangswörter:

$$\begin{aligned} \sum_{\boldsymbol{a} \in \Gamma, \boldsymbol{y}} P_{y|x}(\boldsymbol{y}|\boldsymbol{a}) &= \sum_{\boldsymbol{a} \in \Gamma} P_{y|x}(\text{irgend ein } \boldsymbol{y} \text{ empfangen } |\boldsymbol{a}) \\ &= \sum_{\boldsymbol{a} \in \Gamma} 1 = q^k. \end{aligned} \tag{1.6.5}$$

Aus dem Satz von der vollständigen Wahrscheinlichkeit (A.3.1) folgt nun:

$$\begin{aligned} P_w &= P(\delta(\boldsymbol{y}) \neq \boldsymbol{a}) \\ &= \sum_{\boldsymbol{a} \in \Gamma} P(\delta(\boldsymbol{y}) \neq \boldsymbol{a} \mid \boldsymbol{a} \text{ gesendet}) \cdot P(\boldsymbol{a} \text{ gesendet}) \\ &= \sum_{\boldsymbol{a} \in \Gamma} \sum_{\substack{\boldsymbol{y} \\ \delta(\boldsymbol{y}) \neq \boldsymbol{a}}} P_{y|x}(\boldsymbol{y}|\boldsymbol{a}) \cdot q^{-k} \qquad \text{mit (1.6.4)} \\ &= q^{-k} \left(\sum_{\boldsymbol{a} \in \Gamma, \boldsymbol{y}} P_{y|x}(\boldsymbol{y}|\boldsymbol{a}) - \sum_{\substack{\boldsymbol{a} \in \Gamma, \boldsymbol{y} \\ \delta(\boldsymbol{y}) = \boldsymbol{a}}} P_{y|x}(\boldsymbol{y}|\boldsymbol{a}) \right) \\ &= 1 - q^{-k} \cdot \sum_{\substack{\boldsymbol{a} \in \Gamma, \boldsymbol{y} \\ \delta(\boldsymbol{y}) = \boldsymbol{a}}} P_{y|x}(\boldsymbol{y}|\boldsymbol{a}) \qquad \text{mit (1.6.5)} \\ &= 1 - q^{-k} \cdot \sum_{\boldsymbol{y}} P_{y|x}(\boldsymbol{y}|\delta(\boldsymbol{y})). \end{aligned}$$

Zur Minimierung von P_w sollte für jedes Empfangswort $\boldsymbol{y}$ also $\delta(\boldsymbol{y}) = \hat{\boldsymbol{a}}$ so gewählt werden, daß die Übergangswahrscheinlichkeit $P_{y|x}(\boldsymbol{y}|\hat{\boldsymbol{a}})$ maximal wird.

Satz 1.2 (Maximum-Likelihood-Decoder MLD). *Die Wort-Fehlerwahrscheinlichkeit P_w nach der Decodierung wird minimal, wenn wie folgt decodiert wird: Zum Empfangswort $\boldsymbol{y}$ wird als Schätzung $\hat{\boldsymbol{a}} \in \Gamma$ dasjenige Codewort gewählt, bei dem die Übergangswahrscheinlichkeit maximal wird:*

$$P_{y|x}(\boldsymbol{y}|\hat{\boldsymbol{a}}) \geq P_{y|x}(\boldsymbol{y}|\boldsymbol{b}) \quad \textit{für alle } \boldsymbol{b} \in \Gamma. \tag{1.6.6}$$

Die ML-Decodierung kann auch mehrdeutig sein – in diesem Fall wird dann irgendein Codewort mit maximaler Übergangswahrscheinlichkeit gewählt.

Dieses Ergebnis ist auch anschaulich einfach zu verstehen: Bei gegebenem Empfangswort wird dasjenige Sendewort bzw. Codewort gesucht, das am wahrscheinlichsten gesendet wurde. Die Berechnung der Wort-Fehlerwahrscheinlichkeit selbst erfolgt später in Kapitel 3.

Ohne die Voraussetzung gleicher Apriori-Wahrscheinlichkeiten ergibt sich allerdings ein anderer Decoder, nämlich der *Maximum Aposteriori Decoder* (MAP), der genau auf die Quellenstatistik angepaßt ist und bei nicht gleichwahrscheinlichen Sendeworten zu einer kleineren Wort-Fehlerwahrscheinlichkeit P_w führt (siehe Aufgabe 1.11). Wegen der Abhängigkeit von der Quellenstatistik wird der MAP-Decoder jedoch nur in Sonderfällen angewendet.

Noch anschaulicher werden diese Ergebnisse, wenn der q-näre symmetrische DMC betrachtet wird. Aus (1.3.2) und (1.3.3) folgt dann für $\boldsymbol{y} = (y_0, \ldots, y_{n-1})$ und $\hat{\boldsymbol{a}} = (\hat{a}_0, \ldots, \hat{a}_{n-1})$ mit $d = d_H(\boldsymbol{y}, \hat{\boldsymbol{a}})$:

$$\begin{aligned} P_{y|x}(\boldsymbol{y}|\hat{\boldsymbol{a}}) &= \prod_{i=0}^{n-1} P_{y|x}(y_i|\hat{a}_i) \\ &= \prod_{i=0}^{n-1} \left\{ \begin{array}{ll} 1-p_e & y_i = \hat{a}_i \\ p_e/(q-1) & y_i \neq \hat{a}_i \end{array} \right\} \\ &= (1-p_e)^{n-d} \cdot \left(\frac{p_e}{q-1}\right)^d \\ &= (1-p_e)^n \cdot \left(\frac{p_e}{(1-p_e)(q-1)}\right)^d . \end{aligned} \tag{1.6.7}$$

Der linke Faktor ist unabhängig von $\hat{\boldsymbol{a}}$ und somit muß nur der rechte Faktor durch geeignete Wahl von $\hat{\boldsymbol{a}}$ maximiert werden. Für $p_e < 0{,}5$ ist der Quotient kleiner als 1 und somit ergibt sich das Maximum, wenn $d = d_H(\boldsymbol{y}, \hat{\boldsymbol{a}})$ minimal wird:

Satz 1.3 (MLD für Hard-Decision-DMC). *Die Wort-Fehlerwahrscheinlichkeit P_w nach der Decodierung wird minimal, wenn wie folgt decodiert wird: Zum Empfangswort $\boldsymbol{y}$ wird als Schätzung $\hat{\boldsymbol{a}} \in \Gamma$ dasjenige Codewort gewählt, das vom Empfangswort den minimalen Hammingabstand hat:*

$$d_H(\boldsymbol{y}, \hat{\boldsymbol{a}}) \leq d_H(\boldsymbol{y}, \boldsymbol{b}) \quad \textit{für alle } \boldsymbol{b} \in \Gamma. \tag{1.6.8}$$

Beispiel 1.3. Es wird der $(5,2)_2$-Code $\Gamma = \{\underbrace{00000}_{a_1}, \underbrace{11100}_{a_2}, \underbrace{00111}_{a_3}, \underbrace{11011}_{a_4}\}$ betrachtet, für den offensichtlich $d_{\min} = 3$ gilt. In der nachfolgenden Tabelle sind für drei als beispielhaft gewählte Empfangswörter die Abstände zu allen Codewörtern angegeben und die daraus resultierende Entscheidung des Codewortschätzers:

y	$d_H(y, a_1)$	$d_H(y, a_2)$	$d_H(y, a_3)$	$d_H(y, a_4)$	$\delta(y)$
10000	1	2	4	3	a_1
11000	2	1	5	2	a_2
10001	2	3	3	2	a_1 oder a_4

□

Schon beim (7,4)-Hamming-Code aus Beispiel 1.2 wird diese Methode ziemlich umständlich, so daß praktisch anwendbare Codes zwei Forderungen genügen sollten: (1) Die Minimaldistanz $d_{\min}$ soll möglichst groß sein. (2) Die Struktur der Codemenge Γ muß so sein, daß sich im Decoder die Suche nach dem minimalen Hammingabstand möglichst einfach organisieren läßt. Beide Forderungen setzen eine algebraische Struktur voraus, denn für (1) ist die Struktur notwendig, um überhaupt gute Codes konstruieren zu können und für (2), um realisierbare Decoder zu ermöglichen.

Satz 1.3 soll nun in entsprechender Form auch für den AWGN abgeleitet werden. Nach (1.3.11) gilt für die Verteilungsdichten:

$$\begin{aligned} f_{y|x}(y|\hat{a}) &= \prod_{i=0}^{n-1} f_{y|x}(y_i|\hat{a}_i) \\ &= \prod_{i=0}^{n-1} \frac{1}{\sqrt{\pi N_0}} \exp\left(-\frac{(y_i-\hat{a}_i)^2}{N_0}\right) \\ &= (\pi N_0)^{-n/2} \exp\left(-\frac{1}{N_0}\sum_{i=0}^{n-1}(y_i-\hat{a}_i)^2\right) \\ &= c\cdot\exp\left(-\frac{1}{N_0}\|y-\hat{a}\|^2\right). \end{aligned} \tag{1.6.9}$$

Dabei ist c eine Konstante und $\|y-\hat{a}\|^2$ die *euklidische Norm* von $y-\hat{a}$ bzw. der *euklidische Abstand* zwischen y und $\hat{a}$. Der rechte Faktor muß durch geeignete Wahl von $\hat{a}$ maximiert werden. Dies wird erreicht durch Minimierung der Norm und somit folgt:

Satz 1.4 (MLD für Soft-Decision-AWGN). *Die Wort-Fehlerwahrscheinlichkeit P_w nach der Decodierung wird minimal, wenn wie folgt decodiert wird: Zum Empfangswort y wird als Schätzung $\hat{a} \in \Gamma$ dasjenige Codewort gewählt, das vom Empfangswort den minimalen euklidischen Abstand hat:*

$$\|y-\hat{a}\| \leq \|y-b\| \quad \textit{für alle } b \in \Gamma. \tag{1.6.10}$$

Ausgeschrieben bedeutet das $\sum_i (y_i - \hat{a}_i)^2 \leq \sum_i (y_i - b_i)^2$. Die y_i^2 können entfallen und somit vereinfacht sich das zu

$$\sum_{i=0}^{n-1} (\hat{a}_i^2 - 2y_i\hat{a}_i) \leq \sum_{i=0}^{n-1} (b_i^2 - 2y_ib_i) \quad \text{für alle } \boldsymbol{b} \in \Gamma$$

und das ist äquivalent zu

$$\sum_{i=0}^{n-1} y_i\hat{a}_i - \frac{1}{2}\sum_{i=0}^{n-1} \hat{a}_i^2 \geq \sum_{i=0}^{n-1} y_ib_i - \frac{1}{2}\sum_{i=0}^{n-1} b_i^2 \quad \text{für alle } \boldsymbol{b} \in \Gamma.$$

Speziell für binäre Codes gilt $\hat{a}_i, b_i \in \{+\sqrt{E_c}, -\sqrt{E_c}\}$ und somit entfallen die quadratischen Terme:

$$\sum_{i=0}^{n-1} y_i\hat{a}_i \geq \sum_{i=0}^{n-1} y_ib_i \quad \text{für alle } \boldsymbol{b} \in \Gamma. \tag{1.6.11}$$

Als Sendewort wird dasjenige Codewort geschätzt, bei dem die *Korrelation* mit dem Empfangswort maximal wird. Dennoch sind hier 2^k Skalarprodukte auszuführen und dies ist so aufwendig, daß Blockcodes normalerweise nur mit Hard-Decision decodiert werden können (siehe dazu auch Abschnitt 11.7).

1.7 Der Begriff des Codierungsgewinns

Die *Bit-Fehlerwahrscheinlichkeit* (BER, Bit Error Rate) bzw. *Symbol-Fehlerwahrscheinlichkeit* $P_b = P(\hat{a}_i \neq a_i)$ bezieht sich nur auf die Infosymbole und berücksichtigt nicht die Prüfsymbole. P_b und die Wort-Fehlerwahrscheinlichkeit $P_w = P(\hat{\boldsymbol{a}} \neq \boldsymbol{a})$ hängen in komplizierter Weise zusammen. Da die Anzahl der Fehler in einem fehlerhaft decodierten Wort zwischen 1 und k beträgt, gilt folglich

$$\frac{1}{k} \cdot P_w \leq P_b \leq P_w. \tag{1.7.1}$$

Normalerweise erweist sich die Näherung

$$P_b \approx \frac{d_{\min}}{k} \cdot P_w \tag{1.7.2}$$

als sinnvoll, die von $d_{\min}$ Fehlern pro falsch decodiertem Wort ausgeht. Eine ziemlich genaue Abschätzung von P_b und eine weitere Begründung für (1.7.2) erfolgt noch in Satz 3.15 – aber dieses Problem ist bei der praktischen Beurteilung von Codes von untergeordneter Bedeutung.

Der Vergleich von Codes untereinander und mit der uncodierten Übertragung erfolgt oft anhand des AWGN-Kanalmodells mit $q = 2$ gemäß Definition 1.3. Dazu sei N_0 die einseitige Rauschleistungsdichte und E_b die Energie pro Infobit. Dann ist

$$E_c = R \cdot E_b \tag{1.7.3}$$

die Energie pro Codebit, die also um den Faktor R (Coderate) kleiner ausfällt, sofern man gleiche Sendeleistung unterstellt. Die Signalleistung muß dann aufgeteilt werden auf die Infobits und auf die Prüfbits, so daß pro Codebit weniger Energie verfügbar ist. Damit wächst die Wahrscheinlichkeit, daß die Codebits im Demodulator falsch bestimmt werden. Ein Codierungsgewinn ergibt sich nur, wenn die Korrekturfähigkeit des Codes diesen negativen Effekt überwiegt.

In den Bildern 1.10 und 1.11 erfolgt nun anhand des AWGN-Modells ein quantitativer Vergleich zwischen codierter und uncodierter Übertragung, wobei P_w und P_b über E_b/N_0 aufgetragen werden. Die Kurve für die uncodierte Übertragung entspricht direkt Tabelle 1.1. Für die codierte Übertragung werden zwei *perfekte Codes* verwendet, bei denen als wesentlicher Vorteil die Wort-Fehlerwahrscheinlichkeit exakt berechnet werden kann (siehe dazu Satz 3.15).

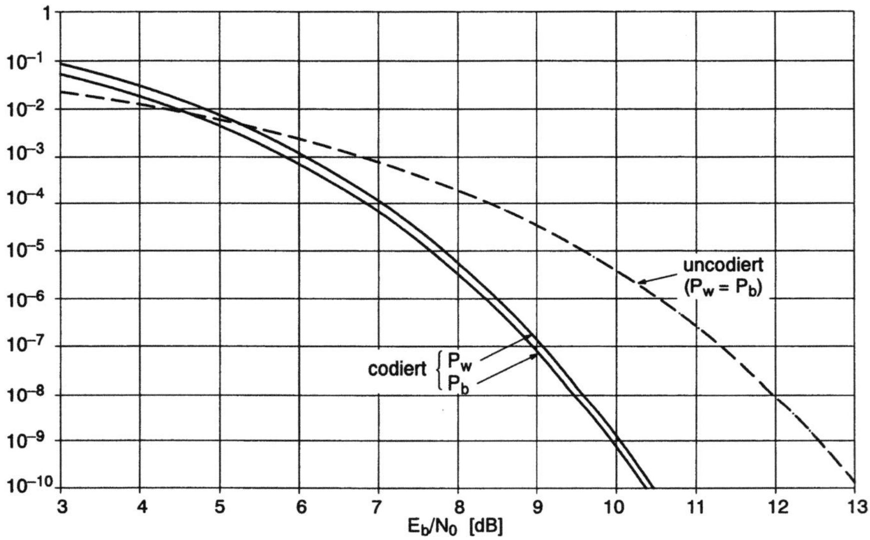

Bild 1.10. Fehlerwahrscheinlichkeit des $(23, 12)_2$-Golay-Codes (bei Hard-Decision)

Bild 1.10 zeigt am Beispiel des $(23, 12)_2$-Golay-Codes das prinzipielle Verhalten kanalcodierter Übertragungssysteme. Bei schlechten Kanälen ist die uncodierte Übertragung zunächst besser. Es gibt dann eine Schwelle (die hier bei etwa 5 dB liegt), von der an die codierte Übertragung besser wird und zu einem Codierungsgewinn (in dB) führt, der immer auf eine bestimmte Fehlerwahrscheinlichkeit P_w oder P_b bezogen wird. Bei $P_b = 10^{-6}$ beträgt dieser Codierungsgewinn etwa 2,0 dB. Unterhalb der Schwelle ergibt sich bei gleichem Signal/Rausch-Verhältnis eine kleinere Fehlerwahrscheinlichkeit bzw. bei gleicher Fehlerwahrscheinlichkeit kann die Sendeleistung reduziert werden. Bei einem sehr guten Kanal mit $E_b/N_0 \to \infty$ verlaufen die Kurven nahezu parallel und werden gleichzeitig immer steiler. Der Unterschied zwischen P_w und P_b ist dabei unbedeutend.

Der Abstand zwischen codierter und uncodierter Übertragung wird nicht beliebig groß bei $E_b/N_0 \to \infty$, sondern konvergiert gegen einen Grenzwert, der jetzt berechnet werden soll. Zur Unterscheidung wird deshalb die Energie pro Infobit bei der uncodierten Übertragung mit E_b' und bei der codierten Übertragung mit E_b bezeichnet.

Für die uncodierte Übertragung ergibt sich P_b direkt als BSC-Bitfehlerwahrscheinlichkeit. Nach (1.3.12) und (A.3.18) gilt:

$$P_{b,\text{unc}} = p_e = Q\left(\sqrt{\frac{2E_b'}{N_0}}\right) \approx \text{const} \cdot e^{-E_b'/N_0}. \tag{1.7.4}$$

Wie später in Satz 3.15 noch gezeigt wird, gilt für die codierte Übertragung mit Hard-Decision für großes E_b/N_0 näherungsweise:

$$P_{w,\text{cod}} \approx \text{const} \cdot p_e^{t+1}. \tag{1.7.5}$$

Dabei ist const eine vom Code abhängige Konstante, p_e ist die BSC-Bitfehlerwahrscheinlichkeit der Codebits zu $E_c = RE_b$ und $t = \lfloor (d_{\text{min}} - 1)/2 \rfloor$ entspricht etwa der halben Minimaldistanz (mit $\lfloor \lambda \rfloor$ wird die größte ganze Zahl $\leq \lambda$ bezeichnet). Nach (1.7.2) und (A.3.18) gilt also:

$$\begin{aligned} P_{b,\text{cod}} &\approx \text{const} \cdot P_{w,\text{cod}} \\ &\approx \text{const} \cdot p_e^{t+1} \\ &\approx \text{const} \cdot \left[Q\left(\sqrt{\frac{2RE_b}{N_0}}\right)\right]^{t+1} \\ &\approx \text{const} \cdot e^{-R(t+1)\cdot E_b/N_0}. \end{aligned} \tag{1.7.6}$$

Der Codierungsgewinn wird auf gleiche Bitfehlerraten bezogen: $P_{b,\text{unc}} = P_{b,\text{cod}}$. Hieraus folgt:

$$\text{const} \cdot e^{-E_b'/N_0} = \text{const} \cdot e^{-R(t+1)\cdot E_b/N_0}. \tag{1.7.7}$$

Die Konstanten sind allenfalls linear von E_b/N_0 bzw. t abhängig und können somit beim Logarithmieren für großes E_b/N_0 vernachlässigt werden:

$$\frac{E_b'}{N_0} \approx R(t+1) \cdot \frac{E_b}{N_0}. \tag{1.7.8}$$

Daraus ergibt sich der ***asymptotische Codierungsgewinn*** (asymptotic coding gain) für Hard-Decision als:

$$G_{\text{a,hard}} = 10 \cdot \log_{10}(R(t+1)) \quad \text{dB}. \tag{1.7.9}$$

Für ***Soft-Decision*** wird später in Satz 3.17 gezeigt:

$$P_{w,\text{cod}} \approx \text{const} \cdot e^{-Rd_{\text{min}}\cdot E_b/N_0}. \tag{1.7.10}$$

Der Vergleich mit (1.7.4) ergibt den asymptotischen Codierungsgewinn für Soft-Decision:

$$G_{\mathrm{a,soft}} = 10 \cdot \log_{10}(Rd_{\mathrm{min}}) \quad \mathrm{dB}. \tag{1.7.11}$$

Für großes E_b/N_0 ergibt sich die Fehlerwahrscheinlichkeit exponentiell aus E_b/N_0:

$$P_b = \mathrm{const} \cdot e^{-E_b/N_0 \cdot \mathrm{const}}. \tag{1.7.12}$$

Dies gilt unabhängig davon, ob codiert wird oder nicht. Für großes E_b/N_0 verlaufen die Kurven aus Bild 1.10 also parallel zueinander im Abstand $G_{\mathrm{a,hard}}$. Die Steigung der Kurven konvergiert gegen $-\infty$ für $E_b/N_0 \to \infty$. Deshalb spielen auch die Konstanten in (1.7.7) keine Rolle und auch der Zusammenhang zwischen Bit- und Wort-Fehlerwahrscheinlichkeit gemäß (1.7.1) bzw. (1.7.2) ist unwesentlich, denn der vertikale Abstand zwischen der P_b- und der P_w-Kurve bleibt zwar konstant, aber der horizontale Abstand konvergiert gegen Null.

Unmittelbar deutlich wird die enorme Bedeutung der Minimaldistanz: Je größer d_{min} wird bei gleicher Coderate (z.B. durch größere Blocklänge oder besseren Code), desto mehr kann E_b (codiert) gegenüber E_b' (uncodiert) vermindert werden. Durch Soft-Decision ergibt sich prinzipiell ein asymptotischer Gewinn von etwa 3 dB (mit $t+1 \approx d_{\mathrm{min}}/2$):

$$G_{\mathrm{a,soft}} \approx G_{\mathrm{a,hard}} + 3{,}01 \text{ dB}. \tag{1.7.13}$$

Bei „realistischen“ Werten von E_b/N_0 bzw. „mittleren“ Werten von P_b beträgt der Gewinn durch Soft-Decision allerdings üblicherweise nur rund 2 dB.

Für den $(23,12)_2$-Golay-Code aus Bild 1.10 mit $t = 3$ ergibt sich ein asymptotischer Codierungsgewinn von $G_{\mathrm{a,hard}} = 10 \cdot \log_{10}(12/23 \cdot 4) = 3{,}2$ dB, der allerdings aus dem Bild nicht direkt ablesbar ist, da hierfür ein größeres E_b/N_0 betrachtet werden müßte. Bei $P_w = 10^{-10}$ bzw. $E_b/N_0 = 10{,}5$ dB beträgt der Gewinn erst rund 2,5 dB. Insofern ist G_{a} eher ein Maß zum Vergleich verschiedener Codes als zur Berechnung des Codierungsgewinns bei moderaten Fehlerraten.

In Bild 1.11 ist die Fehlerwahrscheinlichkeit des $(7,4)_2$-Hamming-Codes mit $t = 1$ dargestellt. Hier gilt nur $G_{\mathrm{a,hard}} = 10 \cdot \log_{10}(4/7 \cdot 2) = 0{,}6$ dB und tatsächlich ist die codierte Übertragung nur geringfügig besser und das auch nur bei einem guten Kanal bzw. bei kleinen Fehlerwahrscheinlichkeiten. Hohe Codierungsgewinne können nur bei komplexen Codes erwartet werden, insbesondere nur bei großen Blocklängen, und dies ist auch die Aussage des Kanalcodierungstheorems (siehe Abschnitt 2.2).

Weitere Fehlerwahrscheinlichkeits-Kurven über E_b/N_0 sind in Abschnitt 3.8 (Vergleich von Hard- und Soft-Decision für den Hamming-Code) und insbesondere in Abschnitt 7.3 (BCH-Codes) sowie in Abschnitt 9.5 (Faltungscodes) angegeben. Die theoretische Berechnung der Fehlerwahrscheinlichkeit erfolgt für Blockcodes in den Abschnitten 3.7 und 3.8, für Faltungscodes in Abschnitt 9.5 und für die trelliscodierte Modulation in Abschnitt 10.7. Generell wird sich dabei zeigen, daß die Berechnung mit größerem E_b/N_0 immer einfacher wird.

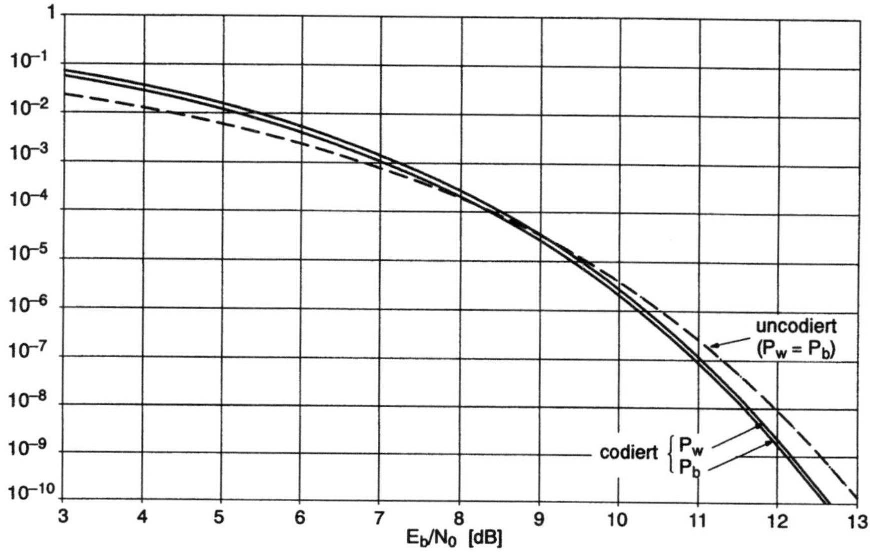

Bild 1.11. Fehlerwahrscheinlichkeit des $(7,4)_2$-Hamming-Codes (bei Hard-Decision)

Andererseits können Fehlerwahrscheinlichkeiten bis herunter zur Größenordnung 10^{-6} noch mit vernünftigem Aufwand simuliert werden. Folglich ergänzen sich Theorie und Simulation bei den Fehlerwahrscheinlichkeits-Kurven nahezu perfekt.

Der bei einer konkreten Anwendung tatsächlich vorliegende Kanal ist oftmals so kompliziert, daß eine exakte Beschreibung nicht möglich ist. Deshalb werden Codes meistens in Bezug auf die einfachen Modelle BSC oder AWGN entworfen, womit gleichzeitig auch eine gewisse Robustheit gegen Kanaländerungen gegeben ist. Daneben werden allerdings auch noch Modelle für Kanäle mit Bündelfehlern (siehe Abschnitt 5.6, 5.7) sowie für Fadingkanäle (siehe Abschnitt 11.2, 11.3) verwendet.

Es ist also nicht überraschend, wenn der Codierungsgewinn in der Praxis nicht präzise den theoretischen Vorhersagen entspricht. Hinzu kommen immer sogenannte Implementierungsverluste sowie ein weiterer Effekt: Bei codierter Übertragung ist die Energie pro Codebit kleiner als bei der uncodierten Übertragung. Damit wird die Synchronisation (Frequenz, Takt, Rahmen) eventuell viel schwieriger, als die gesamten Operationen im Encoder und Decoder.

Ganz anders sind allerdings die Verhältnisse, wenn beim Einsatz von Codierung das Modulationssystem und die Bandbreite nicht geändert werden und stattdessen die Datenrate der Infobits vermindert wird. In diesem Fall beträgt der Gewinn $G_{\mathrm{a,hard}} = 10 \cdot \log_{10}(t+1)$ dB.

1.8 Grundgedanke der Kanalcodierung

Insbesondere mit Blockcodes wird unmittelbar der Grundgedanke deutlich, der hinter der Kanalcodierung steht. Es ist die gleiche Idee wie bei der Digitalisierung in der Nachrichtentechnik mit ähnlichen Vor- und Nachteilen:

Digitalisierung bedeutet Quantisierung der Symbole im Wertebereich: Wenn Δ die Quantisierungsbreite ist, so ist $\Delta/2$ der maximale Quantisierungsfehler. Daraus folgt:

Vorteil: Kleine Übertragungsfehler (kleiner als $\Delta/2$) werden völlig eliminiert, während bei der analogen Übertragung in jeder Verstärkerstufe das Signal/Rausch-Verhältnis prinzipiell immer schlechter wird.

Nachteil: Auch ohne Übertragungsfehler tritt immer ein mittlerer Quantisierungsfehler von $\sqrt{\Delta^2/12}$ auf. Große Übertragungsfehler (größer als $\Delta/2$) werden durch Zuordnung zur falschen Quantisierungsstufe noch vergrößert.

Fazit: Quantisierung nur dort, wo der Hauptanteil der Störungen kleiner als $\Delta/2$ ist.

Kanalcodierung bedeutet Quantisierung ganzer Symbolfolgen im Zeitbereich: Die $n-k$ Prüfstellen werden so gewählt, daß sich die verschiedenen Codewörter der Länge n an mindestens $d_{\min}$ Stellen unterscheiden. Das ist möglich, weil von den q^n möglichen Wörtern nur q^k Wörter auch tatsächlich Codewörter sind. Daraus folgt (wie in Abschnitt 3.2 noch detailliert gezeigt wird):

Vorteil: Bei weniger als $d_{\min}/2$ Übertragungsfehlern liegt das Empfangswort näher am gesendeten Wort als an allen anderen möglichen Codewörtern und kann somit richtig decodiert werden.

Nachteil: Bei mehr als $d_{\min}/2$ Übertragungsfehlern wird möglicherweise auf ein falsches Codewort entschieden und die Anzahl der Fehler erhöht sich durch die Codierung.

Fazit: Kanalcodierung nur dort, wo in der Mehrzahl weniger als $d_{\min}/2$ Fehler pro Codewort auftreten, d.h.: Kanalcodierung ist nur sinnvoll bei relativ guten Kanälen und bei hohen Anforderungen an die Zuverlässigkeit, während bei schlechten Kanälen eine Kanalcodierung nicht sinnvoll ist.

Die zentrale Idee der Kanalcodierung ist es, lange Infoblöcke in noch längere Codeblöcke zu transferieren. Das Ausmaß der hinzuzufügenden Redundanz ist abhängig von der Kanalqualität und der gewünschten Übertragungsqualität.

1.9 Aufgaben

1.1. Es wird ein BSC mit der Bit-Fehlerwahrscheinlichkeit $p_e = 0{,}01$ vorausgesetzt. Mit welcher Wahrscheinlichkeit wird das Wort 0110100 bei der Übertragung zu 0010101 verfälscht?

1.2. Es wird ein BSC mit $p_e = 0{,}1$ vorausgesetzt. Berechne für Wörter der Länge 7 die Wahrscheinlicheit für Fehlermuster aller möglichen Gewichte. Mit welcher Wahrscheinlichkeit treten höchstens 2 bzw. mehr als 2 Fehler auf?

1.3. Es wird ein BSC mit $p_e = 0{,}001$ vorausgesetzt. Berechne näherungsweise die Wahrscheinlicheit für mehr als 2 Fehler bei Wörtern der Länge 31.

1.4. Beschreibe den bei der Reihenschaltung zweier BSC's mit den Bit-Fehlerwahrscheinlichkeiten $p_{e,1}$ und $p_{e,2}$ entstehenden Kanal.

1.5. Zeige $w_H(\boldsymbol{x}+\boldsymbol{y}) \geq w_H(\boldsymbol{x}) - w_H(\boldsymbol{y})$.

1.6. Beweise und veranschauliche

$$d_H(\boldsymbol{x},\boldsymbol{y}) \geq |d_H(\boldsymbol{x},\boldsymbol{z}) - d_H(\boldsymbol{z},\boldsymbol{y})|. \tag{1.9.1}$$

1.7. Beweise die *Vierecksungleichung*

$$|d_H(\boldsymbol{x},\boldsymbol{y}) - d_H(\boldsymbol{x}',\boldsymbol{y}')| \leq d_H(\boldsymbol{x},\boldsymbol{x}') + d_H(\boldsymbol{y},\boldsymbol{y}'). \tag{1.9.2}$$

1.8. Wieviele verschiedene $(3,2,2)_2$-Blockcodes gibt es?

1.9. Zeige für die Funktion $f(p_e) = p_e^r(1-p_e)^{n-r}$ das Resultat

$$\max_{p_e} f(p_e) = f\left(\frac{r}{n}\right) = 2^{-nH_2(r/n)}, \tag{1.9.3}$$

wobei $H_2(.)$ die binäre Entropiefunktion gemäß (A.2.3) bezeichnet. Interpretation?

1.10. Es wird der $(3,1,3)_2$-Code $\Gamma = \{(-1;-1;-1),(+1;+1;+1)\}$ und der AWGN vorausgesetzt. Berechne für das Empfangswort $\boldsymbol{y} = (+0{,}1;-1{,}0;+0{,}1)$ die ML-Schätzung bei Soft- und Hard-Decision.

1.11. Zeige, daß ohne die Voraussetzung gleicher Apriori-Wahrscheinlichkeiten die Wort-Fehlerwahrscheinlichkeit P_w durch den Maximum-Aposteriori-Decoder minimiert wird, der wie folgt definiert ist: Zum Empfangswort $\boldsymbol{y}$ wird als Schätzung $\hat{\boldsymbol{a}} \in \Gamma$ dasjenige Codewort gewählt, bei dem die Aposteriori-Wahrscheinlichkeit $P(x|y) = P(y|x) \cdot P(x)/P(y)$ maximal wird bzw. äquivalent

$$P_x(\hat{\boldsymbol{a}}) \cdot P_{y|x}(\boldsymbol{y}|\hat{\boldsymbol{a}}) \geq P_x(\boldsymbol{b}) \cdot P_{y|x}(\boldsymbol{y}|\boldsymbol{b}) \quad \text{für alle } \boldsymbol{b} \in \Gamma. \tag{1.9.4}$$

2. Grundlagen der Shannon'schen Informationstheorie

Die von Shannon 1948 begründete Informationstheorie zeigt die prinzipiellen Grenzen und Möglichkeiten der Codierung auf, wobei Shannon sowohl Kanalcodierung, Quellencodierung und kryptographische Codierung betrachtet hat. In diesem Kapitel wird nur die Informationstheorie der Kanalcodierung dargestellt mit Beschränkung auf den diskreten gedächtnislosen Kanal (DMC). Obwohl bisher die Blockcodes nur ganz knapp behandelt wurden, sind die Ergebnisse von Shannon dennoch schon mit diesen geringen Grundlagen verständlich.

2.1 Kanalkapazität des DMC

Vorausgesetzt wird der DMC $(\mathcal{A}_{\text{in}}, \mathcal{A}_{\text{out}}, P_{y|x})$ gemäß Definition 1.2 mit der Beschreibung durch die Übergangswahrscheinlichkeiten (Kanalstatistik) $P_{y|x}(\eta|\xi)$ oder kurz $P(y|x)$. Der Input des diskreten Kanals (bzw. der Output des Kanalencoders) wird als eine Zufallsgröße angesehen, die durch die Apriori-Verteilung (Quellenstatistik) $P_x(\xi)$ oder kurz $P(x)$ gekennzeichnet ist. Zusammenfassung:

$$\begin{aligned} P(y|x) &= P(y \text{ empfangen } | x \text{ gesendet}) && \text{Kanalstatistik} \\ P(x) &= P(x \text{ gesendet}) && \text{Quellenstatistik.} \end{aligned} \tag{2.1.1}$$

Aus der Quellenstatistik und der Kanalstatistik kann die Empfangsstatistik berechnet werden: Die Wahrscheinlichkeit, daß y empfangen wird, beträgt nach dem Satz von der vollständigen Wahrscheinlichkeit (A.3.1):

$$P(y) = \sum_{x \in \mathcal{A}_{\text{in}}} P(y|x) \cdot P(x) \quad \text{Empfangsstatistik.} \tag{2.1.2}$$

Für die gemeinsame Verteilung, daß also x gesendet und y empfangen wird, gilt:

$$P(x,y) = P(y|x) \cdot P(x) = P(x|y) \cdot P(y). \tag{2.1.3}$$

Eingeführt wurde damit auch die bedingte Wahrscheinlichkeit $P(x|y)$, daß x gesendet wurde unter der Voraussetzung, daß y empfangen wurde. Aus der gemeinsamen Verteilung ergeben sich $P(y)$ und $P(x)$ als Randverteilungen:

$$P(y) = \sum_{x \in \mathcal{A}_{\text{in}}} P(x,y) \quad , \quad P(x) = \sum_{y \in \mathcal{A}_{\text{out}}} P(x,y). \tag{2.1.4}$$

Zur Vollständigkeit wird noch vermerkt:

$$\sum_{x \in \mathcal{A}_{\text{in}}} P(x) = \sum_{y \in \mathcal{A}_{\text{out}}} P(y) = \sum_{y \in \mathcal{A}_{\text{out}}} P(y|x) = \sum_{x \in \mathcal{A}_{\text{in}}} P(x|y) = 1. \tag{2.1.5}$$

Der Informationsgehalt einer Zufallsgröße (wie beispielsweise der Input x des DMC) wird mit der *Entropie* (Unbestimmtheit, siehe auch Anhang A.3) gemessen: $H(x) = -\sum_{x \in \mathcal{A}_{\text{in}}} P(x) \log_2 P(x)$. Wie schon bei der Herleitung des Maximum-Likelihood-Decoders in Abschnitt 1.6 werden beim Entwurf von codierten Übertragungssystemen für die Apriori-Verteilung (Quellenstatistik) P_x üblicherweise gleichmäßig verteilte Infowörter angenommen. Dann haben die Infosymbole bzw. Infowörter jeweils die maximal mögliche Entropie $H(x) = \log_2 q$ bzw. $H(\boldsymbol{x}) = k \cdot \log_2 q$. Für die Entropie der Empfangswerte gilt $H(y) \leq \log_2 |\mathcal{A}_{\text{out}}|$.

Für die Übertragung von Informationen über einen stochastischen Kanal sind jedoch nicht die Entropien von Input und Output maßgebend, sondern der (möglichst enge) Zusammenhang zwischen Input und Output. Dafür wird jetzt ein wichtiges Maß eingeführt, das auf der gemeinsamen Verteilung von Input und Output basiert:

Definition 2.1. *Zwischen zwei Zufallsgrößen und insbesondere zwischen Input und Output des DMC kann die* Transinformation *(mutual information) definiert werden, die angibt, wieviel Information eine der beiden Zufallsgrößen über die andere vermittelt:*

$$\begin{aligned}
I(x;y) &= \sum_{x \in \mathcal{A}_{\text{in}}, y \in \mathcal{A}_{\text{out}}} P(x)P(y|x) \log_2 \frac{P(y|x)}{\sum_{x' \in \mathcal{A}_{\text{in}}} P(x')P(y|x')} && (2.1.6)\\
&= \sum_{x \in \mathcal{A}_{\text{in}}, y \in \mathcal{A}_{\text{out}}} P(x,y) \log_2 \frac{P(x,y)}{P(x)P(y)} && (2.1.7)\\
&= \underbrace{\sum_{y \in \mathcal{A}_{\text{out}}} P(y) \log_2 \frac{1}{P(y)}}_{= H(y)} - \underbrace{\sum_{x \in \mathcal{A}_{\text{in}}, y \in \mathcal{A}_{\text{out}}} P(x,y) \log_2 \frac{1}{P(y|x)}}_{= H(y|x)} && (2.1.8)\\
&= \underbrace{\sum_{x \in \mathcal{A}_{\text{in}}} P(x) \log_2 \frac{1}{P(x)}}_{= H(x)} - \underbrace{\sum_{x \in \mathcal{A}_{\text{in}}, y \in \mathcal{A}_{\text{out}}} P(x,y) \log_2 \frac{1}{P(x|y)}}_{= H(x|y)}. && (2.1.9)
\end{aligned}$$

Die Äquivalenz der vier Formulierungen folgt aus (A.3.1) und (A.3.2). In (2.1.6) wird $I(x;y)$ durch die Quellenstatistik $P(x)$ und die Kanalstatistik $P(y|x)$ ausgedrückt. Die Formulierung in (2.1.7) erfolgt mit der gemeinsamen Verteilung und den Randverteilungen. Die letzten beiden Formulierungen verwenden Entropien. Die Transinformation wird in (2.1.8) dargestellt als Differenz zwischen der Output-Entropie $H(y)$ und der bedingten Output-Entropie $H(y|x)$ (*Irrelevanz, Vorhersageunsicherheit*) bzw. in (2.1.9) als Differenz zwischen der Quellen-Entropie $H(x)$ und der bedingten Entropie $H(x|y)$ (*Äquivokation, Rückschlußunsicherheit*).

Die Transinformation ist offensichtlich symmetrisch in x und y. Es läßt sich leicht zeigen, daß alle Entropien einschließlich der bedingten Entropien sowie die Transinformation nicht-negativ sind und somit gilt:

(1) $H(y) \geq H(y|x)$: Die Kenntnis von x vermindert die Unsicherheit über y; im Idealfall sollte y durch x eindeutig bestimmt sein.

(2) $H(x) \geq H(x|y)$: Die Kenntnis von y vermindert die Unsicherheit über x; im Idealfall sollte bei bekanntem Output des Kanals auch der Input bekannt sein – das ist schließlich das eigentliche Ziel der Nachrichtenübertragung.

(3) $I(x;y) \leq \min\{H(x), H(y)\}$.

Bei gleichmäßig verteilten Input-Symbolen mit $P_x(\xi) = 1/q$ für alle $\xi \in \mathcal{A}_{\text{in}}$ gilt für die Quellenentropie allgemein

$$H(x) = \sum_{x \in \mathcal{A}_{\text{in}}} \frac{1}{q} \log_2 q = \log_2 q \tag{2.1.10}$$

und $H(x) = 1$ speziell für $q = 2$.

Beispiel 2.1. Betrachtung der Extremfälle für den DMC:

(1) Schlechtester Fall: Hier bestehen zwischen dem Input und dem Output des DMC keine statistischen Zusammenhänge, so daß keine Information übertragbar ist. In diesem Fall sind x und y statistisch unabhängig und die gemeinsame Verteilung zerfällt in ein Produkt: $P(x,y) = P(x)P(y)$. In (2.1.7) ist dann $\log_2(\ldots) = 0$ und somit insgesamt:

$$I(x;y) = 0 \quad , \quad H(y|x) = H(y) \quad , \quad H(x|y) = H(x). \tag{2.1.11}$$

$H(y|x) = H(y)$ bedeutet, daß der Informationsgehalt von y unabhängig davon ist, ob x bekannt ist oder nicht. Bei einem guten Kanal sollte y aber keinen Informationsgehalt bei bekanntem x haben, da y durch x bestimmt sein sollte. Entsprechend ist $H(x|y) = H(x)$ zu interpretieren.

(2) Bester Fall: Hier schaltet der Kanal transparent durch, d.h. $x \equiv y$. Damit ist der Kanal nicht mehr stochastisch, sondern deterministisch. Es gilt $P(y) = P(x)$ sowie

$$P(y|x) = \left\{ \begin{matrix} 1 & y = x \\ 0 & y \neq x \end{matrix} \right\} \quad , \quad P(x,y) = \left\{ \begin{matrix} P(x) & y = x \\ 0 & y \neq x \end{matrix} \right\}.$$

Betrachte $H(y|x)$ in (2.1.8): Für $y = x$ ist $\log_2(\ldots) = 0$ und ansonsten ist $P(x,y) = 0$. Also folgt $H(y|x) = 0$, d.h. bei Kenntnis von x verbleibt über y keinerlei Unsicherheit und entsprechend ist $H(x|y) = 0$ zu interpretieren. Insgesamt gilt:

$$I(x;y) = H(y) = H(x) \quad , \quad H(y|x) = 0 \quad , \quad H(x|y) = 0. \tag{2.1.12}$$

Für gleichmäßig verteilte Quellensymbole gilt $I(x;y) = H(x) = \log_2 q$. □

Definition 2.2. *Für den DMC* $(\mathcal{A}_{\text{in}}, \mathcal{A}_{\text{out}}, P_{y|x})$ *ist die* Kanalkapazität C *definiert als das Maximum der Transinformation, wenn über alle möglichen Quellenstatistiken (Apriori-Wahrscheinlichkeiten) maximiert wird:*

$$C = \max_{P_x} I(x;y) \qquad \textit{Einheit: Infobit/Kanalbenutzung.} \tag{2.1.13}$$

Es gilt $0 \leq C \leq \log_2 q$ (= 1 bei binärer Übertragung). Bei $C = 0$ ist der Output vom Input statistisch unabhängig und es ist keine Information übertragbar. Bei $C = \log_2 q$ schaltet der Kanal transparent durch.

Um die maximale Kanalkapazität zu erreichen, müßte die Quellenstatistik (also die Verteilung der Codesymbole) an die Kanalstatistik angepaßt werden, was normalerweise nur sehr schwer möglich ist. Allerdings wird bei symmetrischen Kanälen das Maximum der Transinformation immer bei der gleichmäßigen Verteilung auftreten – dies gilt natürlich insbesondere für den binären Kanal. In diesem Fall ist auch die Encodierung binär und erzeugt eine gleichmäßige Verteilung. Im übrigen dient die Kanalkapazität nicht primär dem Entwurf eines Codes, sondern erlaubt die Beurteilung eines diskreten Kanals bzw. eines Modulationssystems.

Beispiel 2.2. Berechnung von C für BSC und AWGN:

(1) BSC mit der Bit-Fehlerwahrscheinlichkeit p_e: Das Maximum in $I(x;y)$ tritt wegen der Symmetrie bei $P_x(0) = P_x(1) = 0{,}5$ auf. Mit x ist dann auch y gleichmäßig verteilt mit $P_y(0) = P_y(1) = 0{,}5$ und somit gilt $H(y) = 1$. Aus

$$P(x,y) = P(x)P(y|x) = \left\{ \begin{array}{ll} (1-p_e)/2 & y = x \\ p_e/2 & y \neq x \end{array} \right\}$$

folgt:

$$\begin{aligned} H(y|x) &= -P_{x,y}(0,0)\log_2 P_{y|x}(0|0) - P_{x,y}(0,1)\log_2 P_{y|x}(1|0) \\ &\quad -P_{x,y}(1,0)\log_2 P_{y|x}(0|1) - P_{x,y}(1,1)\log_2 P_{y|x}(1|1) \\ &= -\frac{1-p_e}{2}\log_2(1-p_e) - \frac{p_e}{2}\log_2(p_e) \\ &\quad -\frac{p_e}{2}\log_2(p_e) - \frac{1-p_e}{2}\log_2(1-p_e). \end{aligned}$$

Damit ergibt sich die Kanalkapazität des BSC als

$$\begin{aligned} C &= 1 + p_e \log_2(p_e) + (1-p_e)\log_2(1-p_e) \\ &= 1 - H_2(p_e), \end{aligned} \tag{2.1.14}$$

wobei $H_2(p_e)$ die in Anhang A.2 definierte *binäre Entropiefunktion* ist. Die Funktion $C = C(p_e)$ ist symmetrisch mit $C(p_e) = C(1-p_e)$ und es gilt $C(0) = 1$ und $C(0{,}5) = 0$. Die Kanalkapazität C wird in Bild 2.1 zusammen mit dem Fehlerexponenten R_0 (siehe Definition 2.3) dargestellt.

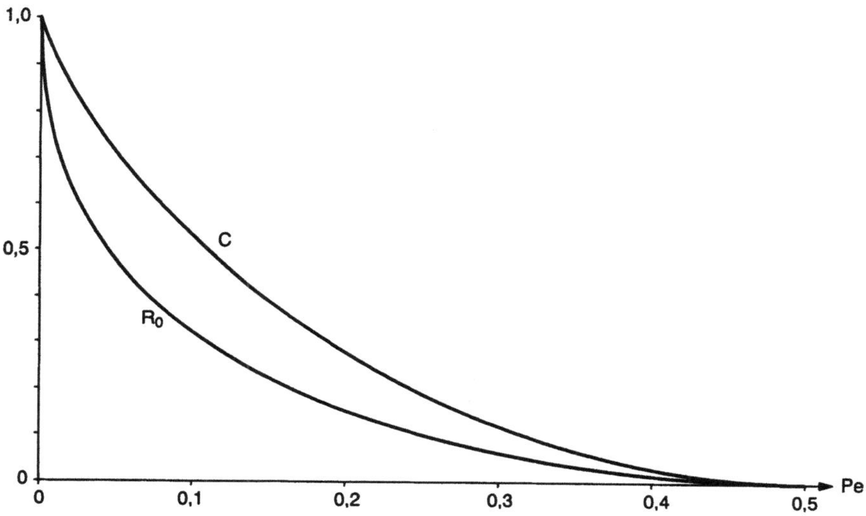

Bild 2.1. C und R_0 für den BSC

(2) AWGN: Das Maximum in $I(x;y)$ tritt wegen der Symmetrie auch hier bei $P_x(-\sqrt{E_c}) = P_x(+\sqrt{E_c}) = 0{,}5$ auf. Die Verteilungsdichtefunktion von y wird dann durch

$$f_y(\eta) = \frac{1}{2}\left(f_{y|x}(\eta|-\sqrt{E_c}) + f_{y|x}(\eta|+\sqrt{E_c})\right)$$

gegeben. Die Summation über y in (2.1.6) geht jetzt in eine Integration über:

$$\begin{aligned} C = \frac{1}{2}\int_{-\infty}^{\infty} \Bigg(& f_{y|x}(\eta|+\sqrt{E_c}) \log_2 \frac{f_{y|x}(\eta|+\sqrt{E_c})}{f_y(\eta)} \\ & + f_{y|x}(\eta|-\sqrt{E_c}) \log_2 \frac{f_{y|x}(\eta|-\sqrt{E_c})}{f_y(\eta)} \Bigg) d\eta. \end{aligned} \tag{2.1.15}$$

Mit $f_{y|x}(\eta|\xi)$ gemäß (1.3.11) folgt:

$$C = \frac{1}{2\sqrt{\pi N_0}} \int_{-\infty}^{\infty} \Bigg(e^{-(\eta-\sqrt{E_c})^2/N_0} \log_2 \frac{2e^{-(\eta-\sqrt{E_c})^2/N_0}}{e^{-(\eta-\sqrt{E_c})^2/N_0} + e^{-(\eta+\sqrt{E_c})^2/N_0}}$$

$$+ e^{-(\eta+\sqrt{E_c})^2/N_0} \log_2 \frac{2e^{-(\eta+\sqrt{E_c})^2/N_0}}{e^{-(\eta-\sqrt{E_c})^2/N_0} + e^{-(\eta+\sqrt{E_c})^2/N_0}} \Bigg) d\eta.$$

Mit der Substitution $\alpha = \eta\sqrt{2/N_0}$ und der Abkürzung $v = \sqrt{2E_c/N_0}$ vereinfacht sich das zu

$$C = \frac{1}{2\sqrt{2\pi}} \int\limits_{-\infty}^{\infty} \left(e^{-(\alpha-v)^2/2} \log_2 \frac{2}{1+e^{-2\alpha v}} + e^{-(\alpha+v)^2/2} \log_2 \frac{2}{1+e^{2\alpha v}} \right) d\alpha. \tag{2.1.16}$$

Dieses Integral kann nicht analytisch geschlossen berechnet werden. Durch numerische Auswertung ergibt sich die Kanalkapazität des AWGN als Kurve C_{soft} wie in Bild 2.2 dargestellt. Die Kanalkapazität wächst kontinuierlich von 0 bis 1, wenn E_c/N_0 von 0 bis $+\infty$ läuft. □

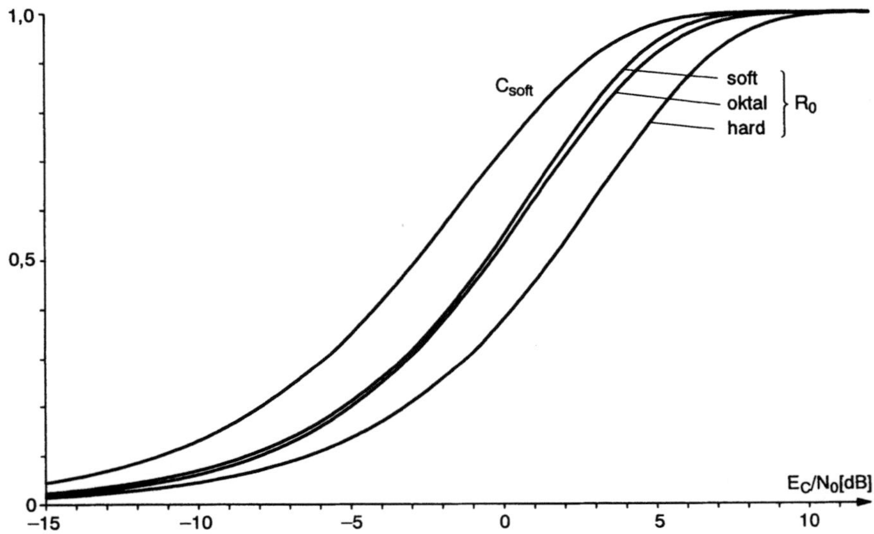

Bild 2.2. C und R_0 für den AWGN ($q = 2$)

Obwohl die Kanalmodelle BSC und AWGN von überragender praktischer und theoretischer Bedeutung sind, gibt es dennoch wichtige Kanäle mit asymmetrischen Übergangswahrscheinlichkeiten, bei denen das Maximum der Transinformation nicht bei der gleichmäßigen Apriori-Verteilung eintritt.

2.2 Kanalcodierungstheorem

Die Bedeutung der Kanalkapazität wird sofort klar aus dem berühmten Satz von Shannon (1948, noisy channel coding theorem), der die Grundlage für die digitale Kommunikation bildet:

Satz 2.1 (Kanalcodierungstheorem, 1.Fassung). *Es sei C die Kanalkapazität des DMC mit $q = |\mathcal{A}_{\text{in}}|$. Dann kann durch Verwendung von Kanalcodierung und Maximum-Likelihood-Decodierung die Wort-Fehlerwahrscheinlichkeit P_w beliebig klein gemacht werden, sofern die Coderate $R_b = R \cdot \log_2 q$ kleiner als C ist.*

Genauere Formulierung: Für jedes $\varepsilon > 0$ und $\varepsilon' > 0$ existiert ein $(n,k)_q$-Blockcode mit $R_b = k/n \cdot \log_2 q$, so daß gilt:

$$C - \varepsilon' \leq R_b < C \quad \textit{und} \quad P_w < \varepsilon.$$

Konverses Theorem: Bei $R_b > C$ kann P_w eine gewisse Grenze auch bei größtem Aufwand nie unterschreiten.

Der Beweis ist für den Spezialfall des BSC relativ einfach und wird in Abschnitt 2.7 gegeben.

Dieses Ergebnis ist sicherlich überraschend: Die Kanaleigenschaften begrenzen nur die Übertragungsrate und den Durchsatz, aber nicht die Qualität der Übertragung. Bei immer höheren Qualitätsanforderungen muß also nicht die Datenrate reduziert werden oder der Kanal selbst verbessert werden, sondern es muß nur die Blocklänge des Codes und damit die Komplexität erhöht werden. Beispiele dazu zeigen die Bilder mit den Fehlerwahrscheinlichkeits-Kurven für BCH-Codes in Abschnitt 7.3. Formal kann das Kanalcodierungstheorem auch so formuliert werden: Es existiert eine Folge von $(n_s, k_s)_q$-Blockcodes Γ_s, so daß gilt:

$$\lim_{s\to\infty} P_w(\Gamma_s) = 0 \quad \text{und} \quad \lim_{s\to\infty} \frac{k_s}{n_s} \cdot \log_2 q = C.$$

Wie bereits bei Definition 1.4 erklärt wurde, ist $R_b = R \cdot \log_2 q = k/n \cdot \log_2 q$ die Coderate mit der Einheit Infobit/Kanalbenutzung. Da die Kanalkapazität mit dem binären Logarithmus definiert wird und sich somit auf Infobits pro Kanalbenutzung bezieht, muß C also mit R_b statt R verglichen werden.

Beispiel 2.3. zur Anwendung des Kanalcodierungstheorems (im Binärfall):

(1) Es sei C die Kanalkapazität eines DMC, der pro Sekunde r_c mal benutzbar ist, d.h. die Codebitrate beträgt r_c Bit/s. Dann kann eine Coderate R gewählt werden, die nur geringfügig kleiner als C sein muß, so daß durch Kanalcodierung mit entsprechend großer Blocklänge Infobits mit der Rate $r_b = R \cdot r_c$ bei beliebig kleiner Bitfehlerrate übertragen werden können.

In anderer Formulierung ist $C^* = C \cdot r_c$ die Kanalkapazität in Infobit/s und $R < C$ ist äquivalent mit $r_b = R \cdot r_c < C \cdot r_c = C^*$.

(2) Beispielsweise sei $r_c = 1000$ Bit/s und $C = 0{,}60$ und somit $C^* = 600$ Bit/s. Dann sind knapp $r_b = 600$ Infobit/s übertragbar mit beliebig kleiner Fehlerrate bei entsprechend großer Blocklänge. Durch einen Wechsel im Modulationssystem könnte vielleicht ein neuer DMC mit $r_c = 800$ Bit/s und $C = 0{,}75$ bei gleichem $C^* = 600$ Bit/s erzeugt werden. Dann ist r_b wieder auf 600 Bit/s begrenzt. Welcher DMC der geeignetere ist und wie C von r_c abhängt, kann allgemein nicht beantwortet werden.

(3) Betrachte einen BSC mit $p_e = 0{,}01$, der mit $r_c = 1\,000\,000$ Bit/s benutzbar ist. Pro Sekunde werden im Mittel 990 000 Bit richtig und 10 000 Bit falsch empfangen. Ohne Kanalcodierung sind selbst wesentlich kleinere Infobitraten als 900 000 Bit/s nicht zuverlässig übertragbar. Die Kanalkapazität beträgt

$$C = 1 + 0{,}01 \cdot \log_2 0{,}01 + 0{,}99 \cdot \log_2 0{,}99 = 0{,}919$$

Bit/Kanalbenutzung bzw. $C^* = 919\,000$ Bit/s. Wenn nun $r_b = 900\,000$ Bit/s gewählt wird mit einer Coderate $R = 0{,}9$, dann ist durch Codierung weniger als 1 Fehler pro Sekunde oder eine noch kleinere Fehlerrate erreichbar. □

Das Codierungstheorem ist ein reiner Existenzsatz und gibt keine Anleitung, wie die entsprechenden Blockcodes zu konstruieren sind. Shannon hat zum Beweis keine cleveren Codes konstruiert, sondern er hat die Codes einfach zufällig gewählt. Bei diesem sogenannten *Random Coding Argument* wird die Aussage für den Mittelwert über alle Blockcodes bewiesen und es gibt dann trivialerweise mindestens einen Code, der so gut ist wie der Mittelwert. Allerdings darf man hieraus nicht schließen, daß es sehr einfach wäre, entsprechende Codes zu finden. Tatsächlich ist keine binäre Codeklasse bekannt (abgesehen von verketteten Codes), so daß mit einer Folge von Blockcodes wachsender Blocklänge die Fehlerwahrscheinlichkeit gegen Null konvergiert, d.h.: *Fast alle Codes sind gut mit Ausnahme derjenigen, die wir kennen.* Die Ursache dieses Dilemmas liegt darin, daß man von den Codes mit sehr langer Blocklänge nur sehr wenige Codes tatsächlich kennt (d.h. ihre Eigenschaften präzise kennt) – es sind nämlich nur diejenigen Codes bekannt, die eine sehr reichhaltige mathematische Struktur haben und damit wird eine sehr kleine Teilmenge aller Codes ausgewählt. Diese Teilmenge trägt zur Mittelwertbildung über alle Blockcodes nur wenig bei, so daß der Mittelwert über alle Codes weit oberhalb der Eigenschaften dieser Teilmenge liegt.

Für eine Präzisierung dieser Überlegungen wird beispielsweise auf [83, 87] verwiesen. Auch in Abschnitt 3.4 werden Zufallscodes erneut behandelt, dort aber unter dem Gesichtspunkt der Minimaldistanz.

Fazit: Die mathematische bzw. algebraische Struktur der Codes ist erforderlich zur Analyse der Codes und für ihre praktische Anwendung und begründet damit die eigentliche Kanalcodierung, die in den folgenden Kapiteln ausführlich behandelt wird. Andererseits verhindert diese Struktur gerade, daß extrem leistungsfähige Codes im Sinne des Kanalcodierungstheorems gefunden werden („Satz von der geistigen Beschränktheit des Codierungstheoretikers“ [32]). Zusammenfassend existieren zur Verbesserung der Übertragungsqualität prinzipiell folgende Möglichkeiten:

- Erhöhung der Kanalkapazität C durch Verbesserung des Kanals (beispielsweise durch mehr Sendeleistung).

- Reduktion der Coderate R erlaubt mehr Redundanz, erfordert aber häufigere Benutzung des Kanals und damit mehr Bandbreite.
- Erhöhung der Blocklänge n des Codes – dies ist die Aussage des Kanalcodierungstheorems.

Unbefriedigend an Satz 2.1 ist, daß die erforderliche Blocklänge nicht abgeschätzt werden kann. Dazu dient folgende Verfeinerung [14, 25, 73, 118]:

Satz 2.2 (Kanalcodierungstheorem, 2.Fassung). *Es sei C die Kanalkapazität des DMC mit $q = |\mathcal{A}_{\text{in}}|$. Weiter sei*

$$E_r(R_b) = \max_{0\leq s\leq 1} \max_{P_x} \left[-sR_b - \log_2 \sum_{y\in\mathcal{A}_{\text{out}}} \left(\sum_{x\in\mathcal{A}_{\text{in}}} P(x) \cdot P(y|x)^{\frac{1}{1+s}} \right)^{1+s} \right] \tag{2.2.1}$$

der sogenannte Fehlerexponent *oder* Gallagher-Exponent. *Diese Funktion ist allein durch den DMC und die Coderate bestimmt und es gilt:*

$$\begin{aligned} E_r(R_b) &> 0 \quad \text{für } R_b < C \\ E_r(R_b) &= 0 \quad \text{für } R_b \geq C. \end{aligned} \tag{2.2.2}$$

Dann existiert immer ein $(n,k)_q$-Blockcode mit $R_b = k/n \cdot \log_2 q < C$, so daß für die Wort-Fehlerwahrscheinlichkeit P_w gilt:

$$P_w < 2^{-n\cdot E_r(R_b)}. \tag{2.2.3}$$

In (2.2.3) sind mit der Wort-Fehlerwahrscheinlichkeit P_w, der Blocklänge n, der Coderate R_b sowie den im Fehlerexponenten $E_r(R_b)$ repräsentierten Kanaleigenschaften alle wichtigen Größen der codierten Übertragung in einer einfachen Formel zusammengefaßt.

Der Fehlerexponent ist nicht wie die Kanalkapazität ein durch den DMC bestimmter Parameter, sondern eine durch den DMC bestimmte Funktion der Coderate. Bei Kenntnis der Funktion $E_r(R_b)$ kann also zu vorgegebenem P_w die Blocklänge n explizit bestimmt werden. Den typischen Verlauf des Fehlerexponenten zeigt Bild 2.3. Nicht bewiesen wird hier, daß $E_r(R_b)$ eine $\cup$-konvexe monoton abnehmende Funktion ist. Von $R_b = 0$ bis zu einem Punkt $R_b = R_{crit}$ beträgt die Steigung -1 und das Maximum tritt in diesem Bereich bei $s = 1$ auf. Von großer Bedeutung ist der Wert des Fehlerexponenten an der Stelle $R_b = 0$, der deshalb im folgenden Abschnitt gesondert behandelt wird.

2.3 R_0-Theorem

Die Kanalkapazität C ist eine theoretische Schranke, von der die praktisch angewendeten bzw. realisierbaren Codierungsverfahren deutlich entfernt sind. Dagegen ist der sogenante R_0-Wert [37, 108, 123] mit vernünftigem Aufwand

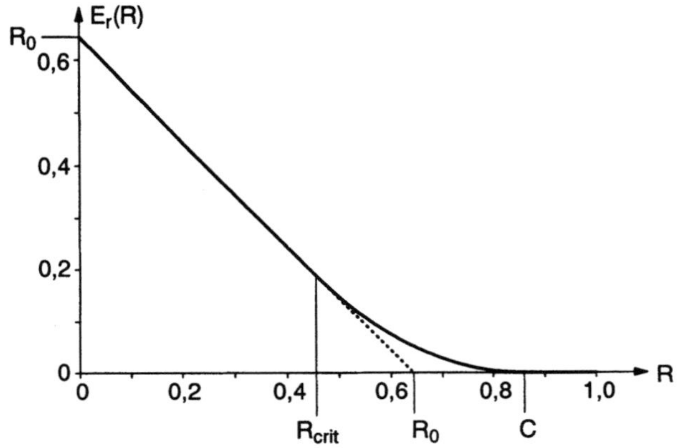

Bild 2.3. Typischer Verlauf des Fehlerexponenten (Beispiel BSC mit $p_e = 0{,}02$, $C = 0{,}859$, $R_0 = 0{,}644$)

erreichbar, was natürlich nicht als mathematisch fundierte Aussage zu verstehen ist. Nicht bewiesen wird hier, daß das Maximum bei $E_r(0)$ für $s = 1$ auftritt:

Definition 2.3. *Der Wert des Fehlerexponenten an der Stelle* $R_b = 0$ *wird als* R_0-Wert *bezeichnet:*

$$R_0 = E_r(0) = \max_{P_x} \left[-\log_2 \sum_{y \in \mathcal{A}_{\text{out}}} \left(\sum_{x \in \mathcal{A}_{\text{in}}} P(x) \sqrt{P(y|x)} \right)^2 \right]. \tag{2.3.1}$$

Die für R_0 auch übliche Bezeichnung *computional cut-off rate* oder R_{comp} wird erst durch die Theorie der sequentiellen Decodierung motiviert, die hier nicht behandelt wird. Wenn in der Definition des Fehlerexponenten $s = 1$ gesetzt wird, ergibt sich eine Abschätzung nach unten:

$$\begin{aligned} E_r(R_b) &\geq \max_{P_x} \left[-R_b - \log_2 \sum_{y \in \mathcal{A}_{\text{out}}} \left(\sum_{x \in \mathcal{A}_{\text{in}}} P(x) \cdot P(y|x)^{\frac{1}{2}} \right)^2 \right] \\ &= R_0 - R_b. \end{aligned}$$

Mit (2.2.3) ergibt sich sofort folgende explizite Abschätzung der Wort-Fehlerwahrscheinlichkeit P_w für Coderaten R_b im Bereich zwischen 0 und R_0:

Satz 2.3 (R_0-Theorem). *Für den DMC mit* R_0 *gilt: Es existiert immer ein* $(n, k)_q$*-Blockcode mit der Coderate* $R_b = k/n \cdot \log_2 q < R_0$*, so daß bei Maximum-Likelihood-Decodierung für die Wort-Fehlerwahrscheinlichkeit* P_w *gilt:*

$$P_w < 2^{-n(R_0 - R_b)}. \tag{2.3.2}$$

Ähnlich wie beim Kanalcodierungstheorem kann hierbei eine Coderate R_b *erreicht werden, die beliebig dicht an* R_0 *liegt.*

Der direkte Beweis des R_0-Theorems ohne den Weg über Satz 2.2 ist relativ einfach und wird in Abschnitt 2.8 gegeben. Allerdings wird hier wie auch beim Kanalcodierungstheorem wieder das Random Coding Argument angewendet, so daß im Beweis keine Konstruktionsvorschrift für gute Codes abfällt.

Je näher also R_b an R_0 heranrückt, desto größer muß die Blocklänge n gewählt werden, um noch die gleiche Fehlerrate zu garantieren. Zusammenfassung:

$0 < R_b < R_0$: In diesem Bereich wird P_w explizit durch die Blocklänge n und die Differenz $R_0 - R_b$ begrenzt. Die Grenze ist praktisch berechenbar.

$R_0 < R_b < C$: Hier wird P_w theoretisch begrenzt durch die Blocklänge n und die Funktion $E_r(R_b)$. Die Grenze ist praktisch kaum berechenbar.

$C < R_b$: In diesem Bereich kann P_w nicht beliebig klein werden, und eine untere Grenze kann berechnet werden.

Die obere Grenze für P_w gilt natürlich nur für einen optimal gewählten Code im Sinne des R_0-Theorems bzw. des Kanalcodierungstheorems. Für die praktisch angewendeten Codes (mit rechentechnisch günstiger Struktur) ist P_w eventuell wesentlich größer. Über Satz 2.3 hinaus erweist sich R_0 auch bei der Beurteilung eines Modulationsverfahrens in Zusammenhang mit Kanalcodierung als sehr nützlich, während andere Kriterien ungeeignet sind:

- Die Kanalkapazität ist zur Beurteilung ungeeignet, weil das nur eine theoretische Grenze ist, die Codes mit sehr langer Blocklänge (und entsprechend langer Verzögerungszeit und entsprechend hoher Komplexität) erfordert.
- Die Fehlerwahrscheinlichkeit ist ebenfalls ungeeignet, weil mit der harten Quantisierung im Demodulator Informationen verloren gehen, die die Decodierung wesentlich verbessern können. Dieser Informationsverlust wird mit der Fehlerwahrscheinlichkeit nicht erfaßt.

Mit R_0 können dagegen folgende Punkte geklärt werden: Die Fehlerwahrscheinlichkeit kann sowohl für optimal gewählte Codes (R_0-Theorem Satz 2.3) wie für konkret gegebene Codes (Union Bound Satz 3.16) abgeschätzt werden. Ferner können Trade-offs zwischen der Blocklänge, der Coderate, der Stufenzahl des Modulationsverfahrens, dem Signal/Rausch-Verhältnis und der Fehlerwahrscheinlichkeit berechnet werden. Schließlich lassen sich mit R_0 auch die Gewinne durch Soft-Decision gegenüber Hard-Decision sowie die optimale Auslegung der Soft-Decision-Information bestimmen.

Es wird jetzt ein symmetrischer DMC mit binärem Input $\mathcal{A}_{\text{in}} = \{0,1\}$ vorausgesetzt. Dann gilt:

$$R_0 = -\log_2\left[\sum_{\eta\in\mathcal{A}_{\text{out}}}\left(\sum_{\xi\in\mathcal{A}_{\text{in}}} P_x(\xi)\sqrt{P_{y|x}(\eta|\xi)}\right)^2\right]$$

$$
\begin{aligned}
&= -\log_2\left[\frac{1}{4}\sum_{\eta\in\mathcal{A}_{\text{out}}}\left(\sqrt{P_{y|x}(\eta|0)}+\sqrt{P_{y|x}(\eta|1)}\right)^2\right] \\
&= -\log_2\left[\frac{1}{4}\sum_{\eta\in\mathcal{A}_{\text{out}}}P_{y|x}(\eta|0)+\frac{1}{4}\sum_{\eta\in\mathcal{A}_{\text{out}}}P_{y|x}(\eta|1)\right. \\
&\qquad\left.+\frac{1}{2}\sum_{\eta\in\mathcal{A}_{\text{out}}}\sqrt{P_{y|x}(\eta|0)P_{y|x}(\eta|1)}\right] \\
&= 1-\log_2\left[1+\sum_{\eta\in\mathcal{A}_{\text{out}}}\sqrt{P_{y|x}(\eta|0)P_{y|x}(\eta|1)}\right].
\end{aligned}
$$

Dies gibt Anlaß zu folgender Definition:

Definition 2.4. *Für den symmetrischen Kanal mit binärem Input* $\mathcal{A}_{\text{in}} = \{0,1\}$ *wird die* Bhattacharyya-Schranke *als*

$$
\gamma = \sum_{\eta\in\mathcal{A}_{\text{out}}}\sqrt{P_{y|x}(\eta|0)P_{y|x}(\eta|1)} \tag{2.3.3}
$$

definiert. Für den Zusammenhang mit R_0 *gilt:*

$$
R_0 = 1-\log_2(1+\gamma) \quad , \quad \gamma = 2^{1-R_0}-1. \tag{2.3.4}
$$

Offensichtlich gilt $\gamma \geq 0$ und mit der *Schwarz'schen Ungleichung* folgt:

$$
\begin{aligned}
\gamma^2 &= \left(\sum_{\eta\in\mathcal{A}_{\text{out}}}\sqrt{P_{y|x}(\eta|0)P_{y|x}(\eta|1)}\right)^2 \\
&\leq \sum_{\eta\in\mathcal{A}_{\text{out}}}\sqrt{P_{y|x}(\eta|0)}^2\cdot\sum_{\eta\in\mathcal{A}_{\text{out}}}\sqrt{P_{y|x}(\eta|1)}^2 = 1.
\end{aligned}
$$

Somit resultiert $0 \leq \gamma \leq 1$. Daraus folgt wiederum $0 \leq R_0 \leq 1$. Im besten Fall gilt $\gamma = 0, R_0 = 1$ und im schlechtesten Fall gilt $\gamma = 1, R_0 = 0$.

In Abschnitt 3.8 wird sich noch zeigen, daß die Fehlerwahrscheinlichkeit eines Blockcodes bestimmt wird durch eine Kombination aus Codeeigenschaften und Kanaleigenschaften. Die Kanaleigenschaften werden dabei durch γ charakterisiert. Deshalb ist γ die Grundlage zur Berechnung von P_w.

Beispiel 2.4. Berechnung von γ und R_0 für BSC und AWGN:

(1) BSC: Direkt aus (2.3.3) folgt

$$
\begin{aligned}
\gamma &= \sqrt{P_{y|x}(0|0)P_{y|x}(0|1)}+\sqrt{P_{y|x}(1|0)P_{y|x}(1|1)} \\
&= \sqrt{(1-p_e)p_e}+\sqrt{p_e(1-p_e)} \\
&= \sqrt{4p_e(1-p_e)}
\end{aligned} \tag{2.3.5}
$$

und somit

$$R_0 = 1 - \log_2\left(1 + \sqrt{4p_e(1-p_e)}\right). \tag{2.3.6}$$

Dieses Ergebnis ist in Bild 2.1 zusammen mit der Kanalkapazität dargestellt.

(2) AWGN: Die Summation in (2.3.3) geht in eine Integration über:

$$\begin{aligned}
\gamma &= \int_{-\infty}^{\infty} \sqrt{f_{y|x}(\eta|\sqrt{E_c})f_{y|x}(\eta|-\sqrt{E_c})}\, d\eta \\
&= \int_{-\infty}^{\infty} \sqrt{\frac{e^{-(\eta-\sqrt{E_c})^2/N_0}}{\sqrt{\pi N_0}} \cdot \frac{e^{-(\eta+\sqrt{E_c})^2/N_0}}{\sqrt{\pi N_0}}}\, d\eta \\
&= \frac{1}{\sqrt{\pi N_0}} \int_{-\infty}^{\infty} e^{-(\eta^2+E_c)/N_0}\, d\eta \\
&= e^{-E_c/N_0} \cdot \frac{1}{\sqrt{\pi N_0}} \int_{-\infty}^{\infty} e^{-\eta^2/N_0}\, d\eta \\
&= e^{-E_c/N_0}.
\end{aligned} \tag{2.3.7}$$

Daraus folgt

$$R_0 = 1 - \log_2\left(1 + e^{-E_c/N_0}\right) \tag{2.3.8}$$

und dieses Ergebnis ist als $R_{0,\text{soft}}$ in Bild 2.2 zusammen mit der Kanalkapazität dargestellt. Bei binärer Quantisierung am Ausgang des DMC ergibt sich ein BSC mit $p_e = Q(\sqrt{2E_c/N_0})$ und der Kurve $R_{0,\text{hard}}$. Offensichtlich bedeutet Hard-Decision einen Verlust von rund 2 dB gegenüber Soft-Decision bei Bezug auf R_0. Wenn also der Demodulator anstelle der kontinuierlichen Werte nur die Vorzeichen herausgibt, so muß dieser Informationsverlust durch Erhöhung der Sendeleistung um 2 dB kompensiert werden. Der Abstand von 3 dB beim asymptotischen Codierungsgewinn gemäß (1.7.13) stellt sich natürlich erst bei $E_c/N_0 \to \infty$ und nur bezüglich P_w ein.

Weiter ist in Bild 2.2 auch das bei oktaler Quantisierung gemäß Bild 1.4 entstehende R_0 angegeben. Es zeigt sich, daß bezüglich R_0 die 3-Bit-Quantisierung nur einen sehr geringen Informationsverlust verursacht und praktisch so gut wie ideale Soft-Decision ist. □

2.4 Codierungsgewinn beim AWGN mit binärem Input

Für den AWGN mit binärem Input ($q = 2$) wurden C und R_0 bereits in den Beispielen 2.2 und 2.4 berechnet und in Bild 2.2 dargestellt. Nachfolgend wird speziell die Situation bei $R = R_0$ und $R = C$ sowohl für Soft-Decision wie Hard-Decision betrachtet. Damit resultieren 4 Kurven mit E_b/N_0 als Funktion von R, die in Bild 2.4 dargestellt sind. In allen Fällen gilt $E_b/N_0 \to \infty$ für

$R \to 1$. Interessant sind insbesondere die Grenzwerte für $R \to 0$. Für den Zusammenhang zwischen der Energie pro Codebit und der Energie pro Infobit gilt generell $E_c = RE_b$ gemäß (1.7.3).

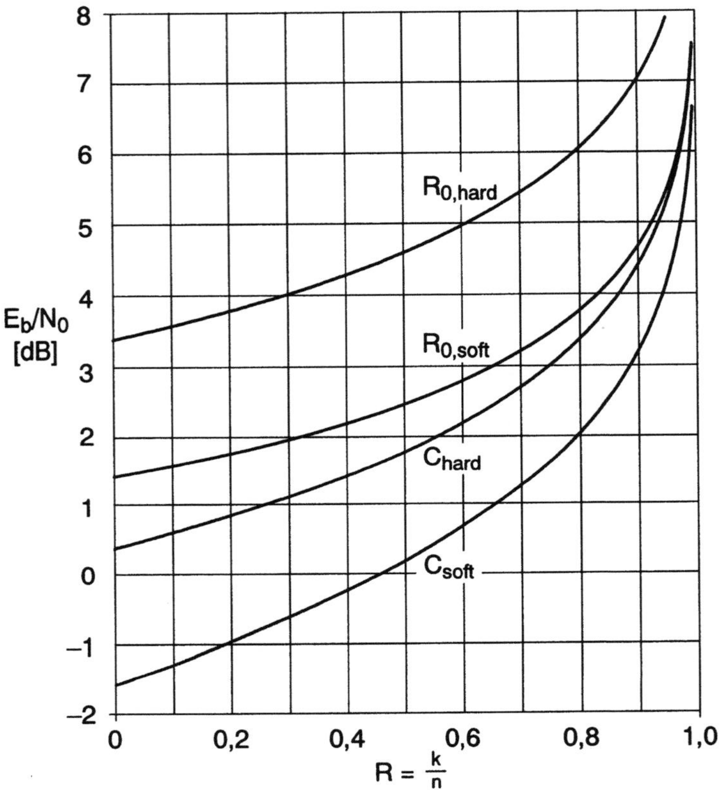

Bild 2.4. Notwendiges E_b/N_0 für $R = R_0$ bzw. $R = C$ beim AWGN ($q = 2$)

Zunächst wird $R = R_0$ als *praktisch* maximal mögliche Coderate vorausgesetzt. Für Soft-Decision gilt nach (2.3.8)

$$R = R_0 = 1 - \log_2\left(1 + e^{-R \cdot E_b/N_0}\right). \tag{2.4.1}$$

Durch diese Gleichung sind R und E_b/N_0 gegenseitig bestimmt. Die Auflösung ergibt:

$$\frac{E_b}{N_0} = -\frac{\ln(2^{1-R} - 1)}{R}. \tag{2.4.2}$$

Die resultierende Kurve ist in Bild 2.4 als $R_{0,\mathrm{soft}}$ dargestellt. Für $R \to 1$ folgt sofort $E_b/N_0 \to \infty$. Für $R \to 0$ liefert (2.4.1) nur eine triviale Aussage. In (2.4.2) ist der Quotient vom Typ $0/0$ und somit ist die l'Hospital'sche Regel

(A.1.3) anwendbar:

$$\lim_{R\to 0}\frac{E_b}{N_0} = \lim_{R\to 0} -\frac{\frac{1}{2^{1-R}-1}\cdot 2^{1-R}\ln(2)\cdot(-1)}{1}$$

$$= 2\cdot\ln 2 \cong 1{,}42\,\text{dB} \qquad (\text{Kurve } R_{0,\text{soft}}). \tag{2.4.3}$$

Dieser Grenzwert kann auch aus Bild 2.4 abgelesen werden. Fazit: Für E_b/N_0 kleiner als 1,42 dB ist keine Übertragung mit $R = R_0$ möglich! Die Ursache kann wie folgt erklärt werden: Eine sehr kleine Coderate R bedeutet eine sehr große erforderliche Bandbreite (was nebenbei bemerkt praktisch sowieso unrealistisch ist) und damit eine sehr geringe Energie pro Codebit gegenüber der Rauschleistungsdichte. Damit wird jedes einzelne Codebit vom Rauschen weitgehend überdeckt und R_0 fällt sehr klein aus. Ab einer gewissen Grenze wird dann R_0 kleiner als R, so daß $R = R_0$ nicht mehr erreichbar ist.

Die Kurve $R_{0,\text{hard}}$ in Bild 2.4 entspricht Hard-Decision mit binärer Quantisierung und ergibt sich gemäß (2.3.6) durch

$$R = R_0 = 1-\log_2\left(1+\sqrt{4p_e(1-p_e)}\right) \quad \text{mit} \quad p_e = Q\left(\sqrt{\frac{2RE_b}{N_0}}\right). \tag{2.4.4}$$

Der Abstand zwischen Soft- und Hard-Decision bei $R = R_0$ beträgt hier über den ganzen Bereich etwa 2 dB wie in Bild 2.2. Damit wird erneut die Bedeutung einer Soft-Decision Demodulation unterstrichen. Für $R \to 0$ folgt aus (A.3.19) zunächst $2p_e \approx 1-\sqrt{4RE_b/(\pi N_0)}$ sowie $2(1-p_e) \approx 1+\sqrt{4RE_b/(\pi N_0)}$ und damit gilt

$$\begin{aligned} R = R_0 &\approx 1-\log_2\left(1+\sqrt{\left(1-\sqrt{\frac{4RE_b}{\pi N_0}}\right)\left(1+\sqrt{\frac{4RE_b}{\pi N_0}}\right)}\right) \\ &= 1-\log_2\left(1+\sqrt{1-\frac{4RE_b}{\pi N_0}}\right) \\ &\approx 1-\log_2\left(2-\frac{2RE_b}{\pi N_0}\right) \quad \text{nach (A.1.8)} \\ &\approx \frac{R}{\pi\ln 2}\cdot\frac{E_b}{N_0} \quad \text{nach (A.1.6)}. \end{aligned}$$

Somit folgt

$$\lim_{R\to 0}\frac{E_b}{N_0} = \pi\ln 2 \cong 3{,}38\,\text{dB} \qquad (\text{Kurve } R_{0,\text{hard}}). \tag{2.4.5}$$

Als nächstes wird $R = C$ als *theoretisch* maximal mögliche Coderate vorausgesetzt. Für Soft-Decision gilt (2.1.16) mit $v = \sqrt{2RE_b/N_0}$. Die resultierende Kurve wird in Bild 2.4 als C_{soft} bezeichnet. Die Berechnung des Grenzwertes für $R \to 0$ ist ziemlich aufwendig, da die Verwendung linearer Approximationen zu ungenau ist. (2.1.16) wird zunächst als $C = \int f(\alpha, v)d\alpha$

geschrieben. Für $R = C \to 0$ folgt:

$$\begin{aligned} 1 &= \lim_{R\to 0} \frac{1}{R} \int_{-\infty}^{\infty} f(\alpha, v) d\alpha \\ &= \lim_{R\to 0} \frac{d}{dR} \int_{-\infty}^{\infty} f(\alpha, v) d\alpha \quad \text{mit (A.1.3)} \\ &= \lim_{v\to 0} \frac{E_b}{N_0} \cdot \int_{-\infty}^{\infty} \frac{\frac{d}{dv} f(\alpha, v)}{v} d\alpha \quad \text{wegen} \quad \frac{dv}{dR} = \frac{E_b}{N_0} \frac{1}{v}. \end{aligned}$$

Mit einer längeren Rechnung ergibt sich hieraus die sogenannte *Shannon-Grenze*

$$\lim_{R\to 0} \frac{E_b}{N_0} = \ln 2 \cong -1{,}59 \,\text{dB} \qquad (\text{Kurve } C_{\text{soft}}), \tag{2.4.6}$$

d.h. für E_b/N_0 kleiner als $-1{,}59$ dB ist prinzipiell keine Übertragung mit $R = C$ möglich – und auch das nur mit einer gegen Null gehenden Coderate.

Die Kurve C_{hard} in Bild 2.4 entspricht Hard-Decision mit binärer Quantisierung und ergibt sich gemäß (2.1.14) durch

$$R = C = 1 - H_2(p_e) \quad \text{mit} \quad p_e = Q\left(\sqrt{\frac{2RE_b}{N_0}}\right). \tag{2.4.7}$$

Für den Grenzwert bei $R \to 0$ gilt:

$$\begin{aligned} R = C &= 1 - H_2\left(Q\left(\sqrt{2R\frac{E_b}{N_0}}\right)\right) \\ &\approx 1 - H_2\left(\frac{1}{2} - \sqrt{\frac{RE_b}{\pi N_0}}\right) \quad \text{nach (A.3.19)} \\ &\approx \frac{2}{\ln 2} \cdot \frac{RE_b}{\pi N_0} \quad \text{nach (A.2.5).} \end{aligned}$$

Somit folgt

$$\lim_{R\to 0} \frac{E_b}{N_0} = \frac{\pi \ln 2}{2} \approx 1{,}09 \cong 0{,}37 \,\text{dB} \qquad (\text{Kurve } C_{\text{hard}}). \tag{2.4.8}$$

Der Abstand zwischen C_{soft} und C_{hard} ist nicht näherungsweise konstant wie bei den entsprechenden R_0-Kurven, sondern sinkt von etwa 2 dB bei $R = 0$ auf etwa 1 dB bei $R = 1$. Für $R \to 1$ laufen die Kurven C_{hard} und $R_{0,\text{soft}}$ zusammen.

Die wichtigste Folgerung aus Bild 2.4 ist jedoch: Es ist praktisch wenig sinnvoll, Coderaten kleiner als $1/2$ zu verwenden, da der Gewinn beim Übergang von $R = 1/2$ auf $R \to 0$ maximal nur rund 1 dB bezüglich R_0 beträgt! Es sei aber daran erinnert, daß diese Überlegungen auf der Vorstellung einer begrenzten Leistung und einer unbegrenzten Bandbreite basieren.

Beispiel 2.5. Ohne Codierung ist für eine Bit-Fehlerwahrscheinlichkeit $P_b = 10^{-5}$ ein Kanal mit $E_b/N_0 = 9{,}59$ dB erforderlich (Tabelle 1.1). Wenn nun ein Code der Rate 1/2 verwendet wird, kann bei $R = R_0$ eine beliebig kleine Fehlerrate schon bei 2,45 dB erreicht werden (und bei $R \to C$ können sogar etwa weitere 2 dB eingespart werden). Somit resultiert ein Codierungsgewinn von 7,14 dB. Mit einer kleineren Coderate R oder einer kleineren Fehlerrate P_b kann der Codierungsgewinn noch vergrößert werden. Jedoch sind diese Codierungsgewinne in der Praxis nur durch entsprechend aufwendige Codes zu erreichen. □

2.5 C und R_0 beim AWGN mit nicht-binärem Input

Der AWGN wurde bisher nur mit binärem Input $\mathcal{A}_{\text{in}} = \{+\sqrt{E_c}, -\sqrt{E_c}\}$ betrachtet. Damit wurde das Modulationssystem direkt vorgegeben, d.h. es wurde eine sehr primitive Modulation mit nur zwei verschiedenen Signalen vorausgesetzt. Von dieser Einschränkung wird jetzt abgesehen, um den physikalischen Kanal bestmöglich ausnutzen zu können. Deshalb werden für das Eingangsalphabet zunächst alle reellen Zahlen zugelassen: $\mathcal{A}_{\text{in}} = \mathbb{R}$. Ziel ist also die gemeinsame Optimierung von Codierung und Modulation, d.h. des gesamten Senders bzw. Empfängers in Bild 1.1.

Es wird weiterhin der zeitdiskrete AWGN wie in Definition 1.3 vorausgesetzt, aber jetzt mit einem wertkontinuierlichen Input x. Der Output $y = x + \nu$ ist natürlich schon allein wegen des wertkontinuierlichen Rauschens ν auch wertkontinuierlich. Beim Übergang vom wertdiskreten System zum wertkontinuierlichen System ist die Kanalkapazität weiterhin als

$$C = \max_{P_x} \Big(H(y) - H(y|x) \Big) \tag{2.5.1}$$

definiert, wobei die sogenannte ***differentielle Entropie*** einer wertkontinuierlichen Zufallsgröße y mit der Verteilungsdichtefunktion f_y als

$$H(y) = -\int_{-\infty}^{\infty} f_y(\eta) \cdot \log_2 f_y(\eta) \, d\eta \tag{2.5.2}$$

definiert ist. $H(y)$ kann jedoch nicht wie im wertdiskreten Fall interpretiert werden, denn eine wertkontinuierliche Zufallsgröße nimmt unendlich viele Werte an und hat damit eventuell eine unendliche Entropie. $H(y)$ kann sogar auch negative Werte annehmen. Dennoch kann C wie in (2.5.1) sinnvoll definiert werden (siehe [14] für eine detaillierte Diskussion). Es wird hier nicht bewiesen, daß das Maximum der Kanalkapazität durch einen normalverteilten Input x erreicht wird. (Erinnerung: Beim q-stufigen wertdiskreten Input wurde eine gleichmäßige Verteilung vorausgesetzt.)

Als Folge eines normalverteilten Inputs x und eines normalverteilten Rauschens ν ist der Output $y = x + \nu$ ebenfalls normalverteilt, womit eine analytisch geschlossene Berechnung von C möglich wird. Die Erwartungswerte von x, ν und y sind jeweils Null.

Mit $E_{cs} = E(x^2) = \sigma_x^2$ wird die *Energie pro Codesymbol* bezeichnet. Die Varianz von $y = x + \nu$ ergibt sich als

$$\sigma_y^2 \;=\; E(y^2) \;=\; E(x^2) + E(\nu^2) \;=\; E_{cs} + N_0/2.$$

Für die Entropie von y folgt dann:

$$\begin{aligned} H(y) &= -\int\limits_{-\infty}^{\infty} \frac{1}{\sqrt{2\pi\sigma_y^2}} \exp\left(-\frac{\eta^2}{2\sigma_y^2}\right) \cdot \log_2\left(\frac{1}{\sqrt{2\pi\sigma_y^2}} \exp\left(-\frac{\eta^2}{2\sigma_y^2}\right)\right) d\eta \\ &= -\log_2\left(\frac{1}{\sqrt{2\pi\sigma_y^2}}\right) \cdot \int\limits_{-\infty}^{\infty} \frac{1}{\sqrt{2\pi\sigma_y^2}} \exp\left(-\frac{\eta^2}{2\sigma_y^2}\right) d\eta \\ &\quad -\log_2(e) \cdot \left(-\frac{1}{2\sigma_y^2}\right) \cdot \int\limits_{-\infty}^{\infty} \frac{\eta^2}{\sqrt{2\pi\sigma_y^2}} \exp\left(-\frac{\eta^2}{2\sigma_y^2}\right) d\eta. \end{aligned}$$

Das erste Teilintegral erstreckt sich über die Verteilungsdichtefunktion und liefert den Wert 1. Das zweite Teilintegral liefert die Varianz σ_y^2 und somit folgt:

$$H(y) \;=\; -\log_2\left(\frac{1}{\sqrt{2\pi\sigma_y^2}}\right) + \frac{1}{2}\log_2(e) \;=\; \frac{1}{2}\log_2(2\pi e\sigma_y^2).$$

Entsprechend folgt

$$H(y|x) \;=\; \frac{1}{2}\log_2\left(2\pi e\frac{N_0}{2}\right)$$

und daraus ergibt sich die Kanalkapazität als Differenz $H(y) - H(y|x)$:

Satz 2.4. *Für den zeitdiskreten AWGN mit wertkontinuierlichem Input ergibt sich die Kanalkapazität als*

$$\begin{aligned} C &= \frac{1}{2} \cdot \log_2\left(1 + \frac{2E_{cs}}{N_0}\right) \qquad \textit{Einheit: Infobit/Kanalben.} \qquad (2.5.3) \\ &= \frac{1}{2} \cdot \log_2\left(1 + \frac{E(x^2)}{E(\nu^2)}\right). \end{aligned}$$

Wie in Abschnitt 2.4 wird auch hier die Situation bei $R_b = C$ als theoretisch maximal mögliche Coderate betrachtet. Statt $E_c = RE_b$ gilt hier $E_{cs} = R_b \cdot E_b$. Aus (2.5.3) folgt

$$R_b = \frac{1}{2}\log_2\left(1 + 2R_b\frac{E_b}{N_0}\right) \qquad \text{bzw.} \qquad \frac{E_b}{N_0} = \frac{2^{2R_b} - 1}{2R_b}. \qquad (2.5.4)$$

Für $R_b = 1$ folgt $E_b/N_0 = 1{,}76$ dB und für größeres R_b muß auch E_b/N_0 größer werden. Für $R_b \to 0$ ergibt sich mit (A.1.3):

$$\lim_{R_b \to 0} \frac{E_b}{N_0} = \lim_{R_b \to 0} \frac{2^{2R_b} \cdot \ln(2) \cdot 2}{2} = \ln 2 \cong -1{,}59 \text{ dB}. \tag{2.5.5}$$

Auch für wertkontinuierlichen Input ergibt sich also wieder die *Shannon-Grenze* wie beim binären Input, und die Erklärung für die Existenz einer derartigen Grenze ist ähnlich wie bei den Kurven in Bild 2.4.

Beispiel 2.6. Bei $E_{cs}/N_0 = -5$ dB beträgt nach Satz 2.4 die Kanalkapazität $C = \frac{1}{2}\log_2(1+2\cdot 0{,}316) \approx 0{,}35$ Infobit/Kanalbenutzung. Durch Codierung mit $R_b = 0{,}3$ Infobit/Kanalbenutzung kann eine nahezu fehlerfreie Übertragung erreicht werden. Jedoch gilt dann $E_b/N_0 = E_{cs}/N_0/R_b = 0{,}316/0{,}3 \cong 0{,}2$ dB und dieser Wert liegt oberhalb der Shannon-Grenze. Für $E_b/N_0 < -1{,}59$ dB gibt es kein R_b mehr, so daß zu $E_{cs}/N_0 = R_b E_b/N_0$ ein Kanal entsteht, für dessen Kapazität C dann $C > R_b$ gilt. □

Beim Übergang vom 1-dimensionalen zum 2-dimensionalen AWGN verdoppeln sich sowohl die Rauschleistung wie die Kapazität. Satz 2.4 für den 1-dimensionalen Fall ergibt also folgende Kapazität für den 2-dimensionalen Fall:

$$C_{2-\text{Dim}}\left(\frac{E_{cs}}{N_0}\right) = 2 \cdot C_{1-\text{Dim}}\left(\frac{E_{cs}}{2N_0}\right) = \log_2\left(1 + \frac{E_{cs}}{N_0}\right). \tag{2.5.6}$$

Unter praktischen Gesichtspunkten ist ein normalverteilter Input natürlich unrealistisch – das würde u.a. auch unbegrenzte Spitzenwerte erfordern. Nachfolgend wird deshalb der AWGN mit q-stufigem Input betrachtet, wobei die q Amplitudenwerte $\xi_r \in \mathcal{A}_{\text{in}}$ äquidistant sind und mit gleicher Apriori-Wahrscheinlichkeit $P_x(\xi_r) = 1/q$ auftreten, d.h. als Modulationssystem wird q-ASK (Amplitude Shift Keying) vorausgesetzt. Auch ohne Optimierung der Quellenstatistik P_x gemäß Definition 2.2 wird die Transinformation bei gleichmäßiger Quellenstatistik hier dennoch als Kanalkapazität bezeichnet. Für geradzahliges q wird

$$\mathcal{A}_{\text{in}} = \left\{ \underbrace{r\sqrt{\frac{3}{q^2-1}E_{cs}}}_{=\xi_r} \;\middle|\; r = \pm 1, \pm 3, \pm 5, \ldots, \pm(q-1) \right\} \tag{2.5.7}$$

angesetzt, denn für die Energie pro Codesymbol gilt:

$$E(x^2) = \frac{1}{q}\sum_r \xi_r^2 = E_{cs}. \tag{2.5.8}$$

Für die Kanalkapazität bei q-ASK folgt nach (2.1.6)

$$\begin{aligned} C_{q-\mathrm{ASK}} &= \sum_r \int_{-\infty}^{\infty} \frac{1}{q} f_{y|x}(\eta|\xi_r) \log_2 \frac{f_{y|x}(\eta|\xi_r)}{\frac{1}{q}\sum_s f_{y|x}(\eta|\xi_s)}\, d\eta \\ &= \log_2 q - \frac{1}{q\sqrt{\pi N_0}} \sum_r \int_{-\infty}^{\infty} e^{-(\eta-\xi_r)^2/N_0} \log_2\Big(\sum_s e^{-(\eta-\xi_s)^2/N_0+(\eta-\xi_r)^2/N_0}\Big) d\eta. \end{aligned}$$

Mit $u = \eta\sqrt{2/N_0}$ und $a_r = \xi_r\sqrt{2/N_0}$ folgt daraus

$$\begin{aligned} C_{q-\mathrm{ASK}} &= \log_2 q - \frac{1}{q\sqrt{2\pi}} \sum_r \int_{-\infty}^{\infty} e^{-(u-a_r)^2/2} \log_2\Big(\sum_s e^{-(u-a_s)^2/2+(u-a_r)^2/2}\Big) du \\ &= \log_2 q - \frac{1}{q\sqrt{2\pi}} \sum_r \int_{-\infty}^{\infty} e^{-u^2/2} \log_2\Big(\sum_s e^{-(a_r-a_s)^2/2-u(a_r-a_s)}\Big) du. \end{aligned} \tag{2.5.9}$$

Die resultierenden Kurven sind in Bild 2.5 dargestellt. Die Kurve für 2-ASK entspricht der Kurve C_{soft} in Bild 2.2 und der Formel (2.1.16). Die Kurve $C_{\mathrm{Gauß-In}}$ wird gemäß Satz 2.4 gewonnen. Offensichtlich gilt

$$C_{q-\mathrm{ASK}} \approx \left\{ \begin{array}{ll} \log_2 q & E_{cs}/N_0 \text{ groß} \\ C_{\mathrm{Gauß-In}} & E_{cs}/N_0 \text{ klein} \end{array} \right\}. \tag{2.5.10}$$

Die markierten Punkte in Bild 2.5 beziehen sich jeweils auf uncodierte Übertragung bei einer Symbol-Fehlerwahrscheinlichkeit $P_b = 10^{-5}$ (siehe beispielsweise [57, 58] für die Berechnung von P_b). Für 4-ASK und $E_{cs}/N_0 = 16{,}8$ dB gilt $P_b = 10^{-5}$ für uncodierte Übertragung und $C_{4-\mathrm{ASK}} = 2$. Durch Codierung könnte somit bei einer Coderate von $R_b = 2$ Infobit/Codesymbol eine beliebig kleine Fehlerwahrscheinlichkeit zumindest theoretisch erreicht werden.

Wenn das Modulationsverfahren von 4-ASK in 8-ASK geändert wird, so gilt $C_{8-\mathrm{ASK}} = 2$ Infobit/Codesymbol schon bei $E_{cs}/N_0 = 9{,}6$ dB, d.h. es ergibt sich der in Bild 2.5 markierte Codierungsgewinn von 7,2 dB. Aber schon bei einem Codierungsgewinn von nur 4 dB, also bei $E_{cs}/N_0 = 12{,}8$ dB, ist $C_{8-\mathrm{ASK}} = 2{,}455$ deutlich größer als $R_b = 2$, so daß hier eine sehr kleine Fehlerwahrscheinlichkeit durch Codierung auch praktisch erreichbar ist. Wenn sogar 16-ASK verwendet wird, so gilt $C_{16-\mathrm{ASK}} = 2$ bei $E_{cs}/N_0 = 9{,}5$ dB gegenüber $C_{8-\mathrm{ASK}} = 2$ bei $E_{cs}/N_0 = 9{,}6$ dB, d.h. der Codierungsgewinn erhöht sich beim Übergang von 8-ASK zu 16-ASK nur um 0,1 dB.

Somit erweist sich eine Verdopplung des Alphabetes als vollkommen ausreichend. Diese Erkenntnis bildet die Grundlage für die in Kapitel 10 eingeführte trelliscodierte Modulation, bei der die Codierung in Bezug auf ein höherstufiges Modulationsverfahren entworfen wird. Selbst wenn anstelle der Alphabetsverdopplung ein wertkontinuierlicher normalverteilter Input zugelassen wird, so

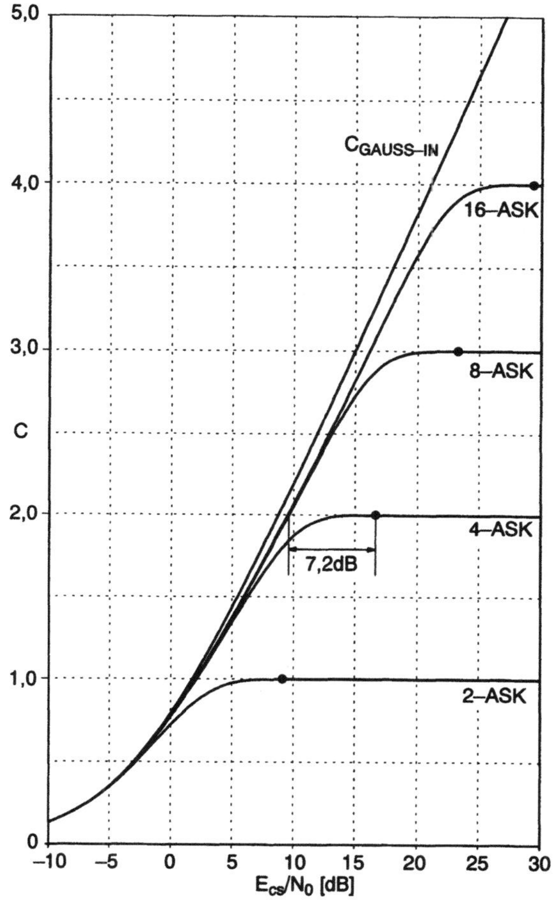

Bild 2.5. Kanalkapazität für ASK beim AWGN

bringt das nach Bild 2.5 nur einen zusätzlichen Gewinn von weniger als 1 dB. Für $R_b = 2$ und 8-ASK beträgt die Coderate nach (1.4.3)

$$R = \frac{R_b}{\log_2 q} = \frac{2}{3} \quad \left[\frac{\text{Infosymbol}}{\text{Codesymbol}} = \frac{\text{Infobit}}{\text{Codebit}} = \frac{\text{Infobit/Codesymbol}}{\text{Codebit/Codesymbol}}\right].$$

Den C-Kurven aus Bild 2.5 werden in Bild 2.6 die entsprechenden R_0-Kurven gegenübergestellt. Nach [25, 57, 118] gilt mit der Abkürzung $v = E_{cs}/N_0$

$$R_{0,\text{Gauß-In}} = \frac{1 + v - \sqrt{1+v^2}}{2\ln 2} + \frac{\log_2\left(1 + \sqrt{1+v^2}\right) - 1}{2} \tag{2.5.11}$$

für den Grenzfall des wertkontinuierlichen normalverteilten Inputs. Für q-

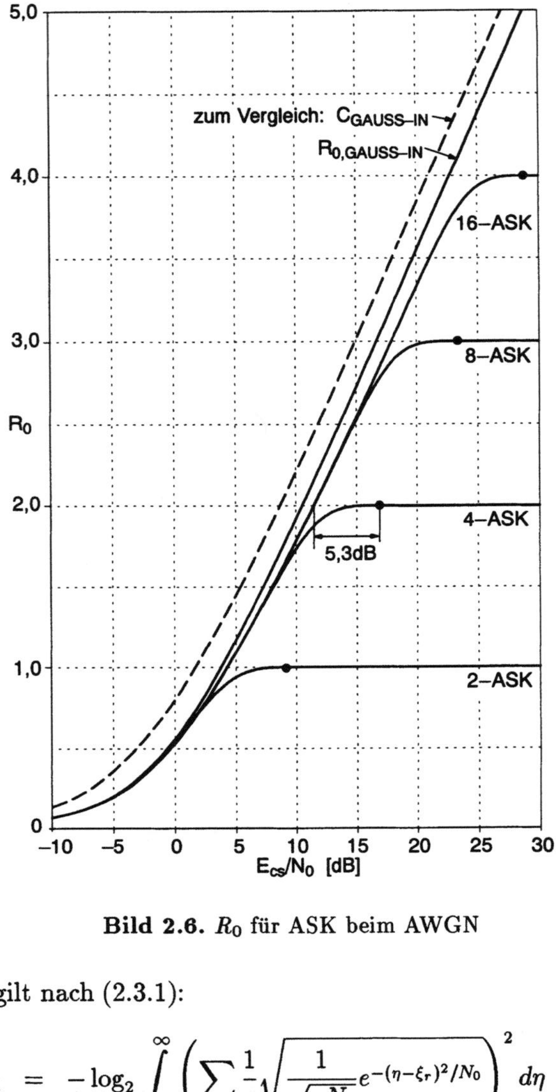

Bild 2.6. R_0 für ASK beim AWGN

stufige ASK gilt nach (2.3.1):

$$\begin{aligned}
R_{0,q-\mathrm{ASK}} &= -\log_2 \int_{-\infty}^{\infty} \left(\sum_r \frac{1}{q} \sqrt{\frac{1}{\sqrt{\pi N_0}} e^{-(\eta-\xi_r)^2/N_0}} \right)^2 d\eta \\
&= -\log_2 \frac{1}{q^2\sqrt{\pi N_0}} \int_{-\infty}^{\infty} \sum_{r,s} e^{-(\eta-\xi_r)^2/2N_0-(\eta-\xi_s)^2/2N_0} d\eta \\
&= -\log_2 \frac{1}{q^2\sqrt{\pi N_0}} \int_{-\infty}^{\infty} \sum_{r,s} e^{-(\eta-(\xi_r+\xi_s)/2)^2/N_0} e^{-(\xi_r-\xi_s)^2/4N_0} d\eta \\
&= -\log_2 \frac{1}{q^2} \sum_{r,s} \exp\left(-(r-s)^2 \frac{3}{4(q^2-1)} \frac{E_{cs}}{N_0} \right) \qquad (2.5.12)
\end{aligned}$$

$$= -\log_2 \frac{1}{q^2}\left(q + 2\sum_{i=1}^{q-1}(q-i)\exp\left(-i^2\frac{3}{q^2-1}\frac{E_{cs}}{N_0}\right)\right).$$

Die R_0-Kurven aus Bild 2.6 zeigen das gleiche Verhalten wie die C-Kurven aus Bild 2.5 – lediglich mit einer Verschiebung von 1,5 bis 2 dB. Entsprechend geringer sind auch die Codierungsgewinne. Aber auch hier erweist sich eine Verdopplung von q als ausreichend. Die Kurve $R_{0,2\text{-ASK}}$ entspricht der Kurve $R_{0,\text{soft}}$ aus Bild 2.2.

Bild 2.7 zeigt einige 1- und 2-dimensionale Signalkonstellationen, die auf gleiches $E_{cs} = E(x^2)$ normiert sind: ASK (Amplitude Shift Keying), PSK (Phase Shift Keying), QAM (Quadrature Amplitude Modulation). Eine 32-QAM Signalkonstellation enthält Bild 10.11. Für Einzelheiten zu den Modulationsverfahren wird auf [4, 31, 57, 58, 64, 80] verwiesen. Auf den PSK- und QAM-Konstellationen basiert die in Kapitel 10 behandelte trelliscodierten Modulation.

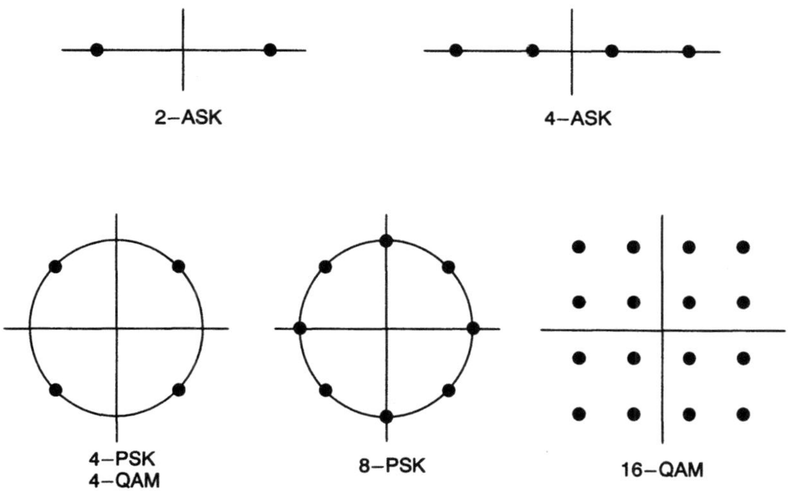

Bild 2.7. Einige 1- und 2-dimensionale Signalkonstellationen

In Bild 2.8 ist R_0 für PSK als ein 2-dimensionales Modulationsverfahren angegeben. Für PSK mit

$$\mathcal{A}_{\text{in}} = \left\{ e^{j2\pi r/q}\sqrt{E_{cs}} \;\middle|\; r = 0,1,2,\ldots,q-1 \right\} \tag{2.5.13}$$

gilt nach [118]:

$$\begin{aligned} R_{0,q\text{-PSK}} &= \log_2 q - \log_2\left(1 + \sum_{i=1}^{q-1}\exp\left(-\frac{E_{cs}}{2N_0}\Big(1-\cos(2\pi i/q)\Big)\right)\right) \\ &= -\log_2 \frac{1}{q}\sum_{i=0}^{q-1}\exp\left(-\frac{E_{cs}}{N_0}\sin^2(\pi i/q)\right). \end{aligned} \tag{2.5.14}$$

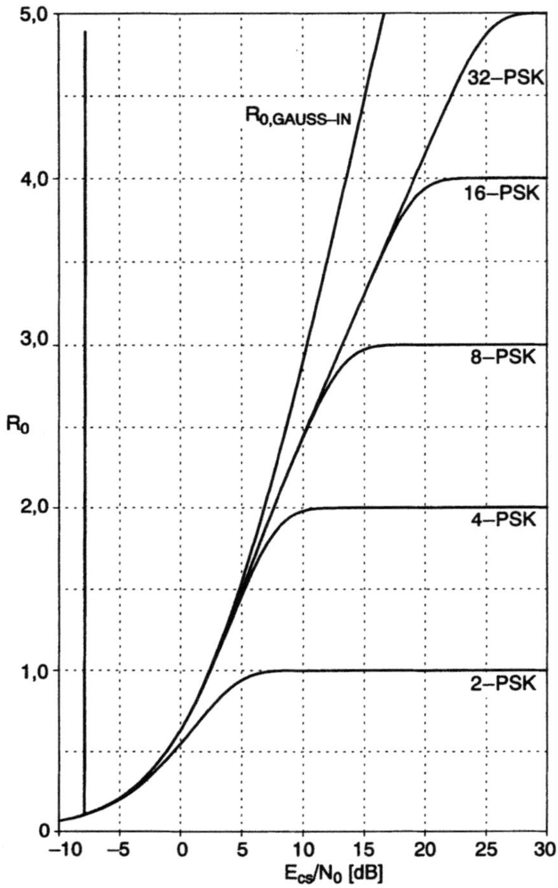

Bild 2.8. R_0 für PSK beim AWGN

$R_{0,\text{Gauß-In}}$ für den 2-dimensionalen Fall ergibt sich aus dem 1-dimensionalen Fall (2.5.12) in ähnlicher Weise wie bei der Beziehung (2.5.6) für die Kapazitäten. Die starke Abweichung von $R_{0,q\text{-PSK}}$ zu $R_{0,\text{Gauß-In}}$ in Bild 2.8 und gleichermaßen auch bei den entsprechenden Kapazitätskurven erklärt sich durch die Signalkonstellation bei PSK, die mit einer 2-dimensionalen Normalverteilung keinerlei Ähnlichkeit hat. Davon abgesehen entspricht das prinzipielle Verhalten von PSK jedoch der ASK, d.h. auch hier ist eine Verdopplung von q für ein praktikables Codierungsverfahren ausreichend.

QAM verhält sich wie ASK sowohl bezüglich C wie R_0. Da die Signalpunkte bei QAM und ASK gleichmäßig verteilt sind, fällt die Abweichung zum wertkontinuierlichen normalverteilten Input wesentlich kleiner als bei PSK aus. Kurven für C_{QAM}, $R_{0,\text{QAM}}$ und C_{PSK} finden sich beispielsweise in [14, 108, 118, 138].

2.6 Kanalkapazität beim AWGN mit Bandbegrenzung

Bisher wurde nur die Sendeleistung als begrenzt angesehen. Die Coderaten unterlagen dabei keinen Einschränkungen, d.h. der AWGN wurde als beliebig oft benutzbar und somit von unbegrenzter Bandbreite angenommen. Dagegen ist bei vielen Anwendungen eine möglichst effiziente Nutzung des Spektrums gefordert. Deshalb wird jetzt ein zeitkontinuierlicher AWGN mit der Bandbreite W (von $-W$ bis $+W$) sowie ein wertkontinuierlicher Input vorausgesetzt.

Zusammenfassung wichtiger Größen mit ihren Einheiten (die Größen in Klammern beziehen sich auf den zeitdiskreten Kanal und sind hier nur zur Übersicht mit angegeben):

$R = k/n$	:	(Coderate)	[Infosymbol/Kanalbenutzung]
R_b	:	(Coderate)	[Infobit/Kanalbenutzung]
r_b	:	Infobitrate	[Infobit/s]
$r_c = r_b/R$	:	Codebitrate	[Codebit/s]
W	:	Bandbreite	[Hz]
N_0	:	eins. Rauschleist.dichte	[Watt/Hz=Joule]
$N = N_0 W$	:	Rauschleistung	[Watt]
S	:	Signalleistung	[Watt]
$E_b = S/r_b$	:	(Energie pro Infobit)	[Watt·s=Joule]
$E_c = RE_b$	:	(Energie pro Codebit)	[Joule]
$E_{cs} = R_b E_b$	:	Energie pro Codesymbol	[Joule]
C	:	(Kanalkapazität)	[Infobit/Kanalbenutzung]
C^*	:	Kanalkapazität	[Infobit/s]
C^*/W	:	Spektrale Bitrate	[Infobit/s/Hz=Infobit]

Für den zeitkontinuierlichen AWGN wird in Satz 2.4 jetzt $E(x^2) = E_{cs}$ durch S und $E(\nu^2) = N_0/2$ durch N ersetzt. Also sind

$$C = \frac{1}{2} \cdot \log_2 \left(1 + \frac{S}{N}\right) \tag{2.6.1}$$

Infobit pro Kanalbenutzung übertragbar. Nach dem *Shannon'schen Abtasttheorem* sind bei einer Bandbreite W maximal $2W$ Kanalbenutzungen pro Sekunde möglich (*Nyquist-Rate*), d.h. es sind also $C^* = C \cdot 2W$ Infobit pro Sekunde übertragbar:

Satz 2.5 (Shannon-Hartley). *Für den bandbegrenzten AWGN mit wertkontinuierlichem Input ergibt sich die Kanalkapazität als*

$$\begin{aligned} C^* &= W \cdot \log_2 \left(1 + \frac{S}{N}\right) \qquad \textit{Einheit: Infobit/s} \\ &= W \cdot \log_2 \left(1 + \frac{E_b}{N_0} \cdot \frac{r_b}{W}\right). \end{aligned} \tag{2.6.2}$$

Bei $r_b < C^*$ ist mit entsprechendem Aufwand eine nahezu fehlerfreie Übertragung möglich. S/N und W setzen eine prinzipielle Grenze für den Durchsatz, aber nicht für die Übertragungsqualität.

Bemerkenswert ist hier, daß mit Kanalbandbreite, *Signal/Rausch-Abstand* (SNR, Signal-to-Noise Ratio) und Durchsatz die drei Schlüsselparameter einer Übertragung in einer einzigen Formel zusammengefaßt werden können.

Offensichtlich ist ein Austausch zwischen der Bandbreite und dem Signal/Rausch-Abstand möglich: Ein kleines S/N kann durch ein größeres W kompensiert werden. Dies gilt jedoch nur innerhalb gewisser Grenzen – insbesondere kann $E_b/N_0 \to 0$ nicht durch $W \to \infty$ ausgeglichen werden, wie sich schnell zeigt:

$$\begin{aligned} \lim_{W\to\infty} C^* &= \lim_{W\to\infty} W \cdot \log_2\left(1 + \frac{S}{N_0 \cdot W}\right) \\ &= \lim_{W\to\infty} \log_2\left(\left(1 + \frac{S}{N_0 \cdot W}\right)^W\right) = \log_2 \exp\left(\frac{S}{N_0}\right) \\ &= \frac{1}{\ln 2} \cdot \frac{S}{N_0} = 1{,}44 \cdot \frac{r_b \cdot E_b}{N_0}. \end{aligned} \tag{2.6.3}$$

Wegen $r_b < C^*$ folgt hieraus erneut die *Shannon-Grenze* für E_b/N_0, die für eine zuverlässige Übertragung nicht unterschritten werden kann:

$$\frac{E_b}{N_0} > \ln 2 \cong -1{,}59 \text{ dB}. \tag{2.6.4}$$

Erneut wird darauf hingewiesen, daß dies nur ein theoretischer Grenzwert ist, der praktisch nicht erreichbar ist, da (1) die Coderate gegen Null bzw. die Bandbreite gegen Unendlich gehen muß, (2) der Input des Kanals wertkontinuierlich normalverteilt sein muß und (3) die Blocklänge und die Komplexität des Codes gegen unendlich gehen muß.

Eine untere Grenze für S/N gibt es natürlich nicht. Für $W \to 0$ rechnet man einfach $C^* \to 0$ nach, d.h. ohne Bandbreite ist trivialerweise keine Übertragung möglich. Zwar ist ein rauschfreier Kanal physikalisch unmöglich, aber mathematisch ergibt sich bei $N_0 = 0$ die Kanalkapazität als unendlich.

Beispiel 2.7. Beim klassischen analogen Telefonkanal über Wählleitungen beträgt die Bandbreite typischerweise $W = 3000$ Hz und der Signal/Rausch-Abstand $S/N = 30$ dB. Daraus ergibt sich die Kapazität

$$C^* = 3000 \cdot \log_2(1 + 1000) = 29{,}901 \text{ kBit/s}.$$

Unter anderen Randbedingungen kann die Kanalkapazität auch größer oder kleiner ausfallen. Der Telefonkanal ist allerdings kein reiner AWGN-Kanal, da neben dem Rauschen auch andere Degradationen zu berücksichtigen sind. Seit 1994 sind Modems bis zu 28,8 kBit/s nach dem Standard V.34 im Markt eingeführt. Eine Übersicht zur Technik der Modems wird in Abschnitt 12.2 gegeben. □

Definition 2.5. *Als* spektrale Bitrate *wird* r_b/W *bezeichnet und als* normalisierte Kanalkapazität

$$\begin{aligned}\frac{C^*}{W} &= \log_2\left(1+\frac{S}{N}\right) \qquad \textit{Einheit: Infobit/s/Hz=Infobit} \\ &= \log_2\left(1+\frac{E_b}{N_0}\cdot\frac{r_b}{W}\right). \end{aligned} \tag{2.6.5}$$

Für den Grenzfall $C^* = r_b$ gilt

$$\frac{C^*}{W} = \log_2\left(1+\frac{E_b}{N_0}\cdot\frac{C^*}{W}\right) \qquad \text{bzw.} \qquad \frac{E_b}{N_0} = \frac{2^{C^*/W}-1}{C^*/W} \tag{2.6.6}$$

sowie die Shannon-Grenze

$$\lim_{C^*/W\to 0}\frac{E_b}{N_0} = \ln 2 \cong -1{,}59 \text{ dB}. \tag{2.6.7}$$

Bild 2.9 zeigt die normalisierte Kanalkapazität C^*/W über E_b/N_0 im Vergleich mit verschiedenen digitalen Modulationsverfahren ohne Codierung. Oberhalb der durch (2.6.6) bestimmten Kapazitätsgrenze, also bei $r_b > C^*$, kann die Fehlerwahrscheinlichkeit auch mit dem größten Aufwand nicht unter eine gewisse Grenze gedrückt werden. Unterhalb der Kapazitätsgrenze, also bei $r_b < C^*$, ist dagegen bei entsprechendem Aufwand eine nahezu fehlerfreie Übertragung möglich.

Die angegebenen Modulationsverfahren PSK (Phase Shift Keying), FSK (Frequency Shift Keying) und QAM (Quadrature Amplitude Modulation) sind ohne Codierung, mit kohärenter Demodulation (d.h. bei idealer Träger- und Taktphase) und bezüglich einer Symbol-Fehlerwahrscheinlichkeit von 10^{-5} zu verstehen. Gleiche Modulationsverfahren mit unterschiedlicher Stufenzahl sind in Bild 2.9 durch Linien verbunden. Die spektrale Bitrate beträgt im Bandpaßbereich

$$\frac{r_b}{W} = \left\{\begin{array}{ll} \log_2 q & q\text{-PSK, } q\text{-QAM, } q\text{-ASK} \\ 2/q\cdot\log_2 q & q\text{-FSK} \end{array}\right\}. \tag{2.6.8}$$

Alle Modulationsverfahren liegen etwa 10 dB oberhalb der Kapazitätsgrenze (bezüglich E_b/N_0). Für kleinere Fehlerwahrscheinlichkeiten wird dieser Abstand noch wesentlich größer. Offensichtlich sind mit Kanalcodierung also erhebliche Verbesserungen von digitalen Übertragungssystemen zu erwarten, was natürlich einen entsprechenden Aufwand in Theorie und Realisierung rechtfertigt. In Bild 2.9 ist zwischen zwei Bereichen zu unterscheiden:

Leistungsbegrenzter Bereich ($r_b/W < 1$): Kennzeichen ist eine große Bandbreite im Vergleich zur Infobitrate. Der minimale Wert für E_b/N_0 wird durch die Shannon-Grenze von $-1{,}59$ dB gegeben. FSK ist ein bandbreitenintensives Modulationsverfahren, bei dem mit höherer Stufenzahl

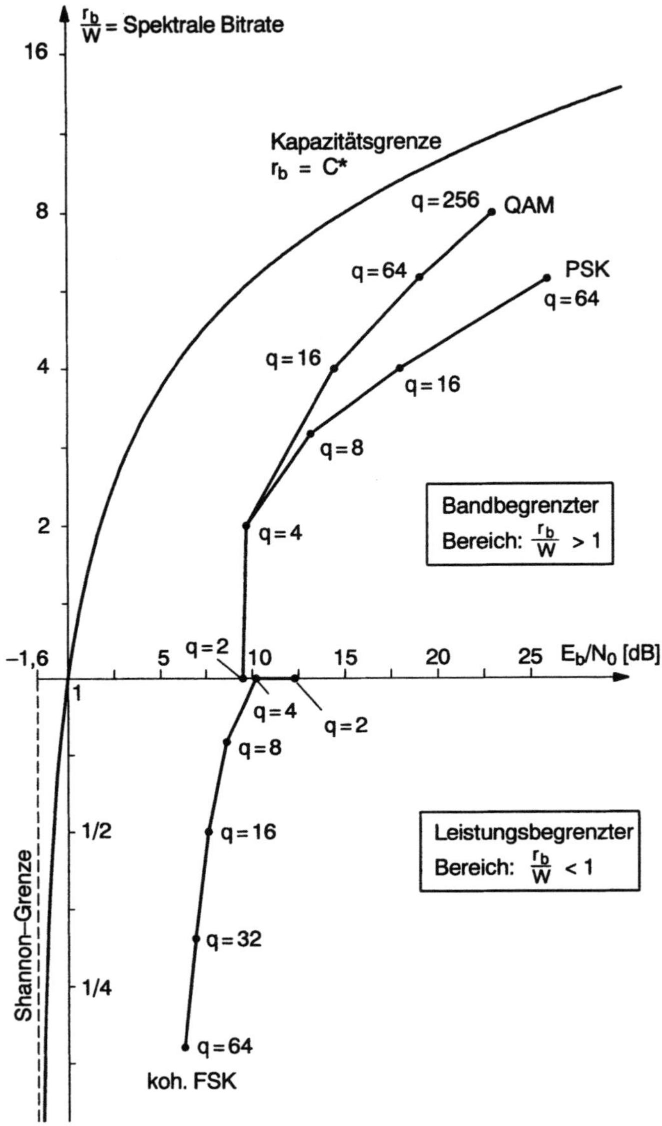

Bild 2.9. Normalisierte Kanalkapazität im Vergleich mit verschiedenen uncodierten Modulationsverfahren (bei einer Symbol-Fehlerwahrscheinlichkeit von 10^{-5})

sowohl die spektrale Bitrate wie das notwendige E_b/N_0 abnehmen. Kleine Einsparungen bei E_b/N_0 erfordern eine erheblich größere Bandbreite. Bei der Kanalcodierung in der klassischen Form mit 2-ASK oder 4-PSK (Kapitel 3 bis 9) können wesentliche Einsparungen an Sendeleistung um den Preis erhöhter Bandbreite und erhöhter Komplexität erreicht werden. Als eine typische Anwendung ist die Satellitenkommunikation bei erdfernen Forschungssatelliten zu nennen (siehe Abschnitt 12.1).

Bandbegrenzter Bereich ($r_b/W > 1$): Kennzeichen ist hier eine schmale Bandbreite und ein großes E_b/N_0. Es werden hochstufige Modulationsverfahren wie QAM und PSK oder Mischformen verwendet. Mit höherer Stufenzahl nehmen bei QAM und PSK im Gegensatz zu FSK sowohl die spektrale Bitrate wie das notwendige E_b/N_0 zu. Es gibt beispielsweise schon Richtfunk-Systeme mit 1024-QAM, d.h. mit einer spektralen Bitrate von 10 Bit/s/Hz. Eine weitere Erhöhung der spektralen Bitrate erfordert jedoch ein erhebliches Anwachsen von E_b/N_0. So muß der Anstieg von 2 auf 10 Bit/s/Hz in der spektralen Bitrate mit einem Anstieg von 1,76 dB auf 20,10 dB bei E_b/N_0 bzw. von 4,77 dB auf 30,10 dB bei $E_{cs}/N_0 = \log_2 q \cdot E_b/N_0$ kompensiert werden.

Kanalcodierung sollte bei den meisten bandbegrenzten Anwendungen zu keiner Erhöhung der Bandbreite führen. Anstelle der klassischen Kanalcodierung werden deshalb hier bandbreiteneffiziente Codierungsverfahren verwendet, bei denen die Codierung gemeinsam mit der Modulation optimiert wird. Als wesentliche Maßnahme wird dazu die Stufenzahl des Modulationssystems erhöht bei gleichbleibender Bandbreite. Derartige Verfahren der sogenannten trelliscodierten Modulation werden in Kapitel 10 behandelt.

Als eine typische Anwendungen sind Modems (siehe Abschnitt 12.2) und Richtfunksysteme (siehe Abschnitt 12.5) zu nennen. Bei Mobilfunksystemen (siehe Abschnitt 12.3 und 12.4) ist gleichermaßen eine leistungs- wie bandbreiteneffiziente Übertragung gefordert.

Zusammenfassung: Zwischen den wichtigsten Parametern einer digitalen Übertragung, nämlich E_b/N_0, der spektralen Bitrate r_b/W und der Symbol-Fehlerwahrscheinlichkeit P_b, bestehen prinzipiell folgende Möglichkeiten des Austausches, wobei (b) und (c) aber eine Änderung des Modulationsverfahrens erfordern:

(a) Austausch zwischen P_b und E_b/N_0 bei gleichbleibendem r_b/W.

(b) Austausch zwischen P_b und r_b/W bei gleichbleibendem E_b/N_0.

(c) Austausch zwischen r_b/W und E_b/N_0 bei gleichbleibendem P_b.

2.7 Anhang: Beweis des Kanalcodierungstheorems für den BSC

Für den Spezialfall des binären symmetrischen Kanals mit $C = 1 - H_2(p_e)$ kann das Kanalcodierungstheorem aus Satz 2.1 relativ einfach bewiesen werden, wobei das Random Coding Argument besonders deutlich wird.

Es sei $p_e < 0{,}5$ und es seien $\varepsilon > 0$ und $\varepsilon' > 0$ beliebig vorgegeben. Nachzuweisen ist die Existenz eines $(n,k)_2$-Codes mit

$$R = \frac{k}{n} \geq C - \varepsilon' \quad \text{und} \quad P_w < \varepsilon. \tag{2.7.1}$$

Dabei erfolgt die Decodierung nach dem ML-Prinzip oder einem schlechteren Verfahren. Der Beweis erfolgt in mehreren Schritten:

Schritt 1: Da $H_2(p_e)$ für $p_e < 0{,}5$ eine strikt monoton steigende Funktion ist (siehe Bild A.1), existiert ein $\beta > 0$ mit

$$H_2(p_e + \beta) - H_2(p_e) < \frac{\varepsilon'}{4} \quad \text{und} \quad \beta < \frac{1}{2} - p_e. \tag{2.7.2}$$

Die Blocklänge n wird nun so groß gewählt, daß

$$\frac{p_e(1-p_e)}{n\beta^2} < \frac{\varepsilon}{2} \quad \text{und} \quad 2^{-n\varepsilon'/2} < \frac{\varepsilon}{2} \tag{2.7.3}$$

gilt und ferner wird eine Schwelle definiert:

$$t = n(p_e + \beta). \tag{2.7.4}$$

Schritt 2: Vorgegeben sei zunächst ein beliebiger $(n,k)_2$-Code

$$\Gamma = \{\boldsymbol{a}_1, \ldots, \boldsymbol{a}_{2^k}\} \subseteq \{0,1\}^n \quad \text{mit} \quad C - \frac{\varepsilon'}{2} > R \geq C - \varepsilon' \tag{2.7.5}$$

in aufzählender Beschreibung, wobei sogar Codewörter identisch sein dürfen.

Schritt 3: Die ML-Regel zur Decodierung wird jetzt absichtlich verschlechtert, weil dann die Beweisführung einfacher wird. In Bezug auf die definierte Schwelle t wird das Empfangswort $\boldsymbol{y}$ wie folgt decodiert:

(a) Entscheidung auf $\boldsymbol{a}_i$, wenn $\boldsymbol{a}_i$ das einzige Codewort im Abstand $\leq t$ zu $\boldsymbol{y}$ ist, d.h.: $d_H(\boldsymbol{y}, \boldsymbol{a}_i) \leq t$ und für alle j mit $j \neq i$ gilt $d_H(\boldsymbol{y}, \boldsymbol{a}_j) > t$.

(b) Keine Entscheidung, wenn (a) nicht erfüllt ist, wenn es also entweder kein Codewort oder mehrere Codewörter im Abstand $\leq t$ zu $\boldsymbol{y}$ gibt.

Im Fall (a) ist offensichtlich die ML-Regel gemäß Satz 1.3 erfüllt. Da im Fall (b) nicht decodiert wird, ist die so definierte Regel schlechter als die ML-Regel.

Schritt 4: Es sei $P_{w|i}$ die Wort-Fehlerwahrscheinlichkeit unter der Voraussetzung, daß $\boldsymbol{a}_i$ gesendet wurde. Dann gilt:

$$\begin{aligned} P_{w|i} &= P(\text{Decodierfehler} \mid \boldsymbol{a}_i \text{ gesendet}) \\ &= P(d_H(\boldsymbol{y}, \boldsymbol{a}_i) > t \text{ oder es exist. } j \neq i \text{ mit } d_H(\boldsymbol{y}, \boldsymbol{a}_j) \leq t \mid \boldsymbol{a}_i) \\ &\leq \underbrace{P(d_H(\boldsymbol{y}, \boldsymbol{a}_i) > t \mid \boldsymbol{a}_i)}_{=P_{1|i}} + \underbrace{P(\text{es exist. } j \neq i \text{ mit } d_H(\boldsymbol{y}, \boldsymbol{a}_j) \leq t \mid \boldsymbol{a}_i)}_{=P_{2|i}}. \end{aligned}$$

Schritt 5: Der Fall $d_H(\boldsymbol{y}, \boldsymbol{a}_i) > t$ bedeutet, daß mindestens $t+1$ Fehler auftreten. Die Anzahl der Fehler $d_H(\boldsymbol{y}, \boldsymbol{a}_i)$ ist nach (1.3.9) binomialverteilt mit dem Erwartungswert np_e und der Varianz $np_e(1-p_e)$:

$$\begin{aligned} P_{1|i} &= P(d_H(\boldsymbol{y}, \boldsymbol{a}_i) > t) \\ &= P(d_H(\boldsymbol{y}, \boldsymbol{a}_i) - np_e > n(p_e + \beta) - np_e) \\ &\leq P(|d_H(\boldsymbol{y}, \boldsymbol{a}_i) - np_e| > n\beta) \\ &\leq \frac{np_e(1-p_e)}{n^2\beta^2} \qquad \text{nach Satz A.2} \\ &= \frac{p_e(1-p_e)}{n\beta^2} \\ &< \frac{\varepsilon}{2} \qquad \text{nach (2.7.3).} \end{aligned}$$

$P_{1|i}$ ist also unabhängig von i und auch unabhängig von den Eigenschaften des Codes abgeschätzt worden.

Schritt 6: Für $P_{2|i}$ ist die Situation komplizierter:

$$\begin{aligned} P_{2|i} &= P(\text{es exist. } j \neq i \text{ mit } d_H(\boldsymbol{y}, \boldsymbol{a}_j) \leq t \mid \boldsymbol{a}_i) \\ &\leq \sum_{\substack{j=1 \\ j\neq i}}^{2^k} P(d_H(\boldsymbol{y}, \boldsymbol{a}_j) \leq t \mid \boldsymbol{a}_i) = \sum_{\substack{j=1 \\ j\neq i}}^{2^k} P(\boldsymbol{a}_j \in K_t(\boldsymbol{y}) \mid \boldsymbol{a}_i). \end{aligned}$$

Die Menge $K_t(\boldsymbol{y})$ bezeichnet dabei die Kugel aller Wörter um $\boldsymbol{y}$ vom Radius t (siehe auch Definition 3.5). Die Wahrscheinlichkeit $P_{2|i}$ ist schwer abzuschätzen bzw. sie kann auch sehr groß ausfallen. Jedoch ist $P_{2|i}$ leicht abzuschätzen, wenn der Mittelwert über alle zufällig gewählten Codes betrachtet wird. Dann ist $\boldsymbol{a}_j$ in $\{0,1\}^n$ gleichmäßig verteilt, d.h. für jede beliebige Menge $\mathcal{M}$ gilt

$$P(\boldsymbol{a}_j \in \mathcal{M}) = 2^{-n} \cdot |\mathcal{M}|. \tag{2.7.6}$$

Die Kugeln vom Radius t enthalten nach (3.2.3) genau $\sum_{r=0}^{t} \binom{n}{r}$ Wörter und somit folgt:

$$P_{2|i} \leq \sum_{\substack{j=1 \\ j\neq i}}^{2^k} 2^{-n}|K_t(\boldsymbol{y})| \leq 2^{k-n}|K_t(\boldsymbol{y})| = 2^{k-n} \sum_{r=0}^{t} \binom{n}{r}. \tag{2.7.7}$$

Sei $\lambda = \dfrac{t}{n} = p_e + \beta$. Wegen (2.7.2) gilt $\lambda \leq \dfrac{1}{2}$ und nach Satz A.1 folgt:

$$\begin{aligned}
P_{2|i} &\leq 2^{k-n} \cdot 2^{nH_2(\lambda)} \\
&= 2^{n(R-1+H_2(\lambda))} \\
&\leq 2^{n(C-\varepsilon'/2-1+H_2(p_e+\beta))} \qquad \text{nach (2.7.5)} \\
&= 2^{n(H_2(p_e+\beta)-H_2(p_e)-\varepsilon'/2)} \\
&\leq 2^{n(\varepsilon'/4-\varepsilon'/2)} \qquad \text{nach (2.7.2)} \\
&= 2^{-n\varepsilon'/2} \\
&\leq \frac{\varepsilon}{2} \qquad \text{nach (2.7.3).}
\end{aligned}$$

Schritt 7: Insgesamt folgt also aus den Ergebnissen von Schritt 5 und 6:

$$P_{w|i} \leq P_{1|i} + P_{2|i} \leq \frac{\varepsilon}{2} + \frac{\varepsilon}{2} = \varepsilon.$$

Der Rest ist simpel:

$$P_w = \sum_{i=1}^{2^n} \underbrace{P(\text{Decodierfehler} \mid \boldsymbol{a}_i \text{ gesendet})}_{= P_{w|i} \leq \varepsilon} \cdot \underbrace{P(\boldsymbol{a}_i \text{ gesendet})}_{= 2^{-n}} \leq \varepsilon.$$

Dies gilt also für den Mittelwert über alle zufällig gewählten Codes. Trivialerweise muß es dann mindestens einen Code geben, der so gut ist wie der Mittelwert. Je größer n ist, desto stärker sind die Codeeigenschaften um den Erwartungswert konzentriert. Somit gilt wie bereits in Abschnitt 2.2 formuliert: *Fast alle Codes sind gut.* Das konverse Theorem erfordert nochmals einen eigenständigen Beweis, der hier aber übergangen wird. □

Zur Interpretation des wesentlichen Gedankens im Beweis: Das Empfangswort $\boldsymbol{y}$ enthält im Mittel np_e Fehler. Bei großem n stimmt dieser Mittelwert mit der tatsächlichen Anzahl der Fehler gut überein. Eine Decodierung erfolgt nur, wenn es genau ein Codewort in $K_t(\boldsymbol{y})$ gibt. Somit gibt es zwei Möglichkeiten der falschen Decodierung:

$P_{1|i}$: Das gesendete Codewort liegt nicht in $K_t(\boldsymbol{y})$.

$P_{2|i}$: Ein anderes Codewort als das gesendete Codewort liegt in $K_t(\boldsymbol{y})$.

Abhängig von der Wahl der Schranke $t = np_e + n\beta$ gilt nun:

- Für $t \to np_e$ bzw. $\beta \to 0$ ist (2.7.3) verletzt. Die Kugel wird so klein, daß das gesendete Codewort oft außerhalb liegt: $P_{1|i}$ = groß, $P_{2|i}$ = klein.
- Für $t \gg np_e$ bzw. $\beta \gg 0$ ist (2.7.2) verletzt. Die Kugel wird so groß, daß zu oft ein falsches Codewort in der Kugel liegt: $P_{1|i}$ = klein, $P_{2|i}$ = groß.

Durch geeignete Wahl von β bei festem n (bzw. bei vorgegebenem $\beta \approx 0$ durch entsprechend großes n) werden sowohl $P_{1|i}$ wie $P_{2|i}$ klein. Das in Schritt 3 eingeführte Prinzip wird auch als *Begrenzte-Distanz-Decodierung* (BDD) bezeichnet. Ein Vergleich mit der Maximum-Likelihood-Methode und einem weiteren Decodierprinzip erfolgt noch in den Abschnitten 3.2 und 3.4.

Ein sehr vereinfachender Gedankengang ohne Random Coding Argument führt ebenfalls auf die Kanalkapazität: Das Empfangswort $\boldsymbol{y}$ enthält im Mittel np_e Fehler. Die Anzahl der Fehlermuster vom Gewicht np_e beträgt $\binom{n}{np_e} \approx 2^{nH_2(p_e)}$ nach Satz A.1. Pro Kanalinput gibt es also $2^{nH_2(p_e)}$ hochwahrscheinliche Outputs und insgesamt 2^n überhaupt mögliche Outputs. Für die Anzahl der Inputs mit verschiedenen Outputs gilt

$$2^k = \frac{2^n}{2^{nH_2(p_e)}} = 2^{n(1-H_2(p_e))} = 2^{nC}$$

und somit $R = k/n = C$. Eine ähnliche Überlegung führt auch auf Satz 2.4 für den AWGN. Der Empfangswert $y = x + \nu$ hat die Varianz $\sigma_y^2 = E_{cs} + N_0/2$ und somit gilt $E(\|\boldsymbol{y}\|^2) = n\sigma_y^2$, d.h. $\boldsymbol{y} \in K_{\sqrt{n\sigma_y^2}}(\boldsymbol{0})$. Entsprechend gilt $\boldsymbol{y} \in K_{\sqrt{nN_0/2}}(\boldsymbol{0})$ bei gegebenem $\boldsymbol{x}$. Wie beim BSC folgt

$$2^k = \frac{|K_{\sqrt{n\sigma_y^2}}(\boldsymbol{0})|}{|K_{\sqrt{nN_0/2}}(\boldsymbol{0})|} = \frac{c_n(n\sigma_y^2)^{n/2}}{c_n(nN_0/2)^{n/2}} = \left(1 + 2\frac{E_{cs}}{N_0}\right)^{n/2},$$

wobei $c_n t^n$ der Inhalt der n-dimensionalen Kugel vom Radius t ist. Somit folgt $k = n/2 \cdot \log_2(1 + 2E_{cs}/N_0)$ und das ist die Aussage von Satz 2.4.

2.8 Anhang: Beweis des R_0-Theorems für den DMC

Das R_0-Theorem aus Satz 2.3 kann relativ einfach für den allgemeinen DMC bewiesen werden, wobei wiederum das Random Coding Argument benutzt wird. Der Beweis verläuft jedoch ganz anders als beim Kanalcodierungstheorem. Mit den gleichen Methoden wie hier bei Satz 2.3 erfolgt später der Beweis der Union Bound (Satz 3.16). Vorweg wird ein Lemma formuliert:

Lemma 2.1. *Sei $h(v, w)$ eine beliebige Funktion in den Variablen $v \in \mathcal{A}$ und $w \in \mathcal{B}$. Dann gilt für jedes $\boldsymbol{w} = (w_0, \dots, w_{n-1}) \in \mathcal{B}^n$:*

$$\sum_{(v_0,\dots,v_{n-1})\in\mathcal{A}^n} \prod_{r=0}^{n-1} h(v_r, w_r) = \prod_{r=0}^{n-1} \sum_{v\in\mathcal{A}} h(v, w_r). \tag{2.8.1}$$

Beweis: Offensichtlich gilt

$$\begin{aligned} &\sum_{v_0\in\mathcal{A}} \cdots \sum_{v_{n-1}\in\mathcal{A}} h(v_0, w_0) \cdots h(v_{n-1}, w_{n-1}) \\ &= \left(\sum_{v_0\in\mathcal{A}} h(v_0, w_0)\right) \cdots \left(\sum_{v_{n-1}\in\mathcal{A}} h(v_{n-1}, w_{n-1})\right). \end{aligned}$$

Der obere Ausdruck entspricht der linken Seite und der untere Ausdruck entspricht der rechten Seite in (2.8.1). □

Beweis von Satz 2.3 in mehreren Schritten:

Schritt 1: Es sei $\Gamma = \{\boldsymbol{a}_1, \boldsymbol{a}_2\}$ ein beliebiger Code mit 2 Codewörtern, die als $\boldsymbol{a}_i = (a_{i,0}, \ldots, a_{i,n-1}) \in \mathcal{A}_{\text{in}}^n$ geschrieben werden. ML-Decodierung gemäß Satz 1.2 bedeutet:

$$\begin{array}{rcl} P(\boldsymbol{y}|\boldsymbol{a}_1) > P(\boldsymbol{y}|\boldsymbol{a}_2) & \Longrightarrow & \hat{\boldsymbol{a}} = \boldsymbol{a}_1 \\ P(\boldsymbol{y}|\boldsymbol{a}_1) < P(\boldsymbol{y}|\boldsymbol{a}_2) & \Longrightarrow & \hat{\boldsymbol{a}} = \boldsymbol{a}_2. \end{array}$$

Für $P_i = P(\text{Decodierfehler} \mid \boldsymbol{a}_i \text{ gesendet})$ gilt dann:

$$\begin{aligned} P_1 &= P\Big(P(\boldsymbol{y}|\boldsymbol{a}_1) < P(\boldsymbol{y}|\boldsymbol{a}_2)\Big|\boldsymbol{a}_1\Big) \\ &= \sum_{\substack{\boldsymbol{y}\in\mathcal{A}_{\text{out}}^n \\ P(\boldsymbol{y}|\boldsymbol{a}_1)<P(\boldsymbol{y}|\boldsymbol{a}_2)}} P(\boldsymbol{y}|\boldsymbol{a}_1) \\ &\le \sum_{\substack{\boldsymbol{y}\in\mathcal{A}_{\text{out}}^n \\ P(\boldsymbol{y}|\boldsymbol{a}_1)<P(\boldsymbol{y}|\boldsymbol{a}_2)}} P(\boldsymbol{y}|\boldsymbol{a}_1)\sqrt{\frac{P(\boldsymbol{y}|\boldsymbol{a}_2)}{P(\boldsymbol{y}|\boldsymbol{a}_1)}} \\ &\le \sum_{\boldsymbol{y}\in\mathcal{A}_{\text{out}}^n} \sqrt{P(\boldsymbol{y}|\boldsymbol{a}_1)P(\boldsymbol{y}|\boldsymbol{a}_2)} \\ &= \sum_{\boldsymbol{y}\in\mathcal{A}_{\text{out}}^n} \prod_{r=0}^{n-1} \sqrt{P(y_r|a_{1,r})P(y_r|a_{2,r})} \quad \text{nach (1.3.2).} \end{aligned}$$

In Lemma 2.1 wird jetzt $v = y \in \mathcal{A}_{\text{out}}$ und $\boldsymbol{w} = (a_1, a_2) \in \mathcal{A}_{\text{in}}^2$ gesetzt und dann folgt:

$$P_1 \le \prod_{r=0}^{n-1} \underbrace{\sum_{y\in\mathcal{A}_{\text{out}}} \sqrt{P(y|a_{1,r})P(y|a_{2,r})}}_{= J(a_{1,r}, a_{2,r})}.$$

Dieses Ergebnis gilt natürlich auch für P_2.

Schritt 2: Insgesamt gilt für den aus 2 Codewörtern bestehenden Code:

$$\begin{aligned} P_w &= P(\text{Decodierfehler}) \\ &= P_1 \cdot P(\boldsymbol{a}_1 \text{ gesendet}) + P_2 \cdot P(\boldsymbol{a}_2 \text{ gesendet}) \\ &\le \prod_{r=0}^{n-1} J(a_{1,r}, a_{2,r}). \end{aligned}$$

Der Code $\Gamma = \{\boldsymbol{a}_1, \boldsymbol{a}_2\}$ wird jetzt zufällig gewählt, indem die insgesamt $2n$ Codesymbole statistisch unabhängig mit derjenigen Verteilung P_x gewählt werden, die R_0 maximiert. Für den Erwartungswert von P_w gilt dann:

$$P_w \le \sum_{(\boldsymbol{a}_1,\boldsymbol{a}_2)\in\mathcal{A}_{\text{in}}^{2n}} \prod_{r=0}^{n-1} P_x(a_{1,r})P_x(a_{2,r})J(a_{1,r}, a_{2,r}).$$

In Lemma 2.1 wird jetzt $\boldsymbol{v} = (a_1, a_2) \in \mathcal{A}_{\text{in}}^2$ gesetzt (w entfällt) und dann folgt:

$$
\begin{aligned}
P_w &\leq \prod_{r=0}^{n-1} \sum_{(a_1,a_2)\in\mathcal{A}_{\text{in}}^2} P_x(a_1)P_x(a_2)J(a_1,a_2) \\
&= \left[\sum_{(a_1,a_2)\in\mathcal{A}_{\text{in}}^2} P_x(a_1)P_x(a_2)J(a_1,a_2) \right]^n \\
&= \left[\sum_{y\in\mathcal{A}_{\text{out}}} \sum_{(a_1,a_2)\in\mathcal{A}_{\text{in}}^2} P_x(a_1)P_x(a_2)\sqrt{P(y|a_1)P(y|a_2)} \right]^n \\
&= \left[\sum_{y\in\mathcal{A}_{\text{out}}} \left(\sum_{a\in\mathcal{A}_{\text{in}}} P_x(a)\sqrt{P(y|a)} \right)^2 \right]^n \;=\; 2^{-nR_0} \quad \text{nach (2.3.1).}
\end{aligned}
$$

Schritt 3: Es sei $\Gamma = \{\boldsymbol{a}_1, \ldots, \boldsymbol{a}_{q^k}\}$ ein beliebiger $(n,k)_q$-Code mit der Coderate $R_b = k/n \cdot \log_2 q$. Dann gilt:

$$
\begin{aligned}
P_w &= \sum_{i=1}^{q^k} P(\text{Decodierfehler} \mid \boldsymbol{a}_i \text{ gesendet}) \cdot P(\boldsymbol{a}_i \text{ gesendet}) \\
&\leq \sum_{i=1}^{q^k} P(\boldsymbol{a}_i \text{ gesendet}) \cdot \sum_{\substack{j=1 \\ j\neq i}}^{q^k} \underbrace{P(\text{Entscheidung für } \boldsymbol{a}_j | \boldsymbol{a}_i \text{ gesendet})}_{\leq 2^{-nR_0}} \\
&\leq \sum_{i=1}^{q^k} P(\boldsymbol{a}_i \text{ gesendet}) \cdot (q^k - 1) \cdot 2^{-nR_0} \\
&\leq q^k \cdot 2^{-nR_0} \;=\; 2^{-n(R_0 - R_b)}.
\end{aligned}
$$

Dies gilt also für den Mittelwert über alle zufällig gewählten Codes. Trivialerweise muß es dann mindestens einen Code geben, der so gut ist wie der Mittelwert. □

2.9 Aufgaben

2.1. Vorausgesetzt wird ein BSC mit der Bit-Fehlerwahrscheinlichkeit p_e sowie ein binärer Input mit der durch $P(x = 0) = \alpha$ und $P(x = 1) = 1-\alpha$ beschriebenen Verteilung. Der Output wird mit y bezeichnet. Berechne die Entropien $H(x)$, $H(y)$, $H(y|x)$, die Transinformation $I(x; y)$ sowie die Kanalkapazität C. Zeichne $I(x; y)$ als Funktion von α für verschiedene Parameter p_e.

2.2. Berechne R_0 für den Auslöschungskanal BEC (siehe (1.3.10)).

2.3. Berechne die Kanalkapazität für den binären DMC mit der Übergangswahrscheinlichkeit

$$P_{y|x}(\eta|\xi) = \left\{ \begin{array}{ll} p_e & \eta = 0 \\ 1 - p_e & \eta = 1 \end{array} \right\}.$$

2.4. Berechne die Kanalkapazität für den binären sogenannten *Z-Kanal* mit der Übergangswahrscheinlichkeit

$$P_{y|x}(\eta|\xi) = \left\{ \begin{array}{ll} 1 & \xi = 0, \eta = 0 \\ 0 & \xi = 0, \eta = 1 \\ 1/2 & \xi = 1 \end{array} \right\}.$$

2.5. Weise für den q-nären symmetrischen DMC gemäß (1.3.3) die Kanalkapazität als $C = \log_2 q - H_q(p_e)$ nach, wobei mit

$$H_q(p_e) = p_e \log_2(q-1) + H_2(p_e)$$

eine Erweiterung der binären Entropiefunktion bezeichnet wird.

2.6. Zeige für eine binomialverteilte Zufallsgröße x mit der Verteilung

$$P(x = k) = \binom{n}{k} p_e^k (1 - p_e)^{n-k} \quad , \quad k = 0, \ldots, n$$

die Abschätzung $H(x) \leq nH_2(p_e)$.

2.7. Berechne die differentielle Entropie der beiden Verteilungen mit den Dichtefunktionen und interpretiere das Ergebnis:

$$f_x(\xi) = \left\{ \begin{array}{ll} 1/a & 0 < \xi < a \\ 0 & \text{sonst} \end{array} \right\} \quad , \quad f_x(\xi) = \left\{ \begin{array}{ll} 1/(\xi \ln^2 \xi) & \xi > e \\ 0 & \xi < e \end{array} \right\}.$$

2.8. Über einen BSC sind 10000 Codebits pro Sekunde mit einer Fehlerrate von 0,09 übertragbar. Sind durch Codierung 4800 Infobits pro Sekunde mit einer Fehlerrate von 10^{-5} übertragbar? Wie ist die Situation bei einer Fehlerrate von 10^{-12}?

2.9. Vorgegeben sei eine Bit-Fehlerwahrscheinlichkeit $P_b = 10^{-5}$. (1) Wie groß ist der maximale theoretische Gewinn bei binärer Übertragung über den leistungsbegrenzten AWGN? (2) ... mit Begrenzung auf $R = R_0$? (3) ... mit Begrenzung auf $R = R_0$ und 4-facher Bandbreitenexpansion?

2.10. Zeige in Analogie zum Beweis von Satz 2.1: Die mittlere Anzahl von Codewörtern in einer Kugel vom Radius t um ein beliebiges Wort $\boldsymbol{y}$ beträgt

$$q^{k-n} \cdot |K_t(\boldsymbol{y})| \;=\; q^{k-n} \cdot \sum_{r=0}^{t} \binom{n}{r} (q-1)^r.$$

Wie groß ist die mittlere Anzahl auf der Kugeloberfläche?

3. Lineare Blockcodes

Sowohl zur Konstruktion wie auch zur rechentechnisch günstigen Encodierung und Decodierung ist eine algebraische Struktur auf der Codemenge erforderlich. Bei linearen Codes wird im wesentlichen nur gefordert, daß die Summe zweier Codewörter auch wieder ein Codewort ist. Bei zyklischen Codes kommen später noch weitere Forderungen hinzu.

Die für lineare Codes erforderlichen algebraischen Grundlagen sind ziemlich einfach. Durch die Minimaldistanz wird die Anzahl der korrigierbaren und erkennbaren Fehler bestimmt. Es werden einige fundamentale Zusammenhänge zwischen der Minimaldistanz und den Codeparametern hergeleitet, die teilweise auch für nichtlineare Codes gültig sind. Schließlich wird die Gewichtsverteilung eingeführt, mit der die Berechnung der Fehlerwahrscheinlichkeit ermöglicht wird.

3.1 Definition linearer Blockcodes

Bei einem $(n, k, d_{min})_q$-Blockcode gemäß Definition 1.4 sind sowohl die Infosymbole u_i wie die Codesymbole a_i jeweils q-stufig mit $u_i, a_i \in \mathbb{F}_q$. Das Galoisfeld $\mathbb{F}_q$ ist eine Menge mit q Elementen, in der eine Addition und eine Multiplikation (mit den inversen Operationen Subtraktion und Division) erklärt sind, und zwar derart, daß für die Rechenoperationen im Prinzip die gleichen Regeln gelten sollen wie bei den reellen oder rationalen Zahlen.

Der Vorteil von Galoisfeldern besteht darin, daß die Endlichkeit der Zahlenmenge bzw. Alphabete mit der Endlichkeit der technischen Systeme korrespondiert. Es gibt keine Rundungs- oder Quantisierungsfehler wie beim Rechnen mit reellen Zahlen, sondern immer eindeutige Ergebnisse aus der endlichen Zahlenmenge. Nachteilig ist allerdings, daß keine Ordnungsrelation erklärt werden kann, d.h. es gibt kein größer oder kleiner zwischen Elementen des Galoisfeldes.

Eine mathematische Einführung in Galoisfelder wird im Anhang in den Abschnitten A.4 bis A.8 gegeben. Für die einfachen linearen und zyklischen Codes, die in den Kapiteln 3 bis 5 behandelt werden, reichen jedoch bereits sehr geringe Kenntnisse über Galoisfelder vollständig aus. Nachfolgend wird deshalb nur die Definition eines Galoisfeldes gegeben und dazu werden einige Beispiele behandelt.

Definition 3.1. *Mit* $\mathbb{F}_q$ *wird ein* Galoisfeld *(endlicher Körper, finite field) bezeichnet.* $\mathbb{F}_q$ *ist eine Menge mit* q *Elementen, zwischen denen zwei Rechenoperationen (Verknüpfungen) erklärt sind, die üblicherweise als Addition* $+$ *und Multiplikation* $\cdot$ *geschrieben werden.* $\mathbb{F}_q$ *soll* abgeschlossen *sein, d.h. für alle* $x, y \in \mathbb{F}_q$ *soll* $x + y \in \mathbb{F}_q$ *und* $x \cdot y \in \mathbb{F}_q$ *erfüllt sein. Ferner sollen die „üblichen“ Rechenregeln gelten und insbesondere gibt es* neutrale Elemente *0 und 1 sowie* inverse Elemente $-x$ *und* x^{-1}.

Zusammenfassung aller Rechenregeln ($x, y, z \in \mathbb{F}_q$ *beliebig):*

(1) $x + y = y + x$ *(Kommutativgesetz der Addition)*
(2) $(x + y) + z = x + (y + z)$ *(Assoziativgesetz der Addition)*
(3) $x + 0 = x$ *(Existenz des add. neutralen Elementes (Nullelement))*
(4) Zu x *existiert* $-x$ *mit* $x + (-x) = 0$ *(Existenz des add. Inversen)*
(5) $x \cdot y = y \cdot x$ *(Kommutativgesetz der Multiplikation)*
(6) $(x \cdot y) \cdot z = x \cdot (y \cdot z)$ *(Assoziativgesetz der Multiplikation)*
(7) $x \cdot 1 = x$ *(Existenz des mult. neutralen Elementes (Einselement))*
(8) Zu $x \neq 0$ *existiert* x^{-1} *mit* $x \cdot x^{-1} = 1$ *(Existenz des mult. Inversen)*
(9) $x \cdot (y + z) = x \cdot y + x \cdot z$ *(Distributivgesetz).*

Aufgrund von (1) bis (4) wird $\mathbb{F}_q$ *auch als additive Gruppe und aufgrund von (5) bis (8) wird* $\mathbb{F}_q \backslash \{0\}$ *als multiplikative Gruppe bezeichnet. Es werden folgende Schreibweisen vereinbart:*

$$x + (-y) = x - y \quad , \quad x \cdot y = xy \quad , \quad x \cdot y^{-1} = \frac{x}{y}.$$

Schließlich soll $\cdot$ *stärker als* $+$ *binden. In der Schreibweise werden die Operationen im Galoisfeld nicht von den Operationen in den reellen Zahlen unterschieden, weil der Unterschied in aller Regel aus dem Kontext hervorgeht.*

Generell gilt $x \cdot 0 = 0$. Es ist $xy = 0$ nur dann möglich, wenn $x = 0$ oder $y = 0$ gilt.

Galoisfelder $\mathbb{F}_q$ existieren nur für $q = p^m$, wobei p eine Primzahl und m eine natürliche Zahl ist. Also kann q nur die Werte 2, 3, 4, 5, 7, 8, 9, 11, 13, 16, 17,... annehmen. Für jedes q existiert nur ein Galoisfeld in dem Sinne, daß zwei Galoisfelder gleicher Mächtigkeit isomorph (strukturgleich) sind, d.h. durch Umbenennung der Elemente geht das eine Galoisfeld aus dem anderen hervor.

Die mit Abstand wichtigsten Fälle sind $q = 2$ (einfache Binärcodes) und $q = 2^m$ (z.B. RS-Codes, siehe Kapitel 7). Da für einfache Codes $q = 2$ gilt, besteht vorläufig noch keine Notwendigkeit, $\mathbb{F}_{p^m}$ genauer zu verstehen und Konstruktionsmethoden anzugeben. Jedoch gelten die Aussagen in den folgenden Kapiteln auch für die komplizierteren Codes über $\mathbb{F}_{p^m}$, so daß alle Definitionen und Sätze jetzt schon für den allgemeinen Fall formuliert werden. Im Vorgriff auf spätere Einsichten wird lediglich vermerkt:

$$\text{in } \mathbb{F}_2 \text{ und } \mathbb{F}_{2^m} \text{ gilt stets} \quad 1 + 1 = 0. \tag{3.1.1}$$

Beispiel 3.1. Für den einfachen und vorläufig auch ausschließlich praktisch interessanten Fall mit $q = p =$ Primzahl besteht $\mathbb{F}_p$ aus den natürlichen Zahlen $0, 1, 2, \ldots, p-1$, wobei Addition und Multiplikation modulo p erfolgen. Für kleines p können die Rechenoperationen in $\mathbb{F}_p$ durch *Ergebnistabellen* dargestellt werden:

(1) $\mathbb{F}_2$ ist der wichtigste Fall:

+	0	1
0	0	1
1	1	0

·	0	1
0	0	0
1	0	1

Hier gilt beispielsweise $1 + 1 = 0$, $-1 = 1$, $-0 = 0$, $1^{-1} = 1$.

(2) Betrachte $\mathbb{F}_5$:

+	0	1	2	3	4
0	0	1	2	3	4
1	1	2	3	4	0
2	2	3	4	0	1
3	3	4	0	1	2
4	4	0	1	2	3

·	0	1	2	3	4
0	0	0	0	0	0
1	0	1	2	3	4
2	0	2	4	1	3
3	0	3	1	4	2
4	0	4	3	2	1

Hier gilt beispielsweise $-1 = 4$, $-2 = 3$, $2^{-1} = 3$, $3^{-1} = 2$, $4^{-1} = 4$.

(3) $\mathbb{F}_4$ ist zwar ein Galoisfeld, kann aber nicht über die modulo 4 - Operation erklärt werden:

·	0	1	2	3
0	0	0	0	0
1	0	1	2	3
2	0	2	0	2
3	0	3	2	1

Hier gibt es kein $x \in \mathbb{F}_4$ mit $2 \cdot x = 1$, d.h. 2^{-1} existiert nicht. □

Definition 3.2. *Die Menge aller n-Tupel (bzw. Blöcke, Vektoren, Wörter der Länge n) mit Komponenten aus* $\mathbb{F}_q$ *wird mit* $\mathbb{F}_q^n = \mathbb{F}_{p^m}^n$ *bezeichnet:*

$$\mathbb{F}_q^n = \{(x_0, \ldots, x_{n-1}) \mid x_0, \ldots, x_{n-1} \in \mathbb{F}_q\}.$$

Für die Mächtigkeit gilt natürlich $|\mathbb{F}_q^n| = q^n$. *Zwischen den Wörtern wird eine komponentenweise Addition und Skalarmultiplikation erklärt, d.h. für alle* $\boldsymbol{x}, \boldsymbol{y} \in \mathbb{F}_q^n$ *und* $\alpha \in \mathbb{F}_q$ *gilt* $\boldsymbol{x} + \boldsymbol{y} \in \mathbb{F}_q^n$ *und* $\alpha \cdot \boldsymbol{x} \in \mathbb{F}_q^n$ *mit*

$$\begin{aligned} \boldsymbol{x} + \boldsymbol{y} &= (x_0, \ldots, x_{n-1}) + (y_0, \ldots, y_{n-1}) &&= (x_0 + y_0, \ldots, x_{n-1} + y_{n-1}) \\ \alpha \cdot \boldsymbol{x} &= \alpha \cdot (x_0, \ldots, x_{n-1}) &&= (\alpha x_0, \ldots, \alpha x_{n-1}). \end{aligned}$$

Für diese Operationen gelten die „üblichen“ Gesetze, die in Abschnitt A.5 nochmals zusammengestellt sind. Damit bildet $\mathbb{F}_q^n$ einen *Vektorraum* bzw. *linearen Raum*. Für die Verknüpfungen im Vektorraum werden die gleichen Operationszeichen verwendet wie im Galoisfeld und wie in den reellen Zahlen. Eine Multiplikation zwischen den Wörtern ist nicht definiert.

Verständlich sind nun auch die Aussagen (1.5.7) und (1.5.10) aus Satz 1.1. Ferner ist der Hammingabstand invariant gegenüber Verschiebungen:

$$d_H(\boldsymbol{x}, \boldsymbol{y}) = d_H(\boldsymbol{x} + \boldsymbol{z}, \boldsymbol{y} + \boldsymbol{z}). \tag{3.1.2}$$

Satz 3.1. *In $\mathbb{F}_2^n$ und $\mathbb{F}_{2^m}^n$ gilt für beliebige Wörter $\boldsymbol{x}$ und $\boldsymbol{y}$:*
(1) Wenn $w_H(\boldsymbol{y})$ eine gerade Zahl ist, dann gilt:

$$w_H(\boldsymbol{x}) \text{ gerade} \iff w_H(\boldsymbol{x} + \boldsymbol{y}) \text{ gerade}. \tag{3.1.3}$$

(2) Wenn $w_H(\boldsymbol{y})$ eine ungerade Zahl ist, dann gilt:

$$w_H(\boldsymbol{x}) \text{ gerade} \iff w_H(\boldsymbol{x} + \boldsymbol{y}) \text{ ungerade}. \tag{3.1.4}$$

Bei einem $(n,k)_q$-Blockcode gilt $\boldsymbol{u} = (u_0, \ldots, u_{k-1}) \in \mathbb{F}_q^k$ für das Infowort und $\boldsymbol{a} = (u_0, \ldots, a_{n-1}) \in \mathbb{F}_q^n$ für das Codewort sowie $\Gamma \subseteq \mathbb{F}_q^n$, $|\Gamma| = q^k$ für den Code.

Nach diesen vorbereitenden Definitionen und Feststellungen erfolgt nun die Definition des linearen Codes:

Definition 3.3. *Der $(n,k)_q$-Code Γ über $\mathbb{F}_q$ heißt* linearer Code, *wenn mit zwei Codewörtern auch die Summe wieder ein Codewort ist:*

$$\boldsymbol{a}, \boldsymbol{b} \in \Gamma \implies \boldsymbol{a} + \boldsymbol{b} \in \Gamma.$$

Für nicht-binäre Codes mit $q > 2$ wird zusätzlich gefordert:

$$\boldsymbol{a} \in \Gamma, \alpha \in \mathbb{F}_q \implies \alpha \cdot \boldsymbol{a} \in \Gamma.$$

Eine äquivalente Kennzeichnung ist, daß Γ ein Vektorraum sein soll.

Beispiele: $\Gamma = \{000, 100, 010, 001\}$ ist nicht linear
$\Gamma = \{000, 110, 011, 111\}$ ist nicht linear
$\Gamma = \{000, 110, 101, 011\}$ ist linear.

In der Praxis wird die Beschränkung auf lineare Codes mit keinen wesentlichen Verlusten erkauft – zumindest nicht bei Hard-Decision Decodierung [73, 126]. Es sind nur wenige Fälle bekannt, wo der beste bekannte lineare Code schlechter als der beste bekannte nichtlineare Code ist. J.L.Massey [126] bezeichnet deshalb die Beschäftigung mit nichtlinearen Codes als „Zeitverschwendung“. Fast alle *praktisch* verwendeten Codes sind linear und nachfolgend werden fast nur noch lineare Codes behandelt, obgleich einige Aussagen auch für nichtlineare Codes gelten, was aber nicht besonders hervorgehoben wird. Die *informationstheoretischen* Überlegungen basieren dagegen überwiegend auf nichtlinearen Zufallscodes, wie auch in Abschnitt 3.4 noch einmal deutlich werden wird.

Beispiel 3.2. **(1)** Als *Wiederholungscode* (repetition code) wird der $(n,1)_2$-Code

$$\Gamma = \{00\ldots 0, 11\ldots 1\} \tag{3.1.5}$$

bezeichnet. Die Linearität ist offensichtlich. Es gilt $R = 1/n$ für die Coderate und $d_{\min} = n$ für die Minimaldistanz. Eine systematische Encodierung kann gemäß $u_0 \mapsto \boldsymbol{a} = (u_0, \ldots, u_0)$ erfolgen.

(2) Als *Parity Check Code* (auch: Single Parity Check Code, SPCC) wird der $(n, n-1)_2$-Code

$$\Gamma = \left\{ (a_0, \ldots, a_{n-1}) \;\middle|\; \sum_{i=0}^{n-1} a_i = 0 \right\} \tag{3.1.6}$$

bezeichnet. Der Code ist linear mit $R = (n-1)/n = 1 - 1/n$. Da $000\ldots 0$ und $110\ldots 0$ jeweils Codewörter sind, folgt $d_{\min} = 2$. Bei einer systematischen Encodierung gemäß $(u_0, \ldots, u_{n-1}) \mapsto \boldsymbol{a} = (u_0, \ldots, u_{n-1}, u_0 + \cdots + u_{n-1})$ wird die Summe der Infobits als Prüfbit angehängt. □

Satz 3.2. *Ein linearer Code Γ ist invariant gegenüber additiven Verschiebungen, d.h. für alle $\boldsymbol{b} \in \Gamma$ gilt: $\Gamma + \boldsymbol{b} = \{\boldsymbol{a} + \boldsymbol{b} \mid \boldsymbol{a} \in \Gamma\} = \Gamma$.*

Aus $d_H(\boldsymbol{a}, \boldsymbol{b}) = w_H(\boldsymbol{a} - \boldsymbol{b})$ folgt sofort, daß die Minimaldistanz eines Codes gleich dem minimalen Gewicht der Codewörter ist und somit sind für die Bestimmung von $d_{\min}$ jetzt also nicht mehr $q^k(q^k - 1)$ Paare zu betrachten, sondern nur noch $q^k - 1$ Wörter:

Satz 3.3. *Für die Minimaldistanz eines linearen $(n, k, d_{\min})_q$-Codes gilt:*

$$\begin{aligned} d_{\min} &= \min\{d_H(\boldsymbol{a}, \boldsymbol{b}) \mid \boldsymbol{a}, \boldsymbol{b} \in \Gamma, \boldsymbol{a} \neq \boldsymbol{b}\} \\ &= \min\{w_H(\boldsymbol{a}) \mid \boldsymbol{a} \in \Gamma, \boldsymbol{a} \neq \boldsymbol{0}\}. \end{aligned} \tag{3.1.7}$$

3.2 Erkennung und Korrektur von Fehlern und metrische Struktur

Bei Hard-Decision, also bei $\mathcal{A}_{\text{in}} = \mathcal{A}_{\text{out}} = \mathbb{F}_q$, kann die Übertragung interpretiert werden als Überlagerung des Sendewortes mit einem *Fehlerwort*:

$$\boldsymbol{y} = \boldsymbol{a} + \boldsymbol{e}. \tag{3.2.1}$$

Das Empfangswort $\boldsymbol{y}$ ist also die Summe aus dem gesendeten Codewort $\boldsymbol{a}$ und dem Fehlerwort (Fehlermuster) $\boldsymbol{e} = \boldsymbol{y} - \boldsymbol{a} \in \mathbb{F}_q^n$. Aufgrund der linearen Struktur ist $\boldsymbol{y}$ genau dann ein Codewort, wenn $\boldsymbol{e}$ ein Codewort ist. In Analogie zu Abschnitt 1.6 gibt es folgende Möglichkeiten:

$\boldsymbol{e} = \boldsymbol{0}$ Fehlerfreie Übertragung.

$\boldsymbol{e} \in \Gamma \backslash \{\boldsymbol{0}\}$ Verfälschung in ein anderes Codewort – das kann niemals erkannt oder korrigiert werden.

$\boldsymbol{e} \notin \Gamma$ Die Verfälschung ist generell erkennbar und eventuell korrigierbar durch den Decoder.

Definition 3.4. *Ein* $(n,k)_q$*-Blockcode* Γ

(1) korrigiert t Fehler, *wenn für jedes Fehlermuster* $\boldsymbol{e}$ *mit* $w_H(\boldsymbol{e}) \leq t$ *die Maximum-Likelihood-Decodierung das richtige Codewort liefert (error correction).*

(2) erkennt t' Fehler, *wenn für jedes Fehlermuster* $\boldsymbol{e} \neq \boldsymbol{0}$ *mit* $w_H(\boldsymbol{e}) \leq t'$ *das Empfangswort* $\boldsymbol{y} = \boldsymbol{a} + \boldsymbol{e}$ *kein Codewort ist (error detection).*

In ausführlicherer Sprechweise werden also *bis zu t* Fehler korrigiert. Wichtig ist dabei, daß wirklich *jedes* prinzipiell mögliche Fehlermuster vom Gewicht $\leq t$ korrigierbar sein muß. Entsprechendes gilt natürlich auch für die Fehlererkennung.

Satz 3.4. *Ein* $(n,k,d_{\min})_q$*-Code erkennt* $t' = d_{\min} - 1$ *Fehler.*

Beweis: Nach Satz 3.3 folgt aus $\boldsymbol{e} \in \Gamma \backslash \{\boldsymbol{0}\}$ zwangsläufig $w_H(\boldsymbol{e}) \geq d_{\min}$. Durch Umkehrung ergibt sich: Ein Fehlermuster mit $w_H(\boldsymbol{e}) \leq d_{\min} - 1$ impliziert $\boldsymbol{e} \notin \Gamma \backslash \{\boldsymbol{0}\}$ und wird somit zwangsläufig erkannt. □

Bereits im Beweis von Satz 2.1 wurde der Begriff der Kugel eingeführt:

Definition 3.5. *Als* Kugel $K_r(\boldsymbol{x})$ *vom Radius* r *um das Wort* $\boldsymbol{x} \in \mathbb{F}_q^n$ *wird die Menge aller Wörter verstanden, die von* $\boldsymbol{x}$ *eine Hammingdistanz* $\leq r$ *haben:*

$$K_r(\boldsymbol{x}) = \{\boldsymbol{y} \in \mathbb{F}_q^n \mid d_H(\boldsymbol{x},\boldsymbol{y}) \leq r\}. \tag{3.2.2}$$

Klar ist $K_0(\boldsymbol{x}) = \{\boldsymbol{x}\}$ und $K_n(\boldsymbol{x}) = \mathbb{F}_q^n$. Oftmals werden die Kugeln um die Codewörter betrachtet – zum Inhalt der Kugeln zählen aber immer alle Wörter aus $\mathbb{F}_q^n$. Aus der Kombinatorik ist bekannt, daß es genau $\binom{n}{i}(q-1)^i$ Wörter $\boldsymbol{y} \in \mathbb{F}_q^n$ mit $d_H(\boldsymbol{x},\boldsymbol{y}) = i$ gibt. Somit folgt für die Mächtigkeiten der Kugeln das wichtige Resultat

$$\left|K_r(\boldsymbol{x})\right| = \sum_{i=0}^{r} \binom{n}{i}(q-1)^i. \tag{3.2.3}$$

Beispiel 3.3. Betrachte den $(3,1)_2$-Wiederholungscode $\Gamma = \{000, 111\}$ mit $d_{\min} = 3$. Für die Kugeln gilt:

$K_1(000) = \{000, 100, 010, 001\}$
$K_1(111) = \{111, 110, 101, 011\}$
$K_2(000) = \{000, 100, 010, 001, 110, 101, 011\}$
$K_2(111) = \{111, 110, 101, 011, 001, 010, 100\}$
$K_3(000) = K_3(111) = \mathbb{F}_2^3$
$K_2(100)$ enthält beide Codewörter. □

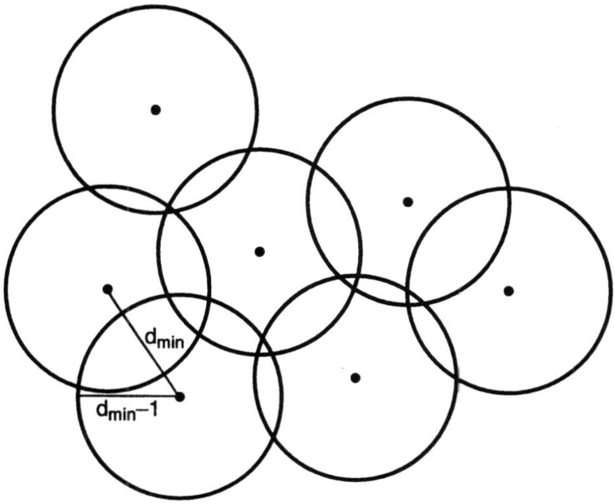

Bild 3.1. Kugeln vom Radius $d_{\min} - 1$ um die Codewörter

Mit Bild 3.1 wird veranschaulicht, daß jede Kugel vom Radius $d_{\min} - 1$ um ein Codewort kein anderes Codewort enthält. Denn wenn zwei Codewörter $\boldsymbol{a}, \boldsymbol{b}$ existieren mit $\boldsymbol{b} \in K_{d_{\min}-1}(\boldsymbol{a})$, so würde $d_H(\boldsymbol{a}, \boldsymbol{b}) \leq d_{\min} - 1$ folgen. Jedoch ist $d_{\min}$ der minimale Abstand zwischen zwei verschiedenen Codewörtern.

Bei höchstens $d_{\min} - 1$ Fehlern liegt das Empfangswort in der Kugel um das tatsächlich gesendete Codewort. Da in dieser Kugel kein weiteres Codewort liegt, kann das Empfangswort mit keinem Codewort verwechselt werden – abgesehen natürlich von der fehlerfreien Übertragung. In einer Kugel vom Radius $d_{\min} - 1$ um ein beliebiges Wort können jedoch mehrere Codewörter liegen.

Nach Satz 3.4 werden alle $\sum_{i=0}^{d_{\min}-1} \binom{n}{i} (q-1)^i$ Fehlermuster vom Gewicht $\leq d_{\min} - 1$ erkannt. Von den Fehlermustern höheren Gewichts werden zwar nicht alle erkannt, aber dennoch ein sehr großer Anteil – denn jedes $\boldsymbol{e}$ mit $\boldsymbol{e} \notin \Gamma$ wird erkannt und deren Anzahl beträgt $q^n - q^k$. Die Quote der erkennbaren Fehlermuster höheren Gewichts wird noch genauer bei den zyklischen Codes in Abschnitt 5.7 bestimmt.

Der folgende Satz zählt (ungeachtet seines einfachen Beweises) zu den praktisch wichtigsten Resultaten der Codierungstheorie:

Satz 3.5. *Ein $(n, k, d_{\min})_q$-Code korrigiert t Fehler, sofern $2t + 1 \leq d_{\min}$ bzw. äquivalent $t = \lfloor (d_{\min} - 1)/2 \rfloor$ gilt.*

Beweis: Sei $\boldsymbol{y} = \boldsymbol{a} + \boldsymbol{e}$ mit $w_H(\boldsymbol{e}) \leq t$. Dann gilt $d_H(\boldsymbol{y}, \boldsymbol{a}) \leq t$. Sei $\boldsymbol{b} \in \Gamma$ beliebig mit $\boldsymbol{b} \neq \boldsymbol{a}$. Aus der Dreiecksungleichung ergibt sich

$$2t + 1 \leq d_{\min} \leq d_H(\boldsymbol{a}, \boldsymbol{b}) \leq d_H(\boldsymbol{a}, \boldsymbol{y}) + d_H(\boldsymbol{y}, \boldsymbol{b}) \leq t + d_H(\boldsymbol{y}, \boldsymbol{b}).$$

Somit folgt $d_H(\boldsymbol{y}, \boldsymbol{b}) \geq t + 1$. Also ist der Abstand von $\boldsymbol{a}$ zu $\boldsymbol{y}$ höchstens t, während jedes andere Codewort von $\boldsymbol{y}$ mindestens den Abstand $t + 1$ hat. Somit wählt der ML-Decoder das richtige Codewort. □

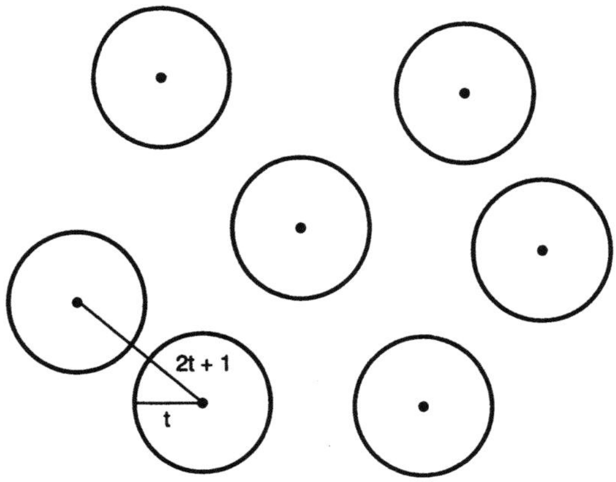

Bild 3.2. Decodierkugeln vom Radius $t = \lfloor (d_{\min} - 1)/2 \rfloor$ um die Codewörter

Bild 3.2 veranschaulicht die Situation für Kugeln vom Radius t um die Codewörter. Die Kugeln sind disjunkt. Wenn bei der Übertragung das Codewort $\boldsymbol{a}$ mit höchstens t Fehlern überlagert wird, so liegt das Empfangswort $\boldsymbol{y}$ in $K_t(\boldsymbol{a})$ und hat von jedem anderen Codewort mindestens den Abstand $t+1$. Somit ist das Codewort minimalen Abstandes zu $\boldsymbol{y}$ eindeutig bestimmt. Die Kugeln vom Radius t um die Codewörter werden deshalb auch *Decodierkugeln* genannt. Empfangswörter mit mehr als t Fehlern liegen entweder in einer falschen Decodierkugel und werden dann falsch decodiert oder sie liegen zwischen den Decodierkugeln und werden dann richtig oder falsch decodiert.

Wenn übrigens Kugeln vom Radius t um beliebige Wörter betrachtet werden, so liegt auch in diesen Kugeln maximal ein Codewort, denn ansonsten würde aus $\boldsymbol{a}, \boldsymbol{b} \in K_t(\boldsymbol{x})$ ein Widerspruch folgen:

$$2t + 1 \leq d_{\min} \leq d_H(\boldsymbol{a}, \boldsymbol{b}) \leq d_H(\boldsymbol{a}, \boldsymbol{x}) + d_H(\boldsymbol{x}, \boldsymbol{b}) \leq t + t = 2t.$$

Beispiel 3.4. (1) Beim $(3,1,3)_2$-Code $\Gamma = \{000, 111\}$ mit $t = 1$ werden die Empfangswörter $000, 100, 010, 001$ zu 000 decodiert und die Empfangswörter $111, 011, 101, 110$ werden zu 111 decodiert.

(2) Beim $(2,1,2)_2$-Code $\Gamma = \{00, 11\}$ mit $t = 0$ werden die jeweils mit einem Fehler behafteten Empfangswörter $01, 10$ zwar als fehlerhaft erkannt, können aber nicht richtig decodiert werden. Der ML-Decoder sollte sich hier im Idealfall zufällig entscheiden.

(3) Betrachte einen etwas skurrilen $(6,2,3)_2$-Code mit $t = 1$ und

$$\Gamma = \{\underbrace{00\,0000}_{3}, \underbrace{10\,1100}_{4}, \underbrace{01\,0111}_{3}, \underbrace{11\,1011}_{2}\}.$$

Die ersten beiden Bits sollen den Infobits entsprechen. Wegen $t = 1$ kann nur ein Fehler sicher korrigiert werden. Wenn nun $\boldsymbol{y} = 00\ 1011$ empfangen wird, so ergeben sich die Abstände zu den Codewörtern wie unter den geschweiften Klammern angegeben und der ML-Decoder entscheidet folglich auf 11 1011, d.h. beide Infobits werden korrigiert. □

Fehlererkennung und Fehlerkorrektur können auch kombiniert werden:

Satz 3.6. *Ein* $(n, k, d_{\min})_q$*-Code kann gleichzeitig* t *Fehler korrigieren und* t' *Fehler erkennen* ($t' \geq t$)*, sofern gilt:*

$$t + t' + 1 \leq d_{\min}. \tag{3.2.4}$$

Für $t = 0$ *entspricht dies Satz 3.4 und für* $t = t'$ *entspricht dies Satz 3.5.*

Praktische Anwendung: Zum Empfangswort wird ein Codewort im Abstand $\leq t$ gesucht. Wird ein solches Codewort gefunden, so ist dieses Codewort das Decodierergebnis. Wird kein solches Codewort gefunden, sind noch alle Fehlermuster bis zum Gewicht $d_{\min} - t - 1$ erkennbar.

Beweis: Bilde die Menge $\mathcal{V} = \bigcup_{\boldsymbol{b} \in \Gamma} K_t(\boldsymbol{b})$ der korrigierbaren Wörter mit maximal t Fehlern. Sei $\boldsymbol{y} = \boldsymbol{a} + \boldsymbol{e}$ ein Empfangswort mit $w_H(\boldsymbol{e}) = f$ und $t < f \leq t'$. Falls $\boldsymbol{y} \in \mathcal{V}$ gelten würde, so gäbe es ein $\boldsymbol{b} \in \Gamma$ mit $\boldsymbol{y} \in K_t(\boldsymbol{b})$. Da $\boldsymbol{y}$ von $\boldsymbol{a}$ einen größeren Abstand als t hat, folgt $\boldsymbol{b} \neq \boldsymbol{a}$ und somit:

$$t + t' + 1 \leq d_{\min} \leq d_H(\boldsymbol{a}, \boldsymbol{b}) \leq \underbrace{d_H(\boldsymbol{a}, \boldsymbol{y})}_{= f} + \underbrace{d_H(\boldsymbol{y}, \boldsymbol{b})}_{\leq t} \leq t' + t.$$

Dies ist ein Widerspruch und somit folgt $\boldsymbol{y} \notin \mathcal{V}$. Also liegt das Empfangswort nicht in der Menge der korrigierbaren Fehlermuster und wird somit als fehlerhaft erkannt. □

Beispiel 3.5. Betrachte erneut den Code $\Gamma = \{000, 111\}$ mit $d_{\min} = 3$. Bei $t = 1, t' = 1$ wird 100 decodiert zu 000. Bei $t = 0, t' = 2$ wird 100 dagegen als fehlerhaft erkannt (aus 000 oder 111 entstanden). Die Kombination $t = 1, t' = 2$ ist unmöglich, denn 100 würde einerseits decodiert zu 000 und andererseits als fehlerhaft erkannt (mit 2 Fehlern aus 111 entstanden). □

Die Situation in Beispiel 3.4(3) wird jetzt nochmals allgemeiner betrachtet. Dazu sei ein $(n, k, d_{\min})_q$-Code mit $2t + 1 \leq d_{\min}$ gegeben. Das Empfangswort $\boldsymbol{y} = \boldsymbol{a} + \boldsymbol{e}$ weise $f = d_H(\boldsymbol{a}, \boldsymbol{y})$ Fehler auf. Bei der ML-Schätzung $\hat{\boldsymbol{a}}$ erfolgen $f_{ML} = d_H(\boldsymbol{y}, \hat{\boldsymbol{a}})$ Korrekturen im Empfangswort. Es sind zwei Fälle zu unterscheiden:

(a) Bei $f \leq t$ ist die ML-Schätzung richtig mit $\hat{\boldsymbol{a}} = \boldsymbol{a}$ und $f_{ML} = f$.

(b) Bei $f > t$ ist die ML-Schätzung eventuell falsch mit $\hat{\boldsymbol{a}} \neq \boldsymbol{a}$, und f_{ML} kann unkontrollierbar groß werden (bis zu $f_{ML} = n$). Nach der Dreiecksungleichung ergibt sich $d_H(\boldsymbol{a}, \hat{\boldsymbol{a}}) \leq f + f_{ML}$ und somit kann auch die ML-Schätzung an unkontrollierbar vielen Stellen vom gesendeten Codewort abweichen, obwohl der Code nur t Fehler korrigieren kann.

Aus „Sicherheitsgründen" könnte die Korrektur bei der Decodierung auf höchstens $d_H(\boldsymbol{y}, \boldsymbol{a}) \leq t$ Stellen begrenzt werden. Damit ergibt sich das sogenannte BMD-Prinzip:

Definition 3.6. *Beim* Begrenzten-Minimaldistanz-Decoder *(BMD, Bounded Minimum Distance Decoder) erfolgt nur dann eine Decodierung, wenn das Empfangswort innerhalb einer Decodierkugel liegt, d.h. wenn es zum Empfangswort ein Codewort im Abstand $\leq t$ gibt.*

Anhand von Bild 3.3 erfolgt ein Vergleich der (für Hard-Decision) eingeführten Decodierprinzipien MLD, BDD und BMD. Dabei bezeichnen die dicken Punkte die Codewörter und $\boldsymbol{a}$ das jeweils gesendete Codewort. Der schraffierte Bereich repräsentiert den *Entscheidungsbereich* derjenigen Empfangswörter, die zu $\boldsymbol{a}$ decodiert werden. Die Entscheidungsbereiche können formal als $\delta^{-1}(\boldsymbol{a})$ mit der Codewortschätzer-Funktion δ gemäß (1.6.2) beschrieben werden. Generell sind die Entscheidungsbereiche disjunkt, aber nur bei MLD wird der gesamte Raum der Empfangswörter von den Entscheidungsbereichen überdeckt, bei BDD und BMD ist dagegen der Decoder nicht für alle Empfangswörter definiert:

MLD (Maximum-Likelihood-Decoder, siehe Satz 1.3): Für jedes Empfangswort wird nach dem nächstgelegenen Codewort gesucht. Der Entscheidungsbereich wird im 2-dim. Fall durch die Mittelhalbierenden begrenzt und im n-dim. Fall durch entsprechende Hyperflächen.

Das MLD-Prinzip minimiert die Wort-Fehlerwahrscheinlichkeit (unter der Annahme gleicher Apriori-Wahrscheinlichkeiten).

BDD (Begrenzter-Distanz-Decoder, siehe den Beweis des Kanalcodierungstheorems in Abschnitt 2.7): Um jedes Codewort wird eine Kugel vom gleichen Radius t gemäß (2.7.4) gelegt. Es werden nur diejenigen Empfangswörter zum Kugelmittelpunkt decodiert, die in genau einer Kugel liegen. Keine Decodierung erfolgt für Wörter, die in keiner oder in mehreren Kugeln liegen. Die Entscheidungsbereiche sind also geometrisch von relativ komplizierter Form.

Da mit dem BDD das Kanalcodierungstheorem bewiesen wird, ist der BDD nur unwesentlich schlechter als der MLD.

BMD (Begrenzter-Minimaldistanz-Decoder, siehe Definition 3.6): Um jedes Codewort wird als Entscheidungsbereich eine Kugel vom gleichen Radius $t = \lfloor (d_{\min} - 1)/2 \rfloor$ gelegt. Damit sind die Kugeln als disjunkt

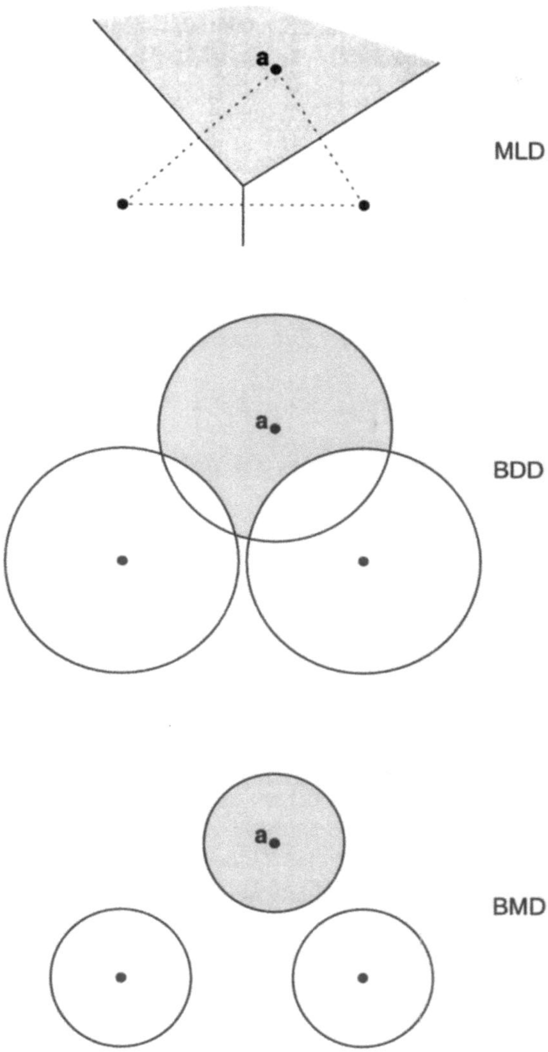

Bild 3.3. Vergleich der Decodierprinzipien

gewährleistet. Es werden nur diejenigen Empfangswörter zum Kugelmittelpunkt decodiert, die in einer Kugel liegen. Keine Decodierung erfolgt für Wörter, die außerhalb der Kugeln liegen.

Beim BMD erfolgt also eine „Decodierung bis zur halben Minimaldistanz".

Der BMD ist natürlich schlechter als die ML-Decodierung, aber die wesentlichen Vorteile des BMD liegen in der vereinfachten Realisierung des Decoders bei wichtigen Codeklassen wie den RS- und BCH-Codes. Der Vergleich zwischen diesen Decodierprinzipien wird in Abschnitt 3.4 fortgeführt.

3.3 Schranken für die Minimaldistanz

Die Bedeutung von $d_{\min}$ und t sind nach dem vorangehenden Abschnitt klar. Wie hängen diese Größen aber mit den Codeparametern n, k, q zusammen?

Satz 3.7 (Singleton-Schranke). *Für einen linearen $(n, k, d_{\min})_q$-Code muß*

$$d_{\min} \leq n - k + 1 \tag{3.3.1}$$

gelten. Bei Gleichheit in der Singleton-Schranke liegt ein sogenannter MDS-Code *(Maximum Distance Separable) vor.*

Beweis: Alle Codewörter unterscheiden sich an mindestens $d_{\min}$ Stellen. Wenn bei allen Codewörtern die ersten $d_{\min} - 1$ Stellen gestrichen werden, so sind die gekürzten Codewörter der Länge $n - d_{\min} + 1$ immer noch alle verschieden. Es gibt also q^k verschiedene gekürzte Codewörter im Raum der $q^{n-d_{\min}+1}$ gekürzten Wörter. Dies ist aber nur möglich, wenn $k \leq n - d_{\min} + 1$ gilt. □

Für t korrigierbare Fehler muß also $2t \leq n - k$ und für t' erkennbare Fehler muß $t' \leq n - k$ gelten. Pro Korrektur sind also zwei Prüfstellen erforderlich, während pro Erkennung nur eine Prüfstelle erforderlich ist.

Die einzigen binären MDS-Codes sind die trivialen $(n, 1, n)_2$-Wiederholungscodes. Dagegen sind q-näre MDS-Codes wie die RS-Codes (siehe Kapitel 7) von enormer praktischer Bedeutung. Dennoch darf man nicht folgern, daß MDS-Codes das absolute Optimum darstellen und die Entwicklung von Blockcodes damit einen Endpunkt erreicht hätte. Auch ein MDS-Code kann nämlich noch verbessert werden, indem bei gleichen Parametern $n, k, d_{\min}$ die Mächtigkeit q des Alphabetes verringert wird. Mit den MDS-Codes kann das Kanalcodierungstheorem nicht bewiesen werden.

Eine sehr wichtige Eigenschaft der MDS-Codes ist:

Satz 3.8. *Bei einem $(n, k, n - k + 1)_q$-MDS-Code ist durch k beliebig ausgewählte Codesymbole das gesamte Codewort eindeutig bestimmt.*

Beweis: Gegenannahme: Es gibt zwei verschiedene Codewörter $\boldsymbol{a}, \boldsymbol{b}$, die an k Stellen identisch sind. Somit gibt es maximal an $n - k$ Stellen Unterschiede, d.h. $d_H(\boldsymbol{a}, \boldsymbol{b}) \leq n - k$. Jedoch ist $n - k + 1$ der minimale Abstand zwischen den Codewörtern, so daß die Annahme widerlegt ist. □

Satz 3.9 (Hamming-Schranke, sphere-packing bound). *Für einen linearen $(n,k,d_{\min})_q$-Code, der bis zu t Fehler korrigieren kann, muß*

$$q^{n-k} \geq \sum_{r=0}^{t} \binom{n}{r}(q-1)^r \quad bzw. \quad n-k \geq \log_q \left[\sum_{r=0}^{t} \binom{n}{r}(q-1)^r\right] \tag{3.3.2}$$

gelten. Speziell für $q=2$ bedeutet das:

$$2^{n-k} \geq \sum_{r=0}^{t} \binom{n}{r} = 1 + n + \binom{n}{2} + \cdots + \binom{n}{t}. \tag{3.3.3}$$

Ein sogenannter perfekter Code *liegt vor, wenn eine Zahl t existiert, so daß Gleichheit in der Hamming-Schranke gilt. In diesem Fall sind die Decodierprinzipien MLD und BMD identisch.*

Beweis: Die Decodierkugeln um die Codewörter sind disjunkt. Da es q^k Codewörter gibt, beträgt die Gesamtzahl aller Wörter in allen Decodierkugeln nach (3.2.3) genau

$$q^k \cdot \sum_{r=0}^{t} \binom{n}{r}(q-1)^r$$

und diese Zahl muß kleiner oder gleich sein als die Gesamtzahl q^n aller Wörter. Bei Gleichheit in der Hamming-Schranke sind die Decodierkugeln so dicht gepackt, daß sie den gesamten Raum $\mathbb{F}_q^n$ ausschöpfen. □

Satz 3.9 ist eines der praktisch wichtigsten Resultate der Codierungstheorie. Für gegebene Werte n, k, q kann die Anzahl der bestenfalls korrigierbaren Fehler bestimmt werden, sofern der Code günstig gewählt ist. Für einen schlechten Code kann t allerdings eventuell viel kleiner sein als es nach der Hamming-Schranke möglich wäre.

Die Hamming-Schranke macht keine Aussagen über die Existenz von Codes! Wenn für eine Parameterkombination n, k, t, q die Hamming-Schranke erfüllt ist, dann wird damit noch längst nicht die Existenz eines entsprechenden Codes mit $d_{\min} \geq 2t+1$ garantiert. Nur der umgekehrte Fall ist garantiert: Wenn die Parameterkombination der Hamming-Schranke nicht genügt, dann kann prinzipiell kein entsprechender Code existieren. Sinngemäß gilt dies auch für die Singleton-Schranke sowie die noch einzuführende Plotkin-Schranke und die Elias-Schranke.

Beispiel 3.6. **(1)** Der $(7,4,3)_2$-Hamming-Code aus Beispiel 1.2 mit $d_{\min} = 3$ und $t = 1$ ist perfekt, denn es gilt $2^{7-4} = 1 + 7$. Es gibt kein Wort, das von allen 16 Codewörtern einen Abstand ≥ 2 hat.

(2) Die Existenz des sogenannten $(23,12,7)_2$-Golay-Codes mit $t = 3$ wird hier nicht gezeigt. Einfach ist nur der Nachweis, daß ein solcher Code perfekt ist:

$$2^{23-12} = 2048 = 1 + \binom{23}{1} + \binom{23}{2} + \binom{23}{3}.$$

(3) Betrachte einen $(127, 113, d)_2$-Code (der sich in Kapitel 7 als BCH-Code herausstellen wird). Gesucht ist d unter der Annahme, daß der Code bestmöglich konstruiert wurde. Aus der Hamming-Schranke folgt:

$$2^{127-113} = 16384 \geq \left\{ \begin{array}{llll} 1 + 127 + \binom{127}{2} & = & 8129 & t = 2 \\ 1 + 127 + \binom{127}{2} + \binom{127}{3} & = & 341504 & t = 3 \end{array} \right\}.$$

Es folgt $t = 2$ und somit $d = 5$ oder $d = 6$. Bei 113 Infobits mit 14 Prüfbits können also 2 Fehler korrigiert werden oder es sind 4 (eventuell auch 5) Fehler erkennbar.

(4) Nach der Hamming-Schranke könnten ein $(20, 10)_2$-Code mit $t = 2$ und ein $(100, 50)_2$-Code mit $t = 11$ existieren, wobei die Coderate jeweils 1/2 beträgt. Durch 5-fache Wiederholung kann aus dem $(20, 10)$-Code ebenfalls ein $(100, 50)$-Code konstruiert werden, indem die 10er-Abschnitte des 50er-Infowortes wie beim $(20, 10)$-Code encodiert werden. Der so entstehende Code kann aber weder 11 noch 10 Fehler korrigieren, sondern weiterhin nur 2 Fehler, denn 3 Fehler in einem 20er-Abschnitt sind nicht korrigierbar.

Gute Codes großer Blocklänge können also nicht mit dem Wiederholungsprinzip aus Codes kurzer Blocklänge erzeugt werden. □

Der Begriff perfekter Code ist eigentlich übertrieben, da perfekte Codes von geringer praktischer Bedeutung sind. Perfekt sind nur die Hamming-Codes und Golay-Codes (aufwendiger Beweis) sowie:

Satz 3.10. *Der $(n, 1)_2$-Wiederholungscode ist bei ungerader Blocklänge ein perfekter Code.*

Beweis: Sei $n = d_{\min} = 2t + 1$ und sei $\boldsymbol{y} \in \mathbb{F}_2^n$ beliebig: Für $w_H(\boldsymbol{y}) \leq t$ gilt $d_H(\boldsymbol{y}, \boldsymbol{0}) = w_H(\boldsymbol{y}) \leq t$ und für $w_H(\boldsymbol{y}) \geq t + 1$ gilt $d_H(\boldsymbol{y}, \boldsymbol{1}) = n - w_H(\boldsymbol{y}) \leq t$. Also folgt $K_t(\boldsymbol{0}) \cup K_t(\boldsymbol{1}) = \mathbb{F}_2^n$ und somit schöpfen die t-Kugeln um die Codewörter den Raum vollständig aus. □

Satz 3.11 (Plotkin-Schranke). *Für einen linearen $(n, k, d_{\min})_q$-Code muß*

$$d_{\min} \leq \frac{n(q-1)q^{k-1}}{q^k - 1} \approx \frac{n(q-1)}{q} \tag{3.3.4}$$

gelten. Die Näherung gilt für großes k.

Beweis: Aus Symmetriegründen nimmt jedes Codesymbol jeden der q möglichen Werte gleichhäufig an. Somit ist $(q-1)/q$ das mittlere Gewicht eines Codesymbols und $n(q-1)/q$ das mittlere Gewicht eines Codewortes. Wenn vom Nullwort abgesehen wird, erhöht sich das mittlere Gewicht eines Codewortes auf

$$\frac{n(q-1)}{q} \cdot \frac{q^k}{q^k - 1}$$

und dieses mittlere Gewicht muß natürlich größer als das minimale Gewicht sein. □

Die Singleton-, die Hamming- und die Plotkin-Schranke geben obere Grenzen für einen Code mit gewissen Eigenschaften an, wobei die Existenz eines solchen Codes nicht garantiert wird. Die folgende untere Schranke sichert dagegen die Existenz eines Codes, womit allerdings wie beim Kanalcodierungstheorem nicht die praktische Kenntnis des Codes verbunden ist:

Satz 3.12 (Gilbert-Varshamov-Schranke). *Es existiert immer ein linearer $(n, k, d_{\min})_q$-Code, sofern*

$$\sum_{r=0}^{d_{\min}-2} \binom{n-1}{r}(q-1)^r < q^{n-k} \tag{3.3.5}$$

gilt. Für verschiedene weitere Formen dieser Schranke siehe z.B. [18, 115].

Beweis: Im Vorgriff auf ein später abzuleitendes Resultat (Satz 4.4) ist zu zeigen, daß eine Matrix (Prüfmatrix) mit n Spalten der Länge $n-k$ so konstruiert werden kann, daß jede Auswahl von $d_{\min}-1$ Spalten linear unabhängig ist.

Die erste Spalte braucht nur ungleich der Nullspalte zu sein. Die zweite Spalte darf kein Vielfaches der ersten Spalte sein. Die dritte Spalte darf keine Linearkombination der ersten beiden Spalten sein. Derart seien $n-1$ Spalten konstruiert und zu zeigen ist, daß noch eine n-te Spalte konstruierbar ist.

Damit von den n Spalten jeweils $d_{\min}-1$ Spalten linear unabhängig sind, darf die n-te Spalte keine Linearkombination von $\leq d_{\min}-2$ Spalten aus den ersten $n-1$ Spalten sein.

Die Anzahl der Linearkombinationen von genau r Spalten aus $n-1$ Spalten beträgt $\binom{n-1}{r}(q-1)^r$ und somit gibt es $l = \sum_{r=1}^{d_{\min}-2} \binom{n-1}{r}(q-1)^r$ Linearkombinationen von $\leq d_{\min}-2$ Spalten aus $n-1$ Spalten. Für die n-te Spalte gibt es q^{n-k} Möglichkeiten, von denen diese l Möglichkeiten sowie die Nullspalte ausgeschlossen sind, d.h. es muß $q^{n-k} > l+1$ sein. □

Auch der Beweis der Gilbert-Varshamov-Schranke bietet wie die Beweise des Kanalcodierungstheorems oder des R_0-Theorems kein praktikables Konstruktionsverfahren für gute Codes, da sich bei schlecht überlegter Auswahl der Spalten Codes mit unübersichtlicher bzw. unbrauchbarer Struktur ergeben.

Beispiel 3.7. Betrachte einen $(63, k, 5)_2$-Code, d.h. vorgegeben wird die Blocklänge 63 und es wird die Korrektur von 2 Fehlern verlangt und dabei sollen so wenig Prüfstellen wie möglich verwendet werden. Aus der Hamming-Schranke folgt:

$$\sum_{r=0}^{2} \binom{63}{r} = 1 + 63 + 1953 = 2017 \leq 2^{n-k}.$$

Also existiert eventuell ein Code mit nur 11 Prüfbits, d.h. $k \leq 52$. Aus der Gilbert-Varshamov-Schranke folgt:

$$\sum_{r=0}^{3} \binom{62}{r} = 1 + 62 + 1891 + 37820 = 39774 < 2^{n-k}.$$

Also ist die Existenz eines Codes gesichert mit nur 16 Prüfbits, d.h. $k \geq 47$. Tatsächlich gibt es einen $(63,51,5)_2$-BCH-Code (siehe Tabelle 7.1), d.h. dieser Code ist ziemlich gut und die Suche nach einem noch besseren Code lohnt hier kaum. □

3.4 Asymptotische Schranken für die Minimaldistanz

Es wird jetzt der Fall $n \to \infty$ bei konstanter Coderate R betrachtet, so daß damit auch $k = Rn \to \infty$ impliziert wird. Für alle oberen bzw. unteren Schranken aus dem vorangehenden Abschnitt gibt es asymptotische Formen, bei denen die sogenannte *Distanzrate* $d_{\min}/n$ gegen einen Grenzwert bei $n \to \infty$ konvergiert. Bei den asymptotischen Schranken werden dann dieser Grenzwert der Distanzrate und die Coderate direkt miteinander verknüpft. Nachfolgend werden nur Binärcodes betrachtet.

Singleton-Schranke: Aus (3.3.1) folgt direkt $d_{\min}/n \leq (n-k+1)/n \approx 1-R$ und somit:

$$R \leq 1 - \frac{d_{\min}}{n}. \tag{3.4.1}$$

Hamming-Schranke: Aus (3.3.2) folgt direkt $1 - R \geq n^{-1} \log_2 \sum_{r=0}^{t} \binom{n}{r}$. Die rechte Seite dieser Ungleichung konvergiert nach Satz A.1 gegen die binäre Entropiefunktion, indem $\lambda = t/n \approx d_{\min}/(2n)$ gesetzt wird:

$$R \leq 1 - H_2\left(\frac{d_{\min}}{2n}\right). \tag{3.4.2}$$

Plotkin-Schranke: Aus (3.3.4) folgt lediglich $1/2 \geq d_{\min}/n$. Mit zusätzlichem Aufwand [53] kann aber gezeigt werden:

$$R \leq 1 - 2\frac{d_{\min}}{n}. \tag{3.4.3}$$

Elias-Schranke: Diese obere Schranke ist schärfer als alle anderen oberen Schranken und es gilt [12, 32, 53]:

$$R \leq 1 - H_2\left(\frac{1 - \sqrt{1 - 2\frac{d_{\min}}{n}}}{2}\right). \tag{3.4.4}$$

Gilbert-Varshamov-Schranke: Aus (3.3.5) folgt nach Logarithmieren mit Satz A.1: $n-k=\log_2\sum_{r=0}^{d_{\min}-2}\binom{n-1}{r}\approx nH_2\left(\frac{d_{\min}-2}{n-1}\right)\approx nH_2\left(\frac{d_{\min}}{n}\right)$. Daraus ergibt sich schließlich die asymptotische untere Schranke

$$R \geq 1-H_2\left(\frac{d_{\min}}{n}\right). \tag{3.4.5}$$

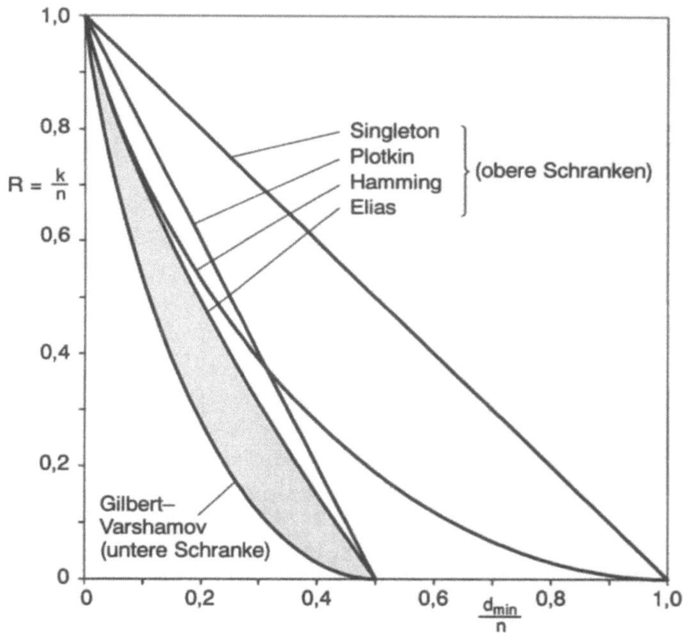

Bild 3.4. Asymptotische Schranken

In Bild 3.4 erfolgt ein Vergleich der asymptotischen Schranken, indem die Coderate R als Funktion von $d_{\min}/n$ dargestellt wird. Alle Codes liegen unter den oberen Schranken, insbesondere also unter der Elias-Schranke, und es gibt einige gute Codes oberhalb der unteren Gilbert-Varshamov-Schranke, d.h. im schraffierten Bereich. Unterhalb des schraffierten Bereiches liegende Codes sind als schlecht anzusehen. Im Bereich großer Coderaten erweist sich die Hamming-Schranke als fast gleichwertig mit der Elias-Schranke. Die asymptotische Singleton-Schranke ist dagegen für $q=2$ praktisch wertlos.

Nach der Gilbert-Varshamov-Schranke ist zumindest die Existenz von sogenannten *asymptotisch guten Codefamilien* (n_s, k_s, d_s) mit

$$\lim_{s\to\infty}\frac{k_s}{n_s}>0 \quad \text{und} \quad \lim_{s\to\infty}\frac{d_s}{n_s}>0 \tag{3.4.6}$$

garantiert. Dies erscheint auf den ersten Blick wenig bedeutsam und ganz selbstverständlich, aber alle bekannten Codefamilien (abgesehen von verketteten Systemen) erfüllen diese Eigenschaft nicht und sind damit *asymptotisch schlecht*, wie gleich noch gezeigt wird. Die prinzipielle Erklärung der Ursache wurde bereits beim Kanalcodierungstheorem in Abschnitt 2.2 gegeben.

Wie ist es eigentlich möglich, daß es Codes gibt, die die Singleton-Schranke (MDS-Codes) bzw. die Hamming-Schranke (perfekte Codes) annehmen, obwohl die kleinere Elias-Schranke das scheinbar ausschließt? Wie vorangehend bereits erwähnt liegt die Ursache darin, daß bei allen bekannten Codefamilien entweder die Coderate gegen Null oder die Distanzrate gegen Null konvergiert:

MDS-Codes: Das wichtigste Beispiel für MDS-Codes stellen die RS-Codes nach Definition 7.1 dar, die bei fester Coderate von der Form

$$(n,k,d_{\min})_q = (q-1, R(q-1), (1-R)(q-1)+1)_q$$

sind. Hier gilt zwar $d_{\min}/n \to 1-R$, aber $n \to \infty$ ist mit $q \to \infty$ verkoppelt. In der binären Interpretation bleibt die Minimaldistanz unverändert (siehe Kapitel 7), so daß die Form

$$(n,k,d_{\min})_2 = ((q-1)\log_2 q, R(q-1)\log_2 q, (1-R)(q-1)+1)_2$$

mit $d_{\min}/n \to 0$ resultiert.

Perfekte Codes: Hier spielen die kurzen Golay-Codes asymptotisch keine Rolle. Hamming-Codes sind nach Satz 4.10 von der Form

$$(n,k,d_{\min})_2 = (2^r-1, 2^r-r-1, 3)_2$$

und somit gilt $R \to 1$ und $d_{\min}/n \to 0$ für $r \to \infty$. Wiederholungscodes sind nach Satz 3.10 von der Form

$$(n,k,d_{\min})_2 = (2n+1, 1, 2n+1)_2$$

mit $R \to 0$ und $d_{\min}/n = 1$.

Die nächsten Überlegungen schließen an den Beweis des Kanalcodierungstheorems an. Vorausgesetzt wird ein BSC mit der Bit-Fehlerwahrscheinlichkeit p_e und das BMD-Prinzip gemäß Definition 3.6, d.h. nur bei weniger als $d_{\min}/2$ Fehlern erfolgt eine Korrektur. Damit für die Wort-Fehlerwahrscheinlichkeit $P_w \to 0$ für $n \to \infty$ gilt, muß zumindest die Mehrzahl aller Fehlermuster richtig korrigiert werden. Da im Mittel die Anzahl der Fehler np_e beträgt, muß somit zumindest $np_e < d_{\min}/2$ gelten. Das ist gleichbedeutend mit $p_e < d_{\min}/(2n)$ bzw.

$$R_{\text{Hamming}} = 1 - H_2\left(\frac{d_{\min}}{2n}\right) \quad < \quad 1 - H_2(p_e) = C.$$

Da für die asymptotischen Schranken sogar $R \leq R_{\text{Elias}} \leq R_{\text{Hamming}}$ gelten muß, ist $R \approx C$ mit $P_w \to 0$ nicht erreichbar. Mit dem BMD-Prinzip kann also die

Kanalkapazität nicht erreicht werden und somit ist BMD wesentlich schlechter als das BDD- und MLD-Prinzip.

Fazit: Asymptotisch gute Codes müssen in rechentechnisch günstiger Weise eine Fehlerkorrektur etwas über die halbe Minimaldistanz hinaus ermöglichen (wenn schon die ideale ML-Decodierung unpraktikabel ist). Diese Codeeigenschaft ist bei der Suche nach asymptotisch guten Codes mindestens so bedeutsam wie die Maximierung der Minimaldistanz.

Beim Beweis des Kanalcodierungstheorems wurde $P_w \to 0$ bei $n \to \infty$ für den Mittelwert über alle zufällig gewählten Codes gezeigt. Mit dem nächsten Satz wird eine ähnliche Mittelwert-Aussage für die Distanzrate formuliert: Bei den meisten Codes liegt die Distanzrate in der Nähe der Gilbert-Varshamov-Schranke bzw. rund die Hälfte aller Codes sind besser als diese Grenze. Nur bei wenigen Codes treten starke Abweichungen von der Grenze auf, d.h. nur wenige Codes weisen eine wesentlich bessere oder wesentlich schlechtere Distanzrate auf [53, 130].

Satz 3.13. *Bei zufällig gewählten Binärcodes liegt die Distanzrate $d_{\min}/n$ asymptotisch auf der Gilbert-Varshamov-Schranke, insbesondere gilt für den Erwartungswert:*

$$R = 1 - H_2\left(\lim_{n\to\infty} \frac{E(d_{\min})}{n}\right). \tag{3.4.7}$$

Beweis: Es wird gezeigt, daß die Verteilungsfunktion der Distanzrate für $n \to \infty$ gegen eine Sprungfunktion konvergiert, wobei für die Sprungstelle λ genau $H_2(\lambda) = 1 - R$ gilt. Dazu werden die Codewörter zufällig und statistisch unabhängig voneinander gewählt, was natürlich einen nichtlinearen Code impliziert. Für $0 < \lambda < 1/2$ und $\boldsymbol{a}, \boldsymbol{b} \in \Gamma$ gilt:

$$\begin{aligned} P\left(\frac{d_{\min}}{n} \geq \lambda\right) &= P\Big(d_H(\boldsymbol{a},\boldsymbol{b}) \geq \lambda n \text{ für alle } \boldsymbol{b} \in \Gamma\backslash\{\boldsymbol{a}\}\Big) \\ &= \prod_{\boldsymbol{b}\in\Gamma\backslash\{\boldsymbol{a}\}} P(d_H(\boldsymbol{a},\boldsymbol{b}) \geq \lambda n) \\ &= \prod_{\boldsymbol{b}\in\Gamma\backslash\{\boldsymbol{a}\}} P(\boldsymbol{a} \notin K_{\lambda n}(\boldsymbol{b})) \\ &= \prod_{\boldsymbol{b}\in\Gamma\backslash\{\boldsymbol{a}\}} \left[1 - 2^{-n}|K_{\lambda n}(\boldsymbol{b})|\right]. \end{aligned}$$

Die letzte Gleichheit ergibt sich aus $P(\boldsymbol{a} \in \mathcal{M}) = 2^{-n}|\mathcal{M}|$ wie in (2.7.6). Mit $s_n = \sum_{i=0}^{\lambda n} \binom{n}{i} = |K_{\lambda n}(\boldsymbol{b})|$ folgt $P\left(\frac{d_{\min}}{n} \geq \lambda\right) = \left[1 - 2^{-n}s_n\right]^{2^k-1}$. Durch Logarithmieren ergibt sich daraus

$$\ln P\left(\frac{d_{\min}}{n} \geq \lambda\right) = (2^k - 1)\cdot \ln\left(1 - \frac{s_n}{2^n}\right)$$

$$= (2^k - 1)\frac{s_n}{2^n} \cdot \ln\left(\left[1 - \frac{1}{2^n/s_n}\right]^{2^n/s_n}\right).$$

Nach Satz A.1 gilt für $n \to \infty$:

$$\frac{2^n}{s_n} \geq \frac{2^n}{2^{nH_2(\lambda)}} = 2^{n(1-H_2(\lambda))} \to \infty$$

$$\frac{2^k - 1}{2^n} s_n \approx 2^{n(R-1+n^{-1}\log_2 s_n)} \to 2^{n(R-1+H_2(\lambda))}.$$

Damit folgt

$$\lim_{n\to\infty} \ln P\left(\frac{d_{\min}}{n} \geq \lambda\right) = 2^{n(R-1+H_2(\lambda)} \cdot \ln(e^{-1}) = \begin{Bmatrix} -2^{-\infty} & R < 1 - H_2(\lambda) \\ -2^{\infty} & R > 1 - H_2(\lambda) \end{Bmatrix}$$

und somit

$$\lim_{n\to\infty} P\left(\frac{d_{\min}}{n} \geq \lambda\right) = \begin{Bmatrix} 1 & R < 1 - H_2(\lambda) \\ 0 & R > 1 - H_2(\lambda) \end{Bmatrix}. \tag{3.4.8}$$

Bei $R < 1 - H_2(\lambda)$ gilt also fast immer $d_{\min}/n \geq \lambda$, während bei $R > 1 - H_2(\lambda)$ fast immer $d_{\min}/n < \lambda$ gilt. Folglich ist bei $R = 1 - H_2(\lambda)$ meistens $d_{\min}/n = \lambda$ zu erwarten. Einen Beweis für lineare Codes enthält [130]. □

Dieser Satz unterstreicht die Leistungsfähigkeit von Zufallscodes, obwohl wie bereits in Abschnitt 2.2 erwähnt kein konstruktives Verfahren zum Erreichen der Gilbert-Varshamov-Schranke bekannt ist – zumindest nicht im Binärfall. Es gilt sogar eine gewisse Umkehrung [83, 87]: Wenn ein Code nicht mehr echt zufällig ist, sondern gewisse reguläre Strukturen enthält (die beispielsweise eine kompaktere Beschreibung als durch reine Aufzählung der Codewörter erlauben), dann wird die Gilbert-Varshamov-Schranke im Mittel nicht mehr erreicht.

3.5 Gewichtsverteilung

Zwar ist die Minimaldistanz der wichtigste Parameter eines Blockcodes, aber zur Berechnung der Fehlerwahrscheinlichkeit muß die gesamte sogenannte Gewichtsverteilung bekannt sein:

Definition 3.7. *Die* Gewichtsverteilung *(weight distribution) eines linearen $(n, k, d_{\min})_q$-Blockcodes ist ein Satz von Parametern $A_0, \ldots, A_n$, wobei A_r die Anzahl der Codewörter vom Hamminggewicht r bezeichnet. Der Gewichtsverteilung ist in umkehrbar eindeutiger Weise eine* Gewichtsfunktion *(weight enumerator) zugeordnet, wobei Z nur ein formaler Platzhalter ist:*

$$A(Z) = \sum_{r=0}^{n} A_r Z^r = \sum_{a\in\Gamma} Z^{w_H(a)}. \tag{3.5.1}$$

Eine andere oft verwendete Form der Gewichtsfunktion ist

$$W(X,Y) = \sum_{r=0}^{n} A_r X^{n-r} Y^r = \sum_{a \in \Gamma} X^{n-w_H(a)} Y^{w_H(a)}. \tag{3.5.2}$$

Berechnungen mit der Gewichtsfunktion erfolgen immer in den ganzen Zahlen – unabhängig vom zugrundeliegenden Galoisfeld $\mathbb{F}_q$ für die Info- und Codesymbole. Die Gleichheiten in (3.5.1) und (3.5.2) sind klar. Für den Zusammenhang zwischen den beiden Formen der Gewichtsfunktion gilt:

$$A(Z) = W(1,Z) \quad , \quad W(X,Y) = X^n A\left(\frac{Y}{X}\right). \tag{3.5.3}$$

Es gelten folgende Eigenschaften:

$$A_0 = A(0) = 1 \quad , \quad A_n \le (q-1)^n \tag{3.5.4}$$

$$A_r = 0 \text{ für } 0 < r < d_{\min} \tag{3.5.5}$$

$$\sum_{r=0}^{n} A_r = A(1) = q^k. \tag{3.5.6}$$

Bei manchen Codes ist die Gewichtsverteilung symmetrisch, was äquivalent auch mit der Gewichtsfunktion formuliert werden kann:

$$\begin{aligned} A_r = A_{n-r} \text{ für alle } r \quad &\Leftrightarrow \quad A(Z) = z^n \cdot A(Z^{-1}) \\ &\Leftrightarrow \quad W(X,Y) = W(Y,X). \end{aligned} \tag{3.5.7}$$

Die Gewichtsverteilung kann analytisch geschlossen nur für wenige Codes berechnet werden – dazu zählen aber die Hamming-Codes und die MDS-Codes. Äquivalente Codes haben identische Gewichtsverteilungen, da eine Vertauschung der Codewörter-Komponenten die Gewichte nicht ändert.

Beispiel 3.8. **(1)** Für den $(7,4,3)_2$-Hamming-Code aus Beispiel 1.2 ergibt sich $A_0 = A_7 = 1$ und $A_3 = A_4 = 7$ durch einfaches Abzählen. Die Gewichtsverteilung ist symmetrisch mit $A(Z) = 1 + Z^7 + 7(Z^3 + Z^4) = Z^7 \cdot A(Z^{-1})$.

(2) Für den $(n,1,n)_2$-Wiederholungscode gilt offensichtlich $A(Z) = 1+Z^n$.

(3) Betrachte den $(n,n-1,2)_2$-Parity Check Code: Die 2^{n-1} Infowörter der Länge $k = n-1$ haben eine binomiale Gewichtsverteilung, d.h. es gibt $\binom{n-1}{r}$ Infowörter vom Gewicht r. Beim Anhängen der Prüfstelle werden Infowörter geraden Gewichts mit einer Null ergänzt (Gewicht bleibt unverändert) und Infowörter ungeraden Gewichts werden mit einer Eins ergänzt (Gewicht wird auf den geraden Wert erhöht). Folglich gilt $A_{2r} = \binom{n-1}{2r} + \binom{n-1}{2r-1} = \binom{n}{2r}$ und $A_{2r-1} = 0$ bzw.

$$A_r = \left\{ \begin{matrix} \binom{n}{r} & r \text{ gerade} \\ 0 & r \text{ ungerade} \end{matrix} \right\}. \tag{3.5.8}$$

Die Eigenschaft (3.5.6) kann mit (A.2.2) einfach verifiziert werden. □

Viele Codes weisen in grober Näherung eine binomiale Gewichtsverteilung auf [45], d.h. im binären Fall gilt:

$$A_r \approx 2^{k-n}\binom{n}{r}. \tag{3.5.9}$$

Für $A_{d_{\min}}$ ist diese Approximation aber normalerweise ungeeignet und auch (3.5.5) ist nicht erfüllt. Die vorangehenden Beispiele zeigen deutlich den begrenzten Nutzen dieser Näherung.

Es wird jetzt wie beim Beweis des Kanalcodierungstheorems ein *Zufallscode* (Random Code) betrachtet, bei dem die Codebits in allen Codewörtern zufällig und statistisch unabhängig gewählt werden, wobei 0 und 1 jeweils mit 50% Wahrscheinlichkeit auftreten. Dann ist das Gewicht eines Codewortes exakt binomialverteilt gemäß (A.3.5) mit $\epsilon = 0{,}5$. Diese Verteilung besitzen auch die Fehlermuster eines BSC mit $p_e = 0{,}5$ gemäß (1.3.9). Bei einem wie vorangehend definierten Zufallscode gilt (3.5.9) für die Erwartungswerte der Gewichtsverteilung exakt, d.h.

$$E(A_r) = 2^{k-n}\binom{n}{r}. \tag{3.5.10}$$

Allerdings ist dieser Zufallscode nicht linear und Codewörter können sogar identisch sein. Zufallscodes mit garantiert verschiedenen Codewörtern sowie systematische Zufallscodes werden in [104] behandelt. Für den Fall linearer Zufallscodes wird in Satz 4.5 noch bewiesen, daß die Gewichtsverteilung im Mittel exakt folgende Form hat:

$$E(A_r) = \left\{ \begin{array}{ll} 1 & r = 0 \\ 2^{k-n}\left[\binom{n}{r} - \binom{n-k}{r}\right] & 1 \le r \le n-k \\ 2^{k-n}\binom{n}{r} & n-k < r \le n \end{array} \right\}. \tag{3.5.11}$$

Die Beziehungen (3.5.4) bis (3.5.6) können leicht verifiziert werden. Bei linearen Zufallscodes ist (3.5.9) bzw. (3.5.10) im Mittel über alle Codes näherungsweise erfüllt.

3.6 Wahrscheinlichkeit unerkannter Fehler bei Fehlererkennungscodes

In diesem Abschnitt werden ausschließlich Fehlererkennungscodes betrachtet, während die beiden folgenden Abschnitte dann die Berechnung der eigentlichen Fehlerwahrscheinlichkeit behandeln, die sich immer auf Fehlerkorrekturcodes bezieht.

Die Wahrscheinlichkeit eines unerkennbaren Fehlermusters kann exakt mit Hilfe der Gewichtsverteilung berechnet werden. Für die Wahrscheinlichkeit eines unkorrigierbaren Fehlermusters sind dagegen verschiedene Fälle zu unterscheiden: Eine exakte Berechnung ist nur bei der Decodierung gemäß BMD-Prinzip möglich. In allen anderen Fällen kann die Fehlerwahrscheinlichkeit dagegen nur abgeschätzt werden, wobei die Gewichtsverteilung des Codes sich nur bei Soft-Decision auswirkt.

Satz 3.14 (Fehlererkennung). *Vorausgesetzt wird ein linearer $(n,k,d_{\min})_q$-Code mit der Gewichtsverteilung $A_0,\ldots,A_n \leftrightarrow A(Z)$. Bei Übertragung über den q-nären symmetrischen Hard-Decision DMC mit der Symbol-Fehlerwahrscheinlichkeit p_e kann die Wahrscheinlichkeit P_{ue} (ue = undetected error) eines unentdeckbaren Fehlermusters exakt berechnet werden:*

$$P_{ue} = P(\boldsymbol{e}\in\Gamma\backslash\{\boldsymbol{0}\}) = \sum_{r=d_{\min}}^{n} A_r\left(\frac{p_e}{q-1}\right)^r(1-p_e)^{n-r} \tag{3.6.1}$$

$$= (1-p_e)^n\left[A\left(\frac{p_e}{(q-1)(1-p_e)}\right)-1\right].$$

Für kleines p_e und $q=2$ gilt

$$P_{ue} \approx \sum_{r=d_{\min}}^{n} A_r\cdot p_e^r = A(p_e)-1 \tag{3.6.2}$$

$$\approx A_{d_{\min}}\cdot p_e^{d_{\min}}. \tag{3.6.3}$$

Im binären Fall wird P_{ue} normalerweise maximal bei $p_e=1/2$ und ist dann durch die Anzahl der Prüfstellen exponentiell begrenzt:

$$P_{ue} \le P_{ue}(p_e=1/2) = \frac{2^k-1}{2^n} \le 2^{-(n-k)}. \tag{3.6.4}$$

Achtung: Es gibt aber auch sogenannte improper Codes *mit $P_{ue}\gg 2^{-(n-k)}$ bei $p_e \ll 1/2$. Deshalb wird (3.6.4) auch als* trügerische Schranke *bezeichnet.*

Beweis: (1) Die Gleichheit in (3.6.1) folgt direkt aus

$$A\left(\frac{p_e}{(q-1)(1-p_e)}\right) = 1+\sum_{r=1}^{n} A_r\left(\frac{p_e}{q-1}\right)^r(1-p_e)^{-r}.$$

Es ist unwesentlich, ob die Summation bei $r=1$ oder $r=d_{\min}$ beginnt. Die Formeln (3.6.2) und (3.6.3) für kleines p_e folgen direkt aus (3.6.1). Auch (3.6.4) ergibt sich direkt aus (3.6.1) mit Hilfe von (3.5.6).

(2) Beweis von (3.6.1): Es sei $\boldsymbol{a}_\nu=(a_{\nu,0},\ldots,a_{\nu,n-1})$ mit $0\le\nu\le q^k-1$ eine Aufzählung der Codewörter mit $\boldsymbol{a}_0=\boldsymbol{0}$. Dann gilt:

$$P_{ue} = P(\boldsymbol{e}\in\Gamma\backslash\{\boldsymbol{0}\}) = \sum_{\nu=1}^{q^k-1} P(\boldsymbol{e}=\boldsymbol{a}_\nu).$$

Offensichtlich bedeutet $\boldsymbol{e} = \boldsymbol{a}_\nu$ folgendes:

an $n - w_H(\boldsymbol{a}_\nu)$ Stellen gilt $e_j = a_{\nu,j} = 0$ mit $P(e_j = 0) = 1 - p_e$
an $w_H(\boldsymbol{a}_\nu)$ Stellen gilt $e_j = a_{\nu,j} \neq 0$ mit $P(e_j \neq 0) = p_e$.

Die Wahrscheinlichkeit, daß e_j einen speziellen Wert $\neq 0$ annimmt, beträgt $p_e/(q-1)$. Somit folgt ähnlich wie bei (3.5.1) und (3.5.2):

$$\begin{aligned} P_{ue} &= \sum_{\nu=1}^{q^k-1} (1-p_e)^{n-w_H(\boldsymbol{a}_\nu)} \left(\frac{p_e}{q-1}\right)^{w_H(\boldsymbol{a}_\nu)} \\ &= \sum_{r=1}^{n} A_r \cdot (1-p_e)^{n-r} \left(\frac{p_e}{q-1}\right)^r . \end{aligned}$$

Hierbei entsprechen $\nu = 0$ und $r = 0$ beide dem Nullwort. □

Beispiel 3.9. **(1)** Für den $(7,4,3)_2$-Hamming-Code aus Beispiel 3.8(1) gilt

$$P_{ue} = 7p_e^3(1-p_e)^4 + 7p_e^4(1-p_e)^3 + p_e^7 = 7p_e^3 - 21p_e^4 + 21p_e^5 - 7p_e^6 + p_e^7.$$

(2) Für den $(n,1,n)_2$-Wiederholungscode folgt aus der Definition von P_{ue} direkt $P_{ue} = P(\boldsymbol{e} = 11\ldots1) = p_e^n$. Das gleiche Ergebnis liefert $A(Z) = 1 + Z^n$:

$$P_{ue} = (1-p_e)^n \left(A\left(\frac{p_e}{1-p_e}\right) - 1\right) = (1-p_e)^n \frac{p_e^n}{(1-p_e)^n} = p_e^n.$$

(3) Für den $(n, n-1, 2)_2$-Parity Check Code gilt nach (3.5.8):

$$P_{ue} = \sum_{r=1}^{\lfloor n/2 \rfloor} \binom{n}{2r} p_e^{2r} (1-p_e)^{n-2r}.$$

Bei $p_e = 1/2$ gilt $P_{ue} \approx 1/2$ und bei kleinem p_e gilt $P_{ue} \approx \frac{n(n-1)}{2} p_e^2$.

(4) Als Beispiel für einen improper Code wird ein äußerst ungünstig gewählter systematischer $(2k, k, 1)_2$-Code betrachtet, bei dem alle Prüfstellen identisch Null sind. Somit gilt $A_r = \binom{k}{r}$ für $0 \leq r \leq k$ und $A_r = 0$ für $r > k$ bzw. $A(Z) = \sum_r \binom{k}{r} Z^r = (Z+1)^k$ nach (A.2.2). Für den BSC mit der Bit-Fehlerwahrscheinlichkeit p_e gilt nach (3.6.1)

$$P_{ue} = (1-p_e)^{2k} \left(\left(\frac{p_e}{1-p_e} + 1\right)^k - 1\right) = (1-p_e)^k \left(1 - (1-p_e)^k\right).$$

Insbesondere ergeben sich daraus folgende Spezialfälle:

$$P_{ue} = \left\{ \begin{array}{ll} 2^{-k}(1-2^{-k}) \approx 0 & \text{bei } \; p_e = 1/2 \\ 1/4 & \text{bei } \; p_e = 1 - 2^{-1/k} \approx 0 \end{array} \right\}.$$

Also ist die Wahrscheinlichkeit unerkannter Fehler klein bei hoher BSC-Fehlerrate, aber groß bei kleiner BSC-Fehlerrate. Folglich verletzt dieser Code die Schranke (3.6.4). □

Erstaunlicherweise sind für die so simpel erscheinende Formel (3.6.1) keine allgemein gültigen Aussagen ableitbar. Lediglich für den Fall $p_e = 1/2$ gilt generell das in (3.6.4) angegebene Ergebnis. In [120, 147] und einer Reihe weiterer Arbeiten wurden einzelne Codeklassen daraufhin untersucht, ob mit kleinerem p_e auch P_{ue} kleiner wird. Normalerweise ist das der Fall – jedoch gibt es auch einige spezielle Codes wie beispielsweise den $(63, 24)_2$-BCH-Code, die tatsächlich die trügerische Schranke (3.6.4) verletzen. Üblicherweise werden zur Fehlererkennung aber die Abschnitt 5.6 diskutierten CRC-Codes verwendet.

3.7 Fehlerwahrscheinlichkeit bei Hard-Decision

Bei Hard-Decision wird das Empfangswort $\boldsymbol{y} = \boldsymbol{a} + \boldsymbol{e}$ weiterhin wie in (3.2.1) interpretiert als Überlagerung des Sendewortes $\boldsymbol{a}$ mit einem Fehlerwort $\boldsymbol{e}$. Die Wahrscheinlichkeit $P_{ee} = P(\boldsymbol{e} \neq \boldsymbol{0})$ für das Auftreten eines Fehlermusters ungleich Null wurde bereits in (1.3.6) angegeben und die Wahrscheinlichkeit $P_{ue} = P(\boldsymbol{e} \in \Gamma \backslash \{\boldsymbol{0}\})$ für das Auftreten eines unerkennbaren Fehlermusters wurde vorangehend in Abschnitt 3.6 berechnet. Bei der Fehlerkorrektur interessiert die Wahrscheinlichkeit P_w für das Auftreten eines Fehlermusters, das zu einem nicht korrigierbaren oder falsch korrigierten Empfangswort führt. Dabei ist natürlich eine Abhängigkeit vom verwendeten Decodierprinzip zu erwarten.

Satz 3.15 (Fehlerkorrektur). *Vorausgesetzt wird ein linearer $(n, k, d_{\min})_q$-Code mit $t = \lfloor (d_{\min}-1)/2 \rfloor$ und ML-Decodierung. Bei Übertragung über den q-nären symmetrischen Hard-Decision DMC mit der Symbol-Fehlerwahrscheinlichkeit p_e gilt für die Wort-Fehlerwahrscheinlichkeit P_w folgende Abschätzung:*

$$P_w \leq 1 - \sum_{r=0}^{t} \binom{n}{r} p_e^r (1-p_e)^{n-r} = \sum_{r=t+1}^{n} \binom{n}{r} p_e^r (1-p_e)^{n-r}. \tag{3.7.1}$$

Bei der Decodierung nach dem BMD-Prinzip oder bei perfekten Codes gilt hier sogar Gleichheit, d.h. P_w kann exakt berechnet werden. Für die Bit-Fehlerwahrscheinlichkeit P_b gilt allgemein die Abschätzung

$$P_b \leq \sum_{r=t+1}^{n} \min\left\{1, \frac{r+t}{k}\right\} \binom{n}{r} p_e^r (1-p_e)^{n-r}. \tag{3.7.2}$$

Für kleines p_e gelten näherungsweise die Abschätzungen:

$$P_w \lessapprox \binom{n}{t+1} p_e^{t+1} \quad , \quad P_b \lessapprox \min\left\{1, \frac{d_{\min}}{k}\right\} \cdot P_w. \tag{3.7.3}$$

Beweis: Da das MLD-Prinzip besser als das BMD-Prinzip ist, braucht nur die Gleichheit für BMD bewiesen zu werden. Eine korrekte BM-Decodierung erfolgt genau dann, wenn maximal t Fehler auftreten:

$$\begin{aligned} P_w &= 1 - P(\text{richtige Decodierung}) \\ &= 1 - P(w_H(\boldsymbol{e}) \leq t) \;=\; P(w_H(\boldsymbol{e}) \geq t+1) \\ &= 1 - \sum_{r=0}^{t} P(w_H(\boldsymbol{e}) = r) \;=\; \sum_{r=t+1}^{n} P(w_H(\boldsymbol{e}) = r). \end{aligned}$$

Die Anzahl der Fehler in einem Wort der Länge n ist nach (1.3.9) binomialverteilt:

$$P(w_H(\boldsymbol{e}) = r) \;=\; \binom{n}{r} p_e^r (1-p_e)^{n-r}.$$

Damit ist (3.7.1) bewiesen, wobei die Gleichheit in (3.7.1) auch direkt aus der binomischen Formel (A.2.2) folgt. Für P_b gilt

$$\begin{aligned} P_b &= \frac{1}{k} P(\text{Anzahl Bitfehler pro decodiertem Wort}) \\ &= \frac{1}{k} \sum_{r=0}^{n} E(\text{Anz. Bitfehler pro dec. Wort} \mid w_H(\boldsymbol{e}) = r) \cdot P(w_H(\boldsymbol{e}) = r) \\ &\leq \frac{1}{k} \sum_{r=0}^{n} \min\{k, r+t\} P(w_H(\boldsymbol{e}) = r), \end{aligned}$$

denn die Anzahl der Bitfehler pro Wort ist einerseits begrenzt auf die Anzahl k der Infobits und andererseits begrenzt auf $r + t$, denn bei BMD gilt

$$w_H(\boldsymbol{a}, \hat{\boldsymbol{a}}) \;\leq\; \underbrace{w_H(\boldsymbol{a}, \boldsymbol{y})}_{=r} + \underbrace{w_H(\boldsymbol{y}, \hat{\boldsymbol{a}})}_{\leq t}.$$

Für kleines p_e dominiert der erste Summand im rechten Term von (3.7.1). Für P_b gilt dabei $(r+t)/k = (2t+1)/k = d_{\min}/k$. Für größeres p_e werden die Fehlerwahrscheinlichkeiten mit (3.7.3) aber eventuell unterschätzt, so daß sich die obere Schranke in eine untere Schranke verwandeln kann. □

Für den Beweis des Satzes wurde die ML-Decodierung zur BM-Decodierung verschlechtert. Dabei spielt nur die Minimaldistanz des Codes eine Rolle, so daß in Satz 3.15 die Gewichtsverteilung des Codes nicht auftaucht. Das Ergebnis (3.7.3) wurde bereits in Abschnitt 1.7 zur Herleitung des asymptotischen Codierungsgewinns bei Hard-Decision benutzt mit dem Ergebnis $G_{\mathrm{a,hard}} = 10 \cdot \log_{10}(R(t+1))$ dB. Mit (3.7.3) wird auch nochmals die Näherung (1.7.2) für den Zusammenhang zwischen Bit- und Wort-Fehlerwahrscheinlichkeit begründet.

Achtung: Schon bei einigermaßen kleinen Werten von p_e kann die Differenz im linken Term von (3.7.1) numerisch kaum ausgewertet werden, so daß in diesem Fall immer der rechte Term benutzt werden sollte.

Mit den Resultaten aus Satz 3.15 wurden die Bit- und Wort-Fehlerwahrscheinlichkeiten in den Bildern 1.10, 1.11, 3.5 sowie die BCH-Kurven in Abschnitt 7.3 berechnet.

Beispiel 3.10. **(1)** Der $(7,4,3)_2$-Hamming-Code mit $t = 1$ ist nach Beispiel 3.6(1) perfekt und somit gilt nach (3.7.1):

$$\begin{aligned} P_w &= 1 - \binom{7}{0} p_e^0 (1-p_e)^7 - \binom{7}{1} p_e^1 (1-p_e)^6 = 1 - (1-p_e)^7 - 7p_e(1-p_e)^6 \\ &= 1 - (1 - 7p_e + 21p_e^2 - p_e^3 \ldots) - 7p_e(1 - 6p_e + p_e^2 \ldots) \\ &\approx 21p_e^2 = \binom{7}{2} p_e^2. \end{aligned}$$

Damit wurde die Näherung (3.7.3) bestätigt. Der asymptotische Codierungsgewinn beträgt $G_{\mathrm{a,hard}} = 10 \cdot \log_{10}(4/7 \cdot 2) = 0{,}6$ dB.

(2) Der $(n,1,n)_2$-Wiederholungscode mit $n = 2t+1$ ist nach Satz 3.10 perfekt und es gilt natürlich $P_b = P_w$. Für kleines p_e gilt nach dem linken Teil von (3.7.3) näherungsweise $P_b = P_w \approx \binom{2t+1}{t+1} p_e^{t+1}$. Die exakte Rechnung nach (3.7.1) ergibt bei

$$p_e = \left\{ \begin{array}{ll} 0{,}00001 & n=1 \\ 0{,}0018 & n=3 \\ 0{,}010 & n=5 \end{array} \right\}$$

jeweils $P_b = P_w = 10^{-5}$. Mit einer größeren Blocklänge bzw. einer kleineren Coderate kann also ein schlechterer Kanal kompensiert werden. Wenn aber der BSC aus einem binär quantisierten AWGN entsteht, so erweist sich der Wiederholungscode als schlecht: Aus $p_e = Q(\sqrt{2RE_b/N_0})$ ergibt sich nämlich

$$\frac{E_b}{N_0} = \left\{ \begin{array}{ll} 9{,}6 & n=1 \\ 11{,}0 & n=3 \\ 11{,}3 & n=5 \end{array} \right\} \mathrm{dB}$$

als notwendiges Verhältnis für $P_b = P_w = 10^{-5}$, d.h. die Codierung verlangt einen besseren Kanal. Entsprechend erweist sich auch der asymptotische Codierungsgewinn mit $G_{\mathrm{a,hard}} = -1{,}8$ dB ($n = 3$) bzw. $-2{,}2$ dB ($n = 5$) als negativ. Triviale Codes wie der Wiederholungscode erweisen sich also als wertlos oder sogar als nachteilig. □

3.8 Fehlerwahrscheinlichkeit bei Soft-Decision und im allgemeinen Fall (Union Bound)

Es wird nun der allgemeine DMC mit binärem Input ($q = 2$) betrachtet. Die Fehlerwahrscheinlichkeit eines ML-decodierten Blockcodes erweist sich nachfolgend als abhängig von den:

- *Codeeigenschaften*, gegeben durch die Gewichtsverteilung (Definition 3.7).
- *Kanaleigenschaften*, gegeben durch die Bhattacharyya-Schranke γ (Definition 2.4). Rekapitulation der beiden Standardkanäle:

$$\gamma = \left\{ \begin{array}{ll} \sqrt{4p_e(1-p_e)} & \text{BSC} \\ e^{-E_c/N_0} & \text{AWGN } (q=2) \end{array} \right\}.$$

Anders als bei Hard-Decision hängt die Fehlerwahrscheinlichkeit nun von der vollständigen Gewichtsverteilung des Codes ab, und es sind auch nur Abschätzungen der Fehlerwahrscheinlichkeit möglich:

Satz 3.16 (Union Bound). *Vorausgesetzt wird ein linearer $(n,k,d_{\min})_2$-Code mit der Gewichtsverteilung $A_0,\dots,A_n \leftrightarrow A(Z)$ und ML-Decodierung. Bei der Übertragung über den DMC mit der Bhattacharyya-Schranke γ gilt für die Wort-Fehlerwahrscheinlichkeit P_w folgende Abschätzung:*

$$P_w \le \sum_{r=d_{\min}}^{n} A_r \gamma^r = A(\gamma) - 1. \tag{3.8.1}$$

Für einen guten Kanal mit kleinem γ gilt näherungsweise:

$$P_w \le A_{d_{\min}} \cdot \gamma^{d_{\min}}. \tag{3.8.2}$$

Eine allgemeine Abschätzung ohne Kenntnis der Gewichtsverteilung ist gegeben durch:

$$P_w \le (2^k - 1) \cdot \gamma^{d_{\min}}. \tag{3.8.3}$$

Für die beiden Standardkanäle gilt nach (3.8.1):

$$P_w \le \left\{ \begin{array}{ll} \displaystyle\sum_{r=d_{\min}}^{n} A_r \cdot \sqrt{4p_e(1-p_e)}^{\,r} & BSC \\ \displaystyle\sum_{r=d_{\min}}^{n} A_r \cdot e^{-r\cdot E_c/N_0} & AWGN \end{array} \right\}. \tag{3.8.4}$$

Beweis: Der Gedankengang ist ähnlich zum Beweis des R_0-Theorems in Abschnitt 2.8. Allerdings wird hier eine etwas ausführlichere Darstellung gewählt, um das Prinzip der Union Bound besonders deutlich zu machen. Es sei $\Gamma = \{\boldsymbol{a}_1,\dots,\boldsymbol{a}_{2^k}\}$ eine Aufzählung des Codes. Beim MLD-Prinzip ist der Decoder für alle Empfangswörter definiert, so daß eine falsche Decodierung die Entscheidung auf ein falsches Codewort bedeutet. Für den Entscheidungsbereich von $\boldsymbol{a}_i$ gilt

$$\mathcal{M}_i = \left\{ \boldsymbol{y} \;\middle|\; P(\boldsymbol{y}|\boldsymbol{a}_i) \ge P(\boldsymbol{y}|\boldsymbol{b}) \text{ für alle } \boldsymbol{b} \in \Gamma \right\}.$$

Die komplementäre Menge wird wie folgt als Vereinigung von nicht-disjunkten Mengen dargestellt:

$$\begin{aligned} \overline{\mathcal{M}_i} = \mathcal{A}_{\text{out}}^n \backslash \mathcal{M}_i &= \left\{ \boldsymbol{y} \;\middle|\; \text{es exist. } j \ne i \text{ mit } P(\boldsymbol{y}|\boldsymbol{a}_j) > P(\boldsymbol{y}|\boldsymbol{a}_i) \right\} \\ &= \bigcup_{\substack{j=1 \\ j\ne i}}^{2^k} \underbrace{\left\{ \boldsymbol{y} \;\middle|\; P(\boldsymbol{y}|\boldsymbol{a}_j) > P(\boldsymbol{y}|\boldsymbol{a}_i) \right\}}_{=\mathcal{M}_{i,j}}. \end{aligned}$$

Es wird nun vorausgesetzt, daß das Codewort $\boldsymbol{a}_i$ gesendet wurde. Die Wahrscheinlichkeit P_i dafür, daß der ML-Decoder auf eines der $2^k - 1$ anderen Codewörter $\boldsymbol{a}_j$ entscheidet, wird in einem ersten Schritt mit dem Prinzip der Union Bound nach oben abgeschätzt durch eine Summe von Wahrscheinlichkeiten $P(\boldsymbol{y} \in \mathcal{M}_{i,j} | \boldsymbol{a}_i)$:

$$
\begin{aligned}
P_i &= P(\text{Decodierfehler} \mid \boldsymbol{a}_i \text{ gesendet}) \\
&= P(\boldsymbol{y} \notin \mathcal{M}_i \mid \boldsymbol{a}_i \text{ gesendet}) \\
&= P\left(\boldsymbol{y} \in \bigcup_{\substack{j=1 \\ j \neq i}}^{2^k} \mathcal{M}_{i,j} \,\middle|\, \boldsymbol{a}_i \text{ gesendet}\right) \\
&\le \sum_{\substack{j=1 \\ j \neq i}}^{2^k} P(\boldsymbol{y} \in \mathcal{M}_{i,j} \mid \boldsymbol{a}_i \text{ gesendet}) \qquad \text{Union Bound (A.3.3).}
\end{aligned}
$$

Die Wahrscheinlichkeiten $P(\boldsymbol{y} \in \mathcal{M}_{i,j} | \boldsymbol{a}_i)$ sind die Fehlerwahrscheinlichkeiten für einen aus den beiden Codewörtern $\boldsymbol{a}_i$, $\boldsymbol{a}_j$ bestehenden Code. Für diese sogenannten *2-Codewörter-Fehlerwahrscheinlichkeiten* wird oftmals auch die naheliegende Schreibweise $P(\boldsymbol{a}_i \to \boldsymbol{a}_j)$ verwendet, da ein Decodierfehler hier die Entscheidung auf $\boldsymbol{a}_j$ statt $\boldsymbol{a}_i$ bedeutet. In einem zweiten Schritt werden jetzt die 2-Codewörter-Fehlerwahrscheinlichkeiten nach oben mit der Bhattacharyya-Schranke abgeschätzt (eine exakte Berechnung ohne Abschätzungen für den Spezialfall AWGN erfolgt anschließend in Satz 3.17):

$$
\begin{aligned}
P(\boldsymbol{y} \in \mathcal{M}_{i,j} | \boldsymbol{a}_i) &= \sum_{\boldsymbol{y} \in \mathcal{M}_{i,j}} P(\boldsymbol{y} | \boldsymbol{a}_i) \\
&\le \sum_{\boldsymbol{y} \in \mathcal{M}_{i,j}} P(\boldsymbol{y} | \boldsymbol{a}_i) \sqrt{\frac{P(\boldsymbol{y} | \boldsymbol{a}_j)}{P(\boldsymbol{y} | \boldsymbol{a}_i)}} \\
&= \sum_{\boldsymbol{y} \in \mathcal{M}_{i,j}} \sqrt{P(\boldsymbol{y} | \boldsymbol{a}_i) P(\boldsymbol{y} | \boldsymbol{a}_j)} \\
&\le \sum_{\boldsymbol{y} \in \mathcal{A}_{\text{out}}^n} \sqrt{P(\boldsymbol{y} | \boldsymbol{a}_i) P(\boldsymbol{y} | \boldsymbol{a}_j)} \\
&= \sum_{\boldsymbol{y} \in \mathcal{A}_{\text{out}}^n} \prod_{r=0}^{n-1} \sqrt{P(y_r | a_{i,r}) P(y_r | a_{j,r})} \qquad \text{nach (1.3.2)} \\
&= \prod_{r=0}^{n-1} \underbrace{\sum_{y \in \mathcal{A}_{\text{out}}} \sqrt{P(y | a_{i,r}) P(y | a_{j,r})}}_{= J(a_{i,r}, a_{j,r})} \qquad \text{nach Lemma 2.1.}
\end{aligned}
$$

Für $a_{i,r} = a_{j,r}$ gilt $J(a_{i,r}, a_{j,r}) = 1$ und für $a_{i,r} \neq a_{j,r}$ gilt $J(a_{i,r}, a_{j,r}) = \gamma$ nach Definition 2.4. Somit folgt $\prod_r J(a_{i,r}, a_{j,r}) = \gamma^{d_H(\boldsymbol{a}_i, \boldsymbol{a}_j)}$ und damit ergibt sich:

$$P_i \leq \sum_{\substack{j=1 \\ j \neq i}}^{2^k} \gamma^{d_H(\boldsymbol{a}_i, \boldsymbol{a}_j)} = \sum_{j=1}^{2^k} \gamma^{d_H(\boldsymbol{a}_i, \boldsymbol{a}_j)} - 1.$$

Die Abstandsverteilung kann durch die Gewichtsverteilung ersetzt werden und ähnlich wie bei Definition 3.7 gilt dann:

$$P_i \leq \sum_{\boldsymbol{a} \in \Gamma} \gamma^{w_H(\boldsymbol{a})} - 1 = \sum_{r=d_{\min}}^{n} A_r \gamma^r.$$

Diese obere Schranke für P_i ist unabhängig von i und wie bereits bei den Beweisen in den Abschnitten 2.7 und 2.8 folgt hieraus schließlich das Hauptergebnis (3.8.1) so:

$$P_w = P(\text{Decodierfehler}) = \sum_{i=1}^{2^k} P_i \cdot P(\boldsymbol{a}_i \text{ gesendet}) \leq \sum_{r=d_{\min}}^{n} A_r \gamma^r.$$

Die grobe Abschätzung (3.8.3) ergibt sich wegen $\gamma \leq 1$ aus (3.8.1) so:

$$P_w \leq \sum_{r=d_{\min}}^{n} A_r \gamma^{d_{\min}} = (2^k - 1) \cdot \gamma^{d_{\min}}.$$

Die weiteren Abschätzungen (3.8.2) und (3.8.4) sind offensichtlich. □

Die Union Bound ist nur für gute Kanäle mit kleinem γ geeignet, da bei schlechten Kanälen die Grenze größer als 1 werden kann. Für hinreichend kleines γ dominiert dagegen $A_{d_{\min}} \gamma^{d_{\min}}$ gegenüber $A_r \gamma^r$ unabhängig von den Gewichtskoeffizienten. Asymptotisch sind also die höheren Gewichtskoeffizienten und selbst $A_{d_{\min}}$ bedeutungslos.

Für den BSC gilt nach (3.8.4) näherungsweise $P_w \approx \text{const} \cdot p_e^{d_{\min}/2}$. Für ungerades $d_{\min}$ gilt $t = (d_{\min} - 1)/2$ und somit $t + 1 > d_{\min}/2$. Folglich ist Satz 3.15 für Hard-Decision schärfer als die Union Bound, die sich damit als asymptotisch nicht exakt erweist. Wegen der allgemeinen Gültigkeit der Union Bound ist das natürlich nicht überraschend.

Speziell für den AWGN mit binärem Input und idealer Soft-Decision kann die Union Bound verschärft werden zu:

Satz 3.17 (AWGN). *Vorausgesetzt wird ein linearer $(n, k, d_{\min})_2$-Code mit der Gewichtsverteilung $A_0, \ldots, A_n$ und ML-Decodierung. Bei der Übertragung über den AWGN mit $q = 2$ und idealer Soft-Decision gilt für die Wort-Fehlerwahrscheinlichkeit P_w folgende Abschätzung:*

$$P_w \leq \sum_{r=d_{\min}}^{n} A_r Q\left(\sqrt{2r \frac{E_c}{N_0}}\right) = \sum_{r=d_{\min}}^{n} A_r Q\left(\sqrt{2Rr \frac{E_b}{N_0}}\right). \tag{3.8.5}$$

Für einen guten Kanal mit großem E_b/N_0 gilt näherungsweise:

$$P_w \;\leq\; A_{d_{\min}} Q\left(\sqrt{2Rd_{\min}\frac{E_b}{N_0}}\right). \tag{3.8.6}$$

Für $E_b/N_0 \to \infty$ gilt (3.8.6) sogar asymptotisch exakt. Eine allgemeine Abschätzung ohne Kenntnis der Gewichtsverteilung ist gegeben durch:

$$P_w \;\leq\; (2^k - 1)\cdot Q\left(\sqrt{2Rd_{\min}\frac{E_b}{N_0}}\right). \tag{3.8.7}$$

Beweis: Es sei $\Gamma = \{\boldsymbol{a}_1, \ldots, \boldsymbol{a}_{2^k}\}$ und $\boldsymbol{a}_i = (a_{i,0}, \ldots, a_{i,n-1})$ sei gesendet und $\boldsymbol{y} = (y_0, \ldots, y_{n-1}) = \boldsymbol{a}_i + \boldsymbol{\nu}$ sei empfangen. Die einzelnen Komponenten im Rauschwort $\boldsymbol{\nu} = (\nu_0, \ldots, \nu_{n-1})$ sind statistisch unabhängig mit der Varianz $\sigma^2 = N_0/2$ und die Codebits sind aus $\{+\sqrt{E_c}, -\sqrt{E_c}\}$ gemäß Defintion 1.3. Wie beim Beweis von Satz 3.16 wird der Entscheidungsbereich von $\boldsymbol{a}_i$ betrachtet, für den nach Satz 1.4 gilt:

$$\mathcal{M}_i \;=\; \left\{\boldsymbol{y} \;\middle|\; \|\boldsymbol{y} - \boldsymbol{a}_i\| \leq \|\boldsymbol{y} - \boldsymbol{b}\| \text{ für alle } \boldsymbol{b} \in \Gamma\right\}.$$

Die komplementäre Menge setzt sich zusammen aus den Mengen

$$\mathcal{M}_{i,j} \;=\; \left\{\boldsymbol{y} \;\middle|\; \|\boldsymbol{y} - \boldsymbol{a}_j\| < \|\boldsymbol{y} - \boldsymbol{a}_i\|\right\}.$$

Wie bei Satz 3.16 folgt zunächst mit der Union Bound

$$P_i \;=\; P(\text{Decodierfehler} \mid \boldsymbol{a}_i \text{ gesendet}) \;\leq\; \sum_{\substack{j=1\\ j\neq i}}^{2^k} P(\boldsymbol{y} \in \mathcal{M}_{i,j} \mid \boldsymbol{a}_i \text{ gesendet}).$$

Anders als bei Satz 3.16 kann für den AWGN die 2-Codewörter-Fehlerwahrscheinlichkeit exakt berechnet werden:

$$\begin{aligned}
&P(\boldsymbol{y} \in \mathcal{M}_{i,j} \mid \boldsymbol{a}_i \text{ gesendet})\\
&\quad= P\Big(\|\boldsymbol{y} - \boldsymbol{a}_j\| < \|\boldsymbol{y} - \boldsymbol{a}_i\| \;\Big|\; \boldsymbol{a}_i \text{ gesendet}\Big)\\
&\quad= P\Big(\|\boldsymbol{\nu} + \boldsymbol{a}_i - \boldsymbol{a}_j\|^2 < \|\boldsymbol{\nu}\|^2\Big)\\
&\quad= P\left(\sum_{r=0}^{n-1}\Big(\nu_r^2 + 2\nu_r(a_{i,r} - a_{j,r}) + (a_{i,r} - a_{j,r})^2\Big) < \sum_{r=0}^{n-1}\nu_r^2\right)\\
&\quad= P\left(\sum_{r=0}^{n-1}\nu_r(a_{i,r} - a_{j,r}) < -\frac{1}{2}\sum_{r=0}^{n-1}(a_{i,r} - a_{j,r})^2\right).
\end{aligned}$$

Die Wahrscheinlichkeit bezieht sich dabei nur auf das Rauschen und nicht auf die Codebits. Für $a_{i,r} \neq a_{j,r}$ gilt $(a_{i,r} - a_{j,r})^2 = (2\sqrt{E_c})^2$ und für die

Summation über r folgt somit $\sum_r (a_{i,r} - a_{j,r})^2 = 4d_H(\boldsymbol{a}_i, \boldsymbol{a}_j)E_c$. Weiter ist die Größe $\sum_r \nu_r(a_{i,r} - a_{j,r})$ normalverteilt mit dem Erwartungswert 0 und der Varianz $\sum_r \frac{N_0}{2}(a_{i,r} - a_{j,r})^2 = 2d_H(\boldsymbol{a}_i, \boldsymbol{a}_j)N_0E_c$. Somit folgt ähnlich wie bei (A.3.11) oder (A.3.12):

$$\begin{aligned} P(\boldsymbol{y} \in \mathcal{M}_{i,j} \mid \boldsymbol{a}_i \text{ ges.}) &= P\left(\frac{\sum_{r=0}^{n-1} \nu_r(a_{i,r} - a_{j,r})}{\sqrt{2d_H(\boldsymbol{a}_i, \boldsymbol{a}_j)N_0E_c}} < -\frac{2d_H(\boldsymbol{a}_i, \boldsymbol{a}_j)E_c}{\sqrt{2d_H(\boldsymbol{a}_i, \boldsymbol{a}_j)N_0E_c}} \right) \\ &= Q\left(\sqrt{2d_H(\boldsymbol{a}_i, \boldsymbol{a}_j)\frac{E_c}{N_0}}\right). \end{aligned}$$

Wieder in Analogie zu Satz 3.16 ergibt sich also insgesamt:

$$P_i \leq \sum_{\substack{j=1 \\ j \neq i}}^{2^k} Q\left(\sqrt{2d_H(\boldsymbol{a}_i, \boldsymbol{a}_j)\frac{E_c}{N_0}}\right) = \sum_{r=d_{\min}}^{n} A_r Q\left(\sqrt{2r\frac{E_c}{N_0}}\right).$$

Wie bei Satz 3.16 folgt die gleiche Schranke für P_w. Die Abschätzungen (3.8.6) und (3.8.7) folgen offensichtlich aus (3.8.5). Zu zeigen bleibt noch die asymptotische Behauptung für (3.8.6). Dazu wird P_i nach unten abgeschätzt durch die maximale 2-Codewörter-Fehlerwahrscheinlichkeit:

$$\begin{aligned} P_i &= P\left(\boldsymbol{y} \in \bigcup_{\substack{j=1 \\ j \neq i}}^{2^k} \mathcal{M}_{i,j} \;\middle|\; \boldsymbol{a}_i \text{ gesendet}\right) \\ &\geq \max_{\substack{j=1,\ldots,2^k \\ j \neq i}} P(\boldsymbol{y} \in \mathcal{M}_{i,j} \mid \boldsymbol{a}_i \text{ gesendet}) \\ &= \max_{\substack{j=1,\ldots,2^k \\ j \neq i}} Q\left(\sqrt{2d_H(\boldsymbol{a}_i, \boldsymbol{a}_j)\frac{E_c}{N_0}}\right) \\ &= Q\left(\sqrt{2d_{\min}\frac{E_c}{N_0}}\right). \end{aligned}$$

(Die letzte Gleichheit folgt aus dem in Bild A.2 dargestellten Verlauf der Funktion Q). Die gleiche untere Schranke gilt auch für P_w. Für $E_b/N_0 \to \infty$ gilt also insgesamt:

$$Q\left(\sqrt{2Rd_{\min}\frac{E_b}{N_0}}\right) \leq P_w \leq A_{d_{\min}} Q\left(\sqrt{2Rd_{\min}\frac{E_b}{N_0}}\right).$$

Asymptotisch entfällt der Einfluß der Konstanten $A_{d_{\min}}$ und in (3.8.6) gilt Gleichheit. □

Nach (3.8.6) und (A.3.18) gilt für den AWGN mit Soft-Decision näherungsweise $P_b \approx \text{const} \cdot P_w \approx \text{const} \cdot e^{-Rd_{\min} \cdot E_b/N_0}$ und das wurde in (1.7.10) benutzt zur Herleitung des asymptotischen Codierungsgewinns mit dem Ergebnis $G_{\text{a,soft}} = 10 \cdot \log_{10}(Rd_{\min})$ dB.

Beispiel 3.11. Betrachte wieder den perfekten $(7,4,3)_2$-Hamming-Code mit $A_0 = A_7 = 1$, $A_3 = A_4 = 7$, $R = 4/7$, $d_{\min} = 3$, $t = 1$. In Bild 3.5 ist dazu P_w über E_b/N_0 angegeben zur Demonstration der verschiedenen vorangehend abgeleiteten Schranken für Hard- und Soft-Decision.

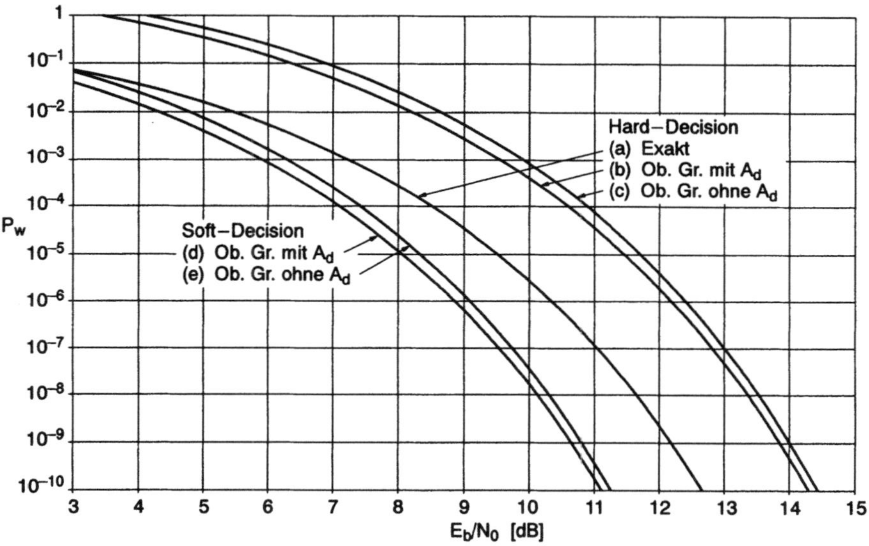

Bild 3.5. Fehlerwahrscheinlichkeit des $(7,4)_2$-Hamming-Codes

Bei Hard-Decision gilt $p_e = Q(\sqrt{2RE_b/N_0})$. Nach (3.7.1) gilt exakt

$$P_w = 1 - (1-p_e)^7 - 7p_e(1-p_e)^6 \quad \text{(Kurve a)}$$

mit $G_{\text{a,hard}} = 10 \cdot \log_{10}(R(t+1)) = 10 \cdot \log_{10}(4/7 \cdot 2) = 0{,}58$ dB. Nach (3.8.4) gilt

$$P_w \le 7\sqrt{4p_e(1-p_e)}^3 + 7\sqrt{4p_e(1-p_e)}^4 + \sqrt{4p_e(1-p_e)}^7 \quad \text{(Kurve b)}$$

mit $G_{\text{a,hard}} = 10 \cdot \log_{10}(Rd_{\min}/2) = 10 \cdot \log_{10}(4/7 \cdot 3/2) = -0{,}67$ dB, d.h. die Union Bound hat für Hard-Decision einen asymptotischen Fehler von 1,25 dB. Die globale Abschätzung nach (3.8.3) ergibt:

$$P_w \le 15\sqrt{4p_e(1-p_e)}^3 \quad \text{(Kurve c).}$$

Für Soft-Decision gilt nach (3.8.5)

$$P_w \leq 7Q\left(\sqrt{2\frac{4}{7}3\frac{E_b}{N_0}}\right) + 7Q\left(\sqrt{2\frac{4}{7}4\frac{E_b}{N_0}}\right) + Q\left(\sqrt{2\frac{4}{7}7\frac{E_b}{N_0}}\right) \quad \text{(Kurve d)}$$

mit $G_{\mathrm{a,soft}} = 10 \cdot \log_{10}(Rd_{\min}) = 10 \cdot \log_{10}(4/7 \cdot 3) = 2{,}34$ dB. Die globale Abschätzung nach (3.8.7) ergibt

$$P_w \leq 15Q\left(\sqrt{2\frac{4}{7}3\frac{E_b}{N_0}}\right) \quad \text{(Kurve e).}$$

Der Gewinn durch Soft-Decision beträgt in diesem Beispiel mindestens $2{,}34 - 0{,}58 = 1{,}76$ dB, was allerdings erst bei kleinem P_w realisierbar ist. Für kleines E_b/N_0 schneiden die Kurven (d) und (e) die Kurve (a), da die Union Bounds obere Schranken sind und nur die Kurve (a) exakt ist. □

3.9 Aufgaben

3.1. Beweise Satz 3.1 durch geeignete Umordnungen der Komponenten.

3.2. Zeige für einen linearen Binärcode: Die Anzahl der mit 0 beginnenden Wörter ist gleich der Anzahl der mit 1 beginnenden Wörter.

3.3. Zeige, daß für einen linearen Binärcode immer eine der beiden folgenden Aussagen gilt: Entweder hat jedes Codewort gerades Gewicht oder Codewörter mit geradem und ungeradem Gewicht sind gleich häufig.

3.4. Wieviele verschiedene lineare $(3,2)_2$-Blockcodes gibt es, wenn von Codes mit konstanter Nullkomponente abgesehen wird?

3.5. Gebe einen linearen $(3,2)_3$-Blockcode an, der die Wörter 101 und 120 enthält. Ist der Code eindeutig bestimmt?

3.6. Bestimme die maximale Minimaldistanz für die $(4,2)_2$-Blockcodes – sowohl direkt wie mit der Hamming-Schranke.

3.7. Ein *Palindrom* ist ein symmetrisches Wort, d.h. vorwärts und rückwärts gelesen ergibt sich das gleiche Wort. Sei Γ die Menge aller Palindrome über $\mathbb{F}_2$ mit der Länge n. Ist Γ ein linearer Blockcode? Berechne $d_{\min}$ und $|\Gamma|$.

3.8. Sei Γ ein linearer (n,k,d)-Blockcode. Bilde daraus einen neuen Code $\Gamma' = \{\boldsymbol{a} \in \Gamma | w_H(\boldsymbol{a}) \text{ gerade}\}$. Ist Γ' linear? Berechne (n',k',d') für Γ'.

3.9. Mit 4 Prüfstellen soll 1 Fehler pro Codewort korrigierbar sein. Wieviele Infobits können damit im Binärfall bestenfalls geschützt werden?

3.10. Ein linearer $(n, 2)_2$-Blockcode soll 2 Fehler korrigieren können. Bestimme die minimale Blocklänge und eine mögliche Codemenge. Interpretation?

3.11. Zeige, daß ein perfekter $(11, 6)_3$ Code existieren kann. Wieviele Fehler sind korrigierbar? Ein solcher Code existiert tatsächlich und wird als *ternärer Golay-Code* bezeichnet. In Bild 1.10 und Beispiel 3.6(2) wurde bereits der perfekte binäre $(23, 12, 7)$-Golay-Code behandelt.

3.12. Wiederhole Beispiel 3.7 für einen $(127, k, 5)_2$-BCH-Code und vergleiche das Ergebnis mit Tabelle 7.1.

3.13. Sind die binären Blockcodes $(63, 31, 7)$, $(63, 45, 7)$, $(127, 109, 7)$ möglich? Vergleiche das Ergebnis mit Tabelle 7.1.

3.14. Welche Möglichkeiten zur Fehlerkorrektur und Fehlererkennung gibt es bei einem $(n, k, 8)_2$-Blockcode?

3.15. Nach Tabelle 7.1 existiert ein $(255, k, 11)_2$-Code mit $k = 215$. Vergleiche die Codeparameter mit der Hamming- und der Gilbert-Varshamov-Schranke und ihren asymptotischen Formen.

3.16. Zeige für einen linearen $(n, k)_2$-Code, bei dem keine Codewortkomponente identisch Null ist, das Ergebnis (mit A' ist die Ableitung der Gewichtsfunktion gemeint):

$$\sum_{\boldsymbol{a} \in \Gamma} w_H(\boldsymbol{a}) = n2^{k-1} = \sum_{r=1}^{n} rA_r = A'(1). \tag{3.9.1}$$

3.17. Folgere aus der Perfektheit des Wiederholungscodes das Ergebnis

$$\sum_{r=0}^{t} \binom{2t+1}{r} = 4^t. \tag{3.9.2}$$

Welcher Zusammenhang besteht mit (A.2.2)?

3.18. Ein $(63, 36)_2$-BCH-Code kann bis zu 5 Fehler korrigieren. Mit 9 zusammengesetzten Blöcken eines $(7, 4)_2$-Hamming-Codes entsteht ebenfalls ein $(63, 36)_2$-Code, dessen Fehlerkorrekturfähigkeit mit dem BCH-Code zu vergleichen ist. Berechne näherungsweise die Bit-Fehlerwahrscheinlichkeit bei einem BSC mit $p_e = 10^{-3}$ sowie die asymptotischen Codierungsgewinne.

3.19. Berechne die obere Schranke für die Wort-Fehlerwahrscheinlichkeit eines perfekten $(15, 11, 3)_2$-Hamming-Codes bei einem BSC mit $p_e = 10^{-2}$. Wie genau ist die Schranke? Berechne eine obere Schranke für Soft-Decision (entsprechend $p_e = 10^{-2}$) mit wenig Aufwand und interpretiere das Ergebnis.

3.20. Betrachte den $(n,2)_2$-Code $\Gamma = \{000...0, 100...0, 011...1, 111...1\}$. Zeige $P_{ue} \geq 2^{-nH_2(1/n)}$ bei $p_e = 1/n$ und vergleiche mit $p_e = 1/2$ für $n = 100$.

3.21. Zeige für den Zufallscode mit der mittleren Gewichtsverteilung gemäß (3.5.10) die *Massey-Schranke* [124] für die Mittelung über die Codes bei jeweils ungünstigster Bit-Fehlerwahrscheinlichkeit des BSC:

$$E\Big(\max_{p_e} P_{ue}\Big) \leq n \cdot 2^{-(n-k)}. \tag{3.9.3}$$

3.22. Weise die Wahrscheinlichkeit für unerkannte BSC-Fehlermuster bei Mittelung über alle linearen Zufallscodes mit der Gewichtsverteilung gemäß (3.5.11) als

$$E(P_{ue}) = 2^{-(n-k)}(1-(1-p_e)^k) \tag{3.9.4}$$

nach. Folgere daraus, daß Fehlererkennungscodes existieren, die der Schranke (3.6.4) genügen bzw. daß im Mittel sogar rund jeder zweite zufällig gewählte lineare Fehlererkennungscode dieser Schranke genügt.

3.23. Zeige für jede beliebige Folge von $(n, n-m, d_n)_2$-Codes mit fester Anzahl m von Prüfbits das Ergebnis $\lim\limits_{n\to\infty} d_n \leq 2$.

3.24. Zeige für den Mittelwert über alle Zufallscodes folgende asymptotische Resultate für $n \to \infty$: Bei fester Anzahl von Infobits gilt $d_{\min}/n \to 1/2$ und bei fester Anzahl von Prüfbits gilt $d_{\min}/n \to 0$.

3.25. Es sei Γ ein nicht notwendigerweise linearer $(n,k,d_{\min})_2$-Code. Sei $B_d(\boldsymbol{a})$ die Anzahl aller Codewörter im Abstand d zum Codewort $\boldsymbol{a}$. Klar ist $\sum\limits_{d=0}^{n} B_d(\boldsymbol{a}) = 2^k$. Zeige, daß $\sum\limits_{\boldsymbol{a}\in\Gamma} B_d(\boldsymbol{a})$ der Anzahl aller Codewörterpaare im Abstand d entspricht. Zeige folgende Verallgemeinerung von Satz 3.14 für die Fehlererkennung:

$$P_{ue} = \sum_{d=1}^{n} \tilde{A}_d \cdot p_e^d (1-p_e)^{n-d} \quad , \quad \tilde{A}_d = 2^{-k} \cdot \sum_{\boldsymbol{a}\in\Gamma} B_d(\boldsymbol{a}). \tag{3.9.5}$$

3.26. (Basiert auf dem Beitrag von H.A.Loeliger in [17]). Es sei $\mathcal{E} \subseteq \mathbb{F}_q^n$ eine beliebige Menge von Fehlermustern mit $\boldsymbol{0} \in \mathcal{E}$. Für einen linearen $(n,k)_q$-Blockcode Γ wird definiert:

(1) Γ korrigiert alle Fehlermuster aus $\mathcal{E}$, wenn für alle $\boldsymbol{a}, \boldsymbol{a}' \in \Gamma$ mit $\boldsymbol{a} \neq \boldsymbol{a}'$ und alle $\boldsymbol{e}, \boldsymbol{e}' \in \mathcal{E}$ stets $\boldsymbol{a} + \boldsymbol{e} \neq \boldsymbol{a}' + \boldsymbol{e}'$ gilt.

(2) Γ erkennt alle Fehlermuster aus $\mathcal{E}$, wenn für alle $\boldsymbol{a} \in \Gamma$ und alle $\boldsymbol{e} \in \mathcal{E}\backslash\{\boldsymbol{0}\}$ stets $\boldsymbol{a} + \boldsymbol{e} \notin \Gamma$ gilt.

Zeige, daß dies äquivalent mit $\Gamma \cap \mathcal{E} = \{\boldsymbol{0}\}$ ist.

Weise diese Definitionen als Verallgemeinerung von Definition 3.4 nach. Betrachte die Menge $\Delta\mathcal{E} = \{\boldsymbol{e} - \boldsymbol{e}' | \boldsymbol{e}, \boldsymbol{e}' \in \mathcal{E}\}$ und zeige folgende Äquivalenzen:

$$\begin{aligned} & \Gamma \text{ korrigiert alle Fehlermuster in } \mathcal{E} \\ \iff & \Gamma \text{ erkennt alle Fehlermuster in } \Delta\mathcal{E} \\ \iff & \Gamma \cap \Delta\mathcal{E} = \{\boldsymbol{0}\}. \end{aligned}$$

Zeige

$$\Delta K_t(\boldsymbol{a}) = K_{2t}(\boldsymbol{0}).$$

Zeige folgende Verallgemeinerung der Hamming-Schranke: Wenn Γ alle Fehlermuster aus $\mathcal{E}$ korrigiert, dann folgt daraus

$$H_q(\mathcal{E}) = \frac{1}{n} \log_q |\mathcal{E}| \leq 1 - R. \tag{3.9.6}$$

Für den BSC mit der Bit-Fehlerwahrscheinlichkeit p_e gilt asymptotisch für $n \to \infty$ (H_2 bezeichnet die binäre Entropiefunktion gemäß (A.2.3)):

$$H_q(\mathcal{E}) = H_2\left(\frac{d_{\min}}{2n}\right) = 1 - R. \tag{3.9.7}$$

4. Blockcodes in Matrixbeschreibung

Das Prinzip der ML-Decodierung, die informationstheoretischen Grenzen und die prinzipielle Leistungsfähigkeit von Blockcodes sowie die Berechnung der Fehlerwahrscheinlichkeit bei codierter Übertragung konnten in den vorangehenden Kapiteln allein mit der aufzählenden Beschreibung eines Blockcodes dargestellt werden.

Für eine vernünftige Definition von Codes großer Blocklänge und für die rechentechnisch günstige Verarbeitung in Encoder und Decoder ist jedoch eine kompakte Beschreibung mit Matrizen erforderlich, die zusammen mit einigen weiteren wichtigen Konzepten wie beispielsweise dem dualen Code und der Syndrom-Decodierung Thema dieses Kapitels ist.

Wirklich leistungsfähige und praktisch relevante Codierungsverfahren ergeben sich allerdings erst durch Aufprägung einer weiteren Struktur neben der Linearität. Die so entstehenden zyklischen Codes und ihre Beschreibung durch Polynome werden im nächsten Kapitel dargestellt.

4.1 Generatormatrix

Vorausgesetzt wird ein linearer $(n,k)_q$-Code Γ. Nach Definition 3.3 ist die Codemenge Γ ein Vektorraum mit q^k Wörtern bzw. Vektoren. Γ kann auch als Untervektorraum des Vektorraums $\mathbb{F}_q^n$ aller q^n möglichen Wörter aufgefaßt werden. Für die Grundbegriffe zu Vektorräumen wird auf Abschnitt A.5 verwiesen. Insbesondere ist jede *Linearkombination* von Codewörtern wieder ein Codewort, d.h.

$$\boldsymbol{a}_1,\dots,\boldsymbol{a}_l \in \Gamma, \quad \alpha_1,\dots,\alpha_l \in \mathbb{F}_q \quad \Longrightarrow \quad \sum_{i=1}^{l} \alpha_i \boldsymbol{a}_i \in \Gamma.$$

Die maximale Anzahl der linear unabhängigen Wörter entspricht der *Dimension* des Vektorraums bzw. des Codes und wird als $\mathrm{Dim}(\Gamma)$ geschrieben. Klar ist $\mathrm{Dim}(\Gamma) \leq n$ und weiter gilt sogar $\mathrm{Dim}(\Gamma) = k$, da ein Vektorraum der Dimension k über $\mathbb{F}_q$ genau q^k Wörter enthält. Jede Auswahl von $\mathrm{Dim}(\Gamma)$ linear unabhängigen Wörtern bildet eine *Basis* für den Code.

Mit $\mathbb{F}_q^n$ werden die Wörter bzw. Vektoren der Länge n mit Elementen aus $\mathbb{F}_q$ bezeichnet. Entsprechend steht $\mathbb{F}_q^{k,n}$ für die Menge der (k,n)-dimensionalen Matrizen mit Elementen aus $\mathbb{F}_q$.

Definition 4.1. *Eine Matrix* $\boldsymbol{G} \in \mathbb{F}_q^{k,n}$ *heißt* Generatormatrix *für den linearen* $(n,k)_q$*-Code* Γ*, wenn gilt:*

$$\Gamma = \left\{ \boldsymbol{u}\boldsymbol{G} \;\middle|\; \boldsymbol{u} \in \mathbb{F}_q^k \right\}. \tag{4.1.1}$$

Die Generatormatrix erzeugt den Code und liefert gleichzeitig eine Encodiervorschrift, indem die Codewörter in folgender Form erzeugt werden:

$$\begin{aligned}(a_0,\dots,a_{n-1}) &= (u_0,\dots,u_{k-1})\cdot\begin{pmatrix} g_{0,0} & \cdots & g_{0,n-1} \\ \vdots & & \vdots \\ g_{k-1,0} & \cdots & g_{k-1,n-1}\end{pmatrix} \\ &= \big(u_0 g_{0,0} + \cdots + u_{k-1} g_{k-1,0}, \dots, u_0 g_{0,n-1} + \cdots + u_{k-1} g_{k-1,n-1}\big) \\ &= u_0(g_{0,0},\dots,g_{0,n-1}) + \cdots + u_{k-1}(g_{k-1,0},\dots,g_{k-1,n-1}).\end{aligned}$$

Die Zeilen der Generatormatrix sollen linear unabhängig sein und bilden deshalb eine Basis für Γ *mit* $\mathrm{Dim}(\Gamma) = k$*.*

Die Zeilen der Generatormatrix sind offensichtlich Codewörter zu den Einheitsvektoren als Infowörter. Jeder von einer Generatormatrix erzeugte Code ist linear, denn aus $\boldsymbol{a}_i = \boldsymbol{u}_i \boldsymbol{G}$ folgt:

$$\sum_{i=1}^{l} \alpha_i \boldsymbol{a}_i = \sum_{i=1}^{l} \alpha_i \big(\boldsymbol{u}_i \boldsymbol{G}\big) = \underbrace{\Big(\sum_{i=1}^{l} \alpha_i \boldsymbol{u}_i\Big)}_{\boldsymbol{u}} \cdot \boldsymbol{G} = \boldsymbol{u} \cdot \boldsymbol{G}.$$

Der Zeilenrang (Spaltenrang) einer Matrix ist die Anzahl der linear unabhängigen Zeilen (Spalten) bzw. die Dimension des davon erzeugten Vektorraums. Zeilenrang und Spaltenrang stimmen überein und werden deshalb kurz *Rang* genannt. Wegen $n > k$ sind die Spalten der Generatormatrix natürlich linear abhängig.

Beispiel 4.1. Betrachte den $(7,4)_2$-Hamming-Code mit der aufzählenden Beschreibung von Γ gemäß Beispiel 1.2. Eine passende Generatormatrix ist

$$\boldsymbol{G} = \begin{pmatrix} 1\,0\,0\,0 & 0\,1\,1 \\ 0\,1\,0\,0 & 1\,0\,1 \\ 0\,0\,1\,0 & 1\,1\,0 \\ 0\,0\,0\,1 & 1\,1\,1 \end{pmatrix}$$

mit dem systematischen Encoder

$$(u_0,u_1,u_2,u_3) \mapsto (u_0,u_1,u_2,u_3,u_1+u_2+u_3,u_0+u_2+u_3,u_0+u_1+u_3).$$

Zahlenbeispiel:

$$(1,1,0,1) \mapsto (1,1,0,1,0+1+1,1+0+1,1+1+1) = (1,1,0,1,0,0,1).$$

Die maximale Anzahl der linear unabhängigen Zeilen ist 4, wie aus den ersten vier Komponenten ersichtlich ist (die restlichen drei Komponenten spielen für die Dimension keine Rolle, sondern nur für die Minimaldistanz). Auch die maximale Anzahl der linear unabhängigen Spalten ist 4, da die ersten vier Spalten offensichtlich linear unabhängig sind und die restlichen drei Spalten Linearkombinationen der ersten vier Spalten sind. Die Zeilen der Generatormatrix bilden eine Basis für den Code, d.h. 1000011, 0100101, 0010110, 0001111 sind vier linear unabhängige Codewörter. □

Satz 4.1 (Elementare Zeilenoperationen). *Es sei G eine Generatormatrix für den $(n,k)_q$-Code Γ. Dann sind in G die folgenden sogenannten* elementaren Zeilenoperationen *erlaubt, ohne daß sich der Code dadurch ändert:*

(1) Vertauschung zweier Zeilen.
(2) Multiplikation einer Zeile mit einem Skalar ungleich Null.
(3) Addition einer mit einem Skalar multiplizierten Zeile zu einer anderen Zeile.

Also erzeugen die vier folgenden Generatormatrizen jeweils den gleichen Code:

$$\begin{pmatrix} \vdots \\ \boldsymbol{g}_i \\ \vdots \\ \boldsymbol{g}_j \\ \vdots \end{pmatrix} \quad \begin{pmatrix} \vdots \\ \boldsymbol{g}_j \\ \vdots \\ \boldsymbol{g}_i \\ \vdots \end{pmatrix} \quad \begin{pmatrix} \vdots \\ \alpha\boldsymbol{g}_i \\ \vdots \\ \boldsymbol{g}_j \\ \vdots \end{pmatrix} \quad \begin{pmatrix} \vdots \\ \boldsymbol{g}_i \\ \vdots \\ \boldsymbol{g}_j + \alpha\boldsymbol{g}_i \\ \vdots \end{pmatrix}. \tag{4.1.2}$$

Mit diesen elementaren Zeilenoperationen (sowie eventuell zusätzlicher Spaltenvertauschungen) kann G überführt werden in die sogenannte Zeilennormalform *(Gaußsche Normalform, kanonische Staffelform, row echelon form):*

$$\boldsymbol{G} = \left(\boldsymbol{E}_k \,\middle|\, \boldsymbol{P} \right). \tag{4.1.3}$$

Dabei ist $\boldsymbol{E}_k \in \mathbb{F}_q^{k,k}$ eine Einheitsmatrix und $\boldsymbol{P} \in \mathbb{F}_q^{k,n-k}$.

Die Zeilennormalform entspricht einem systematischen Encoder, der also immer erreicht werden kann. Falls zum Erreichen der Form (4.1.3) Spaltenvertauschungen erforderlich sind, ändert sich damit die Codemenge und die Codes sind nicht mehr identisch, sondern nur noch äquivalent (siehe Definition 1.6). Die Distanzeigenschaften und die Gewichtsverteilung äquivalenter Codes sind aber identisch.

Der Beweis dieses Satzes erfolgt genau wie in der linearen Algebra für reelle Zahlen. Wenn G nicht den maximalen Rang k hätte, dann würde durch die elementaren Zeilenoperationen eine Nullzeile entstehen mit der Konsequenz $|\Gamma| \leq q^{k-1}$, was aber der Definition der Encodierung widerspricht.

Beispiel 4.2. Betrachte wieder den $(7,4)_2$-Hamming-Code. Nach den Beispielen 4.1 oder 1.2 sind 1111111, 1011010, 0110011, 1110000 jeweils Codewörter. Wenn diese Codewörter linear unabhängig sind (was per Augenschein nicht sofort entscheidbar ist), dann bilden diese Wörter ebenfalls eine Basis und die damit gebildete Generatormatrix $\boldsymbol{G}_1$ muß einen identischen Code erzeugen:

$$\boldsymbol{G}_1 = \begin{pmatrix} 1\,1\,1\,1\,1\,1\,1 \\ 1\,0\,1\,1\,0\,1\,0 \\ 0\,1\,1\,0\,0\,1\,1 \\ 1\,1\,1\,0\,0\,0\,0 \end{pmatrix}.$$

Durch die elementaren Zeilenoperationen wird nun versucht, $\boldsymbol{G}_1$ in $\boldsymbol{G}$ aus Beispiel 4.1 zu überführen: Addiere Zeile 1 zu Zeile 2 und zu Zeile 4:

$$\boldsymbol{G}_2 = \begin{pmatrix} 1\,1\,1\,1\,1\,1\,1 \\ 0\,1\,0\,0\,1\,0\,1 \\ 0\,1\,1\,0\,0\,1\,1 \\ 0\,0\,0\,1\,1\,1\,1 \end{pmatrix}.$$

Addiere Zeile 2 zu Zeile 1 und zu Zeile 3:

$$\boldsymbol{G}_3 = \begin{pmatrix} 1\,0\,1\,1\,0\,1\,0 \\ 0\,1\,0\,0\,1\,0\,1 \\ 0\,0\,1\,0\,1\,1\,0 \\ 0\,0\,0\,1\,1\,1\,1 \end{pmatrix}.$$

Addiere Zeile 3 zu Zeile 1:

$$\boldsymbol{G}_4 = \begin{pmatrix} 1\,0\,0\,1\,1\,0\,0 \\ 0\,1\,0\,0\,1\,0\,1 \\ 0\,0\,1\,0\,1\,1\,0 \\ 0\,0\,0\,1\,1\,1\,1 \end{pmatrix}.$$

Addiere Zeile 4 zu Zeile 1:

$$\boldsymbol{G}_5 = \begin{pmatrix} 1\,0\,0\,0\,0\,1\,1 \\ 0\,1\,0\,0\,1\,0\,1 \\ 0\,0\,1\,0\,1\,1\,0 \\ 0\,0\,0\,1\,1\,1\,1 \end{pmatrix}.$$

Dies ist wieder die originale Generatormatrix aus Beispiel 4.1. □

Offensichtlich ist die Minimaldistanz kleiner oder gleich dem minimalen Hamminggewicht aller Zeilen der Generatormatrix, da die Zeilen Codewörter sind. Das folgende Beispiel zeigt aber, daß $d_{\min}$ auch echt kleiner als das minimale Zeilengewicht sein kann:

$$\boldsymbol{G} = \begin{pmatrix} 1\,1\,1\,0 \\ 0\,1\,1\,1 \end{pmatrix} \quad \text{erzeugt} \quad \mathit{\Gamma} = \{0000, 1110, 0111, 1001\}.$$

4.2 Prüfmatrix

Ein Code kann nicht nur über die Generatormatrix $\boldsymbol{G}$ definiert werden, sondern auch über die nachfolgend erklärte Prüfmatrix $\boldsymbol{H}$. Eine mögliche Prüfmatrix und eine mögliche Generatormatrix können jeweils auseinander hergeleitet werden. Ferner wird über die Prüfmatrix in Abschnitt 4.6 das zentrale Konzept des Syndroms eingeführt.

Definition 4.2. *Eine Matrix $\boldsymbol{H} \in \mathbb{F}_q^{n-k,n}$ heißt* Prüfmatrix *(Parity Check Matrix) für den linearen $(n,k)_q$-Code Γ, wenn gilt:*

$$\Gamma = \left\{ \boldsymbol{a} \in \mathbb{F}_q^n \;\middle|\; \boldsymbol{a}\boldsymbol{H}^T = \boldsymbol{0} \right\}. \tag{4.2.1}$$

Dabei hat das Nullwort die Länge $n-k$. Für die Codewörter $\boldsymbol{a} \in \Gamma$ gilt also $\boldsymbol{a}\boldsymbol{H}^T = \boldsymbol{0}$ und für alle anderen Wörter $\boldsymbol{a} \notin \Gamma$ gilt $\boldsymbol{a}\boldsymbol{H}^T \neq \boldsymbol{0}$. Γ heißt auch Nullraum *von $\boldsymbol{H}$ bzw.* Zeilenraum *von $\boldsymbol{G}$.*

Wie die Generatormatrix wird auch die Prüfmatrix durch den Code keinesfalls eindeutig bestimmt:

Satz 4.2. *Die Prüfmatrix $\boldsymbol{H}$ hat den maximal möglichen Rang $n-k$ und es sind die elementaren Zeilenoperationen für $\boldsymbol{H}$ erlaubt - aber nicht für $\boldsymbol{H}^T$!*

Beweis in Kurzform: Wenn der Rang von $\boldsymbol{H}$ kleiner als $n-k$ wäre, könnte durch die elementaren Zeilenoperationen eine Nullzeile erzeugt werden, was einer Nullspalte in $\boldsymbol{H}^T$ entspricht. Der Nullraum von $\boldsymbol{H}$ hätte dann mindestens die Dimension $k+1$ und wäre dann größer als die Dimension k des Codes. Dann wäre $\boldsymbol{H}$ keine Prüfmatrix im Sinne von Definition 4.2, so daß sich die Annahme als falsch erweist. Folglich ist $n-k$ der Rang von $\boldsymbol{H}$. □

Satz 4.3. *Der lineare $(n,k)_q$-Code Γ werde erzeugt durch die Generatormatrix $\boldsymbol{G} \in \mathbb{F}_q^{k,n}$. Dann gilt:*

(1) Die Matrix $\boldsymbol{H} \in \mathbb{F}_q^{n-k,n}$ ist eine Prüfmatrix für Γ genau dann, wenn gilt:

$$\boldsymbol{H} \neq \boldsymbol{0} \quad \text{und} \quad \boldsymbol{G}\boldsymbol{H}^T = \boldsymbol{0}. \tag{4.2.2}$$

(2) Wenn $\boldsymbol{G} = \left(\boldsymbol{E}_k \;\middle|\; \boldsymbol{P} \right)$ eine systematische Generatormatrix mit der Einheitsmatrix $\boldsymbol{E}_k \in \mathbb{F}_q^{k,k}$ und der Matrix $\boldsymbol{P} \in \mathbb{F}_q^{k,n-k}$ ist, dann wird eine Prüfmatrix gegeben durch

$$\boldsymbol{H} = \left(-\boldsymbol{P}^T \;\middle|\; \boldsymbol{E}_{n-k} \right). \tag{4.2.3}$$

Beweis: (1 „⇒“): $\boldsymbol{H}$ sei Prüfmatrix. Klar ist $\boldsymbol{H} \neq \boldsymbol{0}$, denn sonst würde $\boldsymbol{H}$ jedes Wort als Codewort einstufen. Für jedes Codewort $\boldsymbol{a} = \boldsymbol{u}\boldsymbol{G}$ gilt:

$$\boldsymbol{0} = \boldsymbol{a}\boldsymbol{H}^T = (\boldsymbol{u}\boldsymbol{G})\boldsymbol{H}^T = \boldsymbol{u}(\boldsymbol{G}\boldsymbol{H}^T).$$

Dies gilt für jeden Vektor $\boldsymbol{u}$ und somit muß $\boldsymbol{GH}^T = \boldsymbol{0}$ sein.

(1 „$\Leftarrow$"): Sei $\boldsymbol{GH} = \boldsymbol{0}$ und sei $\boldsymbol{a} = \boldsymbol{uG}$ ein Codewort. Dann gilt

$$\boldsymbol{aH}^T = (\boldsymbol{uG})\boldsymbol{H}^T = \boldsymbol{u}(\boldsymbol{GH}^T) = \boldsymbol{u0} = \boldsymbol{0}$$

und somit ist $\boldsymbol{H}$ eine Prüfmatrix.

(2) Sei $\boldsymbol{G} = \left(\boldsymbol{E}_k \mid \boldsymbol{P}\right)$ und $\boldsymbol{H} = \left(-\boldsymbol{P}^T \mid \boldsymbol{E}_{n-k}\right)$. Dann gilt

$$\boldsymbol{GH}^T = \left(\boldsymbol{E}_k \mid \boldsymbol{P}\right) \cdot \begin{pmatrix} -\boldsymbol{P} \\ \boldsymbol{E}_{n-k} \end{pmatrix} = -\boldsymbol{E}_k \cdot \boldsymbol{P} + \boldsymbol{P} \cdot \boldsymbol{E}_{n-k} = \boldsymbol{0}.$$

Hierbei ist $\boldsymbol{0} \in \mathbb{F}_q^{k,n-k}$. Nach (1) ist $\boldsymbol{H}$ eine Prüfmatrix. □

Beispiel 4.3. (1) Für den $(7,4)_2$-Hamming-Code ist $\boldsymbol{G}$ aus Beispiel 4.1 bekannt und $\boldsymbol{H}$ wird gemäß (4.2.3) gebildet:

$$\boldsymbol{G} = \begin{pmatrix} 1\,0\,0\,0 & 0\,1\,1 \\ 0\,1\,0\,0 & 1\,0\,1 \\ 0\,0\,1\,0 & 1\,1\,0 \\ 0\,0\,0\,1 & 1\,1\,1 \end{pmatrix} \quad , \quad \boldsymbol{H} = \begin{pmatrix} 0\,1\,1\,1 & 1\,0\,0 \\ 1\,0\,1\,1 & 0\,1\,0 \\ 1\,1\,0\,1 & 0\,0\,1 \end{pmatrix}.$$

(2) Für den $(n,1)_2$-Wiederholungscode ergibt sich $\boldsymbol{G}$ direkt und daraus folgt $\boldsymbol{H}$:

$$\boldsymbol{G} = \begin{pmatrix} 1 & 1 & 1 & \ldots & 1 & 1 \end{pmatrix} \quad , \quad \boldsymbol{H} = \begin{pmatrix} 1 & 1 & & & \\ 1 & & 1 & & \\ \vdots & & & \ddots & \\ 1 & & & & 1 & \\ 1 & & & & & 1 \end{pmatrix}.$$

(3) Für den $(n, n-1)_2$-Parity Check Code ergibt sich $\boldsymbol{H}$ direkt und daraus folgt $\boldsymbol{G}$:

$$\boldsymbol{G} = \begin{pmatrix} 1 & 1 & & & \\ 1 & & 1 & & \\ \vdots & & & \ddots & \\ 1 & & & & 1 & \\ 1 & & & & & 1 \end{pmatrix} \quad , \quad \boldsymbol{H} = \begin{pmatrix} 1 & 1 & 1 & \ldots & 1 & 1 \end{pmatrix}.$$

Mit $\boldsymbol{G}$ wird eine Encodierung bewirkt, bei der das Prüfbit vorangestellt ist. Aus dem Code selbst ist die Encodierung nicht ablesbar (siehe dazu auch Beispiel 1.1). □

Eine einfache Berechnung der Minimaldistanz aus der Generatormatrix ist wie erwähnt nicht möglich. Jedoch gilt folgender Zusammenhang, der bereits beim Beweis der Gilbert-Varshamov-Schranke aus Satz 3.12 angewendet wurde:

Satz 4.4. *Es sei* $\boldsymbol{H} \in \mathbb{F}_q^{n-k,n}$ *eine Prüfmatrix für den* $(n,k,d_{\min})_q$*-Code* Γ. *Dann ist die Minimaldistanz* $d_{\min}$ *die minimale Anzahl der linear abhängigen Spalten in* $\boldsymbol{H}$, *d.h.:*

Jede Auswahl von $d_{\min}-1$ *Spalten ist linear unabhängig und es gibt mindestens eine Auswahl von* $d_{\min}$ *linear abhängigen Spalten.*

Beweis: Mit $\boldsymbol{h}_0,\ldots,\boldsymbol{h}_{n-1}$ werden die Spalten von $\boldsymbol{H}$ bezeichnet.

(1) Zu zeigen ist, daß es keine Auswahl von $d_{\min}-1$ linear abhängigen Spalten in $\boldsymbol{H}$ gibt. Gegenannahme: Es gibt eine Auswahl $\boldsymbol{h}_{i_1},\ldots,\boldsymbol{h}_{i_{d_{\min}-1}}$ von $d_{\min}-1$ linear abhängigen Spalten. Somit existiert ein Wort $\boldsymbol{y}=(y_0,\ldots,y_{n-1})$ mit $w_H(\boldsymbol{y}) \le d_{\min}-1$ und $\boldsymbol{0} = \sum\limits_{j=1}^{d_{\min}-1} y_{i_j}\boldsymbol{h}_{i_j} = \sum\limits_{\nu=0}^{n-1} y_\nu \boldsymbol{h}_\nu = \boldsymbol{y}\boldsymbol{H}^T$. Also ist $\boldsymbol{y}$ ein Codewort, was der Definition der Minimaldistanz widerspricht. Folglich war die Gegenannahme falsch.

(2) Zu zeigen ist, daß es eine Auswahl von $d_{\min}$ linear abhängigen Spalten in $\boldsymbol{H}$ gibt. Es existiert ein Codewort $\boldsymbol{a}=(a_0,\ldots,a_{n-1})$ mit $w_H(\boldsymbol{a}) = d_{\min}$. Wegen $\boldsymbol{0} = \boldsymbol{a}\boldsymbol{H}^T = \sum\limits_{\nu=0}^{n-1} a_\nu h_\nu$ bestimmen diejenigen $d_{\min}$ Indizes ν mit $a_\nu \neq 0$ eine Auswahl von $d_{\min}$ linear abhängigen Spalten in $\boldsymbol{H}$. □

Aus diesem Satz ergibt sich übrigens direkt die Singleton-Schranke aus Satz 3.7: Da die Spalten der Prüfmatrix die Länge $n-k$ haben, kann es maximal $n-k$ linear unabhängige Spalten geben. Also folgt $d_{\min}-1 \le n-k$.

Beispiel 4.4. Betrachte die Prüfmatrix des $(7,4)_2$-Hamming-Codes aus Beispiel 4.3(1): Keine Spalte ist ein Vielfaches einer anderen Spalte und somit sind je zwei Spalten linear unabhängig. Da die erste Spalte die Summe der letzten beiden Spalten ist, gibt es drei linear abhängige Spalten in $\boldsymbol{H}$ und somit folgt $d_{\min}=3$. (Der Spaltenrang und der Rang von $\boldsymbol{H}$ ist jedoch 3, da es auch drei linear unabhängige Spalten gibt.) □

Mit der systematischen Form der Generatormatrix kann definiert werden, was sinnvollerweise unter einem linearen Zufallscode zu verstehen ist. Die im nächsten Satz berechnete mittlere Gewichtsverteilung wurde bereits in Abschnitt 3.5 zitiert und der Gewichtsverteilung allgemeiner Zufallscodes gegenübergestellt. Der nur an der Standard-Theorie interessierte Leser kann diesen Satz jedoch folgenlos übergehen.

Satz 4.5 (Lineare Zufallscodes). *In der Matrix* $\boldsymbol{P} \in \mathbb{F}_2^{k,n-k}$ *werden alle* $k(n-k)$ *Koeffizienten statistisch unabhängig voneinander mit gleichmäßiger Verteilung gewählt. Mit der Generatormatrix* $\boldsymbol{G} = \left(\boldsymbol{E}_k \middle| \boldsymbol{P}\right)$ *wird ein linearer*

$(n,k)_2$-Zufallscode erzeugt, für dessen Gewichtsverteilung im Mittel gilt:

$$E(A_r) = \left\{ \begin{array}{ll} 1 & r = 0 \\ 2^{k-n}\left[\binom{n}{r} - \binom{n-k}{r}\right] & 1 \le r \le n-k \\ 2^{k-n}\binom{n}{r} & n-k < r \le n \end{array} \right\}.$$

Die mittlere Gewichtsverteilung ist also näherungsweise binomial.

Beweis (folgt teilweise einer Idee aus [124]): Mit der binomischen Formel (A.2.2) kann zunächst die Eigenschaft (3.5.6) verifiziert werden, die hier von der Form $\sum_{r=0}^{n} E(A_r) = 2^k$ ist. Jede der $2^{k(n-k)}$ möglichen Matrizen $\boldsymbol{P}$ wird nach Voraussetzung mit der gleichen Wahrscheinlichkeit $2^{-k(n-k)}$ gewählt. Die Codewörter werden in der Form $\boldsymbol{a} = \boldsymbol{u}\boldsymbol{G} = (\boldsymbol{u}, \boldsymbol{u}\boldsymbol{P})$ geschrieben.

Von den 2^k möglichen Infowörtern führt nur das Nullwort zu $w_H(\boldsymbol{a}) = 0$ und somit ist stets $A_0 = 1$. Damit folgt $E(A_0) = 1$.

Die Anzahl aller möglichen Wörter vom Gewicht r beträgt $\binom{n}{r}$ und die Anzahl aller möglichen Wörter $(\boldsymbol{u}, \boldsymbol{p})$ mit $\boldsymbol{u} = \boldsymbol{0}$ vom Gewicht r beträgt $\binom{n-k}{r}$. Folglich beträgt die Anzahl aller Wörter $(\boldsymbol{u}, \boldsymbol{p})$ mit $\boldsymbol{u} \neq \boldsymbol{0}$ vom Gewicht r genau $\binom{n}{r} - \binom{n-k}{r} = B_r$. Also ist B_r die Anzahl aller Wörter aus $\mathbb{F}_2^n$ vom Gewicht r, bei denen die ersten k Komponenten nicht identisch Null sind.

Sei nun $r > 0$: Die Wahrscheinlichkeit, daß $(\boldsymbol{u}, \boldsymbol{p})$ mit $\boldsymbol{u} \neq \boldsymbol{0}$ bei zufälliger Wahl von $\boldsymbol{P}$ ein Codewort ist, beträgt

$$\begin{aligned} P(\,(\boldsymbol{u},\boldsymbol{p}) \in \Gamma \mid \boldsymbol{u} \neq \boldsymbol{0}) &= \frac{\text{Anzahl der } \boldsymbol{P} \text{ mit } \boldsymbol{p} = \boldsymbol{u}\boldsymbol{P} \text{ bei } \boldsymbol{u} \neq \boldsymbol{0}}{\text{Anzahl aller } \boldsymbol{P}} \\ &= \frac{2^{(k-1)(n\ k)}}{2^{k(n-k)}} = 2^{-(n-k)}, \end{aligned}$$

denn bei $\boldsymbol{u} \neq \boldsymbol{0}$ ist $\boldsymbol{p} = \boldsymbol{u}\boldsymbol{P}$ ein Gleichungssystem mit $n-k$ Gleichungen und $k(n-k)$ Unbekannten, dessen Lösungsraum $k(n-k)-(n-k) = (k-1)(n-k)$-dimensional ist. Somit ist $2^{(k-1)(n-k)}$ die Anzahl der $\boldsymbol{P}$ mit $\boldsymbol{p} = \boldsymbol{u}\boldsymbol{P}$. Schließlich gilt für $r > 0$

$$E(A_r) = \sum_{\substack{(\boldsymbol{u},\boldsymbol{p}) \in \mathbb{F}_2^n \\ w_H((\boldsymbol{u},\boldsymbol{p}))=r}} P(\,(\boldsymbol{u},\boldsymbol{p}) \in \Gamma) = B_r \cdot 2^{-(n-k)}$$

und daraus ergibt sich die Formel für $E(A_r)$. □

4.3 Duale Codes und MacWilliams-Identität

Das Beispiel 4.3(2,3) hat gezeigt, daß der Wiederholungscode und der Parity Check Code durch Vertauschung von $\boldsymbol{G}$ und $\boldsymbol{H}$ jeweils ineinander übergehen. In Verallgemeinerung dieses Prinzips ergibt sich durch Vertauschung von Generatormatrix und Prüfmatrix aus dem Code Γ der nachfolgend definierte duale Code $\Gamma^\perp$:

Definition 4.3. *Zum $(n,k)_q$-Code Γ gehöre die Generatormatrix $\boldsymbol{G} \in \mathbb{F}_q^{k,n}$ und die Prüfmatrix $\boldsymbol{H} \in \mathbb{F}_q^{n-k,n}$:*

Durch $\boldsymbol{H}$ als Generatormatrix bzw. $\boldsymbol{G}$ als Prüfmatrix wird ein $(n,n-k)_q$-Code erzeugt, der als dualer Code *$\Gamma^\perp$ bezeichnet wird.*

Für beliebige $\boldsymbol{a} = \boldsymbol{uG} \in \Gamma$ und $\boldsymbol{b} = \boldsymbol{vH} \in \Gamma^\perp$ ist das Skalarprodukt Null, denn es gilt $\boldsymbol{ab}^T = \boldsymbol{uGH}^T\boldsymbol{v}^T = \boldsymbol{u0v}^T = 0$. Diese Orthogonalität wird auch als $\boldsymbol{a}\perp\boldsymbol{b}$ bzw. $\Gamma\perp\Gamma^\perp$ geschrieben. Anstelle von dualen Codes könnte man auch von zueinander orthogonalen Codes sprechen.

Satz 4.6. *Für den dualen Code gelten die Darstellungen:*

$$\begin{aligned} \Gamma^\perp &= \left\{ \boldsymbol{b} \in \mathbb{F}_q^n \;\middle|\; \boldsymbol{b}\perp\boldsymbol{a} \text{ für alle } \boldsymbol{a} \in \Gamma \right\} \qquad (4.3.1) \\ &= \left\{ (b_0,\ldots,b_{n-1}) \;\middle|\; \sum_{i=0}^{n-1} b_i a_i = 0 \text{ für alle } (a_0,\ldots,a_{n-1}) \in \Gamma \right\}. \end{aligned}$$

Ferner gilt $\Gamma^{\perp\perp} = \Gamma$ und $\mathrm{Dim}(\Gamma^\perp) = n - \mathrm{Dim}(\Gamma)$.

Beweis: Aus $\mathrm{Rang}(\boldsymbol{G}) = k$ und $\mathrm{Rang}(\boldsymbol{H}) = n-k$ folgt die Aussage zur Dimension. Nach Definition des dualen Codes ist $\Gamma^{\perp\perp} = \Gamma$ klar.

Die rechts stehende Menge in (4.3.1) wird mit Γ' bezeichnet. Da $\boldsymbol{b} \in \Gamma^\perp$ zu allen $\boldsymbol{a} \in \Gamma$ orthogonal ist, folgt $\boldsymbol{b} \in \Gamma'$ bzw. $\Gamma^\perp \subseteq \Gamma'$. Sei nun umgekehrt $\boldsymbol{b} \in \Gamma'$, d.h. $\boldsymbol{b}$ ist orthogonal zu allen $\boldsymbol{a} = \boldsymbol{uG} \in \Gamma$: Dann gilt offensichtlich $0 = \boldsymbol{ba}^T = \boldsymbol{bG}^T\boldsymbol{u}^T$ für alle $\boldsymbol{u}$ und somit folgt $\boldsymbol{bG}^T = \boldsymbol{0}$. Da $\boldsymbol{G}$ Prüfmatrix für $\Gamma^\perp$ ist, folgt also $\boldsymbol{b} \in \Gamma^\perp$ bzw. $\Gamma' \subseteq \Gamma^\perp$. Insgesamt gilt also $\Gamma^\perp = \Gamma'$. □

Beispiel 4.5. **(1)** Aufgrund von Beispiel 4.3(2,3) sind der $(n,1)_2$-Wiederholungscode und der $(n,n-1)_2$-Parity Check Code dual zueinander.

(2) Dual zum $(7,4)_2$-Hamming-Code Γ ist der durch $\boldsymbol{H}$ aus Beispiel 4.3(1) generierte $(7,3)_2$-Code

$$\begin{aligned} \Gamma^\perp = \{ & 0000\,000, && 0111\,100, \\ & 1101\,001, && 1010\,101, \\ & 1011\,010, && 1100\,110, \\ & 0110\,011, && 0001\,111 \}. \end{aligned}$$

Offensichtlich sind die 16 Wörter aus Γ und die 8 Wörter aus $\Gamma^\perp$ jeweils orthogonal zueinander. □

Satz 4.7. *Der duale Code zu einem MDS-Code ist wieder ein MDS-Code und es gilt* $d_{\min} + d_{\min}^{\perp} = n + 2$.

Beweis: Sei Γ ein $(n, k, d_{\min} = n - k + 1)_q$-MDS-Code mit der Generatormatrix $\boldsymbol{G}$. Nach Satz 3.8 ist durch jede Auswahl von k Codesymbolen das Codewort eindeutig bestimmt. Somit ist jede Auswahl von k Spalten aus $\boldsymbol{G}$ linear unabhängig. Da $\boldsymbol{G}$ Prüfmatrix für den dualen $(n, n-k, d_{\min}^{\perp})_q$-Code $\Gamma^{\perp}$ ist, folgt $d_{\min}^{\perp} \geq k + 1$. Die Anwendung der Singleton-Schranke aus Satz 3.7 auf $\Gamma^{\perp}$ ergibt $d_{\min}^{\perp} \leq n - (n - k) + 1 = k + 1$. Insgesamt folgt also $d_{\min}^{\perp} = k + 1$ und damit ist $\Gamma^{\perp}$ ein MDS-Code. □

Oftmals ist die Gewichtsverteilung eines Codes schwierig zu berechnen, während die Gewichtsverteilung des dualen Codes einfach zu berechnen ist. Beide Gewichtsverteilungen hängen wie folgt zusammen:

Satz 4.8 (MacWilliams-Identität). *Es sei* $A(Z)$ *die Gewichtsfunktion des* $(n, k)_q$*-Codes* Γ *und* $A^{\perp}(Z)$ *die Gewichtsfunktion des dualen* $(n, n-k)_q$*-Codes* $\Gamma^{\perp}$. *Dann gilt*

$$A^{\perp}(Z) = q^{-k}\Big(1 + (q-1)Z\Big)^n \cdot A\left(\frac{1-Z}{1+(q-1)Z}\right) \tag{4.3.2}$$

bzw. in der Formulierung mit der Gewichtsfunktion W:

$$W^{\perp}(X, Y) = q^{-k} \cdot W(X + (q-1)Y, X - Y). \tag{4.3.3}$$

Speziell für $q = 2$ *vereinfacht sich das zu:*

$$A^{\perp}(Z) = 2^{-k}(1+Z)^n \cdot A\left(\frac{1-Z}{1+Z}\right), \tag{4.3.4}$$

$$W^{\perp}(X, Y) = 2^{-k} \cdot W(X + Y, X - Y). \tag{4.3.5}$$

Umgekehrt gilt natürlich:

$$A(Z) = 2^{-(n-k)}(1+Z)^n \cdot A^{\perp}\left(\frac{1-Z}{1+Z}\right), \tag{4.3.6}$$

$$W(X, Y) = 2^{-(n-k)} \cdot W^{\perp}(X + Y, X - Y). \tag{4.3.7}$$

Für den einigermaßen aufwendigen Beweis siehe beispielsweise [12, 44, 53, 54, 62, 71, 115]. Die A-Formulierung und die W-Formulierung können sehr einfach auseinander abgeleitet werden. Entsprechend $\Gamma^{\perp\perp} = \Gamma$ gilt:

$$\begin{aligned}
W^{\perp\perp}(X, Y) &= q^{-(n-k)} \cdot W^{\perp}(\underbrace{X + (q-1)Y}_{=X'}, \underbrace{X - Y}_{=Y'}) \\
&= q^{-(n-k)} \cdot q^{-k} \cdot W(X' + (q-1)Y', X' - Y') \\
&= q^{-n} \cdot W(X + (q-1)Y + (q-1)(X - Y), X + (q-1)Y - (X - Y)) \\
&= q^{-n} \cdot W(qX, qY) \\
&= W(X, Y).
\end{aligned}$$

Beispiel 4.6. MacWilliams-Identität für den $(n,1)_2$-Wiederholungscode Γ und den dazu dualen $(n,n-1)_2$-Parity Check Code $\Gamma^\perp$: Der Wiederholungscode hat die Gewichtsfunktion $A(Z) = 1 + Z^n$ und daraus folgt für den Parity Check Code:

$$\begin{aligned} A^\perp(Z) &= 2^{-1}(1+Z)^n \left(1 + \left(\frac{1-Z}{1+Z}\right)^n\right) \\ &= \frac{1}{2}\Big((1+Z)^n + (1-Z)^n\Big) \\ &= \sum_{r=0}^{n} \binom{n}{r} \frac{Z^r + (-Z)^r}{2} \\ &= \sum_{r \text{ gerade}} \binom{n}{r} Z^r . \end{aligned}$$

Dieses Ergebnis ist bereits aus Beispiel 3.8(3) bekannt. □

Definition 4.4. *Der $(n,k)_q$-Code Γ heißt im Fall $\Gamma \subseteq \Gamma^\perp$* selbstorthogonal *und im Fall $\Gamma = \Gamma^\perp$* selbstdual.

Aufgrund der Dimensionen setzt ein selbstorthogonaler Code $k \le n-k$ bzw. eine Coderate $R \le 1/2$ voraus und ein selbstdualer Code setzt $2k = n$ bzw. $R = 1/2$ voraus. Bei einem selbstorthogonalen Code sind die Codewörter untereinander orthogonal:

Satz 4.9. *Γ sei ein $(n,k)_q$-Code mit einer Generatormatrix $\boldsymbol{G}$ in beliebiger Form. Dann gilt:*

$$\Gamma \text{ ist selbstorthogonal} \iff \boldsymbol{G}\boldsymbol{G}^T = \boldsymbol{0}.$$

Für $\boldsymbol{G} = \Big(\boldsymbol{E}_k \,\Big|\, \boldsymbol{P}\Big)$ in systematischer Form und $2k = n$ gilt:

$$\Gamma \text{ ist selbstdual} \iff \boldsymbol{P}\boldsymbol{P}^T = -\boldsymbol{E}_k.$$

Beweis: „Selbstorthogonal $\Rightarrow$“: Für die Zeilenvektoren $\boldsymbol{g}_i$ von $\boldsymbol{G}$ gilt natürlich $\boldsymbol{g}_i \in \Gamma \subseteq \Gamma^\perp$. Da $\boldsymbol{G}$ Prüfmatrix für $\Gamma^\perp$ ist, muß $\boldsymbol{g}_i\boldsymbol{G}^T = \boldsymbol{0}$ gelten. Somit folgt auch $\boldsymbol{G}\boldsymbol{G}^T = \boldsymbol{0}$.

„Selbstorthogonal $\Leftarrow$“: Zwei Codewörter $\boldsymbol{a} = \boldsymbol{u}\boldsymbol{G}$ und $\boldsymbol{b} = \boldsymbol{v}\boldsymbol{G}$ aus Γ sind wegen $\boldsymbol{a}\boldsymbol{b}^T = \boldsymbol{u}\boldsymbol{G}\boldsymbol{G}^T\boldsymbol{v}^T = 0$ orthogonal zueinander. Also ist $\boldsymbol{a} \in \Gamma$ orthogonal zu Γ und somit folgt $\boldsymbol{a} \in \Gamma^\perp$ bzw. $\Gamma \subseteq \Gamma^\perp$.

„Selbstdual“: Wegen $\boldsymbol{G}\boldsymbol{G}^T = \Big(\boldsymbol{E}_k \,\Big|\, \boldsymbol{P}\Big) \cdot \left(\frac{\boldsymbol{E}_k}{\boldsymbol{P}^T}\right) = \boldsymbol{E}_k + \boldsymbol{P}\boldsymbol{P}^T$ ist die Eigenschaft $\boldsymbol{P}\boldsymbol{P}^T = -\boldsymbol{E}_k$ äquivalent mit der Selbstorthogonalität. Ein selbstdualer Code ist trivialerweise selbstorthogonal. Ein selbstorthogonaler Code erfüllt $\Gamma \subseteq \Gamma^\perp$ und bei $k = n-k$ gilt $|\Gamma| = |\Gamma^\perp|$ und somit folgt $\Gamma = \Gamma^\perp$ bzw. die Selbstdualität. □

Weitere Eigenschaften selbstorthogonaler Codes werden in [54, 62] behandelt. Selbstduale Codes werden ausführlich in [115] erörtert.

Beispiel 4.7. **(1)** Der $(4,2)_2$-Code mit $\boldsymbol{G} = \begin{pmatrix} 10\ 10 \\ 01\ 01 \end{pmatrix} = \boldsymbol{H}$ erzeugt den selbstdualen Code $\Gamma = \{0000, 1010, 0101, 1111\}$ und man verifiziert $\boldsymbol{G}\boldsymbol{G}^T = \boldsymbol{0}$ bzw. $\boldsymbol{P}\boldsymbol{P}^T = -\boldsymbol{E}_2$.

(2) Betrachte den $(5,2)_2$-Code Γ mit

$$\boldsymbol{G} = \begin{pmatrix} 10\ 100 \\ 01\ 001 \end{pmatrix} \quad , \quad \boldsymbol{H} = \begin{pmatrix} 10\ 100 \\ 00\ 010 \\ 01\ 001 \end{pmatrix}.$$

Damit werden die Codes

$$\begin{aligned} \Gamma &= \{00000, 10100, 01001, 11101\}, \\ \Gamma^\perp &= \Gamma \cup \{00010, 01011, 10110, 11111\} \end{aligned}$$

erzeugt. Wegen $\Gamma \subseteq \Gamma^\perp$ ist Γ selbstorthogonal, aber $\Gamma^\perp$ ist natürlich nicht selbstorthogonal. □

4.4 Hamming-Codes und Simplex-Codes

Bisher wurde nur der $(7,4)_2$-Hamming-Code behandelt. Die Hamming-Codes bilden jedoch eine ganze Klasse von 1-Fehler-korrigierenden bzw. 2-Fehler-erkennenden Codes mit einer gegen 1 konvergierenden Coderate:

Satz 4.10. *Ein* $(n, k, d_{\min})_q = (n, n-r, 3)_q$-Hamming-Code der Ordnung r *ist durch*

$$n = \frac{q^r - 1}{q - 1} = 1 + q + q^2 + \cdots + q^{r-1} \tag{4.4.1}$$

definiert. Hamming-Codes existieren für alle Ordnungen und sind perfekt. Bis auf Permutationen (d.h. Spaltenvertauschungen bzw. Äquivalenzen) ist der Code eindeutig bestimmt. Nur für $r = 2$ *liegt ein MDS-Code vor.*

Speziell für $q = 2$ *liegt ein* $(2^r - 1, 2^r - r - 1, 3)_2$*-Code vor, Beispiele sind also*

$$(3,1),\ (7,4),\ (15,11),\ (31,26),\ (63,57),\ \ldots$$

In diesem Fall enthält die Prüfmatrix als Spalten die $2^r - 1$ *verschiedenen Binärwörter der Länge* r *(abgesehen vom Nullwort).*

Für die Gewichtsfunktion gemäß Definition 3.7 gilt im binären Fall mit Rechnung in den rationalen Zahlen:

$$\begin{aligned} A(Z) &= \frac{1}{n+1}\Big[(1+Z)^n + n(1+Z)^{(n-1)/2}(1-Z)^{(n+1)/2}\Big] \qquad (4.4.2) \\ &= \frac{1}{n+1}\Big[(1+Z)^n + n(1-Z)(1-Z^2)^{(n-1)/2}\Big]. \end{aligned}$$

Beweis: Zunächst ist n ganzzahlig. Die Existenz entsprechender Prüfmatrizen ist klar. Da die Spalten (bei $q = 2$) den Dualzahlen entsprechen, ist keine Spalte ein Vielfaches einer anderen Spalte. Die Spalte $1100\ldots0$ ist die Summe von $1000\ldots0$ und $0100\ldots0$ und somit gibt es drei linear abhängige Spalten. Nach Satz 4.4 folgt $d_{\min} = 3$.

Für einen MDS-Code muß $3 = d_{\min} = n - k + 1 = r + 1$ gelten, was nur bei $r = 2$ erfüllt sein kann. Für einen perfekten Code muß allgemein $\sum_{i=0}^{t} \binom{n}{i}(q-1)^i = q^{n-k}$ gelten und für $t = 1$ und $n-k = r$ reduziert sich das auf $1+n(q-1) = q^r$ und genau so ist n definiert. Die Gewichtsformel kann rekursiv abgeleitet werden [71] oder aus dem nachfolgend definierten Simplex-Code über die MacWilliams-Identität berechnet werden. Offensichtlich gilt $A(0) = 1$ und $A(1) = 2^n/(n+1) = 2^{n-r} = 2^k$. □

Beispiel 4.8. **(1)** Die Prüfmatrix des $(7,4,3)_2$-Hamming-Codes der Ordnung $r = 3$ aus Beispiel 4.3(1) ist entsprechend Satz 4.10 konstruiert. Für die Gewichtsfunktion folgt aus (4.4.2) mit etwas Rechnung das wohlbekannte Ergebnis

$$A(Z) = \frac{1}{8}\left[(1+Z)^7 + 7(1+Z)^3(1-Z)^4\right] = 1 + 7Z^3 + 7Z^4 + Z^7.$$

(2) Für den $(15,11,3)_2$-Hamming-Code der Ordnung $r = 4$ kann $\boldsymbol{H}$ wie folgt gewählt werden:

$$\boldsymbol{H} = \begin{pmatrix} 0\,0\,0\,0\,1\,1\,1\,1\,1\,1\,1 & 1\,0\,0\,0 \\ 0\,1\,1\,1\,0\,0\,0\,1\,1\,1\,1 & 0\,1\,0\,0 \\ 1\,0\,1\,1\,0\,1\,1\,0\,0\,1\,1 & 0\,0\,1\,0 \\ 1\,1\,0\,1\,1\,0\,1\,0\,1\,0\,1 & 0\,0\,0\,1 \end{pmatrix}.$$

Es gibt genau 15 Binärspalten der Länge 4, wenn von der Nullspalte abgesehen wird. Die vier Einheitsvektoren sind rechts zur Einheitsmatrix zusammengefaßt und die restlichen 11 Spalten sind als Dualzahlen geordnet. □

Definition 4.5. *Der zu einem binären* $(2^r-1, 2^r-r-1, 3)_2$*-Hamming-Code* Γ *duale Code* $\Gamma^\perp$ *von der Form* $(2^r-1, r, 2^{r-1})_2$ *wird als* Simplex-Code *bezeichnet.*

Die Generatormatrix des Simplex-Codes ist die Prüfmatrix des Hamming-Codes und besteht somit nach Satz 4.10 aus den spaltenweise angeordneten Dualzahlen. Jede Zeile und auch jedes Codewort (abgesehen vom Nullwort) hat dann das Gewicht 2^{r-1}, wie man sich per Induktionsschluß leicht überlegen kann. Folglich gilt $d_{\min} = 2^{r-1}$ sowie

$$A^\perp(Z) = 1 + (2^r - 1)Z^{2^{r-1}} = 1 + nZ^{(n+1)/2}. \tag{4.4.3}$$

Da die Differenz zweier Codewörter wieder ein Codewort ist, beträgt der Hammingabstand zwischen allen Codewörterpaaren jeweils konstant 2^{r-1}. Ein solches Gebilde wird in der Geometrie als *Simplex* bezeichnet.

Aus der Gewichtsverteilung (4.4.3) des $(n, n-k)$-Simplex-Codes ergibt sich die Gewichtsverteilung (4.4.2) des dualen (n, k)-Hamming-Codes unter Beachtung von $n-k=r$ und $2^r = n+1$ wie folgt:

$$\begin{aligned} A(Z) &= 2^{-(n-k)}(1+Z)^n A^{\perp}\left(\frac{1-Z}{1+Z}\right) \\ &= 2^{-r}(1+Z)^n \left[1+n\left(\frac{1-Z}{1+Z}\right)^{(n+1)/2}\right] \\ &= \frac{1}{n+1}\Big[(1+Z)^n + n(1+Z)^{(n-1)/2}(1-Z)^{(n+1)/2}\Big]. \end{aligned}$$

Offensichtlich gilt für den niederratigen Simplex-Code Gleichheit in der Plotkin-Schranke, während für den hochratigen Hamming-Code Gleichheit in der Hamming-Schranke gilt. Für die Simplex-Codes gilt asymptotisch $k/n \to 0$ und $d_{\min}/n \to 1/2$ für $r \to \infty$.

4.5 Einfache Modifikationen linearer Codes

Von geringer theoretischer aber großer praktischer Bedeutung sind folgende Modifikationen, die zu Codes mit geänderten Parametern führen:

Definition 4.6. *Ein $(n, k, d_{\min})_q$-Code kann wie folgt zu einem $(n', k', d'_{\min})_q$-Code verändert werden:*

(1) Beim Expandieren *(extending) werden zusätzliche Prüfbits angehängt:*
$n' > n,\quad k' = k,\quad R' < R,\quad d'_{\min} \geq d_{\min}.$

(2) Beim Punktieren *(puncturing) werden Prüfbits unterdrückt:*
$n' < n,\quad k' = k,\quad R' > R,\quad d'_{\min} \leq d_{\min}.$

(3) Beim Verlängern *(lengthening) werden zusätzliche Infobits angehängt:*
$n' > n,\quad k' > k,\quad n'-k' = n-k,\quad R' > R,\quad d'_{\min} \leq d_{\min}.$

(4) Beim Verkürzen *(shortening) werden Infobits unterdrückt:*
$n' < n,\quad k' < k,\quad n'-k' = n-k,\quad R' < R,\quad d'_{\min} \geq d_{\min}.$

Offensichtlich sind die Modifikationen 1 und 2 sowie 3 und 4 jeweils invers zueinander. Eine einmal anwendbare Methode zur Expandierung beschreibt der folgende Satz:

Satz 4.11. *Jeder binäre $(n, k, d_{\min})_2$-Code mit ungerader Minimaldistanz $d_{\min}$ kann expandiert werden zu einem $(n+1, k, d_{\min}+1)_2$-Code.*

Beweis: Sei ein beliebiges Codewort gegeben. Wenn das Hamminggewicht gerade ist, wird eine 0 und im anderen Fall wird eine 1 als Prüfbit angehängt. Der expandierte Code enthält dann nur Codewörter geraden Gewichts, so daß natürlich $d'_{\min} = d_{\min} + 1$ gilt. Dabei bleibt die Linearität erhalten. □

Jeder $(2^r-1, 2^r-r-1, 3)_2$-Hamming-Code kann zu einem $(2^r, 2^r-r-1, 4)_2$-Code expandiert werden, so daß neben der Korrektur eines Fehlers noch ein weiterer Fehler erkennbar ist. Die Gewichtsfunktion lautet mit $n = 2^r$ (siehe Aufgabe 4.11):

$$A(Z) = \frac{1}{2n}\left[(1+Z)^n + (1-Z)^n + 2(n-1)(1-Z^2)^{n/2}\right]. \tag{4.5.1}$$

Zur Matrixbeschreibung der Expandierung sei $\boldsymbol{G} \in \mathbb{F}_2^{k,n}$ die Generatormatrix und $\boldsymbol{H} \in \mathbb{F}_2^{n-k,n}$ die Prüfmatrix des $(n,k)_2$-Codes. Zum expandierten $(n+1,k)_2$-Code gehört die Generatormatrix $\boldsymbol{G}' \in \mathbb{F}_2^{k,n+1}$ und die Prüfmatrix $\boldsymbol{H}' \in \mathbb{F}_2^{n+1-k,n+1}$. Es seien $s_i = g_{i,0} + \cdots + g_{i,n-1} \in \mathbb{F}_2$ $(0 \le i \le k-1)$ die Zeilensummen von $\boldsymbol{G}$. Der expandierte Code wird erzeugt durch:

$$\boldsymbol{G}' = \left(\begin{array}{c|c} & s_0 \\ \boldsymbol{G} & \vdots \\ & s_{k-1} \end{array}\right). \tag{4.5.2}$$

Für die Einheitsvektoren als Infowörter wird damit direkt die Konstruktion aus dem Beweis von Satz 4.11 nachvollzogen. Wegen der Linearität gilt diese Konstruktion auch für alle anderen Codewörter. Die Prüfmatrix kann so hergeleitet werden: Die ersten $n-k$ Prüfbedingungen bleiben unverändert bestehen. Hinzu kommt die Bedingung, daß die Summe über alle Codebits Null sein soll. Somit folgt:

$$\boldsymbol{H}' = \left(\begin{array}{c|c} & 0 \\ \boldsymbol{H} & \vdots \\ & 0 \\ \hline 1\ 1\ \ldots\ldots\ldots\ 1 & 1 \end{array}\right). \tag{4.5.3}$$

Beispiel 4.9. Expandierung des $(7,4,3)_2$-Hamming-Codes zum $(8,4,4)_2$-Code:

$$\boldsymbol{G}' = \left(\begin{array}{c|c} 1\,0\,0\,0\,0\,1\,1 & 1 \\ 0\,1\,0\,0\,1\,0\,1 & 1 \\ 0\,0\,1\,0\,1\,1\,0 & 1 \\ 0\,0\,0\,1\,1\,1\,1 & 0 \end{array}\right), \quad \boldsymbol{H}' = \left(\begin{array}{c|c} 0\,1\,1\,1\,1\,0\,0 & 0 \\ 1\,0\,1\,1\,0\,1\,0 & 0 \\ 1\,1\,0\,1\,0\,0\,1 & 0 \\ \hline 1\,1\,1\,1\,1\,1\,1 & 1 \end{array}\right).$$

Es gilt $\boldsymbol{G}'\boldsymbol{H}'^T = \boldsymbol{0}$. Das minimale Zeilengewicht in $\boldsymbol{G}'$ ist 4. Jeweils drei Spalten in $\boldsymbol{H}'$ sind linear unabhängig. Die Summe der ersten drei Spalten in $\boldsymbol{H}'$ ergibt die letzte Spalte und somit gilt $d'_{\min} = 4$. Der expandierte Hamming-Code ist nur für $r = 3$ selbstdual. □

4.6 Nebenklassen-Zerlegung

Die Nebenklassen-Zerlegung im Raum $\mathbb{F}_q^n$ der möglichen Empfangswörter ist die Grundlage für die im nächsten Abschnitt dargestellten Decodierverfahren.

Definition 4.7. *Vorausgesetzt wird ein $(n,k)_q$-Code Γ mit der Prüfmatrix $\boldsymbol{H} \in \mathbb{F}_q^{n-k,n}$. Zum Empfangswort $\boldsymbol{y}$ wird das* Syndrom *wie folgt definiert:*

$$\boldsymbol{s} = \boldsymbol{y}\boldsymbol{H}^T. \tag{4.6.1}$$

Das Syndrom hat also die Länge $n-k$. Für die Darstellung $\boldsymbol{y} = \boldsymbol{a} + \boldsymbol{e}$ mit einem Codewort $\boldsymbol{a}$ und einem Fehlerwort $\boldsymbol{e}$ gilt:

$$\boldsymbol{s} = (\boldsymbol{a}+\boldsymbol{e})\boldsymbol{H}^T = \boldsymbol{a}\boldsymbol{H}^T + \boldsymbol{e}\boldsymbol{H}^T = \boldsymbol{e}\boldsymbol{H}^T. \tag{4.6.2}$$

Das Syndrom eines Wortes ist genau dann das Nullwort, wenn das Wort ein Codewort ist. Das Syndrom des Empfangswortes ist also unabhängig vom gesendeten Codewort und nur abhängig vom überlagerten Fehlermuster. Es gibt $q^n - q^k$ verschiedene Fehlermuster, die keine Codewörter sind, und es gibt q^{n-k} verschiedene Syndrome. Folglich ist ein Fehlermuster durch sein Syndrom nicht eindeutig gekennzeichnet.

Die Syndrome werden als $\boldsymbol{s}_\mu$ durchnumeriert mit $0 \leq \mu \leq q^{n-k} - 1$ und der Festlegung $\boldsymbol{s}_0 = \boldsymbol{0}$. Für jedes Syndrom wird die Menge der Fehlermuster definiert, die zu diesem Syndrom führen:

$$\mathcal{M}_\mu = \{\boldsymbol{e} \in \mathbb{F}_q^n \mid \boldsymbol{e}\boldsymbol{H}^T = \boldsymbol{s}_\mu\}. \tag{4.6.3}$$

Da alle Codewörter das Syndrom Null haben, gilt $\mathcal{M}_0 = \Gamma$ und alle anderen $\mathcal{M}_\mu$ enthalten kein Codewort. Ferner sind die Mengen alle disjunkt, denn ein Fehlermuster kann nicht verschiedene Syndrome haben. Es sei $\boldsymbol{e}, \boldsymbol{e}' \in \mathcal{M}_\mu$. Aus $\boldsymbol{e}\boldsymbol{H}^T = \boldsymbol{e}'\boldsymbol{H}^T$ folgt $(\boldsymbol{e}'-\boldsymbol{e})\boldsymbol{H}^T = \boldsymbol{e}'\boldsymbol{H}^T - \boldsymbol{e}\boldsymbol{H}^T = \boldsymbol{0}$. Also ist die Differenz von zwei Wörtern aus $\mathcal{M}_\mu$ stets ein Codewort. Für ein beliebiges $\boldsymbol{e} \in \mathcal{M}_\mu$ gilt also:

$$\boldsymbol{e} + \Gamma = \{\boldsymbol{e} + \boldsymbol{a} \mid \boldsymbol{a} \in \Gamma\} = \mathcal{M}_\mu. \tag{4.6.4}$$

Die Menge $\mathcal{M}_\mu$ kann also dargestellt werden als Summe eines beliebigen Elementes aus $\mathcal{M}_\mu$ und der Codemenge. Folglich hat jede Menge $\mathcal{M}_\mu$ die gleiche Mächtigkeit:

$$|\mathcal{M}_\mu| = |\Gamma| = q^k = \frac{q^n}{q^{n-k}} = \frac{\text{Anzahl aller Wörter}}{\text{Anzahl der Syndrome}}. \tag{4.6.5}$$

Die q^{n-k} Mengen $\mathcal{M}_\mu$ bilden eine eindeutige disjunkte Zerlegung von $\mathbb{F}_q^n$:

$$\mathbb{F}_q^n = \biguplus_{\mu=0}^{q^{n-k}-1} \mathcal{M}_\mu. \tag{4.6.6}$$

Definition 4.8. *Die Mengen* $\mathcal{M}_\mu$ *heißen* Nebenklassen *(cosets) und die Zerlegung (4.6.6) heißt* Nebenklassen-Zerlegung *(standard array). Jedes* $\boldsymbol{e} \in \mathcal{M}_\mu$ *kann als* Anführer *(coset leader) in der Darstellung* $\mathcal{M}_\mu = \boldsymbol{e} + \Gamma$ *dienen.*

In Abschnitt A.4 wird das Prinzip der Nebenklassen-Zerlegung ohne Bezug auf den Begriff des Syndroms abstrakt erklärt. Die Gruppe $\mathcal{G}$ entspricht jetzt $\mathbb{F}_q^n$ und die Untergruppe $\mathcal{U}$ entspricht Γ. Zwei Wörter $\boldsymbol{y}, \boldsymbol{y}'$ stehen in Äquivalenzrelation zueinander, wenn ihre Syndrome gleich sind bzw. wenn ihre Differenz $\boldsymbol{y} - \boldsymbol{y}'$ ein Codewort ist. Für alle $\boldsymbol{y} \in \mathcal{M}_\mu$ ist $[\boldsymbol{y}] = \mathcal{M}_\mu = \boldsymbol{y} + \Gamma$ die zugehörige Äquivalenzklasse bzw. Nebenklasse.

In jeder Menge $\mathcal{M}_\mu$ wird nun ein Anführer $\boldsymbol{e}_\mu$ minimalen Hamminggewichts festgelegt:

$$\mathcal{M}_\mu = \boldsymbol{e}_\mu + \Gamma \qquad \text{mit} \qquad w_H(\boldsymbol{e}_\mu) \le w_H(\boldsymbol{e}) \ \text{ für alle } \boldsymbol{e} \in \mathcal{M}_\mu. \tag{4.6.7}$$

Diese Anführer minimalen Gewichts sind nicht notwendigerweise eindeutig bestimmt. Jedoch ist in $\mathcal{M}_0 = \Gamma$ natürlich $\boldsymbol{e}_0 = \boldsymbol{0}$ eindeutig.

Beispiel 4.10. Betrachte den $(5,2)_2$-Code $\Gamma = \{00000, 10110, 01011, 11101\}$ mit

$$\boldsymbol{G} = \begin{pmatrix} 10\ 110 \\ 01\ 011 \end{pmatrix} \quad , \quad \boldsymbol{H} = \begin{pmatrix} 10\ 100 \\ 11\ 010 \\ 01\ 001 \end{pmatrix}.$$

Daraus ergibt sich die Nebenklassen-Zerlegung in eindeutiger Weise wie folgt:

μ	$\boldsymbol{e}_\mu$	$\mathcal{M}_\mu$				$\boldsymbol{s}_\mu$
0	00000	00000	10110	01011	11101	000
1	00001	00001	10111	01010	11100	001
2	00010	00010	10100	01001	11111	010
3	00100	00100	10010	01111	11001	100
4	01000	01000	11110	00011	10101	011
5	10000	10000	00110	11011	01101	110
6	11000	11000	01110	10011	00101	101
7	01100	01100	11010	00111	10001	111

$\mathcal{M}_0$ ist der Code. In $\mathcal{M}_0, \mathcal{M}_1, \mathcal{M}_2, \mathcal{M}_3, \mathcal{M}_4, \mathcal{M}_5$ sind die Anführer $\boldsymbol{e}_\mu$ minimalen Gewichts jeweils eindeutig bestimmt. In $\mathcal{M}_6$ und $\mathcal{M}_7$ gibt es jeweils zwei Wörter mit minimalem Gewicht, so daß hier die Anführer willkürlich festgelegt werden müssen. Beispielsweise gilt

$$\begin{aligned} 01100 + \Gamma &= \{01100, 11010, 00111, 10001\} \\ &= \{10001, 00111, 11010, 01100\} = 10001 + \Gamma. \end{aligned}$$

Es ist leicht nachvollziehbar, daß zu allen Fehlermustern aus $\mathcal{M}_\mu$ das Syndrom $\boldsymbol{s}_\mu$ gehört und daß $\mathcal{M}_\mu = \boldsymbol{e}_\mu + \Gamma$ gilt. Für dieses Beispiel wird noch $d_{\min} = 3$, $t = 1$ und $L_t = 1 + n = 6$ (zur Erklärung siehe Satz 4.13) vermerkt. □

4.7 Syndrom-Decodierung

Es wird hier nur die Hard-Decision Decodierung betrachtet, d.h. zum Empfangswort ist das Codewort mit minimalem Hammingabstand gesucht. Ein einfaches Durchprobieren aller Codewörter funktioniert nur im Prinzip, aber nicht in der Praxis, da der Aufwand dafür viel zu groß ist. Die Syndrom-Decodierung hat allerdings auch keine große praktische Bedeutung, da die Realisierung bei mächtigen Codes immer noch viel zu aufwendig ist. Es gibt noch weitere Verfahren wie die Majoritäts- und die Schwellwert-Decodierung, die hier aber nicht behandelt werden. Wirklich leistungsfähige Decodierverfahren ergeben sich erst bei zyklischen Codes.

Satz 4.12. *Vorausgesetzt wird ein $(n,k)_q$-Code mit den Anführern $\boldsymbol{e}_\mu$ minimalen Gewichts in der Nebenklassen-Zerlegung. Mit dem folgenden Verfahren wird der Maximum-Likelihood-Decoder realisiert:*

Wenn das Empfangswort $\boldsymbol{y}$ in einer Nebenklasse $\mathcal{M}_\mu$ mit dem Anführer $\boldsymbol{e}_\mu$ liegt, dann wird als Schätzung für das gesendete Codewort $\hat{\boldsymbol{a}} = \boldsymbol{y} - \boldsymbol{e}_\mu$ gewählt.

Beweis: Wenn $\boldsymbol{y}$ in $\mathcal{M}_\mu$ liegt, so existiert eine Darstellung $\boldsymbol{y} = \boldsymbol{e}_\mu + \boldsymbol{a}'$ mit $\boldsymbol{a}' \in \Gamma$. Somit folgt $\hat{\boldsymbol{a}} = \boldsymbol{y} - \boldsymbol{e}_\mu = \boldsymbol{a}'$ und damit ist $\hat{\boldsymbol{a}} = \boldsymbol{a}'$ als Codewort nachgewiesen.

Sei nun $\boldsymbol{b}$ ein beliebiges Codewort. Zu zeigen ist $d_H(\boldsymbol{y}, \hat{\boldsymbol{a}}) \le d_H(\boldsymbol{y}, \boldsymbol{b})$: Wegen $\hat{\boldsymbol{a}}, \boldsymbol{b} \in \Gamma$ folgt $\hat{\boldsymbol{a}} - \boldsymbol{b} \in \Gamma$ und somit $\boldsymbol{e}_\mu + (\hat{\boldsymbol{a}} - \boldsymbol{b}) \in \mathcal{M}_\mu$. Da $\boldsymbol{e}_\mu$ minimales Gewicht in $\mathcal{M}_\mu$ hat, gilt folglich $w_H(\boldsymbol{e}_\mu) \le w_H(\boldsymbol{e}_\mu + \hat{\boldsymbol{a}} - \boldsymbol{b})$. Mit $\boldsymbol{e}_\mu = \boldsymbol{y} - \hat{\boldsymbol{a}}$ folgt:

$$d_H(\boldsymbol{y}, \hat{\boldsymbol{a}}) = w_H(\boldsymbol{y} - \hat{\boldsymbol{a}}) \le w_H(\boldsymbol{y} - \boldsymbol{b}) = d_H(\boldsymbol{y}, \boldsymbol{b}).$$

Also hat $\hat{\boldsymbol{a}}$ von $\boldsymbol{y}$ einen Abstand kleiner oder gleich als jedes andere Codewort und somit wird die ML-Regel realisiert. □

Die sogenannte *Nebenklassen-Decodierung* kann wie folgt ablaufen: In der Nebenklassen-Zerlegung wird $\boldsymbol{y}$ gesucht und damit ist μ und weiter $\boldsymbol{e}_\mu$ bekannt. Dann ist $\hat{\boldsymbol{a}} = \boldsymbol{y} - \boldsymbol{e}_\mu$ die ML-Schätzung.

Als sogenannte *Syndrom-Decodierung* wird das Verfahren rechnerisch vereinfacht: Es wird eine Tabelle mit q^{n-k} Eintragungen $(\boldsymbol{s}_\mu, \boldsymbol{e}_\mu)$ angelegt. Zum Empfangswort $\boldsymbol{y}$ wird das Syndrom $\boldsymbol{s} = \boldsymbol{y}\boldsymbol{H}^T$ berechnet und in der Tabelle wird $\boldsymbol{s}_\mu$ mit $\boldsymbol{s} = \boldsymbol{s}_\mu$ gesucht. Eine weitere Vereinfachung wird mit folgendem Beispiel erklärt:

Beispiel 4.11. (Fortsetzung von Beispiel 4.10) Nachfolgend sind zwei Tabellen angegeben, aus denen $\boldsymbol{e}_\mu$ zu $\boldsymbol{s}_\mu$ abgelesen werden kann. Die linke Tabelle ist lediglich ein Ausschnitt aus der Tabelle von Beispiel 4.10, während die rechte Tabelle eine Umordnung der linken Tabelle ist:

μ	s_μ	e_μ
0	000	00000
1	001	00001
2	010	00010
3	100	00100
4	011	01000
5	110	10000
6	101	11000
7	111	01100

ν	s_ν	e_ν
0	000	00000
1	001	00001
2	010	00010
3	011	01000
4	100	00100
5	101	11000
6	110	10000
7	111	01100

In der rechten Tabelle sind die Syndrome als Dualzahlen durchnumeriert, so daß die Syndrome direkt als Adresse für einen Speicher verwendbar sind, der lediglich die Anführer $\boldsymbol{e}_\nu$ enthält. Damit entfällt die Suche nach $\boldsymbol{s} = \boldsymbol{s}_\mu$. □

Bei großen Blocklängen ist diese Methode aber weiterhin praktisch völlig ungeeignet: Schon bei einem noch relativ simplen $(511, 259, 61)_2$-BCH-Code sind insgesamt $2^{511-259} \approx 10^{76}$ Fehlermuster der Länge 511 abzuspeichern.

Die möglichen Mehrdeutigkeiten bei der Wahl der Anführer in den Nebenklassen korrespondieren mit der möglichen Mehrdeutigkeit bei der ML-Decodierung. Bei der BM-Decodierung entfallen diese Mehrdeutigkeiten, da der Decoder nur bei maximal t Fehlern richtig arbeiten muß:

Satz 4.13. *Bei einem $(n, k, d_{\min})_q$-Code mit $2t + 1 \le d_{\min}$ werden bei der Decodierung nach dem BMD-Prinzip bekanntlich alle Fehlermuster bis zum Gewicht t korrigiert und die Anzahl dieser Fehlermuster beträgt*

$$L_t = \left|K_t(\boldsymbol{0})\right| = \sum_{r=0}^{t} \binom{n}{r} (q-1)^r. \tag{4.7.1}$$

Es gibt nun unter den q^{n-k} Nebenklassen mindestens L_t Nebenklassen, in denen der Anführer minimalen Hamminggewichts eindeutig bestimmt ist. Diese L_t Anführer sind genau die Wörter vom Gewicht $\le t$.

Beweis: Nach der Hamming-Schranke gilt $L_t \le q^{n-k}$. Zu zeigen ist, daß die Wörter vom Gewicht $\le t$ jeweils verschiedene Nebenklassen erzeugen.

Dazu seien $\boldsymbol{e} \ne \boldsymbol{e}'$ mit $w_H(\boldsymbol{e}), w_H(\boldsymbol{e}') \le t$ beliebig vorgegeben. Wenn nun die beiden zugehörigen Nebenklassen nicht disjunkt wären, so gäbe es ein $\boldsymbol{y}$ mit $\boldsymbol{y} = \boldsymbol{e} + \boldsymbol{a} = \boldsymbol{e}' + \boldsymbol{a}'$ mit $\boldsymbol{a}, \boldsymbol{a}' \in \Gamma$. Da jedoch die Differenz $\boldsymbol{a} - \boldsymbol{a}' = \boldsymbol{e}' - \boldsymbol{e} \ne \boldsymbol{0}$ ein Codewort ist, folgt:

$$d_{\min} \le w_H(\boldsymbol{a} - \boldsymbol{a}') = w_H(\boldsymbol{e}' - \boldsymbol{e}) \le w_H(\boldsymbol{e}') + w_H(\boldsymbol{e}) \le t + t < d_{\min}.$$

Dies ist ein Widerspruch und somit sind die beiden Nebenklassen disjunkt. □

4.8 Aufgaben

4.1. Finde über $\mathbb{F}_2$ und $\mathbb{F}_3$ die Zeilennormalform und den Rang von

$$G = \begin{pmatrix} 1\,0\,1\,0\,1\,0\,1 \\ 1\,1\,0\,0\,1\,1\,0 \\ 0\,1\,1\,0\,0\,1\,1 \end{pmatrix}.$$

Kommentiere die Ergebnisse.

4.2. Ist $\boldsymbol{a} = 1011010$ ein Codewort (zugehöriges Infowort?) zu

$$G = \begin{pmatrix} 0\,0\,0\,1\,1\,1\,1 \\ 0\,1\,1\,0\,0\,1\,1 \\ 1\,0\,1\,0\,1\,0\,1 \end{pmatrix}?$$

4.3. Überführe die Generatormatrizen des Parity Check Codes mit Prüfbits vorn bzw. hinten durch die elementaren Zeilenoperationen ineinander für $k = 3$. Interpretation?

4.4 Zeige für einen $(n, k, d_{\min})_q$-Code Γ die Äquivalenz folgender Aussagen:

(1) Γ ist ein MDS-Code, d.h. $d_{\min} = n - k + 1$.

(2) Jede Auswahl von $n - k$ Spalten in der Prüfmatrix ist linear unabhängig.

(3) Jede Auswahl von k Spalten in der Generatormatrix ist linear unabhängig.

4.5. Berechne die asymptotischen Codierungsgewinne der binären Hamming-Codes und der Simplex-Codes für $r \to \infty$.

4.6. Zeige, daß die binären Hamming-Codes eine symmetrische Gewichtsverteilung im Sinne von (3.5.7) haben.

4.7. Zeige, daß die Wahrscheinlichkeit unerkannter Fehler beim $(n, k)_2$-Code Γ aus der Gewichtsverteilung des dualen Codes berechnet werden kann gemäß

$$P_{ue} = 2^{-(n-k)} A^{\perp}(1 - 2p_e) - (1 - p_e)^n. \tag{4.8.1}$$

4.8. Führe den Induktionsschluß zur Herleitung von (4.4.3) durch.

4.9. Ein $(5, 2)_2$-Blockcode enthalte die Codewörter 01111 und 11100. Gebe eine systematische Generatormatrix an (Prüfstellen hinten) und eine Prüfmatrix. Gebe die Matrixbeschreibung der Expandierung an (zwei Alternativen für $\boldsymbol{H}$, gleichwertig?) sowie die Codemenge und die Minimaldistanz.

4.10. Zeige, daß beim expandierten selbstdualen (8,4)-Hamming-Code Generatormatrix und Prüfmatrix identisch sein können (siehe Beispiel 4.9). Verifiziere $A(Z) = A^{\perp}(Z)$ für die Gewichtsverteilungen.

4.11. Es sei $A(Z)$ die Gewichtsverteilung eines $(n,k)_2$-Codes Γ und $A'(Z)$ die Gewichtsverteilung des gemäß Satz 4.11 expandierten $(n+1,k)$-Codes Γ'. Zeige

$$A'(Z) = \frac{1}{2}\Big[(1+Z)A(Z) + (1-Z)A(-Z)\Big]. \tag{4.8.2}$$

Leite daraus die Gewichtsverteilung (4.5.1) des expandierten Hamming-Codes sowie die Gewichtsverteilung (3.5.8) des Parity Check Codes ab.

4.12. Aus dem binären Encoder

$$(u_0, u_1, u_2) \mapsto (u_0, u_1, u_2, u_0 + u_2, u_0 + u_1, u_1 + u_2)$$

sind die Parameter (n, k, d_{min}), die Matrizen $\boldsymbol{G}$, $\boldsymbol{H}$ sowie die Nebenklassen-Zerlegung zu bestimmen. Decodiere 011011 und 000111.

4.13. Kann der $(7,4)_2$-Hamming-Code so abgeändert werden, daß die Decodierung ohne Tabellen erfolgen kann? Übertrage das Ergebnis auf den allgemeinen Hamming-Code. Decodiere 0011100.

4.14. Es sei $\mathcal{E} \subseteq \mathbb{F}_q^n$ wie in Aufgabe 3.26 eine beliebige Menge von Fehlermustern mit $\boldsymbol{0} \in \mathcal{E}$. Zeige die Äquivalenz von (1) und (2):

(1) Γ korrigiert alle Fehlermuster aus $\mathcal{E}$, d.h. für alle $\boldsymbol{a}, \boldsymbol{a}' \in \Gamma$ mit $\boldsymbol{a} \neq \boldsymbol{a}'$ und alle $\boldsymbol{e}, \boldsymbol{e}' \in \mathcal{E}$ gilt $\boldsymbol{a} + \boldsymbol{e} \neq \boldsymbol{a}' + \boldsymbol{e}'$.

(2) Die Syndrome aller Fehlermuster aus $\mathcal{E}$ sind verschieden.

5. Zyklische Blockcodes

Die zyklischen Codes entstehen als Teilmenge der linearen Codes, indem der Codemenge neben der Linearität noch eine zusätzliche Struktur aufgeprägt wird. Damit können sehr leistungsfähige und komplizierte Codes mit guten Distanzeigenschaften konstruiert und kompakt beschrieben werden. Die Encodierung und die Berechnung des Syndroms erfolgen einfach mit rückgekoppelten Schieberegistern. Die Decodierung vereinfacht sich so stark, daß praktisch fast nur zyklische Codes verwendet werden.

Die Beschreibung zyklischer Codes erfolgt vorzugsweise mit Polynomen, wobei ähnlich wie bei der Matrixbeschreibung sowohl ein Generatorpolynom wie ein Prüfpolynom existieren. Bekannte mathematische Sätze wie das Divisionstheorem und der Euklidische Algorithmus sowie die Eigenschaften des Polynomzerfalls in irreduzible Faktoren vereinfachen die Analyse und Konstruktion zyklischer Codes ganz wesentlich.

In diesem Kapitel werden neben dem gedächtnislosen DMC mit Einzelfehlern auch Kanäle mit Bündelfehlern betrachtet, bei denen sich zyklische Codes ebenfalls als sehr gut geeignet erweisen. Die RS- und BCH-Codes als die leistungsfähigsten Klassen der zyklischen Codes sind durch eine weitere Struktur geprägt und werden erst in den beiden folgenden Kapiteln eingeführt.

5.1 Definition zyklischer Codes und Polynombeschreibung

Definition 5.1. *Ein linearer $(n,k)_q$-Blockcode Γ heißt* zyklisch, *wenn jede zyklische Verschiebung eines Codewortes wieder ein Codewort ist, d.h.*

$$(a_0,\ldots,a_{n-2},a_{n-1}) \in \Gamma \quad \Longrightarrow \quad (a_{n-1},a_0,\ldots,a_{n-2}) \in \Gamma. \tag{5.1.1}$$

Durch mehrfache zyklische Verschiebung ergibt sich:

$$\begin{aligned}(a_{n-2},a_{n-1},a_0,\ldots,a_{n-4},a_{n-3}) &\in \Gamma\\ (a_{n-3},a_{n-2},a_{n-1},a_0,\ldots,a_{n-4}) &\in \Gamma\\ &\cdots\cdots\cdots\\ (a_1,\ldots,a_{n-3},a_{n-2},a_{n-1},a_0) &\in \Gamma.\end{aligned}$$

Es ist also unbedeutend, ob in der Definition die Verschiebung nach rechts oder links gefordert wird.

Beispiel 5.1. Betrachte den $(7,4)_2$-Hamming-Code aus den Beispielen 1.2 und 4.1 mit der systematischen Generatormatrix

$$G = \begin{pmatrix} 1000 & 011 \\ 0100 & 101 \\ 0010 & 110 \\ 0001 & 111 \end{pmatrix}.$$

Offensichtlich ist dieser Code nicht zyklisch, denn 0001111 ist ein Codewort, aber die zyklische Verschiebung 1111000 ist kein Codewort. Mit einer Vertauschung von Spalten ergibt sich ein äquivalenter Code mit G_2:

$$G_2 = \begin{pmatrix} 1101000 \\ 0110100 \\ 0011010 \\ 0111001 \end{pmatrix}, \quad G_3 = \begin{pmatrix} 1101000 \\ 0110100 \\ 0011010 \\ 0001101 \end{pmatrix}.$$

Durch die elementaren Zeilenoperationen (addiere Zeile 2 zu Zeile 4) ergibt sich ein identischer Code mit G_3. Dieser Code ist zyklisch, wie schnell einsehbar ist: Zunächst gehen die Zeilen der Generatormatrix durch zyklische Verschiebungen auseinander hervor. Die Verschiebung der letzten Zeile ergibt 1000110 und dies ist ein Codewort zum Infowort 1110. Mit G_3 ergibt sich folgender Encoder:

u	a
0000	0000000
1011	1111111
1000	1101000
0100	0110100
0010	0011010
0001	0001101
1110	1000110
0111	0100011
1101	1010001
1010	1110010
0101	0111001
1100	1011100
0110	0101110
0011	0010111
1111	1001011
1001	1100101

Das Nullwort und das Einswort verändern sich nicht bei zyklischer Verschiebung. Die folgenden 7 Wörter gehen durch zyklische Verschiebung ineinander über, wobei natürlich das Hamminggewicht 3 immer konstant bleibt. Das gleiche gilt für die letzten 7 Wörter vom Hamminggewicht 4. □

Trivialerweise bleibt ein Code zyklisch, wenn die elementaren Zeilenoperationen angewendet werden, da der Code identisch bleibt. Beim Übergang zu äquivalenten Codes mit Spaltenvertauschungen bleibt die Eigenschaft zyklisch nicht notwendigerweise erhalten. Auch bei den einfachen Modifikationen gemäß Abschnitt 4.5 können zyklische Codes zu nicht-zyklischen Codes werden. Insbesondere bei der Kürzung zyklischer Codes kann das jedoch durch einfache Maßnahmen aufgefangen werden (siehe dazu beispielsweise Satz 5.17).

Im nächsten Abschnitt wird gezeigt, daß alle zyklischen Codes eine Generatormatrix mit Bandstruktur besitzen. Die Umkehrung gilt jedoch nicht, wie das Beispiel

$$G = \begin{pmatrix} 1\,1\,0\,1\,0 \\ 0\,1\,1\,0\,1 \end{pmatrix}$$

mit $\Gamma = \{00000, 11010, 01101, 10111\}$ zeigt. Aus der Generatormatrix ist nicht direkt ablesbar, ob der Code zyklisch ist.

Zur Beschreibung zyklischer Codes sind Generatormatrizen wenig geeignet, weil Bandmatrizen nur umständlich zu handhaben sind und weil das vorangehende Beispiel schon andeutet, daß allein schon eine Zeile der Generatormatrix charakterisierend für den Code ist. Generell werden zyklische Codes nicht mit Vektoren und Matrizen, sondern mit Polynomen beschrieben:

Definition 5.2. *Ein Vektor wird mit einem Polynom wie folgt identifiziert:*

$$\begin{aligned} \boldsymbol{a} &= (a_0, \ldots, a_{n-1}) \quad \in \mathbb{F}_q^n \\ &\updownarrow \\ a(x) &= \sum_{i=0}^{n-1} a_i x^i \qquad \in \mathbb{F}_q[x]_{n-1}. \end{aligned}$$

Abkürzend wird auch $w_H(a(x))$ für $w_H(\boldsymbol{a})$ geschrieben. Mit $\mathbb{F}_q[x]$ wird die Menge aller Polynome beliebigen Grades und mit $\mathbb{F}_q[x]_r$ wird die Menge aller Polynome vom Grad kleiner oder gleich r bezeichnet, wobei die Koeffizienten jeweils aus $\mathbb{F}_q$ sind.

Die Größe x (nicht zu verwechseln mit dem Input des diskreten Kanals) hat dabei lediglich die Bedeutung eines Platzhalters – stattdessen könnte auch y oder z^{-1} oder D geschrieben werden. Für Wörter der Länge n gilt für $\boldsymbol{a} \leftrightarrow a(x)$ beispielsweise:

$$\begin{aligned} 0000\ldots0 &\leftrightarrow 0 \\ 1000\ldots0 &\leftrightarrow 1 \\ 0100\ldots0 &\leftrightarrow x \\ 0010\ldots0 &\leftrightarrow x^2 \\ 000\ldots01 &\leftrightarrow x^{n-1} \\ 1111\ldots1 &\leftrightarrow 1 + x + x^2 + \cdots + x^{n-1} = \frac{x^n - 1}{x - 1}. \end{aligned}$$

Zwar existiert ein Polynom $1/(x-1)$ nicht, aber die letzte Gleichung ist so zu verstehen, daß gilt:

$$(x-1)(1+x+x^2+\cdots+x^{n-1}) = x^n - 1. \tag{5.1.2}$$

Ein Polynom, bei dem der höchste Koeffizient ungleich Null den Wert 1 hat, wird als *normiertes Polynom* bezeichnet. Die Beschreibung durch Polynome ist prinzipiell eindeutig, d.h. es gilt $\boldsymbol{a} = \boldsymbol{b}$ genau dann, wenn $a(x) = b(x)$ gilt. Der Addition von Vektoren bzw. Wörtern entspricht die Addition von Polynomen. Die Codemenge Γ bei einem $(n,k)_q$-Code ist eine Teilmenge bzw. Untervektorraum von $\mathbb{F}_q[x]_{n-1}$ und die Menge aller Infowörter $\mathbb{F}_q^k$ entspricht genau $\mathbb{F}_q[x]_{k-1}$. Natürlich ist Γ als Menge von Polynomen nicht multiplikativ abgeschlossen, da bei der Multiplikation von Polynomen vom Grad $\leq n-1$ höhere Grade entstehen.

Die für die Codierungstheorie wichtigsten Grundlagen der Polynom-Arithmetik werden in Abschnitt A.6 zusammengestellt. Von ganz wesentlicher Bedeutung für zyklische Codes ist das in Satz A.4 formulierte Divisionstheorem: Zu zwei vorgegebenen Polynomen $b(x)$ und $g(x) \neq 0$ aus $\mathbb{F}_q[x]$ existieren eindeutig bestimmte Polynome $\alpha(x)$ und $r(x)$ aus $\mathbb{F}_q[x]$ mit

$$b(x) = \alpha(x)g(x) + r(x) \quad \text{mit} \quad \text{Grad}\, r(x) < \text{Grad}\, g(x). \tag{5.1.3}$$

Für den Rest $r(x) = b(x)$ modulo $g(x)$ wird durchgehend die Schreibweise $r(x) = R_{g(x)}[b(x)]$ verwendet. Rechnen modulo $g(x)$ bedeutet, daß $g(x)$ durch Null ersetzt werden kann. Für die daraus resultierende Restklassen-Arithmetik gelten nach Satz A.5 folgende Regeln in $\mathbb{F}_q[x]$:

$$R_{g(x)}[a(x)+b(x)] = R_{g(x)}[a(x)] + R_{g(x)}[b(x)] \tag{5.1.4}$$

$$R_{g(x)}[a(x)\cdot b(x)] = R_{g(x)}\Big[R_{g(x)}[a(x)]\cdot R_{g(x)}[b(x)]\Big] \tag{5.1.5}$$

$$R_{g(x)}[a(x)g(x)] = 0 \tag{5.1.6}$$

$$R_{g(x)}[a(x)] = R_{g(x)}\Big[R_{g(x)h(x)}[a(x)]\Big] \tag{5.1.7}$$

$$\text{Grad}\, a(x) < \text{Grad}\, g(x) \quad \Longrightarrow \quad R_{g(x)}[a(x)] = a(x) \tag{5.1.8}$$

$$R_{x^n-1}[x^m] = x^{m \text{ modulo } n} = x^{R_n[m]}. \tag{5.1.9}$$

Beim Rechnen modulo (x^n-1) wird x^n durch 1 ersetzt bzw. die Potenz m durch m modulo n. Die Potenzrechnung erfolgt dabei in $\mathbb{Z}$ unabhängig von $\mathbb{F}_q$. Als erster Vorteil der Polynombeschreibung ergibt sich eine sehr kompakte Beschreibung der zyklischen Verschiebung mit Hilfe von x^n-1:

Satz 5.1. *Die m-fache zyklische Verschiebung von $(a_0, a_1, \ldots, a_{n-1}) \leftrightarrow a(x)$ ergibt $(a_{n-m}, \ldots, a_{n-1}, a_0, \ldots, a_{n-m-1}) \leftrightarrow R_{x^n-1}[x^m a(x)]$.*

Beweis:

$$\begin{aligned} & R_{x^n-1}[x^m a(x)] \\ = \;& R_{x^n-1}[a_0x^m + \cdots + a_{n-m-1}x^{n-1} + a_{n-m}x^n + \cdots + a_{n-1}x^{n-1+m}] \\ = \;& a_0x^m + \cdots + a_{n-m-1}x^{n-1} + a_{n-m}x^0 + \cdots + a_{n-1}x^{m-1}. \end{aligned}$$

Dies entspricht dem zyklisch verschobenen Wort. □

Der 2-fachen zyklischen Verschiebung entspricht einerseits $R_{x^n-1}[x^2a(x)]$ und andererseits $R_{x^n-1}[x \cdot R_{x^n-1}[xa(x)]]$. Nach (5.1.5) sind beide Ausdrücke identisch.

5.2 Generatorpolynom

Lineare Codes werden durch die Generatormatrix oder die Prüfmatrix beschrieben. Zyklische Codes können zusätzlich durch entsprechende Polynome noch kompakter und übersichtlicher charakterisiert werden.

Definition 5.3. *Mit dem* Generatorpolynom $g(x) \in \mathbb{F}_q[x]_{n-k}$ *vom Grad* $n-k$ *über* $\mathbb{F}_q$ *wird ein linearer* $(n,k)_q$*-Blockcode wie folgt erzeugt:*

$$\Gamma = \left\{u(x)g(x) \;\middle|\; u(x) \in \mathbb{F}_q[x]_{k-1}\right\} \tag{5.2.1}$$

$$= \left\{a(x) \in \mathbb{F}_q[x]_{n-1} \;\middle|\; R_{g(x)}[a(x)] = 0\right\}. \tag{5.2.2}$$

Das Generatorpolynom $g(x) = g_0 + g_1x + \ldots + g_{n-k-1}x^{n-k-1} + x^{n-k}$ *wird stets als normiert vorausgesetzt. Mit dem Generatorpolynom wird ein Encoder in folgender Form ermöglicht:*

$$u(x) \quad \mapsto \quad a(x) = u(x)g(x). \tag{5.2.3}$$

Beweis: „(5.2.1) bzw. (5.2.3) erzeugt einen linearen $(n,k)_q$-Code“: Zunächst wird

$$\text{Grad } a(x) = \underbrace{\text{Grad } u(x)}_{\leq k-1} + \underbrace{\text{Grad } g(x)}_{=n-k} \leq n-1$$

festgestellt, d.h. n ist die Blocklänge. Natürlich existieren genau q^k Polynome vom Grad $\leq k-1$. Für $u(x) \neq u'(x)$ gilt $u(x)g(x) \neq u'(x)g(x)$ und somit gilt $|\Gamma| = q^k$. Aus $u(x)g(x) + u'(x)g(x) = (u(x) + u'(x))g(x)$ folgt die Linearität.

„(5.2.1)=(5.2.2)“: Für jedes $u(x)g(x)$ gilt $R_{g(x)}[u(x)g(x)] = 0$ nach (5.1.6). Umgekehrt gilt nach (5.1.3)

$$a(x) = \alpha(x)g(x) + R_{g(x)}[a(x)],$$

so daß $R_{g(x)}[a(x)] = 0$ sofort $a(x)$ als Vielfaches von $g(x)$ impliziert. □

Für $u(x) = 1$ folgt $g(x) \in \Gamma$ und für $u(x) = 0$ folgt $0 = 0(x) \in \Gamma$. Für $u(x) \neq 0$ gilt Grad $a(x) \geq n-k$. Also existiert außer dem Nullwort bzw. Nullpolynom kein Codewort vom Grad $< n-k$:

$$\mathbb{F}_q[x]_{n-k-1} \cap \Gamma = \{0\}. \tag{5.2.4}$$

Offensichtlich gilt auch die Abschätzung $d_{\min} \leq w_H(g(x))$, was direkt der Singleton-Schranke aus Satz 3.7 entspricht.

Das Generatorpolynom nach Definition 5.3 ist nur von der Anzahl $n-k$ der Prüfstellen abhängig und damit wird ein linearer Code erzeugt. Um einen zyklischen Code zu erzeugen, muß noch eine Abhängigkeit von n hinzukommen. Der folgende Satz gibt dazu ein leicht nachprüfbares Kriterium an:

Satz 5.2. *Es sei $g(x)$ ein Generatorpolynom vom Grad $n-k$ für einen $(n,k)_q$-Code Γ. Dann gilt:*

$$\Gamma \text{ ist zyklisch} \iff g(x) \text{ ist ein Teiler von } x^n - 1. \tag{5.2.5}$$

Bei einem zyklischen Code ist durch Vorgabe von Γ das normierte Generatorpolynom eindeutig bestimmt. Ferner gilt für beliebiges $w(x) \in \mathbb{F}_q[x]$:

$$a(x) \in \Gamma \implies R_{x^n-1}[w(x)a(x)] \in \Gamma. \tag{5.2.6}$$

Beweis: „(5.2.6)“: Γ sei zyklisch. Dann ist mit $a(x) \in \Gamma$ auch die Verschiebung $R_{x^n-1}[x^i a(x)] \in \Gamma$ und somit folgt:

$$R_{x^n-1}\left[\sum_{i=0}^{l} w_i x^i \cdot a(x)\right] = \sum_{i=0}^{l} w_i R_{x^n-1}[x^i a(x)] \in \Gamma.$$

„(5.2.5) $\Longrightarrow$“: Nach Satz A.4 existieren Polynome $\alpha(x), r(x)$ mit:

$$x^n - 1 = \alpha(x)g(x) + r(x) \quad \text{mit} \quad \text{Grad } r(x) < \text{Grad } g(x) = n-k.$$

Somit folgt mit (5.2.6):

$$r(x) = R_{x^n-1}[r(x)] = R_{x^n-1}[x^n - 1 - \alpha(x)g(x)] = R_{x^n-1}[-\alpha(x)g(x)] \in \Gamma.$$

Also ist $r(x)$ ein Codewort von Grad $< n-k$. Das ist aber nur für $r(x) = 0$ möglich und somit ist $g(x)$ ein Teiler von $x^n - 1$.

„(5.2.5) $\Longleftarrow$“: Sei $g(x)$ ein Teiler von x^n-1, d.h. $x^n - 1 = h(x)g(x)$ mit Grad $g(x) = n-k$ und Grad $h(x) = k$. Für ein beliebiges Codewort $a(x) = u(x)g(x)$ ist zu zeigen, daß die zyklische Verschiebung $R_{x^n-1}[x^m a(x)]$ wieder ein Codewort ist. Zu $x^m u(x)$ existieren nach Satz A.4 Polynome $\alpha(x)$ und $r(x)$ mit:

$$x^m u(x) = \alpha(x)h(x) + r(x) \quad \text{mit} \quad \text{Grad } r(x) < \text{Grad } h(x) = k.$$

Somit folgt:

$$\begin{aligned} R_{x^n-1}[x^m a(x)] &= R_{x^n-1}[x^m u(x)g(x)] \\ &= R_{x^n-1}[\alpha(x)\underbrace{h(x)g(x)}_{=x^n-1} + \underbrace{r(x)g(x)}_{\text{Grad } \le (k-1)+(n-k)=n-1}] \\ &= r(x)g(x) \in \Gamma. \end{aligned}$$

„Eindeutigkeit“: Es sei $g'(x)$ ein weiteres Generatorpolynom. Wegen $g'(x) \in \Gamma$ existiert $u(x)$ mit $g'(x) = u(x)g(x)$. Da $g(x)$ und $g'(x)$ gleiche Grade haben, muß $u(x)$ den Grad Null haben, d.h. eine Konstante sein. □

Eine weitere Kennzeichnung zyklischer Codes wird in Satz A.11 bewiesen: Ein Code Γ ist genau dann zyklisch, wenn Γ ein Ideal bzw. ein Hauptideal im Hauptidealring $\mathbb{F}_q[x]_{n-1}$ ist. Diese rein algebraische Charakterisierung zyklischer Codes wird nachfolgend aber nicht wieder aufgegriffen, so daß der mathematisch weniger interessierte Leser diesen Punkt übergehen kann.

Ein zyklischer Code wird einerseits durch ein normiertes Generatorpolynom vom Grad $n-k$ mit $n-k$ Koeffizienten und andererseits durch eine Generatormatrix mit $k \cdot n$ Koeffizienten beschrieben. Den Zusammenhang gibt folgender Satz:

Satz 5.3. *Der zyklische $(n,k)_q$-Code werde erzeugt durch das Generatorpolynom $g(x) = g_0 + g_1 x + \ldots + g_{n-k-1}x^{n-k-1} + x^{n-k}$. Dann wird der Code auch erzeugt durch die Generatormatrix $\boldsymbol{G} \in \mathbb{F}_q^{k,n}$:*

$$\boldsymbol{G} = \begin{pmatrix} g_0 \cdots\cdots g_{n-k} & & \\ & g_0 \cdots\cdots g_{n-k} & \\ & & g_0 \cdots\cdots g_{n-k} \end{pmatrix} \leftrightarrow \begin{pmatrix} g(x) \\ xg(x) \\ \vdots \\ x^{k-1}g(x) \end{pmatrix}. \tag{5.2.7}$$

Beweis: Sei $u(x) \leftrightarrow (u_0, \ldots, u_{k-1})$ und $a(x) \leftrightarrow (a_0, \ldots, a_{n-1})$. Dann entspricht die Polynom-Multiplikation $a(x) = u(x)g(x)$ der Koeffizienten-Faltung

$$a_i = \sum_{\nu=\max\{0,i-n+k\}}^{\min\{k-1,i\}} u_\nu g_{i-\nu}$$

und dies entspricht genau der Matrix-Multiplikation $\boldsymbol{a} = \boldsymbol{uG}$. Die Darstellung von $\boldsymbol{G}$ als Polynomvektor ist offensichtlich. □

5.3 Prüfpolynom

Zunächst wird an die Matrixbeschreibung eines linearen Codes mit der Generatormatrix $\boldsymbol{G} \in \mathbb{F}_q^{k,n}$ und der Prüfmatrix $\boldsymbol{H} \in \mathbb{F}_q^{n-k,n}$ mit $\boldsymbol{GH}^T = \boldsymbol{0}$ erinnert:

$$\Gamma = \left\{ \boldsymbol{uG} \;\middle|\; \boldsymbol{u} \in \mathbb{F}_q^k \right\} = \left\{ \boldsymbol{a} \in \mathbb{F}_q^n \;\middle|\; \boldsymbol{aH}^T = \boldsymbol{0} \right\}.$$

Entsprechend gilt für die Polynombeschreibung:

Satz 5.4. *Durch das Generatorpolynom $g(x)$ vom Grad $n-k$ werde der zyklische $(n,k)_q$-Code Γ erzeugt. Da $g(x)$ ein Teiler von x^n-1 ist, existiert ein* Prüfpolynom *(parity check polynomial) $h(x) \in \mathbb{F}_q[x]_k$ vom Grad k, so daß*

$$g(x)h(x) = x^n - 1 \tag{5.3.1}$$

gilt. Mit $g(x)$ ist auch $h(x)$ normiert. Dann ist der Code eindeutig durch $h(x)$ wie folgt charakterisiert:

$$\Gamma = \left\{ a(x) \in \mathbb{F}_q[x]_{n-1} \;\middle|\; R_{x^n-1}[a(x)h(x)] = 0 \right\}. \tag{5.3.2}$$

Beweis: „$\Gamma_{5.2.1} \subseteq \Gamma_{5.3.2}$": Sei $a(x) = u(x)g(x)$ vom Grad $\leq n-1$. Es gilt

$$a(x)h(x) = u(x)g(x)h(x) = u(x)(x^n - 1)$$

und somit $R_{x^n-1}[a(x)h(x)] = 0$.

„$\Gamma_{5.3.2} \subseteq \Gamma_{5.2.1}$": Sei $a(x) \in \mathbb{F}_q[x]_{n-1}$ mit $R_{x^n-1}[a(x)h(x)] = 0$. Zu zeigen ist die Existenz eines $u(x) \in \mathbb{F}_q[x]_{k-1}$ mit $a(x) = u(x)g(x)$. Zu $a(x)$ und $g(x)$ existieren nach Satz A.4 Polynome $u(x)$ und $r(x)$ mit

$$a(x) = u(x)g(x) + r(x) \quad \text{mit} \quad \text{Grad}\, r(x) < \text{Grad}\, g(x) = n - k.$$

Somit folgt:

$$\begin{aligned} 0 &= R_{x^n-1}[a(x)h(x)] \\ &= R_{x^n-1}[u(x)\underbrace{g(x)h(x)}_{=(x^n-1)} + \underbrace{r(x)h(x)}_{\text{Grad}<(n-k)+k=n}\;] = r(x)h(x). \end{aligned}$$

Also folgt $r(x) = 0$ und damit $a(x) = u(x)g(x)$. □

Satz 5.5. *Unter den Voraussetzungen des vorangehenden Satzes mit einem Prüfpolynom $h(x) = h_0 + h_1x + \ldots + h_{k-1}x^{k-1} + x^k$ wird eine Prüfmatrix $\boldsymbol{H} \in \mathbb{F}_q^{n-k,n}$ gegeben durch:*

$$\boldsymbol{H} = \begin{pmatrix} h_k \ldots\ldots h_0 & & \\ & h_k \ldots\ldots h_0 & \\ & & h_k \ldots\ldots h_0 \end{pmatrix} \leftrightarrow \begin{pmatrix} \bar{h}(x) \\ x\bar{h}(x) \\ \vdots \\ x^{n-k-1}\bar{h}(x) \end{pmatrix}. \tag{5.3.3}$$

Dabei ist $\bar{h}(x) = x^k h(x^{-1}) = 1 + h_{k-1}x + \ldots + h_0x^k$ das reziproke Polynom zu $h(x)$ (siehe auch (A.6.9)). Natürlich ist die Reihenfolge der Zeilen in $\boldsymbol{H}$ wie in $\boldsymbol{G}$ beliebig.

Beweis: Die Komponenten von $\boldsymbol{H}$ werden als $H_{j,\nu}$ mit $0 \leq j \leq n-k-1$, $0 \leq \nu \leq n-1$ geschrieben. Für $\boldsymbol{H}$ nach (5.3.3) gilt $H_{j,\nu} = h_{k+j-\nu}$ und für $\boldsymbol{G}$ nach (5.2.7) gilt $G_{i,\nu} = g_{\nu-i}$ mit $0 \leq i \leq k-1$, $0 \leq \nu \leq n-1$. Nachzuweisen ist $\boldsymbol{G}\boldsymbol{H}^T = \boldsymbol{0}$ gemäß Satz 4.3:

$$(\boldsymbol{G}\boldsymbol{H}^T)_{i,j} = \sum_\nu G_{i,\nu} H_{j,\nu} = \sum_\nu g_{\nu-i} h_{k+j-\nu} = \sum_\mu g_\mu h_{k+j-i-\mu},$$

wobei $\mu = \nu - i$ substituiert wurde. Die rechte Summe entspricht der $(k+j-i)$-ten Komponente in $g(x)h(x) = x^n - 1$. Aus $0 \leq i \leq k-1$ und $0 \leq j \leq n-k-1$ folgt $1 \leq k+j-i \leq n-1$ und somit $(\boldsymbol{G}\boldsymbol{H}^T)_{i,j} = 0$. □

Beispiel 5.2. **(1)** Für den $(n,1)_2$-Wiederholungscode gilt

$$g(x) = 1 + x + \cdots + x^{n-1} = \frac{x^n - 1}{x - 1} = \frac{x^n + 1}{x + 1},$$

denn aus $u(x) = u_0$ folgt $a(x) = u(x)g(x) \leftrightarrow (u_0, \ldots, u_0)$. Daraus ergibt sich $h(x) = x - 1 = x + 1$ und weiter ist

$$\begin{aligned}
0 &= R_{x^n-1}[a(x)h(x)] = R_{x^n-1}[a(x)x - a(x)] \\
&= R_{x^n-1}[a_0 x + \cdots + a_{n-1}x^n - a_0 - a_1 x - \cdots - a_{n-1}x^{n-1}] \\
&= R_{x^n-1}[-a_0 + (a_0 - a_1)x + \cdots + (a_{n-2} - a_{n-1})x^{n-1} + a_{n-1}x^n] \\
&= (a_{n-1} - a_0) + (a_0 - a_1)x + \cdots + (a_{n-2} - a_{n-1})x^{n-1}
\end{aligned}$$

äquivalent mit $a_{n-1} = a_0, a_0 = a_1, a_1 = a_2, \ldots, a_{n-2} = a_{n-1}$ bzw. $a_0 = a_1 = \cdots = a_{n-1}$. Nach (5.2.7) und (5.3.3) gilt:

$$\boldsymbol{G} = \begin{pmatrix} 1 & 1 & \ldots & 1 & 1 \end{pmatrix}, \quad \boldsymbol{H} = \begin{pmatrix} 1 & 1 & & & \\ & 1 & 1 & & \\ & & & & \\ & & & 1 & 1 \\ & & & & 1 \quad 1 \end{pmatrix}.$$

Durch die elementaren Zeilenoperationen ergibt sich die in Beispiel 4.3(2) angegebene Form von $\boldsymbol{H}$.

(2) Mit ähnlichen Methoden ergibt sich für den $(n, n-1)_2$-Parity Check Code $g(x) = x - 1$ und $h(x) = (x^n - 1)/(x - 1)$. □

Satz 5.6. *Zum zyklischen $(n,k)_q$-Code Γ gehöre das Generatorpolynom $g(x)$ und das Prüfpolynom $h(x)$. Der duale $(n, n-k)_q$-Code ist dann ebenfalls zyklisch mit dem Generatorpolynom $g^\perp(x) = \bar{h}(x) = x^k h(x^{-1})$ und dem Prüfpolynom $h^\perp(x) = \bar{g}(x) = x^{n-k} g(x^{-1})$. Es gilt die Darstellung*

$$\Gamma^\perp = \left\{ b(x) \in \mathbb{F}_q[x]_{n-1} \;\middle|\; R_{x^n-1}[a(x)b(x^{-1})x^{n-1}] = 0 \text{ für alle } a(x) \in \Gamma \right\}. \tag{5.3.4}$$

Beweis: Zunächst ist $g^{\perp}(x) = \bar{h}(x)$ ein Polynom vom Grad $n - k^{\perp} = k$ und $h^{\perp}(x) = \bar{g}(x)$ ein Polynom vom Grad $k^{\perp} = n - k$. Weiter gilt

$$g^{\perp}(x)h^{\perp}(x) = x^n h(x^{-1})g(x^{-1}) = x^n(x^{-n} - 1) = -(x^n - 1).$$

Nach Definition 4.3 wird $\Gamma^{\perp}$ durch die Prüfmatrix $\boldsymbol{H}$ erzeugt, die nach (5.3.3) durch $g^{\perp}(x) = \bar{h}(x)$ aufgebaut wird. Die Darstellung (5.3.4) folgt nicht direkt aus (4.3.1), denn $\boldsymbol{a} \perp \boldsymbol{b}$ bzw. $\sum_i a_i b_i = 0$ impliziert nur, daß in $a(x)b(x^{-1})x^{n-1}$ der Koeffizient bei x^{n-1} entfällt. Zum Beweis von (5.3.4) wird die rechts stehende Menge mit Γ' bezeichnet.

„$\Gamma^{\perp} \subseteq \Gamma'$": Sei $b(x) = v(x)g^{\perp}(x) \in \Gamma^{\perp}$ beliebig mit Grad $v(x) \leq n-k-1$. Sei $a(x) = u(x)g(x) \in \Gamma$ beliebig mit Grad $u(x) \leq k - 1$. Dann gilt

$$\begin{aligned} a(x)b(x^{-1})x^{n-1} &= u(x)g(x) \cdot v(x^{-1})g^{\perp}(x^{-1}) \cdot x^{n-1} \\ &= u(x)g(x) \cdot v(x^{-1})h(x) \cdot x^{n-k-1} \\ &= u(x) \cdot \underbrace{v(x^{-1})x^{n-k-1}}_{\text{Polynom}} \cdot \underbrace{g(x)h(x)}_{=(x^n-1)} \\ &= 0 \text{ modulo } (x^n - 1) \end{aligned}$$

und somit $b(x) \in \Gamma'$.

„$\Gamma^{\perp} \supseteq \Gamma'$": Sei $b(x) \in \Gamma'$. Wegen $g(x) \in \Gamma$ gilt $R_{x^n-1}[g(x)b(x^{-1})x^{n-1}] = 0$ und somit existiert ein Polynom $\alpha(x)$ mit

$$\underbrace{g(x)}_{\text{Grad}=n-k} \cdot \underbrace{b(x^{-1})}_{\text{Grad}\leq n-1} \cdot x^{n-1} = \alpha(x)\underbrace{(x^n - 1)}_{\text{Grad}=n}.$$

Somit folgt Grad $\alpha(x) \leq n - k - 1$ und nach Division durch $g(x)$ und Substitution $x^{-1} \mapsto x$ ergibt sich:

$$b(x) = x^{n-1}\alpha(x^{-1})h(x^{-1}) = x^{n-k-1}\alpha(x^{-1}) \cdot x^k h(x^{-1}).$$

Mit $v(x) = x^{n-k-1}\alpha(x^{-1})$ gilt $b(x) = v(x)g^{\perp}(x) \in \Gamma^{\perp}$. In (5.3.4) kann übrigens auch $R_{x^n-1}[b(x)a(x^{-1})x^{n-1}] = 0$ geschrieben werden. □

Beispiel 5.3. Sei $g(x) = 1 + x + x^3$ und $h(x) = 1 + x + x^2 + x^4$. Wegen $g(x)h(x) = x^7 - 1$ in $\mathbb{F}_2$ sind dies Generator- und Prüfpolynom für einen zyklischen $(7,4)_2$-Code. Nach (5.2.7) und (5.3.3) gilt mit $\bar{h}(x) = 1+x^2+x^3+x^4$:

$$\boldsymbol{G} = \boldsymbol{G}_3 = \begin{pmatrix} 1\,1\,0\,1\,0\,0\,0 \\ 0\,1\,1\,0\,1\,0\,0 \\ 0\,0\,1\,1\,0\,1\,0 \\ 0\,0\,0\,1\,1\,0\,1 \end{pmatrix} \leftrightarrow \begin{pmatrix} 1+x+x^3 \\ x+x^2+x^4 \\ x^2+x^3+x^5 \\ x^3+x^4+x^6 \end{pmatrix} = \begin{pmatrix} g(x) \\ xg(x) \\ x^2g(x) \\ x^3g(x) \end{pmatrix},$$

$$\boldsymbol{H} = \begin{pmatrix} 1\,0\,1\,1\,1\,0\,0 \\ 0\,1\,0\,1\,1\,1\,0 \\ 0\,0\,1\,0\,1\,1\,1 \end{pmatrix} \leftrightarrow \begin{pmatrix} 1+x^2+x^3+x^4 \\ x+x^3+x^4+x^5 \\ x^2+x^4+x^5+x^6 \end{pmatrix} = \begin{pmatrix} \bar{h}(x) \\ x\bar{h}(x) \\ x^2\bar{h}(x) \end{pmatrix}.$$

$\boldsymbol{G}$ entspricht genau der Generatormatrix $\boldsymbol{G}_3$ der zyklischen Version des Hamming-Codes aus Beispiel 5.1. Man kann $\boldsymbol{G}\boldsymbol{H}^T = \boldsymbol{0}$ verifizieren. $\boldsymbol{H}$ entsteht natürlich durch Spaltenpermutation aus der Prüfmatrix von Beispiel 4.3(1). Durch die elementaren Zeilenoperationen ergibt sich aus $\boldsymbol{G}_3$ ein systematischer zyklischer Code mit:

$$\boldsymbol{G}_4 = \begin{pmatrix} 1\,0\,0\,0 & 1\,1\,0 \\ 0\,1\,0\,0 & 0\,1\,1 \\ 0\,0\,1\,0 & 1\,1\,1 \\ 0\,0\,0\,1 & 1\,0\,1 \end{pmatrix}.$$

Der duale Code, der also einer äquivalenten zyklischen Version des $(7,3)_2$-Simplex-Codes entspricht, wird durch $g^\perp(x) = \bar{h}(x) = 1 + x^2 + x^3 + x^4$ bzw. $h^\perp(x) = \bar{g}(x) = 1 + x^2 + x^3$ erzeugt.

Auch durch $g(x) = 1 + x^2 + x^3$ wird ein zyklischer $(7,4)_2$-Code erzeugt, der mit $g(x) = 1 + x + x^3$ nicht identisch, aber äquivalent ist. Durch $g(x) = 1 + x^3$ oder $g(x) = 1 + x + x^2 + x^3$ wird dagegen kein zyklischer Code erzeugt, da dies keine Teiler von $x^7 - 1 = (1 + x)(1 + x + x^3)(1 + x^2 + x^3)$ sind, wie die Zerlegung in irreduzible Faktoren zeigt. □

In Kapitel 7 wird noch gezeigt, daß jeder Hamming-Code eine äquivalente zyklische Version besitzt.

5.4 Systematische Encodierung

Jeder zyklische Code kann systematisch encodiert werden, denn zu jedem zyklischen Code existiert eine Generatormatrix gemäß (5.2.7), die gemäß Satz 4.1 in eine systematische Form überführt werden kann, wobei der Code identisch bleibt. Die direkte Encodierung gemäß (5.2.3) erzeugt einen nichtsystematischen Code und wird deshalb nie verwendet. In diesem Abschnitt werden verschiedene Methoden zur systematischen Encodierung angegeben, die direkt auf der Polynombeschreibung beruhen und mit einfachen Schieberegistern realisierbar sind.

Satz 5.7 (Systematische Encodierung mit dem Generatorpolynom). *Es sei $g(x) = g_0 + g_1 x + \cdots + g_{n-k-1} x^{n-k-1} + x^{n-k}$ ein Generatorpolynom für einen zyklischen $(n,k)_q$-Code. Zum Infowort $\boldsymbol{u} = (u_0, \ldots, u_{k-1}) \leftrightarrow u(x)$ wird als Prüfwort*

$$\boldsymbol{p} = (p_0, \ldots, p_{n-k-1}) \quad \leftrightarrow \quad p(x) = R_{g(x)}[-x^{n-k} u(x)] \tag{5.4.1}$$

bestimmt und als Codewort wird verwendet:

$$\boldsymbol{a} = (\underbrace{p_0, \ldots, p_{n-k-1}}_{n-k \text{ Prüfstellen}}, \underbrace{u_0, \ldots, u_{k-1}}_{k \text{ Infostellen}}) \quad \leftrightarrow \quad a(x) = p(x) + x^{n-k} u(x). \tag{5.4.2}$$

Beweis: Zu zeigen ist $a(x) \in \Gamma$. Aus (5.4.1) und (5.4.2) folgt:

$$\begin{aligned} R_{g(x)}[a(x)] &= R_{g(x)}[R_{g(x)}[-x^{n-k}u(x)] + x^{n-k}u(x)] \\ &= R_{g(x)}[-x^{n-k}u(x) + x^{n-k}u(x)] \;=\; 0. \end{aligned}$$

Damit ist $a(x)$ als Vielfaches von $g(x)$ nachgewiesen. □

Die praktische Realisierung mit einem *linearen rückgekoppelten Schieberegister* (LFSR, linear feedback shift register) zeigt Bild 5.1. Zu Beginn ist das Register mit Nullen vorbelegt: $r_m^{(0)} = 0$. Der Reihe nach werden $u_{k-1}, \ldots, u_0$ eingeschoben. Danach enthält das Register die Prüfstellen: $r_m^{(k)} = p_m$.

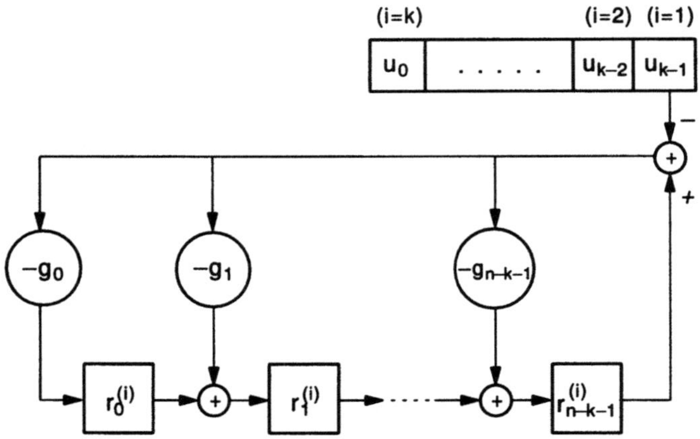

Bild 5.1. Systematische Encodierung mit $g(x)$

Beweis dafür, daß das Register nach Einschieben der Infosymbole tatsächlich die Prüfsymbole enthält: Zunächst wird die Polynom-Darstellung im bekannten *Horner-Schema* notiert (zur Abkürzung wird $s = n - k$ und $R[.] = R_{g(x)}[.]$ gesetzt):

$$x^s u(x) = u_0 x^s + x(u_1 x^s + \cdots + x(u_{k-2}x^s + x(u_{k-1}x^s + 0))\cdots).$$

Daraus folgt für $p(x) = R[-x^s u(x)]$:

$$p(x) = \underbrace{R[-u_0x^s + x\,\underbrace{R[-u_1x^s + \cdots + x\,\underbrace{R[-u_{k-2}x^s + x\,\underbrace{R[-u_{k-1}x^s + 0]}_{=r^{(1)}(x)}]}_{=r^{(2)}(x)}\cdots]}_{=r^{(k-1)}(x)}]}_{=r^{(k)}(x)}.$$

Also gilt in rekursiver Schreibweise:

$$\begin{aligned} r^{(0)}(x) &= 0 \\ r^{(i)}(x) &= R_{g(x)}[-u_{k-i}x^{n-k} + x r^{(i-1)}(x)] \quad (i = 1, \ldots, k) \\ r^{(k)}(x) &= p(x). \end{aligned}$$

Zu zeigen bleibt noch, daß das Schieberegister diese Rekursion realisiert. Rechnen modulo $g(x)$ bedeutet, daß x^{n-k} durch $-\sum_{j=0}^{n-k-1} g_j x^j$ ersetzt wird. Da $r^{(i)}(x)$ vom Grad $\leq n-k-1$ ist, gilt (formal sei $r_{-1}^{(i)} = 0$):

$$\begin{aligned}
r^{(i)}(x) &= \sum_{j=0}^{n-k-1} r_j^{(i)} x^j \\
&= R_{g(x)}\left[-u_{k-i}x^{n-k} + \sum_{j=0}^{n-k-1} r_{j-1}^{(i-1)} x^j + r_{n-k-1}^{(i-1)} x^{n-k}\right] \\
&= \sum_{j=0}^{n-k-1} r_{j-1}^{(i-1)} x^j + \left(-u_{k-i} + r_{n-k-1}^{(i-1)}\right) \cdot \left(-\sum_{j=0}^{n-k-1} g_j x^j\right) \\
&= \sum_{j=0}^{n-k-1} \left(r_{j-1}^{(i-1)} - g_j\left(-u_{k-i} + r_{n-k-1}^{(i-1)}\right)\right) x^j.
\end{aligned}$$

Der Koeffizientenvergleich ergibt $r_j^{(i)} = r_{j-1}^{(i-1)} - g_j(-u_{k-i} + r_{n-k-1}^{(i-1)})$ und genau diese Operation wird im Schieberegister realisiert. □

Beispiel 5.4. Betrachte den $(7,4)_2$-Hamming-Code mit dem Generatorpolynom $g(x) = 1 + x + x^3$. Sei $u(x) = 1 + x^2 + x^3 \leftrightarrow 1011$. Dann gilt

$$p(x) = R_{g(x)}[x^{n-k}u(x)] = R_{x^3+x+1}[x^6 + x^5 + x^3] = 1,$$

was auf verschiedene Arten berechnet werden kann. Erstens kann das Divisionsverfahren angewendet werden. Zweitens ist eine direkte Berechnung wie folgt möglich:

$$\begin{aligned}
R_{g(x)}[x^3] &= x + 1 \\
R_{g(x)}[x^4] &= R_{g(x)}[x^2 + x] = x^2 + x \\
R_{g(x)}[x^5] &= R_{g(x)}[x^3 + x^2] = x^2 + x + 1 \\
R_{g(x)}[x^6] &= R_{g(x)}[x^3 + x^2 + x] = (x+1) + (x^2 + x) = x^2 + 1 \\
R_{g(x)}[x^6 + x^5 + x^3] &= (x^2 + 1) + (x^2 + x + 1) + (x + 1) = 1.
\end{aligned}$$

Drittens kann die Berechnung mit dem rückgekoppelten Schieberegister erfolgen, wie es in Bild 5.2 dargestellt ist. Mit

$$a(x) = p(x) + x^3u(x) = 1 + x^3 + x^5 + x^6 \leftrightarrow 1001011$$

ergibt sich dann das Codewort. □

Anstelle des Generatorpolynoms kann auch das Prüfpolynom zur systematischen Encodierung verwendet werden:

i	u_i	$r^{(i)}_{n-k-1}$	$r^{(i)}$
0			000
1	1	0	110
2	1	0	101
3	0	1	100
4	1	0	100 = **p**

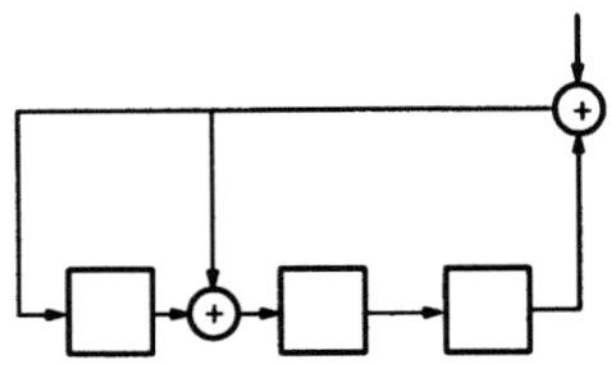

Bild 5.2. Beispiel zur systematischen Encodierung mit $g(x)$

Satz 5.8 (Systematische Encodierung mit dem Prüfpolynom). *Es sei $h(x) = h_0 + h_1 x + \cdots + h_{k-1}x^{k-1} + x^k$ ein Prüfpolynom für einen zyklischen $(n,k)_q$-Code. Dann wird das Codewort wie folgt gewählt:*

$$\boldsymbol{a} = (\underbrace{a_0, \ldots, a_{n-k-1}}_{n-k \text{ Prüfstellen}}, \underbrace{a_{n-k}, \ldots, a_{n-1}}_{k \text{ Infostellen}}). \tag{5.4.3}$$

Die Prüfstellen werden dabei wie folgt bestimmt ($m = n-k-1, n-k-2, \ldots, 0$):

$$a_m = -\sum_{i=0}^{k-1} h_i a_{m-i+k} = \mathit{Funktion}(a_{m+1}, \ldots, a_{m+k}). \tag{5.4.4}$$

Beweis: Es ist $R_{x^n-1}[a(x)h(x)] = 0$ nachzuweisen gemäß Satz 5.4. Die Gleichung (5.4.4) bedeutet $\sum_{i=0}^{k} h_i a_{m-i+k} = 0$, d.h. die $(m+k)$-te Potenz in $a(x)h(x)$ ist Null. Somit enthält $a(x)h(x)$ nur die Potenzen von x^0 bis x^{k-1} und von x^n bis x^{n+k-1} und folglich muß Grad $R_{x^n-1}[a(x)h(x)] \leq k-1$ sein. Es existieren Polynome $\alpha(x), r(x)$ mit

$$a(x) = \alpha(x)g(x) + r(x) \quad \text{mit} \quad \text{Grad } r(x) < \text{Grad } g(x) = n-k.$$

Somit folgt:

$$R_{x^n-1}[a(x)h(x)] = R_{x^n-1}[\alpha(x)\underbrace{g(x)h(x)}_{=x^n-1} + \underbrace{r(x)h(x)}_{\text{Grad}<(n-k)+k=n}] = r(x)h(x).$$

Für $r(x) \neq 0$ gilt Grad $R_{x^n-1}[a(x)h(x)] \geq$ Grad $h(x) = k$, was einen Widerspruch bedeutet. Also ist $r(x) = 0$ und damit gilt $a(x) = \alpha(x)g(x)$ bzw. $R_{x^n-1}[a(x)h(x)] = 0$. □

Die praktische Realisierung mit einem rückgekoppelten Schieberegister zeigt Bild 5.3. Zu Beginn ($m = n-k-1$) ist das Register mit dem Infowort $a_{n-k}, \ldots, a_{n-1}$ vorbelegt. Der Reihe nach entstehen am Eingang des Registers die Prüfstellen $a_{n-k-1}, \ldots, a_0$ mit $m = n-k-1, n-k-2, \ldots, 0$.

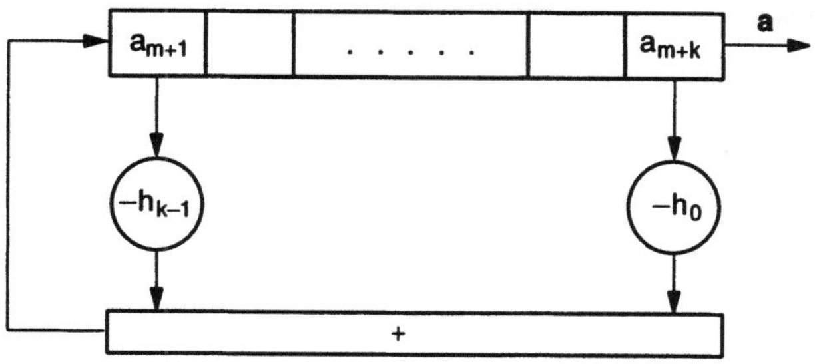

Bild 5.3. Systematische Encodierung mit $h(x)$

Beispiel 5.5. Betrachte wieder den $(7,4)_2$-Hamming-Code mit dem Prüfpolynom $h(x) = 1 + x + x^2 + x^4$. Wie bei Beispiel 5.4 sei $u(x) = 1 + x^2 + x^3$. Im Schieberegister aus Bild 5.4 wird $a_m = a_{m+2} + a_{m+3} + a_{m+4}$ realisiert und damit ergibt sich wieder das gleiche $a(x)$. □

m	$a_{m+1} \dots a_{m+4}$	a_m
2	1 0 1 1	0
1	0 1 0 1	0
0	0 0 1 0	1

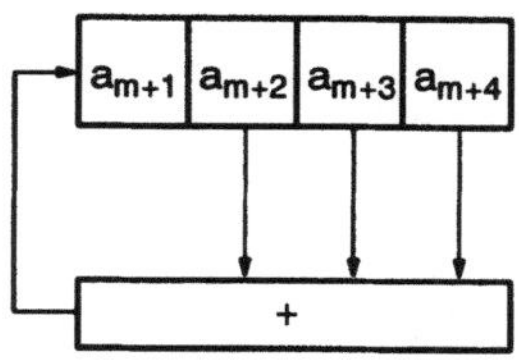

Bild 5.4. Beispiel zur systematischen Encodierung mit $h(x)$

Insgesamt sind jetzt vier verschiedenen Methoden zur Encodierung bekannt:

(1) Matrix-Operation: $\boldsymbol{a} = \boldsymbol{u}\boldsymbol{G}$.

(2) Polynom-Operation: $a(x) = u(x)g(x)$ (nicht-systematisch).

(3) Schieberegister-Implementierung mit $g(x)$.

(4) Schieberegister-Implementierung mit $h(x)$.

Bei (3) hat das Register die Länge $n-k$ mit k Shifts und bei (4) die Länge k mit $n-k$ Shifts. Die Anzahl der Add/Mult-Operationen beträgt also bei (3) und (4) wie auch bei (2) jeweils $(n-k)k = n^2(1-R)R$. Dagegen sind bei (1) $nk = n^2R$ Operationen notwendig. In allen vier Fällen führt eine Änderung in den Codeparametern mindestens zu neuen Koeffizienten in $\boldsymbol{G}$ bzw. $g(x)$ bzw. $h(x)$. Bei Galoisfeldern mit großem q sind Addition und Multiplikation etwa aufwandsgleich und dominieren gegenüber den Shifts. Die Methode (3) hat den Vorteil, daß die jeweils $n-k$ Operationen pro Shift parallelisierbar sind beim Einsatz von $n-k$ Prozessoren. Dagegen muß die Addiererkette bei (4) sequentiell abgearbeitet werden. Insbesondere bei großen Coderaten ist (3) deshalb günstiger als (4) einzustufen. (1) und (2) werden normalerweise nicht verwendet.

5.5 Syndrom

Die allermeisten Decodierverfahren, sowohl für einfache wie für komplizierte Codes, erfordern die Berechnung des Syndroms. Eigentlich ist das Syndrom hier nicht neu zu definieren, denn über $g(x)$ ist $\boldsymbol{G}$ und $\boldsymbol{H}$ und damit $\boldsymbol{s} = \boldsymbol{y}\boldsymbol{H}^T$ bestimmt. Das nachfolgend definierte Syndrompolynom $s(x)$ stimmt mit dem Syndromvektor $\boldsymbol{s} = \boldsymbol{y}\boldsymbol{H}^T$ nicht notwendigerweise überein, da die Prüfmatrix $\boldsymbol{H}$ nicht eindeutig bestimmt ist.

Definition 5.4. *Sei $g(x)$ das Generatorpolynom vom Grad $n-k$ eines zyklischen $(n,k)_q$-Codes. Zum Empfangswort $y(x) = a(x) + e(x)$ wird das* Syndrom *des Empfangswortes bzw. Fehlermusters definiert als Polynom vom Grad $\leq n-k-1$:*

$$s(x) = R_{g(x)}[y(x)] = R_{g(x)}[e(x)]. \tag{5.5.1}$$

Das Syndrom ist vom Codewort $a(x) = u(x)g(x)$ unabhängig, denn $R_{g(x)}[a(x)] = 0$ ist stets erfüllt. Das Syndrom ist wie bei Definition 4.7 durch $n-k$ Koeffizienten gekennzeichnet. Natürlich gilt

$$s(x) = 0 \quad \Longleftrightarrow \quad y(x) \in \Gamma \quad \Longleftrightarrow \quad e(x) \in \Gamma. \tag{5.5.2}$$

Die rechte Äquivalenz folgt aus der Linearität des Codes und die linke Äquivalenz folgt aus (5.2.2). In Tabelle 5.1 werden alle bisher eingeführten Polynome zusammengefaßt:

Tabelle 5.1. Zusammenfassung Polynome

Grad	Polynom	Name
$n-k$	$g(x)$	Generatorpolynom
k	$h(x) = (x^n-1)/g(x)$	Prüfpolynom
$\leq k-1$	$u(x)$	Infopolynom
$\leq n-1$	$a(x) = u(x)g(x), R_{x^n-1}[a(x)h(x)] = 0$	Codepolynom
$\leq n-1$	$e(x)$	Fehlerpolynom
$\leq n-1$	$y(x) = a(x) + e(x)$	Empfangspolynom
$\leq n-k-1$	$s(x) = R_{g(x)}[y(x)] = R_{g(x)}[e(x)]$	Syndrompolynom
Normierungen: $g_{n-k} = h_k = 1, \quad g_0 h_0 = 1$		

Wie bei der Encodierung mit dem Generatorpolynom kann das Syndrom durch ein rückgekoppeltes Schieberegister berechnet werden. Das Prinzip zeigt Bild 5.5: Zu Beginn ist das Register mit Nullen vorbelegt: $r_m^{(0)} = 0$. Der Reihe nach werden $y_{n-1}, \ldots, y_0$ eingeschoben. Danach enthält das Register das Syndrom: $r_m^{(n)} = s_m$. Im Gegensatz zur Encodierung wird hier das Register n statt k mal benutzt, so daß $n(n-k) = n^2(1-R)$ Operationen erforderlich sind.

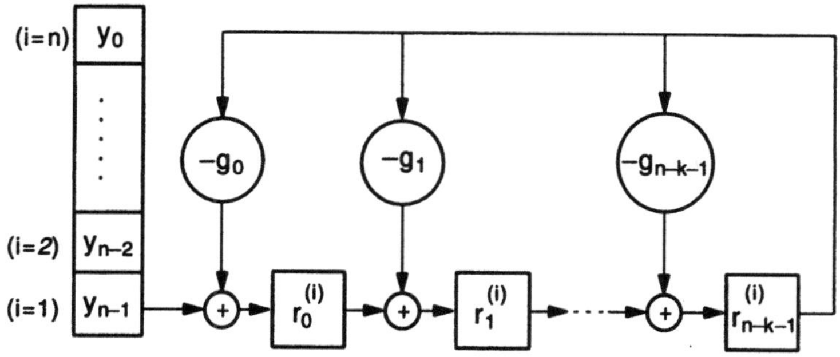

Bild 5.5. Syndrom-Berechnung mit einem rückgekoppelten Schieberegister

Beispiel 5.6. Betrachte wieder den $(7,4)_2$-Hamming-Code mit dem Generatorpolynom $g(x) = 1 + x + x^3$. Nach Beispiel 5.4 ist $a(x) = 1 + x^3 + x^5 + x^6$ ein Codewort. Sei $e(x) = x^6$ und somit $y(x) = 1+x^3+x^5 \leftrightarrow 1001010$. Das Syndrom kann durch das Divisionsverfahren oder direkt oder mit dem rückgekoppelten Schieberegister wie in Bild 5.6 berechnet werden: $s(x) = 1 + x^2 \leftrightarrow 101$. □

i	y_{n-i}	$r^{(i)}_{n-k-1}$	$\mathbf{r}^{(i)}$
0			0 0 0
1	0	0	0 0 0
2	1	0	1 0 0
3	0	0	0 1 0
4	1	0	1 0 1
5	0	1	Rück Shift 1 0 0 = 110 + 010
6	0	0	0 1 0
7	1	0	1 0 1 = **s**

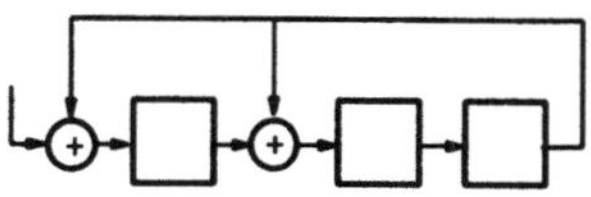

Bild 5.6. Beispiel zur Syndrom-Berechnung

5.6 Erkennung von Einzelfehlern und Bündelfehlern sowie CRC-Codes

Es wird weiterhin ein diskreter Kanal mit Hard-Decision vorausgesetzt. Bei der Fehlererkennung gibt es prinzipiell nur zwei mögliche Alternativen:

$s(x) = 0$: Das Empfangswort ist ein Codewort, d.h. es liegt entweder eine fehlerfreie Übertragung vor oder das Fehlermuster ist ein Codewort und damit prinzipiell nicht erkennbar.

$s(x) \neq 0$: Das Empfangswort ist kein Codewort und wird damit als fehlerhaft erkannt.

Bisher wurden ausschließlich gedächtnislose Kanäle behandelt, bei denen die Fehler statistisch unabhängig voneinander auftreten, so daß ein Fehlerwort (Fehlermuster) aus einer Reihe von *Einzelfehlern* besteht. Die Anzahl dieser Einzelfehler entspricht dem Hamminggewicht des Fehlerwortes und dieses Gewicht ist binomialverteilt gemäß (1.3.9). Viele reale Kanäle sind jedoch gedächtnisbehaftet und erzeugen *Bündelfehler* anstelle von Einzelfehlern. Sowohl zur Erkennung wie zur Korrektur von Bündelfehlern sind zyklische Codes sehr gut geeignet.

Definition 5.5. *Ein* Bündelfehler *(burst error) $e(x)$ der Länge t ist dadurch gekennzeichnet, daß höchstens t aufeinanderfolgende Stellen ungleich Null sind, d.h.*

$$e(x) = x^i b(x) \quad \textit{mit} \quad \text{Grad } b(x) < t,\ 0 \leq i \leq n-t. \tag{5.6.1}$$

Durch Grad $b(x) < t$ wird $w_H(\boldsymbol{b}) \leq t$ und $w_H(\boldsymbol{e}) \leq t$ impliziert, aber die Umkehrung gilt natürlich nicht. Selbstverständlich kann ein Bündelfehler auch fehlerfreie Stellen enthalten. Es kann vereinbart werden, daß Beginn und Ende eines Bündelfehlers fehlerhaft sind, aber das ist unwichtig.

Bei zyklischen Codes wird der Begriff des Bündelfehlers sinnvollerweise dahingehend erweitert, daß der Bündelfehler auch am Ende eines Wortes beginnen darf und sich dann zyklisch am Anfang fortsetzt: Ein zyklischer Bündelfehler *$e(x)$ der Länge t ist dadurch gekennzeichnet, daß höchstens t zyklisch aufeinanderfolgende Stellen ungleich Null sind, d.h.*

$$e(x) = R_{x^n-1}[x^i b(x)] \quad \textit{mit} \quad \text{Grad } b(x) < t. \tag{5.6.2}$$

Beispiele für Bündelfehler bei $n = 8, t = 4$:

10000000 : Bündelfehler
00100100 : Bündelfehler
00100010 : kein Bündelfehler, kein zyklischer Bündelfehler
00100001 : kein Bündelfehler, aber zyklischer Bündelfehler.

Leider sind Bündelfehler-erzeugende Kanäle nicht so einfach zu beschreiben wie der Einzelfehler-erzeugende DMC. Solange aber nicht die exakte Berechnung von Fehlerwahrscheinlichkeiten gefordert wird, reicht oft die simple Vorstellung aus, daß die Fehler gebündelt auftreten. Ein Bündelfehler der Länge t wird als wahrscheinlicher angesehen als t verstreute Einzelfehler. Dazu werden einige Beispiele betrachtet:

$$\boldsymbol{e}_1 = \ldots 000011110000000000 \ldots$$
$$\boldsymbol{e}_2 = \ldots 000010100101000000 \ldots$$
$$\boldsymbol{e}_3 = \ldots 000010001000000000 \ldots$$

Wenn für den Kanal nur Bündelfehler der Länge ≤ 4 unterstellt werden, dann ist das Fehlermuster $\boldsymbol{e}_1$ wahrscheinlicher als $\boldsymbol{e}_2$ und selbst noch wahrscheinlicher als $\boldsymbol{e}_3$, obwohl $w_H(\boldsymbol{e}_3) < w_H(\boldsymbol{e}_1)$ gilt.

Bei binären Kanälen beträgt die Fehlerrate innerhalb eines Bündelfehlers normalerweise rund 50%. Wenn ein auf Bündelfehler angepaßter Code Γ_{B} also L Bündelfehler der Länge t erkennen (bzw. korrigieren) kann, dann muß ein auf Einzelfehler angepaßter Code Γ_{E} bei gleicher Leistungsfähigkeit etwa $L \cdot t/2$ Einzelfehler erkennen (bzw. korrigieren) können. Wenn allerdings der Kanal mehr zu Einzelfehlern tendiert, wird Γ_{E} deutlich besser als Γ_{B} sein. Fazit: Der Code ist möglichst genau auf die zu erwartenden Fehlerstrukturen anzupassen.

Wenn das Fehlermuster aus maximal t Einzelfehlern oder einem zyklischen Bündelfehler der Länge t besteht, so gilt für die Anzahl der möglichen Fehlermuster einschließlich des fehlerfreien Falls:

$$L_t = \left\{ \begin{array}{ll} \displaystyle\sum_{r=0}^{t} \binom{n}{r}(q-1)^r & \text{Einzelfehler (Anzahl} \leq t) \\ & \\ 1 + n(q-1)q^{t-1} & \text{zykl.Bündelfehler (Länge} \leq t) \end{array} \right\}. \tag{5.6.3}$$

Die Anzahl der Einzelfehler wurde bereits in Satz 4.13 notiert. Bei zyklischen Bündelfehlern gemäß (5.6.2) gibt es für den ersten Koeffizienten in $b(x)$ genau $q-1$ und für die $t-1$ weiteren Koeffizienten jeweils q Möglichkeiten. Für i gibt es n Möglichkeiten und hinzu kommt noch der fehlerfreie Fall.

Beispiel 5.7. Betrachte einen nicht-zyklischen linearen $(6,2,3)_2$-Code mit

$$\Gamma = \{000000, 111000, 000111, 111111\}.$$

Der Bündelfehler 111000 stimmt mit einem Codewort überein und wird nicht erkannt. Durch Permutation ergibt sich ein äquivalenter Code mit ebenfalls $d_{\min} = 3$:

$$\Gamma = \{000000, 101010, 010101, 111111\}.$$

Dieser Code erkennt alle $L_3 - 1 = 24$ zyklischen Bündelfehler der Länge ≤ 3, weil diese Bündelfehler jeweils keine Codewörter sind:

$$\begin{array}{llll} 100000 & 110000 & 101000 & 111000 \\ 010000 & 011000 & 010100 & 011100 \\ 001000 & 001100 & 001010 & 001110 \\ 000100 & 000110 & 000101 & 000111 \\ 000010 & 000011 & 100010 & 100011 \\ 000001 & 100001 & 010001 & 110001. \end{array}$$

Unabhängig von der Permutation werden bei diesem Beispiel immer $d_{\min} = 2$ beliebige Einzelfehler erkannt. □

Für die Erkennung von Bündelfehlern sind äquivalente Codes nicht gleich gut – insbesondere wenn ein nicht-zyklischer mit einem zyklischen Code verglichen wird. Durch Permutationen kann ein guter Code zu einem schlechten Code werden. Das gleiche gilt für die Korrektur von Bündelfehlern.

Dagegen sind bei der Erkennung bzw. Korrektur von Einzelfehlern äquivalente Codes als gleichwertig zu betrachten.

Satz 5.9. *Ein (beliebig ungünstiger) zyklischer $(n,k)_q$-Code erkennt alle Bündelfehler bis zur Länge $t' \leq n-k$. Von den Bündelfehlern größerer Länge wird nur eine sehr kleine Quote nicht erkannt:*

$$\text{Quote nicht erkannter Bündelfehler} = \left\{ \begin{array}{ll} \dfrac{q^{-(n-k-1)}}{q-1} & t' = n-k+1 \\ q^{-(n-k)} & t' \geq n-k+2 \end{array} \right\}. \tag{5.6.4}$$

Beweis: Natürlich wird $e(x) = R_{x^n-1}[x^i b(x)]$ genau dann erkannt, wenn auch $b(x)$ erkannt wird. Sei $b(x) \neq 0$ und Grad $b(x) = t'-1$:

„$t' \leq n-k$“: Nach (5.2.4) ist $b(x) \notin \Gamma$.

„$t' = n-k+1$“: Für $b(x) \leftrightarrow (b_0 \neq 0, b_1, \ldots, b_{n-k-1}, b_{n-k} \neq 0)$ gibt es genau $(q-1)^2 q^{n-k-1}$ Möglichkeiten. Nicht erkannt werden davon genau $q-1$ Fehlermuster der Form $b(x) = u_0 g(x)$ mit $u_0 \neq 0$.

„$t' \geq n-k+2$“: Für $b(x)$ gibt es genau $(q-1)^2 q^{t'-2}$ Möglichkeiten. Nicht erkannt werden davon alle Fehlermuster der Form $b(x) = u(x)g(x)$ mit Grad $u(x) = t'-1-(n-k)$, d.h. der untere und der obere Koeffizient in $u(x)$ müssen ungleich Null sein, während die restlichen $t'-2-(n-k)$ Koeffizienten beliebig sein dürfen. Also gilt

$$\frac{(q-1)^2 q^{t'-2-(n-k)}}{(q-1)^2 q^{t'-2}} = q^{-(n-k)}$$

für die Quote der nicht erkennbaren Fehlermuster. □

Zum Vergleich: Ein linearer Code erkennt immer $d_{\min}-1$ Einzelfehler (Satz 3.4) und nach der Singleton-Schranke gilt $d_{\min}-1 \leq n-k$ (Satz 3.7). Bestenfalls sind also $n-k$ Einzelfehler erkennbar bzw. bestenfalls ein Bündelfehler der Länge $n-k$. Bei einem zyklischen Code ist dagegen immer die Erkennung eines Bündelfehlers der Länge $n-k$ garantiert – auch wenn der Code sehr schlecht gewählt wurde.

Eine besondere und praktisch außerordentlich wichtige Klasse von Codes zur Fehlererkennung behandelt der folgende Satz:

Satz 5.10 (CRC-Codes). *Ein zyklischer $(2^r-1, 2^r-r-2, 4)_2$-Code wird als* CRC-Code *(Cyclic Redundancy Check) bezeichnet, wenn das Generatorpolynom von der Form*

$$g(x) = (1+x)p(x) \tag{5.6.5}$$

ist, wobei $p(x)$ ein primitives Polynom vom Grad r sein muß (siehe dazu Kapitel 6). Es gilt dann:

(1) Alle Fehlermuster bis zum Gewicht 3 werden erkannt.
(2) Alle Fehlermuster ungeraden Gewichts werden erkannt.
(3) Alle Bündelfehler bis zur Länge $r+1$ *werden erkannt.*
(4) Von den Bündelfehlern der Länge $r+2$ *wird nur eine Quote von* 2^{-r} *nicht erkannt.*
(5) Von den Bündelfehlern der Länge $\geq r+3$ *wird nur eine Quote von* $2^{-(r+1)}$ *nicht erkannt.*

Beweis: Klar ist $n-k=r+1=\text{Grad}\, g(x)$. Der Nachweis, daß $g(x)$ einen zyklischen Code der Blocklänge 2^r-1 mit $d_{\text{min}} \geq 3$ erzeugt, kann erst in Kapitel 7 erbracht werden. Die Codewörter sind offensichtlich von der Form

$$a(x) = u(x)g(x) = u(x)p(x) + x \cdot u(x)p(x). \tag{5.6.6}$$

Da die Hamminggewichte von $u(x)p(x)$ und $x \cdot u(x)p(x)$ identisch sind, muß das Gewicht von $a(x)$ nach Satz 3.1 gerade sein und somit folgt $d_{\text{min}} \geq 4$. Damit folgen (1) bis (5) aus Satz 3.4 und Satz 5.9. □

In der Praxis werden CRC-Codes oft als verkürzte Codes im Sinne von Definition 4.6 betrieben. Der resultierende $(k'+r+1, k', 4)_2$-Code ist zwar nicht mehr zyklisch, aber dennoch ist (1) bis (5) aus Satz 5.10 gewährleistet. Die Encodierung des verkürzten Codes erfolgt gemäß

$$u(x) \quad \mapsto \quad R_{g(x)}[x^{r+1}u(x)] + x^{r+1}u(x) \tag{5.6.7}$$

mit $1+\text{Grad}\, u(x) \leq k' \leq k = 2^r - r - 2$.

Die Prüfbits eines CRC-Codes werden auch als *Frame Checking Sequence* (FCS) bezeichnet. Zum Einsatz in der OSI-Sicherungsschicht (Open Systems Interconnection) wurden von CCITT (Comité Consultatif International de Télégraphique et Téléphonique) einige CRC-Generatorpolynome als internationaler Standard genormt [40, 69]:

$$\begin{aligned}
&x^{16}+x^{12}+x^5+1 = (x+1)(x^{15}+x^{14}+x^{13}+x^{12}+x^4+x^3+x^2+x+1)\\
&x^{12}+x^{11}+x^3+x^2+x+1 = (x+1)(x^{11}+x^2+1)\\
&x^8+x^2+x+1 = (x+1)(x^7+x^6+x^5+x^4+x^3+x^2+1).
\end{aligned}$$

Weitere CRC-Codes mit 4, 7, 16, 24 und 32 Prüfbits finden sich in [75].

Beim CRC-Code mit 16 Prüfbits werden also von den Bündelfehlern 100% bei Länge ≤ 16 und 99,9969% bei Länge $= 17$ und 99,9985% bei Länge ≥ 18 erkannt, sofern die Anzahl der Infobits ≤ 32751 ist.

5.7 Korrektur von Einzelfehlern und Bündelfehlern

Wie vorangehend wird weiterhin ein diskreter Kanal mit Hard-Decision sowie ein zyklischer $(n,k)_q$-Code vorausgesetzt. Nach Abschnitt 3.2 werden t Einzelfehler korrigiert, wenn die Decodierkugeln vom Radius $t = \lfloor (d_{\text{min}}-1)/2 \rfloor$

disjunkt sind, d.h. für alle Codewörter $\boldsymbol{a}, \boldsymbol{a}' \in \Gamma$ mit $\boldsymbol{a} \neq \boldsymbol{a}'$ und alle Fehlermuster $\boldsymbol{e}, \boldsymbol{e}' \in K_t(\boldsymbol{0})$ gilt stets $\boldsymbol{a} + \boldsymbol{e} \neq \boldsymbol{a}' + \boldsymbol{e}'$ (siehe dazu auch Aufgabe 3.26). In entsprechender Weise wird nun die Korrektur von Bündelfehlern definiert:

Definition 5.6. *Ein zyklischer $(n,k)_q$-Code Γ korrigiert einen (zyklischen) Bündelfehler der Länge t pro Codewort, wenn für alle Codewörter $\boldsymbol{a}, \boldsymbol{a}' \in \Gamma$ mit $\boldsymbol{a} \neq \boldsymbol{a}'$ und alle (zyklischen) Bündelfehler $\boldsymbol{e}, \boldsymbol{e}'$ der Länge $\leq t$ stets*

$$\boldsymbol{a} + \boldsymbol{e} \neq \boldsymbol{a}' + \boldsymbol{e}'$$

gilt. Kein Empfangswort darf also in mehrfacher Weise als $\boldsymbol{y} = \boldsymbol{a} + \boldsymbol{e}$ darstellbar sein, sondern entweder eindeutig oder überhaupt nicht.

Eine äquivalente Kennzeichnung ist, daß die Syndrome aller (zyklischen) Bündelfehler verschieden sind (siehe Aufgabe 4.14).

In entsprechender Weise wird definiert, ob ein Code mehrere (zyklische) Bündelfehler pro Codewort korrigieren kann. Bei zyklischen Codes brauchen natürlich zur Überprüfung der Definition nur Fehlermuster betrachtet zu werden, die am Anfang des Wortes beginnen.

Bei der Bündelfehler-Korrektur wird also nicht verlangt, daß jeder (zyklische) Bündelfehler richtig ML-decodiert wird, sondern es werden nur diejenigen Codewörtern betrachtet, zu denen die Differenz $\boldsymbol{y} - \boldsymbol{a} = \boldsymbol{e}$ ebenfalls ein (zyklischer) Bündelfehler ist. Für jeden korrigierbaren (zyklischen) Bündelfehler muß genau ein solches Codewort existieren.

Ein Code zur Bündelfehler-Korrektur muß also einerseits die in Definition 5.6 geforderte Eigenschaft besitzen und andererseits muß der Decoder eine spezielle Decodierregel realisieren. Bündelfehler-korrigierende Codes werden nicht bezüglich der Minimaldistanz oder der Gewichtsverteilung entworfen, sondern so, daß die Korrektur bestimmter Fehlermuster garantiert wird. Natürlich kann der gleiche Code sowohl zur Korrektur von Einzelfehlern wie zur Korrektur von Bündelfehlern benutzt werden – aber nur im Prinzip, denn leistungsfähige Codes zur Korrektur von Bündelfehlern sind anders aufgebaut als Codes zur Korrektur von Einzelfehlern.

Bei der Fehlerkorrektur können entweder einige unabhängige Einzelfehler oder ein längerer Bündelfehler oder mehrere kürzere Bündelfehler korrigiert werden – aber nicht alles gleichzeitig. Diese Wahlmöglichkeit gibt es bei der Fehlererkennung nicht.

Beispiel 5.8. Betrachte den $(7,3,4)_2$-Simplex-Code mit dem Generatorpolynom $g(x) = 1 + x^2 + x^3 + x^4$. Für die Generatormatrix und für den Code gilt:

$$\boldsymbol{G} = \begin{pmatrix} 1\,0\,1\,1\,1\,0\,0 \\ 0\,1\,0\,1\,1\,1\,0 \\ 0\,0\,1\,0\,1\,1\,1 \end{pmatrix} \quad , \quad \Gamma = \left\{ \begin{array}{ll} 0000000 = \boldsymbol{a}_0, & 1001011 = \boldsymbol{a}_4 \\ 1011100 = \boldsymbol{a}_1, & 1100101 = \boldsymbol{a}_5 \\ 0101110 = \boldsymbol{a}_2, & 1110010 = \boldsymbol{a}_6 \\ 0010111 = \boldsymbol{a}_3, & 0111001 = \boldsymbol{a}_7 \end{array} \right\}.$$

Für das Empfangswort $\boldsymbol{y} = 1100000$ gilt

$$d_H(\boldsymbol{y}, \boldsymbol{a}_0) = d_H(\boldsymbol{y}, \boldsymbol{a}_5) = d_H(\boldsymbol{y}, \boldsymbol{a}_6) = 2.$$

Also sind zwei Einzelfehler, die zufällig nebeneinander auftreten, nicht korrigierbar, was bei $d_{\min} = 4$ auch nicht erwartet werden kann. Jedoch gilt:

$$\begin{aligned} \boldsymbol{y} - \boldsymbol{a}_0 &= 1100000 \\ \boldsymbol{y} - \boldsymbol{a}_5 &= 0000101 \\ \boldsymbol{y} - \boldsymbol{a}_6 &= 0010010. \end{aligned}$$

Die anderen 5 Differenzen haben mindestens das Hamminggewicht 3. Offensichtlich sind $\boldsymbol{y} - \boldsymbol{a}_5$ und $\boldsymbol{y} - \boldsymbol{a}_6$ keine zyklischen Bündelfehler der Länge ≤ 2. Wenn also als Fehlermuster nur Bündelfehler der Länge ≤ 2 angenommen werden, dann wird $\boldsymbol{y}$ eindeutig zu $\boldsymbol{a}_0$ korrigiert. Für einen Bündelfehler-erzeugenden Kanal ist das Fehlermuster $\boldsymbol{y} - \boldsymbol{a}_0$ wahrscheinlicher als $\boldsymbol{y} - \boldsymbol{a}_5$ oder $\boldsymbol{y} - \boldsymbol{a}_6$. □

Korrigierbare Fehlermuster sind durch verschiedene Syndrome charakterisiert. Da es nur q^{n-k} verschiedene Syndrome $s_\mu(x)$ gibt, kann es somit nur $q^{n-k} - 1$ korrigierbare Fehlermuster $e_\mu(x)$ (abgesehen vom Nullwort) geben. Die Nebenklassen-Zerlegung und die Syndrom-Decodierung aus Abschnitt 4.7 sind unabhängig von der Wahl der Anführer. Es können also beliebige $e_\mu(x)$ mit

$$R_{g(x)}[e_\mu(x)] = s_\mu(x) \tag{5.7.1}$$

gewählt werden. Bei der Syndrom-Decodierung wird zu $y(x)$ ein μ mit

$$s_\mu(x) = R_{g(x)}[y(x)] \tag{5.7.2}$$

gesucht und dann ist

$$\hat{a}(x) = y(x) - e_\mu(x) \tag{5.7.3}$$

das geschätzte Codewort, denn aus $R_{g(x)}[y(x) - e_\mu(x)] = s_\mu(x) - s_\mu(x) = 0$ folgt sofort $y(x) - e_\mu(x) \in \Gamma$. Als Nebenklassen-Anführer werden natürlich die zyklischen Bündelfehler gewählt und dann realisiert die Syndrom-Decodierung exakt die Bündelfehler-Korrektur gemäß Definition 5.6.

Beispiel 5.9. Fortsetzung von Beispiel 5.8 mit $g(x) = 1 + x^2 + x^3 + x^4$. Nach (5.6.3) gibt es $L_2 - 1 = 14$ zyklische Bündelfehler der Länge ≤ 2, die hier mit ihren Syndromen aufgelistet werden:

$e(x)$	$s(x)$	$e(x)$	$s(x)$
1	1	$1+x$	$1+x$
x	x	$x+x^2$	$x+x^2$
x^2	x^2	x^2+x^3	x^2+x^3
x^3	x^3	x^3+x^4	$1+x^2$
x^4	$1+x^2+x^3$	x^4+x^5	$x+x^3$
x^5	$1+x+x^2$	x^5+x^6	$1+x^3$
x^6	$x+x^2+x^3$	x^6+1	$1+x+x^2+x^3$

Die 14 Syndrome sind alle verschieden (obwohl es insgesamt nur 15 Syndrome ungleich Null gibt) und somit sind alle Bündelfehler der Länge ≤ 2 korrigierbar. Die beiden Fehlermuster $1+x^2$ und x^3+x^4 haben mit $1+x^2$ das gleiche Syndrom und dies zeigt erneut, daß der Code zwei Einzelfehler nicht korrigieren kann. □

Natürlich muß die Anzahl der korrigierbaren Fehlermuster kleiner sein als die Anzahl der Syndrome, d.h. für korrigierbare Bündelfehler der Länge $\leq t$ muß nach (5.6.3)

$$1 + n(q-1)q^{t-1} \leq q^{n-k} \tag{5.7.4}$$

gelten. Der folgende Satz macht jedoch eine in den meisten Fällen schärfere Aussage, die ähnlich zur Situation bei der Einzelfehler-Korrektur ist: Für die Korrektur von t Einzelfehlern ist $2t+1 \leq d_{\min}$ erforderlich und zusammen mit der Singleton-Schranke $d_{\min} \leq n-k+1$ folgt $2t \leq n-k$, d.h. die Korrektur eines Einzelfehlers erfordert 2 Prüfstellen. Für die Korrektur eines Bündelfehlers pro Codewort gilt:

Satz 5.11 (Rieger-Schranke). *Wenn ein zyklischer $(n,k)_q$-Code jeden zyklischen Bündelfehler bis zur Länge t korrigieren soll, dann muß $2t \leq n-k$ bzw. äquivalent $t \leq \lfloor (n-k)/2 \rfloor$ gelten.*

Beweis: Es seien $\boldsymbol{y}, \boldsymbol{y}' \in \mathbb{F}_q^n$ zwei verschiedene Wörter, die außerhalb der ersten $2t$ Komponenten identisch Null sind. Dann gibt es zwei Bündelfehler $\boldsymbol{e}, \boldsymbol{e}' \in \mathbb{F}_q^n$ der Länge $\leq t$ mit $\boldsymbol{y} - \boldsymbol{y}' = \boldsymbol{e} - \boldsymbol{e}'$. Falls $\boldsymbol{y} - \boldsymbol{y}' \in \Gamma$ wäre, so ergäbe sich aus $(\boldsymbol{y} - \boldsymbol{y}') + \boldsymbol{e}' = \boldsymbol{0} + \boldsymbol{e}$ ein Widerspruch zu Definition 5.6. Folglich ist $\boldsymbol{y} - \boldsymbol{y}' \notin \Gamma$ und somit sind die Syndrome von $\boldsymbol{y}$ und $\boldsymbol{y}'$ verschieden. Also muß die Anzahl q^{n-k} der Syndrome mindestens so groß sein wie die Anzahl q^{2t} der Wörter, die außerhalb der ersten $2t$ Komponenten identisch Null sind. □

Die Ergebnisse zur Erkennung und Korrektur von Einzelfehlern und Bündelfehlern werden in Tabelle 5.2 zusammengefaßt.

Tabelle 5.2. Leistungsfähigkeit zyklischer $(n,k,d_{\min})_q$-Codes

	Einzelfehler (Anzahl)	Bündelfehler (Länge)
Erkennung	$t' = d_{\min} - 1$ $\leq n-k$ bestenfalls (MDS)	$t' = n-k$ garantiert
Korrektur	$t = \left\lfloor \frac{d_{\min}-1}{2} \right\rfloor$ $\leq \left\lfloor \frac{n-k}{2} \right\rfloor$ bestenfalls (MDS)	$t \leq \left\lfloor \frac{n-k}{2} \right\rfloor$ bestenfalls

Einige bekannte gute Codes zur Korrektur eines Bündelfehlers der Länge t sind in Tabelle 5.3 angegeben (aus [12]), wobei teilweise die Rieger-Schranke angenommen wird. Alternativ ist jeweils nur ein Einzelfehler korrigierbar, wie aus der Hamming-Schranke folgt. Die Codes werden durch Rechnersuche gewonnen, mit dem Ziel, daß die Syndrome der Bündelfehler alle verschieden sind. Weitere Listen mit Generatorpolynomen zu verschiedenen Coderaten finden sich beispielsweise in [43].

Tabelle 5.3. Gute $(n, k)_2$-Codes zur Korrektur eines Bündelfehlers der Länge $\leq t$

(n,k)	t	$g(x)$
$(7,3)$	2	$1+x^2+x^3+x^4$
$(15,10)$	2	$1+x^2+x^4+x^5$
$(15,9)$	3	$1+x^3+x^4+x^5+x^6$
$(31,25)$	2	$1+x^4+x^5+x^6$
$(63,56)$	2	$1+x^2+x^3+x^5+x^6+x^7$
$(63,55)$	3	$1+x^3+x^6+x^7+x^8$
$(511,499)$	4	$1+x^3+x^5+x^8+x^{12}$
$(1023,1010)$	4	$1+x^2+x^4+x^5+x^6+x^7+x^{10}+x^{13}$

Die Codes aus Tabelle 5.3 zur Korrektur eines Bündelfehlers der Länge $t = t_\mathrm{B}$ werden jetzt verglichen mit den BCH-Codes aus Tabelle 7.1 zur Korrektur von $t = t_\mathrm{E}$ Einzelfehlern: Bei vergleichbarer Coderate und Blocklänge gilt $t_\mathrm{B}/2 > t_\mathrm{E}$. Wie bereits im Anschluß an Definition 5.5 erwähnt, bedeutet ein Bündelfehler der Länge t_B etwa $t_\mathrm{B}/2$ Einzelfehler. Fazit: Wenn der Kanal zu Bündelfehlern tendiert, sind die Codes aus Tabelle 5.3 besser als die BCH-Codes. Wenn umgekehrt der Kanal zu Einzelfehlern tendiert, sind die BCH-Codes besser.

In Kapitel 7 werden noch die sehr leistungsfähigen RS-Codes zur Fehlerkorrektur bei Bündelfehler-erzeugenden Kanälen behandelt. Diese Codes sind MDS-Codes, sie können mehrere Bündelfehler pro Codewort korrigieren, die Coderate bzw. die Korrekturrate kann beliebig vorgegeben werden und es existieren sehr effiziente Decodierverfahren. Im Vergleich dazu basieren die Codes aus Tabelle 5.3 und auch die nachfolgend behandelten Fire-Codes auf ziemlich simplen Methoden mit entsprechend beschränkter Leistungsfähigkeit.

Die eben erwähnten Fire-Codes bilden eine Klasse von Codes mit hoher Rate, die nicht per Rechnersuche, sondern analytisch konstruiert werden:

Satz 5.12 (Fire-Codes). *Es sei $p(x) \in \mathbb{F}_q[x]$ ein primitives Polynom (siehe Kapitel 6) vom Grad m. Weiter sei t eine Zahl mit $t \leq m$, so daß $p(x)$ kein Teiler von $x^{2t-1} - 1$ ist. Der* Fire-Code *wird durch das Generatorpolynom*

$$g(x) = (x^{2t-1} - 1)p(x) \tag{5.7.5}$$

erzeugt mit der Blocklänge $n = (2t-1)(q^m-1)$. Der Fire-Code korrigiert einen zyklischen Bündelfehler der Länge t pro Codewort.

Wenn $p(x)$ nur ein irreduzibles Polynom ist, wird mit e die kleinste Zahl bezeichnet, so daß $p(x)$ ein Teiler von $x^e - 1$ ist. Die Blocklänge wird als

$n = (2t-1)e$ definiert und ist in jedem Fall die kleinste Zahl n, so daß $g(x)$ ein Teiler von $x^n - 1$ ist.

Beweis: Für $n = (2t-1)e$ ergeben sich aus der Summenformel (5.1.2) folgende Faktorisierungen:

$$x^n - 1 = x^{(2t-1)e} - 1 = (x^e - 1)\sum_{r=0}^{2t-2} x^{er} = (x^{2t-1} - 1)\sum_{r=0}^{e-1} x^{(2t-1)r}.$$

Da $p(x)$ ein Teiler von $x^e - 1$ ist, wird auch $x^n - 1$ durch $p(x)$ geteilt. Nach Voraussetzung ist $p(x)$ kein Teiler von $x^{2t-1} - 1$ und somit muß $p(x)$ ein Teiler von $\sum_{r=0}^{e-1} x^{(2t-1)r}$ sein. Folglich existiert ein $h(x)$ mit

$$x^n - 1 = (x^{2t-1} - 1)p(x)h(x) = g(x)h(x).$$

Also erzeugt $g(x)$ einen zyklischen Code. Der Nachweis der Minimalität von e bzw. n sowie der eigentliche Beweis zur Bündelfehler-Korrektur findet sich beispielsweise in [1, 12, 43, 70, 71]. □

Die Anzahl der Prüfstellen bei einem Fire-Code beträgt mindestens $3t-1$, so daß die Rieger-Schranke nicht angenommen wird.

Beispiel 5.10. (1) Konstruktion eines binären Fire-Codes zur Korrektur eines Bündelfehlers der Länge $t = 5$: Dazu wird $p(x) = 1+x+x^5$ mit minimalem Grad gewählt. Da $p(x)$ primitiv ist, gilt $e = 2^5 - 1 = 31$. Dies ist die kleinste Zahl, so daß $p(x)$ ein Teiler von $x^e - 1$ ist. Es resultiert ein $(279, 265)_2$-Code mit $g(x) = (1 + x^9)(1 + x + x^5)$.

(2) Als weiteres Zahlenbeispiel wird noch $t = 12$ betrachtet: Es sind mindestens 35 Prüfstellen erforderlich und die Blocklänge beträgt mindestens $n = 23 \cdot (2^{12} - 1) = 94185$, so daß Fire-Codes in aller Regel als verkürzte Codes betrieben werden. □

5.8 Nicht-algebraische Decodierverfahren

Auch in diesem Abschnitt wird wieder ein Kanal mit Hard-Decision vorausgesetzt. Es sind einige Decodierverfahren für zyklische Codes bei Soft-Decision bekannt, die hier aber nicht behandelt werden. Dazu wird beispielsweise auf [18, 19, 49] sowie auf Abschnitt 11.7 verwiesen. Die Decodierung gliedert sich bei Hard-Decision immer in die drei folgenden Schritte:

(1) Berechnung des Syndroms $s(x) = R_{g(x)}[y(x)]$ aus dem Empfangswort $y(x)$. Dazu wird ein rückgekoppeltes Schieberegister wie in Bild 5.5 verwendet, was nur einen relativ geringen Verarbeitungsaufwand erfordert, der vergleichbar zur Encodierung ist.

(2) Ermittlung des Fehlermusters $e(x)$ aus dem Syndrom $s(x)$. Dies ist der aufwendigste Schritt in der Decodierung und hier gibt es große Unterschiede zwischen den einzelnen Codeklassen und Decodieralgorithmen.

(3) Korrektur der Fehler, d.h. $\hat{a}(x) = y(x) - e(x)$. Dieser Schritt ist trivial und erfordert nahezu keinen Aufwand.

Schritt (2) kann durch Abspeicherung der Syndrome und Fehlermuster in einer Tabelle realisiert werden. Wie aber bereits in Abschnitt 4.7 erklärt, ist diese klassische Form der Syndrom-Decodierung schon bei moderaten Blocklängen unter praktischen Gesichtspunkten viel zu aufwendig. Ohne wesentlich verbesserte Verfahren wäre die Kanalcodierung nur eine theoretische Disziplin ohne praktische Relevanz.

Ein entscheidender Vorteil zyklischer Codes liegt nun darin, daß unter Ausnutzung der zyklischen Struktur erheblich aufwandsgünstigere Decodierverfahren möglich sind, bei denen das Fehlermuster direkt aus dem Syndrom ohne Benutzung einer umfangreichen Tabelle bestimmt werden kann. Generell sind zwei Kategorien von Decodierverfahren zu unterscheiden:

Algebraische Decodierung: Durch Lösen eines Gleichungssystems werden die Fehlerstellen und die Fehlerwerte bestimmt. Dabei ergeben sich enorme Vereinfachungen durch BM-Decodierung anstelle von ML-Decodierung. Diese hochentwickelten und mathematisch relativ anspruchsvollen Verfahren werden für RS- und BCH-Codes in Kapitel 7 dargestellt. Insbesondere bei großen Blocklängen und bei der Korrektur vieler Einzelfehler oder mehrerer Bündelfehler sind die algebraischen Decodierverfahren auch praktisch sehr effizient.

Nicht-algebraische Decodierung: Unter Ausnutzung gewisser Codestrukturen werden die Fehlermuster aus dem Syndrom durch eine direktere und anschaulich unmittelbar verständliche Art und Weise bestimmt. Zu den bekanntesten Verfahren zählen Permutations-Decoder, Meggitt-Decoder, Majoritäts-Decoder, Schwellwert-Decoder, Error-Trapping-Decoder und Kasami-Decoder. Die Komplexität dieser Algorithmen wächst jedoch mit der Anzahl der korrigierbaren Fehler stark an, so daß die Anwendung normalerweise nur auf wenige (etwa 3) Einzelfehler oder einen Bündelfehler beschränkt bleibt. Auch hier wird die Menge der korrigierbaren Fehlermuster vorgegeben, d.h. i.a. erfolgt keine exakte ML-Decodierung.

Nachfolgend werden nur der Meggitt-Decoder und der Error-Trapping-Decoder behandelt, weil damit die prinzipiellen Ideen schon deutlich werden. Ferner werden nur binäre Codes betrachtet. Der grundlegende Gedanke der nicht-algebraischen Decodierung ist ganz simpel: Bei geeigneter zyklischer Verschiebung des Empfangswortes endet das Fehlermuster bei der höchsten Potenz x^{n-1}. Die Anzahl aller bei der höchsten Potenz endenden Fehlermuster wird mit L_{end} bezeichnet. Also muß ein korrigierbares Fehlermuster mit geeigneter zyklischer Verschiebung unter diesen L_{end} Fehlermustern zu finden sein. Die

Anzahl der abzuspeichernden Syndrome kann also auf die L_{end} Syndrome beschränkt werden, die zu den bei der höchsten Potenz endenden Fehlermustern gehören. Diese Syndrome sind zu vergleichen mit dem Syndrom des zyklisch verschobenen Empfangswortes. Für die zyklischen Verschiebungen des Empfangswortes gilt nach Satz 5.1:

$$y^{(j)}(x) = R_{x^n-1}[x^j y(x)] = R_{x^n-1}[x \cdot y^{(j-1)}(x)]. \tag{5.8.1}$$

Für die zugehörigen Syndrome ergibt sich eine rekursive Formel:

$$\begin{aligned} s^{(j)}(x) &= R_{g(x)}[y^{(j)}(x)] && (5.8.2)\\ &= R_{g(x)}[x \cdot x^{j-1} y(x)] \\ &= R_{g(x)}[x \cdot R_{g(x)}[x^{j-1} y(x)]] \\ &= R_{g(x)}[x \cdot s^{(j-1)}(x)]. && (5.8.3) \end{aligned}$$

Die Koeffizienten von $s^{(j)}(x)$ werden mit $s_\nu^{(j)} \in \mathbb{F}_q$ bezeichnet. Das Generatorpolynom ist normiert vom Grad $n-k$ und somit gilt $R_{g(x)}[x^{n-k}] = x^{n-k} - g(x)$. Daraus folgt:

$$\begin{aligned} s^{(j)}(x) &= R_{g(x)}\left[x \cdot \sum_{\nu=0}^{n-k-1} s_\nu^{(j-1)} x^\nu\right] \\ &= R_{g(x)}\left[x \cdot \sum_{\nu=0}^{n-k-2} s_\nu^{(j-1)} x^\nu + s_{n-k-1}^{(j-1)} x^{n-k}\right] \\ &= x \cdot \sum_{\nu=0}^{n-k-2} s_\nu^{(j-1)} x^\nu + s_{n-k-1}^{(j-1)}(x^{n-k} - g(x)) \\ &= x s^{(j-1)}(x) - g(x) s_{n-k-1}^{(j-1)}. && (5.8.4) \end{aligned}$$

Praktisch kann die Berechnung von $s^{(j)}(x)$ aus $s^{(j-1)}(x)$ durch Einschieben einer Null in das Schieberegister aus Bild 5.5 erfolgen. Die Berechnung aller verschobenen Syndrome ist dann insgesamt nicht aufwendiger als die Berechnung des ersten Syndroms $s(x) = s^{(0)}(x)$. Daraus ergibt sich:

Satz 5.13 (Vereinfachte Syndrom-Decodierung). *Die Fehlermenge darf beliebig sein. Es werden die L_{end} Syndrome mit den zugehörigen Fehlermustern abgespeichert. Sukzessive werden $s^{(0)}(x) = s(x)$, $s^{(1)}(x), \ldots$ bis maximal $s^{(n-1)}(x)$ berechnet. Jedes $s^{(j)}(x)$ wird mit den abgespeicherten Syndromen verglichen und bei Übereinstimmung ist das verschobene Fehlermuster und damit auch $e(x)$ bekannt und der Algorithmus stoppt.*

Der offenkundige Nachteil dieses Verfahrens ist die Abspeicherung der Fehlermuster. Das kann jedoch wie folgt vermieden werden:

Satz 5.14 (Meggitt-Decoder). *Die Fehlermenge darf beliebig sein. Es werden nur die L_{end} Syndrome abgespeichert. Sukzessive werden $s^{(0)}(x) = s(x)$, $s^{(1)}(x), \ldots, s^{(n-1)}(x)$ berechnet. Jedes $s^{(j)}(x)$ wird mit den abgespeicherten Syndromen verglichen und bei Übereinstimmung wird $y_{n-1}^{(j)} = y_{n-1-j}$ invertiert.*

Der Meggitt-Decoder ist in Bild 5.7 dargestellt. Zu Beginn sind beide Register mit Nullen vorbelegt. Der Reihe nach werden $y_{n-1}, \ldots, y_0$ in beide Register eingeschoben. Danach enthält das obere Register $s^{(0)}(x)$ und das untere Register enthält $y(x)$. Falls $s^{(j)}(x)$ in der abgespeicherten Liste enthalten ist, wird der Ausgangswert des unteren Registers durch Addition von 1 invertiert und wieder vorn eingeschoben. Diese untere Rückkopplung ist natürlich überflüssig, wenn die korrigierten Komponenten des Empfangswortes sofort in der Senke weiterverarbeitet werden.

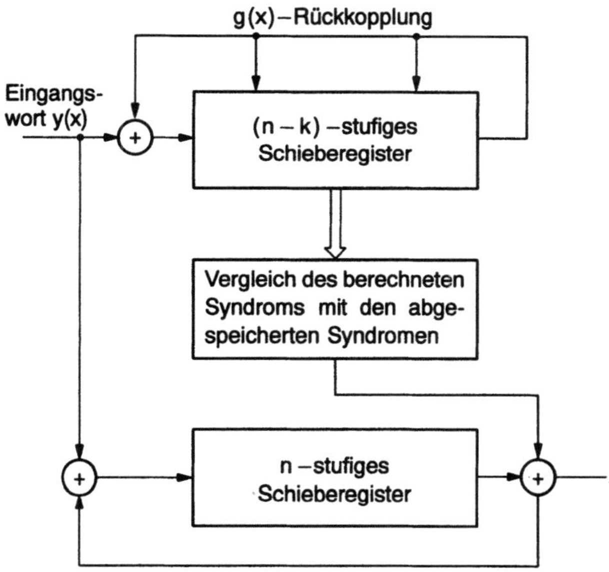

Bild 5.7. Meggitt-Decoder

Beispiel 5.11. Betrachte den Einzelfehler-korrigierenden $(15, 7, 5)_2$-BCH-Code mit $t = 2$. Es sind $L_{\text{end}} = 15$ Syndrome zu den Fehlermustern

$$x^{14}, x^0 + x^{14}, x^1 + x^{14}, \ldots, x^{13} + x^{14}$$

abzuspeichern. Es sei $e(x) = x^3 + x^8$. Dann gilt für die zyklischen Verschiebungen des Fehlermusters beim Meggitt-Decoder:

$$\begin{aligned} e^{(0)}(x) &= x^3 + x^8 \\ e^{(1)}(x) &= x^4 + x^9 \end{aligned}$$

$$\begin{aligned}
&\vdots \\
e^{(5)}(x) &= x^8 + x^{13} \\
e^{(6)}(x) &= x^9 + x^{14} : \ s^{(6)}(x) \text{ wird erkannt, Korrektur von } y_{14}^{(6)} = y_8 \\
e^{(7)}(x) &= x^0 + x^{10} \\
&\vdots \\
e^{(10)}(x) &= x^3 + x^{13} \\
e^{(11)}(x) &= x^4 + x^{14} : \ s^{(11)}(x) \text{ wird erkannt, Korrektur von } y_{14}^{(11)} = y_3 \\
e^{(12)}(x) &= x^0 + x^5 \\
e^{(13)}(x) &= x^1 + x^6 \\
e^{(14)}(x) &= x^2 + x^7 : \ \text{Stop}
\end{aligned}$$

Also wird $e(x)$ richtig korrigiert. □

Aus verschiedenen Gründen kann es wünschenswert sein, einen an der Stelle $y_{n-1}^{(j)} = y_{n-1-j}$ erkannten Fehler nicht nur zu korrigieren, sondern auch seinen Einfluß auf das Syndrom zu eliminieren. Die weitere Decodierung läuft dann so ab, als hätte bei $y_{n-1}^{(j)}$ kein Fehler vorgelegen. Die Eliminierung eines korrigierten Fehlers wird nachfolgend durch den Index „neu" symbolisiert. Setze

$$y_{\text{neu}}^{(j)}(x) = y^{(j)}(x) - x^{n-1} \tag{5.8.5}$$

$$s_{\text{neu}}^{(j)}(x) = R_{g(x)}[y_{\text{neu}}^{(j)}(x)] = s^{(j)}(x) - s_{\text{korr}}(x) \tag{5.8.6}$$

mit

$$s_{\text{korr}}(x) = R_{g(x)}[x^{n-1}] \tag{5.8.7}$$

$$= x^{-1}(g(x)+1) = g_1 + g_2 x + \cdots + g_{n-k} x^{n-k-1}. \tag{5.8.8}$$

Um (5.8.8) einzusehen, wird das Prüfpolynom als $h(x) = x\alpha(x)+1$ geschrieben (beachte $h_0 = g_0 = 1$ bei $q = 2$). Dann gilt

$$x^{n-1} = x^{-1}(g(x)h(x)+1) = \alpha(x)g(x) + x^{-1}(g(x)+1).$$

Der Korrektur in $y^{(j)}(x)$ entspricht also eine Addition eines Korrekturpolynoms zum Syndrom. Allerdings kann $s^{(j+1)}(x)$ auch direkt aus $s^{(j)}(x)$ statt $s_{\text{neu}}^{(j)}(x)$ berechnet werden:

$$\begin{aligned}
s^{(j+1)}(x) &= R_{g(x)}[x s_{\text{neu}}^{(j)}(x)] \\
&= R_{g(x)}[x s^{(j)}(x) - x^n] \\
&= x s^{(j)}(x) - g(x) s_{n-k-1}^{(j)} - 1. \qquad (5.8.9)
\end{aligned}$$

Die letzte Gleichung folgt aus (5.8.4) und $R_{g(x)}[x^n] = R_{g(x)}[g(x)h(x)+1] = 1$. Insgesamt ergibt sich:

Satz 5.15 (Meggitt-Decoder mit Syndrom-Aktualisierung). *Die Fehlermenge darf beliebig sein. Es werden nur die L_{end} Syndrome abgespeichert. Sukzessive werden $s^{(0)}(x) = s(x)$, $s^{(1)}(x), \ldots, s^{(n-1)}(x)$ berechnet. Jedes $s^{(j)}(x)$ wird mit den abgespeicherten Syndromen verglichen und bei Übereinstimmung wird $y_{n-1}^{(j)} = y_{n-1-j}$ invertiert und $s^{(j+1)}(x)$ wird aus $s^{(j)}(x)$ gemäß (5.8.9) anstelle von (5.8.4) berechnet. Da das verbleibende Fehlermuster nun ein geringeres Gewicht hat, kann die abgespeicherte Menge der Syndrome für den nächsten Schritt entsprechend verkleinert werden.*

Als weiteres Decodierverfahren wird jetzt der Error-Trapping-Decoder behandelt, der allerdings in der hier vorgestellten Form nur für die Korrektur eines Bündelfehlers geeignet ist. Als wesentlicher Vorteil brauchen keine Syndrome abgespeichert zu werden.

Satz 5.16 (Error-Trapping-Decoder). *Es wird ein Code vorausgesetzt, der maximal einen zyklischen Bündelfehler bis zur Länge $t = (n-k)/2$ korrigiert. Sukzessive werden $s^{(0)}(x) = s(x)$, $s^{(1)}(x), \ldots$ bis maximal $s^{(n-1)}(x)$ berechnet. Wenn erstmals $s^{(j)}(x)$ die* Trap-Form

$$s^{(j)}(x) \quad \leftrightarrow \quad (\underbrace{0,\ldots,0}_{t},\underbrace{*,\ldots,*}_{t},\underbrace{0,\ldots,0}_{k}) \tag{5.8.10}$$

annimmt, dann ist $e(x) = R_{x^n-1}[x^{n-j}s^{(j)}(x)]$ der überlagerte Bündelfehler und der Algorithmus stoppt. Wenn $s^{(j)}(x)$ niemals die Trap-Form annimmt, wird ein unkorrigierbares Fehlermuster erkannt.

Beweis: Es sei $e(x) = R_{x^n-1}[x^i b(x)]$ mit $0 \leq i \leq n-1$ und Grad $b(x) < t$.

(1) Zu zeigen ist, daß $s^{(t-i)}(x)$ die Trap-Form annimmt. Für $j = R_n[t-i]$ gilt $e^{(j)}(x) = x^t b(x)$ und $s^{(j)}(x) = R_{g(x)}[e^{(j)}(x)] = e^{(j)}(x)$ weist die Trap-Form auf. Das Fehlermuster wird gemäß $e(x) = R_{x^n-1}[x^{n-j}e^{(j)}(x)] = R_{x^n-1}[x^{n-j}s^{(j)}(x)]$ aus dem Syndrom gewonnen.

(2) Zu zeigen ist: Wenn $s^{(j)}(x)$ Trap-Form hat, dann gilt $s^{(j)}(x) = e^{(j)}(x)$. Nach Definition von $s^{(j)}(x)$ gilt mit einem passenden $\alpha(x)$

$$x^j e(x) = \alpha(x)g(x) + s^{(j)}(x)$$

und somit ist $x^j e(x) - s^{(j)}(x)$ ein Codewort, das sich hier als Differenz zweier Bündelfehler der Länge $\leq t$ ergibt. Wie beim Beweis der Rieger-Schranke ergäbe sich bei $x^j e(x) - s^{(j)}(x) \neq 0$ ein Widerspruch zur vorausgesetzten Bündelfehler-Korrekturfähigkeit des Codes, so daß $s^{(j)}(x) = x^j e(x)$ folgt. □

Abschließend wird noch der Error-Trapping-Decoder für verkürzte zyklische Codes dargestellt. Aus dem $(n,k)_2$-Code entsteht der verkürzte $(n',k')_2 = (n-l,k-l)_2$-Code mit $n'-k' = n-k = 2t$ dadurch, daß $u(x)$ nur vom Grad $k'-1$ statt $k-1$ ist, d.h. $u_{k'} = \ldots - u_{k-1} = 0$. Typischerweise ist k' wesentlich kleiner als k. Ziel ist es natürlich, die Länge der Register auf den verkürzten

Code anzupassen, der im allgemeinen nicht zyklisch ist. Mit einem einmalig zu berechnenden Polynom

$$v(x) = R_{g(x)}[x^{n-k+l}] \quad \leftrightarrow \quad (v_0, \ldots, v_{n-k-1}) \tag{5.8.11}$$

gilt für die mit $y^{(0)}(x)$ bezeichnete $(n-k+l)$-fache Verschiebung:

$$y^{(0)}(x) = R_{x^n-1}[x^{n-k+l} y(x)] \tag{5.8.12}$$

$$s^{(0)}(x) = R_{g(x)}[y^{(0)}(x)] = R_{g(x)}[v(x)y(x)]. \tag{5.8.13}$$

Für die weiteren Verschiebungen gilt (5.8.1) bis (5.8.4) ungeändert:

$$y^{(j)}(x) = R_{x^n-1}[x^j y^{(0)}(x)] \tag{5.8.14}$$

$$s^{(j)}(x) = R_{g(x)}[x^j y^{(0)}(x)] = R_{g(x)}[x s^{(j-1)}(x)]. \tag{5.8.15}$$

Der Bündelfehler sei von der Form $e(x) = x^i b(x)$ mit $0 \le i \le n' - t$ und Grad $b(x) < t$, d.h. echte zyklische Bündelfehler sind nicht zugelassen. Dann gilt für die zyklischen Verschiebungen von $e(x)$:

$$e^{(0)}(x) = R_{x^n-1}[x^{n-k+l+i} b(x)]$$

$$e^{(j)}(x) = R_{x^n-1}[x^{n-k+l+i+j} b(x)].$$

Für $j = k' + t - i \in \{0, 1, \ldots, k' + t\}$ gilt dann

$$e^{(k'+t-i)}(x) = R_{x^n-1}[x^t b(x)] = x^t b(x) = s^{(k'+t-i)}(x), \tag{5.8.16}$$

da $x^t b(x)$ von der Trap-Form ist. Wegen $e(x) = R_{x^n-1}[x^{k'-j} e^{(j)}(x)]$ folgt:

Satz 5.17 (Error-Trapping-Decoder für verkürzte Codes). *Es wird ein verkürzter $(n', k')_2 = (n-l, k-l)_2$-Code vorausgesetzt, der maximal einen zyklischen Bündelfehler bis zur Länge $t = (n-k)/2$ korrigiert. Zunächst wird $s^{(0)}(x)$ über $v(x)$ gemäß (5.8.13) berechnet. Sukzessive werden dann $s^{(1)}(x)$, $s^{(2)}(x), \ldots$ bis maximal $s^{(k'+t)}(x)$ berechnet. Wenn erstmals $s^{(j)}(x)$ die Trap-Form annimmt, dann ist $e(x) = x^{k'-j} s^{(j)}(x)$ der überlagerte Bündelfehler und der Algorithmus stoppt. Wenn $s^{(j)}(x)$ niemals die Trap-Form annimmt, wird ein unkorrigierbares Fehlermuster erkannt.*

Der günstigste Fall ist $i = k - l + t = k' + t = n' - t$, d.h. der Bündelfehler liegt ganz hinten im Wort. Dann wird die Trap-Form schon bei $j = 0$ erkannt:

$$s^{(0)}(x) = R_{x^n-1}[x^{n-k+l} \cdot e(x)] = R_{x^n-1}[x^{n-k+l} \cdot x^{k-l+t} b(x)] = x^t b(x).$$

Der ungünstigste Fall ist $i = 0$, d.h. der Bündelfehler liegt ganz vorn im Wort. Dann wird die Trap-Form erst im letzten Schritt bei $j = k' + t = n' - t$ erkannt:

$$s^{(j)}(x) = R_{x^n-1}[x^{n-k+l+j} \cdot e(x)] = R_{x^n-1}[x^{n-k+l+k'+t} \cdot x^0 b(x)] = x^t b(x).$$

Das Verfahren ist in Bild 5.8 dargestellt. Das Schieberegister der Länge $n - k = 2t$ wird über das Generatorpolynom $g(x)$ rückgekoppelt und ist mit

Nullen vorbelegt. Über das „Vorwärtspolynom" $v(x)$ wird $y_{n'-1}, \ldots, y_0$ eingekoppelt. Danach enthält das Register das Syndrom $s^{(0)}(x)$. Anschließend werden nur noch Nullen eingekoppelt und im Register entstehen $s^{(1)}(x), s^{(2)}(x), \ldots$ Wenn $s^{(j)}(x)$ erstmals die Trap-Form annimmt, d.h. wenn erstmals die vorderen t Register alle Null enthalten, wird ein Bündelfehler erkannt, der durch die hinteren t Register bestimmt wird.

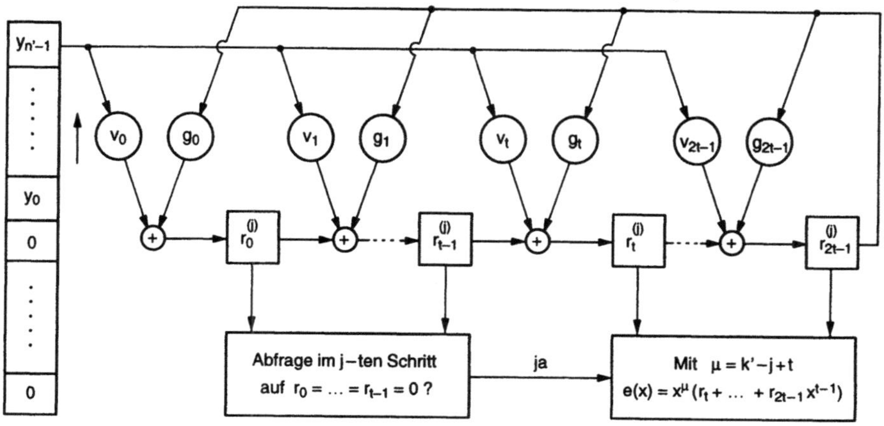

Bild 5.8. Error-Trapping-Decoder für verkürzte Codes

Alle hier vorgestellten Algorithmen sowie die weiteren bekannten nichtalgebraischen Decodierverfahren basieren grundsätzlich immer auf folgenden Elementen: Rückgekoppelte Schieberegister, deren Koeffizienten durch das Generatorpolynom gegeben werden, teilweise mit Vorwärtspolynomen bei gekürzten Codes, Empfangswort bzw. Nullen als Input, Kontrolle des Registers auf bestimmte Muster und direkt ausführbare Korrekturen im Empfangswort. Erst bei den in Kapitel 7 einzuführenden algebraischen Decodierverfahren kommen komplexere Verarbeitungseinheiten wie beispielsweise schnelle Fourier-Transformationen und Algorithmen zur Filter-Synthese hinzu.

5.9 Aufgaben

5.1. Wie kann das Skalarprodukt von Vektoren mit den zugehörigen Polynomen beschrieben werden?

5.2. Zeige, daß $R_{x^n-1}[a(x)b(x)] = 0$ damit äquivalent ist, daß der reziproke Vektor $\bar{\boldsymbol{a}} = (a_{n-1}, a_{n-2}, \ldots, a_0)$ zu jeder zyklischen Verschiebung von $\boldsymbol{b} = (b_0, b_1, \ldots, b_{n-1})$ orthogonal ist.

5.3. Zeige, daß ein binäres Polynom genau dann gerades Gewicht hat, wenn es ein Vielfaches von $x + 1$ ist.

5.4. Zeige

$$m \text{ teilt } n \iff x^m - 1 \text{ teilt } x^n - 1. \tag{5.9.1}$$

Zeige für beliebige ganze Zahlen s:

$$m \text{ teilt } n \iff s^m - 1 \text{ teilt } s^n - 1. \tag{5.9.2}$$

5.5. Γ_1 und Γ_2 seien zwei lineare Codes gleicher Blocklänge. Ist auch $\Gamma_1 \cup \Gamma_2$ und $\Gamma_1 \cap \Gamma_2$ linear? Wie ist die Situation bei zyklischen Codes und was gilt dabei für die Generatorpolynome?

5.6. Γ_1 und Γ_2 seien zwei zyklische Codes gleicher Blocklänge mit den Generatorpolynomen $g_1(x)$ und $g_2(x)$. Zeige

$$\Gamma_1 \subseteq \Gamma_2 \iff g_2(x) \text{ ist ein Teiler von } g_1(x). \tag{5.9.3}$$

5.7. Gebe eine äquivalente Kennzeichnung mit Polynomen für einen binären zyklischen Code an, der nur Wörter geraden Gewichts enthält.

5.8. Zeige für einen binären zyklischen Code mit dem Prüfpolynom $h(x)$ und dem Generatorpolynom $g(x)$:

$$11\ldots1 \in \Gamma \iff h(1) = 0.$$

Zeige für ungerade Blocklänge

$$h(1) = 0 \iff g(1) = 1$$

und gebe ein Gegenbeispiel bei gerader Blocklänge an.

5.9. Zeige für einen zyklischen Code Γ, bei dem Generatorpolynom und Prüfpolynom teilerfremd sind, daß ein „neutrales Element“ $c(x) \in \Gamma$ mit

$$a(x) = R_{x^n-1}[c(x)a(x)] \quad \text{für alle} \quad a(x) \in \Gamma$$

existiert. Wegen $c(x) = R_{x^n-1}[c^2(x)]$ wird das auch als *idempotentes* Element bezeichnet [44]. Welche besondere Form hat $c(x)$? Bestimme $c(x)$ für den zyklischen $(7,4)$-Hamming-Code.

5.10. Am Beispiel eines $(4,2)_2$-Blockcodes mit $g(x) = 1 + x^2$ ist zu zeigen, daß verkürzte zyklische Codes nicht zyklisch bleiben.

5.11. Betrachte einen zyklischen $(n,k)_2$-Blockcode, wobei die Blocklänge eine Primzahl ist. Zeige, daß für die Gewichtsverteilung gilt $(0 < i < n)$: A_i ist Vielfaches von n. Gebe ein Gegenbeispiel an, wenn die Blocklänge keine Primzahl ist. Folgere, daß gelten muß:

$$R_n[2^k] = 1 + A_n \quad (\in \{1,2\}).$$

5.12. Zeige, daß es keinen zyklischen $(7,5)_2$-Blockcode geben kann. Welche zyklischen $(17,k)_2$-Codes sind ausgeschlossen?

5.13. Encodiere 1011 und 1101 systematisch mit $g(x) = 1 + x^2 + x^3$ (drei verschiedene Methoden).

5.14. Berechne das Prüfpolynom zum $(15,10)$-Blockcode aus Tabelle 5.3.

5.15. Aus dem Generatorpolynom $g(x) = 1 + x + x^2 + x^4 + x^5 + x^8 + x^{10}$ ist das Prüfpolynom zu berechnen (bei $n = 15$). Encodiere $1 + x^2 + x^4$ systematisch.

5.16. Wieviele binäre zyklische Blockcodes der Blocklänge 15 gibt es? Gebe eine Übersicht zu den Generatorpolynomen an.

5.17. Ist der expandierte $(8,4,4)_2$-Hamming-Code zyklisch? Gebe mindestens zwei verschiedene Begründungen an.

5.18. Vergleiche den binären expandierten Hamming-Code mit dem CRC-Code.

5.19. Betrachte die Polynom-Division $y(x) = \alpha(x)g(x)+s(x)$ gemäß Bild 5.5. Zeige, daß im Rückkopplungspfad die Koeffizienten von $\alpha(x)$ erscheinen gemäß $\alpha_i = r_{n-k-1}^{(n-i-1)}$.

5.20. Berechne $2^{1000000}$ modulo 77.

5.21. Bestimme alle $n \leq 16$, so daß $g(x) = x^3 + x + 1$ ein Teiler von $x^n - 1$ ist (Rechnung in $\mathbb{F}_2[x]$).

Hinweis: Mit dem Divisionsverfahren wird x^{16} durch $g(x)$ dividiert. Wenn der aktuelle Rest von der Form x^r ist, gilt $x^{16} + x^r = \alpha(x)g(x)$, wobei $\alpha(x)$ nur Potenzen ab x^r enthält. Folglich ist $g(x)$ ein Teiler von $x^{16-r} - 1$.

5.22. Bestimme $n \leq 25$, so daß durch $g(x) = x^8 + x^5 + x^4 + x^3 + 1$ ein zyklischer $(n,k)_2$-Code erzeugt wird.

6. Arithmetik von Galoisfeldern und Spektraltransformationen

Für die im nächsten Kapitel behandelten hochentwickelten algebraischen Blockcodes sind vertiefte Kenntnisse der algebraischen Grundlagen erforderlich. Für die linearen und zyklischen Blockcodes haben sich die simplen Erklärungen aus Abschnitt 3.1 zu Galoisfeldern und Vektorräumen zwar als ausreichend erwiesen, aber die RS- und BCH-Codes erfordern ein detaillierteres Verständnis wichtiger algebraischer Strukturen.

Diese Codes sind nicht mehr binär, sondern über dem Galoisfeld $\mathbb{F}_{p^m}$ bzw. $\mathbb{F}_{2^m}$ mit $m > 1$ definiert. Die Codesymbole sind also hochstufig, d.h. sie werden nicht durch Bits, sondern beispielsweise durch Bytes repräsentiert. Die RS- und BCH-Codes weisen gegenüber den zyklischen Blockcodes eine weitere zusätzliche algebraische Struktur auf, die als eine Art Bandbegrenzung aufgefaßt werden kann. Mit spektralen Methoden wird die Beschreibung und Analyse der Codes relativ einfach und überschaubar und zudem kann die Decodierung sehr kompakt und effizient formuliert werden.

Die erforderlichen algebraischen Grundlagen werden in diesem Kapitel bereitgestellt. Als Vorteil wird einerseits die Beschreibung der RS- und BCH-Codes von den mathematischen Hilfsmitteln entkoppelt und andererseits werden diese Hilfsmittel erst unmittelbar vor ihrem wirklichen Gebrauch eingeführt. Der an den hochentwickelten algebraischen Blockcodes nicht interessierte Leser kann die Kapitel 6 und 7 übergehen, da detaillierte Kenntnisse, beispielsweise zur Decodierung, in den späteren Kapiteln nicht vorausgesetzt werden. Lediglich für Kapitel 11 und 12 werden die allgemeinen Parameter der RS- und BCH-Codes benötigt.

In diesem Kapitel werden die Galoisfelder und insbesondere ihre Arithmetik konstruktiv bzw. vom Standpunkt des Ingenieurs aus behandelt. Im Vordergrund stehen dabei die detaillierte Konstruktion und die Struktureigenschaften der Galoisfelder sowie wichtige spezielle Rechenregeln.

Im Anhang in den Abschnitten A.4 bis A.8 erfolgt eine Einführung in die algebraischen Grundlagen aus einem anderen, stärker mathematisch orientierten Blickwinkel: Die Definitionen und Sätze werden für allgemeine Strukturen formuliert, beispielsweise werden die Galoisfelder als endliche Körper nur am Rand als Spezialfall des allgemeinen Körpers behandelt. Im Vordergrund stehen verschiedene mathematische Existenzbeweise sowie weitergehende abstrakte Begriffsbildungen insbesondere im Bereich der Polynomringe.

Ferner enthält der Anhang einige Sätze, auf die zwar gelegentlich verwiesen wird, deren Beweis aber nicht unbedingt nachvollzogen werden muß. Davon abgesehen kann Kapitel 6 auch ohne den Anhang gelesen werden. Für ein besseres Verständnis der algebraischen Grundlagen und zum Vergleich verschiedener algebraischer Strukturen sind die Abschnitte A.4 bis A.8 allerdings dennoch sehr empfehlenswert.

6.1 Einführung in Galoisfelder am Beispiel $\mathbb{F}_4$

Ein Galoisfeld $\mathbb{F}_q$ ist nach Abschnitt 3.1 ein endlicher Körper mit q Elementen. Galoisfelder existieren nur für $q = p^m$ mit einer Primzahl p und einer natürlichen Zahl m. Praktisch ist fast nur der Fall $p = 2$ und $q = 2^m$ interessant.

Für $m = 1$ kann $\mathbb{F}_p$ als aus den natürlichen Zahlen 0 bis $p - 1$ bestehend aufgefaßt werden:

$$\begin{array}{l} \mathbb{F}_p = \{0, 1, 2, \ldots, p-1\} \\ \text{Addition und Multiplikation modulo } p. \end{array} \tag{6.1.1}$$

In Beispiel 3.1 wurde schon gezeigt, daß $\mathbb{F}_4$ so nicht konstruiert werden kann. Für den Fall $m > 1$ ist eine andere Methode erforderlich, die in diesem Abschnitt am Beispiel $\mathbb{F}_4$ demonstriert wird. Nachfolgend werden fünf Darstellungen eines endlichen Körpers mit 4 Elementen entwickelt:

Darstellung (1): Setze $\mathbb{F}_4 = \{0, 1, z, 1+z\}$. Dabei ist z eine abstrakte Größe mit der Eigenschaft $z^2 + z + 1 = 0$ und es wird modulo 2 gerechnet, d.h. es gilt beispielsweise

$$1 + 1 = 0, \quad z + z = 0, \quad z^2 + z^2 = 0, \quad z^2 = 1 + z.$$

Damit ergeben sich folgende Verknüpfungstafeln für Addition und Multiplikation:

+	0	1	z	$1+z$
0	0	1	z	$1+z$
1	1	0	$1+z$	z
z	z	$1+z$	0	1
$1+z$	$1+z$	z	1	0

$\cdot$	0	1	z	$1+z$
0	0	0	0	0
1	0	1	z	$1+z$
z	0	z	$1+z$	1
$1+z$	0	$1+z$	1	z

(6.1.2)

Hierbei gilt beispielsweise $(1+z)^{-1} = z$ und $z^{-1} = 1+z$. Man kann alle Eigenschaften eines Körpers aus Definition 3.1 verifizieren.

Die Bestimmungsgleichung für z darf nicht beliebig vorgegeben werden: Wenn beispielsweise $z^2 + 1 = 0$ gewählt wird, dann existiert zu $1 + z$ wegen

$$(1+z) \cdot 0 = 0, \; (1+z) \cdot 1 = 1+z, \; (1+z) \cdot z = 1+z, \; (1+z) \cdot (1+z) = 0$$

kein multiplikatives Inverses. □

Darstellung (2): Setze $\mathbb{F}_4 = \{0, 1, z, z^2\}$, d.h. $\mathbb{F}_4$ besteht aus 0 und den z-Potenzen von z^0 bis z^{q-2}. Es ergeben sich die gleichen Verknüpfungstafeln wie bei Darstellung (1), wobei lediglich $1 + z$ durch z^2 ersetzt wird:

$+$	0	1	z	z^2
0	0	1	z	z^2
1	1	0	z^2	z
z	z	z^2	0	1
z^2	z^2	z	1	0

$\cdot$	0	1	z	z^2
0	0	0	0	0
1	0	1	z	z^2
z	0	z	z^2	1
z^2	0	z^2	1	z

(6.1.3)

Beispielsweise gilt $z^3 = z \cdot z^2 = z(z+1) = z^2 + z = 1$ und $z^{-2} = (z^2)^{-1} = z$. Allgemein entspricht die Multiplikation in $\mathbb{F}_4$ der Exponenten-Addition modulo 3 in den natürlichen Zahlen:

$$z^i \cdot z^r = z^{i+r \text{ modulo } (q-1)}. \tag{6.1.4}$$

Da alle z-Exponenten modulo $(q-1)$ betrachtet werden können, kann $\mathbb{F}_4$ auch als aus 0 und der Menge aller z-Potenzen bestehend aufgefaßt werden. □

Darstellung (3): Mit der direkten Entsprechung $k_0 + k_1 z \cong (k_0, k_1)$ kann auch $\mathbb{F}_4 = \{00, 10, 01, 11\}$ gesetzt werden. Der Darstellung (1) entsprechen dann folgende Verknüpfungstafeln für binäre Vektoren der Länge 2:

+	00	10	01	11
00	00	10	01	11
10	10	00	11	01
01	01	11	00	10
11	11	01	10	00

·	00	10	01	11
00	00	00	00	00
10	00	10	01	11
01	00	01	11	10
11	00	11	10	01

(6.1.5)

Die Addition in $\mathbb{F}_4$ entspricht hier der komponentenweisen Vektoraddition. □

Darstellung (4): Schließlich kann auch $\mathbb{F}_4 = \{A, \alpha, 7, \pi\}$ gesetzt werden:

$+$	A	α	7	π
A	A	α	7	π
α	α	A	π	7
7	7	π	A	α
π	π	7	α	A

$\cdot$	A	α	7	π
A	A	A	A	A
α	A	α	7	π
7	A	7	π	α
π	A	π	α	7

(6.1.6)

Beispielsweise gilt für das Distributivgesetz

$$7(\alpha + \pi) = 7 \cdot 7 = \pi = 7 + \alpha = 7 \cdot \alpha + 7 \cdot \pi.$$

Hiermit soll deutlich werden, daß es völlig unwichtig ist, wie die 4 Elemente aus $\mathbb{F}_4$ bezeichnet werden oder was die 4 Elemente sind, sondern es ist einzig wichtig, wie die beiden Verknüpfungsoperationen definiert sind. □

Darstellung (5): Das Polynom $p(x) = x^2 + x + 1 \in \mathbb{F}_2[x]_2$ hat in $\mathbb{F}_2 = \{0, 1\}$ keine Nullstelle, da $p(0) \neq 0$ und $p(1) \neq 0$ gilt. Die Größe z ist eine Nullstelle von $p(x)$, d.h. $p(z) = 0$. $\mathbb{F}_4$ ist ein Körper, der einerseits $\mathbb{F}_2$ als Teilkörper und anderseits die Nullstelle z von $p(x)$ enthält. Es wird gleich noch gezeigt, daß $\mathbb{F}_4$ sogar der kleinste Körper ist, der $\mathbb{F}_2$ als Teilkörper und alle Nullstellen von $p(x)$ enthält.

$\mathbb{F}_4$ kann nochmals anders interpretiert werden, nämlich als Menge aller Polynome modulo $p(x)$ bzw. als Menge aller Polynome mit Koeffizienten aus $\mathbb{F}_2$ vom Grad ≤ 1 (siehe dazu auch Beispiel A.13):

$$\begin{aligned} \mathbb{F}_4 &= \left\{ R_{x^2+x+1}[f(x)] \;\middle|\; f(x) \in \mathbb{F}_2[x] \right\} && (6.1.7) \\ &= \{0, 1, x, x+1\} \;=\; \mathbb{F}_2[x]_1. && (6.1.8) \end{aligned}$$

Das Rechnen mit Polynomen modulo $p(x) = x^2 + x + 1$ ist völlig äquivalent mit dem Rechnen in $\{0, 1, z, z + 1\}$ bzw. $\{0, 1, z, z^2\}$ mit der definierenden Eigenschaft $z^2 + z + 1 = 0$, denn es sind lediglich x und z zu vertauschen. Beispielsweise ergibt sich aus $x(x+1) = x^2 + x = 1$ modulo $p(x)$ das Ergebnis

$$x^{-1} = x + 1 \text{ modulo } p(x), \qquad (x+1)^{-1} = x \text{ modulo } p(x).$$

Das kann auch als $R_{p(x)}[x + 1] = x^{-1}$ geschrieben werden. In Kapitel 5 und auch zukünftig ist mit $R_{p(x)}[f(x)] \in \mathbb{F}_q[x]_{m-1}$ stets ein Polynom mit Koeffizienten aus $\mathbb{F}_q$ vom Grad kleiner als Grad $p(x) = m$ gemeint. Bei der Darstellung (5) erzeugt dagegen die Rechnung modulo $p(x)$ das Galoisfeld $\mathbb{F}_{p^m}$ aus dem Galoisfeld $\mathbb{F}_p$. Dies ist freilich kein Widerspruch, wie in Abschnitt A.8 ausführlich erklärt wird. Damit es hier aber dennoch zu keinen weiteren Verwirrungen kommt, wird zukünftig die Darstellung (5) nicht weiter verwendet.

Für die Gleichheit von (6.1.7) und (6.1.8) ist nur der Grad von $p(x) = x^2 + x + 1$ relevant, aber für die Existenz der multiplikativen Inversen muß $p(x)$ irreduzibel (unzerlegbar) sein. Wie bei Darstellung (1) bereits erklärt, entsteht durch $p(x) = x^2 + 1$ kein Körper. □

Es wird jetzt die Darstellung (1) oder (2) vorausgesetzt. Durch elementare Rechnung ergibt sich

$$(x - z)(x - z^2) \;=\; x^2 + x(z^2 + z) + z \cdot z^2 \;=\; x^2 + x + 1 \;=\; p(x). \qquad (6.1.9)$$

Das Polynom $p(x)$ ist irreduzibel über $\mathbb{F}_2$, aber in $\mathbb{F}_4$ zerfällt $p(x)$ vollständig in Linearfaktoren und mit der ersten Nullstelle z liegt auch die weitere Nullstelle z^2 in $\mathbb{F}_4$. Weiter gilt

$$(x - z^0)(x - z^1)(x - z^2) \;=\; (x+1)(x^2 + x + 1) \;=\; x^3 - 1, \qquad (6.1.10)$$

d.h. das Produkt über alle Linearfaktoren zu den z-Potenzen ergibt das Polynom $x^{q-1} - 1$.

6.2 Konstruktion von $\mathbb{F}_{p^m}$ aus $\mathbb{F}_p$

Es wird jetzt immer vorausgesetzt, daß p eine Primzahl ist. Als Teilmenge der natürlichen Zahlen bildet die Menge $\mathbb{F}_p = \{0, 1, \ldots, p-1\}$ mit Addition und Multiplikation modulo p ein Galoisfeld mit p Elementen.

In Abschnitt A.4 wird $\mathbb{F}_p$ als Körper nachgewiesen, was auch hier schnell gezeigt werden kann: Der einzig kritische Punkt ist die Existenz der multiplikativen Inversen und nur hierbei wird von der Voraussetzung Gebrauch gemacht, daß p eine Primzahl ist. Für $a \in \mathbb{F}_p$ mit $a \neq 0$ ist die Existenz eines $s \in \mathbb{F}_p$ mit $a \cdot s = 1$ zu zeigen. Da p eine Primzahl ist, sind a und p teilerfremd. Also ist 1 der größte gemeinsame Teiler von a und p, der sich nach dem Euklidischen Algorithmus (Satz A.8, siehe (A.7.4)) als Linearkombination von a und p darstellen läßt, d.h. es existieren $s, t \in \mathbb{F}_p$ mit $1 = \text{GGT}(a,p) = s \cdot a + t \cdot p$. Somit folgt $a \cdot s = 1$ modulo p.

Entsprechend der Darstellung (1) aus dem vorangehenden Abschnitt wird $\mathbb{F}_q$ mit $q = p^m$ wie folgt eingeführt:

Definition 6.1. *Es sei $p(x) = p_0 + p_1 x + \cdots + p_{m-1}x^{m-1} + x^m \in \mathbb{F}_p[x]_m$ ein normiertes irreduzibles Polynom vom Grad m mit Koeffizienten aus $\mathbb{F}_p$. Ferner sei z eine abstrakte Nullstelle von $p(x)$, d.h.*

$$p(z) \;=\; p_0 + p_1 z + \cdots + p_{m-1}z^{m-1} + z^m \;=\; 0. \tag{6.2.1}$$

Das Galoisfeld $\mathbb{F}_q$ mit $q = p^m$ besteht aus der Menge aller Linearkombinationen von $z^0, \ldots, z^{m-1}$:

$$\mathbb{F}_{p^m} \;=\; \left\{ \sum_{i=0}^{m-1} a_i z^i \;\middle|\; a_0, \ldots, a_{m-1} \in \mathbb{F}_p \right\}. \tag{6.2.2}$$

Die Addition und Multiplikation zwischen den Elementen von $\mathbb{F}_{p^m}$ sind durch $p(z) = 0$ eindeutig bestimmt.

Offensichtlich besteht $\mathbb{F}_{p^m}$ aus $q = p^m$ Elementen. Ferner gilt $\mathbb{F}_p \subseteq \mathbb{F}_{p^m}$, indem $a_1 = \ldots = a_{m-1} = 0$ gesetzt wird. $\mathbb{F}_{p^m}$ wird auch als *Erweiterungskörper* (extension field) von $\mathbb{F}_p$ bezeichnet und umgekehrt heißt $\mathbb{F}_p$ *Teilkörper* (subfield) bzw. *Primkörper.*

Die Menge $\mathbb{F}_{p^m}$ kann sowohl aufgefaßt werden als Menge aller Polynome vom Grad $\leq m-1$ in der Variablen z mit Koeffizienten aus $\mathbb{F}_p$ wie auch als Menge aller Vektoren der Länge m mit Koeffizienten aus $\mathbb{F}_p$. Mengenmäßig ohne Berücksichtigung der Verknüpfungsoperationen gilt also:

$$\mathbb{F}_{p^m} \;\cong\; \mathbb{F}_p[z]_{m-1} \;\cong\; (\mathbb{F}_p)^m. \tag{6.2.3}$$

Allerdings ist $\mathbb{F}_p[x]_{m-1}$ ein Polynomring, der multiplikativ nicht abgeschlossen ist, weil bei der Multiplikation höhere Grade entstehen. Im Vektorraum $(\mathbb{F}_p)^m$

ist überhaupt keine Multiplikation erklärt. Entscheidend ist also die Erklärung der Verknüpfungsoperationen derart, daß $\mathbb{F}_{p^m}$ tatsächlich einen Körper bildet.

Für die nächsten Überlegungen werden die Addition und Multiplikation in $\mathbb{F}_{p^m}$ mit $\oplus$ und $\odot$ bezeichnet – später werden wieder die normalen Operationszeichen $+$ und $\cdot$ verwendet. Die Addition in $\mathbb{F}_{p^m}$ ist komponentenweise wie die Addition von Polynomen bzw. wie die Addition von Vektoren zu verstehen:

$$\left(\sum_{i=0}^{m-1} a_i z^i\right) \oplus \left(\sum_{i=0}^{m-1} a_i' z^i\right) = \sum_{i=0}^{m-1} (a_i + a_i') z^i. \tag{6.2.4}$$

Dabei ist $a_i + a_i'$ die Addition modulo p in $\mathbb{F}_p$. Die Multiplikation in $\mathbb{F}_{p^m}$ kann nicht direkt wie eine Polynom-Multiplikation erklärt werden, weil dabei höhere Grade als $m-1$ entstehen, sondern wird als Multiplikation modulo $p(z)$ definiert:

$$\left(\sum_{i=0}^{m-1} a_i z^i\right) \odot \left(\sum_{i=0}^{m-1} a_i' z^i\right) = R_{p(z)}\left[\sum_{i=0}^{2(m-1)} \left(\sum_{j=0}^{i} a_j a_{i-j}'\right) z^i\right]. \tag{6.2.5}$$

Die Ausdrücke $\sum_j a_j a_{i-j}'$ werden wieder in $\mathbb{F}_p$ berechnet und entsprechen der Faltung. In den eckigen Klammern steht das Ergebnis einer normalen Polynom-Multiplikation und durch die Rechnung modulo $p(z)$ entsteht ein Polynom in z vom Grad $\leq m-1$ und somit ein Element von $\mathbb{F}_{p^m}$. Die Rechnung modulo $p(z)$ bedeutet, daß $p(z)$ durch Null ersetzt wird. Alle Potenzen z^r mit $r \geq m$ können durch eine Linearkombination von $z^0, \ldots, z^{m-1}$ ausgedrückt werden, d.h. alle Potenzen von z sind ebenfalls Elemente von $\mathbb{F}_{p^m}$:

$$\begin{aligned}
z^m &= -\sum_{i=0}^{m-1} p_i z^i \in \mathbb{F}_{p^m}, \\
z^{m+1} &= z \odot z^m = -\sum_{i=0}^{m-1} p_i z^{i+1} \\
&= -\sum_{i=1}^{m-1} p_{i-1} z^i - p_{m-1}\left(-\sum_{i=0}^{m-1} p_i z^i\right) \\
&= \sum_{i=1}^{m-1} (p_i p_{m-1} - p_{i-1}) z^i + p_0 p_{m-1} \in \mathbb{F}_{p^m}.
\end{aligned}$$

In dieser Weise können alle höheren z-Potenzen immer als Linearkombinationen der Potenzen $z^0, \ldots, z^{m-1}$ ausgedrückt werden und damit kann die Multiplikation (6.2.5) konkret ausgeführt werden.

Die Menge $\mathbb{F}_{p^m}$ mit den erklärten Operationen $\oplus$ und $\odot$ erfüllt offensichtlich alle Eigenschaften eines Körpers mit Ausnahme der Existenz der multiplikativen Inversen. In Abschnitt A.8 werden diese sogenannten Polynom-Restklassenringe genauer behandelt. Um die Existenz der multiplikativen Inversen zu sichern, kommt die Voraussetzung aus Definition 6.1 zum Tragen, daß $p(x)$ ein irreduzibles Polynom ist. Nach Satz A.9 ist die durch (6.2.1) gegebene Menge genau dann ein Körper, wenn $p(x)$ irreduzibel ist. Der Beweisteil „$p(x)$ irreduzibel $\Rightarrow$ multiplikative Inverse existieren" ist fast vollkommen identisch mit der am Anfang dieses Abschnitts gezeigten Aussage „p Primzahl $\Rightarrow$ $\mathbb{F}_p$ Körper".

Der Begriff irreduzibel bezieht sich immer auf einen bestimmten Körper, wie mit Beispiel A.8 demonstriert wird. Insbesondere ist zwischen der Irreduzibilität über $\mathbb{F}_p$ bzw. über $\mathbb{F}_{p^m}$ zu unterscheiden. Das Polynom $p(x) \in \mathbb{F}_p[x]$ aus Definition 6.1 ist irreduzibel über $\mathbb{F}_p$, d.h. es zerfällt nicht in Polynome mit Koeffizienten aus $\mathbb{F}_p$. Dagegen ist $p(x)$ über $\mathbb{F}_{p^m}$ reduzibel – $p(x)$ zerfällt sogar vollständig in Linearfaktoren mit Koeffizienten aus $\mathbb{F}_{p^m}$, wie noch gezeigt wird.

Für jede Primzahl p und jede natürliche Zahl m gibt es mindestens ein Polynom vom Grad m mit Koeffizienten aus $\mathbb{F}_p$, das über $\mathbb{F}_p$ irreduzibel ist, was hier allerdings nicht bewiesen wird. Damit ist die Existenz von Galoisfeldern $\mathbb{F}_{p^m}$ gesichert.

Es ist erforderlich, die Elemente von Galoisfeldern nicht nur als Linearkombinationen von $z^0, \ldots, z^{m-1}$ wie in Definition 6.1 bzw. wie in der Darstellung (1) aus Abschnitt 6.1 repräsentieren zu können, sondern auch als z-Potenzen entsprechend der Darstellung (2) aus Abschnitt 6.1. Jede z-Potenz ist wie gesehen ein Element von $\mathbb{F}_{p^m}$. Damit aber umgekehrt auch jedes Element von $\mathbb{F}_{p^m}$ als z-Potenz repräsentiert werden kann, muß das Polynom $p(x)$ noch einer zusätzlichen Forderung genügen. Der folgende Satz führt dazu den Begriff des primitiven Polynoms ein, das eigentlich besser erzeugendes Polynom heißen sollte:

Satz 6.1. *Zu jeder Primzahl p und jeder natürlichen Zahl m existiert ein* primitives Polynom $p(x) \in \mathbb{F}_p[x]_m$ *vom Grad m mit Koeffizienten aus $\mathbb{F}_p$, das irreduzibel über $\mathbb{F}_p$ ist und folgende Eigenschaft erfüllt:*

Für jede abstrakte Nullstelle z von $p(x)$, also $p(z) = 0$, sind die $n = p^m - 1$ Elemente $z^1, z^2, \ldots, z^{n-1}, z^n$ alle verschieden mit $z^n = z^0 = 1$. Die Nullstelle z heißt primitives Element *bzw. erzeugendes Element für die multiplikative Gruppe von $\mathbb{F}_{p^m}$. Für $\mathbb{F}_{p^m}$ ist neben der bereits aus (6.2.2) bzw. (6.2.6) bekannten* Komponentendarstellung *auch die* Exponentendarstellung *(6.2.7) möglich:*

$$\mathbb{F}_{p^m} = \left\{ \sum_{i=0}^{m-1} a_i z^i \;\middle|\; a_0, \ldots, a_{m-1} \in \mathbb{F}_p \right\} \tag{6.2.6}$$

$$= \left\{ 0, z, z^2, z^3, \ldots, z^{n-1}, z^n = z^0 = 1 \right\}. \tag{6.2.7}$$

Dabei wird modulo p und modulo $p(z)$ gerechnet. Bis auf Isomorphien (Umbenennungen) gibt es zu jedem $q = p^m$ nur ein einziges eindeutig bestimmtes Galoisfeld und für alle anderen Werte von q kann prinzipiell kein endlicher Körper existieren.

Die Existenz primitiver Polynome, bei denen also die Potenzen einer Nullstelle alle Elemente des Galoisfeldes (abgesehen von 0) liefern, wird hier nicht bewiesen. Primitive Polynome sind in Tabelle 6.1 angegeben. Für $m > 2$ gibt es jeweils mehrere primitive Polynome (die man in anderen Tabellen finden kann), die aber weitgehend als äquivalent anzusehen sind. Die in den modernen Kommunikationssystemen heute angewendeten hochentwickelten algebraischen Blockcodes basieren fast alle auf dem binären primitiven Polynom vom Grad 8 bzw. auf dem Galoisfeld $\mathbb{F}_{256}$. In Kapitel 7 wird sich noch zeigen, daß bei größeren Werten von m sehr schnell astronomische Blocklängen $n = p^m - 1$ resultieren (der Fall $n = q-1$ bei q-stufigen Symbolen wird primitive Blocklänge genannt).

Tabelle 6.1. Primitive Polynome über $\mathbb{F}_2$ bis zum Grad 24

m	$p(x)$	m	$p(x)$
1	$x+1$	13	$x^{13}+x^4+x^3+x+1$
2	x^2+x+1	14	$x^{14}+x^{10}+x^6+x+1$
3	x^3+x+1	15	$x^{15}+x+1$
4	x^4+x+1	16	$x^{16}+x^{12}+x^3+x+1$
5	x^5+x^2+1	17	$x^{17}+x^3+1$
6	x^6+x+1	18	$x^{18}+x^7+1$
7	x^7+x^3+1	19	$x^{19}+x^5+x^2+x+1$
8	$x^8+x^4+x^3+x^2+1$	20	$x^{20}+x^3+1$
9	x^9+x^4+1	21	$x^{21}+x^2+1$
10	$x^{10}+x^3+1$	22	$x^{22}+x+1$
11	$x^{11}+x^2+1$	23	$x^{23}+x^5+1$
12	$x^{12}+x^6+x^4+x+1$	24	$x^{24}+x^7+x^2+x+1$

In der Komponentendarstellung (6.2.6) ist die Addition besonders einfach, indem wie bei (6.2.4) die Koeffizienten komponentenweise addiert werden. In der Exponentendarstellung (6.2.7) ist die Multiplikation besonders einfach, indem die Potenzen modulo n in den natürlichen Zahlen addiert werden:

$$z^i \cdot z^r = z^{(i+r) \text{ modulo } n} = z^{R_n[i+r]}. \tag{6.2.8}$$

Ausführliche Beispiele zur Rechnung in Galoisfeldern mit $q = 2^m$ enthält der übernächste Abschnitt, so daß dort alle Aussagen aus diesem und dem nächsten Abschnitt zu den Eigenschaften und zur Arithmetik der Galoisfelder zusammenhängend demonstriert werden können. An dieser Stelle werden deshalb nur einige einfache Beispiele behandelt:

Beispiel 6.1. (1) Betrachte erneut $\mathbb{F}_4$ mit $n = 3$ wie in Abschnitt 6.1. Das Polynom $p(x) = x^2 + x + 1$ ist irreduzibel und darüber hinaus sogar primitiv (siehe auch Tabelle 6.1), denn für z mit $p(z) = 0$ gilt $z^2 = z + 1$ und $z^3 = 1$.

(2) Auch in einem Primkörper ist die Exponentendarstellung möglich. Betrachte dazu $\mathbb{F}_7$ mit $n = 6$. Ein primitives Polynom ist beispielsweise $p(x) = x - 3 = x + 4$, denn es gilt für die Nullstelle z:

$$z = 3$$

$$\begin{aligned} z^2 &= 9 = 2 \\ z^3 &= z \cdot z^2 = 6 \\ z^4 &= z \cdot z^3 = 18 = 4 \\ z^5 &= z \cdot z^4 = 12 = 5 \\ z^6 &= z \cdot z^5 = 15 = 1 = z^0. \end{aligned}$$

Dagegen ist $p(x) = x - 2$ kein primitives Polynom:

$$\begin{aligned} z &= 2 \\ z^2 &= 4 \\ z^3 &= 8 = 1 = z^0. \end{aligned}$$

Es ist also notwendig, die Eigenschaften und insbesondere die Anzahl der primitiven Elemente und primitiven Polynome noch genauer zu untersuchen. □

Satz 6.2. *Es gelten folgende Eigenschaften in $\mathbb{F}_q$ mit $q = p^m$:*

(1) In $\mathbb{F}_{p^m}$ gilt generell: $\underbrace{1 + 1 + \cdots + 1}_{p \text{ mal}} = 0.$

(2) Für jedes $a \in \mathbb{F}_{p^m}$ gilt:

$$a^q = a \quad ; \quad a^n = 1 \text{ für } a \neq 0 \quad ; \quad a^p = a \Leftrightarrow a \in \mathbb{F}_p. \tag{6.2.9}$$

(3) Für beliebige $a, b \in \mathbb{F}_{p^m}$ und natürliche Zahlen r gilt:

$$(a+b)^{p^r} = a^{p^r} + b^{p^r}. \tag{6.2.10}$$

(4) Für beliebige Polynome $h(x) \in \mathbb{F}_{p^m}[x]$ und natürliche Zahlen r gilt:

$$\Big[h(x)\Big]^{q^r} = h(x^{q^r}). \tag{6.2.11}$$

Für $h(x) \in \mathbb{F}_p[x]$ gilt also insbesondere $\Big[h(x)\Big]^{p^r} = h(x^{p^r})$.

Beweis: „(1)" ist klar, da modulo p gerechnet wird: $\mathbb{F}_p \subseteq \mathbb{F}_{p^m}$.

„(2)" Jedes $a \neq 0$ ist als $a = z^r$ darstellbar und dann gilt $a^n = (z^r)^n = (z^n)^r = 1^r = 1$ und somit gilt $a^q = a$ für alle a. Für $a \in \mathbb{F}_p$ gilt folglich $a^p = a$. Also sind alle p Elemente von $\mathbb{F}_p$ Nullstellen von $x^p - x$. Da dieses Polynom aber maximal p Nullstellen haben kann, kann $a \in \mathbb{F}_{p^m} \backslash \mathbb{F}_p$ keine Nullstelle von $x^p - x$ sein.

„(3)" Für $a, b \in \mathbb{F}_p$ wäre die Aussage trivial. Die binomische Formel (A.2.2), die hier in der Form

$$(a+b)^p = a^p + b^p + \sum_{i=1}^{p-1} \binom{p}{i} a^i b^{p-i}$$

geschrieben wird, gilt auch für $a, b \in \mathbb{F}_{p^m}$, wobei die Binomialkoeffizienten als natürliche Zahlen modulo p zu verstehen sind. Da p als Primzahl keine Teiler hat und der gesamte Quotient $\binom{p}{i} = \frac{p \cdot (p-1)!}{i! \cdot (p-i)!}$ eine natürliche Zahl ist, muß der Nenner ein Teiler von $(p-1)!$ sein und somit folgt $\binom{p}{i} = 0$ modulo p. Somit gilt $(a+b)^p = a^p + b^p$ in $\mathbb{F}_{p^m}$. Durch mehrfache Anwendung ergibt sich

$$(a+b)^{p^r} = \left((a+b)^p\right)^{p^{r-1}} = \left(a^p + b^p\right)^{p^{r-1}} = \cdots = a^{p^r} + b^{p^r}.$$

„(4)" Die Verallgemeinerung auf beliebige Summen mit $h_i \in \mathbb{F}_{p^m}$ ergibt:

$$h(x)^q = \left(\sum_i h_i x^i\right)^q = \sum_i h_i^q x^{iq} = \sum_i h_i x^{iq} = h(x^q)$$

und die mehrfache Anwendung ergibt (6.2.11). □

Beispiel 6.2. **(1)** Die besondere Bedeutung von (6.2.11) liegt darin, daß für $h(x) \in \mathbb{F}_p[x]$ mit $h(a) = 0$ auch $h(a^{p^r}) = 0$ gilt, d.h. mit einer Nullstelle sind sofort weitere Nullstellen durch Potenzierung bekannt.

(2) Für $\mathbb{F}_2$ gilt beispielsweise $(1 + x + x^6)^4 = 1 + x^4 + x^{24}$ und generell $(1+x)^{2^r} = 1 + x^{2^r}$ für alle natürlichen Zahlen r.

(3) Für $h(x) \in \mathbb{F}_{p^m}[x]$ gilt nicht immer $h(x)^p = h(x^p)$! Als Gegenbeispiel dient $h(x) = x + z \in \mathbb{F}_4$: $h(x)^2 = (x+z)^2 = x^2 + z^2 \neq x^2 + z = h(x^2)$. Jedoch gilt $h(x)^4 = h(x^4) = x^4 + z$. □

Satz 6.3. *Es sei $p(x) \in \mathbb{F}_p[x]_m$ ein primitives Polynom vom Grad m und z ein primitives Element für $\mathbb{F}_{p^m}$ und $n = p^m - 1$. Dann sind die Nullstellen von $p(x)$ alle verschieden und explizit durch die z-Potenzen wie folgt gegeben:*

$$p(x) = \prod_{i=0}^{m-1} (x - z^{p^i}). \tag{6.2.12}$$

Über $\mathbb{F}_p$ ist $p(x)$ also irreduzibel, während es über $\mathbb{F}_{p^m}$ vollständig in Linearfaktoren zerfällt. Auch das Polynom $x^n - 1$ zerfällt über $\mathbb{F}_{p^m}$ vollständig in Linearfaktoren, wobei die n Nullstellen genau $\mathbb{F}_{p^m} \setminus \{0\}$ ergeben:

$$x^n - 1 = \prod_{i=0}^{n-1} (x - z^i). \tag{6.2.13}$$

Entsprechend ergeben die Nullstellen von $x^q - x$ genau $\mathbb{F}_{p^m}$. Die z^i werden als n-te Einheitswurzeln, *$x^n - 1$ als* Kreisteilungspolynom *und $\mathbb{F}_{p^m}$ als* Kreisteilungskörper *oder* Zerfällungskörper *(splitting field) bezeichnet. Das primitive Polynom ist ein Teiler des Kreisteilungspolynoms.*

Beweis: „(6.2.12)": Für $p(x) \in \mathbb{F}_p[x]$ gilt $p(z^{p^i}) = p(z)^{p^i} = 0^{p^i} = 0$ nach Satz 6.2(4). Die z^{p^i} sind also Nullstellen von $p(x)$. Für $0 \le i \le m-1$ gilt $0 \le p^i \le p^{m-1} < p^m - 1 = n$ und somit sind die m Nullstellen gemäß Satz 6.1 alle verschieden. Gemäß Satz A.6(3) muß $p(x)$ dann in Linearfaktoren wie angegeben zerfallen.

„(6.2.13)": Auch die z^i mit $0 \le i \le n-1$ sind gemäß Satz 6.1 alle verschieden sowie jeweils Nullstelle von $x^n - 1$. Mit dem gleichen Schluß wie zuvor folgt (6.2.13). Aus (6.2.12) und (6.2.13) folgt sofort, daß $p(x)$ ein Teiler von $x^n - 1$ ist. □

Der Begriff „Kreisteilung" resultiert aus den komplexen Zahlen, denn die Potenzen von $z = \exp(j2\pi/n) = \cos(2\pi/n) + j\sin(2\pi/n)$ ergeben die n-ten Einheitswurzeln, da $z^n = \exp(j2\pi) = 1$ sowie $(z^r)^n = 1$ gilt.

Auch über $\mathbb{F}_p$ ist $x^n - 1$ reduzibel, da 1 eine Nullstelle ist und nach Satz A.6 der Linearfaktor $x - 1$ somit ein Teiler ist (siehe auch (5.1.2)). Über den weiteren Zerfall von $x^n - 1$ sind aber keine allgemeinen Aussagen möglich. Keinesfalls zerfällt $x^n - 1$ vollständig in Linearfaktoren über $\mathbb{F}_p$, da $x^n - 1$ den irreduziblen Faktor $p(x)$ enthält. Beispielsweise gilt in $\mathbb{F}_2$ folgender Zerfall in irreduzible Faktoren:

$$\begin{aligned} x^3 - 1 &= (x+1)(x^2+x+1), \\ x^7 - 1 &= (x+1)(x^3+x+1)(x^3+x^2+1), \\ x^{15} - 1 &\doteq (x+1)(x^2+x+1)(x^4+x^3+x^2+x+1) \\ &\quad\ (x^4+x+1)(x^4+x^3+1). \end{aligned}$$

Im nächsten Abschnitt wird der Zerfall von $x^n - 1$ noch genauer untersucht. Der folgende Satz enthält eine äquivalente Kennzeichnung primitiver Polynome:

Satz 6.4. *Es sei $p(x) \in \mathbb{F}_p[x]_m$ ein irreduzibles Polynom vom Grad m. Dann gilt:*

$$p(x) \textit{ ist primitiv} \iff p^m - 1 = \min\{l \in \mathbb{N} \mid p(x) \textit{ teilt } x^l - 1\}. \tag{6.2.14}$$

Beweis: „⇒": Nach Satz 6.3 ist $p(x)$ ein Teiler von $x^n - 1$. Wenn $p(x)$ auch ein Teiler von $x^l - 1$ für $l < n$ wäre, so würde $\alpha(x)p(x) = x^l - 1$ mit passendem $\alpha(x) \in \mathbb{F}_p[x]$ gelten. Für das primitive Element z mit $p(z) = 0$ folgt dann $z^l = 1$, was der vorausgesetzten Primitivität von $p(x)$ widerspricht. Also ist $p(x)$ kein Teiler von $x^l - 1$.

„⇐": Gegenannahme: $p(x)$ ist nicht primitiv. Dann existiert ein $w \in \mathbb{F}_{p^m}$ mit $p(w) = 0$ und $w^l = 1$ für $l < n$. In Satz 6.7 wird noch gezeigt, daß ein irreduzibles Polynom von der Form $p(x) = \prod_{i=0}^{m-1}(x - w^{p^i})$ ist, d.h. $p(x)$ hat m Nullstellen w^{p^i}. Wichtig ist dabei, daß diese Nullstellen alle verschieden sind. Nach dem Divisionstheorem Satz A.4 existieren Polynome $\alpha(x)$ und $r(x)$ mit

$$x^l - 1 = \alpha(x)p(x) + r(x) \quad \text{mit} \quad \text{Grad } r(x) < m.$$

Wegen $(w^{p^i})^l = (w^l)^{p^i} = 1$ hat $r(x)$ also m verschiedene Nullstellen und somit muß $r(x) = 0$ gelten. Also ist $p(x)$ ein Teiler von $x^l - 1$, was der Voraussetzung widerspricht. Somit war die Gegenannahme falsch und $p(x)$ ist primitiv. □

Definition 6.2. *Für $a \in \mathbb{F}_{p^m} \backslash \{0\}$ heißt*

$$\langle a \rangle = \{a^i \mid i = 1,2,3,\ldots\} = \{a^1, a^2, a^3, \ldots, a^{\mathrm{Ord}(a)}\} \tag{6.2.15}$$

die von a erzeugte multiplikative Gruppe *und die Mächtigkeit* $\mathrm{Ord}(a) = |\langle a \rangle|$ *heißt* Ordnung *von a. Speziell gilt $\langle 1 \rangle = \{1\}$.*

Die Menge $\langle a \rangle$ bildet bezüglich der Multiplikation offensichtlich eine Gruppe: Beispielsweise folgt die Abgeschlossenheit aus $a^i \cdot a^j = a^{i+j}$ und a^{n-i} ist invers zu a^i. Natürlich ist $\langle a \rangle$ eine Untergruppe der multiplikativen Gruppe $\mathcal{G} = \mathbb{F}_{p^m} \backslash \{0\}$ mit der Mächtigkeit $|\mathcal{G}| = n = p^m - 1$. Nach Satz A.3 gilt:

$$a^{\mathrm{Ord}(a)} = 1 \quad , \quad \mathrm{Ord}(a) \text{ ist ein Teiler von } n = p^m - 1. \tag{6.2.16}$$

Nach Satz 6.1 erzeugt das primitive Element definitionsgemäß die multiplikative Gruppe: $\langle z \rangle = \mathcal{G}$. Die Ordnung primitiver Elemente ist natürlich n. Jedes Element ungleich Null des Galoisfeldes ist von der Form z^l. Auch z^l ist ein primitives Element, wenn es die multiplikative Gruppe erzeugt, d.h. wenn $\langle z^l \rangle = \{z^{li} \mid i = 1,2,3,\ldots\} = \mathcal{G}$ gilt. Aus einem primitiven Element können alle weiteren primitiven Elemente sehr einfach wie folgt bestimmt werden:

Satz 6.5. *Es sei z ein primitives Element für $\mathbb{F}_{p^m}$ und es sei $n = p^m - 1$. Dann sind genau diejenigen z-Potenzen ebenfalls primitive Elemente, deren Potenz teilerfremd zu n ist:*

$$z^l \text{ ist primitives Element} \iff \mathrm{GGT}(l,n) = 1. \tag{6.2.17}$$

Es sei $n = p_1^{s_1} \cdots p_v^{s_v}$ die Primfaktorzerlegung von n. Dann gibt die Eulersche φ-Funktion *(Euler's totient function)*

$$\varphi(n) = n\left(1 - \frac{1}{p_1}\right) \cdots \left(1 - \frac{1}{p_v}\right) \tag{6.2.18}$$

die Anzahl der primitiven Elemente von $\mathbb{F}_{p^m}$ an. Es wird $\varphi(1) = 1$ vereinbart.

Die Aussage (6.2.17) folgt aus Satz A.3. Für den Beweis von (6.2.18) siehe z.B. [48].

Beispiel 6.3. Beispiele zu den von z^l erzeugten Untergruppen der multiplikativen Gruppe werden noch ausführlich in Abschnitt 6.4 behandelt. Hier werden nur die primitiven Elemente betrachtet:

(1) $\mathbb{F}_{2^2}$ hat $\varphi(3) = 3\left(1 - \frac{1}{3}\right) = 2$ primitive Elemente: z, z^2.

(2) $\mathbb{F}_{2^3}$ hat $\varphi(7) = 7\left(1 - \frac{1}{7}\right) = 6$ primitive Elemente: $z, z^2, z^3, z^4, z^5, z^6$.

(3) $\mathbb{F}_{2^4}$ hat $\varphi(15) = \varphi(3 \cdot 5) = 15\left(1 - \frac{1}{3}\right)\left(1 - \frac{1}{5}\right) = 8$ primitive Elemente: $z, z^2, z^4, z^7, z^8, z^{11}, z^{13}, z^{14}$.

(4) $\mathbb{F}_{2^8}$ hat $\varphi(255) = \varphi(3 \cdot 5 \cdot 17) = 255\left(1 - \frac{1}{3}\right)\left(1 - \frac{1}{5}\right)\left(1 - \frac{1}{17}\right) = 128$ primitive Elemente.

(5) $\mathbb{F}_7$ hat $\varphi(6) = \varphi(2 \cdot 3) = 6\left(1 - \frac{1}{2}\right)\left(1 - \frac{1}{3}\right) = 2$ primitive Elemente, nämlich $z = 3$ nach Beispiel 6.1(2) und $z^5 = 3^5 = 5$, weil $\mathrm{GGT}(i, 6) = 1$ nur für $i = 1$ und $i = 5$ gilt. □

6.3 Minimalpolynome und konjugierte Elemente

Für die Darstellung und die Analyse der BCH-Codes sind die Kenntnisse über die Struktureigenschaften und die Arithmetik von Galoisfeldern noch zu vertiefen. Der nachfolgend eingeführte Begriff der Äquivalenz wird auch in Abschnitt A.4 diskutiert, dort allerdings in allgemeiner Form:

Definition 6.3. *Zwei Elemente $a, b \in \mathbb{F}_{p^m}$ heißen* konjugiert *zueinander mit der Schreibweise $a \sim b$, wenn $a = b^{p^r}$ mit passendem r gilt. Damit wird eine* Äquivalenzrelation *eingeführt, d.h. es gilt:*

(1) Für alle $a \in \mathbb{F}_{p^m}$ gilt: $a \sim a$ (Reflexiv).
(2) Für alle $a, b \in \mathbb{F}_{p^m}$ gilt: $a \sim b \Rightarrow b \sim a$ (Symmetrisch).
(3) Für alle $a, b, c \in \mathbb{F}_{p^m}$ gilt: $a \sim b \wedge b \sim c \Rightarrow a \sim c$ (Transitiv).

Die Äquivalenzrelation impliziert Äquivalenzklassen, *d.h. die Mengen der in Relation zu einem Element a stehenden Elemente b:*

$$[a] = \{b \mid b \sim a\} = \{a, a^p, a^{p^2}, a^{p^3}, \ldots\}. \tag{6.3.1}$$

Mit $|[a]|$ wird die Anzahl der Elemente einer Äquivalenzklasse bezeichnet.

Die Eigenschaften $a \in [a]$, $[0] = \{0\}$ und $[1] = \{1\}$ sind offensichtlich. Jedes Element einer Äquivalenzklasse kann als Erzeuger der Äquivalenzklasse dienen, d.h. $b \in [a]$ impliziert $[b] = [a]$. Die Äquivalenzklassen bilden eine disjunkte Zerlegung von $\mathbb{F}_{p^m}$. Die Symmetrie ist leicht einsehbar, denn aus $a = b^{p^r}$ folgt

$$a^{p^{m-r}} = \left(b^{p^r}\right)^{p^{m-r}} = b^{p^m} = b^{n+1} = b.$$

Entsprechend ist die Transitivität nachweisbar.

Für ein Element z^l ist die Äquivalenzklasse $[z^l]$ der Mächtigkeit s von der Form

$$[z^l] = \{z^l, z^{lp}, z^{lp^2}, z^{lp^3}, \ldots, z^{lp^{s-1}}\}. \tag{6.3.2}$$

Die Mengen $\{l, lp, lp^2, lp^3, \ldots, lp^{s-1}\}$ werden auch als *zyklotomische Nebenklassen* bezeichet.

Die Äquivalenzklassen der konjugierten Elemente sind nicht zu verwechseln mit den in Definition 6.2 eingeführten multiplikativen Gruppen. Die Äquivalenzklassen sind normalerweise weder additive noch multiplikative Gruppen.

Für die Mächtigkeiten wurde mit (6.2.16) notiert, daß $|\langle a\rangle|$ ein Teiler von $n = p^m - 1$ ist, während in Satz 6.7 $|[a]|$ noch als Teiler von m nachgewiesen wird.

Offensichtlich gilt $[a] \subseteq \langle a\rangle$. Für $a \sim b$ bzw. $[a] = [b]$ gilt $a = b^{p^r}$. Für beliebiges i gilt dann $a^i = b^{ip^r}$ und damit $a^i \in \langle b\rangle$ und folglich $\langle a\rangle \subseteq \langle b\rangle$. Wegen der Symmetrie folgt schließlich $\langle a\rangle = \langle b\rangle$. Damit ist folgender Satz nachgewiesen:

Satz 6.6. *Zwei zueinander äquivalente Elemente haben die gleiche Ordnung und erzeugen die gleiche multiplikative Gruppe:*

$$a \sim b \quad bzw. \quad [a] = [b] \quad \Longrightarrow \quad \langle a\rangle = \langle b\rangle. \tag{6.3.3}$$

Die Äquivalenzklassen der konjugierten Elemente bilden also eine Verfeinerung der erzeugten multiplikativen Gruppen. Natürlich haben die Elemente einer multiplikativen Gruppe nicht alle die gleiche Ordnung, da jede multiplikative Gruppe das Einselement mit der Ordnung 1 enthält.

Ein weiteres Beispiel für Äquivalenzklassen stellt die Zerlegung des Raums $\mathbb{F}_q^n$ der Empfangswörter in Nebenklassen gemäß Abschnitt 4.6 dar. Allerdings hatte dort jede Nebenklasse die gleiche Mächtigkeit, was für die Äquivalenzklassen der konjugierten Elemente nicht gilt.

Satz 6.7. *Für die Äquivalenzklassen der konjugierten Elemente und die damit verbundenen Polynome gelten folgende Aussagen:*

(1) Zu jedem $a \in \mathbb{F}_{p^m}$ gibt es ein eindeutig bestimmtes normiertes Polynom $f_a(x)$ minimalen Grades mit Koeffizienten aus $\mathbb{F}_p$, das a als Nullstelle hat. $f_a(x)$ ist irreduzibel und wird als Minimalpolynom *bezeichnet.*

(2) Zwei zueinander konjugierte Elemente haben das gleiche Minimalpolynom:

$$a \sim b \quad \Longrightarrow \quad f_a(x) = f_b(x). \tag{6.3.4}$$

Man kann also vom Minimalpolynom einer Äquivalenzklasse sprechen mit der Schreibweise $f_a(x) = f_{[a]}(x)$.

(3) Der Grad des Minimalpolynoms entspricht der Mächtigkeit der Äquivalenzklasse und ist ferner ein Teiler von m:

$$\text{Grad } f_{[a]}(x) = |[a]| \quad \textit{teilt } m. \tag{6.3.5}$$

(4) Das Minimalpolynom kann explizit berechnet werden:

$$f_{[a]}(x) = \prod_{b \in [a]} (x - b) = \prod_{i=0}^{|[a]|-1} (x - a^{p^i}). \tag{6.3.6}$$

(5) Alle Minimalpolynome von $\mathbb{F}_{p^m}$ bilden genau die irreduziblen Faktoren des Kreisteilungspolynoms $x^n - 1$.

(6) Wenn $f(x) \in \mathbb{F}_p[x]$ eine Nullstelle $a \in \mathbb{F}_{p^m}$ hat, dann ist $f(x)$ ein Vielfaches des Minimalpolynoms $f_{[a]}(x)$. Wenn zusätzlich $f(x)$ irreduzibel ist, dann gilt sogar $f(x) = f_{[a]}(x)$.
Jedes irreduzible Polynom $f(x)$ mit einer Nullstelle $a \in \mathbb{F}_{p^m}$ ist ein Teiler von $x^n - 1$ und Grad *$f(x)$ ist ein Teiler von m.*

Natürlich darf $f_a(x)$ keine Koeffizienten aus $\mathbb{F}_{p^m}$ haben, denn dann könnte einfach $f_a(x) = x - a$ gewählt werden. Das Minimalpolynom zu $a = z^r$ ist von der Form

$$f_{[z^r]}(x) = \prod_{i=0}^{|[z^r]|-1} (x - z^{rp^i}). \tag{6.3.7}$$

Beweis: „Existenz": Nach Satz 6.3 ist $f_a(x) = x^q - x$ ein Polynom mit Koeffizienten aus $\mathbb{F}_p$, das jedes $a \in \mathbb{F}_{p^m}$ als Nullstelle hat.

„Eindeutigkeit": Es seien $f(x), f'(x) \in \mathbb{F}_p[x]$ mit $f(a) = f'(a) = 0$ zwei Polynome gleichen und zusätzlich minimalen Grades. Nach Satz A.4 existieren Polynome $\alpha(x), r(x) \in \mathbb{F}_p[x]$ mit

$$f'(x) = \alpha(x)f(x) + r(x) \quad \text{mit} \quad \text{Grad}\, r(x) < \text{Grad}\, f(x).$$

Für $x = a$ folgt $r(a) = 0$, was der vorausgesetzten Minimalität der Grade widerspricht. Also folgt $r(x) = 0$ und somit unterscheiden sich $f(x)$ und $f'(x)$ allenfalls um eine Konstante $\alpha(x) = \alpha_0$. Da Minimalpolynome normiert sein sollen, ist das Minimalpolynom also eindeutig bestimmt.

„Irreduzibilität": Bei einem Zerfall $f_a(x) = f_1(x)f_2(x)$ folgt aus $f_a(a) = 0$ entweder $f_1(a) = 0$ oder $f_2(a) = 0$. Wegen der Minimalität der Grade folgt dann aber entweder $f_1(x) = f_a(x)$ oder $f_2(x) = f_a(x)$.

„$|[a]|$ teilt m": Es sei $s = |[a]|$, d.h. $[a] = \{a^{p^0}, a^{p^1}, a^{p^2}, \ldots, a^{p^{s-1}}\}$. Klar ist zunächst $a^{p^s} = a = a^{p^0}$, denn sonst wäre a^{p^s} ein weiteres Element aus $[a]$. Deshalb gilt auch

$$[a] = \{a^{p^1}, a^{p^2}, \ldots, a^{p^{s-1}}, a^{p^s}\}. \tag{6.3.8}$$

Wegen $a^{p^m} = a^{n+1} = a$ folgt $s \le m$. Für $m = \alpha s + r$ mit $0 \le r < s$ folgt

$$a = a^{p^m} = \left[a^{(p^s)^\alpha}\right]^{p^r} = \Bigg[\underbrace{\Big(\cdots \underbrace{\Big(\big(\underbrace{a^{p^s}}_{a}\big)^{p^s}\Big)}_{a}\cdots\Big)^{p^s}}_{a}\Bigg]^{p^r} = a^{p^r}.$$

Wegen $r < s$ ist das nach Definition von $[a]$ nur möglich für $r = 0$. Also ist s ein Teiler von m.

„(4)": Nach Satz 6.2(4) gilt $f_a(a^{p^i}) = \Big[f_a(a)\Big]^{p^i} = 0^{p^i} = 0$ und somit muß $f_a(x)$ alle Linearfaktoren $x - a^{p^i}$ enthalten, d.h. $f_a(x)$ muß ein Vielfaches von

$$h_a(x) = \prod_{i=0}^{s-1}(x - a^{p^i}) = \prod_{b\in[a]}(x - b) \quad , \quad s = |[a]|$$

sein. Klar ist $h_a(a) = 0$ und Grad $h_a(x) \leq$ Grad $f_a(x)$. Um $h_a(x) = f_a(x)$ nachzuweisen, sind lediglich die Koeffizienten von $h_a(x)$ in $\mathbb{F}_p$ nachzuweisen. Dazu wird vorbereitend zunächst notiert:

$$\begin{aligned}
\left[h_a(x)\right]^p &= \prod_{i=0}^{s-1}\left(x - a^{p^i}\right)^p \\
&= \prod_{i=0}^{s-1}(x^p - a^{p^{i+1}}) && \text{nach Satz 6.2(3)} \\
&= \prod_{i=1}^{s}(x^p - a^{p^i}) \\
&= \prod_{i=0}^{s-1}(x^p - a^{p^i}) && \text{nach (6.3.8)} \\
&= h_a(x^p).
\end{aligned}$$

Sei nun $h_a(x) = \sum_{i=0}^{s} h_i x^i$. Nach dem vorangehenden Resultat gilt:

$$\left[h_a(x)\right]^p = h_a(x^p) = \sum_{i=0}^{s} h_i x^{ip}.$$

Nach Satz 6.2(3) gilt:

$$\left[h_a(x)\right]^p = \left[\sum_{i=0}^{s} h_i x^i\right]^p = \sum_{i=0}^{s} h_i^p x^{ip}.$$

Der Koeffizientenvergleich ergibt $h_i = h_i^p$ und nach Satz 6.2(2) gilt $h_i \in \mathbb{F}_p$. Damit ist (6.3.6) bewiesen und somit auch (2) und (3).

„(5)“: $\mathbb{F}_{p^m} \setminus \{0\}$ zerfällt in l disjunkte Äquivalenzklassen $[a_1], \ldots, [a_l]$ mit Repräsentanten a_μ. Dazu gehören l Minimalpolynome $f_{[a_1]}(x), \ldots, f_{[a_l]}(x)$, die jeweils aus Linearfaktoren $(x - z^i)$ bestehen. Also ist jedes Minimalpolynom Teiler von $x^n - 1$ nach (6.2.13). Zwei verschiedene Minimalpolynome enthalten keine gleichen Linearfaktoren $(x - z^i)$, da die Äquivalenzklassen disjunkt sind. Somit ist auch das Produkt der Minimalpolynome ein Teiler von $x^n - 1$. Wegen

$$\begin{aligned}
\text{Grad} \prod_{\mu=1}^{l} f_{[a_\mu]}(x) &= \sum_{\mu=1}^{l} \text{Grad } f_{[a_\mu]}(x) = \sum_{\mu=1}^{l} |[a_\mu]| \\
&= \left|\bigcup_{\mu=1}^{l}[a_\mu]\right| = \left|\mathbb{F}_{p^m}\setminus\{0\}\right| = n \\
&= \text{Grad } (x^n - 1)
\end{aligned}$$

stimmt das Produkt aller Minimalpolynome mit $x^n - 1$ überein.

„(6)“: Sei $f(x) \in \mathbb{F}_p[x]$ mit $f(a) = 0$ für $a \in \mathbb{F}_{p^m}$. Nach Satz A.4 existieren Polynome $\alpha(x), r(x) \in \mathbb{F}_p[x]$ mit

$$f(x) = \alpha(x) f_{[a]}(x) + r(x) \quad \text{mit} \quad \text{Grad } r(x) < \text{Grad } f_{[a]}(x).$$

Für $x = a$ folgt $r(a) = 0$. Da $f_{[a]}(x)$ minimalen Grad hat, folgt $r(x) = 0$ und somit ist $f(x)$ ein Vielfaches von $f_{[a]}(x)$. Wenn zusätzlich $f(x)$ irreduzibel ist, folgt aus $f(x) = \alpha(x) f_{[a]}(x)$ wegen Grad $f_{[a]}(x) \geq 1$ sofort $\alpha(x) = 1$ bzw. $f(x) = f_{[a]}(x)$. Jedes irreduzible Polynom mit einer Nullstelle in $\mathbb{F}_{p^m}$ ist also ein Minimalpolynom und damit ein Teiler von $x^n - 1$. □

Eines der Minimalpolynome entspricht dem primitiven Polynom aus (6.2.12), mit dem $\mathbb{F}_{p^m}$ konstruiert wurde. Mit z sind auch alle weiteren Nullstellen z^{p^i} von $p(x)$ jeweils primitive Elemente, die die Äquivalenzklasse $[z]$ bilden. Darüberhinaus gibt es weitere primitive Elemente, die zu weiteren primitiven Polynomen führen, die wiederum als Minimalpolynome in der Faktorisierung von $x^n - 1$ auftreten. Nach Satz 6.5 ist $\varphi(p^m - 1)$ die Anzahl der primitiven Elemente und somit gilt:

$$\frac{\varphi(p^m - 1)}{m} = \text{Anzahl primitiver Polynome vom Grad } m \text{ über } \mathbb{F}_p. \qquad (6.3.9)$$

In Tabelle 6.2 sind dazu einige Zahlenwerte angegeben.

Tabelle 6.2. Anzahl primitiver Elemente und primitiver Polynome in $\mathbb{F}_{2^m}$

m	2	3	4	5	6	7	8	16
2^m	4	8	16	32	64	128	256	65536
Anzahl primitiver Elemente	2	6	8	30	36	126	128	32768
Anzahl primitiver Polynome	1	2	2	6	6	18	16	2048

6.4 Beispiele $\mathbb{F}_8$, $\mathbb{F}_{16}$ und $\mathbb{F}_{64}$

Die theoretischen Aussagen aus den Abschnitten 6.2 und 6.3 werden jetzt anhand der drei Beispiele $\mathbb{F}_{2^m}$ mit $m = 3, 4, 6$ illustriert. Bei $\mathbb{F}_8$ sind die Rechenoperationen noch gut überschaubar. Zur Demonstration aller Eigenschaften der Minimalpolynome ist $\mathbb{F}_8$ allerdings noch zu simpel, so daß auch $\mathbb{F}_{16}$ und $\mathbb{F}_{64}$ betrachtet werden.

Beispiel 6.4. $\mathbb{F}_8 = \mathbb{F}_{2^3}$ mit $n = 7$. Es gibt $\varphi(7) = 6$ primitive Elemente und $\varphi(7)/3 = 2$ primitive Polynome. Nach Tabelle 6.1 wird $p(x) = x^3 + x + 1$ gewählt. Für das primitives Element z gilt also $z^3 + z + 1 = 0$ bzw. $z^3 = z + 1$.

Durch Potenzierung von z ergibt sich:

$$\begin{array}{lllllll}
z^1 & = & & & & = & z \\
z^2 & = & & & & = & z^2 \\
z^3 & = & z+1 & & & = & z+1 \\
z^4 & = & z^2+z & & & = & z^2+z \\
z^5 & = & z^3+z^2 & = & (z+1)+z^2 & = & z^2+z+1 \\
z^6 & = & z^3+z^2+z & = & (z+1)+z^2+z & = & z^2+1 \\
z^7 & = & z^3+z & = & (z+1)+z & = & 1 \;=\; z^0.
\end{array}$$

Somit gilt für die Komponenten- und Exponentendarstellung:

$$\begin{aligned}
\mathbb{F}_8 &= \{0,1,z,1+z,z^2,1+z^2,z+z^2,1+z+z^2\} \\
&= \{k_0+k_1z+k_2z^2 \mid k_0,k_1,k_2 \in \mathbb{F}_2\} \\
&= \{0,1,z,z^2,z^3,z^4,z^5,z^6\}.
\end{aligned}$$

Verknüpfungstafeln für die Komponentendarstellung:

+	000	100	010	001	110	011	111	101
000	000	100	010	001	110	011	111	101
100	100	000	110	101	010	111	011	001
010	010	110	000	011	100	001	101	111
001	001	101	011	000	111	010	110	100
110	110	010	100	111	000	101	001	011
011	011	111	001	010	101	000	100	110
111	111	011	101	110	001	100	000	010
101	101	001	111	100	011	110	010	000

·	000	100	010	001	110	011	111	101
000	000	000	000	000	000	000	000	000
100	000	100	010	001	110	011	111	101
010	000	010	001	110	011	111	101	100
001	000	001	110	011	111	101	100	010
110	000	110	011	111	101	100	010	001
011	000	011	111	101	100	010	001	110
111	000	111	101	100	010	001	110	011
101	000	101	100	010	001	110	011	111

Verknüpfungstafeln für die Exponentendarstellung:

+	0	1	z	z^2	z^3	z^4	z^5	z^6
0	0	1	z	z^2	z^3	z^4	z^5	z^6
1	1	0	z^3	z^6	z	z^5	z^4	z^2
z	z	z^3	0	z^4	1	z^2	z^6	z^5
z^2	z^2	z^6	z^4	0	z^5	z	z^3	1
z^3	z^3	z	1	z^5	0	z^6	z^2	z^4
z^4	z^4	z^5	z^2	z	z^6	0	1	z^3
z^5	z^5	z^4	z^6	z^3	z^2	1	0	z
z^6	z^6	z^2	z^5	1	z^4	z^3	z	0

·	0	1	z	z^2	z^3	z^4	z^5	z^6
0	0	0	0	0	0	0	0	0
1	0	1	z	z^2	z^3	z^4	z^5	z^6
z	0	z	z^2	z^3	z^4	z^5	z^6	1
z^2	0	z^2	z^3	z^4	z^5	z^6	1	z
z^3	0	z^3	z^4	z^5	z^6	1	z	z^2
z^4	0	z^4	z^5	z^6	1	z	z^2	z^3
z^5	0	z^5	z^6	1	z	z^2	z^3	z^4
z^6	0	z^6	1	z	z^2	z^3	z^4	z^5

Nach (6.2.12) hat $p(x)$ die Nullstellen z, z^2, z^4 und somit gilt

$$(x-z)(x-z^2)(x-z^4) = x^3 + x + 1 = p(x).$$

Nach (6.2.13) gilt:

$$x^7 - 1 = (x-1)(x-z)(x-z^2)(x-z^3)(x-z^4)(x-z^5)(x-z^6).$$

Das ist einfacher in folgender Form nachzurechnen:

$$x^7 - 1 = \underbrace{\underbrace{(x-1)}_{x+1} \cdot \underbrace{(x-z)(x-z^2)(x-z^4)}_{x^3+x+1} \cdot \underbrace{(x-z^3)(x-z^5)(x-z^6)}_{x^3+x^2+1}}_{x^7+1}.$$

Damit erscheint das primitive Polynom als irreduzibler Faktor im Kreisteilungspolynom. Auch $x^3 + x^2 + 1$ ist ein primitives Polynom. Die 6 primitiven Elemente sind $z, z^2, z^3, z^4, z^5, z^6$, wovon 3 Nullstellen des primitiven Polynoms sind. Beispielsweise wird $\mathbb{F}_8$ auch von z^3 erzeugt:

$$\begin{aligned} \mathbb{F}_8 &= \{0, (z^3)^0 = 1, (z^3)^1 = z^3, (z^3)^2 = z^6, (z^3)^3 = z^2, \\ &\qquad (z^3)^4 = z^5, (z^3)^5 = z, (z^3)^6 = z^4\}. \end{aligned}$$

Zu z sind konjugiert: $z^{2^1} = z^2$, $z^{2^2} = z^4$, $z^{2^3} = z^8 = z$. Zu z^4 sind die gleichen Elemente konjugiert: $(z^4)^{2^1} = z^8 = z$, $(z^4)^{2^2} = z^{16} = z^2$, $(z^4)^{2^3} = z^{32} = z^4$. Zu z^3 sind konjugiert: $(z^3)^{2^1} = z^6$, $(z^3)^{2^2} = z^{12} = z^5$, $(z^3)^{2^3} = z^{24} = z^3$. Somit folgt $[z] = [z^2] = [z^4] = \{z^1, z^2, z^4\}$ und $[z^3] = [z^5] = [z^6] = \{z^3, z^5, z^6\}$. Zusammenfassung:

Äquivalenzklasse	Minimalpolynom
$\{z^1, z^2, z^4\}$	$(x-z^1)(x-z^2)(x-z^4) = x^3 + x + 1 = p(x)$
$\{z^3, z^5, z^6\}$	$(x-z^3)(x-z^5)(x-z^6) = x^3 + x^2 + 1$
$\{z^0\}$	$(x-1) = x + 1$

Das Produkt der Minimalpolynome ergibt $x^7 - 1$. Umgekehrt zerfällt das Kreisteilungspolynom über $\mathbb{F}_2$ in die Minimalpolynome als irreduzible Faktoren. Das Minimalpolynom zu z ist genau das primitive Polynom. Wegen $m = 3$ können die Minimalpolynome bzw. die irreduziblen Faktoren von $x^7 - 1$ nur die Grade 1 oder 3 haben. Also kann es beispielsweise kein irreduzibles Polynom vom Grad 2 geben, das ein Teiler von $x^7 - 1$ ist.

Jedes der 6 primitiven Elemente hat die Ordnung 7 und erzeugt somit die multiplikative Gruppe $\mathbb{F}_8 \backslash \{0\}$, die hier aus 3 Äquivalenzklassen besteht. $z^0 = 1$ hat die Ordnung 1. □

Beispiel 6.5. $\mathbb{F}_{16} = \mathbb{F}_{2^4}$ mit $n = 15$. Es gibt $\varphi(15) = 8$ primitive Elemente und $\varphi(15)/4 = 2$ primitive Polynome. Nach Tabelle 6.1 wird $p(x) = x^4 + x + 1$ gewählt. Für das primitive Element z gilt also $z^4 + z + 1 = 0$ bzw. $z^4 = z + 1$. Durch Potenzierung von z ergibt sich:

$$\begin{array}{lllll}
z^1 & = & & & = z \\
z^2 & = & & & = z^2 \\
z^3 & = & & & = z^3 \\
z^4 & = & z+1 & & = z+1 \\
z^5 & = & z^2+z & & = z^2+z \\
z^6 & = & z^3+z^2 & & = z^3+z^2 \\
z^7 & = & z^4+z^3 & = (z+1)+z^3 & = z^3+z+1 \\
z^8 & = & z^4+z^2+z & = (z+1)+z^2+z & = z^2+1 \\
z^9 & = & z^3+z & & = z^3+z \\
z^{10} & = & z^4+z^2 & = (z+1)+z^2 & = z^2+z+1 \\
z^{11} & = & z^3+z^2+z & & = z^3+z^2+z \\
z^{12} & = & z^4+z^3+z^2 & = (z+1)+z^3+z^2 & = z^3+z^2+z+1 \\
z^{13} & = & z^4+z^3+z^2+z & = (z+1)+z^3+z^2+z & = z^3+z^2+1 \\
z^{14} & = & z^4+z^3+z & = (z+1)+z^3+z & = z^3+1 \\
z^{15} & = & z^4+z & = (z+1)+z & = 1 = z^0.
\end{array}$$

Somit gilt für die Komponenten- und Exponentendarstellung:

$$\begin{aligned}
\mathbb{F}_{16} &= \{k_0 + k_1 z + k_2 z^2 + k_3 z^3 \mid k_0, k_1, k_2, k_3 \in \mathbb{F}_2\} \\
&= \{0, 1, z, z^2, z^3, z^4, z^5, z^6, z^7, z^8, z^9, z^{10}, z^{11}, z^{12}, z^{13}, z^{14}\}.
\end{aligned}$$

Nach (6.2.12) hat $p(x)$ die Nullstellen z, z^2, z^4, z^8 und somit gilt

$$(x-z)(x-z^2)(x-z^4)(x-z^8) = x^4 + x + 1 = p(x).$$

Nach (6.2.13) gilt

$$x^{15} - 1 = (x-1)(x-z)(x-z^2)\cdots(x-z^{12})(x-z^{13})(x-z^{14}).$$

Nach Satz 6.5 gibt es 8 primitive Elemente: $z, z^2, z^4, z^7, z^8, z^{11}, z^{13}, z^{14}$, wovon 4 Nullstellen des primitiven Polynoms sind. Beispielsweise ist $w = z^3$ kein primitives Element, da damit nicht die gesamte multiplikative Gruppe erzeugt wird, sondern nur eine Untergruppe der Mächtigkeit 5:

$$w^0 = 1,\ w^1 = z^3,\ w^2 = z^6,\ w^3 = z^9,\ w^4 = z^{12},\ w^5 = z^{15} = z^0 = 1.$$

Es gibt 5 Äquivalenzklassen, die zusammen mit [0] eine disjunkte Zerlegung von $\mathbb{F}_{16}$ bilden:

Äquiv.klasse	Minimalpolynom	
$\{z^1, z^2, z^4, z^8\}$	$(x - z^1)(x - z^2)(x - z^4)(x - z^8)$	$= x^4 + x + 1 = p(x)$
$\{z^7, z^{11}, z^{13}, z^{14}\}$	$(x - z^7)(x - z^{11})(x - z^{13})(x - z^{14})$	$= x^4 + x^3 + 1$
$\{z^3, z^6, z^9, z^{12}\}$	$(x - z^3)(x - z^6)(x - z^9)(x - z^{12})$	$= x^4 + x^3 + x^2 + x + 1$
$\{z^5, z^{10}\}$	$(x - z^5)(x - z^{10})$	$= x^2 + x + 1$
$\{z^0\}$	$(x - 1)$	$= x + 1$

Das Produkt der Minimalpolynome ergibt $x^{15} - 1$. Umgekehrt zerfällt das Kreisteilungspolynom über $\mathbb{F}_2$ in die Minimalpolynome als irreduzible Faktoren. Das erste Minimalpolynom zu z ist genau das primitive Polynom. Auch das zweite Minimalpolynom $x^4 + x^3 + 1$ ist ein primitives Polynom, was ebenfalls in Tabelle 6.1 vermerkt sein könnte. Das dritte Minimalpolynom $x^4+x^3+x^2+x+1$ ist zwar irreduzibel, aber kein primitives Polynom. Dazu sei w eine Nullstelle, beispielsweise $w = z^3$ oder $w = z^6$, d.h. $w^4 + w^3 + w^2 + w + 1 = 0$. Dann gilt:

$$\begin{aligned} w^4 &= w^3 + w^2 + w + 1 \\ w^5 &= w^4 + w^3 + w^2 + w = (w^3 + w^2 + w + 1) + w^3 + w^2 + w = 1 = w^0. \end{aligned}$$

Also sind die 15 Elemente $w^0 = 1, w^1, w^2, \ldots, w^{14}$ nicht alle verschieden wie in Satz 6.3 gefordert. Wegen $m = 4$ können die Minimalpolynome bzw. die irreduziblen Faktoren von $x^{15} - 1$ nur die Grade 1 oder 2 oder 4 haben.

Die 8 Elemente aus den ersten beiden Äquivalenzklassen haben als primitive Elemente die Ordnung 15, beispielsweise gilt für die von z^8 erzeugte multiplikative Gruppe:

$$\begin{aligned} \langle z^8 \rangle &= \{z^8, z^{16}, z^{24}, z^{32}, z^{40}, z^{48}, z^{56}, z^{64}, z^{72}, z^{80}, z^{88}, z^{96}, z^{104}, z^{112}, z^{120}\} \\ &= \{z^8, z^1, z^9, z^2, z^{10}, z^3, z^{11}, z^4, z^{12}, z^5, z^{13}, z^6, z^{14}, z^7, z^0\} \\ &= \mathbb{F}_{16} \setminus \{0\}. \end{aligned}$$

Die 4 Elemente aus der dritten Äquivalenzklasse haben die Ordnung 5:

$$\langle z^3 \rangle = \langle z^6 \rangle = \langle z^9 \rangle = \langle z^{12} \rangle = \{z^0, z^3, z^6, z^9, z^{12}\}.$$

Die 2 Elemente aus der vierten Äquivalenzklasse haben die Ordnung 3:

$$\langle z^5 \rangle = \langle z^{10} \rangle = \{z^0, z^5, z^{10}\}.$$

$z^0 = 1$ hat die Ordnung 1. Da die Ordnung ein Teiler von $n = 15$ ist, können also nur die Ordnungen 15 oder 5 oder 3 oder 1 auftreten. □

Beispiel 6.6. $\mathbb{F}_{64} = \mathbb{F}_{2^6}$ mit $n = 63$ und $m = 6$. Es gibt $\varphi(63) = 36$ primitive Elemente mit der Ordnung 63 und $\varphi(63)/6 = 6$ primitive Polynome vom Grad 6. Alle weiteren Minimalpolynome können nur die Grade 3 oder 2 oder 1 haben. Die Ordnungen der nicht primitiven Elemente müssen Teiler von $63 = 3 \cdot 3 \cdot 7$ sein, d.h. also 21 oder 9 oder 7 oder 3 oder 1. Durch einfache Rechnungen ergibt sich:

Äquivalenzklasse	Ordnung
$z^1, z^2, z^4, z^8, z^{16}, z^{32}$	63
$z^5, z^{10}, z^{20}, z^{40}, z^{17}, z^{34}$	63
$z^{11}, z^{22}, z^{44}, z^{25}, z^{50}, z^{37}$	63
$z^{13}, z^{26}, z^{52}, z^{41}, z^{19}, z^{38}$	63
$z^{23}, z^{46}, z^{29}, z^{58}, z^{53}, z^{43}$	63
$z^{31}, z^{62}, z^{61}, z^{59}, z^{55}, z^{47}$	63
$z^3, z^6, z^{12}, z^{24}, z^{48}, z^{33}$	21
$z^{15}, z^{30}, z^{60}, z^{57}, z^{51}, z^{39}$	21
$z^7, z^{14}, z^{28}, z^{56}, z^{49}, z^{35}$	9
z^9, z^{18}, z^{36}	7
z^{27}, z^{54}, z^{45}	7
z^{21}, z^{42}	3
z^0	1

Die Tabelle kann so erstellt werden: Zu allen z-Potenzen werden die Äquivalenzklassen berechnet. Es ergeben sich 13 Äquivalenzklassen, die alle 63 Elemente ungleich Null enthalten. Die 36 zu $n = 63$ teilerfremden z-Potenzen ergeben die primitiven Elemente. Die restlichen 7 Äquivalenzklassen haben kleinere Ordnungen als 63, die durch Berechnung der erzeugten multiplikativen Gruppen ermittelt werden. □

6.5 Spektraltransformation auf Galoisfeldern

Vorausgesetzt wird weiterhin ein Galoisfeld $\mathbb{F}_{p^m}$ mit einem primitiven Element z. Die nachfolgend definierte Transformation auf $\mathbb{F}_{p^m}$ mit der dadurch festgelegten Länge $n = p^m - 1 = q - 1$ entspricht sowohl formal wie von ihren Eigenschaften her der gewöhnlichen diskreten Fouriertransformation im Bereich der komplexen Zahlen. Unbedingt notwendig ist das Konzept dieser Transformation nicht (sie braucht weder im Encoder noch im Decoder realisiert zu werden), aber das Verständnis und die Beschreibung werden dadurch enorm vereinfacht. Die spektrale Beschreibung von RS- und BCH-Codes wurde ca. 1980 von Blahut verbreitet.

Definition 6.4. *Betrachte zwei Polynome vom Grad* $\leq n-1 = p^m - 2$ *mit Koeffizienten aus* $\mathbb{F}_{p^m}$*:*

$$\boldsymbol{a} = (a_0, \ldots, a_{n-1}) \quad \leftrightarrow \quad a(x) = \sum_{\mu=0}^{n-1} a_\mu x^\mu,$$

$$\boldsymbol{A} = (A_0, \ldots, A_{n-1}) \quad \leftrightarrow \quad A(x) = \sum_{\mu=0}^{n-1} A_\mu x^\mu.$$

$A(x)$ *heißt* diskrete Fouriertransformierte (DFT) *von* $a(x)$ *mit der Schreibweise* $A = \text{DFT}(a)$ *bzw.* $a(x)$ *heißt* inverse diskrete Fouriertransformierte (IDFT) *von* $A(x)$ *mit der Schreibweise* $\boldsymbol{a} = \text{IDFT}(\boldsymbol{A})$*, wenn gilt* $(0 \leq i \leq n-1)$*:*

$$A_i = a(z^i) = \sum_{\mu=0}^{n-1} a_\mu z^{i\mu} \quad , \quad a_i = -A(z^{-i}) = -\sum_{\mu=0}^{n-1} A_\mu z^{-i\mu}. \tag{6.5.1}$$

Schreibweise:

$$\text{„Zeitbereich"} \quad a(x) \quad \circ\!\!-\!\!\bullet \quad A(x) \quad \text{„Frequenzbereich"}.$$

Es ist zwischen den Nullstellen der Polynome und den Nullkomponenten der Vektoren zu unterscheiden. Für den Zusammenhang gilt:

$$\begin{aligned} z^i \text{ ist Nullstelle von } a(x) &\iff \text{die } i\text{-te Komponente von } \boldsymbol{A} \text{ ist Null} \\ z^{-i} \text{ ist Nullstelle von } A(x) &\iff \text{die } i\text{-te Komponente von } \boldsymbol{a} \text{ ist Null.} \end{aligned}$$

Weiter gilt (mit $\circ$ ist die Hintereinanderausführung gemeint):

$$\text{IDFT} \circ \text{DFT} = \text{Identität} \tag{6.5.2}$$

$$\text{DFT} \circ \text{DFT} : (a_0, a_1, \ldots, a_{n-1}) \mapsto -(a_0, a_{n-1}, \ldots, a_1) \tag{6.5.3}$$

$$\text{DFT} \circ \text{DFT} \circ \text{DFT} \circ \text{DFT} = \text{Identität}. \tag{6.5.4}$$

Beweis: „(6.5.2)": Es gilt

$$\begin{aligned} -A(z^{-i}) &= -\sum_{\mu=0}^{n-1} A_\mu z^{-i\mu} = -\sum_{\mu=0}^{n-1} \left(\sum_{\nu=0}^{n-1} a_\nu z^{\mu\nu} \right) z^{-i\mu} \\ &= -\sum_{\nu=0}^{n-1} a_\nu \left(\sum_{\mu=0}^{n-1} z^{(\nu-i)\mu} \right) = a_i, \end{aligned}$$

denn die innere Summe hat für $\nu = i$ den Wert $1 + \cdots + 1 = n = p^m - 1 = -1$ (modulo p) und für $\nu \neq i$ nach der geometrischen Summenformel den Wert

$(z^{(\nu-i)n}-1)/(z^{\nu-i}-1) = 0$. Entsprechend wird (6.5.3) nachgewiesen und daraus folgt direkt (6.5.4). □

Die Schieberegister-Implementierung der DFT zeigt Bild 6.1: Zu Beginn ist das Register mit den Zeitkomponenten $a_0, \ldots, a_{n-1}$ vorbelegt. Im i-ten Schritt enthält der μ-te Speicher den Wert $a_\mu z^{i\mu}$ und die Summe dieser Werte über μ ergibt die Frequenzkomponente A_i.

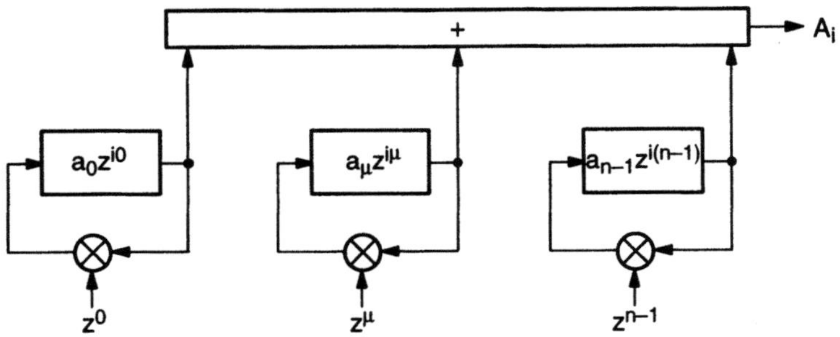

Bild 6.1. Schieberegister-Implementierung der DFT

Die Transformationen können auch mit Matrizen beschrieben werden:

$$\begin{pmatrix} A_0 \\ A_1 \\ A_2 \\ \vdots \\ A_{n-1} \end{pmatrix} = \underbrace{\begin{pmatrix} 1 & 1 & 1 & \cdots & 1 \\ 1 & z^1 & z^2 & \cdots & z^{n-1} \\ 1 & z^2 & z^4 & \cdots & z^{2(n-1)} \\ \vdots & \vdots & \vdots & & \vdots \\ 1 & z^{n-1} & z^{2(n-1)} & \cdots & z^{(n-1)^2} \end{pmatrix}}_{T_{\mathrm{DFT}}} \cdot \begin{pmatrix} a_0 \\ a_1 \\ a_2 \\ \vdots \\ a_{n-1} \end{pmatrix}, \tag{6.5.5}$$

$$\begin{pmatrix} a_0 \\ a_1 \\ a_2 \\ \vdots \\ a_{n-1} \end{pmatrix} = -\underbrace{\begin{pmatrix} 1 & 1 & 1 & \cdots & 1 \\ 1 & z^{-1} & z^{-2} & \cdots & z^{-(n-1)} \\ 1 & z^{-2} & z^{-4} & \cdots & z^{-2(n-1)} \\ \vdots & \vdots & \vdots & & \vdots \\ 1 & z^{-(n-1)} & z^{-2(n-1)} & \cdots & z^{-(n-1)^2} \end{pmatrix}}_{T_{\mathrm{IDFT}}} \cdot \begin{pmatrix} A_0 \\ A_1 \\ A_2 \\ \vdots \\ A_{n-1} \end{pmatrix}. \tag{6.5.6}$$

Beispiel 6.7. $\mathbb{F}_5$ mit $n = 4$ (Rechnen modulo 5, also $-1 = 4$). Als primitives Element wird $z = 3$ verwendet: $z^2 = 4$, $z^3 = 2$, $z^4 = 1 = z^0$. Für die

Transformationsmatrizen gilt:

$$\boldsymbol{T}_{\text{IDFT}} = -\begin{pmatrix} 1 & 1 & 1 & 1 \\ 1 & 2 & 4 & 3 \\ 1 & 4 & 1 & 4 \\ 1 & 3 & 4 & 2 \end{pmatrix} \quad , \quad \boldsymbol{T}_{\text{DFT}} = \begin{pmatrix} 1 & 1 & 1 & 1 \\ 1 & 3 & 4 & 2 \\ 1 & 4 & 1 & 4 \\ 1 & 2 & 4 & 3 \end{pmatrix}.$$

Entsprechend (6.5.2) und (6.5.3) gilt:

$$\boldsymbol{T}_{\text{IDFT}} \cdot \boldsymbol{T}_{\text{DFT}} = \begin{pmatrix} 1 & 0 & 0 & 0 \\ 0 & 1 & 0 & 0 \\ 0 & 0 & 1 & 0 \\ 0 & 0 & 0 & 1 \end{pmatrix} \quad , \quad \boldsymbol{T}^2_{\text{DFT}} = -\begin{pmatrix} 1 & 0 & 0 & 0 \\ 0 & 0 & 0 & 1 \\ 0 & 0 & 1 & 0 \\ 0 & 1 & 0 & 0 \end{pmatrix}.$$

Betrachte folgendes Zahlenbeispiel:

$$\begin{array}{rcl} a(x) = 1 + 2x + 3x^3 & \leftrightarrow & (1,2,0,3) = \boldsymbol{a} \\ & \circ\!\!-\!\!\bullet & \\ A(x) = 1 + 3x + x^2 + 4x^3 & \leftrightarrow & (1,3,1,4) = \boldsymbol{A} \end{array}$$

i	Register				A_i
0	1	2	0	3	1
1	1	1	0	1	3
2	1	3	0	2	1
3	1	4	0	4	4
	1	3	4	2	
	Faktoren				

Die Darstellung rechts zeigt die jeweilige Belegung des Schieberegisters. □

Satz 6.8. *Die zyklische Faltung geht durch Fourier-Transformation in die komponentenweise Multiplikation über. Zur genaueren Formulierung werden die Zeit-Frequenz-Paare $a(x)\circ\!\!-\!\!\bullet A(x)$, $b(x)\circ\!\!-\!\!\bullet B(x)$, $c(x)\circ\!\!-\!\!\bullet C(x)$ betrachtet. Dann gilt:*

$$\begin{aligned} c(x) = R_{x^n-1}[a(x)b(x)] &\iff C_i = A_iB_i, \\ C(x) = R_{x^n-1}[A(x)B(x)] &\iff c_i = -a_ib_i. \end{aligned} \tag{6.5.7}$$

Speziell gilt für die zyklische Verschiebung:

$$\begin{aligned} c(x) = R_{x^n-1}[xa(x)] &\iff C_i = z^iA_i, \\ C(x) = R_{x^n-1}[xA(x)] &\iff c_i = z^{-i}a_i. \end{aligned} \tag{6.5.8}$$

Die Polynom-Multiplikation modulo $x^n - 1$ in (6.5.7) entspricht natürlich der zyklischen Faltung der Polynomkoeffizienten:

$$c(x) = R_{x^n-1}[a(x)b(x)] \iff c_i = \sum_{\mu=0}^{n-1} a_\mu b_{R_n[i-\mu]}. \tag{6.5.9}$$

Beweis: „(6.5.7)“: Es gilt $c(x) = a(x)b(x) + \alpha(x)(x^n - 1)$ und somit

$$C_i = c(z^i) = a(z^i)b(z^i) + \alpha(z^i)(z^{in} - 1) = A_iB_i + \alpha(z^i)(1-1) = A_iB_i.$$

„(6.5.8)“: folgt sofort mit $b(x) = x$ und $B_i = b(z^i) = z^i$. □

Der folgende Satz bildet die Grundlage zur Ableitung der BCH-Codes aus den RS-Codes. Die Einschränkung der Zeitbereichs-Koeffizienten auf den Primkörper kann durch die Frequenzbereichs-Koeffizienten eindeutig charakterisiert werden:

Satz 6.9. *Sei $a(x)$○—●$A(x)$ mit beliebigen Koeffizienten aus $\mathbb{F}_{p^m}$. Dann gibt es eine hinreichende und notwendige Bedingung dafür, daß $a(x)$ nur Koeffizienten aus dem Primkörper $\mathbb{F}_p$ hat:*

$$a(x) \in \mathbb{F}_p[x] \iff A_i^p = A_{ip \text{ modulo } n} \quad \text{für } 0 \le i \le n-1 \qquad (6.5.10)$$
$$\iff a(z^i)^p = a(z^{ip}) \quad \text{für } 0 \le i \le n-1.$$

Beweis: Die untere Äquivalenz ist wegen $A_i^p = a(z^i)^p$ und $A_{ip \text{ modulo } n} = a(z^{ip})$ unmittelbar klar.

„⇒“: Für $a(x) \in \mathbb{F}_p[x]$ gilt nach Satz 6.4(4) $a(x)^p = a(x^p)$ und daraus folgt direkt $a(z^i)^p = a(z^{ip})$.

„⇐“: Nach Satz 6.4(3) gilt

$$a(z^i)^p = \left(\sum_{\mu=0}^{n-1} a_\mu z^{i\mu} \right)^p = \sum_{\mu=0}^{n-1} a_\mu^p z^{i\mu p}$$

und nach Voraussetzung gilt:

$$a(z^i)^p = a(z^{ip}) = \sum_{\mu=0}^{n-1} a_\mu z^{i\mu p}.$$

Im Unterschied zum Beweisgang bei Satz 6.7 kann durch Koeffizientenvergleich nicht direkt $a_\mu^p = a_\mu$ gefolgert werden, sondern erst mit folgender Überlegung: Klar ist zunächst

$$\sum_{\mu=0}^{n-1} (a_\mu^p - a_\mu) z^{\mu i p} = 0 \quad \text{für } 0 \le i \le n-1.$$

Da p und $n = p^m - 1$ teilerfremd sind, ist mit z nach Satz 6.5 auch z^p primitives Element. Für jedes $l \in \{0, \ldots, n-1\}$ existiert also ein $i \in \{0, \ldots, n-1\}$ mit $z^l = (z^p)^i$ und somit folgt:

$$\sum_{\mu=0}^{n-1} (a_\mu^p - a_\mu) z^{\mu l} = 0 \quad \text{für } 0 \le l \le n-1.$$

Also ist die DFT von $a_\mu^p - a_\mu$ identisch Null und somit muß auch $a_\mu^p - a_\mu = 0$ sein. Nach Satz 6.4(2) folgt schließlich $a_\mu \in \mathbb{F}_p$. □

6.6 Aufgaben

6.1. Finde ein Polynom mit ganzzahligen Koeffizienten, das in $\mathbb{Q}$ eine Nullstelle, in $\mathbb{R}$ drei Nullstellen und in $\mathbb{C}$ fünf Nullstellen hat.

6.2. Dividiere $x^3 + 2x + 1$ durch $2x + 1$ und bestimme den Rest sowohl in $\mathbb{Q}[x]$ wie in $\mathbb{F}_7[x]$.

6.3. Zeige, daß das Divisionstheorem (5.1.3) bzw. Satz A.4 für Polynome über Ringen nicht gilt. Betrachte dazu beispielsweise den Ring $\{0, 1, 2, 3\}$ mit Rechnung modulo 4.

6.4. Zeige: Polynome vom Grad 2 oder 3 über $\mathbb{F}_q$ sind genau dann irreduzibel, wenn sie keine Nullstelle in $\mathbb{F}_q$ haben.

6.5. Dividiere 47 durch 6 modulo 127 in den natürlichen Zahlen.

6.6. Bestimme alle $p \in \{3, 4, 5, \ldots, 13\}$, so daß 2 ein primitives Element in $\mathbb{F}_p$ ist.

6.7. Zeige $\sum_{i=0}^{q-2} z^i = \sum_{a \in \mathbb{F}_q} a = 0$ für ein primitives Element z in $\mathbb{F}_q$.

6.8. Betrachte $x^4 + x^2 + 1$ in $\mathbb{F}_2$, $\mathbb{F}_4$, $\mathbb{F}_8$, $\mathbb{F}_{16}$. Ist das Polynom irreduzibel? Hat es Nullstellen?

6.9. Bestimme alle irreduziblen Polynome vom Grad 5 in $\mathbb{F}_2$.

6.10. Zeige ohne Probieren, daß alle irreduziblen Polynome vom Grad 5 über $\mathbb{F}_2$ primitiv sind.

6.11. Zerlege $x^n - 1$ über $\mathbb{F}_2$ in irreduzible Faktoren für $n = 1, \ldots, 10$.

6.12. Erzeuge für $\mathbb{F}_{16}$ die Potenzen des primitiven Elements zum primitiven Polynom $p(x) = 1 + x^3 + x^4$.

6.13. Analysiere $\mathbb{F}_9$ (wähle $p(x) = x^2+2x+2$) und $\mathbb{F}_{32}$ wie bei den Beispielen in Abschnitt 6.4.

6.14. Welche Aussagen sind über die Struktur von $\mathbb{F}_{2048}$ ohne umfangreiche Rechnungen möglich?

6.15. Verbinde den Begriff des konjugierten Elementes in $\mathbb{F}_{p^m}$ mit dem Begriff der konjugiert komplexen Zahl in $\mathbb{C}$ (verwende die Minimalpolynome anstelle von Definition 6.3).

6.16. Berechne $(x^3+x)^{-1}$ modulo x^4+x+1. Verwende dazu $\mathbb{F}_{16}$ und alternativ Satz A.8.

6.17. Zeige $d_{\min} \geq 4$ für die CRC-Codes aus Satz 5.10. Hinweis: Zeige mit Satz 6.4, daß $x^i + x^j$ kein Codewort ist.

6.18. Zeige für einen Code mit der Blocklänge $n = q - 1 = p^m - 1$, daß Generatorpolynom und Prüfpolynom teilerfremd sind. Gebe ein Gegenbeispiel für $n \neq p^m - 1$ an.

6.19. Zeige

$$\mathbb{F}_{p^m} \text{ ist Teilkörper von } \mathbb{F}_{p^s} \quad \Longleftrightarrow \quad m \text{ teilt } s. \tag{6.6.1}$$

Stelle $\mathbb{F}_4$ als Teilkörper von $\mathbb{F}_{16}$ dar. Diskutiere Erweiterungskörper von $\mathbb{F}_8$.

6.20. Zeige ergänzend zu Satz 6.7(6) für ein irreduzibles Polynom $f(x) \in \mathbb{F}_p[x]$ vom Grad s mit $n = p^m - 1$:

$$s \text{ teilt } m \quad \Longleftrightarrow \quad f(x) \text{ teilt } x^n - 1. \tag{6.6.2}$$

6.21. Betrachte $\mathbb{F}_{p^m}$ mit $n = p^m - 1$. Für alle $i \in \{1, 2, \dots, n-1\}$ existiert ein $L(i) \in \{1, 2, \dots, n-1\}$ mit

$$z^{L(i)} = z^i + 1 \quad \text{bzw.} \quad L(i) = \log_z(z^i + 1). \tag{6.6.3}$$

Die Funktion $L(i)$ heißt *Zech'scher Logarithmus.* Weise L als bijektive Abbildung auf $\{0, 1, \dots, n-1\}$ nach mit folgenden Eigenschaften:

$$L(L(i)) = i, \qquad L(n-i) = L(i) - i, \tag{6.6.4}$$

$$z^i + z^j = z^{i+L(j-i)}. \tag{6.6.5}$$

In der Exponentendarstellung kann durch Addition der Exponenten einfach multipliziert werden und mit dem Zech'schen Logarithmus kann in der Exponentendarstellung auch einfach addiert werden. Dazu ist lediglich eine Tabelle für $L(i)$ erforderlich. Stelle diese Tabelle für $\mathbb{F}_{16}$ auf.

6.22. Leite (6.5.3) her.

6.23. Berechne die DFT-Transformationsmatrizen für $\mathbb{F}_4$ (wie in Beispiel 6.7).

6.24. Die DFT in $\mathbb{F}_{p^m}$ kann auf Längen l verallgemeinert werden, sofern l ein Teiler von $n = p^m - 1$ ist:

$$A_i = a(w^i) \quad , \quad a_i = \frac{1}{l} A(w^{-i}). \tag{6.6.6}$$

Dabei ist w ein Element der Ordnung l und $l \in \mathbb{N}$ ist in $\mathbb{F}_{p^m}$ modulo p zu verstehen. Zeige die Eigenschaften (6.5.2) bis (6.5.9).

Betrachte den transformierten Vektor $\boldsymbol{A}$ von $\boldsymbol{a} \in \mathbb{F}_{16}^l$ für die Werte $l = 3, 5, 7, 9, 13, 15, 17$ und kommentiere.

7. Reed-Solomon und Bose-Chaudhuri-Hocquenghem Codes

Die in den vorangehenden Kapiteln eingeführten Codeklassen können schnell aufgezählt werden: Hamming-Codes und dazu duale Simplex-Codes, Wiederholungscodes und dazu duale Parity Check Codes, CRC-Codes zur Fehlererkennung, Fire-Codes sowie einige weitere Codes zur Korrektur eines Bündelfehlers. Ein analytisches Konstruktionsverfahren für wirklich gute Codes wurde bisher noch nicht angegeben.

In diesem Kapitel werden nun mit den RS- und BCH-Codes zwei Klassen von sehr leistungsfähigen Codes eingeführt, die ca. 1960 entdeckt wurden. Diese Codes zählen auch heute noch zu den besten bekannten Codes, die zunehmend in Systemen zur Nachrichtenübertragung eingesetzt werden. Insgesamt können folgende Vorteile hervorgehoben werden:

- Die beiden Codeklassen können analytisch geschlossen konstruiert werden. Die RS-Codes sind MDS-Codes, d.h. es gilt Gleichheit in der Singleton-Schranke.
- Die Minimaldistanz ist bekannt bzw. wird als Entwurfsparameter vorgegeben. Bei den RS-Codes ist sogar die gesamte Gewichtsverteilung exakt bekannt.
- Sowohl die RS- wie die BCH-Codes sind sehr leistungsfähig, sofern die Blocklänge nicht sehr groß wird.
- Es ist eine Anpassung an die Fehlerstruktur des Kanals möglich: Die RS-Codes sind besonders für Bündelfehler und die BCH-Codes sind besonders für Einzelfehler geeignet.
- Die Decodierung nach dem BMD-Prinzip kann rechentechnisch sehr einfach erfolgen. Zwar gibt es etliche Codes mit einfacheren Decodern, die aber die anderen Vorteile der RS- und BCH-Codes nicht aufweisen.
- Ohne wesentlichen Mehraufwand kann simple Soft-Decision-Information (Ausfallstellen-Information) im Decoder verarbeitet werden.
- Die RS- und BCH-Codes bilden die Grundlage für das Verständnis vieler anderer Codeklassen, die hier nicht behandelt werden.

Zunächst werden die RS-Codes als wichtigste Klasse der MDS-Codes über die Spektraltransformation eingeführt und daraus wird die Beschreibung mit dem Generatorpolynom abgeleitet. Danach werden die BCH-Codes als spezielle RS-Codes eingeführt, indem der Wertebereich im Zeitbereich auf den Primkörper reduziert wird. Auch die Decodierung kann mit den spektralen Methoden sehr kompakt und übersichtlich beschrieben werden. Die RS- und die BCH-Codes werden hier nur für die sogenannte *primitive Blocklänge*

$$n = p^m - 1 = q - 1$$

definiert. Bei RS-Codes ist damit die Blocklänge genau um ein Symbol kürzer als die Stufenzahl der Symbole.

Allgemein wird ein Galoisfeld $\mathbb{F}_{p^m}$ mit einem primitiven Element z vorausgesetzt und für die Spektraltransformation wird weiterhin $a(x) \circ\!\!-\!\!\bullet A(x)$ geschrieben.

7.1 Definition der RS-Codes

Definition 7.1 (RS-Code). *Für beliebiges p und m und eine beliebige sogenannte* Entwurfsdistanz $d = d_{\min}$ *ist ein* Reed-Solomon-Code *mit primitiver Blocklänge definiert als ein $(n, k, d_{\min})_q = (p^m - 1, p^m - d, d)_q$-Code. Üblicherweise wird $d = 2t + 1$ als ungerade vorgegeben und dann gilt*

$$n - k = d - 1 = 2t \tag{7.1.1}$$

für die Anzahl der Prüfstellen. Der Code besteht aus allen Zeitwörtern $(a_0, \ldots, a_{n-1}) \leftrightarrow a(x)$ mit Koeffizienten aus $\mathbb{F}_{p^m}$, so daß die zugehörigen Frequenzwörter $(A_0, \ldots, A_{n-1}) \leftrightarrow A(x)$ an $n - k = d - 1$ zyklisch aufeinanderfolgenden Stellen Null sind. Diese Stellen werden auch als Paritätsfrequenzen *bezeichnet. Zur exakten Beschreibung ist ein weiterer Parameter l vorzugeben und dann hat der Code die Form*

$$\Gamma = \left\{ a(x) \;\middle|\; A(x) = R_{x^n-1}[x^{l+d-1}B(x)] \;\; \text{mit} \;\; \text{Grad}\, B(x) \le n - d \right\}. \tag{7.1.2}$$

Also gilt $A_l = A_{l+1} = \cdots = A_{l+d-2} = 0$ für die $d - 1$ Paritätsfrequenzen und an den restlichen $n - d + 1$ Stellen kann A_i beliebige Werte annehmen. Speziell für $l = 1$ gilt

$$\Gamma = \left\{ a(x) \;\middle|\; a(z^1) = a(z^2) = \cdots = a(z^{d-1}) = 0 \right\} \tag{7.1.3}$$

und für $l = n + 1 - d$ gilt

$$\Gamma = \left\{ a(x) \;\middle|\; \text{Grad}\, A(x) \le n - d \right\}. \tag{7.1.4}$$

Der wesentliche Entwurfsparameter neben p und m ist natürlich d. Dagegen ist l von untergeordneter Bedeutung, da damit lediglich eine Verschiebung im Frequenzbereich bzw. eine „Modulation" im Zeitbereich gemäß (6.5.8) verbunden ist. Allerdings können durch geeignete Wahl von l gewisse Realisierungsvereinfachungen wie beispielsweise spiegelsymmetrische Generatorpolynome erreicht werden. Für die Anzahl der Codewörter gilt:

$$|\Gamma| = q^k = q^{q-d} = p^{m(p^m-d)}. \tag{7.1.5}$$

Beispiel 7.1. Sei $q = 2^m$ und $n = 2^m - 1$. Speziell für $d = 2^{m-1}$ ergibt sich die Coderate als

$$R = \frac{k}{n} = \frac{2^m - 2^{m-1}}{2^m - 1} \approx \frac{1}{2}.$$

Für $m = 8$ resultiert ein $(255, 128, 128)_{256}$-Code, der auch als ein binärer $(2040, 1024, 128)_2$-Code aufgefaßt werden kann. Die Anzahl der Codewörter beträgt $256^{128} = 2^{1024} \approx 10^{308}$, d.h. schon bei einem primitiven Polynom vom Grad 8 ergibt sich in dieser Weise eine astronomische Anzahl von Codewörtern. Jeweils zwei Byte-Codewörter unterscheiden sich für mindestens 128 Bytes (Symbole). Bei der binären Interpretation folgt daraus aber nur ein Unterschied von 128 Bits, denn zwei Bytes unterscheiden sich schon dann, wenn die beiden 8-Bit-Gruppen sich nur bei einem einzigen Bit unterscheiden. □

Satz 7.1. *RS-Codes sind zyklische MDS-Codes, d.h. die Entwurfsdistanz entspricht der Minimaldistanz und es gilt* $d_{\min} = d = n - k + 1 = p^m - k$.

Beweis: „Linearität": ist offensichtlich.

„Zyklisch": Sei $a(x) \in \Gamma$ und $c(x) = R_{x^n-1}[xa(x)]$ die zyklische Verschiebung. Nach Satz 6.8 gilt $C_i = z^i A_i$ und somit $C_i = 0 \Leftrightarrow A_i = 0$. Also folgt $c(x) \in \Gamma$.

„MDS": Sei $d_{\min}$ die tatsächliche Minimaldistanz und $d = n - k + 1$ die Entwurfsdistanz. Zu zeigen ist $d_{\min} = d$: Nach Satz 3.7 gilt $d_{\min} \leq n - k + 1 = d$ (Singleton-Schranke). Betrachte nun Γ in der Form (7.1.4) mit Grad $A(x) \leq n - d$. Somit hat $A(x) \neq 0$ höchstens $n - d$ Nullstellen, d.h. es gibt höchstens $n - d$ Werte z^{-i} mit $a_i = -A(z^{-i}) = 0$. Also folgt $w_H(a(x)) \geq d$ und somit $d_{\min} \geq d$. Auch für jeden anderen Wert von l gilt $d_{\min} = d$, da die „Modulation" im Zeitbereich die Gewichte nicht verändert. □

Satz 7.2. *Für den RS-Code in der Form (7.1.3) werden das Generatorpolynom und das Prüfpolynom gegeben durch:*

$$g(x) = \prod_{i=1}^{d-1}(x - z^i) \quad , \quad h(x) = \prod_{i=d}^{n}(x - z^i). \tag{7.1.6}$$

Beweis: Für jedes Codewort gilt $a(z^i) = 0$ für $1 \leq i \leq d-1$. Also ist $(x - z^i)$ ein Teiler von $a(x)$. Damit erweist sich $a(x)$ als Vielfaches von $g(x)$. Da $g(x)$ den Grad $d-1 = n-k$ hat, ist $g(x)$ das Generatorpolynom. Für das Prüfpolynom $h(x)$ muß $g(x)h(x) = x^n - 1$ gelten, was nach (6.2.13) erfüllt ist. □

Die systematische Encodierung kann mit $g(x)$ bzw. $h(x)$ gemäß den in Abschnitt 5.4 dargestellten Methoden erfolgen. Eine weitere Alternative ergibt sich direkt aus der spektralen Beschreibung: Eine nicht-systematische Encodierung erfolgt durch inverse Fourier-Transformation, indem die A-Werte als Infostellen im Frequenzbereich vorgegeben werden – eventuell kann das mit FFT-Methoden (Fast Fourier Transform) vereinfacht werden. Von FFT-Methoden abgesehen besteht der Encoder bei dieser Realisierung aus einer additiv verknüpften Kette von k rückgekoppelten Multiplizierern, die insgesamt n-mal zu berechnen ist (siehe Bild 6.1). Insgesamt sind also $nk = n^2R$ Operationen notwendig und die Addiererkette muß sequentiell abgearbeitet werden. Diese IDFT-Methode hat jedoch im Vergleich zu den vier in Abschnitt 5.4 bereits diskutierten Encodier-Methoden keine wesentlichen Vorteile.

Aus $A_i = a(z^i) = \sum_{\mu=0}^{n-1} a_\mu z^{i\mu} = 0$ für $1 \leq i \leq d-1$ gemäß (7.1.3) ergibt sich sofort eine $(n-k, n) = (d-1, n)$-dim. Prüfmatrix $\boldsymbol{H}$:

$$(a_0, \ldots, a_{n-1}) \cdot \underbrace{\begin{pmatrix} 1 & z^1 & z^2 & \ldots & z^{n-1} \\ 1 & z^2 & z^4 & \ldots & z^{2(n-1)} \\ \vdots & \vdots & \vdots & & \vdots \\ 1 & z^{d-1} & z^{(d-1)2} & \ldots & z^{(d-1)(n-1)} \end{pmatrix}^T}_{\boldsymbol{H}^T} = (0, \ldots, 0). \quad (7.1.7)$$

Für die Decodierung wird die Prüfmatrix aber nicht explizit benötigt.

Beispiel 7.2. Sei $p = 2$, $m = 3$ und somit $n = 7$. Die Arithmetik in $\mathbb{F}_{2^3}$ erfolgt gemäß Beispiel 6.4. Zur Entwurfsdistanz $d = 3$ resultiert ein $(7, 5, 3)_8$-RS-Code $\Gamma = \{(a_0, \ldots, a_6) \mid A_1 = A_2 = 0\}$. Nach Satz 7.2 gilt:

$$\begin{aligned} g(x) &= (x-z)(x-z^2) = x^2 + z^4x + z^3, \\ h(x) &= (x-z^3)(x-z^4)(x-z^5)(x-z^6)(x-z^7) \\ &= x^5 + z^4x^4 + x^3 + z^5x^2 + z^5x + z^4. \end{aligned}$$

Für die Generatormatrix gilt nach (5.2.7)

$$\boldsymbol{G} = \begin{pmatrix} z^3 & z^4 & 1 & & & & \\ & z^3 & z^4 & 1 & & & \\ & & z^3 & z^4 & 1 & & \\ & & & z^3 & z^4 & 1 & \\ & & & & z^3 & z^4 & 1 \end{pmatrix}.$$

Für die Prüfmatrix gilt nach (5.3.3)

$$\boldsymbol{H}_1 = \begin{pmatrix} 1 & z^4 & 1 & z^5 & z^5 & z^4 & \\ & 1 & z^4 & 1 & z^5 & z^5 & z^4 \end{pmatrix}$$

bzw. nach (7.1.7)

$$\boldsymbol{H}_2 = \begin{pmatrix} 1 & z^1 & z^2 & z^3 & z^4 & z^5 & z^6 \\ 1 & z^2 & z^4 & z^6 & z^1 & z^3 & z^5 \end{pmatrix}.$$

Durch die elementaren Zeilenoperationen kann $\boldsymbol{H}_1$ in $\boldsymbol{H}_2$ überführt werden: Dazu multipliziere in $\boldsymbol{H}_1$ Zeile 2 mit z^2 und addiere dann Zeile 2 zu Zeile 1:

$$\boldsymbol{H}_3 = \begin{pmatrix} 1 & z^1 & z^2 & z^3 & z^4 & z^5 & z^6 \\ 0 & z^2 & z^6 & z^2 & 1 & 1 & z^6 \end{pmatrix}.$$

Durch Multiplikation von Zeile 2 mit z^2 und Addition von Zeile 1 zu Zeile 2 ergibt sich schließlich $\boldsymbol{H}_2$. Der Code korrigiert einen Fehler in den 8-stufigen Werten bzw. in den Bittripeln. □

Satz 7.3. *Die Gewichtsverteilung gemäß Definition 3.7 kann für einen beliebigen $(n,k,d)_q$-MDS-Code und damit auch für RS-Codes analytisch geschlossen berechnet werden:*

$$\begin{aligned} A_r &= \binom{n}{r}(q-1)\sum_{j=0}^{r-d}(-1)^j\binom{r-1}{j}q^{r-d-j} &\quad (7.1.8)\\ &= \binom{n}{r}\sum_{j=0}^{r-d}(-1)^j\binom{r}{j}(q^{r-d+1-j}-1). \end{aligned}$$

Für den Beweis siehe z.B. [12, 45]. Für die Anzahl der Codewörter mit minimalen Hamminggewicht gilt:

$$A_d = A_{n-k+1} = \binom{n}{d}(q-1).$$

7.2 Definition der BCH-Codes

BCH-Codes entstehen aus den RS-Codes dadurch, daß zwar weiterhin die Fourier-Transformation auf $\mathbb{F}_{p^m}$ betrachtet wird und die Blocklänge weiterhin $n = p^m - 1$ beträgt, aber die Codesymbole müssen im Primkörper $\mathbb{F}_p$ statt in $\mathbb{F}_{p^m}$ liegen. Für den Normalfall $p = 2$ sind die Codesymbole also Bits und keine Bitgruppen, d.h. BCH-Codes sind normale Binärcodes.

Definition 7.2 (BCH-Codes). *Für beliebiges p und m und eine beliebige Entwurfsdistanz d ist ein* Bose-Chaudhuri-Hocquenghem Code *definiert als ein $(n, k, d_{\text{min}})_p$-Code mit der primitiven Blocklänge $n = p^m - 1 = q - 1$ und weiter gilt*

$$d_{\text{min}} \geq d \quad , \quad k \leq n + 1 - d_{\text{min}} \leq n + 1 - d. \tag{7.2.1}$$

Bei $d = 2t + 1$ gilt somit $n - k \geq 2t$. Der Code besteht aus allen Zeitwörtern $(a_0, \ldots, a_{n-1}) \leftrightarrow a(x)$ mit Koeffizienten aus $\mathbb{F}_p$, so daß die zugehörigen Frequenzwörter $(A_0, \ldots, A_{n-1}) \leftrightarrow A(x)$ an mindestens $d - 1$ zyklisch aufeinanderfolgenden Stellen Null sind. Üblicherweise wird folgende Lage der Paritätsfrequenzen vorausgesetzt, was als BCH-Code im engeren Sinn *(narrow sense) bezeichnet wird:*

$$\Gamma = \left\{ a(x) \in \mathbb{F}_p[x] \;\middle|\; a(z^1) = \cdots = a(z^{d-1}) = 0 \right\}. \tag{7.2.2}$$

Aus der Vorgabe der Entwurfsdistanz d ergibt sich die Infoblocklänge bzw. die Coderate sowie die tatsächliche Minimaldistanz nicht direkt, sondern muß erst noch berechnet werden. Der Parameter l zur Festlegung der Paritätsfrequenzen ist bei den BCH-Codes von größerer Bedeutung als bei den RS-Codes, da bei den BCH-Codes mit l eventuell sogar d_{min} beeinflußt wird. Normalerweise werden jedoch die BCH-Codes im engeren Sinn gemäß (7.2.2) verwendet, weil dann die Anzahl der Prüfstellen meistens minimal ist.

Gegenüber (7.1.3) mit $a(x) \in \mathbb{F}_{p^m}[x]$ wird in (7.2.2) also $a(x) \in \mathbb{F}_p[x]$ verlangt, jeweils mit einem Grad $\leq n - 1$. Also ist der BCH-Code eine Teilmenge des RS-Codes und somit folgt $d_{\text{min},BCH} \geq d_{\text{min},RS} = d$ und mit der Singleton-Schranke folgt schließlich auch (7.2.1). Die Beziehung $d_{\text{min}} \geq d$ wird auch als *BCH-Schranke* bezeichnet. Auf die exakte Berechnung von d_{min} wird normalerweise verzichtet – oftmals gilt sogar $d_{\text{min}} = d$ (siehe [45, 53]). Die genaue Berechnung der Infoblocklänge bzw. Dimension k erfolgt nun mit dem Generatorpolynom:

Satz 7.4. *Es sei z primitives Element für das Galoisfeld $\mathbb{F}_{p^m}$. Zur Entwurfsdistanz d wird ein $(n, k, d_{\text{min}})_p$-BCH-Code mit $d_{\text{min}} \geq d$ erzeugt durch das Generatorpolynom*

$$\begin{aligned} g(x) &= \text{KGV}\Big(f_{[z^1]}(x), \ldots, f_{[z^{d-1}]}(x)\Big) \qquad (7.2.3) \\ &= \prod_{b \in \mathcal{M}} (x - b) \quad \text{mit} \quad \mathcal{M} = \bigcup_{i=1}^{d-1} [z^i]. \end{aligned}$$

Dabei ist $[z^i] = \{z^{ip^0}, z^{ip^1}, z^{ip^2}, \ldots\}$ die Äquivalenzklasse der zu z^i konjugierten Elemente und

$$f_{[z^i]}(x) = \prod_{b \in [z^i]} (x - b) = \prod_{r=0}^{|[z^i]|-1} (x - z^{ip^r}) \tag{7.2.4}$$

das zugehörige Minimalpolynom. Das Generatorpolynom ist also das kleinste gemeinsame Vielfache der Minimalpolynome zu $z^1, \ldots, z^{d-1}$. Somit gilt für die Infoblocklänge:

$$k = n - \text{Grad } g(x) = n - \left| \bigcup_{i=1}^{d-1} [z^i] \right| \qquad \left(\geq n - \sum_{i=1}^{d-1} |[z^i]| \right). \tag{7.2.5}$$

Beweis: Die Minimalpolynome haben Koeffizienten aus dem Primkörper $\mathbb{F}_p$ und damit auch das Generatorpolynom. Mit dem Infowortpolynom hat dann auch das Codewortpolynom Koeffizienten aus $\mathbb{F}_p$. Je zwei Minimalpolynome in (7.2.3) sind entweder teilerfremd oder identisch. Aus $a(z^i) = A_i = 0$ folgt wie bei den RS-Codes, daß $g(x)$ die Linearfaktoren $(x - z^i)$ enthalten muß bzw. daß $g(x)$ ein Vielfaches von $\prod_{i=1}^{d-1}(x - z^i)$ sein muß. Die Forderung, daß $a(x)$ nur Koeffizienten aus $\mathbb{F}_p$ enthalten darf, ist nach Satz 6.9 äquivalent mit der Beziehung $a(z^i)^p = a(z^{ip})$ für $0 \leq i \leq n-1$. Für $1 \leq i \leq d-1$ folgt somit:

$$\begin{array}{lllll} 0 & = & a(z^i) & & \\ 0 & = & a(z^i)^p & = & a(z^{ip}) \\ 0 & = & a(z^{ip})^p & = & a(z^{ip^2}) \\ 0 & = & a(z^{ip^2})^p & = & a(z^{ip^3}) \quad \ldots \end{array}$$

Also müssen alle $(x - z^{ip^r})$ mit $1 \leq i \leq d-1$ und $r = 0, 1, 2, \ldots$ Linearfaktoren von $g(x)$ sein, aber jeder Faktor nur einmal. Nach (7.2.3) besteht $g(x)$ genau aus diesen Faktoren. □

Beispiel 7.3. Wie bei Beispiel 7.2 sei $p = 2$, $m = 3$ und somit $n = 7$. Zur Entwurfsdistanz $d = 3$ resultiert ein BCH-Code im engeren Sinn mit dem Generatorpolynom

$$g(x) = \text{KGV}\Big(f_{[z^1]}(x), f_{[z^2]}(x)\Big) = f_{[z]}(x) = x^3 + x + 1,$$

denn nach Beispiel 6.4 gilt $[z^1] = \{z^1, z^2, z^4\} = [z^2]$ mit $f_{[z]}(x) = x^3 + x + 1$. Der BCH-Code erweist sich als ein zyklischer $(7,4,3)_2$-Hamming-Code, wie der Vergleich mit Beispiel 5.3 zeigt. Zum besseren Verständnis wird die Darstellung im Frequenzbereich jetzt noch genauer betrachtet. Nach Definition 7.2 muß $A_1 = A_2 = 0$ gelten und nach Satz 6.9 muß $A_i^2 = A_{2i \text{ modulo } 7}$ gelten, wie bereits im Beweis von Satz 7.4 demonstriert wurde. Daraus folgt:

$$\begin{array}{ll} A_0 = A_{2\cdot 0} = A_0^2 & \text{impliziert } A_0 \in \{0,1\} \\ A_3 = A_{2\cdot 5} = A_5^2 & \\ A_6 = A_{2\cdot 3} = A_3^2 & A_3 \text{ bestimmt } A_6 \\ A_5 = A_{2\cdot 6} = A_6^2 = A_3^4 & A_3 \text{ bestimmt } A_5 \\ A_1 = A_{2\cdot 4} = A_4^2 & A_1 = 0 \text{ nach Definition} \\ A_2 = A_{2\cdot 1} = A_1^2 & A_2 = 0 \text{ nach Definition} \\ A_4 = A_{2\cdot 2} = A_2^2 & \text{impliziert } A_4 = 0. \end{array}$$

Somit gilt für die Codewörter im Frequenzbereich:

$$\Gamma \quad \circ\!\!-\!\!\bullet \quad \{(A_0, 0, 0, A_3, 0, A_3^4, A_3^2) \mid A_0 \in \mathbb{F}_2, A_3 \in \mathbb{F}_8\}.$$

Mit $A_0 \in \mathbb{F}_2$ (1 Bit) und $A_3 \in \mathbb{F}_{2^3}$ (3 Bit) können 4 Bits im Frequenzbereich frei vorgegeben werden, was natürlich den $k = 4$ Infobits im Zeitbereich entspricht. Die folgende Tabelle zeigt für die 16 Codewörter des zyklischen Hamming-Codes aus Beispiel 5.1 die jeweiligen Frequenzwörter:

$a(x)$							$A(x)$						
0	0	0	0	0	0	0	0	0	0	0	0	0	0
1	1	1	1	1	1	1	1	0	0	0	0	0	0
1	1	0	1	0	0	0	1	0	0	z^4	0	z^2	z
0	1	1	0	1	0	0	1	0	0	1	0	1	1
0	0	1	1	0	1	0	1	0	0	z^3	0	z^5	z^6
0	0	0	1	1	0	1	1	0	0	z^6	0	z^3	z^5
1	0	0	0	1	1	0	1	0	0	z^2	0	z	z^4
0	1	0	0	0	1	1	1	0	0	z^5	0	z^6	z^3
1	0	1	0	0	0	1	1	0	0	z	0	z^4	z^2
1	1	1	0	0	1	0	0	0	0	z^6	0	z^3	z^5
0	1	1	1	0	0	1	0	0	0	z^2	0	z	z^4
1	0	1	1	1	0	0	0	0	0	z^5	0	z^6	z^3
0	1	0	1	1	1	0	0	0	0	z	0	z^4	z^2
0	0	1	0	1	1	1	0	0	0	z^4	0	z^2	z
1	0	0	1	0	1	1	0	0	0	1	0	1	1
1	1	0	0	1	0	1	0	0	0	z^3	0	z^5	z^6

Offensichtlich ist $A_0 \in \mathbb{F}_2$, $A_3 \in \mathbb{F}_8$, $A_6 = A_3^2$ und $A_5 = A_6^2$ erfüllt. Alle 16 Frequenzwörter der Form $(A_0, 0, 0, A_3, 0, A_3^4, A_3^2)$ treten in der Tabelle auf. Bei der zyklischen Verschiebung von Zeile zu Zeile wird A_i jeweils mit z^i multipliziert. □

Beispiel 7.4. Vergleich von RS- und BCH-Code bezüglich der Fehlerkorrekturfähigkeit: Es existiert ein $(15, 11, 5)_{16}$-RS-Code, der 2 Symbolfehler korrigieren kann. In der binären Interpretation resultiert ein $(60, 44, 5)_2$-Code, für den beispielsweise gilt:

$$
\begin{aligned}
e &= 0000\ 1111\ 1111\ 0000\ 0000\ \ldots && \text{korrigierbar}\\
e &= 0000\ 0001\ 1111\ 1000\ 0000\ \ldots && \text{nicht korrigierbar}\\
e &= 0000\ 0001\ 0010\ 1000\ 0000\ \ldots && \text{nicht korrigierbar.}
\end{aligned}
$$

Jeder Bündelfehler bis zur Länge 5 ist korrigierbar, von den Bündelfehlern der Länge 6 bzw. 7 bzw. 8 sind 75% bzw. 50% bzw. 25% korrigierbar. Jedoch sind 3 Einzelfehler nicht korrigierbar. Somit ist die Minimaldistanz in der binären Interpretation weiterhin 5 (im Einzelfall könnten etwas größere Werte auftreten, was aber nicht gesichert ist).

Nach Tabelle 7.1 existiert ein $(63,45,7)_2$-BCH-Code mit vergleichbarer Coderate, der mit Sicherheit immer 3 Einzelfehler korrigieren kann. Bei einem Kanal mit Bündelfehlern ist der RS-Code besser als der BCH-Code, bei einem Kanal mit statistisch unabhängigen Einzelfehlern ist dagegen der BCH-Code dem RS-Code überlegen. □

Spezialfall: In Satz 5.10 wurden die CRC-Codes über das Generatorpolynom $g(x) = (1+x)p(x)$ mit einem primitiven Polynom $p(x)$ definiert. Mit $p(x) = f_{[z]}(x)$ erweisen sich die CRC-Codes als spezielle BCH-Codes der Form

$$g(x) = \mathrm{KGV}\Big(f_{[z^0]}(x), f_{[z^1]}(x)\Big) = (x+1)p(x) \tag{7.2.6}$$

zur Entwurfsdistanz $d = 3$. Also gilt $d_{\min} \geq 3$. Im Beweis zu Satz 5.10 wurde bereits $d_{\min}$ als gerade erkannt, so daß jetzt $d_{\min} \geq 4$ bzw. $d_{\min} = 4$ exakt nachgewiesen ist. □

Bei binären BCH-Codes mit $d = 2t+1$ werden die Vorteile der Form (7.2.2) schnell deutlich: Aus $a(z^t) = 0$ folgt zunächst $a(z^{d-1}) = a(z^{2t}) = a(z^t)^2 = 0$. Bei BCH-Codes im engeren Sinn mit $l = 1$ (Start bei z^1) ist mindestens die Nullstellenmenge $z^1, \ldots, z^{2t}$ erforderlich. Bei verschobenen Paritätsfrequenzen mit $l = 0$ (Start bei z^0) ist dagegen mindestens die Nullstellenmenge $z^0, \ldots, z^{2t}$ erforderlich, d.h. es tritt ein zusätzlicher Faktor $x - 1$ im Generatorpoloynom auf, der die Dimension k unnötig reduziert. Sinnvoll ist das lediglich wie gesehen bei den CRC-Codes.

Spezialfall: Binäre BCH-Codes zur Korrektur eines Fehlers, d.h. es gilt $t = 1$, $d = 3$ und $n = 2^m - 1$. Weiterhin sei $p(x)$ ein primitives Polynom und z ein primitives Element für $\mathbb{F}_{p^m}$. Wegen $z^{2^m} = z^{n+1} = z$ gilt für die Äquivalenzklasse von z:

$$[z] = \{z, z^2, z^4, z^8, \ldots, z^{2^{m-1}}\} \quad , \quad |[z]| = m.$$

Somit folgt $[z] = [z^2]$ bzw. für die Minimalpolynome gilt $p(x) = f_{[z]}(x) = f_{[z^2]}(x)$. Nach Satz 7.4 hat das Generatorpolynom die Form

$$g(x) \;=\; KGV\Big(f_{[z^1]}(x), f_{[z^2]}(x)\Big) \;=\; f_{[z]}(x) \;=\; \prod_{i=0}^{m-1}(x - z^{2^i}). \tag{7.2.7}$$

Die letzte Gleichung folgt aus (6.3.6). Nach (7.2.5) gilt nun

$$k = n - \mathrm{Grad}\; g(x) = (2^m - 1) - m$$

und somit erweisen sich die binären BCH-Codes zur Korrektur eines Fehlers als $(2^m - 1, 2^m - m - 1, 3)_2$-Codes und dies sind genau die zyklischen binären Hamming-Codes zur Ordnung m, wie der Vergleich mit Satz 4.10 zeigt. Die binären Hamming-Codes können auch als

$$\Gamma = \{\boldsymbol{a} \in \mathbb{F}_p^n \mid a(z) = 0\}$$

beschrieben werden, da bei Koeffizienten aus dem Primkörper $a(z) = 0$ direkt $a(z^2) = a(z)^2 = 0$ impliziert. □

Bei BCH-Codes tritt bei den Prüfmatrizen eine Besonderheit auf, die hier für $p = 2$ und $d = 2t + 1$ erläutert wird: Wie bei (7.1.7) für die RS-Codes hat auch bei den BCH-Codes jede Zeile von $\boldsymbol{H}$ die Form $z^0, z^i, z^{i\cdot 2}, \ldots, z^{i\cdot(n-1)}$, wobei i alle $n-k$ Exponenten aus $[z^1]\cup\ldots\cup[z^{2t}]$ durchläuft. Mit der Bedingung $a(x) \in \mathbb{F}_2[x]$ braucht i aber nur die Werte $1, 2, 3, \ldots, 2t$ zu durchlaufen. Wegen

$$z^2 \in [z^1],\ z^4 \in [z^1],\ z^6 \in [z^3],\ z^8 \in [z^1],\ z^{10} \in [z^5], \ldots$$

kann i noch weiter auf die t Werte $1, 3, 5, \ldots, 2t-1$ beschränkt werden, d.h. die Dimension der Prüfmatrix reduziert sich von $(n-k, n)$ auf (t, n) bzw. in binärer Interpretation auf (mt, n). Da aber mt größer als $n - k$ sein kann (siehe Satz 7.6), können auch in der reduzierten binären Prüfmatrix noch linear abhängige Zeilen vorhanden sein. Konkret wird das noch in Beispiel 7.5 demonstriert.

In der hier gewählten Darstellung sind die BCH-Codes jeweils Teilmengen von RS-Codes, so daß die BCH-Schranke $d_{\min} \geq d$ fast als Trivialität erscheint. Es gibt jedoch auch andere Konzepte zur Definiton der BCH-Codes: Wenn beispielsweise die BCH-Codes über das Generatorpolynom $g(x)$ mit Koeffizienten aus $\mathbb{F}_p$ und Nullstellen bei $z^1, \ldots, z^{d-1}$ definiert werden, ist der Beweis der BCH-Schranke ziemlich aufwendig (siehe z.B. [75]).

Um das Verständnis zu erleichtern wurden die BCH-Codes in diesem Kapitel wie auch die algebraischen Grundlagen in Kapitel 6 mit einer gewissen Einschränkung eingeführt: In Kapitel 6 wurde nur die Erweiterung des Primkörpers $\mathbb{F}_p$ zu einem Galoisfeld $\mathbb{F}_{p^m}$ behandelt. Die Körpererweiterung über primitive Polynome kann jedoch verallgemeinert werden auf die Erweiterung von $\mathbb{F}_{p^m}$ zu $\mathbb{F}_{p^{mr}}$, wobei r eine ganze Zahl ist. Damit ergeben sich BCH-Codes mit der primitiven Blocklänge $p^{mr} - 1$ und p^m-stufigen Symbolen, die in binärer Interpretation bei $p = 2$ die Blocklänge $m(2^{mr} - 1)$ haben. Diese BCH-Codes

- sind besonders gut geeignet für Kanäle mit Bündelfehlern der Länge m, d.h. es ist eine ziemlich genaue Anpassung der Codierung an die Fehlerstrukturen des Kanals möglich.
- enthalten für $r = 1$ die RS-Codes als Spezialfall, d.h. BCH-Codes und RS-Codes können wechselseitig jeweils als Verallgemeinerung der anderen Codeklasse aufgefaßt werden.

Fast alle praktisch verwendeten BCH-Codes sind jedoch binär mit der Blocklänge $2^m - 1$ und $r = 1$, so daß die hier gewählte Einschränkung unter praktischen Gesichtspunkten vertretbar erscheint. Damit sind BCH-Codes auch weiterhin spezielle RS-Codes.

Die Gewichtsverteilung der meisten BCH-Codes ist analytisch nicht bekannt. Eine Ausnahme bilden jedoch die BCH-Codes zur Korrektur von bis zu 3 Fehlern, bei denen Formeln zur Berechnung der Gewichtsverteilung wohlbekannt sind [43, 75].

7.3 Beispiele und Eigenschaften von BCH-Codes

Kernpunkt dieses Abschnitts sind die schon häufig zitierten Tabellen 7.1 und 7.2, aus denen die existierenden BCH-Codes und ihre Fehlerkorrekturfähigkeit abgelesen werden können. Mit dem folgenden Beispiel wird deutlich, wie diese Tabellen entstehen:

Beispiel 7.5. Es werden verschiedene BCH-Codes mit $n = 15$ betrachtet, wobei die Arithmetik in $\mathbb{F}_{2^4}$ gemäß Beispiel 6.5 mit dem primitiven Element z mit $z^4 + z + 1 = 0$ zu verstehen ist.

(1) Die Entwurfsdistanz $d = 3$ impliziert das Generatorpolynom

$$g(x) = KGV\Big(f_{[z^1]}(x), f_{[z^2]}(x)\Big) = f_{[z]}(x) = x^4 + x + 1,$$

denn es gilt $[z^1] = \{z^1, z^2, z^4, z^8\} = [z^2]$. Es resultiert der $(15, 11, 3)_2$-Hamming-Code. Wegen $d = 3 \leq d_{\min} \leq w_H(g(x)) = 3$ gilt $d = d_{\min}$ sowie $n - k = mt$.

(2) Die Entwurfsdistanz $d = 5$ impliziert das Generatorpolynom

$$g(x) = \prod_{b \in \mathcal{M}} (x - b) \quad \text{mit} \quad \mathcal{M} = [z^1] \cup [z^2] \cup [z^3] \cup [z^4].$$

Es gilt $[z^1] = \{z^1, z^2, z^4, z^8\} = [z^2] = [z^4]$ und $[z^3] = \{z^3, z^6, z^{12}, z^{24} = z^9\}$ und somit $\mathcal{M} = [z] \cup [z^3]$ und damit ergibt sich das Generatorpolynom als

$$\begin{aligned} g(x) &= f_{[z]}(x) \cdot f_{[z^3]}(x) \\ &= \underbrace{(x - z^1)(x - z^2)(x - z^4)(x - z^8)}_{x^4 + x + 1} \cdot \underbrace{(x - z^3)(x - z^6)(x - z^9)(x - z^{12})}_{x^4 + x^3 + x^2 + x + 1} \\ &= x^8 + x^7 + x^6 + x^4 + 1. \end{aligned}$$

Es resultiert also ein $(15, 7, 5)_2$-Code. Wegen $d = 5 \leq d_{\min} \leq w_H(g(x)) = 5$ gilt wieder $d = d_{\min}$ sowie $n - k = mt$. Die Prüfmatrix reduziert sich von

$$\boldsymbol{H} = \begin{pmatrix} 1 & z^1 & z^{1\cdot 2} & \dots & z^{1\cdot 14} \\ 1 & z^2 & z^{2\cdot 2} & \dots & z^{2\cdot 14} \\ 1 & z^3 & z^{3\cdot 2} & \dots & z^{3\cdot 14} \\ 1 & z^4 & z^{4\cdot 2} & \dots & z^{4\cdot 14} \end{pmatrix}$$

auf

$$\boldsymbol{H} = \begin{pmatrix} 1 & z^1 & z^{1\cdot 2} & \dots & z^{1\cdot 14} \\ 1 & z^3 & z^{3\cdot 2} & \dots & z^{3\cdot 14} \end{pmatrix}.$$

In binärer Interpretation ist das eine $(2 \cdot 4, 15) = (n - k, n)$-dim. Matrix.

(3) Die Entwurfsdistanz $d = 7$ impliziert das Generatorpolynom

$$g(x) = \prod_{b \in \mathcal{M}} (x - b) \quad \text{mit} \quad \mathcal{M} = [z^1] \cup [z^2] \cup [z^3] \cup [z^4] \cup [z^5] \cup [z^6].$$

Wegen $[z^1] = [z^2] = [z^4]$ und $[z^3] = [z^6]$ folgt $\mathcal{M} = [z^1] \cup [z^3] \cup [z^5]$ und somit

$$\begin{aligned} g(x) &= \underbrace{f_{[z]}(x) \cdot f_{[z^3]}(x)}_{x^8+x^7+x^6+x^4+1} \cdot \underbrace{f_{[z^5]}(x)}_{x^2+x+1} \\ &= x^{10}+x^8+x^5+x^4+x^2+x+1. \end{aligned}$$

Es resultiert ein $(15,5,7)_2$-Code mit $d = d_{\min}$ sowie $n - k = 10 < 4 \cdot 3 = mt$. Die Prüfmatrix in der reduzierten Form lautet

$$\boldsymbol{H} = \begin{pmatrix} 1 & z^1 & z^{1\cdot 2} & \dots & z^{1\cdot 14} \\ 1 & z^3 & z^{3\cdot 2} & \dots & z^{3\cdot 14} \\ 1 & z^5 & z^{5\cdot 2} & \dots & z^{5\cdot 14} \end{pmatrix},$$

die in binärer Interpretation eine $(12,15)$-dim. Matrix ist. Zu einem $(15,5)$-Code gehört jedoch eine $(10,15)$-dim. Prüfmatrix, so daß von den 12 Zeilen in $\boldsymbol{H}$ zwei linear abhängige Zeilen eliminiert werden können, um die Standardform zu erreichen.

(4) Die Entwurfsdistanz $d = 9$ impliziert das Generatorpolynom

$$g(x) = \prod_{b \in \mathcal{M}} (x - b) \quad \text{mit} \quad \mathcal{M} = \bigcup_{i=1}^{8} [z^i].$$

Wegen $[z^1] = [z^2] = [z^4] = [z^8]$ und $[z^3] = [z^6]$ folgt $\mathcal{M} = [z^1] \cup [z^3] \cup [z^5] \cup [z^7]$ und somit

$$\begin{aligned} g(x) &= \underbrace{f_{[z]}(x) \cdot f_{[z^3]}(x) \cdot f_{[z^5]}(x)}_{x^{10}+x^8+x^5+x^4+x^2+x+1} \cdot \underbrace{f_{[z^7]}(x)}_{x^4+x^3+1} = \frac{x^{15}-1}{x-1} \\ &= x^{14}+x^{13}+x^{12}+x^{11}+x^{10}+x^9+x^8+x^7+x^6+x^5 \\ &\quad +x^4+x^3+x^2+x+1. \end{aligned}$$

Es resultiert der $(15,1,15)_2$-Wiederholungscode, d.h. statt 4 Fehlern können gleich 7 Fehler korrigiert werden. Es gibt also binäre BCH-Codes der Länge 15 nur zur Korrektur von 1 oder 2 oder 3 oder 7 Fehlern.

Diese 3 Codes (abgesehen vom Wiederholungscode) können auch aus den nachfolgenden Tabellen 7.1 und 7.2 abgelesen werden. Wenn die Paritätsfrequenzen an andere Stellen gelegt werden, können sich Codes mit anderen Generatorpolynomen ergeben. □

In Tabelle 7.1 werden die binären BCH-Codes im engeren Sinn zur Korrektur von t Fehlern aufgelistet, und zwar vollständig für die primitiven Blocklängen $n = 7, 15, 31, 63, 127, 255$ und teilweise für die Blocklängen $n = 511, 1023$. Dabei gilt natürlich $2t + 1 \leq d \leq d_{\text{min}} \leq n - k + 1$. Komplette Listen finden sich beispielsweise in [49, 53, 75, 80].

Tabelle 7.1. $(n, k)_2$-BCH-Codes zur Korrektur von t Fehlern (nach [53])

n	k	t	n	k	t	n	k	t	n	k	t
7	4	1	127	85	6	255	123	19	511	403	12
				78	7		115	21		394	13
15	11	1		71	9		107	22		385	14
	7	2		64	10		99	23		.	.
	5	3		57	11		91	25		259	30
				50	13		87	26		.	.
31	26	1		43	14		79	27		130	55
	21	2		36	15		71	29		.	.
	16	3		29	21		63	30		.	.
	11	5		22	23		55	31	1023	1013	1
	6	7		15	27		47	42		1003	2
				8	31		45	43		993	3
63	57	1					37	45		983	4
	51	2	255	247	1		29	47		973	5
	45	3		239	2		21	55		963	6
	39	4		231	3		13	59		953	7
	36	5		223	4		9	63		943	8
	30	6		215	5					933	9
	24	7		207	6	511	502	1		923	10
	18	10		199	7		493	2		913	11
	16	11		191	8		484	3		903	12
	10	13		187	9		475	4		.	.
	7	15		179	10		466	5		768	26
				171	11		457	6		.	.
127	120	1		163	12		448	7		513	57
	113	2		155	13		439	8		.	.
	106	3		147	14		430	9		258	106
	99	4		139	15		421	10		.	.
	92	5		131	18		412	11		.	.

Den Tabellen 7.1 und 7.2 liegt die Entwurfsdistanz $d = 2t + 1$ zugrunde. Die tatsächliche Minimaldistanz ist unbekannt und kann eventuell wesentlich größer sein. Bei den meisten Decodierverfahren für BCH-Codes kann allerdings eine größere Minimaldistanz gar nicht ausgenutzt werden, da die Decodierung auf den aufeinanderfolgenden Paritätsfrequenzen basiert. Für einige Fälle kann jedoch die Minimaldistanz exakt berechnet werden, wie Satz 7.5 zeigt.

Tabelle 7.2 enthält für einige der BCH-Codes aus Tabelle 7.1 die Generatorpolynome in oktaler Codierung. Für den $(15,7)_2$-BCH-Code mit $t = 2$ gilt beispielsweise $721_{\text{oktal}} = 111\ 010\ 001_{\text{dual}} = x^8 + x^7 + x^6 + x^4 + 1$.

Tabelle 7.2. Generatorpolynome für einige $(n,k)_2$-BCH-Codes (nach [135])

n	k	t	$g(x)$ oktal
7	4	1	13
15	11	1	23
	7	2	721
	5	3	2467
31	26	1	45
	21	2	3551
	16	3	107657
	11	5	5423325
	6	7	313365047
63	57	1	103
	51	2	12471
	45	3	1701317
	39	4	166623567
	36	5	1033500423
	30	6	157464165547
	24	7	17323260404441
	18	10	1363026512351725
127	120	1	211
	113	2	41567
	106	3	11554743
	99	4	3447023271
	92	5	624730022327
	85	6	130704476322273
	78	7	26230002166130115
	71	9	6255010713253127753
	64	10	1206534025570773100045
	57	11	335265252505705053517721
	50	13	54446512523314012421501421
255	247	1	435
	239	2	267543
	231	3	156720665
	223	4	75626641375
	215	5	23157564726421
	207	6	16176560567636227
	199	7	7633031270420722341
	191	8	2663470176115333714567
	187	9	52755313540001322236351
	179	10	22624710717340432416300455
	171	11	15416214212342356077061630637
	163	12	7500415510075602551574724514601
	155	13	3757513005407665015722506464677633
	147	14	1642130173537165525304165305441011711
	139	15	461401732060175561570722730247453567445
	131	18	215713331471510151261250277442142024165471

Satz 7.5. *Betrachte einen $(n,k)_p$-BCH-Code mit der primitiven Blocklänge $n = p^m - 1$. Wenn die Entwurfsdistanz d ein Teiler von n ist, so gilt $d_{\min} = d$.*

Beweis: Sei $n = d \cdot \beta$. Die Summenformel (5.1.2) für die endliche geometrische Reihe kann wie folgt geschrieben werden:

$$x^n - 1 = x^{d\beta} - 1 = (x^\beta - 1) \cdot \underbrace{\left(1 + x^\beta + x^{2\beta} + \cdots + x^{(d-1)\beta}\right)}_{= a(x)}.$$

Für $i = 1, \ldots, d-1$ ist $0 < i\beta < n$ und somit $z^{i\beta} \neq 1$. Da z^i eine Nullstelle von $x^n - 1$ ist, aber keine Nullstelle von $x^\beta - 1$ ist, muß $a(z^i) = 0$ sein. Wegen $a(x) \in \mathbb{F}_p[x]$ und Grad $a(x) \leq n-1$ ist $a(x)$ ein Codewort, das das Hamminggewicht d hat. Folglich ist $d_{\min} \leq d$. Mit der BCH-Schranke $d_{\min} \geq d$ folgt schließlich $d_{\min} = d$. □

Nach Tabelle 7.1 kann für kleines t stets $n - k = m \cdot t$ beobachtet werden. Allgemein wird die notwendige Anzahl der Prüfstellen nach oben begrenzt durch die Anzahl der mindestens zu korrigierenden Fehler:

Satz 7.6. *Für einen binären $(n,k)_2$-BCH-Code mit der primitiven Blocklänge $n = 2^m - 1$, der mindestens t Fehler korrigieren kann, gilt stets*

$$n - k \leq m \cdot t. \tag{7.3.1}$$

Beweis: Zur Entwurfsdistanz $d = 2t + 1$ entspricht $n - k =$ Grad $g(x)$ der Mächtigkeit von $\mathcal{M} = \bigcup_{i=1}^{d-1} [z^i] = \bigcup_{i=1}^{t} \left([z^{2i-1}] \cup [z^{2i}]\right)$. In $\mathbb{F}_{2^m}$ sind z^i und z^{2i} konjugiert zueinander und somit gilt $[z^i] = [z^{2i}]$. Also können zumindest die Äquivalenzklassen $[z^{2i}]$ entfallen und $\mathcal{M}$ reduziert sich auf $\mathcal{M} = \bigcup_{i=1}^{t} [z^{2i-1}]$. Nach (6.3.5) gilt $|[z^{2i-1}]| \leq m$ und somit $|\mathcal{M}| \leq t \cdot m$. □

Aus (7.3.1) mit $t \approx \frac{d_{\min}}{2}$ folgt $1 - R \leq \frac{m}{2} \cdot \frac{d_{\min}}{n}$. Wenn nun näherungsweise Gleichheit gelten würde, dann folgt für $n \to \infty$ bzw. $m \to \infty$ zwangsläufig $d_{\min}/n \to 0$. Im Sinne von Abschnitt 3.4 sind die BCH-Codes also asymptotisch schlecht. Einen vollständigen Beweis enthält [45].

Die Bilder 7.1 bis 7.3 zeigen die Bit-Fehlerwahrscheinlichkeit von BCH-Codes bei Raten von näherungsweise 1/2, 1/4 und 3/4 bei verschiedenen Blocklängen zwischen 15 und 1023. Dabei wird eine BMD-Decodierung unterstellt, so daß die Kurven nach (3.7.2) berechnet werden können. Offensichtlich führt eine größere Blocklänge zu kleinerer Fehlerrate – zumindest für Blocklängen bis 1023. Der Vergleich der Bilder 7.1 bis 7.3 legt $R \approx 1/2$ als scheinbar günstigste Coderate nahe. Um dies ganz deutlich zu machen, zeigt

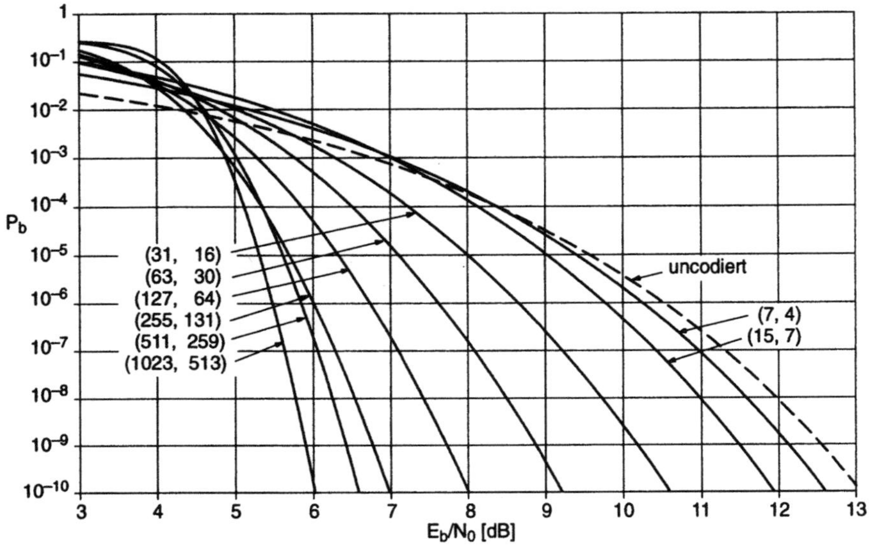

Bild 7.1. Fehlerwahrscheinlichkeit der $R = 1/2$-BCH-Codes

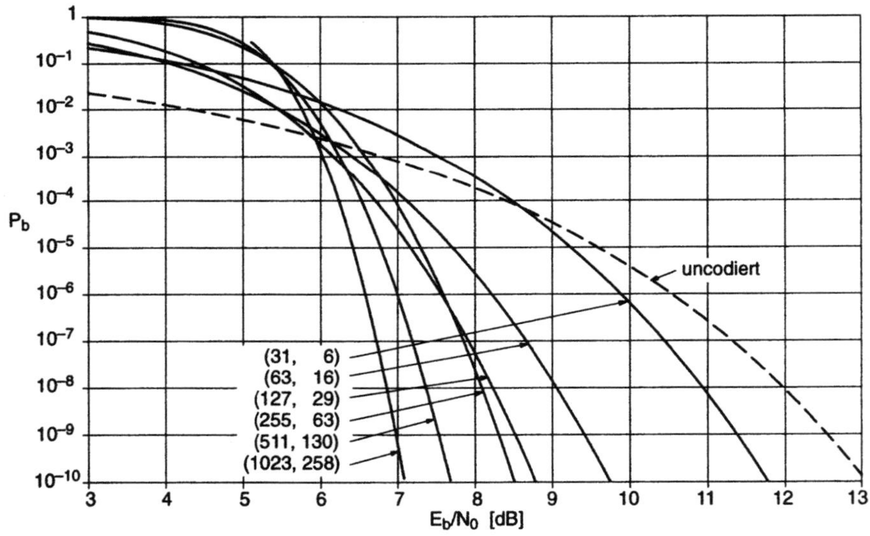

Bild 7.2. Fehlerwahrscheinlichkeit der $R = 1/4$-BCH-Codes

Bild 7.4 einige BCH-Codes verschiedener Raten mit der konstanten Blocklänge $n = 255$. Nach der Theorie sind zwar kleine Coderaten am besten (nach Bild 2.4 ist beispielsweise beim Übergang von $R = 1/2$ auf $R = 1/10$ ein Gewinn von etwa 1 dB zu erwarten), aber offensichtlich liefert das Konstruktionsprinzip

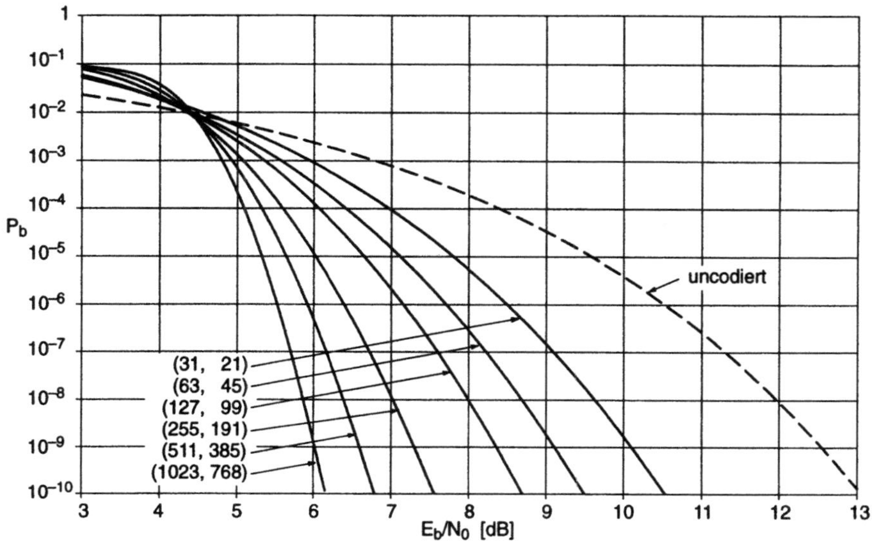

Bild 7.3. Fehlerwahrscheinlichkeit der $R = 3/4$-BCH-Codes

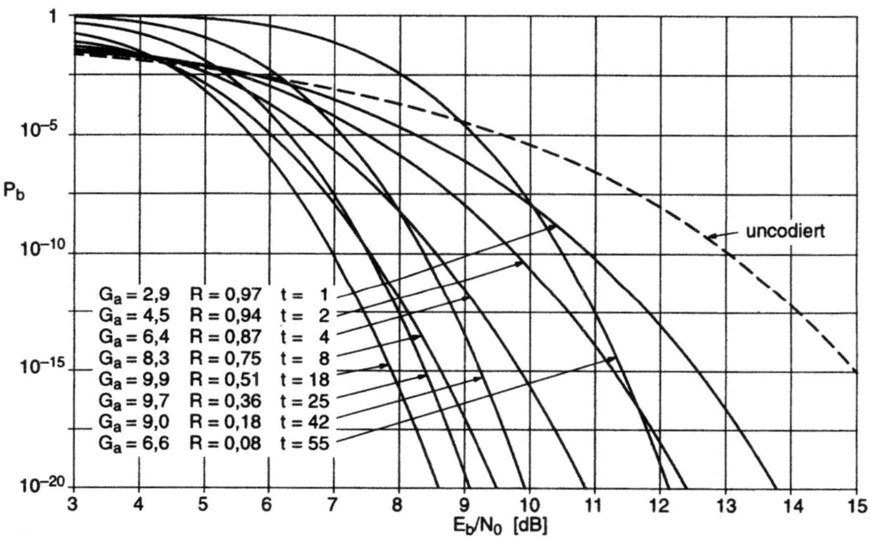

Bild 7.4. Fehlerwahrscheinlichkeit von BCH-Codes verschiedener Raten bei $n = 255$

der BCH-Codes bei mittleren Raten die besten Ergebnisse.

Der Einfluß der Blocklänge kann anhand der beiden Tabellen 7.3 und 7.4 für die BCH-Codes aus den Bildern 7.1 bis 7.3 noch genauer diskutiert werden. Nach Tabelle 7.3 wächst der asymptotische Codierungsgewinn

Tabelle 7.3. Asymptotischer Codierungsgewinn $G_{\mathrm{a,hard}}$ [dB] einiger BCH-Codes

n	$R \approx 1/2$	$R \approx 1/4$	$R \approx 3/4$
31	3,1	1,9	3,1
63	5,2	4,8	4,6
127	7,4	7,0	5,9
255	9,9	8,8	8,3
511	12,0	11,5	10,5
1023	14,6	14,3	13,1

Tabelle 7.4. Distanzrate d/n einiger BCH-Codes

n	$R \approx 1/2$	$R \approx 1/4$	$R \approx 3/4$
31	0,23	0,48	0,16
63	0,21	0,37	0,11
127	0,17	0,34	0,07
255	0,15	0,24	0,07
511	0,12	0,22	0,06
1023	0,11	0,21	0,05
asympt.GV	0,11	0,21	0,04

$G_{\mathrm{a,hard}} = 10 \cdot \log_{10}(R(t+1))$ mit zunehmender Blocklänge, wie es aufgrund der Bilder 7.1 bis 7.3 natürlich auch zu erwarten ist. Gleichzeitig sinkt aber die Distanzrate d/n, wie es in Tabelle 7.4 dargestellt ist. Kurze BCH-Codes liegen noch weit oberhalb der asymptotischen Gilbert-Varshamov-Schranke, beispielsweise liegen die BCH-Codes mit $n = 63$ etwa auf der asymptotischen Elias-Schranke (siehe Bild 3.4). Für größeres n rückt die Distanzrate an die GV-Schranke heran und fällt bei $n > 1023$ unter die GV-Schranke, so daß sich BCH-Codes auch in dieser Darstellung als asymptotisch schlecht erweisen.

Asymptotisch schlechte Codes mit $d/n \to 0$ bei konstanter Rate und $n \to \infty$ können natürlich dennoch einen gegen unendlich gehenden Codierungsgewinn haben, denn

$$G_{\mathrm{a,hard}} \approx 10 \cdot \log_{10}\left(\frac{R}{2} \cdot \frac{d}{n} \cdot n\right) \to \infty \quad \text{für} \quad n \to \infty$$

ist möglich, wenn d/n sehr langsam gegen Null konvergiert.

Auch wenn die BCH-Codes asymptotisch schlecht sind, dominieren doch die praktischen Vorteile: BCH-Codes existieren für eine Vielzahl von Parameterwerten, die Leistungsfähigkeit bei kurzen und mittleren Blocklängen ist besser als bei allen anderen bekannten Codefamilien, der Verarbeitungsaufwand bei der Encodierung und insbesondere bei der Decodierung ist relativ gering. Nachteilig sind allerdings folgende Punkte:

- BCH-Codes können mit den üblichen und aufwandsgünstigen Decodierverfahren nur bis zur halben Entwurfsdistanz korrigiert werden. Wenn die tatsächliche Minimaldistanz größer ist, kann davon bei der Decodierung kein Gebrauch gemacht werden. Eine ML-Decodierung ist ganz ausgeschlossen, obwohl sich dadurch erhebliche Verbesserungen einstellen würden [118].

- Ferner verarbeiten die üblichen Decodierverfahren nur Hard-Decision. Der bei Soft-Decision zu erwartende Gewinn von 2 bis 3 dB kann also nicht realisiert werden. Beispielsweise könnte nach Bild 7.1 bei Soft-Decision die Blocklänge um mehr als den Faktor 8 verkürzt werden.

Die bisher bekannten Ansätze zur Erhöhung des Codierungsgewinns bei BCH-Codes sind mit so erheblichem Mehraufwand bei der Decodierung verbunden, daß ihre praktische Bedeutung relativ gering ist und eine ausführliche Darstellung sich hier nicht lohnt.

7.4 Grundlagen der Decodierung: Syndrom und Schlüsselgleichung

Für die RS- und BCH-Codes kann der ideale Maximum-Likelihood-Decoder mit vernünftigem Aufwand nicht realisiert werden, sondern nur der Begrenzte-Minimaldistanz-Decoder (BMD) gemäß Definition 3.6. Deshalb wird nachfolgend immer angenommen, daß die tatsächliche Anzahl der Fehler die Anzahl der korrigierbaren Fehler nicht übersteigt. Falls dennoch mehr Fehler auftreten, wird kein bestimmtes Verhalten des Decoders vorgeschrieben, da dieser Fall prinzipiell als Versagen des BMD gewertet wird.

Die Herleitung der Decodier-Algorithmen wird hier zwar für den allgemeinen Fall formuliert, orientiert sich aber primär an den RS-Codes. Bei den BCH-Codes und insbesondere bei den binären BCH-Codes ergeben sich teilweise enorme Vereinfachungen gegenüber der RS-Decodierung und deshalb wird dieser Fall gesondert in Abschnitt 7.10 behandelt.

Das Empfangswort $\boldsymbol{y}$ bei Hard-Decision ist die Überlagerung des gesendeten Codewortes $\boldsymbol{a}$ mit dem Fehlerwort $\boldsymbol{e}$ und wegen der Linearität der Spektraltransformation gilt

$$\boldsymbol{y} = \boldsymbol{a} + \boldsymbol{e} \quad \circ\!\!-\!\!\bullet \quad \boldsymbol{Y} = \boldsymbol{A} + \boldsymbol{E}. \tag{7.4.1}$$

Die Symbole von Codewort und Fehlerwort sind im Zeitbereich $q = p^m$-stufig bei RS-Codes und p-stufig bei BCH-Codes und im Frequenzbereich immer q-stufig. Der Begriff „Fehler" im Zeitbereich bezieht sich immer auf die q- bzw. p-stufigen Werte. Ob die Codesymbole direkt mehrstufig oder als Bitgruppe übertragen werden, ist dabei unwesentlich: Auch wenn eine Bitgruppe nur in einer einzigen Bit-Position verfälscht ist, wird die gesamte Bitgruppe als falsch angesehen.

Voraussetzungen: Es sei $d = 2t + 1$ die Entwurfsdistanz und $n = p^m - 1$ die primitive Blocklänge. Für die Anzahl τ der tatsächlich aufgetretenen Fehler gelte

$$\tau \leq t \left\{ \begin{array}{ll} = (n-k)/2 & \text{RS-Codes} \\ \leq (n-k)/2 & \text{BCH-Codes} \end{array} \right\}. \tag{7.4.2}$$

Ferner gelte $l = 0$ in der Codedefinition, d.h. die $2t$ Paritätsfrequenzen sind ganz unten angeordnet. Somit ist das Codewort im Frequenzbereich von der Form

$$a(x) \quad \circ\!\!-\!\!\bullet \quad A(x) \leftrightarrow \boldsymbol{A} = (\underbrace{0,\ldots,0}_{2t \text{ Nullen}}, \underbrace{A_{2t},\ldots,A_{n-1}}_{n-2t \text{ Stellen}}). \tag{7.4.3}$$

Bei BCH-Codes können auch einige der $n-2t$ oberen Frequenzen konstant Null sein, aber für die Decodierung kann das nicht ausgenutzt werden, da hierfür aufeinanderfolgende Nullstellen benötigt werden. Das Empfangswort nimmt folgende Form an:

$$\boldsymbol{Y} = (\underbrace{E_0,\ldots,E_{2t-1}}_{=\boldsymbol{S}}, A_{2t}+E_{2t},\ldots,A_{n-1}+E_{n-1}). \tag{7.4.4}$$

Definition 7.3. *Das* Syndrom $\boldsymbol{S} \leftrightarrow S(x)$ *wird durch die Paritätsfrequenzen des Empfangswortes definiert, d.h. durch die $2t$ Komponenten der Fourier-Transformation des Empfangswortes bzw. des Fehlermusters an denjenigen Stellen, wo die Codewörter Nullen im Frequenzwort haben:*

$$S(x) = \sum_{i=0}^{2t-1} S_i x^i \quad , \quad S_i = E_i = Y_i = y(z^i) = \sum_{\mu=0}^{n-1} y_\mu z^{i\mu}. \tag{7.4.5}$$

Wie in den Definitionen 4.7 und 5.4 ist das Syndrom auch hier als ein Vektor mit $2t$ Komponenten definiert, die genau dann Null sind, wenn das Empfangswort bzw. das Fehlermuster ein Codewort ist. Allerdings entspricht das hier definierte Syndrom nicht der Fourier-Transformierten des Syndroms aus Definition 5.4. Praktisch entspricht die Syndrom-Berechnung einer Teil-DFT. Dies ist zwar der aufwendigste Teil im gesamten Decoder, aber es können dabei viele Operationen parallel ausgeführt werden und teilweise sind auch FFT-Methoden (Fast Fourier Transform) verwendbar [12, 13]. Bei BCH-Codes braucht die Fourier-Transformation nicht für alle $2t$ Frequenzen tatsächlich ausgeführt zu werden, da nach Satz 6.9 natürlich $S_{ip \text{ modulo } n} = S_i^p$ gelten muß (das wird noch genauer in Abschnitt 7.10 behandelt).

Falls nur eine Fehlererkennung beabsichtigt wird, ist die Decodierung mit der Berechnung und dem Prüfen des Syndroms auf Null natürlich schon beendet.

Mit dem Syndrom sind die unteren $2t$ Frequenzen des Empfangswortes bzw. des Fehlermusters bekannt. Die restlichen $n-2t$ Frequenzen sind nun derart gesucht, daß das Hamminggewicht $w_H(\boldsymbol{e}) = w_H(e(x))$ im Zeitbereich minimal wird. Wenn man Zeit- und Frequenzbereich vertauschen würde, erweist sich das als eine klassische Aufgabe des Nachrichtentechnikers: Ein Impuls ist derart zu ergänzen, daß sein Spektrum möglichst schmal wird. Die Forderung nach minimalem Hamminggewicht von $e(x)$ muß nun umgesetzt werden in die Forderung nach dem minimalen Grad eines geeigneten Polynoms, damit eine algebraische Verwertung ermöglicht wird:

Definition 7.4. *Jedem Fehlermuster* $e(x) \leftrightarrow (e_0, \ldots, e_{n-1})$ *wird die* Fehlerstellenmenge

$$I = \{i \mid 0 \le i \le n-1 \ \wedge \ e_i \ne 0\} \quad , \quad |I| = \tau \le t \tag{7.4.6}$$

zugeordnet und damit wird das Fehlerstellenpolynom *(error location polynomial)*

$$C(x) = \prod_{i \in I} (1 - xz^i) = 1 + C_1 x + \cdots + C_\tau x^\tau \tag{7.4.7}$$

definiert, das den Grad τ *hat. Für den fehlerfreien Fall* $I = \emptyset$ *wird* $C(x) = 1$ *vereinbart.*

Natürlich sind I und $C(x)$ unbekannt. Offensichtlich steckt in $C(x)$ die gesamte Information über die Fehlerstellen, denn aus $C(x)$ kann I über die sogenannte *Chien-Suche* zurückgewonnen werden:

$$I = \{i \mid C(z^{-i}) = 0\}. \tag{7.4.8}$$

Die Chien-Suche bedeutet also ein Durchprobieren aller z^{-i} darauf, ob eine Nullstelle von $C(x)$ vorliegt. Als Hauptproblem verbleibt die Berechnung von $C(x)$ aus $S(x)$ und dazu wird jetzt die Abhängigkeit zwischen diesen beiden Polynomen herausgearbeitet. Es sei $c(x) \circ\!\!-\!\!\bullet C(x)$: Für $i \in I$ gilt $c_i = -C(z^{-i}) = 0$ und für $i \notin I$ gilt $e_i = 0$. Also gilt $c_i e_i = 0$ für $0 \le i \le n-1$ und nach Satz 6.8 folgt daraus

$$R_{x^n-1}[C(x)E(x)] = 0 \tag{7.4.9}$$

oder äquivalent mit der zyklischen Faltung

$$\sum_{\mu=0}^{\tau} C_\mu E_{(i-\mu) \text{ modulo } n} = 0 \quad \text{für} \quad i = 0, \ldots, n-1. \tag{7.4.10}$$

Die Formel (7.4.10) wird nun nur für $i = \tau, \ldots, 2\tau - 1$ betrachtet und dann liegen alle Indizes von E im Bereich $0, \ldots, 2t-1$, so daß $E_{(i-\mu) \text{ modulo } n}$ durch $S_{i-\mu}$ ersetzt werden kann (beachte $C_0 = 1$):

$$S_i + \sum_{\mu=1}^{\tau} C_\mu S_{i-\mu} = 0 \quad \text{für} \quad i = \tau, \ldots, 2\tau - 1. \tag{7.4.11}$$

Dieses Ergebnis ist bekannt als *Schlüsselgleichung* oder auch als *Newton-Identität.* In Matrixform lautet (7.4.11) so:

$$\begin{pmatrix} -S_\tau \\ -S_{\tau+1} \\ \\ \vdots \\ \\ -S_{2\tau-2} \\ -S_{2\tau-1} \end{pmatrix} = \underbrace{\begin{pmatrix} S_0 & S_1 & \cdots & S_{\tau-2} & S_{\tau-1} \\ S_1 & S_2 & \cdots & S_{\tau-1} & S_\tau \\ \\ \vdots & \vdots & & \vdots & \vdots \\ \\ S_{\tau-2} & S_{\tau-1} & \cdots & S_{2\tau-4} & S_{2\tau-3} \\ S_{\tau-1} & S_\tau & \cdots & S_{2\tau-3} & S_{2\tau-2} \end{pmatrix}}_{= \boldsymbol{S}_{\tau,\tau}} \cdot \begin{pmatrix} C_\tau \\ C_{\tau-1} \\ \\ \vdots \\ \\ C_2 \\ C_1 \end{pmatrix}. \tag{7.4.12}$$

Dies ist ein lineares Gleichungssystem mit τ Gleichungen zur Bestimmung der τ Unbekannten $C_1, \ldots, C_\tau$ und damit zur Bestimmung der Fehlerstellen. Da alle Syndrom-Komponenten bekannt sind, ist (7.4.12) im Prinzip lösbar – von entscheidender Bedeutung sind jedoch rechentechnisch günstige Verfahren.

Das Gleichungssystem (7.4.12) kann auch mit der maximalen Anzahl t von Fehlern formuliert werden. Nachfolgend wird gezeigt, daß der Rang der entsprechenden Matrix $\boldsymbol{S}_{t,t}$ genau der tatsächlichen Anzahl τ der Fehler entspricht. Zu diesem Nachweis wird die Fehlerstellenmenge als $I = \{i_1, \ldots, i_\tau\}$ indiziert und mit der Abkürzung $Z_\mu = z^{i_\mu}$ gilt für die Syndrome

$$S_r = \sum_{\mu=0}^{n-1} e_\mu z^{r\mu} = \sum_{\mu=1}^{t} e_{i_\mu} Z_\mu^r. \tag{7.4.13}$$

Im Fall $\tau < t$ werden $t - \tau$ Fehlerwerte e_{i_μ} auf Null gesetzt. Für die Matrix $\boldsymbol{S}_{t,t}$ gilt folgende leicht nachprüfbare Faktorisierung:

$$\boldsymbol{S}_{t,t} = \underbrace{\begin{pmatrix} 1 & 1 & \cdots & 1 \\ Z_1 & Z_2 & \cdots & Z_t \\ \vdots & \vdots & & \vdots \\ Z_1^{t-1} & Z_2^{t-1} & \cdots & Z_t^{t-1} \end{pmatrix}}_{= \boldsymbol{Z}_{t,t}} \cdot \underbrace{\begin{pmatrix} e_{i_1} & & & \\ & e_{i_2} & & \\ & & \ddots & \\ & & & e_{i_t} \end{pmatrix}}_{= \boldsymbol{\Delta}_{t,t}} \cdot \underbrace{\begin{pmatrix} 1 & Z_1 & \cdots & Z_1^{t-1} \\ 1 & Z_2 & \cdots & Z_2^{t-1} \\ \vdots & \vdots & & \vdots \\ 1 & Z_t & \cdots & Z_t^{t-1} \end{pmatrix}}_{= \boldsymbol{Z}_{t,t}^T} . \tag{7.4.14}$$

Die Determinante der Matrix $\boldsymbol{Z}_{t,t}$ ist die bekannte *Vandermonde'sche Determinante* [1, 12, 53]

$$\mathrm{Det}(\boldsymbol{Z}_{t,t}) = \prod_{t \geq \mu > \nu \geq 1} (Z_\mu - Z_\nu). \tag{7.4.15}$$

Für $0 \leq i_\nu < i_\mu \leq n - 1$ sind $Z_\nu = z^{i_\nu}$ und $Z_\mu = z^{i_\mu}$ natürlich ungleich und somit ist $\mathrm{Det}(\boldsymbol{Z}_{t,t}) \neq 0$, d.h. die Matrix $\boldsymbol{Z}_{t,t}$ erweist sich als nicht-singulär. Mit

$$\mathrm{Rang}(\boldsymbol{S}_{t,t}) = \mathrm{Rang}(\boldsymbol{\Delta}_{t,t}) = \tau \tag{7.4.16}$$

ergibt sich das behauptete Ergebnis. □

Natürlich ist die Anzahl τ der Fehler im Empfangswort unbekannt. Entweder kann τ durch die Berechnung des Ranges der Matrix $\boldsymbol{S}_{t,t}$ bestimmt werden oder durch folgendes Verfahren: Auch dazu wird (7.4.12) zunächst mit t statt τ formuliert. Falls $\tau = t$ gilt, ist $\boldsymbol{S}_{t,t}$ nicht-singulär und (7.4.12) ist eindeutig lösbar. Falls dagegen $\tau < t$ gilt, ist $\boldsymbol{S}_{t,t}$ singulär und (7.4.12) ist nicht lösbar. Dann wird in der Matrix $\boldsymbol{S}_{t,t}$ die untere Zeile und die rechte Spalte gestrichen und die so entstehende Matrix $\boldsymbol{S}_{t-1,t-1}$ wird auf Singularität untersucht. Dieses Verfahren wird solange wiederholt, bis das maximale τ gefunden ist, bei dem $\boldsymbol{S}_{\tau,\tau}$ nicht-singulär ist.

Mit der Lösung der Schlüsselgleichung ist $I = \{i_1, \ldots, i_\tau\}$ sowie $Z_\mu = z^{i_\mu}$ bekannt. Aus (7.4.13) ergibt sich das Gleichungssystem

$$\begin{pmatrix} S_0 \\ S_1 \\ \vdots \\ S_{\tau-1} \end{pmatrix} = \underbrace{\begin{pmatrix} 1 & 1 & \cdots & 1 \\ Z_1 & Z_2 & \cdots & Z_\tau \\ \vdots & \vdots & & \vdots \\ Z_1^{\tau-1} & Z_2^{\tau-1} & \cdots & Z_\tau^{\tau-1} \end{pmatrix}}_{= \boldsymbol{Z}_{\tau,\tau}} \cdot \begin{pmatrix} e_{i_1} \\ e_{i_2} \\ \vdots \\ e_{i_\tau} \end{pmatrix}, \tag{7.4.17}$$

aus dem die Fehlerwerte direkt berechnet werden können, da $\boldsymbol{Z}_{\tau,\tau}$ nicht-singulär ist. Dieses als *Peterson-Gorenstein-Zierler-Decoder* bekannte Verfahren ist für große Blocklängen und große Entwurfsdistanzen aber so aufwendig, daß die Decodierung in der Praxis daran scheitern würde. Jedoch erlaubt die besondere Bandstruktur der Matrix $\boldsymbol{S}_{\tau,\tau}$ rechentechnisch wesentlich günstigere Algorithmen zur Lösung der Schlüsselgleichung (siehe Abschnitte 7.7 und 7.8) sowie zur Berechnung der Fehlerwerte (siehe Abschnitte 7.5 und 7.6). Weitere Vereinfachungen ergeben sich für binäre BCH-Codes (siehe Abschnitt 7.10).

Wenn entgegen der Voraussetzung mehr als t Fehler vorliegen, gibt es zwei Möglichkeiten:

(1) Normalerweise wird das Empfangswort außerhalb einer Decodierkugel liegen, sofern der Code nicht perfekt ist. Ein idealer Decoder nach dem BMD-Prinzip muß in diesem Fall ein unkorrigierbares Fehlermuster anzeigen (*decoder failure*). Dies wird beispielsweise dadurch erkannt, daß die Chien-Suche weniger Nullstellen in $C(x)$ als Grad $C(x)$ ergibt bzw. daß $C(x)$ in $\mathbb{F}_{p^m}$ nicht in verschiedene Linearfaktoren zerfällt, oder daß sich an berechneten Fehlerstellen die Fehlerwerte zu Null ergeben.

    Es ist jedoch auch möglich, daß bei einem Empfangswort außerhalb der Decodierkugeln eine scheinbar erfolgreiche Decodierung erfolgt (*decoder malfunction*) [90, 134]. Das in diesem Fall vom Decoder berechnete Wort kann jedoch kein Codewort sein, da der Decoder nur maximal t Korrekturen ausführt. Dieser Fall läßt sich leicht erkennen, indem die Paritätsfrequenzen des berechneten Wortes überprüft werden.

(2) Wenn dagegen das Empfangswort in der Decodierkugel eines anderen Codewortes liegt, erfolgt natürlich eine unbemerkte Falschkorrektur (*decoder error*).

Ausführliche Beispiele zu den verschiedenen Szenarien bei der Decodierung enthält Aufgabe 7.11. Für die Berechnung bzw. Abschätzung der Fehlerwahrscheinlichkeit gemäß Satz 3.15 wird jedes Empfangswort mit mehr als t Fehlern als falsch decodiert angesehen, so daß zwischen Empfangswörtern in falschen Decodierkugeln und Empfangswörtern im Bereich zwischen den Decodierkugeln nicht unterschieden werden muß.

Beispiel 7.6. Betrachtung der Schlüsselgleichung für den Fall $\tau = t = 1$: Es sei $I = \{r\}$ und $e(x) = e_r z^r$ und somit $S_i = e(z^i) = e_r z^{ir}$. Die Schlüsselgleichung lautet $-S_1 = S_0 \cdot C_1$ und führt zur Lösung:

$$C(x) = C_0 + C_1 x = 1 - \frac{S_1}{S_0} x = 1 - \frac{e_r z^r}{e_r} x = 1 - z^r x = \prod_{i \in I} (1 - xz^i).$$

Die Chien-Suche ergibt $I = \{r\}$. Bei $\tau = 1 < 2 = t$ ist

$$\boldsymbol{S}_{2,2} = \begin{pmatrix} S_0 & S_1 \\ S_1 & S_2 \end{pmatrix} = \begin{pmatrix} e_r & e_r z^r \\ e_r z^r & e_r z^{2r} \end{pmatrix}$$

offensichtlich singulär. □

Beispiel 7.7. Betrachte den $(7, 3, 5)_8$-RS-Code mit der $\mathbb{F}_8$-Arithmetik gemäß Beispiel 6.4. Für die Codewörter gilt: $\boldsymbol{a} \circ\!\!-\!\!\bullet \boldsymbol{A} = (0, 0, 0, 0, A_4, A_5, A_6)$. Als Zahlenbeispiel wird gewählt:

$$\boldsymbol{e} = (0, z^5, 0, 0, 0, z^6, 0) \leftrightarrow e(x) = z^5 x + z^6 x^5.$$

Dann gilt $S_i = e(z^i) = z^{5+i} + z^{6+5i}$:

$$\begin{aligned} S_0 &= z^5 + z^6 = z \\ S_1 &= z^6 + z^4 = z^3 \\ S_2 &= 1 + z^2 = z^6 \\ S_3 &= z + 1 = z^3. \end{aligned}$$

Die Schlüsselgleichung lautet für $t = 2$

$$\begin{pmatrix} -S_2 \\ -S_3 \end{pmatrix} = \begin{pmatrix} S_0 & S_1 \\ S_1 & S_2 \end{pmatrix} \begin{pmatrix} C_2 \\ C_1 \end{pmatrix}$$

und hat somit die Lösung

$$\begin{aligned} \begin{pmatrix} C_2 \\ C_1 \end{pmatrix} &= \frac{1}{S_0 S_2 - S_1^2} \begin{pmatrix} S_2 & -S_1 \\ -S_1 & S_0 \end{pmatrix} \begin{pmatrix} -S_2 \\ -S_3 \end{pmatrix} = \frac{1}{1 + z^6} \begin{pmatrix} z^6 & z^3 \\ z^3 & z \end{pmatrix} \begin{pmatrix} z^6 \\ z^3 \end{pmatrix} \\ &= \frac{1}{z^2} \begin{pmatrix} z^5 + z^6 \\ z^2 + z^4 \end{pmatrix} = \begin{pmatrix} z^6 \\ z^6 \end{pmatrix}. \end{aligned}$$

Aus dem Fehlerstellenpolynom $C(x) = 1 + z^6 x + z^6 x^2 = (1 + z^1 x)(1 + z^5 x)$ ergibt sich wieder $I = \{1, 5\}$. Dieses Zahlenbeispiel wird nachfolgend noch mehrfach wieder aufgegriffen.

Als weiteres Zahlenbeispiel mit $\tau = 3 > 2 = t$ wird

$$\boldsymbol{e} = (z, z^5, 0, 0, 0, z^6, 0) \leftrightarrow e(x) = z + z^5 x + z^6 x^5$$

gewählt. Für das Syndrom berechnet man $(S_0, S_1, S_2, S_3) = (0, 1, z^5, 1)$ und daraus ergibt sich das Fehlerstellenpolynom $C(x) = 1 + z^5 x + z x^2$. Die Chien-Suche ergibt keine Nullstelle, d.h. $C(x)$ ist in $\mathbb{F}_8$ irreduzibel. Somit wird ein Fehlermuster mit $\tau > t$ entdeckt, das für den BMD unkorrigierbar ist. □

7.5 Fehlerkorrektur im Frequenzbereich

Das Fehlerstellenpolynom $C(x)$ und die Fehlerstellenmenge I können nach Lösung der Schlüsselgleichung als bekannt angesehen werden. Zu berechnen sind nun die Fehlerwerte $e(x)$○—●$E(x)$. Nach (7.4.10) gilt:

$$\begin{aligned} E_i &= -\sum_{\mu=1}^{t} C_\mu E_{i-\mu} \quad \text{für} \quad i = 2t, \ldots, n-1 \qquad (7.5.1) \\ &= \text{Funktion}(E_{i-1}, \ldots, E_{i-t}). \end{aligned}$$

Damit wird das *Prinzip der rekursiven Ergänzung* ermöglicht: Als Anfangswerte sind $E_0 = S_0, \ldots, E_{2t-1} = S_{2t-1}$ bekannt. Der Reihe nach wird dann $E_{2t}, \ldots, E_{n-1}$ berechnet. Technisch kann die rekursive Ergänzung mit einem rückgekoppelten Schieberegister (autoregressives Filter) erfolgen wie es in Bild 7.5 dargestellt ist. Die Filterlänge kann variabel mit τ sein oder fest auf t eingestellt sein. Die Anfangsbelegung erfolgt mit den t oberen Frequenzen des Syndroms: $S_{2t-1}, \ldots, S_t$. Am Filterausgang erscheinen der Reihe nach die Werte $E_{2t}, \ldots, E_{n-1}$.

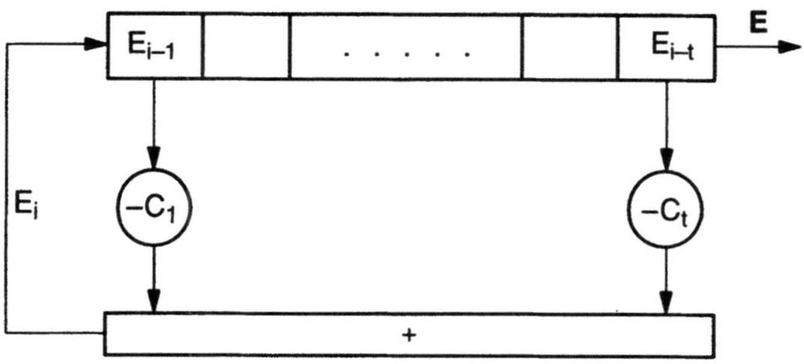

Bild 7.5. Rekursive Ergänzung zur Berechnung von $E(x)$

In Bild 7.6 wird das gesamte Verfahren zur Decodierung im Frequenzbereich dargestellt. Zwar wird im Zeitbereich korrigiert, aber die Berechnung der Fehlerwerte erfolgt im Frequenzbereich. Somit muß zu $E(x)$ noch eine inverse Fourier-Transformation erfolgen, damit $e(x)$ im Zeitbereich vorliegt, wobei natürlich nur diejenigen Komponenten zu bestimmen sind, die vorangehend als fehlerhaft identifiziert wurden. Um diesen Aufwand zu reduzieren, wird im nächsten Abschnitt ein Verfahren angegeben, mit dem die Fehlerwerte direkt im Zeitbereich berechnet werden.

Beispiel 7.8. Fortsetzung von Beispiel 7.7 mit dem $(7,3,5)_8$-RS-Code. Als bereits bekannt kann

$$\begin{aligned} &(E_0, E_1, E_2, E_3) = (S_0, S_1, S_2, S_3) = (z, z^3, z^6, z^3), \\ &(C_0, C_1, C_2) = (1, z^6, z^6), \\ &I = \{1, 5\} \quad , \quad \tau = t = 2 \end{aligned}$$

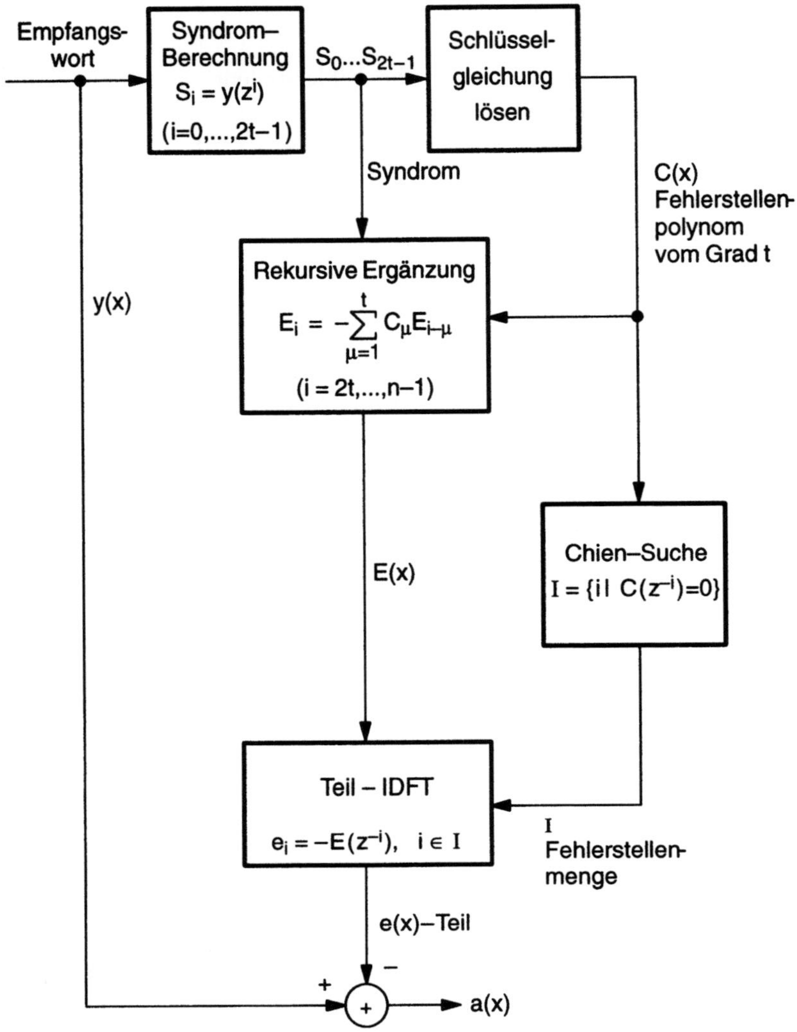

Bild 7.6. Fehlerkorrektur im Frequenzbereich

vorausgesetzt werden. Die rekursive Ergänzung liefert:

$$\begin{aligned} E_4 &= C_1E_3 + C_2E_2 = z^6z^3 + z^6z^6 = z^3 \\ E_5 &= C_1E_4 + C_2E_3 = z^6z^3 + z^6z^3 = 0 \\ E_6 &= C_1E_5 + C_2E_4 = z^60 + z^6z^3 = z^2. \end{aligned}$$

Damit folgt schließlich:

$$\begin{aligned} E(x) &= S_0 + S_1x + S_2x^2 + S_3x^3 + E_4x^4 + E_5x^5 + E_6x^6 \\ &= z + z^3x + z^6x^2 + z^3x^3 + z^3x^4 + z^2x^6. \end{aligned}$$

Da $I = \{1, 5\}$ bereits bestimmt wurde, sind nur noch e_1 und e_5 zu berechnen:

$$\begin{aligned} e_1 &= -E(z^{-1}) = E(z^6) = z + z^2 + z^4 + 1 + z^6 + z^3 = z^5 \\ e_5 &= -E(z^{-5}) = E(z^2) = z + z^5 + z^3 + z^2 + z^4 + 1 = z^6. \end{aligned}$$

Es ergibt sich also das angenommene Fehlermuster $e(x) = z^5 x + z^6 x^5$. □

7.6 Fehlerkorrektur im Zeitbereich

Das Ziel ist es nun, die Fehlerwerte direkt im Zeitbereich zu berechnen ohne inverse Fourier-Transformation. Wie im vorangehenden Abschnitt werden das Fehlerstellenpolynom $C(x)$ und die Fehlerstellenmenge I nach Lösung der Schlüsselgleichung als bekannt angesehen. Nach (7.4.9) muß ein sogenanntes *Fehlerwertpolynom* (error evaluator polynomial) $T(x)$ existieren mit

$$C(x)E(x) = T(x)(x^n - 1). \tag{7.6.1}$$

$T(x)$ gibt zwar nicht direkt die Fehlerwerte an, aber die Fehlerwerte können aus $T(x)$ berechnet werden, wie jetzt hergeleitet wird. Für den Grad von $T(x)$ gilt

$$\text{Grad } T(x) = \underbrace{\text{Grad } C(x)}_{=\tau} + \underbrace{\text{Grad } E(x)}_{\leq n-1} - \underbrace{\text{Grad } (x^n - 1)}_{=n} \leq \tau - 1$$

und somit kann $T(x)$ als

$$T(x) = T_0 + T_1 x + \cdots + T_{\tau-1} x^{\tau-1} \tag{7.6.2}$$

geschrieben werden. Die Gleichung (7.6.1) wird nun in folgender Weise formuliert, wobei unterhalb der geschweiften Klammern der Bereich der jeweils auftretenden Potenzen vermerkt wird:

$$\underbrace{\sum_{i=0}^{\tau} C_i x^i \cdot \sum_{i=0}^{2t-1} E_i x^i}_{\text{ab } x^0} + \underbrace{C(x) \sum_{i=2t}^{n-1} E_i x^i}_{\text{ab } x^{2t}} = \underbrace{-T(x)}_{\text{bis } x^{\tau-1}} + \underbrace{x^n T(x)}_{\text{ab } x^n}.$$

Durch Koeffizientenvergleich ergibt sich wegen $\tau - 1 \leq 2t$: Der Koeffizient $-T_j$ muß dem j-ten Koeffizienten im linken Term entsprechen, der sich über eine Faltungsoperation ergibt:

$$-T_j = \sum_{\mu=0}^{j} C_\mu E_{j-\mu} \quad \text{für} \quad j = 0, \ldots, \tau - 1.$$

Wegen $0 \leq j - \mu \leq \tau - 1$ ist $E_{j-\mu}$ durch $S_{j-\mu}$ ersetzbar:

$$T_j = -\sum_{\mu=0}^{j} C_\mu S_{j-\mu} \quad \text{für} \quad j = 0, \ldots, \tau - 1. \tag{7.6.3}$$

Dabei wird nur auf $S_0, \ldots, S_{\tau-1}$ zugegriffen und somit kann $T(x)$ über (7.6.3) praktisch berechnet werden. Aus dem Fehlerstellenpolynom $C(x)$ vom Grad τ und dem Fehlerwertpolynom $T(x)$ vom Grad $\tau-1$ können nun die Fehlerwerte direkt berechnet werden. Aus (7.6.1) folgt:

$$e_i = -E(z^{-i}) = -\left[\frac{T(x)(x^n-1)}{C(x)}\right]_{x=z^{-i}} \quad \text{für} \quad i = 0, \ldots, n-1. \tag{7.6.4}$$

An den Fehlerstellen $i \in I$ gilt $C(z^{-i}) = 0$ (Chien-Suche) und gleichzeitig gilt $x^n - 1 = 0$ für $x = z^{-i}$. Also ist der Quotient (7.6.4) für $i \in I$ vom Typ 0/0. Die l'Hospital'sche Regel (A.1.3) und das formale Differenzieren sind auch in Galoisfeldern gültig. Beispielsweise gilt

$$(x^n)' = nx^{n-1} = -x^{n-1},$$

da $n = p^m - 1$ gilt und modulo p gerechnet wird. Entsprechend gilt

$$C'(x) = C_1 + 2C_2x + \cdots + tC_tx^{t-1}, \tag{7.6.5}$$

wobei die von den Exponenten stammenden Koeffizienten $1, 2, \ldots, \tau$ modulo p zu verstehen sind. Nach der l'Hospital'schen Regel folgt nun:

$$e_i = -\left[\frac{T'(x)(x^n-1) + T(x)(-x^{n-1})}{C'(x)}\right]_{x=z^{-i}} = \left[\frac{T(x)x^{n-1}}{C'(x)}\right]_{x=z^{-i}}.$$

Daraus ergibt sich der sogenannte *Forney-Algorithmus*:

$$e_i = \frac{T(z^{-i})}{C'(z^{-i})} \cdot z^i \quad \text{für} \quad i \in I. \tag{7.6.6}$$

Insgesamt ergibt sich schließlich das in Bild 7.7 dargestellte Verfahren zur Decodierung, das nur in der Berechnung von $T(x)$ und im Forney-Algorithmus von Bild 7.6 abweicht.

Für die Lösung der Schlüsselgleichung und damit zur Bestimmung von $C(x)$ werden alle $2t$ Komponenten des Syndroms benötigt (zumindest bei maximaler Fehleranzahl $\tau = t$. Für die $T(x)$-Berechnung werden jedoch nur die τ unteren Komponenten des Syndroms benötigt (entsprechend werden in Bild 7.6 für die rekursive Ergänzung nur die τ oberen Komponenten benötigt).

Beispiel 7.9. Fortsetzung von Beispiel 7.7 und 7.8 mit dem $(7,3,5)_8$-RS-Code. Bekannt ist

$$\begin{aligned}
&(E_0, E_1, E_2, E_3) = (S_0, S_1, S_2, S_3) = (z, z^3, z^6, z^3),\\
&(C_0, C_1, C_2) = (1, z^6, z^6) \quad \leftrightarrow \quad C(x) = 1 + z^6x + z^6x^2,\\
&I = \{1, 5\} \quad , \quad \tau = t = 2.
\end{aligned}$$

Die $T(x)$-Berechnung liefert

$$\begin{aligned}
T_0 &= -C_0S_1 &&= 1 \cdot z &&= z\\
T_1 &= -C_0S_2 - C_1S_1 &&= 1 \cdot z^3 + z^6 \cdot z &&= z
\end{aligned}$$

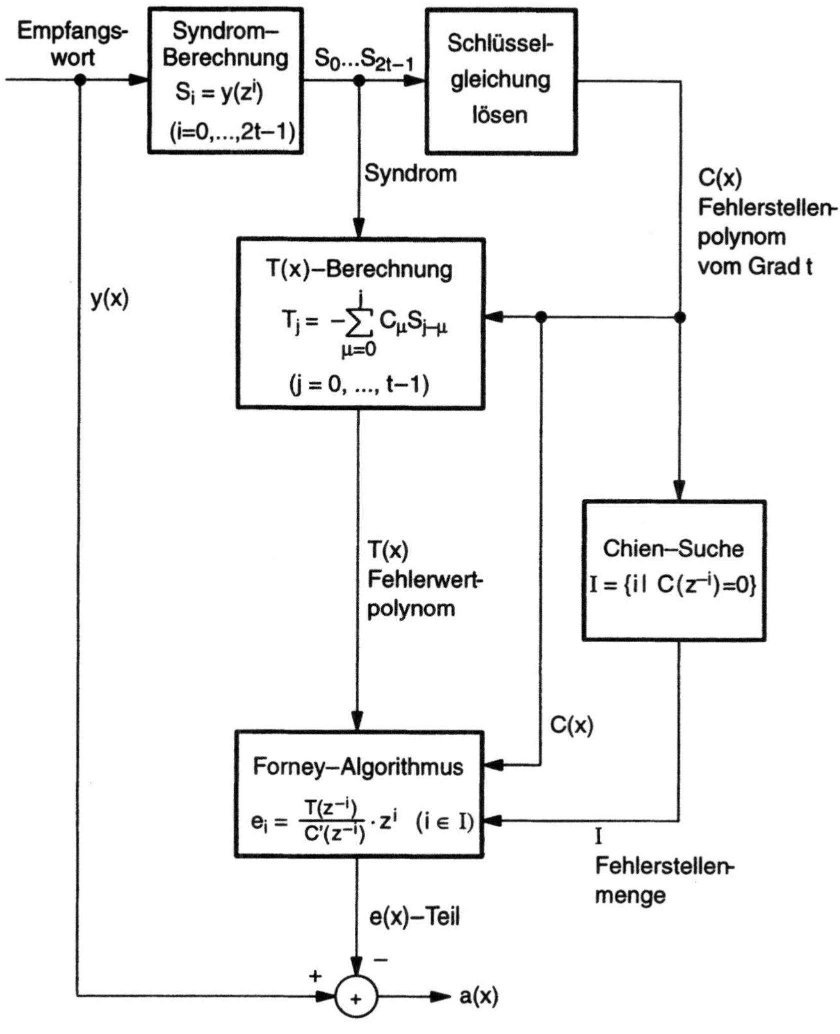

Bild 7.7. Fehlerkorrektur im Zeitbereich

und somit $T(x) = z + zx$. Die Differentiation ergibt $C'(x) = z^6 + 2z^6x = z^6$ (modulo 2). Der Forney-Algorithmus liefert

$$e_i = \frac{T(z^{-i})}{C'(z^{-i})}z^i = \frac{z + z^{1-i}}{z^6}z^i = z^{2+i} + z^2 = \left\{ \begin{array}{ll} z^5 & i = 1 \\ z^6 & i = 5 \end{array} \right\}.$$

Es ergibt sich also wieder das angenommene Fehlermuster $e(x) = z^5x + z^6x^5$. Der Forney-Algorithmus liefert für $i \notin I$ nicht das korrekte Ergebnis $e_i = 0$ sondern einen falschen Wert ungleich Null, d.h. (7.6.6) ist nur für die Fehlerstellen $i \in I$ gültig. □

7.7 Lösung der Schlüsselgleichung mit dem Berlekamp-Massey-Algorithmus

Erst Jahre nach der Entdeckung der RS- und BCH-Codes wurden leistungsfähige Algorithmen zur Lösung der Schlüsselgleichung (7.4.11) bzw. (7.4.12) entwickelt. Dazu zählen einerseits Verfahren, die auf dem euklidischen Algorithmus beruhen (seit 1975 bekannt) und die im nächsten Abschnitt vorgestellt werden. Ein anderes Verfahren ist der Berlekamp-Massey-Algorithmus (BMA, seit 1968 bekannt), der hier ohne Beweis angegeben wird. Herleitungen des BMA finden sich z.B. in [6, 12, 18].

Die Gleichung (7.4.11) wird in Bild 7.8 als rückgekoppeltes Schieberegister dargestellt. Zu Beginn ($i = t$) ist das Register mit $S_{t-1}, \ldots, S_0$ vorbelegt. Der Reihe nach werden dann am Eingang des Registers die Werte $S_t, \ldots, S_{2t-1}$ erzeugt. Zur Lösung der Schlüsselgleichung muß aber nicht die bereits bekannte Folge der Syndrome erzeugt werden, sondern zu der Folge der Syndrome sind die Filterkoeffizienten gesucht, wobei das Filter von minimaler Länge sein soll. Somit ist die Lösung der Schlüsselgleichung ein Problem zur *Synthese* eines autoregressiven Filters.

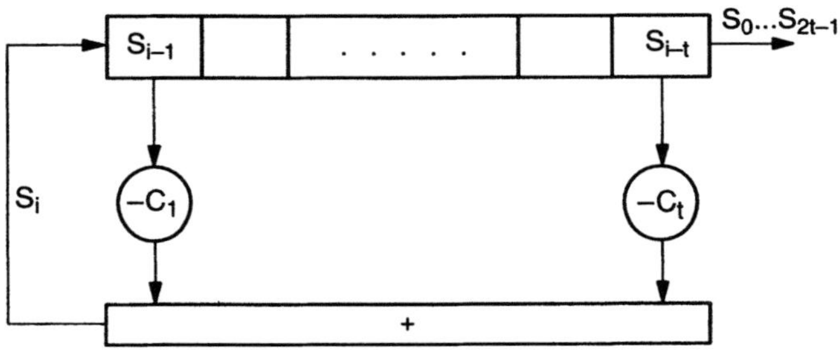

Bild 7.8. Generierung des Syndroms durch das Fehlerstellenpolynom

In Bild 7.9 ist der Berlekamp-Massey-Algorithmus dargestellt. Als Input wird das Syndrom $(S_0, \ldots, S_{2t-1})$ benutzt und der Output ist das Fehlerstellenpolynom $C(x) = C^{(j)}(x)$ bei der Abbruchbedingung $j = 2t$.

Anschauliche Erklärung: Der Zähler e durchläuft die Filterlänge und j durchläuft die Länge der bisher synthetisierten Syndromfolge. Bei $\Delta_j = 0$? wird probiert, ob mit dem aktuellen $C^{(j)}(x)$ und der aktuellen Länge e das nächste S_j erzeugt werden kann. Falls nein, werden danach die Filterkoeffizienten verändert. Bei $2e_{\text{alt}} \le j$ wird anschließend das Filter verlängert: $e_{\text{neu}} = j + 1 - e_{\text{alt}} \ge e_{\text{alt}} + 1$. Ferner wird das Hilfspolynom $B(x)$ als Zwischenspeicher für das vorletzte $C(x)$ benutzt. Ohne Verlängerung des Filters bleibt $B(x)$ unverändert. Schließlich wird in jedem Fall j inkrementiert. Während des gesamten Ablaufs gilt immer $j \ge e$ und $j \le 2t - 1$, so daß bei $\Delta_j = 0$? nur auf die bekannten Syndromwerte $S_0, \ldots, S_{2t-1}$ zugegriffen wird.

Ein für den BMD unkorrigierbares Fehlermuster wird entdeckt, falls nach

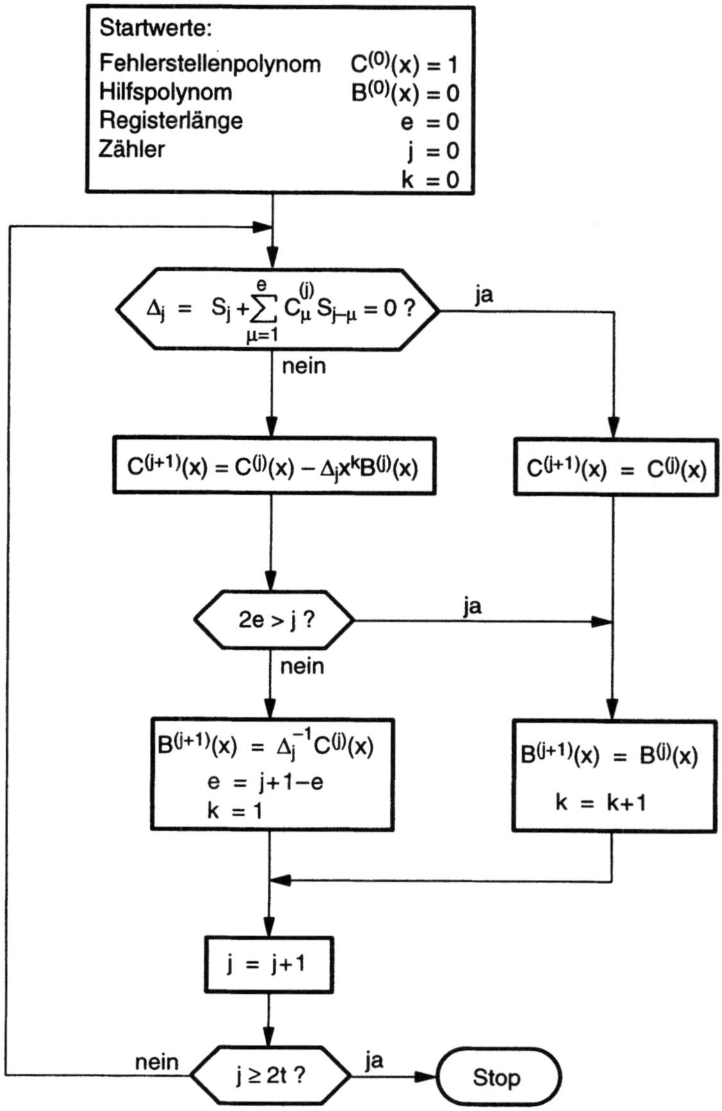

Bild 7.9. Berlekamp-Massey-Algorithmus

dem Stop des BMA der Grad des berechneten $C(x)$ nicht mit e übereinstimmt oder falls sich Grad $C(x) = e > t$ ergibt oder falls bei der Chien-Suche weniger Nullstellen in $C(x)$ als Grad $C(x)$ gefunden werden.

Beispiel 7.10. Fortsetzung von Beispiel 7.7 mit dem $(7,3,5)_8$-RS-Code und $t = 2$ und $l = 0$. Für das Syndrom des Fehlermusters $e(x) = z^5x + z^6x^5$ gilt

$(S_0, S_1, S_2, S_3) = (z, z^3, z^6, z^3)$. Der BMA läuft wie folgt ab:

e	k	j	Δ_j	$C^{(j+1)}(x)$	$2e > j$	$B^{(j+1)}(x)$
0	0	0	z	1	nein	z^6
1	1	1	z^3	$1 + z^2x$	ja	z^6
1	2	2	z	$1 + z^2x + x^2$	nein	$z^6 + zx$
2	1	3	z	$1 + z^6x + z^6x^2$	ja	$z^6 + zx$
2	2	4	Stop			

Das Ergebnis $C(x) = C^{(4)}(x) = 1 + z^6x + z^6x^2$ erweist sich im Vergleich mit Beispiel 7.7 als richtig. □

In Tabelle 7.5 werden die notwendigen Operationen zur Decodierung von RS-Codes näherungsweise abgeschätzt. Der BMA reduziert den Rechenaufwand zur Lösung der Schlüsselgleichung von t^3 auf t^2 und ist damit unproblematisch. Die Fehlerkorrektur im Zeitbereich ist weniger aufwendig als im Frequenzbereich. Den größten Aufwand erfordern die Teil-Transformationen bei der Syndromberechnung, bei der Chien-Suche und im Encoder. Mit schnellen Algorithmen [12, 13] wie auch durch Ausnutzung verschiedener im Einzelfall bestehender Symmetrien kann der Aufwand jedoch reduziert werden. Viele Hinweise zur Implementierung der Algorithmen enthält auch [43] und insbesondere [76]. Für binäre BCH-Codes sind drastische Vereinfachungen möglich, die in Abschnitt 7.10 behandelt werden.

Tabelle 7.5. Realisierungsaufwand bei RS-Codes

Teil-Algorithmus	Anzahl Add/Mult-Ops in $\mathbb{F}_{p^m}$
Syndromberechnung	$2t \cdot n$
Berlekamp-Massey-Algorithmus	t^2 bis $2t^2$
Direkte Lösung Schlüsselgleichung	t^3
Rekursive Ergänzung	$t(n-2t)$
Teil-IDFT	$t \cdot n$
$T(x)$-Berechnung	$t^2/2$
Forney-Algorithmus	$2t^2$
Chien-Suche	$t \cdot n$
Subtraktion Fehlerwerte	t Additionen
Systematischer Encoder	$2t(n-2t)$

Die Gleichung (7.4.9) ist gültig unabhängig von der Lage der Paritätsfrequenzen. Falls also anstelle von $S_0, \ldots, S_{2t-1}$ die Werte $S_l, \ldots, S_{l+2t-1}$ bekannt sind, brauchen lediglich die Indizes in den Bereich $0, \ldots, 2t-1$ verschoben zu werden.

Die Schlüsselgleichung (7.4.11) nimmt die Form

$$S_i + \sum_{\mu=1}^{\tau} C_\mu S_{j-\mu} = 0 \quad \text{für} \quad i = l+\tau, \ldots, l+2\tau-1 \tag{7.7.1}$$

an und die Δ_j-Abfrage im BMA ist in

$$\Delta_j = S_{j+l} + \sum_{\mu=1}^{e} C_\mu^{(j)} S_{j-\mu+l} = 0 \quad ? \tag{7.7.2}$$

zu ändern. Natürlich sind auch die rekursive Ergänzung in Bild 7.6 und die $T(x)$-Berechnung in Bild 7.7 entsprechend zu modifizieren.

7.8 Lösung der Schlüsselgleichung mit dem Euklidischen Algorithmus

Es werden jetzt zwei auf dem Euklidischen Algorithmus (EA, Satz A.8) basierende Verfahren zur Lösung der Schlüsselgleichung angegeben, deren Vor- und Nachteile gegenüber dem BMA im Einzelfall abzuwägen sind. Bei den EA-Methoden wird aus dem Syndrom $S(x)$ vom Grad $\leq 2t-1$ nicht nur das Fehlerstellenpolynom $C(x)$ vom Grad τ, sondern zugleich auch das Fehlerwertpolynom $T(x)$ vom Grad $\tau - 1$ berechnet. Weiterhin sei $t = (d_{\min}-1)/2 = (n-k)/2$ die maximal mögliche Anzahl von Fehlern und τ sei die tatsächliche Anzahl der Fehler mit $\tau \leq t$.

Satz 7.7 (Verfahren EA1). *Als Startwerte für den EA werden die beiden Polynome*

$$a(x) = r_{-2}(x) = x^{2t} \quad , \quad b(x) = r_{-1}(x) = S(x) \tag{7.8.1}$$

gewählt. Mit dem Rekursionsschema aus Satz A.8 in $\mathbb{F}_{p^m}[x]$ ergibt sich eine Folge von Polynomen $r_i(x)$ abnehmenden Grades, so daß ein Index λ existiert mit

$$\text{Grad } r_{\lambda-1}(x) \geq t \quad \textit{und} \quad \text{Grad } r_\lambda(x) < t. \tag{7.8.2}$$

Parallel wird die Rekursion für das Polynom $t_i(x)$ berechnet. Mit der Konstanten $\gamma = 1/t_\lambda(0) \in \mathbb{F}_{p^m}$ gilt für das Fehlerstellen- und das Fehlerwertpolynom:

$$C(x) = \gamma \cdot t_\lambda(x) \quad , \quad T(x) = -\gamma \cdot r_\lambda(x). \tag{7.8.3}$$

Beweis: Die Rekursion für das Polynom $s_i(x)$ wird zwar hier im Beweis verwendet, aber in der Anwendung braucht das nicht berechnet zu werden. Nach (A.7.6) sind die Rekursionspolynome wie folgt verknüpft:

$$r_\lambda(x) = s_\lambda(x) x^{2t} + t_\lambda(x) S(x). \tag{7.8.4}$$

Aus (A.7.16) folgt

$$\text{Grad}\ t_\lambda(x) = \underbrace{\text{Grad}\ a(x)}_{=2t} - \underbrace{\text{Grad}\ r_{\lambda-1}(x)}_{\geq t} \leq t.$$

Die zentrale Gleichung (7.6.1) kann in der Form

$$(x^n - 1)T(x) = C(x)E(x) = C(x)\left(S(x) + \sum_{i=2t}^{n-1} E_i x^i\right)$$

geschrieben werden und mit einem passenden Polynom $L(x)$ gilt dann

$$-T(x) = C(x)S(x) + x^{2t}L(x). \tag{7.8.5}$$

Die Multiplikation von (7.8.4) mit $C(x)$ führt mit Hilfe von (7.8.5) zu

$$\begin{aligned}\underbrace{C(x)r_\lambda(x)}_{\text{Grad}<t+\tau} &= C(x)s_\lambda(x)x^{2t} + C(x)S(x)t_\lambda(x) \\ &= \underbrace{-T(x)t_\lambda(x)}_{\text{Grad}<\tau+t} + \underbrace{\Big(C(x)s_\lambda(x) - L(x)t_\lambda(x)\Big)x^{2t}}_{\text{Grad}\geq 2t}.\end{aligned}$$

Der Vergleich der Grade ergibt

$$C(x)s_\lambda(x) = L(x)t_\lambda(x), \tag{7.8.6}$$

$$C(x)r_\lambda(x) = -T(x)t_\lambda(x). \tag{7.8.7}$$

Das Fehlerstellenpolynom $C(x)$ hat die Nullstellen z^{-i} für $i \in I$. Da diese Nullstellen jeweils nur einfach sind, muß für die Ableitung $C'(z^{-i}) \neq 0$ sein und aus dem Forney-Algorithmus (7.6.6) folgt damit $T(z^{-i}) \neq 0$ für $i \in I$. Folglich muß nach (7.8.7) $C(x)$ ein Teiler von $t_\lambda(x)$ sein, d.h. es existiert ein Polynom $\beta(x) = t_\lambda(x)/C(x)$. Trivialerweise ist $\beta(x)$ ein Teiler von $t_\lambda(x)$ und nach (7.8.6) ist $\beta(x)$ auch ein Teiler von $s_\lambda(x)$. Nach (A.7.10) haben $s_\lambda(x)$ und $t_\lambda(x)$ jedoch keinen gemeinsamen Teiler und folglich ist $\beta(x) = \gamma^{-1}$ eine Konstante, die sich aus $\gamma^{-1} = \beta(0) = t_\lambda(0)/C(0) = t_\lambda(0)$ ergibt. Damit ist $C(x) = \gamma \cdot t_\lambda(x)$ unmittelbar klar und $T(x) = -\gamma \cdot r_\lambda(x)$ folgt aus (7.8.7). □

Beispiel 7.11. Wie in Beispiel 7.7 wird der $(7,3,5)_8$-RS-Code mit $t = 2$ und das Fehlermuster $e(x) = z^5x + z^6x^5$ mit $S(x) = z + z^3x + z^6x^2 + z^3x^3$ betrachtet. Der EA liefert folgendes Rekursionsschema:

$$\underbrace{x^4}_{r_{-2}(x)} = \underbrace{z^4x}_{\alpha_0(x)} \cdot \underbrace{(z^3x^3 + z^6x^2 + z^3x + z)}_{r_{-1}(x)} + \underbrace{(z^3x^3 + x^2 + z^5x)}_{r_0(x)}$$

$$\underbrace{(z^3x^3 + z^6x^2 + z^3x + z)}_{r_{-1}(x)} = \underbrace{1}_{\alpha_1(x)} \cdot \underbrace{(z^3x^3 + x^2 + z^5x)}_{r_0(x)} + \underbrace{(z^2x^2 + z^2x + z)}_{r_1(x)}$$

$$\underbrace{(z^3x^3 + x^2 + z^5x)}_{r_0(x)} = \underbrace{(zx + z^6)}_{\alpha_2(x)} \cdot \underbrace{(z^2x^2 + z^2x + z)}_{r_1(x)} + \underbrace{(x + 1)}_{r_2(x)}.$$

Also gilt $\lambda = 2$. Nach (A.7.3) gilt für die $t_i(x)$-Rekursion:

$$\begin{array}{rclcl} t_0(x) & = & t_{-2}(x) - \alpha_0(x)t_{-1}(x) & = & z^4x \\ t_1(x) & = & t_{-1}(x) - \alpha_1(x)t_0(x) & = & 1 + z^4x \\ t_2(x) & = & t_0(x) - \alpha_2(x)t_1(x) & = & z^6 + z^5x + z^5x^2. \end{array}$$

Somit ist $\gamma = 1/t_\lambda(0) = z$ und nach Satz 7.7 gilt $C(x) = zt_2(x) = 1+z^6x+z^6x^2$ sowie $T(x) = -zr_2(x) = z + zx$. Dies stimmt mit den Ergebnissen aus den Beispielen 7.7 und 7.9 überein. □

Für eine alternative Anwendung des EA zur Berechnung von $C(x)$ und $T(x)$ wird das *komplementäre Fehlerstellenpolynom* vom Grad $n - |I| = n - \tau$ eingeführt:

$$C^*(x) = \prod_{i \notin I} (1 - xz^i). \tag{7.8.8}$$

Unter Beachtung von $\{z^0, \ldots, z^{n-1}\} = \{z^{-0}, \ldots, z^{-(n-1)}\}$ gilt nach (6.2.13):

$$\begin{aligned} C(x)C^*(x) &= \prod_{i=0}^{n-1}(1 - xz^i) = \left(\prod_{i=0}^{n-1}(-z^i)\right) \cdot \left(\prod_{i=0}^{n-1}(x - z^{-i})\right) \\ &= \Delta \cdot (x^n - 1) \quad \text{mit} \quad \Delta \in \mathbb{F}_{p^m}. \end{aligned} \tag{7.8.9}$$

Für $i \in I$ hat $C^*(x)$ die Nullstellen z^{-i} und es gilt $e_i = -E(z^{-i}) = 0$. Folglich zerfällt $C^*(x)$ in solche Linearfaktoren, die wiederum Linearfaktoren von $E(x)$ sind und deshalb ist $C^*(x)$ sowohl ein Teiler von $x^n - 1$ wie von $E(x)$. Da $C(x)$ minimalen Grad bzw. $C^*(x)$ maximalen Grad haben soll, gilt

$$C^*(x) = \mathrm{GGT}\Big(E(x), x^n - 1\Big). \tag{7.8.10}$$

In $E(x)$ wird nun eine zyklische Verschiebung um $n - 2t$ Stellen nach rechts ausgeführt, so daß die bekannten Syndrome bei den oberen Frequenzen und die unbekannten Fehlerwerte bei den unteren Frequenzen liegen:

$$E_s(x) = R_{x^n-1}[x^{n-2t}E(x)] \;\leftrightarrow\; (E_{2t}, \ldots, E_{n-1}, S_0, \ldots, S_{2t-1}). \tag{7.8.11}$$

Nach Satz 6.8 bedeutet das für $e_s(x) \circ\!\!-\!\!\bullet E_s(x)$ im Zeitbereich eine Multiplikation, d.h. für die Koeffizienten von $e_s(x)$ gilt $e_{s,i} = e_i \cdot z^{-i(n-2t)}$. Da sich die Fehlerstellen nicht verschieben, haben $E(x)$ und $E_s(x)$ die gleichen Nullstellen und somit gilt auch

$$C^*(x) = \mathrm{GGT}\Big(E_s(x), x^n - 1\Big). \tag{7.8.12}$$

Entsprechend zu (7.6.1) existiert eine Darstellung

$$C(x)E_s(x) = T_s(x)(x^n - 1), \tag{7.8.13}$$

wobei $T_s(x)$ das Fehlerwertpolynom bezüglich $e_s(x)$ ist.

Satz 7.8 (Verfahren EA2). *Als Startwerte für den EA werden die beiden Polynome*

$$a(x) = r_{-2}(x) = x^n - 1 \quad , \quad b(x) = r_{-1}(x) = E_s(x) \tag{7.8.14}$$

gewählt. Mit dem Rekursionsschema aus Satz A.8 in $\mathbb{F}_{p^m}[x]$ *ergibt sich eine Folge von Polynomen* $r_i(x)$ *abnehmenden Grades, so daß ein minimaler Index* λ *existiert mit*

$$\text{Grad } r_{\lambda+1}(x) < n - t. \tag{7.8.15}$$

Parallel werden die Rekursionen für die Polynome $s_i(x)$ *und* $t_i(x)$ *berechnet. Mit der Konstanten* $\gamma = 1/t_{\lambda+1}(0) \in \mathbb{F}_{p^m}$ *gilt für das Fehlerstellen- und das Fehlerwertpolynom:*

$$C(x) = \gamma \cdot t_{\lambda+1}(x) \quad , \quad T_s(x) = -\gamma \cdot s_{\lambda+1}(x). \tag{7.8.16}$$

Beweis: Nach Satz A.8 existiert ein Index λ mit

$$r_\lambda(x) = \text{GGT}(x^n - 1, E_s(x)) = C^*(x) \quad \text{und} \quad r_{\lambda+1}(x) = 0.$$

Für $i \leq \lambda$ gilt also Grad $r_i(x) \geq$ Grad $r_\lambda(x) = n - \tau \geq n - t$ und für $i \geq \lambda + 1$ gilt $r_i(x) = 0$. Nach (A.7.5) gilt

$$\begin{aligned} (-1)^\lambda t_{\lambda+1}(x) &= \frac{x^n - 1}{\text{GGT}(x^n - 1, E_s(x))} = \frac{x^n - 1}{C^*(x)} = \Delta^{-1} C(x), \\ -(-1)^\lambda s_{\lambda+1}(x) &= \frac{E_s(x)}{\text{GGT}(x^n - 1, E_s(x))} = \frac{E_s(x)}{C^*(x)} = \Delta^{-1} T_s(x), \end{aligned}$$

wobei sich die rechts stehenden Gleichheiten mit (7.8.9) ergeben. Direkt aus $C(x) = \Delta(-1)^\lambda t_{\lambda+1}(x)$ ergibt sich $\gamma = \Delta(-1)^\lambda = 1/t_{\lambda+1}(0)$, indem $x = 0$ gesetzt wird. Damit ist der Satz vollständig bewiesen. Über (A.7.15) und (A.7.16) können nochmals die richtigen Grade für $C(x)$ und $T_s(x)$ verifiziert werden. □

Aufgrund der besonderen Gradbeziehungen kann der EA tatsächlich durchgeführt werden, obwohl von $E_s(x)$ nur die oberen $2t$ Potenzen bekannt sind. Ein Beispiel macht das schnell deutlich:

Beispiel 7.12. Die Voraussetzungen seien wie in Beispiel 7.11 mit dem Fehlermuster $e(x) = z^5 x + z^6 x^5$. Die Verschiebung im Frequenzbereich führt im Zeitbereich zu

$$e_s(x) = z^{5-1\cdot 3} x + z^{6-5\cdot 3} x^5 = z^2 x + z^5 x^5.$$

Tatsächlich ist aber $e_s(x)$ bzw. $E_s(x)$ nicht vollständig bekannt, sondern nur

$$E_s(x) = (E_4, E_5, E_6, S_0, S_1, S_2, S_3) = (E_4, E_5, E_6, z, z^3, z^6, z^3).$$

Mit den Startwerten $r_{-2}(x) = x^n - 1 = x^7 + 1$ und $r_{-1}(x) = E_s(x)$ liefert der EA folgendes Rekursionsschema:

$$\underbrace{(x^7 + 1)}_{r_{-2}(x)} = \underbrace{(z^4 x + 1)}_{\alpha_0(x)} \cdot \underbrace{(z^3 x^6 + z^6 x^5 + z^3 x^4 + z x^3 + \ldots)}_{r_{-1}(x)} + \underbrace{(z^2 x^5 + z^2 x^4 + \ldots)}_{r_0(x)}$$

$$\underbrace{(z^3x^6 + z^6x^5 + z^3x^4 + zx^3 + \ldots)}_{r_{-1}(x)} = \underbrace{(zx + z^2)}_{\alpha_1(x)} \cdot \underbrace{(z^2x^5 + z^2x^4 + \ldots)}_{r_0(x)} + \underbrace{(x^4 \ldots)}_{r_1(x)}.$$

Wegen Grad $r_1(x) < n - t = 5$ ergibt sich $\lambda = 0$. Zwangsläufig muß sogar $r_1(x) = 0$ sein. Nach (A.7.3) gilt für die $t_i(x)$-Rekursion

$$\begin{aligned} t_0(x) &= t_{-2}(x) - \alpha_0(x)t_{-1}(x) = z^4x + 1 \\ t_1(x) &= t_{-1}(x) - \alpha_1(x)t_0(x) = 1 + (zx + z^2)(z^4x + 1) = z^5x^2 + z^5x + z^6 \end{aligned}$$

und für die $s_i(x)$-Rekursion gilt

$$\begin{aligned} s_0(x) &= s_{-2}(x) - \alpha_0(x)s_{-1}(x) &= 1 \\ s_1(x) &= s_{-1}(x) - \alpha_1(x)s_0(x) &= zx + z^2. \end{aligned}$$

Mit $\gamma = 1/t_1(0) = z$ ergeben sich aus (7.8.16) die bereits bekannten Ergebnisse $C(x) = zt_1(x) = 1 + z^6x + z^6x^2$ sowie $T_s(x) = zs_1(x) = z^3 + zx$. Aus dem Forney-Algorithmus folgt mit

$$e_{s,i} = \frac{T_s(z^{-i})}{C'(z^{-i})} = \frac{z^3 + z^{2-i}}{z^6} z^i = \left\{ \begin{array}{ll} z^2 & i = 1 \\ z^5 & i = 5 \end{array} \right\}$$

das richtige Ergebnis für $e_s(x)$. □

7.9 Korrektur von Fehlern und Ausfällen

Es wird jetzt ein q-närer symmetrischer Kanal mit Ausfällen als Verallgemeinerung des BSEC aus Bild 1.3 vorausgesetzt:

$$\mathcal{A}_{\text{in}} = \mathbb{F}_q \quad , \quad \mathcal{A}_{\text{out}} = \mathbb{F}_q \cup \{?\}. \tag{7.9.1}$$

Der Demodulator entscheidet auf $y = ?$ (Ausfall), wenn die Entscheidung für ein bestimmtes $y \in \mathbb{F}_q$ sehr unsicher wäre. Der Vorteil dieser Methode liegt darin, daß die Korrektur eines derartigen Ausfalls (Position bekannt, Sendesymbol unbekannt) nur eine Prüfstelle erfordert, während zur Korrektur eines Fehlers (Position unbekannt, Sendesymbol bzw. Fehlersymbol unbekannt) zwei Prüfstellen erforderlich sind. Formal wird das Empfangswort als Erweiterung von (7.4.1) wie folgt beschrieben:

$$\boldsymbol{y} = \boldsymbol{a} + \boldsymbol{e} + \boldsymbol{v}. \tag{7.9.2}$$

Dabei ist $\boldsymbol{a} \in \mathbb{F}_q^n$ das Codewort, $\boldsymbol{e} \in \mathbb{F}_q^n$ das Fehlerwort und $\boldsymbol{v} \in \{0, ?\}^n$ das Ausfallwort. Da die Komponenten y_i und v_i den Wert ? annehmen können, ist die Verknüpfung von ? mit $b \in \mathbb{F}_q$ formal wie folgt zu definieren:

$$b + ? = ? \quad , \quad b \cdot ? = ? \text{ für } b \neq 0 \quad , \quad 0 \cdot ? = 0. \tag{7.9.3}$$

Neben der Fehlerstellenmenge I und dem Fehlerstellenpolynom $C(x)$ werden nun die *Ausfallstellenmenge* I_v und das *Ausfallstellenpolynom* $C_v(x)$ eingeführt:

$$I = \{i \mid e_i \neq 0\} \quad , \quad C(x) = \prod_{i \in I}(1 - xz^i) \ , \tag{7.9.4}$$

$$I_v = \{i \mid v_i = ?\} \quad , \quad C_v(x) = \prod_{i \in I_v}(1 - xz^i). \tag{7.9.5}$$

Ein Ausfall wird per Definition nicht als Fehler betrachtet, d.h. I und I_v sind disjunkt. Natürlich sind I und $C(x)$ unbekannt, während I_v und $C_v(x)$ bekannt sind. Es sei $\tau = |I| = \text{Grad } C(x)$ die unbekannte Anzahl von Fehlern sowie $\tau_v = |I_v| = \text{Grad } C_v(x)$ die bekannte Anzahl von Ausfällen. Durch das nachfolgend beschriebene Decodierverfahren wird bewiesen:

Satz 7.9 (Fehler- und Ausfallkorrektur). *Ein $(n, n-2t, 2t+1)_q$-RS-Code korrigiert τ Fehler und τ_v Ausfälle, sofern gilt:*

$$2\tau + \tau_v \ \leq \ 2t = d_{\min} - 1 = n - k. \tag{7.9.6}$$

Für $\tau = 0$ und $\tau_v = n - k$ entspricht das der Aussage von Satz 3.8, da durch k beliebige ungestörte Stellen im Codewort das gesamte Codewort eindeutig bestimmt wird. Die Berechnung der Fehlerwahrscheinlichkeit für die Fehler- und Ausfallkorrektur erfolgt noch in Satz 11.1.

In einem ersten Schritt wird durch einen Trick der Einfluß der Ausfälle vollständig eliminiert, so daß die bekannten Verfahren zur Fehlerkorrektur angewendet werden können. Anschließend werden in einem zweiten Schritt die Ausfälle korrigiert.

Schritt 1: Korrektur der Fehler

Für $i \in I_v$ gilt $c_{v,i} = -C_v(z^{-i}) = 0$ und für $i \notin I_v$ gilt $v_i = 0$. Also gilt $v_i c_{v,i} = 0$ für $0 \leq i \leq n-1$. Aus (7.9.2) folgt komponentenweise:

$$\underbrace{y_i c_{v,i}}_{\tilde{y}_i} = \underbrace{a_i c_{v,i}}_{\tilde{a}_i} + \underbrace{e_i c_{v,i}}_{\tilde{e}_i} + \underbrace{v_i c_{v,i}}_{0}. \tag{7.9.7}$$

Da I und I_v disjunkt sind, ist die Kombination $e_i \neq 0$ und $c_{v,i} = 0$ ausgeschlossen und somit ist $e_i = 0$ äquivalent mit $\tilde{e}_i = 0$. Damit wird in $\tilde{\boldsymbol{y}} = \tilde{\boldsymbol{a}} + \tilde{\boldsymbol{e}}$ der Einfluß der Ausfälle vollständig eliminiert und die Fehlerorte sind unverändert geblieben – aber die Fehlerwerte haben sich geändert und das Syndrom ist um τ_v Komponenten verkürzt, wie sich gleich zeigen wird. Die Transformation von (7.9.7) in den Frequenzbereich ergibt nach Satz 6.8:

$$\underbrace{R_{x^n-1}[-Y(x)C_v(x)]}_{\tilde{Y}(x)} = \underbrace{R_{x^n-1}[-A(x)C_v(x)]}_{\tilde{A}(x)} + \underbrace{R_{x^n-1}[-E(x)C_v(x)]}_{\tilde{E}(x)}. \tag{7.9.8}$$

Das Produkt $A(x)C_v(x)$ ist vom Grad $\leq (n-1)+\tau_v$, so daß die oberen τ_v Potenzen durch die modulo (x^n-1) Operation auf die unteren Potenzen addiert werden:

$$\begin{aligned} \boldsymbol{A} &= (\underbrace{0,\dots,0}_{2t \text{ Nullen}}, \underbrace{A_{2t},\dots,A_{n-1}}_{n-2t \text{ Stellen}}), \\ \tilde{\boldsymbol{A}} &= (\underbrace{\tilde{A}_0,\dots,\tilde{A}_{\tau_v-1}}_{\tau_v \text{ Stellen}}, \underbrace{0,\dots,0}_{2t-\tau_v \text{ Nullen}}, \underbrace{\tilde{A}_{2t},\dots,\tilde{A}_{n-1}}_{n-2t \text{ Stellen}}). \end{aligned} \tag{7.9.9}$$

Als Syndrom stehen somit nur die $2t-\tau_v$ vom Codewort ungestörten Stellen im Fehlerwort zur Verfügung, d.h. $\tilde{\boldsymbol{S}} = (\tilde{E}_{\tau_v},\dots,\tilde{E}_{2t-1})$ ist das neue Syndrom. Nach Voraussetzung (7.9.6) gilt $2\tau \leq 2t-\tau_v$ und somit sind τ Fehler korrigierbar. Für die Lösung der Schlüsselgleichung ist zu beachten, daß nach (7.4.10) bzw. (7.7.2) nun

$$\tilde{E}_i + \sum_{\mu=1}^{\tau} C_\mu \tilde{E}_{i-\mu} = 0 \quad \text{für} \quad i = \tau_v+\tau,\dots,\tau_v+2\tau-1 \tag{7.9.10}$$

gilt. Da alle Indizes von $\tilde{E}_i$ im Bereich $\tau_v,\dots,\tau_v+2t-1$ liegen, entspricht $\tilde{E}_i$ dem bekannten Syndrom $\tilde{S}_i$. Die τ Gleichungen in (7.9.10) bestimmen also die τ Unbekannten $C_1,\dots,C_\tau$ vollständig.

Das Fehlerstellenpolynom $C(x)$ kann somit jetzt als bekannt vorausgesetzt werden. Die Korrektur der Fehler kann ähnlich wie in Abschnitt 7.5 oder 7.6 erfolgen oder die Fehler können aufgrund ihrer nun bekannten Positionen im weitern Verlauf der Decodierung als Ausfälle interpretiert werden. Nachfolgend braucht deshalb nur die Korrektur von Ausfällen betrachtet zu werden:

Schritt 2: Korrektur der Ausfälle

Nach Schritt 1 kann angenommen werden, daß das Empfangswort nur mit Ausfällen überlagert ist, d.h. für $\boldsymbol{y} = \boldsymbol{a} + \boldsymbol{v}$ gilt:

$$\begin{aligned} I_v &= \{i \mid v_i = ?\} \quad , \quad C_v(x) = \prod_{i\in I_v}(1-xz^i), \\ \tau_v &= |I_v| = \text{Grad}\, C_v(x) \leq 2t. \end{aligned} \tag{7.9.11}$$

Dabei sind I_v, $C_v(x)$ und τ_v bekannt. Im Frequenzbereich gilt:

$$\boldsymbol{Y} = \boldsymbol{A} + \boldsymbol{V} = (V_0,\dots,V_{2t-1}, A_{2t}+V_{2t},\dots,A_{n-1}+V_{n-1}). \tag{7.9.12}$$

Für die praktische Rechnung wird y_i an den Ausfallstellen einfach auf 0 gesetzt. Nach Schritt 1 gilt $v_i c_{v,i} = 0$ für $0 \leq i \leq n-1$ und nach Satz 6.8 folgt der übliche Schluß

$$R_{x^n-1}[C_v(x)V(x)] = 0 \tag{7.9.13}$$

oder äquivalent mit der zyklischen Faltung:

$$\sum_{\mu=0}^{\tau_v} C_{v,\mu} V_{(i-\mu) \text{ modulo } n} = 0 \quad \text{für} \quad i = 0, \ldots, n-1. \tag{7.9.14}$$

Damit wird eine rekursive Ergänzung der Komponenten $V_{2t}, \ldots, V_{n-1}$ aus den bekannten Werten $V_0, \ldots, V_{2t-1}$ wie folgt möglich:

$$\begin{aligned} V_i &= -\sum_{\mu=1}^{\tau_v} C_{v,\mu} V_{i-\mu} \quad \text{für} \quad i = n-2t, \ldots, n-1 \qquad (7.9.15) \\ &= \text{Funktion}(V_{i-1}, \ldots, V_{i-\tau_v}). \end{aligned}$$

Durch Rücktransformation $v_i = -V(z^{-i})$ kann die Ausfallkorrektur im Frequenzbereich erfolgen. Eine Alternative hierzu ist die Ausfallkorrektur im Zeitbereich: Nach (7.9.13) muß ein Fehlerwertpolynom $T_v(x)$ vom Grad $\leq \tau_v - 1$ existieren mit

$$C_v(x)V(x) = T_v(x)(x^n - 1). \tag{7.9.16}$$

Entsprechend zu (7.6.3) gilt dann

$$T_{v,j} = -\sum_{\mu=0}^{j} C_{v,\mu} V_{j-\mu} \quad \text{für} \quad j = 0, \ldots, \tau_v - 1 \tag{7.9.17}$$

und der Forney-Algorithmus lautet:

$$v_i = \frac{T_v(z^{-i})}{C_v'(z^{-i})} \cdot z^i \quad \text{für} \quad i \in I_v. \tag{7.9.18}$$

Beispiel 7.13. Wie in den Beispielen 7.7 bis 7.12 wird der $(7,3,5)_8$-RS-Code mit $t = 2$ vorausgesetzt, für den folgendes Zahlenbeispiel betrachtet wird:

$$\begin{array}{lll} \boldsymbol{a} = (z^5, z^3, z^2, z, z^4, z^6, 1) \circ\!\!-\!\!\bullet\, (0,0,0,0,1,z,z^2) & & \text{bekannt,} \\ \boldsymbol{e} = (0,0,0,0,0,z^5,0) \quad \text{d.h.} & \tau = 1, I = \{5\} & \text{unbekannt,} \\ \boldsymbol{v} = (0,?,0,0,?,0,0) \quad \text{d.h.} & \tau_v = 2, I_v = \{1,4\} & \text{bekannt.} \end{array}$$

Zum Empfangswort $\boldsymbol{y} = (z^5, ?, z^2, z, ?, z^6 + z^5 = z, 1)$ kennt der Empfänger das Ausfallstellenpolynom $C_v(x) = (1 - xz^1)(1 - xz^4) = 1 + z^2x + z^5x^2$.

Schritt 1: Korrektur der Fehler bzw. Positionsbestimmung der Fehler: Aus $c_{v,i} = -C_v(z^{-i}) = 1 + z^{2-i} + z^{5-2i}$ folgt $\boldsymbol{c}_v = (z, 0, z, 1, 0, z^3, z^3)$. Damit kann der Empfänger $\tilde{\boldsymbol{y}} = (z^6, 0, z^3, z, 0, z^4, z^3)$ gemäß (7.9.7) bilden. Wegen

$$\tilde{\boldsymbol{Y}} = (\tilde{Y}_0, \tilde{Y}_1, \tilde{E}_2, \tilde{E}_3, \tilde{Y}_4, \tilde{Y}_5, \tilde{Y}_6)$$

braucht $\tilde{Y}_i = \tilde{y}(z^i) = \tilde{E}_i$ nur für $i = 2, 3$ berechnet zu werden:

$$\begin{aligned} \tilde{E}_2 = \tilde{Y}_2 = \tilde{y}(z^2) &= z^6 + z^3(z^2)^2 + z(z^2)^3 + z^4(z^2)^5 + z^3(z^2)^6 = z^4 \\ \tilde{E}_3 = \tilde{Y}_3 = \tilde{y}(z^3) &= z^6 + z^3(z^3)^2 + z(z^3)^3 + z^4(z^3)^5 + z^3(z^3)^6 = z^2. \end{aligned}$$

Die Schlüsselgleichung (7.9.10) hat die Form $\tilde{E}_3 + C_1\tilde{E}_2 = 0$ und daraus folgt $C_1 = -\tilde{E}_3/\tilde{E}_2 = z^5$. Somit ergibt sich $C(x) = C_0 + C_1 x = 1 - xz^5$ und daraus folgt das richtige Ergebnis für $I = \{5\}$. Dieser lokalisierte Fehler wird jetzt als Ausfall weiterbehandelt.

Schritt 2: Korrektur der Ausfälle bei $I_v = \{1,4,5\}$ mit $\tau_v = 3$: Das Empfangswort hat die Form $\boldsymbol{y} = (z^5, ?, z^2, z, ?, ?, 1)$. Für das Ausfallstellenpolynom gilt

$$C_v(x) = (1 - xz^1)(1 - xz^4)(1 - xz^5) = 1 + z^3x + z^4x^2 + z^3x^3.$$

Mit 0 für ? folgt aus $Y_i = y(z^i) = z^5 + z^{2+2i} + z^{1+3i} + z^{6i}$

$$\boldsymbol{Y} = (0, z, z^2, 0, z, 0, z^3) = (V_0, V_1, V_2, V_3, Y_4, Y_5, Y_6).$$

Die rekursive Ergänzung mit $V_i = C_{v,1}V_{i-1} + C_{v,2}V_{i-2} + C_{v,3}V_{i-3}$ gemäß (7.9.15) ergibt:

$$\begin{aligned}
V_4 &= z^3V_3 + z^4V_2 + z^3V_1 &&= 0 + z^6 + z^4 &&= z^3\\
V_5 &= z^3V_4 + z^4V_3 + z^3V_2 &&= z^6 + 0 + z^5 &&= z\\
V_6 &= z^3V_5 + z^4V_4 + z^3V_3 &&= z^4 + 1 + 0 &&= z^5.
\end{aligned}$$

Somit folgt das richtige Ergebnis:

$$\boldsymbol{A} = \boldsymbol{Y} - \boldsymbol{V} = (0, 0, 0, 0, z - z^3 = 1, 0 - z = z, z^3 - z^5 = z^2).$$

Durch IDFT ergibt sich $a_i = -A(z^{-i})$ für $i \in I_v$. Für die alternative Ausfallkorrektur im Zeitbereich wird zunächst $T_v(x)$ gemäß (7.9.17) berechnet:

$$\begin{aligned}
T_{v,0} &= C_{v,0}V_0 &&= 0\\
T_{v,1} &= C_{v,0}V_1 + C_{v,1}V_0 &&= z\\
T_{v,2} &= C_{v,0}V_2 + C_{v,1}V_1 + C_{v,2}V_0 &&= z.
\end{aligned}$$

Somit gilt $T_v(x) = zx + zx^2$. Die Differentiation von $C_v(x)$ ergibt

$$C_v'(x) = z^3 + 2z^4x + 3z^3x^2 = z^3 + z^3x^2.$$

Damit lautet der Forney-Algorithmus nach (7.9.18):

$$v_i = \frac{T_v(z^{-i})}{C_v'(z^{-i})} z^i = \frac{z^{1-i} + z^{1-2i}}{z^3 + z^{3-2i}} z^i.$$

Für $i \in I_v$ ergeben sich mit $v_1 = z^3$, $v_4 = z^4$, $v_5 = z^6$ die richtigen Werte. □

Ein modifizierter Berlekamp-Massey-Algorithmus zur Fehler- und Ausfallstellenkorrektur findet sich in [38]. Entsprechend modifizierte Euklidische Algorithmen und ihre Realisierung werden in [127, 137] vorgestellt.

Ein Ausfallstellen-Decoder kann übrigens auch zur systematischen Encodierung von RS-Codes verwendet werden: Nach Satz 3.8 bestimmen die k Infosymbole das gesamte Codewort bzw. die $n-k$ Prüfsymbole eindeutig. Für die Encodierung per Decodierung wird ein Wort gebildet, das an den Infostellen die Infosymbole enthält und an den Prüfstellen mit Ausfällen belegt wird. Der Ausfallstellen-Decoder berechnet nun ohne jegliche weitere Manipulationen an den Ausfallstellen die gesuchten Prüfsymbole. Der praktische Vorteil dieser Methode liegt darin, daß Encoder und Decoder vollkommen identisch sind.

7.10 Decodierung binärer BCH-Codes

Gegenüber den allgemeinen RS-Codes vereinfacht sich die Decodierung bei binären BCH-Codes so wesentlich, daß die entsprechenden Verfahren in diesem Abschnitt gesondert dargestellt werden. Es wird der $(2^m - 1, k, d_{\text{min}})_2$-BCH-Code im engeren Sinn in der Form (7.2.2) mit $2t = d - 1 \leq d_{\text{min}} - 1 \leq n - k$ und $n = 2^m - 1$ vorausgesetzt. Also sind die Syndrome

$$S_i = y(z^i) = e(z^i) \quad \text{für} \quad i = 1, \ldots, 2t \tag{7.10.1}$$

zu berechnen. Die Tatsache, daß noch weitere Frequenzen im Empfangswort vom gesendeten Codewort nicht beeinflußt werden, ist für die Decodierung nicht verwendbar, d.h. es kann nur eine Decodierung bezüglich der Entwurfsdistanz d erfolgen, auch wenn wenn die tatsächliche Minimaldistanz d_{min} größer sein sollte.

Die Berechnung von $\boldsymbol{S} = (S_1, \ldots, S_{2t})$ in $\mathbb{F}_{2^m}$ kann wie folgt vereinfacht werden: Zum Empfangswort $y(x) \in \mathbb{F}_2[x]$ und den Minimalpolynomen $f_{[z^i]}(x) \in \mathbb{F}_2[x]$ existieren nach Satz A.4 Polynome $\alpha_i(x), r_i(x) \in \mathbb{F}_2[x]$ mit

$$y(x) = \alpha_i(x) f_{[z^i]}(x) + r_i(x) \quad \text{mit} \quad \text{Grad}\, r_i(x) < \text{Grad}\, f_{[z^i]}(x) \leq m. \tag{7.10.2}$$

Für $i = 1, \ldots, 2t$ sind natürlich viele der Minimalpolynome identisch und somit sind auch viele der Polynome $r_i(x)$ identisch. Für $x = z^i$ folgt aus (7.10.2):

$$S_i = y(z^i) = r_i(z^i). \tag{7.10.3}$$

Da $y(x)$ einen Grad bis zu $2^m - 2$ haben kann, aber $r_i(x)$ nur einen wesentlich geringeren Grad von maximal m hat, ist die Berechnung des Syndroms über $r_i(x)$ wesentlich aufwandsgünstiger als direkt nach (7.10.1). Ferner brauchen wegen $S_{2i} = S_i^2$ gemäß Satz 6.9 nur die Syndrome mit ungeraden Indizes berechnet zu werden. Ähnlich wie bei (7.4.13) gilt für das Syndrom auch die Darstellung

$$S_r = E_r = \sum_{\mu=0}^{n-1} e_\mu z^{r\mu} = \sum_{i \in I} z^{ri}. \tag{7.10.4}$$

Im binären Fall ist $e_i \neq 0$ gleichbedeutend mit $e_i = 1$, so daß mit der Bestimmung der Fehlerorte die Decodierung bereits abgeschlossen ist. Wie in Definiton 7.4 wird jedem Fehlermuster $e(x)$ die Fehlerstellenmenge

$$\begin{aligned} I &= \{i \mid 0 \leq i \leq n-1 \ \wedge \ e_i \neq 0\} \\ &= \{i \mid 0 \leq i \leq n-1 \ \wedge \ e_i = 1\} \end{aligned} \tag{7.10.5}$$

mit $|I| = \tau \leq t$ und das Fehlerstellenpolynom

$$C(x) = \prod_{i \in I} (1 - xz^i) = 1 + C_1 x + \cdots + C_\tau x^\tau \tag{7.10.6}$$

zugeordnet. Die Schlüsselgleichung verändert sich von der Form (7.4.12) wegen der anderen Lage der Paritätsfrequenzen zu

$$\begin{pmatrix} -S_{\tau+1} \\ -S_{\tau+2} \\ \\ \vdots \\ \\ -S_{2\tau-1} \\ -S_{2\tau} \end{pmatrix} = \begin{pmatrix} S_1 & S_2 & \cdots & S_{\tau-1} & S_\tau \\ S_2 & S_3 & \cdots & S_\tau & S_{\tau+1} \\ \\ \vdots & \vdots & & \vdots & \vdots \\ \\ S_{\tau-1} & S_\tau & \cdots & S_{2\tau-3} & S_{2\tau-2} \\ S_\tau & S_{\tau+1} & \cdots & S_{2\tau-2} & S_{2\tau-1} \end{pmatrix} \cdot \begin{pmatrix} C_\tau \\ C_{\tau-1} \\ \\ \vdots \\ \\ C_2 \\ C_1 \end{pmatrix}. \qquad (7.10.7)$$

Die Lösung dieses linearen Gleichungssystems kann gegenüber dem allgemeinen Fall mit RS-Codes wesentlich vereinfacht werden. Dazu wird der Zusammenhang zwischen $C(x)$ und $E(x)$ bzw. $\boldsymbol{S}$ neu hergeleitet. Ähnlich wie beim Forney-Algorithmus in Abschnitt 7.6 wird das Fehlerstellenpolynom formal differenziert:

$$\begin{aligned} C'(x) &= \left(\prod_{i\in I}(1-xz^i)\right)' = \sum_{i\in I}\left((-z^i)\prod_{j\in I\setminus\{i\}}(1-xz^j)\right) \\ &= -\sum_{i\in I} z^i \frac{C(x)}{1-xz^i}. \end{aligned}$$

Die Multiplikation mit x führt über die geometrische Summenformel zu

$$xC'(x) = -C(x)\sum_{i\in I}\frac{xz^i}{1-xz^i} = -C(x)\sum_{r=1}^{\infty}\left(\sum_{i\in I} z^{ir}\right)x^r$$

und daraus ergibt sich folgende Entwicklung:

$$\begin{aligned} 0 &= xC'(x) + C(x)\sum_{r=1}^{\infty} E_{r \text{ modulo } n} z^i \\ &= (C_1x + 2C_2x^2 + 3C_3x^3 + \cdots + \tau C_\tau x^\tau) \\ &\quad +(1 + C_1x + C_2x^2 + \cdots + C_\tau x^\tau) \\ &\qquad \cdot(S_1x + S_2x^2 + \cdots + S_{2\tau}x^{2\tau} + E_{2\tau+1}x^{2\tau+1} + \cdots) \\ &= x(C_1 + S_1) + \\ &\quad x^2(2C_2 + S_2 + C_1S_1) + \\ &\quad x^3(3C_3 + S_3 + C_1S_2 + C_2S_1) + \cdots + \\ &\quad x^\tau(\tau C_\tau + S_\tau + C_1S_{\tau-1} + \cdots + C_{\tau-1}S_1) + \\ &\quad x^{\tau+1}(S_{\tau+1} + C_1S_\tau + \cdots + C_\tau S_1) + \cdots + \\ &\quad x^{2\tau}(S_{2\tau} + C_1S_{2\tau-1} + \cdots + C_\tau S_\tau) + \cdots \end{aligned}$$

Damit resultiert das folgende Gleichungssystem (beachte $-1 = 1$):

$$\begin{pmatrix} S_1 \\ S_2 \\ S_3 \\ \vdots \\ S_\tau \\ S_{\tau+1} \\ \vdots \\ S_{2\tau} \end{pmatrix} = \begin{pmatrix} 1 & & & & & \\ S_1 & 2 & & & & \\ S_2 & S_1 & 3 & & & \\ \vdots & \vdots & \vdots & & & \\ S_{\tau-1} & S_{\tau-2} & S_{\tau-3} & \cdots & S_1 & \tau \\ S_\tau & S_{\tau-1} & S_{\tau-2} & \cdots & S_2 & S_1 \\ \vdots & \vdots & \vdots & & \vdots & \vdots \\ S_{2\tau-1} & S_{2\tau-2} & S_{2\tau-3} & \cdots & S_{\tau+1} & S_\tau \end{pmatrix} \cdot \begin{pmatrix} C_1 \\ \\ \vdots \\ \\ C_\tau \end{pmatrix}. \quad (7.10.8)$$

Dies sind 2τ Gleichungen zur Bestimmung der τ Unbekannten $C_1, \ldots, C_\tau$ und damit zur Bestimmung der Fehlerstellen. Alle Komponenten des Syndroms sind bekannt, auch wenn τ in (7.10.8) durch t ersetzt wird. Wegen $S_{2i} = S_i^2$ kann jede zweite Gleichung entfallen und alle Syndrome können als Potenzen von Syndromen mit ungeraden Indizes ausgedrückt werden: $S_2 = S_1^2$, $S_4 = S_1^4$, $S_6 = S_3^2$, $S_8 = S_1^8$, usw. Ferner gilt $1 = 3 = 5 = 7 = \cdots = 1$ in $\mathbb{F}_2$ und somit reduziert sich (7.10.8) für ungerades τ auf die Form

$$\begin{pmatrix} S_1 \\ S_3 \\ \vdots \\ S_\tau \\ S_{\tau+2} \\ \vdots \\ S_{2\tau-1} \end{pmatrix} = \begin{pmatrix} 1 & & & & & \\ S_2 & S_1 & 1 & & & \\ \vdots & \vdots & \vdots & & & \\ S_{\tau-1} & S_{\tau-2} & S_{\tau-3} & \cdots & S_1 & 1 \\ S_{\tau+1} & S_\tau & S_{\tau-1} & \cdots & S_3 & S_2 \\ \vdots & \vdots & \vdots & & \vdots & \vdots \\ S_{2\tau-2} & S_{2\tau-3} & S_{2\tau-4} & \cdots & S_\tau & S_{\tau-1} \end{pmatrix} \cdot \begin{pmatrix} C_1 \\ \\ \vdots \\ \\ C_\tau \end{pmatrix} \quad (7.10.9)$$

und für gerades τ auf die Form

$$\begin{pmatrix} S_1 \\ S_3 \\ \vdots \\ S_{\tau-1} \\ S_{\tau+1} \\ \vdots \\ S_{2\tau-1} \end{pmatrix} = \begin{pmatrix} 1 & & & & & \\ S_2 & S_1 & 1 & & & \\ \vdots & \vdots & \vdots & & & \\ S_{\tau-2} & S_{\tau-3} & S_{\tau-4} & \cdots & 1 & \\ S_\tau & S_{\tau-1} & S_{\tau-2} & \cdots & S_2 & S_1 \\ \vdots & \vdots & \vdots & & \vdots & \vdots \\ S_{2\tau-2} & S_{2\tau-3} & S_{2\tau-4} & \cdots & S_\tau & S_{\tau-1} \end{pmatrix} \cdot \begin{pmatrix} C_1 \\ \\ \vdots \\ \\ C_\tau \end{pmatrix}. \quad (7.10.10)$$

In beiden Fällen ist die Matrix (τ, τ)-dimensional. Die direkte Lösung dieses Gleichungssystems ist auch unter dem Begriff *Peterson's Direct-Solution Decoder* bekannt. Nachfolgend wird die direkte Lösung für die Fälle $\tau = 1, 2, 3$ ermittelt. Für $\tau = 1$ gilt:

$$S_1 = 1 \cdot C_1 \quad \Rightarrow \quad C_1 = S_1.$$

Für $\tau = 2$ gilt:

$$\begin{pmatrix} S_1 \\ S_3 \end{pmatrix} = \begin{pmatrix} 1 & 0 \\ S_1^2 & S_1 \end{pmatrix} \cdot \begin{pmatrix} C_1 \\ C_2 \end{pmatrix} \quad \Rightarrow \quad \begin{cases} C_1 = S_1 \\ C_2 = (S_1^3 + S_3)/S_1. \end{cases}$$

Für $\tau = 3$ gilt:

$$\begin{pmatrix} S_1 \\ S_3 \\ S_5 \end{pmatrix} = \begin{pmatrix} 1 & 0 & 0 \\ S_1^2 & S_1 & 1 \\ S_1^4 & S_3 & S_1^2 \end{pmatrix} \cdot \begin{pmatrix} C_1 \\ C_2 \\ C_3 \end{pmatrix} \quad \Rightarrow \quad \begin{cases} C_1 = S_1 \\ C_2 = (S_1^2 S_3 + S_5)/(S_1^3 + S_3) \\ C_3 = S_1^3 + S_3 + S_1 C_2. \end{cases}$$

Weitere explizite Formeln für $\tau = 4,5,6$ enthält beispielsweise [49]. Es läßt sich leicht verifizieren, daß diese Lösungen auch die Schlüsselgleichung in der Standardform (7.10.7) erfüllen.

Natürlich ist die Anzahl τ der Fehler im Empfangswort unbekannt, aber es ist ein ähnliches Verfahren wie in Abschnitt 7.4 zur Bestimmung von τ möglich: Dazu wird abhängig von t das Gleichungssystem (7.10.9) bzw. (7.10.10) zunächst mit t statt τ formuliert. Falls $\tau = t$ oder $\tau = t-1$ gilt, ist die Matrix nicht-singulär [45, 53] und das Gleichungssystem ist lösbar, bei $\tau = t-1$ ergibt sich dann $C_t = 0$. Falls dagegen $\tau \le t-2$ gilt, ist die Matrix singulär. In diesem Fall werden die beiden unteren Zeilen und die beiden rechten Spalten gestrichen und die so entstehende Matrix wird auf Singularität untersucht. Dieses Verfahren wird solange wiederholt, bis eine nicht-singuläre Matrix entsteht.

Beispiel 7.14. Es wird der $(15,5,7)_2$-BCH-Code aus Beispiel 7.5(3) mit $t = 3$ betrachtet und dem Generatorpolynom

$$\begin{aligned} g(x) &= f_{[z]}(x) \cdot f_{[z^3]}(x) \cdot f_{[z^5]}(x) \\ &= (x^4 + x + 1)(x^4 + x^3 + x^2 + x + 1)(x^2 + x + 1) \\ &= x^{10} + x^8 + x^5 + x^4 + x^2 + x + 1. \end{aligned}$$

(1) Als Fehlermuster wird $e(x) = 1 + x^4 + x^{10}$ angenommen. Für das Syndrom gilt $S_i = y(z^i) = 1 + z^{4i} + z^{10i}$ und somit

$$\begin{aligned} S_1 &= 1 + z^4 + z^{10} &&= z^8 \\ S_2 &= 1 + z^8 + z^5 &&= z &&= S_1^2 \\ S_3 &= 1 + z^{12} + 1 &&= z^{12} \\ S_4 &= 1 + z + z^{10} &&= z^2 &&= S_1^4 \\ S_5 &= 1 + z^5 + z^5 &&= 1 \\ S_6 &= 1 + z^9 + 1 &&= z^9 &&= S_3^2. \end{aligned}$$

Für die alternative Syndrom-Berechnung gemäß (7.10.3) wird zunächst

$$\begin{aligned} r_1(x) &= R_{x^4+x+1}[e(x)] &&= x^2 + 1 \\ r_3(x) &= R_{x^4+x^3+x^2+x+1}[e(x)] &&= x^3 + x^2 + x + 1 \\ r_5(x) &= R_{x^2+x+1}[e(x)] &&= 1 \end{aligned}$$

vermerkt und daraus folgt das gleiche Ergebnis:

$$\begin{aligned} S_1 &= r_1(z) &&= z^2 + 1 &&= z^8 \\ S_2 &= r_1(z^2) &&= z^4 + 1 &&= z \\ S_3 &= r_3(z^3) &&= z^9 + z^6 + z^3 + 1 &&= z^{12} \\ S_4 &= r_1(z^4) &&= z^8 + 1 &&= z^2 \\ S_5 &= r_5(z^5) &&= 1 &&= 1 \\ S_6 &= r_3(z^6) &&= z^3 + z^{12} + z^6 + 1 &&= z^9. \end{aligned}$$

Das Gleichungssystem (7.10.9) lautet

$$\begin{pmatrix} z^8 \\ z^{12} \\ 1 \end{pmatrix} = \begin{pmatrix} 1 & 0 & 0 \\ z & z^8 & 1 \\ z^2 & z^{12} & z \end{pmatrix} \cdot \begin{pmatrix} C_1 \\ C_2 \\ C_3 \end{pmatrix} \quad \Rightarrow \quad \begin{cases} C_1 = z^8 \\ C_2 = z^{13} \\ C_3 = z^{14} \end{cases}$$

und mit $C(x) = 1 + z^8x + z^{13}x^2 + z^{14}x^3 = (1 + xz^0)(1 + xz^4)(1 + xz^{10})$ wird offensichtlich das richtige Fehlerstellenpolynom ermittelt.

(2) Als Fehlermuster wird $e(x) = 1 + x^4$ mit dem Syndrom

$$(S_1, S_2, S_3, S_4, S_5, S_6) = (z, z^2, z^{11}, z^4, z^{10}, z^7)$$

betrachtet. Das Gleichungssystem (7.10.9) lautet

$$\begin{pmatrix} z \\ z^{11} \\ z^{10} \end{pmatrix} = \begin{pmatrix} 1 & 0 & 0 \\ z^2 & z & 1 \\ z^4 & z^{11} & z^2 \end{pmatrix} \cdot \begin{pmatrix} C_1 \\ C_2 \\ C_3 \end{pmatrix} \quad \Rightarrow \quad \begin{cases} C_1 = z \\ C_2 = z^4 \\ C_3 = 0 \end{cases}$$

und mit $C(x) = 1 + zx + z^4x^2 = (1 + xz^0)(1 + xz^4)$ wird das richtige Fehlerstellenpolynom ermittelt.

(3) Als Fehlermuster wird $e(x) = x^4$ mit dem Syndrom

$$(S_1, S_2, S_3, S_4, S_5, S_6) = (z^4, z^8, z^{12}, z, z^5, z^9)$$

betrachtet. Das Gleichungssystem (7.10.9) lautet

$$\begin{pmatrix} z^4 \\ z^{12} \\ z^5 \end{pmatrix} = \begin{pmatrix} 1 & 0 & 0 \\ z^8 & z^4 & 1 \\ z & z^{12} & z^8 \end{pmatrix} \cdot \begin{pmatrix} C_1 \\ C_2 \\ C_3 \end{pmatrix}.$$

Die Matrix ist singulär, da ihre Determinante Null ist. Die Reduktion um eine bzw. um zwei Dimensionen führt zu

$$\begin{pmatrix} z^4 \\ z^{12} \end{pmatrix} = \begin{pmatrix} 1 & 0 \\ z^8 & z^4 \end{pmatrix} \cdot \begin{pmatrix} C_1 \\ C_2 \end{pmatrix} \quad \text{bzw.} \quad z^4 = 1 \cdot C_1.$$

Daraus ergibt sich in beiden Fällen die Lösung $C_1 = z^4$ und $C_2 = 0$, d.h. es wird wieder das richtige Fehlerstellenpolynom $C(x) = 1 + xz^4$ ermittelt. □

Die Abfrage im Berlekamp-Massey-Algorithmus nimmt bei binären BCH-Codes im engeren Sinn die Form (7.7.2) mit $l = 1$ an. Durch elementare Rechnung ergibt sich $\Delta_0 = S_1$, $\Delta_1 = S_2$, $\Delta_2 = S_3 + S_1S_2$. Weiter gilt nach [12]

$$\Delta_3 = \Delta_5 = \Delta_7 = \cdots = 0, \tag{7.10.11}$$

so daß jeder zweite Iterationsschritt im BMA entfallen kann.

Beispiel 7.15. Fortsetzung von Beispiel 7.14(1) mit dem Syndrom

$$(S_1, S_2, S_3, S_4, S_5, S_6) = (z^8, z, z^{12}, z^2, 1, z^9).$$

Der BMA läuft wie folgt ab:

e	k	j	Δ_j	$C^{(j+1)}(x)$	$2e > j$	$B^{(j+1)}(x)$
0	0	0	z^8	1	nein	z^7
1	1	1	z	$1 + z^8x$	ja	z^7
1	2	2	z^8	$1 + z^8x + x^2$	nein	$z^7 + x$
2	1	3	0	$1 + z^8x + x^2$	ja	$z^7 + x$
2	2	4	z^{14}	$1 + z^8x + z^{13}x^2 + z^{14}x^3$	nein	$z + z^9x + zx^2$
3	1	5	0	$1 + z^8x + z^{13}x^2 + z^{14}x^3$	ja	$z + z^9x + zx^2$
3	2	6	Stop			

Das Ergebnis $C(x) = C^{(6)}(x) = 1 + z^8x + z^{13}x^2 + z^{14}x^3$ erweist sich im Vergleich mit Beispiel 7.14(1) als richtig. □

7.11 Modifikationen von RS- und BCH-Codes

Die bereits aus Abschnitt 4.5 bekannten Codemodifikationen werden jetzt speziell auf RS- und BCH-Codes angewendet. Aus einem $(n, k, d_{\min})_q$-Code Γ entsteht durch Expandieren, Punktieren, Verlängern oder Verkürzen ein $(n', k', d'_{\min})_q$-Code Γ' mit veränderter Blocklänge aber gleicher Stufenzahl q der Symbole. Von der primitiven Blocklänge $n = p^m - 1$ ausgehend werden damit fast alle Blocklängen n' ermöglicht, was für viele Anwendungen außerordentlich wichtig ist. Die Modifikation zyklischer Codes führt jedoch in den meisten Fällen zu nicht-zyklischen Codes.

Oftmals werden zu den Codemodifikationen auch die Übergänge zu Teilcodes bzw. Erweiterungscodes gerechnet, bei denen die Blocklänge unverändert bleibt. Diese vergleichsweise einfachen Modifikationen spiegeln sich wieder in Teilbarkeits-Beziehungen der Generatorpolynome (siehe Aufgaben 5.6, 7.10) und werden an dieser Stelle nicht erneut aufgegriffen.

Eine weitere Möglichkeit für nicht-primitive Blocklängen bieten auch die am Ende von Abschnitt 7.2 erwähnten verallgemeinerten BCH-Codes mit der Blocklänge $n = m(2^{mr} - 1)$, die jedoch einigen mathematischen Aufwand erfordern und hier ebenfalls nicht weiter behandelt werden.

(1) Expandierung

Bei der Expandierung wird das Codewort mit zusätzlichen Prüfstellen ergänzt, wobei natürlich ein Anwachsen der Minimaldistanz angestrebt wird:

$$n' > n, \quad k' = k, \quad n' - k' > n - k, \quad d'_{\min} \geq d_{\min}, \quad R' < R. \tag{7.11.1}$$

Die nachfolgend vorgestellte Methode zur Expandierung von RS-Codes verallgemeinert das bereits aus Satz 4.11 bekannte Prinzip, wobei jetzt aber keine ungerade Minimaldistanz vorausgesetzt wird:

Satz 7.10. *Ein $(q-1,k,d)_q$-RS-Code Γ mit $q = p^m$ kann (einfach) expandiert werden zu einem $(q,k,d+1)_q$-MDS-Code Γ': Aus $\boldsymbol{a} = (a_0,\ldots,a_{q-2}) \in \Gamma$ wird $\boldsymbol{a}' = (a_0,\ldots,a_{q-2},a_{q-1}) \in \Gamma'$ gebildet, wobei die zusätzliche Prüfstelle aus $a(x)$ an der Stelle $x = z^{l-1}$ berechnet wird:*

$$a_{q-1} = -a(z^{l-1}) = -A_{l-1} \tag{7.11.2}$$

Bei RS-Codes im engeren Sinn mit $l = 1$ gilt $a_{q-1} = -\sum_{i=0}^{q-2} a_i$ bzw. $\sum_{i=0}^{q-1} a'_i = 0$.

Beweis: Die Linearität von Γ' ist offensichtlich. Der RS-Code Γ wird durch $g(x) = (x - z^l)\cdots(x - z^{l+d-2})$ generiert. Sei $\boldsymbol{a} \in \Gamma$ mit $w_H(\boldsymbol{a}) = d$. Falls einerseits $a_{q-1} \neq 0$ ist, gilt $w_H(\boldsymbol{a}') = w_H(\boldsymbol{a}) + 1 = d + 1$. Falls andererseits $a_{q-1} = -a(z^{l-1}) = 0$ ist, muß $x - z^{l-1}$ ein Teiler von $a(x)$ sein, der nicht in $g(x)$ enthalten ist. Folglich existiert eine Darstellung $a(x) = u(x)(x - z^{l-1})g(x)$ mit passendem $u(x)$ und somit ist $a(x) \in \Gamma''$, wobei Γ'' durch das Generatorpolynom $g(x) = (z - z^{l-1})(x - z^l)\cdots(x - z^{l+d-2})$ generiert wird und die Entwurfsdistanz $d'' = d''_{\min} = d + 1$ hat. Also folgt $w_H(\boldsymbol{a}') = w_H(\boldsymbol{a}) \geq d + 1$. Insgesamt ist damit $d'_{\min} \geq d + 1$ nachgewiesen.

Aus $d'_{\min} \leq n' - k' + 1 = n - k + 2 = d + 1$ folgt mit dem obigen Ergebnis nun $d'_{\min} = d + 1 = n' - k' + 1$ und somit ist Γ' ein MDS-Code. □

Die Prüfmatrix des expandierten RS-Codes entsteht aus der in (7.1.7) angegebenen Prüfmatrix des Ausgangscodes durch eine zusätzliche Zeile mit Einsen und eine Nullspalte wie in (4.5.3).

Von geringem praktischen Interesse ist eine weitere (doppelte) Expandierung zu einem $(q+1,k,d+2)_q$-MDS-Code, indem

$$a_q = -a(z^{l+d-1}) \tag{7.11.3}$$

gesetzt wird [12, 75]. Es gibt darüberhinaus einige weitere q-stufige dreifach expandierte MDS-Codes mit $n = q + 2$.

Die Decodierung expandierter Codes und ein entsprechend modifizierter Berlekamp-Massey-Algorithmus werden in [12, 38, 49] beschrieben. Natürlich können auch BCH-Codes expandiert werden: Aus einem $(2^m - 1, k, 2t + 1)_2$-Code wird mit der Methode aus Satz 4.11 ein $(2^m, k, 2t+2)_2$-Code. Expandierte BCH-Codes werden ausführlich in [12] behandelt.

(2) Punktierung

Bei der Punktierung werden Prüfstellen bzw. beliebige andere Stellen aus dem Codewort gestrichen:

$$n' < n, \quad k' = k, \quad n' - k' < n - k, \quad d'_{\min} \leq d_{\min}, \quad R' > R. \tag{7.11.4}$$

Während die MDS-Eigenschaft nur bei einfacher und doppelter Expandierung garantiert erhalten bleibt, gilt das bei der Punktierung ohne jede Einschränkung:

Satz 7.11. *Ein punktierter MDS-Code ist weiterhin ein MDS-Code.*

Beweis: Beim Streichen von r Prüfstellen nimmt die Minimaldistanz höchstens um r ab und mit der Singleton-Schranke folgt:

$$n' - k + 1 = n - r - k + 1 = d_{\min} - r \leq d'_{\min} \leq n' - k' + 1 = n' - k + 1.$$

Die Aussage des Satzes ergibt sich auch direkt aus Satz 3.8. □

Insbesondere sind also punktierte RS-Codes weiterhin MDS-Codes, wobei jede beliebige Auswahl von Komponenten punktiert werden darf. Zusammen mit der Expandierung existieren also $(n, k, d)_q$-MDS-Codes für alle Blocklängen im Bereich $k \leq n \leq q + 1$.

Die Decodierung punktierter RS-Codes kann ohne Einschränkungen oder Verluste mit einem Fehler- und Ausfallstellen-Decoder erfolgen: Dazu wird das Empfangswort zu einem Wort mit primitiver Blocklänge erweitert, indem die r punktierten Stellen als Ausfälle betrachtet werden. Nach Satz 7.9 ist die volle Anzahl von $\tau = (d'_{\min} - 1)/2$ Fehlern bei $\tau_v = r$ Ausfällen korrigierbar, da $2\tau + \tau_v = d'_{\min} + r - 1 = d_{\min} - 1$ gilt.

(3) Verkürzung

Bei der Verkürzung werden Infostellen gestrichen, d.h. Infosymbole werden für die Encodierung auf Null gesetzt und nicht übertragen:

$$n' < n, \quad k' < k, \quad n' - k' = n - k, \quad d'_{\min} \geq d_{\min}, \quad R' < R. \tag{7.11.5}$$

Beispielsweise werden die Infopolynome auf Grad $u(x) \leq k' - 1$ beschränkt, so daß $a(x) = u(x)g(x)$ vom Grad $\leq (k' - 1) + (n' - k') = n' - 1$ ist. Während bei verkürzten BCH-Codes die Minimaldistanz in nicht allgemein vorhersagbarer Weise anwächst, bleibt bei MDS-Codes die Minimaldistanz konstant und es gilt eine zu Satz 7.11 entsprechende Aussage:

Satz 7.12. *Ein verkürzter MDS-Code ist weiterhin ein MDS-Code.*

Beweis: Klar ist $d'_{\min} \geq d_{\min}$ und aus der Singleton-Schranke folgt $n - k + 1 = d_{\min} \leq d'_{\min} \leq n' - k' + 1 = n - k + 1$. □

7.12 Aufgaben

7.1. Gebe die Parameter eines RS-Codes mit $q = 2^m$ zur Korrektur von 2 Fehlern an. Wieviele Fehler sind bei binärer Interpretation korrigierbar?

7.2. Für RS-Codes mit $q = 2^m$ und $R = k/n \approx 1/2$ ist $d_{\min}/n \approx 1/2$ für die Distanzrate zu zeigen.

7.3. Für einen 1-Fehler-korrigierenden RS-Code in der Form (7.1.3) mit $q = 5$ sind das Generatorpolynom $g(x)$ und das Prüfpolynom $h(x)$ zu berechnen. Wähle dabei $z = 3$ als primitives Element. Gebe eine Formel zur direkten Berechnung der Frequenzkomponenten eines Codewortes aus den Zeitkomponenten des Infowortes an.

7.4. Für den $(7,3,5)_8$-RS-Code in der Form (7.1.3) sind das Generatorpolynom $g(x)$ und das Prüfpolynom $h(x)$ sowie die beiden Formen der Prüfmatrix nach (5.3.3) und (7.1.7) zu berechnen.

7.5. Betrachte einen binären BCH-Code, bei dem die Paritätsfrequenzen bei z^0 beginnen. Weise die Entwurfsdistanz d als gerade nach.

7.6. Für die 1-Fehler-korrigierenden BCH-Codes über $\mathbb{F}_{16}$ ist zu zeigen, daß der Grad des Generatorpolynoms

$$g(x) = \mathrm{KGV}\Big(f_{[z^l]}(x), f_{[z^{l+1}]}(x)\Big)$$

für $l = 1$ minimal wird. Interpretiere das Ergebnis.

7.7. Für die binären BCH-Codes sind die Parameter $(d/n, k/n)$ schematisch in Bild 3.4 einzuzeichnen für $n = 31, 63, 255, 1023$ (siehe auch Tabelle 7.4).

7.8. Die Parameter der $(63, k, d)_2$-BCH-Codes aus Tabelle 7.1 sind direkt herzuleiten ohne explizite Berechnung der Generatorpolynome. Verwende dazu Beispiel 6.6.

7.9. Konstruiere einen ternären BCH-Code in der Form (7.2.2) zur Korrektur von 2 Fehlern der Länge $n = 26$. Verwende $p(x) = x^3 + 2x + 1$ als primitives Polynom für $\mathbb{F}_{27}$ und gebe das Generatorpolynom als Formel an ohne explizite Berechnung.

7.10. Berechne für den $(7,5,3)_8$-RS-Code mit $l = 1$ das Generatorpolynom im Zeit- und Frequenzbereich. Welches Gewicht hat das Generatorpolynom in binärer Interpretation?

Betrachte den $(7, k, d)_2$-BCH-Code, der ein maximaler Teilcode des $(7,5,3)_8$-RS-Codes sein soll. Berechne k und $d_{\min}$ sowie das Generatorpolynom. Finde ein $u(x) \in \mathbb{F}_8[x]$ mit $g_{\mathrm{BCH}}(x) = u(x)g_{\mathrm{RS}}(x)$. Ist der BCH-Code auch in binärer Interpretation ein Teilcode des RS-Codes?

7.11. Betrachte den $(6,2,5)_7$-RS-Code mit $l = 0$ über dem Primkörper $\mathbb{F}_7$. Wähle $z = 3$ als primitives Element. Stelle die Transformationsmatrizen gemäß (6.5.5) und (6.5.6) auf. Berechne $g(x)$ und $h(x)$. Decodiere die Empfangswörter

$$\begin{aligned} y_1 &= (4,6,0,1,4,3) \\ y_2 &= (4,6,0,1,4,0) \\ y_3 &= (3,1,6,1,2,0) \\ y_4 &= (2,1,6,1,3,2) \\ y_5 &= (5,0,5,0,5,0) \\ y_6 &= (2,1,3,5,5,6) \\ y_7 &= (4,0,0,1,0,6) \end{aligned}$$

sowohl im Zeit- wie im Frequenzbereich. Löse die Schlüsselgleichung sowohl mit der Peterson-Methode wie mit dem Berlekamp-Massey-Algorithmus. In allen 7 Fällen verläuft die Decodierung prinzipiell unterschiedlich. Interpretiere die auftretenden Fehlerfälle.

7.12. Wie in Aufgabe 7.11 wird der $(6,2,5)_7$-RS-Code mit $l = 0$ betrachtet, jetzt aber mit Fehler- und Ausfallkorrektur. Decodiere die Empfangswörter

$$\begin{aligned} y_8 &= (?,?,?,1,4,?) \quad \text{mit} \quad I_v = \{0,1,2,5\} \\ y_9 &= (?,6,0,1,4,?) \quad \text{mit} \quad I_v = \{0,5\} \end{aligned}$$

sowohl im Zeit- wie im Frequenzbereich.

7.13. Zeige für den allgemeinen Fall mit RS- oder BCH-Codes folgende Darstellung des Fehlerwertpolynoms:

$$T(x) = -\sum_{i\in I} \left(e_i \prod_{j\in I\setminus\{i\}} (1 - xz^j) \right). \tag{7.12.1}$$

In der Literatur findet sich vielfach das Polynom

$$W(x) = -\sum_{i\in I} \left(e_i x z^i \prod_{j\in I\setminus\{i\}} (1 - xz^j) \right). \tag{7.12.2}$$

Zeige den Zusammenhang

$$W(x) = T(x) + E_0 C(x) \quad \text{mit} \quad E_0 = e(z^0). \tag{7.12.3}$$

Weise nach, daß der Forney-Algorithmus auch für $W(x)$ anstelle von $T(x)$ gilt. Zeige für den Spezialfall binärer BCH-Codes den Zusammenhang

$$T(x) = xC'(x) - E_0 C(x) \quad , \quad W(x) = xC'(x) \tag{7.12.4}$$

und interpretiere dieses Resultat.

7.14. Die Gleichungen aus Aufgabe 7.13 sind zu verifizieren für den bereits in Beispiel 7.14 betrachteten $(15, 5, 7)_2$-BCH-Code (jetzt aber mit $l = 0$) mit der Fehlerstellenmenge $I = \{0, 4, 10\}$ sowie für den $(6, 2, 5)_7$-RS-Code mit $l = 0$ und $z = 3$ mit dem Fehlermuster $e(x) = 3x + x^4$.

8. Beschreibung und Eigenschaften von Faltungscodes

Faltungscodes bilden neben den Blockcodes die zweite große Klasse von Codes zur Kanalcodierung. In gewisser Weise können Faltungscodes und Blockcodes zwar als formal identisch angesehen werden, aber in der Beschreibung, in den Eigenschaften und in der Decodierung unterscheiden sich beide Codeklassen ganz erheblich. Als wesentliche Unterschiede zwischen Blockcodes und Faltungscodes sind folgende Punkte zu nennen:

- Faltungs-Encoder setzen nicht Infowörter blockweise in Codewörter um, sondern überführen eine ganze Sequenz von Infobits in eine Sequenz von Codebits, indem die Infobits mit einem Satz von Generatorkoeffizienten gefaltet werden.
- Faltungscodes werden nicht über analytische Verfahren konstruiert, sondern durch Probieren (Rechnersuche) gefunden.
- Von praktischem Interesse sind vorrangig nur ganz wenige sehr einfache Faltungscodes, deren Beschreibung und Verständnis wesentlich einfacher als bei den Blockcodes ist.
- Faltungs-Decoder können Soft-Decision-Input (Zuverlässigkeitsinformation des Demodulators) einfach verarbeiten sowie Soft-Decision-Output (Zuverlässigkeitsinformation über die geschätzten Infobits) einfach berechnen.
- Faltungscodes erfordern im Gegensatz zu den Blockcodes keine Blocksynchronisation.

Da Soft-Decision-Information ohne Mehraufwand verarbeitet werden kann und zu den in Abschnitt 1.7 dargestellten Gewinnen führt, sollten Faltungscodes immer im Zusammenhang mit Soft-Decision Demodulatoren eingesetzt werden. Dann sind Faltungscodes eigentlich nicht mehr als fehlerkorrigierende Codes zu bezeichnen, sondern besser als *Übertragungscodes.* Eine Bestimmung von Grenzen für die Korrektur oder Erkennung von Einzelfehlern oder Bündelfehlern wie bei den Blockcodes erübrigt sich dann.

In diesem Kapitel werden verschiedene algebraische und nicht-algebraische Beschreibungen für Faltungscodes entwickelt und insbesondere wird die Distanzstruktur analytisch erfaßt. Schwerpunkte des nächsten Kapitels sind die

ML-Decodierung mit dem Viterbi-Algorithmus sowie die Berechnung der Fehlerwahrscheinlichkeit und der prinzipiellen Leistungsfähigkeit von Faltungscodes. Im übernächsten Kapitel bilden Faltungscodes die Grundlage für die trelliscodierte Modulation.

8.1 Definition und Schieberegister-Beschreibung

Bei Faltungscodes sind die Infosymbole u und Codesymbole a nicht $q = p^m$-stufig, sondern üblicherweise binär: $u, a \in \mathbb{F}_2 = \{0, 1\}$. Alle Rechenoperationen erfolgen modulo 2. Wie beim Grundprinzip der Blockcodierung in Bild 1.7 wird der Datenstrom der Infobits bzw. Codebits unterteilt in Blöcke der Länge k bzw. n, die hier jedoch mit r indiziert werden:

$$\begin{aligned} \boldsymbol{u}_r &= (u_{r,1}, \ldots, u_{r,k}) \\ \boldsymbol{a}_r &= (a_{r,1}, \ldots, a_{r,n}). \end{aligned}$$

Die Zuordnung der Codeblöcke zu den Infoblöcken ist eindeutig und umkehrbar sowie zeitinvariant, aber im Gegensatz zu den Blockcodes nicht gedächtnislos:

Definition 8.1. *Ein Faltungscode der Rate $R = k/n$ wird durch einen Encoder mit Gedächtnis gegeben, indem der aktuelle Codeblock durch den aktuellen Infoblock und durch die m vorangehenden Infoblöcke bestimmt wird:*

$$\boldsymbol{a}_r = Encoder(\boldsymbol{u}_r, \boldsymbol{u}_{r-1}, \ldots, \boldsymbol{u}_{r-m}). \tag{8.1.1}$$

Der Encoder ist linear, d.h. die Codebits ergeben sich als Linearkombinationen der Infobits. Die formale Beschreibung erfolgt mit Generatorkoeffizienten $g_{\kappa,\nu,\mu} \in \mathbb{F}_2$ mit $1 \leq \kappa \leq k$, $1 \leq \nu \leq n$ und $0 \leq \mu \leq m$, so daß sich die Codebit-Teilfolgen als Faltungen der Infobitfolgen mit den Generatorkoeffizienten ergeben:

$$a_{r,\nu} = \sum_{\mu=0}^{m} \sum_{\kappa=1}^{k} g_{\kappa,\nu,\mu} u_{r-\mu,\kappa}. \tag{8.1.2}$$

Die Größe m wird als Gedächtnislänge *und $m+1$ wird als* Einflußlänge *(constraint length) bezeichnet.*

Der Parameter m prägt neben der Coderate sowohl die Leistungsfähigkeit des Codes wie auch den Aufwand bei der Decodierung. Die Einflußlänge wird oftmals mit k oder K bezeichnet, was hier allerdings wegen der Verwechselungsgefahr mit der Infoblocklänge nicht verwendet wird. Rein formal sind Blockcodes spezielle Faltungscodes mit $m = 0$.

Während bei Blockcodes k und n üblicherweise groß sind, gilt bei vielen praktisch verwendeten Faltungscodes $k = 1$ (also Infoblock gleich Infobit) und $n = 2$ oder $n = 3$. Die Blockstruktur ist deshalb ganz unbedeutend bzw. bei den Infobits überhaupt nicht vorhanden. Stattdessen werden Sequenzen auf

Sequenzen abgebildet. Die Gedächtnislänge ist bei der ML-Decodierung heute technisch etwa auf $m = 6$ oder $m = 8$ begrenzt (*short-memory codes*), wenn von extrem aufwendigen Decodern für spezielle Anwendungen einmal abgesehen wird (siehe Abschnitt 12.1). Dennoch lassen sich mit solchen relativ einfachen Faltungscodes Codierungsgewinne erzielen, die mit denen komplizierter Blockcodes vergleichbar sind.

Üblicherweise wird ein Faltungscode durch den Encoder bestimmt und dieser wird als Schieberegister implementiert. Das Schieberegister enthält $\boldsymbol{u}_r, \boldsymbol{u}_{r-1}, \ldots, \boldsymbol{u}_{r-m}$. Aus diesen $k(m+1)$ Bits werden n Linearkombinationen berechnet, die die Komponenten von $\boldsymbol{a}_r$ bilden. Anschließend wird $\boldsymbol{u}_{r+1}$ eingeschoben und $\boldsymbol{u}_{r-m}$ fällt heraus. Zu Beginn ($r = 0$) ist das Schieberegister mit Nullen vorbelegt, was mit $\boldsymbol{u}_{-1} = \cdots = \boldsymbol{u}_{-m} = \boldsymbol{0}$ äquivalent ist.

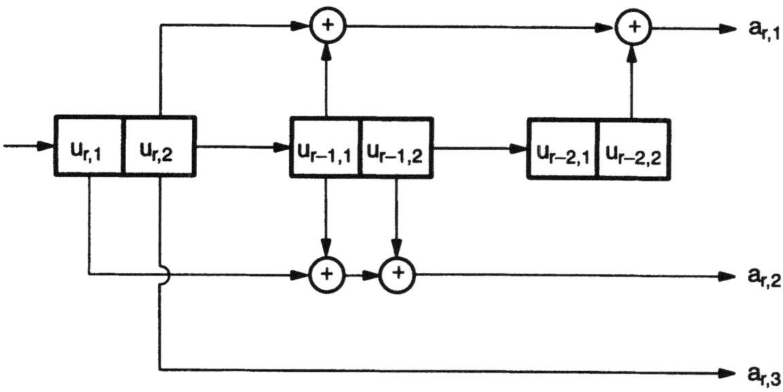

Bild 8.1. Beispiel eines $R = 2/3$-Faltungs-Encoders mit $m = 2$

Beispiel 8.1. Betrachte einen $R = 2/3$-Code mit $m = 2$, wobei der Encoder durch das in Bild 8.1 dargestellte Schieberegister gegeben wird. Im r-ten Schritt werden die $k = 2$ Infobits $\boldsymbol{u}_r = (u_{r,1}, u_{r,2})$ eingeschoben und aus dem Inhalt $(\boldsymbol{u}_r, \boldsymbol{u}_{r-1}, \boldsymbol{u}_{r-2})$ des Schieberegisters wird $\boldsymbol{a}_r = (a_{r,1}, a_{r,2}, a_{r,3})$ gemäß

$$\begin{aligned} a_{r,1} &= u_{r,2} + u_{r-1,1} + u_{r-2,2} \\ a_{r,2} &= u_{r,1} + u_{r-1,1} + u_{r-1,2} \\ a_{r,3} &= u_{r,2} \end{aligned}$$

berechnet. Jeweils 2 Infobits werden 3 Codebits zugeordnet und somit gilt für die Coderate $R = 2/3$. □

Beispiel 8.2 (Standardbeispiel). Nachfolgend wird oftmals der $R = 1/2$-Code mit $m = 2$ und dem in Bild 8.2 dargestellten Encoder verwendet. Im r-ten Schritt wird das Infobit u_r in das Schieberegister eingeschoben und daraus wird $\boldsymbol{a}_r = (a_{r,1}, a_{r,2}) = (u_r + u_{r-1} + u_{r-2}, u_r + u_{r-2})$ berechnet. Zur Infobitfolge

$$(u_0, u_1, u_2, u_3, u_4, u_5) = (1, 1, 0, 1, 0, 0)$$

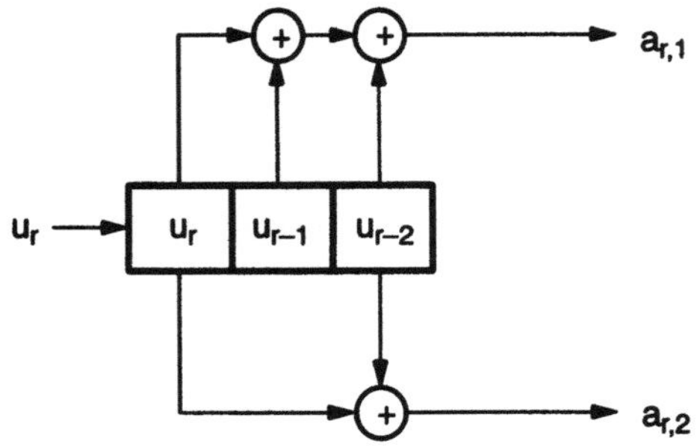

Bild 8.2. Standardbeispiel $R = 1/2$-Faltungs-Encoder mit $m = 2$

gehört die Codebitfolge

$$(a_0, a_1, a_2, a_3, a_4, a_5) = (11, 01, 01, 00, 10, 11).$$

Dieser simple Code ist durchaus von praktischer Bedeutung. Es wird sich noch zeigen, daß der asymptotische Codierungsgewinn $G_{\mathrm{a,soft}}$ fast 4 dB beträgt. □

Faltungscodes werden durch die Encodiervorschrift definiert, die sehr einfach zu verstehen ist. Der erzeugte Code, also die Menge aller Codebitfolgen, ist dagegen nicht so einfach zu überblicken und zu analysieren. Im Gegensatz dazu wird bei Blockcodes die Codemenge zunächst durch algebraische Methoden charakterisiert und erst danach wird ein geeigneter systematischer Encoder konstruiert.

Die Faltungsoperation (8.1.2) kann auch durch halbseitig unendliche Matrizen beschrieben werden. Wegen der viel einfacheren Darstellung mit Polynomen im nächsten Abschnitt wird darauf jedoch verzichtet. Eine in Abschnitt 10.8 behandelte Verallgemeinerung stellen nichtlineare Faltungscodes dar, bei denen die Verknüpfung der Schieberegister-Inhalte auch durch nichtlineare Operationen erfolgen kann.

Die Definition der $R = k/n$-Faltungs-Encoder kann auch durch rückgekoppelte Schieberegister erweitert werden. Das führt zu einer außerordentlich komplizierten Theorie der algebraischen Struktur von Faltungscodes [93], die auf den Eigenschaften von Matrizen mit Polynomquotienten bzw. auf der Theorie der Module (Vektorräume über Ringen) basiert. Beispielsweise können alle Faltungscodes prinzipiell systematisch rückgekoppelt encodiert werden, während sich eine systematische rückkopplungsfreie Encodierung als echte Einschränkung in Abschnitt 8.5 herausstellen wird. Die trelliscodierte Modulation in Kapitel 10 basiert auf speziellen Faltungscodes mit der Rate $R = k/(k+1)$, wobei auch systematische rückgekoppelte Encoder betrachtet werden. Bei den meisten Anwendungen besteht jedoch keine zwingende Notwendigkeit, die algebraische Theorie der Faltungscodes im Detail aufzugreifen, so daß unter diesem Gesichtspunkt die Faltungscodes im Vergleich zu den RS- und BCH-Codes als ziemlich simpel erscheinen.

Einschränkung: In den Kapiteln 8 und 9 werden nur Faltungscodes mit der Rate $R = 1/n$ (also $k = 1$) sowie lineare Encoder ohne Rückkopplung betrachtet. Damit ergeben sich enorme Vereinfachungen sowohl in der Beschreibung wie bei der Decodierung. Das in Abschnitt 8.3 eingeführte Prinzip der Punktierung ermöglicht dennoch fast alle Coderaten zwischen 0 und 1.

8.2 Polynombeschreibung

Den Generatorkoeffizienten $g_{\nu,\mu}$ aus Definition 8.1 (κ entfällt bei $k = 1$) werden die *Generatorpolynome*

$$g_\nu(x) = \sum_{\mu=0}^{m} g_{\nu,\mu} x^\mu \tag{8.2.1}$$

zugeordnet. Die Infobitfolge wird durch eine Potenzreihe und die Codeblockfolge wird durch einen Potenzreihenvektor charakterisiert:

$$u(x) = \sum_{r=0}^{\infty} u_r x^r \tag{8.2.2}$$

$$\boldsymbol{a}(x) = (a_1(x), \ldots, a_n(x)) \quad , \quad a_i(x) = \sum_{r=0}^{\infty} a_{r,i} x^r. \tag{8.2.3}$$

Dem Faltungs-Encoder entspricht die Polynom-Multiplikation

$$\underbrace{(a_1(x), \ldots, a_n(x))}_{= \boldsymbol{a}(x)} = u(x) \cdot \underbrace{(g_1(x), \ldots, g_n(x))}_{= \boldsymbol{G}(x)} \tag{8.2.4}$$

und das ist äquivalent zu

$$a_\nu(x) = u(x) g_\nu(x) \quad \text{für} \quad \nu = 1, \ldots, n. \tag{8.2.5}$$

Als *Generatormatrix* wird $\boldsymbol{G}(x) = (g_1(x), \ldots, g_n(x))$ bezeichnet, obwohl das unter der Voraussetzung $R = 1/n$ nur ein Generatorvektor ist. Die Menge aller Codefolgen, also der Code, kann als

$$\Gamma = \left\{ u(x)\boldsymbol{G}(x) \;\middle|\; u(x) = \sum_{r=0}^{\infty} u_r x^r,\ u_r \in \{0,1\} \right\} \tag{8.2.6}$$

geschrieben werden. Der Faltungscode ist linear und Γ ist wie bei den Blockcodes ein Vektorraum. Für die Gedächtnislänge gilt bei gegebener Generatormatrix

$$m = \max_{1 \le \nu \le n} \text{Grad } g_\nu(x). \tag{8.2.7}$$

Beispiel 8.3. Für das Standardbeispiel gilt $\boldsymbol{G}(x) = (1+x+x^2, 1+x^2)$. Zur Infobitfolge $(1,1,0,1,0,0) \leftrightarrow u(x) = 1+x+x^3$ gehört die Codebitfolge

$$\begin{aligned} \boldsymbol{a}(x) &= (a_1(x), a_2(x)) = u(x)\boldsymbol{G}(x) \\ &= \Big((1+x+x^3)(1+x+x^2), (1+x+x^3)(1+x^2)\Big) \\ &= (1+x^4+x^5, 1+x+x^2+x^5) \\ &\leftrightarrow (11, 01, 01, 00, 10, 11). \end{aligned}$$

Eine endliche Infobitfolge der Länge L führt zu einer endlichen Codeblockfolge der Länge $L+m$. □

Tabelle 8.1. Optimale Codes der Raten 1/2 und 1/3 für $m = 2,3,4,5,6$

$g_1(x)$	$g_2(x)$	$g_3(x)$	d_f
$1+x+x^2$	$1+x^2$		5
$1+x+x^3$	$1+x+x^2+x^3$		6
$1+x^3+x^4$	$1+x+x^2+x^4$		7
$1+x^2+x^4+x^5$	$1+x+x^2+x^3+x^5$		8
$1+x^2+x^3+x^5+x^6$	$1+x+x^2+x^3+x^6$		10
$1+x+x^2$	$1+x^2$	$1+x+x^2$	8
$1+x+x^3$	$1+x+x^2+x^3$	$1+x^2+x^3$	10
$1+x^2+x^4$	$1+x+x^3+x^4$	$1+x+x^2+x^3+x^4$	12
$1+x^2+x^4+x^5$	$1+x+x^2+x^3+x^5$	$1+x^3+x^4+x^5$	13
$1+x^2+x^3+x^5+x^6$	$1+x+x^4+x^6$	$1+x+x^2+x^3+x^4+x^6$	15

In Tabelle 8.1 sind für die Gedächtnislängen $m = 2,3,4,5,6$ einige optimale Faltungscodes der Raten $R = 1/2$ und $R = 1/3$ aufgelistet. Der Begriff optimal und die freie Distanz d_f werden noch in Definition 8.2 erklärt. Beim Übergang von $R = 1/2$ auf $R = 1/3$ kommt nicht nur ein weiteres Generatorpolynom $g_3(x)$ hinzu, sondern $g_1(x)$ und $g_2(x)$ können sich auch zusätzlich ändern. Für $m = 6$ ist der sogenannte *Industriestandard-Code* angegeben, für den heute Encoder/Decoder-Chips verschiedener Firmen verfügbar sind. Auf diesem Code basiert auch die sogenannte pragmatische trelliscodierte Modulation, die in Abschnitt 10.11 behandelt wird. Weitere Faltungscodes finden sich in Tabelle 8.4.

8.3 Spezielle Codeklassen: Terminierte, punktierte, systematische und transparente Faltungscodes

Als spezielle Klassen von Faltungscodes werden hier terminierte, punktierte, systematische und transparente Codes eingeführt, die bei speziellen Anwendungen von großer praktischer Bedeutung sind.

(1) Terminierte Faltungscodes

Nach jeweils L Infobits werden m bekannte Bits (*tail bits*) in den Datenstrom der Infobits eingefügt, wobei dazu üblicherweise Nullen gewählt werden. Diese $L+m$ Infobits beeinflussen nur die $L+m$ Codeblöcke $\boldsymbol{a}_0, \ldots, \boldsymbol{a}_{L-1+m}$ und keine weiteren Codeblöcke. Das folgt auch aus (8.2.5) und (8.2.7):

$$\text{Grad } a_\nu(x) \leq \text{Grad } u(x) + m.$$

Somit resultiert ein Blockcode, der L Infobits auf $(L+m)n$ Codebits abbildet. Also reduziert sich die Coderate von $R = 1/n$ auf

$$R_{\text{terminiert}} = \frac{L}{L+m} \cdot \frac{1}{n} \qquad \left(< \frac{1}{n} = R \right). \tag{8.3.1}$$

Für großes L ist dieser Verlust in der Rate vernachlässigbar. Als Vorteil ergibt sich eine Blockstruktur, die beispielsweise Fehlerfortpflanzungen beim Decodieren verhindert. Insbesondere bei Daten mit Rahmenstruktur werden in der Praxis fast immer terminierte Faltungscodes verwendet. Rein formal sind terminierte Faltungscodes und Blockcodes identisch.

Für die Terminierung wird im Infobitstrom manipuliert. Manipulationen im Codebitstrom führen zu:

(2) Punktierte Faltungscodes

Jeweils P Codeblöcke werden zu einer Gruppe zusammengefaßt. Von den nP Codebits in dieser Gruppe werden l Codebits gestrichen (punktiert) und nicht übertragen. Somit werden P Infobits auf $nP - l$ Codebits abgebildet. Also erhöht sich die Coderate von $R = 1/n$ auf

$$R_{\text{punktiert}} = \frac{P}{nP - l} \qquad \left(> \frac{1}{n} = R \right). \tag{8.3.2}$$

Natürlich muß $l < (n-1)P$ sein, um eine Coderate kleiner als 1 zu gewährleisten, damit die Infobits aus den Codebits wiedergewonnen werden können.

Die Größe P wird als *Punktierungslänge* und der $R = 1/n$-Code wird als *Muttercode* bezeichnet. Die zu streichenden Codebits werden in einem *Punktierungsschema* festgelegt. Mit wachsendem P können nahezu alle Coderaten zwischen $1/n$ und 1 erreicht werden. Beispiele für $R = 1/2$ zeigt Tabelle 8.2. Speziell für $l = P - 1$ gilt $R_{\text{punktiert}} = P/(P+1)$.

In der Praxis werden anstelle der $R = k/n$-Codes aus Definition 8.1 fast ausschließlich punktierte Codes verwendet. Zwar ist ein punktierter $R = 2/3$-Code mit einem $R = 1/2$-Muttercode etwas schlechter als ein nicht-punktierter $R = 2/3$-Code, aber dafür bedeutet die Punktierung bei der Decodierung mit dem Viterbi-Algorithmus überhaupt keinen Mehraufwand. Der Decodier-Algorithmus wird nur durch den Muttercode geprägt und nicht durch das Punktierungsschema, wie sich in Abschnitt 9.4 noch zeigen wird.

Tabelle 8.2. Beispiele für $R_{\text{punktiert}}$ bei $R = 1/2$

	$l=0$	$l=1$	$l=2$	$l=3$	$l=4$	$l=5$	$l=6$	$l=7$
$P=2$	2/4	2/3						
$P=3$	3/6	3/5	3/4					
$P=4$	4/8	4/7	4/6	4/5				
$P=8$	8/16	8/15	8/14	8/13	8/12	8/11	8/10	8/9

Normalerweise ist ein Code mit großem P besser, d.h. $R = 4/6$ ist etwas schlechter als $R = 8/12$. Es gibt dazu umfangreiche Tabellen mit den besten punktierten Codes [105, 119]. Die Ergebnisse variieren allerdings geringfügig mit der Punktierungslänge und sonstigen Randbedingungen: Einerseits kann durch Wahl von Muttercode und Punktierungsschema auf eine spezielle Coderate optimiert werden oder andererseits kann auch auf eine gesamte Codefamilie mit verschiedenen Raten bei unverändertem Muttercode optimiert werden.

Von großer praktischer Bedeutung sind die von J.Hagenauer [106] eingeführten *RCPC-Codes* (Rate Compatible Punctured Convolutional Codes). Hierbei wird eine Codefamilie mit unterschiedlichen Raten aus einem einzigen Muttercode derart abgeleitet, daß die hochratigen Codes in die niederratigen Codes eingebettet werden. Codes höherer Rate entstehen dabei nur durch zusätzliche Punktierungen aus Codes niedrigerer Rate, d.h. alle bei höheren Raten benutzten Bits werden auch bei niedrigeren Raten benutzt. Zwischen verschiedenen Coderaten kann ohne nennenswerten Mehraufwand umgeschaltet werden, wobei das für den Encoder klar ist und für den Decoder in Abschnitt 9.4 noch gezeigt wird. Der besondere Vorteil der RCPC-Codes liegt darin, daß zu beliebigen Zeitpunkten die Coderate umgeschaltet werden kann, ohne daß sich im Bereich der Umschaltzeitpunkte negative Auswirkungen auf die Distanzeigenschaften des Codes ergeben.

Ein Beispiel für RCPC-Codes zeigt Tabelle 8.3 [75, 106], bei denen aus einem $R = 1/4$-Muttercode mit

$$G(x) = (1 + x^3 + x^4, 1 + x + x^2 + x^4, 1 + x^2 + x^3 + x^4, 1 + x + x^3 + x^4)$$

ratenkompatible punktierte Codes mit Raten von 8/9 bis 1/4 abgeleitet werden. Eine 0 im Punktierungsschema steht dabei für Punktierung. Wichtige Anwendungen für RCPC-Codes sind:

- Übertragungskanäle mit schwankender Güte, bei denen die Coderate über ein ARQ-Verfahren laufend an die Kanaleigenschaften angepaßt wird. Im normalen Fall bei gutem Kanal wird nur der punktierte Code benutzt und erst bei abnehmender Kanalqualität werden die punktierten Stellen nachträglich gesendet, um die Korrekturfähigkeit zu erhöhen.
- Datenquellen, bei denen die einzelnen Bits eine unterschiedliche Wichtigkeit haben und folglich einen abgestuften Fehlerschutz erfordern. Das wird

Tabelle 8.3. RCPC-Codes zum $R = 1/4$-Muttercode mit $m = 4$ und $P = 8$

Punktierungsschema	$R_{\text{punktiert}}$
1111 0111 1000 1000 0000 0000 0000 0000	8/9
1111 1111 1000 1000 0000 0000 0000 0000	8/10
1111 1111 1010 1010 0000 0000 0000 0000	8/12
1111 1111 1110 1110 0000 0000 0000 0000	8/14
1111 1111 1111 1111 0000 0000 0000 0000	8/16
1111 1111 1111 1111 1000 1000 0000 0000	8/18
1111 1111 1111 1111 1100 1100 0000 0000	8/20
1111 1111 1111 1111 1110 1110 0000 0000	8/22
1111 1111 1111 1111 1111 1111 0000 0000	8/24
1111 1111 1111 1111 1111 1111 1000 1000	8/26
1111 1111 1111 1111 1111 1111 1010 1010	8/28
1111 1111 1111 1111 1111 1111 1110 1110	8/30
1111 1111 1111 1111 1111 1111 1111 1111	8/32

auch als *UEP-Codierung* (Unequal Error Protection) bezeichnet. Eine interessante Anwendnung stellt die Quellencodierung von Sprache bei digitalen Mobilfunksystemen dar (siehe die Abschnitte 12.3 und 12.4 für weitere Einzelheiten).

(3) Systematische Faltungscodes

Bei einem systematischen Encoder entspricht mindestens eine Komponente im Codeblock dem Infobit.

Während Blockcodes fast ausschließlich systematisch encodiert werden, ist das bei Faltungscodes nicht möglich, sofern nicht in Definition 8.1 die Linearkombinationen um Rückkopplungen erweitert werden. Einige der besten Faltungscodes sind nicht systematisch rückkopplungsfrei encodierbar, wie sich in Abschnitt 8.5 zeigen wird.

(4) Transparente Faltungscodes

Bei transparenten Codes muß mit jeder Codebitfolge auch das binäre Komplement eine Codebitfolge sein (für die ersten m Codeblöcke wird das natürlich nicht gefordert).

Da Dauer-Null eine Codefolge ist, muß also auch Dauer-Eins eine Codefolge sein. Transparente Codes liegen genau dann vor, wenn jede Linearkombination aus einer ungeradzahligen Anzahl von Infobits besteht bzw. jedes Generatorpolynom ein ungerades Gewicht hat – denn dann führt Dauer-Eins als Infofolge zu Dauer-Eins als Codefolge. Die meisten guten Faltungscodes sind nicht transparent, jedoch ist der Industriestandard-Code für $R = 1/2$ aus Tabelle 8.1 transparent.

Der Vorteil eines transparenten Codes liegt darin, daß bei einem Polaritätswechsel bzw. einer 180 Grad Phasendrehung des physikalischen Kanals die Codemenge invariant bleibt. Die Inversion der Codebits entspricht einer Inversion der Infobits. In Kombination mit differentieller Vorcodierung [19, 58, 75] resultiert dann eine Rotationsinvarianz. Dieses Thema wird in Abschnitt 10.8 noch ausführlich behandelt.

8.4 Nicht-katastrophale Encoder und Encoder-Inverses

Beispiel 8.4. Betrachte den in Bild 8.3 dargestellten Encoder eines $R = 1/2$-Codes mit $\boldsymbol{G}(x) = (1+x, 1+x^2)$, der sich nur geringfügig vom Standardbeispiel unterscheidet. Mit Dauer-Eins als Infofolge ergibt sich sofort die Codefolge $\boldsymbol{a}(x) \leftrightarrow (11, 01, 00, 00, 00, \ldots)$. Mit $u(x) = 1 + x + x^2 + x^3 + \cdots = 1/(1-x)$ folgt das auch aus $u(x)\boldsymbol{G}(x) = \dfrac{1}{1-x}\Big(1+x, (1+x)^2\Big) = (1, 1+x)$.

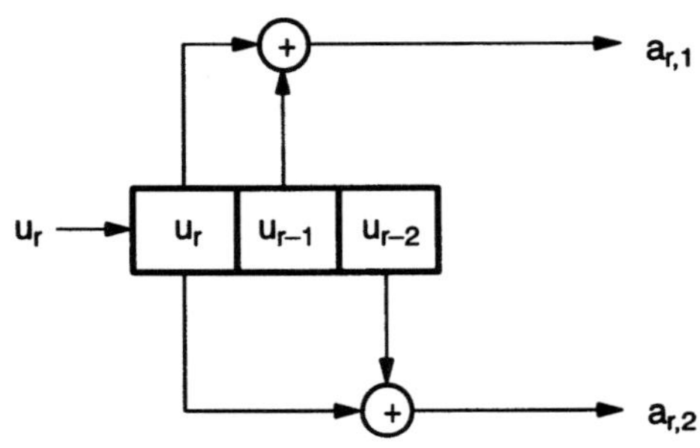

Bild 8.3. Katastrophaler $R = 1/2$-Faltungs-Encoder

Mit Dauer-Null und Dauer-Eins gibt es also zwei Infofolgen mit unendlichem Hammingabstand, deren zugehörige Codefolgen sich nur an endlich vielen (nämlich 3) Stellen unterscheiden. Es reichen also 3 Übertragungsfehler aus, um bei der Decodierung unendlich viele Fehler zu produzieren (lawinenartige Fehlerfortpflanzung). Ein solcher Encoder verdient die Bezeichnung katastrophal. Wegen der Linearität ist auch eine äquivalente Kennzeichnung mit den Hamminggewichten möglich. □

Es gibt ein sehr einfach nachprüfbares Kriterium, ob ein Faltungscode katastrophal encodiert wird oder nicht:

Satz 8.1. *Ein* nicht-katastrophaler Encoder *ist dadurch definiert, daß jede Infofolge unendlichen Gewichts eine Codefolge unendlichen Gewichts impliziert bzw. äquivalent, daß jede endliche Codefolge eine endliche Infofolge impliziert. Das ist äquivalent damit, das die Generatorpolynome keinen gemeinsamen Teiler haben:*

$$\mathrm{GGT}\Big(g_1(x), \ldots, g_n(x)\Big) = 1. \tag{8.4.1}$$

Wenn also die Zerlegung der Generatorpolynome in irreduzible Faktoren einen gemeinsamen Teiler ergibt, dann liegt ein katastrophaler Encoder vor (wie bei Beispiel 8.4). Falls der größte gemeinsame Teiler eine reine x-Potenz ist, so liegt nur eine überflüssige Verzögerung im Encoder vor.

Beweis: „Nicht-katas. $\Longrightarrow$ GGT=1“: Gegenannahme: Es existiert ein gemeinsamer Teiler $p(x) \neq 1$, d.h.

$$\boldsymbol{G}(x) = \Big(p(x)\tilde{g}_1(x), \ldots, p(x)\tilde{g}_n(x)\Big).$$

Dabei ist der 0-te Term in $p(x)$ nicht Null, denn sonst würden alle Generatorpolynome den Faktor x enthalten und die Encodierung wäre mit einer sinnlosen Verzögerung verbunden. Mit etwas Rechnung erweist sich

$$u(x) = \frac{1}{p(x)} = \sum_{r=0}^{\infty} u_r x^r$$

als eine Potenzreihe ohne negative Exponenten. Andererseits kann $u(x)$ kein Polynom sein, denn sonst ergäbe das Produkt zweier Polynome 1, was nach der Gradformel unmöglich ist. Also ist $u(x)$ eine Folge unendlichen Gewichts. Bei Interpretation als Infofolge ergibt sich die Codefolge

$$\boldsymbol{a}(x) = u(x)\boldsymbol{G}(x) = \Big(\tilde{g}_1(x), \ldots, \tilde{g}_n(x)\Big)$$

mit endlichem Gewicht. Das ist ein Widerspruch dazu, daß der Encoder als nicht-katastrophal vorausgesetzt wurde und somit muß $p(x) = 1$ gelten.

„Nicht-katas. $\Longleftarrow$ GGT=1“: Generell ist der größte gemeinsame Teiler mehrerer Größen als Linearkombination dieser Größen darstellbar (Euklidischer Algorithmus Satz A.8). Es existieren also Polynome $f_1(x), \ldots, f_n(x)$ mit

$$\sum_{\nu=1}^{n} f_\nu(x) g_\nu(x) = \mathrm{GGT}\Big(g_1(x), \ldots, g_n(x)\Big) = 1. \tag{8.4.2}$$

Zur Codefolge $\boldsymbol{a}(x) = \Big(a_1(x), \ldots, a_n(x)\Big) = u(x)\Big(g_1(x), \ldots, g_n(x)\Big)$ gehört also die Infofolge

$$\begin{aligned}\sum_{\nu=1}^{n} a_\nu(x) f_\nu(x) &= \sum_{\nu=1}^{n} u(x) g_\nu(x) \cdot f_\nu(x)\\ &= u(x) \cdot \sum_{\nu=1}^{n} g_\nu(x) f_\nu(x) = u(x).\end{aligned}$$

Wenn $\boldsymbol{a}(x)$ endliches Gewicht hat, dann hat auch $u(x)$ endliches Gewicht und somit ist der Encoder nicht-katastrophal. □

Satz 8.1 kann auch auf allgemeine Faltungscodes mit der Rate $R = k/n$ verallgemeinert werden. In der (k, n)-dim. Generatormatrix gibt es genau $\binom{n}{k}$

Möglichkeiten zur Auswahl von k Spalten aus den n Spalten. Somit können $\binom{n}{k}$ jeweils (k,k)-dim. Polynommatrizen gebildet werden, von denen die Determinanten zu berechnen sind. In Erweiterung von (8.4.1) dürfen diese Determinanten keinen gemeinsamen Teiler haben.

Die Polynome $f_1(x), \ldots, f_n(x)$ aus (8.4.2) bilden ein Encoder-Inverses, das zur Codefolge die Infofolge liefert, wie am nachfolgenden Beispiel noch genauer erklärt wird. Das Encoder-Inverse ist aber kein Decoder, da es für verfälschte Codefolgen mit Fehlermustern unbrauchbar ist und Soft-Decision überhaupt nicht verarbeiten kann. Im Viterbi-Decoder ist das Encoder-Inverse implizit enthalten, so daß die Polynome $f_1(x), \ldots, f_n(x)$ nicht explizit bekannt sein müssen.

Beispiel 8.5. Bei $\boldsymbol{G}(x) = (g_1(x), g_2(x)) = (1+x+x^2, 1+x^2)$ ist $g_1(x)$ irreduzibel und somit liegt beim Standardbeispiel ein nicht-katastrophaler Encoder vor. Mit $(f_1(x), f_2(x)) = (x, 1+x)$ gilt leicht nachprüfbar

$$f_1(x)g_1(x) + f_2(x)g_2(x) = 1.$$

Somit folgt

$$\hat{u}(x) = \boldsymbol{a}(x)\begin{pmatrix} x \\ 1+x \end{pmatrix} = u(x)\left(1+x+x^2, 1+x^2\right)\begin{pmatrix} x \\ 1+x \end{pmatrix} = u(x).$$

Diese Beziehung wird in Bild 8.4 veranschaulicht.

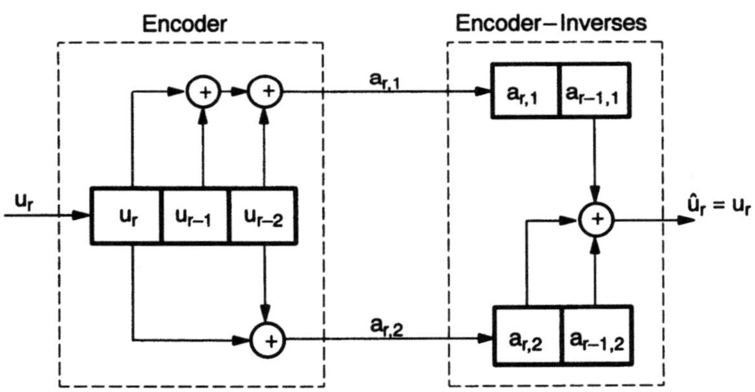

Bild 8.4. Standardbeispiel: Encoder – Encoder-Inverses

In der rekursiven Schreibweise gilt:

$$\text{Encoder:} \quad a_{r,1} = u_r + u_{r-1} + u_{r-2} \;, \quad a_{r,2} = u_r + u_{r-2}$$
$$\text{Encoder-Inverses:} \quad \hat{u}_r = a_{r-1,1} + a_{r,2} + a_{r-1,2}.$$

Das kann über $\hat{u}_r = (u_{r-1} + u_{r-2} + u_{r-3}) + (u_r + u_{r-2}) + (u_{r-1} + u_{r-3}) = u_r$ sofort verifiziert werden. □

Beispiel 8.6. Bei $\boldsymbol{G}(x) = (g_1(x), g_2(x)) = (1+x, 1+x^2) = (1+x)(1, 1+x)$ liegt ein katastrophaler Encoder vor. Es existieren keine zwei Polynome $f_1(x), f_2(x)$ mit $f_1(x)g_1(x) + f_2(x)g_2(x) = 1$, denn

$$f_1(x)g_1(x) + f_2(x)g_2(x) = (1+x) \cdot \underbrace{\Big(f_1(x) + f_2(x)(1+x)\Big)}_{\text{Polynom}} = 1$$

ist nach der Gradformel unmöglich. □

8.5 Distanzeigenschaften und optimale Faltungscodes

Die Güte eines Blockcodes wird im wesentlichen mit der Minimaldistanz erfaßt, d.h. mit dem minimalen Hamminggewicht aller Codewörter. Eine entsprechende Charakterisierung für Faltungscodes wird nachfolgend eingeführt:

Definition 8.2. *Die* freie Distanz d_f *(andere oft verwendete Schreibweisen sind d_free oder d_∞) eines Faltungscodes ist definiert als das minimale Hamminggewicht aller Codefolgen:*

$$d_\mathrm{f} \;=\; \min\left\{ w_H(u(x)\boldsymbol{G}(x)) \;\middle|\; u(x) = \sum_{r=0}^{\infty} u_r x^r \neq 0 \right\}. \tag{8.5.1}$$

Mit Ausnahme punktierter Codes kann immer $u_0 = 1$ gesetzt werden. Zwei Codefolgen unterscheiden sich immer an mindestens d_f Stellen. Ein Faltungscode heißt optimal, *wenn d_f maximal ist gegenüber allen anderen Faltungscodes mit gleicher Coderate und gleicher Gedächtnislänge m.*

Tabelle 8.4. Freie Distanz optimaler und punktierter Faltungscodes

m	$R=1/2$	$R=1/3$	$R=1/4$	$R=2/3$	$R=3/4$
2	5	8	10	3	
3	6	10	13	4	
4	7	12	16	4	3
5	8	13	18	6	4
6	10	15	20	6	5
7	10	16	22	7	6
8	12	18	24	7	6
9	12	20	27	7	6
10	14	22	29	8	6
11	15	24	32	9	7
12	16	24	33	9	7
13	16	26	36	10	7

Meistens ist der optimale Code nicht eindeutig bestimmt. Die freie Distanz optimaler Codes mit den Raten $R = 1/2$, $R = 1/3$ und $R = 1/4$ wird in Tabelle 8.4 aufgelistet. Die entsprechenden Codes wurden 1970 von Odenwalder und Larson per Rechnersuche gefunden. Die Generatorpolynome der wichtigsten Fälle $R = 1/2$ und $R = 1/3$ bei $m \leq 6$ wurden bereits in Tabelle 8.1 angegeben. Die restlichen Generatorpolynome sowie Angaben zu Codes mit anderen Raten, zu systematischen Codes und zu transparenten Codes finden sich beispielsweise in [12, 19, 43, 49, 57, 64, 75, 80] und sehr ausführlich in [23, 78].

Bei den Codes mit den Raten $R = 2/3$ und $R = 3/4$ aus Tabelle 8.4 handelt es sich um punktierte Codes, die in [105] angegeben sind. Andere Tabellen zu punktierten Codes zeigen teilweise geringfügig andere freie Distanzen, was an den bereits in Abschnitt 8.3 erklärten verschiedenen Kriterien zur Auswahl punktierter Codes liegt. Die freie Distanz nimmt bei allen Coderaten nicht kontinuierlich mit m zu: Beispielsweise bringt bei $R = 1/2$ die Erhöhung von $m = 6$ auf $m = 7$ keinen Gewinn, sondern nur eine Aufwandsverdopplung im Decoder, wie sich noch zeigen wird.

Für die Infofolge $u(x) = 1$ ergibt sich die Codefolge $\boldsymbol{a}(x) = \boldsymbol{G}(x)$ und daraus resultiert eine obere Grenze für die freie Distanz:

$$d_\mathrm{f} \leq w_H(\boldsymbol{G}(x)) = \sum_{\nu=1}^{n} w_H(g_\nu(x)) \tag{8.5.2}$$

$$\leq n \cdot (m+1). \tag{8.5.3}$$

Oftmals gilt in der ersten Abschätzung sogar Gleichheit, während die zweite Abschätzung bei nicht-katastrophalen Codes nie scharf sein kann. Bei einem systematischen $R = 1/2$-Code gilt $\boldsymbol{G}(x) = (g_1(x), 1)$ und somit

$$d_\mathrm{f} \leq m + 2.$$

Da Tabelle 8.4 für die optimalen Codes größere freie Distanzen zeigt, können optimale Codes also nicht systematisch sein. Von Heller wurde eine weitere obere Schranke angegeben (siehe z.B. [57]), die hier ohne Beweis zitiert wird:

$$d_\mathrm{f} \leq \min_{l \geq 1} \left\lfloor \frac{2^{l-1}}{2^l - 1}(m+l)n \right\rfloor. \tag{8.5.4}$$

Diese Schranke erweist sich im Vergleich mit Tabelle 8.4 als sehr scharf. Für $l = 1$ stimmt (8.5.4) mit (8.5.3) überein.

Beispiel 8.7. **(1)** Für das Standardbeispiel mit $\boldsymbol{G}(x) = (1 + x + x^2, 1 + x^2)$ gilt $d_\mathrm{f} \leq 5$ gemäß (8.5.2). Später wird noch gezeigt, daß $d_\mathrm{f} = 5$ gilt.

(2) Bei $\boldsymbol{G}(x) = (1 + x + x^2, 1 + x + x^2)$ ergibt (8.5.2) zwar $d_\mathrm{f} \leq 6$, aber erstens ist das ein katastrophaler Encoder und zweitens gilt nur $d_\mathrm{f} = 4$, denn $u(x) = 1 + x$ erzeugt $\boldsymbol{a}(x) = (1 + x^3, 1 + x^3)$. Damit wird klar, daß es keinen $R = 1/2$-Code mit $d_\mathrm{f} = 6$ geben kann.

(3) Beim katastrophalen Code mit $G(x) = (1 + x, 1 + x^2)$ gilt $d_\mathrm{f} = 3$ nach Beispiel 8.4, aber bei Beschränkung auf endlich lange Folgen und damit beim terminierten Code gilt $d_\mathrm{f} = 4$. □

Bei terminierten Faltungscodes gilt für die Minimaldistanz des entstehenden Blockcodes immer $d_{\min} = d_f$. Allerdings sind das asymptotisch schlechte Blockcodes im Sinn von Abschnitt 3.4, denn bei konstanter Coderate bleibt die Minimaldistanz konstant und somit konvergiert die Distanzrate bei wachsender Blocklänge gegen Null. Dennoch erweisen sich die Faltungscodes als sehr leistungsfähig. Die Festlegung optimaler Codes in Definition 8.2 erfolgt in Hinblick auf die ML-Decodierung mit dem Viterbi-Algorithmus (siehe Kapitel 9). Bei anderen Decodierverfahren sind etwas andere Distanzeigenschaften für die Auswahl des Codes maßgebend. Eine umfassende Übersicht zu weiteren Distanzdefinitionen gibt [23].

Die Beschreibung von Faltungscodes bzw. ihrer Encoder erfolgte bisher mit Polynomen oder Schieberegistern. Zur Beschreibung der Codemenge selbst wird in Abschnitt 8.6 das Trellisdiagramm (wichtig für die ML-Decodierung) und in Abschnitt 8.7 das Zustandsdiagramm (wichtig für die Berechnung der Distanzeigenschaften) eingeführt.

8.6 Trellisdiagramm

Die Beschreibung eines Faltungscodes durch das Trellisdiagramm (Gitter-, Netzdiagramm) ist die gedankliche Grundlage für die Decodierung. Das Trellisdiagramm besteht aus einzelnen Trellissegmenten, die eindeutig dem Faltungs-Encoder entsprechen.

Nach (8.1.1) ist der aktuelle Codeblock $\boldsymbol{a}_r$ eine Funktion des aktuellen Infobits u_r und der m vorangehenden Infobits $u_{r-1}, \dots, u_{r-m}$. Das binäre m-Tupel $(u_{r-1}, \dots, u_{r-m})$ wird als *Zustand* angesprochen. Die Werte dieser 2^m Zustände werden mit $\zeta_1, \dots, \zeta_{2^m}$ bezeichnet. Dabei sei $\zeta_1 = (0, \dots, 0)$ der *Nullzustand.* Der Zustand zur Zeit r (bezogen auf die Infobits bzw. auf die Codeblöcke) wird mit $z_r \in \{\zeta_1, \dots, \zeta_{2^m}\}$ bezeichnet. Aus dem aktuellen Infobit und dem aktuellen Zustand ergeben sich der aktuelle Codeblock und der nächste Zustand:

$$\boldsymbol{a}_r = \text{Encoder}(u_r, z_r) \quad , \quad z_{r+1} = \text{Shiftfunktion}(u_r, z_r). \tag{8.6.1}$$

Beispiel 8.8. Für das Standardbeispiel mit $\boldsymbol{G}(x) = (1+x+x^2, 1+x^2)$ werden die Zustände als $\zeta_1 = 00$, $\zeta_2 = 10$, $\zeta_3 = 01$, $\zeta_4 = 11$ durchnumeriert. Dann gilt:

Encoder		
$\boldsymbol{a}_r$	$u_r = 0$	$u_r = 1$
$z_r = 00$	00	11
$z_r = 10$	10	01
$z_r = 01$	11	00
$z_r = 11$	01	10

Shiftfunktion		
z_{r+1}	$u_r = 0$	$u_r = 1$
$z_r = 00$	00	10
$z_r = 10$	01	11
$z_r = 01$	00	10
$z_r = 11$	01	11

In Bild 8.5 sind diese Tabellen als Trellissegment dargestellt. Die Kanten zwischen den Zuständen sind mit $u_r, \boldsymbol{a}_r$ beschriftet. Die spezielle Generatormatrix wirkt sich nur auf die $\boldsymbol{a}_r$-Beschriftung aus, aber nicht auf die Zustandsübergänge. □

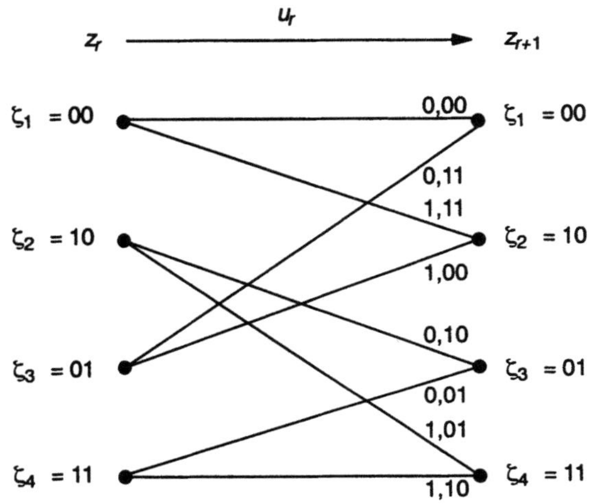

Bild 8.5. Trellissegment für das Standardbeispiel $G(x) = (1 + x + x^2, 1 + x^2)$

Generell hat ein *Trellissegment* 2^m Zustände. Bei $R = 1/n$-Codes gehen von jedem Zustand $z_r = \zeta_i$ stets 2 *Kanten* (Zweig, branch) ab und bei jedem Zustand $z_{r+1} = \zeta_j$ kommen stets 2 Kanten an. Wenn die Zustände als umgekehrte Dualzahlen durchnumeriert werden, stellt sich die mit Bild 8.6 formulierte Symmetrie ein.

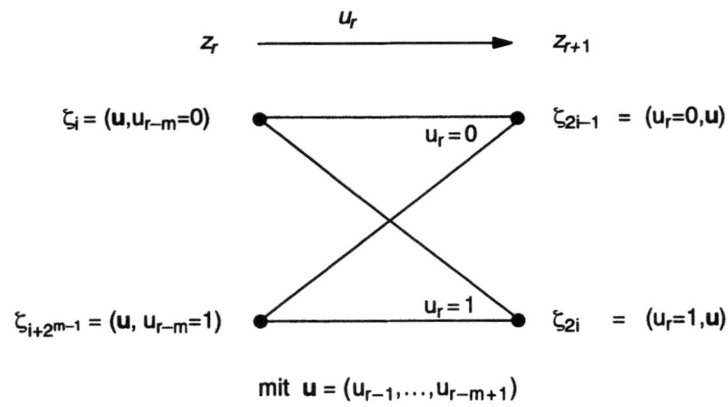

Bild 8.6. Elementarteil des allgemeinen Trellissegmentes

Von ζ_i und $\zeta_{i+2^{m-1}}$ gehen insgesamt 4 Kanten ab, die bei ζ_{2i-1} und ζ_{2i} ankommen. Die Beschriftung der Kanten mit u_r kann entfallen, da obere abgehende Kanten stets $u_r = 0$ und untere abgehende Kanten stets $u_r = 1$ entsprechen. In ζ_i und $\zeta_{i+2^{m-1}}$ ist der vordere Teil $\boldsymbol{u} = (u_{r-1}, \ldots, u_{r-m+1})$ konstant. Beim Übergang von z_r nach z_{r+1} fällt u_{r-m} heraus und $\boldsymbol{u}$ bildet den hinteren Teil von ζ_{2i-1} und ζ_{2i}. Diese Zusammenhänge werden noch deutlicher für den komplizierteren Fall $m = 4$, der in Bild 8.7 dargestellt ist.

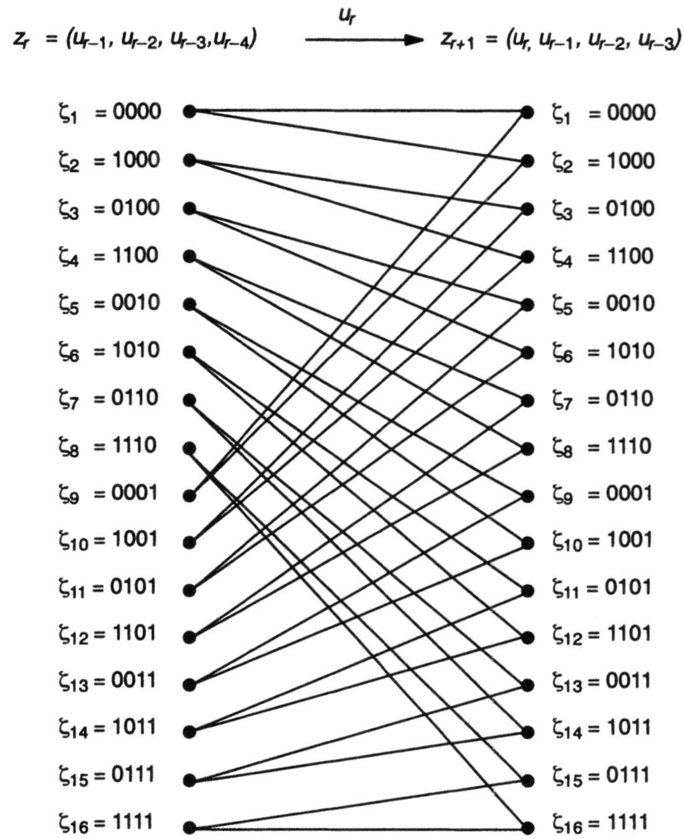

Bild 8.7. Trellissegment für Gedächtnislänge $m = 4$

Bei $R = k/n$-Faltungscodes mit der Gedächtnislänge m gehen von jedem der 2^m Zustände genau 2^k Kanten ab bzw. es kommen genau 2^k Kanten an. Also gibt es insgesamt 2^{m+k} Kanten pro Trellissegment. Entsprechende Beispiele werden noch in Kapitel 10 behandelt.

Ein vollständiges *Trellisdiagramm* (oder kurz Trellis) ergibt sich durch Hintereinander-Reihung der einzelnen Trellissegmente. Aufgrund der Vorbelegung des Schieberegisters mit Nullen tritt dabei der Anfangseffekt auf, daß die Kanten nur vom Nullzustand ausgehen können. Bei terminierten Codes gibt es einen entsprechenden Endeffekt, da die Kanten wieder auf den Nullzustand zurückgehen müssen. Der Trellis ist ein gerichteter Graph mit einem Anfangs- und einem Endzustand. Anstelle von Zuständen spricht man auch von *Knoten* (node). Die ersten m und die letzten m Segmente sind unvollständig. Eine Kantenfolge wird als *Weg* bezeichnet. Bei nicht-terminierten Codes können die Wege auch unendliche Länge haben.

Beispiel 8.9. Das Trellisdiagramm für das Standardbeispiel zeigt Bild 8.8, wobei nach 4 Infobits terminiert wird. Die Kanten sind mit den Codeblöcken beschriftet. Dem dick markierten Weg entsprechen

$$\begin{array}{rl} \text{Infofolge} & 1,1,0,1,(0,0) \\ \text{Codefolge} & 11,01,01,00,10,11 \\ \text{Zustandsfolge} & \zeta_1,\zeta_2,\zeta_4,\zeta_3,\zeta_2,\zeta_3,\zeta_1. \end{array}$$

Die gleiche Codefolge wurde in Beispiel 8.3 bereits über die Generatormatrix berechnet. □

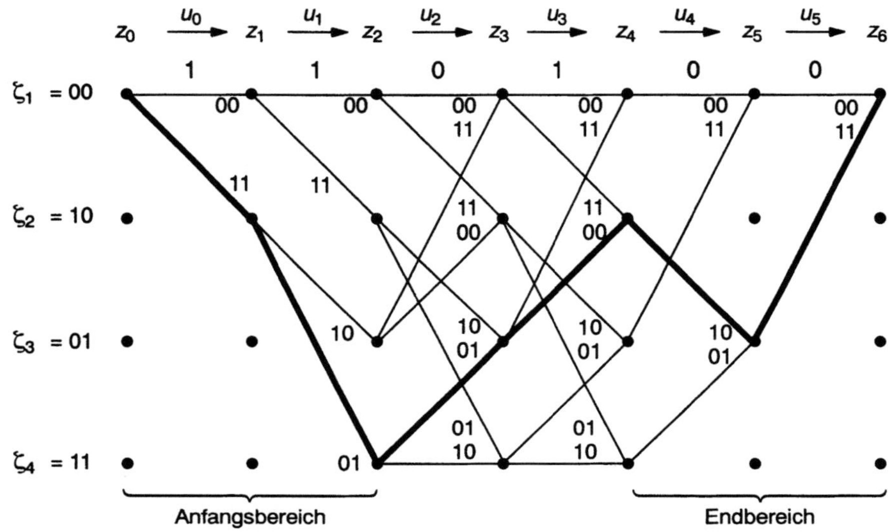

Bild 8.8. Trellisdiagramm für das Standardbeispiel

Bei punktierten Codes ist die Beschriftung der Kanten mit den Codeblöcken eigentlich zeitvariant (d.h. variierend von Segment zu Segment), aber es wird sich in Abschnitt 9.4 noch zeigen, daß das Punktierungsschema bei der Decodierung sehr einfach eingearbeitet werden kann.

Infofolgen und Codefolgen und Zustandsfolgen entsprechen einander jeweils umkehrbar eindeutig. Mit dem Konzept „Wege durch den Trellis" ist die Codemenge erheblich besser zu überblicken als mit der Generatormatrix. Als *Fundamentalweg* wird ein endlich langer Weg durch den Trellis bezeichnet, der irgendwo beim Nullzustand beginnt und beim Nullzustand endet und zwischendurch den Nullzustand nicht berührt. Die Länge des Fundamentalweges beträgt mindestens $m+1$ Segmente bzw. $(m+1)n$ Codebits. Jeder Weg im terminierten Trellis zerfällt in eine endliche Abfolge von Fundamentalwegen und Nullstücken.

Die freie Distanz d_f ergibt sich aus dem Trellis als minimales Hamminggewicht aller beim Nullzustand beginnenden Wege. Das Hamminggewicht bezieht sich dabei natürlich auf die Beschriftung der Kanten mit den Codeblöcken. Ein terminierter Code und ein nicht-terminierter Code haben die gleiche freie Distanz.

Satz 8.2. *Bei nicht-katastrophalen Codes kann die freie Distanz allein aus den Fundamentalwegen bestimmt werden.*

Beweis: Es ist zu zeigen, daß das minimale Gewicht aller Codefolgen bei einer endlichen Infofolge erreicht wird. Gegenannahme: Es gibt eine Infofolge unendlichen Gewichts mit einem Codefolgengewicht $\leq w_H(\boldsymbol{G}(x)) < \infty$. Das ist aber bei nicht-katastrophalen Codes ausgeschlossen. □

Dieser Satz verknüpft die Begriffe katastrophal, freie Distanz und Fundamentalweg. Es reicht also zur Bestimmung von d_f aus, nur endlich lange Wege zu betrachten, wobei es unwichtig ist, wo der Weg beginnt. Für das Standardbeispiel folgt aus Bild 8.8 sofort $d_f = 5$. Bei katastrophalen Codes gibt es unendlich lange Wege mit endlichem Gewicht, die den Nullzustand nicht berühren. Bei nicht-katastrophalen Codes ist das ausgeschlossen.

8.7 Zustandsdiagramm

Beim Trellisdiagramm werden sämtliche Codeeigenschaften schon mit einem einzigen Segment erfaßt. Das *Zustandsdiagramm* (state transition diagram, signal flowchart) ist ein gewichteter und gerichteter Graph, der aus einem Trellissegment dadurch entsteht, daß die Knoten zur Zeit $r+1$ mit denen zur Zeit r identifiziert werden.

Das Prinzip wird sofort klar aus dem in Bild 8.9 dargestellten Zustandsdiagramm für das Standardbeispiel. Eine durchgezogene Kante entspricht $u_r = 0$ und eine gestrichelte Kante entspricht $u_r = 1$. Die Kanten sind mit den Codeblöcken beschriftet.

Allgemein gibt es 2^m Zustände mit 2^{m+1} Kanten (bei $R = 1/n$). Die möglichen Codefolgen entsprechen den möglichen Zustandssequenzen im Zustandsdiagramm. Das Zustandsdiagramm ist ein endlicher deterministischer Automat (Mealy-Automat). Generell gibt es beim Nullzustand immer eine Schleife mit $u_r = 0$ und $\boldsymbol{a}_r = \boldsymbol{0}$. Trivialerweise ist das Diagramm stets zusammenhängend, da jeder Zustand aus jedem anderen Zustand immer durch eine geeignete Infofolge erreicht werden kann. Die Generatormatrix wirkt sich nur auf die Kantenbeschriftung aus.

Die Fundamentalwege sind im Zustandsdiagramm sehr einfach zu übersehen und darin liegt die Bedeutung dieser Darstellung: Ein Fundamentalweg beginnt im Nullzustand, verläßt den Nullzustand und ist mit dem Wiedererreichen des Nullzustandes beendet. Das minimale Codefolgen-Gewicht aller Fundamentalwege entspricht nach Satz 8.2 der freien Distanz, sofern der Encoder nicht-katastrophal ist.

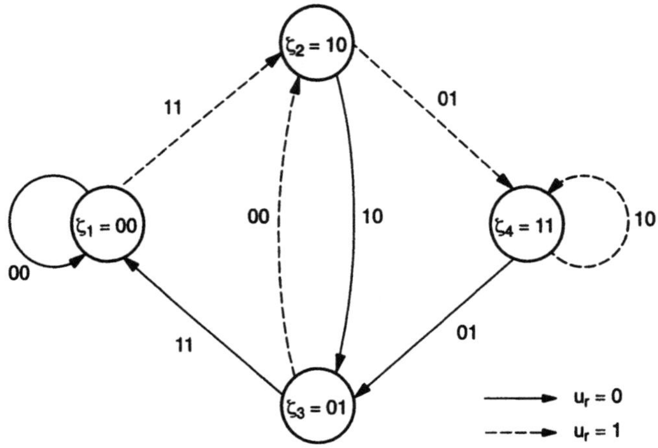

Bild 8.9. Zustandsdiagramm für das Standardbeispiel

8.8 Gewichtsfunktion eines Faltungscodes

Die Berechnung der Fehlerwahrscheinlichkeit kann nicht allein aus der freien Distanz erfolgen, sondern wie bei den Blockcodes sind noch weitere Gewichtsparameter von Bedeutung. Für Faltungscodes ist es erforderlich, daß ein vollständiger Überblick über alle Fundamentalwege gewonnen und mit einem analytisch geschlossenen Ausdruck erfaßt wird.

Definition 8.3. *Es sei $t(d,i,j)$ die Anzahl der Fundamentalwege, die zum Zeitpunkt Null beginnen mit:*

$$\begin{aligned} d &= \textit{Hamminggewicht der Codeblockfolge} \\ i &= \textit{Hamminggewicht der Infobitfolge} \\ j &= \textit{Länge des Fundamentalweges (in Codeblöcken bzw. Infobits).} \end{aligned}$$

Die $t(d,i,j)$ werden als Fundamentalwegekoeffizienten *(complete path enumerators) bezeichnet. Die formale Potenzreihe in D, I, J*

$$T(D,I,J) = \sum_{d=d_f}^{\infty} \sum_{i=1}^{\infty} \sum_{j=m+1}^{\infty} t(d,i,j) D^d I^i J^j \tag{8.8.1}$$

ist als Gewichtsfunktion *des Faltungscodes (Codespektrum, generating function, transmission gain) bekannt.*

Die Potenzen und die Gewichtskoeffizienten sind als natürliche Zahlen zu verstehen, d.h. ohne $\mathbb{F}_2$-Arithmetik. Offensichtlich hat jeder Fundamentalweg mindestens das Codefolgengewicht d_f und mindestens das Infofolgengewicht 1 und mindestens die Länge $m+1$. Die freie Distanz entspricht also der minimalen

D-Potenz in $T(D,I,J)$. Jedem Fundamentalweg ist eindeutig ein Term $D^d I^i J^j$ zugeordnet – aber nicht eineindeutig, denn es kann verschiedene Wegen mit gleichem d,i,j geben.

Zur praktischen Berechnung der Gewichtsfunktion wird im *modifizierten Zustandsdiagramm* (detour flowchart) ein weiterer Zustand eingeführt, indem der Nullzustand in

$$\begin{aligned} \zeta_1 &= \text{Nullzustand der abgehenden Kanten} \\ \zeta_0 &= \text{Nullzustand der ankommenden Kanten} \end{aligned}$$

aufgesplittet wird. Die direkte Kante von ζ_1 nach ζ_0 (entsprechend $u_r = 0$, $\boldsymbol{a}_r = \boldsymbol{0}$) wird gestrichen. Somit ist jeder Weg von ζ_1 nach ζ_0 ein Fundamentalweg. Jede Kante im modifizierten Zustandsdiagramm wird entsprechend Definition 8.3 mit $D^d I^i J$ beschriftet, wobei für das Codeblockgewicht $0 \leq d \leq n$ und für das Infobitgewicht $0 \leq i \leq 1$ gilt.

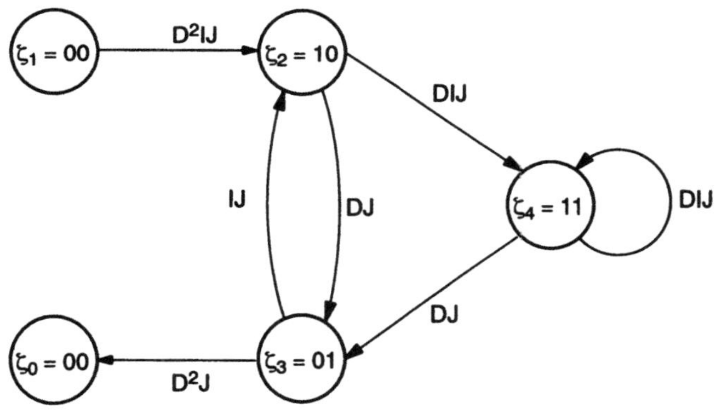

Bild 8.10. Modifiziertes Zustandsdiagramm für das Standardbeispiel

Das modifizierte Zustandsdiagramm zeigt Bild 8.10 für das Standardbeispiel. Einige Fundamentalwege werden nachfolgend aufgelistet:

$$\begin{array}{lcl} \zeta_1,\zeta_2,\zeta_3,\zeta_0 & : & D^2IJ\cdot DJ\cdot D^2J & = & D^5IJ^3 \\ \zeta_1,\zeta_2,\zeta_3,\zeta_2,\zeta_4,\zeta_3,\zeta_0 & : & D^2IJ\cdot DJ\cdot IJ\cdot DIJ\cdot DJ\cdot D^2J & = & D^7I^3J^6 \\ \zeta_1,\zeta_2,\zeta_4,\zeta_3,\zeta_2,\zeta_3,\zeta_0 & : & D^2IJ\cdot DIJ\cdot DJ\cdot IJ\cdot DJ\cdot D^2J & = & D^7I^3J^6. \end{array}$$

Es gibt also mindestens zwei Fundamentalwege der Länge 6 mit dem Codefolgengewicht 7 und dem Infofolgengewicht 3. An welcher Stelle in der Codefolge die Nullen und Einsen stehen wird dabei nicht erfaßt – das ist zwar für die Decodierung wichtig, aber nicht für die Berechnung der Fehlerwahrscheinlichkeit.

Zur Berechnung von $T(D,I,J)$ werden jedem Zustand formale Zustandsvariablen X_s $(0 \leq s \leq 2^m)$ zugeordnet mit folgenden Gleichungen $(r \neq 1)$:

$$X_r = \sum_{\substack{s \\ \text{Kante von } \zeta_s \text{ nach } \zeta_r}} D^d I^i J \cdot X_s. \tag{8.8.2}$$

Die Summe erstreckt sich nur über diejenigen zwei s-Werte, so daß es eine Kante von ζ_s nach ζ_r gibt, wobei durch diese Kante d und i bestimmt werden. Dabei ist $r \neq 1$, da ζ_1 keinen Vorgänger-Zustand hat. Folglich ergibt sich ein System von Gleichungen der Zustandsvariablen X_s, und da $T(D, I, J)$ die Wege von ζ_1 nach ζ_0 beschreibt, folgt schließlich für die Gewichtsfunktion:

$$T(D, I, J) = \frac{X_0}{X_1}. \tag{8.8.3}$$

Beispiel 8.10. Für das Standardbeispiel aus Bild 8.10 lauten die Zustandsgleichungen wie folgt:

$$\begin{aligned} X_2 &= D^2IJ \cdot X_1 + IJ \cdot X_3 && (8.8.4) \\ X_3 &= DJ \cdot X_2 + DJ \cdot X_4 && (8.8.5) \\ X_4 &= DIJ \cdot X_2 + DIJ \cdot X_4 && (8.8.6) \\ X_0 &= D^2J \cdot X_3. && (8.8.7) \end{aligned}$$

Aus (8.8.6) folgt:

$$X_4 = \frac{DIJ}{1 - DIJ} X_2. \tag{8.8.8}$$

Aus (8.8.5) und (8.8.8) folgt:

$$X_3 = \left(DJ + DJ \frac{DIJ}{1 - DIJ} \right) X_2 = \frac{DJ}{1 - DIJ} X_2. \tag{8.8.9}$$

Aus (8.8.9) und (8.8.4) folgt:

$$X_2 = \frac{1 - DIJ}{DJ} X_3 = D^2IJ \cdot X_1 + IJ \cdot X_3. \tag{8.8.10}$$

Daraus folgt:

$$\left(\frac{1 - DIJ}{DJ} - IJ \right) X_3 = D^2IJ \cdot X_1, \tag{8.8.11}$$

$$\frac{X_3}{X_1} = \frac{D^2IJ}{\frac{1 - DIJ}{DJ} - IJ} = \frac{D^3IJ^2}{1 - DIJ - DIJ^2}. \tag{8.8.12}$$

Mit (8.8.7) und (8.8.12) folgt schließlich:

$$T(D, I, J) = \frac{X_0}{X_1} = D^2J \frac{X_3}{X_1} = \frac{D^5IJ^3}{1 - DIJ(1 + J)}. \tag{8.8.13}$$

Formal gilt $\frac{1}{1 - \omega} = \sum_{r=0}^{\infty} \omega^r$ und mit $\omega = DIJ(1 + J)$ folgt:

$$T(D, I, J) = D^5IJ^3 \sum_{r=0}^{\infty} \Big(DIJ(1 + J) \Big)^r$$

$$\begin{aligned}
&= \sum_{r=0}^{\infty} D^{5+r} I^{1+r} J^{3+r} (1+J)^r \qquad (8.8.14)\\
&= D^5 I J^3 + D^6 I^2 J^4 (1+J) + D^7 I^3 J^5 (1+J)^2 \\
&\quad + D^8 I^4 J^6 (1+J)^3 + (\ldots) J^7 \\
&= D^5 I J^3 + D^6 I^2 J^4 + D^6 I^2 J^5 + D^7 I^3 J^5 \\
&\quad + 2 D^7 I^3 J^6 + D^8 I^4 J^6 + (\ldots) J^7 .
\end{aligned}$$

Hierbei wurden die Fundamentalwege nach J-Potenzen (bzw. ihrer Länge) sowie nach D-Potenzen sortiert. □

Definition 8.4. *Aus der Gewichtsfunktion ergeben sich die als* Distanzspektren *bezeichneten Zahlenfolgen w_d und c_d wie folgt: Die Entwicklung nach D-Potenzen führt zu*

$$T(D,1,1) = \sum_{d=d_f}^{\infty} w_d D^d \quad \mathit{mit} \quad w_d = \sum_{i,j} t(d,i,j) \qquad (8.8.15)$$

und die Differentiation nach I führt zu:

$$\frac{\partial T}{\partial I}(D,1,1) = \sum_{d=d_f}^{\infty} c_d D^d \quad \mathit{mit} \quad c_d = \sum_{i,j} i \cdot t(d,i,j). \qquad (8.8.16)$$

Beispiel 8.11. Fortsetzung von Beispiel 8.10: Aus

$$T(D,I,J) = \frac{D^5 I J^3}{1 - DIJ(1+J)} = \sum_{r=0}^{\infty} D^{5+r} I^{1+r} J^{3+r} (1+J)^r$$

ergibt sich

$$T(D,1,1) = \frac{D^5}{1-2D} = D^5 \sum_{r=0}^{\infty} 2^r D^r = D^5 + 2D^6 + 4D^7 + \cdots \qquad (8.8.17)$$

und aus

$$\frac{\partial T}{\partial I} = \frac{D^5 J^3 (1 - DIJ(1+J)) + D^5 I J^3 \cdot DJ(1+J)}{(1 - DIJ(1+J))^2}$$

ergibt sich

$$\begin{aligned}
\frac{\partial T}{\partial I}(D,1,1) &= \frac{D^5}{1 - 4D(1-D)} = D^5 \sum_{r=0}^{\infty} 4^r D^r (1-D)^r \qquad (8.8.18)\\
&= D^5 + 4D^6 + 12 D^7 + \cdots .
\end{aligned}$$

Damit resultieren die Distanzspektren $w_1 = \cdots = w_4 = 0, w_5 = 1, w_6 = 2, w_7 = 4, \ldots$ sowie $c_1 = \cdots = c_4 = 0, c_5 = 1, c_6 = 4, c_7 = 12, \ldots$ □

Schon für etwas kompliziertere Faltungscodes kann die Berechnung der Distanzspektren nicht mehr per Hand erfolgen. Tabellen mit Distanzspektren der optimalen Faltungscodes enthält beispielsweise [19, 49].

8.9 Algorithmen zur Berechnung der Gewichtsfunktion

Nur für sehr einfache Faltungscodes kann $T(D,I,J)$ mit einem geschlossenen analytischen Ausdruck berechnet werden. Für praktische Zwecke brauchen aber auch nur die unteren Potenzen bekannt zu sein. Zwei Rechenverfahren dazu werden hier entwickelt.

Die Zustandsgleichungen (8.8.2) werden als Matrix-Gleichung geschrieben. Dazu sei $\boldsymbol{X} = (X_2, \ldots, X_{2^m})^T$ der (2^m-1)-dim. Zustandsvektor und mit einer $(2^m-1, 2^m-1)$-dim. Matrix $\boldsymbol{S}$ und zwei (2^m-1)-dim. Spaltenvektoren $\boldsymbol{a}$ und $\boldsymbol{b}$ gilt dann:

$$\left(\begin{array}{c} X_0 \\ \hline \boldsymbol{X} \end{array}\right) = J \cdot \left(\begin{array}{c|c} 0 & \boldsymbol{a}^T \\ \hline \boldsymbol{b} & \boldsymbol{S} \end{array}\right) \cdot \left(\begin{array}{c} X_1 \\ \hline \boldsymbol{X} \end{array}\right). \tag{8.9.1}$$

Da jeder Zustand nur 2 abgehende und 2 ankommende Kanten hat, ist die $(2^m, 2^m)$-dim. Matrix nur schwach besetzt. Ausgeschrieben lautet das Gleichungssystem:

$$\begin{aligned} X_0 &= J \cdot \boldsymbol{a}^T \boldsymbol{X} \\ \boldsymbol{X} &= J \cdot \boldsymbol{b} X_1 + J \cdot \boldsymbol{S}\boldsymbol{X}. \end{aligned} \tag{8.9.2}$$

Aus der letzten Gleichung folgt

$$(\boldsymbol{E} - J\boldsymbol{S})\boldsymbol{X} = J\boldsymbol{b}X_1 \quad \text{bzw.} \quad \boldsymbol{X} = J(\boldsymbol{E} - J\boldsymbol{S})^{-1}\boldsymbol{b}X_1.$$

Damit ergibt sich ein geschlossener Ausdruck für die Gewichtsfunktion, der so allerdings noch nicht vernünftig numerisch ausgewertet werden kann:

$$T(D,I,J) = \frac{X_0}{X_1} = J^2 \cdot \boldsymbol{a}^T(\boldsymbol{E} - J\boldsymbol{S})^{-1}\boldsymbol{b}. \tag{8.9.3}$$

Die Formel für die geometrische Reihe gilt auch für Matrizen und daraus ergibt sich eine Darstellung der Gewichtsfunktion als Potenzreihe:

$$T(D,I,J) = \sum_{r=0}^{\infty} J^{2+r} \cdot \boldsymbol{a}^T \boldsymbol{S}^r \boldsymbol{b}. \tag{8.9.4}$$

Mit $\boldsymbol{d}_r = \boldsymbol{S}^r \boldsymbol{b}$ resultiert schließlich eine einfach zu handhabende Rekursion:

$$T(D,I,J) = \sum_{r=0}^{\infty} J^{2+r} \cdot \boldsymbol{a}^T \boldsymbol{d}_r \quad , \quad \boldsymbol{d}_r = \boldsymbol{S}\boldsymbol{d}_{r-1} \quad , \quad \boldsymbol{d}_0 = \boldsymbol{b}. \tag{8.9.5}$$

Beispiel 8.12. Fortsetzung von Beispiel 8.10: Das Gleichungssystem (8.9.1) lautet

$$\left(\begin{array}{c} X_0 \\ \hline X_2 \\ X_3 \\ X_4 \end{array}\right) = \left(\begin{array}{c|ccc} & & D^2J & \\ \hline D^2IJ & & IJ & \\ & DJ & & DJ \\ & DIJ & & DIJ \end{array}\right) \cdot \left(\begin{array}{c} X_1 \\ \hline X_2 \\ X_3 \\ X_4 \end{array}\right)$$

und somit gilt:

$$\boldsymbol{a} = \begin{pmatrix} 0 \\ D^2 \\ 0 \end{pmatrix} \quad \boldsymbol{b} = \begin{pmatrix} D^2 I \\ 0 \\ 0 \end{pmatrix} \quad \boldsymbol{S} = \begin{pmatrix} 0 & I & 0 \\ D & 0 & D \\ DI & 0 & DI \end{pmatrix}.$$

Daraus ergeben sich rekursiv folgende Werte:

$$\boldsymbol{d}_0 = \boldsymbol{b} = \begin{pmatrix} D^2 I \\ 0 \\ 0 \end{pmatrix} \qquad \boldsymbol{a}^T \boldsymbol{d}_0 = 0$$

$$\boldsymbol{d}_1 = \boldsymbol{S}\boldsymbol{d}_0 = \begin{pmatrix} 0 \\ D^3 I \\ D^3 I^2 \end{pmatrix} \qquad \boldsymbol{a}^T \boldsymbol{d}_1 = D^5 I$$

$$\boldsymbol{d}_2 = \boldsymbol{S}\boldsymbol{d}_1 = \begin{pmatrix} D^3 I^2 \\ D^4 I^2 \\ D^4 I^3 \end{pmatrix} \qquad \boldsymbol{a}^T \boldsymbol{d}_2 = D^6 I^2$$

$$\boldsymbol{d}_3 = \boldsymbol{S}\boldsymbol{d}_2 = \begin{pmatrix} D^3 I^3 \\ D^4 I^2 + D^5 I^3 \\ D^4 I^3 + D^5 I^4 \end{pmatrix} \qquad \boldsymbol{a}^T \boldsymbol{d}_3 = D^6 I^2 + D^7 I^3.$$

Durch Summation über die $\boldsymbol{a}^T \boldsymbol{d}_r$ ergibt sich das bekannte Ergebnis für die Gewichtsfunktion. □

Eine alternative Methode zur Berechnung der Gewichtsfunktion wird nachfolgend entwickelt: Mit $\sigma = 2^m - 1$ wird die Dimension der Matrix $\boldsymbol{S}$ abgekürzt. Für das charakteristische Polynom gilt:

$$\begin{aligned} f(\lambda) &= \operatorname{Det}(\lambda \boldsymbol{E} - \boldsymbol{S}) = \sum_{i=0}^{\sigma} \alpha_i \lambda^i \\ &= \alpha_0 + \alpha_1 \lambda + \cdots + \alpha_{\sigma-1} \lambda^{\sigma-1} + \lambda^\sigma. \end{aligned} \tag{8.9.6}$$

Dabei ist λ ein skalarer Platzhalter und die Koeffizienten α_i sind Polynome in D, I, J, die durch Berechnung der Determinante einfach gewonnen werden können. Nach dem Cayley-Hamilton-Theorem erfüllt die Matrix $\boldsymbol{S}$ ihr charakteristisches Polynom, d.h.

$$f(\boldsymbol{S}) = \alpha_0 \boldsymbol{E} + \alpha_1 \boldsymbol{S} + \cdots + \alpha_{\sigma-1} \boldsymbol{S}^{\sigma-1} + \boldsymbol{S}^\sigma = \boldsymbol{0}. \tag{8.9.7}$$

Die Multiplikation mit $\boldsymbol{S}^{r-\sigma}$ ergibt:

$$\boldsymbol{S}^r = -\Big(\alpha_0 \boldsymbol{S}^{r-\sigma} + \alpha_1 \boldsymbol{S}^{r-\sigma+1} + \cdots + \alpha_{\sigma-1} \boldsymbol{S}^{r-1}\Big).$$

Für die Polynome $h_r = \boldsymbol{a}^T \boldsymbol{S}^r \boldsymbol{b}$ ergibt sich daraus die Rekursion

$$h_r = -\Big(\alpha_0 h_{r-\sigma} + \alpha_1 h_{r-\sigma+1} + \cdots + \alpha_{\sigma-1} h_{r-1}\Big) \tag{8.9.8}$$

und gemäß (8.9.4) das Ergebnis

$$T(D, I, J) = \sum_{r=0}^{\infty} J^{2+r} h_r. \tag{8.9.9}$$

8.10 Aufgaben

8.1. Zeige, daß das Standardbeispiel $\boldsymbol{G}(x) = (1 + x + x^2, 1 + x^2)$ als nicht-katastrophaler optimaler $R = 1/2$-Code mit $m = 2$ eindeutig bestimmt ist.

8.2. Berechne die freie Distanz von $\boldsymbol{G}(x) = (1, 1 + x + x^2 + x^3)$ in direkter Weise ohne die Gewichtsfunktion.

8.3. Sind durch

$$\begin{aligned} \boldsymbol{G}_1(x) &= (1 + x + x^2, 1 + x + x^2 + x^3) \\ \boldsymbol{G}_2(x) &= (1 + x + x^2 + x^3 + x^4, 1 + x^4) \end{aligned}$$

nicht-katastrophale Encoder gegeben?

8.4. Für den systematischen Encoder $\boldsymbol{G}(x) = (1, 1 + x + x^2)$ ist das modifizierte Zustandsdiagramm anzugeben. Berechne d_f.

8.5. Berechne die Gewichtsfunktion und die Distanzspektren für den Encoder $\boldsymbol{G}(x) = (1, 1 + x)$.

8.6. Zeichne ein Trellissegment für den in Tabelle 8.1 enthaltenen Encoder $\boldsymbol{G}(x) = (1 + x + x^3, 1 + x + x^2 + x^3)$.

8.7. Berechne das Encoder-Inverse zum Industriestandard-Code

$$\boldsymbol{G}(x) = (1 + x^2 + x^3 + x^5 + x^6, 1 + x + x^2 + x^3 + x^6)$$

mit Hilfe des Euklidischen Algorithmus.

8.8. Finde die Polynombeschreibung des $R = 2/3$-Faltungs-Encoders aus Bild 8.1 sowie ein Encoder-Inverses (durch Probieren). Gebe die Schieberegister-Implementierung des Encoder-Inversen an.

8.9. Weise für das Standardbeispiel $\boldsymbol{G}(x) = (1+x+x^2, 1+x^2)$ die Existenz eines sogenannten *Expansionsfaktors* δ nach, so daß für alle Paare von Info- und Codefolgen gilt:

$$w_H(\boldsymbol{a}) = w_H(\boldsymbol{u}) + \delta. \tag{8.10.1}$$

Berechne δ.

8.10. Zeige in Ergänzung zu Satz 8.1 folgende weitere äquivalente Charakterisierung: Ein Faltungs-Encoder ist genau dann nicht-katastrophal, wenn ein Encoder-Inverses ohne Rückkopplungen existiert.

8.11. Zeige in Ergänzung zu Satz 8.1 und Aufgabe 8.10 folgende weitere äquivalente Charakterisierung: Ein Faltungs-Encoder ist genau dann nicht-katastrophal, wenn keine Wegschleife durch das Zustandsdiagramm mit einem Codefolgengewicht von Null existiert.

Zeige an einem Beispiel, daß die Schleife der Länge 1 beim Einszustand keine äquivalente Charakterisierung gibt, d.h. finde einen katastrophalen Encoder, bei dem die Schleife der Länge 1 beim Einszustand ein positives Codeblockgewicht hat.

8.12. Sei $p(x) \in \mathbb{F}_2[x]_s$ ein Polynom vom Grad s mit Koeffizienten aus $\mathbb{F}_2$ und $p_0 = p(0) = 1$. Zeige, daß

$$\frac{1}{p(x)} = u(x) = \sum_{r=0}^{\infty} u_r x^r$$

als Potenzreihe ohne negative Potenzen geschrieben werden kann, was bereits im Beweis von Satz 8.1 verwendet wurde. Erzeuge die Koeffizienten u_r durch ein rückgekoppeltes Schieberegister.

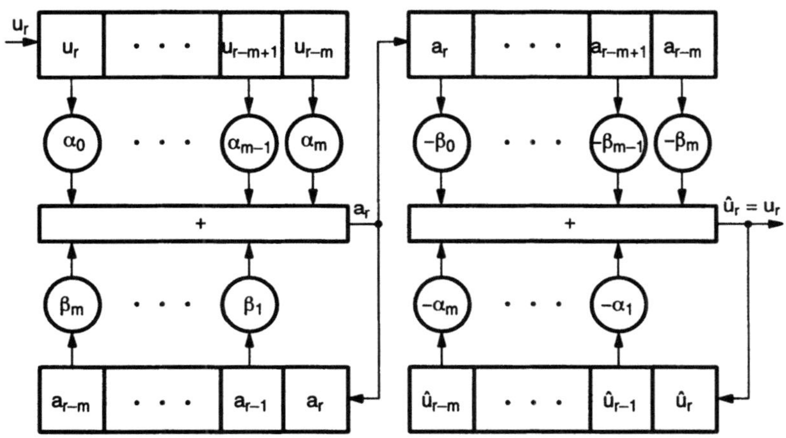

Bild 8.11. Transparente Kombination rückgekoppelter Schieberegister

8.13. Zeige, daß die in Bild 8.11 dargestellte Kombination aus $R = 1/1$-Encoder und Encoder-Inversem insgesamt transparent ist (sei $\alpha_0 = 1$ und $\beta_0 = -1$). Finde die Polynombeschreibungen. Forme die rückgekoppelten Schieberegister so um, daß jeweils eine zentrale Registerkette der Länge $m + 1$ ausreicht.

8.14. Gebe einen systematischen Encoder $\boldsymbol{G}_s(x)$ mit Rückkopplungen für das Standardbeispiel mit $\boldsymbol{G}(x) = (1 + x + x^2, 1 + x^2)$ an. Ist der Encoder katastrophal? Zeige, daß $\boldsymbol{G}(x)$ und $\boldsymbol{G}_s(x)$ exakt den gleichen Code erzeugen. Berechne ein Encoder-Inverses.

8.15. Zeige mit einem Zahlenbeispiel, daß der $R = 1/1$-Faltungs-Encoder $\boldsymbol{G}(x) = (1 + x)$ katastrophal ist. Gebe ähnlich zu den Bildern 8.4 und 8.11 ein Encoder-Inverses mit Rückkopplungen an. Was passiert bei einer Vertauschung von Encoder und Encoder-Inversem?

8.16. Das Punktierungsschema des $R = 8/9$-Codes aus Tabelle 8.3 wird geringfügig geändert in 1111 1111 1000 0000 0000 0000 0000 0000. Ist die Infofolge noch wiedergewinnbar?

9. ML-Decodierung mit dem Viterbi-Algorithmus und Fehlerwahrscheinlichkeit von Faltungscodes

Für Faltungscodes gibt es verschiedene Decodierprinzipien:

Maximum-Likelihood-Decodierung: Eine sehr elegante und zugleich aufwandsgünstige Realisierung der ML-Decodierung ermöglicht der Viterbi-Algorithmus, der seit 1967 bekannt ist. Teilweise wird auch der Begriff Viterbi-Decodierung verwendet. Dieses Verfahren ist von großer praktischer Bedeutung und kann neben der Decodierung von Faltungscodes und Trelliscodes prinzipiell bei allen Systemen angewendet werden, die eine Trellisstruktur aufweisen. Dazu zählen auch Interferenz-Verzerrungen, digitale Modulationsverfahren mit Gedächtnis und sogar Blockcodes, wie sich in den Abschnitten 11.4 bis 11.7 noch zeigen wird.

Die Viterbi-Decodierung ist bei hohen Übertragungsraten heute technisch realisierbar bis zu einer Gedächtnislänge von etwa $m = 6$ oder $m = 8$. Jede Erhöhung von m um 1 verdoppelt den Aufwand. Der Viterbi-Algorithmus verarbeitet fast ohne Mehraufwand Soft-Decision als Input mit entsprechenden Codierungsgewinnen und kann andererseits Soft-Decision als Output erzeugen.

Sequentielle Decodierung: Hierbei sind wesentlich größere Gedächtnislängen bis etwa $m = 100$ möglich. Der Rechenaufwand für die Decodierung ist nicht konstant wie beim Viterbi-Algorithmus, sondern variiert mit der Anzahl der Fehler. Der Rechenaufwand kann auch von außen vorgegeben werden und erlaubt damit eine Steuerung des Codierungsgewinns. Die sequentielle Decodierung geht zurück auf Wozencraft (1957) und wird üblicherweise mit dem Fano-Algorithmus (1963) oder dem Stack-Algorithmus (Zigangirov 1966, Jelinek 1969) realisiert.

Algebraische Decodierung: Damit wird eine Klasse von einfachen und suboptimalen Decodierverfahren bezeichnet, die heute nur noch in Sonderfällen verwendet werden, wo es auf allereinfachste Realisierung oder extrem hohe Übertragungsraten ankommt. Bekannt wurden diese Verfahren durch Massey (1963).

Die Schwerpunkte dieses Kapitels bilden die ML-Decodierung mit dem Viterbi-Algorithmus einschließlich der Implementierungsaspekte und der Erzeugung von Soft-Decision-Output sowie die Berechnung der Fehlerwahrscheinlichkeit einschließlich der entstehenden Fehlerstrukturen. Daneben wird das Konzept der verketteten Codierung eingeführt und schließlich erfolgt ein Vergleich zwischen Blockcodes und Faltungscodes.

9.1 Viterbi-Metrik

Für die Herleitung der ML-Decodierung kann gedanklich ein terminierter Faltungscode vorausgesetzt werden, der dann ein spezieller Blockcode ist. Nach Satz 1.2 wird zur Empfangsfolge $\boldsymbol{y}$ als ML-Schätzung $\hat{\boldsymbol{a}}$ diejenige Codefolge gewählt, bei der die Übergangswahrscheinlichkeit maximal wird. Für alle Codefolgen $\boldsymbol{b}$ muß also gelten:

$$P_{y|x}(\boldsymbol{y}\,|\,\hat{\boldsymbol{a}}) \geq P_{y|x}(\boldsymbol{y}\,|\,\boldsymbol{b}). \tag{9.1.1}$$

Für den DMC zerfällt die Übergangswahrscheinlichkeit für Folgen nach Definition 1.1 in ein Produkt von einzelnen Übergangswahrscheinlichkeiten:

$$P_{y|x}(\boldsymbol{y}\,|\,\boldsymbol{x}) = \prod_{i=0}^{l} P_{y|x}(y_i|x_i). \tag{9.1.2}$$

Dabei ist $l = (L+m)n-1$, wenn nach L Infobits terminiert wird, und i durchläuft die Empfangswerte bzw. Codebits. Anstelle von $P_{y|x}(\boldsymbol{y}\,|\,\boldsymbol{x})$ kann auch der skalierte Logarithmus maximiert werden ($\alpha > 0$, Rechnung in den reellen Zahlen):

$$\begin{aligned}
\mu(\boldsymbol{y}\,|\,\boldsymbol{x}) &= \alpha \cdot \log P_{y|x}(\boldsymbol{y}\,|\,\boldsymbol{x}) + \beta && (9.1.3)\\
&= \alpha \cdot \sum_{i=0}^{l} \log P_{y|x}(y_i|x_i) + \beta \\
&= \sum_{i=0}^{l} \Big(\alpha \cdot \log P_{y|x}(y_i|x_i) + \beta_i\Big) \\
&= \sum_{i=0}^{l} \mu(y_i|x_i). && (9.1.4)
\end{aligned}$$

Die Summe $\mu(\boldsymbol{y}\,|\,\boldsymbol{x})$ wird als *Viterbi-Metrik* des DMC bezeichnet, die natürlich vom verwendeten Code unabhängig ist. Die Summanden $\mu(y_i|x_i)$ werden als *Metrik-Inkremente* bezeichnet. Die ML-Decodierung ist äquivalent mit der Maximierung der Viterbi-Metrik durch Wahl einer geeigneten Codefolge. Mit (9.1.4) wird eine *Inkrementalisierung* der Viterbi-Metrik gegeben. Die Größen $\alpha > 0$ und β_i sind dabei frei wählbar. Nur β_i darf von i bzw. y_i abhängen, aber natürlich nicht von x_i.

Für den BSC und den AWGN wird jetzt gezeigt, daß durch geeignete Wahl der Konstanten das Metrik-Inkrement in die Form $\mu(y_i|x_i) = x_i y_i$ gebracht werden kann:

Beispiel 9.1. Für den BSC wird $\mathcal{A}_{\text{in}} = \mathcal{A}_{\text{out}} = \{+1, -1\}$ gesetzt. Für die Übergangswahrscheinlichkeit gilt nach Definition 1.2:

$$P(y|x) = \left\{ \begin{array}{ll} 1 - p_e & x = y \\ p_e & x \neq y \end{array} \right\} = \left\{ \begin{array}{ll} 1 - p_e & xy = +1 \\ p_e & xy = -1 \end{array} \right\}.$$

Mit $\alpha = 2/\log((1 - p_e)/p_e) > 0$ (bei $p_e < 1/2$) und $\beta = -1 - \alpha \log p_e$ nimmt das Metrik-Inkrement folgende Form an:

$$\begin{aligned} \mu(y|x) &= \alpha \log P(y|x) + \beta \\ &= \left\{ \begin{array}{ll} \alpha \log(1 - p_e) + \beta & xy = +1 \\ \alpha \log p_e + \beta & xy = -1 \end{array} \right\} \\ &= \left\{ \begin{array}{ll} \alpha \log((1 - p_e)/p_e) - 1 & xy = +1 \\ -1 & xy = -1 \end{array} \right\} \\ &= \left\{ \begin{array}{ll} +1 & xy = +1 \\ -1 & xy = -1 \end{array} \right\} = xy. \end{aligned}$$

Wegen

$$d_H(x, y) = \left\{ \begin{array}{ll} 0 & xy = +1 \\ 1 & xy = -1 \end{array} \right\} = \frac{1 - xy}{2}$$

ist die Maximierung der Viterbi-Metrik äquivalent mit der Minimierung des Hammingabstandes, wie es in Satz 1.3 für die ML-Decodierung abgeleitet wurde. In den folgenden Beispielen wird allerdings $\mathcal{A}_{\text{in}} = \mathcal{A}_{\text{out}} = \{0, 1\}$ gesetzt und dann ist $\mu(y|x) = 1 - d_H(x, y)$ zu maximieren. Somit entspricht die Viterbi-Metrik der Anzahl der Übereinstimmungen zwischen der Empfangsfolge und der Codefolge zu einem Weg durch den Trellis.

In Abschnitt 9.7 wird noch eine Erweiterung zu einem zeitvarianten BSC betrachtet, bei dem die Bit-Fehlerwahrscheinlichkeit p_e von Kanalbenutzung zu Kanalbenutzung variieren kann. □

Beispiel 9.2. Für den AWGN wird $\mathcal{A}_{\text{in}} = \{+1, -1\}$ und $\mathcal{A}_{\text{out}} = \mathbb{R}$ gesetzt. Für die bedingte Verteilungsdichte gilt nach Definition 1.3:

$$f(y|x) = \frac{1}{\sqrt{\pi N_0}} \exp\left(-\frac{(y - x)^2}{N_0}\right).$$

Für die Viterbi-Metrik

$$\mu(y|x) = \alpha \log f(y|x) + \beta = \alpha \left(\ln \frac{1}{\sqrt{\pi N_0}} - \frac{y^2}{N_0} - \frac{x^2}{N_0} + \frac{2}{N_0} xy \right) + \beta$$

wird $\alpha = N_0/2 > 0$ gewählt. Stets gilt $x^2 = 1$ und somit folgt

$$\mu(y|x) = \frac{N_0}{2}\left(\ln\frac{1}{\sqrt{\pi N_0}} - \frac{y^2}{N_0} - \frac{1}{N_0}\right) + \beta + xy = xy,$$

sofern β geeignet gewählt wird. Die Viterbi-Metrik $\mu(\boldsymbol{y}|\boldsymbol{x})$ entspricht also einem Skalarprodukt. Bereits in (1.6.11) wurde die ML-Regel als Maximierung dieses Skalarprodukts formuliert. □

Zusammenfassung: Sowohl beim BSC wie beim AWGN mit $\mathcal{A}_{\text{in}} = \{+1, -1\}$ ist zur Empfangsfolge $\boldsymbol{y}$ die Codefolge $\hat{\boldsymbol{a}}$ so zu wählen, daß das Skalarprodukt maximal wird:

$$\mu(\boldsymbol{y}|\hat{\boldsymbol{a}}) = \sum_{i=0}^{l} y_i \hat{a}_i = \sum_{i=0}^{l} \mu(y_i|\hat{a}_i). \tag{9.1.5}$$

Dies entspricht der Minimierung des Hammingabstandes beim BSC (Satz 1.3) bzw. der Minimierung des euklidischen Abstandes beim AWGN (Satz 1.4).

9.2 Viterbi-Algorithmus für terminierte Codes

In diesem Abschnitt wird der Faltungscode als terminiert und im nächsten Abschnitt als nicht-terminiert vorausgesetzt. Alle Kanten werden mit dem Metrik-Inkrement für einen Block beschriftet, d.h. die Inkrementalisierung erfolgt jetzt zweckmäßigerweise mit den Codeblöcken anstelle der Codebits:

$$\mu(\boldsymbol{y}_r|\boldsymbol{a}_r) = \sum_{\nu=1}^{n} y_{r,\nu} a_{r,\nu}. \tag{9.2.1}$$

Mit der Terminologie aus Abschnitt 8.6 ist die ML-Decodierung nun damit äquivalent, daß derjenige Weg durch den Trellis vom Anfangszustand $z_0 = \zeta_1$ bis zum Endzustand $z_{L+m} = \zeta_1$ gefunden wird, dessen Metrik bzw. dessen Summe der Inkremente maximal ist. Mit diesem Weg maximaler Metrik ist neben der geschätzten Codefolge auch zugleich die geschätzte Infofolge bekannt, so daß ein explizites Encoder-Inverses nicht erforderlich ist.

Beispiel 9.3. In Bild 9.1 wird wie in Bild 8.8 als Empfangsfolge die ungestörte Codefolge 11, 01, 01, 00, 10, 11 zur Infofolge 1, 1, 0, 1, (0,0) angenommen. Die Kanten sind mit dem Codeblock sowie dem Metrik-Inkrement beschriftet. Dabei wird $\mathcal{A}_{\text{in}} = \mathcal{A}_{\text{out}} = \{0, 1\}$ gesetzt und $\mu(y|x) = 1 - d_H(x, y)$ ist zu maximieren. Für die drei dick markierten Wege gilt beispielsweise:

$$\mu(y|W_1) = 5 \quad , \quad \mu(y|W_2) = 12 \quad , \quad \mu(y|W_3) = 7.$$

W_2 entspricht der ungestört empfangenen Codefolge und hat maximales Gewicht. □

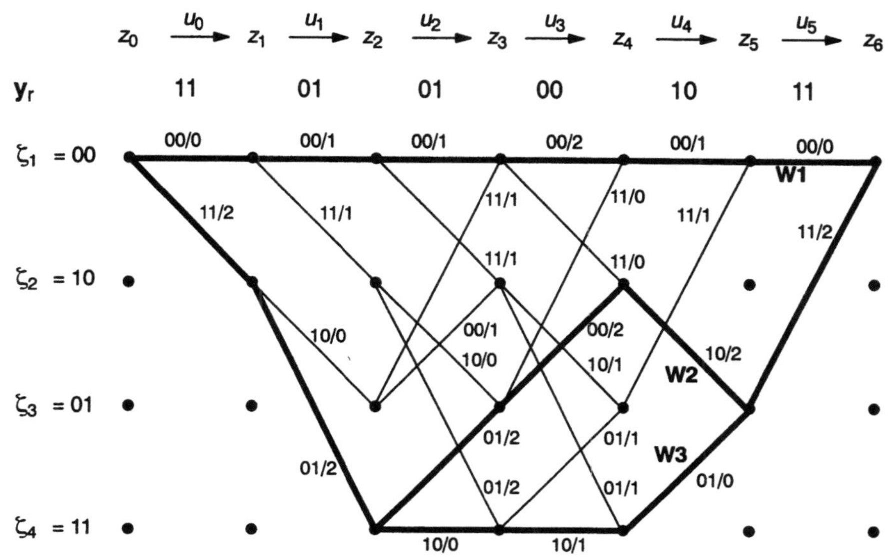

Bild 9.1. Standardbeispiel mit ungestört empfangener Codefolge

Mit jeder Verlängerung des Trellis um ein Segment bzw. Codeblock bzw. Infobit verdoppelt sich die Anzahl der zu untersuchenden Wege. Der Decodieraufwand wächst also exponentiell mit der Länge der Infobitfolge. Der *Viterbi-Algorithmus* (VA) reduziert nun den Aufwand auf ein lineares Wachstum – und zwar ohne den geringsten Verlust an Codierungsgewinn. Zudem kann auch bei nicht-terminierten Codes nach einer gewissen Verzögerung sukzessive entschieden werden, so daß dann der Rechenaufwand für die Decodierung zeitlich konstant bleibt.

Die Grundidee des Viterbi-Algorithmus ist sehr einfach: Es werden sukzessive Wege von $z_0 = \zeta_1$ zu allen Zuständen $z_r = \zeta_i$ betrachtet, wobei r von 1 bis $L + m$ läuft. Für jeden Weg ist eine Metrik

$$\mu_r(i) = \text{Metrik des Weges von } z_0 = \zeta_1 \text{ nach } z_r = \zeta_i \tag{9.2.2}$$

definiert. Beim Übergang von $z_r = \zeta_i$ nach $z_{r+1} = \zeta_j$ wird der Weg um ein Segment verlängert und die neue Metrik $\mu_{r+1}(j)$ ergibt sich aus der alten Metrik plus dem Inkrement. Von allen bei $z_r = \zeta_i$ ankommenden Wegen braucht nachfolgend nur noch der Weg mit maximaler Metrik berücksichtigt zu werden. Somit liegt bei jedem Zustand $z_r = \zeta_i$ nur ein überlebender Weg (*Survivor-Weg*) mit der Metrik $\mu_r(i)$ (*Survivor-Metrik*) an. Der neue Zustand $z_{r+1} = \zeta_j$ wird erreicht aus $z_r = \zeta_i$ und $z_r = \zeta_{i'}$ mit den Survivor-Metriken $\mu_r(i)$ und $\mu_r(i')$. Die neue Survivor-Metrik ergibt sich aus

$$\mu_{r+1}(j) = \max \left\{ \begin{array}{l} \mu_r(i) + \text{ Inkrement zur Kante } (\zeta_i, \zeta_j), \\ \mu_r(i') + \text{ Inkrement zur Kante } (\zeta_{i'}, \zeta_j) \end{array} \right\} \tag{9.2.3}$$

und der neue verlängerte Survivor-Weg ist somit der Weg mit der maximalen Metrik. Damit werden zu jedem Zeitpunkt r nur 2^m Wege der Länge r sowie insgesamt 2^m Survivor-Metriken gespeichert.

Obwohl dieses iterative Prinzip schon länger bekannt war, hat A.J.Viterbi 1967 als Erster dieses Prinzip auf die Decodierung von Faltungscodes angewendet [140] und wurde damit zum Namensgeber des Algorithmus. Von G.D.Forney wurde 1973 die Äquivalenz des Viterbi-Algorithmus mit der ML-Decodierung nachgewiesen [95].

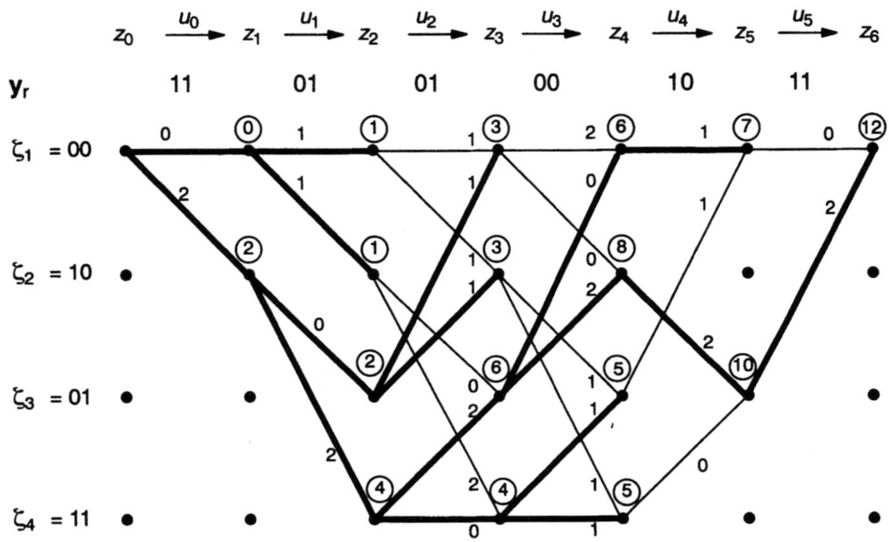

Bild 9.2. Standardbeispiel mit Terminierung: VA für ungestörte Codefolge

Beispiel 9.4. Der Viterbi-Algorithmus wird in Bild 9.2 für das Standardbeispiel demonstriert, wobei die gleiche ungestörte Empfangsfolge wie in Bild 8.8 und Bild 9.1 vorausgesetzt wird. Die Kanten sind mit den Inkrementen beschriftet, die eingekreisten Zahlen sind die Survivor-Metriken und die dicken Kanten gehören zu den Survivor-Wegen. Im einzelnen gilt für die bei z_r anliegenden Survivor:

$$\begin{aligned}
\text{Survivor bei } z_1 &= \zeta_1 : && \zeta_1, \zeta_1 \\
&= \zeta_2 : && \zeta_1, \zeta_2 \\
\text{Survivor bei } z_2 &= \zeta_1 : && \zeta_1, \zeta_1, \zeta_1 \\
&= \zeta_2 : && \zeta_1, \zeta_1, \zeta_2 \\
&= \zeta_3 : && \zeta_1, \zeta_2, \zeta_3 \\
&= \zeta_4 : && \zeta_1, \zeta_2, \zeta_4 \\
\text{Survivor bei } z_3 &= \zeta_1 : && \zeta_1, \zeta_2, \zeta_3, \zeta_1 \\
&= \zeta_2 : && \zeta_1, \zeta_2, \zeta_3, \zeta_2
\end{aligned}$$

$$
\begin{aligned}
= \zeta_3 &: \quad \zeta_1, \zeta_2, \zeta_4, \zeta_3 \\
= \zeta_4 &: \quad \zeta_1, \zeta_2, \zeta_4, \zeta_4 \\
\text{Survivor bei } z_4 = \zeta_1 &: \quad \zeta_1, \zeta_2, \zeta_4, \zeta_3, \zeta_1 \\
= \zeta_2 &: \quad \zeta_1, \zeta_2, \zeta_4, \zeta_3, \zeta_2 \\
= \zeta_3 &: \quad \zeta_1, \zeta_2, \zeta_4, \zeta_4, \zeta_3 \\
= \zeta_4 &: \quad \zeta_1, \zeta_2, \zeta_4, \zeta_4, \zeta_4 \\
\text{Survivor bei } z_5 = \zeta_1 &: \quad \zeta_1, \zeta_2, \zeta_4, \zeta_3, \zeta_1, \zeta_1 \\
= \zeta_3 &: \quad \zeta_1, \zeta_2, \zeta_4, \zeta_3, \zeta_2, \zeta_3 \\
\text{Survivor bei } z_6 = \zeta_1 &: \quad \zeta_1, \zeta_2, \zeta_4, \zeta_3, \zeta_2, \zeta_3, \zeta_1.
\end{aligned}
$$

Der bei $z_6 = \zeta_1$ verbleibende Survivor entspricht der ML-Schätzung. Da eine obere bzw. untere abgehende Kante dem Infobit 0 bzw. 1 entspricht, ist die Infofolgen-Schätzung 1,1,0,1,(0,0) sofort klar. □

Die für Blockcodes sinnvolle Fragestellung „wieviel Fehler sind durch den ML-Decoder korrigierbar“ ist bei Faltungscodes wenig sinnvoll, denn um die Frage präzise zu stellen, muß sie so lauten: Sind alle Fehlermuster mit t Fehlern in einem Abschnitt der Länge h korrigierbar, sofern ein Abschnitt der Länge h' davor fehlerfrei war? Jedoch kann diese Frage entweder überhaupt nicht beantwortet werden oder es ergibt sich ein sehr kleiner Wert für t, wenn die Betonung auf *alle* Fehlermuster liegt. Obwohl die korrigierbaren Fehlermuster nicht analytisch erfaßbar sind, gelingt in Abschnitt 9.5 dennoch die exakte Berechnung der Fehlerwahrscheinlichkeit und des Codierungsgewinns.

9.3 Viterbi-Algorithmus für nicht-terminierte Codes

Ein umfangreiches Beispiel zum Viterbi-Algorithmus ohne Terminierung zeigt Bild 9.3, wobei wieder das Standardbeispiel vorausgesetzt wird. Als Zahlenbeispiel wird die Infofolge $u_0, \cdots, u_9 = 0111011000$ gewählt und in der Empfangsfolge werden 5 Fehler angenommen:

$$
\begin{aligned}
\boldsymbol{a} &= 00\ 11\ 01\ 10\ 01\ 00\ 01\ 01\ 11\ 00 \\
\boldsymbol{y} &= 10\ 11\ 00\ 10\ 00\ 01\ 11\ 01\ 11\ 00.
\end{aligned}
$$

Ferner wird der Anfangszustand als unbekannt angenommen. Nach jedem Iterationsschritt werden alle Wegstücke gelöscht, die nicht zu den verbleibenden aktuellen Survivor-Wegen gehören. Bei Mehrdeutigkeiten sind jeweils alle möglichen Survivor angegeben. Am rechten Rand sind die Survivor-Metriken vermerkt. Bei z_9 verbleiben noch mehrere Survivor, aber alle bei z_{10} anliegenden Survivor laufen rückwärts betrachtet zu einem einzigen Weg zusammen, d.h. bei z_{10} kann eindeutig über $u_0, \ldots, u_7$ entschieden werden. Die Mehrdeutigkeit bei $z_1 = \zeta_1$ ist irrelevant, weil beide Kanten mit $u_0 = 0$ beschriftet sind. Wenn die Rückverfolgung des Survivors vom Zustand mit der maximalen Survivor-Metrik aus erfolgt, wird schon bei z_5 über u_0 richtig entschieden.

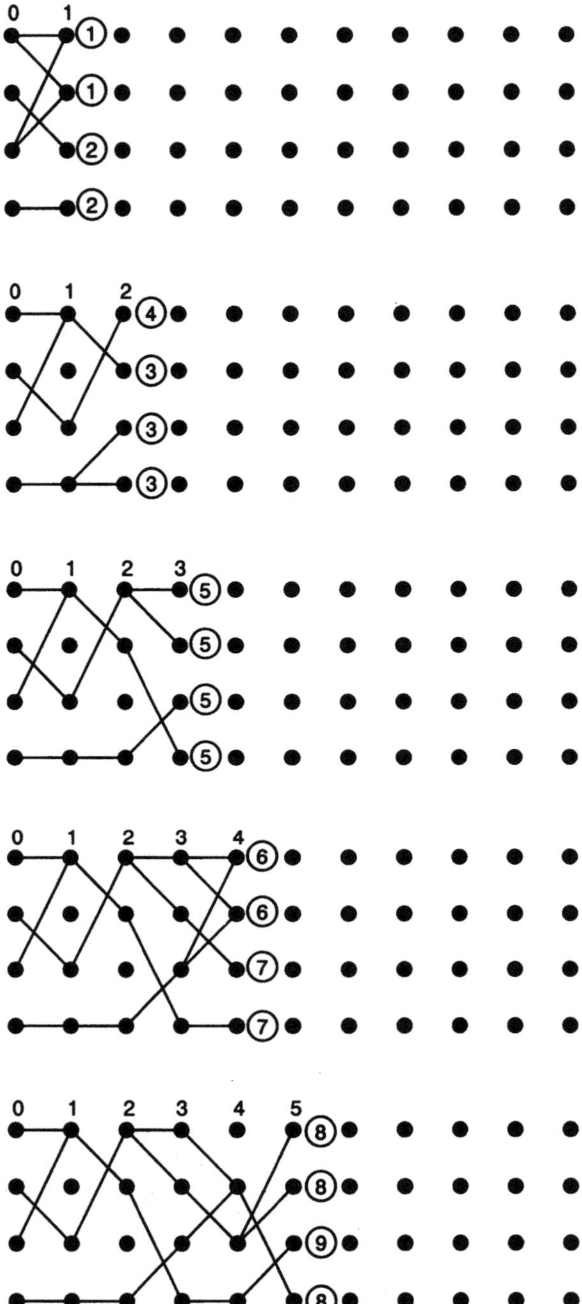

Bild 9.3a. Standardbeispiel ohne Terminierung: VA für gestörte Codefolge

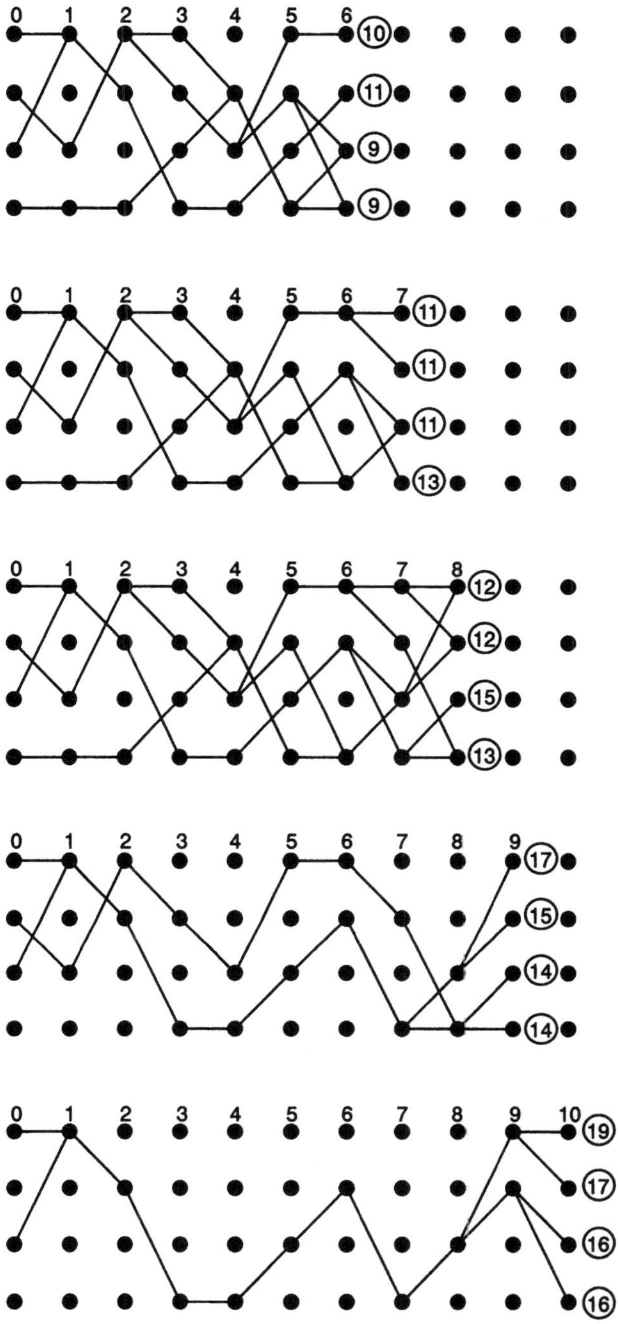

Bild 9.3b. Fortsetzung von Bild 9.3a

Das Prinzip des Viterbi-Algorithmus für terminierte Codes wird mit diesem Beispiel deutlich: Unabhängig davon, von welchem Zustand $z_r = \zeta_i$ aus der Survivor zurückverfolgt wird, geht durch den Zustand z_{r-v} nur ein einziger Survivor, sofern v hinreichend groß gewählt wird. Also wird sich die Schätzung für das Infobit u_{r-v} durch die Verlängerung der Survivor nach $z_{r+1}, z_{r+2}, \ldots$ nicht mehr verändern. Somit kann zum Zeitpunkt r eine endgültige Schätzung für u_{r-v} abgegeben werden. Diese Methode wird auch als *path memory truncation* bezeichnet.

Die Decodierverzögerung v wird *Rückgrifftiefe* (chainback memory length) genannt. Natürlich muß v so gewählt werden, daß mit hoher Wahrscheinlichkeit alle bei z_r anliegenden Survivor in z_{r-v} zusammenlaufen. Dann ergibt sich gegenüber einem unendlich langen Gedächtnis nur ein geringer Verlust im Codierungsgewinn. Es besteht dann auch kein wesentlicher Unterschied zwischen den beiden folgenden Entscheidungsstrategien:

Bei der *Best State Rule* wird die maximale Metrik unter allen 2^m Survivor-Metriken gesucht und von dem entsprechenden Zustand aus wird der Survivor zurückverfolgt. Einfacher aber fast genauso gut ist die *Zero State Rule*, bei der die Rückverfolgung von einem fest eingestellten Zustand aus erfolgt. In den meisten Fällen wird durch die einfache Faustregel

$$v \approx 5 \cdot m \tag{9.3.1}$$

ein ausreichender Wert für v gegeben. Bild 9.4 zeigt anhand von Simulationsergebnissen den Einfluß von v bei der Best State Rule und der Zero State Rule am Beispiel eines $R = 1/2$-Codes mit der Gedächtnislänge $m = 4$ beim AWGN mit idealer Soft-Decision. Offensichtlich ist bei $v = 16$ die Zero State Rule noch deutlich schlechter als die Best State Rule, bei $v = 32$ sind dagegen

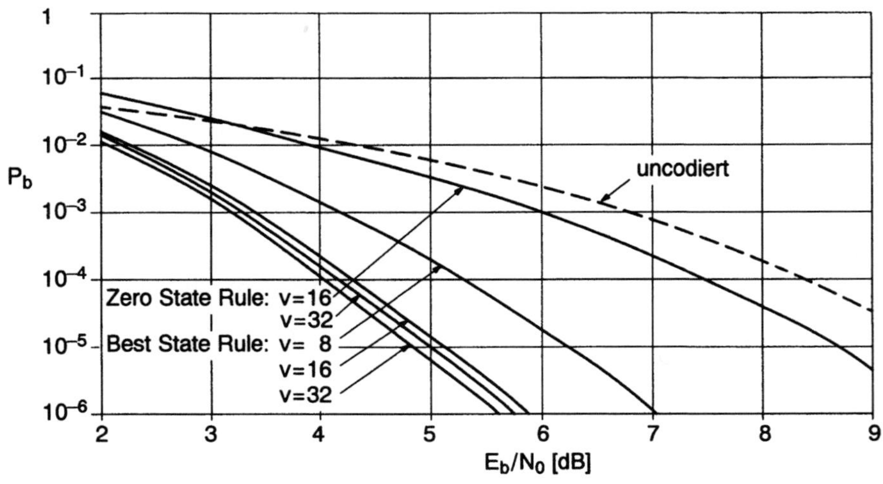

Bild 9.4. Vergleich der Entscheidungsstrategien beim VA ($R = 1/2, m = 4$)

beide Strategien nahezu identisch und durch Vergrößerung von v ergeben sich keine wesentlichen Verbesserungen (siehe auch Tabelle 9.1). Natürlich kann auch bei terminierten Codes schon nach v Trellissegmenten jeweils sukzessive entschieden werden, wenn es auf eine möglichst kurze Verzögerungszeit oder möglichst kleine Speicher ankommt.

9.4 Hinweise zur Implementierung und Synchronisation

In Bild 9.5 wird eine Aufgliederung des Viterbi-Decoders in einen Metrik-Prozessor und einen ACS-Prozessor (Add-Compare-Select) vorgeschlagen.

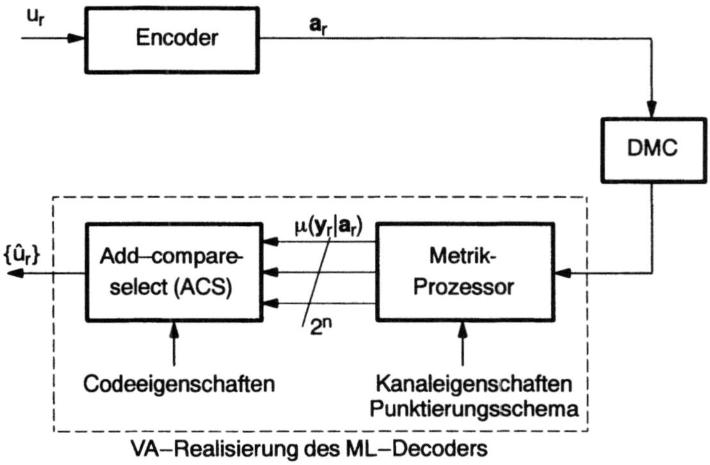

Bild 9.5. Gliederung des Viterbi-Decoders

Im ***Metrik-Prozessor*** werden die Metrik-Inkremente berechnet. Normalerweise kann $n \leq m+1$ vorausgesetzt werden und dann gibt es pro Segment zwar 2^{m+1} Kanten, aber nur 2^n verschiedene Inkremente, da es prinzipiell nur 2^n verschiedene Codeblöcke geben kann. Dabei wirkt sich der spezielle Code überhaupt nicht aus, da noch keine Zuordnung der Metrik-Inkremente zu den Kanten getroffen wird. Die tatsächliche Anzahl der Inkremente reduziert sich noch weiter, wenn Symmetrien ausgenutzt werden; beispielsweise gilt $\mu(y|-x) = -\mu(y|x)$ für die Form (9.1.5).

Für die Berechnung der Metrik-Inkremente kann bereits im Demodulator eine Quantisierung stattfinden. Nach Bild 2.2 erscheint eine oktale Quantisierung mit 3 Bit für den AWGN als ausreichend und tatsächlich wird dadurch die Fehlerwahrscheinlichkeit gegenüber idealer Soft-Decision nur gering verschlechtert (siehe auch Tabelle 9.1).

Bei punktierten Codes sollten die Alphabete mit $\mathcal{A}_{\text{in}} = \{+1,-1\}$ und $\mathcal{A}_{\text{out}} = \{+1,-1\}$ oder $\mathcal{A}_{\text{out}} = \mathbb{R}$ angenommen werden, weil dann die punktierten Stellen einfach durch $y_{r,\nu} = 0$ ergänzt werden können und somit in die Metrik-Inkremente $\mu(y|x) = xy$ nicht einfließen, d.h. die Punktierung ist damit äquivalent, daß an den punktierten Stellen Nullen als Empfangswerte eingefügt werden. Die Wechsel in der Coderate bei RCPC-Codes können also ohne wesentlichen Mehraufwand zu beliebigen Zeitpunkten erfolgen, über die allerdings der Metrik-Prozessor unterrichtet sein muß, um das Punktierungsschema umzuschalten.

Solange für den Kanal ein zeitinvarianter AWGN mit Hard-Decision oder Soft-Decision unterstellt werden kann, sind die Metrik-Inkremente unabhängig von den Kanaleigenschaften, also beispielsweise unabhängig von E_c/N_0. Zusammenfassung: Der Metrik-Prozessor wird nicht durch den Code, sondern allenfalls durch die Kanaleigenschaften und ein eventuelles Punktierungsschema geprägt.

Der *ACS-Prozessor* ist für die Berechnung der Survivor-Metriken und die Verlängerung der Survivor zuständig. Nur hier gehen die Codeeigenschaften ein, nämlich in der Zuordnung der 2^n Inkremente zu den 2^{m+1} Kanten.

Für die Organisation der Rechenoperationen und die Abspeicherung der Survivor sowie zur Rückverfolgung der Survivor bei sukzessiven Entscheidungen gibt es sehr unterschiedliche Lösungen. Dabei spielt es eine Rolle, ob Operationen parallel ausgeführt werden können. Ferner ist ein gewisser Austausch zwischen der Anzahl der arithmetischen Operationen und der Speichergröße möglich. Eine Übersicht dazu findet sich beispielsweise in [3, 19, 75].

Die Survivor-Metrik des richtigen Weges wächst gegenüber den Survivor-Metriken aller anderen Wege sehr stark an, so daß einer Überschreitung des Wertebereichs im ACS-Prozessor vorgebeugt werden muß. Die folgende Verschiebung aller Survivor-Metriken um einen konstanten Wert C zu beliebigen Zeitpunkten hat auf die Decodierung keinen Einfluß:

$$\text{Ersetze } \mu_r(i) \text{ durch } \mu_r(i) - C \text{ für } i = 1, \ldots, 2^m. \tag{9.4.1}$$

Alle Survivor-Metriken, die eine untere Grenze $M_u < 0$ unterschreiten, werden auf diese untere Grenze zurückgesetzt, d.h. (9.4.1) wird verändert zu:

$$\text{Ersetze } \mu_r(i) \text{ durch } \max\{\mu_r(i) - C, M_u\} \text{ für } i = 1, \ldots, 2^m. \tag{9.4.2}$$

Bei einem sehr kleinen M_u wird hierdurch die Decodierung fast überhaupt nicht beeinflußt, aber die Survivor-Metriken befinden sich danach im Wertebereich zwischen M_u und 0, falls $C = \max_i \mu_r(i)$ gewählt wurde. Bei der Viterbi-Decodierung sind noch folgende Synchronisationsprobleme zu berücksichtigen:

Knotensynchronisation: Sofern nicht der Empfänger in eine laufende Übertragung eingeschaltet wird, tritt ein Anfangseffekt auf wie bereits mit Bild 8.8 erklärt wurde. Der Start beim Nullzustand kann im ACS-Prozessor automatisch dadurch berücksichtigt werden, daß die Survivor-Metriken zu Beginn mit

$$\mu_0(1) = 0 \quad , \quad \mu_0(2) = \cdots = \mu_0(2^m) = -\infty \tag{9.4.3}$$

(bzw. mit M_u statt $-\infty$) initialisiert werden. Falls das jedoch nicht möglich ist, entsteht nur ein kurzer Abschnitt mit hoher Fehlerrate, der nach ca. $5m$

Segmenten beendet ist und danach stellt sich wieder die normale niedrige Fehlerrate ein.

Symbolsynchronisation bzw. *Blocksynchronisation:* Der VA bzw. der Metrik-Prozessor muß die Unterteilung des Datenstroms in Blöcke der Länge n kennen, wobei $n = 2, 3, 4$ die typischen Werte sind. Eine falsche Synchronisation macht sich sehr schnell dadurch bemerkbar, daß es keinen dominierenden Weg, d.h. keine dominierende Survivor-Metrik gibt. Auch durch Re-Encodieren der geschätzten Infobits und Vergleich mit den binär quantisierten Empfangsbits macht sich eine falsche Synchronisation durch eine Fehlerrate von rund 50% sofort bemerkbar. In diesem Fall wird die Unterteilung der Empfangswerte in Blöcke um eine Bitposition verschoben und und das vorangehend beschriebene Verfahren wird wiederholt. Auch eine Polaritätsvertauschung bei nicht-transparenten Faltungscodes wird so entdeckt.

Rahmensynchronisation bei terminierten Codes: Dies wird bei den meisten Anwendungen durch Maßnahmen außerhalb der Kanalcodierung erreicht, beispielsweise durch uncodierte Synchronisationswörter. An einen derartigen Rahmen kann auch ein eventuelles Punktierungsschema angehängt werden.

Fazit: Alle Synchronisationsprobleme erweisen sich bei der Viterbi-Decodierung als harmlos und sind mit geringem Mehraufwand sicher zu beherrschen. Das ist ein ganz wesentlicher Vorteil gegenüber Blockcodes.

In Tabelle 9.1 erfolgt eine Zusammenstellung zum Einfluß von Degradationen. Die Verluste durch Realisierungsvereinfachungen können bei gleicher Fehlerwahrscheinlichkeit durch eine entsprechende Erhöhung von E_b/N_0 ausgeglichen werden, wobei natürlich wieder der AWGN unterstellt wird. Die Werte in Tabelle 9.1 können als allgemeine Faustregeln für P_b im Bereich $10^{-3}, \dots, 10^{-7}$ angesehen werden [19, 43, 57, 64].

Tabelle 9.1. Degradationen durch Realisierungsvereinfachungen

Realisierungsvereinfachung	Verlust
3-Bit-Quantisierung gegenüber idealer Soft-Decision	ca. 0,2 dB
1-Bit Hard-Decision gegenüber idealer Soft-Decision	ca. 2,2 dB
Rückgrifftiefe $v = 32$ gegenüber $v = \infty$ (bei $m = 6$)	ca. 0,2 dB

9.5 Berechnung der Fehlerwahrscheinlichkeit

Die Berechnung der Fehlerwahrscheinlichkeit von Faltungscodes erfolgt aus der Gewichtsfunktion, die alle dazu notwendigen Distanzeigenschaften enthält. Ähnlich wie bei den Blockcodes können asymptotische Codierungsgewinne für den AWGN bei Hard- und Soft-Decision angegeben werden.

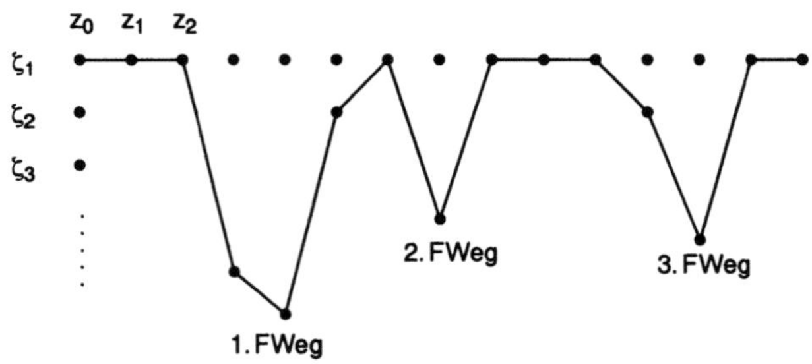

Bild 9.6. Fehlerfolge interpretiert als Abfolge von Fundamentalwegen

Es seien $\boldsymbol{a}_r$ die gesendeten und $\hat{\boldsymbol{a}}_r$ die geschätzten Codeblöcke bei ML-Decodierung. Auch die Fehlerfolge

$$\boldsymbol{e}_r = \boldsymbol{a}_r - \hat{\boldsymbol{a}}_r \tag{9.5.1}$$

ist wegen der Linearität des Codes ebenfalls eine Codeblockfolge. Der Fehlerfolge entspricht umkehrbar eindeutig eine Zustandsfolge im Trellisdiagramm, wie es in Bild 9.6 dargestellt ist. Die Fehlerfolge kann interpretiert werden als eine durch Pausen unterbrochene Sequenz von Fundamentalwegen bzw. als Sequenz von *Fehlerereignissen*. Für die Berechnung der Fehlerwahrscheinlichkeit können diese Fehlerereignisse als statistisch unabhängig angenommen werden. Daraus ergibt sich der wesentliche Grundgedanke zur Herleitung der folgenden Ergebnisse, die den Sätzen 3.15 bis 3.17 für Blockcodes entsprechen:

Satz 9.1. *Vorausgesetzt wird ein $R = 1/n$-Faltungscode mit der Gewichtsfunktion $T(D, I, J)$ und dem Distanzspektrum c_d gemäß Definition 8.4 sowie ML-Decodierung. Bei der Übertragung über den binären DMC mit der Bhattacharyya-Schranke γ gemäß Definition 2.4 gilt für die Infobit-Fehlerwahrscheinlichkeit P_b folgende Abschätzung:*

$$P_b \le \frac{\partial T}{\partial I}(\gamma, 1, 1) = \sum_{d=d_f}^{\infty} \underbrace{\sum_{i,j} i \cdot t(d, i, j)}_{= c_d} \gamma^d. \tag{9.5.2}$$

Speziell für den AWGN mit idealer Soft-Decision gilt eine schärfere Abschätzung ($E_c = E_b/n$):

$$P_b \le \sum_{d=d_f}^{\infty} c_d Q\left(\sqrt{2d\frac{E_c}{N_0}}\right). \tag{9.5.3}$$

Bei einem $R = k/n$-Faltungscode sind die oberen Grenzen jeweils mit einem Faktor $1/k$ zu multiplizieren. Für die asymptotischen Codierungsgewinne gilt (in dB):

$$G_{\mathrm{a,hard}} = 10 \cdot \log_{10}\left(\frac{Rd_f}{2}\right) \quad , \quad G_{\mathrm{a,soft}} = 10 \cdot \log_{10}\left(Rd_f\right). \tag{9.5.4}$$

Soft-Decision bringt gegenüber Hard-Decision einen Gewinn von 3 dB wie bei den Blockcodes.

Beweis: Mit dem Index r werden die Codeblöcke bzw. Segmente durchnumeriert. Mit dem Index l werden alle möglichen Fundamentalwege (FWeg) durchnumeriert (die zur Zeit Null beginnen). Der l-te FWeg hat das Codefolgengewicht d_l, das Infofolgengewicht i_l und die Länge j_l.

Es sei $P(r,l)$ die Wahrscheinlichkeit dafür, daß zur Zeit r der l-te FWeg beginnt. Anstelle des Nullweges wird also auf eine Codefolge der Länge $j_l n$ mit dem Hamminggewicht d_l entschieden. Diese Codefolge und der Nullweg bilden einen $(j_l n, 1, d_l)_2$-Blockcode mit zwei Codewörtern. Nach Satz 3.16 bzw. nach Satz 3.17 für den AWGN gilt dann:

$$P(r,l) \leq \gamma^{d_l} \quad \text{bzw.} \quad P(r,l) \leq Q\left(\sqrt{2d_l \frac{E_c}{N_0}}\right). \tag{9.5.5}$$

Zur Zählung der Infobit-Fehler in der ML-Schätzung wird die Zufallsgröße

$$W_r = \left\{ \begin{array}{ll} i_l & \text{zur Zeit } r \text{ beginnt der } l\text{-te FWeg} \\ 0 & \text{zur Zeit } r \text{ beginnt kein FWeg} \end{array} \right\} \tag{9.5.6}$$

definiert, für deren Erwartungswert folgende Abschätzung gilt:

$$\begin{aligned} E(W_r) &= \sum_{l=0}^{\infty} i_l P(r,l) \leq \sum_{l=0}^{\infty} i_l \gamma^{d_l} \\ &= \sum_{l=0}^{\infty} i \cdot \text{Anzahl(FWege mit } i = i_l \text{ und } d = d_l) \cdot \gamma^d \\ &= \sum_{d,i,j} i \cdot t(d,i,j)\gamma^d = \sum_{d=d_f}^{\infty} c_d \gamma^d. \end{aligned}$$

Sei L eine große Zahl. Im Bereich $r = 0, 1, \ldots, L-1$ werden L Infobits gesendet, von denen $W_0 + W_1 + \cdots + W_{L-1}$ falsch geschätzt werden – dabei wird vernachlässigt, daß hierbei auch einige Fehler mitgezählt werden, die erst ab $r = L$ auftreten. Also gilt:

$$P_b \approx \frac{W_0 + W_1 + \cdots + W_{L-1}}{L} \approx E(W_r) \leq \sum_{d=d_f}^{\infty} c_d \gamma^d. \tag{9.5.7}$$

Für $L \to \infty$ geht der Fehler bei den Approximationen gegen Null. Damit ist (9.5.2) bewiesen. Das Ergebnis (9.5.3) ergibt sich in gleicher Weise. Für Hard-Decision gilt asymptotisch nach (9.5.2):

$$\begin{aligned} P_b &\approx c_{d_f}\gamma^{d_f} \approx \gamma^{d_f} = \left(\sqrt{4p_e(1-p_e)}\right)^{d_f} && \text{nach (2.3.5)} \\ &\approx p_e^{d_f/2} = Q\left(\sqrt{2\frac{RE_b}{N_0}}\right)^{d_f/2} && \text{nach (1.3.12)} \\ &\approx e^{-Rd_f/2 \cdot E_b/N_0} && \text{nach (A.3.18).} \end{aligned}$$

Für Soft-Decision gilt asymptotisch nach (9.5.2) und (2.3.7):

$$P_b \approx c_{d_f}\gamma^{d_f} \approx \gamma^{d_f} = \left(e^{-RE_b/N_0}\right)^{d_f}.$$

Das gleiche Ergebnis folgt aus (9.5.3), d.h. die Abschätzungen (9.5.2) und (9.5.3) sind asymptotisch identisch. □

Offensichtlich ist die Güte eines Faltungscodes primär durch die freie Distanz d_f bestimmt. Allerdings sollte auch c_{d_f} klein sein. Je kleiner E_b/N_0 wird, desto mehr gewinnen auch die höheren Terme $c_{d_f+1}, c_{d_f+2}, \ldots$ an Bedeutung.

Die Approximation $P_b \approx \gamma^{d_f}$ ist nur für den asymptotischen Fall $E_b/N_0 \to \infty$ zulässig. Denn mit wachsender Gedächtnislänge $m \to \infty$ gilt $d_f \to \infty$ und somit $\gamma^{d_f} \to 0$. Allein durch Erhöhung von m kann aber keine beliebig gute Übertragung erreicht werden, wie das Kanalcodierungstheorem aus Satz 2.1 bei $R > C$ zeigt.

Beispiel 9.5. Für das Standardbeispiel ist die Gewichtsfunktion in geschlossener Form bekannt und somit kann die Fehlerwahrscheinlichkeit direkt berechnet werden ohne explizite Entwicklung des Distanzspektrums. Nach Beispiel 8.11 gilt:

$$\frac{\partial T}{\partial I}(D,1,1) = \frac{D^5}{1-4D(1-D)} = \frac{D^5}{(1-2D)^2}.$$

Für Hard-Decision gilt $\gamma = \sqrt{4p_e(1-p_e)}$ und somit folgt aus Satz 9.1:

$$P_b \le \frac{\left[4p_e(1-p_e)\right]^{5/2}}{\left[1-2\sqrt{4p_e(1-p_e)}\right]^2}.$$

Für Soft-Decision gilt $\gamma = e^{-RE_b/N_0} = e^{-E_b/2N_0}$ und somit folgt aus Satz 9.1:

$$P_b \le \frac{e^{-5E_b/2N_0}}{\left[1-2e^{-E_b/2N_0}\right]^2}.$$

Die asymptotischen Codierungsgewinne erreichen für dieses simple Beispiel mit $G_{\mathrm{a,hard}} = 0{,}97$ dB und $G_{\mathrm{a,soft}} = 3{,}98$ dB erstaunlich hohe Werte. □

Die Bilder 9.7 und 9.8 zeigen die Bit-Fehlerwahrscheinlichkeit P_b über E_b/N_0 der optimalen Faltungscodes beim AWGN mit idealer Soft-Decision und ausreichend großer Rückgrifftiefe v. Die Kurven sind zusammengesetzt aus Simulationsergebnissen bei schlechten Kanälen (bei großem P_b kann die Fehlerrate durch die relative Häufigkeit geschätzt werden) und theoretischen Ergebnissen bei guten Kanälen (bei kleinem P_b brauchen vom Distanzspektrum nur die unteren Werte bekannt sein bzw. es kann durch den asymptotischen Codierungsgewinn approximiert werden).

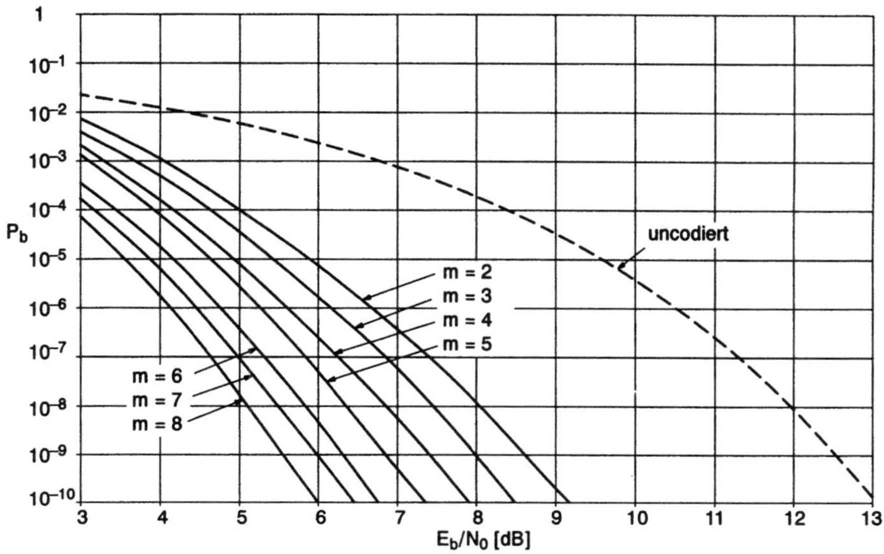

Bild 9.7. Fehlerwahrscheinlichkeit der $R = 1/2$-Codes bei $m = 2, \ldots, 8$

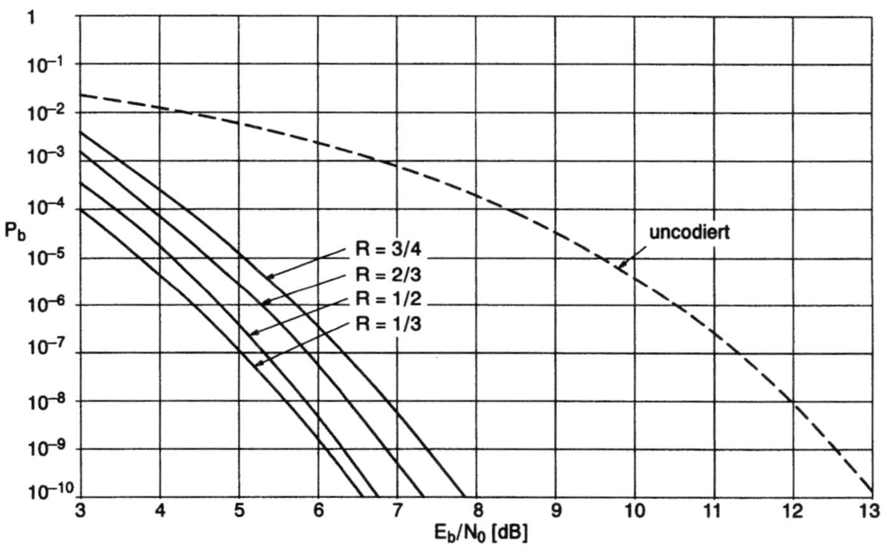

Bild 9.8. Fehlerwahrscheinlichkeit der $m = 6$-Codes bei verschiedenen Coderaten

In Bild 9.7 werden Faltungscodes verschiedener Gedächtnislängen bei konstanter Coderate $R = 1/2$ miteinander verglichen. Die Erhöhung von m um 1 bedeutet zwar eine Aufwandsverdopplung im Decoder, aber auch einen Codierungsgewinn von jeweils rund 0,4 dB. Bei $P_b = 10^{-5}$ beträgt der Codierungsgewinn zwischen 3,7 dB für $m = 2$ und 6,1 dB für $m = 8$. Bei Hard-Decision verschieben sich die Kurven nach rechts, und zwar um ca. 2,2 dB bei moderaten Fehlerraten bzw. um 3 dB im asymptotischen Grenzfall. Bei oktaler Quantisierung mit 3 Bit verschieben sich die Kurven nur um ca. 0,2 dB nach rechts – aber die oktale Quantisierung setzt empfangsseitig eine einigermaßen genaue Pegelregelung voraus, so daß die Quantisierungsintervalle ähnlich wie in Bild 1.4 liegen.

In Bild 9.8 werden Faltungscodes verschiedener Coderaten bei der Gedächtnislänge $m = 6$ miteinander verglichen, wobei die Coderaten $R = 2/3$ und $R = 3/4$ durch Punktierung aus $R = 1/2$ entstehen. Im Bereich größerer Fehlerraten ist eine kleine Coderate von Vorteil: So ist beispielsweise der $R = 1/3$-Code etwa 0,4 dB besser als der $R = 1/2$-Code, bei kleinen Fehlerraten reduziert sich allerdings dieser Vorsprung.

Tabelle 9.2. Asymptotische Codierungsgewinne optimaler Faltungscodes

m	$R = 1/2$			$R = 1/3$		
	d_f	$G_{a,hard}$ [dB]	$G_{a,soft}$ [dB]	d_f	$G_{a,hard}$ [dB]	$G_{a,soft}$ [dB]
2	5	0,97	3,98	8	1,25	4,26
3	6	1,76	4,77	10	2,22	5,23
4	7	2,43	5,44	12	3,01	6,02
5	8	3,01	6,02	13	3,36	6,37
6	10	3,98	6,99	15	3,98	6,99
7	10	3,98	6,99	16	4,26	7,27
8	12	4,77	7,78	18	4,77	7,78

In Tabelle 9.2 sind die asymptotischen Codierungsgewinne G_a einiger optimaler Faltungscodes angegeben. Bei $m = 6$ ergibt sich beispielsweise ein Gewinn von rund 7 dB – unabhängig von der Coderate, d.h. die beiden Kurven für $R = 1/2$ und $R = 1/3$ laufen in Bild 9.8 für sehr kleines P_b bzw. sehr großes E_b/N_0 zusammen.

Tabelle 9.3. Codierungsgewinne bei moderaten Fehlerraten (nach [114])

P_b	Notwendiges E_b/N_0 [dB] für P_b uncodiert	Codierungsgewinn [dB] bei P_b Soft-Decision, $m = 6$	
		$R = 1/2$	$R = 1/3$
10^{-3}	6,8	3,8	4,2
10^{-5}	9,6	5,1	5,7
10^{-7}	11,3	5,8	6,2
asymptotisch		7,0	7,0

In Tabelle 9.3 sind die Codierungsgewinne bei moderaten Fehlerraten für die beiden Codes mit $R = 1/2$ und $R = 1/3$ bei $m = 6$ nochmals explizit angegeben. Die entsprechenden Werte sind näherungsweise auch aus Bild 9.8 ablesbar. Die kleinere Coderate hat also einen marginalen Vorteil ohne großen

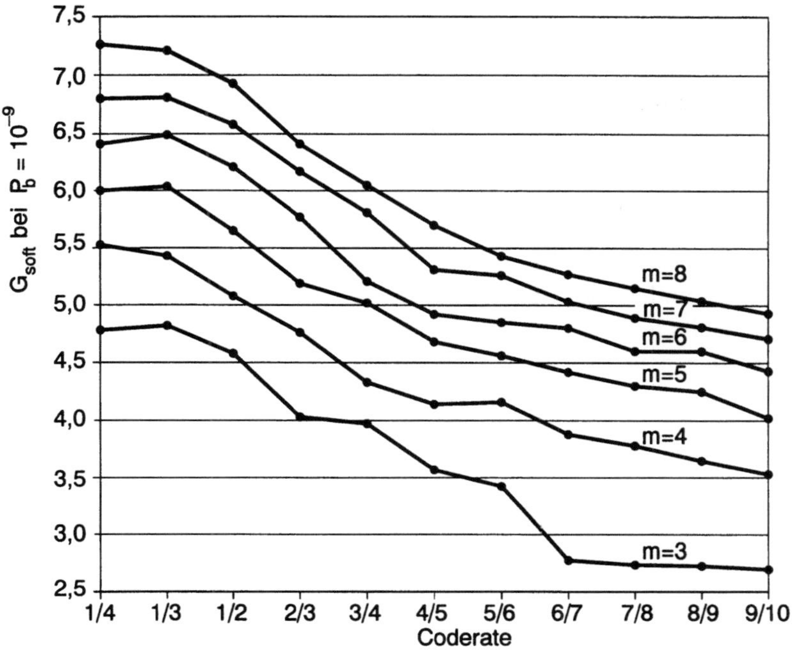

Bild 9.9. Codierungsgewinne für $R = 1/4 \ldots 9/10$ und $m = 3 \ldots 8$ (nach [119])

Mehraufwand bei der Decodierung, aber natürlich ist eine größere Bandbreite des AWGN erforderlich.

In Bild 9.9 sind die Codierungsgewinne G_{soft} bei idealer Soft-Decision für Codes mit den Gedächtnislängen $m = 3, \ldots, 8$ angegeben; im Gegensatz zu Tabelle 9.3 hier allerdings bei $P_b = 10^{-9}$. Coderaten größer als $1/2$ entstehen durch Punktierung aus $R = 1/2$. Offensichtlich ergeben sich durch Verkleinerung der Coderate unter $1/2$ keine wesentlichen Gewinne mehr, wie auch schon anhand von Bild 2.4 erklärt wurde. Dagegen sind auch bei hohen Coderaten noch erhebliche Gewinne zu erzielen, wobei erneut zu bemerken ist, daß die hohen Coderaten fast ohne Mehraufwand in Encoder und Decoder realisierbar sind.

9.6 Fehlerstrukturen bei der Decodierung

Wenn nach der ML-Decodierung von Faltungscodes noch Fehler verbleiben, so treten diese Fehler in Bündeln auf. Durch die Faltungscodierung wird ein Super-Kanal bzw. äußerer Kanal mit Bündelfehlerstruktur erzeugt, der aus dem Faltungs-Encoder, dem inneren Kanal und dem Faltungs-Decoder besteht (siehe dazu auch Bild 9.11). Die Eigenschaften dieser Bündelfehler prägen den

Entwurf von Codierungssystemen mit verketteten Codes ganz wesentlich und sind andererseits sehr bedeutsam für die Datensinke bzw. den Quellendecoder.

Die Ursache für die Bündelfehlerstruktur kann leicht erklärt werden: Eine nach der Decodierung noch verbleibende Fehlerfolge besteht nach Abschnitt 9.5 aus einer Sequenz von Fehlerereignissen. Jedes Fehlerereignis ist mit mindestens d_f falschen Codebits und mindestens einem falschen Infobit verbunden. Typischerweise sind die Fehlerereignisse aber länger mit mehreren Infobitfehlern. Für eine quantitative Beschreibung ist zunächst der Begriff eines Bündelfehlers zu definieren. Ein Bündelfehler kann dadurch definiert werden, daß das Ende eines Bündelfehlers dann eintritt, wenn eine gewisse Anzahl Δ von folgenden Infobits fehlerfrei ist. Ein Fehler wird durch das Symbol F markiert. Bei $\Delta = 2$ hat beispielsweise die folgende Sequenz drei Bündelfehler der Längen 7 und 1 und 3:

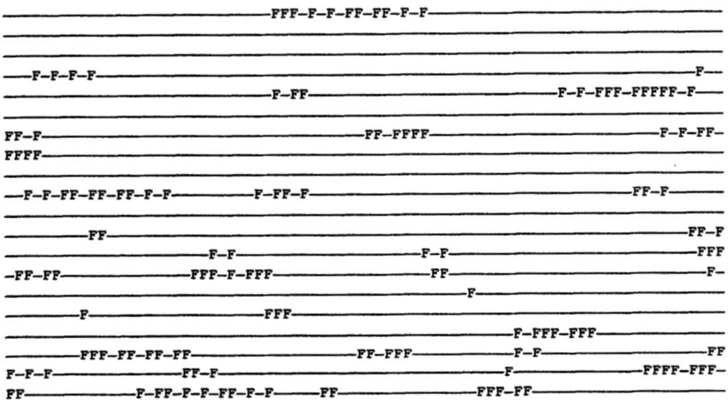

Bündelfehler am Ausgang eines Faltungsdecoders

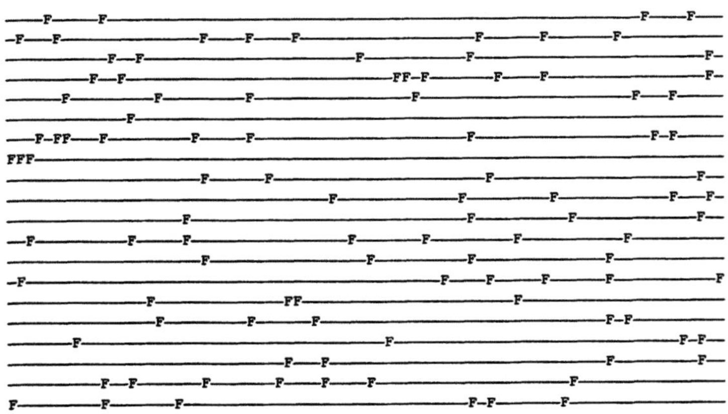

Einzelfehler am Ausgang eines BSC

Bild 9.10. Vergleich der Fehlerstrukturen

....F.FFF.F..F...F.F....

Die theoretische Analyse gestaltet sich am einfachsten, wenn ein Bündel durch $\Delta = m$ fehlerfreie Infobits als beendet definiert wird. Dann kann eine Verteilung der Bündelfehlerlängen berechnet werden. Dabei zeigt sich das überraschende Ergebnis, daß die Häufigkeit eines Bündelfehlers nicht monoton mit der Länge des Bündelfehlers abnimmt. Untersuchungen zu den Eigenschaften der Bündelfehler finden sich beispielsweise in [100].

In Bild 9.10 wird die Bündelfehlerstruktur einer faltungsdecodierten Sequenz (oben) mit der Einzelfehlerstruktur eines BSC (unten) verglichen, wobei die beiden zeilenweise angeordneten Sequenzen jeweils aus 1540 Bits bestehen. Als Faltungscode wird das Standardbeispiel verwendet. Vorausgesetzt wird ein BSC mit $p_e = 0{,}1$, was zu einer Fehlerrate nach der Decodierung von $P_b = 0{,}072$ führt. Im unteren Teil erfolgt der Vergleich mit dem Fehlermuster eines BSC mit ebenfalls $p_e = 0{,}072$. Aufgrund der speziell gewählten Fehlerrate fällt der Vergleich zwischen Bündel- und Einzelfehlerstruktur optisch sehr eindrucksvoll aus.

9.7 Verkettete Codierung und Anforderungen an Soft-Decision-Output

Ein Codierungssystem mit *verketteten Codes* (concatenated coding) zeigt Bild 9.11. Dabei werden zwei Codes in Reihe geschaltet, d.h. die von einem ersten (äußeren) Encoder erzeugte Symbolfolge wird in einem zweiten (inneren) Encoder mit zusätzlicher Redundanz versehen.

Typische Anwendungen mit verketteten Codes nennt Tabelle 9.4, die in

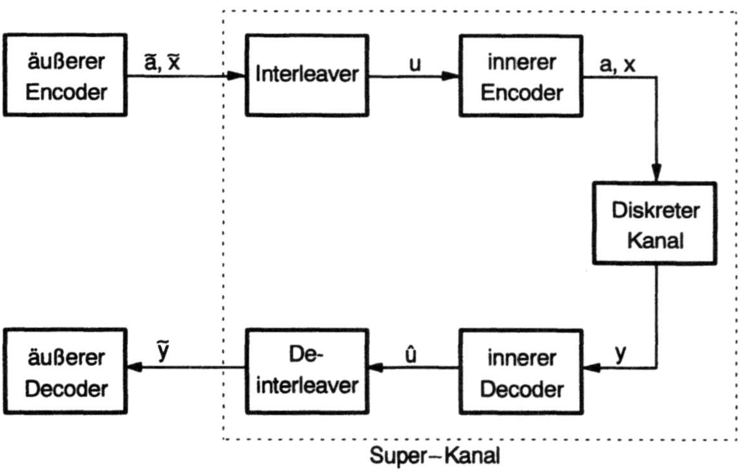

Bild 9.11. Verkettete Codierung

den nachfolgenden Kapiteln teilweise noch ausführlich behandelt werden. Die Codeverkettung ist übrigens nicht unbedingt auf zwei Stufen beschränkt. Das Prinzip der verketteten Codierung wird an dieser Stelle nur deshalb schon eingeführt, damit eine gewisse Anforderung an den inneren Decoder hergeleitet werden kann.

Tabelle 9.4. Typische Fälle verketteter Codierung

	Innerer Code	Äußerer Code	siehe Abschnitt
1	Blockcode	Blockcode	11.9, 12.6
2	Faltungscode	RS-Code	12.1
3	MLSE-Entzerrer	Faltungscode, TCM	11.5, 12.3, 12.4
4	Faltungscode	Quellencode	12.3, 12.4
5	Faltungscode	Faltungscode	(12.1)

Durch das Interleaving-Verfahren in Bild 9.11 können die Bündelfehler am Ausgang des inneren Decoders in Pseudo-Einzelfehler überführt werden. Dazu wird im Interleaver die Symbolfolge bzw. Bitfolge umsortiert. Im Deinterleaver wird diese Umsortierung wieder rückgängig gemacht, so daß das gesamte System Interleaver-Deinterleaver lediglich eine Verzögerung bewirkt und ansonsten transparent ist. Geeignete Methoden für Interleaving werden in Abschnitt 11.1 behandelt.

Durch das Interleaving kann also ein quasi gedächtnisloser Super-Kanal erzeugt werden, der natürlich aufgrund des inneren Decoders ein Hard-Decision Kanal ist. Falls jedoch für den äußeren Decoder Soft-Decision verfügbar wäre, könnten damit erhebliche Gewinne erzielt werden. Bei einem AWGN-Kanal können diese Gewinne sogar indirekt in E_b/N_0 umgerechnet werden, d.h. die Kanalcodierung verbessert nicht nicht nur die Fehlerrate, sondern direkt den Signal/Rausch-Abstand des Kanals [107, 109]. In jedem Fall wird aber die Fehlerrate nach dem äußeren Decoder bei einem Super-Kanal mit Soft-Decision erheblich niedriger ausfallen.

Ziel ist es also, den Soft-Decision-Output des inneren Decoders als Soft-Decision-Input für den äußeren Decoder zu verwenden. Denn es ist anschaulich sofort klar, daß Verbesserungen zu erwarten sind, wenn der äußere Decoder nicht nur die harten Entscheidungen des inneren Decoders erhält, sondern zusätzlich Zuverlässigkeitsinformationen, d.h. ein Maß dafür, wie sicher die einzelnen Entscheidungen des inneren Decoders sind. Wenn der innere Decoder seine eigenen einzelnen Entscheidungen beispielsweise als sehr sicher bzw. als sehr unsicher einstuft, so sollten diese Entscheidungen im äußeren Decoder mit großem Gewicht eingehen bzw. als Ausfälle ignoriert werden.

Im Interleaver werden also Symbole oder Bits verarbeitet, im Deinterleaver dagegen weiche Entscheidungen bzw. reelle Zahlen, die für die numerische Verarbeitung natürlich einer gewissen Quantisierung unterliegen.

In diesem Abschnitt werden die Anforderungen an einen vernünftigen Soft-Decision-Output formuliert und im nächsten Abschnitt wird dann die praktische Berechnung dieses Outputs in einem erweiterten Viterbi-Algorithmus vorgestellt. Die grundlegende Idee ist, daß die Zuverlässigkeit der Entscheidungen des inneren Decoders auch bei einem zeitinvarianten diskreten Kanal als von Bit zu Bit schwankend angesehen wird – und zwar in Abhängigkeit von den vorangehenden und nachfolgenden Empfangswerten y. Bei einem zeitvarianten diskreten Kanal wird damit auch die schwankende Güte der Übertragung automatisch in richtiger Weise berücksichtigt.

Der Super-Kanal wird als zeitvariant, gedächtnislos, symmetrisch und binär mit $\mathcal{A}_{\text{in}} = \mathcal{A}_{\text{out}} = \{+1, -1\}$ angenommen. Input und Output werden wie in Bild 9.11 mit $\tilde{x}$ bzw. $\tilde{y}$ bezeichnet. Für die Übergangswahrscheinlichkeit gilt:

$$P(\hat{u}_r|u_r) = P(\tilde{y}_r|\tilde{x}_r) = \left\{ \begin{array}{ll} 1-p_r & \tilde{x}_r = \tilde{y}_r \\ p_r & \tilde{x}_r \neq \tilde{y}_r \end{array} \right\}. \tag{9.7.1}$$

Also ist $p_r = P(\hat{u}_r \neq u_r) = P(\tilde{y}_r \neq \tilde{x}_r)$ die zeitvariante Bit-Fehlerwahrscheinlichkeit. Ähnlich wie bei Beispiel 9.1 gilt für die Viterbi-Metrik des Super-Kanals:

$$\mu(\tilde{y}_r|\tilde{x}_r) = \alpha \ln P(\tilde{y}_r|\tilde{x}_r) + \beta_r = \alpha \left\{ \begin{array}{ll} \ln(1-p_r) & \tilde{y}_r = \tilde{x}_r \\ \ln p_r & \tilde{y}_r \neq \tilde{x}_r \end{array} \right\} + \beta_r.$$

Mit $\alpha = 2$ und $\beta_r = -2\ln p_r - \ln((1-p_r)/p_r)$ folgt:

$$\begin{aligned} \mu(\tilde{y}_r|\tilde{x}_r) &= \left\{ \begin{array}{ll} 2\ln\dfrac{1-p_r}{p_r} & \tilde{y}_r = \tilde{x}_r \\ 0 & \tilde{y}_r \neq \tilde{x}_r \end{array} \right\} - \ln\frac{1-p_r}{p_r} \\ &= \left\{ \begin{array}{ll} +\ln\dfrac{1-p_r}{p_r} & \tilde{y}_r = \tilde{x}_r \\ -\ln\dfrac{1-p_r}{p_r} & \tilde{y}_r \neq \tilde{x}_r \end{array} \right\} \\ &= \tilde{x}_r\tilde{y}_r \ln\frac{1-p_r}{p_r}. \end{aligned}$$

Für den inneren Kanal (von u nach $\hat{u}$) gilt entsprechend

$$\mu(\hat{u}_r|u_r) = u_r \cdot \underbrace{\hat{u}_r \ln\frac{1-p_r}{p_r}}_{=w_r}. \tag{9.7.2}$$

Zur Erinnerung: Sowohl für den zeitinvarianten AWGN wie für den zeitinvarianten BSC lautet die Viterbi-Metrik $\mu(y_i|x_i) = x_i y_i$ für den inneren Decoder, was sich auch als Spezialfall von (9.7.2) bei konstantem p_r ergibt. Wenn statt $\hat{u}_r$ nun w_r als Output des Super-Kanals angesehen wird, dann hat die Viterbi-Metrik $\mu(\hat{u}_r|u_r) = \mu(w_r|u_r) = u_r w_r$ für den äußeren Decoder die gleiche Produktform wie für den inneren Decoder. Folglich verarbeiten innerer und äußerer Decoder Soft-Decision-Input identisch. Der innere Decoder sollte zusätzlich den Soft-Decision-Output

$$w_r = \hat{u}_r \cdot \ln \frac{1 - p_r}{p_r} = \hat{u}_r \cdot \ln \frac{P(\hat{u}_r = u_r)}{P(\hat{u}_r \neq u_r)} \tag{9.7.3}$$

berechnen und an den äußeren Decoder abgeben. Dieses Resultat sieht etwas seltsam aus, aber die beiden Feststellungen

$$\begin{aligned} p_r < 0{,}5 &\implies \operatorname{sign}(w_r) = \hat{u}_r \\ p_r \text{ klein} &\implies |w_r| \text{ groß} \end{aligned}$$

erscheinen sehr vernünftig. Punktierte Stellen bei Faltungscodes können entweder über $\hat{u}_r = 0$ bzw. $\tilde{y}_r = 0$ oder über $p_r = 0{,}5$ eingerechnet werden. Die Aufgabe für den inneren ML-Decoder kann nun wie folgt formuliert werden: Neben den harten Entscheidungen $\hat{u}_r$ sollte auch das Zuverlässigkeitsmaß

$$L_r = \ln \frac{1 - p_r}{p_r} = \ln \frac{P(\hat{u}_r = u_r)}{P(\hat{u}_r \neq u_r)} \tag{9.7.4}$$

berechnet werden, und anstelle dieser beiden einzelnen Größen benötigt der äußere Decoder nur das Produkt $w_r = \hat{u}_r L_r$.

9.8 Viterbi-Algorithmus mit Soft-Decision-Output (SOVA)

Der Soft-Decision-Output $L_r = \ln((1 - p_r)/p_r)$ kann mit einer Erweiterung des Viterbi-Algorithmus näherungsweise relativ einfach berechnet werden. Ein entsprechendes Verfahren wurde mit der Abkürzung SOVA (Soft-Output Viterbi-Algorithmus) von J.Hagenauer [107] eingeführt. Es gibt allerdings noch eine ganze Reihe anderer Verfahren, die nicht nur auf rein anschaulichen Begründungen fußen, sondern auch das theoretisch exakte Ergebnis liefern, aber komplizierter in der Realisierung sind und nicht als Erweiterung des VA interpretiert werden können. Ein solches Verfahren wird inzwischen als SD-MAPA (Soft-Deciding Symbol-by-Symbol Maximum Aposteriori Algorithm) bezeichnet [107, 129].

Zunächst wird jeder der 2^m Zustände z_{r+1} betrachtet, bei dem jeweils zwei Wege anliegen. Es sei W_1 der Survivor und W_2 der nicht überlebende Weg, d.h.

$$P(\boldsymbol{y}|W_1) \geq P(\boldsymbol{y}|W_2). \tag{9.8.1}$$

Die Wahrscheinlichkeit dafür, daß W_1 nicht der Survivor ist, berechnet sich zu

$$q(z_{r+1}) = P(W_2|\boldsymbol{y}) = \frac{P(\boldsymbol{y}|W_2)P(W_2)}{P(\boldsymbol{y}|W_1)P(W_1) + P(\boldsymbol{y}|W_2)P(W_2)}.$$

Bei gleichen Apriori-Wahrscheinlichkeiten sind alle Wege gleichwahrscheinlich:

$$q(z_{r+1}) = \frac{P(\boldsymbol{y}|W_2)}{P(\boldsymbol{y}|W_1)+P(\boldsymbol{y}|W_2)} = \frac{1}{1+\dfrac{P(\boldsymbol{y}|W_1)}{P(\boldsymbol{y}|W_2)}}. \tag{9.8.2}$$

Bei $P(\boldsymbol{y}|W_1) \gg P(\boldsymbol{y}|W_2)$ ist die Entscheidung auf W_1 sehr sicher und folglich gilt $q(z_{r+1}) \approx 0$. Bei $P(\boldsymbol{y}|W_1) \approx P(\boldsymbol{y}|W_2)$ ist die Entscheidung auf W_1 ziemlich unsicher und folglich gilt $q(z_{r+1}) \approx 0{,}5$. Bei einer Normierung auf $\mathcal{A}_{\text{in}} = \{-1,+1\}$ gilt $E(y^2) = 1 + N_0/(2E_c)$ und die Viterbi-Metrik zum Weg W bzw. zur Sendefolge $\boldsymbol{a}$ hat die Form

$$\begin{aligned}\mu(\boldsymbol{y}|W) &= \ln P(\boldsymbol{y}|W) + \beta = -\frac{E_c}{N_0}\|\boldsymbol{y}-\boldsymbol{a}\|^2 + \beta \\ &= 2\frac{E_c}{N_0}\sum_{i\leq r+1}\sum_{\nu=1}^{n} y_{i,\nu}a_{i,\nu}.\end{aligned} \tag{9.8.3}$$

Die Metrik kann im Gegensatz zum Standard-VA nicht skaliert werden, d.h. E_c/N_0 muß zumindest näherungsweise bekannt sein, da gemäß (9.8.2) folgende Darstellung angestrebt wird:

$$q(z_{r+1}) = \frac{1}{1+e^{\Delta}} \quad \text{mit} \quad \Delta = \mu(\boldsymbol{y}|W_1) - \mu(\boldsymbol{y}|W_2) \geq 0. \tag{9.8.4}$$

Mit $u_{0,W}, \ldots, u_{r,W}$ werden die Infobits zum Weg W nach z_{r+1} bezeichnet. Die Fehlerwahrscheinlichkeit für $u_{r,W}$ wird als

$$p_r = P(u_{r,W} \text{ ist falsch}) \tag{9.8.5}$$

geschrieben. Gesucht ist $L_r = \ln((1-p_r)/p_r)$ zum endgültigen Survivor. Für die beiden Wege W_1, W_2 nach $z_{r+1} = (u_r, \ldots, u_{r-m+1})$ gilt $u_{r,W_1} = u_{r,W_2}$ und somit kann hier kein Fehler passieren, d.h. $p_r = 0$.

Bei $i < r$ und $u_{i,W_1} = u_{i,W_2}$ bleibt p_i ungeändert, auch wenn W_1 nicht der richtige Weg ist.

Bei $i < r$ und $u_{i,W_1} \neq u_{i,W_2}$ ändert sich p_i durch die Verlängerung der Wege und wird rekursiv aktualisiert: Anschaulich begründbar sind zwei Effekte: Mit der Wahrscheinlichkeit $1-q(z_{r+1})$ ist W_1 der richtige Weg und somit reduziert sich p_i um diesen Faktor. Mit der Wahrscheinlichkeit $q(z_{r+1})$ ist W_1 der falsche Weg und dann ist u_{i,W_1}=falsch gleichbedeutend mit u_{i,W_2}=richtig. Insgesamt folgt:

$$p_i^{\text{neu}} = \left\{\begin{array}{ll} 0 & i=r \\ p_i & i<r,\ u_{i,W_1}=u_{i,W_2} \\ p_i(1-q(z_{r+1}))+(1-p_i)q(z_{r+1}) & i<r,\ u_{i,W_1}\neq u_{i,W_2} \end{array}\right\}. \tag{9.8.6}$$

Im dritten Fall gilt $p_i^{\text{neu}} = p_i(1-2q(z_{r+1})) + q(z_{r+1})$ und damit folgt aus $0 \leq p_i \leq 1/2$ sofort $0 \leq p_i^{\text{neu}} \leq 1/2$. Für $L_i = \ln((1-p_i)/p_i)$ ergibt sich unter Beachtung von

$$e^{L_i} = \frac{1-p_i}{p_i} \quad , \quad e^{\Delta} = \frac{1-q(z_{r+1})}{q(z_{r+1})}$$

für den dritten Fall aus (9.8.6) mit einfacher Rechnung:

$$\begin{aligned} L_i^{\text{neu}} &= \ln \frac{1-p_i^{\text{neu}}}{p_i^{\text{neu}}} = \ln \frac{1-p_i(1-q(z_{r+1}))-(1-p_i)q(z_{r+1})}{p_i(1-q(z_{r+1}))+(1-p_i)q(z_{r+1})} \\ &= \ln \frac{p_i q(z_{r+1})\left(1+\frac{1-p_i}{p_i}\cdot\frac{1-q(z_{r+1})}{q(z_{r+1})}\right)}{p_i q(z_{r+1})\left(\frac{1-p_i}{p_i}+\frac{1-q(z_{r+1})}{q(z_{r+1})}\right)} = \ln \frac{1+e^{L_i+\Delta}}{e^{L_i}+e^{\Delta}}. \qquad (9.8.7) \end{aligned}$$

Für die Funktion aus (9.8.7) sind folgende Darstellungsformen bekannt [111] (Erinnerung: $\tanh(x) = \frac{e^x - e^{-x}}{e^x + e^{-x}}$, $\operatorname{artanh}(x) = \ln \frac{1+x}{1-x}$):

$$\begin{aligned} \ln \frac{1+e^{u+v}}{e^u+e^v} &= \ln \frac{1+\tanh(u/2)\tanh(v/2)}{1-\tanh(u/2)\tanh(v/2)} \qquad (9.8.8) \\ &= \operatorname{artanh}(\tanh(u/2)\tanh(v/2)). \qquad (9.8.9) \end{aligned}$$

Neben einer Berechnung oder Tabellierung dieser Funktion kann auch die Approximation

$$\ln \frac{1+e^{u+v}}{e^u+e^v} \approx \operatorname{sign}(u)\operatorname{sign}(v)\cdot \min\{|u|,|v|\} \qquad (9.8.10)$$

verwendet werden, mit der sich aus (9.8.6) und (9.8.7) das gesamte Verfahren wie folgt ergibt:

$$L_i^{\text{neu}} = \left\{ \begin{array}{ll} \infty & i = r \\ L_i & i < r,\ u_{i,W_1} = u_{i,W_2} \\ \min\{L_i, \Delta\} & i < r,\ u_{i,W_1} \neq u_{i,W_2} \end{array} \right\}. \qquad (9.8.11)$$

Das SOVA-Verfahren ist eine Erweiterung des normalen Viterbi-Algorithmus ohne Änderungen, d.h. zwischen Normal- und SOVA-Betrieb kann simpel umgeschaltet werden. Bei jedem der 2^m Zustände wird der Survivor W_1 und die Metrikdifferenz Δ gemäß (9.8.4) bestimmt. Der Survivor wird zurückverfolgt und die L_i werden entsprechend (9.8.11) aktualisiert. Neben den Survivor-Wegen (beschrieben durch die $u_{i,W}$) müssen auch die L_i abgespeichert werden. Die beim endgültigen Survivor verbleibenden L_i bilden dann den Soft-Decision-Output. Gegenüber dem standardmäßigen Viterbi-Algorithmus erfordert der SOVA einen Mehraufwand von etwa 60 bis 80% [109, 110, 111].

Wenn der diskrete Kanal ein AWGN-Kanal ist, kann der Super-Kanal aus Bild 9.11 näherungsweise ebenfalls als AWGN-Kanal aufgefaßt werden, indem der SOVA als Filter interpretiert wird. In [107, 109] wird der Zusammenhang zwischen den Signal/Rausch-Abständen des inneren diskreten AWGN-Kanals und des äußeren Super-Kanals untersucht.

9.9 Vergleich Blockcodes – Faltungscodes

In Tabelle 9.6 erfolgt eine ausführliche Gegenüberstellung von Blockcodes und Faltungscodes, die sich auf die „Normalfälle" bezieht. Für spezielle Anwendungen sind inzwischen Hunderte oder Tausende von spezifischen Codierungssystemen entwickelt worden. Dabei trifft der eine oder andere Punkt nicht immer in voller Allgemeinheit zu, aber primär soll die Tabelle nur eine grobe Orientierung vermitteln. Einige Aussagen werden erst anhand der folgenden Kapitel verständlich, das gilt insbesondere für die trelliscodierte Modulation (TCM) aus Kapitel 10 sowie für verschiedene Anwendungen und Ergänzungen aus den Kapiteln 11 und 12.

Um die Angaben der Tabelle 9.6 für den AWGN-Kanal mit und ohne harter Quantisierung numerisch zu illustrieren, erfolgt ein quantitativer Vergleich zwischen einem BCH-Code und einem Faltungscode bei fast gleicher Coderate. Aus den Bildern 7.1 und 9.7 ergeben sich die in Tabelle 9.5 aufgeführten Werte:

Tabelle 9.5. Vergleich der Fehlerwahrscheinlichkeit von BCH- und Faltungscode

P_b	Notwendiges E_b/N_0 [dB] für P_b		
	(255, 131)-BCH-Code $d_{min} = 37$, BM-Decoder Hard-Dec.	$R = 1/2$-Faltungscode mit $m = 6$ $d_f = 10$, ML-Decoder Hard-Dec.	 Soft-Dec.
10^{-3}	4,9	4,7	2,6
10^{-6}	6,0	7,0	4,8
10^{-10}	7,0	8,9	6,7
G_a	9,9	4,0	7,0

Bei Hard-Decision Decodierung ist der Faltungscode lediglich bei einem schlechten Kanal etwas besser als der Blockcode, bei einem guten Kanal ist dagegen der Blockcode aufgrund der höheren Minimaldistanz besser als der Faltungscode, nämlich um 1,9 dB bei $P_b = 10^{-10}$ und asymptotisch sogar um 5,9 dB.

Bei Soft-Decision Decodierung für den Faltungscode muß für den BCH-Code realistischerweise weiterhin eine Hard-Decision Decodierung nach dem BMD-Prinzip angenommen werden. Dann ist der Faltungscode über den ganzen Bereich besser, und zwar um 2,3 dB bei $P_b = 10^{-3}$ und um 0,3 dB bei $P_b = 10^{-10}$. Lediglich asymptotisch ist der BCH-Code um 2,9 dB besser.

In der Decodierverzögerung ist der Faltungscode mit ca. 32 Infobits besser als der BCH-Code mit 131 Infobits.

Wenn die Korrekturfähigkeit der Codes durch zu viele Fehler überschritten wird, offenbart sich ein wesentlicher Unterschied zwischen Faltungs- und Blockcodes: Der Viterbi-Decoder produziert Bündelfehler, während die RS- und BCH-BM-Decoder in den meisten Fällen ein unkorrigierbares Fehlermuster signalisieren und nur selten eine falsche Korrektur ausführen.

Die Faltungscodes sind den Blockcodes vor allem dann überlegen, wenn ein Kanal mit schlechter bis mittelmäßiger Qualität um zwei oder drei Zehnerpotenzen in der Fehlerrate verbessert werden soll. Wenn dagegen extrem kleine Fehlerraten angestrebt werden, sind BCH- und RS-Codes vorzuziehen. Beide Codeklassen werden aber übertroffen durch die Verkettung von Faltungs- und Blockcodes, die in Abschnitt 12.1 behandelt wird.

Tabelle 9.6. Vergleich Blockcodes - Faltungscodes

Kriterium	Blockcodes	Faltungscodes
Historie	zu Beginn der Informationstheorie überwiegend verwendet, Beweis der Codierungstheoreme	werden inzwischen gleichoft verwendet wie Blockcodes
Mathematik	weit entwickelte und geschlossene Theorie, teilweise sehr anspruchsvoll	Theorie mit der gleichen Aussagekraft wie bei Blockcodes ist noch schwieriger, wird aber selten benötigt
$\mathbb{F}_{p^m}$	$p = 2$ (in Sonderfällen $p > 2$) $m \leq 10$ bei RS-Codes $m \leq 10 \ldots 14$ bei BCH-Codes	$p = 2$ $m = 1$
Grundstruktur	Vektorräume (Matrizen über Körpern): Intensive Kenntnisse der Galoisfeld-Arithmetik erforderlich bei Entwicklung und Implementierung hochentwickelter Verfahren	Module (Matrizen über Polynomringen): Intensive Kenntnisse der Modul-Theorie erforderlich bei Umformung von (n, k)-Encodern, aber praktisch selten notwendig
Beziehung zueinander (formal)	Blockcodes sind spezielle Faltungscodes ohne Gedächtnis	Faltungscodes sind verallgemeinerte Blockcodes und terminierte Faltungscodes sind spezielle Blockcodes
Coderate	$R = k/n$ nahezu beliebig zwischen 0 und 1	$R = 1/n$, $R \to 1$ mit Punktierung
Gute Codes durch	große Blocklänge n	große Gedächtnislänge m
Leistungsfähige Codes	können als parametrische Klasse analytisch geschlossen angegeben werden (RS, BCH)	werden durch Rechnersuche gewonnen, sind nicht theoretisch ableitbar
Gütekriterium	Mimimaldistanz, Gewichtsverteilung	freie Distanz, Gewichtsverteilung
Polynombeschreibung	1 Generatorpolynom vom Grad $n - k$ (bei zyklischen Codes)	$k \cdot n$ Generatorpolynome vom Grad $\leq m$ (typisch $k = 1$)
weitere Charakterisierungen	spektral (DFT)	Trellis-, Zustands-, Baumdiagramm
Systematische Codes	sind immer möglich und werden immer verwendet	haben generelle Nachteile und werden nur in Sonderfällen verwendet (Ausnahme: rückgekoppelte Encoder bei TCM)

Fortsetzung von Tabelle 9.6

Kriterium	Blockcodes	Faltungscodes
Fehlerfort- pflanzung	entfällt	möglich, entschärft bei Terminierung
Decodierung	hochentwickelte algebraische Decodierverfahren (BMA,EA) für komplexe Codes als BMD	anschaulich begründete Verfahren (VA) als MLD, sowie sequentielle und algebraische Verfahren
Soft-Decision	nur bei einfachen Codes praktikabel, ansonsten nur Ausfalldecodierung	möglich mit geringem Mehraufwand, 2 bis 3 dB Gewinn, Soft-Output möglich
Beurteilung des Modulations- systems	mit der Fehlerwahrscheinkeit (Hard-Decision)	mit dem R_0-Kriterium, „Fehlerkorektur" findet nicht statt (Soft-Decision)
Fehlererken- nung ohne Korrektur	gut möglich, zyklische Codes sind besonders geeignet zur Erkennung von Bündelfehlern, ARQ-Verfahren	meist unmöglich
Synchronisation	erforderlich, teilweise das größte Problem überhaupt	VA ist selbstsynchronisierend, schnelle Träger- und Phasensynchronisation bei rotationsinvarianter TCM
Hauptanwen- dungen	reine Binärkanäle mit und ohne Bündelstörungen	für reine Binärkanäle weniger gut geeignet
	sehr gut anpaßbar an Bündelstörungen	Bündelstörungen erfordern Interleaving, mit Mehraufwand anpaßbar
	für AWGN-Kanäle mit Soft-Decision weniger gut geeignet	für AWGN-Kanäle mit Soft-Decision bestens geeignet, für Kanäle mit CSI
		in Kombination mit Quellencodierung (RCPC-Codes, quellengesteuerte Decodierung)
	wenn Daten bereits in Blockform vorliegen und nur die Blockfehlerrate wesentlich ist	
	blockcodierte Modulation (BCM)	trelliscodierte Modulation (TCM)
	Verkette Codes Fadingkanäle (Rayleigh, Rice) bandbegrenzte Kanäle Kanäle mit Verzerrungen UEP-Anwendungen	

Beim Vergleich der verfügbaren Hardware-Implementierungen zeigt sich, daß die erreichbaren Datenraten bei RS- und BCH-Decodern mit der Blocklänge 255 etwa um das 2- bis 5-fache höher ausfallen als bei Viterbi-Decodern mit 64 Zuständen.

9.10 Aufgaben

9.1. Betrachte das Standardbeispiel $G(x) = (1 + x + x^2, 1 + x^2)$ mit Terminierung und der fehlerfreien Empfangsfolge (Hard-Decision)

$$y = 11\ 01\ 01\ 00\ 10\ 11.$$

Der Anfangszustand soll als unbekannt angenommen werden und alle Survivor-Metriken sind auf den gleichen Wert vorbelegt: $\mu_0(i) = 0$. Führe die Viterbi-Decodierung durch.

Was passiert bei einem nicht-terminierten Code, wenn bei z_6 mit der Best State Rule bzw. mit der Zero State Rule entschieden wird?

9.2. Betrachte das Standardbeispiel $G(x) = (1 + x + x^2, 1 + x^2)$ mit Terminierung. Die Sendefolge

$$a = 11\ 01\ 01\ 00\ 10\ 11$$

wird verfälscht zu den beiden fehlerhaften Empfangsfolgen (Hard-Decision)

$$\begin{aligned} y &= 11\ 11\ 01\ 01\ 10\ 11 \qquad \text{(2 Fehler)} \\ y &= 11\ 11\ 10\ 01\ 10\ 11 \qquad \text{(4 Fehler).} \end{aligned}$$

Führe jeweils die Viterbi-Decodierung durch.

9.3. Betrachte das Standardbeispiel $G(x) = (1 + x + x^2, 1 + x^2)$ mit dem Punktierungsschema $111xx1$ (x bedeutet punktieren). Welche Coderate hat der punktierte Code? Empfangen wird die (fehlerfreie) Sendefolge (Hard-Decision)

$$y = 11010011.$$

Führe die Viterbi-Decodierung durch.

9.4. Berechne die Viterbi-Metrik für den asymmetrischen Kanal mit den Übergangswahrscheinlichkeiten

$P(y\|x)$	$y=0$	$y=1$
$x=0$	0,9	0,1
$x=1$	0,3	0,7

Durch geeignete Näherungen ist die Metrik in eine möglichst einfache Form zu bringen. Interpretiere das Ergebnis.

9.5. Betrachte das Standardbeispiel $\boldsymbol{G}(x) = (1+x+x^2, 1+x^2)$ mit Terminierung und der Viterbi-Metrik

$\mu(y\|x)$	$y=0$	$y=0'$	$y=1'$	$y=1$
$x=0$	6	3	1	0
$x=1$	0	1	3	6

Decodiere die Empfangsfolge

$$\boldsymbol{y} = 10'\ 01\ 1'0'\ 1'1'\ 00\ 1'0'\ 1'1\ 00'$$

mit dem Viterbi-Algorithmus. Vergleiche $\mu_8(1)$ mit der Metrik bei fehlerfreier Übertragung.

9.6. Berechne die Viterbi-Metrik für den oktal quantisierten AWGN aus Bild 1.5 in zwei Formen, so daß die Metrik (a) möglichst einfach mit vielen Nullen in der Tabelle ausfällt bzw. (b) möglichst der Metrik für ideale Soft-Decision nahekommt.

9.7. Betrachte das Standardbeispiel $\boldsymbol{G}(x) = (1+x+x^2, 1+x^2)$ mit Terminierung und dem oktal quantisierten AWGN mit der Viterbi-Metrik

$\mu(y\|x)$	$y=0$	$y=0'$	$y=0''$	$y=0'''$	$y=1'''$	$y=1''$	$y=1'$	$y=1$
$x=0$	8	5	3	1	0	0	0	0
$x=1$	0	0	0	0	1	3	5	8

Zur Infofolge 110100 wird $\boldsymbol{a} = 11\ 01\ 01\ 00\ 10\ 11$ gesendet und

$$\boldsymbol{y} = 11''\ 1'''1''\ 0'0''\ 1''1'''\ 1'0\ 0''1$$

wird empfangen. Führe die Viterbi-Decodierung durch. Für Hard-Decision Demodulation mit

$$\boldsymbol{y} = 11\ 11\ 00\ 11\ 10\ 01$$

ist erneut die Viterbi-Decodierung durchzuführen und mit dem Ergebnis bei Soft-Decision zu vergleichen.

9.8. Zeige ergänzend zu Satz 9.1: Für die Wahrscheinlichkeit P_{FWeg}, daß zu einem festen Zeitpunkt ein Fehlerereignis beginnt, gilt folgende Abschätzung:

$$P_{\text{FWeg}} \leq \sum_{d=d_f}^{\infty} \underbrace{\sum_{i,j} t(d,i,j)\,\gamma^d}_{=w_d}. \tag{9.10.1}$$

Speziell für den AWGN mit idealer Soft-Decision gilt eine schärfere Abschätzung ($E_c = E_b/n$):

$$P_{\text{FWeg}} \leq \sum_{d=d_f}^{\infty} w_d Q\left(\sqrt{2d\frac{E_c}{N_0}}\right). \tag{9.10.2}$$

10. Trelliscodierte Modulation (TCM)

Bereits 1974 hat Massey [123] die Vermutung formuliert, daß durch die gemeinsame Behandlung und Optimierung von Codierung und Modulation erhebliche Gewinne gegenüber der klassischen Kanalcodierung zu erwarten sind. Ein erstes praktisches Verfahren dazu wurde 1977 von Imai und Hirakawa [112] vorgeschlagen. Erst mit der Arbeit von Ungerböck [138] begann innerhalb kurzer Zeit unter dem Begriff trelliscodierte Modulation (TCM) der Siegeszug von einem theoretischen Konzept zur weltweiten Anwendung. Übertragungsverfahren auf TCM-Basis haben inzwischen in so unterschiedlichen Bereichen wie beispielsweise bei Modems für den Telefonkanal, im Mobilfunk für Fadingkanäle sowie bei der Satellitenkommunikation ihre Leistungsfähigkeit bewiesen.

Der Hauptvorteil von TCM gegenüber der bisher behandelten klassischen Kanalcodierung liegt darin, daß die Codierung bzw. die Verbesserung der Übertragungsqualität keine Erhöhung der Bandbreite erfordert. Dazu werden Codierung und ein hochstufiges Modulationsverfahren gemeinsam optimiert, und zwar nicht mehr bezüglich der Hammingabstände wie bei der klassischen Kanalcodierung, sondern bezüglich der euklidischen Abstände am Ausgang des Modulators. Im Empfänger erfolgen Demodulation und Decodierung nicht getrennt, sondern in einem Schritt, wobei alle Vorteile der ML-Decodierung mit dem Viterbi-Algorithmus wie beispielsweise Verwendung von Soft-Decision erhalten bleiben. Gegenüber der klassischen Kanalcodierung mit Blockcodes oder Faltungscodes ergeben sich bei TCM für bandbegrenzte Anwendungen erhebliche Codierungsgewinne.

Das Thema TCM hat inzwischen in Forschung und Anwendung einen derartigen Umfang erreicht, daß dieses Kapitel nur eine Einführung bieten kann. Eine ausführliche Darstellung von TCM findet sich neben den Originalarbeiten von Ungerböck [138, 139], Imai und Hirakawa [112], Wei [143] u.a. insbesondere in den Büchern von Biglieri [8], Huber [37] und Jamali [38] sowie in [9].

10.1 Vorüberlegungen zu höherstufigen Modulationsverfahren

Als Modulationsverfahren für TCM werden fast ausschließlich die bereits in Kapitel 2 eingeführten 2-dimensionalen q-nären Signalkonstellationen PSK (Phasenumtastung, Phase Shift Keying) und QAM (Quadraturamplitudenmodulation) verwendet, bei denen die spektrale Bitrate r_b/W jeweils $\log_2 q$ mit der Einheit Bit/s/Hz gemäß (2.6.8) beträgt. Aus der Infobitrate r_b in Bit/s ergibt sich die Symbolrate oder Baudrate als $r_s = r_b/\log_2 q$ in Symbol/s sowie die Bandbreite als $W = r_s$ in Hz.

Bei TCM werden Codierung und Modulation gemeinsam betrachtet, so daß die Bilder 1.1 und 1.2 jetzt gedanklich etwas zu modifizieren sind. Streng genommen zerfällt der Modulator in zwei Teile: Der erste Teil wird als eigentlicher Modulator bezeichnet, der gemeinsam mit der Codierung optimiert wird und an dessen Ausgang eine zeitdiskrete Symbolfolge $\boldsymbol{x} = (x_0, x_1, x_2, \ldots)$ mit Werten aus $\mathcal{A}_{\text{in}}$ vorliegt. Der zweite und hier uninteressante Teil überführt die zeitdiskreten Symbole in ein zeitkontinuierliches Sendesignal mit passender Frequenzlage, d.h. zusammen mit dem entsprechenden Gegenpart im Empfänger wird damit wieder der zeitdiskrete Kanal erzeugt.

Somit kann $\mathcal{A}_{\text{in}}$ sowohl als q-stufiges Eingangsalphabet des diskreten Kanals wie als Ausgangsalphabet des eigentlichen Modulators bezeichnet werden. Im Gegensatz zur klassischen Kanalcodierung ist bei TCM die geometrische Anordnung dieses Alphabetes bzw. die verwendete Signalkonstellation von großer Bedeutung. Deshalb werden die Codesymbole mit Werten aus $\mathcal{A}_{\text{in}}$ nun als *Signalpunkte* oder kurz als *Signale* bezeichnet.

Wie bereits in Abschnitt 1.3 wird die komplexe Schreibweise $x = x_I + jx_Q$ mit $x_I = \text{Re}(x)$ und $x_Q = \text{Im}(x)$ verwendet. Mit $x^* = x_I - jx_Q$ wird die konjugiert komplexe Zahl bezeichnet und für den quadratischen komplexen Betrag gilt $|x|^2 = x_I^2 + x_Q^2 = xx^*$. Wie in Abschnitt 2.5 wird mit $E_{cs} = E(|x|^2)$ die Energie pro Codesymbol bzw. Signalpunkt bezeichnet.

Als Kanalmodell wird nachfolgend immer der 2-dimensionale unquantisierte AWGN mit hochstufiger Signalkonstellation vorausgesetzt. Deshalb ist der Hammingabstand d_H durch den *euklidischen Abstand* d_E zu ersetzen. Für den euklidischen Abstand zweier Signalsequenzen $\boldsymbol{x} = (x_0, x_1, x_2, \ldots)$ und $\boldsymbol{y} = (y_0, y_1, y_2, \ldots)$ gilt

$$\begin{aligned} d_E(\boldsymbol{x}, \boldsymbol{y}) &= \|\boldsymbol{x} - \boldsymbol{y}\| \\ &= \sqrt{\sum_r |x_r - y_r|^2} = \sqrt{\sum_r \left((x_{r,I} - y_{r,I})^2 + (x_{r,Q} - y_{r,Q})^2\right)} \qquad (10.1.1) \\ &= \sqrt{\|\boldsymbol{x}\|^2 + \|\boldsymbol{y}\|^2 - 2 \cdot \text{Re}\left(\sum_r x_r y_r^*\right)}. \qquad (10.1.2) \end{aligned}$$

Der quadratische euklidische Abstand läßt sich also entsprechend zur Viterbi-Metrik aus Abschnitt 9.1 additiv inkrementalisieren. Speziell für binäre Signale mit $\mathcal{A}_{\text{in}} = \{+\sqrt{E_{cs}}, -\sqrt{E_{cs}}\}$ gilt folgender Zusammenhang zwischen d_E und d_H:

$$d_E(\boldsymbol{x}, \boldsymbol{y}) = \sqrt{4E_{cs} \cdot d_H(\boldsymbol{x}, \boldsymbol{y})}. \qquad (10.1.3)$$

Die Übergangswahrscheinlichkeit für Sequenzen der Länge n ist nach (1.3.16) und (1.6.9) von der Form

$$P(\boldsymbol{y}|\boldsymbol{x}) = (\pi N_0)^{-n} \cdot \exp\left(-\frac{1}{N_0}\|\boldsymbol{y}-\boldsymbol{x}\|^2\right). \tag{10.1.4}$$

Die Minimierung der Fehlerwahrscheinlichkeit durch das ML-Prinzip bedeutet nach Satz 1.4 die Maximierung der Übergangswahrscheinlichkeit bzw. die Minimierung des euklidischen Abstandes durch Wahl einer codierten Signalfolge $\hat{\boldsymbol{x}}$ zur vorliegenden Empfangsfolge $\boldsymbol{y}$. Also ist das TCM-Verfahren so zu entwerfen, daß der minimale euklidische Abstand zwischen den möglichen codierten Signalfolgen maximal ausfällt. Nur bei binärer Übertragung ist die Maximierung des euklidischen Abstandes äquivalent zur Maximierung des Hammingabstandes, was sich auch in der identischen Form der Viterbi-Metriken gemäß (9.1.5) ausprägt.

Mit Δ_0 wird der minimale euklidische Abstand zwischen den Werten in der Signalkonstellation bzw. im Alphabet $\mathcal{A}_{\text{in}}$ bei Normierung auf $E_{cs} = 1$ bezeichnet. Also ist $\Delta_0\sqrt{E_{cs}}$ der minimale euklidische Abstand im allgemeinen Fall. Für q-PSK folgt aus (2.5.13) mit elementarer geometrischer Rechnung

$$\Delta_0 \;=\; 2 \cdot \sin(\pi/q) \tag{10.1.5}$$

und für q-ASK folgt aus (2.5.7)

$$\Delta_0 \;=\; \sqrt{\frac{12}{q^2-1}}. \tag{10.1.6}$$

Bei QAM gibt es für Δ_0 nur eine geschlossene Lösung, wenn q das Quadrat einer Zweierpotenz ist. In Tabelle 10.1 sind deshalb einige praktisch relevante Werte angegeben. Bild 2.7 zeigt bereits 4-QAM (identisch mit 4-PSK) und 16-QAM, 32-QAM ergibt sich aus einer 6×6 Matrix mit Streichung der 4 Eckpunkte (siehe auch Bild 10.11), 64-QAM ergibt sich aus einer 8×8 Matrix, 128-QAM ergibt sich aus einer 12×12 Matrix mit Streichung der 2×2 Matrizen in den Eckpunkten, 256-QAM ergibt sich aus einer 16×16 Matrix. Da also alle Signalpunkte $x = x_I + jx_Q$ auf einem Gitter liegen, spricht man auch von

Tabelle 10.1. Minimaler euklidischer Abstand Δ_0 in $\mathcal{A}_{\text{in}}$ bei $E_{cs} = 1$

q	ASK	PSK	QAM
2	2,0000	2,0000	
4	0,8944	1,4142	$\sqrt{2} = 1{,}4142$
8	0,4364	0,7654	
16	0,2169	0,3902	$\sqrt{2/5} = 0{,}6325$
32	0,1083	0,1960	$\sqrt{2/10} = 0{,}4472$
64	0,0541	0,0981	$\sqrt{2/21} = 0{,}3086$
128	0,0271	0,0491	$\sqrt{2/41} = 0{,}2209$
256	0,0135	0,0245	$\sqrt{2/85} = 0{,}1534$

einer $\mathbb{Z}^2$-*Signalkonstellation*. Aufgrund der Normierung auf $E_{cs} = 1$ gilt dabei $x_I, x_Q \in \{\pm 1 \cdot \Delta_0/2, \pm 3 \cdot \Delta_0/2, \pm 5 \cdot \Delta_0/2, \ldots\}$.

Nachfolgend wird die Fehlerwahrscheinlichkeit für uncodierte q-näre Modulation näherungsweise berechnet. Der Demodulator entscheidet per Quantisierung des Empfangssignals $y = x + \nu$ über $\hat{x} \in \mathcal{A}_{\text{in}}$. Anhand der Signalkonstellationen aus Bild 2.7 wird sofort deutlich, daß Verfälschungen zu benachbarten Signalpunkten wahrscheinlicher sind als zu weit entfernten Signalpunkten. Die Symbol-Fehlerwahrscheinlichkeit P_s wird nur geringfügig überschätzt, wenn bei $|\nu| > \Delta_0/2 \cdot \sqrt{E_{cs}}$ jeweils ein Fehler angenommen wird. Zwar sind bei QAM die äußeren Entscheidungsbereiche halbseitig unbeschränkt und bei PSK haben die Entscheidungsbereiche die Form von unbeschränkten Sektoren, aber asymptotisch bei $E_{cs}/N_0 \to \infty$ spielt das keine Rolle. Es gilt also

$$P_s = P\left(|\nu| > \frac{\Delta_0}{2}\sqrt{E_{cs}}\right). \tag{10.1.7}$$

Mit einer einfachen Rechnung (Übergang zu Polarkoordinaten) ergibt sich

$$P_s = \exp\left(-\frac{\Delta_0^2 E_{cs}}{4N_0}\right) \approx 2 \cdot Q\left(\sqrt{\frac{\Delta_0^2 E_{cs}}{2N_0}}\right), \tag{10.1.8}$$

wobei für die letzte Näherung (A.3.15) verwendet wurde. Speziell für den Binärfall mit $\Delta_0 = 2$ gilt $P_s = P_b \approx 2Q(\sqrt{2E_{cs}/N_0})$, was aufgrund der Randeffekte um den Faktor 2 größer als das Ergebnis (1.3.12) ausfällt. Für großes q gilt $\Delta_0 \approx \text{const}/q$ bei PSK bzw. $\Delta_0 \approx \text{const}/\sqrt{q}$ bei QAM und somit folgt:

Eine Verdopplung von q (bei großem q) bzw. eine Erhöhung der spektralen Bitrate um 1 Bit/s/Hz kann bei gleicher Fehlerwahrscheinlichkeit ausgeglichen werden, indem E_{cs}/N_0 etwa um den Faktor 4 (entspricht 6 dB) bei PSK und ASK bzw. um den Faktor 2 (entspricht 3 dB) bei QAM erhöht wird. Die exakten Werte zeigt Tabelle 10.2. Diese Ergebnisse können näherungsweise auch aus Bild 2.8 sowie aus Bild 2.9 (mit der Umrechnung $E_{cs} = E_b \cdot \log_2 q$)

Tabelle 10.2. Notwendiges zusätzliches E_{cs}/N_0 [dB] für q-näre Modulation im Vergleich zu binärer Modulation (asymptotisch bei $E_{cs}/N_0 \to \infty$)

q	ASK	PSK	QAM
2	0,00	0,00	
4	6,99	3,01	3,01
8	13,22	8,34	
16	19,29	14,20	10,00
32	25,33	20,17	13,01
64	31,35	26,18	16,23
128	37,37	32,20	19,14
256	43,39	38,22	22,30

abgelesen werden. Auch bei den beiden Grenzkurven aus Bild 2.6 für 1-dimensionale ASK erhöhen sich C und R_0 jeweils um 1 bei einem 6 dB Zuwachs in E_{cs}/N_0, denn nach (2.5.3) gilt $C \approx 1/2 \cdot \log_2(2E_{cs}/N_0)$ und nach (2.5.11) gilt $R_0 \approx 1/2 \cdot \log_2(E_{cs}/N_0)$.

Für eine höhere spektrale Effizienz ist also ein ziemlich hoher Preis in der Leistungseffizienz zu bezahlen, der bei PSK etwa doppelt so hoch wie bei QAM ausfällt. Durch die Anordnung aller Signalpunkte auf dem Kreis wie bei PSK anstelle einer Anordnung innerhalb des Kreises oder eines Quadrats wie bei QAM wird Δ_0 (bei Normierung auf $E_{cs} = 1$) natürlich ziemlich klein. Folglich ist QAM wesentlich effizienter als PSK, allerdings ist PSK dafür unempfindlicher bei nichtlinearen Verzerrungen.

10.2 TCM-Grundprinzip: Teilmengen-Partitionierung und Ungerböck-Encoder

Die klassische Kanalcodierung wird durch die Coderate R charakterisiert, wobei Infosymbole und Codesymbole als Wertebereich das gleiche Alphabet aufweisen. Die Redundanz wird in Form zusätzlicher Prüfsymbole ohne Änderung des Symbolalphabetes hinzugefügt. Bei gleichbleibender Infobitrate erhöht sich die Codebitrate um den Faktor $1/R$, der deshalb in Abschnitt 1.4 auch als Bandbreitenexpansionsfaktor bezeichnet wurde. Eine problematische Situation ergibt sich jedoch, wenn weder die Infobitrate reduziert noch die Bandbreite erhöht werden kann.

Für diesen Fall bietet TCM eine außerordentlich leistungsfähige und attraktive Lösung an. Im gemeinsamen Encoder/Modulator wird die Mächtigkeit des Symbolalphabetes verdoppelt: Pro Kanalbenutzung werden M Infobits übertragen, aber anstelle einer 2^M-stufigen Signalkonstellation wird dafür eine $q = 2^{M+1}$-stufige Signalkonstellation verwendet. Damit wird eine Codierung mit der Coderate $R = M/(M+1)$ ermöglicht (allerdings wird sich das gleich als nur eine von verschiedenen möglichen Varianten herausstellen). Da die Symbolrate bzw. die Kanalbenutzungsrate konstant bleibt, ändert sich durch die Codierung nicht die Bandbreite, denn die Bandbreite ist von der Stufenzahl des Modulationsverfahrens unabhängig.

Bei der klassischen Kanalcodierung werden die Codebits (bzw. eine Gruppe von Codebits) den Signalpunkten eines hochstufigen Modulationsverfahrens willkürlich zugeordnet, da die Codierung vollkommen unabhängig von der verwendeten Modulation entworfen wird. Beispielsweise werden weit auseinanderliegende Signalpunkte in gleicher Weise gegen Verfälschung geschützt wie benachbarte Signalpunkte, obwohl die Fehlerwahrscheinlichkeit fast ausnahmslos durch Verfälschungen zu benachbarten Signalpunkten geprägt wird. Bei TCM wird dagegen die Codierung in Bezug auf die geometrische Struktur der Signalkonstellation optimiert, d.h. codierte Folgen von Signalpunkten sollen maximalen euklidischen Abstand haben. Damit wird die Fehlerwahrscheinlichkeit minimiert wie bereits im vorangehenden Abschnitt erläutert wurde.

Durch TCM werden also Abhängigkeiten in die Folge der Signalpunkte eingeführt, d.h. nicht alle Folgen von Signalpunkten treten auf. Obwohl durch die Verdopplung des Alphabetes die Abstände zwischen den Signalpunkten kleiner werden und somit jeder einzelne Signalpunkt mit größerer Unsicherheit empfangen wird, können durch geeignete Codierung die Abstände zwischen den codierten Folgen der 2^{M+1}-stufigen Signalpunkte wesentlich größer ausfallen als die Abstände zwischen den uncodierten Folgen der 2^M-stufigen Signalpunkte. Daraus resultieren die teilweise hohen Codierungsgewinne der TCM-Verfahren, die mit klassischer Kanalcodierung unerreichbar sind.

Anstelle des Begriffs trelliscodierter Modulation ist auch die Bezeichnung *Signalraumcodierung* (signal-space coding) üblich. Als ***trelliscodierte Modulation (im engeren Sinn)*** werden im heutigen Sprachgebrauch Verfahren verstanden, die durch die folgenden vier Eigenschaften charakterisiert sind:

- Die Codierung zur Verbesserung der Übertragungsqualität erfordert keine Erhöhung der Bandbreite, die spektrale Bitrate bleibt unverändert.
- Als Modulationsverfahren werden PSK und QAM verwendet (sowie ASK, was hier aber nicht betrachtet wird).
- Das Signalalphabet wird verdoppelt.
- Die Codierung erfolgt mit Faltungscodes, was empfangsseitig eine aufwandsgünstige ML-Decodierung unter Verwendung von Soft-Decision mit dem Viterbi-Algorithmus ermöglicht.

Die Berechnung der Kanalkapazität und des R_0-Wertes in Abschnitt 2.5 sowie die Diskussion der Bilder 2.5, 2.6 und 2.8 haben gezeigt, daß eine Verdopplung des Symbolalphabetes ausreichend ist. Durch eine weitere Erhöhung der Mächtigkeit der Signalkonstellation lassen sich keine nennenswerten zusätzlichen Gewinne erzielen.

Wenn die Faltungscodes durch Blockcodes ersetzt werden, spricht man von blockcodierter Modulation (BCM), die kurz in Abschnitt 10.10 behandelt wird.

Beispiel 10.1. Gegeben sei eine Infobitrate $r_b = 9600$ Bit/s. Nachfolgend werden fünf Varianten zur Übertragung betrachtet, bei denen die spektrale Bitrate jeweils 2 Bit/s/Hz beträgt.

(1) Bei uncodierter 4-PSK beträgt die Symbolrate $r_s = 4800$ Symbol/s und die Bandbreite $W = 4800$ Hz.

(2) Bei klassischer Kanalcodierung mit $R = 2/3$ ergibt sich eine Codebitrate $r_c = 14400$ Bit/s. Bei unveränderter 4-PSK beträgt die Symbolrate $r_s = 7200$ Symbol/s und die Bandbreite expandiert auf $W = 7200$ Hz.

(3) Wenn bei klassischer Kanalcodierung mit $R = 2/3$ statt 4-PSK nun 8-PSK verwendet wird, ergibt sich zwar eine Codebitrate $r_c = 14400$ Bit/s, aber die Symbolrate beträgt nur $r_s = 4800$ Symbol/s und die Bandbreite bleibt bei $W = 4800$ Hz. Wenn hierbei ein $R = 2/3$-Faltungscode mit 64 Zuständen ($d_f = 6$ nach Tabelle 8.4) verwendet wird, so ergibt sich zunächst ein asymptotischer

Codierungsgewinn von 6,0 dB nach (9.5.4) bzw. von 5,8 dB nach Bild 9.9. Allerdings ist der Übergang von 4-PSK zu 8-PSK nach Tabelle 10.2 mit einem Verlust von 5,3 dB verbunden, so daß insgesamt ein Codierungsgewinn von lediglich 0,7 dB gegenüber uncodierter 4-PSK resultiert.

(4) Ein wesentlich größerer Codierungsgewinn ergibt sich bei TCM-Übertragung: Bei $M = 2$ und $q = 8$, also 8-PSK in Kombination mit einem $R = 2/3$-Faltungscode, bleiben zunächst die Bandbreite $W = 4800$ Hz und die Symbolrate $r_s = 4800$ unverändert. Wenn das 8-PSK Signal ohne Kenntnis der Codierung demoduliert würde (Entscheidung vor Verarbeitung), dann sind die einzelnen Symbole wesentlich unzuverlässiger als bei 4-PSK. Durch die gemeinsame Demodulation/Decodierung (Verarbeitung vor Entscheidung) ergibt sich jedoch ein asymptotischer Codierungsgewinn von 5,0 dB bei 64 Zuständen, wie mit Tabelle 10.3 noch gezeigt wird.

Dieses Beispiel demonstriert also eindrucksvoll den enormen Gewinn der trelliscodierten Modulation im Vergleich zur konventionellen Kombination von hochstufiger Modulation und Kanalcodierung.

(5) Bei TCM mit $M = 3$ und $q = 16$ könnte ein $R = 1/2$-Faltungscode in Kombination mit 16-PSK verwendet werden. Gegenüber 8-PSK TCM ergeben sich damit jedoch keine nennenswerten Vorteile, wie schon mit den informationstheoretischen Überlegungen in Abschnitt 2.5 gezeigt wurde. □

Die Grundlage für TCM bildet die sogenannte Partitionierung des Signalalphabetes $\mathcal{A}_{\text{in}}$ in Teilmengen derart, daß die minimale euklidische Distanz innerhalb der Teilmengen ansteigt (set partitioning). Diese Partitionierung wird anhand der beiden Beispiele 8-PSK in Bild 10.1 und 16-QAM in Bild 10.2 erklärt. Dabei wird immer die Normierung auf $E_{cs} = 1$ vorausgesetzt.

Die Menge $\mathcal{B}_0^{(0)} = \mathcal{A}_{\text{in}}$ mit der Mächtigkeit $q = 2^{M+1}$ und der minimalen euklidischen Distanz Δ_0 wird im ersten Teilungsschritt in die beiden Teilmengen $\mathcal{B}_0^{(1)}$ und $\mathcal{B}_1^{(1)}$ mit jeweils der Mächtigkeit 2^M und der minimalen euklidischen Distanz Δ_1 zerlegt. Im zweiten Teilungsschritt wird $\mathcal{B}_0^{(1)}$ in $\mathcal{B}_0^{(2)}$ und $\mathcal{B}_2^{(2)}$ sowie $\mathcal{B}_1^{(1)}$ in $\mathcal{B}_1^{(2)}$ und $\mathcal{B}_3^{(2)}$ zerlegt, wobei die 4 Mengen $\mathcal{B}_i^{(2)}$ jeweils die Mächtigkeit 2^{M-1} und die minimale euklidische Distanz Δ_2 haben. Eventuell können sich noch weitere Teilungsschritte anschließen, bis im Extremfall 2^{M+1} Mengen $\mathcal{B}_i^{(M+1)}$ mit jeweils nur einem Signalpunkt vorliegen.

Die Partitionierung zielt darauf, daß die euklidischen Distanzen mit jedem Teilungsschritt so stark wie möglich anwachsen. Die Anzahl der notwendigen Teilungsschritte wird mit $k+1$ bezeichnet. Generell wird $1 \leq k \leq M$ vorausgesetzt, d.h. die Anzahl der Teilungsschritte beträgt mindestens 2 (also 4 Mengen der Mächtigkeit 2^{M-1} und höchstens $M+1$ (also $q = 2^{M+1}$ Mengen der Mächtigkeit 1). Zusammenfassung:

$$\mathcal{A}_{\text{in}} = \biguplus_{i=0}^{2^l-1} \mathcal{B}_i^{(l)} \quad , \quad l = 0,1,2,\ldots,k+1 \tag{10.2.1}$$

$$|\mathcal{B}_i^{(l)}| = 2^{M+1-l} = \frac{q}{2^l} \quad , \quad i = 0,1,2,\ldots,2^l-1 \tag{10.2.2}$$

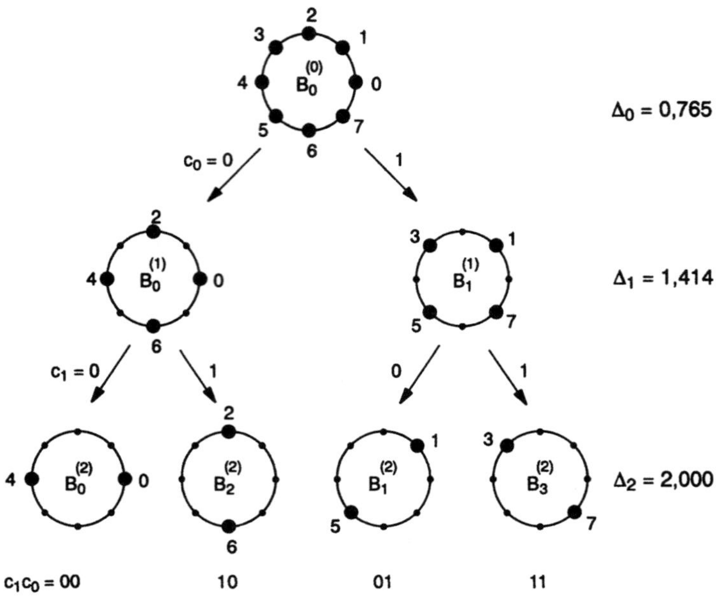

Bild 10.1. Partitionierung für 8-PSK ($M = 2, k = 1$)

$$\Delta_l = \min\{d_E(x,x') \mid x,x' \in \mathcal{B}_i^{(l)}, x \neq x'\} \quad \text{(unabh. von } i\text{).} \tag{10.2.3}$$

Generell wird $\Delta_{M+1} = \infty$ vereinbart. Wenn ohne zusätzliche Erklärungen von Teilmengen die Rede ist, sind damit immer die 2^{k+1} Mengen $\mathcal{B}_i^{(k+1)}$ aus dem letzten Teilungsschritt gemeint, die also die Mächtigkeit 2^{M-k} und die euklidische Minimaldistanz Δ_{k+1} aufweisen.

Die Übergänge beim l-ten Teilungsschritt werden wie in Bild 10.1 und 10.2 angegeben durch binären Größen c_l gesteuert, wobei ein Übergang nach links bzw. rechts mit $c_l = 0$ bzw. $c_l = 1$ korrespondiert. Der Index i in $\mathcal{B}_i^{(l)}$ wird durch den Signalpunkt mit der kleinsten Nummer bestimmt. Während bei PSK diese Nummern in $\mathcal{A}_{\text{in}}$ fortlaufend gegen den Uhrzeigersinn vergeben werden, ist die Numerierung bei QAM nur in der Sicht von unten nach oben zu verstehen. Bei $M = 3$ geben die 3 Bits c_2, c_1, c_0 als Dualzahl interpretiert den Index i in $\mathcal{B}_i^{(3)}$ an. Entsprechendes gilt für $M = 2$. Allgemein gilt für q-PSK

$$\Delta_l = 2 \cdot \sin\left(\frac{\pi}{2^{M+1-l}}\right) = 2 \cdot \sin\left(\frac{\pi}{q} \cdot 2^l\right), \quad \Delta_M = 2 \tag{10.2.4}$$

sowie für QAM

$$\Delta_l = \sqrt{2} \cdot \Delta_{l-1} = 2^{l/2} \cdot \Delta_0, \tag{10.2.5}$$

wobei Δ_0 aus Tabelle 10.1 zu entnehmen ist.

Basierend auf der Teilmengen-Partitionierung des Symbolalphabetes wird nun das Prinzip der trelliscodierten Modulation im engeren Sinn anhand des

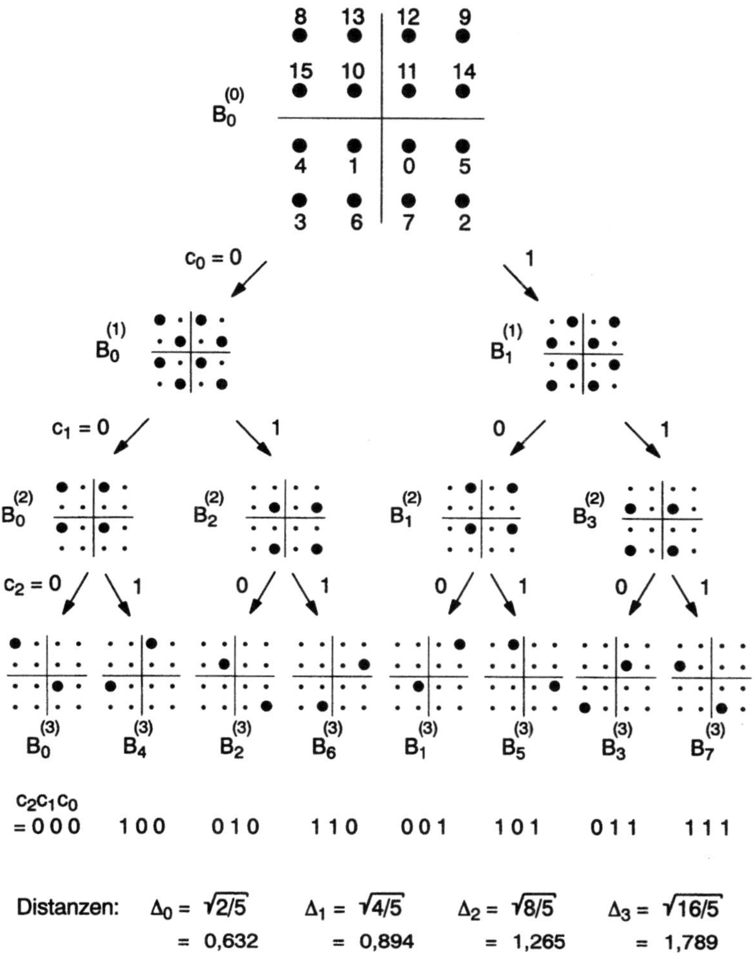

Bild 10.2. Partitionierung für 16-QAM ($M = 3, k = 2$)

Ungerböck-Encoders eingeführt, dessen allgemeine Struktur Bild 10.3 zeigt. Mit einer $q = 2^{M+1}$-stufigen Signalkonstellation werden M Infobits pro Kanalbenutzung übertragen. Bei einer Bandbreite W und einem PSK- oder QAM-Verfahren beträgt die Symbolrate $r_s = W$ Symbol/s und somit ergibt sich eine maximale Infobitrate $r_b = M \cdot r_s$ sowie eine spektrale Bitrate $r_b/W = M$ Bit/s/Hz.

Der Ungerböck-Encoder wird wesentlich durch den Parameter k geprägt: Von den M Infobits werden nur k Infobits in einem Faltungs-Encoder der Rate $R = k/(k+1)$ in $k+1$ Codebits umgesetzt, mit denen eine der 2^{k+1} Teilmengen $\mathcal{B}_i^{(k+1)}$ ausgewählt wird, die jeweils die Mächtigkeit 2^{M-k} haben. Die restlichen $M-k$ Infobits werden nicht codiert und damit wird ein Signalpunkt innerhalb

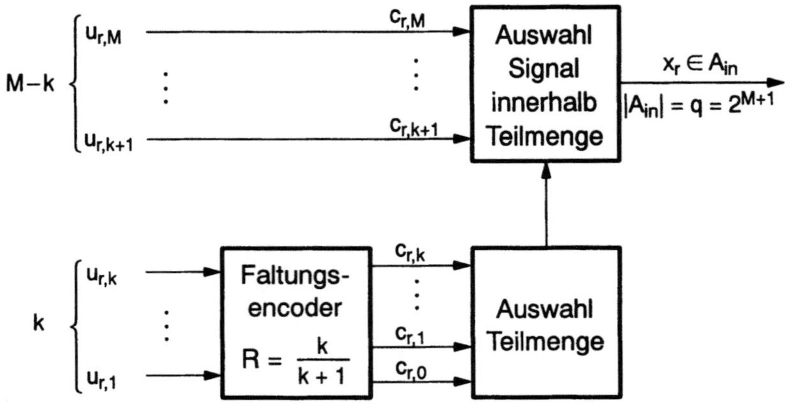

Bild 10.3. Ungerböck-Encoder

der gewählten Teilmenge ausgewählt. Betrachtung der beiden Extremfälle:

- Bei $k = 1$ wird ein Faltungscode mit der Rate $1/2$ verwendet, so daß nur 1 Infobit encodiert wird. Die 2 entstehenden Codebits wählen eine der 4 Teilmengen $\mathcal{B}_i^{(2)}$ aus. Die restlichen $M-1$ uncodierten Infobits wählen dann einen der 2^{M-1} Signalpunkte innerhalb der gewählten Teilmenge aus.
- Bei $k = M$ wird ein Faltungscode mit der Rate $M/(M+1)$ verwendet, so daß alle Infobits encodiert werden. Die $M+1$ entstehenden Codebits wählen eine der 2^{M+1} Teilmengen $\mathcal{B}_i^{(M+1)}$ aus, die jeweils nur einen Signalpunkt enthalten.

Selbstverständlich sind auch alle Zwischenwerte für k möglich. Die grundlegende Idee von TCM wird anhand des Ungerböck-Encoders anschaulich sofort klar: Die Signalpunkte innerhalb der Teilmengen haben einen großen Abstand, so daß die Auswahl eines Signalpunktes innerhalb der Teilmenge nicht durch Codierung geschützt werden muß. Dagegen sind die Abstände zwischen den Teilmengen (d.h. zwischen den Signalpunkten aus verschiedenen Teilmengen) vergleichsweise gering, so daß die Auswahl einer Teilmenge per Codierung geschützt werden sollte.

Wachsendes k bewirkt den positiven Effekt, daß die Teilmengen kleiner werden mit größerem minimalen euklidischen Abstand, sowie den negativen Effekt, daß die Anzahl der Teilmengen größer wird und der Code zum Schutz der Teilmengenauswahl schwächer ausfällt. Mit wachsendem k wird der empfangsseitige Decoder allerdings immer komplexer. Schließlich sind natürlich auch zusätzliche Gewinne zu erwarten, wenn die Anzahl der Zustände des Faltungscodes erhöht wird, was allerdings wiederum auf Kosten der empfangsseitigen Komplexität geht. Quantitative Ergebnisse hierzu enthält Abschnitt 10.5.

Katastrophale Encoder sind bei TCM ebenso wie bei den klassischen Faltungscodes zu vermeiden. Der Encoder operiert weiterhin in $\mathbb{F}_2$, d.h. es wird modulo 2 gerechnet. Für die formale Beschreibung sei

$$\boldsymbol{u}_r = (u_{r,1}, \ldots, u_{r,M}) \tag{10.2.6}$$

der zur Zeit r anliegende Block der M Infobits und

$$\boldsymbol{c}_r = (c_{r,0}, c_{r,1}, \ldots, u_{r,M}) \tag{10.2.7}$$

sei der zur Zeit r entstehende Block der Codebits (hierzu zählen also auch die uncodierten Infobits). Durch $\boldsymbol{c}_r$ wird der Signalpunkt

$$x_r = f(\boldsymbol{c}_r) \quad \text{mit} \quad x_r \in \mathcal{A}_{\text{in}} = \{\xi_0, \xi_1, \ldots, \xi_{q-1}\} \tag{10.2.8}$$

ausgewählt. Anstelle ξ_j wird vereinfachend auch nur die Nummer j des Signalpunktes verwendet. Die hier mit f geschriebene Zuordnung bzw. Auswahlfunktion wird üblicherweise als *mapping by set partitioning* bezeichnet und $\boldsymbol{c}_r$ heißt auch *label* von x_r. Es sei noch darauf hingewiesen, daß in der Literatur oftmals m anstelle von M sowie $\tilde{m}$ anstelle von k geschrieben wird. Hier wird mit m aber weiterhin die Gedächtnislänge des Faltungscodes bezeichnet.

Bei der sogenannten *natürlichen Zuordnung* (natural mapping) für PSK wird $\boldsymbol{c}_r = (c_{r,0}, c_{r,1}, \ldots, u_{r,M})$ als umgekehrte Dualzahl interpretiert und gibt dann direkt die Nummer des Signalpunktes aus der PSK-Konstellation an, wobei die Punkte üblicherweise gegen den Uhrzeigersinn durchnumeriert werden. Beispielsweise wählt $c_{r,0}$ zwischen benachbarten Signalpunkten und $c_{r,M}$ zwischen gegenüberliegenden Signalpunkten. Bei QAM wird $\boldsymbol{c}_r$ natürlich ebenfalls als Dualzahl interpretiert, aber für die Zuordnung muß noch die komplette und keinesfalls triviale Durchnumerierung der Signalpunkte festgelegt werden.

Die spezielle Durchnumerierung der Signalpunkte innerhalb der Teilmengen wie auch eine Vertauschung der uncodierten Infobits am Eingang der Zuordnung bleibt natürlich ohne jegliche Auswirkungen, da damit der Code, d.h. die Menge der möglichen Signalfolgen, nicht geändert wird.

Obwohl der Faltungs-Encoder eine lineare Operation realisiert und die Menge der Codeblockfolgen einen Vektorraum bildet, ist TCM dennoch nichtlinear – allein schon deshalb, weil in $\mathcal{A}_{\text{in}}$ keine abgeschlossene Addition definiert werden kann. Erschwerend wirkt sich die Nichtlinearität im wesentlichen aber nur auf die Analyse der TCM-Distanzeigenschaften aus.

10.3 Encoder-Strukturen und Polynombeschreibung

Anhand von Beispielen werden jetzt einige einfache TCM-Verfahren vorgestellt. Für den Ungerböck-Encoder gibt es sowohl eine rückkopplungsfreie Form wie eine dazu äquivalente systematischen Form mit Rückkopplungen. Ähnlich wie bei Faltungscodes kann die formale Beschreibung sowohl mit Polynomen (in diesem Abschnitt) wie auch mit Trellisdiagrammen (im nächsten Abschnitt) erfolgen.

Beispiel 10.2. Einen 8-PSK TCM-Encoder für $k = 1$ mit 4 Zuständen zeigt Bild 10.4, wobei die Teilmengen-Partitionierung aus Bild 10.1 vorausgesetzt wird. Als Zahlenbeispiele werden verschiedene Infofolgen $\boldsymbol{u}_r$ mit den zugehörigen Codeblockfolgen $\boldsymbol{c}_r$ und Signalfolgen x_r betrachtet ($r = 0, 1, 2, \ldots$):

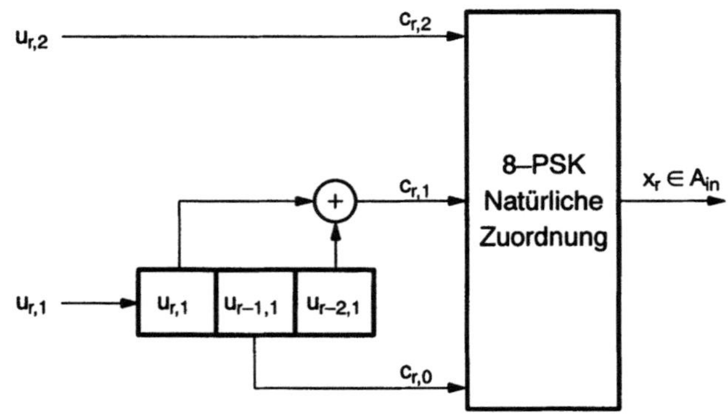

Bild 10.4. Encoder für 8-PSK TCM mit 4 Zuständen ($k = 1$)

$$
\begin{array}{lll}
\boldsymbol{u}^{(0)} = 00\ 00\ 00\ 00\ \ldots & \boldsymbol{c}^{(0)} = 000\ 000\ 000\ 000\ \ldots & \boldsymbol{x}^{(0)} = \xi_0\ \xi_0\ \xi_0\ \xi_0\ \ldots \\
\boldsymbol{u}^{(1)} = 01\ 00\ 00\ 00\ \ldots & \boldsymbol{c}^{(1)} = 001\ 000\ 000\ 000\ \ldots & \boldsymbol{x}^{(1)} = \xi_4\ \xi_0\ \xi_0\ \xi_0\ \ldots \\
\boldsymbol{u}^{(2)} = 10\ 00\ 00\ 00\ \ldots & \boldsymbol{c}^{(2)} = 010\ 100\ 010\ 000\ \ldots & \boldsymbol{x}^{(2)} = \xi_2\ \xi_1\ \xi_2\ \xi_0\ \ldots
\end{array}
$$

Für die euklidischen Abstände gilt:

$$
\begin{aligned}
d_E(\boldsymbol{x}^{(0)}, \boldsymbol{x}^{(1)}) &= \sqrt{\Delta_2^2 + 0 + 0 + 0} &&= 2{,}000 \\
d_E(\boldsymbol{x}^{(0)}, \boldsymbol{x}^{(2)}) &= \sqrt{\Delta_1^2 + \Delta_0^2 + \Delta_1^2 + 0} &&= 2{,}141 \\
d_E(\boldsymbol{x}^{(1)}, \boldsymbol{x}^{(2)}) &= \sqrt{\Delta_1^2 + \Delta_0^2 + \Delta_1^2 + 0} &&= 2{,}141.
\end{aligned}
$$

Anhand von Tabelle 10.3 wird noch gezeigt, daß 2 der minimale euklidische Abstand zwischen allen möglichen Signalfolgen ist. Wenn in Bild 10.4 die beiden Ausgänge des Faltungs-Encoders miteinander vertauscht werden, so gilt

$$
\begin{array}{lll}
\boldsymbol{u}^{(0)} = 00\ 00\ 00\ 00\ \ldots & \boldsymbol{c}^{(0)} = 000\ 000\ 000\ 000\ \ldots & \boldsymbol{x}^{(0)} = \xi_0\ \xi_0\ \xi_0\ \xi_0\ \ldots \\
\boldsymbol{u}^{(2)} = 10\ 00\ 00\ 00\ \ldots & \boldsymbol{c}^{(2)} = 100\ 010\ 100\ 000\ \ldots & \boldsymbol{x}^{(2)} = \xi_1\ \xi_2\ \xi_1\ \xi_0\ \ldots
\end{array}
$$

und wegen $d_E(\boldsymbol{x}^{(0)}, \boldsymbol{x}^{(2)}) = \sqrt{\Delta_0^2 + \Delta_1^2 + \Delta_0^2 + 0} = 1{,}781$ ergibt sich eine kleinere Minimaldistanz, d.h. die Encodierung ist auf die Adressierung bei der natürlichen Zuordnung abzustimmen. Vertauschungen sind lediglich bei den $M - k$ uncodierten Infobits erlaubt, d.h. bei der Auswahl des Signalpunktes innerhalb der gewählten Teilmenge. Wenn anstelle des Faltungs-Encoders aus Bild 10.4 der Faltungs-Encoder aus Bild 8.2 (als optimal für Faltungscodes nachgewiesen) eingesetzt wird, so folgt

$$
\begin{array}{lll}
\boldsymbol{u}^{(3)} = 10\ 00\ 00\ 00\ \ldots & \boldsymbol{c}^{(3)} = 110\ 010\ 110\ 000\ \ldots & \boldsymbol{x}^{(3)} = \xi_3\ \xi_2\ \xi_3\ \xi_0\ \ldots \\
\boldsymbol{u}^{(4)} = 01\ 00\ 01\ 00\ \ldots & \boldsymbol{c}^{(4)} = 001\ 000\ 001\ 000\ \ldots & \boldsymbol{x}^{(4)} = \xi_4\ \xi_0\ \xi_4\ \xi_0\ \ldots
\end{array}
$$

und damit $d_E(\boldsymbol{x}^{(3)}, \boldsymbol{x}^{(4)}) = \sqrt{\Delta_0^2 + \Delta_1^2 + \Delta_0^2 + 0} = 1{,}781$. Bei Vertauschung der beiden Codebits ändert sich $x_1^{(3)} = \xi_2$ in $x_1^{(3)} = \xi_1$ und somit folgt das noch schlechtere Ergebnis $d_E(\boldsymbol{x}^{(3)}, \boldsymbol{x}^{(4)}) = \sqrt{\Delta_0^2 + \Delta_0^2 + \Delta_0^2 + 0} = 1{,}325$. Die optimalen Faltungscodes bei klassischer Kanalcodierung erweisen sich somit für TCM als ungünstig, d.h. TCM erfordert eine neue Suche nach optimalen Codes, wobei der Begriff optimaler Code für TCM noch zu definieren ist.

Offensichtlich entspricht dem Encoder aus Bild 10.4 die Polynombeschreibung

$$\underbrace{(c_0(x), c_1(x), c_2(x))}_{\boldsymbol{c}(x)} = \underbrace{(u_1(x), u_2(x))}_{\boldsymbol{u}(x)} \cdot \underbrace{\begin{pmatrix} x & 1+x^2 & 0 \\ 0 & 0 & 1 \end{pmatrix}}_{\boldsymbol{G}(x)}.$$

Die Mengen aller Potenzreihen $u_1(x)$ und $u_1(x) \cdot (1 + x^2)$ sind nach Aufgabe 8.12 identisch und somit wird durch

$$(c_0(x), c_1(x), c_2(x)) = (u_1(x), u_2(x)) \cdot \underbrace{\begin{pmatrix} \dfrac{x}{1+x^2} & 1 & 0 \\ 0 & 0 & 1 \end{pmatrix}}_{\boldsymbol{G}_s(x)}$$

ein identischer Code mit einer systematischen Generatormatrix beschrieben.

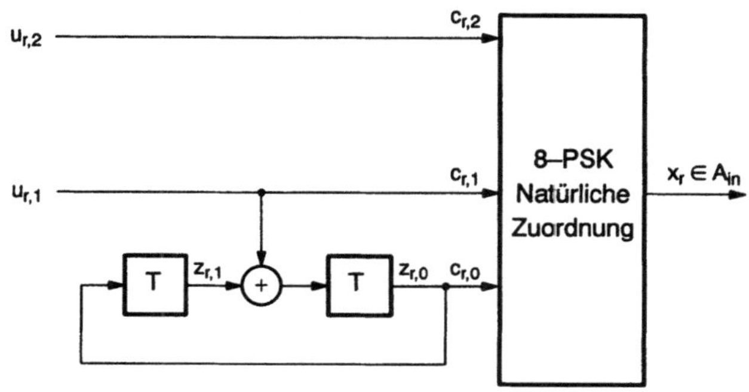

Bild 10.5. Systematischer Encoder für 8-PSK TCM mit 4 Zuständen ($k = 1$)

Explizit gilt $c_2(x) = u_2(x)$ und $c_1(x) = u_1(x)$ sowie $c_0(x) + x^2 c_0(x) = x u_1(x)$ und somit ergibt sich der in Bild 10.5 dargestellte systematische Encoder mit Rückkopplung, bei dem $c_{r,0} = u_{r-1,1} + c_{r-2,0}$ sowie $c_{r,1} = u_{r,1}$ und $c_{r,2} = u_{r,2}$ gilt. Mit den in Bild 10.5 ebenfalls angegebenen Größen $z_{r,0}, z_{r,1}$ gilt $z_{r,0} = u_{r-1,1} + z_{r-1,1}$ und $z_{r,1} = z_{r-1,0}$ sowie $z_{r,0} = c_{r,0}$. □

In den Bildern mit rückkopplungsfreien Encodern steht jeder Kasten für ein Register, während bei den rückgekoppelten Encodern jeder mit T bezeichnete Kasten ein Verzögerungselement repräsentiert.

Nebenbemerkung: Bei der Berechnung des Abstandes zwischen zwei Codefolgen bei PSK treten natürlich alle möglichen Differenzen $d_E(\xi_i, \xi_{i+n})$ auf, die jedoch durch die Δ_l nur für die Fälle $n = 1, 2, 4, 8, \ldots$ erfaßt werden. Deshalb wird für den allgemeinen Fall vermerkt:

$$d_E(\xi_i, \xi_{i+n}) = 2 \cdot \sin(\pi \cdot n/q) \tag{10.3.1}$$

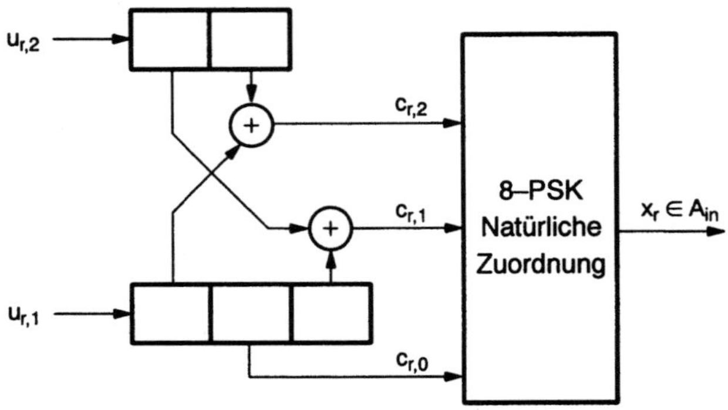

Bild 10.6. Encoder für 8-PSK TCM mit 8 Zuständen ($k = 2$)

Beispiel 10.3. Einen 8-PSK TCM-Encoder für $k = 2$ mit 8 Zuständen zeigt Bild 10.6, wobei die gleiche Teilmengen-Partitionierung wie vorangehend vorausgesetzt wird. Die Zustände werden hier durch die 3 Infobits $u_{r-1,1}$, $u_{r-1,2}$, $u_{r-2,1}$ definiert. Die zugehörige Polynombeschreibung lautet

$$\begin{aligned}
(c_0(x), c_1(x), c_2(x)) &= (u_1(x), u_2(x)) \cdot \underbrace{\begin{pmatrix} x & x^2 & 1 \\ 0 & 1 & x \end{pmatrix}}_{\boldsymbol{G}(x)} \\
&= (u_1(x), u_2(x)) \cdot \underbrace{\begin{pmatrix} x^2 & 1 \\ 1 & x \end{pmatrix}}_{\boldsymbol{P}(x)} \cdot \underbrace{\begin{pmatrix} \dfrac{x^2}{1+x^3} & 1 & 0 \\ \dfrac{x}{1+x^3} & 0 & 1 \end{pmatrix}}_{\boldsymbol{G}_s(x)}.
\end{aligned}$$

Wegen $\begin{pmatrix} x^2 & 1 \\ 1 & x \end{pmatrix}^{-1} = \dfrac{1}{1+x^3} \begin{pmatrix} x & 1 \\ 1 & x^2 \end{pmatrix}$ ändert sich durch Multiplikation von $\boldsymbol{u}(x)$ mit der Matrix $\boldsymbol{P}(x)$ die Menge aller möglichen Potenzreihen nicht, wie man in Erweiterung von Aufgabe 8.12 leicht überlegen kann. Folglich wird durch die Matrix $\boldsymbol{G}_s(x)$ ein identischer Code durch einen systematischen Encoder mit Rückkopplung gegeben, für den $c_0(x) + x^3 c_0(x) = x^2 u_1(x) + x u_2(x)$ gilt. Die entsprechende Schieberegister-Implementierung zeigt Bild 10.7. □

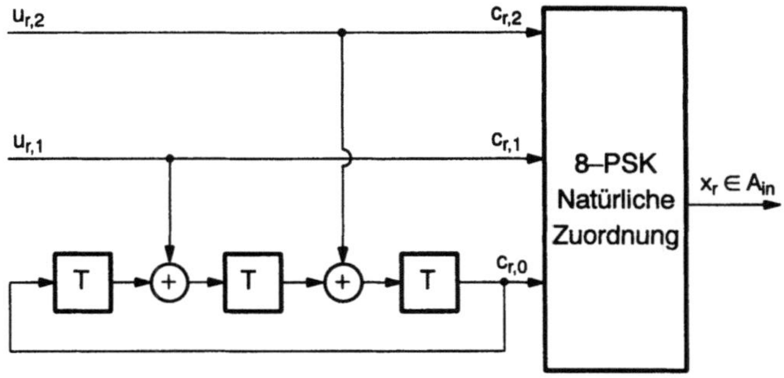

Bild 10.7. Systematischer Encoder für 8-PSK TCM mit 8 Zuständen ($k = 2$)

Für den allgemeinen nicht-systematischen Encoder ohne Rückkopplung wird eine Polynombeschreibung der Form

$$\underbrace{(c_0(x), \dots, c_M(x))}_{\boldsymbol{c}(x)} = \underbrace{(u_1(x), \dots, c_M(x))}_{\boldsymbol{u}(x)} \cdot \underbrace{\begin{pmatrix} g_{1,0}(x) & \dots & g_{1,M}(x) \\ \vdots & & \vdots \\ g_{M,0}(x) & \dots & g_{M,M}(x) \end{pmatrix}}_{\boldsymbol{G}(x)} \tag{10.3.2}$$

verwendet und für den systematischen Encoder mit Rückkopplung wird folgende Bezeichnungsweise vereinbart:

$$c_0(x) = (h_0(x) - 1)c_0(x) + h_1(x)u_1(x) + \dots + h_M(x)c_M(x). \tag{10.3.3}$$

Mit diesem Ansatz wird sichergestellt, daß $h_0(x)$ immer den Term x^0 enthält, da ansonsten eine Rückkopplungsschleife ohne Verzögerungsglied vorhanden wäre, was einen nicht-realisierbaren Encoder bedeuten würde. Gemäß Aufgabe 8.12 entspricht $1/h_0(x)$ folglich einer Potenzreihe ohne negative Koeffizienten. Wegen $c_\mu(x) = u_\mu(x)$ für $1 \leq \mu \leq M$ folgt aus (10.3.3)

$$(c_0(x), \dots, c_M(x)) \cdot \underbrace{(h_0(x), \dots, h_M(x))^T}_{\boldsymbol{H}^T(x)} = 0 \tag{10.3.4}$$

und somit wirken die $h_i(x)$ als *Prüfpolynome*, mit denen die *Prüfmatrix* $\boldsymbol{H}(x)$ für den Faltungscode gebildet wird. Aus den $u_\mu(x)$ kann $c_0(x)$ direkt berechnet werden:

$$c_0(x) = \frac{h_1(x)}{h_0(x)} u_1(x) + \dots + \frac{h_M(x)}{h_0(x)} u_M(x). \tag{10.3.5}$$

In Matrixform kann die systematische Encodierung als

$$\underbrace{(c_0(x),\ldots,c_M(x))}_{\boldsymbol{c}(x)} = \underbrace{(u_1(x),\ldots,c_M(x))}_{\boldsymbol{u}(x)} \cdot \underbrace{\left(\begin{array}{c|ccc} \frac{h_1(x)}{h_0(x)} & 1 & \cdots & 0 \\ \vdots & & \ddots & \\ \frac{h_M(x)}{h_0(x)} & 0 & \cdots & 1 \end{array}\right)}_{\boldsymbol{G}_s(x)} \tag{10.3.6}$$

geschrieben werden. Mit den Prüfpolynomen wird also sowohl die Prüfmatrix $\boldsymbol{H}(x)$ wie die systematische Generatormatrix $\boldsymbol{G}_s(x)$ aufgebaut. Natürlich gilt $\boldsymbol{G}_s(x)\boldsymbol{H}^T(x) = \boldsymbol{0}$ sowie $\boldsymbol{G}(x)\boldsymbol{H}^T(x) = \boldsymbol{0}$ gemäß (4.2.2). Die Umrechnung von $\boldsymbol{G}(x)$ in $\boldsymbol{G}_s(x)$ kann mittels der elementaren Zeilenoperationen aus Satz 4.1 erfolgen.

Beispiel 10.4. (Fortsetzung von Beispiel 10.3) Es werden die elementaren Zeilenoperationen auf $\boldsymbol{G}(x)$ angewendet: Zunächst wird Zeile 2 mit x^2 multipliziert und dann wird Zeile 1 zu Zeile 2 addiert:

$$\boldsymbol{G}_1(x) = \begin{pmatrix} x & x^2 & 1 \\ x & 0 & 1+x^3 \end{pmatrix}.$$

Zeile 1 wird mit $1+x^3$ multipliziert und dann wird Zeile 2 zu Zeile 1 addiert:

$$\boldsymbol{G}_2(x) = \begin{pmatrix} x^4 & x^2(1+x^3) & 0 \\ x & 0 & 1+x^3 \end{pmatrix}.$$

Durch entsprechende zeilenweise Divisionen ergibt sich $\boldsymbol{G}_s(x)$ und damit $h_0(x) = 1+x^3$, $h_1(x) = x^2$, $h_2(x) = x$. Diese 3 Prüfpolynome beschreiben das Schieberegister aus Bild 10.7 vollständig. □

Die allgemeine Form des systematischen Encoders mit den Prüfpolynomen $h_\mu(x) = h_{\mu,0}x^0 + \cdots + h_{\mu,\nu}x^\nu$ bei $\nu = \text{Grad } h_0(x)$ zeigt Bild 10.8. Dabei wird die Eigenschaft

$$\begin{aligned} h_{0,0} &= h_{0,\nu} = 1 \\ h_{\mu,0} &= h_{\mu,\nu} = 0 \quad \text{für} \quad \mu = 1,\ldots,M \end{aligned} \tag{10.3.7}$$

hervorgehoben, die in Abschnitt 10.4 noch begründet wird.

Die Encodierung kann grundsätzlich entweder mit einem nicht-systematischen rückkopplungsfreien Encoder oder mit einem systematischen rückgekoppelten Encoder erfolgen. Unterschiede bestehen dabei lediglich in der Zuordnung zwischen den Infofolgen und den Signalfolgen, aber der Code, d.h. die Menge aller Signalfolgen, ist in beiden Fällen identisch. Beispielsweise münden bei der rückkopplungsfreien Encodierung endliche Infofolgen immer in eine

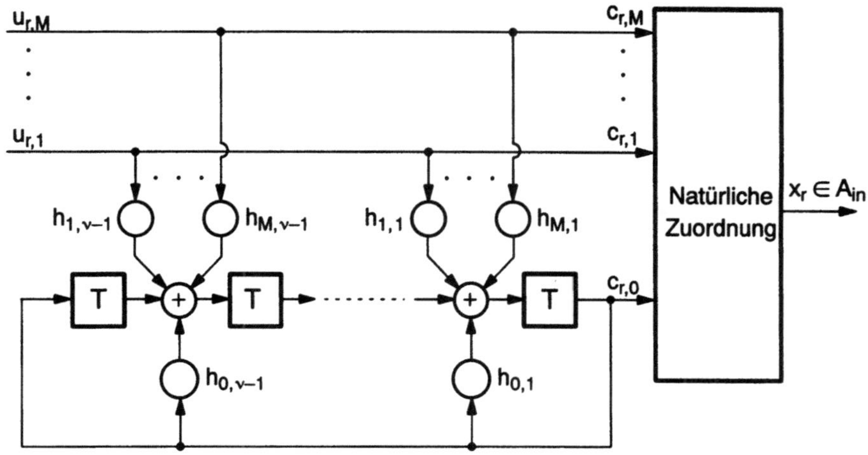

Bild 10.8. Ungerböck-Encoder in systematischer Form mit Rückkopplung

konstante Signalfolge ein (mit $x_r = \xi_0$ bei natürlicher Zuordnung), während bei der systematischen Encodierung mit Rückkopplung eine endliche Infofolge in eine periodische Signalfolge einmünden kann.

Der systematische Encoder ist natürlich prinzipiell nicht-katastrophal, da zwei Infofolgen mit Differenzen an unendlich vielen Stellen zu zwei Codefolgen mit Differenzen an ebenfalls unendlich vielen Stellen führen.

Bei beiden Realisierungsformen des Encoders ist die minimal erforderliche Anzahl ν von Speicherelementen immer identisch [93, 139], was allerdings einen ziemlich umfangreichen Beweis erfordert. Die Anzahl der Zustände des Encoders beträgt also 2^ν in beiden Fällen.

Die Beschreibung von TCM kann auch mit der sogenannten ***analytischen Repräsentation*** nach Calderbank und Mazo [8, 38, 84] erfolgen. Dabei werden die beiden Schritte Faltungs-Encodierung und Zuordnungsregel zu einem Schritt zusammengefaßt, indem die Signalpunkte direkt als Summe von gewissen Produkten der aktuellen und vorangehenden Infobits analytisch geschlossen berechnet werden. Mit diesem Ansatz ergeben sich allgemeinere TCM-Verfahren als bei den auf dem Ungerböck-Encoder basierenden TCM-Verfahren im engeren Sinn.

10.4 Distanzeigenschaften und Trellisdiagramm

Wie bei den Faltungscodes erlaubt die Trellisbeschreibung einerseits Einsichten in die Distanzstruktur von TCM und bildet andererseits die gedankliche Grundlage für die ML-Decodierung mit dem Viterbi-Algorithmus.

Die Trellisbeschreibung bezieht sich wie die Polynombeschreibung immer auf alle M Infobits, auch wenn davon $M - k$ Infobits nicht codiert werden. Die Anzahl der Zustände beträgt 2^ν, wobei ν die Anzahl der gespeicherten Infobits im Register bezeichnet. Maximal gilt $\nu = m \cdot k$, wenn jedes der k zu codierenden Infobits in ein Register der Länge $m + 1$ eingeschoben wird.

Von jedem Zustand gehen 2^M Kanten ab, wobei jeweils 2^k verschiedene Nachfolge-Zustände erreicht werden. Folglich sind jeweils 2^{M-k} Kanten parallel, was natürlich auch sofort daraus folgt, daß die $M - k$ uncodierten Infobits die Zustandsübergänge nicht beeinflussen können.

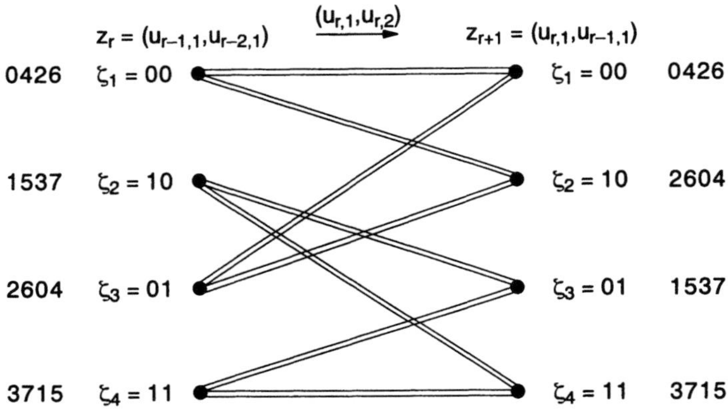

Bild 10.9. Trellissegment für 8-PSK TCM mit 4 Zuständen ($k = 1$)

Beispiel 10.5. In Bild 10.9 wird das Trellissegment für 8-PSK TCM mit 4 Zuständen für den nicht-systematischen Encoder aus Bild 10.4 dargestellt. Die 4 Zustände $\zeta_1, \zeta_2, \zeta_3, \zeta_4$ sind von der Form $z_r = (u_{r-1,1}, u_{r-2,1})$. Von jedem Zustand gehen 4 Kanten ab, wovon jeweils 2 Kanten parallel sind. Die von einem Zustand abgehenden Kanten entsprechen von oben nach unten jeweils den Kombinationen $(u_{r,1}, u_{r,2}) = 00, 01, 10, 11$, d.h. bei parallelen Kanten ist $u_{r,1}$ jeweils identisch bzw. $u_{r,2}$ ist jeweils verschieden. Die 4 Ziffern links bzw. rechts neben den Zuständen stehen jeweils für die Nummern i der Signalpunkte $x = \xi_i \in \mathcal{A}_{\text{in}}$, die den 4 abgehenden bzw. den 4 ankommenden Kanten zugeordnet sind. Beispielsweise entsprechen einander:

Infofolge	$\boldsymbol{u}_0\ \boldsymbol{u}_1\ \boldsymbol{u}_2\ \boldsymbol{u}_3\ \ldots$	10 01 00 00 ...
Zustandsfolge	$z_0\ z_1\ z_2\ z_3\ z_4\ \ldots$	$\zeta_1\ \zeta_2\ \zeta_3\ \zeta_1\ \zeta_1 \ldots$
Signalfolge	$x_0\ x_1\ x_2\ x_3\ \ldots$	$\xi_2\ \xi_5\ \xi_2\ \xi_0\ \ldots$
Codefolge	$\boldsymbol{c}_0\ \boldsymbol{c}_1\ \boldsymbol{c}_2\ \boldsymbol{c}_3\ \ldots$	010 101 010 000 ...

Die Signalfolge kann entweder direkt aus dem Trellissegment abgelesen werden, oder über die natürliche Zuordnung aus den $\boldsymbol{c}_r$ gewonnen werden, die wiederum über die Schieberegister-Implementierung oder über die Polynombeschreibung berechnet werden können.

Das Trellissegment kann auch aus dem systematischen Encoder mit Rückkopplung gemäß Bild 10.5 konstruiert werden. Als Zustand $z_r = (z_{r,0}, z_{r,1})$ werden die Ausgänge der Verzögerungsglieder verwendet. Dann ergibt sich fast exakt das gleiche Trellissegment wie in Bild 10.9, lediglich mit dem Unterschied, daß die 4 jeweils abgehenden Kanten von oben nach unten bei den beiden oberen Zuständen den Kombinationen $(u_{r,1}, u_{r,2}) = 00, 01, 10, 11$ und bei den beiden unteren Zuständen den Kombinationen $(u_{r,1}, u_{r,2}) = 10, 11, 00, 01$ entsprechen. □

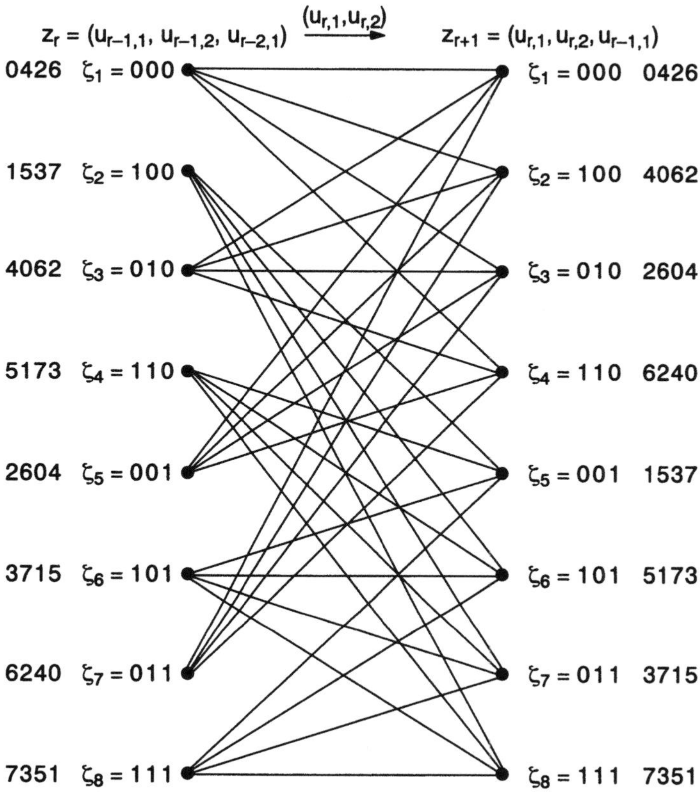

Bild 10.10. Trellissegment für 8-PSK TCM mit 8 Zuständen ($k = 2$)

Beispiel 10.6. In Bild 10.10 wird das Trellissegment für 8-PSK TCM mit 8 Zuständen für den nicht-systematischen Encoder aus Bild 10.6 dargestellt. Die 8 Zustände sind von der Form $z_r = (u_{r-1,1}, u_{r-1,2}, u_{r-2,1})$. Wegen $M = k$ treten keine parallelen Kanten auf. Im Gegensatz zum vorangehenden Beispiel entsprechen die von einem Zustand abgehenden Kanten jetzt von oben nach unten jeweils den Kombinationen $(u_{r,1}, u_{r,2}) = 00, 10, 01, 11$. □

Die Güte von Faltungcodes wird durch die freie Distanz d_{f} gemäß Definition 8.2 charakterisiert, womit der minimale Hammingabstand zwischen allen möglichen codierten Folgen gemeint ist. Entsprechend wird bei TCM eine freie Distanz auf der Basis des euklidischen Abstandes eingeführt, wobei weiterhin die Normierung auf $E_{cs} = 1$ vorausgesetzt wird:

Definition 10.1. *Die* freie Distanz Δ_{f} *eines TCM-Verfahrens ist definiert als der minimale euklidische Abstand zwischen allen möglichen Signalfolgen, die nicht vollkommmen identisch sind, d.h. die sich in mindestens einer Kante durch den Trellis unterscheiden.*

Mit Δ_{fnp} *wird der minimale euklidische Abstand zwischen allen möglichen Signalfolgen bezeichnet, die sich in mindestens einer nicht-parallelen Kante unterscheiden.*

Ein TCM-Verfahren wird als optimal *bezeichnet, wenn* Δ_{f} *maximal ist gegenüber allen anderen TCM-Verfahren bei gleichen Parametern M und k und gleicher Anzahl von Zuständen.*

Für binäre Faltungscodes können die beiden Definitionen der freien Distanzen Δ_{f} und d_{f} miteinander verglichen werden, da die beiden Abstandsbegriffe d_E und d_H im Binärfall äquivalent sind. Für $E_{cs} = 1$ folgt aus (10.1.3) der Zusammenhang

$$\Delta_{\mathrm{f}} = \sqrt{4 d_{\mathrm{f}}}. \tag{10.4.1}$$

Bei $k < M$ treten parallele Kanten im Trellis auf. Gegeben seien zwei beliebige Wege durch den Trellis, die vom Zustand z_r an auseinanderlaufen und danach so schnell wie möglich wieder zusammenlaufen. Dann gibt es zwei Möglichkeiten: (1) Die beiden Wege laufen ab z_r über zwei parallele Kanten und vereinigen sich somit schon wieder im Zustand z_{r+1}. Dann beträgt der Abstand genau Δ_{k+1}. Für die Bestimmung von Δ_{fnp} werden derartige Wegepaare nicht berücksichtigt. (2) Die beiden Wege laufen ab z_r über zwei nicht-parallele Kanten zu zwei verschiedenen Zuständen. Eine Vereinigung der beiden Wege ist frühestens bei z_{r+2} möglich, bei einem guten Code aber erst später. Diese beiden Wege haben dann mindestens den Abstand Δ_{fnp} voneinander. Hieraus folgt das wichtige Resultat

$$\Delta_{\mathrm{f}} \; = \; \min\{\Delta_{\mathrm{fnp}}, \Delta_{k+1}\}. \tag{10.4.2}$$

Bei $k = M$ treten keine parallelen Kanten auf und es gilt $\Delta_{\mathrm{f}} = \Delta_{\mathrm{fnp}}$ sowie $\Delta_{k+1} = \infty$. In der Literatur wird oftmals anstelle von Δ_{f} auch d_{free} und anstelle von Δ_{fnp} auch $d_{\mathrm{free}}(\tilde{m})$ bzw. $d_{\mathrm{free}}(k)$ geschrieben.

Wegen der Nichtlinearität von TCM müssen zur Bestimmung von Δ_{f} eigentlich alle möglichen Paare von Signalfolgen miteinander verglichen werden, d.h. der Vergleich mit einer „Null"folge allein genügt nicht. Allerdings sind erhebliche rechentechnische Vereinfachungen bei der Suche nach optimalen Codes mit maximaler freier Distanz möglich, die in der Originalarbeit von Ungerböck [138] entwickelt werden. Beispielsweise kann eine untere Grenze für

Δ_f mit dem gleichen Aufwand berechnet werden, wie er auch zur Bestimmung von d_f bei binären Faltungscodes erforderlich ist. Dazu sei $q(\boldsymbol{c}_r)$ die Anzahl der führenden Nullen im Codeblock $\boldsymbol{c}_r$:

$$\boldsymbol{c}_r = (\underbrace{0,\dots,0}_{q(\boldsymbol{c}_r)}, \underbrace{1, c_{r,q(\boldsymbol{c}_r)+1}, \dots, c_{r,M}}_{M+1-q(\boldsymbol{c}_r)}). \tag{10.4.3}$$

Für den Nullblock wird jedoch $\Delta_{q(\boldsymbol{0})} = 0$ und nicht etwa $\Delta_{q(\boldsymbol{0})} = \Delta_{M+1} = \infty$ festgelegt. Dann gilt

$$\Delta_\mathrm{f}^2 \geq \min\left\{ \sum_r \Delta_{q(\boldsymbol{c}_r)}^2 \;\middle|\; \boldsymbol{c}_r \text{ ist Codeblockfolge} \neq \text{Nullfolge} \right\}. \tag{10.4.4}$$

Meistens gilt sogar Gleichheit in dieser Abschätzung [138]. Zum Beweis seien $\boldsymbol{c}_r^{(1)}$ und $\boldsymbol{c}_r^{(2)}$ die Codeblockfolgen von zwei beliebig gewählten nicht-identischen Infofolgen. Wegen der Linearität des Faltungs-Encoders ist auch $\boldsymbol{c}_r = \boldsymbol{c}_r^{(1)} - \boldsymbol{c}_r^{(2)}$ eine Codeblockfolge. Dabei sind $\boldsymbol{c}_r^{(1)}$ und $\boldsymbol{c}_r^{(2)}$ in den unteren $q(\boldsymbol{c}_r)$ Komponenten identisch und somit gilt $d_E(x_r^{(1)}, x_r^{(2)}) \geq \Delta_{q(\boldsymbol{c}_r)}$. Natürlich kann $\boldsymbol{c}_r$ auch auf die unteren $k+1$ Komponenten beschränkt werden und damit ergibt sich eine untere Grenze für Δ_fnp. Bei parallelen Kanten gilt $q(\boldsymbol{c}_r) \geq k+1$. □

Mit wachsendem k wird der Abstand Δ_{k+1} innerhalb der Teilmengen größer. Allerdings geht gleichzeitig auch die Coderate $k/(k+1)$ des Faltungscodes gegen 1, so daß der Code schwächer wird und damit Δ_fnp kleiner ausfällt. Durch geeignete Wahl von k sollten deshalb Δ_fnp und Δ_{k+1} etwa gleich groß ausfallen.

Beispiel 10.7. Berechnung der freien Distanz:

(1) Betrachte 8-PSK TCM mit 4 Zuständen und $k=1$ mit dem Encoder aus Bild 10.4 und dem Trellissegement aus Bild 10.9. Mit den Zahlenbeispielen aus Beispiel 10.2 gilt $\Delta_\mathrm{fnp} \leq d_E(\boldsymbol{x}^{(0)}, \boldsymbol{x}^{(2)}) = 2{,}141$, wobei sich die beiden Wege $\boldsymbol{x}^{(0)}$ und $\boldsymbol{x}^{(2)}$ nur in zwei Segmenten unterscheiden und keine parallelen Kanten haben. Dagegen unterscheiden sich $\boldsymbol{x}^{(0)}$ und $\boldsymbol{x}^{(1)}$ nur in einer parallelen Kante mit $d_E(\boldsymbol{x}^{(0)}, \boldsymbol{x}^{(1)}) = 2$. Aus dem Trellisdiagramm ist schnell ersichtlich, daß sogar $\Delta_\mathrm{fnp} = 2{,}141$ gilt. Ferner gilt $\Delta_{k+1} = \Delta_2 = 2$ nach Bild 10.1 oder (10.2.4) und somit folgt $\Delta_\mathrm{f} = 2$.

Zur Demonstration von (10.4.4): Zum Paar $\boldsymbol{x}^{(0)}, \boldsymbol{x}^{(2)}$ gehört die Differenz $\boldsymbol{c} = 010\ 100\ 010\ 000\dots$ mit $\sum_r \Delta_{q(\boldsymbol{c}_r)} = \Delta_1^2 + \Delta_0^2 + \Delta_1^2 = 2{,}141^2$ und zum Paar $\boldsymbol{x}^{(0)}, \boldsymbol{x}^{(1)}$ gehört $\boldsymbol{c} = 001\ 000\ 000\ 000\dots$ mit $\sum_r \Delta_{q(\boldsymbol{c}_r)} = \Delta_2^2 = 2^2$.

(2) Betrachte 8-PSK TCM mit 8 Zuständen und $k=2$ mit dem Encoder aus Bild 10.6 und dem Trellissegement aus Bild 10.10. Zur Infofolge 11 01 00 00 ... gehört die Codefolge 011 111 011 000 ... sowie die Signalfolge $\xi_6\ \xi_7\ \xi_6\ \xi_0\ \dots$ und die Zustandsfolge $\zeta_1\ \zeta_4\ \zeta_7\ \zeta_1\ \zeta_1 \dots$. Zwischen dieser Signalfolge und der Nullfolge tritt der minimale Abstand auf:

$$\Delta_\mathrm{f} = \Delta_\mathrm{fnp} = \sqrt{d_E^2(\xi_6, \xi_0) + d_E^2(\xi_7, \xi_0) + d_E^2(\xi_6, \xi_0)}$$

$$= \sqrt{\Delta_1^2 + \Delta_0^2 + \Delta_1^2} = 2{,}141.$$

Also führt die Verdopplung der Zustände zu einer Erhöhung der freien Distanz, die gleich noch in einen entsprechenden asymptotischen Codierungsgewinn umgerechnet wird. □

Zur Maximierung von Δ_f hat Ungerböck [138, 139] die drei folgende *Entwurfsregeln* aufgestellt, die rein heuristisch begründet sind, d.h. sie erweisen sich bei der Suche nach optimalen Codes als nützlich, aber sie garantieren noch keinen optimalen Code:

(1) An parallelen Kanten stehen genau die Signale aus der gewählten Teilmenge $\mathcal{B}_i^{(k+1)}$.

Dies ist möglich, da für die Anzahl der parallelen Kanten $2^{M-k} = |\mathcal{B}_i^{(k+1)}|$ gilt. Mit dieser Regel wird der Abstand zwischen parallelen Kanten maximiert.

(2) An allen bei einem Zustand abgehenden Kanten sowie bei allen an einem Zustand ankommenden Kanten stehen entweder die Signale aus $\mathcal{B}_0^{(1)}$ oder aus $\mathcal{B}_1^{(1)}$.

Dies ist möglich, da die Anzahl der abgehenden bzw. ankommenden Kanten jeweils $2^M = |\mathcal{B}_i^{(1)}|$ beträgt. Mit dieser Regel wird Δ_fnp maximiert sowie

$$\Delta_\mathrm{fnp} \geq 2\Delta_1 \tag{10.4.5}$$

garantiert.

(3) Alle Signalpunkte werden gleich oft benutzt.

Diese Regeln sind in den Trellisdiagrammen aus den Bildern 10.9 und 10.10 offensichtlich erfüllt. Die Entwurfsregel (2) erfordert die in (10.3.7) angegebene Eigenschaft [138], was zumindest für die abgehenden Kanten anhand von Bild 10.8 sofort einsichtig ist: Wenn sich zwei Infofolgen $\boldsymbol{u}^{(1)}$ und $\boldsymbol{u}^{(2)}$ erst ab der Zeit r unterscheiden, dann gilt zwar $\boldsymbol{c}_r^{(1)} \neq \boldsymbol{c}_r^{(2)}$, aber $c_{r,0}^{(1)} = c_{r,0}^{(2)}$. Somit folgt $d_E(x_r^{(1)}, x_r^{(2)}) \geq \Delta_1$.

Es wird jetzt eine ML-Decodierung mit Soft-Decision vorausgesetzt. Die Bit-Fehlerwahrscheinlichkeit bei Faltungscodes wurde in Satz 9.1 als

$$P_b = \mathrm{const} \cdot Q\left(\sqrt{2d_\mathrm{f} \cdot \frac{RE_b}{N_0}}\right) \tag{10.4.6}$$

berechnet. Der Vergleich mit der Fehlerwahrscheinlichkeit $p_e = Q(\sqrt{2E_b/N_0})$ für den uncodierten Fall ergibt $G_\mathrm{a,soft,FC} = 10 \cdot \log_{10}(Rd_\mathrm{f})$ für den asymptotischen Codierungsgewinn. Die Symbol-Fehlerwahrscheinlichkeit bei TCM wird in Satz 10.1 noch als

$$P_s = \mathrm{const} \cdot Q\left(\sqrt{\Delta_\mathrm{f}^2 \frac{E_{cs}}{2N_0}}\right) \tag{10.4.7}$$

nachgewiesen, worin natürlich die binären Faltungscodes als Spezialfall enthalten sind ($\Delta_f^2 = 4d_f$, $E_{cs} = E_c = RE_b$). Somit ergibt sich ein asymptotischer Codierungsgewinn der $q = 2^{M+1}$-stufigen TCM mit der freien Distanz Δ_f gegenüber der uncodierten 2^M-stufigen Modulation mit der minimalen Distanz $\Delta_{0,\mathrm{unc}}$ von

$$G_{\mathrm{a,soft,TCM}} = G_{\substack{2^{M+1}\text{-stufige TCM}/\\ 2^M\text{-stufig uncod.}}} = 10 \cdot \log_{10}\left(\frac{\Delta_f^2}{\Delta_{0,\mathrm{unc}}^2}\right) \text{ dB.} \tag{10.4.8}$$

Es sei nochmals daran erinnert, daß dabei die Energie pro Symbol sowohl bei der codierten wie bei der uncodierten Übertragung jeweils als auf 1 normiert vorausgesetzt wird.

Beispiel 10.8. Berechnung des asymptotischen Codierungsgewinns:

(1) Für 8-PSK TCM mit 4 Zuständen wurde in Beispiel 10.7(1) bereits $\Delta_f = 2$ berechnet. Bei uncodierter 4-PSK gilt $\Delta_0 = \sqrt{2}$ nach Tabelle 10.1 und somit ergibt sich ein asymptotischer Codierungsgewinn von $G_{\text{8-PSK TCM/4-PSK unc}} = 10 \cdot \log_{10}(4/2) = 3{,}01$ dB.

(2) Für 8-PSK TCM mit 8 Zuständen wurde in Beispiel 10.7(2) bereits $\Delta_f = 2{,}141$ berechnet und daraus folgt $G_{\text{8-PSK TCM/4-PSK unc}} = 10 \cdot \log_{10}(2{,}141^2/2) = 3{,}60$ dB. Folglich erhöht sich bei 8-PSK der Codierungsgewinn um 0,59 dB bei einer Zustandsverdopplung von 4 auf 8. □

10.5 Optimale Codes nach Ungerböck

Die in den Tabellen 10.3 bis 10.5 angegebenen optimalen Codes für 8-PSK, 16-PSK sowie 16-QAM, 32-QAM und 64-QAM wurden von Ungerböck per Rechnersuche gewonnen [138, 139], wobei die Methoden zur recheneffizienten Suche hier nicht im einzelnen dargestellt werden. Der systematische Encoder mit Rückkopplung wird durch die Prüfpolynome definiert, die in oktaler Codierung angegeben werden. Für 8-PSK TCM mit 8 Zuständen gilt beispielsweise (gegenüber Bild 10.7 sind $h_1(x)$ und $h_2(x)$ vertauscht):

$$\begin{aligned}(11,02,04)_{\mathrm{oktal}} &\leftrightarrow (001\,001, 000\,010, 000\,100)_{\mathrm{binär}}\\ &\leftrightarrow \boldsymbol{H}(x) = (x^3+1, x, x^2).\end{aligned}$$

Die Ergebnisse bei den beiden 8-PSK TCM-Systemen mit 4 und 8 Zuständen wurden bereits in Abschnitt 10.4 hergeleitet.

Mit wachsender Anzahl von Zuständen nimmt der Codierungsgewinn natürlich zu – aber der inkrementelle Zugewinn geht bei großer Anzahl von Zuständen deutlich zurück. Der Aufwand bei der Decodierung wird im wesentlichen durch die Anzahl der Zustände bestimmt und nur geringfügig durch den Parameter k. Deshalb ist vorrangig die Relation zwischen dem Codierungsgewinn und der Anzahl der Zustände interessant.

Tabelle 10.3. Ungerböck-Codes für 8-PSK TCM (nach [139, 141])

Anzahl Zustände	k	Prüfpolynome h_0	h_1	h_2	Δ_f^2	$G_{8\text{-PSK}/4\text{-PSK}}$ [dB]	Gewinn bei $P_b = 10^{-5}$ [dB]
4	1	5	2		4,000*	3,01	2,4
8	2	11	02	04	4,586	3,60	2,8
16	2	23	04	16	5,172	4,13	3,0
32	2	45	16	34	5,758	4,59	3,3
64	2	103	030	066	6,343	5,01	3,6
128	2	277	054	122	6,586	5,17	
256	2	435	072	130	7,515	5,75	

Tabelle 10.4. Ungerböck-Codes für 16-PSK TCM (nach [139, 141])

Anzahl Zustände	k	Prüfpolynome h_0	h_1	h_2	Δ_f^2	$G_{16\text{-PSK}/8\text{-PSK}}$ [dB]	Gewinn bei $P_b = 10^{-5}$ [dB]
4	1	5	2		1,324	3,54	2,3
8	1	13	04		1,476	4,01	2,7
16	1	23	04		1,628	4,44	2,9
32	1	45	10		1,910	5,13	3,2
64	1	103	024		2,000*	5,33	3,5
128	1	203	024		2,000*	5,33	
256	2	427	176	374	2,085	5,51	

Ein Stern (*) in der Spalte für die freie Distanz bedeutet $\Delta_{k+1} < \Delta_{\text{fnp}}$, in allen anderen Fällen gilt $\Delta_{k+1} \geq \Delta_{\text{fnp}}$. In den drei Tabellen erfolgt jeweils nach einer Zeile mit Stern die Umschaltung von $k = 1$ auf $k = 2$. Betrachte als Beispiel Tabelle 10.4. Bis einschließlich 32 Zustände gilt $\Delta_{k+1} \geq \Delta_{\text{fnp}}$, d.h. bei Erhöhung von k würde Δ_{k+1} unsinnigerweise größer werden und Δ_{fnp} würde unsinnigerweise kleiner werden. Bei 64 und 128 Zuständen gilt $\Delta_{k+1} < \Delta_{\text{fnp}}$, so daß hier eine weitere Verbesserung des Faltungscodes durch mehr Zustände wirkungslos bleiben würde. Also muß die Zustandsverdopplung mit einer Erhöhung auf $k = 2$ gekoppelt werden.

Bei 8-PSK gibt es 2 parallele Kanten bei 4 Zuständen und ansonsten keine parallelen Kanten, bei 16-PSK gibt es 4 parallele Kanten bei bis zu 128 Zuständen und 2 parallele Kanten bei 256 Zuständen. Bei 64-QAM mit $M = 5$ gibt es bei 4 Zuständen sogar 16 parallele Kanten.

Bei den drei QAM TCM-Systemen sind die Prüfpolynome jeweils identisch (und teilweise auch identisch mit 8-PSK TCM). Der Encoder ist sogar optimal für alle QAM-Systeme, sofern für die Distanzen innerhalb der Teilmengen bei der Partitionierung $\Delta_1 = \sqrt{2}\Delta_0$, $\Delta_2 = \sqrt{4}\Delta_0$, $\Delta_3 = \sqrt{8}\Delta_0$ gemäß (10.2.5) gilt. Beim Übergang von 16-QAM zu höherstufigen QAM-Systemen ändert sich also nicht der $R = 2/3$-Faltungs-Encoder, sondern in der Darstellung gemäß Bild 10.3 kommen lediglich weitere uncodierte Infobits als Input für die natürliche Zuordnung hinzu. Eine kleine Besonderheit liegt bei 16-QAM vor: Da keine

Tabelle 10.5. Ungerböck-Codes für 16-QAM, 32-QAM, 64-QAM TCM (nach [139])

Anzahl Zustände	k	Prüfpolynome h_0	h_1	h_2	$\frac{\Delta_f^2}{\Delta_{0,\mathrm{cod}}^2}$	$G_{16\text{-QAM}/8\text{-PSK}}$ [dB]	$G_{32\text{-QAM}/16\text{-QAM}}$ [dB]	$G_{64\text{-QAM}/32\text{-QAM}}$ [dB]
4	1	5	2		4*	4,36	3,01	2,80
8	2	11	02	04	5	5,33	3,98	3,77
16	2	23	04	16	6	6,12	4,77	4,56
32	2	41	06	10	6	6,12	4,77	4,56
64	2	101	016	064	7	6,79	5,44	5,23
128	2	203	014	042	8	7,37	6,02	5,81
256	2	401	056	304	8	7,37	6,02	5,81

8-QAM erklärt wurde, bezieht sich der asymptotische Codierungsgewinn hier auf 8-PSK.

Beispiel 10.9. Die Berechnung der asymptotischen Codierungsgewinne aus der zweiten Zeile von Tabelle 10.5 wird jetzt demonstriert, d.h. $k = 2$ und $M = 3, 4, 5$. Wie in den Beispielen 10.2 und 10.7(2) gilt $\Delta_{\mathrm{fnp}}^2 = \Delta_1^2 + \Delta_0^2 + \Delta_1^2$. Ferner gilt $\Delta_f^2 = \min\{\Delta_{\mathrm{fnp}}^2, \Delta_3^2\}$.

16-QAM TCM: Nach Tabelle 10.1 gilt $\Delta_0^2 = 2/5$ und nach (10.2.5) folgt $\Delta_1^2 = 4/5$, $\Delta_2^2 = 8/5$, $\Delta_3^2 = 16/5$. Daraus ergibt sich $\Delta_f^2 = \Delta_{\mathrm{fnp}} = 2 < \Delta_3^2$ und aus $\Delta_0 = 0{,}7654$ für 8-PSK folgt schließlich der asymptotische Codierungsgewinn $G = 10 \cdot \log_{10}(2/0{,}7654^2) = 5{,}33$ dB.

32-QAM TCM: Nach Tabelle 10.1 gilt $\Delta_0^2 = 1/5$ und nach (10.2.5) folgt $\Delta_1^2 = 2/5$, $\Delta_2^2 = 4/5$, $\Delta_3^2 = 8/5$. Daraus ergibt sich $\Delta_f^2 = \Delta_{\mathrm{fnp}} = 1 < \Delta_3^2$ und aus $\Delta_0^2 = 2/5$ für 16-QAM folgt schließlich der asymptotische Codierungsgewinn $G = 10 \cdot \log_{10}(1/(2/5)) = 3{,}98$ dB.

64-QAM TCM: Nach Tabelle 10.1 gilt $\Delta_0^2 = 2/21$ und nach (10.2.5) folgt $\Delta_1^2 = 4/21$, $\Delta_2^2 = 8/21$, $\Delta_3^2 = 16/21$. Daraus ergibt sich $\Delta_f^2 = \Delta_{\mathrm{fnp}} = 10/21 < \Delta_3^2$ und aus $\Delta_0^2 = 1/5$ für 32-QAM folgt schließlich der asymptotische Codierungsgewinn $G = 10 \cdot \log_{10}((10/21)/(1/5)) = 3{,}77$ dB. □

Anhand von Tabelle 10.5 lassen sich die folgenden Überlegungen für QAM-Konstellationen leicht nachvollziehen: Wegen $\Delta_{l,\mathrm{cod}}^2/\Delta_{0,\mathrm{cod}}^2 = 2^l$ gemäß (10.2.5) ist $\Delta_f^2/\Delta_{0,\mathrm{cod}}^2 = \Delta_{\mathrm{fnp}}^2/\Delta_{0,\mathrm{cod}}^2$ stets ganzzahlig. Der asymptotische Codierungsgewinn berechnet sich direkt aus

$$\frac{\Delta_f^2}{\Delta_{0,\mathrm{unc}}^2} = \underbrace{\frac{\Delta_f^2}{\Delta_{0,\mathrm{cod}}^2}}_{\substack{\text{unabhängig}\\ \text{von } M}} \cdot \underbrace{\frac{\Delta_{0,\mathrm{cod}}^2}{\Delta_{0,\mathrm{unc}}^2}}_{\substack{\approx 1/2\\ \text{abhängig}\\ \text{von } M}} , \tag{10.5.1}$$

wobei die Näherung für $\Delta_{0,\mathrm{cod}}^2/\Delta_{0,\mathrm{unc}}^2 = \Delta_{0,2^{M+1}\text{-QAM}}^2/\Delta_{0,2^M\text{-QAM}}^2$ direkt aus Tabelle 10.1 folgt. Die zeilenweisen Differenzen zwischen den Codierungsgewinnen in Tabelle 10.5 sind offensichtlich immer identisch und nur davon abhängig, wie stark dieser Quotient von 1/2 abweicht. Für $M = 4$ nimmt der Quotient sogar exakt den Wert 1/2 an und für $M \to \infty$ konvergiert der Quotient gegen 1/2. Damit erweist sich 32-QAM TCM als repräsentativ für sehr hochstufige QAM-Konstellationen:

$$G_{\substack{\text{32-QAM TCM/} \\ \text{16-QAM uncod.}}} = 10 \cdot \log_{10}\left(\frac{\Delta_{\mathrm{f}}^2}{\Delta_{0,\mathrm{cod}}^2} \cdot \frac{1}{2}\right) \text{ dB} \tag{10.5.2}$$

$$= \lim_{M\to\infty} G_{\substack{2^{M+1}\text{-QAM TCM/} \\ 2^M\text{-QAM uncod.}}} \tag{10.5.3}$$

Als Fazit bleibt insgesamt festzuhalten, daß der erzielbare Gewinn durch TCM selbst im einfachsten Fall schon bei rund 3 dB liegt und mit komplexeren Encodern und Decodern rund 6 dB erreicht. Jedoch bietet die freie Distanz bzw. der asymptotische Codierungsgewinn bei schlechten Kanälen mit Fehlerwahrscheinlichkeiten von etwa $10^{-3} \ldots 10^{-6}$ nur eine grobe Orientierung. In diesem Bereich spielt die gesamte TCM-Gewichtsfunktion (siehe Abschnitt 10.7) eine Rolle, zumindest aber die Anzahl der nächsten Nachbarn und eventuell auch noch der übernächsten Nachbarn. Allerdings sind bei hohen Fehlerraten Simulationsrechnungen noch relativ einfach durchzuführen, während bei sehr kleinen Fehlerraten der theoretisch berechnete asymptotische Codierungsgewinn auch tatsächlich nahezu erreicht wird. In den Tabellen 10.3 und 10.4 ist zusätzlich der per Simulationsrechnung ermittelte Codierungsgewinn bei einer Bit-Fehlerwahrscheinlichkeit von $P_b = 10^{-5}$ angegeben, wobei die Werte [141] entnommen wurden. Um diese Beträge verschieben sich folglich die Kurven aus Bild 2.9 in Richtung Kapazitätsgrenze.

Die Tabellen 10.3 bis 10.5 zeigen den Codierungsgewinn gemäß dem ursprünglichen Ziel von TCM, d.h. bei gleichbleibender Bandbreite bewirkt die Codierung, daß bei gleicher unveränderter Fehlerwahrscheinlichkeit der geschätzten Infobits die Sendeleistung gegenüber dem uncodierten Fall reduziert werden kann (bzw. bei gleicher Sendeleistung kann die Fehlerwahrscheinlichkeit reduziert werden). Durch TCM wird also Sendeleistung bei gleicher Bandbreite eingespart.

Jedoch kann durch TCM auch Bandbreite bei gleicher (oder sogar verringerter) Sendeleistung eingespart werden. Um dies deutlich zu machen, werden in Tabelle 10.6 die asymptotischen Codierungsgewinne in einer etwas anderen Weise präsentiert, basierend auf einer ähnlichen graphischen Darstellung in [139]. Alle Codierungsgewinne werden bezogen auf uncodierte 4-PSK und sind geordnet nach der spektralen Bitrate. Die Spalte für 8-PSK TCM enthält direkt die Ergebnisse aus Tabelle 10.3. In der Spalte für 16-PSK TCM berechnet sich der Codierungsgewinn (16-PSK TCM/4-PSK uncodiert) aus dem Codierungsgewinn (16-PSK TCM/8-PSK uncodiert) gemäß Tabelle 10.4 plus dem Codierungsverlust (8-PSK uncodiert/4-PSK uncodiert) gemäß Tabelle 10.2, wobei dieser Verlust hier $3{,}01 - 8{,}34 = -5{,}33$ dB beträgt und im unteren

Tabelle 10.6. Asymptotischer Codierungsgewinn der Ungerböck-Codes bezogen auf uncodierte 4-PSK (alle Angaben in dB, nur r_b/W in Bit/s/Hz)

Anzahl Zustände	2-PSK $R = 1/2$ FC	8-PSK TCM	16-PSK TCM	16-QAM TCM	32-QAM TCM	64-QAM TCM
4	+6,99	+3,01	−1,79	−0,97	−3,98	−7,20
8	+7,78	+3,60	−1,32	±0,00	−3,01	−6,23
16	+8,45	+4,13	−0,89	+0,79	−2,22	−5,44
32	+9,03	+4,59	−0,20	+0,79	−2,22	−5,44
64	+10,00	+5,01	±0,00	+1,46	−1,55	−4,77
128	+10,00	+5,17	±0,00	+2,04	−0,97	−4,19
256	+10,79	+5,75	+0,18	+2,04	−0,97	−4,19
uncodierte Übertragung:						
2-PSK	+3,01					
4-PSK		0				
8-PSK			−5,33			
16-PSK					−11,18	
16-QAM					−6,99	
32-QAM						−10,00
r_b/W	1	2	3		4	5

Teil von Tabelle 10.6 angegeben ist. Entsprechend kommen die Spalten für 16-QAM, 32-QAM und 64-QAM zustande.

Bei der Spalte für 2-PSK wird ein Faltungscode mit der Rate 1/2 unterstellt, dessen Codierungsgewinn gemäß Tabelle 9.2 durch den Gewinn (2-PSK uncodiert/4-PSK uncodiert) nochmals vergrößert wird. (Anmerkung: Bei Bezugnahme auf E_b statt auf E_{cs} gäbe es zwischen uncodierter 2-PSK und uncodierter 4-PSK natürlich keine Differenz.)

Die Einsparung von Bandbreite durch TCM verdeutlicht folgendes Beispiel: Bei uncodierter 4-PSK und 16-PSK TCM mit 64 Zuständen ist für gleiche Fehlerwahrscheinlichkeit jeweils die gleiche Sendeleistung erforderlich (zumindest im asymptotischen Grenzfall). Also kann ohne Verlust in der Fehlerwahrscheinlichkeit und ohne Erhöhung der Sendeleistung die spektrale Bitrate von 2 Bit/s/Hz auf 3 Bit/s/Hz gesteigert werden, indem lediglich eine komplexere Verarbeitung in Sender und Empfänger realisiert wird.

10.6 ML-Decodierung mit dem Viterbi-Algorithmus

Die Art der Encodierung (rückkopplungsfrei oder systematisch) ist für den Entwurf und die Arbeitsweise des kompletten Empfängers inklusive aller Regelschleifen von erheblicher Bedeutung, was hier aber nicht im Detail erklärt werden kann. Ein Vorteil der systematischen Encodierung liegt beispielsweise darin, daß die Infofolge im störungsfreien Fall direkt aus dem empfangenen Signal ohne Decoder oder ohne Encoder-Inverses abgelesen werden kann. Für die Schätzung der gesendeten Signalfolge bzw. der gesendeten Codefolge ist die Art der Encodierung dagegen bedeutungslos, was aber natürlich nicht für die Schätzung der gesendeten Infofolge gilt.

Die Fehlerwahrscheinlichkeit nach der Decodierung wird bei TCM genauso wie im allgemeinen Fall gemäß Satz 1.2 dadurch minimiert, daß die Übergangswahrscheinlichkeit maximal wird. Die ML-Regel wurde für den AWGN-Kanal bereits in Abschnitt 10.1 hergeleitet: Zur Folge der Empfangswerte wird als ML-Schätzung diejenige codierte Signalfolge gewählt, die einen minimalen euklidischen Abstand zur Empfangsfolge hat.

In Abschnitt 10.1 wurde bereits dargestellt, daß der Modulator streng genommen in zwei Teile zerfällt. Eine entsprechende Aussage gilt auch für den Demodulator: In einem ersten und hier uninteressanten Teil überführt der Demodulator das zeitkontinuierliche Empfangssignal aus der für die Übertragung benutzten Frequenzlage in eine zeitdiskrete Empfangsfolge. Das AWGN-Modell für den so erzeugten zeitdiskreten Kanal beschreibt also den Übergang von den zeit- und wertdiskreten Sendewerten bzw. Signalpunkten $x_r \in \mathcal{A}_{\text{in}}$ zu den zeitdiskreten und wertkontinuierlichen Empfangswerten $y_r \in \mathcal{A}_{\text{out}} = \mathbb{C}$.

Der wesentliche Teil des Demodulators wird mit dem Decoder zu einer Einheit zusammengefaßt. Keinesfalls werden also erst die gesendeten Signalpunkte ohne Kenntnis der Codierung hart geschätzt mit anschließender Decodierung, sondern es werden die euklidischen Abstände zwischen der Empfangsfolge und den möglichen codierten Signalfolgen berechnet und durch Wahl einer geeigneten codierten Signalfolge minimiert.

Die ML-Decodierung von TCM kann ähnlich wie bei Faltungscodes mit dem Viterbi-Algorithmus erfolgen. Die Kanten sind mit $x_r = x_{r,I} + j x_{r,Q} \in \mathcal{A}_{\text{in}}$ beschriftet und $y_r = y_{r,I} + j y_{r,Q} \in \mathcal{A}_{\text{out}} = \mathbb{C}$ soll die Empfangswerte mit Soft-Decision bezeichnen. Gemäß Satz 1.4 und (10.1.2) ist

$$d_E^2(\boldsymbol{y}, \boldsymbol{x}) = \|\boldsymbol{y} - \boldsymbol{x}\|^2 = \sum_r \Big(|y_r|^2 + |x_r|^2 - 2 \cdot \mathrm{Re}(y_r x_r^*) \Big) \tag{10.6.1}$$

durch Wahl von $\boldsymbol{x}$ zu minimieren. Das ist äquivalent mit der Maximierung der Viterbi-Metrik bestehend aus den Metrik-Inkrementen

$$\begin{aligned} \mu(y_r|x_r) &= \mathrm{Re}(y_r x_r^*) - \frac{1}{2}|x_r|^2 \qquad (10.6.2) \\ &= (y_{r,I}x_{r,I} + y_{r,Q}x_{r,Q}) - \frac{1}{2}(x_{r,I}^2 + x_{r,Q}^2). \end{aligned}$$

Speziell für PSK ist $|x_r|^2 = E_{cs}$ konstant und erlaubt somit eine weitere Vereinfachung zu

$$\mu(y_r|x_r) = \mathrm{Re}(y_r x_r^*) = y_{r,I}x_{r,I} + y_{r,Q}x_{r,Q}. \tag{10.6.3}$$

Dieses Resultat für 2-dimensionale Signalkonstellationen stellt eine Verallgemeinerung des 1-dimensionalen Falls aus (1.6.11) bzw. (9.1.5) dar.

Das Kanalmodell AWGN bedeutet die additive Überlagerung der Sendewerte mit Rauschwerten, d.h. die x_r und die y_r müssen auf den gleichen Pegel skaliert sein, damit die Formeln (10.6.1) und (10.6.2) tatsächlich den ML-Decoder realisieren. Diese Voraussetzung kann allerdings bei den Metrik-Inkrementen in der Form (10.6.3) entfallen, d.h. für PSK ist im Gegensatz zu QAM eine exakte Regelung des Empfangspegels nicht erforderlich.

Der Viterbi-Algorithmus weist im Fall $k < M$ wegen der parallelen Kanten natürlich eine Besonderheit auf. Insgesamt gibt es 2^M ankommende Kanten pro Zustand, die sich in 2^k Bündel von jeweils 2^{M-k} parallelen Kanten aufspalten. Die Auswahl einer parallelen Kante pro Bündel kann bereits im Metrik-Prozessor (siehe Bild 9.5) erfolgen, da hierbei die Survivor-Metrik des Ausgangszustands keine Rolle spielt. Dieser Schritt kann auch als *Teilmengen-Decodierung* bezeichnet werden. Somit hat der ACS-Prozessor nur jeweils einen Repräsentanten für das ganze Bündel paralleler Kanten zu verarbeiten.

Der Gesamtaufwand beim Viterbi-Algorithmus ist natürlich wesentlich durch die Anzahl der Zustände geprägt, aber einen gewissen Einfluß hat auch der Parameter k. Bei kleinem k wird die Anzahl der Kanten bereits im Metrik-Prozessor stark reduziert. Folglich sind im ACS-Prozessor erheblich weniger Kanten zu verarbeiten, d.h. es liegen jeweils nur 2^k (statt maximal 2^M) Wegefortsetzungen an jedem Zustand an, unter denen der Survivor durch Maximierung der Metriken auszuwählen ist. Folglich kann bei kleinerem k eine einfachere Realisierung des Viterbi-Algorithmus erwartet werden.

Im Gegensatz zu den klassischen Faltungscodes mit der typischen Coderate $R = 1/n$ und eventueller Punktierung werden bei TCM Faltungscodes mit der Coderate $R = k/(k+1)$ verwendet. Allerdings ist die Anzahl der Zustände bei TCM typischerweise wesentlich geringer, wie die Beispiele aus den Abschnitten 10.8 und 10.9 noch zeigen werden.

Bei hochstufiger PSK- oder QAM-Modulation kommt der Genauigkeit der Träger- und Phasenregelung natürlich entscheidende Bedeutung zu. Durch die Expansion des Signalalphabetes steigt die Empfindlichkeit gegen Phasenfehler an. Auf die Wirkungsweise der entsprechenden Regelschleifen kann hier allerdings nicht weiter eingegangen werden. Entsprechende Anforderungen für den Entwurf von TCM-Verfahren werden jedoch noch in Abschnitt 10.8 diskutiert.

10.7 Berechnung der Fehlerwahrscheinlichkeit

Während die ML-Decodierung von trelliscodierter Modulation und von Faltungscodes fast identisch abläuft, treten bei der Berechnung der Fehlerwahrscheinlichkeit erhebliche Unterschiede auf. Einerseits existieren bei $k < M$ parallele Kanten. Andererseits ist TCM nichtlinear, d.h. die Differenz zwischen zwei Signalfolgen und damit auch die Fehlerfolge bei der Decodierung kann nicht wieder als eine Signalfolge dargestellt werden. Das Hauptergebnis faßt folgender Satz zusammen:

Satz 10.1. *Vorausgesetzt wird ein TCM-Verfahren mit der freien Distanz* Δ_f *sowie der* Gewichtsfunktion *(squared distance generating function)*

$$T(D,I) = \sum_{l=1}^{\infty} \sum_{\boldsymbol{x}} P(\boldsymbol{x}) \sum_{\hat{\boldsymbol{x}} \in \mathcal{M}(\boldsymbol{x},l)} D^{\|\boldsymbol{x}-\hat{\boldsymbol{x}}\|^2/E_{cs}} \cdot I^{i(\boldsymbol{x},\hat{\boldsymbol{x}})}, \tag{10.7.1}$$

wobei die Details im folgenden Beweis noch nachgeliefert werden. Bei der Übertragung über den AWGN-Kanal gilt für die Infobit-Fehlerwahrscheinlichkeit P_b *nach der ML-Decodierung mit Soft-Decision folgende Abschätzung:*

$$P_b \leq Q\left(\sqrt{\frac{\Delta_\mathrm{f}^2 E_{cs}}{2N_0}}\right) \cdot \exp\left(\frac{\Delta_\mathrm{f}^2 E_{cs}}{4N_0}\right) \cdot \frac{1}{M} \cdot \frac{\partial T}{\partial I}\Big(D = e^{-E_{cs}/4N_0}, I = 1\Big). \tag{10.7.2}$$

Im asymptotischen Fall mit $E_{cs}/N_0 \to \infty$ *gilt*

$$P_b \approx \mathrm{const} \cdot Q\left(\sqrt{\frac{\Delta_\mathrm{f}^2 E_{cs}}{2N_0}}\right). \tag{10.7.3}$$

Daraus ergibt sich der in (10.4.8) angegebene asymptotische Codierungsgewinn.

Beweis: Sei $\boldsymbol{x}$ eine beliebige gesendete codierte Signalfolge. Sei $\mathcal{M}(\boldsymbol{x}, l)$ die Menge aller codierten Signalfolgen $\hat{\boldsymbol{x}}$, so daß sich die beiden Zustandsfolgen von $\boldsymbol{x}$ und $\hat{\boldsymbol{x}}$ zur Zeit r trennen und erst zur Zeit $r + l$ wieder im Trellis zusammenlaufen. Zur Zeit r beginnt also ein Fehlerereignis (FE), das im linearen Fall bei Faltungscodes einem Fundamentalweg entsprechen würde. Sei $i(\boldsymbol{x}, \hat{\boldsymbol{x}})$ die Anzahl der Infobitfehler, wenn auf $\hat{\boldsymbol{x}}$ anstelle von $\boldsymbol{x}$ entschieden wird.

Mit P_FE wird die Wahrscheinlichkeit bezeichnet, daß der ML-Empfänger auf ein $\hat{\boldsymbol{x}}$ anstelle von $\boldsymbol{x}$ entscheidet. Mit dem Prinzip der Union Bound aus Satz 3.16 gilt

$$\begin{aligned} P_\mathrm{FE} &= \sum_{\boldsymbol{x}} P(\boldsymbol{x} \text{ gesendet}) \cdot P(\text{Decodierfehler} \mid \boldsymbol{x} \text{ gesendet}) \\ &= \sum_{\boldsymbol{x}} P(\boldsymbol{x}) \cdot P\Big(\text{Entscheidung für } \hat{\boldsymbol{x}} \in \bigcup_{l=1}^{\infty} \mathcal{M}(\boldsymbol{x}, l) \,\Big|\, \boldsymbol{x}\Big) \\ &\leq \sum_{l=1}^{\infty} \sum_{\boldsymbol{x}} P(\boldsymbol{x}) \cdot \sum_{\hat{\boldsymbol{x}} \in \mathcal{M}(\boldsymbol{x},l)} P(\boldsymbol{x} \to \hat{\boldsymbol{x}}). \end{aligned} \tag{10.7.4}$$

Dabei ist $P(\boldsymbol{x} \to \hat{\boldsymbol{x}})$ die bereits aus dem Beweis von Satz 3.16 bekannte 2-Codewörter-Fehlerwahrscheinlichkeit, d.h. die Wahrscheinlichkeit dafür, daß anstelle von $\boldsymbol{x}$ auf $\hat{\boldsymbol{x}}$ entschieden wird:

$$P(\boldsymbol{x} \to \hat{\boldsymbol{x}}) = P\Big(\|\boldsymbol{y} - \hat{\boldsymbol{x}}\| < \|\boldsymbol{y} - \boldsymbol{x}\| \,\Big|\, \boldsymbol{x}\Big). \tag{10.7.5}$$

Im linearen Fall hätte die Summe

$$\sum_{\hat{\boldsymbol{x}} \in \mathcal{M}(\boldsymbol{x},l)} P(\boldsymbol{x} \to \hat{\boldsymbol{x}})$$

für alle $\boldsymbol{x}$ den gleichen Wert, aber bei TCM kann das wegen der Nichtlinearität nicht allgemein vorausgesetzt werden. Mit $\boldsymbol{y} = \boldsymbol{x} + \boldsymbol{\nu}$ gilt ähnlich wie bei Satz 3.17

$$\begin{aligned} P(\boldsymbol{x} \to \hat{\boldsymbol{x}}) &= P\Big(\|\boldsymbol{\nu} + \boldsymbol{x} - \hat{\boldsymbol{x}}\|^2 < \|\boldsymbol{\nu}\|^2\Big) \\ &= P\Big(\|\boldsymbol{\nu}\|^2 + \|\boldsymbol{x} - \hat{\boldsymbol{x}}\|^2 + 2\mathrm{Re}((\boldsymbol{x} - \hat{\boldsymbol{x}})\boldsymbol{\nu}^*) < \|\boldsymbol{\nu}\|^2\Big) \\ &= P\Big(\mathrm{Re}((\boldsymbol{x} - \hat{\boldsymbol{x}})\boldsymbol{\nu}^*) < -\frac{1}{2}\|\boldsymbol{x} - \hat{\boldsymbol{x}}\|^2\Big). \end{aligned}$$

Die Varianz von $\mathrm{Re}((\boldsymbol{x} - \hat{\boldsymbol{x}})\boldsymbol{\nu}^*) = \sum_r ((x_{r,I} - \hat{x}_{r,I})\nu_{r,I} + (x_{r,Q} - \hat{x}_{r,Q})\nu_{r,Q})$ beträgt wegen der statistischen Unabhängigkeit von $\nu_{r,I}$ und $\nu_{r,Q}$ genau

$$\sum_r \left((x_{r,I} - \hat{x}_{r,I})^2 \cdot \frac{N_0}{2} + (x_{r,Q} - \hat{x}_{r,Q})^2 \cdot \frac{N_0}{2} \right) = \frac{N_0}{2} \cdot \|\boldsymbol{x} - \hat{\boldsymbol{x}}\|^2$$

und somit folgt

$$\begin{aligned} P(\boldsymbol{x} \to \hat{\boldsymbol{x}}) &= Q\left(\sqrt{\frac{1}{2N_0}\|\boldsymbol{x} - \hat{\boldsymbol{x}}\|^2}\right) \qquad (10.7.6) \\ &= Q\left(\sqrt{\frac{\Delta_{\mathrm{f}}^2 E_{cs}}{2N_0} + \frac{\|\boldsymbol{x} - \hat{\boldsymbol{x}}\|^2 - \Delta_{\mathrm{f}}^2 E_{cs}}{2N_0}}\right) \\ &\le Q\left(\sqrt{\frac{\Delta_{\mathrm{f}}^2 E_{cs}}{2N_0}}\right) \cdot \exp\left(\frac{\Delta_{\mathrm{f}}^2 E_{cs}}{4N_0}\right) \cdot \exp\left(-\frac{\|\boldsymbol{x} - \hat{\boldsymbol{x}}\|^2}{4N_0}\right), \end{aligned}$$

wobei für die letzte Abschätzung (A.3.16) angewendet wurde. Als Vorteil tritt nun $\|\boldsymbol{x} - \hat{\boldsymbol{x}}\|$, also der einzige in komplizierter Weise vom TCM-Verfahren abhängige Term, nur noch in der exp-Funktion und nicht mehr in der Q-Funktion auf. Insgesamt folgt:

$$P_{\mathrm{FE}} \le Q\left(\sqrt{\frac{\Delta_{\mathrm{f}}^2 E_{cs}}{2N_0}}\right) \cdot \exp\left(\frac{\Delta_{\mathrm{f}}^2 E_{cs}}{4N_0}\right) \cdot \sum_{l=1}^{\infty} \sum_{\boldsymbol{x}} P(\boldsymbol{x}) \sum_{\hat{\boldsymbol{x}} \in \mathcal{M}(\boldsymbol{x},l)} \exp\left(-\frac{\|\boldsymbol{x} - \hat{\boldsymbol{x}}\|^2}{4N_0}\right).$$

Der Ausdruck $\|\boldsymbol{x} - \hat{\boldsymbol{x}}\|^2/E_{cs}$ in der Gewichtsfunktion $T(D,I)$ nach (10.7.1) ist unabhängig von E_{cs}, d.h. es werden die quadrierten euklidischen Distanzen zwischen den Signalen bei Normierung auf $E_{cs} = 1$ betrachtet. Das letzte Ergebnis kann nun kompakter mit der Gewichtsfunktion formuliert werden:

$$P_{\mathrm{FE}} \le Q\left(\sqrt{\frac{\Delta_{\mathrm{f}}^2 E_{cs}}{2N_0}}\right) \cdot \exp\left(\frac{\Delta_{\mathrm{f}}^2 E_{cs}}{4N_0}\right) \cdot T(D = e^{-E_{cs}/4N_0}, I = 1). \qquad (10.7.7)$$

Wie im Beweis von Satz 9.1 wird die Zufallsgröße

$$W_r = \left\{ \begin{array}{ll} i & \text{zur Zeit } r \text{ beginnt FE mit } i \text{ Infobitfehlern} \\ 0 & \text{zur Zeit } r \text{ beginnt kein FE} \end{array} \right\}$$

eingeführt. Es gilt

$$\begin{aligned} E(W_r) &\leq \sum_{l=1}^{\infty} \sum_{\boldsymbol{x}} P(\boldsymbol{x}) \sum_{\hat{\boldsymbol{x}} \in \mathcal{M}(\boldsymbol{x},l)} i(\boldsymbol{x}, \hat{\boldsymbol{x}}) \cdot P(\boldsymbol{x} \to \hat{\boldsymbol{x}}) \\ &\leq Q\left(\sqrt{\frac{\Delta_{\mathrm{f}}^2 E_{cs}}{2N_0}}\right) \cdot \exp\left(\frac{\Delta_{\mathrm{f}}^2 E_{cs}}{4N_0}\right) \cdot \frac{\partial T}{\partial I}\Big(D = e^{-E_{cs}/4N_0}, I = 1\Big). \end{aligned}$$

Sei L eine große Zahl. Im Bereich $r = 0, 1, \ldots, L-1$ werden $M \cdot L$ Infobits gesendet, von denen $W_0 + W_1 + \cdots + W_{L-1}$ falsch geschätzt werden. Also gilt

$$P_b \approx \frac{W_0 + W_1 + \cdots + W_{L-1}}{M \cdot L} \approx \frac{1}{M} \cdot E(W_r) \tag{10.7.8}$$

und damit ist die Abschätzung (10.7.2) bewiesen. Für den asymptotischen Fall mit $E_{cs}/N_0 \to \infty$ können alle Paare $\boldsymbol{x}, \hat{\boldsymbol{x}}$ mit $\|\boldsymbol{x} - \hat{\boldsymbol{x}}\|^2 > \Delta_{\mathrm{f}}^2 E_{cs}$ vernachlässigt werden. Sei

$$N(\Delta_{\mathrm{f}}) = \sum_{\boldsymbol{x}} P(\boldsymbol{x}) \sum_{\hat{\boldsymbol{x}} \text{ mit } \|\boldsymbol{x}-\hat{\boldsymbol{x}}\|^2/E_{cs} = \Delta_{\mathrm{f}}^2} i(\boldsymbol{x}, \hat{\boldsymbol{x}}) \tag{10.7.9}$$

die mittlere Anzahl der Infobitfehler bei einer Fehlentscheidung zum nächsten Nachbarn, die natürlich nicht ganzzahlig ist. Dann gilt asymptotisch

$$\frac{\partial T}{\partial I}\Big(D, I = 1\Big) = D^{\Delta_{\mathrm{f}}^2} \cdot N(\Delta_{\mathrm{f}})$$

und somit folgt asymptotisch

$$P_b = Q\left(\sqrt{\frac{\Delta_{\mathrm{f}}^2 E_{cs}}{2N_0}}\right) \cdot \exp\left(\frac{\Delta_{\mathrm{f}}^2 E_{cs}}{4N_0}\right) \cdot \frac{1}{M} \cdot e^{-\Delta_{\mathrm{f}}^2 E_{cs}/N_0} \cdot N(\Delta_{\mathrm{f}}).$$

Mit const $= N(\Delta_{\mathrm{f}})/M$ ergibt sich schließlich auch (10.7.3). □

Eine untere Grenze für P_b wird in [8, 75] abgeleitet, die asymptotisch mit der oberen Grenze zusammenläuft. Die Berechnung der TCM-Gewichtsfunktion gestaltet sich aufgrund der Nichtlinearität wesentlich schwieriger als bei den linearen Faltungscodes. Bei 2^ν Zuständen hat das Fehlerzustandsdiagramm insgesamt $2^\nu \cdot 2^\nu$ Knoten. Vereinfachungen sind allerdings möglich, sofern das TCM-System gewissen Symmetrieeigenschaften genügt. Eine übersichtliche Darstellung zur Berechnung der Gewichtsfunktion findet sich in [8, 75].

10.8 Rotationsinvariante TCM

Jede QAM-Signalkonstellation ohne Codierung ist invariant bei Phasendrehungen von 90° und die q-PSK-Signalkonstellation ohne Codierung ist invariant bei Phasendrehungen von $360°/q$ bzw. bei Vielfachen davon. Dagegen ist ein TCM-Signal mit einer QAM- oder PSK-Signalkonstellation gegenüber derartigen Phasendrehungen normalerweise keinesfalls invariant.

Beispiel 10.10. Die Signalkonstellation bei uncodierter 8-PSK bleibt invariant gegenüber 45°-Drehungen. Dagegen ist 8-PSK TCM mit 4 Zuständen gemäß dem Trellissegment aus Bild 10.9 nur bei 180°-Drehungen invariant, wie schnell einsehbar ist: Eine 180°-Drehung bedeutet den Übergang von ξ_i nach ξ_{i+4} und mit diesen beiden Werten aus dem Signalalphabet sind genau die parallelen Kanten beschriftet, d.h. die 180°-Drehung korrespondiert mit einer Invertierung von $c_{r,2}$ in Bild 10.5. Anhand des Trellisdiagramms erweisen sich $\xi_0\ \xi_0\ \xi_0\ \xi_0 \ldots$ und $\xi_4\ \xi_4\ \xi_4\ \xi_4 \ldots$ als gültige Signalfolgen, nicht jedoch $\xi_2\ \xi_2\ \xi_2\ \xi_2 \ldots$ und $\xi_6\ \xi_6\ \xi_6\ \xi_6 \ldots$, so daß eine 90°-Drehung zu keiner gültigen Signalfolge führt. □

In modernen digitalen Empfängern werden zur Regelung der Träger- und Phasenlage normalerweise entscheidungsgesteuerte Verfahren verwendet, bei denen die Abweichung von der optimalen Phase aus dem Empfangssignal und den geschätzten Werten am Ausgang des Decoders berechnet wird. Diese Verfahren rasten nur dann zuverlässig ein, wenn die Fehlerrate nach der Decodierung nicht allzu hoch ist. Als Beispiel wird 8-PSK betrachtet: Bei exakter Phasenlage besteht eine starke Korrelation zwischen den empfangenen und den entschiedenen Werten und die Phasenregelung wird stabilisiert. Wenn jedoch der Phasenfehler auf 22,5° anwächst, steigt die Fehlerrate stark an und die Korrelation geht auf Null zurück, was insgesamt schließlich zu einem zufälligen Herumwandern der Phasenlage führt.

Für ein möglichst schnelles Einrasten der Phasenregelung sind *rotationsinvariante TCM-Verfahren* wünschenswert, die möglichst viele Phasensymmetrien aufweisen. Dies ist insbesondere dann wichtig, wenn mit häufigen Verlusten der Träger- und Phasensynchronisation zu rechnen ist wie beispielsweise bei Fading-Kanälen. Wenn andererseits ein Synchronisationsverlust nur sehr selten auftritt, dann haben TCM-Verfahren ohne Rotationsinvarianz sogar den Vorteil, daß eine falsche Phasenlage durch eine Überwachung der Metriken im Viterbi-Algorithmus ziemlich schnell bemerkbar ist.

Bei rotationsinvarianter TCM erfolgt bei allen erlaubten Phasendrehungen jeweils eine ML-Schätzung der Signalpunkte bzw. der Codeblöcke mit der gewohnten Qualität. Für die Wiedergewinnung der Infofolge sind jedoch zusätzliche Vorkehrungen erforderlich: Mit einer *differentiellen Vorcodierung* werden die Infobits sendeseitig nicht direkt auf die Signalpunkte abgebildet, sondern auf die Differenz zweier aufeinanderfolgender Signalpunkte. Mit einer entsprechenden empfangsseitigen Inversion der Vorcodierung kann die Infofolge unbeeinträchtigt von Phasendrehungen zurückgewonnen werden. Der dafür erforderliche zusätzliche Aufwand in Sender und Empfänger ist gering. Allerdings hat die differentielle Vorcodierung den Nachteil, daß aus einem nach der Decodierung verbleibenden Fehler durch die Inversion zwei Fehler werden. Diese näherungsweise Verdopplung der Fehlerrate ist jedoch meistens unkritisch und spielt asymptotisch keine Rolle.

Leider lassen sich rotationsinvariante TCM-Verfahren nicht ganz umsonst erreichen, wenn vom einfachen Fall der 180°-Invarianz abgesehen wird. Die Rotationsinvarianz reduziert nämlich entweder den asymptotischen Codierungsgewinn oder erfordert mehr Zustände und damit höhere Komplexität im Empfänger. Für rotationsinvariante TCM-Verfahren sind folgende Ansätze bekannt:

- Von Wei [142] wurden spezielle *nichtlineare Faltungscodes* gefunden, die jedoch im Vergleich mit den linearen Ungerböck-Codes teilweise einen kleineren Codierungsgewinn bei gleicher Anzahl von Zuständen aufweisen bzw. eine größere Anzahl von Zuständen bei gleichem Codierungsgewinn erfordern. Für die Codesuche mit dem Rechner wurden von Wei die Ungerböck'schen Entwurfsregeln modifiziert und erweitert.
- Mehrdimensionale TCM bietet mehr Freiheit beim Entwurf und kann auch rotationsinvariante TCM-Verfahren liefern. Diese Methode wird im nächsten Abschnitt behandelt.

Es gibt jedoch auch einige Beispiele rotationsinvarianter TCM, die bezüglich Codierungsgewinn und Komplexität mit den besten bekannten nicht-invarianten TCM-Verfahren vergleichbar sind. Ein solches von Wei [142] gefundene Verfahren für 32-QAM TCM mit 8 Zuständen und 90°-Rotationsinvarianz wird anhand der Bilder 10.11 bis 10.13 jetzt im Detail vorgestellt. Der Codierungsgewinn beträgt 3,98 dB und ist folglich identisch mit dem entsprechenden Wert aus Tabelle 10.5. Dieser Code wurde von CCITT (Comité Consultatif International de Télégraphique et Téléphonique) als V.32-Standard für Telefonkanal-Modems bei 9600 Bit/s festgelegt (siehe dazu auch Abschnitt 12.2). Die Symbolrate bzw. die Kanalbenutzungsrate beträgt $r_s = 2400$ Symbol/s mit der Bandbreite $W = 2400$ Hz und die spektrale Bitrate liegt bei 4 Bit/s/Hz.

Anhand der Signalkonstellation erscheint die 90°-Rotationsinvarianz naheliegend, obgleich zum exakten Nachweis die spezielle Struktur des Encoders eingehen muß: Die uncodierten Infobits c_3, c_4 bleiben bei 90°-Drehungen immer unverändert. Die beiden in den systematischen Encoder eingehenden Infobits $c_1, c_2 \in \{0,1\}$ werden als Zahl $2c_2 + c_1 \in \{0,1,2,3\}$ modulo 4 interpretiert. Bei einer 90°-Drehung gegen den Uhrzeigersinn wird $2c_2 + c_1$ um $3 = -1$ modulo 4 erhöht und bei einer 90°-Drehung im Uhrzeigersinn wird $2c_2 + c_1$ um 1 modulo 4 erhöht. Für die differentielle Vorcodierung gilt

$$(2c_{r,2} + c_{r,1}) = (2u_{r,2} + u_{r,1}) + (2c_{r-1,2} + c_{r-1,1}) \quad \text{modulo } 4$$

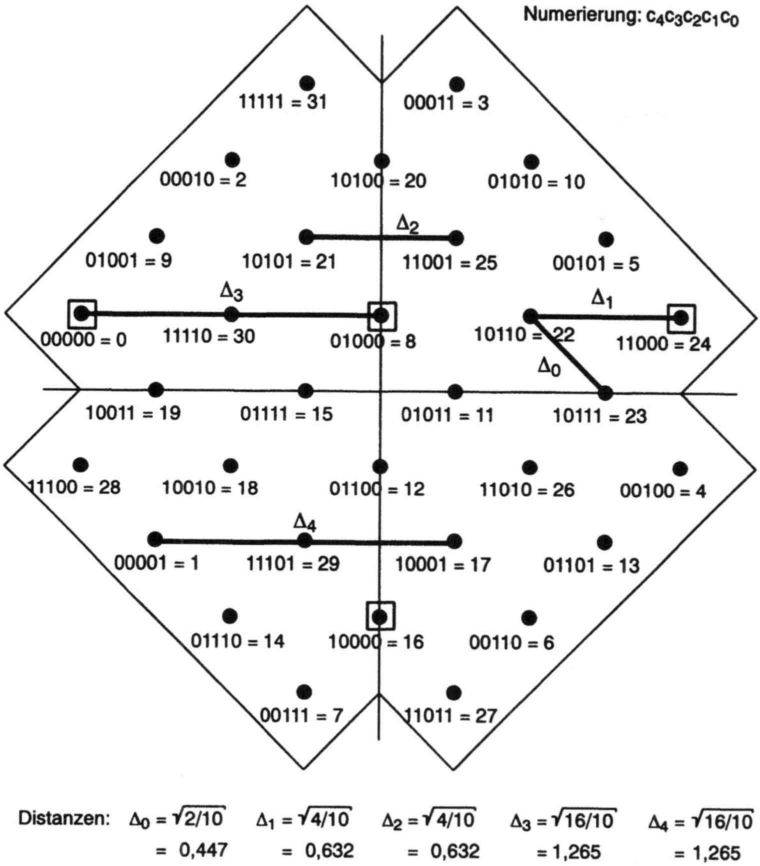

Bild 10.11. Signalkonstellation für rotationsinvariante 32-QAM TCM ($k = 2$)

und die empfangsseitige Invertierung erfolgt gemäß

$$(2\hat{u}_{r,2} + \hat{u}_{r,1}) = (2\hat{c}_{r,2} + \hat{c}_{r,1}) - (2\hat{c}_{r-1,2} + \hat{c}_{r-1,1}) \quad \text{modulo } 4.$$

Bei einer kanalseitigen 90°-Drehung werden $(2\hat{c}_{r,2} + \hat{c}_{r,1})$ und $(2\hat{c}_{r-1,2} + \hat{c}_{r-1,1})$ um 1 bzw. -1 modulo 4 erhöht, so daß $(2\hat{u}_{r,2} + \hat{u}_{r,1})$ unverändert bleibt.

Die Distanzen in den Teilmengen wachsen nicht gleichmäßig an, denn es gilt $\mathcal{B}_1^{(2)} = \{\xi_1, \xi_5, \xi_9, \xi_{13}, \xi_{17}, \xi_{21}, \xi_{25}, \xi_{29}\}$ mit $\Delta_2 = d_E(\xi_{21}, \xi_{25}) = \Delta_1$. In den Teilmengen $\mathcal{B}_i^{(3)} = \{\xi_i, \xi_{i+8}, \xi_{i+16}, \xi_{i+24}\}$ mit $0 \leq i \leq 7$ beträgt der Abstand aber wieder $\Delta_3 = \sqrt{8}\Delta_0$ in Übereinstimmung mit (10.2.5). Die Teilmenge $\mathcal{B}_0^{(3)}$ ist in Bild 10.11 beispielhaft markiert. Bei $k = 2$ spielt Δ_4 zwar keine Rolle, ist aber der Vollständigkeit halber ebenfalls in Bild 10.11 vermerkt.

Der nichtlineare Encoder aus Bild 10.12 weist insgesamt 3 Rückkopplungen auf. Die in Boole'scher Schaltalgebra dargestellten Elemente bezeichnen die logische UND-Verknüpfung bzw. die normale Multiplikation im Galoisfeld $\mathbb{F}_2$.

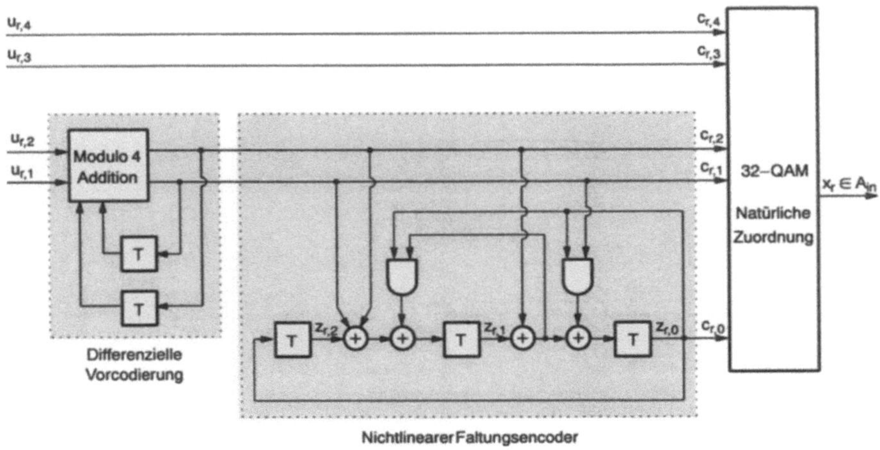

Bild 10.12. Systematischer nichtlinearer Encoder für rotationsinvariante 32-QAM TCM mit 8 Zuständen ($k = 2$) für den CCITT V.32-Standard

Für die Zustandsvariablen $z_{r,j}$ am Ausgang bzw. $z_{r+1,j}$ am Eingang der Verzögerungselemente gilt

$$\begin{aligned} z_{r+1,0} &= z_{r,1} + c_{r,2} + z_{r,0} \cdot c_{r,1} \\ z_{r+1,1} &= z_{r,2} + c_{r,1} + c_{r,2} + z_{r,0} \cdot (c_{r,2} + z_{r,1}) \\ z_{r+1,2} &= z_{r,0} \end{aligned}$$

sowie $z_{r,0} = c_{r,0}$. Die 8 Zustände im Trellissegment aus Bild 10.13 sind von der Form $z_r = (z_{r,2}, z_{r,1}, z_{r,0})$, wobei an jedem Zustand jeweils 16 Kanten abgehen bzw. ankommen, die sich in 4 Bündel mit jeweils 4 parallelen Kanten gruppieren. In Bild 10.13 sind zur besseren Übersicht nur jeweils eine Kante pro Bündel sowie die Indizes i der Teilmengen $\mathcal{B}_i^{(3)}$ angegeben. Darunter sind die entsprechenden $(c_{r,1}, c_{r,2})$-Kombinationen vermerkt.

Die minimale euklidische Distanz zwischen zwei Signalfolgen kann leicht durch Probieren gefunden werden: Zur Zustandsfolge $\zeta_1, \zeta_1, \zeta_1, \zeta_1$ ist ξ_0, ξ_{0+8}, ξ_0 eine mögliche Signalfolge und zur Zustandsfolge $\zeta_1, \zeta_2, \zeta_7, \zeta_1$ ist $\xi_{6+24}, \xi_{7+8}, \xi_{4+24}$ eine mögliche Signalfolge, die voneinander den quadratischen Abstand

$$\begin{aligned} \Delta_{\mathrm{f}}^2 = \Delta_{\mathrm{fnp}}^2 &= d_E^2(\xi_0, \xi_{30}) + d_E^2(\xi_8, \xi_{15}) + d_E^2(\xi_0, \xi_{28}) \\ &= \Delta_1^2 + \Delta_0^2 + \Delta_1^2 = 1 < \Delta_3^2 \end{aligned}$$

haben. Wegen $\Delta_0^2 = 2/5$ für uncodierte 16-QAM gemäß Tabelle 10.1 beträgt der asymptotische Codierungsgewinn exakt $10 \cdot \log_{10}(1/(2/5)) = 3{,}98$ dB wie bereits vermerkt wurde.

Die Nichtlinearität des Faltungs-Encoders kann anhand des Trellissegmentes sofort bewiesen werden: Vom Zustand ζ_2 führen die 3 Inputs $(c_{r,1}, c_{r,2}) =$

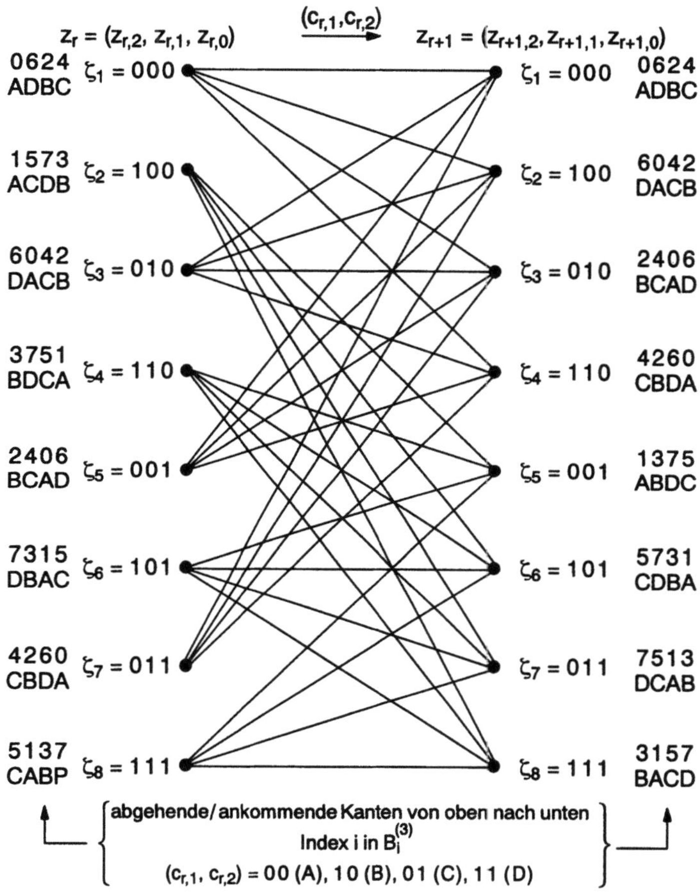

Bild 10.13. Trellissegment für rotationsinvariante 32-QAM TCM ($k = 2$)

01, 11, 10 zu den 3 Outputs $(c_{r,2}, c_{r,1}, c_{r,0}) = 101, 111, 011$. Während der dritte Input die Summe der ersten beiden Inputs ist, gilt die entsprechende Beziehung für die Outputs nicht.

Für 32-QAM TCM gibt es neben der hier vorgestellten Encodierung noch etliche weitere Möglichkeiten [139, 142]. Beispielsweise kann ein nichtsystematischer Encoder ohne Rückkopplungen verwendet werden oder die Register für die differentielle Vorcodierung können in den eigentlichen Encoder eingerechnet werden, so daß insgesamt nur 3 statt 5 Register benötigt werden. Durch Vergleich der Trellissegmente kann generell sehr einfach getestet werden, ob verschiedene Encoder den gleichen Code erzeugen, denn eine analytische Umformung nichtlinearer Encoder ist nicht ohne weiteres möglich. Die Signalkonstellation kann auch so gewählt werden, daß bei den 16 äußeren Signalpunkten immer $c_4 = 1$ gilt, was eine einfache Umschaltung zwischen

32-QAM und 16-QAM ermöglicht.

Abschließend wird noch darauf hingewiesen, daß die hier behandelte rotationsinvariante 32-QAM TCM mit 8 Zuständen einen Sonderfall darstellt. Schon bei 16 Zuständen scheint keine rotationsinvariante 32-QAM TCM mit dem gleichen Codierungsgewinn von 4,77 dB wie bei der linearen Encodierung gemäß Tabelle 10.5 zu existieren [139].

10.9 Mehrdimensionale TCM

Alle bisher behandelten TCM-Verfahren basieren auf 2-dimensionalen PSK- oder QAM-Signalkonstellationen, d.h. es gilt $\mathcal{A}_{\text{in}} \subset \mathbb{C}^1$ mit $|\mathcal{A}_{\text{in}}| = 2^{M+1}$. Die folgende Möglichkeit zur Erweiterung der TCM-Definition ist eigentlich naheliegend: Bei der *mehrdimensionalen trelliscodierten Modulation* (MTCM) bzw. der $2D$-dimensionalen MTCM werden $D \cdot M$ Infobits jeweils auf einen $2D$-dimensionalen Signalpunkt

$$\boldsymbol{x}_r = (x_{r,1}, \ldots, x_{r,D}) \in \mathcal{A}_{\text{in}}^{[D]} \quad \text{mit} \quad \mathcal{A}_{\text{in}}^{[D]} \subseteq \mathcal{A}_{\text{in}}^{D} \subset \mathbb{C}^D \tag{10.9.1}$$

abgebildet, wobei $\mathcal{A}_{\text{in}}^{D}$ wie üblich das kartesische Produkt bezeichnet. Für die Bezeichnung des $2D$-dimensionalen Signalalphabetes $\mathcal{A}_{\text{in}}^{[D]}$ werden eckige Klammern verwendet, um Verwechselungen mit der Partitionierung zu vermeiden. Der $2D$-dimensionale Signalpunkt wird als Folge von D 2-dimensionalen Signalpunkten über den Kanal übertragen. Unabhängig von der Dimension beträgt die spektrale Bitrate weiterhin M Bit/s/Hz, da pro Kanalbenutzung immer M Infobits übertragen werden. Für $D = 1$ wird MTCM zu TCM. Zusammenfassend bietet MTCM folgende Vorteile [139]:

- Bei 2-dimensionaler QAM erfordert die Verdopplung des Alphabetes bei gleichbleibender minimaler euklidischer Distanz Δ_0 zwischen den Signalpunkten ein Anwachsen der Energie E_{cs} pro Signal um etwa 3 dB gemäß Tabelle 10.2, was sich aber bei $2D$-dimensionaler QAM MTCM auf etwa 3/D dB verringert, also beispielsweise auf 1,5 dB bei 4-dimensionaler bzw. auf 0,75 dB bei 8-dimensionaler MTCM.

  Folglich muß durch die Codierung bei MTCM nur eine geringere Verschlechterung von Δ_0 ausgeglichen werden. Deshalb sind bei gleicher Anzahl von Zuständen durch 4- oder 8-dimensionale MTCM höhere Codierungsgewinne als bei 2-dimensionaler TCM zu erwarten – allerdings wird sich dies anhand von Tabelle 10.7 nur bei einer geringen Anzahl von Zuständen tatsächlich bestätigen.

- An jeder Kante im Trellis stehen D Signalpunkte, da erst nach $D \cdot M$ Infobits die Register des Faltungs-Encoders verändert werden. Somit läuft der Viterbi-Algorithmus um den Faktor $1/D$ langsamer. Allerdings ist die Anzahl der parallelen Kanten höher als bei 2-dimensionaler TCM.

- Die Rotationsinvarianz kann bei MTCM schon durch lineare Encoder erreicht werden.
- MTCM-Verfahren sind bei ungenauer Phasenregelung robuster als 2-dimensionale TCM-Verfahren.

MTCM kann beispielsweise mit dem gleichen Ungerböck-Encoder wie in Bild 10.3 erzeugt werden. Dazu wird eine Partitionierung des $2D$-dimensionalen Alphabets $\mathcal{A}_{\text{in}}^{[D]}$ mit der Mächtigkeit 2^{DM+1} in 2^{k+1} Teilmengen mit der Mächtigkeit 2^{DM-k} vorausgesetzt. Von den DM Infobits werden k Infobits in $k+1$ Codebits umgesetzt, mit denen eine der Teilmengen ausgewählt wird. Die maximale Coderate beträgt also $DM/(DM+1)$. Die restlichen $DM-k$ Infobits werden nicht encodiert und damit wird ein Signalpunkt $\boldsymbol{x}_r$ in der gewählten Teilmenge ausgewählt. Dieser $2D$-dimensionale Signalpunkt besteht aus D 2-dimensionalen Signalpunkten, die mit D Kanalbenutzungen übertragen werden. Obwohl $\boldsymbol{x}_r$ maximal $2^{D(M+1)}$ Werte aus $\mathcal{A}_{\text{in}}^{D}$ annehmen könnte, treten doch nur die 2^{DM+1} Werte aus $\mathcal{A}_{\text{in}}^{[D]}$ auf. Von jedem Zustand im Trellis gehen 2^{DM} Kanten ab, die in 2^k Bündel von jeweils 2^{DM-k} parallelen Kanten zerfallen.

Weiterhin gilt das Prinzip der Alphabetsverdopplung, da DM Infobits mit einem Alphabet der Mächtigkeit 2^{DM+1} übertragen werden. Das eigentliche Grundprinzip von MTCM wird schon anhand eines sehr simplen Beispiels deutlich:

Beispiel 10.11. In Bild 10.14 werden die Encoder und die Trellissegmente für 2- und 4-dimensionale 4-PSK TCM mit 2 Zuständen dargestellt, wobei $M = 1$ und $k = 1$ gilt. Es wird die gewöhnliche Durchnumerierung der PSK-

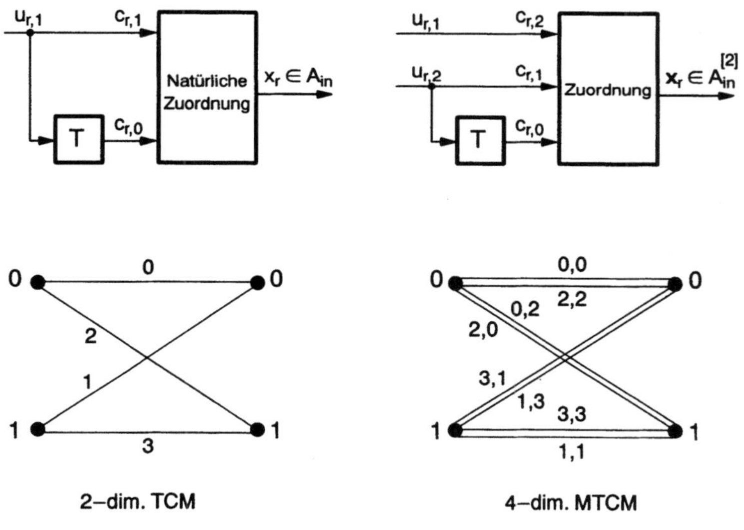

Bild 10.14. 2- und 4-dimensionale 4-PSK TCM mit 2 Zuständen

Signalpunkte mit $\xi_i = \exp(j2\pi \cdot i/4)$ vorausgesetzt, deren Nummern i an den Kanten angegeben sind. Der Zustand wird durch $z_r = c_{r,0} = u_{r-1,1}$ gegeben.

(1) 2-dimensionale TCM ($D = 1$): Von jedem Zustand gehen 2 Kanten ab. Offensichtlich gilt $\Delta_\mathrm{f}^2 = \Delta_\mathrm{fnp}^2 = d_E^2(\xi_0, \xi_2) + d_E^2(\xi_0, \xi_1) = 4 + 2 = 6$.

(2) 4-dimensionale MTCM ($D = 2$): Von jedem Zustand gehen jeweils 4 Kanten in 2 Bündeln zu jeweils 2 parallelen Kanten ab, wobei die Kanten mit $\boldsymbol{x} = (x_{r,1}, x_{r,2}) \in \mathcal{A}_\mathrm{in}^{[2]}$ beschriftet sind. Die Zuordnung geschieht derart, daß $c_{r,0}$ den Zustand und $c_{r,1}$ den Zustandsübergang bestimmt und $c_{r,2}$ die Kante innerhalb des Bündels auswählt. Von den 16 Signalpunkten aus $\mathcal{A}_\mathrm{in}^2$ werden für $\mathcal{A}_\mathrm{in}^{[2]}$ genau 8 Signalpunkte ausgewählt. Der minimale quadratische euklidische Abstand zwischen parallelen Kanten ergibt sich beispielsweise über

$$d_E^2(\xi_0\xi_2, \xi_2\xi_0) = d_E^2(\xi_0, \xi_2) + d_E^2(\xi_2, \xi_0) = 4 + 4 = 8$$

und $(\Delta_\mathrm{fnp}^{[2]})^2$ ergibt sich beispielsweise über

$$(\Delta_\mathrm{fnp}^{[2]})^2 = d_E^2(\xi_0\xi_0, \xi_0\xi_2) + d_E^2(\xi_0\xi_0, \xi_3\xi_1) = (0+4) + (2+2) = 8.$$

Auch hier wird $D = 2$ in eckigen Klammern angegeben, um die Distanzen im mehrdimensionalen Fall vom 2-dimensionalen Fall zu unterscheiden. Insgesamt gilt also $(\Delta_\mathrm{f}^{[2]})^2 = 8$ für die freie Distanz bezüglich der 4-dimensionalen Symbole. Der Codierungsgewinn von 4- gegenüber 2-dimensionaler 4-PSK TCM beträgt $G_{\substack{\text{4-dim. 4-PSK MTCM/} \\ \text{2-dim. 4-PSK TCM}}} = 10 \cdot \log_{10}(8/6) = 1{,}25$ dB, wie mit (10.9.4) noch erklärt wird. Für ein so simples Beispiel erscheint das ganz beachtlich. □

Die Berechnung des asymptotischen Codierungsgewinns wird jetzt im Detail betrachtet: Dazu sei $\Delta_\mathrm{f}^{[D]}$ die freie Distanz und $\Delta_\mathrm{0,cod}^{[D]}$ der minimale euklidische Abstand bei der $2D$-dimensionalen 2^{DM+1}-stufigen MTCM und $\Delta_\mathrm{0,unc}^{[D]}$ sei der minimale euklidische Abstand bei der $2D$-dimensionalen 2^{DM}-stufigen Konstellation. Wie immer seien Δ_f und $\Delta_\mathrm{0,cod}$ und $\Delta_\mathrm{0,unc}$ die entsprechenden Werte für den 2-dimensionalen Fall. Dabei werden immer die jeweiligen Normierungen $E_{cs}^{[D]} = E(\|\boldsymbol{x}_r\|^2) = 1$ für den $2D$-dimensionalen Fall und $E_{cs} = E(|x_r|^2) = 1$ für den 2-dimensionalen Fall vorausgesetzt. Somit gilt

$$\Delta_\mathrm{0,unc}^{[D]} = \frac{1}{\sqrt{D}} \cdot \Delta_\mathrm{0,unc}. \tag{10.9.2}$$

Die asymptotischen Codierungsgewinne ergeben sich nun wie folgt:

$$G_{\substack{2D\text{-dim. MTCM/} \\ \text{2-dim. uncodiert}}} = 10 \cdot \log_{10} \left(\frac{D \cdot (\Delta_\mathrm{f}^{[D]})^2}{\Delta_\mathrm{0,unc}^2} \right) \text{dB} \tag{10.9.3}$$

$$G_{\substack{2D\text{-dim. MTCM/} \\ \text{2-dim. TCM}}} = 10 \cdot \log_{10} \left(\frac{D \cdot (\Delta_\mathrm{f}^{[D]})^2}{\Delta_\mathrm{f}^2} \right) \text{dB}. \tag{10.9.4}$$

In Beispiel 10.14 werden diese Gewinne für eine QAM-Konstellation ausgewertet. Für PSK-Konstellationen sind diese Formeln aber unpraktisch, denn bei PSK werden sowohl $\Delta_{\mathrm{f}}^{[D]}$ wie Δ_{f} üblicherweise auf Basis der Normierung $|\xi_i| = 1$ berechnet und dann gilt

$$\left(\Delta_{\mathrm{f}}^{[D]} \text{ bei Norm. } |\xi_i| = 1\right) = \sqrt{D} \cdot \left(\Delta_{\mathrm{f}}^{[D]} \text{ bei Norm. } E_{cs}^{[D]} = 1\right),$$

so daß bei PSK und Normierung auf $|\xi_i| = 1$ die Faktoren D in (10.9.3) und (10.9.4) entfallen.

Beispiel 10.12. In Bild 10.15 werden die Trellissegmente für 2- und 4-dimensionale 8-PSK TCM dargestellt, wobei weiterhin nur 2 Zustände vorliegen.

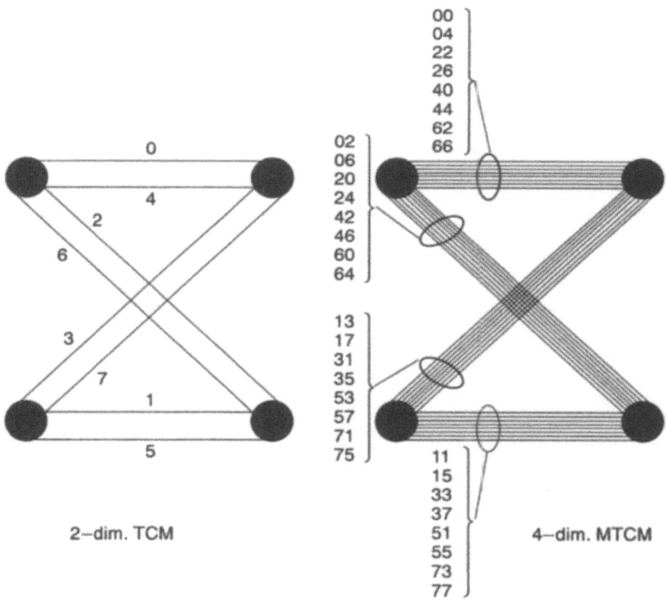

Bild 10.15. 2- und 4-dimensionale 8-PSK TCM mit 2 Zuständen

(1) 2-dimensionale TCM ($D = 1$): Von jedem Zustand gehen jeweils 4 Kanten in 2 Bündeln zu jeweils 2 parallelen Kanten ab. Der minimale quadratische euklidische Abstand beträgt 4 zwischen parallelen Kanten, 2 zwischen abgehenden Kanten und $4\sin^2(\pi/8) = 0{,}5858$ zwischen ankommenden Kanten. Also gilt $\Delta_{\mathrm{f}}^2 = \Delta_{\mathrm{fnp}}^2 = 2{,}5858$.

(2) 4-dimensionale MTCM ($D = 2$): Von jedem Zustand gehen jeweils 16 Kanten in 2 Bündeln zu jeweils 8 parallelen Kanten ab. Der minimale quadratische euklidische Abstand beträgt 4 zwischen parallelen Kanten, 2 zwischen abgehenden Kanten und $d_E(\xi_0\xi_0, \xi_7\xi_1) = 4\sin^2(\pi/8) + 4\sin^2(\pi/8) = 1{,}1716$ zwischen ankommenden Kanten. Also gilt $(\Delta_f^{[2]})^2 = (\Delta_{\text{fnp}}^{[2]})^2 = 3{,}1716$ und für den asymptotischen Codierungsgewinn folgt

$$G_{\substack{\text{4-dim. 8-PSK MTCM/}\\ \text{4-PSK uncodiert}}} = 10 \cdot \log_{10}\left(\frac{3{,}1716}{2}\right) = 2{,}00 \quad \text{dB}$$

$$G_{\substack{\text{4-dim. 8-PSK MTCM/}\\ \text{2-dim. 8-PSK TCM}}} = 10 \cdot \log_{10}\left(\frac{3{,}1716}{2{,}5858}\right) = 0{,}89 \quad \text{dB.}$$

Die Differenz von 1,12 dB entspricht dem Gewinn von 8-PSK TCM gegenüber uncodierter 4-PSK, was in Tabelle 10.3 nicht enthalten ist, da dort mindestens 4 Zustände vorausgesetzt werden. □

Die Situation bei 2 Zuständen wird jetzt nochmals allgemein betrachtet: Von beiden Zuständen gehen jeweils 2^{DM} Kanten ab, die in 2 Bündel mit jeweils 2^{DM-1} parallelen Kanten zerfallen. Sei $\mathcal{A}_{\text{in}} = \mathcal{B}_0^{(0)} = \mathcal{B}_0^{(1)} \cup \mathcal{B}_1^{(1)}$ die Partitionierung des 2-dimensionalen Alphabetes mit den üblichen Distanzen Δ_0 und Δ_1. Für die $2D$-dimensionale MTCM wird die Kantenbeschriftung wie folgt gewählt:

Für alle von $\zeta_1 = 0$ abgehenden Kanten werden nur Signalpunkte aus $\mathcal{B}_0^{(1)}$ erlaubt, so daß alle $2^{DM} = |(\mathcal{B}_0^{(1)})^D|$ Kombinationen $\boldsymbol{x}_r \in (\mathcal{B}_0^{(1)})^D$ genau einmal auftreten. Für die 2^{DM-1} parallelen Kanten von ζ_1 nach ζ_1 werden solche Kombinationen gewählt, deren quadratischer Abstand untereinander mindestens $2\Delta_1^2$ beträgt. Mit den verbleibenden 2^{DM-1} Kombinationen werden die parallelen Kanten von ζ_1 nach ζ_2 beschriftet, wobei auch hier der quadratische Abstand untereinander mindestens $2\Delta_1^2$ beträgt. Die Beispiele 10.11 und 10.12 demonstrieren, daß dies tatsächlich möglich ist. Für die von $\zeta_2 = 1$ abgehenden Kanten wird entsprechend $\mathcal{B}_1^{(1)}$ verwendet.

Als Folge dieser Kantenbeschriftungen beträgt der quadratische Abstand $2\Delta_1^2$ zwischen parallelen Kanten, Δ_1^2 zwischen abgehenden Kanten (weil jede Kombination nur einmal auftritt) und $D \cdot \Delta_0^2$ zwischen ankommenden Kanten (weil sich die Kombinationen in allen Komponenten unterscheiden). Somit folgt

$$(\Delta_f^{[D]})^2 = \min\{2\Delta_1^2\, ,\ \Delta_1^2 + D \cdot \Delta_0^2\}. \tag{10.9.5}$$

Speziell für die $2D$-dimensionale 2^{M+1}-PSK MTCM mit 2 Zuständen gilt

$$(\Delta_f^{[D]})^2 = \min\left\{8\sin^2\!\left(\frac{\pi}{2^M}\right)\, ,\ 4\sin^2\!\left(\frac{\pi}{2^M}\right) + 4D \cdot \sin^2\!\left(\frac{\pi}{2^{M+1}}\right)\right\}. \tag{10.9.6}$$

Natürlich ist es sinnlos, bei vorgegebenem M die Dimension zu stark zu erhöhen. Nach [8] ist

$$D = \left\lfloor 2\left(1 + \cos\!\left(\frac{\pi}{2^M}\right)\right)\right\rfloor \qquad (\leq 4) \tag{10.9.7}$$

der maximale Wert, so daß der zweite Term im Minimum noch kleiner als der erste Wert ausfällt. Folglich stellt 10-dimensionale MTCM bei PSK mit 2 Zuständen die äußerste Grenze dar.

Beispiel 10.13. Für 8-PSK MTCM ($M = 2$) gilt nach (10.9.6)

$$(\Delta_{\rm f}^{[D]})^2 = \min\{4\ ,\ 2 + D \cdot 0{,}5858\} = \left\{ \begin{array}{ll} 2{,}5858 & D = 1 \\ 3{,}1716 & D = 2 \\ 3{,}7574 & D = 3 \\ 4{,}0000 & D = 4 \end{array} \right\}.$$

Aus (10.9.7) folgt $D = \lfloor 3{,}4142 \rfloor = 3$. Für die asymptotischen Codierungsgewinne gilt:

D	$G_{\text{2D-dim. 8-PSK MTCM/4-PSK uncodiert}}$ [dB]	$G_{\text{2D-dim. 8-PSK MTCM/2-dim. 8-PSK TCM}}$ [dB]
1	1,12	0,00
2	2,00	0,89
3	2,74	1,62
4	3,01	1,89

Im Vergleich erscheinen die 1,25 dB Gewinn bei 4-dimensionaler 4-PSK erneut eindrucksvoll. □

Nach diesen einfachen Beispielen zu mehrdimensionalen PSK-Konstellationen bei 2 Zuständen wird jetzt ein komplizierteres Beispiel zu einer mehrdimensionalen QAM-Konstellation betrachtet:

Beispiel 10.14. Es wird eine in [85] eingeführte 4-dimensionale 32-QAM MTCM mit 8 Zuständen betrachtet, deren Encoder in Bild 10.16 angegeben ist. Es gilt $D = 2$ und $M = 4$ sowie $|\mathcal{A}_{\rm in}^{[2]}| = 512$. Die Coderate beträgt 3/4 und die oberen 5 Infobits bleiben uncodiert. Pro 8 Infobits wird ein 4-dimensionaler Signalpunkt $\boldsymbol{x}_r = (x_{r,1}, x_{r,2}) \in \mathcal{A}_{\rm in}^{[2]}$ mit 2 Kanalbenutzungen übertragen. Die Partitionierung von $\mathcal{A}_{\rm in}^{[2]}$ erfolgt in 16 Teilmengen mit jeweils 32 4-dimensionalen Signalpunkten. Die 8 Zustände werden durch $z_r = (u_{r-1,2}, u_{r-1,3}, u_{r-2,3})$ definiert und der Zustandsübergang durch $(u_{r,2}, u_{r,3})$, d.h. von jedem Zustand gehen 256 Kanten ab, die in 4 Bündel von jeweils 64 parallelen Kanten zerfallen.

Die 16-QAM Konstellation kann in Kurzform als

$$\mathcal{A}_{16} = \frac{\Delta_{0,\rm unc}}{2} \cdot \Big\{(\pm 1 \pm 1), (\pm 1 \pm 3)\langle 2\rangle, (\pm 3 \pm 3)\Big\}$$

geschrieben werden, wobei die Klammern $\langle\ \rangle$ symbolisieren sollen, daß auch alle Permutationen auftreten, deren Gesamtzahl in den Klammern angegeben ist, wobei die Variation in den Vorzeichen nicht mitgezählt wird. Bei $\Delta_{0,\rm unc} = \sqrt{2/5}$ gilt $E_{cs} = 1$ bzw. bei einem ganzzahligen Gitter mit $\Delta_0 = 2$ gilt $E_{cs} = 10$. Bei der 32-QAM Konstellation mit

$$\mathcal{A}_{32} = \frac{\Delta_{0,\rm cod}}{2} \cdot \Big\{(\pm 1 \pm 1), (\pm 1 \pm 3)\langle 2\rangle, (\pm 3 \pm 3), (\pm 1 \pm 5)\langle 2\rangle, (\pm 3 \pm 5)\langle 2\rangle\Big\}$$

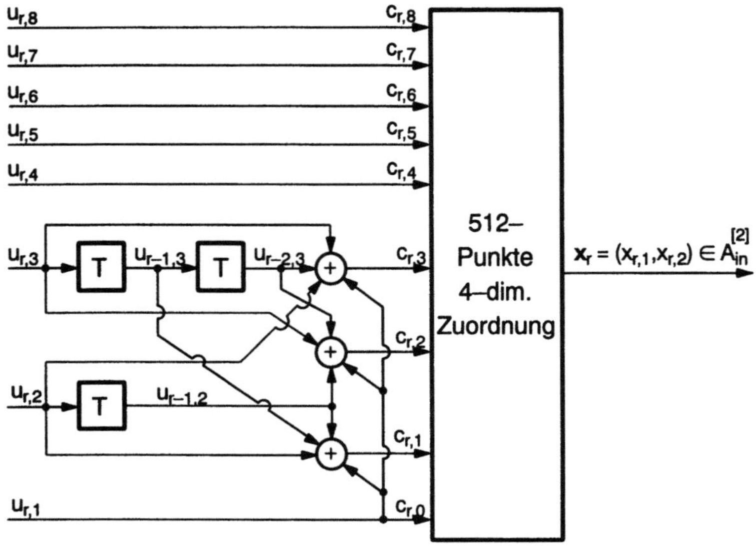

Bild 10.16. Encoder für 4-dimensionale 32-QAM MTCM mit 8 Zuständen

und $\Delta_{0,\text{cod}} = \sqrt{2/10}$ gilt $E_{cs} = 1$ bzw. bei $\Delta_0 = 2$ gilt $E_{cs} = 20$. Die 4-dimensionale Konstellation wird wie folgt konstruiert:

$$\begin{aligned} \mathcal{A}_{\text{in}}^{[2]} = \mathcal{A}_{512} = \frac{\Delta_{0,\text{cod}}^{[2]}}{2} \cdot \Big(& \Big\{(\pm 1 \pm 1), (\pm 1 \pm 3)\langle 2\rangle, (\pm 3 \pm 3)\Big\}^2 \cup \\ & \Big\{(\pm 5 \pm 1 \pm 1 \pm 1)\langle 4\rangle, (\pm 5 \pm 3 \pm 1 \pm 1)\langle 12\rangle\Big\}\Big). \end{aligned}$$

Die Permutationen von 5311 sind 1531, 1153, 3511, 1351, 1135, 5131, 1513, 3151, 1315, 5113, 3115. Also besteht $\mathcal{A}_{\text{in}}^{[2]}$ tatsächlich aus $(2^2(1+2+1))^2 + 2^4(4+12) = 512$ Elementen und offensichtlich gelten die Inklusionsbeziehungen $\mathcal{A}_{16}^2 \subset \mathcal{A}_{\text{in}}^{[2]} = \mathcal{A}_{512} \subset \mathcal{A}_{\text{in}}^2 = \mathcal{A}_{32}^2$ mit $|\mathcal{A}_{16}^2| = 256$ und $|\mathcal{A}_{32}^2| = 1024$. Aus den 1024 Elementen werden diejenigen 512 Elemente mit der niedrigsten Energie für die MTCM-Konstellation ausgewählt. Zur Berechnung der Energie: Die 16 2-dimensionalen Signalpunkte aus $\mathcal{A}_{16}$ haben die Energie $\Delta_0^2/4 \cdot 10$ und somit haben die 256 4-dimensionalen Signalpunkte aus $\mathcal{A}_{16}^2$ die Energie $\Delta_0^2/4 \cdot 20$. Also gilt $\Delta_{0,\text{unc}}^{[2]} = \sqrt{4/10} = \Delta_{0,\text{unc}}/\sqrt{2}$ gemäß (10.9.2). Insgesamt folgt:

$$E_{cs}^{[2]} = \frac{\Delta_0^2}{4}\left(\frac{256}{512}20 + \frac{64}{512}(25+1+1+1) + \frac{192}{512}(25+9+1+1)\right) = \frac{\Delta_0^2}{4} \cdot 27.$$

Bei $\Delta_{0,\text{cod}}^{[2]} = \sqrt{4/27}$ gilt also $E_{cs}^{[2]} = 1$ bzw. bei $\Delta_0 = 2$ gilt $E_{cs}^{[2]} = 27$.

Sei $\Delta_0 = 2$ fixiert: Bei der Alphabetsverdopplung im 2-dimensionalen Fall verdoppelt sich E_{cs} von 10 auf 20 (entspricht 3,01 dB), bei der Alphabetsverdopplung im 4-dimensionalen Fall erhöht sich $E_{cs}^{[2]}$ aber nur von 20 auf 27, was

1,30 dB entspricht. Damit werden die Vorteile höherdimensionaler Signalalphabete eindrucksvoll bestätigt.

Die 4-dimensionale Signalkonstellation $\mathcal{A}_{\text{in}}^{[2]}$ wird jetzt in 16 Teilmengen $\mathcal{B}_i^{(4)} = \mathcal{B}(c_3c_2c_1c_0)$ mit jeweils 32 Elementen zerlegt, wobei $c_3c_2c_1c_0$ die Dualzahldarstellung von i sein soll. Sei

$$\begin{aligned}\mathcal{B}_0^{(4)} = \mathcal{B}(0000) = \frac{\Delta_{0,\text{cod}}^{[2]}}{2} \cdot \Big\{&(+1+1+1+1), (-3+1+1+1)\langle 4\rangle,\\ &(-3-3+1+1)\langle 6\rangle, (+5+1+1+1)\langle 4\rangle,\\ &(-3-3-3+1)\langle 4\rangle, (+5-3+1+1)\langle 12\rangle,\\ &(-3-3-3-3)\Big\}.\end{aligned}$$

Für die Definition von $\mathcal{B}(c_3c_2c_1c_0)$ wird für jedes $c_s = 1$ in $\mathcal{B}(0000)$ an der s-ten Stelle bei allen Elementen das Vorzeichen invertiert. Beispielsweise werden für $\mathcal{B}_3^{(4)} = \mathcal{B}(0011)$ jeweils die Vorzeichen der letzten beiden Komponenten aus $\mathcal{B}(0000)$ invertiert. Offensichtlich beträgt der minimale euklidische Abstand sowohl in $\mathcal{B}_0^{(4)}$ wie in allen weiteren Teilmengen $\mathcal{B}_i^{(4)}$ jeweils $\Delta_{4,\text{cod}}^{[2]} = 4 \cdot \Delta_{0,\text{cod}}^{[2]}/2 = \sqrt{16/27}$ und der minimale euklidische Abstand zwischen den Teilmengen $\mathcal{B}(c_3c_2c_1c_0)$ und $\mathcal{B}(c_3'c_2'c_1'c_0')$ beträgt $\Delta_{0,\text{cod}}^{[2]} \cdot \sqrt{d_H(c_3c_2c_1c_0, c_3'c_2'c_1'c_0')}$.

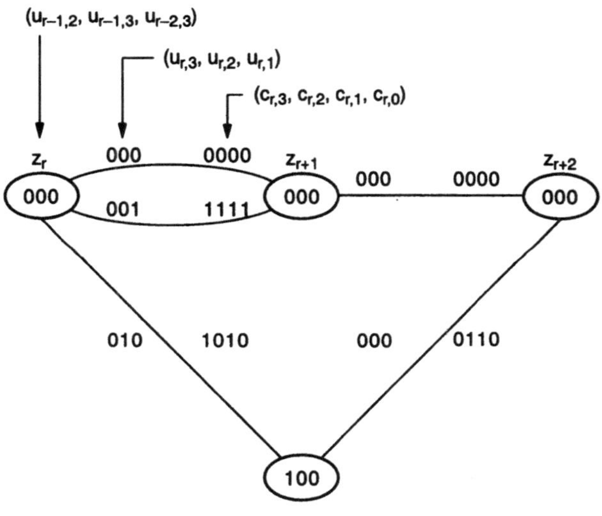

Bild 10.17. Trellis-Ausschnitt für 4-dimensionale 32-QAM MTCM mit 8 Zuständen

In Bild 10.17 werden einige Wege durch den Trellis betrachtet. Der minimale euklidische Abstand zwischen den 32 mit $u_{r,8}, \ldots, u_{r,4}$ korrespondierenden parallelen Kanten beträgt jeweils $\Delta_{4,\text{cod}}^{[2]} = \sqrt{16/27}$. Auch durch $u_{r,1}$ werden parallele Kanten verursacht, deren Abstand jeweils $\Delta_{0,\text{cod}}^{[2]} \cdot \sqrt{4} = \Delta_{4,\text{cod}}^{[2]} =$

$\sqrt{16/27}$ beträgt, denn ein Wechsel in $u_{r,1}$ führt jeweils zu einem Wechsel aller Bits in $c_3c_2c_1c_0$, wie aus Bild 10.16 direkt ersichtlich ist. Somit beträgt der minimale euklidische Abstand zwischen allen 64 parallelen Kanten $\sqrt{16/27}$. Der Abstand des unteren Weges aus Bild 10.17 vom Nullweg führt auf $\Delta_{\text{fnp}}^{[2]}$:

$$\begin{aligned}(\Delta_{\text{fnp}}^{[2]})^2 &= (\Delta_{0,\text{cod}}^{[2]})^2 \cdot \Big(d_H(0000,1010) + d_H(0000,0110)\Big)\\ &= 4 \cdot (\Delta_{0,\text{cod}}^{[2]})^2 \;=\; 16/27\end{aligned}$$

Insgesamt folgt schließlich $\Delta_{\text{f}}^{[2]} = \Delta_{\text{fnp}}^{[2]} = \Delta_{4,\text{cod}}^{[2]} = \sqrt{16/27}$. Aus (10.9.3) und (10.9.4) ergeben sich die folgenden asymptotischen Codierungsgewinne, wobei das Resultat $\Delta_{\text{f}} = 1$ für 32-QAM TCM bereits in Beispiel 10.9 berechnet wurde:

$$\begin{aligned}G_{\substack{\text{4-dim. 32-QAM MTCM/}\\ \text{16-QAM uncodiert}}} &= 10 \cdot \log_{10}\left(\frac{2 \cdot 16/27}{2/5}\right) = 4{,}72 \quad \text{dB}\\ G_{\substack{\text{4-dim. 32-QAM MTCM/}\\ \text{2-dim. 32-QAM TCM}}} &= 10 \cdot \log_{10}\left(\frac{2 \cdot 16/27}{1}\right) = 0{,}74 \quad \text{dB.}\end{aligned}$$

Die Differenz von 3,98 dB zwischen diesen beiden Werten entspricht dem bereits aus Tabelle 10.5 bekannten Gewinn von 32-QAM TCM. Der Übergang von 2- zu 4-dimensionaler TCM ohne Änderung der spektralen Bitrate bewirkt also einen zusätzlichen Codierungsgewinn von respektablen 0,74 dB. □

Der Codierungsgewinn bei 2-dimensionaler QAM TCM konvergiert bei $M \to \infty$ gegen einen Grenzwert, der mit (10.5.2) einfach berechnet werden konnte. Nachfolgend wird dies auf die $2D$-dimensionale QAM MTCM verallgemeinert. Wie bereits zu Beginn dieses Abschnittes erwähnt wurde, erhöht sich bei gleichbleibender minimaler euklidischer Distanz Δ_0 die Energie $E_{cs}^{[D]}$ bei der Alphabetsverdopplung um etwa $3/D$ dB bzw. um den Faktor $\sqrt[D]{2} = 2^{1/D}$. Umgekehrt reduziert sich die Minimaldistanz bei gleichbleibender Energie etwa um den Faktor $\sqrt[2D]{2}$. Für den Grenzwert bei $M \to \infty$ gilt dieses Resultat sogar exakt [97]:

$$\lim_{M\to\infty}\left(\frac{\Delta_{0,\text{cod}}^{[D]}}{\Delta_{0,\text{unc}}^{[D]}}\right)^2 = \lim_{M\to\infty}\frac{\Delta^2_{0,2D\text{-dim. } 2^{DM+1}\text{-stufig}}}{\Delta^2_{0,2D\text{-dim. } 2^{DM}\text{-stufig}}} = \frac{1}{\sqrt[D]{2}}. \tag{10.9.8}$$

Somit gilt unter Beachtung von (10.9.2) und (10.9.8)

$$\frac{D \cdot (\Delta_{\text{f}}^{[D]})^2}{\Delta_{0,\text{unc}}^2} = \underbrace{\left(\frac{\Delta_{\text{f}}^{[D]}}{\Delta_{0,\text{cod}}^{[D]}}\right)^2}_{=\gamma} \cdot \frac{(\Delta_{0,\text{cod}}^{[D]})^2}{\frac{1}{D}\cdot\Delta_{0,\text{unc}}^2} = \gamma \cdot \left(\frac{\Delta_{0,\text{cod}}^{[D]}}{\Delta_{0,\text{unc}}^{[D]}}\right)^2 \tag{10.9.9}$$

$$\to \gamma \cdot \frac{1}{\sqrt[D]{2}} \quad \text{für } M \to \infty \tag{10.9.10}$$

und für den sogenannten *fundamentalen Codierungsgewinn* [97] gilt folglich gemäß (10.9.3):

$$\lim_{M\to\infty} G_{\substack{2D\text{-dim. QAM MTCM}/\\ \text{2-dim. QAM uncodiert}}} = 10\cdot\log_{10}\gamma - \frac{3{,}01}{D} \text{ dB.} \qquad (10.9.11)$$

Die numerischen Ergebnisse zeigt Tabelle 10.7, wobei die Spalte zum 2-dimensionalen Fall natürlich mit Tabelle 5.5 übereinstimmt. Zwar sind die Unterschiede zwischen den Dimensionen nicht extrem groß, aber es wird doch deutlich, daß die höherdimensionalen Verfahren dann vorteilhaft sind, wenn die Anzahl der Zustände eher gering ist. Bei Encodern mit vielen Zuständen ist TCM dagegen besser als MTCM, und zwar sowohl bei $M \to \infty$ wie wohl auch bei realistischen Werten von M – aber das gilt nur bezüglich des Codierungsgewinns! Die am Anfang dieses Abschnitts genannten generellen Vorteile mehrdimensionaler TCM fallen bei der Auswahl eines Verfahrens eventuell stärker ins Gewicht als kleine Differenzen im Codierungsgewinn.

Tabelle 10.7. Fundamentaler Codierungsgewinn der QAM MTCM (nach [139])

Anzahl	2-dim. TCM			4-dim. MTCM			8-dim. MTCM		
Zustände	k	γ	G [dB]	k	γ	G [dB]	k	γ	G [dB]
4	1	4*	3,01						
8	2	5	3,98	2	4	4,52			
16	2	6	4,77	2	4*	4,52	3	4	5,27
32	2	6	4,77	3	4*	4,52	3	4	5,27
64	2	7	5,44	4	5	5,48	3	4*	5,27
128	2	8	6,02	4	6	6,28	4	4*	5,27

Als ein weiterer wichtiger Aspekt bei der Abwägung zwischen TCM und MTCM ist zu berücksichtigen, daß bei MTCM die Anzahl der nächsten Nachbarn normalerweise größer als bei TCM ist, so daß der Codierungsgewinn bei praktisch interessanten Fehlerraten im Bereich um $P_b = 10^{-6}$ noch erheblich unter dem asymptotischen Codierungsgewinn liegen kann.

Dennoch wird die R_0-Grenze aus Bild 2.8 mit MTCM-Verfahren praktisch erreicht [139]. Beispielsweise beträgt der Abstand zur R_0-Kurve bei PSK und einer Bit-Fehlerwahrscheinlichkeit $P_b = 10^{-6}$ nur ca. 1 dB schon bei wenigen Zuständen [8].

Für eine faire Beurteilung von MTCM-Verfahren ist auch der Aufwand bei der Realisierung und insbesondere im Viterbi-Algorithmus zu berücksichtigen, weshalb in [37, 139] entsprechende Komplexitätsmaße vorgeschlagen werden.

MTCM kann über den in diesem Abschnitt gewählten Ansatz hinaus in vielfältiger Weise verallgemeinert werden: Beispielsweise können nichtganzzahlige spektrale Bitraten oder Coderaten in allgemeinerer Form realisiert werden. Die einzelnen Komponenten aus $\boldsymbol{x}_r$ können zu jeweils verschiedenen Signalkonstellationen gehören, beispielsweise erlaubt der 4-dimensionale Fall einen Wechsel zwischen 4-PSK (zur Aufrechterhaltung der Synchronisation) und 8-PSK (für hohen Durchsatz). Wesentlich ausführlicher als hier werden MTCM-Verfahren insbesondere in [8, 9, 131, 143, 144] behandelt. Die trelliscodierte Modulation kann auch als Spezialfall der sogenannten verallgemeinerten Codeverkettung interpretiert werden [18].

Als zentrales Problem beim Entwurf mehrdimensionaler TCM-Verfahren erweist sich die Auswahl einer Signalkonstellation $\mathcal{A}_{\text{in}}^{[D]}$ als Teilmenge von $\mathbb{C}^D$ bzw. des Gitterraums $\mathbb{Z}^{2D}$ derart, daß bei der Partitionierung die Distanzen innerhalb der Teilmengen maximal werden. Teilweise sind jedoch Methoden anwendbar, mit denen die $2D$-dimensionale Partitionierung auf die 2-dimensionale Partitionierung zurückgeführt werden kann [139] und darauf basiert auch Tabelle 10.7. In der Arbeit von Forney [97] wird die Lattice-Theorie auf TCM angewendet: Ein Lattice ist eine Teilmenge des Gitterraums, die zugleich eine additive Gruppe bildet. Bei gegebener Minimaldistanz zwischen den Punkten wird eine möglichst dichte Packung der Punkte pro Volumeneinheit angestrebt. Diese Thematik wird ausführlich auch in [20, 24] behandelt.

10.10 Mehrstufencodierte und blockcodierte Modulation

Das Prinzip der mehrstufencodierten Modulation (multilevel coding, multistage coding) wurde 1977 von Imai und Hirakawa [112] vorgeschlagen, also mehrere Jahre vor dem Durchbruch der auf den Ungerböck-Codes basierenden TCM im engeren Sinn. Gegenüber TCM und MTCM weist der Mehrstufenansatz aber gewisse Vorteile auf, so daß diese Methode in einer Darstellung der codierten Modulation zumindest kurz erwähnt werden sollte:

- Das Konzept der mehrstufencodierten Modulation erscheint flexibler als das der trelliscoderten Modulation im engeren Sinn und verspricht neue theoretische Einsichten bei der Optimierung von Codierung und Modulation, insbesondere in Verbindung mit der Lattice-Theorie [97] sowie beim Entwurf von suboptimalen Empfängern.
- Die mehrstufencodierte Modulation kann auch mit Blockcodes erfolgen, so daß ein direkter Vergleich von Block- und Faltungscodes für codierte Modulation ermöglicht wird. Eventuell kann bei der blockcodierten Modulation die Decoderkomplexität bei vergleichbarem Codierungsgewinn reduziert werden.
- Mit der mehrstufencodierten Modulation kann eventuell eine genauere Anpassung an Fadingkanäle erfolgen.

Das Grundprinzip der *mehrstufencodierten Modulation* zeigt Bild 10.18. Wie bei TCM und MTCM werden pro Kanalbenutzung M Infobits übertragen, wobei wie üblich eine 2^{M+1}-stufige PSK- oder QAM-Signalkonstellation verwendet wird. Die spektrale Bitrate beträgt also weiterhin M Bit/s/Hz. Für jedes der $M+1$ Bits, die pro Kanalbenutzung einem Signalpunkt zugeordnet werden, wird ein eigener unabhängiger ***Komponentencode*** verwendet. Diese $M+1$ Komponentencodes können mit Faltungscodes, mit punktierten Faltungscodes [145] oder wie in Bild 10.18 angenommen mit Blockcodes (***blockcodierte Modulation***, BCM) realisiert werden.

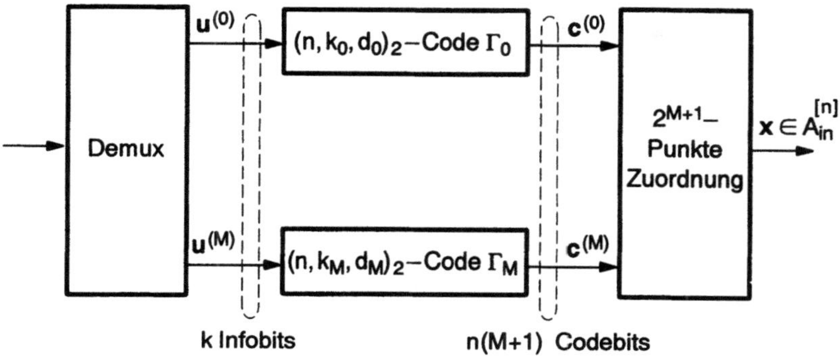

Bild 10.18. Mehrstufencodierte Modulation mit Blockcodes (BCM)

Die $M+1$ binären Blockcodes Γ_μ mit den Parametern $(n, k_\mu, d_\mu)_2$ weisen alle die gleiche Blocklänge auf. Von oben ($\mu = 0$) nach unten ($\mu = M$) nehmen die Coderaten k_μ/n zu und die Minimaldistanzen d_μ auf Basis des Hammingabstandes nehmen ab. Im Extremfall ist Γ_0 ein $(n, 1, n)_2$-Wiederholungscode und Γ_M ein transparenter uncodierter $(n, n, 1)_2$-Code. Sei

$$k \;=\; k_0 + k_1 + \ldots + k_M \;=\; n \cdot M. \tag{10.10.1}$$

Ein Infowort $\boldsymbol{u}$ der Länge k wird zerlegt in $M+1$ Infoblöcke der Form $\boldsymbol{u}^{(\mu)} = (u_0^{(\mu)}, \ldots, u_{k_\mu-1}^{(\mu)})$. Am Ausgang der Komponentencodes liegen die Codeblöcke $\boldsymbol{c}^{(\mu)} = (u_0^{(\mu)}, \ldots, u_{n-1}^{(\mu)})$ mit insgesamt $n(M+1)$ Codebits an. Die gesamte Coderate beträgt also k/n Infobit/Signalpunkt bzw. $k/(n(M+1)) = M/(M+1)$ Infobit/Codebit. Mit den $n(M+1)$ Codebits werden n Signalpunkte x_i aus der 2^{M+1}-stufigen Signalkonstellation $\mathcal{A}_{\text{in}}$ ausgewählt, die nacheinander mit n Kanalbenutzungen übertragen werden:

$$\boldsymbol{x} = (x_0, x_1, \ldots, x_{n-1}) \in \mathcal{A}_{\text{in}}^{[n]}. \tag{10.10.2}$$

Damit liegt eine spezielle $2n$-dimensionale MTCM vor, wenn von der Tatsache abgesehen wird, daß die Komponentencodes hier Blockcodes und keine Faltungscodes sind. Klar ist $\mathcal{A}_{\text{in}}^{[n]} \subset \mathcal{A}_{\text{in}}^{n}$ sowie $|\mathcal{A}_{\text{in}}^{[n]}| = 2^k = 2^{nM}$. Mit den $n(M+1)$ Codebits wird eine $(M+1, n)$-dimensionale Codebitmatrix

$$\begin{pmatrix} c_0^{(0)} & \cdots & c_{n-1}^{(0)} \\ \vdots & & \vdots \\ c_0^{(M)} & \cdots & c_{n-1}^{(M)} \end{pmatrix} \tag{10.10.3}$$

gebildet. Die Spalten werden unabhängig voneinander den 2^{M+1}-stufigen Signalpunkten natürlich zugeordnet, d.h. $(c_i^{(0)},\dots,c_i^{(M)})$ wird als umgehrte Dualzahl interpretiert und gibt dann direkt die Nummer des i-ten Signalpunktes x_i von $\boldsymbol{x}$ an. Bei einer PSK-Konstellation wählt das am stärksten geschützte Bit $c_i^{(0)}$ zwischen benachbarten Punkten und das am schwächsten geschützte Bit $c_i^{(M)}$ wählt zwischen gegenüberliegenden Punkten.

Die μ-ten Zeilen von zwei verschiedenen Codebitmatrizen sind entweder identisch oder haben den Hammingabstand d_μ voneinander, d.h. der quadratische euklidische Abstand zwischen zwei $2n$-dimensionalen Signalpunkten bei der PSK-Konstellation beträgt hier entweder 0 oder $\Delta_\mu^2 \cdot d_\mu$, wobei $\Delta_\mu = 2\sin(\pi/2^{M+1-\mu})$ gemäß (10.2.4) gilt. Für den mit $\Delta_{\min}^{[n]}$ bezeichneten minimalen euklidischen Abstand zwischen zwei $2n$-dimensionalen Signalen bzw. zwischen zwei Codebitmatrizen gilt somit das wichtige Resultat

$$\left(\Delta_{\min}^{[n]}\right)^2 = \min\{\ \Delta_\mu^2 \cdot d_\mu \mid \mu = 0,1,\dots,M\ \} \tag{10.10.4}$$

$$= \left\{\begin{array}{ll} \min\{2d_0;\ 4d_1\} & \text{4-PSK} \\ \min\{0{,}586d_0;\ 2d_1;\ 4d_2\} & \text{8-PSK} \\ \min\{0{,}152d_0;\ 0{,}586d_1;\ 2d_2;\ 4d_3\} & \text{16-PSK} \end{array}\right\}. \tag{10.10.5}$$

Der asymptotische Codierungsgewinn bezieht sich natürlich auf den Vergleich zur uncodierten 2^M-PSK mit $\Delta_{0,\text{unc}} = 2\sin(\pi/2^M)$ und beträgt

$$G_{\substack{2n\text{-dim. } 2^{M+1}\text{-PSK BCM}/ \\ 2\text{-dim. } 2^M\text{-PSK uncodiert}}} = 10 \cdot \log_{10}\left(\left(\frac{\Delta_{\min}^{[n]}}{\Delta_{0,\text{unc}}}\right)^2\right) \text{ dB.} \tag{10.10.6}$$

Wenn speziell $k_0 = 0$ mit $d_0 = \infty$ und $k_1 = \dots = k_M = n$ mit $d_1 = \dots = d_M = 1$ gewählt wird, so entspricht das BCM-Verfahren der uncodierten 2^M-PSK. Richtigerweise folgt dann $\Delta_{\min}^{[n]} = \sqrt{\Delta_1^2 d_1} = 2\sin(\pi/2^M) = \Delta_{0,\text{unc}}$, so daß der Gewinn 0 dB beträgt.

Beispiel 10.15. Es wird eine 8-PSK Konstellation mit $M = 2$ und $n = 8$ vorausgesetzt. Wie in Bild 10.19 angegeben werden als Blockcodes der $(8,1,8)_2$-Wiederholungscode, der $(8,7,2)_2$-Parity Check Code (für die Encodierung mit hinten angeordneter Prüfstelle) und der transparente $(8,8,1)_2$-Code gewählt, wie es in [38, 116, 132] und im Beitrag von S.Lin u.a. in [29] vorgeschlagen wird.

Somit werden 16 Infobits in 24 Codebits bzw. in 8 Signalpunkte aus der 8-PSK Konstellation umgesetzt. Beispielsweise führt $\boldsymbol{u}^{(0)} = 0$, $\boldsymbol{u}^{(1)} = 1011011$, $\boldsymbol{u}^{(2)} = 11010110$ zur Codebitmatrix

$$\begin{pmatrix} 0\,0\,0\,0\,0\,0\,0\,0 \\ 1\,0\,1\,1\,0\,1\,1\,1 \\ 1\,1\,0\,1\,0\,1\,1\,0 \end{pmatrix}$$

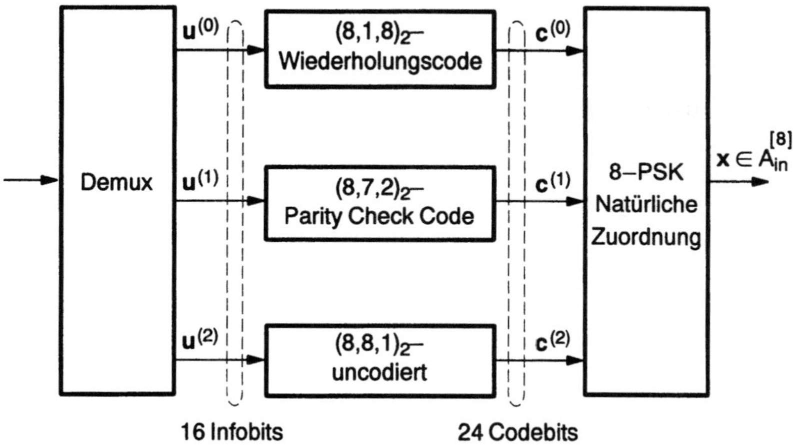

Bild 10.19. Beispiel einer 3-stufigen 8-dimensionalen 8-PSK BCM

und zum 16-dimensionalen Signalpunkt $\boldsymbol{x} = (\xi_6, \xi_4, \xi_2, \xi_6, \xi_0, \xi_6, \xi_6, \xi_2)$. Nach (10.10.5) gilt $(\Delta_{\min}^{[8]})^2 = \min\{0{,}586 \cdot 8;\ 2 \cdot 2;\ 4 \cdot 1\} = \min\{4{,}688;\ 4;\ 4\} = 4$ und somit ergibt sich ein asymptotischer Codierungsgewinn von

$$G_{\substack{\text{16-dim. 8-PSK BCM/}\\ \text{2-dim. 4-PSK uncod.}}} = 10 \cdot \log_{10}\left(\frac{4}{2}\right) = 3{,}01 \text{ dB}.$$

Für ein Beispiel mit derart simplen Blockcodes erscheint das ganz beachtlich. Die 2-dimensionale 8-PSK TCM mit identischem Codierungsgewinn erfordert 4 Zustände gemäß Tabelle 10.3. Bei $P_b = 10^{-5}$ beträgt der Codierungsgewinn 1,8 dB bei BCM nach dem Beitrag von S.Lin u.a. in [29] bzw. 2,4 dB bei TCM nach Tabelle 10.3. □

Es wird nun die optimale ML-Decodierung der blockcodierten Modulation betrachtet: Bei Hard-Decision entspricht das Empfangswort einer $(M+1, n)$-dimensionalen binären Matrix. Durch zeilenweise ML-Schätzung in den Komponentencodes, also durch Minimierung des Hammingabstandes, ergibt sich eine gültige Codebitmatrix gemäß (10.10.3) bzw. das geschätzte Infowort $\boldsymbol{u}$. Die Decoderkomplexität erweist sich als Summe der Decoderkomplexitäten der Komponentencodes. Dieses Verfahren realisiert zwar den optimalen ML-Decoder, aber verschenkt durch Hard-Decision einen erheblichen Codierungsgewinn.

Bei optimaler Soft-Decision ML-Decodierung von BCM ist der euklidische Abstand zwischen dem $2n$-dimensionalen Empfangswort und den 2^k möglichen Sendewörtern zu minimieren. Für großes k bedeutet das natürlich einen unrealistisch hohen Aufwand. Deshalb werden hier suboptimale Decodierverfahren benutzt, die noch kurz erläutert werden. In einfacheren Fällen ist jedoch eine optimale ML-Decodierung möglich, wie das vorangehende Beispiel zeigt:

Beispiel 10.16. Dem BCM-Verfahren aus Beispiel 10.15 kann ein Trellisdiagramm mit 4 Zuständen und 8 Segmenten zugeordnet werden, so daß damit eine aufwandsgünstige optimale Soft-Decision ML-Decodierung mit dem Viterbi-Algorithmus ermöglicht wird. Der in Bild 10.20 dargestellte Trellis [38, 116] besteht aus zwei identischen Teilen, die nur am Anfangs- und Endknoten miteinander verbunden sind.

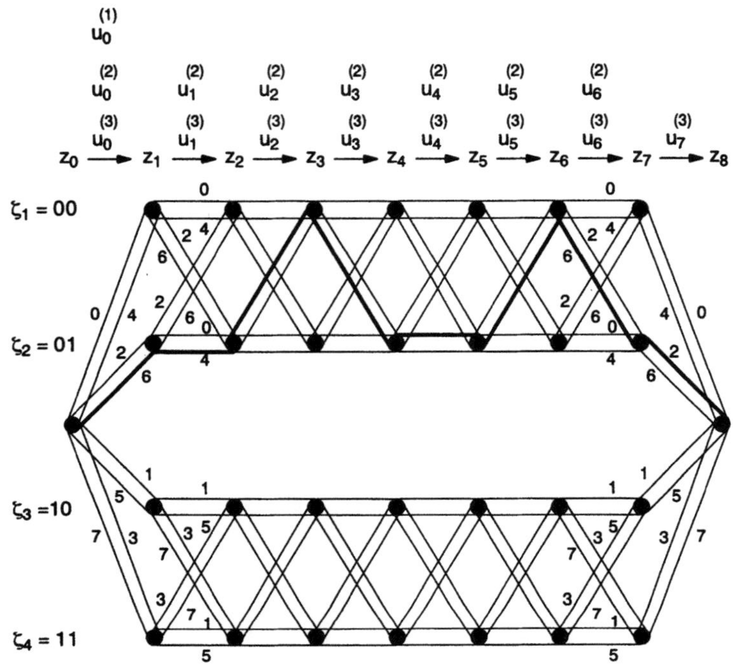

Bild 10.20. Vollständiger Trellis zur 3-stufigen 8-dimensionalen 8-PSK BCM

Die 4 Zustände werden durch

$$z_r = \left(u_0^{(0)}, \sum_{i=0}^{r-1} u_i^{(1)}\right) \qquad r = 1, 2, \ldots, 7$$

definiert, wobei speziell $z_7 = (c_7^{(0)}, c_7^{(1)})$ mit $c_7^{(1)} = u_0^{(1)} + \cdots + u_6^{(1)}$ gilt. Mit $u_0^{(0)} = \left\{ \begin{matrix} 0 \\ 1 \end{matrix} \right\}$ wird der $\left\{ \begin{matrix} \text{obere} \\ \text{untere} \end{matrix} \right\}$ Teil im Trellis ausgewählt. Es treten jeweils 2 parallele Kanten auf, wobei die $\left\{ \begin{matrix} \text{obere} \\ \text{untere} \end{matrix} \right\}$ Kante jeweils $u_r^{(2)} = \left\{ \begin{matrix} 0 \\ 1 \end{matrix} \right\}$ entspricht. Mit $u_r^{(1)} = \left\{ \begin{matrix} 0 \\ 1 \end{matrix} \right\}$ wird der Zustand $\left\{ \begin{matrix} \text{beibehalten} \\ \text{gewechselt} \end{matrix} \right\}$. Die Kanten sind mit den Nummern i der 2-dimensionalen Signalpunkte $\xi_i \in \mathcal{A}_{\text{in}}$ beschriftet. Das Zahlenbeispiel aus Beispiel 10.15 ist mit dicken Kanten im Trellis markiert.

Aus dem Trellis ist schnell ersichtlich, daß dieses BCM-Verfahren 45°-rotationsinvariant ist. Beispielsweise sind mit $(\xi_6, \xi_4, \xi_2, \xi_6, \xi_0, \xi_6, \xi_6, \xi_2)$ auch die beiden 45°-Drehungen $(\xi_7, \xi_5, \xi_3, \xi_7, \xi_1, \xi_7, \xi_7, \xi_3)$ und $(\xi_5, \xi_3, \xi_1, \xi_5, \xi_7, \xi_5, \xi_5, \xi_1)$ wieder gültige 16-dimensionale Signalpunkte. □

Für die mehrstufencodierte Modulation kann mit der sogenannten ***Mehrstufendecodierung*** [37, 112, 117, 132, 145] eine allgemein anwendbare aufwandsgünstige suboptimale Soft-Decision ML-Decodierung realisiert werden, bei der sich die Decoderkomplexität als Summe der Decoderkomplexitäten der Komponentencodes ergibt. Das Prinzip für 3-stufige BCM zeigt Bild 10.21.

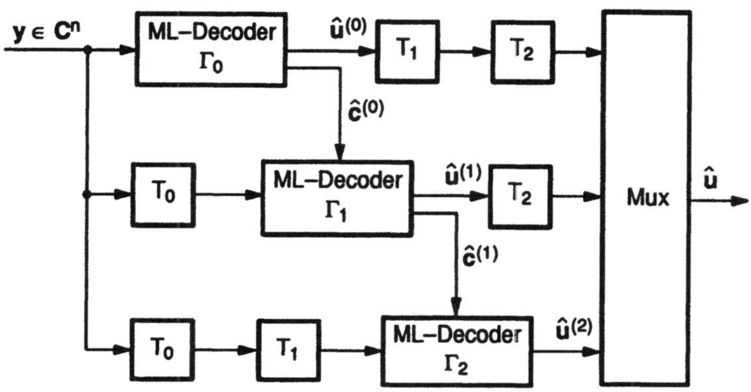

Bild 10.21. Prinzip der Mehrstufendecodierung bei 3-stufiger BCM

Mit T_i wird die Decodierverzögerung beim Komponentencode Γ_i bezeichnet. Der ML-Decoder für Γ_0 berechnet zunächst die Infowort-Schätzung $\hat{\boldsymbol{u}}^{(0)}$ sowie die Codewort-Schätzung $\hat{\boldsymbol{c}}^{(0)}$. In der zweiten Stufe erfolgt die ML-Schätzung für $\hat{\boldsymbol{u}}^{(1)}$ und $\hat{\boldsymbol{c}}^{(1)}$ unter der Voraussetzung, daß $\hat{\boldsymbol{c}}^{(0)}$ richtig ist. Entsprechend funktioniert die dritte Stufe. Für eine genauere Beschreibung ist allerdings zuvor die Partitionierung in $\mathcal{A}_{\text{in}}^{[n]}$ zu formalisieren. Unmittelbar klar wird die relativ große Decodierverzögerung, die sich aus den einzelnen Verzögerungen zusammensetzt. Fehler bei der Γ_0-Schätzung pflanzen sich nach unten fort, so daß dieser Decoder nicht die ideale ML-Regel realisieren kann.

Für die Mehrstufendecodierung muß natürlich vorausgesetzt werden, daß die einzelnen Komponentencodes optimal Soft-Decision ML-decodierbar sind. Bei Blockcodes ist bei kleiner Anzahl k_μ von Infobits oder kleiner Anzahl $n - k_\mu$ von Prüfbits eine aufwandsgünstige Trellisdecodierung mit dem Viterbi-Algorithmus möglich, wie in Abschnitt 11.7 noch gezeigt wird. BCM wird oftmals auch mit Reed-Muller Codes (siehe Abschnitt 11.10) realisiert, weil diese eine einfache Soft-Decision Decodierung erlauben [18, 97]. Bei Verwendung von Faltungscodes für die einzelnen Komponentencodes wird natürlich mit dem Viterbi-Algorithmus decodiert. Allerdings stören die entstehenden Bündelfehler am Ausgang einer Stufe die Decodierung der nächsten Stufe, so daß die Mehrstufencodierung bei Faltungscodes üblicherweise mit Interleaving-Verfahren kombiniert wird [117, 145] (siehe dazu auch Abschnitt 11.1).

Die Mehrstufendecodierung läßt sich in vielfältiger Weise so verbessern [145], daß die Degradation gegenüber der optimalen Decodierung gering ausfällt: Beispielsweise kann bei der Decodierung in einer Stufe Zuverlässigkeitsinformation über die Sicherheit der Entscheidungen berechnet werden und bei der Decodierung in der nächsten Stufe einfließen. Weitere Verbesserungen sind durch *iterative Verfahren* möglich, bei denen die Schätzungen des ersten Durchlaufs als Vorinformationen für einen zweiten Durchlauf verwendet werden.

10.11 Pragmatische TCM nach Viterbi

Nachdem in den beiden vorangehenden Abschnitten sehr komplizierte mehrdimensionale und mehrstufige Verfahren behandelt wurden, wird jetzt nochmals die einfache 2-dimensionale TCM mit dem Ungerböck-Encoder betrachtet.

Unter dem Begriff *pragmatische TCM* (PTCM) schlagen Viterbi u.a. [141] vor, als Faltungscode für TCM den von den binären Faltungscodes her bekannten Industriestandard-Code (siehe Tabelle 8.1) zu verwenden. Dieser Code hat die Rate $R = 1/2$, die Gedächtnislänge $m = 6$ bzw. 64 Zustände, die freie Distanz $d_f = 10$ und der Code ist transparent bzw. 180°-rotationsinvariant. Vom damit resultierenden PTCM-Verfahren mit $k = 1$ und 64 Zuständen kann nicht der gleiche asymptotische Codierungsgewinn erwartet werden wie bei der optimalen TCM, die auf den Ungerböck-Codes basiert. Der pragmatische Ansatz ist jedoch aufgrund folgender Vorteile dennoch attraktiv:

- Für den Industriestandard-Code sind Realisierungen von Encoder und Decoder für hohe Übertragungsgeschwindigkeiten verfügbar.
- Aufgrund der 64 Zustände des Codes sind vergleichsweise hohe Codierungsgewinne zu erwarten, da TCM-Verfahren ansonsten oft mit nur wenigen Zuständen betrieben werden.
- Die PTCM erlaubt ohne Mehraufwand einen an die Kanalqualität angepaßten variablen Durchsatz, da nur ein einziger Code für verschiedene spektrale Bitraten benutzt wird.

In Bild 10.22 wird der in [141] eingeführte Encoder für PSK PTCM dargestellt, wobei weiterhin das Ungerböck-Prinzip aus Bild 10.3 gültig ist. Die spektrale Bitrate kann zwischen 1 Bit/s/Hz (4-PSK), 2 Bit/s/Hz (8-PSK) oder 3 Bit/s/Hz (16-PSK) umgeschaltet werden.

Das Infobit $u_{r,1}$ wird durch den $R = 1/2$-Faltungs-Encoder in die 2 Codebits $c_{r,0}, c_{r,1}$ gemäß $(c_0(x), c_1(x)) = u_1(x) \cdot (g_2(x), g_1(x))$ überführt. Die restlichen $M - 1$ Infobits $u_{r,2} = c_{r,2}, \ldots, u_{r,M} = c_{r,M}$ werden nicht codiert. Mit $c_{r,0}, \ldots, c_{r,M}$ wird ein Signalpunkt aus der 2^{M+1}-stufigen PSK-Konstellation ausgewählt. Dabei wird zwar wieder die natürliche Zuordnung angewendet,

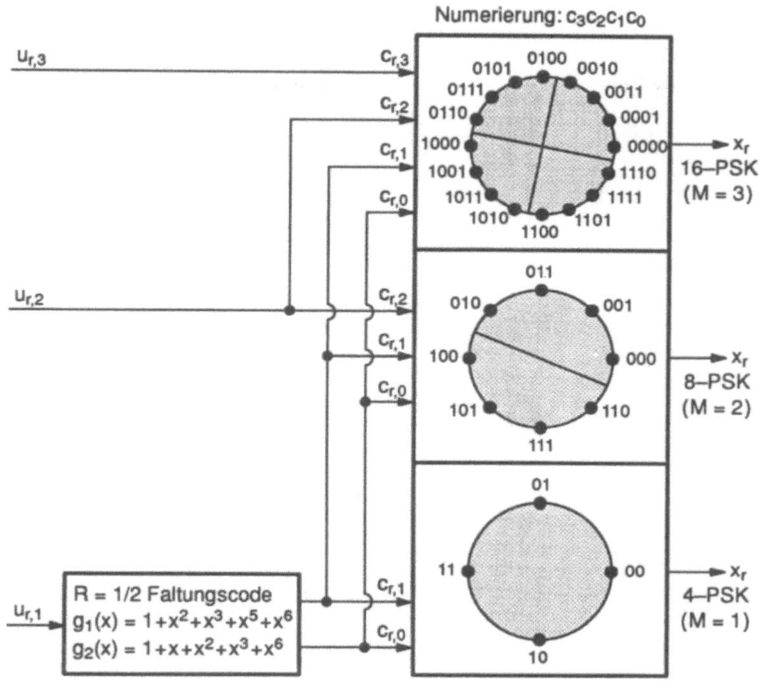

Bild 10.22. Pragmatischer PSK TCM-Encoder

aber die Durchnumerierung der Signalpunkte erfolgt jetzt nach einem speziellen Prinzip. Dazu werden die 2^{M+1} Signalpunkte in 2^{M-1} Sektoren von jeweils 4 Punkten unterteilt. Mit $c_{r,2}, \ldots, c_{r,M}$ wird der Sektor per Dualzahlnumerierung (oder auch beliebig anders) ausgewählt. Wichtig ist aber, daß mit $c_{r,0}, c_{r,1}$ der Signalpunkt innerhalb des Sektors per Gray-Codierung ausgewählt wird, d.h. die benachbarten Punkte innerhalb eines Sektors unterscheiden sich in $c_{r,0}, \ldots, c_{r,M}$ nur an einer einzigen Stelle. Bei einer Verfälschung zum Nachbarpunkt innerhalb des Sektors tritt somit nur ein einziger Fehler auf, und zwar innerhalb der $R = 1/2$-codierten Bits $c_{r,0}, c_{r,1}$.

Im Trellis gehen von jedem der 64 Zustände 2^M Kanten ab, die jeweils in 2 Bündel von je 2^{M-1} parallelen Kanten zerfallen. Signalpunkte an parallelen Kanten gehören jeweils zu verschiedenen Sektoren. Wie schon anhand von Bild 8.6 erklärt wurde, besteht das Trellissegment aus 32 Elementarteilen, von denen eins beispielhaft für die 16-PSK PTCM in Bild 10.23 dargestellt ist. Bei parallelen Kanten im Bündel ist $c_{r,0}, c_{r,1}$ immer identisch. Da u_r und u_{r-6} im Encoder jeweils additiv auf $c_{r,0}$ und $c_{r,1}$ wirken, unterscheiden sich sowohl abgehende wie ankommende Kantenbündel jeweils dadurch, daß sowohl $c_{r,0}$ wie $c_{r,1}$ invertiert werden, wie es Bild 10.23 zeigt.

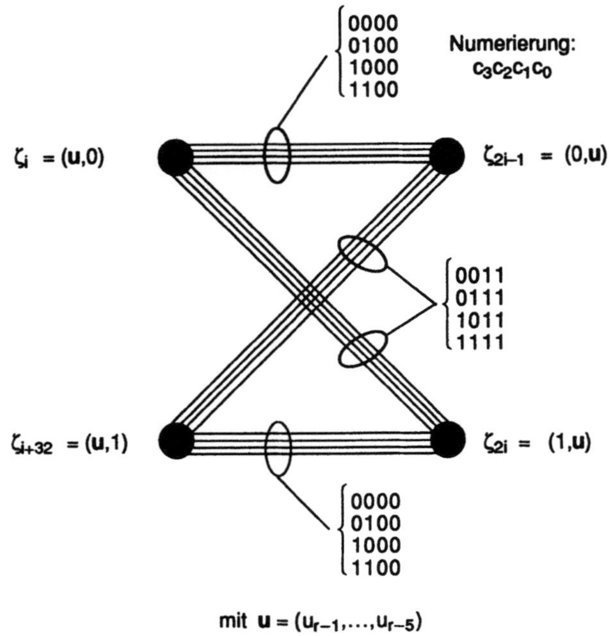

Bild 10.23. Elementarteil des Trellissegmentes bei pragmatischer 16-PSK TCM

Betrachte den Fall $M > 1$: Gemäß (10.1.5) beträgt der minimale euklidische Abstand zwischen den parallelen Kanten mindestens $2\sin(\pi/2^{M-1})$. Ferner gilt

$$\Delta^2_{\mathrm{fnp}} \geq 2 \cdot 4\sin^2\left(\frac{\pi}{2^M}\right) + (d_\mathrm{f} - 4) \cdot 4\sin^2\left(\frac{\pi}{2^{M+1}}\right), \qquad (10.11.1)$$

da abgehende bzw. ankommende Kanten jeweils $4\sin^2(\pi/2^M)$ beitragen und ansonsten weitere $d_\mathrm{f} - 4$ Differenzen in der Codefolge bestehen müssen. Insgesamt wird das Minimum aber bei den parallelen Kanten angenommen [141]:

$$\Delta^2_\mathrm{f} = 4\sin^2\left(\frac{\pi}{2^{M-1}}\right) \quad \text{für } M > 1. \qquad (10.11.2)$$

Für die uncodierte 2^M-PSK gilt $\Delta_{0,\mathrm{unc}} = 2\sin(\pi/2^M)$ und somit ergibt sich nach (10.4.8) der asymptotische Codierungsgewinn für $M > 1$ als

$$G_{\substack{2^{M+1}\text{-PSK PTCM}/\\ 2^M\text{-PSK uncodiert}}} = 10 \cdot \log_{10}\left(\frac{\sin^2\left(\frac{\pi}{2^{M-1}}\right)}{\sin^2\left(\frac{\pi}{2^M}\right)}\right) \text{ dB}. \qquad (10.11.3)$$

Für $M \to \infty$ ergibt sich ein fundamentaler Codierungsgewinn von 6,02 dB.

In Tabelle 10.8 werden die Codierungsgewinne im asymptotischen Fall und bei $P_b = 10^{-5}$ für pragmatische und optimale TCM miteinander verglichen.

Der asymptotische Codierungsgewinn für PTCM folgt aus (10.11.3) bzw. für $M = 1$ aus Tabelle 9.2. Der Codierungsgewinn bei $P_b = 10^{-5}$ für PTCM ergibt sich aus den in [141] angegebenen Fehlerwahrscheinlichkeitskurven (beachte die kleine Abweichung zu Tabelle 9.3 bei $M = 1$). Alle Werte für optimale TCM wurden aus den Tabellen 10.3 und 10.4 übernommen.

Tabelle 10.8. Codierungsgewinn bei pragmatischer und optimaler TCM

	4-PSK	8-PSK	16-PSK
Asymptot. Codierungsgewinn [dB]			
pragmatische TCM	6,99	3,01	5,33
optimale TCM		5,01	5,33
Codierungsgewinn [dB] bei $P_b = 10^{-5}$			
pragmatische TCM	5,3	3,2	3,5
optimale TCM		3,6	3,5

Bei 16-PSK besteht zwischen pragmatischer und optimaler TCM kein Unterschied – sowohl asymptotisch wie bei $P_b = 10^{-5}$. Dagegen ist bei 8-PSK die pragmatische TCM schlechter als die optimale TCM – und zwar um 2,0 dB asymptotisch bzw. um 0,4 dB bei $P_b = 10^{-5}$. Das ist nicht erstaunlich, da die optimale TCM bei 16-PSK auf einem $R = 1/2$-Code und bei 8-PSK auf einem $R = 2/3$-Code basiert. Interessant ist noch, daß bei 8-PSK PTCM der asymptotische Gewinn kleiner als der Gewinn bei $P_b = 10^{-5}$ ausfällt.

Das Prinzip der pragmatischen TCM kann auch auf quadratische QAM-Konstellationen angewendet werden. Zunächst wird dazu eine 1-dimensionale ASK PTCM eingeführt, indem der PSK-Kreis auf eine Linie abgewickelt wird. Beispielsweise ergibt sich dann der asymptotische Codierungsgewinn

$$G_{\substack{\text{8-ASK PTCM/} \\ \text{4-ASK uncod.}}} = 5{,}2 \text{ dB},$$

der identisch mit der hier nicht behandelten optimalen ASK TCM ist. Wenn nun die Inphase- und Quadraturphase-Komponenten von QAM unabhängig voneinander als ASK-Konstellationen jeweils pragmatisch encodiert und empfangsseitig mit zwei unabhängigen Decodern decodiert werden, so ergibt sich bei 64-QAM mit einer spektralen Bitrate von 4 Bit/s/Hz wieder der asymptotische Codierungsgewinn

$$G_{\substack{\text{64-QAM PTCM/} \\ \text{16-QAM uncod.}}} = 5{,}2 \text{ dB}.$$

Im Vergleich dazu gilt für die optimale TCM bei einer spektralen Bitrate von 4 Bit/s/Hz der Wert

$$G_{\substack{\text{32-QAM TCM/} \\ \text{16-QAM uncod.}}} = 5{,}44 \text{ dB}.$$

Zwar scheint hier der pragmatische Ansatz über die 1-dimensionale ASK fast so gut wie die 2-dimensionale optimale TCM zu sein, aber dazu muß ein gegen Degradationen wesentlich empfindlicheres 64-QAM Signal anstelle eines 32-QAM Signals verarbeitet werden. Die Vorteile von PSK PTCM übertragen sich also nicht automatisch auf QAM PTCM.

In [148] wird die pragmatische TCM mit dem punktierten Industriestandard-Code kombiniert und als P^2-Code bezeichnet. Damit kann der nicht-punktierte $R = k/(k+1)$-Encoder für PSK- oder QAM-Konstellationen durch einen $R = 1/2$-Encoder mit Punktierung ersetzt werden. Bei PSK weist die punktierte pragmatische TCM Vorteile gegenüber der nicht-punktierten pragmatischen TCM auf. Bei QAM ermöglicht die punktierte pragmatische TCM auch nicht-quadratische Signalkonstellationen und wie bei optimaler TCM sind Verfahren möglich, die nur eine Verdopplung des Alphabets erfordern.

10.12 Aufgaben

10.1. Betrachte eine 8-ASK/PSK Konstellation, die aus zwei um 45° gegeneinander verdrehten 4-PSK Konstellationen mit Radien r und $2r$ entstehen soll. Berechne Δ_0 bei $E_{cs} = 1$. Wie groß ist der Verlust oder Gewinn gegenüber 8-PSK und gegenüber binärer Übertragung?

10.2. Zeige sowohl direkt wie mit Satz 8.1, daß durch die Generatormatrix

$$G(x) = \begin{pmatrix} 1+x & x^2 & x^2 \\ 0 & 1 & x \end{pmatrix}$$

ein katastrophaler Encoder gegeben wird.

10.3. Bestimme den rückkopplungsfreien Encoder zum 8-PSK TCM Ungerböck-Code mit 8 Zuständen aus Tabelle 10.3.

10.4. Berechne zur Generatormatrix

$$G(x) = \begin{pmatrix} x & 1+x & 1+x+x^2 \\ 0 & 1+x+x^2 & x \end{pmatrix}$$

die Prüfmatrix gemäß (10.3.4) und gebe die oktale Beschreibung sowie die Schieberegister-Implementierungen der Encoder an. Vergleiche die Anzahl der jeweils notwendigen Register. Liegt ein Ungerböck-Code vor?

10.5. Wie bei den Faltungscodes kann auch TCM terminiert werden. Bei einem rückkopplungsfreien Encoder ist das trivial. Wie kann bei systematischer Encodierung die Menge der zulässigen Infofolgen beschrieben werden?

10.6. Betrachte den systematischen Encoder für 8-PSK TCM mit 4 Zuständen und $\boldsymbol{H}(x) = (1 + x^2, x, 0)$ aus Bild 10.5. Zeige, daß ein Term 1 oder x^2 in $h_1(x)$ und somit eine Verletzung von (10.3.7) zur Verletzung der Ungerböck'schen Entwurfsregeln führt.

10.7. Vorausgesetzt sei ein Ungerböck-Encoder. Aus dem Nullzustand heraus werden mit den 2^M möglichen Infoblöcken genau 2^M Codeblöcke erzeugt, die in der Menge $\mathcal{C}_0$ zusammengefaßt werden. Die restlichen 2^M Codeblöcke bilden die Menge $\mathcal{C}_1$, d.h. $\mathcal{C}_0 \uplus \mathcal{C}_1 = \mathbb{F}_2^{m+1}$. Zeige die als *Zehavi-Wolf Lemma* bekannten Aussagen

(1) $\mathcal{C}_0$ ist eine additive Gruppe.

(2) Von einem beliebigen Zustand aus werden entweder nur Codeblöcke aus $\mathcal{C}_0$ oder nur aus $\mathcal{C}_1$ erzeugt.

Für 8-PSK TCM mit 4 und 8 Zuständen gemäß Bild 10.9 und 10.10 sind $\mathcal{C}_0, \mathcal{C}_1$ und die entsprechenden Zustandsmengen zu bestimmen.

10.8. Für QAM TCM mit einer spektralen Bitrate von 4 Bit/s/Hz wird ein asymptotischer Codierungsgewinn von 3 bzw. 4 bzw. 5 dB angestrebt. Wieviel Zustände sind erforderlich?

10.9. Ein Encoder mit 2 Zuständen ähnlich wie in Bild 10.14 links wird für ASK TCM mit einer spektralen Bitrate von 2 Bit/s/Hz verwendet. Leite eine Partitionierung ab, konstruiere den Trellis, berechne die Distanzen und den asymptotischen Codierungsgewinn.

10.10. Betrachte den $R = 1/2$-Faltungs-Encoder mit 4 Zuständen aus Bild 10.4 sowie eine 2^{M+1}-ASK Konstellation. Für $M > 1$ kommen uncodierte Infobits hinzu ($k = 1$). Gebe eine Formel für den asymptotischen Codierungsgewinn an und berechne diesen für $M = 1, 2, 3, 4$. Berechne den fundamentalen Codierungsgewinn für $M \to \infty$.

10.11. Berechne den fundamentalen Codierungsgewinn für die $2D$-dimensionale PSK TCM mit 2 Zuständen. Wiederhole dies für ASK.

10.12. Für eine spektrale Bitrate von 2 Bit/s/Hz ist ähnlich wie bei Beispiel 10.14 der erforderliche Anstieg in E_{cs} bei der Alphabetsverdopplung im 1-dimensionalen Fall mit dem 2-dimensionalen Fall zu vergleichen.

10.13. Für die 3-stufige 8-PSK BCM mit den Komponentencodes $(15,5,7)_2$-BCH-Code, $(15,11,3)_2$-Hamming-Code und $(15,15,1)_2$ uncodiert ist die spektrale Bitrate zu berechnen und der asymptotische Codierungsgewinn zu bestimmen. Vergleiche das Ergebnis mit 8-PSK MTCM mit 2 Zuständen ($D = ?$) und 8-PSK TCM (Anzahl Zustände = ?).

10.14. Für die 4-stufige 16-QAM BCM bzw. 16-PSK BCM mit den Komponentencodes $(15,1,15)_2$-Wiederholungscode, $(15,5,7)_2$-BCH-Code, $(15,11,3)_2$-Hamming-Code und $(15,14,2)_2$-Parity Check Code ist der asymptotische Codierungsgewinn zur passenden uncodierten PSK zu bestimmen.

10.15. Berechne für $u_1(x) = 1$ und ein maximal ungünstiges $u_2(x)$ den Abstand zu $u_1(x) = u_2(x) = 0$ bei 8-PSK PTCM und bei 8-PSK TCM mit natürlicher Zuordnung.

11. Ergänzungen: Spezielle Codes und Kanäle

Dieses Kapitel enthält eine Reihe wichtiger Ergänzungen: Bei vielen Anwendungen insbesondere im Bereich des Mobilfunks liegen Fadingkanäle vor, für die geeignete Interleaving-Verfahren sowie Blockcodes und trelliscodierte Modulation diskutiert werden. Anschließend werden drei weitere Anwendungen des Viterbi-Algorithmus zur ML-Decodierung bei Systemen mit Trellisstruktur vorgestellt, nämlich zur Entzerrung der bei vielen Anwendungen vorliegenden Kanäle mit Intersymbol-Interferenzen, zum optimalen Empfänger bei Continuous Phase Modulation sowie zur Soft-Decision Decodierung von Blockcodes. Mit Produktcodes, der Codeverkettung und der Summenkonstruktion werden drei Methoden zur Generierung leistungsfähiger Blockcodes aus einfachen Blockcodes eingeführt.

11.1 Interleaving-Verfahren

Bei einer Datenübertragung mit *Interleaving* (Verschachtelung) wird der Strom der Bits bzw. Symbole nach dem Encoder im Interleaver in der Reihenfolge umsortiert. Empfangsseitig wird vor dem Decoder im Deinterleaver diese Umsortierung wieder rückgängig gemacht, so daß das System Interleaver-Deinterleaver bei ungestörter Übertragung lediglich zu einer konstanten Verzögerung führt. Wenn nun im Kanal Bündelfehler überlagert werden, so entstehen daraus nach dem Deinterleaver Einzelfehler, die quasi statistisch unabhängig erscheinen.

Durch Interleaving wird also aus Sicht des Decoders die Fehlerstruktur des Kanals geändert, indem Bündelfehler in Einzelfehler aufgebrochen werden. Für die einzelnen Codeklassen ist diese Methode wie folgt zu bewerten:

- Blockcodes sind zumindest bei der Decodierung nach dem BMD-Prinzip Zufallsfehler-korrigierende Codes, d.h. sofern die Anzahl der fehlerhaften Bits bzw. Symbole unterhalb $(d_{\min} - 1)/2$ liegt, ist eine richtige Korrektur garantiert – unabhängig davon, welche Symbole im Codewort betroffen sind und wieviele Bits pro Symbol betroffen sind.

  Wenn sehr selten Bündelfehler auftreten, diese aber sehr lang sind, dann sind die von einem Bündelfehler betroffenen Codewörter (es kann sich natürlich auch nur um ein betroffenes Codewort handeln) nicht mehr korrigierbar. Durch Interleaving wird der Bündelfehler auf sehr viele Codewörter verteilt mit jeweils nur wenigen Fehlern pro Codewort, so daß meistens alle Codewörter und damit der gesamte Bündelfehler korrigierbar sind.

- Faltungscodes können zwar sehr viele einigermaßen gleichmäßig verteilte Einzelfehler korrigieren, aber schon bei kurzen Bündelfehlern wird die Korrekturfähigkeit überschritten und es entsteht nach der Decodierung mit dem Viterbi-Algorithmus ein verlängerter Bündelfehler, wie in Abschnitt 9.6 dargestellt wurde. Mit Interleaving sind also auch bei Faltungscodes Bündelfehler korrigierbar.
- Bei der trelliscodierten Modulation gelten im Prinzip die gleichen Aussagen wie bei den binären Faltungscodes. Allerdings gibt es hier einen Fehlertyp, der durch Interleaving nicht beeinflußt wird: Eine Verfälschung von einem Signalpunkt zu einem anderen Signalpunkt, die zwei parallelen Kanten zugeordnet sind, ist grundsätzlich nicht korrigierbar (und auch nicht erkennbar).

Unter rein informationstheoretischen Gesichtspunkten mit extrem großen Blocklängen ist Interleaving allerdings eine kontraproduktive Maßnahme [27], weil statistisch unabhängig verteilte Einzelfehler den ungünstigsten Fall darstellen. Die Lokalisierung und Korrektur von t Einzelfehlern erfordert bedeutend mehr Redundanz als die Lokalisierung und Korrektur eines Bündelfehlers der Länge t. Für die Fehlererkennung mit zyklischen Codes wurde dies schon in Abschnitt 5.6 festgestellt. Informationstheoretisch gesehen sollten also die Bündelfehler nicht in Einzelfehler zerstreut werden.

Für die praktisch verwendeten Codierungsverfahren erweist sich Interleaving aber ganz im Gegenteil als eine nützliche und teilweise unbedingt notwendige Maßnahme. Abgesehen vom zusätzlichen Aufwand besteht der wesentliche Nachteil von Interleaving in der damit verbundenen erheblichen Übertragungsverzögerung, die bei machen Anwendungen nur schwer akzeptiert werden kann, so daß das Interleaving-Verfahren zumindest hinsichtlich einer möglichst geringen Verzögerung auszulegen ist.

Im wesentlichen gibt es zwei Klassen von Interleaving-Verfahren: Das Block-Interleaving ist sehr einfach zu übersehen, während das etwas kompliziertere Faltungs-Interleaving mit halbierter Verzögerungszeit bei vergleichbarer Wirkung auskommt.

Block-Interleaving

Das Prinzip des Block-Interleavings zeigt Bild 11.1. Interleaver und Deinterleaver bestehen jeweils aus einem Speicher in Form einer (M, N)-Matrix. Im Interleaver werden die Bits bzw. Symbole spaltenweise in die Matrix eingeschrieben. Nachdem die Matrix mit $M \cdot N$ Bits bzw. Symbolen gefüllt ist,

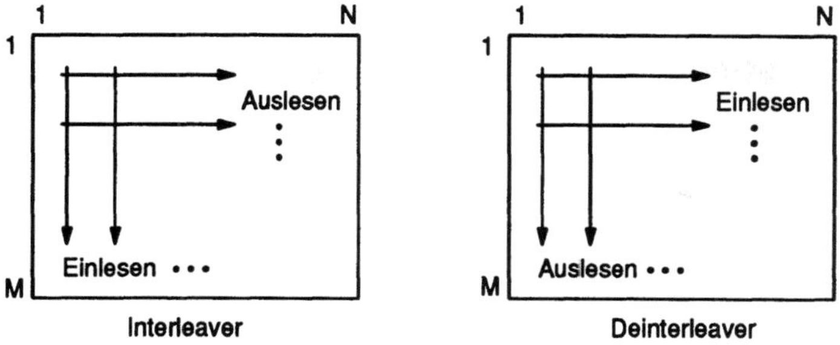

Bild 11.1. Block-Interleaving

wird zeilenweise ausgelesen. Im Deinterleaver wird zeilenweise eingeschrieben und spaltenweise ausgelesen. Interleaver und Deinterleaver müssen natürlich synchronisiert sein.

Beispiel 11.1. Es sei $M = 4$ und $N = 5$. Die Symbolfolge $1, 2, 3, 4, \ldots, 20$ führt zu folgender Belegung der Interleaver-Matrix

1	5	9	13	17
2	6	10	14	18
3	7	11	15	19
4	8	12	16	20

und somit wird $1, 5, 9, 13, 17, 2, 6, 10, 14, 18, \ldots, 16, 20$ ausgelesen. □

Im Interleaver und Deinterleaver sind jeweils Speicher der Mächtigkeit $M \cdot N$ erforderlich, wobei der Deinterleaver gegebenenfalls Soft-Decision Werte zu speichern hat. Nach dem Interleaver beträgt die Verzögerungszeit $M \cdot N$ Symbole. Wenn diese Symbole sehr schnell als Paket in einem Zeitmultiplexsystem übertragen werden, dann beträgt auch die Gesamtverzögerung nur wenig mehr als $M \cdot N$ Symbole (abgesehen von der Verzögerung auf dem physikalischen Kanal und der Decodierverzögerung). Wenn die Symbole aber mit der gleichen Geschwindigkeit übertragen werden wie das Einschreiben in den Interleaver erfolgt, dann verdoppelt sich die Gesamtverzögerung.

Ein Bündelfehler der Länge b wirkt sich auf etwa b/N Zeilen in der Deinterleaver-Matrix aus. Pro Spalte treten etwa b/N Fehler auf, wenn zur Vereinfachung angenommen wird, daß sämtliche Symbole im Bündelfehler fehlerhaft sind. Speziell bei $b < N$ sind exakt b Spalten mit jeweils einem Fehler betroffen. Nach dem Deinterlaver treten N kurze Bündelfehler der Länge b/N auf, die jeweils durch $M - b/N$ fehlerfreie Symbole getrennt sind.

Bei einem Blockcode zur Korrektur eines Bündelfehlers der Länge t mit der Blocklänge n sollte $M \geq n$ und $N > b/t$ bei Interleaving auf Symbol-Basis gewählt werden. Bei einem binären Faltungscode mit der Gedächtnislänge m sollte $M > m$ und $N > b$ bei Interleaving auf Bit-Basis gewählt werden.

Faltungs-Interleaving

Das Prinzip des Faltungs-Interleavings zeigt Bild 11.2. Interleaver und Deinterleaver bestehen jeweils aus N Speichern in Form von Vektoren der Längen $0, J, 2J, 3J, \ldots, (N-1)J$. Es wird $M = J \cdot N$ gesetzt. Mit jedem neuen Symbol wird eingangsseitig ein Symbol links eingeschoben und ein Symbol rechts herausgeschoben. Anschließend werden die vier Multiplexer bzw. Demultiplexer weitergeschaltet, wobei wieder eine Synchronisation zwischen Interleaver und Deinterleaver erforderlich ist.

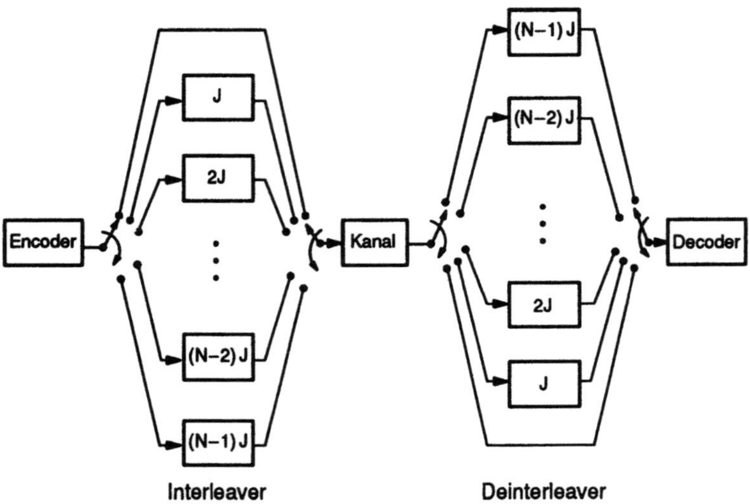

Bild 11.2. Faltungs-Interleaving

Beispiel 11.2. Es sei $N = 4, J = 1$ und somit $M = 4$. Die Symbolfolge $\ldots, -1, 0, 1, 2, 3, 4, \ldots$ führt zu folgender Belegung der Interleaver-Speicher:

nach Input 14				nach Input 18				nach Input 22			
11				15				19			
12	8			16	12			20	16		
13	9	5		17	13	9		21	17	13	
14	10	6	2	18	14	10	6	22	18	14	10

Somit entsteht die Folge ... 11,8,5,2, 15,12,9,6, 19,16,13,10 ... nach dem Interleaver. Im Deinterleaver führt das zu folgender Belegung der Speicher:

nach Input 2				nach Input 6				nach Input 10			
11	7	3	−1	15	11	7	3	19	15	11	7
8	4	0		12	8	4		16	12	8	
5	1			9	5			13	9		
2				6				10			

Somit ergibt sich die Folge ... −1,0,1,2, 3,4,5,6, 7,8,9,10 ... nach dem Deinterleaver. Die Interleaver-Operation kann auch so veranschaulicht werden:

...	23	19	15	11	...			
...	24	20	16	12	8	...		
...	25	21	17	13	9	5	...	
...	26	22	18	14	10	6	2	...

Hierbei wird von oben nach unten und von rechts nach links eingeschrieben. Das Auslesen erfolgt diagonal von links-oben nach rechts-unten und von rechts nach links. □

Im Interleaver und Deinterleaver sind jeweils Speicher mit der Mächtigkeit $0+J+2J+3J+\cdots+(N-1)J = M(N-1)/2$ erforderlich. Die Verzögerungszeit nach dem Interleaver beträgt $M(N-1)/2$ und ist damit nur halb so groß wie beim Block-Interleaving, obwohl das Faltungs-Interleaving die gleiche Wirkung hat:

Betrachte einen Blockcode mit der Blocklänge $n \leq N$: Jedes Codesymbol eines Codewortes befindet sich in einer anderen Zeile des Interleaver-Speichers. Nach dem Auslesen aus dem Interleaver sind die Codesymbole eines Codewortes jeweils durch $M-2$ Symbole anderer Codewörter getrennt. Ein Bündelfehler der Länge b führt also zu etwa b/M Fehlern pro Codewort, wovon etwa M Codewörter betroffen sind.

11.2 Fadingkanäle: Grundlagen und Reed-Solomon Codes

In den vorangehenden Kapiteln wurde die Kanalcodierung weitgehend auf Grundlage der Kanalmodelle AWGN bei Soft-Decision bzw. BSC bei Hard-Decision betrachtet, wesentliche Ausnahmen bildeten lediglich die Codes zur Korrektur von Bündelfehlern in den Abschnitten 5.6 bis 5.8 sowie die RS-Codes in Kapitel 7. Bei den hier einzuführenden ***Fadingkanälen*** (Schwundkanal) wird nicht nur Rauschen ν additiv überlagert, sondern der Input des Kanals wird zusätzlich mit einer reellen und positiven Fadingamplitude a multipliziert, d.h. es gilt sowohl im 1- wie im 2-dimensionalen Fall

$$y_r = a_r \cdot x_r + \nu_r \quad , \quad a_r \geq 0. \tag{11.2.1}$$

Ähnlich wie bei Definition 1.3 entspricht die Übergangswahrscheinlichkeit bei gegebenem a einer Normalverteilung mit dem Erwartungswert $x \cdot a$ und der Varianz $\sigma^2 = N_0/2$ beim 1-dim. AWGN bzw. $\sigma^2 = N_0$ beim 2-dim. AWGN, d.h. für die Verteilungsdichte gilt:

$$f_{y|x,a}(\eta|\xi,\alpha) = f_\nu(\eta - \xi \cdot \alpha). \tag{11.2.2}$$

Die drei Zufallsgrößen a_r, x_r, ν_r sind statistisch unabhängig voneinander. Auch die Folgen der x_r und der ν_r werden wie bisher als statistisch unabhängig vorausgesetzt. Dagegen können die a_r statistisch abhängig voneinander sein, was inbesondere bei *langsamem Fading* der Fall ist, wenn sich die Fadingamplitude über mehrere Kanalbenutzungen hinweg nur langsam ändert. Ein solcher Fadingkanal ist also zeitvariant.

Beispiele für Fadingkanäle finden sich insbesondere im Mobilfunk. Im allgemeinen Fall tritt sowohl eine *direkte Komponente* bei Sichtverbindung sowie eine durch Reflexionen und Mehrwegeübertragungen verursachte *diffuse Komponente* auf. Unter einigen idealisierenden Annahmen läßt sich für die Fadingamplitude eine *Rice-Verteilung* ableiten [8, 38], deren Verteilungsdichtefunktion von der Form

$$f_a(\alpha) = \left\{ \begin{array}{ll} 2\alpha(1+K)e^{-K-\alpha^2(1+K)} I_0(2\alpha\sqrt{K(1+K)}) & \alpha \geq 0 \\ 0 & \alpha < 0 \end{array} \right\} \qquad (11.2.3)$$

ist, wobei $I_0(\beta) = \frac{1}{2\pi} \int\limits_0^{2\pi} e^{\beta \cos t} dt$ die *modifizierte Bessel-Funktion 1.Art nullter Ordnung* bezeichnet. Die Größe K wird *Rice-Parameter* genannt und beschreibt das Verhältnis zwischen direkter und diffuser Komponente. Für $K \to \infty$ dominiert die direkte Komponente. Dagegen dominiert für $K \to 0$ die diffuse Komponente und speziell für $K = 0$ ergibt sich die *Rayleigh-Verteilung*

$$f_a(\alpha) = \left\{ \begin{array}{ll} 2\alpha e^{-\alpha^2} & \alpha \geq 0 \\ 0 & \alpha < 0 \end{array} \right\}. \qquad (11.2.4)$$

Eine Rayleigh-verteilte Zufallsgröße entsteht beispielsweise als $a = \sqrt{x_1^2 + x_2^2}$, wobei x_1 und x_2 zwei statistisch unabhängige normalverteilte Zufallsgrößen mit dem Erwartungswert 0 und der Varianz $\sigma^2 = 1/2$ sind.

Nachfolgend wird nur noch der etwas einfacher zu handhabende Fall des Rayleigh-Fadings behandelt. Eine einfache Rechnung ergibt $E(a) = \sqrt{\pi}/2$, $E(a^2) = 1$ und die Varianz $D^2(a) = 1 - \pi/4$. Somit wird durch das Fading die mittlere Energie pro Codesymbol nicht verändert:

$$E_{cs} = E(|x|^2) = E(|ax|^2) \quad , \quad E(|ax|^2 \mid a) = a^2 \cdot E_{cs}. \qquad (11.2.5)$$

Wichtig ist die folgende Fallunterscheidung:

- Wenn dem Empfänger für jede Kanalbenutzung die aktuelle Fadingamplitude a_r bekannt ist, dann spricht man von einer Situation mit *Kanalzustandsinformation* (CSI, Channel State Information). Bei langsamen Fading verändert sich die Fadingamplitude pro Kanalbenutzung kaum, so daß der Empfänger normalerweise die Fadingamplitude messen kann. Durch Übertragung spezieller Zusatzinformationen wie beispielsweise Pilottönen kann diese Messung noch erleichtert werden.

- Wenn dem Empfänger dagegen die Fadingamplitude unbekannt ist, dann ist sinngemäß keine CSI verfügbar. Diese Situation tritt normalerweise im Fall schnell veränderlicher Fadingamplituden auf.

Nachfolgend wird immer ein kohärenter Empfänger mit idealer Träger- und Phasensynchronisation vorausgesetzt, obwohl bei manchen Anwendungen die Aufrechterhaltung der Synchronisation während tiefer Fadingeinbrüche ein schwierigeres Problem als die gesamte Codierung sein kann.

Bei Fadingkanälen werden oft Interleaving-Verfahren angewendet. Sei $2^M = |\mathcal{A}_{\text{in}}|$ die Mächtigkeit der verwendeten Kanalsymbole (bzw. bei TCM als 2^{M+1} geschrieben) und $q = 2^m = |\mathbb{F}_q|$ die Mächtigkeit der Codesymbole (sowie der Infosymbole). Dann kann das Interleaving auf Basis der Kanalsymbole oder der Codesymbole erfolgen, während ein Interleaving auf Bitebene nicht sinnvoll ist.

- Bei TCM gilt $M + 1 = m$ und die beiden Interleaving-Methoden auf Basis der Kanal- bzw. Codesymbole fallen zusammen. Im Idealfall mit ausreichender Interleavingtiefe kann die Folge der Fadingamplituden auch bei langsamem Fading als statistisch unabhängig angesehen werden. Aus praktischen Gründen werden aber oftmals gewisse Restkorrelationen zugelassen, um die Interleavingtiefe zu reduzieren, was sich günstig auf die Verzögerungszeit und den Realisierungsaufwand auswirkt.

- Bei RS-Codes gilt $M \ll m$ und dann unterscheiden sich die beiden Interleaving-Methoden ganz erheblich: Das Codesymbol-Interleaving reicht aus, um die Folge der übertragenen Codesymbole als statistisch unabhängig erscheinen zu lassen, so daß ein DMC entsteht, dessen Übergangswahrscheinlichkeit für Wörter in ein Produkt der Übergangswahrscheinlichkeiten für Code- bzw. Empfangssymbole zerfällt. Bei einem langen Fadingeinbruch sind zwar viele Kanalsymbole betroffen, aber nur wenige Codesymbole, weshalb sich für diese Situation die RS-Codes als ideal erweisen. Dabei muß der Interleavingspeicher natürlich mehrere Codewörter entsprechend der erwarteten Länge der Fadingeinbrüche umfassen.

  Mit einem Kanalsymbol-Interleaving werden dagegen die betroffenen Kanalsymbole auf etwa ebensoviele Codesymbole verteilt: Dann sind zwar jeweils nur wenige Bits pro Codesymbol betroffen, aber das kann der RS-Code nicht ausnutzen. Die Leistungsfähigkeit von RS-Codes wird deshalb durch sehr langes Codesymbol-Interleaving voll ausgeschöpft, aber durch Kanalsymbol-Interleaving größtenteils verschenkt.

Im nachfolgenden Teil dieses Abschnitts wird die in Satz 7.9 eingeführte Fehler- und Ausfallkorrekur von RS-Codes für Fadingkanäle mit Codesymbol-Interleaving für die Fälle mit und ohne CSI betrachtet [75]. Jedes Codesymbol wird mit m/M Kanalsymbolen übertragen. Bei einem Modulationsverfahren mit 8-PSK ergeben sich die in Bild 11.3 dargestellten Entscheidungsbereiche, die mit $\mathcal{E}_0, \ldots, \mathcal{E}_7, \mathcal{E}_A$ bezeichnet werden.

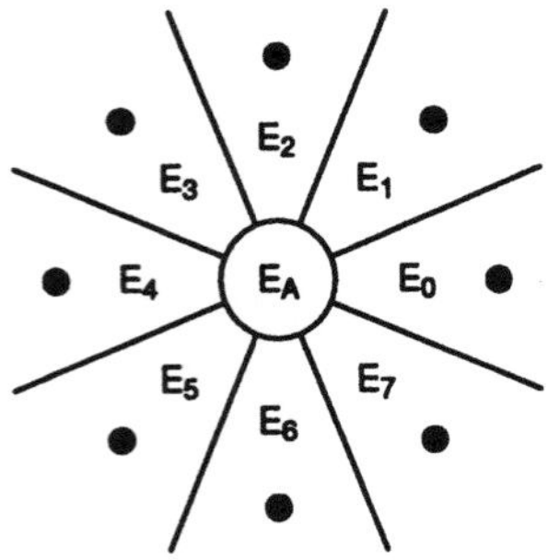

Bild 11.3. Entscheidungsbereiche bei Fehler- und Ausfallkorrekur bei 8-PSK

Fading ohne CSI

Ein Kanalsymbolausfall wird bei $y \in \mathcal{E}_A$ erklärt und kann sowohl durch Fading wie durch Rauschen verursacht werden. Ein Codesymbolausfall liegt dann vor, wenn mindestens eines der m/M Kanalsymbole ausgefallen ist. Die Wahrscheinlichkeit eines Kanalsymbolausfalls kann durch numerische Integration über die Normalverteilung leicht berechnet werden:

$$\begin{aligned} P_{A,K}(a) &= P(\text{Kanalsymbolausfall} \mid a) = P(y \in \mathcal{E}_A) \\ &= \sum_i P_x(\xi_i) \int\limits_{\mathcal{E}_A} f_{y|x,a}(\eta|\xi_i, a)\, d\eta. \end{aligned} \tag{11.2.6}$$

Mit i durchläuft $x = \xi_i$ dabei alle Werte in $\mathcal{A}_{\text{in}}$. Bei langsamem Fading wird angenommen, daß die Fadingamplitude während der m/M Kanalsymbole konstant ist, die zur Übertragung eines Codesymbols benötigt werden. Damit werden die Ausfälle allein durch das Rauschen gesteuert und sind somit statistisch unabhängig:

$$\begin{aligned} P_A(a) &= P(\text{Codesymbolausfall} \mid a) \\ &= P(\text{unter } m/M \text{ Kanalsymbolen mind. 1 Ausfall} \mid a) \\ &= 1 - \Big(1 - P_{A,K}(a)\Big)^{m/M}. \end{aligned} \tag{11.2.7}$$

Durch Bildung des Erwartungswertes bezüglich der Fadingamplitude folgt für die Wahrscheinlichkeit P_A eines Codesymbolausfalls:

$$P_A = \int\limits_0^\infty \left[1 - \Big(1 - P_{A,K}(\alpha)\Big)^{m/M}\right] f_a(\alpha)\, d\alpha. \tag{11.2.8}$$

Nach den Ausfällen werden jetzt die Fehler betrachtet, wobei ein Kanalsymbolfehler nur dann möglich ist, wenn kein Kanalsymbolausfall erklärt wurde.

Ein Codesymbolfehler liegt vor, wenn mindestens eines der m/M Kanalsymbole falsch ist. Die Wahrscheinlichkeit eines Kanalsymbolfehlers kann wieder durch numerische Integration berechnet werden:

$$\begin{aligned} P_{F,K}(a) &= P(\text{Kanalsymbolfehler} \mid a) = \sum_i P_x(\xi_i) P(y \notin \mathcal{E}_i \cup \mathcal{E}_A) \\ &= \sum_i P_x(\xi_i) \sum_{j \neq i} \int_{\mathcal{E}_j} f_{y|x,a}(\eta|\xi_i, a)\, d\eta. \end{aligned} \tag{11.2.9}$$

Das Ereignis [kein Ausfall] setzt sich aus den beiden disjunkten Ereignissen [Fehler] und [kein Fehler und kein Ausfall] zusammen. Folglich gilt

$$\begin{aligned} P_F(a) &= P(\text{Codesymbolfehler} \mid a) \\ &= \Big(1 - P_{A,K}(a)\Big)^{m/M} - \Big(1 - P_{A,K}(a) - P_{F,K}(a)\Big)^{m/M} \end{aligned} \tag{11.2.10}$$

und durch Bildung des Erwartungswertes bezüglich der Fadingamplitude folgt für die Wahrscheinlichkeit P_F eines Codesymbolfehlers:

$$P_F = \int_0^\infty \Big[\Big(1-P_{A,K}(\alpha)\Big)^{m/M} - \Big(1-P_{A,K}(\alpha)-P_{F,K}(\alpha)\Big)^{m/M}\Big] f_a(\alpha) d\alpha. \tag{11.2.11}$$

Fading mit CSI

Ein Kanalsymbolausfall wird hier erklärt, wenn die bekannte Fadingamplitude unterhalb eine Schwelle λ_A liegt, die abhängig von den Randbedingungen zu optimieren ist. Somit gilt

$$P_{A,K} = \int_0^{\lambda_A} f_a(\alpha)\, d\alpha = P_A, \tag{11.2.12}$$

wobei für die letzte Gleichheit langsames Fading angenommen wird. Sofern kein Ausfall vorliegt, ist $P_{F,K}(a)$ wie bei der Situation ohne CSI berechenbar. Somit folgt

$$P_F = \int_{\lambda_A}^\infty \Big[1 - \Big(1 - P_{F,K}(\alpha)\Big)^{m/M}\Big] f_a(\alpha)\, d\alpha. \tag{11.2.13}$$

Für Fading mit und ohne CSI kann die verbleibende Fehlerwahrscheinlichkeit nach der Fehler- und Ausfallkorrektur wie folgt berechnet werden. Darin ist Satz 3.15 zur alleinigen Fehlerkorrektur ohne Ausfälle als Spezialfall enthalten.

Satz 11.1. *Vorausgesetzt wird eine Fehler- und Ausfalldecodierung für den $(n,k,d_{\min})_q$-RS-Code gemäß Satz 7.9 sowie ein gedächtnisloser Kanal. Es sei P_F die Wahrscheinlichkeit eines Codesymbolfehlers und P_A die Wahrscheinlichkeit eines Codesymbolausfalls. Dann gilt für die Wort-Fehlerwahrscheinlichkeit P_w nach der Decodierung*

$$P_w = \sum_{i=0}^{d_{\min}-1} P_A(i)\cdot \sum_{j=\lceil (d_{\min}-i)/2\rceil}^{n-i} \binom{n-i}{j} P_F^j(1-P_F)^{n-i-j} + \sum_{i=d_{\min}}^{n} P_A(i) \quad (11.2.14)$$

mit der Abkürzung

$$P_A(i) = \binom{n}{i} P_A^i(1-P_A)^{n-i}. \quad (11.2.15)$$

Beweis: Sei i die Anzahl der Ausfälle und j die Anzahl der Fehler. Im Fall $2j+i \leq d_{\min}-1$ erfolgt eine richtige Decodierung und bei $j \geq (d_{\min}-i)/2$ erfolgt eine falsche Decodierung (bzw. wird als falsch gezählt). Die Wahrscheinlichkeit für i Ausfälle im Codewort der Länge n beträgt $P_A(i)$. Damit folgt:

$$\begin{aligned}
P_w &= P(\text{falsche Decodierung}) \\
&= \sum_{i=0}^{n} P_A(i)\cdot P(\text{falsche Decodierung} \mid i \text{ Ausfälle}) \\
&= \sum_{i=0}^{d_{\min}-1} P_A(i)\cdot P(\text{mind. } (d_{\min}-i)/2 \text{ Fehler} \mid i \text{ Ausf.}) + \sum_{i=d_{\min}}^{n} P_A(i) \\
&= \sum_{i=0}^{d_{\min}-1} P_A(i)\cdot \sum_{j=\lceil (d_{\min}-i)/2\rceil}^{n-i} P(j \text{ Fehler} \mid i \text{ Ausfälle}) + \sum_{i=d_{\min}}^{n} P_A(i).
\end{aligned}$$

Bei i Ausfällen verbleiben $n-i$ Positionen, an denen j Fehler auftreten. Die Wahrscheinlichkeit dafür beträgt genau $\binom{n-i}{j} P_F^j(1-P_F)^{n-i-j}$. □

Der Codierungsgewinn bei Fehler- und Ausfallkorrektur gegenüber der normalen Fehlerkorrektur fällt beim AWGN mit etwa 0,2 dB vernachlässigbar gering aus [19]. Bei Rayleigh-Fading ergeben sich jedoch Codierungsgewinne von etwa 1 bis 4 dB im Bereich um $P_b = 10^{-5}$ [38], so daß die Ausfallkorrektur von RS-Codes bei Fadingkanälen sinnvoll ist, zumal die Decodierung von Ausfällen keinen wesentlichen Mehraufwand erfordert.

Die Unterschiede zwischen dem AWGN-Kanal und dem Rayleigh-Fadingkanal werden bei der nachfolgenden Betrachtung von trelliscodierter Modulation noch deutlicher.

11.3 Fadingkanäle und trelliscodierte Modulation

Bei der trelliscodierten Modulation wird der Rayleigh-Fadingkanal mit idealem Interleaving vorausgesetzt, so daß die Fadingamplituden als statistisch unabhängig angenommen werden können. Die Signalpunkte (bzw. die Codesymbole oder Kanalsymbole in der Terminolgie des vorangehenden Abschnitts) sollen wie in Kapitel 10 jeweils 2^{M+1}-stufig sein.

Zunächst wird die Bit-Fehlerwahrscheinlichkeit bei binärer uncodierter Übertragung berechnet. Für den AWGN mit binärem Input bzw. für festes $a = 1$ bei Rayleigh-Fading ergibt sich die Bit-Fehlerwahrscheinlichkeit nach (1.3.12) als $P_b(a = 1) = Q(\sqrt{2E_b/N_0})$. Für ein spezielles $a = \alpha$ beträgt die Energie pro Bit $\alpha^2 E_b$, so daß $P_b(a = \alpha) = Q(\alpha\sqrt{2E_b/N_0})$ resultiert. Durch Bildung des Erwartungswertes bezüglich der Fadingamplitude folgt

$$P_b = \int_0^\infty Q\left(\alpha\sqrt{\frac{2E_b}{N_0}}\right) \cdot 2\alpha e^{-\alpha^2}\, d\alpha. \tag{11.3.1}$$

Eine einfache Rechnung führt zu der geschlossenen Lösung

$$P_b = \frac{1}{2}\left(1 - \sqrt{\frac{E_b/N_0}{1 + E_b/N_0}}\right) = \frac{1}{2}\left(1 - \sqrt{1 - \frac{1}{1 + E_b/N_0}}\right). \tag{11.3.2}$$

Für großes E_b/N_0 ergibt sich mit (A.1.8) die Näherung

$$P_b \approx \frac{1}{2}\left(1 - \left(1 - \frac{1}{2} \cdot \frac{1}{1 + E_b/N_0}\right)\right) \approx \frac{1}{4 \cdot E_b/N_0}. \tag{11.3.3}$$

Also nimmt P_b mit E_b/N_0 nur linear ab, während beim AWGN dagegen $P_b \approx \exp(-E_b/N_0)$ exponentiell abnimmt. Ohne Kanalcodierung erfordert der Fadingkanal ein wesentlich besseres Signal/Rausch-Verhältnis als der AWGN. Die Auswirkungen tiefer Fadingeinbrüche können jedoch durch Codierung und Interleaving auf einen großen Abschnitt verspreizt werden. Deshalb sind durch Codierung bei Fadingkanälen erheblich stärkere Verbesserungen als beim AWGN zu erwarten.

Beispiel 11.3. (nach [38]) **(1)** Für uncodierte 4-PSK ist bei $P_b = 10^{-5}$ ein E_b/N_0 von 12,9 dB beim AWGN bzw. von 50,0 dB bei Rayleigh-Fading erforderlich. Bei codierter 8-PSK mit einer Coderate gemäß dem R_0-Wert, d.h. bei $R_b = R_0 = 2$ Infobit/Kanalbenutzung, ist dagegen nur 7,7 dB beim AWGN (Bild 2.8) bzw. 12,0 dB bei Rayleigh-Fading erforderlich. Somit beträgt der Codierungsgewinn beim AWGN 5,2 dB, bei Rayleigh-Fading dagegen 38,0 dB!

(2) Durch CSI ergeben sich Codierungsgewinne gegenüber dem Fall ohne CSI von typischerweise 1 bis 5 dB bezüglich der R_0-Werte. CSI wirkt insbesondere positiv bei QAM-Konstellationen, während der Gewinn bei PSK aufgrund der Sektor-artigen Entscheidungsbereiche geringer ausfällt.

(3) Der Vorteil von Soft-Decision gegenüber Hard-Decision beträgt beim AWGN etwa 2 bis 3 dB (siehe Kapitel 2), bei Rayleigh-Fading mit CSI sind dagegen typischerweise 5 bis 10 dB zu erwarten. □

Natürlich werden Fadingkanäle auch mit trelliscodierter Modulation betrieben, um gegenüber den RS-Codes die beiden Vorteile der Bandbreiteneffizienz und der Soft-Decision ML-Decodierung verwerten zu können. Ähnlich wie in Abschnitt 10.6 ergeben sich die Viterbi-Metriken für den 2-dimensionalen Fall mit CSI als $\mu(y_r|x_r, a_r) = |y_r - a_r x_r|^2$ bzw. ohne CSI als $\mu(y_r|x_r) = |y_r - x_r|^2$. Das läßt sich zu

$$\mu(y_r|x_r, a_r) = a_r \cdot \mathrm{Re}(y_r x_r^*) - \frac{1}{2} \cdot a_r^2 \cdot |x_r|^2 \quad \text{(mit CSI)} \tag{11.3.4}$$

$$\mu(y_r|x_r) = \mathrm{Re}(y_r x_r^*) - \frac{1}{2} \cdot |x_r|^2 \quad \text{(ohne CSI)} \tag{11.3.5}$$

vereinfachen. Bei PSK-Konstellationen können die $|x_r|^2$-Terme natürlich entfallen.

Das wesentliche Ziel in diesem Abschnitt besteht darin, den Einfluß von TCM auf die Fehlerwahrscheinlichkeit nach der Decodierung für den Rayleigh-Fadingkanal zu berechnen und daraus umgekehrt ein Kriterium für den Entwurf von TCM-Verfahren zu gewinnen. Es wird sich nämlich zeigen, daß die Minimierung der freien euklidischen Distanz Δ_f zwar für den AWGN optimal ist, aber keinesfalls für Fadingkanäle.

Zur Vereinfachung der Rechnung wird jetzt die Situation mit CSI angenommen, aber auch bei Fading ohne CSI ändert sich an den grundsätzlichen Aussagen nichts. Die Beweise von Satz 3.17 in Abschnitt 3.8 und Satz 10.1 in Abschnitt 10.7 haben gezeigt, daß die Fehlerwahrscheinlichkeit nach der Decodierung wesentlich durch die 2-Codewörter-Fehlerwahrscheinlichkeiten $P(\boldsymbol{x} \to \hat{\boldsymbol{x}})$ geprägt wird, indem der maximale Wert dieses Ausdrucks bestimmt wird. Bei mittleren Fehlerraten spielt daneben noch die Anzahl der nächsten Nachbarn eine Rolle, d.h. die Anzahl aller Fehlerereignisse mit dem maximalem Wert $P(\boldsymbol{x} \to \hat{\boldsymbol{x}})$. Bei gegebener Fadingamplitude sind in (10.7.6) die x_r bzw. $\hat{x}_r$ mit dem Multiplikator a_r zu versehen:

$$\begin{aligned} P(\boldsymbol{x} \to \hat{\boldsymbol{x}} \mid \boldsymbol{a}) &= Q\left(\sqrt{\frac{1}{2N_0}\sum_r a_r^2|x_r - \hat{x}_r|^2}\right) \\ &\le \exp\left(-\frac{1}{4N_0}\sum_r a_r^2|x_r - \hat{x}_r|^2\right). \end{aligned}$$

Die letzte Abschätzung folgt aus (A.3.15). Durch Bildung des Erwartungswertes bezüglich der statistisch unabhängigen Fadingamplituden ergibt sich:

$$\begin{aligned} P(\boldsymbol{x} \to \hat{\boldsymbol{x}}) &= E\Big(P(\boldsymbol{x} \to \hat{\boldsymbol{x}} \mid \boldsymbol{a})\Big) \\ &\le E\left(\prod_r \exp\left(-\frac{1}{4N_0} a_r^2|x_r - \hat{x}_r|^2\right)\right) \end{aligned}$$

$$
\begin{aligned}
&= \prod_r E\left(\exp\left(-\frac{1}{4N_0}a_r^2|x_r-\hat{x}_r|^2\right)\right)\\
&= \prod_r \int_0^\infty 2\alpha\cdot\exp\left(-\alpha^2\left(1+\frac{|x_r-\hat{x}_r|^2}{4N_0}\right)\right)\,d\alpha\\
&= \prod_r \frac{1}{1+\frac{|x_r-\hat{x}_r|^2}{4N_0}}\\
&\le \prod_{\substack{r\\ x_r\neq\hat{x}_r}} \frac{1}{\frac{1}{4N_0}\cdot|x_r-\hat{x}_r|^2}. \qquad (11.3.6)
\end{aligned}
$$

Die Abschätzung in der letzten Zeile wird für den asymptotischen Fall $E_{cs}/N_0\to\infty$ zu einer Gleichheit. Die uncodierte binäre Übertragung läßt sich hier als Spezialfall leicht wiederfinden, da das Produkt dann nur aus einem Term mit $|x_r-\hat{x}_r|^2=4E_c$ besteht, so daß $P_b\le(E_c/N_0)^{-1}$ folgt.

Als *effektive Länge des Fehlerereignisses* $\boldsymbol{x}\to\hat{\boldsymbol{x}}$ wird der Hammingabstand $l=d_H(\boldsymbol{x},\hat{\boldsymbol{x}})$ bezeichnet, d.h. die Anzahl der Zeitpunkte r mit $x_r\neq\hat{x}_r$. Als quadrierte *Produktdistanz des Fehlerereignisses* wird die aus den l Produkten der euklidischen Abstände gebildete Größe

$$
\Delta_{\mathrm{p}}^2(l) = \prod_{\substack{r\\ x_r\neq\hat{x}_r}} \frac{|x_r-\hat{x}_r|^2}{E_{cs}} \qquad (11.3.7)
$$

bezeichnet. Diese Definiton ist unabhängig von E_{cs} bzw. bezieht sich auf eine Signalkonstellation mit der Normierung $E_{cs}=1$ wie es bereits in Kapitel 10 bei der Berechnung der Distanzen üblich war. Damit folgt insgesamt

$$
P(\boldsymbol{x}\to\hat{\boldsymbol{x}}) \le \frac{1}{\left(\frac{E_{cs}}{4N_0}\right)^l\cdot\Delta_{\mathrm{p}}^2(l)}. \qquad (11.3.8)
$$

Bestimmend für die Fehlerwahrscheinlichkeit ist offensichtlich der mit L bezeichnete minimale Wert von l über alle möglichen Fehlerereignisse. Die Größe L wird als *effektive Länge des TCM-Verfahrens* oder auch als *time diversity* bezeichnet. Die minimale Produktdistanz $\Delta_{\mathrm{p}}(L)$ ist im Vergleich dazu von untergeordneter Bedeutung, sie spielt jedoch dann eine Rolle, wenn Verfahren mit gleichem L miteinander verglichen werden.

Für Rayleigh-Fading ist die Fehlerwahrscheinlichkeit bei der codierten Übertragung also proportional zu $(E_{cs}/N_0)^{-L}$ und bei der uncodierten Übertragung proportional zu $(E_{cs}/N_0)^{-1}$, während sie beim uncodierten AWGN proportional zu $\exp(-E_{cs}/N_0)$ ist. Durch Codierung lassen sich zwar erhebliche Gewinne bei Rayleigh-Fading erzielen, aber bei gleichem E_{cs}/N_0 ist der AWGN selbst ohne Codierung noch besser.

Beispiel 11.4. Betrachte die 8-PSK Ungerböck-TCM mit 8 Zuständen und dem Trellissegment aus Bild 10.10. Nach Beispiel 10.7(2) führen die beiden Signalfolgen $\xi_0\xi_0\xi_0$ und $\xi_6\xi_7\xi_6$ zum minimalen euklidischen Abstand

$$d_E^2(\xi_0\xi_0\xi_0, \xi_6\xi_7\xi_6) = \Delta_f^2 = \Delta_1^2 + \Delta_0^2 + \Delta_1^2 = 2 + 0{,}5858 + 2 = 4{,}5858.$$

Für die Produktdistanz gilt

$$\Delta_p^2(3) = \Delta_1^2 \cdot \Delta_0^2 \cdot \Delta_1^2 = 2 \cdot 0{,}5858 \cdot 2 = 2{,}3432.$$

Jedoch bilden die beiden Signalfolgen $\xi_0\xi_0$ und $\xi_2\xi_4$ ein Fehlerereignis der Länge 2 mit dem euklidischen Abstand

$$d_E^2(\xi_0\xi_0, \xi_2\xi_4) = \Delta_1^2 + \Delta_2^2 = 2 + 4 = 6$$

und der Produktdistanz

$$\Delta_p^2(2) = \Delta_1^2 \cdot \Delta_2^2 = 2 \cdot 4 = 8.$$

Beim AWGN wird P_b durch Δ_f bzw. durch das Fehlerereignis mit minimaler euklidischer Distanz bestimmt. Beim Rayleigh-Fadingkanal ist der Fall $L = l = 2$ trotz $\Delta_p^2(2) = 8$ kritischer als der Fall $l = 3$ mit $\Delta_p^2(3) = 2{,}3432$. □

Für den AWGN sind TCM-Verfahren optimal, wenn die freie Distanz Δ_f maximal wird. Bei Fadingkanälen ist dagegen die effektive Länge L der Fehlerereignisse zu maximieren und bei gleichem L ist zusätzlich die Produktdistanz $\Delta_p(L)$ zu maximieren. Ein für den AWGN optimales TCM-Verfahren kann für den Rayleigh-Fadingkanal ziemlich schlecht sein, und umgekehrt kann sich ein für den Rayleigh-Fadingkanal optimiertes TCM-Verfahren für den AWGN als schwach erweisen. Komplizierter werden die Verhältnisse bei Rice-Fading, wenn die Kanaleigenschaften irgendwo zwischen dem reinen AWGN und dem reinen Rayleigh-Fading liegen.

Bei binären Faltungscodes bestehen im Gegensatz zu TCM keine Unterschiede zwischen der AWGN- und der Rayleigh-Optimierung, denn die freien Distanzen d_f auf Basis des Hammingabstandes und Δ_f auf Basis des euklidischen Abstandes sowie die Produktdistanz Δ_p und die effektive Länge L sind fest miteinander verkoppelt:

$$\Delta_f^2 = 4d_f, \quad \Delta_p^2(L) = 4^{d_f}, \quad L = d_f. \tag{11.3.9}$$

Die Unterschiede bei TCM zwischen AWGN- und Rayleigh-Optimierung werden nachfolgend noch genauer betrachtet: Bei $k < M$ bzw. bei $M - k > 0$ uncodierten Infobits im Ungerböck-Encoder sowie bei $M > \nu$ (2^ν = Anzahl der Zustände) treten im Trellis parallele Kanten auf. Diese Fälle sind bei der Rayleigh-Optimierung unbedingt zu vermeiden, da ansonsten $L = 1$ für die effektive Länge gelten würde. Also muß $k = M$ und $M \leq \nu$ erfüllt sein. Bei zwei Infobitblöcken, die sich nur in einem Bit unterscheiden, wirkt sich dieses unterschiedliche Bit auf maximal $\lceil \nu/M \rceil + 1$ Codeblöcke aus, d.h.

$$L \leq L_{\max} = \left\lceil \frac{\nu}{M} \right\rceil + 1. \tag{11.3.10}$$

Diese Grenze wird bei den Ungerböck-Codes oftmals nicht angenommen, wie Tabelle 11.1 zeigt. Von Schlegel und Costello [133] wurden TCM-Codes für den Rayleigh-Fadingkanal angegeben, bei denen L und $\Delta_p^2(L)$ maximal sind für eine feste Anzahl von Zuständen. Diese Codes sind für 8-PSK in Tabelle 11.2 angegeben, wobei sich die Prüfpolynome auf den systematischen Ungerböck-Encoder mit Rückkopplung beziehen. Zum Vergleich sind auch die Parameter der Ungerböck-Codes aus Tabelle 10.3 aufgelistet.

Tabelle 11.1. Effektive Länge L der Ungerböck-Codes (nach [38])

Anzahl Zustände	8-PSK L	8-PSK $L_{\max}$	16-PSK L	16-PSK $L_{\max}$
4	1	2	1	1
8	2	2	1	2
16	3	3	1	2
32	2	3	1	2
64	3	4	1	3
128	4	4	1	3
256	3	5	1	3

Tabelle 11.2. Schlegel-Costello- und Ungerböck-Codes für 8-PSK TCM (nach [133])

Anzahl	Schlegel-Costello Codes						Ungerböck-Codes		
Zustände	Prüfpolynome			Δ_f^2	L	$\Delta_p^2(L)$	Δ_f^2	L	$\Delta_p^2(L)$
	h_0	h_1	h_2						
8	11	02	04	4,59	2	8,00	4,59	2	8,00
16	23	04	16	5,17	3	4,68	5,17	3	4,68
32	43	14	36	5,17	3	16,00	5,76	2	8,00
64	103	036	154	4,34	4	8,00	6,34	3	16,00
128	223	076	314	4,93	4	8,00	6,59	4	2,75
256	673	336	164	6,34	5	5,49	7,52	3	16,00

Bei 8 und 16 Zuständen sind die Schlegel-Costello Codes identisch mit den Ungerböck-Codes. Bei größerer Anzahl von Zuständen haben die Ungerböck-Codes zwar deutliche Vorteile bezüglich der freien Distanz, aber auch deutliche Nachteile bezüglich der effektive Länge. Bei 128 Zuständen sind zwar die effektiven Längen identisch, aber der Schlegel-Costello Code weist eine größere Produktdistanz als der Ungerböck-Code auf.

Ausführlichere Darstellungen zur trelliscodierten Modulation für verschiedene Typen von Fadingkanälen finden sich in [8, 38] sowie in der Übersicht

[136]. Beispielsweise sind dort genauere Abschätzungen zur Fehlerwahrscheinlichkeit bei Rayleigh- und Rice-Fading, Methoden zur Berechnung des R_0-Wertes sowie Fehlerwahrscheinlichkeits-Kurven unter vielfältigen Randbedingungen angegeben. Natürlich können auch alle in Kapitel 10 dargestellten Erweiterungen der TCM, wie die mehrdimensionale, die mehrstufencodierte, die blockcodierte sowie die pragmatische TCM jeweils für spezielle Fadingkanäle analysiert und optimiert werden.

11.4 Kanäle mit Interferenz-Verzerrungen und Maximum-Likelihood Sequence Estimation (MLSE) bei uncodierter Übertragung

Bei vielen Anwendungen im Bereich der Funk- sowie der leitungsgebundenen Übertragung treten Kanäle mit linearen Verzerrungen auf, die durch *Intersymbol-Interferenzen* (Intersymbol Interference, ISI) verursacht werden. Diese Interferenzen entstehen bei frequenzselektivem Fading, bei Mehrwegeausbreitung und auch immer dann, wenn die Bandbreite des Kanals schmaler als das Spektrum der gesendeten Signale ist. Die Übertragung bei einem zeitdiskreten ISI-Kanal wird durch

$$y_r = \sum_{i=0}^{L} h_i \, x_{r-i} + \nu_r \tag{11.4.1}$$

beschrieben (siehe auch Bild 11.4). Der aktuelle Empfangswert y_r hängt nicht nur vom aktuell gesendeten Wert x_r ab, sondern auch von den L vorangehend gesendeten Werten $x_{r-1}, \ldots, x_{r-L}$, d.h. der Kanal hat ein Gedächtnis der Länge L. Die Koeffizienten h_i entsprechen der zeitdiskreten *Kanal-Impulsantwort* und ν_r ist der aktuelle überlagerte Rauschwert gemäß AWGN-Modell. Somit ergibt sich y_r als verrauschter Output eines FIR-Filters (Finite Impulse Response).

Die q-stufigen x_r werden in diesem Abschnitt als uncodiert vorausgesetzt. Der codierte Fall wird im nächsten Abschnitt behandelt. Alle Größen werden als komplexwertig angenommen und die additiven Rauschwerte des 2-dimensionalen AWGN werden wie üblich als statistisch unabhängig vorausgesetzt. Die Verallgemeinerung auf farbiges Rauschen ist zwar relativ einfach, aber dieser Fall wird hier nicht behandelt. Auch der Zusammenhang zwischen dem zeitkontinuierlichen und dem in (11.4.1) unterstellten zeitdiskreten Kanalmodell wird hier nicht abgeleitet (siehe dazu beispielsweise [57]). Das Ziel in diesem Abschnitt ist der Entwurf eines ML-Empfängers zur optimalen Schätzung der x_r sowie die Realisierung mit dem Viterbi-Algorithmus. Die grundlegenden Ideen dazu gehen auf G.D.Forney [94] zurück.

Für den optimalen Empfänger wird die Impulsantwort des Kanals als bekannt vorausgesetzt. Methoden zur Kanalschätzung werden hier nicht behandelt. Bei bandbegrenzten leitungsgebundenen Kanälen sind die Verzerrungen zwar unwillkommen, aber meistens zeitinvariant und innerhalb gewisser

Grenzen von vornherein bekannt. Bei der Mehrwegeausbreitung im Mobilfunk sind die Koeffizienten h_i dagegen zeitvariant, so daß eine möglichst genaue Kanalschätzung ein zentrales Problem beim Gesamtentwurf des digitalen Empfängers ist.

Der optimale ML-Empfänger nach dem Prinzip *Maximum-Likelihood Sequence Estimation* (MLSE) arbeitet sequenzweise, aber anstelle der unendlich langen Sequenzen können näherungsweise auch lange endliche Sequenzen betrachtet werden. Die Übergangswahrscheinlichkeit für Symbole ist von der Form

$$f(y_r|x_r,\ldots,x_{r-L}) = \frac{1}{\pi N_0}\exp\left(-\frac{1}{N_0}\left|y_r-\sum_{i=0}^{L}h_i x_{r-i}\right|^2\right) \tag{11.4.2}$$

und für Sequenzen der Länge n gilt

$$f(\boldsymbol{y}|\boldsymbol{x}) = \frac{1}{(\pi N_0)^n}\exp\left(-\frac{1}{N_0}\sum_{r=0}^{n-1}\left|y_r-\sum_{i=0}^{L}h_i x_{r-i}\right|^2\right). \tag{11.4.3}$$

Als zu maximierende Viterbi-Metrik kann offensichtlich

$$\mu(\boldsymbol{y}|\boldsymbol{x}) = -\sum_{r}\left|y_r-\sum_{i=0}^{L}h_i x_{r-i}\right|^2 \tag{11.4.4}$$

gewählt werden. Eine geeignete Inkrementalisierung ergibt sich, wenn für den Trellis q^L Zustände der Form

$$z_r = (x_{r-1},\ldots,x_{r-L}) \tag{11.4.5}$$

erklärt werden. Mit x_r erfolgt der Übergang von z_r nach z_{r+1}. Durch z_r und x_r werden die Kanten bestimmt. Zu einer Kante und dem Empfangswert y_r ergibt sich das Metrik-Inkrement als

$$\mu(y_r|z_r,x_r) = -\left|y_r-\sum_{i=0}^{L}h_i x_{r-i}\right|^2. \tag{11.4.6}$$

Der ML-Empfang linear verzerrter Signale ist damit prinzipiell gelöst. Durch eine andere Inkrementalisierung der Viterbi-Metrik sowie durch ein empfängerseitiges Eingangsfilter kann jedoch auch die in Bild 11.4 dargestellte Form des Empfängers erreicht werden. Als Vorteile sind einerseits eine aufwandsgünstigere Realisierung des Empfängers zu nennen und andererseits können aus dieser Form verschiedene suboptimale Empfänger abgeleitet werden. Mit

$$R_{hh}(s) = \sum_i h_i^* h_{i+s} = R_{hh}(-s)^* \tag{11.4.7}$$

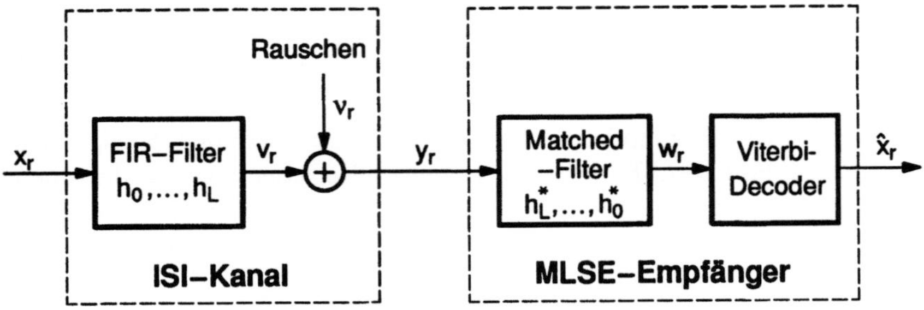

Bild 11.4. MLSE-Empfänger für ISI-Kanäle

wird die zeitdiskrete ***Autokorrelationsfunktion*** (AKF) bezeichnet, für die $R_{hh}(s) = 0$ bei $|s| > L$ gilt. Wie in Bild 11.4 dargestellt wird im Empfänger die Folge der Empfangswerte zunächst gefiltert. Das ***Matched Filter*** (Kanalangepaßtes Filter) ist als zeitinverse, konjugiert komplexe Kanalimpulsantwort definiert. Mit einer simplen und hier nicht explizit dargestellten Verzögerung kann das Matched Filter als kausal angesehen werden. Am Ausgang des Matched Filters tritt die Folge

$$w_r = \sum_{i=0}^{L} h_{-i}^* y_{r-i} \tag{11.4.8}$$

auf. Aus (11.4.4) ergibt sich

$$\mu(\boldsymbol{y}|\boldsymbol{x}) = -\sum_r \left(|y_r|^2 - 2 \cdot \mathrm{Re}\left[y_r \sum_{i=0}^{L} h_i^* x_{r-i}^* \right] + \sum_{i,j=0}^{L} h_i^* h_j x_{r-i}^* x_{r-j} \right).$$

Durch Skalierung und Unterdrückung der $|y_r|^2$-Terme folgt daraus

$$\mu(\boldsymbol{y}|\boldsymbol{x}) = \mathrm{Re}\left[\sum_r y_r \sum_{i=0}^{L} h_i^* x_{r-i}^* \right] - \frac{1}{2} \sum_r \sum_{i,j=0}^{L} h_i^* h_j x_{r-i}^* x_{r-j}. \tag{11.4.9}$$

Die beiden Summanden werden jetzt einzeln betrachtet: Für den linken Summanden folgt mit $r - i = j$

$$\sum_r y_r \sum_{i=0}^{L} h_i^* x_{r-i}^* = \sum_j x_j^* \sum_r h_{r-j}^* y_r = \sum_j x_j^* w_j$$

und für den rechten Summanden folgt mit $j = i + s$

$$\sum_r \sum_{i,j=0}^{L} h_i^* h_j x_{r-i}^* x_{r-j}$$

$$
\begin{aligned}
&= \sum_r \left(\sum_{i=0}^{L} |h_i|^2 x_r x_r^* + \sum_{i=0}^{L} \sum_{s \neq 0} h_i^* h_{i+s} x_{r-i}^* x_{r-i-s} \right) \\
&= \sum_r R_{hh}(0) x_r x_r^* + \sum_{i=0}^{L} \sum_{s \neq 0} h_i^* h_{i+s} \sum_r x_r^* x_{r-s} \\
&= \sum_r R_{hh}(0) x_r x_r^* + \sum_{s \neq 0} R_{hh}(s) \sum_r x_r^* x_{r-s} \\
&= \sum_r \left(R_{hh}(0) x_r x_r^* + 2 \cdot \mathrm{Re} \left[\sum_{s=1}^{L} R_{hh}(s) x_r^* x_{r-s} \right] \right).
\end{aligned}
$$

Damit ergibt sich aus (11.4.9) folgende Darstellung der Viterbi-Metrik und zugleich eine geeignete Inkrementalisierung:

$$
\mu(\boldsymbol{y}|\boldsymbol{x}) = \sum_r \mathrm{Re} \left[x_r^* \left(w_r - \frac{R_{hh}(0)}{2} x_r - \sum_{s=1}^{L} R_{hh}(s) x_{r-s} \right) \right]. \tag{11.4.10}
$$

Wie zuvor wird durch den Zustand $z_r = (x_{r-1}, \ldots, x_{r-L})$ und x_r die Kante bestimmt. Jeder der q^{L+1} Kanten wird der feste und lediglich von der Impulsantwort abhängige Wert $\frac{R_{hh}(0)}{2} x_r + \sum_{s=1}^{L} R_{hh}(s) x_{r-s}$ zugeordnet. Damit ergibt sich das Metrik-Inkrement in sehr einfacher Weise als

$$
\mu(w_r|x_r) = \mathrm{Re}(x_r^*(w_r - \text{Kantenwert})). \tag{11.4.11}
$$

Obwohl das MLSE-Konzept in der Theorie sehr einfach ist, scheitert es in der Praxis je nach Art der Verzerrungen oftmals an der zu großen Anzahl q^L der Zustände. Eine ausführliche Übersicht zu suboptimalen Empfängern enthält [3]. Für auslaufende Impulsantworten mit kleinen Werten $|h_i|$ kann beispielsweise $h_i = 0$ approximiert werden, so daß sich L reduziert. Der MLSE-Empfänger kann auch mit linearen oder nichtlinearen Entzerrern sowie mit geeigneter Vorfilterung kombiniert werden, um die Impulsantwort zu verkürzen. Ferner erlaubt der Viterbi-Algorithmus selbst suboptimale Realisierungen, indem die Anzahl der Survivor reduziert wird.

Neben der direkten Form des ML-Empfängers gemäß (11.4.6) und der Matched Filter Realisierung gemäß (11.4.10) gibt es noch eine weitverbreitete dritte Form mit einem *Whitening Filter*, das dem Matched Filter nachgeschaltet wird und aus dem farbigen Rauschen nach dem Matched Filter wieder weißes Rauschen erzeugt. Für Einzelheiten wird auf [3, 37, 57] verwiesen.

Die Fehlerwahrscheinlichkeit bei ISI-Kanälen wird ähnlich wie im vorangehenden Abschnitt wesentlich durch den minimalen Wert der 2-Codewörter-Fehlerwahrscheinlichkeiten

$$
P_{\mathrm{FE}}(\boldsymbol{e}) = P(\boldsymbol{x} \to \hat{\boldsymbol{x}}) = Q\left(\sqrt{\frac{1}{2N_0} \|\boldsymbol{v} - \hat{\boldsymbol{v}}\|^2} \right) \tag{11.4.12}
$$

geprägt. Dabei bezeichnen $\boldsymbol{v}, \hat{\boldsymbol{v}}$ wie in Bild 11.4 die Folgen nach dem FIR-Filter. Dem Fehlerereignis entsprechen die Fehlerwerte $\varepsilon_r = v_r - \hat{v}_r$. Schon bei binärer Übertragung sind diese Fehlerwerte nicht mehr binär, sondern ternär. Eine einfache Rechnung ergibt ein zu (11.4.10) formal sehr ähnliches Ergebnis:

$$\begin{aligned}
\|\boldsymbol{v} - \hat{\boldsymbol{v}}\|^2 &= \sum_r \varepsilon_r^* \varepsilon_r = \sum_r \sum_{i,j} \varepsilon_i^* h_{r-i}^* \varepsilon_j h_{r-j} \\
&= \sum_{i,j} \varepsilon_i^* \varepsilon_j \sum_r h_{r-i}^* h_{r-j} = \sum_{i,j} R_{hh}(i-j) \varepsilon_i^* \varepsilon_j \\
&= R_{hh}(0) \sum_i |\varepsilon_i|^2 + 2 \cdot \mathrm{Re} \left[\sum_i \sum_{s=1}^{L} R_{hh}(s) \varepsilon_i^* \varepsilon_{i-s} \right] \\
&= \sum_r \mathrm{Re} \left[\varepsilon_r^* \left(R_{hh}(0) \varepsilon_r + 2 \sum_{s=1}^{L} R_{hh}(s) \varepsilon_{r-s} \right) \right]. \qquad (11.4.13)
\end{aligned}$$

Mit der Abschätzung (A.3.15) folgt schließlich

$$P_{\mathrm{FE}}(\boldsymbol{\varepsilon}) \leq \exp\left(-\frac{1}{4N_0} \sum_r \mathrm{Re} \left[\varepsilon_r^* \left(R_{hh}(0) \varepsilon_r + 2 \sum_{s=1}^{L} R_{hh}(s) \varepsilon_{r-s} \right) \right] \right). \qquad (11.4.14)$$

Die Minimierung von $P_{\mathrm{FE}}(\varepsilon)$ bzw. die Bestimmung der ***Minimaldistanz des ISI-Kanals*** kann ähnlich wie bei den Faltungscodes mit einem Fehler-Zustandsdiagramm erfolgen [73].

11.5 MLSE bei codierter Übertragung

Das MLSE-Prinzip für ISI-Kanäle wird jetzt erweitert auf eine Übertragung mit binären Faltungscodes sowie mit trelliscodierter Modulation.

Zunächst wird eine faltungscodierte Übertragung mit der Coderate $R = 1/n$ und der Gedächtnislänge m vorausgesetzt, wie auch im oberen Zweig der Bilder 11.5 und 11.6 angenommen wird. Sei $\boldsymbol{x}_r = (x_{r,1}, \ldots, x_{r,n})$, wobei $x_{r,n}$ der zuletzt gesendete Wert sein soll. Dem Faltungscode entspricht ein Trellis mit 2^m Zuständen und dem FIR-Filter entspricht ein Trellis mit 2^L Zuständen. Wie in Bild 9.11 liegt eine spezielle Form von verketteter Codierung vor. Für diese Situation wird nachfolgend ein suboptimaler Empfänger sowie der optimale ML-Empfänger abgeleitet.

In Bild 11.5 wird ein suboptimaler Empfänger dargestellt, der zwei voneinander unabhängige ML-Decoder enthält. Also laufen zwei Viterbi-Algorithmen mit insgesamt $2^L + 2^m$ Zuständen ab. Der MLSE-Entzerrer kennt lediglich die Kanalverzerrungen und nicht den Code, d.h. die Folge der $\hat{x}_r$ ist nicht notwendigerweise eine gültige faltungscodierte Folge. Für den ML-Faltungs-Decoder sind nur die $\hat{x}_r$ verfügbar, d.h. nur Hard-Decision.

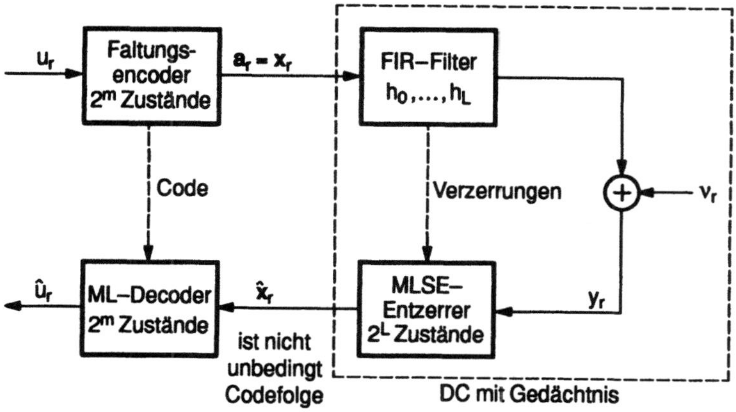

Bild 11.5. Suboptimaler Empfänger für Faltungscodes bei ISI-Kanälen

Dieser Empfänger kann in zwei Punkten verbessert werden, wobei er allerdings weiterhin suboptimal bleibt. Einerseits kann zwischen dem Faltungs-Encoder und dem ISI-Kanal ein Interleaving-Verfahren vorgesehen werden, das die Bündelfehler am Ausgang des MLSE-Entzerrers in scheinbar statistisch unabhängige Einzelfehler überführt. Zweitens kann das Soft-Decision-Output Prinzip auf den MLSE-Entzerrer übertragen werden, so daß für den ML-Faltungs-Decoder Zuverlässigkeitsinformationen über die einzelnen Entscheidungen des MLSE-Entzerers verfügbar sind [121].

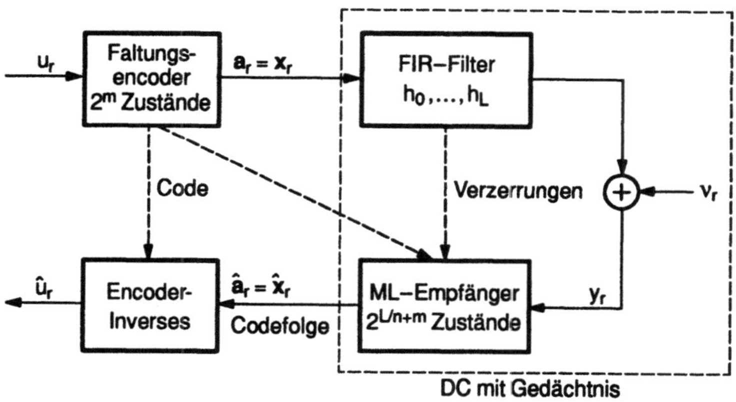

Bild 11.6. ML-Empfänger für Faltungscodes bei ISI-Kanälen

In Bild 11.6 wird ein optimaler ML-Empfänger dargestellt, der direkt die faltungscodierte Folge schätzt. Das Encoder-Inverse ist nur zum besseren Vergleich mit Bild 11.5 aufgeführt, da es normalerweise in den ML-Empfänger integriert wird. In die Viterbi-Metrik geht sowohl der Faltungs-Encoder wie die Kanal-Impulsantwort ein. Zur Vereinfachung der Schreibweise wird L als ganzzahliges Vielfaches von n angenommen. Wie bei den Faltungscodes entspricht die Inkrementalisierung pro Trellissegment einem Codeblock. Für die Verzerrungen gilt

$$(y_{r,1},\ldots,y_{r,n}) = \text{Funktion}((x_{r,1},\ldots,x_{r,n}),\ldots,(x_{r-L/n,1},\ldots,x_{r-L/n,n})).$$

Jeder Wert $x_{r,i}$ ist vom aktuellen Infobit u_r und den m vorangehenden Infobits $u_{r-1},\ldots,u_{r-m}$ abhängig, so daß insgesamt gilt

$$\boldsymbol{y}_r = (y_{r,1},\ldots,y_{r,n}) = \text{Funktion}(u_r,u_{r-1},\ldots,u_{r-L/n-m}).$$

Somit existiert ein Trellis mit $2^{L/n+m}$ Zuständen, was eine wesentliche Aufwandsverringerung gegenüber einem Produkttrellis mit $2^L \cdot 2^m$ Zuständen bedeutet. Von jedem Zustand gehen 2 Kanten ab, die dem Infobit u_r entsprechen. Ohne Verzerrungen ($L = 0$) und ohne Faltungscodierung ($n = 1, m = 0$) ergeben sich die bereits bekannten Ergebnisse.

Anstelle der faltungscodierten Übertragung wird jetzt eine trelliscodierte Modulation vorausgesetzt. Gemäß dem Ungerböck-Encoder aus Bild 10.3 entsprechen M Infobits einem Signalpunkt aus der 2^{M+1}-stufigen Signalkonstellation. Es wird ein Faltungscode mit der Coderate $k/(k+1)$ und 2^ν Zuständen verwendet. Zwischen den Signalpunkten $x_r \in \mathcal{A}_{\text{in}} \subset \mathbb{C}$ und den Codeblöcken $\boldsymbol{c}_r = (c_{r,0},\ldots,c_{r,M})$ besteht eine eindeutige und gedächtnislose Beziehung. Zur Vereinfachung wird angenommen, das jedes der k zu codierenden Infobits in ein Schieberegister mit der Länge $m+1$ geht, so daß $\nu = k \cdot m$ resultiert. Folglich gilt

$$\boldsymbol{c}_r = \text{Funktion}((u_{r,1},\ldots,u_{r,M}),(u_{r-1,1},\ldots,u_{r-1,k}),\ldots,(u_{r-m,1},\ldots,u_{r-m,k}))$$

und daraus folgt

$$\begin{aligned}\boldsymbol{y}_r &= \text{Funktion}(\boldsymbol{c}_r,\ldots,\boldsymbol{c}_{r-L}) \\ &= \text{Funktion}\begin{pmatrix} (u_{r,1},\ldots,u_{r,M}), \\ (u_{r-1,1},\ldots,u_{r-1,M}),\ldots,(u_{r-L,1},\ldots,u_{r-L,M}), \\ (u_{r-L-1,1},\ldots,u_{r-L-1,k}),\ldots,(u_{r-L-m,1},\ldots,u_{r-L-m,k}) \end{pmatrix}.\end{aligned}$$

Also treten hier $2^{L\cdot M+m\cdot k} = 2^{L\cdot M+\nu}$ Zustände mit jeweils 2^M abgehenden Kanten auf. Die Anzahl der Zustände ist sehr hoch, so daß eine direkte Implementierung dieses Empfängers nur in besonderen Fällen möglich sein wird. Selbst im uncodierten Fall sind $2^{L\cdot M} = q^L$ Zustände erforderlich.

11.6 Continuous Phase Modulation (CPM)

Mit *Continuous Phase Modulation* (CPM) wird eine Klasse von Modulationsverfahren bezeichnet, die bei konstanter *Enveloppe* (Einhüllende) nur in der

Phase moduliert sind. Je stetiger die Phase verläuft, desto schmaler fällt das Spektrum aus, so daß mit dem CPM-Prinzip bandbreiteneffiziente Modulationsverfahren erreicht werden können. Aufgrund der konstanten Enveloppe ist CPM auch sehr geeignet für Anwendungen mit nichtlinearen Sendeverstärkern, die bei Modulationsverfahren mit variierender Amplitude wie beispielsweise QAM zu starken nichtlinearen Verzerrungen führen würden. Eine ausführliche Darstellung von CPM enthält [2] sowie [3, 37, 57].

CPM wird hier behandelt, weil es eine Trellisstruktur aufweist und somit per Viterbi-Algorithmus ML-decodierbar ist. Je schmaler das Spektrum ist, desto mehr Zustände sind erforderlich. Als Kanalmodell wird nur der AWGN betrachtet. Ein zeitkontinuierliches CPM-Signal $s(t, \boldsymbol{u})$ mit der *Trägerfrequenz* f_c ist von der Form

$$s(t, \boldsymbol{u}) = \sqrt{\frac{2E_s}{T}} \cos(2\pi f_c t + \varphi(t, \boldsymbol{u})) \tag{11.6.1}$$

$$= \mathrm{Re}\Bigg[\underbrace{\sqrt{\frac{2E_s}{T}} e^{j\varphi(t,\boldsymbol{u})}}_{z(t,\boldsymbol{u})} \cdot e^{j2\pi f_c t}\Bigg] \tag{11.6.2}$$

$$= \mathrm{Re}[z(t, \boldsymbol{u})] \cdot \cos(2\pi f_c t) - \mathrm{Im}[z(t, \boldsymbol{u})] \cdot \sin(2\pi f_c t). \tag{11.6.3}$$

Die Enveloppe $|z(t, \boldsymbol{u})| = \sqrt{2E_s/T}$ ist konstant. Wegen (ohne Beweis)

$$\int_0^T s^2(t, \boldsymbol{u})dt = \frac{1}{2}\int_0^T |z(t, \boldsymbol{u})|^2 dt = E_s \tag{11.6.4}$$

entspricht E_s der Signalenergie pro Zeitintervall T. Die zu übertragende Folge der Infosymbole u_i wird der Phase wie folgt aufgeprägt:

$$\varphi(t, \boldsymbol{u}) = 2\pi h \cdot \sum_i u_i q(t - iT) \quad \text{modulo } 2\pi \tag{11.6.5}$$

$$= 2\pi h \cdot \int_{-\infty}^{t} \sum_i u_i g(\tau - iT)\, d\tau. \tag{11.6.6}$$

Die Infosymbole $u_i \in \{\pm 1, \pm 3, \ldots, \pm(q-1)\}$ sind q-stufig, wobei ein gerades q unterstellt wird. Bei $q = 2$ mit $u_i \in \{+1, -1\}$ liegt eine binäre CPM vor. Die Symbolrate beträgt $r_s = 1/T$ Symbol/s, die Infobitrate beträgt $r_b = (\log_2 q)/T$ Bit/s und die Energie pro Infobit ergibt sich als $E_b = E_s/\log_2 q$. Als *Modulationsindex* wird die Größe

$$h = \frac{h_1}{h_2} \in \mathbb{Q} \tag{11.6.7}$$

bezeichnet, die eine rationale Zahl bzw. ein Quotient zweier teilerfremder ganzer Zahlen sein soll. Ferner wird

$$q(t) = \int_{-\infty}^{t} g(\tau)\, d\tau \tag{11.6.8}$$

als ***Phasenimpuls*** und $g(\tau)$ als ***Frequenzimpuls*** bezeichnet, für den stets

$$g(\tau) = 0 \text{ für } \tau \notin [0, L_c T] \quad , \quad \int_0^{L_c T} g(\tau)\, d\tau = \frac{1}{2} \tag{11.6.9}$$

vereinbart wird. Da der Frequenzimpuls keine Dirac-Impulse enthalten soll, ist $\varphi(t)$ eine stetige Funktion. Der Fall $L_c = 1$ wird als ***full response CPM*** und der Fall $L_c > 1$ wird als ***partial response CPM*** bezeichnet. Je größer L_c wird, desto glatter fällt der Phasenverlauf aus, aber die Anzahl der Zustände im Viterbi-Algorithmus wird sich als proportional zu q^{L_c} erweisen.

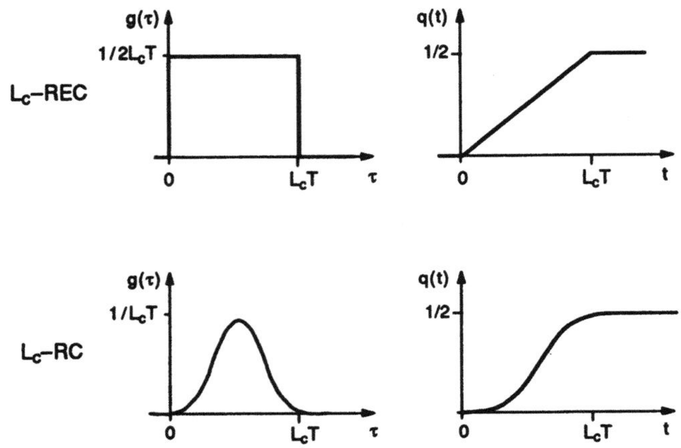

Bild 11.7. Frequenz- und Phasenimpulse verschiedener CPM-Verfahren

Bild 11.7 zeigt einige Beispiele für CPM-Verfahren. Bei der im oberen Teil dargestellten L_c-REC CPM („rectangular“) wird der Frequenzimpuls als Rechteckfunktion gewählt, so daß der Phasenimpuls eine Rampenform hat. Dieser Fall ist auch als ***Continuous Phase Frequency Shift Keying*** (CPFSK) bekannt. Der Speziallfall 1-REC CPM mit $h = 1/2$ und $q = 2$ wird als ***Minimum Shift Keying*** (MSK) bezeichnet. Während bei L_c-REC CPM der Phasenverlauf stetig, aber nicht differenzierbar ist, weist die im unteren Teil von Bild 11.7 dargestellte L_c-RC CPM („raised cosine“) eine differenzierbare Phase auf. Als Frequenzimpuls wird eine Sinusquadratfunktion verwendet:

$$g(\tau) \;=\; \frac{1}{2L_cT}\left(1-\cos\left(\frac{2\pi\tau}{L_cT}\right)\right) \;=\; \frac{1}{L_cT}\sin^2\left(\frac{\pi\tau}{L_cT}\right), \quad 0 \le \tau \le L_cT. \tag{11.6.10}$$

Aufgrund des rational vorausgesetzten Modulationsindex $h = h_1/h_2$ weist CPM eine Trellisstruktur auf, die nun abgeleitet wird. Für $0 \le t < T$ gilt

$$\varphi(rT+t,\boldsymbol{u}) \;=\; 2\pi h \sum_{i=-\infty}^{r-L_c} u_i q(t+(r-i)T) \;+\; 2\pi h \sum_{i=r-L_c+1}^{r} u_i q(t+(r-i)T)$$

$$= \underbrace{\pi\frac{h_1}{h_2}\sum_{i=-\infty}^{r-L_c} u_i}_{\Theta_r} + \underbrace{2\pi h \sum_{i=r-L_c+1}^{r} u_i q(t+(r-i)T)}_{\Theta(t,u_r,u_{r-1},\dots,u_{r-L_c+1})}. \qquad (11.6.11)$$

Für festes t nimmt $\Theta(t, u_r, u_{r-1}, \dots, u_{r-L_c+1})$ maximal q^{L_c} verschiedene Werte an. Da $\sum_{i=-\infty}^{r-L_c} u_i$ ganzzahlig ist, kann Θ_r maximal $2h_2$ verschiedene Werte annehmen. Somit sind in einem Zeitintervall der Länge T für $\varphi(t)$ maximal $2h_2 \cdot q^{L_c}$ verschiedene Phasenverläufe möglich. Damit ergibt sich ein Trellis wie folgt: Als Zustand wird

$$z_r = (\Theta_r, u_{r-1}, \dots, u_{r-L_c+1}) \qquad (11.6.12)$$

definiert, deren Anzahl $2h_2 \cdot q^{L_c-1}$ beträgt. Mit z_r und u_r wird sowohl der Phasenverlauf im Zeitintervall $[rT, (r+1)T]$ wie der Übergang zum neuen Zustand bestimmt:

$$z_{r+1} = (\underbrace{\Theta_r + \pi\frac{h_1}{h_2}u_{r-L_c+1}}_{\text{modulo } 2\pi}, u_r, \dots, u_{r-L_c+2}). \qquad (11.6.13)$$

In Bild 11.8 wird ein Trellissegment für binäre partial response CPM mit $L_c = 3$ und $h = 1/2$ dargestellt. Die $2 \cdot 2 \cdot 2^{3-1} = 16$ Zustände sind von der Form $z_r = (\Theta_r, u_{r-1}, u_{r-2})$ mit $\Theta_r \in \{0, \pi/2, \pi, 3\pi/2\}$. Durch u_r gesteuert gehen von jedem Zustand 2 Kanten ab. Offensichtlich ist der Trellis periodisch, denn aus $\Theta_r \in \{0, \pi\}$ wird nur $\Theta_{r+1} \in \{\pi/2, 3\pi/2\}$ und aus $\Theta_r \in \{\pi/2, 3\pi/2\}$ wird nur $\Theta_{r+1} \in \{0, \pi\}$ erreicht. Also wird bei geradem r nur eine Hälfte der Zustände angenommen und bei ungeradem r nur die andere Hälfte. Natürlich gilt diese Eigenschaft nicht für jeden Modulationsindex.

Den Trellis zum Phasenverlauf bei MSK zeigt Bild 11.9 ausgehend von $\varphi(0) = 0$. Der Trellis mit 4 Zuständen hat die Periode 2, da zu den Zeitpunkten rT alternierend entweder die Phasen $0, \pi$ oder $\pi/2, 3\pi/2$ angenommen werden. Bezüglich der Viterbi-Decodierung entspricht die Komplexität dieses Trellisdiagramms daher eigentlich nur 2 Zuständen. Für weitere Darstellungsformen mit Phasenbäumen und Phasenzylindern wird auf [2] verwiesen.

Für die Berechnung der Viterbi-Metrik bei CPM liegt im Gegensatz zu allen bisher behandelten Fällen kein zeitdiskreter AWGN vor, so daß jetzt einige neue Überlegungen erforderlich sind. Durch einfache Abtastung des zeitkontinuierlichen AWGN im Takt $1/T$ ergibt sich kein äquivalenter zeitdiskreter AWGN, weil mit dieser Abtastung ein wesentlicher Informationsverlust verbunden wäre. Es wird hier nicht bewiesen, daß die zu maximierende Viterbi-Metrik über den intergrierten quadratischen Abstand definiert werden kann:

$$\mu(y(t)|\boldsymbol{u}) = -\int_{-\infty}^{\infty} |y(t) - s(t, \boldsymbol{u})|^2 dt. \qquad (11.6.14)$$

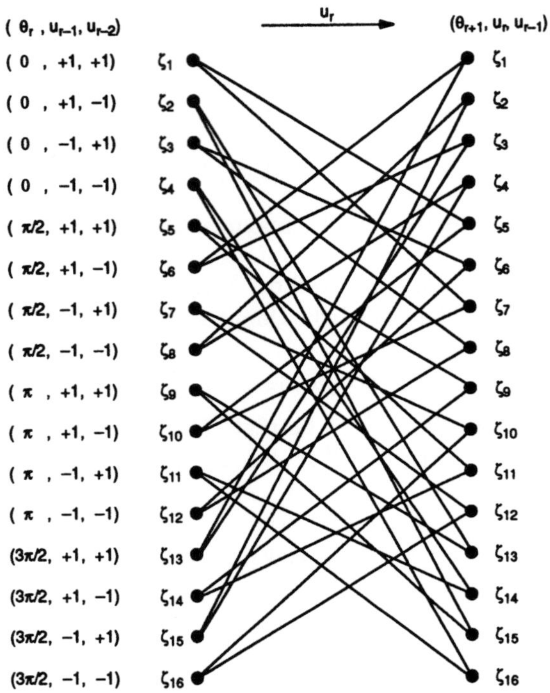

Bild 11.8. Trellissegment für binäre CPM mit $L_c = 3$ und $h = 1/2$

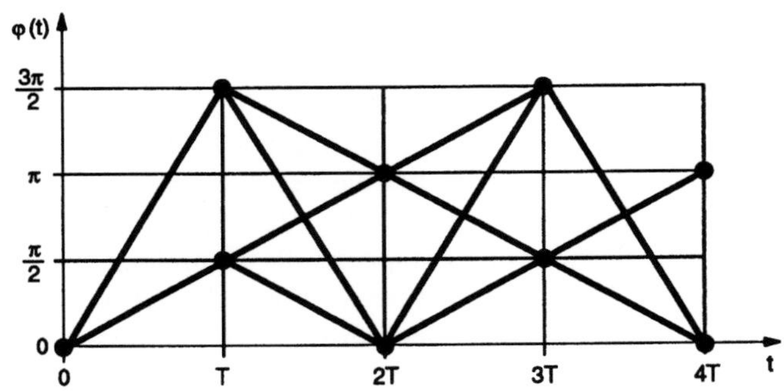

Bild 11.9. Phasentrellis für Minimum Shift Keying (MSK)

Zum zeitkontinuierlichen Empfangssignal $y(t)$ ist die Infosymbolfolge $\boldsymbol{u}$ so zu wählen, daß der integrierte quadratische Abstand des zugehörigen CPM-Signals $s(t, \boldsymbol{u})$ zu $y(t)$ minimal wird. Durch geeignete Pegelregelung des Empfangssignals soll dabei die gleiche Normierung wie in (11.6.1) gegeben sein. Nachfolgend wird ein *kohärenter Empfänger* vorausgesetzt, der eine exakte Kenntnis der Trägerfrequenz und Trägerphase hat. Im Demodulator wird zum

Empfangssignal $y(t)$ die *komplexe Enveloppe*

$$z_y(t) = e^{-j2\pi f_c t}\Big(y(t) + j\hat{y}(t)\Big) \tag{11.6.15}$$

gebildet, wobei $\hat{y}(t)$ die *Hilberttransformierte* von $y(t)$ bezeichnet. Der integrierte quadratische Abstand kann auch über die komplexen Enveloppen berechnet werden (ohne Beweis):

$$\begin{aligned}\mu(y(t)|\boldsymbol{u}) &= -\frac{1}{2}\int_{-\infty}^{\infty} |z_y(t) - z(t,\boldsymbol{u})|^2 dt \qquad (11.6.16)\\ &= -\frac{1}{2}\int_{-\infty}^{\infty} |z_y(t)|^2 dt + \mathrm{Re}\int_{-\infty}^{\infty} z_y(t) z^*(t,\boldsymbol{u}) dt - \frac{1}{2}\int_{-\infty}^{\infty} |z(t,\boldsymbol{u})|^2 dt.\end{aligned}$$

Nur der mittlere Summand ist von $\boldsymbol{u}$ abhängig, so daß die Viterbi-Metrik wie folgt vereinfacht werden kann:

$$\begin{aligned}\mu(y(t)|\boldsymbol{u}) &= \mathrm{Re}\left[\int_{-\infty}^{\infty} z_y(t) z^*(t,\boldsymbol{u}) dt\right]\\ &= \sum_r \mathrm{Re}\left[\int_0^T z_y(rT+t) z^*(rT+t,\boldsymbol{u}) dt\right] \qquad (11.6.17)\\ &= \sum_r \underbrace{\mathrm{Re}\left[e^{-j\Theta_r}\int_0^T z_y(rT+t)\exp(-j\Theta(t,u_r,\ldots,u_{r-L_c+1}))dt\right]}_{=\mu(z_y(t)|u_r,z_r)}.\end{aligned}$$

Damit liegt eine geeignete Inkrementalisierung der Viterbi-Metrik vor. Eine Kante wird durch u_r, z_r bestimmt und nur davon ist das Metrik-Inkrement abhängig. Die komplexe Enveloppe des Empfangssignals wird dabei nur im Zeitintervall $[rT,(r+1)T]$ benötigt. Ähnlich wie beim Matched Filter für MLSE in Abschnitt 11.4 kann die Berechnung des Metrik-Inkrementes noch vereinfacht werden: Dazu wird eine Bank von insgesamt q^{L_c} Matched Filtern mit den Impulsantworten (zum Problem der Kausalität siehe (11.4.8))

$$I_{[0,T]}(-t)\exp(-j\Theta(-t,u_r,\ldots,u_{r-L_c+1})) \tag{11.6.18}$$

vorgesehen, wobei die *Indikatorfunktion* als

$$I_{[0,T]}(t) = \left\{\begin{array}{ll} 1 & t\in[0,T] \\ 0 & \text{sonst}\end{array}\right\} \tag{11.6.19}$$

definiert ist. Nach der Matched Filter Bank sind die folgenden Signale verfügbar ($*$ bezeichnet die zeitkontinuierliche Faltung):

$$\begin{aligned} & w(t|u_r,\dots,u_{r-L_c+1}) \\ &= z_y(t) * I_{[0,T]}(-t)\exp(-j\Theta(-t,u_r,\dots,u_{r-L_c+1})) \quad (11.6.20) \\ &= \int_0^T z_y(t+\tau)\exp(-j\Theta(\tau,u_r,\dots,u_{r-L_c+1}))\,d\tau. \quad (11.6.21) \end{aligned}$$

Durch Abtastung dieser Signale zu den Zeitpunkten $t = rT$ ergeben sich die Metrik-Inkremente wie folgt:

$$\mu(z_y(t)|u_r,z_r) = \mathrm{Re}\Big[e^{-j\Theta_r}\cdot w(rT|u_r,\dots,u_{r-L_c+1})\Big]. \quad (11.6.22)$$

Für die digitale Realisierung können die Matched Filter natürlich durch diskrete Faltungen ersetzt werden, wobei das Empfangssignal mit einer Überabtastrate (abhängig vom Spektrum des CPM-Signals) abgetastet wird. Die entsprechenden Koeffizienten der Phasenfunktionen können beispielsweise in Tabellen abgespeichert werden. Methoden zur Aufwandsreduzierung von CPM-Empfängern finden sich in [3, 37].

Die Fehlerwahrscheinlichkeit von CPM nach der Decodierung wird maßgeblich durch den minimalen integrierten quadratische Abstand $D^2_{\min}$ zwischen zwei CPM-Signalen geprägt:

$$D^2_{\min} = \min_{\boldsymbol{u}\neq\boldsymbol{v}} \int_{-\infty}^{\infty} |s(t,\boldsymbol{u}) - s(t,\boldsymbol{v})|^2 dt. \quad (11.6.23)$$

Durch Übergang zu den komplexen Enveloppen ergibt sich (ohne Beweis):

$$\begin{aligned} D^2_{\min} &= \min_{\boldsymbol{u}\neq\boldsymbol{v}} \frac{1}{2}\int_{-\infty}^{\infty} |z(t,\boldsymbol{u}) - z(t,\boldsymbol{v})|^2 dt \\ &= \min_{\boldsymbol{u}\neq\boldsymbol{v}} \frac{E_s}{T}\int_{-\infty}^{\infty} \left|e^{j\varphi(t,\boldsymbol{u})} - e^{j\varphi(t,\boldsymbol{v})}\right|^2 dt \\ &= \min_{\boldsymbol{u}\neq\boldsymbol{v}} \frac{4E_s}{T}\int_{-\infty}^{\infty} \Big[1-\cos\Big(\varphi(t,\boldsymbol{u}) - \varphi(t,\boldsymbol{v})\Big)\Big] dt. \quad (11.6.24) \end{aligned}$$

Für MSK ergibt sich beispielsweise $D^2_{\min} = 4E_s$. Kurven des $D_{\min}$-Verlaufs in Abhängigkeit vom Modulationsindex h enthält [2, 3, 37, 57]. Generell nimmt mit kleinerem h die Bandbreite ab, die Minimaldistanz $D_{\min}$ nimmt ebenfalls ab und somit nimmt die Fehlerwahrscheinlichkeit nach der Decodierung zu.

Die Kombination von CPM mit Faltungscodes und Blockcodes sowie MLSE von CPM bei ISI-Kanälen wird in [37] behandelt. Für die Kombination von CPM mit trelliscodierter Modulation wird auf [8] verwiesen.

11.7 Soft-Decision ML-Decodierung von Blockcodes

Komplizierte Blockcodes sind normalerweise nicht Soft-Decision und nicht optimal ML-decodierbar, sondern nur nach dem BMD-Prinzip mit Hard-Decision. Deshalb muß auf den in Kapitel 1 und 2 ermittelten Gewinn von 2 bis 3 dB durch Soft-Decision verzichtet werden.

Es gibt jedoch einige Decodierverfahren für einfache Blockcodes, die Soft-Decision verarbeiten können. Dazu zählen beispielsweise die Verfahren von Weldon und Chase [18, 19, 49] sowie das von G.D.Forney eingeführte Generalized Minimum Distance Decoding (GMD) [12]. Auch Reed-Muller Codes (siehe Abschnitt 11.10) erlauben eine besonders einfache Soft-Decision Decodierung. Eine Übersicht zu verschiedenen Möglichkeiten der Soft-Decision Decodierung von Reed-Solomon Codes gibt der Beitrag von A.B.Cooper aus [76].

Für binäre zyklische Codes mit einer kleinen Anzahl von Prüfstellen oder mit einer kleinen Anzahl von Informationsstellen kann jedoch eine aufwandsgünstige optimale Soft-Decision ML-Decodierung mit dem Viterbi-Algorithmus erfolgen. Voraussetzung dafür ist natürlich, daß dem Blockcode ein Trellisdiagramm zugeordnet werden kann. Das ist tatsächlich möglich, wie bereits Bild 10.20 für ein Beispiel blockcodierter Modulation gezeigt hat. Auch alle Blockcodes, die als terminierte Faltungscodes entstehen, besitzen trivialerweise eine Trellisdarstellung.

Für einen zyklischen $(n,k)_2$-Blockcode kann ein Trellisdiagramm mit 2^{n-k} Zuständen und n Segmenten wie folgt konstruiert werden [146]: Ausgangspunkt ist der systematische Encoder zum Generatorpolynom $g(x)$ vom Grad $n-k$ gemäß Bild 5.1. Die $n-k$ Register bilden den Zustand zur Zeit i:

$$z_i = (r_0^{(i)}, r_1^{(i)}, \ldots, r_{n-k-1}^{(i)}). \tag{11.7.1}$$

Der Zustandsübergang von z_i nach z_{i+1} für $i = 0, \ldots, k-1$ bzw. die Kantenbeschriftung wird durch u_{k-i-1} bestimmt. Der Trellis startet vom Nullzustand, so daß von diesen k Segmenten die ersten $n-k$ Segmente unvollständig sind. Die restlichen $n-k$ Segmente entstehen dadurch, daß keine Rückkopplung mehr erfolgt und nur noch die Registerinhalte nach rechts herausgeschoben werden. Also wird der Zustandsübergang von z_i nach z_{i+1} für $i = k, \ldots, n-1$ bzw. die Kantenbeschriftung durch $r_{n-k-1}^{(i)} = p_{n-1-i}$ bestimmt. Eine konstante Zuordnung der Kantenbeschriftung 0 (durchgezogene Kante) bzw. 1 (gestrichelte Kante) zu oberen bzw. unteren abgehenden Kanten besteht hier nicht. Das Codewort ist von der Form

$$\boldsymbol{a} = (p_0, p_1, \ldots, p_{n-k-1}, u_0, u_1, \ldots, u_{k-1}), \tag{11.7.2}$$

die Kantenbeschriftung jedoch von der Form

$$(p_{n-k-1}, \ldots, p_1, p_0, u_{k-1}, \ldots, u_1, u_0). \tag{11.7.3}$$

Für den Viterbi-Algorithmus muß das Empfangswort also gemäß der Kantenbeschriftung umgeordnet werden.

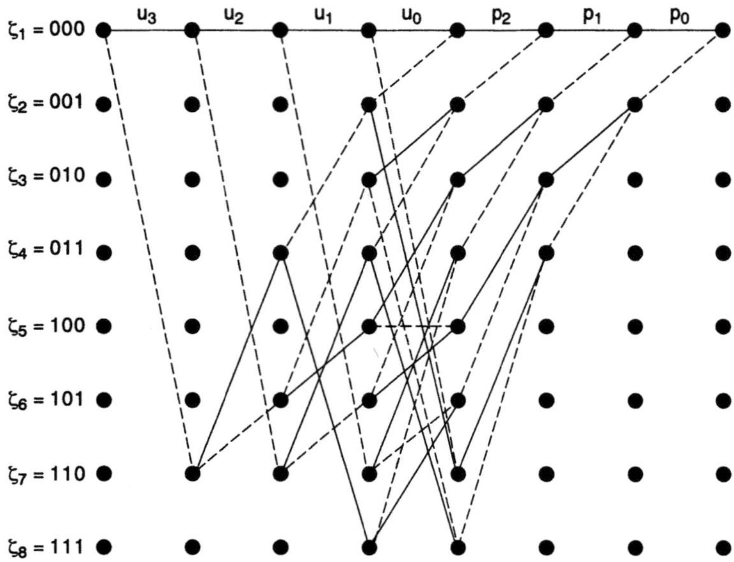

Bild 11.10. Vollständiger Trellis zum $(7,4)_2$-Hamming-Code

In Bild 11.10 wird der Trellis zum $(7,4)_2$-Hamming-Code mit $g(x) = 1 + x + x^3$ dargestellt, der aus 7 Segmenten mit 8 Zuständen besteht, wobei nur das mittlere Segment vollständig ist. Zum Infowort $u_0u_1u_2u_3 = 1011$ gehört die bereits aus Bild 5.2 bekannte Zustandsfolge $\xi_1\ \xi_7\ \xi_6\ \xi_5\ \xi_5\ \xi_3\ \xi_2\ \xi_1$, und die letzten 3 Segmente bestimmen $p_0p_1p_2 = 100$.

Der rechentechnische Vorteil der Trellisdecodierung wird anhand des $(63,57)_2$-Hamming-Codes sofort klar: Mit dem Viterbi-Algorithmus ist lediglich ein Trellis mit 64 Zuständen und 63 Segmenten abzuarbeiten. Ohne die Trellisbeschreibung ist dagegen der minimale Abstand des Empfangswortes von den 2^{57} jeweils 63-stelligen Codewörtern zu bestimmen.

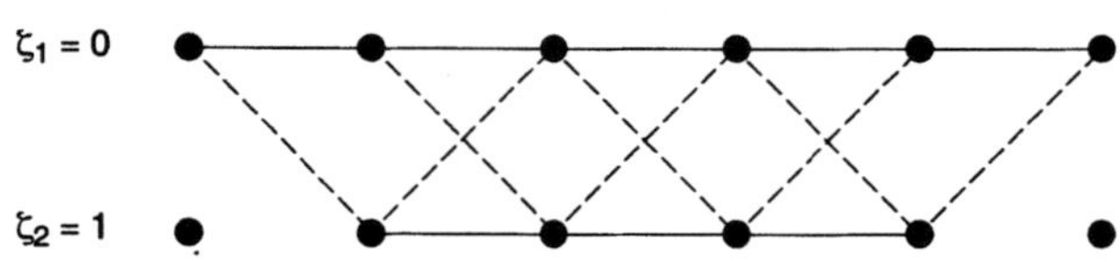

Bild 11.11. Vollständiger Trellis zum $(5,4)_2$-Parity Check Code

Zum $(5,4)_2$-Parity Check Code mit $g(x) = 1 + x$ gehört der in Bild 11.11 gezeigte Trellis mit 2 Zuständen. Bei Input 0 bzw. 1 wird der Zustand beibehalten bzw. gewechselt. Der Endzustand wird offensichtlich nur mit einer geraden Anzahl von Einsen erreicht.

Zum $(5,1)_2$-Wiederholungscode gehört der in Bild 11.12 gezeigte Trellis. Offensichtlich reichen 2 Zustände aus anstelle von $2^{5-1} = 16$ Zuständen, die

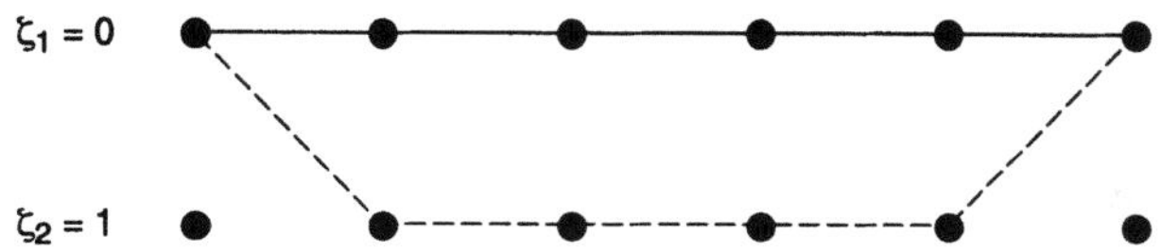

Bild 11.12. Vollständiger Trellis zum $(5,1)_2$-Wiederholungscode

sich gemäß der vorangehend beschriebenen Konstruktion ergeben würden. Der Hintergrund ist, daß ähnlich wie beim Generatorpolynom auch aus der systematischen Encodierung mit dem Prüfpolynom vom Grad k gemäß Bild 5.3 ein Trellisdiagramm mit 2^k Zuständen abgeleitet werden kann.

Eine Übersicht zu verschiedenen anderen Aspekten der Trellisdecodierung von Blockcodes gibt [122].

11.8 Produktcodes

Leistungsfähige Blockcodes können aus einfachen linearen Blockcodes mit relativ simplen Kombinationsmethoden aufgebaut werden. Als Beispiele für derartige Konstruktionen werden in diesem Abschnitt Produktcodes und in den nächsten beiden Abschnitten verkettete Codes sowie die Summenkonstruktion betrachtet.

Die Erzeugung eines Produktcodes wird anhand von Bild 11.13 sofort klar. Gegeben sind zwei $(n_i, k_i, d_i)_q$-Blockcodes Γ_i $(i = 1,2)$ mit einem systematischen Encoder. Der *Produktcode* $\Gamma_1 \otimes \Gamma_2$ ergibt sich als ein $(n_1n_2, k_1k_2, d_1d_2)_q$-Blockcode in systematischer Form wie folgt: Die k_1k_2 Infosymbole werden links-oben im Feld angeordnet. Durch zeilenweise Anwendung des Γ_1-Encoders entstehen die $(n_1 - k_1)k_2$ Prüfstellen rechts-oben und durch spaltenweise Anwendung des Γ_2-Encoders entstehen die $(n_2 - k_2)k_1$ Prüfstellen links-unten. Die restlichen $(n_1 - k_1)(n_2 - k_2)$ Prüfstellen rechts-unten entstehen durch zeilenweise Anwendung des Γ_1-Encoders oder durch spaltenweise Anwendung des Γ_2-Encoders, wobei das Ergebnis das gleiche ist. Also ist jede der n_2 Zeilen ein Γ_1-Codewort und jede der n_1 Spalten ist ein Γ_2-Codewort.

Die Minimaldistanz $d_{\min} = d_1d_2$ für $\Gamma_1 \otimes \Gamma_2$ ist schnell nachweisbar: Sei eines der k_1k_2 Infosymbole ungleich Null. In der entsprechenden Zeile sind mindestens d_1 Symbole ungleich Null. Also gibt es mindestens d_1 Spalten ungleich der Nullspalte, von denen jede mindestens das Hamminggewicht d_2 hat.

Wenn Γ_i einen Bündelfehler bis zur Länge t_i korrigieren kann, dann korrigiert $\Gamma_1 \otimes \Gamma_2$ einen Bündelfehler bis zur Länge

$$t = \max\{n_1t_2, n_2t_1\}, \tag{11.8.1}$$

wie folgende Überlegung zeigt: Das Feld aus Bild 10.13 werde zeilenweise übertragen und spaltenweise decodiert. Wenn die Länge des Bündelfehlers maximal

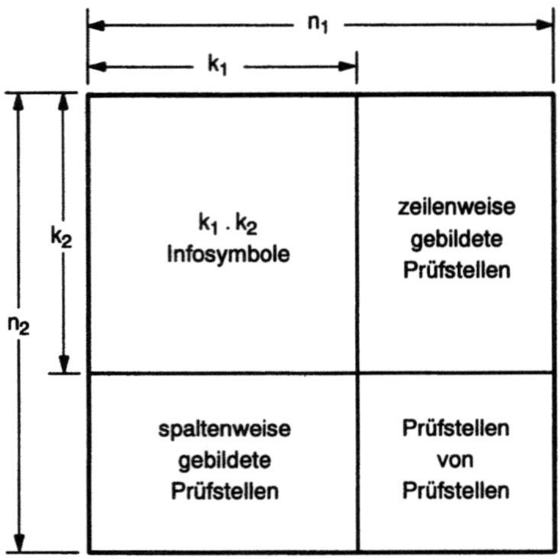

Bild 11.13. Produkt von Blockcodes

$n_1 t_2$ beträgt, sind von diesem Bündelfehler maximal t_2 (oder $t_2 + 1$) aufeinanderfolgende Zeilen betroffen. Also tritt in jeder Spalte ein Bündelfehler mit der maximalen Länge t_2 auf, der korrigierbar ist.

Wenn Γ_i bis zu t_i Einzelfehler korrigieren kann, dann korrigiert $\Gamma_1 \otimes \Gamma_2$ mindestens bis zu

$$t = \left\lfloor \frac{d_{\min} - 1}{2} \right\rfloor = \left\lfloor \frac{(2t_1 + 1)(2t_2 + 1) - 1}{2} \right\rfloor = 2t_1 t_2 + t_1 + t_2 \qquad (11.8.2)$$

Einzelfehler. Die Konstruktion geeigneter Decoder für die Einzelfehlerkorrektur ist allerdings nicht trivial, denn eine zeilenweise und spaltenweise Korrektur mit den Einzelcodes nutzt die Leistungsfähigkeit des Produktcodes nicht voll aus, wie ein einfaches Beispiel zeigt: Aus zwei $(7, 4, 3)_2$-Hamming-Codes entsteht ein $(49, 16, 9)_2$-Produktcode, der 4 Einzelfehler korrigieren kann. Wenn die 4 Einzelfehler in einem Quadrat angeordnet aufreten, dann erfolgt in beiden Zeilen und in beiden Spalten mit Sicherheit eine falsche Korrektur, da die Hamming-Codes perfekt sind.

Aus zwei $(n, n-1, 2)_2$-Parity Check Codes entsteht ein $(n^2, (n-1)^2, 4)_2$-Produktcode, der einen Einzelfehler mit einem trivialen Decodierverfahren korrigieren kann: Durch zeilenweise Berechnung der Prüfsumme wird die fehlerhafte Zeile und entsprechend die fehlerhafte Spalte identifiziert, so daß im Schnittpunkt von Zeile und Spalte der Fehler lokalisiert wird.

Für weitere Eigenschaften von Produktcodes, beispielsweise bei zyklischen Codes, wird auf [43] verwiesen. Fragen der Decodierung werden sehr ausführlich in [12] erörtert.

11.9 Verkettung von Blockcodes

Das Prinzip der Codeverkettung (concatenated coding) wurde bereits mit Bild 9.11 eingeführt. Verschiedene Fälle der Codeverkettung zählt Tabelle 9.4 auf. Der Fall eines inneren Faltungscodes wurde in Abschnitt 9.7 diskutiert. Als spezielle Form der verketteten Codierung können die in Abschnitt 11.5 behandelten ISI-Kanäle interpretiert werden, bei denen der innere Encoder einer FIR-Filterung entspricht. In diesem Abschnitt wird die Verkettung zweier genau aufeinander abgestimmter Blockcodes betrachtet, wie es in Bild 11.14 dargestellt wird.

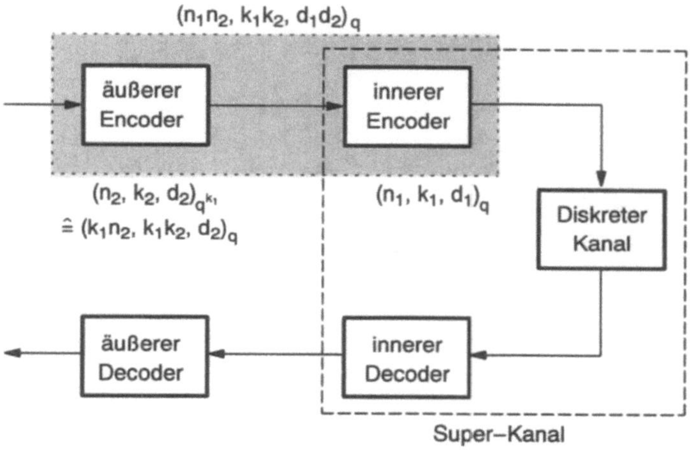

Bild 11.14. Verkettung von Blockcodes

Innen wird ein $(n_1, k_1, d_1)_q$-Blockcode verwendet. Der Super-Kanal überträgt also q-stufige Wörter der Länge k_1 bzw. ***Super-Symbole*** der Mächtigkeit q^{k_1}. Auf diese Super-Symbole ist der äußere $(n_2, k_2, d_2)_{q^{k_1}}$-Blockcode angepaßt, der in q-närer Interpretation als ein $(k_1n_2, k_1k_2, d_2)_q$-Code aufgefaßt werden kann, wobei sich aber die Minimaldistanz d_2 natürlich auf die Super-Symbole bezieht.

Ein Infowort der Länge k_1k_2 mit q-stufigen Symbolen führt im äußeren Encoder zu einem Wort der Länge k_1n_2 mit q-stufigen Symbolen bzw. zu einem Wort der Länge n_2 mit q^{k_1}-stufigen Super-Symbolen. Jedes der n_2 Super-Symbole wird unabhängig voneinander im inneren Encoder in ein Teil-Codewort der Länge n_1 mit q-stufigen Symbolen überführt. Das Infowort der Länge k_1k_2 mit q-stufigen Symbolen führt also am Eingang des diskreten Kanals zu einem Codewort der Länge n_1n_2 mit ebenfalls q-stufigen Symbolen.

Der verkettete Code ist ein $(n_1n_2, k_1k_2, d_1d_2)_q$-Code, wobei die Minimaldistanz wie folgt bewiesen wird: Das Infowort der Länge k_1k_2 sei nicht das Nullwort. Dann sind nach dem äußeren Encoder von den n_2 Super-Symbolen mindestens d_2 Super-Symbole ungleich Null. Jedes dieser d_2 Super-Symbole führt am Ausgang des inneren Encoders zu einem Teil-Codewort mit mindestens d_1 Symbolen ungleich Null.

Im Gegensatz zum Produktcode sind bei der Codeverkettung keine neuen Decodierverfahren erforderlich, da die Decodierung in den beiden Stufen unabhängig voneinander erfolgt. Allerdings kann damit nicht die ML-Regel realisiert werden, und zwar auch dann nicht, wenn der innere Decoder Zuverlässigkeitsinformationen über seine Entscheidungen ableiten könnte und der äußere Decoder diese verarbeiten könnte.

Beispiel 11.5. Als innerer Code wird der $(7,4,3)_2$-Hamming-Code und als äußerer Code wird der $(15,11,5)_{16}$-RS-Code verwendet, so daß durch die Verkettung ein $(105,44,15)_2$-Code entsteht, der garantiert 7 binäre Einzelfehler korrigieren kann. Jedes binäre Infowort der Länge 44 (bzw. der Länge 11 bei 16-stufigen Infosymbolen) wird im äußeren Encoder umgesetzt in ein binäres Wort der Länge 60 (bzw. der Länge 15 bei 16-stufigen Symbolen), das im inneren Encoder umgesetzt wird in 15 binäre Teil-Codewörter der Länge 7, die zusammen das binäre Codewort der Länge 105 bilden.

Die Wort-Fehlerwahrscheinlichkeit nach dem inneren Decoder entspricht der Super-Symbol-Fehlerwahrscheinlichkeit des Super-Kanals. Für den diskreten Kanal wird jetzt ein BSC mit der Bit-Fehlerwahrscheinlichkeit $p_e = 0{,}01$ (entspricht $E_c/N_0 = 4{,}3$ dB) vorausgesetzt. Nach Satz 3.15 folgt:

$$
\begin{aligned}
P_{w,\text{innen}} &= \sum_{r=2}^{7} \binom{7}{r} 0{,}01^r 0{,}99^{7-r} \approx 0{,}002 \\
P_{w,\text{gesamt}} &= \sum_{r=3}^{15} \binom{15}{r} 0{,}002^r 0{,}998^{15-r} \approx 4 \cdot 10^{-6}.
\end{aligned}
$$

Der verkettete $(105,44)_2$-Code mit der Rate $R \approx 0{,}42$ ist mit dem $(127,57)_2$-BCH-Code mit der Rate $R \approx 0{,}45$ zur Korrektur von 11 Fehlern vergleichbar. Bei $p_e = 0{,}01$ (entspricht $E_b/N_0 = 1/R \cdot E_c/N_0 = 7{,}8$ dB, vergleiche mit Bild 7.1 und 7.2) gilt:

$$
P_w = \sum_{r=12}^{127} \binom{127}{r} 0{,}01^r 0{,}99^{127-r} \approx 10^{-8}.
$$

Also ist der BCH-Code mit seiner aufwendigen 11-Fehler Korrektur besser als der verkettete Code, der aber mit zwei wesentlich einfacheren Decodern auskommt. Die verkettete Codierung übertrifft aber den BCH-Code, wenn für den inneren $(7,4,3)_2$-Hamming-Code eine Decodierung mit Soft-Decision unterstellt wird. Bei $E_c/N_0 = 4{,}3$ dB resultiert $E_{b,\text{FC}}/N_0 = 7/4 \cdot E_c/N_0 = 6{,}6$ dB und somit folgt $P_{w,\text{innen}} \approx 0{,}0002$ nach Bild 3.5. Mit $P_{w,\text{gesamt}} \approx 4 \cdot 10^{-9}$ ergibt sich eine Verbesserung gegenüber Hard-Decision um 3 Zehnerpotenzen. □

Wenn die beiden verketteten Blockcodes nicht in der hier vorausgesetzten Weise zueinander passen, ist zwischen den beiden Codes ein symbolweises Interleaving-Verfahren wie in Bild 9.11 erforderlich, wobei natürlich die Mächtigkeit der Symbole des äußeren Codes maßgebend ist. Ein entsprechendes Beispiel wird noch in Abschnitt 12.6 behandelt.

Die Auslegung eines verketteten Codierungssystems ist keinesfalls trivial, das betrifft insbesondere die produktmäßige Aufteilung der Gesamt-Coderate auf die innere und äußere Coderate. Vorausgesetzt wird ein AWGN mit Hard-Decision, eine feste Gesamt-Coderate, eine feste Infobitrate und ein festes E_b/N_0. Damit ist auch E_c/N_0 und die Bit-Fehlerrate des BSC fest. Wenn nun die verfügbare Redundanz weitgehend durch den inneren Code verbraucht wird, verbleiben zwar nach dem inneren Decoder kaum Fehler, aber die doch verbleibenden Fehler können durch den äußeren Decoder oftmals nicht korrigiert werden. Wenn umgekehrt die verfügbare Redundanz weitgehend durch den äußeren Code verbraucht wird, muß der innere Code mit wenig Redundanz auskommen, so daß nach dem inneren Decoder sehr viele Fehler verbleiben, die durch den äußeren Decoder nicht mehr korrigierbar sind. Also ist ein sorgfältig überlegtes Gleichgewicht zwischen den beiden Codes erforderlich.

In Abschnitt 12.1 wird die Kombination eines inneren Faltungscodes mit einem äußeren RS-Code betrachtet und gezeigt, daß diese Kombination einerseits Vorteile bei der Realisierung aufweist, und andererseits auch zu sehr hohen Codierungsgewinnen führt, die mit nicht verketteten Block- oder Faltungscodes allein nicht erreichbar sind.

11.10 Summenkonstruktion und Reed-Muller Codes

Nach den Konzepten des Produktcodes und der Codeverkettung wird jetzt noch eine weitere Methode vorgestellt, mit der leistungsfähige Blockcodes aus einfachen Blockcodes aufgebaut werden können.

Satz 11.2. *Sei Γ_i ein linearer $(n, k_i, d_i)_q$-Blockcode für $i = 1, 2$. Dann wird durch die sogenannte* Summenkonstruktion

$$\Gamma = \Gamma_1 \,\&\, \Gamma_2 = \left\{ (\boldsymbol{a}_1, \boldsymbol{a}_1 + \boldsymbol{a}_2) \;\middle|\; \boldsymbol{a}_1 \in \Gamma_1, \boldsymbol{a}_2 \in \Gamma_2 \right\} \tag{11.10.1}$$

ein $(2n, k_1 + k_2, d_{\min})_q$-Blockcode mit der Minimaldistanz $d_{\min} = \min\{2d_1, d_2\}$ erzeugt. Wenn $\boldsymbol{G}_i$ die Generatormatrix von Γ_i ist, wird durch

$$\boldsymbol{G} = \left(\begin{array}{c|c} \boldsymbol{G}_1 & \boldsymbol{G}_1 \\ \hline \boldsymbol{0} & \boldsymbol{G}_2 \end{array} \right) \tag{11.10.2}$$

eine Generatormatrix für $\Gamma_1 \,\&\, \Gamma_2$ gegeben.

Beweis: Zwei Wörter $(\boldsymbol{a}_1, \boldsymbol{a}_1 + \boldsymbol{a}_2), (\boldsymbol{a}_1', \boldsymbol{a}_1' + \boldsymbol{a}_2') \in \Gamma$ sind genau dann identisch, wenn sowohl $\boldsymbol{a}_1 = \boldsymbol{a}_1'$ wie $\boldsymbol{a}_2 = \boldsymbol{a}_2'$ gilt. Somit folgt $|\Gamma| = |\Gamma_1| \cdot |\Gamma_2|$ bzw.

$k = k_1 + k_2$. Wegen $(\boldsymbol{a}_1, \boldsymbol{a}_1) \in \Gamma$ und $(\boldsymbol{0}, \boldsymbol{a}_2) \in \Gamma$ folgt $d_{\min} \leq \min\{2d_1, d_2\}$. Für $\boldsymbol{a}_2 = \boldsymbol{0}$ und $\boldsymbol{a}_1 \neq \boldsymbol{0}$ gilt stets $w_H((\boldsymbol{a}_1, \boldsymbol{a}_1)) = 2w_H(\boldsymbol{a}_1) \geq 2d_1$ und für $\boldsymbol{a}_2 \neq \boldsymbol{0}$ gilt nach (1.5.10) stets

$$\begin{aligned} w_H((\boldsymbol{a}_1, \boldsymbol{a}_1 + \boldsymbol{a}_2)) &= w_H(-\boldsymbol{a}_1) + w_H(\boldsymbol{a}_1 + \boldsymbol{a}_2) \\ &\geq w_H(-\boldsymbol{a}_1 + (\boldsymbol{a}_1 + \boldsymbol{a}_2)) = w_H(\boldsymbol{a}_2) \geq d_2 \end{aligned}$$

und somit folgt $d \geq \min\{2d_1, d_2\}$. Die Form der Generatormatrix ist offensichtlich. □

Natürlich ist die Summenkonstruktion nicht kommutativ, d.h. normalerweise gilt $\Gamma_1 \,\&\, \Gamma_2 \neq \Gamma_2 \,\&\, \Gamma_1$. Bei der Konstruktion

$$\Gamma = \left\{ (\boldsymbol{a}_1, \boldsymbol{a}_2) \;\middle|\; \boldsymbol{a}_1 \in \Gamma_1, \boldsymbol{a}_2 \in \Gamma_2 \right\} \tag{11.10.3}$$

würde nur ein $(2n, k_1 + k_2, \min\{d_1, d_2\})_q$-Code resultieren. Für Γ_2 als Wiederholungscode ergibt die Summenkonstruktion einen $(2n, k_1 + 1, 2d_1)_q$-Code. Der nachfolgend dargestellte rekursive Aufbau einer Codefamilie zeigt, daß die Summenkonstruktion viel leistungsfähiger ist, als es auf den ersten Blick erscheinen mag:

Definition 11.1. *Für jede Kombination $r, m \in \mathbb{N}$ mit $0 \leq r \leq m$ wird ein binärer $(n, k, d_{\min})_2$-Reed-Muller Code $RM(r, m)$ von r-ter Ordnung mit den Parametern*

$$n = 2^m, \quad k = \sum_{i=0}^{r} \binom{m}{i}, \quad d_{\min} = 2^{m-r} \tag{11.10.4}$$

wie folgt rekursiv konstruiert: Als Anfangswerte werden die Codes

$$\begin{aligned} RM(0, m) &= (2^m, 1, 2^m)_2\text{-Wiederholungscode} && (11.10.5) \\ RM(m, m) &= (2^m, 2^m, 1)_2\text{-uncodiert} && (11.10.6) \end{aligned}$$

verwendet. Für alle anderen Werte r, m mit $1 \leq r \leq m-1$ ergeben sich die $RM(r, m)$ über eine zweifache Rekursion:

$$RM(r+1, m+1) = RM(r+1, m) \,\&\, RM(r, m). \tag{11.10.7}$$

Die Rekursion läuft wie folgt ab: Für $m = 2, 3, 4, \ldots$ entstehen zunächst

$$\mathrm{RM}(1, m) = \mathrm{RM}(1, m-1) \,\&\, \mathrm{RM}(0, m-1).$$

Für $m = 3, 4, 5, \ldots$ entstehen dann

$$\mathrm{RM}(2, m) = \mathrm{RM}(2, m-1) \,\&\, \mathrm{RM}(1, m-1).$$

Entsprechend wird das Verfahren fortgesetzt. Die Blocklänge $n = 2^m$ ist offensichtlich und auch die Angaben von k und $d_{\min}$ sind für die Anfangswerte der

Rekursion klar. Die Rekursion lautet für k

$$\begin{aligned}\sum_{i=0}^{r+1}\binom{m}{i}+\sum_{i=0}^{r}\binom{m}{i} &= 1+\sum_{i=0}^{r}\left[\binom{m}{i+1}+\binom{m}{i}\right]\\ &= 1+\sum_{i=0}^{r}\binom{m+1}{i+1}=\sum_{i=0}^{r+1}\binom{m+1}{i}\end{aligned}$$

und für $d_{\min}$: $\min\{2d_1, d_2\} = \min\{2\cdot 2^{m-(r+1)}, 2^{m-r}\} = 2^{(m+1)-(r+1)}$. □

Die Reed-Muller Codes werden ausführlich in [1, 18, 32, 45, 59, 72] behandelt. Einer der wesentlichen Vorteile besteht darin, daß mit dem sogenannten *Majoritäts-Decoder* eine aufwandsgünstige Soft-Decision Decodierung möglich ist. Für den RM$(1,m)$-Code beträgt der asymptotische Codierungsgewinn

$$G_{\mathrm{a,soft}} = 10\cdot\log_{10}(Rd_{\min}) = 10\cdot\log_{10}\left(\frac{m+1}{2}\right) \text{ dB.} \tag{11.10.8}$$

Die Reed-Muller Codes weisen eine Fülle von besonderen algebraischen und geometrischen Eigenschaften auf, von denen hier nur einige genannt werden: Es gilt die Inklusionsbeziehung

$$\mathrm{RM}(r,m) \subset \mathrm{RM}(r+1,m). \tag{11.10.9}$$

Der duale Code zu einem Reed-Muller Code ist wieder ein Reed-Muller Code:

$$\mathrm{RM}(r,m)^{\perp} = \mathrm{RM}(m-r-1,m). \tag{11.10.10}$$

Da RM$(0,m)$ ein Wiederholungscode ist, erweist sich RM$(m-1,m)$ als ein Parity Check Code. Die Reed-Muller Codes erster Ordnung sind dual zu den RM$(m-2,m)$-Codes und diese erweisen sich als expandierte Hamming-Codes. Durch Entfernen einer Prüfstelle ergibt sich ein *punktierter* $(n,k,d_{\min})_2$-*Reed-Muller Code* mit den Parametern

$$n = 2^m-1, \quad k=\sum_{i=0}^{r}\binom{m}{i}, \quad d_{\min}=2^{m-r}-1, \tag{11.10.11}$$

der äquivalent zu einem zyklischen Code ist.

12. Ausgewählte Anwendungen

In fast allen modernen Kommunikationssystemen werden Verfahren der Kanalcodierung eingesetzt. Ein vollständiger Überblick würde den Rahmen dieses Buches sprengen. Deshalb werden in diesem Kapitel nur einige wenige Anwendungen besprochen, die aber die Vielfalt der Codierungsverfahren dennoch einigermaßen repräsentieren.

Die Kanalcodierung wurde erstmals in der Satellitenkommunikation angewendet, wobei hier einerseits ein gut zu überblickender reiner AWGN-Kanal vorliegt und andererseits der Realisierungsaufwand nur eine untergeordnete Rolle spielt. Der Telefonkanal ist ein bandbegrenzter Kanal mit Verzerrungen, wobei mit der sehr komplizierten Übertragungstechnik in den heute verfügbaren Modems fast die Kanalkapazität erreicht wird. Beim digitalen Mobilfunk nach dem GSM-Standard liegt ein Kanal mit frequenzselektivem Fading und Zeitmultiplex-Betrieb vor, bei dem die Kanalcodierung in enger Wechselwirkung mit den Kanaleigenschaften, dem Übertragungsystem und der Quellencodierung so zu entwerfen ist, daß anstelle der Einzelverbindungs-Qualität die Netzwerk-Kapazität maximiert wird. Beim digitalen Breitband-Richtfunk wird die Kanalcodierung zur Reduktion der Hintergrund-Fehlerrate eingesetzt ohne Änderung des Modulationssystems. Schließlich erfolgt eine Übersicht zur Codierung bei der Compact Disc sowie in der Audiotechnik.

12.1 Satellitenkommunikation

Der Satellitenkanal ist zumindest im Downlink vom Satelliten zur Bodenstation ein reiner AWGN-Kanal mit starker Leistungsbegrenzung bei erdfernen Forschungssatelliten. Eine Einsparung bei E_b/N_0 von 1 dB führt heute zu einer Kostenersparnis von etwa 75 Millionen Dollar nach J.L.Massey in [29], so daß fast jeder Aufwand für die Codierung gerechtfertigt erscheint. Bei geostationären Kommunikationssatelliten ist der AWGN-Kanal inzwischen auch als bandbegrenzt anzusehen, da der wachsende Bedarf an Kommunikation und Kanälen sehr breitbandige Übertragungsverfahren verbietet.

Neben dem additiven weißen Rauschen wird der Satellitenkanal teilweise durch weitere Degradationen geprägt: Wenn die Sendeverstärker nahe an der Aussteuerungsgrenze betrieben werden, kann es zu nichtlinearen Verzerrungen kommen. Durch Mehrwegeausbreitung kann Fading entstehen und insbesondere bei flachen Elevationswinkeln können auch Abschattungen auftreten. Die Bewegung mobiler Teilnehmer kann zu Dopplereffekten führen, was die Aufrechterhaltung der Synchronisation besonders schwierig macht.

Die nachfolgenden Überlegungen konzentrieren sich auf die Situation bei erdfernen Forschungssatelliten (Deep-Space Communication). In der Entwicklung der Kanalcodierung war dies eine der ersten Anwendungen, weil hierbei der Kanal als idealer AWGN besonders einfach modellierbar ist, weil die verfügbare Bandbreite fast beliebig groß ist und somit sehr kleine Coderaten erlaubt und weil der Realisierungsaufwand für den Decoder fast unbegrenzt groß sein darf. Die Fehlerrate nach der Decodierung sollte bei der Bildübertragung mit Komprimierung typischerweise bei etwa $P_b = 10^{-5}$ liegen bzw. bei früheren Systemen, bei denen noch keine Bildkomprimierung vorgesehen war, bei etwa $P_b = 0{,}005$. Eine Übersicht zur Satellitenkommunikation gibt [149] sowie die Beiträge von D.J.Costello u.a. in [17], von J.L.Massey in [29] und von R.J.McEliece u.a. in [76].

Schon bei der Konzeption der frühen Satellitenprojekte war den Nachrichtentechnikern bewußt, daß durch Soft-Decision Decodierung ein Codierungsgewinn von 2 bis 3 dB erzielt werden kann. Bei der ***Mariner 69 Mission*** wurde jedoch noch kein Faltungscode verwendet, weil damals der Viterbi-Algorithmus noch nicht verfügbar war. Die Wahl fiel stattdessen auf einen Blockcode, nämlich auf den $(32, 6, 16)_2$-Reed-Muller Code RM$(1, 5)$, weil dieser eine einfache Soft-Decision Decodierung erlaubt. Der asymptotische Codierungsgewinn beträgt 4,8 dB nach (11.10.8). Bei $P_b = 10^{-5}$ ist $E_b/N_0 = 5{,}9$ dB erforderlich [27], so daß der Gewinn gegenüber der uncodierten Übertragung 3,7 dB beträgt. Als Modulationsverfahren wurde 4-PSK verwendet.

Bei der ***Voyager 77 Mission*** zu den äußeren Planeten wurde ein $R = 1/2$- bzw. $R = 1/3$-Faltungscode mit der Gedächtnislänge $m = 6$ verwendet, wobei $d_f = 10$ bzw. $d_f = 15$ gilt. Allerdings handelt es sich dabei nicht um den Industriestandard-Code aus Tabelle 8.1, sondern um einen auf $P_b = 0{,}005$ optimierten Code mit anderen Generatorpolynomen. Bei $P_b = 10^{-5}$ beträgt der Codierungsgewinn 5,1 dB bzw. 5,6 dB ähnlich wie in Tabelle 9.3.

Mit der Einführung von Bildkompressionsverfahren wurde der Optimierungspunkt auf $P_b = 10^{-5}$ verschoben. Es zeigt sich schnell, daß hierbei die einfachen Faltungscodes durch verkettete Codes wesentlich verbessert werden können. Der innere Code wird so gewählt, daß damit die Fehlerrate des Kanals (bei gedachter Hard-Decision) etwa um den Faktor 10 bis 100 reduziert wird. Dazu eignen sich Faltungscodes mit Soft-Decision am besten. Die weitere Reduzierung der Fehlerrate bis zum gewünschten (eventuell extrem kleinen) Wert geschieht durch leistungsfähige Reed-Solomon Codes, die mit etwa 10% Redundanz auskommen.

In Tabelle 12.1 wird die Codeverkettung verglichen mit einem einzelnen Faltungscode (FC) und einem einzelnen Blockcode, und zwar bezüglich verschiedener Bit-Fehlerwahrscheinlichkeiten P_b. Der innere $R = 1/2$-Faltungscode mit 64 Zuständen und oktaler Quantisierung wird verkettet mit verschie-

Tabelle 12.1. Verkettete FC-RS-Codes im Vergleich mit Einzelcodes (nach [49])

P_b	Notwendiges E_b/N_0 [dB] für P_b					
	uncod.	Codeverkettung FC($R=1/2, m=6$) mit RS-Code (127,111)	(255,223)	(511,447)	FC $R=1/2$ $m=6$	BCH $R\approx 1/2$ $n=1023$
10^{-3}	6,8	2,5	2,4	2,3	2,6	4,8
10^{-5}	9,6	2,8	2,6	2,5	4,5	5,3
10^{-8}	12,0	3,1	2,9	2,6	5,8	6,0

denen äußeren RS-Codes der Blocklängen 127, 255 und 511, wobei jeweils die gleiche Coderate $R_{\text{aussen}} \approx 0{,}87$ verwendet wird, so daß die Gesamtcoderate $R \approx 0{,}44$ beträgt. Ferner wird zwischen den beiden Codes ein ausreichend dimensioniertes Interleaving vorausgesetzt. Die Blockcodes werden mit Hard-Decision und die Faltungscodes mit Soft-Decision decodiert.

Offensichtlich fällt P_b bei der Codeverkettung im Bereich von 2,5 bis 3,0 dB sehr stark ab, während beim Blockcode die Kurve wesentlich flacher verläuft und beim Faltungscode noch flacher ausfällt. Für $P_b \leq 10^{-5}$ ist die Codeverkettung den Einzelcodes deutlich überlegen, während bei $P_b \geq 10^{-3}$ der Faltungscode allein fast ebenso gut wie die Verkettung ist. Der steile Abfall von P_b bei der Codeverkettung kann anhand eines Beispiels leicht nachvollzogen werden:

Beispiel 12.1. Als äußerer Code wird der (255, 223)-RS-Code zur Korrektur von $t = 16$ Symbolen vorausgesetzt. Nach Satz 3.15 ergibt sich die Wort-Fehlerwahrscheinlichkeit P_w aus der Symbol-Fehlerwahrscheinlichkeit P_s wie folgt:

$$P_w = \sum_{r=17}^{255} \binom{255}{r} P_s^r (1-P_s)^{255-r} = \left\{ \begin{array}{ll} 1{,}4\cdot 10^{-9} & P_s = 0{,}01 \\ 3{,}0\cdot 10^{-14} & P_s = 0{,}005 \\ 1{,}1\cdot 10^{-20} & P_s = 0{,}002 \\ 1{,}0\cdot 10^{-25} & P_s = 0{,}001 \end{array} \right\}.$$

Ein falsches 8-Bit Symbol am Eingang des RS-Decoders bedeutet etwa 4 falsche Bits am Ausgang des Viterbi-Decoders aufgrund der in Abschnitt 9.6 beschriebenen Bündelfehlerstrukur. Somit kann der Zusammenhang zwischen der Bit- und der Symbol-Fehlerwahrscheinlichkeit durch $P_b = P_s/2$ approxmiert werden. Also entspricht $P_s = 0{,}01 \ldots 0{,}001$ etwa $P_b = 0{,}005 \ldots 0{,}0005$. Nach Bild 9.7 erfordert das $E_{b,\text{FC}}/N_0 = 2 \ldots 3$ dB. Wegen $E_b = E_{b,\text{innen}}/R_{\text{aussen}}$ folgt bei $R_{\text{aussen}} = 0{,}87$ etwa $E_b/N_0 = 2{,}6 \ldots 3{,}6$ dB für den Bereich des starken Abfalls von P_w und damit auch von P_b. □

Die von Raumfahrtbehörden verschiedener Länder einschließlich der amerikanischen NASA und der europäischen ESA getragene Organisation CCSDS (Consultative Committee for Space Data Systems) hat 1984 die in Bild 12.1 dargestellte Codeverkettung als Standard festgelegt [88].

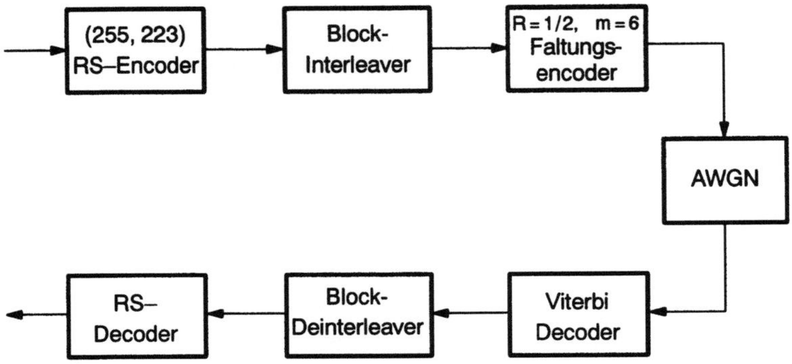

Bild 12.1. Verkettung von Faltungs- und Blockcodes nach dem CCSDS-Standard

Wie bei Tabelle 12.1 wird beim *CCSDS-Standard* innen ein $R = 1/2$-Faltungscode mit der Gedächtnislänge $m = 6$ und oktaler Quantisierung verwendet. Als äußerer Code dient der $(255, 223, 33)_{256}$-RS-Code zur Korrektur von 16 Symbolen. Die Gesamtcoderate beträgt $1/2 \cdot 223/255 \approx 0{,}44$. Für das Galoisfeld $\mathbb{F}_{256}$ wird nicht das primitive Polynom vom Grad 8 aus Tabelle 6.1 verwendet, sondern $p(x) = x^8 + x^7 + x^2 + x + 1$. Wegen $\mathrm{GGT}(11, 255) = 1$ ist mit z auch z^{11} ein primitives Element. Als Generatorpolynom für den RS-Code wird

$$g(x) = \prod_{i=112}^{143} (x - z^{11 \cdot i}) \tag{12.1.1}$$

gewählt. Aufgrund dieser Festlegungen können die Elemente des Galoisfeldes nicht nur in der Komponentendarstellung (6.2.6) repräsentiert werden, sondern auch bezüglich einer sogenannten *Dualbasis*, die eine vereinfachte Bit-serielle Implementierung des Encoders ermöglicht.

Der Block-Interleaver wird mit einer $(255, N)$-Matrix auf Symbolbasis realisiert, wobei $N = 2, \ldots, 8$ vorgesehen ist. Wie bei Bild 11.1 wird spaltenweise eingelesen und zeilenweise ausgelesen. Für $P_b = 10^{-5}$ ist nach dem Beitrag von J.Hagenauer u.a. in [76]

$$E_b/N_0 = \left\{ \begin{array}{ll} 2{,}60 & N = 2 \\ 2{,}45 & N = 4 \\ 2{,}35 & N = 8 \end{array} \right\} \quad \mathrm{dB}$$

erforderlich. Beispielsweise wurde $N = 8$ für die europäische *Giotto 85 Mission* zum Halley'schen Kometen und $N = 2$ für die *Galileo 89 Mission* zum Planeten Saturn gewählt. Bei Galileo waren für die Hauptantenne im X-Band und für die Nebenantenne im S-Band (40 dB weniger Gewinn) verschiedene Codierungsverfahren implementiert, die aber untereinander nicht austauschbar sind. Unglücklicherweise entfaltete sich nach dem Start die Hauptantenne nicht, für die eine Codeverkettung mit einem $m = 14$-Faltungscode vorgesehen war. Somit hatte die gesamte Datenübertragung über die Nebenantenne mit dem CCSDS-Standard zu erfolgen. Der Beitrag von R.J.McEliece in [76] beschreibt die Versuche zur nachträglichen Verbesserung des einzigen benutzbaren Galileo-Encoders: So wurde dem $R = 1/2, m = 6$-Faltungs-Encoder ein von der Erde aus nachgeladener $R = 1/2, m = 10$-Faltungs-Encoder vorgeschaltet, um damit einen $R = 1/4, m = 13$-Faltungs-Encoder zu generieren.

In dem Beitrag von J.Hagenauer u.a. in [76] werden Möglichkeiten zur Verbesserung des CCSDS-Standards angegeben, die auf einer Faltungs-Decodierung mit Soft-Decision Output kombiniert mit einer Fehler- und Ausfallkorrektur des RS-Codes sowie iterativer Decodierung basieren. Damit kann E_b/N_0 auf 1,7 dB bei $P_b = 10^{-5}$ reduziert werden, was im Vergleich zu den theoretischen Grenzen (die allerdings für $P_b \to 0$ gelten) recht eindrucksvoll ist: Die Shannon-Grenze der Kanalkapazität liegt nach Bild 2.4 bei $-1{,}6$ dB für $R \to 0$ bzw. bei $-0{,}1$ dB für $R = 0{,}44$ und die R_0-Grenze liegt bei 1,4 dB für $R \to 0$ bzw. bei 2,2 dB für $R = 0{,}44$. Der verbesserte CCSDS-Standard liegt also nur 1,8 dB oberhalb der Shannon-Grenze, aber schon unterhalb der R_0-Grenze.

In [149] wird eine neue Klasse von Codeverkettungen beschrieben, von denen ein Code auch für die Hauptantenne von Galileo implementiert war. Der innere Faltungscode hat die Gedächtnislängen $m = 12, 13, 14$ und die Coderaten $R = 1/4, 1/5, 1/6$. Als äußerer Code wird ein $(1023, 959, 65)$-RS-Code vorgesehen, der 32 10-Bit Symbole korrigieren kann. Damit wird der CCSDS-Standard um rund 2 dB verbessert, d.h. für $P_b = 10^{-5}$ ist nur noch etwa $E_b/N_0 \approx 0{,}5$ dB erforderlich. Aufgrund der immer schnelleren Rechner können Faltungscodes mit 2^{14} Zuständen inzwischen tatsächlich ML-deodiert werden, wofür im Beitrag von D.J.Costello in [12] der Begriff *Big Viterbi Decoder* (BVD) eingeführt wird.

Auch mit einer neuen Klasse von sogenannten *Turbo Codes*, die auf verketteten systematischen und rückgekoppelt encodierten Faltungscodes basieren sowie empfängerseitiger iterativer Decodierung, werden sehr geringe Abstände zur Shannon-Grenze erreicht [82].

In dem Beitrag von S.Lin u.a. in [29] wird folgendes Verfahren für bandbreiteneffiziente Satellitenkommunikation vorgestellt: Wie beim CCSDS-Standard wird außen ein $(255, 223)$-RS-Code und der Block-Interleaver mit $N = 2$ verwendet. Der $R = 1/2$-Faltungscode mit 4-PSK Modulation wird aber ersetzt durch die blockcodierte Modulation (BCM) aus Bild 10.19 mit 8-PSK und 45°-Rotationsinvarianz.

Beim CCSDS-Standard mit $N = 2$ führen $2 \cdot 8 \cdot 223$ Infobits zu $2 \cdot 8 \cdot 255$ RS-codierten Bits, was genau einer Füllung des Interleaver-Speichers entspricht. Daraus ergeben sich $2 \cdot 2 \cdot 8 \cdot 255$ faltungscodierte Bits, die zu $2 \cdot 8 \cdot 255$ Kanalbenutzungen führen. Also beträgt die spektrale Bitrate bei CCSDS $223/255 \approx 0{,}875$ Bit/s/Hz. Bei der RS-BCM-Verkettung werden die $16 \cdot 255$ RS-codierten Bits in $24 \cdot 255$ Codebits bzw. $8 \cdot 255$ Signalpunkte überführt, so daß die spektrale Bitrate hier auf $2 \cdot 223/255 \approx 1{,}749$ Bit/s/Hz verdoppelt wird.

Während BCM allein $E_b/N_0 = 7{,}8$ dB für $P_b = 10^{-5}$ erfordert, sind bei der RS-BCM-Verkettung nur 5,3 dB für $P_b = 10^{-5}$ bzw. 5,7 dB für $P_b = 10^{-8}$ notwendig. Der Verlust gegenüber dem CCSDS-Standard beträgt nur $5{,}3 - 2{,}6 = 2{,}7$ dB mit dem Vorteil einer halbierten Bandbreite.

Für zukünftige bandbreiteneffiziente Satellitenkommunikation werden auch TCM-Verfahren auf QAM-Basis favorisiert. Zwar hat QAM keine konstante Enveloppe und ist somit empfindlich gegen nichtlineare Verzerrungen im Sendeverstärker, aber die Vorteile der hohen spektralen Effizienz und die leicht erreichbare 90°-Rotationsinvarianz erscheinen sehr attraktiv. Dabei wird nicht auf den asymptotischen Codierungsgewinn optimiert, sondern auf den Codierungsgewinn bei $P_b = 10^{-5}$, um für die spezielle Anwendung alle Möglichkeiten ausschöpfen zu können.

12.2 Modems: Datenübertragung über den Telefonkanal

Der Sprachband-Telefonkanal kann als bandbegrenzter AWGN mit einer Bandbreite von etwa 2400 bis 3200 Hz und einem Signal/Rausch-Abstand von etwa 28 bis 36 dB modelliert werden [98]. Nach Satz 2.5 resultiert daraus eine Kanalkapazität von etwa 23000 bis 38000 Bit/s. Zu berücksichtigen sind allerdings noch weitere Degradationen durch nichtlineare Effekte sowie durch Übersprechen und Impulsstörungen. Die Qualität des Telefonkanals ist auch davon abhängig, ob es sich um Wählverbindungen oder Mietleitungen sowie um 2-Draht- oder 4-Draht-Verbindungen handelt.

Modems sind für die Anwendung sehr komplizierter Kanalcodierungs-, Modulations- und Entzerrungsverfahren geradezu prädestiniert, da einerseits ein sehr starkes Interesse an möglichst hohen Datenraten besteht und andererseits die im Vergleich zu anderen Anwendungen dennoch als sehr niedrig einzustufenden Datenraten sehr komplexe Algorithmen zur Signalverarbeitung technisch tatsächlich ermöglichen.

In Tabelle 12.2 werden anhand der wichtigsten CCITT-Recommendations (Comité Consultatif International de Télégraphique et Téléphonique, inzwischen in ITU, International Telecommunication Union umbenannt) die Meilensteine in der Entwicklung der Modem-Technik zusammengestellt. Eine ausführlichere Darstellung findet sich in [74], die allerdings bei V.33 endet. Für die hier nicht behandelte adaptive Entzerrer- und Echolöscher-Technik wird beispielsweise auf [10, 26, 57, 77, 103] verwiesen.

V.26: Das erste 4-PSK Modem mit 2400 Bit/s erschien 1962 und wurde 1968 als Standard für 4-Draht Mietleitungen spezifiziert. Kanalcodierung und adaptive digitale Entzerrer waren zu jener Zeit technisch noch nicht realisierbar. Der analoge Entzerrer war auf eine Kompromißeinstellung fixiert, d.h. auf ein mittleres Kanalprofil.

Tabelle 12.2. Entwicklung der Modem-Technik

CCITT-Recomm.	Jahr	Datenrate $\frac{\text{Bit}}{\text{s}}$	$\frac{\text{Symb.}}{\text{s}}$	$\frac{\text{Bit}}{\text{Symb.}}$	Übertragungstechnik
V.26	1968	2400	1200	2	4-PSK uncodiert analoger fester Entzerrer
V.27	1972	4800	1600	3	8-PSK uncodiert analoger manueller Entzerrer
V.29	1976	9600	2400	4	16-QAM uncodiert adaptiver linearer Entzerrer
V.32	1984	9600	2400	4	2-dim. 32-QAM TCM (8 Zustände, nichtlin., 90°-rotinv.) adaptiver linearer Entzerrer adaptiver linearer Echolöscher
V.33	1988	14400	2400	6	2-dim. 128-QAM TCM (8 Zustände, nichtlin., 90°-rotinv.) adaptiver linearer Entzerrer adaptiver linearer Echolöscher
V.34	1994	28800	3200	9	4-dim. 960-QAM MTCM (16 bis 64 Zustände, 90°-rotinv.) Adaption / Modulation Toolbox Vorcodierung Trellis Shaping Shell Mapping Warping adaptiver linearer Echolöscher

V.27: Ab 1967 erschienen Modems mit einer auf 4800 Bit/s verdoppelten Datenrate. Dazu wurde einerseits die Signalkonstellation auf 8-PSK erweitert und andererseits wurde die Symbolrate auf 1600 Symbol/s bzw. die Bandbreite auf 1600 Hz erhöht. Jede Bandbreitenerhöhung bedeutet beim Sprachband-Telefonkanal stärkere Verzerrungen und jede Verdichtung der Signalkonstellation bedeutet eine erhöhte Empfindlichkeit gegen Verzerrungen. Deshalb wurde hier ein einstellbarer analoger Entzerrer erforderlich, der bei der Installation per Drehknopf (d.h. 1 Parameter) eingestellt wurde.

Auch 20 Jahre nach der Shannon'schen Theorie waren damit erst gut 10% der Kanalkapazität erreicht. Die weiteren Fortschritte wurden zunächst nicht durch Kanalcodierung erzielt, sondern durch leistungsfähigere adaptive Entzerrer:

V.29: Die erneute Verdopplung der Datenrate auf 9600 Bit/s für 4-Draht Mietleitungen wurde durch eine auf 16-QAM erweiterte Signalkonstellation und eine auf 2400 Hz erhöhte Bandbreite erreicht. Der digitale Entzerrer wurde durch ein Transversalfilter realisiert, wobei zur Adaption aber kein Gradientenverfahren, sondern der einfacher realisierbare Zero-Forcing

Algorithmus verwendet wurde.

Durch weitere Verbesserungen bei der Entzerrung, insbesondere durch Fractional Spacing Equalizer (Überabtastentzerrer), erschienen 1981 erste Modems mit 14400 Bit/s. Dafür waren genaue und aufwandsminimale Dimensionierungen von Transversalfilter und Adaptionsalgorithmus erforderlich. Erst 35 Jahre nach den Shannon'schen Arbeiten fand die Kanalcodierung Eingang in die Modem-Technik, so daß die weiteren Erhöhungen der Datenrate durch eine Kombination von Codierung und Entzerrung ermöglicht wurden:

V.32: Mit dem Übergang auf 2-Draht Wählverbindungen bei gleicher Datenrate wurden einerseits Maßnahmen zum Ausgleich der schlechteren Kanalqualität und andererseits zur Kompensation der Echos erforderlich. Die erst seit 1982 bekannten Verfahren der trelliscodierten Modulation fanden sofort Eingang in den CCITT-Standard. Allerdings wurde nicht der Ungerböck-Code verwendet, sondern die in Abschnitt 10.8 dargestellte und von Wei eingeführte rotationsinvariante 2-dimensionale 32-QAM TCM mit dem asymptotischen Codierungsgewinn von knapp 4 dB.

V.33: Der gleiche Encoder wie bei V.32, aber mit zusätzlichen uncodierten Infobits, bildete die Grundlage für den V.33-Standard mit 128-QAM TCM für 14400 Bit/s und der Rückfallebene 64-QAM TCM für 12000 Bit/s. Die Symbolrate betrug weiterhin 2400 Symbol/s.

In den letzten 10 Jahren sind enorme Fortschritte bei der Entwicklung und Realisierung komplexer Algorithmen zur Trelliscodierung und Signalverarbeitung zu verzeichnen. Mit dem aktuellen Standard V.34 wird bei nochmals verdoppelter Datenrate fast die Kapazitätsgrenze erreicht. Allerdings sind die Verfahren so kompliziert, daß für eine vollständige Darstellung auf die CCITT-Empfehlung selbst [86] sowie auf [92, 98] verwiesen wird. Jedoch verdeutlicht bereits eine oberflächliche Beschreibung die wesentlichen Prinzipien und insbesondere die enge Verzahnung der Kanalcodierung mit den anderen Komponenten im Sender bzw. Empfänger:

V.34: Zur Übertragung von 28800 Bit/s über 2-Draht Wählverbindungen wird die Bandbreite auf 3200 Hz ausgedehnt und die spektrale Bitrate auf 9 Bit/s/Hz gesteigert. Das Übertragungsverfahren basiert auf einer 4-dimensionalen 90°-rotationsinvarianten 960-QAM MTCM, die mit Faltungscodes der Raten $R = 2/3$ bei 16 Zuständen, $R = 3/4$ bei 32 Zuständen und $R = 4/5$ bei 64 Zuständen operiert. Durch mehr Zustände ergibt sich nur eine marginale Zunahme im Codierungsgewinn, aber eine größere Robustheit gegenüber signalabhängigen Verzerrungen wie beispielsweise harmonischen Verzerrungen. Die Übertragungstechnik ist weitgehend adaptiv, d.h. Sender und Empfänger bedienen sich aus einer sogenannten ***Modulation Toolbox***: Erst nach der Ausmessung des Kanals durch Testsignale werden die Datenrate, die Bandbreite, die Codierung und verschiedene andere Parameter festgelegt. Zur Wahl stehen rund 25 verschiedene Datenraten im Bereich von 2400 bis 29000 Bit/s. Selbst die Trägerfrequenz kann gegenüber dem 1800 Hz Standardwert geringfügig verschoben werden.

Aufgrund der sehr dichten 960-QAM Signalkonstellation und des nochmals verbreiterten Übertragungsbandes mit daraus resultierenden starken Verzerrungen kommt der Entzerrung bei V.34 ganz wesentliche Bedeutung zu. Aus Aufwandsgründen ist der optimale ML-Empfänger oder auch nur die optimale ML-Entzerrung nach dem MLSE-Prinzip nicht realisierbar. Die bei den anderen V.Standards vorgesehenen linearen Transversalentzerrer sind ungeeignet, weil die starken Verzerrungen am Rand des Übertragungsbereiches zu einer erheblichen Rauschverstärkung führen. Zudem erzeugt der lineare Entzerrer Rauschkorrelationen, die für die TCM-Decodierung vermieden werden müssen.

Auch das DFE-Prinzip (decision feedback equalizer) ist ungeeignet, weil sofortige Entscheidungen vor der TCM-Decodierung sehr unzuverlässig sind und andererseits zuverlässige Entscheidungen nach der TCM-Decodierung nur zeitverzögert verfügbar sind. Die sogenannte *Vorcodierung* nach dem Prinzip von Tomlinson-Harashima [37, 98] verlagert dagegen die DFE-Entzerrung bereits in den Sender, der damit natürlich eine exakte Kenntnis des Kanals haben muß, was eine Kooperation zwischen Sender und Empfänger voraussetzt.

Bei der herkömmlichen Codierung mit Blockcodes, Faltungscodes oder Trelliscodes werden alle Punkte aus der Signalkonstellation mit der gleichen Wahrscheinlichkeit angenommen, d.h. die Apriori-Wahrscheinlichkeiten sind gleich (siehe Abschnitt 1.6). Beim sogenannten *Trellis Shaping* [99] ist die Auftrittswahrscheinlichkeit der einzelnen Signalpunkte ähnlich zu einer mehrdimensionalen Normalverteilung, d.h. aus einer quaderförmigen wird eine kugelförmige Signalkonstellation. Dies wird durch eine zusätzliche Codierung und eine zusätzliche Ausdehnung des Signalalphabetes erreicht. Der maximale Gewinn durch Trellis Shaping beträgt 1,53 dB und etwa 1 dB bei einer 25%-Expansion des Signalalphabetes. Das erscheint zwar wenig bedeutsam, aber wenn beispielsweise ein TCM-Verfahren schon zu einem Gewinn von 3 bis 4 dB führt, dann ist ein weiterer zusätzlicher Gewinn von 1 dB durch Shaping einfacher zu erreichen als durch einen komplizierteren Code. Die Gewinne durch trelliscodierte Modulation und Trellis Shaping sind weitgehend unabhängig voneinander und addieren sich somit nahezu.

Eine besondere Form des Shapings stellt die Zuordnung nach dem Prinzip des sogenannten *Shell Mappings* [92] dar. Dabei wird die Signalkonstellation in 12 bis 14 gleichmächtige Schalen von jeweils 64 Punkten partitioniert, so daß ein Teil der Bits die Schale auswählt und ein weiterer Teil wählt dann den Punkt innerhalb der gewählten Schale aus. Die Kombination von trelliscodierter Modulation, Vorcodierung und Trellis Shaping wird auch als *Trellis Precoding* bezeichnet [91].

Es konnte gezeigt werden, daß sich harmonische Verzerrungen bei den äußeren Signalpunkten gravierender als bei den inneren Signalpunkten auswirken. Beim sogenannten *Warping* wird deshalb sendeseitig die Signalkonstellation geringfügig nichtlinear vorverzerrt: Die Abstände zwischen den inneren Signalpunkten werden verkleinert und zwischen den äußeren Signalpunkten werden die Abstände vergrößert.

Die Praxis beim Betrieb von V.34-Modems hat allerdings in kurzer Zeit schon gezeigt, daß die maximale Datenrate von 28800 Bit/s nur bei Sprachband-Telefonkanälen von guter Qualität möglich ist. Eine weitere wesentliche Steigerung der Datenrate erscheint deshalb auch mit nochmals verbesserten Codierungsverfahren als fraglich.

12.3 Mobilfunk nach dem GSM-Standard

Bei Mobilfunksystemen ist die Frequenzökonomie wegen der begrenzten Breite des verfügbaren Frequenzbandes und dem Wunsch nach möglichst hohen Teilnehmerdichten von entscheidender Bedeutung. Daneben wird auch eine möglichst hohe Leistungsökonomie gefordert, um einerseits den Leistungsverbrauch der Mobilstationen und andererseits die Übersprecheffekte zu räumlich oder frequenzmäßig benachbarten Kanälen zu minimieren.

Schon bei Systemen der zweiten Generation wie dem GSM-Standard (Global System for Mobile Communications), aber verstärkt bei den zukünftigen Systemen der dritten Generation unter dem Begriff UMTS (Universal Mobile Telecommunication System), steht nicht mehr die Optimierung der Einzelverbindung im Vordergrund wie in der klassischen Nachrichtentechnik, sondern die Optimierung des gesamten Vielfach-Teilnehmer-Netzwerkes. Dafür werden eine Vielzahl von nachrichtentechnischen Methoden eingesetzt:

- Multiplex-Verfahren: Trennung der Teilnehmer durch verschiedene Frequenzen (FDMA = Frequency Division Multiple Access) bzw. Zeiten (TDMA = Time Division Multiple Access) bzw. Codefolgen (CDMA = Code Division Multiple Access).
- Raummultiplex: Im einfachsten Fall bedeutet das nur eine zellulare Struktur, bei zukünftigen Systemen sind auch adaptive Antennen möglich (SDMA = Spatial Divison Multiple Access).
- Quellencodierung (Sprache, Musik, Bilder, Daten) zur Reduktion der Datenraten.
- Kanalcodierung zur Verbesserung von Zuverlässigkeit, Fehlerrate, Frequenz- und Leistungsökonomie. Bei schnellem Fading treten Einbrüche auf, die kurz gegenüber der Blocklänge und lang gegenüber der Taktdauer sind, so daß ein Codewort gute und schlechte Abschnitte enthält. Für dieses Szenario ist die Kanalcodierung, eventuell in Verbindung mit Interleaving, bestens geeignet.
- Bandbreiten- und leistungseffiziente digitale Modulationsverfahren.
- Techniken der Kanalschätzung und Entzerrung.
- Diversity-Techniken wie beispielsweise Antennen-Diversity.

- Sendeleistungsregelung und Handover-Strategie (Wechsel der Funkzelle bzw. des physikalischen Kanals) derart, daß bei ausreichender Qualität einer Verbindung die Kapazität des gesamten Netzwerkes maximiert wird.

Dieser Abschnitt konzentriert sich auf die Kanalcodierung beim digitalen Mobilfunk nach dem GSM-Standard. Zwar sind die Codierungsverfahren hier ziemlich einfach, wenn sie isoliert für sich betrachtet werden, aber ihre Wirkungsweise im Zusammenhang mit dem gesamten Übertragungssystem und den Eigenschaften des Funkkanals ist dagegen recht kompliziert. Diese Zusammenhänge können nachfolgend nur sehr knapp beschrieben werden, für eine ausführlichere Darstellung von GSM wird auf [67] mit dem Schwerpunkt Übertragungstechnik bzw. [51] mit den Schwerpunkten Protokolle, Signalisierung und Netzarchitektur verwiesen.

Für den *GSM-Mobilfunk* sind 2 Frequenzbänder von je 25 MHz Bandbreite vorgesehen. Die Mobilstation sendet im Bereich 890–915 MHz (Uplink) und empfängt im Bereich 935–960 MHz (Downlink). In den beiden Frequenzbändern werden FDMA-Systeme betrieben, wozu jeweils eine Aufteilung in 125 Teilbänder von je 200 kHz Bandbreite erfolgt. In den Teilbändern werden digitale 8-fach TDMA-Schmalbandsysteme betrieben. Die Übertragungsgeschwindigkeit in jedem TDMA-System beträgt $1/T = 270{,}833$ kBit/s bei einer Taktdauer von $T = 3{,}69\ \mu$s.

Als Modulationsverfahren wird eine spezielle binäre Continuous Phase Modulation (CPM, siehe Abschnitt 11.6) mit dem Modulationsindex $h = 1/2$ verwendet, nämlich GMSK (Gaussian Minimum Shift Keying). Der Frequenzimpuls ergibt sich als Faltung eines Rechteckimpulses $\mathrm{rect}(\tau/T)$ der Dauer T (das allein würde Minimum Shift Keying MSK entsprechen) mit einem Gaußimpuls:

$$\begin{aligned} g(\tau) &= \frac{1}{2T}\mathrm{rect}\left(\frac{\tau}{T}\right) * \frac{1}{\sqrt{2\pi}\sigma T}\exp\left(-\frac{\tau^2}{2\sigma^2T^2}\right) \\ &= \frac{1}{2T}\left(Q\left(\frac{\tau+T/2}{\sigma T}\right) - Q\left(\frac{\tau-T/2}{\sigma T}\right)\right). \end{aligned} \tag{12.3.1}$$

Dabei wird $\sigma = 0{,}441684$ gewählt. Der Frequenzimpuls sieht ähnlich aus wie bei L_c-RC CPM (siehe Bild 11.7), aber er ist nicht exakt auf ein Zeitintervall der Breite L_cT begrenzt, sondern nur näherungsweise mit $L_c = 2\ldots5$. Das Spektrum des TDMA-Systems ist auch nicht exakt auf den Bereich von ±100 kHz um die Trägerfrequenz herum begrenzt, so daß ein gewisses Übersprechen auf das frequenzmäßig benachbarte System auftritt, was jedoch durch Nichtverwendung benachbarter Trägerfrequenzen in räumlich benachbarten Zellen vermieden werden kann.

Der Datenstrom in jedem TDMA-System ist unterteilt in sogenannte *TDMA-Rahmen* von jeweils $1250 = 8 \cdot 156{,}25$ Bit, d.h. die Rahmen-Dauer beträgt $1250 \cdot 0{,}00369 \approx 4{,}615$ ms. Jeder TDMA-Rahmen besteht aus 8 *Zeitschlitzen* (time slots) von 156,25 Bit und einer Zeitdauer von $4{,}615/8 = 0{,}577$ ms. Von den 156,25 Bits dienen 42,25 Bits u.a. der Synchronisation und der

Kanalmessung durch den Empfänger. Die restlichen 114 Bits werden als *Datenburst* bezeichnet und entsprechen den codierten Infobits des Mobilfunkteilnehmers.

Für einen einzelnen Mobilfunkteilnehmer wird also ein GMSK-modulierter Kanal von etwa 200...300 kHz Bandbreite bei einer Übertragungsgeschwindigkeit von 270,833 kBit/s alle 4,615 ms für einen Zeitraum der Länge 0,577 ms benutzt. Die Datenrate der Codebits in diesem sogenannten *logischen Kanal* beträgt $r_c = 114/4{,}615 \cdot 24/26 = 22{,}8$ kBit/s. Der Faktor 24/26 kommt daher, daß von jeweils 26 TDMA-Rahmen nur 24 TDMA-Rahmen für die Nutzdaten zur Verfügung stehen, da 2 TDMA-Rahmen zum Austausch von Kontrollinformationen benötigt werden. Unter diesen Randbedingungen entsteht der in Bild 12.2 dargestellte diskrete Kanal.

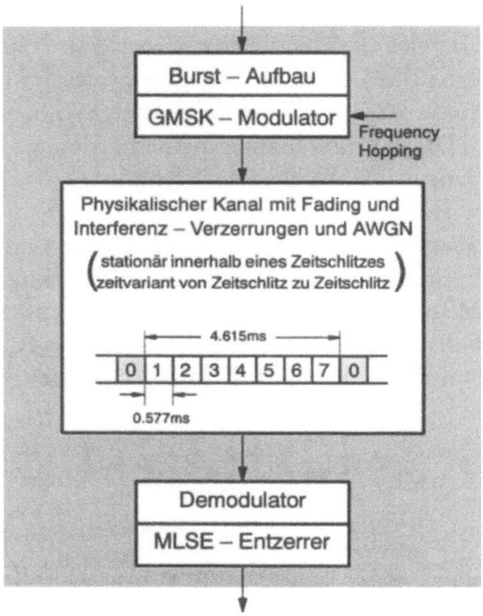

Bild 12.2. Erzeugung des diskreten Kanals bei GSM

Zunächst werden beim Burst-Aufbau die 114 Codebits eines Datenbursts durch die oben erwähnten 42,25 zusätzlichen Bits ergänzt und binär GMSK-moduliert. Ein logischer Kanal belegt nur jeden 8-ten Zeitschlitz, wie es in Bild 12.2 für den Zeitschlitz mit der Nummer 0 angedeutet wird. Der physikalische Kanal ist geprägt durch frequenzselektive Verzerrungen, die zu Intersymbol-Interferenzen führen (siehe Abschnitt 11.4). Das FIR-Filter kann mit $L = 4$ approximiert werden, d.h. die Kanalimpulsantwort ist auf eine Länge von etwa $5 \cdot 3{,}69 \approx 20$ μs begrenzt, was allerdings sehr stark von den Ausbreitungsbedingungen abhängt: Für die Kanalimpulsantwort sind verschiedene Typen von Power Delay Profilen (PDP) spezifiziert, nämlich Typical Urban (geringe Verzögerungen mit maximal 1,5 km Umweglaufzeit, Länge der Impulsantwort entsprechend 5 μs), Rural Area (fast verzerrungsfrei, Länge der Impulsantwort 1 μs) sowie Hilly Terrain (zeitverzögerte Echos mit maximal 6 km Umweglaufzeit, Länge der Impulsantwort entsprechend 20 μs). Während eines Zeitschlitzes ist der physikalische Kanal weitgehend stationär, aber von Zeitschlitz zu Zeitschlitz kann sich die Kanalqualität und die Kanalimpulsantwort stark ändern.

Der Empfänger vermag die Impulsantwort des Kanals aufgrund bekannter Synchronisationsinformation, nämlich sogenannter Midambeln, innerhalb der oben erwähnten 42,25 Bit gut zu schätzen. Der Entzerrer für den ISI-Kanal und das CPM-Signal wird nach dem MLSE-Prinzip (siehe Abschnitte 11.4 und 11.5) realisiert, wobei sich 16 Zustände im Viterbi-Algorithmus als ausreichend erweisen. Ferner generiert der Entzerrer Soft-Output, d.h. Zuverlässigkeitsinformationen über seine eigenen Entscheidungen, was beispielsweise mit einer Abwandlung des SOVA-Verfahrens aus Abschnitt 9.8 oder den in [121] dargestellten Methoden erfolgen kann.

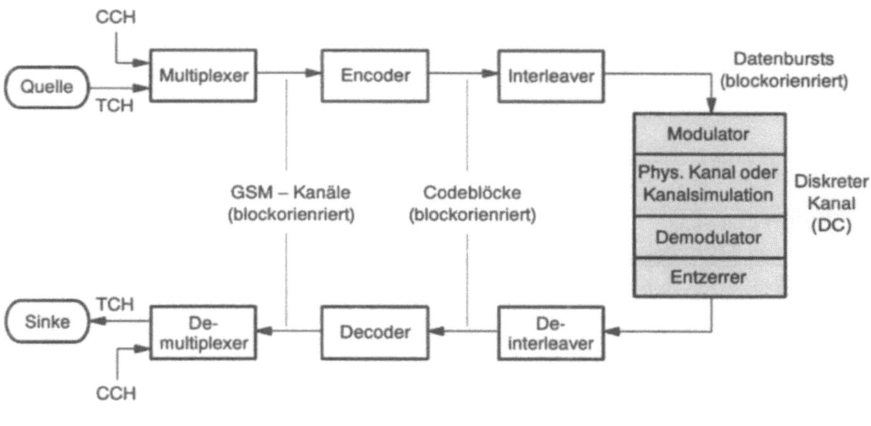

Bild 12.3. GSM-Übertragungssystem

Das gesamte Übertragungssystem zeigt Bild 12.3. Der vorangehend diskutierte diskrete Kanal erzeugt Bündelfehler und ist damit zeitvariant und gedächtnisbehaftet. Die Bündelfehler haben zwei Ursachen:

- Kurze Bündelfehler entstehen durch die Viterbi-Decodierung im MLSE-Entzerrer wie in Abschnitt 9.6 erklärt.
- Lange Bündelfehler, auch über mehrere TDMA-Rahmen bzw. Datenbursts hinweg, können dadurch entstehen, daß der Mobilfunkkanal einen längeren tiefen Fadingeinbruch aufweist. Deshalb wird optional langsames *Frequency Hopping* (Frequenzsprungverfahren) vorgesehen, bei dem die Trägerfrequenz bzw. das TDMA-System nach jedem Rahmen quasi zufällig gewech-

selt wird. In den meisten Fällen wird damit der Bündelfehler auf maximal einen TDMA-Rahmen bzw. einen Datenburst begrenzt.

Der Datenstrom in den einzelnen logischen GSM-Kanälen ist blockorientiert und damit auch der in den Encoder einlaufende Datenstrom. Der Encoder besteht aus verschiedenen noch zu erklärenden Teil-Encodern. Die entstehenden Codeblöcke umfassen 228 oder 456 Codebits, d.h. die Länge der Codeblöcke beträgt ein ganzzahliges Vielfaches der Länge eines Datenbursts. Das Interleaving-Verfahren verspreizt einen Teil-Codeblock von 114 Bit auf 4 bis 19 Datenbursts, so daß nach dem Deinterleaver in den meisten Fällen ein näherungsweise gedächtnisloser Kanal mit Soft-Decision Output entsteht, auf den das Codierungsverfahren anzupassen ist. Je stärker die Verspreizung ausfällt, desto besser werden die Bündelfehler in Einzelfehler aufgelöst – allerdings steigt damit auch die Verzögerungszeit stark an, so daß ein geeigneter Kompromiß zu wählen ist.

Im GSM-System können sowohl Daten wie auch Sprache übertragen werden. Neben diesen Nutzkanälen (TCH = traffic channel), auf die sich die vorangehenden Erklärungen und quantitativen Angaben bezogen haben, gibt es noch verschiedene Signalisierungskanäle (CCH = control channel), wobei vielfältige Kombinationen von TCH's und CCH's vorgesehen sind. Die Zusammenfassung dieser logischen GSM-Kanäle zu einem Datenstrom erfolgt im Multiplexer und die entsprechende Auftrennung im Demultiplexer. Eine Übersicht zu den wichtigsten logischen GSM-Kanälen gibt Tabelle 12.3.

GSM–Kanal	Infobits			Codierung		Codebits		Interleaving
	Blockabstand [ms]	Blocklänge	Datenrate [kbit/s]	+Prüfbits +Nullbits	FC–Coderate	Blocklänge	Datenrate [kbit/s]	Tiefe [Datenbursts]
TCH/FS	20	260	13	+ 3 + 4	1/2	4·114	22,8	8
TCH/HS	20	112	5,6	+ 3 + 6	1/2,1/3	2·114	11,4	4
TCH/F9.6	4·5	4·60	12	+ 0 + 4	61/114	4·114	22,8	19
TCH/F4.8	10	60	6	+ 0 +16	1/3	2·114	22,8	19
TCH/H4.8	4·10	4·60	6	+ 0 + 4	61/114	4·114	11,4	19
TCH/F2.4	20	72	3,6	+ 0 + 4	1/6	4·114	22,8	8
TCH/H2.4	20	72	3,6	+ 0 + 4	1/3	2·114	11,4	19
SACCH u.a.		184		+40 + 4	1/2	4·114		4
SCH		25		+10 + 4	1/2	78		1
RACH		8		+ 6 + 4	1/2	36		1

Tabelle 12.3. Datenstruktur der logischen GSM-Kanäle

Es sind 7 unterschiedliche TCH-Datenquellen mit Datenraten von 3,6 bis 13 kBit/s vorgesehen. Nach der Codierung beträgt die Datenrate 22,8 (TCH/F = full-rate) oder 11,4 kBit/s (TCH/H = half-rate). Bei den Halbratenkanälen werden von 26 TDMA-Rahmen nicht 24, sondern nur 12 benutzt, so daß sich die Datenrate halbiert bzw. die Anzahl der Mobilfunkteilnehmer verdoppelt. Ferner ist zwischen Sprachkanälen (TCH/S = speech) und Datenkanälen (TCH/„Bitrate") zu unterscheiden. Die Datenrate der Infobits ergibt sich als Quotient der Blocklänge zum Blockabstand. Das Verhältnis von Info- zu Codebitrate entspricht der Gesamtcoderate und bestimmt (zusammen mit dem Interleaving-Umfang) die erreichbaren Verbesserungen durch die Kanalcodierung. Bei den Signalisierungskanälen sind die Verhältnisse aufgrund unregelmäßiger oder sogar zufälliger Abstände wesentlich komplizierter, so daß auf die Angabe von Datenraten verzichtet wird. Bei den logischen Kanälen SCH (Synchronisation Channel) und RACH (Random Access Channel) enthält der Datenburst eines Zeitschlitzes nur 78 bzw. 36 statt 114 Codebits.

Bei den Nutzkanälen werden Faltungs-Interleaver verwendet, die allerdings wesentlich komplizerter als bei Bild 11.2 aufgebaut sind und hier nicht im Detail erläutert werden können. Bei TCH/FS wirken die $456 = 4 \cdot 114$ Codebits auf jeweils 8 Datenbursts, so daß ein Datenburst jeweils 57 Codebits aus 2 Codeblöcken enthält. Der Totalverlust eines Datenbursts mit 50% Fehlerrate bewirkt nach dem Deinterleaver 2 Codeblöcke mit eine Fehlerrate von $57/456 \cdot 50\% = 6{,}25\%$. Bei TCH/HS beträgt die entsprechende Fehlerrate 12,5%. Bei den Datenkanälen wird ein stärkeres Interleaving vorgesehen, weil hier die Anforderungen an die Verzögerungszeit nicht so streng sind. Bei TCH/F9.6 wirkt ein Teil-Codeblock von 114 Codebits auf 19 Datenbursts bzw. ein kompletter Codeblock wirkt auf 22 Datenbursts, so daß beim Totalverlust eines Datenbursts etwa 5 bis 6 Codeblöcke jeweils eine Fehlerrate von $1/22 \cdot 50\% \approx 2{,}3\%$ aufweisen. Bei den Kontrollkanälen wird nur Block-Interleaving angewendet, so werden beispielsweise beim SACCH (Slow Associated Control Channel) die $456 = 4 \cdot 114$ Codebits auf 4 Datenbursts verteilt, was bei Totalverlust eines Datenbursts zu einer Fehlerrate von 12,5% führt.

Die Struktur des GSM-Encoders zeigt Bild 12.4. Die Zahlen an den Pfeilen geben jeweils die Blocklängen an. Bei den meisten logischen Kanälen wird eine verkettete Codierung angewendet, die allerdings wie anfangs erwähnt ziemlich primitiv ist. Als äußerer Code wird ein Blockcode verwendet, danach werden m Nullen an den blockcodierten Block angehängt, die im nachfolgenden inneren Faltungscode mit der Gedächtnislänge m eine Terminierung bewirken, so daß auch die Codeverkettung einen Blockcode erzeugt. Die Faltungscodes haben verschiedene Coderaten, nämlich 1/2, 1/3, 1/6 sowie 61/114 mit Punktierung. Die Gedächtnislänge beträgt bei TCH/HS $m = 6$ (64 Zustände), bei allen anderen logischen Kanälen immer $m = 4$ (16 Zustände). Die Faltungscodes haben zwar eine maximale freie Distanz d_f, sind aber bezüglich einer geringen Anzahl von nächsten Nachbarn optimiert, um bei schlechten Kanälen einen möglichst großen Gewinn zu erreichen.

Am Eingang des Faltungs-Decoders liegt ein Kanal mit Einzelfehlern und Soft-Decision vor, so daß die Leistungsfähigkeit der Faltungscodes voll ausgeschöpft werden kann. Nach der Faltungs-Decodierung entstehen erneut Bündelfehler, so daß der äußere Blockcode aufgrund seiner wenigen Prüfstellen und kurzen Blocklänge auf die Fehlererkennung oder allenfalls auf die Korrektur eines Bündelfehlers beschränkt bleibt. Die Prüfstellen der Blockcodes werden übrigens größtenteils invertiert übertragen, so daß im strengen Sinn

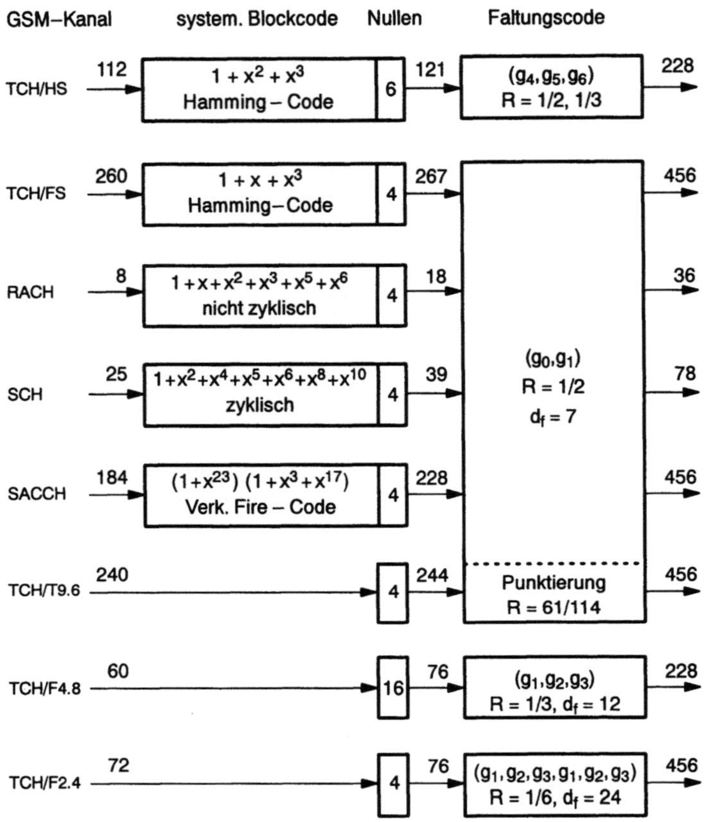

Generatorpolynome der Faltungscodes

$g_0(x) = 1+x^3+x^4$	$g_4(x) = 1+x^2+x^3+x^5+x^6$
$g_1(x) = 1+x+x^3+x^4$	$g_5(x) = 1+x+x^4+x^6$
$g_2(x) = 1+x^2+x^4$	$g_6(x) = 1+x+x^2+x^3+x^4+x^6$
$g_3(x) = 1+x+x^2+x^3+x^4$	

Bild 12.4. Struktur des GSM-Encoders

die Blockcodes nichtlinear und nicht-zyklisch sind. Beispielsweise kann Dauer-Null kein Codewort oder keine Codewortfolge sein. Nachfolgend werden einige logische Kanäle genauer betrachtet:

SACCH (Slow Associated Control Channel): Zu den 184 Infobits werden zunächst 40 Prüfstellen durch einen verkürzten Fire-Code berechnet, wobei als Generatorpolynom $g(x) = (1+x^{23})(1+x^3+x^{17})$ verwendet wird. Nach Satz 5.12 beträgt die Blocklänge $23 \cdot (2^{17}-1) = 3.014.633$ und es ist ein zyklischer Bündelfehler der Länge 12 korrigierbar. Durch Verkürzung ergibt sich ein $(224, 184)_2$-Code. Anschließend werden 4 Nullen angehängt, die bei der folgenden Faltungs-Encodierung eine Terminierung bewirken. Aus den 228 Bits am Eingang des Faltungs-Encoders entstehen 456 Codebits.

Nach der Rieger-Schranke aus Satz 5.11 existiert allerdings eventuell ein Code, der mit 40 Prüfstellen einen Bündelfehler bis zur Länge 20 korrigieren kann. Beim SACCH ist es ähnlich wie bei anderen Kontrollkanälen wichtig, daß nach der Decodierung keine unerkannten Fehler verbleiben. Alternativ kann der Fire-Code auch nur zur Fehlererkennung eingesetzt werden.

Beim Totalverlust eines Datenbursts entsteht eine Fehlerrate von 12,5%, die an der äußersten Grenze dessen liegt, was ein $R = 1/2$-Faltungscode verkraften kann. Folglich wird oftmals die Korrekturfähigkeit des Faltungscodes überschritten, was auch durch den Fire-Code nicht immer korrigiert werden kann. Durch stärkeres Interleaving würden sich wesentliche Verbesserungen ergeben, aber die Verzögerungszeit beträgt so schon etwa $4 \cdot 26 \cdot 4{,}615 = 480$ ms, da nur jeder 26-te TDMA-Rahmen für den SACCH benutzt werden kann.

SCH (Synchronisation Channel): Zu den 25 Infobits werden zunächst 10 Prüfstellen mit einem simplen Blockcode generiert, der empfangsseitig nur zur Fehlererkennung benutzt wird. Zusammen mit den 4 Nullbits entstehen 39 Bits, die mit dem terminierten Faltungs-Encoder in 78 Codebits überführt werden. Da für den SCH kein Interleaving vorgesehen ist (oder bei der Spezifikation vergessen wurde), wird die Korrekturfähigkeit des Faltungscodes schon durch kurze Bündelfehler am Ausgang des MLSE-Entzerrers überfordert.

TCH/F9.6 (Vollraten-Datenkanal): Aus der Sicht des Benutzers hat dieser Kanal eine Infobitrate von 9,6 kBit/s, aber aufgrund von gewissen „Verpackungen" liegen am Eingang des Encoders 13 kBit/s an, unterteilt in Blöcke von 60 Infobit im Abstand von 5 ms. Ein Blockcode ist nicht vorgesehen. Jeweils 4 Teil-Infoblöcke werden zu einem Infoblock zusammengefaßt und mit 4 Nullen ergänzt. Die entstehenden 244 Bits werden in einem terminierten punktierten Faltungs-Encoder mit der Rate $R = 61/114$ in 456 Codebits überführt. Hinter dieser „krummen" Coderate stehen natürlich keine tiefsinnigen theoretischen Überlegungen, sondern die Codierung hat hier u.a. die schlichte Aufgabe, die Datenraten der Quelle und des Kanals aneinander anzupassen.

Bei den beiden Sprachkanälen wird das 64 kBit/s PCM-Signal (Pulscodemodulation) in 20 ms Abschnitte von jeweils 1280 Bits zerlegt, die durch die Quellencodierung auf 260 (bei TCH/FS) bzw. auf 112 (bei TCH/HS) Infobits komprimiert werden. Diese Kompression geschieht allerdings nicht ausschließlich blockweise, da gewisse sich nur langsam ändernde Sprachparameter nur von Zeit zu Zeit übertragen werden. Für die Verständlichkeit der Sprache sind nicht alle Bits eines Infoblockes gleich wichtig, so daß verschiedene Klassen von Bits gebildet werden, die mit unterschiedlich starker Codierung versehen werden (UEP-Codierung, siehe Abschnitt 8.3). Die gesamte Verzögerungszeit bei der Übertragung von Sprache ist auf etwa 60 ms begrenzt, weil sich beim wechselseitigen Sprechen längere Verzögerungszeiten unangenehm bemerkbar machen würden. Zur Fehlererkennung ist ein einfacher Blockcode vorgesehen, der mit einem Hamming-Code realisiert wird. Auf erkannte Fehler reagiert der Sprachdecoder mit Maßnahmen zur *Fehlerverschleierung* (error concealment), d.h. Fehler sollen sich auf die Verständlichkeit der Sprache so wenig wie möglich auswirken. Beispielsweise kann es günstiger sein, einen stark gestörten Sprachparameter nicht mit einer relativ hohen Fehlerrate zu schätzen, sondern ihn vom vorangehenden 20 ms-Sprachabschnitt her zu extrapolieren.

TCH/FS (Vollraten-Sprachkanal): Für die UEP-Codierung wird ein ziemlich einfaches Verfahren benutzt: Die 260 Infobits werden in die 3 Klassen Ia (50 Bit), Ib (132 Bit) und II (78 Bit) aufgeteilt. Die Klasse II wird nicht codiert. Von Klasse Ia werden 3 Prüfbits mit einem Hamming-Code berechnet. Mit diesen 3 Prüfbits und 4 Nullen ergeben sich aus Klasse I insgesamt 189 Bits, die in einem terminierten Faltungs-Encoder in 378 Codebits umgesetzt werden. Zusammen mit den 78 uncodierten Bits der Klasse II ergeben sich 456 Codebits. Mit 3 Prüfbits werden etwa 7/8 aller Fehlermuster erkannt, darunter alle 1-Bit Fehlermuster. Da die Minimaldistanz des $(53, 50)_2$-Codes nur 2 beträgt, sind jedoch schon alle 2-Bit Fehlermuster nicht garantiert erkennbar.

TCH/HS (Halbraten-Sprachkanal): Die Entwicklung dieses Standards dauerte rund 6 Jahre von 1989 bis 1995, wobei am Ende die Entscheidung gegen eine echte RCPC-Codierung (siehe Abschnitt 8.3) fiel, so daß bei TCH/HS ein ähnlich primitives Codierungsverfahren mit 3 Klassen wie bei TCH/FS verwendet wird: Von den 112 Bits werden 17 Bits nicht codiert. Von den restlichen 95 Bits werden aus 22 Bits zunächst 3 Prüfbits berechnet. Hinzu kommen 6 Nullen für die Terminierung des Faltungscodes. Für die $95 + 6$ Bits wird der $R = 1/2$-Faltungscode mit $g_4(x), g_6(x)$ verwendet und für die 3 Prüfbits wird der $R = 1/3$-Faltungscode verwendet. Insgesamt entstehen also $(95 + 6) \cdot 2 + 3 \cdot 3 + 17 = 228$ Codebits.

Beim Verlust eines Datenbursts entsteht wie bei SACCH eine Fehlerrate von 12,5%, die wieder an der sinnvollen Grenze bei einem $R = 1/2$-Faltungscode liegt. Ein nur geringfügig stärkeres Interleaving würde zu erheblichen Verbesserungen führen, aber aufgrund der Vorgaben an die Verzögerungszeit ist das hier ebenso wie bei TCH/FS ausgeschlossen. Bei TCH/HS wird viel Aufwand für die Erkennung von Fehlern und die entsprechenden Maßnahmen zur Fehlerverschleierung betrieben [128]. Dazu werden nicht nur die 3 Prüfbits, sondern auch die Viterbi-Metriken des Faltungs-Decoders ausgewertet.

Für die meisten logischen GSM-Kanäle wird der gleiche $R = 1/2$-Faltungscode verwendet, obwohl die Fehlerraten nach dem Deinterleaver je nach Umfang des Interleavings ganz unterschiedlich sind. Diese GSM-Spezifikationen sind allenfalls aufgrund der vorgegebenen Verzögerungszeiten sowie unterschiedlicher Anforderungen an die Fehlerrate und an die Rate unerkannter Fehler nach der Decodierung gerechtfertigt.

Bei den beiden Sprachkanälen wird deutlich, daß die Sprach- und Kanalcodierung genau aufeinander angepaßt sind, wobei die Optimierung aber auf einer weitgehend subjektiven Bewertung der Sprachqualität bei ungestörten und gestörten Kanälen basiert (dafür sind allerdings genaue Rahmenbedingungen mit Testhörern festgelegt). Auch die Aufteilung von 22,8 kBit/s auf 13 kBit/s Quellencodierung und 9,8 kBit/s Redundanz für die Kanalcodierung bei TCH/FS (und entsprechend bei TCH/HS) ist eine Ermessensfrage, die davon abhängig ist, wie das Verhältnis von guten und schlechten Funkkanälen ausfällt – und zwar sowohl bezüglich ihrer Auftrittswahrscheinlichkeiten wie der Auswirkungen auf die Sprachqualität.

Mit einem stärkeren Interleaving würde bei schlechten Kanälen die Qualität steigen bzw. die Redundanz könnte reduziert werden, aber unter dem Diktat der knappen Verzögerungszeiten ist das unmöglich. In Abschnitt 11.1 wurde schon erwähnt, daß unter rein informationstheoretischen Aspekten das Interleaving kontraproduktiv ist, aber unter praktischen Gesichtspunkten ist das dagegen eine zentrale und notwendige Maßnahme bei Mobilfunk-Kanälen.

Offensichtlich existiert eine untere Grenze für die Infobitrate bei Mobilfunk-Kanälen, sofern die Coderate fixiert und das Interleaving zeitlich begrenzt wird. Fällt die Infobitrate bei eventuellen Viertel- oder Achtelraten-Kanälen unter diese Grenze, muß nach der Decodierung mit hohen Fehlerraten gerechnet werden, die nur dadurch vermieden werden können, daß der räumliche und frequenzmäßige Abstand zwischen den TDMA-Systemen vergrößert wird. Die reduzierte Datenrate kann also entgegen allen Erwartungen zu einer Verringerung statt zu einer Steigerung der Netzwerk-Kapazität führen. Derartige Befürchtungen sind eventuell schon beim Halbraten-Sprachkanal angebracht, der dann als Fehlentwicklung einzustufen wäre. Die endgültige Bilanz hängt jedoch von vielen weiteren Randbedingungen ab, die hier nicht diskutiert werden können. Auf jeden Fall werden aber die zusätzlichen Gesichtspunkte und die komplexen Wechselwirkungen deutlich, die beim Entwurf von Vielfach-Teilnehmer-Systemen zu beachten sind.

12.4 Kanal- und Quellencodierung für zukünftige Mobilfunksysteme

Die vorangehenden Überlegungen zum GSM-Standard haben sehr deutlich gezeigt, daß die Kanal- und Quellencodierung in enger Wechselwirkung zueinander stehen. Nach dem bereits in Abschnitt 1.2 erwähnten Separationsprinzip der Shannon'schen Theorie sind beide Codierungen unter rein informationstheoretischen Aspekten unabhängig voneinander und können getrennt ausgeführt werden. Allerdings werden dabei die praktisch außerordentlich wichtigen Aspekte der Übertragungsverzögerung und des Realisierungsaufwandes sowie die besonderen Eigenschaften des Mobilfunk-Kanals nicht berücksichtigt.

Bei den bisher bekannten Verfahren zur Quellencodierung, insbesondere bei Sprache, werden keine quasi statistisch unabhängigen Bits erzeugt, sondern es verbleiben mehr oder weniger starke Restkorrelationen im komprimierten Signal. Die quellencodierten Bits sind von unterschiedlicher Wichtigkeit für die Sprachqualität und somit ist ein unterschiedlich starker Schutz durch die Kanalcodierung angebracht, damit die Redundanz so sparsam wie möglich kalkuliert werden kann. Hinzu kommen die sehr diffizilen Möglichkeiten zur Fehlerverschleierung, d.h. zur Reaktion bei erkannten Fehlern oder bei unzuverlässig erscheinenden Empfangswerten.

Alle bekannten Möglichkeiten zur Optimierung durch aufeinander abgestimmte Kanal- und Quellencodierung werden in Bild 12.5 zusammengefaßt, die zwar über die beim GSM-Mobilfunk verwendeten Methoden weit hinausgehen, aber bei zukünftigen Mobilfunksystemen möglicherweise gewinnbringend eingesetzt werden können. Das Bild und die verwendeten Begriffe basieren auf einer ähnlichen Darstellung von J.Hagenauer in [111].

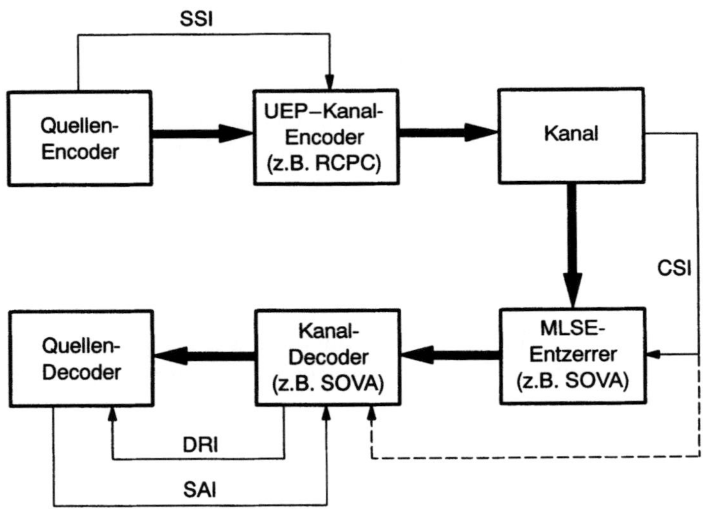

Bild 12.5. Übertragungssystem mit gemeinsamer Kanal- und Quellencodierung

Die UEP-Kanalcodierung (Unequal Error Protection) erfolgt mit unterschiedlichen Coderaten in Abhängigkeit von der Wichtigkeit der einzelnen Bits am Ausgang des Quellen-Encoders. Eine besonders aufwandsgünstige Methode stellen die RCPC-Codes (Rate Compatible Punctured Convolutional Code) dar. Die UEP-Codierung kann entweder statisch mit einem für jeden Block gleichen Codierungsschema erfolgen, oder aber dynamisch, indem der Kanal-Encoder per SSI (Source Significance Information) individuell vom Quellen-

Encoder gesteuert wird.

Alle statischen Eigenschaften der Kanal- und Quellencodierung sind natürlich empfangsseitig als bekannt vorauszusetzen. Im Empfänger steht Kanalzustandsinformation CSI (Channel State Information) zur Verfügung, wie es beispielsweise bereits für langsames Rayleigh-Fading in den Abschnitten 11.2 und 11.3 sowie für den ISI-Kanal in den Abschnitten 11.4 und 11.5 angenommen wurde. Der per Viterbi-Algorithmus realisierbare MLSE-Entzerrer (Maximum-Likelihood Sequence Estimation) generiert Soft-Output, was ein nachfolgender Faltungs-Decoder für RCPC-Codes vorteilhaft auswerten kann. Dabei erfolgt die Realisierung des Kanal-Decoders natürlich wieder mit dem Viterbi-Algorithmus, wobei der hier erneut generierte Soft-Output als DRI (Decoder Reliability Information) bezeichnet wird und Maßnahmen zur Fehlerverschleierung im Quellen-Decoder erlaubt.

In [111] wird das Konzept der Source Apriori / Aposteriori Information (SAI) sowie der *quellengesteuerten Kanal-Decodierung* eingeführt. Dabei werden dem Kanal-Decoder alle statischen und dynamischen Informationen über das quellencodierte Signal wie beispielsweise Restkorrelationen und Mittelwerte verfügbar gemacht. Per SAI teilt der Quellen-Decoder dem Kanal-Decoder mit, mit welcher Wahrscheinlichkeit das nächste Bit 0 oder 1 ist, denn unter der Voraussetzung, daß die vorangehenden Werte richtig decodiert wurden, sind bei verbleibenden Restkorrelationen im quellencodierten Signal die einzelnen Bits nicht exakt gleichmäßig mit jeweils 50% Auftrittswahrscheinlichkeit verteilt. Diese Informationen fließen über eine zusätzliche Gewichtung der Viterbi-Metrik in einen modifizierten Viterbi-Algorithmus ein. Ohne auf weitere Details einzugehen, ist doch anschaulich leicht verständlich, daß sich mit dieser Methode Verbesserungen ergeben, deren Umfang von den Eigenschaften des Quellensignals und der Quellencodierung abhängig ist. Bei zukünftigen Mobilfunksystemen sind mit derartigen Verfahren Verbesserungen gerade bei schlechten Kanälen zu erwarten, so daß die Coderate reduziert und die Kapazität des gesamten Systems gesteigert werden kann.

12.5 Richtfunk

Beim digitalen *Breitband-Richtfunk* beträgt die Übertragungsgeschwindigkeit zur Zeit (im Jahr 1995) maximal 155 MBit/s innerhalb der sogenannten *Synchronen Digitalen Hierarchie* (SDH), bei der jedoch Datenraten von bis zu 2,4 GBit/s bei leitungsgebundener Übertragung vorgesehen sind. Als Modulationsverfahren wird beim Richtfunk hochstufige QAM wie beispielsweise 64-QAM verwendet. Aufgrund von atmosphärischen Effekten treten gelegentlich Fadingeinbrüche von einigen Sekunden Dauer (oder noch länger) auf, so daß mit Bündelfehlern zu rechnen ist, deren Länge im Bereich von über 10^9 Bit liegt. Durch Codierung und Interleaving können derartige Störungen natürlich nicht kompensiert werden.

Dennoch erweist sich auch bei dieser Anwendung die Kanalcodierung als vorteilhaft. Aufgrund von Nichtlinearitäten und Komponenten-Toleranzen in Sender und Empfänger sowie aufgrund von nichtidealer Takt- und Trägerphasenregelung und verschiedener anderer Geräteimperfektionen tritt auch bei idealem Kanal mit großem Rauschabstand eine sogenannte *Hintergrund-Fehlerrate* im Bereich von $10^{-6} \ldots 10^{-9}$ auf. Gefordert wird jedoch eine Fehlerrate von unter 10^{-12} und dies läßt sich mit Kanalcodierung einfacher erreichen als beispielsweise mit sehr aufwendigen hochlinearen Sendeverstärkern.

Die verfügbare Bandbreite ist zwar ähnlich wie beim Telefonkanal sehr scharf begrenzt, aber je nach den Randbedingungen stehen noch einige Prozent Redundanz für die Codierung zur Verfügung. Jedoch sollte die Codierung nicht zu einer Verdoppelung des Signalalphabetes führen, da dies einen erheblichen Mehraufwand im Sender und Empfänger bedeuten würde und die Empfindlichkeit gegenüber den vorangehend aufgeführten Degradationen erhöhen würde. Nachfolgend werden zwei unter dem Begriff *unterlegte Codierung* bekannte Verfahren mit geringfügiger Bandbreitenexpansion dargestellt, die auf einfachen binären Faltungscodes bzw. Blockcodes basieren. Ein weiteres Verfahren mit trelliscodierter Modulation reduziert sogar die Bandbreite, aber benötigt dafür doch eine Verdopplung des Signalalphabetes.

Für die unterlegte Codierung werden die Inphase- und die Quadraturphase-Komponenten der 64-QAM als zwei unabhängige 8-ASK Signale aufgefaßt. Die spezielle 8-ASK Codierung kann als Sonderfall der mehrstufencodierten Modulation gemäß Bild 10.18 mit $M = 2$ erklärt werden: Als Komponentencode Γ_0 wird ein spezieller Faltungscode mit der Rate 8/9 verwendet [102] und Γ_1, Γ_2 werden als uncodierte $(9,9,1)$-Blockcodes aufgefaßt. Also werden $8+9+9 = 26$ Infobits in $9+9+9 = 27$ Codebits umgesetzt, die zu 9 Kanalbenutzungen führen. Die Coderate beträgt also 26/27 Infobit/Codebit bzw. 26/9 Infobit/1-dim.Kanalbenutzung. Somit expandiert die Bandbreite um 3,8%. Der Codierungsgewinn beträgt 2,7 dB bei $P_b = 10^{-5}$. Der verwendete Faltungscode ist *selbstorthogonal* (siehe z.B. [59]) mit der freien Distanz $d_f = 5$ und erlaubt eine sehr einfache Hard-Decision Decodierung mit den in der Einleitung von Kapitel 9 erwähnten algebraischen Verfahren.

Bei einem ähnlichen System wird anstelle des selbstorthogonalen Faltungscodes ein expandierter $(32,26,4)_2$-Hamming-Code der Ordnung $r = 5$ verwendet [101] und Γ_1, Γ_2 werden entsprechend als uncodierte $(32,32,1)$-Blockcodes aufgefaßt. Die Coderate beträgt also $(26+32+32)/(32+32+32) = 15/16$ Infobit/Codebit und somit expandiert die Bandbreite mit 6,7% hier zwar stärker, aber dafür beträgt der Codierungsgewinn 3,2 dB bei $P_b = 10^{-5}$.

Der durch die unterlegte Codierung maximal erreichbare asymptotische Codierungsgewinn kann schnell abgeschätzt werden. Nach (10.10.4) gilt für 8-PSK BCM

$$\left(\Delta_{\min}^{[n]}\right)^2 = \min\{\Delta_0^2 \cdot d_0,\ 4\Delta_0^2 \cdot 1,\ 16\Delta_0^2 \cdot 1\} \le 4\Delta_0^2.$$

Der maximale Wert wird bei $d_{\min}(\Gamma_0) = d_0 \ge 4$ angenommen. Für die uncodierte Übertragung gilt $\Delta_{0,\mathrm{unc}} = \Delta_0$, da das Modulationsverfahren nicht verändert wird. Nach (10.10.6) ergibt sich ein maximaler asymptotischer Codierungsgewinn von 6,02 dB, wenn von der etwas häufigeren Kanalbenutzung bzw. der Bandbreitenexpansion abgesehen wird.

Es gibt jedoch auch so enge Kanalraster im Richtfunk, daß selbst wenige Prozent Redundanz nicht erlaubt werden können. Mit mehrdimensionaler trelliscodierter Modulation kann hier sogar Bandbreite eingespart werden. In [113] wird ein System mit 4-dimensionaler 128-QAM MTCM vorgestellt: In einem Ungerböck-Encoder mit 8 Zuständen werden 13 Infobits in 14 Codebits umgesetzt, indem 11 Infobits uncodiert bleiben und 2 Infobits mit einem $R = 2/3$-Faltungscode in 3 Codebits umgesetzt werden. Mit den $14 = 7 + 7$ Codebits wird ein 4-dimensionaler Signalpunkt aus einer 128×128-QAM Konstellation ausgewählt. Pro 2-dimensionaler Kanalbenutzung werden also nicht 6 Infobits wie bei uncodierter 64-QAM, sondern 6,5 Infobits übertragen, d.h. die Bandbreite wird um den Faktor $6/6{,}5 = 0{,}923$ bzw. 7,7% komprimiert. Der Codierungsgewinn beträgt zwar dennoch 2,2 dB bei $P_b = 10^{-5}$, aber die Decodierung ist bei diesem System aufwendiger als bei der unterlegten Codierung.

Es wird noch auf einen deutlichen Unterschied zu den in Abschnitt 10.9 diskutierten MTCM-Verfahren hingewiesen: Bei Bild 10.16 wählen die 9 Codebits einen Punkt aus einer 512-Punkte 4-dimensionalen 32-QAM Konstellation. Wegen $32^2 = 1024$ können dabei jedoch prinzipiell nicht alle möglichen Paare von 32-QAM Signalpunkten auftreten. Bei den 14 Codebits des Richtfunk-MTCM-Systems treten jedoch alle möglichen *Paare* von 128-QAM Signalpunkten auch tatsächlich auf. Die Codierung prägt sich also nur dadurch aus, daß nicht alle möglichen *Sequenzen* von Signalpunkten tatsächlich auftreten.

12.6 Compact Disc (CD)

Ein interessantes Beispiel zur Kanalcodierung bei der Nachrichtenspeicherung bietet die digitale Audiotechnik der 1982 auf dem Markt eingeführten Compact Disc (CD). Die störungsfreie hohe Qualität der CD basiert ganz wesentlich auf zwei verketteten Reed-Solomon Codes sowie auf Maßnahmen zur Fehlerverschleierung. Damit wurden erstmals hochentwickelte Codes im Bereich der privat genutzten Elektronik eingesetzt, und zwar derart, daß eine kostengünstige Massenfertigung sowohl der Abspielgeräte wie auch der CD's ermöglicht wird. Der Auslesen der Daten von der CD erfolgt über einen optischen Kanal, was ein ganz anderes Modulationsverfahren als bei den bisher behandelten Kanälen und Anwendungen erfordert.

Die digitale Information ist auf der CD in Form von Vertiefungen enthalten, die in den Kunststoffträger eingepreßt sind. Die Abfolge der Vertiefungen („Pits") und Nicht-Vertiefungen („Lands") ist auf einer spiralförmigen Spur von etwa 5 km Länge angeordnet. Die Länge eines Pits bzw. Lands beträgt etwa 1 bis 3 μm, die Breite einer Spur etwa 0,6 μm und der seitliche Abstand zwischen zwei Spuren etwa 1 μm. Die gesamte Fläche ist mit Aluminium überzogen, um den Laserstrahl beim Auslesen zu reflektieren. Die Abtastgeschwindigkeit liegt bei etwa 1,2 m/s. Ein Spurfolgesystem gewährleistet auch bei Höhenschlag und Exzentrizität der Platte eine genaue Fokussierung des Lasers durch den durchsichtigen Kunststoffträger hinweg auf die Oberfläche und auf die Spur. Bei einem Pit wird der Laserstrahl gestreut und ansonsten vollständig reflektiert. Der gestreute bzw. reflektierte Laserstrahl wird in einem Photodetektor ausgewertet. Eine ausführliche Beschreibung des CD-Standards bietet der Beitrag von K.A.S.Immink in [76] sowie [41] mit den Schwerpunkten Mechanik und Spurfolgesystem.

Die Datenrate der Kanalbits auf der CD beträgt etwa 4,3 MBit/s, so daß bei einer Spielzeit von maximal 74 Minuten die CD rund 19 Milliarden Bits speichert. Ein Kanalbit entspricht etwa einer Spurlänge von 0,3 μm. Durch Verschmutzungen oder Kratzer auf der Oberfläche der CD gehen schlagartig Hunderte oder Tausende von Kanalbits verloren. Neben diesen Bündelfehlern können auch Einzelfehler durch Materialdefekte wie beispielsweise mikroskopische Verunreinigungen oder Luftblasen verursacht werden, die bei einer kostengünstigen Massenproduktion von CD's unvermeidlich sind. Das Codierungsverfahren muß folglich auf extrem lange Bündelfehler sowie auf Einzelfehler ausgelegt werden und gleichzeitig eine aufwandsgünstige Realisierung erlauben. Ein RS-Code zur Korrektur von 1000 Fehlern ist also indiskutabel.

Für die Abspeicherung auf der CD wird das Musiksignal in beiden Stereokanälen mit jeweils 44,1 kHz abgetastet, so daß nach dem Shannon'schen Abtasttheorem eine Rekonstruktion des analogen Signals bis etwa 20 kHz möglich ist. Die Abtastwerte werden mit einem 16-Bit Analog/Digital-Wandler digitalisiert, was eine Infobitrate von 1,4112 MBit/s ergibt. Jeweils 6 Abtastwerte aus beiden Stereokanälen bilden ein Infowort von $12 \cdot 16 = 192 = 24 \cdot 8$ Infobits bzw. ein Wort der Länge 24 mit 8-Bit Symbolen.

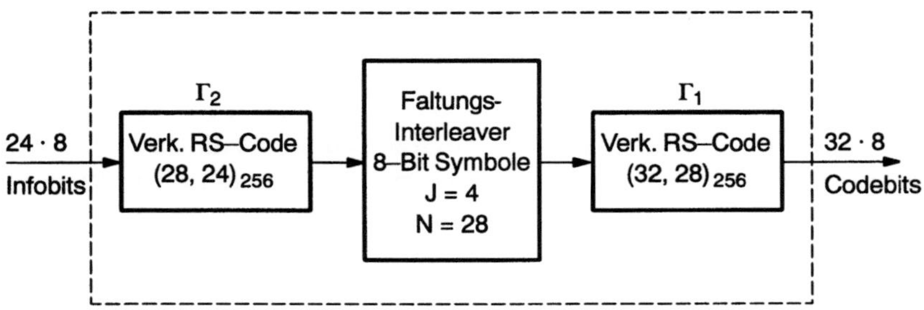

Bild 12.6. CIRC-Encoder

Zur Kanalcodierung wird ein sogenanntes *CIRC-Verfahren* (Cross-Interleaved Reed-Solomon Code) mit dem in Bild 12.6 dargestellten Encoder verwendet. Aus einem $(255, 251)_{256}$-RS-Code entstehen durch Verkürzung ein außen verwendeter $(28,24)_{256}$-RS-Code Γ_2 sowie ein innen verwendeter $(32,28)_{256}$-RS-Code Γ_1. Nach Satz 7.12 weisen beide Codes die Minimaldistanz $d_{\min} = 5$ auf. Da beide Codes jeweils 8-Bit Symbole verarbeiten, gehorcht die Codeverkettung bei der CD nicht dem Prinzip aus Bild 11.14. Zwischen den beiden Encodern ist ein Faltungs-Interleaver vorgesehen, der exakt dem Prinzip aus Bild 11.2 mit $N = 28$ und $J = 4$ (also $M = 112$) entspricht und ebenfalls auf 8-Bit Symbole ausgelegt ist. Im Interleaver werden also 1512 Symbole bzw. 12096 Bits zwischengespeichert. Der äußere Encoder überführt das Infowort der Länge 24 in ein Wort der Länge 28, so daß das i-te Symbol dieses Wortes immer exakt in die i-te Zeile des Interleaver-Speicher eingeschoben wird. Im inneren Encoder entstehen aus den interleavten Wörtern der Länge 28 die Codewörter der Länge 32, die folglich aus je 256 Codebits bestehen. Die Coderate beträgt $24/28 \cdot 28/32 = 3/4$ und somit ergibt sich eine Codebitrate von 1,8816 MBit/s.

Ein Codewort von $256 = 32 \cdot 8$ Codebits wird nun in einen *Rahmen* von 588 sogenannten *Kanalbits* umgesetzt, so daß eine Kanalbitrate von 4,3218 MBit/s resultiert. Dazu wird das Codewort zunächst mit einem nicht CIRC-encodierten Symbol ergänzt, das als *Subcode* bezeichnet wird und Display-Informationen wie Zeit und Titelnummer enthält. Die einzelnen Codebits können nicht direkt in Pits/Lands umgesetzt werden, da dann während einer Pause im Musiksignal die Synchronisation verloren gehen würde. Deshalb wird ein sogenannter *run-length limited code* verwendet, der die Anzahl aufeinanderfolgender Bits mit gleichem Wert nach oben und unten begrenzt. In einem soganannten *EFM-Verfahren* (Eight-to-Fourteen Modulation) wird ein 8-Bit Symbol in 14 Kanalbits derart umgesetzt, daß zwischen 2 Einsen mindestens 2 und höchstens 10 Nullen auftreten. Dafür gibt es 267 Möglichkeiten, von denen aber nur 256 benötigt werden. Zwischen zwei 14er Gruppen von Kanalbits werden 3 Koppelbits eingefügt, so daß auch im Strom der Kanalbits zwei Einsen immer durch 2 bis 10 Nullen getrennt sind. Jede Eins führt zu einem Wechsel zwischen Pit und Land, wie es Bild 12.7 an einem Beispiel zeigt. Die 33 EFM-codierten Symbole werden noch mit einem nicht EFM-codierten Synchronisationswort von 24 Kanalbits ergänzt, so daß der gesamte Rahmen also aus $(24 + 3) + (32 + 1) \cdot (14 + 3) = 588$ Kanalbits besteht.

Bild 12.7. Beispiel einer Pit/Land-Folge bei EFM

Im Gegensatz zur Encodierung auf der CD ist die Decodierung im Abspielgerät nicht standardisiert, so daß ein Hersteller ein hauseigenes Decodierverfahren verwenden dürfte. In aller Regel erfolgt jedoch die Decodierung in der nachfolgend beschriebenen Weise.

Der innere Code Γ_1 wird nur zur Korrektur eines Einzelfehlers benutzt, obwohl wegen $d_{\min} = 5$ auch 2 Einzelfehler korrigierbar wären. Wenn Γ_1 mehr als einen Einzelfehler feststellt, werden alle 28 Symbole im Γ_1-Infowort als Ausfälle erklärt. Der äußere Code Γ_2 wird nur zur Korrektur von maximal 4 Ausfällen verwendet. Damit werden in beiden Stufen sehr aufwandsgünstige Decodierverfahren ermöglicht.

Mit dieser Decodierung sind Bündelfehler bis zur Länge von 512 Codesymbolen korrigierbar, was 16 komplett falschen Γ_1-Codewörtern bzw. 4096 falschen Codebits bzw. 9408 falschen Kanalbits bzw. 2,5 mm Spurlänge entspricht. In Γ_1 werden alle 16 Codewörter mit jeweils 28 Ausfällen klassifiziert. Im Faltungs-Deinterleaver stehen dann in jeder Zeile maximal 16 Ausfälle, die nach dem Auslesen auf etwa 112 Γ_2-Codewörter mit jeweils maximal 4 Ausfällen verteilt werden. Das gleiche Resultat folgt auch aus der Überlegung am Ende von Abschnitt 11.1: Ein Bündelausfall (statt Bündelfehler) der Länge $b = 16 \cdot 28 = 448$ führt zu $b/M = 448/112 = 4$ Ausfällen (statt Fehlern) pro Γ_2-Codewort. Durch Γ_2 werden diese Ausfälle sicher korrigiert.

Wenn der innere Code t Fehler korrigiert, werden Fehlermuster mit einem Gewicht größer als t erkannt, sofern das Fehlermuster nicht in einer Kugel vom Radius t um ein Codewort liegt. Zur Vereinfachung wird angenommen, daß die Fehlermuster gleichmäßig verteilt sind. Dann beträgt die Wahrscheinlichkeit eines unerkannten Fehlermusters maximal

$$\frac{\left|\bigcup\limits_{\boldsymbol{a}\in\Gamma} K_t(\boldsymbol{a})\right|}{q^n} = q^{k-n} \cdot \sum_{r=0}^{t} \binom{n}{r}(q-1)^r \approx \left\{ \begin{array}{ll} 2 \cdot 10^{-10} & t = 0 \\ 2 \cdot 10^{-6} & t = 1 \\ 8 \cdot 10^{-3} & t = 2 \end{array} \right\}$$

bei $n = 32, k = 28, q = 256$. Die Wahl $t = 1$ erscheint als angemessen, denn bei $t = 0$ würde die Γ_1-Decodierung zwar zur reinen Fehlererkennung vereinfacht, aber bei häufigen Einzelfehlern könnte die Korrekturfähigkeit von Γ_2 überschritten werden. Bei $t = 2$ würde dagegen die Fehlererkennungsfähigkeit von Γ_1 zu gering ausfallen.

Die 6 Abtastwerte aus den beiden Stereokanälen werden innerhalb eines Rahmens in besonderer Weise angeordnet, um Maßnahmen zur Fehlerverschleierung zu ermöglichen. Bei Überschreitung der Γ_2-Korrekturfähigkeit wird zwischen benachbarten Abtastwerten interpoliert. Damit kann die Länge eines interpolierbaren Bündelfehlers auf rund 12000 Codebits bzw. auf 7,5 mm Spurlänge verdreifacht werden.

Wenn statistisch unabhängige Einzelfehler angenommen werden, gelten folgende Spezifikationen nach dem Beitrag von K.A.S.Immink aus [76]: Bei einer Fehlerrate von 10^{-3} sind 1000 Abtastwerte pro Minute zu interpolieren, bei einer Fehlerrate von 10^{-4} nur noch 1 Abtastwert alle 10 Stunden. Unentdeckte Fehler, die sich durch Klickgeräusche unangenehm bemerkbar machen, treten selbst bei einer Fehlerrate von 10^{-3} nur einmal in 750 Stunden auf.

Die bei CD-Abspielgeräten oft hervorgehobene Überabtastrate (Oversampling) hat mit der Abspeicherung, dem Auslesen und der Decodierung nichts zu tun. Beim Überabtasten werden zu den im Takt von 44,1 kHz decodierten Abtastwerten lediglich digitale Zwischenwerte durch Interpolation berechnet, so daß das analoge Tiefpaßfilter nach dem Digital/Analog-Wandler sowie der D/A-Wandler selbst einfacher realisiert werden können [41].

Das CIRC- und das EFM-Verfahren finden im Bereich der digitalen Audiotechnik breite Anwendung. Bei der 1993 eingeführten *Mini Disc* (MD) wird CIRC und EFM wie bei der CD angewendet. Auch die Abtastrate beträgt 44,1 kHz wie bei der CD, aber durch Quellencodierung nach dem ATRAC-Standard (Adaptive Transform Acoustic Coding) wird das Signal auf 175 kBit/s komprimiert. Der MD-Standard erlaubt neben der Wiedergabe von vorbespielten optischen Platten auch die Bespielung von magneto-optischen Platten. Da die Synchronisation der CD und der MD gegen mechanische Stöße empfindlich ist, sieht die MD ein sogenanntes Shock-Proof-Memory vor, d.h. vor der Wiedergabe wird das ausgelesene Signal für 3 Sekunden zwischengespeichert. Wenn nun der nächste Abschnitt durch Vibrationen falsch ausgelesen und decodiert wird, kann mit erhöhter Auslesegeschwindigkeit ein zweiter Versuch gemacht werden, ohne daß sich das im Ausgangssignal bemerkbar macht. Die Codierung wirkt hier mit modernen Verfahren der Signalverarbeitung, der Speicher- und der Zugriffstechnik zusammen.

Auch bei der 1993 eingeführten *Digital Compact Cassette* (DCC) wird die CIRC-Codierung eingesetzt. Durch Quellencodierung nach dem PASC-Standard (Precision Adaptive Subband Coding) wird das Signal auf 384 kBit/s komprimiert.

Schließlich werden die beiden Reed-Solomon Codes des CIRC-Verfahrens auch beim *Digital Audio Tape* (DAT) eingesetzt, lediglich das Interleaving-Verfahren ist an das besondere Aufzeichnungsformat in Schrägspurtechnik angepaßt [41].

Anhang: Mathematische Grundlagen

A.1 Elementare Analysis

Für die Logarithmen zu verschiedenen Basen gilt:

$$\log_a \alpha = \frac{\log_b \alpha}{\log_b a} = \frac{\ln \alpha}{\ln a}. \tag{A.1.1}$$

Für die Differentiation (nach α) gilt:

$$(a^\alpha)' = a^\alpha \cdot \ln a \quad , \quad (\ln \alpha)' = \frac{1}{\alpha} \quad , \quad (\log_a \alpha)' = \frac{1}{\alpha \ln a}. \tag{A.1.2}$$

Es seien f und g stetig differenzierbare Funktionen. Wenn dann die beiden Grenzwerte $\lim_{\alpha \to \alpha_0} f(\alpha)$ und $\lim_{\alpha \to \alpha_0} g(\alpha)$ entweder beide Null oder beide unendlich sind, so gilt die *l'Hospital'sche Regel*:

$$\lim_{\alpha \to \alpha_0} \frac{f(\alpha)}{g(\alpha)} = \lim_{\alpha \to \alpha_0} \frac{f'(\alpha)}{g'(\alpha)}. \tag{A.1.3}$$

Für eine $(n+1)$-mal stetig differenzierbare Funktion f gilt die *Taylor-Entwicklung*

$$f(\alpha_0 + \alpha) = \sum_{r=0}^{n} \frac{f^{(r)}(\alpha_0)}{r!} \alpha^r + \frac{f^{(n+1)}(\alpha_1)}{(n+1)!} \alpha^{n+1} \tag{A.1.4}$$

mit α_1 zwischen α_0 und α. Mit $f^{(r)}$ wird die r-te Ableitung bezeichnet. Für $\alpha \to 0$ verschwindet der Restterm, so daß in einer Umgebung von α_0 die Funktion f durch ein Polynom n-ten Grades approximiert wird. Insbesondere gelten folgende Taylor-Approximationen mit Polynomen ersten Grades für kleines α:

$$\log_2(1+\alpha) \approx \frac{\alpha}{\ln 2} \tag{A.1.5}$$

$$\log_2(2+\alpha) \approx 1 + \frac{\alpha}{2 \ln 2} \tag{A.1.6}$$

$$e^\alpha \approx 1 + \alpha \tag{A.1.7}$$

$$(1+\alpha)^a \approx 1 + a\alpha. \tag{A.1.8}$$

A.2 Binomialkoeffizienten und Entropiefunktion

Für die *Binomialkoeffizienten* gilt

$$\binom{n}{r} = \frac{n!}{r!(n-r)!} = \binom{n}{n-r} \quad ; \quad \binom{n}{0} = \binom{n}{n} = 1 \tag{A.2.1}$$

sowie die *binomische Formel*

$$\sum_{r=0}^{n} \binom{n}{r} a^r b^{n-r} = (a+b)^n \quad ; \quad \sum_{r=0}^{n} \binom{n}{r} = 2^n. \tag{A.2.2}$$

Die *binäre Entropiefunktion* ist definiert als

$$\begin{aligned} H_2(\lambda) &= -\lambda \log_2 \lambda - (1-\lambda)\log_2(1-\lambda) \\ &= -\log_2\left(\lambda^\lambda (1-\lambda)^{1-\lambda}\right). \end{aligned} \tag{A.2.3}$$

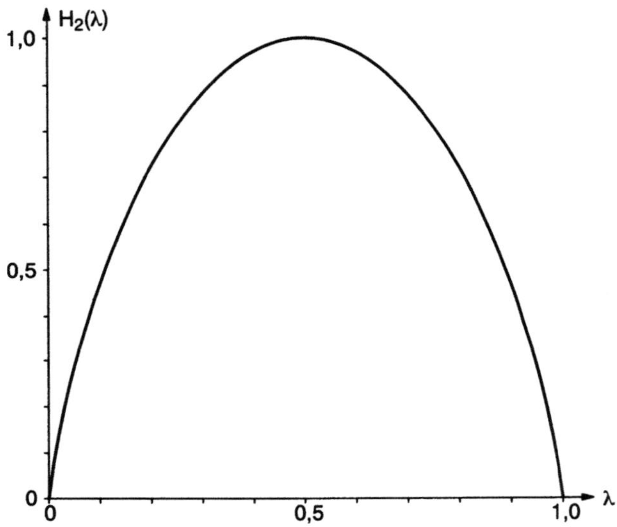

Bild A.1. Binäre Entropiefunktion

Eine Darstellung der binären Entropiefunktion zeigt Bild A.1. Es gilt die Symmetrie $H_2(1-\lambda) = H_2(\lambda)$ sowie $H_2(0) = H_2(1) = 0$ und $H_2(0{,}5) = 1$. Ferner gilt

$$H'(0) = \lim_{\lambda \to 0} \frac{H_2(\lambda)}{\lambda} = \lim_{n \to \infty} n \cdot H_2\left(\frac{1}{n}\right) = +\infty \tag{A.2.4}$$

sowie die Taylor-Approximation durch ein Polynom zweiten Grades in der Umgebung von 0,5:

$$H_2\left(\frac{1}{2} + \lambda\right) \approx 1 - \frac{2}{\ln 2}\lambda^2. \tag{A.2.5}$$

Satz A.1. *Für $0 \le \lambda \le 1/2$ gilt für die Teilsumme der Binomialkoeffizienten folgende Abschätzung mit der binären Entropiefunktion:*

$$\sum_{r=0}^{\lambda n} \binom{n}{r} \le 2^{nH_2(\lambda)} = \left(\lambda^{\lambda}(1-\lambda)^{1-\lambda}\right)^{-n}. \tag{A.2.6}$$

Dabei läuft die Summe über alle r mit $0 \le r \le \lambda n$. Ferner gilt asymptotisch:

$$\lim_{n\to\infty} \frac{1}{n} \log_2 \sum_{r=0}^{\lambda n} \binom{n}{r} = H_2(\lambda) = \lim_{n\to\infty} \frac{1}{n} \log_2 \binom{n}{\lfloor \lambda n \rfloor}. \tag{A.2.7}$$

Beweis: Nach der binomischen Formel gilt:

$$\begin{aligned}
1 &= (\lambda+1-\lambda)^n = \sum_{r=0}^{n} \binom{n}{r} \lambda^r (1-\lambda)^{n-r} \\
&\ge \sum_{r=0}^{\lambda n} \binom{n}{r} \lambda^r (1-\lambda)^{n-r} = (1-\lambda)^n \sum_{r=0}^{\lambda n} \binom{n}{r} \left(\frac{\lambda}{1-\lambda}\right)^r \\
&\ge (1-\lambda)^n \sum_{r=0}^{\lambda n} \binom{n}{r} \left(\frac{\lambda}{1-\lambda}\right)^{\lambda n} \quad \text{weil} \quad \frac{\lambda}{1-\lambda} \le 1 \quad \text{und} \quad r \le \lambda n \\
&= \lambda^{\lambda n}(1-\lambda)^{n-\lambda n} \sum_{r=0}^{\lambda n} \binom{n}{r} = 2^{-nH_2(\lambda)} \sum_{r=0}^{\lambda n} \binom{n}{r}.
\end{aligned}$$

Damit ist (A.2.6) nachgewiesen. Zur einfachen Beschreibung asymptotischen Verhaltens wird die Größe $o(f(n))$ verwendet (lies: *klein o von* $f(n)$), für die $o(f(n))/f(n) \to 0$ bei $n \to \infty$ vereinbart wird. Insbesondere gilt $o(n)/n = o(1)$. Wegen $\log_2 \lfloor \lambda n \rfloor - \log_2(\lambda n) = \log_2 \frac{\lfloor \lambda n \rfloor}{\lambda n} \to 0$ bei $n \to \infty$ folgt

$$\log_2 \lfloor \lambda n \rfloor = \log_2(\lambda n) + o(1).$$

Nach der *Stirling'schen Formel* [62] gilt

$$n! = n^n e^{-n} \sqrt{2\pi n} \exp\left(\frac{1}{12n} - \frac{1}{360n^3} + \cdots\right) \tag{A.2.8}$$

und somit

$$\ln n! = n \ln n - n + o(n).$$

Nach Definition der Binomialkoeffizienten gilt dann

$$\begin{aligned}
\ln \binom{n}{r} &= \Big[n \ln n - n + o(n)\Big] - \Big[r \ln r - r + o(r)\Big] \\
&\quad - \Big[(n-r)\ln(n-r) - (n-r) + o(n-r)\Big] \\
&= n \ln n - r \ln r - (n-r)\ln(n-r) + o(n).
\end{aligned}$$

Dies gilt auch für Logarithmen zur Basis 2 und somit folgt für $r = \lambda n$:

$$\begin{aligned}
&\frac{1}{n}\log_2\binom{n}{\lfloor\lambda n\rfloor} \\
&= \log_2 n - \frac{\lfloor\lambda n\rfloor}{n}\log_2\lfloor\lambda n\rfloor - \left(1-\frac{\lfloor\lambda n\rfloor}{n}\right)\log_2(n-\lfloor\lambda n\rfloor) + \frac{o(n)}{n} \\
&= \log_2 n - \lambda\log_2(\lambda n) - (1-\lambda)\log_2((1-\lambda)n) + o(1) \\
&= -\lambda\log_2\lambda - (1-\lambda)\log_2(1-\lambda) + o(1) \\
&= H_2(\lambda) + o(1).
\end{aligned}$$

Damit folgt die rechte Gleichheit in (A.2.7) und aus

$$\binom{n}{\lfloor\lambda n\rfloor} \le \sum_{r=0}^{\lambda n}\binom{n}{r} \le 2^{nH_2(\lambda)}$$

folgt auch die linke Gleichheit in (A.2.7). □

Die Abschätzung aus Satz A.1 wird in Abschnitt 2.7 beim Beweis des Kanalcodierungstheorems und der Grenzwert wird in Abschnitt 3.4 bei der Herleitung der asymptotischen Schranken angewendet.

Satz A.1 liefert für $\lambda = 1/2$ (bei geradem n) nur die triviale Abschätzung $\binom{n}{n/2} \le 2^n = \sum_{r=0}^{n}\binom{n}{r}$. Mit der Stirling'schen Approximation $n! \approx n^n e^{-n}\sqrt{2\pi n}$ ergibt sich mit elementarer Rechnung die sehr genaue Näherung (als Spezialfall des DeMoivre-Laplace-Theorems [52])

$$\binom{n}{n/2} \approx \sqrt{\frac{2}{\pi}}\frac{2^n}{\sqrt{n}}. \tag{A.2.9}$$

A.3 Wahrscheinlichkeitsrechnung

Mit $P(\mathcal{A}|\mathcal{B}) = P(\mathcal{AB})/P(\mathcal{B})$ wird die *bedingte Wahrscheinlichkeit* des Ereignisses $\mathcal{A}$ unter dem Ereignis $\mathcal{B}$ bezeichnet. Zwei Ereignisse $\mathcal{A}, \mathcal{B}$ sind *statistisch unabhängig*, wenn $P(\mathcal{AB}) = P(\mathcal{A})P(\mathcal{B})$ bzw. $P(\mathcal{A}|\mathcal{B}) = P(\mathcal{A})$ gilt. Für eine vollständige Ereignisdisjunktion $\mathcal{A}_i$ mit $\mathcal{A}_i\mathcal{A}_j = \emptyset$ für $i \neq j$ und $P(\bigcup_i \mathcal{A}_i) = 1$ gilt der *Satz von der vollständigen Wahrscheinlichkeit*

$$P(\mathcal{B}) = \sum_i P(\mathcal{B}|\mathcal{A}_i)P(\mathcal{A}_i) \tag{A.3.1}$$

sowie der *Satz von Bayes*

$$P(\mathcal{A}_k|\mathcal{B}) = \frac{P(\mathcal{A}_k\mathcal{B})}{P(\mathcal{B})} = \frac{P(\mathcal{B}|\mathcal{A}_k)P(\mathcal{A}_k)}{\sum_i P(\mathcal{B}|\mathcal{A}_i)P(\mathcal{A}_i)}. \tag{A.3.2}$$

Für beliebige Ereignisse $\mathcal{A}_i$ gilt:

$$P\left(\bigcup_i \mathcal{A}_i\right) \le \sum_i P(\mathcal{A}_i). \tag{A.3.3}$$

Bei disjunkten bzw. unabhängigen Ereignissen gilt hier sogar Gleichheit, was der Additivität der Wahrscheinlichkeit entspricht.

Die wertdiskrete Zufallsgröße x nehme die q Werte ξ_i mit der Wahrscheinlichkeit $p_i = P(x = \xi_i)$ an. Dann ist $\mu = E(x) = \sum_i \xi_i p_i$ der *Erwartungswert* und $\sigma^2 = D^2(x) = \sum_i (\xi_i - \mu)^2 p_i$ die *Varianz*.

Die im folgenden Satz gegebene Abschätzung der linearen Abweichung durch die quadratische Abweichung wird in Abschnitt 2.7 beim Beweis des Kanalcodierungstheorems verwendet:

Satz A.2 (Tschebyscheff'sche Ungleichung). *Die Zufallsgröße x sei diskret oder kontinuierlich mit Erwartungswert $\mu = E(x)$ und Varianz $D^2(x)$. Dann gilt für jedes $\delta > 0$ die Abschätzung*

$$P(|x - \mu| > \delta) \leq \frac{D^2(x)}{\delta^2}. \tag{A.3.4}$$

Beweis für den diskreten Fall:

$$\begin{aligned} D^2(x) &= \sum_i (\xi_i - \mu)^2 p_i \geq \sum_{\substack{i \\ |\xi_i - \mu| > \delta}} (\xi_i - \mu)^2 p_i \\ &\geq \sum_{\substack{i \\ |\xi_i - \mu| > \delta}} \delta^2 p_i = \delta^2 \cdot P(|x - \mu| > \delta). \end{aligned}$$

Der wertkontinuierliche Fall wird entsprechend bewiesen. □

Die wertdiskrete Zufallsgröße x besitzt eine *Binomialverteilung* zum Parameter ϵ (sei $0 \leq \epsilon \leq 1$), wenn

$$P(x = r) = \binom{n}{r} \epsilon^r (1 - \epsilon)^{n-r}; \quad r = 0, 1, \ldots, n \tag{A.3.5}$$

gilt. Dabei ist $P(x = r)$ die Wahrscheinlichkeit, daß ein Ereignis mit der Wahrscheinlichkeit ϵ bei n unabhängigen Realisierungen genau r mal auftritt. Es gilt $E(x) = n\epsilon$ und $D^2(x) = n\epsilon(1-\epsilon)$. Ein Beispiel für die Binomialverteilung wird durch die Anzahl der Fehler in einem Empfangswort bei Übertragung über den BSC gegeben (siehe (1.3.9)).

Als Maß für den Informationsgehalt einer wertdiskreten Zufallsgröße mit q möglichen Werten wird die *Entropie* (Unbestimmtheit)

$$H(x) = -\sum_i p_i \log_2 p_i \tag{A.3.6}$$

mit der Einheit Bit definiert. Dabei wird $0 \cdot \log_2 0 = 0$ vereinbart, was mit $\lim_{\alpha \to 0} \alpha \log_2 \alpha = 0$ zusammenpaßt. Da die Entropie nur von den p_i abhängig ist, kann man auch von der Entropie der Verteilung sprechen und dafür die Notation $H(p_1, \ldots, p_q)$ verwenden. Für die Entropie gilt allgemein

$0 \leq H(x) \leq \log_2 q$. Der Minimalwert wird angenommen, wenn ein Wert ξ_i mit Wahrscheinlichkeit 1 und die anderen $q-1$ Werte mit Wahrscheinlichkeit 0 auftreten. Der Maximalwert wird angenommen, wenn alle Werte ξ_i mit der gleichen Wahrscheinlichkeit $1/q$ auftreten.

Für eine binäre Zufallsgröße x, bei der die zwei Werte mit den Wahrscheinlichkeiten λ und $1-\lambda$ auftreten, ergibt sich die Entropie aus der binären Entropiefunktion: $H(x) = H_2(\lambda)$.

Es wird jetzt ein Wort $\boldsymbol{x}$ der Länge k betrachtet, wobei die Komponenten $x_1, \ldots, x_k$ weiterhin jeweils q mögliche Werte annehmen können. Also kann $\boldsymbol{x}$ maximal q^k mögliche Werte annehmen und somit gilt für die Entropie des Wortes $H(\boldsymbol{x}) \leq \log_2(q^k) = k \cdot \log_2 q$. Wenn die Komponenten statistisch unabhängig und identisch verteilt sind, gilt $H(\boldsymbol{x}) = k \cdot H(x_1)$.

Die wertkontinuierliche Zufallsgröße x besitzt eine *Normalverteilung* oder *Gaußverteilung* mit dem Erwartungswert μ und der Varianz σ^2, wenn die Verteilungsdichtefunktion die Form

$$f(\xi) = \frac{1}{\sqrt{2\pi\sigma^2}} \exp\left(-\frac{(\xi-\mu)^2}{2\sigma^2}\right) \tag{A.3.7}$$

hat. Dafür wird auch die Schreibweise $x \sim N(\mu, \sigma^2)$ verwendet. Es gilt

$$\int_{-\infty}^{\infty} f(\xi) d\xi = 1 \tag{A.3.8}$$

$$E(x) = \int_{-\infty}^{\infty} \xi f(\xi) d\xi = \mu \tag{A.3.9}$$

$$E(x^2) = \int_{-\infty}^{\infty} \xi^2 f(\xi) d\xi = \sigma^2 + \mu^2. \tag{A.3.10}$$

Für die Wahrscheinlichkeit, daß x Werte zwischen ξ_1 und ξ_2 annimmt, gilt

$$\begin{aligned} P(\xi_1 < x < \xi_2) &= P\left(\frac{\xi_1-\mu}{\sigma} < \frac{x-\mu}{\sigma} < \frac{\xi_2-\mu}{\sigma}\right) \\ &= Q\left(\frac{\xi_1-\mu}{\sigma}\right) - Q\left(\frac{\xi_2-\mu}{\sigma}\right). \end{aligned} \tag{A.3.11}$$

Die normierte Zufallsgröße $(x-\mu)/\sigma$ ist ebenfalls normalverteilt mit dem Erwartungswert 0 und der Varianz 1, d.h. $(x-\mu)/\sigma \sim N(0,1)$, und es gilt

$$Q(\alpha) = P\left(\frac{x-\mu}{\sigma} > \alpha\right) = \frac{1}{\sqrt{2\pi}} \int_{\alpha}^{\infty} e^{-\eta^2/2}\, d\eta = \frac{1}{2}\mathrm{erfc}\left(\frac{\alpha}{\sqrt{2}}\right). \tag{A.3.12}$$

Dabei ist $Q(\alpha)$ die *komplementäre Gaußsche Fehlerfunktion*, deren Verlauf in Bild A.2 dargestellt ist.

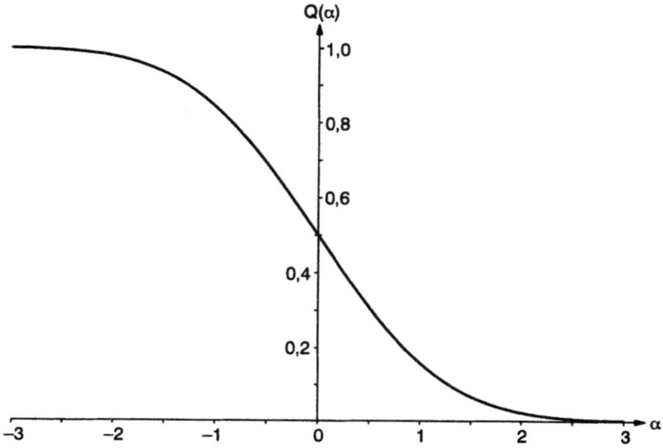

Bild A.2. Komplementäre Gaußsche Fehlerfunktion $Q(\alpha)$

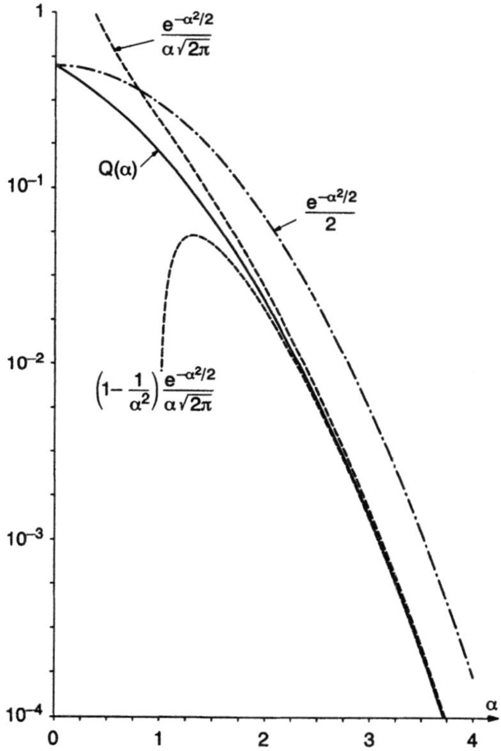

Bild A.3. Schranken für $Q(\alpha)$

Für die komplementäre Gaußsche Fehlerfunktion werden einige wichtige Eigenschaften notiert:

$$Q(-\infty) = 1, \quad Q(0) = \tfrac{1}{2}, \quad Q(+\infty) = 0, \tag{A.3.13}$$

$$Q(\alpha) + Q(-\alpha) = 1, \tag{A.3.14}$$

$$Q(\alpha) \le \frac{e^{-\alpha^2/2}}{2} \quad \text{für } \alpha \ge 0, \tag{A.3.15}$$

$$Q(\sqrt{\alpha+\beta}) \le Q(\sqrt{\alpha}) \cdot e^{-\beta/2} \quad \text{für } \alpha, \beta \ge 0. \tag{A.3.16}$$

Für große Werte α existiert eine extrem genaue Näherung [73, 79]:

$$\left(1 - \frac{1}{\alpha^2}\right) \frac{e^{-\alpha^2/2}}{\alpha\sqrt{2\pi}} < Q(\alpha) < \frac{e^{-\alpha^2/2}}{\alpha\sqrt{2\pi}} \quad \text{für } \alpha > 0. \tag{A.3.17}$$

Die Schranken aus (A.3.15) und (A.3.17) werden in Bild A.3 veranschaulicht. Mit $\alpha = \sqrt{2E_c/N_0} \to \infty$ ergibt sich das Resultat

$$Q\left(\sqrt{\frac{2E_c}{N_0}}\right) = e^{-E_c/N_0(1+o(1))}, \tag{A.3.18}$$

das die Grundlage für die Herleitung des asymptotischen Codierungsgewinns in Abschnitt 1.7 bildet. In der Umgebung von 0 gilt folgende Taylor-Approximation mit einem Polynom ersten Grades:

$$Q(\alpha) \approx \frac{1}{2} - \frac{\alpha}{\sqrt{2\pi}}. \tag{A.3.19}$$

A.4 Algebra (Gruppen, Ringe, Körper)

In diesem Abschnitt werden die allgemeinen Strukturen Äquivalenzklasse, Restklasse, Gruppe, Nebenklasse, Ring, Ideal und Körper eingeführt. Die für die Codierungstheorie erforderliche Spezialisierung auf endliche Körper erfolgt in Abschnitt A.8 sowie in Kapitel 6. Eine einfache und zugleich umfassendere Darstellung der algebraischen Grundbegriffe findet sich beispielsweise in [7, 11, 35, 81]. Ausführliche Einführungen in die Theorie der Galoisfelder bieten [42, 48].

Definition A.1 (Äquivalenzrelation). *Eine auf einer Menge $\mathcal{M}$ definierte Relation $\sim$ heißt* Äquivalenzrelation, *wenn gilt:*

(1) Für alle $a \in \mathcal{M}$ gilt: $a \sim a$ (Reflexiv).
(2) Für alle $a, b \in \mathcal{M}$ gilt: $a \sim b \Rightarrow b \sim a$ (Symmetrisch).
(3) Für alle $a, b, c \in \mathcal{M}$ gilt: $a \sim b \wedge b \sim c \Rightarrow a \sim c$ (Transitiv).

Als Äquivalenzklasse *$[a] = \{b \in \mathcal{M} | b \sim a\}$ wird die Menge aller zu a äquivalenten Elemente bezeichnet. Jedes Element aus $[a]$ kann als* Repräsentant *dienen, d.h. für $b \in [a]$ gilt $[b] = [a]$. Für $b \notin [a]$ gilt $[b] \cap [a] = \emptyset$. Somit bilden die verschiedenen Äquivalenzklassen eine* Partition *(Zerlegung) von $\mathcal{M}$.*

Beispiel A.1. Für $\mathcal{M} = \mathbb{Z}$ wird bei festem $p \in \mathbb{Z}$ durch

$$a \sim b \quad \Longleftrightarrow \quad a - b \text{ ist durch } p \text{ teilbar} \tag{A.4.1}$$

eine Äquivalenzrelation definiert mit $[a] = \{a + rp | r \in \mathbb{Z}\}$ sowie der Partition $\mathcal{M} = [0] \cup [1] \cup \ldots \cup [p-1]$. In diesem Fall werden die Äquivalenzklassen auch als *Restklassen* bezeichnet. □

Definition A.2 (Gruppe). *Eine* Gruppe $(\mathcal{G}, *)$ *ist eine Menge* $\mathcal{G}$ *zusammen mit einer zwischen den Elementen von* $\mathcal{G}$ *erklärten Operation* $*$*, so daß die nachfolgend aufgeführten Eigenschaften (1-4) erfüllt sind. Die Gruppe heißt* kommutativ *oder* abelsch, *falls zusätzlich (5) erfüllt ist:*

(1) Für alle $a, b \in \mathcal{G}$ *gilt* $a * b \in \mathcal{G}$ *(Abgeschlossen).*
(2) Für alle $a, b, c \in \mathcal{G}$ *gilt* $(a * b) * c = a * (b * c)$ *(Assoziativgesetz).*
(3) Es existiert ein $e \in \mathcal{G}$*, so daß für alle* $a \in \mathcal{G}$ *gilt:* $a * e = e * a = a$ *(Existenz des neutralen Elementes).*
(4) Für alle $a \in \mathcal{G}$ *existiert ein* $\bar{a} \in \mathcal{G}$ *mit* $a * \bar{a} = \bar{a} * a = e$ *(Existenz der inversen Elemente).*
(5) Für alle $a, b \in \mathcal{G}$ *gilt* $a * b = b * a$ *(Kommutativgesetz).*

Die Anzahl der Elemente von $\mathcal{G}$ *wird als* Ordnung *bezeichnet. Falls die Operation* $*$ *der Addition entspricht, so wird das neutrale Element als 0 (*Nullelement*) und das inverse Element zu* a *als* $-a$ *geschrieben mit der Vereinbarung* $a + (-b) = a - b$.

Falls die Operation $*$ *dagegen der Multiplikation entspricht, so wird das neutrale Element als 1 (*Einselement*) und das inverse Element zu* a *als* a^{-1} *geschrieben mit den Vereinbarungen* $a \cdot b = ab$ *und* $a \cdot b^{-1} = \frac{a}{b}$.

Generell ist das neutrale Element eindeutig bestimmt, denn wenn e und e' jeweils neutrale Elemente wären, so folgt aus $e = e * e' = e'$ ihre Gleichheit. Auch das inverse Element ist stets eindeutig bestimmt, denn wenn $\bar{a}$ und $\tilde{a}$ jeweils inverse Elemente zu a wären, so folgt aus $\bar{a} = \bar{a} * e = \bar{a} * (a * \tilde{a}) = (\bar{a} * a) * \tilde{a} = e * \tilde{a} = \tilde{a}$ ihre Gleichheit.

Beispiel A.2. (1) Durch $(\mathbb{Z}, +)$ und $(\mathbb{Q}, +)$ sowie $(\mathbb{Q} \setminus \{0\}, \cdot)$ werden kommutative Gruppen erklärt. Dagegen existieren in $(\mathbb{N}, +)$ und $(\mathbb{Z} \setminus \{0\}, \cdot)$ die inversen Elemente nicht.

(2) Die Menge aller (k, n)-dim. Matrizen mit Koeffizienten aus $\mathbb{Q}$ oder $\mathbb{R}$ bildet eine additive kommutative Gruppe.

In der Menge aller quadratischen Matrizen existieren keine multiplikativen Inversen. Bei Beschränkung auf nicht-singuläre Matrizen ergibt sich jedoch eine nicht-kommutative multiplikative Gruppe mit der Einheitsmatrix als Einselement.

(3) Die Menge $\mathbb{Z}_p = \{0, 1, 2, \ldots, p-1\}$ ist bezüglich der Addition modulo p eine Gruppe.

Die Menge $\mathcal{G} = \{1, 2, \ldots, p-1\}$ ist bezüglich der Multiplikation modulo p genau dann eine Gruppe, wenn p eine Primzahl ist. Denn wenn $p = sr$ keine Primzahl ist, so würde aus der Existenz von r^{-1} wegen $s = s \cdot 1 = s \cdot rr^{-1} = pr^{-1} = 0r^{-1} = 0$ ein Widerspruch folgen. Wenn p dagegen eine Primzahl ist, so existieren für $a \in \mathcal{G}$ nach dem Euklidischen Algorithmus (siehe (A.7.4)) Zahlen s und t mit $\mathrm{GGT}(a, p) = 1 = sa + tp$ und somit existiert $a^{-1} = s \in \mathcal{G}$. □

Wenn $\mathcal{U}$ und $\mathcal{G}$ jeweils Gruppen sind mit $\mathcal{U} \subseteq \mathcal{G}$, so heißt $\mathcal{U}$ *Untergruppe* von $\mathcal{G}$. Sei nun $\mathcal{G}$ eine additive Gruppe. Für $a, b \in \mathcal{G}$ wird durch

$$a \sim b \iff a - b \in \mathcal{U} \tag{A.4.2}$$

eine Äquivalenzrelation erklärt und die Äquivalenzklassen sind von der Form

$$[a] = a + \mathcal{U} = \{a + u | u \in \mathcal{U}\}. \tag{A.4.3}$$

In diesem Fall werden die Äquivalenzklassen als *Nebenklassen* (cosets), die Partition als *Nebenklassen-Zerlegung* (standard array) und die Repräsentanten als *Anführer* bezeichnet.

Für $a \in \mathcal{U}$ gilt $[a] = \mathcal{U}$ und für alle $a \in \mathcal{G}$ gilt $|[a]| = |\mathcal{U}|$. Somit bilden die verschiedenen Äquivalenzklassen eine Partition von $\mathcal{G}$ mit der Eigenschaft

$$(\text{Anzahl der Äquivalenzklassen}) \cdot |\mathcal{U}| = |\mathcal{G}|. \tag{A.4.4}$$

Falls die Ordnung von $\mathcal{G}$ endlich ist, muß $|\mathcal{U}|$ ein Teiler von $|\mathcal{G}|$ sein – dies gilt sogar für jede beliebige Verknüpfungsoperation $*$.

Ein Beispiel zur Nebenklassen-Zerlegung wird in Abschnitt 4.6 für lineare Codes gegeben. Der folgende Satz ist für Kapitel 6 wichtig:

Satz A.3. *Es sei $\mathcal{G}$ eine endliche multiplikative Gruppe der Ordnung n. Für $a \in \mathcal{G}$ ist*

$$\langle a \rangle = \{a^i | i \in \mathbb{Z}\} = \{a^1, a^2, a^3, \ldots, a^r\} \tag{A.4.5}$$

eine Untergruppe von $\mathcal{G}$ und $r = |\langle a \rangle|$ teilt n. Für jedes $a \in \mathcal{G}$ gilt $a^n = 1$.

Falls ein Element $a \in \mathcal{G}$ mit $\langle a \rangle = \mathcal{G}$ existiert, so heißt $\mathcal{G}$ zyklische Gruppe *und a* erzeugt *$\mathcal{G}$. In diesem Fall gilt*

$$\langle a^k \rangle = \mathcal{G} \iff \mathrm{GGT}(k, n) = 1. \tag{A.4.6}$$

Beweis: Offensichtlich ist $\{a^i | i \in \mathbb{Z}\}$ eine multiplikative Gruppe mit $a^0 = 1$ als Einselement und a^{-i} ist invers zu a^i. Da $\mathcal{G}$ endlich ist, gibt es in der Aufzählung $a^1, a^2, a^3, \ldots$ nur endlich viele verschiedene Elemente. Somit existiert ein minimales $r > 0$ mit $a^r = 1$ (denn wenn $a^r = a^l$ mit $l < r$ wäre, so würde ein $r' = r - l$ mit $a^{r'} = 1$ existieren, was einen Widerspruch zur Minimalität von r bedeuten würde).

Die Ordnung r von $\langle a \rangle$ ist ein Teiler von n nach (A.4.4). Also existiert ein $s \in \mathbb{Z}$ mit $rs = n$ und somit gilt $a^n = (a^r)^s = 1^s = 1$.

„(A.4.6)⇒": Sei $\langle a^k \rangle = \mathcal{G}$. Aus der Annahme $\mathrm{GGT}(k,n) = s > 1$ folgt $(a^k)^{n/s} = (a^n)^{k/s} = 1^{k/s} = 1$. Wegen $n/s < n$ kann a^k also nicht $\mathcal{G}$ erzeugen, was der Voraussetzung widerspricht. Somit folgt $s = 1$.

„(A.4.6)⇐": Sei $\mathrm{GGT}(k,n) = 1$. Aus der Annahme $\langle a^k \rangle \subset \mathcal{G}$ folgt die Existenz von s mit $s < n$ und $(a^k)^s = 1$. Wegen $\langle a \rangle = \mathcal{G}$ ist $ks < n$ ausgeschlossen bzw. n muß sogar ein Teiler von ks sein. Da n und k nach Voraussetzung teilerfremd sind, muß n ein Teiler von s sein und damit ergibt sich ein Widerspruch. Also folgt $\langle a^k \rangle = \mathcal{G}$. □

Beispiel A.3. Es wird eine Gruppe betrachtet, die aus den komplexen n-ten *Einheitswurzeln* besteht, d.h. aus n komplexen Zahlen auf dem Einheitskreis:

$$\mathcal{G} = \{e^{j2\pi r/n} | r = 0, 1, \ldots, n-1\} \subset \mathbb{C}. \tag{A.4.7}$$

Für $n = 3$ ergibt sich $\mathcal{G} = \{1, e^{j2\pi/3}, e^{j2\pi 2/3}\}$ mit:

$$\begin{aligned} \langle 1 \rangle & & &= \{1\} \\ \langle e^{j2\pi/3} \rangle &= \langle e^{j2\pi 2/3} \rangle & &= \mathcal{G}. \end{aligned}$$

Für $n = 6$ ergibt sich $\mathcal{G} = \{1, e^{j2\pi/6}, e^{j2\pi 2/6}, \ldots, e^{j2\pi 5/6}\}$ mit:

$$\begin{aligned} \langle 1 \rangle & & &= \{1\} \\ \langle e^{j2\pi/6} \rangle &= \langle e^{j2\pi 5/6} \rangle & &= \mathcal{G} \\ \langle e^{j2\pi 2/6} \rangle &= \langle e^{j2\pi 4/6} \rangle & &= \{1, e^{j2\pi 2/6}, e^{j2\pi 4/6}\} \\ \langle e^{j2\pi 3/6} \rangle & & &= \{1, e^{j2\pi 3/6}\}. \end{aligned}$$

Natürlich kann eine Gruppe der Ordnung 6 nur Untergruppen der Ordnungen 1, 2, 3, 6 haben. □

Definition A.3 (Ring). *Ein* Ring (mit Einselement) *ist eine Menge $\mathcal{R}$ zusammen mit den Operationen $+$ und $\cdot$, so daß folgende Eigenschaften erfüllt sind:*

(1) $(\mathcal{R}, +)$ ist eine kommutative Gruppe.
(2) $(\mathcal{R} \setminus \{0\}, \cdot)$ ist abgeschlossen, erfüllt das Assoziativgesetz (und besitzt ein Einselement).
(3) Für alle $a, b, c \in \mathcal{R}$ gilt $a(b+c) = ab + ac$ (Distributivgesetz).

Der Ring ist kommutativ, *wenn die Multiplikation das Kommutativgesetz erfüllt. Wenn aus $ab = 0$ stets $a = 0$ oder $b = 0$ folgt, so heißt der Ring* nullteilerfrei. *Ein kommutativer nullteilerfreier Ring wird als* Integritätsbereich *(integer domain) bezeichnet.*

In einem Integritätsbereich darf gekürzt werden, d.h.

$$au = bu, \quad u \neq 0 \quad \Longrightarrow \quad a = b. \tag{A.4.8}$$

Beispiel A.4. **(1)** $\mathbb{Z}$ bildet einen Integritätsbereich mit Einselement.

(2) Die Menge der quadratischen Matrizen mit Koeffizienten aus $\mathbb{Q}$ oder $\mathbb{R}$ bildet wegen

$$\begin{pmatrix} 1 & -1 \\ 1 & -1 \end{pmatrix} \cdot \begin{pmatrix} 1 & 1 \\ 1 & 1 \end{pmatrix} = \begin{pmatrix} 0 & 0 \\ 0 & 0 \end{pmatrix}$$

einen nicht-kommutativen Ring mit Nullteilern und Einselement (= Einheitsmatrix).

(3) Die Menge $\mathbb{Z}_p = \{0, 1, 2, \ldots, p-1\}$ mit Rechnung modulo p bildet einen kommutativen Ring mit Einselement, aber nur dann einen Integritätsbereich, wenn p eine Primzahl ist, denn für $p = sr = 0$ modulo p sind r und s jeweils Nullteiler. □

Definition A.4 (Isomorphie). *Zwei Ringe $\mathcal{R}$ und $\mathcal{R}'$ werden als* isomorph *oder* strukturgleich *bezeichnet, wenn eine bijektive Abbildung $\varphi : \mathcal{R} \to \mathcal{R}'$ mit*

$$\varphi(a + b) = \varphi(a) + \varphi(b) \quad , \quad \varphi(a \cdot b) = \varphi(a) \cdot \varphi(b)$$

existiert, d.h. die Elemente von $\mathcal{R}'$ ergeben sich durch Umbenennung der Elemente von $\mathcal{R}$. Formal wird dafür $\mathcal{R} \cong \mathcal{R}'$ geschrieben.

Definition A.5 (Ideal). *Ein* Ideal *$\mathcal{I}$ in einem kommutativen Ring $\mathcal{R}$ ist eine Teilmenge von $\mathcal{R}$ mit folgenden Eigenschaften:*

(1) $(\mathcal{I}, +)$ ist eine Untergruppe von $\mathcal{R}$.
(2) Für alle $a \in \mathcal{I}$ und alle $b \in \mathcal{R}$ gilt $ab \in \mathcal{I}$.

Das Ideal $\mathcal{I}$ heißt Hauptideal, *wenn es von einem Element erzeugt wird, d.h.: $\mathcal{I} = \langle a \rangle = \{ab | b \in \mathcal{R}\}$. Der Ring wird* Hauptidealring *genannt, wenn jedes Ideal ein Hauptideal ist. Die Äquivalenzklassen $[r] = r + \mathcal{I} = \{r + a | a \in \mathcal{I}\}$ für $r \in \mathcal{R}$ werden als* Restklassen *bezeichnet. Zwischen den Restklassen werden die (wohldefinierten bzw. repräsentantenunabhängigen) Operationen*

$$[r] + [s] = [r + s] \qquad [r] \cdot [s] = [r \cdot s] \tag{A.4.9}$$

erklärt. Die Menge der Restklassen bildet den sogenannten Restklassenring *oder* Quotientenring *oder* Faktorring von $\mathcal{R}$ nach $\mathcal{I}$:

$$\mathcal{R}/\mathcal{I} = \{[r] \mid r \in \mathcal{R}\}. \tag{A.4.10}$$

Falls ein Ideal $\mathcal{I}$ das Einselement enthält, gilt natürlich $\mathcal{I} = \mathcal{R}$.

Beispiel A.5. Im Integritätsbereich $\mathcal{R} = \mathbb{Z}$ mit Einselement erzeugt eine beliebige Zahl $p \in \mathcal{R}$ mit $p \geq 1$ das Hauptideal

$$\mathcal{I} = \langle p \rangle = \{\ldots, -2p, -p, 0, +p, +2p, \ldots\}. \tag{A.4.11}$$

Die Äquivalenzklassen bzw. Nebenklassen bzw. Restklassen sind wie bei Beispiel A.1 von der Form

$$[r] = r + \langle p \rangle = \{\ldots, r - 2p, r - p, r, r + p, r + 2p, \ldots\}. \tag{A.4.12}$$

Folglich besteht $[r]$ aus allen ganzen Zahlen, die bei Division durch p den Rest r haben. Also gilt $a \in [r]$, wenn $r - a$ ein Vielfaches von p ist bzw. wenn a modulo p gleich r ist. Weiter gilt $[r+p] = [r]$. Der Faktorring von $\mathbb{Z}$ nach $\langle p \rangle$ besteht aus den Restklassen

$$\mathbb{Z}/\langle p \rangle = \{[r] \mid r \in \mathbb{Z}\} = \{[0],[1],\ldots,[p-1]\} \tag{A.4.13}$$

und die Restklassen-Zerlegung von $\mathbb{Z}$ lautet wie bei Beispiel A.1:

$$\mathbb{Z} = [0] \cup [1] \cup \ldots \cup [p-1]. \tag{A.4.14}$$

Das Rechnen modulo p entspricht also dem Rechnen im Restklassenring, d.h. formal sind der Ring $\mathbb{Z}_p = \{0,1,\ldots,p-1\}$ mit Rechnung modulo p und der Faktorring von $\mathbb{Z}$ nach $\langle p \rangle$ isomorph zueinander:

$$\mathbb{Z}_p \cong \mathbb{Z}/\langle p \rangle. \tag{A.4.15}$$

Gemäß Definition A.4 wird dabei $\varphi : \mathbb{Z}_p \to \mathbb{Z}/\langle p \rangle$ mit $\varphi(r) = [r]$ gesetzt. Speziell für $p = 0$ gilt $\langle 0 \rangle = \{0\}$ sowie $[r] = \{r\}$ und für $p = 1$ gilt $\langle 1 \rangle = \mathbb{Z}$ sowie $[r] = [0] = \mathbb{Z}$, d.h.:

$$\mathbb{Z}/\langle 0 \rangle \cong \mathbb{Z} \quad , \quad \mathbb{Z}/\mathbb{Z} \cong \{0\}. \tag{A.4.16}$$

Für $p = 1$ besteht der Restklassenring nur aus einem Element, d.h. Nullelement und Einselement sind identisch. □

Definition A.6 (Körper). *Als* Körper *(field)* $\mathbb{K}$ *wird ein Integritätsbereich bezeichnet, in dem die multiplikativen Inversen existieren, d.h. es gilt:*

(1) $(\mathbb{K},+)$ *ist eine kommutative Gruppe.*
(2) $(\mathbb{K}\backslash\{0\},\cdot)$ *ist eine kommutative Gruppe, die auch als* multiplikative Gruppe *des Körpers bezeichnet wird.*
(3) Für alle $a,b,c \in \mathbb{K}$ *gilt* $a(b+c) = ab + ac$ *(Distributivgesetz).*

Ein endlicher Körper mit q *Elementen wird als* Galoisfeld $\mathbb{F}_q$ *bezeichnet.*

Beispiel A.6. (1) Sowohl die rationalen Zahlen $\mathbb{Q}$ wie die reellen Zahlen $\mathbb{R}$ wie auch die komplexen Zahlen $\mathbb{C}$ bilden jeweils einen Körper.

(2) Die Menge aller quadratischen (n,n)-dim. nicht-singulären Matrizen mit Koeffizienten aus einem Körper bildet keinen Körper, da sie additiv nicht abgeschlossen ist bzw. das Nullelement nicht enthält.

(3) $\mathbb{Z}_p$ ist genau dann ein Körper, wenn p eine Primzahl ist (das wurde schon in Beispiel A.2(3) gezeigt). □

Alle endlichen Körper gleicher Mächtigkeit sind isomorph zueinander, d.h. man kann von *dem* endlichen Körper der Mächtigkeit q bzw. von *dem* Galoisfeld $\mathbb{F}_q$ sprechen. Wenn $q = p$ eine Primzahl ist, so folgt also

$$\mathbb{F}_p = \mathbb{Z}_p. \tag{A.4.17}$$

Insbesondere gilt also $1 + 1 + \cdots + 1 = 0$ für die p-fache Addition in $\mathbb{F}_p$ bzw. $1 + 1 = 0$ und $-1 = 1$ in $\mathbb{F}_2$.

Nicht bewiesen wird hier, daß Galoisfelder nur für $q = p^m$ existieren, wobei p eine Primzahl und m eine natürliche Zahl ist. Um so wichtiger für die Codierungstheorie ist aber die Konstruktion von $\mathbb{F}_{p^m}$ aus $\mathbb{F}_p$, die in Abschnitt A.8 und detailliert in Kapitel 6 erfolgt.

In einem endlichen oder unendlichen Körper $\mathbb{K}$ sind $\{0\}$ und $\mathbb{K}$ die einzigen Ideale. Denn wenn $\mathcal{I}$ ein Ideal mit $0 \neq a \in \mathcal{I}$ ist, so gilt mit $r = a^{-1} \in \mathbb{K}$ natürlich $1 = ar \in \mathcal{I}$ und somit $r = 1 \cdot r \in \mathcal{I}$ für alle $r \in \mathbb{K}$. Diese beiden Ideale sind wegen $\{0\} = \langle 0 \rangle$ und $\mathbb{K} = \langle 1 \rangle$ zugleich Hauptideale. Ein Körper ist also ein Hauptidealring.

A.5 Lineare Algebra und Vektorräume

Definition A.7 (Vektorraum). *Ein* Vektorraum *oder* linearer Raum V *über einem Körper* $\mathbb{K}$ *ist eine Menge von Vektoren, für die eine Addition und eine Skalarmultiplikation erklärt sind. Für* $\boldsymbol{a}, \boldsymbol{b}, \boldsymbol{c} \in V$ *und* $\alpha \in \mathbb{K}$ *sollen* $\boldsymbol{a} + \boldsymbol{b} \in V$ *und* $\alpha \cdot \boldsymbol{a} \in V$ *erfüllt sein sowie folgende Gesetze gelten:*

(1) $\boldsymbol{a} + \boldsymbol{b} = \boldsymbol{b} + \boldsymbol{a}$
(2) $(\boldsymbol{a} + \boldsymbol{b}) + \boldsymbol{c} = \boldsymbol{a} + (\boldsymbol{b} + \boldsymbol{c})$
(3) $\boldsymbol{a} + \boldsymbol{0} = \boldsymbol{a} \quad \textit{mit} \quad \boldsymbol{0} = (0, \dots, 0)$
(4) $\boldsymbol{a} + (-\boldsymbol{a}) = \boldsymbol{0} \quad \textit{mit} \quad -(a_0, \dots, a_{n-1}) = (-a_0, \dots, -a_{n-1})$
(5) $\alpha(\boldsymbol{a} + \boldsymbol{b}) = \alpha\boldsymbol{a} + \alpha\boldsymbol{b}$
(6) $(\alpha + \beta)\boldsymbol{a} = \alpha\boldsymbol{a} + \beta\boldsymbol{a}$
(7) $(\alpha\beta)\boldsymbol{a} = \alpha(\beta\boldsymbol{a})$
(8) $1\boldsymbol{a} = \boldsymbol{a}$.

Insbesondere ist V bezüglich der Vektoraddition eine kommutative Gruppe. Das Zeichen + steht sowohl für die Addition von Skalaren in $\mathbb{K}$ wie für die Addition von Vektoren in V. Entsprechend steht $\cdot$ sowohl für die Multiplikation von Skalaren wie für die Multiplikation von Skalaren mit Vektoren. Eine Multiplikation von Vektoren wird nicht erklärt.

Es seien $\boldsymbol{a}_1, \dots, \boldsymbol{a}_l$ beliebige Vektoren mit Koeffizienten aus $\mathbb{K}$. Der hiervon *erzeugte* oder *aufgespannte* Vektorraum V ist als der kleinste Vektorraum über $\mathbb{K}$ definiert, der diese l Vektoren enthält. Er besteht offensichtlich genau aus den *Linearkombinationen* der erzeugenden Vektoren:

$$V = \left\{ \sum_{i=1}^{l} \alpha_i \boldsymbol{a}_i \,\middle|\, \alpha_1, \dots, \alpha_l \in \mathbb{K} \right\}. \tag{A.5.1}$$

Die Vektoren $\boldsymbol{a}_1, \ldots, \boldsymbol{a}_l$ aus einem beliebigen Vektorraum heißen *linear unabhängig*, wenn gilt:

$$\sum_{i=1}^{l} \alpha_i \boldsymbol{a}_i = \boldsymbol{0} \quad \Longrightarrow \quad \alpha_1 = \ldots = \alpha_l = 0. \tag{A.5.2}$$

Wenn es umgekehrt eine Kombination von Skalaren gibt, die nicht alle Null sind, so daß die Linearkombination den Nullvektor ergibt, dann sind die $\boldsymbol{a}_1, \ldots, \boldsymbol{a}_l$ *linear abhängig*. Wenn speziell $\boldsymbol{b}$ eine Linearkombination der $\boldsymbol{a}_i$ ist, dann ist $\boldsymbol{b}$ von den $\boldsymbol{a}_i$ linear abhängig bzw. $\boldsymbol{b}$ und die $\boldsymbol{a}_i$ sind zusammen linear abhängig.

Die maximale Anzahl der linear unabhängigen Vektoren heißt *Dimension* des Vektorraums und wird als $\mathrm{Dim}(V)$ geschrieben. Jede Auswahl von $\mathrm{Dim}(V)$ linear unabhängigen Vektoren bildet eine *Basis* für den Vektorraum. Die Mächtigkeit jeder Basis beträgt also $\mathrm{Dim}(V)$.

Eine äquivalente Kennzeichnung einer Basis ist, daß sie aus linear unabhängigen Vektoren besteht, die den gesamten Vektorraum aufspannen. Eine weitere äquivalente Kennzeichnung ist, daß jeder Vektor aus dem Vektorraum auf genau eine Weise als Linearkombination der Vektoren aus der Basis dargestellt werden kann.

Beispiel A.7. **(1)** Zu jedem Körper $\mathbb{K}$ und jeder natürlichen Zahl n gehört ein Vektorraum $\mathbb{K}^n$, der aus allen Vektoren der Länge n mit Koeffizienten aus $\mathbb{K}$ besteht. Dabei werden die Verknüpfungen komponentenweise erklärt:

$$\begin{aligned} \boldsymbol{a} + \boldsymbol{b} &= (a_0, \ldots, a_{n-1}) + (b_0, \ldots, b_{n-1}) = (a_0 + b_0, \ldots, a_{n-1} + b_{n-1}) \\ \alpha \cdot \boldsymbol{a} &= \alpha \cdot (a_0, \ldots, a_{n-1}) = (\alpha a_0, \ldots, \alpha a_{n-1}). \end{aligned}$$

Klar ist $\mathrm{Dim}(\mathbb{K}^n) = n$ und die *kanonische Basis* für $\mathbb{K}^n$ wird von den n *Einheitsvektoren*

$$(1,0,0,\ldots,0), \quad (0,1,0,\ldots,0), \quad \ldots, \quad (0,0,0,\ldots,1) \tag{A.5.3}$$

gebildet. Durch $(1,0,0,\ldots,0)$, $(1,1,0,\ldots,0)$, $\ldots$, $(1,1,1,\ldots,1)$ wird ein Beispiel einer weiteren Basis gegeben.

(2) $\mathbb{R}^n$ ist ein Vektorraum über $\mathbb{R}$, aber nicht über $\mathbb{C}$; $\mathbb{C}^n$ ist Vektorraum sowohl über $\mathbb{R}$ wie über $\mathbb{C}$.

(3) Die Menge aller (k,n)-dim. Matrizen mit Koeffizienten aus $\mathbb{K}$ ist ein Vektorraum über $\mathbb{K}$, wobei die Matrixmultiplikation allerdings überhaupt nicht eingeht. □

Es sei V ein Vektorraum über $\mathbb{K}$ und $U \subseteq V$. Dann ist U ebenfalls ein Vektorraum über $\mathbb{K}$ genau dann, wenn für alle $\boldsymbol{a}, \boldsymbol{b} \in U$ und $\alpha \in \mathbb{K}$ stets $\boldsymbol{a} + \boldsymbol{b} \in U$ und $\alpha \boldsymbol{a} \in U$ gilt.

Beweis: U ist nach diesen Forderungen abgeschlossen und alle in V gültigen Regeln sind erst recht in der Teilmenge U gültig. Für $\boldsymbol{a} \in U$ folgt $-\boldsymbol{a} =$

$(-1) \cdot \boldsymbol{a} \in U$ und somit $\boldsymbol{0} = \boldsymbol{a} + (-\boldsymbol{a}) \in U$. Also existieren in U die inversen Elemente und das neutrale Element. □

In Abschnitt 3.1 wird ein $(n,k)_q$-Blockcode $\Gamma \subset \mathbb{F}_q^n$ als linear dadurch definiert, daß Γ ein Untervektorraum von $\mathbb{F}_q^n$ (mit der Dimension k) ist. Eine Basis wird durch die Zeilen der Generatormatrix gegeben.

A.6 Polynome

Die Menge aller Polynome beliebigen Grades in der Unbestimmten x mit Koeffizienten aus einem Ring $\mathcal{R}$ wird mit $\mathcal{R}[x]$ bezeichnet und bildet einen Ring mit der üblichen Addition und Multiplikation von Polynomen.

Entsprechend wird die Menge aller Polynome beliebigen Grades mit Koeffizienten aus einem Körper $\mathbb{K}$ bzw. einem Galoisfeld $\mathbb{F}_q$ mit $\mathbb{K}[x]$ bzw. $\mathbb{F}_q[x]$ bezeichnet. Die Polynome bilden einen Integritätsbereich, aber keinen Körper, da multiplikative inverse Elemente zu Polynomen als Polynome natürlich nicht existieren (siehe jedoch Satz A.9).

$\mathbb{K}[x]$ ist ein Vektorraum über $\mathbb{K}$ mit unendlicher Dimension. Es sei $\mathbb{K}[x]_{n-1}$ die Menge aller Polynome vom Grad $\leq n-1$. Dann ist $\mathbb{K}[x]_{n-1}$ ein Untervektorraum von $\mathbb{K}[x]$ mit der Dimension n und der Basis $1, x, x^2, \ldots, x^{n-1}$. Bei einem linearen $(n,k)_q$-Blockcode kann Γ als Untervektorraum von $\mathbb{K}[x]_{n-1}$ aufgefaßt werden, indem die Vektoren der Länge n mit einem Polynom vom Grad $\leq n-1$ identifiziert werden.

Ein Polynom, bei dem der höchste Koeffizient ungleich Null den Wert 1 hat, wird als *normiertes Polynom* bezeichnet. Allgemein gilt die *Gradformel*:

$$\mathrm{Grad}\Big(a(x)b(x)\Big) = \mathrm{Grad}\ a(x) + \mathrm{Grad}\ b(x). \tag{A.6.1}$$

Dabei wird festgelegt: Skalare ungleich Null haben den Grad 0 und die Null hat den Grad $-\infty$.

Ein Polynom aus $\mathbb{K}[x]$ wird als *irreduzibel* (unzerlegbar) bezeichnet, wenn es nicht als Produkt von zwei Polynomen aus $\mathbb{K}[x]$ darstellbar ist, die jeweils mindestens vom Grad 1 sind. Jedes Polynom vom Grad 1 ist also irreduzibel. Wichtig: Der Begriff irreduzibel bezieht sich immer auf einen bestimmten Körper.

Beispiel A.8. Das Polynom $x^2 - 2$ ist irreduzibel über $\mathbb{Q}$, aber wegen der Darstellung $x^2 - 2 = (x - \sqrt{2})(x + \sqrt{2})$ reduzibel über $\mathbb{R}$.

Das Polynom x^2+1 ist irreduzibel über $\mathbb{R}$, aber wegen $x^2+1 = (x-j)(x+j)$ reduzibel über $\mathbb{C}$ und wegen $x^2 + 1 = x^2 + 2x + 1 = (x+1)^2$ auch reduzibel über dem Galoisfeld $\mathbb{F}_2$. □

Jedes beliebige Polynom $f(x) \in \mathbb{K}[x]$ kann in ein Produkt

$$f(x) = f_1(x) \cdots f_l(x) \tag{A.6.2}$$

von irreduziblen Polynomen $f_i(x) \in \mathbb{K}[x]$ zerlegt werden. Bis auf skalare Faktoren und die Reihenfolge ist diese Zerlegung eindeutig.

Zu einem Polynom $g(x) = g_0 + g_1 x + \cdots + g_{m-1}x^{m-1} + g_m x^m$ wird das *reziproke Polynom* als

$$\bar{g}(x) = g_m + g_{m-1}x + \cdots + g_1 x^{m-1} + g_0 x^m = x^m g(x^{-1}) \tag{A.6.3}$$

definiert. Mit $g(x)$ ist auch $\bar{g}(x)$ irreduzibel. Mit $g(a) = 0$ bei $a \neq 0$ gilt auch $\bar{g}(a^{-1}) = 0$.

Satz A.4 (Divisionstheorem). *Zu zwei vorgegebenen Polynomen $b(x)$ und $g(x) \neq 0$ aus $\mathbb{K}[x]$ existieren eindeutig bestimmte Polynome $\alpha(x)$ und $r(x)$ aus $\mathbb{K}[x]$ mit*

$$b(x) = \alpha(x)g(x) + r(x) \quad \textit{mit} \quad \text{Grad}\, r(x) < \text{Grad}\, g(x) \tag{A.6.4}$$

$$\textit{Dividend} = \textit{Quotient} \cdot \textit{Divisor} + \textit{Rest}.$$

Für den Rest *$r(x)$ bei Division von $b(x)$ durch $g(x)$ wird folgende Schreibweise verwendet (*Restklassenbildung*):*

$$r(x) = b(x) \text{ modulo } g(x) \quad , \quad r(x) = R_{g(x)}[b(x)]. \tag{A.6.5}$$

Dabei ist Grad $R_{g(x)}[b(x)] <$ Grad $g(x)$. *Rechnen modulo $g(x)$ bedeutet, daß $g(x)$ durch Null ersetzt werden kann. Das Polynom $\alpha(x)$ ist normalerweise von untergeordneter Bedeutung. (Die eckigen Klammern sind nicht zu verwechseln mit der Bildung der Äquivalenzklassen.)*

Beweis: Durch das am nachfolgenden Beispiel demonstrierte Divisionsverfahren ist die Existenz von $\alpha(x)$ und $r(x)$ klar. Zum Nachweis der Eindeutigkeit sei

$$b(x) = \alpha_1(x)g(x) + r_1(x) = \alpha_2(x)g(x) + r_2(x).$$

Zunächst folgt $r_2(x) - r_1(x) = (\alpha_1(x) - \alpha_2(x))g(x)$. Da jedoch der Grad von $r_2(x) - r_1(x)$ kleiner als der Grad von $g(x)$ ist, folgen $\alpha_1(x) = \alpha_2(x)$ sowie $r_1(x) = r_2(x)$. □

Beispiel A.9. Divisionsverfahren in $\mathbb{F}_2[x]$ mit $b(x) = x^7$, $g(x) = x^3 + x + 1$:

$$\begin{array}{lllllllll}
x^7 & : & (x^3+x+1) & = & x^4+x^2+x+1 & = & \alpha(x) \\
\underline{x^7} & \underline{+\ x^5} & \underline{+\ x^4} & & & & \\
 & x^5 & +\ x^4 & & & & \\
 & \underline{x^5} & \underline{+\ x^3} & \underline{+\ x^2} & & & \\
 & & x^4 & +\ x^3 & +\ x^2 & & \\
 & & \underline{x^4} & \underline{+\ x^2} & \underline{+\ x} & & \\
 & & & x^3 & +\ x & & \\
 & & & \underline{x^3} & \underline{+\ x} & \underline{+\ 1} & \\
 & & & & & 1 & = r(x).
\end{array}$$

Also gilt $x^7 = \alpha(x)(x^3+x+1)+1$ bzw. $x^7+1 = \alpha(x)g(x)$ sowie $R_{x^3+x+1}[x^7] = 1$. Rechnen modulo $x^3 + x + 1$ bedeutet, daß $x^3 + x + 1 = 0$ bzw. $x^3 = x + 1$ gesetzt werden kann:

$$\begin{aligned} x^7 &= x^3x^3x = (x+1)(x+1)x = (x^2+2x+1)x \\ &= x^3 + x = (x+1)+x = 1 \quad \text{modulo } g(x). \end{aligned}$$

Damit ergibt sich $r(x)$ schneller als beim Divisionsverfahren – allerdings ohne das Polynom $\alpha(x)$. □

Satz A.5 (Restklassen-Arithmetik). *Für die Restklassen-Arithmetik gelten folgende Regeln in* $\mathbb{K}[x]$*:*

$$R_{g(x)}[a(x) + b(x)] = R_{g(x)}[a(x)] + R_{g(x)}[b(x)] \tag{A.6.6}$$

$$R_{g(x)}[a(x) \cdot b(x)] = R_{g(x)}\Big[R_{g(x)}[a(x)] \cdot R_{g(x)}[b(x)]\Big] \tag{A.6.7}$$

$$R_{g(x)}[a(x)g(x)] = 0 \tag{A.6.8}$$

$$R_{g(x)}[a(x)] = R_{g(x)}\Big[R_{g(x)h(x)}[a(x)]\Big] \tag{A.6.9}$$

$$\text{Grad } a(x) < \text{Grad } g(x) \quad \Longrightarrow \quad R_{g(x)}[a(x)] = a(x) \tag{A.6.10}$$

$$R_{x^n-1}[x^m] = x^{m \text{ modulo } n} = x^{R_n[m]}. \tag{A.6.11}$$

Beim Rechnen modulo $(x^n - 1)$ *wird* x^n *durch 1 ersetzt bzw. die Potenz* m *durch* m *modulo* n*. Die Potenzrechnung erfolgt dabei in* $\mathbb{Z}$ *unabhängig von* $\mathbb{K}$.

Beweis von (A.6.9): Sei $s(x) = R_{g(x)h(x)}[a(x)]$, d.h. mit einem passenden $\alpha(x)$ gilt $s(x) = a(x) - \alpha(x)g(x)h(x)$. Dann folgt:

$$\begin{aligned} R_{g(x)}[s(x)] &= R_{g(x)}[a(x) - \alpha(x)g(x)h(x)] \\ &= R_{g(x)}[a(x)] - R_{g(x)}[g(x) \cdot \alpha(x)h(x)] \\ &= R_{g(x)}[a(x)]. \end{aligned}$$

Alle anderen Regeln sind offensichtlich. □

Beispiel A.10. Zur Anwendung von Satz A.5 in $\mathbb{F}_2[x]$ mit $g(x) = x^3 + x + 1$: Nach Beispiel A.9 ist $g(x)$ ein Teiler von $x^7 + 1$, d.h. es existiert ein $h(x)$ mit $g(x)h(x) = x^7 + 1$. Gesucht ist $R_{g(x)}[x^{25}]$. Direkt wäre das eine längere Rechnung, die jedoch mit

$$\begin{aligned} R_{g(x)}[x^{25}] &= R_{g(x)}[R_{g(x)\alpha(x)}[x^{25}]] \\ &= R_{g(x)}[R_{x^7-1}[x^{25}]] \\ &= R_{g(x)}[x^{R_7[25]}] \\ &= R_{g(x)}[x^4] \\ &= R_{g(x)}[x \cdot R_{g(x)}[x^3]] \\ &= R_{g(x)}[x(x+1)] \\ &= x^2 + x \end{aligned}$$

erheblich vereinfacht wird. □

Satz A.6. *Für Polynome aus* $\mathbb{K}[x]$ *gelten folgende Eigenschaften:*

(1) Ein Polynom vom Grad m *hat höchstens* m *Nullstellen.*

(2) Wenn ein Polynom $f(x)$ *eine Nullstelle* a *hat, so ist* $x - a$ *ein Teiler von* $f(x)$*, d.h. der* Linearfaktor $x - a$ *wird abgespalten:*

$$f(x) = (x - a) \cdot f_1(x) \quad \textit{mit passendem } f_1(x). \tag{A.6.12}$$

Im Fall $f(x) = (x-a)^l f_1(x)$ *mit* $f_1(a) \neq 0$ *ist* a *eine* l*-fache Nullstelle, die auch* l*-fach gezählt wird.*

(3) Wenn ein normiertes Polynom $f(x)$ *vom Grad* m *die maximal* m *Nullstellen* $a_1, \ldots, a_m$ *hat, so zerfällt* $f(x)$ *vollständig in Linearfaktoren:*

$$f(x) = \prod_{i=1}^{m} (x - a_i). \tag{A.6.13}$$

Beweis: Zu zeigen ist nur (2), da (1) und (3) daraus unmittelbar folgen. Nach dem Divisionstheorem existieren zu $f(x)$ und $x - a$ Polynome $f_1(x)$ und $r(x)$ mit

$$f(x) = f_1(x)(x - a) + r(x) \quad \text{mit} \quad \text{Grad } r(x) < \text{Grad } (x - a) = 1.$$

Somit muß $r(x) = r_0$ konstant sein. Für $x = a$ folgt $0 = f(a) = r(a) = r_0$. □

Beispiel A.11. Sei $\mathbb{K} = \mathbb{F}_2$:

(1) Ein Linearfaktor $x + 1$ wird genau dann abgespalten, wenn 1 eine Nullstelle des Polynoms ist bzw. wenn die Anzahl der Koeffizienten des Polynoms eine gerade Zahl ist.

(2) Das einzige irreduzible Polynom vom Grad 2 ist $1 + x + x^2$.

(3) Die einzigen irreduziblen Polynome vom Grad 3 sind $1 + x + x^3$ und das reziproke Polynom $1 + x^2 + x^3$.

(4) Ein Polynom vom Grad 4 oder 5 ist irreduzibel, wenn 1 keine Nullstelle ist und wenn $1 + x + x^2$ kein Teiler ist, denn als reduzibles Polynom müßte es einen Linearfaktor abspalten oder einen (irreduziblen!) Teiler vom Grad 2 besitzen. □

A.7 Euklidischer Algorithmus

Der Euklidische Algorithmus (EA) bildet die Grundlage vieler Eigenschaften von Galoisfeldern sowie verschiedener Decodierverfahren. Der EA gilt zwar allgemein für Ringe wie beispielsweise $\mathbb{Z}$, aber er wird hier vorrangig für Polynome benötigt und zudem lassen sich einige Eigenschaften des EA nur mit Polynomen formulieren.

Der *größte gemeinsame Teiler* (GGT) von zwei Polynomen ist mit der Festlegung als normiertes Polynom eindeutig bestimmt. Zur Vorbereitung des EA wird folgender Satz notiert:

Satz A.7. *Für beliebige Polynome $a(x)$, $b(x)$ und $v(x)$ aus $\mathbb{K}[x]$ gilt für den größten gemeinsamen Teiler:*

$$\begin{aligned} \mathrm{GGT}\Big(a(x)\,,\,b(x)\Big) &= \mathrm{GGT}\Big(a(x)\,,\,b(x)-v(x)a(x)\Big) \\ &= \mathrm{GGT}\Big(a(x)\,,\,R_{a(x)}[b(x)]\Big). \end{aligned}$$

Beweis: Zu zeigen ist nur die erste Aussage. Wenn $d(x)$ ein Teiler von $a(x)$ und $b(x)$ ist, dann ist $d(x)$ auch ein Teiler von $a(x)$ und $b(x)-v(x)a(x)$. Wenn umgekehrt $d(x)$ ein Teiler von $a(x)$ und $b(x)-v(x)a(x)$ ist, dann ist $d(x)$ auch ein Teiler von $a(x)$ und $v(x)a(x)+(b(x)-v(x)a(x)) = b(x)$. Insgesamt ist also die Menge der gemeinsamen Teiler von $a(x)$ und $b(x)$ gleich der Menge der gemeinsamen Teiler von $a(x)$ und $b(x)-v(x)a(x)$. Folglich ist auch der größte gemeinsame Teiler gleich. □

Satz A.8 (Euklidischer Algorithmus EA). *Es seien $a(x)$ und $b(x)$ zwei Polynome mit Koeffizienten aus einem beliebigen Körper $\mathbb{K}$ mit der Eigenschaft* Grad $a(x) \geq$ Grad $b(x)$. *Setze*

$$\begin{array}{lll} r_{-2}(x)=a(x) & s_{-2}(x)=1 & t_{-2}(x)=0 \\ r_{-1}(x)=b(x) & s_{-1}(x)=0 & t_{-1}(x)=1. \end{array} \tag{A.7.1}$$

Für $i = 0,1,\ldots,l+1$ existieren nach dem Divisionstheorem aus Satz A.4 jeweils Polynome $\alpha_i(x)$ und $r_i(x)$ aus $\mathbb{K}[x]$ mit

$$r_{i-2}(x) = \alpha_i(x)r_{i-1}(x)+r_i(x) \quad \textit{mit} \quad \mathrm{Grad}\, r_i(x) < \mathrm{Grad}\, r_{i-1}(x), \tag{A.7.2}$$

$$\textit{d.h.} \quad r_i(x) = R_{r_{i-1}(x)}[r_{i-2}(x)] = r_{i-2}(x) \text{ modulo } r_{i-1}(x).$$

Wegen der abnehmenden Grade existiert ein l mit $r_l(x) \neq 0$ und $r_{l+1}(x) = 0$. Insgesamt ergibt sich folgendes Rekursionsschema:

$$\begin{aligned} r_{-2}(x) &= \alpha_0(x)r_{-1}(x)+r_0(x) \\ r_{-1}(x) &= \alpha_1(x)r_0(x)+r_1(x) \\ r_0(x) &= \alpha_2(x)r_1(x)+r_2(x) \\ &\vdots \\ r_{l-2}(x) &= \alpha_l(x)r_{l-1}(x)+r_l(x) \\ r_{l-1}(x) &= \alpha_{l+1}(x)r_l(x). \end{aligned}$$

Ferner werden begleitende Rekursionen für $i = 0,1,\ldots,l+1$ betrachtet:

$$\begin{array}{l} s_i(x) = s_{i-2}(x) - \alpha_i(x)s_{i-1}(x) \\ t_i(x) = t_{i-2}(x) - \alpha_i(x)t_{i-1}(x). \end{array} \tag{A.7.3}$$

Diese insgesamt 3 Rekursionen weisen eine Vielzahl von Eigenschaften auf. Zunächst ergibt sich eine (allerdings nicht eindeutige) Lineardarstellung des größten gemeinsamen Teilers:

$$\mathrm{GGT}(a(x),b(x)) = r_l(x) = s_l(x)a(x)+t_l(x)b(x), \tag{A.7.4}$$

$$\frac{a(x)}{\mathrm{GGT}(a(x),b(x))} = (-1)^l t_{l+1}(x) \quad , \quad \frac{b(x)}{\mathrm{GGT}(a(x),b(x))} = (-1)^{l+1} s_{l+1}(x). \tag{A.7.5}$$

Im einzelnen gilt für $i = -2, -1, \ldots, l+1$:

$$s_i(x)a(x) + t_i(x)b(x) = r_i(x) \tag{A.7.6}$$

sowie für $i = -1, 0, \ldots, l+1$:

$$\begin{aligned} s_i(x)r_{i-1}(x) - s_{i-1}(x)r_i(x) &= (-1)^i b(x) && \text{(A.7.7)}\\ t_i(x)r_{i-1}(x) - t_{i-1}(x)r_i(x) &= (-1)^{i+1} a(x) && \text{(A.7.8)}\\ s_i(x)t_{i-1}(x) - s_{i-1}(x)t_i(x) &= (-1)^i && \text{(A.7.9)}\\ \mathrm{GGT}(s_i(x), t_i(x)) &= 1. && \text{(A.7.10)} \end{aligned}$$

Ferner gelten folgende Grad-Eigenschaften für $i = 0, 1, \ldots, l+1$:

$$\begin{aligned} \text{Grad } \alpha_i(x) &= \text{Grad } r_{i-2}(x) - \text{Grad } r_{i-1}(x) \quad (i \le l) && \text{(A.7.11)}\\ &= \text{Grad } s_i(x) - \text{Grad } s_{i-1}(x) \quad (i \ge 1) && \text{(A.7.12)}\\ &= \text{Grad } t_i(x) - \text{Grad } t_{i-1}(x) && \text{(A.7.13)}\\ \text{Grad } r_i(x) &= \text{Grad } a(x) - \sum_{j=0}^{i+1} \text{Grad } \alpha_j(x) && \text{(A.7.14)}\\ \text{Grad } s_i(x) &= \sum_{j=1}^{i} \text{Grad } \alpha_j(x) = \text{Grad } b(x) - \text{Grad } r_{i-1}(x) && \text{(A.7.15)}\\ \text{Grad } t_i(x) &= \sum_{j=0}^{i} \text{Grad } \alpha_j(x) = \text{Grad } a(x) - \text{Grad } r_{i-1}(x). && \text{(A.7.16)} \end{aligned}$$

Beweis: Die Existenz von l ist klar. Es gilt dann:

$$\begin{aligned} r_l(x) &= \mathrm{GGT}(r_l(x), \alpha_{l+1}(x)r_l(x))\\ &= \mathrm{GGT}(r_l(x), r_{l-1}(x))\\ &= \mathrm{GGT}(r_l(x) - \alpha_l(x)r_{l-1}(x), r_{l-1}(x)) \quad \text{nach Satz A.7}\\ &= \mathrm{GGT}(r_{l-2}(x), r_{l-1}(x))\\ &\vdots\\ &= \mathrm{GGT}(r_{-1}(x), r_{-2}(x)) = \mathrm{GGT}(a(x), b(x)). \end{aligned}$$

Die nicht eindeutige Lineardarstellung macht ein Beispiel in den ganzen Zahlen klar: $\mathrm{GGT}(2,3) = 1 = 2 \cdot 2 - 1 \cdot 3 = -1 \cdot 2 + 1 \cdot 3$. Es wird jetzt (A.7.6) nachgewiesen, woraus dann auch (A.7.4) vollständig folgt. (A.7.6) ist für $i = -2$ und $i = -1$ erfüllt. Induktionsschluß von $i-2$ und $i-1$ auf i für $i \ge 0$:

$$s_i(x)a(x) + t_i(x)b(x)$$

$$
\begin{aligned}
&= (s_{i-2}(x) - \alpha_i(x)s_{i-1}(x))a(x) + (t_{i-2}(x) - \alpha_i(x)t_{i-1}(x))b(x) \\
&= (s_{i-2}(x)a(x) + t_{i-2}(x)b(x)) - \alpha_i(x)(s_{i-1}(x)a(x) + t_{i-1}(x)b(x)) \\
&= r_{i-2}(x) - \alpha_i(x)r_{i-1}(x) \qquad \text{nach Induktionsvoraussetzung} \\
&= r_i(x) \quad \text{nach (A.7.2).}
\end{aligned}
$$

(A.7.7) ist für $i = -1$ erfüllt. Induktionsschluß von $i-1$ auf i für $i \geq 0$:

$$
\begin{aligned}
&s_i(x)r_{i-1}(x) - s_{i-1}(x)r_i(x) \\
&\quad = (s_{i-2}(x) - \alpha_i(x)s_{i-1}(x))r_{i-1}(x) - s_{i-1}(x)(r_{i-2}(x) - \alpha_i(x)r_{i-1}(x)) \\
&\quad = s_{i-2}(x)r_{i-1}(x) - s_{i-1}(x)r_{i-2}(x) \\
&\quad = -(-1)^{i-1}b(x) = (-1)^i b(x).
\end{aligned}
$$

(A.7.8) und (A.7.9) ergeben sich in gleicher Weise. Zum Nachweis von (A.7.10) sei $d(x) = \mathrm{GGT}(s_i(x), t_i(x))$. Also ist $d(x)$ ein Teiler von $s_i(x)$ und $t_i(x)$ und somit auch von $s_i(x)t_{i-1}(x) - s_{i-1}(x)t_i(x) = (-1)^i$. Somit folgt $d(x) = 1$. Aus (A.7.7) und (A.7.8) folgt für $i = l+1$ mit $r_{l+1}(x) = 0$ und $r_l(x) = \mathrm{GGT}(a(x), b(x))$ direkt (A.7.5).

Die Gradformel (A.7.11) folgt direkt aus (A.7.2). Aus (A.7.3) folgt $s_0(x) = 1$ und damit ist Grad $s_{i-1}(x) <$ Grad $s_i(x)$ für $i = 0$ bewiesen. Für $i \geq 1$ folgt diese Relation per Induktionsschluß und somit folgt direkt (A.7.12). Entsprechend ergibt sich (A.7.13). Die Summation über Grad $\alpha_j(x)$ in (A.7.11) bis (A.7.13) ergibt direkt (A.7.14) bis (A.7.16). □

Der EA kann auch kompakt mit Polynom-Matrizen formuliert werden. Mit

$$
\boldsymbol{Q}_i = \begin{pmatrix} -\alpha_i(x) & 1 \\ 1 & 0 \end{pmatrix} \quad \boldsymbol{B}_i = \begin{pmatrix} s_i(x) & s_{i-1}(x) \\ t_i(x) & t_{i-1}(x) \end{pmatrix} \quad \boldsymbol{r}_i = \begin{pmatrix} r_i(x) & r_{i-1}(x) \end{pmatrix}
$$

gelten die Rekursionen

$$
\begin{aligned}
\boldsymbol{r}_i &= \boldsymbol{r}_{i-1} \cdot \boldsymbol{Q}_i = \boldsymbol{r}_{-1} \cdot \boldsymbol{Q}_0 \cdots \boldsymbol{Q}_i \\
\boldsymbol{B}_i &= \boldsymbol{B}_{i-1} \cdot \boldsymbol{Q}_i = \boldsymbol{B}_{-1} \cdot \boldsymbol{Q}_0 \cdots \boldsymbol{Q}_i.
\end{aligned} \tag{A.7.17}
$$

Beispiel A.12. EA in $\mathbb{F}_2[x]$ mit $a(x) = x^4 + x^3 + 1$, $b(x) = x^4 + x^2 + x + 1$:

i	$r_i(x)$	$\alpha_i(x)$	$s_i(x)$	$t_i(x)$
-2	x^4+x^3+1		1	0
-1	x^4+x^2+x+1		0	1
0	x^3+x^2+x	1	1	1
1	x^2+1	$x+1$	$x+1$	x
$l=2$	1	$x+1$	x^2	x^2+x+1
3	0	x^2+1	x^4+x^2+x+1	x^4+x^3+1

Es gilt also für dieses Beispiel:

$$
\mathrm{GGT}(a(x), b(x)) = 1 = \underbrace{(x^2)}_{s_2(x)}\underbrace{(x^4+x^3+1)}_{a(x)} + \underbrace{(x^2+x+1)}_{t_2(x)}\underbrace{(x^4+x^2+x+1)}_{b(x)}.
$$

□

A.8 Polynom-Restklassenringe

Es sei $\mathcal{R} = \mathbb{K}[x]$ der Integritätsbereich aller Polynome mit Koeffizienten aus dem allgemeinen Körper $\mathbb{K}$ und durch ein normiertes Polynom $p(x) \in \mathbb{K}[x]$ vom Grad $m \geq 1$ werde das Hauptideal

$$\mathcal{I} = \langle p(x) \rangle = \{p(x)b(x) \mid b(x) \in \mathcal{R}\} \tag{A.8.1}$$

erzeugt. Die Restklassen sind von der Form

$$\begin{aligned} [r(x)] &= r(x) + \langle p(x) \rangle \\ &= \{r(x) + p(x)b(x) \mid b(x) \in \mathcal{R}\} \\ &= \{a(x) \mid a(x) \in \mathcal{R} \wedge R_{p(x)}[a(x)] = R_{p(x)}[r(x)]\}. \end{aligned} \tag{A.8.2}$$

Insbesondere gilt $[r(x)] = [R_{p(x)}[r(x)]]$, d.h. der Restklassen-Repräsentant kann modulo $p(x)$ betrachtet werden. Für den Restklassenring gilt

$$\begin{aligned} \mathcal{R}/\mathcal{I} &= \mathbb{K}[x]/\langle p(x) \rangle \\ &= \{[r(x)] \mid r(x) \in \mathcal{R}\} \\ &= \{[r(x)] \mid r(x) \in \mathcal{R} \wedge \text{Grad}\, r(x) < m\} && \text{(A.8.3)} \\ &\cong \{\, r(x) \mid r(x) \in \mathcal{R} \wedge \text{Grad}\, r(x) < m\}, && \text{(A.8.4)} \end{aligned}$$

denn wenn $[r_1(x)] = [r_2(x)]$ für zwei Polynome vom Grad $< m$ gilt, so folgt $r_1(x) - r_2(x) = p(x)b(x)$ mit passendem $b(x) \in \mathcal{R}$. Aus der Gradformel folgt jedoch $r_1(x) - r_2(x) = 0$. Zwei verschiedene Polynome vom Grad $< m$ erzeugen also auch zwei verschiedene Restklassen. Die Restklassen-Zerlegung lautet

$$\mathcal{R} = \mathbb{K}[x] = \biguplus_{\substack{r(x) \in \mathcal{R} \\ \text{Grad}\, r(x) < m}} [r(x)]. \tag{A.8.5}$$

Speziell für $p(x) = 0$ gilt $\mathcal{I} = \{0\}$ sowie $[r(x)] = \{r(x)\}$ und für $p(x) = 1$ gilt $\mathcal{I} = \mathbb{K}[x]$ sowie $[r(x)] = [0] = \mathbb{K}[x]$ und somit folgt:

$$\mathbb{K}[x]/\langle 0 \rangle \cong \mathbb{K}[x] \quad , \quad \mathbb{K}[x]/\mathbb{K}[x] \cong \{0\}. \tag{A.8.6}$$

Satz A.9. *Es sei $\mathbb{K}$ ein allgemeiner Körper und $p(x) \in \mathbb{K}[x]$ ein beliebiges Polynom vom Grad ≥ 1. Dann ist der Restklassenring $\mathbb{K}[x]/\langle p(x) \rangle$ genau dann ein Körper, wenn $p(x)$ irreduzibel ist.*

Die Restklassenringe zu zwei verschiedenen irreduziblen Polynomen gleichen Grades sind isomorph (bei endlichem $\mathbb{K}$).

Beweis: „$\Leftarrow$“: Es sei $p(x)$ vom Grad m irreduzibel. Für ein beliebiges Polynom $a(x) \neq 0$ vom Grad $\leq m-1$ ist ein multiplikatives Inverses nachzuweisen.

Wegen der Irreduzibilität haben $p(x)$ und $a(x)$ keine gemeinsamen Teiler und nach Satz A.8 existieren dann Polynome $s(x)$ und $t(x)$ mit

$$1 = \mathrm{GGT}(p(x), a(x)) = s(x)p(x) + t(x)a(x).$$

Daraus folgt

$$1 = R_{p(x)}[t(x)a(x)] = R_{p(x)}[R_{p(x)}[t(x)] \cdot a(x)]$$

und somit ist $R_{p(x)}[t(x)]$ invers zu $a(x)$.

„$\Rightarrow$“: Es ist zu zeigen, daß die Existenz eines multiplikativen Inversen die Irreduzibilität von $p(x)$ impliziert. Gegenannahme: $p(x) = \alpha(x)\beta(x)$ zerfällt in zwei Polynome vom Grad ≥ 1. Nach Voraussetzung existiert ein Polynom $\alpha'(x) \in \mathbb{K}[x]$ mit $R_{p(x)}[\alpha'(x)\alpha(x)] = 1$. Aus

$$\beta(x) = R_{p(x)}[\beta(x)] = R_{p(x)}[\alpha'(x)\alpha(x)\beta(x)] = R_{p(x)}[\alpha'(x)p(x)] = 0$$

folgt ein Widerspruch und somit ist $p(x)$ irreduzibel.

„Isomorphie“: wird hier nicht gezeigt. □

Bemerkungen zur Schreibweise: Anstelle der Restklassen wird praktisch natürlich immer mit den Repräsentanten minimalen Grades operiert. Für zwei Polynome $a(x), b(x) \in \mathbb{K}[x]/\langle p(x)\rangle$ vom Grad $\leq m-1$ wird die normale Polynom-Multiplikation in $\mathbb{K}[x]$ als $a(x)b(x)$ geschrieben, bei der also Grade bis $2(m-1)$ auftreten können. Die Multiplikation im Restklassenring könnte als

$$a(x) \odot b(x) = R_{p(x)}[a(x)b(x)] = a(x)b(x) \text{ modulo } p(x)$$

geschrieben werden, aber anstelle des Zeichens $\odot$ wird immer die ausführliche Schreibweise mit der normalen Multiplikation verwendet.

Beispiel A.13. Sei $\mathbb{K} = \mathbb{F}_2$.

(1) Für das irreduzible Polynom $p(x) = 1 + x + x^2$ ist

$$\mathbb{F}_2[x]\big/\langle 1 + x + x^2\rangle = \{[0], [1], [x], [1+x]\} \cong \{0, 1, x, 1+x\}$$

nach dem vorangehenden Satz ein Körper. Wegen $[x^2] = [R_{p(x)}[x^2]] = [x+1]$ entspricht das Rechnen mit den Restklassen dem Rechnen modulo $1 + x + x^2$, d.h. x^2 kann durch $1 + x$ ersetzt werden. Damit ergeben sich folgende Verknüpfungstafeln:

$+$	0	1	x	$1{+}x$
0	0	1	x	$1{+}x$
1	1	0	$1{+}x$	x
x	x	$1{+}x$	0	1
$1{+}x$	$1{+}x$	x	1	0

$\cdot$	0	1	x	$1{+}x$
0	0	0	0	0
1	0	1	x	$1{+}x$
x	0	x	$1{+}x$	1
$1{+}x$	0	$1{+}x$	1	x

Hierbei gilt beispielsweise $-x = x$, $-(1{+}x) = 1{+}x$, $x^{-1} = 1{+}x$, $(1{+}x)^{-1} = x$.

(2) Für das reduzible Polynom $p(x) = 1 + x^2 = (1+x)^2$ gilt zwar wieder

$$\mathbb{F}_2[x]\Big/\langle 1 + x^2\rangle \cong \{0, 1, x, 1+x\},$$

aber nach dem vorangehenden Satz kann das kein Körper sein. Wegen $[x^2] = [R_{p(x)}[x^2]] = [1]$ wird beim Rechnen x^2 durch 1 ersetzt und damit ergibt sich zwar die gleiche Additionstafel, aber eine veränderte Multiplikationstafel:

$+$	0	1	x	$1+x$
0	0	1	x	$1+x$
1	1	0	$1+x$	x
x	x	$1+x$	0	1
$1+x$	$1+x$	x	1	0

$\cdot$	0	1	x	$1+x$
0	0	0	0	0
1	0	1	x	$1+x$
x	0	x	1	$1+x$
$1+x$	0	$1+x$	$1+x$	0

Hierbei gibt es keine Polynom $a(x)$ mit $(1+x)\cdot a(x) = 1$, d.h. zu $1+x$ existiert kein multiplikatives Inverses. □

Beispiel A.14. (1) Die beiden Polynome $x^2 + 1$ und $x^2 - 3$ sind irreduzibel über $\mathbb{F}_7$, da sie keine Nullstelle in $\mathbb{F}_7$ haben. Also sind

$$\begin{aligned}\mathbb{F}_7[x]\Big/\langle x^2 + 1\rangle &\cong \{a + b\sqrt{-1} \mid a, b \in \mathbb{F}_7\}\\ \mathbb{F}_7[x]\Big/\langle x^2 - 3\rangle &\cong \{u + v\sqrt{3} \mid u, v \in \mathbb{F}_7\}\end{aligned}$$

jeweils Körper mit 49 Elementen, die zueinander und zu $\mathbb{F}_{49}$ isomorph sind. Ein Isomorphismus wird durch $\varphi(a + b\sqrt{-1}) = a + b\cdot 3\sqrt{3}$ vermittelt, denn die Multiplikation erweist sich als strukturgleich (für die Addition ist das trivialerweise erfüllt):

$$\begin{aligned}\varphi(a + b\sqrt{-1})\cdot\varphi(a' + b'\sqrt{-1}) &= (a + b\cdot 3\sqrt{3})\cdot(a' + b'\cdot 3\sqrt{3})\\ &= aa' + 27bb' + (ab' + a'b)3\sqrt{3}\\ &= \varphi(aa' - bb' + (ab' + a'b)\sqrt{-1})\\ &= \varphi((a + b\sqrt{-1})\cdot(a' + b'\sqrt{-1})).\end{aligned}$$

Es gilt $0^2 = 0$, $1^2 = 6^2 = 1$, $3^2 = 4^2 = 2$, $2^2 = 5^2 = 4$. Dagegen haben $3, 5, 6$ keine Quadratwurzeln in $\mathbb{F}_7$, wohl aber in $\mathbb{F}_{49}$ wegen $(2\sqrt{-1})^2 = (\sqrt{3})^2 = 3$, $(3\sqrt{-1})^2 = (2\sqrt{3})^2 = 5$, $(\sqrt{-1})^2 = (3\sqrt{3})^2 = 6$. Für die multiplikativen Inversen gilt

$$\begin{aligned}(a + b\sqrt{-1})^{-1} &= \frac{a}{a^2 + b^2} + \frac{-b}{a^2 + b^2}\sqrt{-1}\\ (u + v\sqrt{3})^{-1} &= \frac{u}{u^2 - 3v^2} + \frac{-v}{u^2 - 3v^2}\sqrt{3},\end{aligned}$$

also beispielsweise $(1 + \sqrt{-1})^{-1} = 4 + 3\sqrt{-1}$ und $(1 + \sqrt{3})^{-1} = 3 + 4\sqrt{3}$.

(2) Die beiden Polynome x^2+1 und x^2-3 sind auch irreduzibel über $\mathbb{Q}$, aber die beiden resultierenden Restklassenkörper sind nicht isomorph zueinander, denn aus der Annahme

$$\begin{aligned} -1 = \varphi(-1) &= \varphi(\sqrt{-1}\cdot\sqrt{-1}) \\ &\stackrel{!}{=} \varphi(\sqrt{-1})\cdot\varphi(\sqrt{-1}) = (u+v\sqrt{3})^2 = u^2+3v^2+2uv\sqrt{3} \end{aligned}$$

mit $u, v \in \mathbb{Q}$ folgt ein Widerspruch. □

Für $\mathbb{K} = \mathbb{F}_p$ besteht $\mathbb{F}_p[x]/\langle p(x)\rangle$ aus den Polynomen vom Grad $\leq m-1$, deren m Koeffizienten Elemente aus $\mathbb{F}_p$ sind. Es gibt p^m derartige Polynome. Bei irreduziblem $p(x)$ ist also der Restklassenring ein Körper mit $q = p^m$ Elementen, der dem Galoisfeld $\mathbb{F}_q$ entsprechen muß, da die endlichen Körper bis auf Isomorphien eindeutig bestimmt sind:

$$\mathbb{F}_{p^m} \cong \mathbb{F}_p[x]\Big/\langle p(x)\rangle. \tag{A.8.7}$$

Nicht nachgewiesen wird hier, daß es die irreduziblen Polynome überhaupt gibt, daß also Galoisfelder $\mathbb{F}_{p^m}$ zu jeder Primzahl p und jeder natürlichen Zahl m auch tatsächlich existieren. Mit der Methode aus Satz A.9 können die Galoisfelder nun konstruiert werden. Um jedoch mehr Einsicht in die Struktur der endlichen Körper zu gewinnen, wird in Kapitel 6 diese Konstruktion wesentlich detaillierter durchgeführt. Dazu werden sogenannte primitive Polynome eingeführt, mit denen die multiplikative Gruppe als zyklisch dargestellt werden kann.

Bei einem $(n,k)_q$-Blockcode besteht jedes Codewort aus n Codesymbolen, die jeweils Elemente von $\mathbb{F}_q$ sind. Die Linearität des Codes (siehe Definition 3.3) prägt sich darin aus, daß die Codemenge Γ ein Untervektorraum (der Dimension k) von $\mathbb{F}_q^n$ ist. Wenn jedes Codewort als Polynom vom Grad $\leq n-1$ aufgefaßt wird, ist Γ ein Untervektorraum von $\mathbb{F}_q[x]_{n-1}$, also der Menge aller Polynome vom Grad $\leq n-1$ mit Koeffizienten aus $\mathbb{F}_q$.

Bei zyklischen Codes (siehe Kapitel 5) ist es sinnvoll, eine Multiplikation zwischen den Wörtern zu definieren – zwar werden nicht die Codewörter miteinander multipliziert, aber die Infowörter bzw. Infopolynome mit dem Generatorpolynom. In $\mathbb{F}_q[x]_{n-1}$ ist als Vektorraum natürlich keine Multiplikation erklärt, die ja nicht abgeschlossen wäre. Jedoch kann modulo x^n-1 gerechnet werden, d.h. es wird

$$\mathbb{K}[x]_{n-1} \cong \mathbb{K}[x]\Big/\langle x^n-1\rangle \tag{A.8.8}$$

gesetzt, wobei $\mathbb{K}$ ein allgemeiner Körper ist, der aber in der Anwendung für $\mathbb{F}_q$ steht. Insgesamt gilt also mit einem irreduziblen Polynom $p(x)$ vom Grad m:

$$\mathbb{F}_{p^m}[x]_{n-1} \cong \left(\left(\mathbb{Z}/\langle p\rangle\right)[x]\Big/\langle p(x)\rangle\right)[x]\Big/\langle x^n-1\rangle. \tag{A.8.9}$$

Bei Codes mit primitiver Blocklänge, die über eine Spektraltransformation beschrieben werden (siehe Kapitel 7), erfolgt mit $n = q - 1 = p^m - 1$ eine weitere Spezialisierung. Aus der Summenformel für die *endliche geometrische Reihe* oder direkt einsehbar folgt

$$x^n - 1 = (x-1) \cdot \sum_{i=0}^{n-1} x^i. \tag{A.8.10}$$

Da also $x^n - 1$ reduzibel ist, kann $\mathbb{K}[x]_{n-1}$ nach Satz A.9 kein Körper sein. Die beiden Faktoren in $x^n - 1$ bilden Nullteiler, so daß auch kein Integritätsbereich vorliegt. Auch in $\mathbb{K}[x]_{n-1}$ könnte die Multiplikation als

$$a(x) \odot b(x) = R_{x^n-1}[a(x)b(x)] = a(x)b(x) \text{ modulo } x^n - 1$$

mit einem besonderen Zeichen geschrieben werden, aber anstelle von $\odot$ wird immer die ausführliche Schreibweise mit der normalen Multiplikation verwendet.

Satz A.10. *Sei $\mathbb{K}$ ein beliebiger Körper. Dann sind $\mathbb{K}[x]$ und $\mathbb{K}[x]_{n-1}$ jeweils Hauptidealringe. Jedes Ideal wird dabei durch ein Polynom minimalen Grades erzeugt.*

Beweis für $\mathbb{K}[x]_{n-1}$: Das Nullideal wird durch das Nullpolynom erzeugt. Sei nun $\mathcal{I} \neq \{0\}$ ein Ideal und sei darin das Polynom $r(x) \in \mathcal{I}\backslash\{0\}$ mit minimalem Grad fest gewählt. Für alle $b(x) \in \mathbb{K}[x]_{n-1}$ gilt dann nach Definiton eines Ideals $R_{x^n-1}[r(x)b(x)] \in \mathcal{I}$ und somit folgt $\langle r(x) \rangle \subseteq \mathcal{I}$.

Für ein beliebiges $0 \neq s(x) \in \mathcal{I}$ existieren nach Satz A.4 Polynome $\alpha(x)$ und $\beta(x)$ mit

$$s(x) = \alpha(x)r(x) + \beta(x) \quad \text{mit} \quad \text{Grad } \beta(x) < \text{Grad } r(x) < n.$$

Wegen Grad $(\alpha(x)r(x)) = $ Grad $(s(x) - \beta(x)) < n$ folgt nach Definition eines Ideals $\alpha(x)r(x) = R_{x^n-1}[\alpha(x)r(x)] \in \mathcal{I}$ sowie

$$\beta(x) = s(x) - \alpha(x)r(x) = s(x) - R_{x^n-1}[\alpha(x)r(x)] \in \mathcal{I}.$$

Da $r(x)$ minimalen Grad in $\mathcal{I}$ hat, muß folglich $\beta(x) = 0$ sein und somit ergibt sich $s(x) = \alpha(x)r(x)$ als Vielfaches von $r(x)$. Damit folgt $\mathcal{I} \subseteq \langle r(x) \rangle$ und insgesamt $\mathcal{I} = \langle r(x) \rangle$. □

Lineare Codes werden in Abschnitt 5.1 als zyklisch dadurch definiert, daß die zyklische Verschiebung eines Codewortes wieder ein Codewort ist, d.h. mit $a(x)$ muß auch $R_{x^n-1}[xa(x)]$ ein Codewort sein. Damit erweist sich auch die i-fache zyklische Verschiebung $R_{x^n-1}[x^i a(x)]$ als Codewort. Die zyklische Verschiebung kann also mit der Rechnung modulo $x^n - 1$ sehr kompakt formuliert werden.

Satz A.11. *Der* $(n,k)_q$*-Blockcode* Γ *ist genau dann zyklisch, wenn* Γ *ein Ideal in* $\mathbb{F}_q[x]_{n-1}$ *ist. Somit existiert ein* Generatorpolynom $g(x) \in \mathbb{F}_q[x]_{n-1}$ *mit*

$$\Gamma = \langle g(x) \rangle = \{R_{x^n-1}[u(x)g(x)] \mid u(x) \in \mathbb{F}_q[x]_{n-1}\}. \tag{A.8.11}$$

Beweis: „Ein zyklischer Code ist ein Ideal“: Wegen der Linearität des Codes ist Γ additiv abgeschlossen. Für ein beliebiges $a(x) \in \Gamma$ gilt $R_{x^n-1}[x^i a(x)] \in \Gamma$. Für ein beliebiges $b(x) = \sum_i b_i x^i \in \mathbb{F}_q[x]_{n-1}$ folgt somit wegen der Linearität des Codes

$$R_{x^n-1}[a(x)b(x)] = \sum_i b_i \cdot R_{x^n-1}[x^i b(x)] \in \Gamma$$

und damit ist Γ als Ideal nachgewiesen.

„Ein Ideal ist ein zyklischer Code“: Ein Ideal Γ ist nach Definition eine additive Gruppe. Nach Definition des Ideals gilt weiter $R_{x^n-1}[a(x)b(x)] \in \Gamma$ für jedes $a(x) \in \Gamma$ und $b(x) \in \mathbb{F}_q[x]_{n-1}$. Speziell mit $b \in \mathbb{F}_q$ erweist sich der Code als linear und mit $b(x) = x$ als zyklisch.

Nach Satz A.10 ist jedes Ideal auch Hauptideal und umgekehrt. Das Generatorpolynom ist das normierte Polynom minimalen Grades (abgesehen vom Nullpolynom) in Γ. □

In Kapitel 5 wird (A.8.11) unter Berücksichtigung der Polynomgrade noch konkreter formuliert und gezeigt, daß als weitere äquivalente Kennzeichnung zyklischer Codes das Generatorpolynom $g(x)$ ein Teiler von $x^n - 1$ sein muß.

Lösungshinweise zu den Aufgaben

1.1. $P_{y|x}(0010101|0110100) \;=\; p_e^2(1-p_e)^5 \;\approx\; 10^{-4}.$

1.2. $P(0 \text{ Fehler}) = 0{,}4782969$
$P(1 \text{ Fehler}) = 0{,}3720087$
$P(2 \text{ Fehler}) = 0{,}1240029$
$P(3 \text{ Fehler}) = 0{,}0229635$
$P(4 \text{ Fehler}) = 0{,}0025515$
$P(5 \text{ Fehler}) = 0{,}0001701$
$P(6 \text{ Fehler}) = 0{,}0000063$
$P(7 \text{ Fehler}) = 0{,}0000001$
$P(\text{höchstens 2 Fehler}) \approx 0{,}974$
$P(\text{mehr als 2 Fehler}) \approx 0{,}026.$

1.3. $\displaystyle\sum_{r=3}^{31} \binom{31}{r} p_e^r (1-p_e)^{31-r} \;\approx\; \binom{31}{3} p_e^3 \;\approx\; 4{,}5 \cdot 10^{-6}.$

1.4. Es entsteht ein BSC mit $p_e = p_{e,1}(1-p_{e,2}) + p_{e,2}(1-p_{e,1})$.

1.5. $w_H(\boldsymbol{x}) = w_H(\boldsymbol{x}+\boldsymbol{y}-\boldsymbol{y}) \leq w_H(\boldsymbol{x}+\boldsymbol{y}) + w_H(\boldsymbol{y})$.

1.6. Aus der Dreiecksungleichung folgt $d_H(\boldsymbol{x},\boldsymbol{y}) \geq d_H(\boldsymbol{x},\boldsymbol{z}) - d_H(\boldsymbol{y},\boldsymbol{z})$ sowie $d_H(\boldsymbol{x},\boldsymbol{y}) \geq d_H(\boldsymbol{y},\boldsymbol{z}) - d_H(\boldsymbol{x},\boldsymbol{z})$. Kombiniere.

1.7. Aus $d_H(\boldsymbol{x},\boldsymbol{y}) \leq d_H(\boldsymbol{x},\boldsymbol{x}') + d_H(\boldsymbol{x}',\boldsymbol{y}') + d_H(\boldsymbol{y}',\boldsymbol{y})$ folgt

$$d_H(\boldsymbol{x},\boldsymbol{y}) - d_H(\boldsymbol{x}',\boldsymbol{y}') \leq d_H(\boldsymbol{x},\boldsymbol{x}') + d_H(\boldsymbol{y},\boldsymbol{y}').$$

Aus $d_H(\boldsymbol{x}',\boldsymbol{y}') \leq d_H(\boldsymbol{x}',\boldsymbol{x}) + d_H(\boldsymbol{x},\boldsymbol{y}) + d_H(\boldsymbol{y},\boldsymbol{y}')$ folgt

$$-d_H(\boldsymbol{x},\boldsymbol{y}) + d_H(\boldsymbol{x}',\boldsymbol{y}') \leq d_H(\boldsymbol{x},\boldsymbol{x}') + d_H(\boldsymbol{y},\boldsymbol{y}').$$

Kombiniere.

1.8. Nur $\Gamma = \{000, 110, 101, 011\}$ und $\Gamma = \{100, 010, 001, 111\}$.

1.9. Aus $\partial f/\partial p_e = 0$ folgt $p_e = r/n$. In einem Wort der Länge n sind r Fehler am wahrscheinlichsten, wenn die Bit-Fehlerrate r/n beträgt.

1.10. Sei $\boldsymbol{a}_1 = (-1; -1; -1)$, $\boldsymbol{a}_2 = (+1; +1; +1)$.
Soft-Decision: $\|\boldsymbol{y} - \boldsymbol{a}_1\|^2 = 2{,}42$, $\|\boldsymbol{y} - \boldsymbol{a}_2\|^2 = 5{,}62$, also $\delta(\boldsymbol{y}) = \boldsymbol{a}_1$.
Hard-Decision ergibt $\boldsymbol{y} = (+1; -1; +1)$: $d_H(\boldsymbol{y}, \boldsymbol{a}_1) = 2$, $d_H(\boldsymbol{y}, \boldsymbol{a}_2) = 1$, also $\delta(\boldsymbol{y}) = \boldsymbol{a}_2$. Es kann auch (1.6.11) angewendet werden.

1.11. Da $\boldsymbol{y}$ fest ist, kann $1/P(\boldsymbol{y})$ in (1.8.4) entfallen. Mit der gemeinsamen Verteilung $P(x,y) = P(y)P(x|y) = P(x)P(y|x)$ folgt:

$$\begin{aligned} 1 - P_w &= P(\delta(\boldsymbol{y}) = \boldsymbol{a}) = \sum_{\substack{\boldsymbol{a} \in \Gamma, \boldsymbol{y} \\ \delta(\boldsymbol{y}) = \boldsymbol{a}}} P_{x,y}(\boldsymbol{a}, \boldsymbol{y}) \\ &= \sum_{\boldsymbol{y}} P_{x,y}(\delta(\boldsymbol{y}), \boldsymbol{y}) = \sum_{\boldsymbol{y}} P_x(\delta(\boldsymbol{y})) \cdot P_{y|x}(\boldsymbol{y}|\delta(\boldsymbol{y})). \end{aligned}$$

P_w wird minimal, wenn für jedes $\boldsymbol{y}$ durch $\delta(\boldsymbol{y}) = \hat{\boldsymbol{a}}$ der Summand maximiert wird.

2.1. $H(x) = H_2(\alpha)$; $H(y) = H_2(p_e + \alpha - 2p_e\alpha)$; $H(y|x) = H_2(p_e)$; $I(x;y) = H_2(p_e + \alpha - 2p_e\alpha) - H_2(p_e)$ wird maximal für $\alpha = 0{,}5$ und somit folgt $C = 1 - H_2(p_e)$.

2.2. $R_0 = 1 - \log_2(1 + q_e)$.

2.3. $C = 0$ (nutzloser Kanal).

2.4. Mit $P_x(0) = \alpha$ und $P_x(1) = 1 - \alpha$ folgt

$$I(x;y) = \alpha - \frac{1}{2}\left((1+\alpha)\log_2(1+\alpha) + (1-\alpha)\log_2(1-\alpha)\right).$$

Das Maximum ergibt sich bei $\alpha = 3/5$ mit $C = 0{,}3219$.

2.6. $H(x) = nH_2(p_e) - \sum\limits_{k=0}^{n} \binom{n}{k} p_e^k (1-p_e)^{n-k} \log_2 \binom{n}{k} \le nH_2(p_e)$.

2.7. $H(x) = \log_2 a$ bzw. $H(x) = \infty$.

2.8. Wegen $C = 0{,}56353$ sind rund 5635 Infobit/s übertragbar mit einer beliebig kleinen Fehlerrate.

2.9. Der uncodierte AWGN mit $E_b/N_0 = 9{,}59$ db ergibt genau $P_b = 10^{-5}$.

(1) Die Shannon-Grenze nach (2.4.6) beträgt $-1{,}59$ dB und somit beträgt der Gewinn 11,18 dB.

(2) Die R_0-Grenze nach (2.4.3) beträgt 1,42 dB und somit beträgt der Gewinn 8,17 dB.

(3) Nach (2.4.2) mit $R = R_0 = 0{,}25$ folgt $E_b/N_0 = 1{,}85$ dB und somit beträgt der Gewinn 7,74 dB.

2.10. Die mittlere Anzahl auf der Kugeloberfläche beträgt $q^{k-n}\binom{n}{t}(q-1)^t$.

3.2. Sei $\Gamma = \{\boldsymbol{a}_1, \ldots, \boldsymbol{a}_l, \boldsymbol{b}_1, \ldots, \boldsymbol{b}_{l'}\}$ mit $l + l' = 2^k$, wobei die $\boldsymbol{a}$-Wörter mit 0 und die $\boldsymbol{b}$-Wörter mit 1 beginnen sollen. Nach Satz 3.2 gilt $\Gamma = \Gamma + \boldsymbol{b}_1$ und daraus folgt $l = l'$.

3.3. Sei $\Gamma = \Gamma_g \cup \Gamma_u$ die disjunkte Zerlegung in Codewörter geraden und ungeraden Gewichts. Sei $\boldsymbol{b} \in \Gamma_u$. Nach Satz 3.2 gilt $\Gamma = (\Gamma_g + \boldsymbol{b}) \cup (\Gamma_u + \boldsymbol{b})$ und dies ist nach Satz 3.1 eine disjunkte Zerlegung in Wörter ungeraden und geraden Gewichts. Folglich ist $|\Gamma_u| = |\Gamma_g + \boldsymbol{b}| = |\Gamma_g|$.

3.4. Es gibt 1 Code mit $d_{\min} = 2$ und 3 Codes mit $d_{\min} = 1$.

3.5. $\{000, 101, 120, 202, 210, 221, 011, 022, 112\}$ ist eindeutig bestimmt.

3.6. $d_{\min} = 2$.

3.7. Bei geradem n resultiert ein linearer $(n, n/2, 2)_2$-Code und bei ungeradem n resultiert ein linearer $(n, (n+1)/2, 1)_2$-Code.

3.8. Γ' ist linear nach Satz 3.1. Aus $\Gamma' \subseteq \Gamma$ folgt $d'_{\min} \geq d_{\min}$. Allgemeine Aussagen sind nicht möglich:
Aus $\Gamma = \{000000, 111000, 000111, 111111\}$ wird $\Gamma' = \{000000, 111111\}$ und $\Gamma = \{000, 110, 011, 101\} = \Gamma'$ bleibt unverändert.

3.9. Die Hamming-Schranke ergibt $k \leq 11$.

3.10. Die Hamming-Schranke ergibt $n = 7$. Ein $(7, 2, 5)_2$-Code kann aber nicht existieren, da zu 0000000 und 1111100 kein drittes Wort im Abstand 5 existiert. Jedoch ist $\{0000000, 11111000, 00011111, 11100111\}$ ein $(8, 2, 5)_2$-Code.

3.12. $k = 113$ nach Tabelle 7.1. Die Hamming-Schranke ergibt $k \leq 114$ und die Gilbert-Varshamov-Schranke ergibt $k \geq 108$.

3.13. $(63, 31, 7)$ ist ein Teilcode von $(63, 36, d)$, der nach Tabelle 7.1 mit $d = 11$ existiert. $(63, 45, 7)$ existiert nach Tabelle 7.1. $(127, 109, 7)$ ist nach Vergleich mit $(127, 106, 7)$ und $(127, 113, 5)$ fraglich und nach der Hamming-Schranke unmöglich.

3.15. Der BCH-Code hat die Rate $R = 0{,}843$. Die Schranken ergeben $0{,}788 \leq R \leq 0{,}867$ bzw. asymptotisch $0{,}744 \leq R \leq 0{,}850$.

3.16. Nach Aufgabe 3.2 beträgt das mittlere Codewortgewicht $n/2$. Elementare Rechnung ergibt die Behauptungen.

3.17. Wende die Hamming-Schranke auf den $(2t+1, 1, 2t+1)_2$-Code an.

3.18. Der 9-fache Hamming-Code kann zwischen 1 und 9 Fehlern korrigieren. Bei kleinen Fehlerraten ist der BCH-Code besser, da selten mehr als 5 Fehler auftreten, die vom BCH-Code immer korrigiert werden können, während sie beim zusammengesetzten Code so verteilt sein müssen, daß jeder Teilblock höchstens einen Fehler enthält. Nach (3.7.3) gilt $P_b = 2 \cdot 10^{-11}$ (BCH) bzw. $P_b = 1{,}6 \cdot 10^{-5}$ (9-Ham.). P_b ändert sich bei zusammengesetzten Codes nicht. Dagegen wird P_w bei zusammengesetzten Codes größer: $P_{\mathrm{w,9-Ham}} = 1-(1-P_{\mathrm{w,1-Ham}})^9$. Nach (1.7.9) gilt $G_{\mathrm{a,hard}} = 5{,}35$ dB (BCH) bzw. $G_{\mathrm{a,hard}} = 0{,}58$ dB (9-Ham.).

3.19. $P_w \approx 105 \cdot p_e^2 \approx 0{,}01$ ist sehr genau bei $p_e = 10^{-2}$. Aus (3.8.7) folgt bei $E_c/N_0 = 4{,}33$ dB mit $P_w \leq 0{,}057$ eine sehr schlechte Schranke, denn Soft-Decision ist besser als Hard-Decision.

3.20. Die Gewichtsverteilung ist $A_0 = A_1 = A_{n-1} = A_n = 1$ und somit folgt $P_{ue} = p_e(1-p_e)^{n-1} + p_e^{n-1}(1-p_e) + p_e^n$. Es gilt $p_e(1-p_e)^{n-1} = 2^{-nH_2(1/n)}$ bei $p_e = 1/n$. Für $n = 100$ ergibt sich $P_{ue} = 2{,}4 \cdot 10^{-30}$ bei $p_e = 1/2$ und $P_{ue} = 3{,}7 \cdot 10^{-3}$ bei $p_e = 1/100$.

3.21. Nach Satz A.1 gilt $E(A_r) \leq 2^{k-n} \cdot 2^{nH_2(r/n)}$. Mit Aufgabe 1.9 folgt:

$$E\Big(\max_{p_e} P_{ue}\Big) \;\leq\; \sum_{r=1}^{n} E(A_r) \cdot \max_{p_e}(p_e^r(1-p_e)^{n-r}) \;\leq\; n2^{-(n-k)}.$$

3.22. Wende (A.2.2) an:

$$\begin{aligned} E(P_{ue}) \;=\; \sum_{r=1}^{n} E(A_r)p_e^r(1-p_e)^{n-r} \;&=\; 2^{-(n-k)}(1-(1-p_e)^k) \\ &\leq\; 2^{-(n-k)}. \end{aligned}$$

3.23. Sei $t_n = \lfloor (d_n - 1)/2 \rfloor$. Die Hamming-Schranke ergibt:

$$2^m \;\geq\; \sum_{r=0}^{t_n} \binom{n}{r}.$$

Die linke Seite ist konstant, während die rechte Seite bei $t_n \geq 1$ gegen unendlich konvergiert. Somit folgt $t_n = 0$.

3.24. Nach Satz 3.13 gilt $R = 1 - H_2(d_{\min}/n)$ im Mittel. Bei festem k gilt $R \to 0$ und damit $d_{\min}/n \to 1/2$ und bei festem $n-k$ gilt $R \to 1$ und damit $d_{\min}/n \to 0$.

3.26. Zum Nachweis von Definition 3.4 als Spezialfall von (1) wird $\mathcal{E} = K_t(\boldsymbol{0})$ gesetzt. Aus $\boldsymbol{y} = \boldsymbol{a} + \boldsymbol{e} \neq \boldsymbol{a}' + \boldsymbol{e}'$ für alle $\boldsymbol{e}' \in \mathcal{E}$ folgt $\boldsymbol{y} \notin \boldsymbol{a}' + \mathcal{E} = K_t(\boldsymbol{a}')$. Jedoch gilt $\boldsymbol{y} \in K_t(\boldsymbol{a})$. Folglich ist $d_H(\boldsymbol{y}, \boldsymbol{a}) \leq t < d_H(\boldsymbol{y}, \boldsymbol{a}')$ für alle $\boldsymbol{a}' \in \Gamma \backslash \{\boldsymbol{a}\}$ und damit ist $\boldsymbol{a}$ die richtige ML-Schätzung.

„$\Rightarrow$“: Γ korrigiere alle Fehler aus $\mathcal{E}$, d.h. $\boldsymbol{a} + \boldsymbol{e} \neq \boldsymbol{a}' + \boldsymbol{e}'$ für $\boldsymbol{a} \neq \boldsymbol{a}'$. Somit folgt $\boldsymbol{a}' - \boldsymbol{a} \neq \boldsymbol{e} - \boldsymbol{e}'$ bzw. $\boldsymbol{a}' - \boldsymbol{a} \notin \Delta\mathcal{E}$. Mit $\boldsymbol{a} = \boldsymbol{0}$ folgt $\Gamma \cap \Delta\mathcal{E} = \{\boldsymbol{0}\}$.

„$\Leftarrow$“: Aus $\Gamma \cap \Delta\mathcal{E} = \{\boldsymbol{0}\}$ folgt für $\boldsymbol{a} \neq \boldsymbol{a}'$ sofort $\boldsymbol{a} - \boldsymbol{a}' \notin \Delta\mathcal{E}$, d.h. $\boldsymbol{a}' - \boldsymbol{a} \neq \boldsymbol{e} - \boldsymbol{e}'$ für alle $\boldsymbol{e}, \boldsymbol{e}' \in \mathcal{E}$ und somit $\boldsymbol{a}' + \boldsymbol{e}' \neq \boldsymbol{a} + \boldsymbol{e}$.

„(3.9.6)“: folgt aus $|\{\boldsymbol{a} + \boldsymbol{e} | \boldsymbol{a} \in \Gamma, \boldsymbol{e} \in \mathcal{E}\}| = |\mathcal{E}| \cdot q^k \leq q^n$.

„(3.9.7)“: Setze $\mathcal{E} = K_t(\boldsymbol{0}) = \sum_{r=0}^{t} \binom{n}{r}$. Beachte $t \approx \frac{d_{\min}}{2n} \cdot n$ und wende (A.2.7) an.

4.1. Über $\mathbb{F}_2$ ergibt sich Rang$(\boldsymbol{G}) = 2$ mit der Zeilennormalform

$$\boldsymbol{G}_2 = \begin{pmatrix} 1\,0 & 1\,0\,1\,0\,1 \\ 0\,1 & 1\,0\,0\,1\,1 \\ 0\,0 & 0\,0\,0\,0\,0 \end{pmatrix}.$$

Also erzeugt $\boldsymbol{G}$ keinen $(7,3)_2$-Code, sondern nur einen $(7,2)_2$-Code. Über $\mathbb{F}_3$ ergibt sich Rang$(\boldsymbol{G}) = 3$ mit der Zeilennormalform

$$\boldsymbol{G}_3 = \begin{pmatrix} 1\,0\,0 & 0\,1\,0\,0 \\ 0\,1\,0 & 0\,0\,1\,0 \\ 0\,0\,1 & 0\,0\,0\,1 \end{pmatrix}.$$

Wenn in $\boldsymbol{G}$ die Nullspalte an dritter statt an vierter Stelle stehen würde, so wäre für $\boldsymbol{G}_3$ eine Spaltenvertauschung erforderlich. Natürlich ist $\boldsymbol{G}$ hier sehr unvernünftig gewählt.

4.2. $\boldsymbol{u} = 101$ ergibt $\boldsymbol{a} = \boldsymbol{u}\boldsymbol{G} = 1011010$.

4.4. Nach Satz 4.4 sind (1) und (2) äquivalent.

„(1) $\Rightarrow$ (3)“: Gegenannahme: $\boldsymbol{G}$ besitze k linear abhängige Spalten. Folglich enthält $\boldsymbol{G}$ eine Teilmatrix $\boldsymbol{T} \in \mathbb{F}_q^{k,k}$ mit linear abhängigen Spalten. Weil dann auch die Zeilen von $\boldsymbol{T}$ linear abhängig sind, gibt es ein $\boldsymbol{u} \in \mathbb{F}_q^k$ mit $\boldsymbol{u}\boldsymbol{T} = \boldsymbol{0}$. Folglich hat $\boldsymbol{a} = \boldsymbol{u}\boldsymbol{G}$ maximal das Gewicht $n - k$, was (1) widerspricht.

„(3) $\Rightarrow$ (1)“: wird entsprechend gezeigt.

4.5. Für $r \to \infty$ gilt $G_{\mathrm{a,hard}} = 10 \cdot \log_{10}(R(t+1)) \to 3{,}01$ dB (Hamming-Code) bzw. $G_{\mathrm{a,hard}} \to \infty$ dB (Simplex-Code).

4.6. Aus (4.4.2) folgt

$$\begin{aligned} Z^n A(Z^{-1}) &= \frac{Z^n}{n+1}\Big((1+Z^{-1})^n + n(1+Z^{-1})^{(n-1)/2}(1-Z^{-1})^{(n+1)/2}\Big) \\ &= \frac{1}{n+1}\Big((Z+1)^n + n(Z+1)^{(n-1)/2}(Z-1)^{(n+1)/2}\Big) \\ &= \frac{1}{n+1}\Big((1+Z)^n + n(1+Z)^{(n-1)/2}(1-Z)^{(n+1)/2}\Big), \end{aligned}$$

denn $(n+1)/2 = 2^{r-1}$ ist eine gerade Zahl.

4.7. Nach (3.6.1) und (4.3.6) gilt:

$$\begin{aligned} P_{ue} &= (1-p_e)^n \left[A\left(\frac{p_e}{1-p_e}\right) - 1 \right] \\ &= (1-p_e)^n \left[2^{-(n-k)} \left(1 + \frac{p_e}{1-p_e}\right)^n A^\perp \left(\frac{1-\frac{p_e}{1-p_e}}{1+\frac{p_e}{1-p_e}} \right) - 1 \right] \\ &= 2^{-(n-k)} A^\perp(1-2p_e) - (1-p_e)^n. \end{aligned}$$

4.9. Der $(5,2,3)_2$-Code wird beschrieben durch

$$\boldsymbol{G} = \begin{pmatrix} 1\,0 & 0\,1\,1 \\ 0\,1 & 1\,1\,1 \end{pmatrix} \quad , \quad \boldsymbol{H} = \begin{pmatrix} 0\,1 & 1\,0\,0 \\ 1\,1 & 0\,1\,0 \\ 1\,1 & 0\,0\,1 \end{pmatrix}.$$

Die Expandierung ergibt einen $(6,2,4)$-Code mit

$$\boldsymbol{G}' = \begin{pmatrix} 1\,0 & 0\,1\,1 & 1 \\ 0\,1 & 1\,1\,1 & 0 \end{pmatrix}.$$

Direkt mit (4.2.3) ergibt sich $\boldsymbol{H}'$ und nach (4.5.3) ergibt sich $\boldsymbol{H}''$:

$$\boldsymbol{H}' = \begin{pmatrix} 0\,1 & 1\,0\,0\,0 \\ 1\,1 & 0\,1\,0\,0 \\ 1\,1 & 0\,0\,1\,0 \\ 1\,0 & 0\,0\,0\,1 \end{pmatrix} \quad , \quad \boldsymbol{H}'' = \begin{pmatrix} 0\,1\,1\,0\,0 & 0 \\ 1\,1\,0\,1\,0 & 0 \\ 1\,1\,0\,0\,1 & 0 \\ 1\,1\,1\,1\,1 & 1 \end{pmatrix}.$$

Durch Addition von Zeile 1 und Zeile 2 und Zeile 3 zu Zeile 4 in $\boldsymbol{H}'$ ergibt sich $\boldsymbol{H}''$.

4.10. Durch die elementaren Zeilenoperationen können $\boldsymbol{G}'$ und $\boldsymbol{H}'$ aus Beispiel 4.9 ineinander überführt werden. Aus (4.5.1) folgt mit kurzer Rechnung

$$A(Z) = \frac{1}{16}\left[(1+Z)^8 + (1-Z)^8 + 14(1-Z^2)^4\right] = 1 + 14Z^4 + Z^8.$$

Mit (4.3.4) folgt daraus:

$$\begin{aligned} A^\perp(Z) &= 2^{-4}(1+Z)^8 \left[1 + 14\left(\frac{1-Z}{1+Z}\right)^4 + \left(\frac{1-Z}{1+Z}\right)^8 \right] \\ &= 2^{-4}\left[(1+Z)^8 + 14(1+Z)^4(1-Z)^4 + (1-Z)^8\right] \\ &= \frac{1}{16}\left[(1+Z)^8 + 14(1-Z^2)^4 + (1-Z)^8\right] = A(Z). \end{aligned}$$

4.11. Klar ist $A'_r = A_r + A_{r-1}$ für gerades r und $A'_r = 0$ für ungerades r. Daraus folgt:

$$\begin{aligned} A'(Z) &= \sum_s (A_{2s} + A_{2s-1}) Z^{2s} \\ &= \sum_r \frac{1+(-1)^r}{2} A_r Z^r + \sum_r \frac{1-(-1)^r}{2} A_r Z^{r+1} \\ &= \frac{1}{2}\Big[A(Z) + A(-Z)\Big] + \frac{Z}{2}\Big[A(Z) - A(-Z)\Big] \\ &= \frac{1}{2}\Big[(1+Z)A(Z) + (1-Z)A(-Z)\Big]. \end{aligned}$$

4.12. Der $(6,3,3)_2$-Code wird beschrieben durch

$$\boldsymbol{G} = \begin{pmatrix} 1\,0\,0 & 1\,1\,0 \\ 0\,1\,0 & 0\,1\,1 \\ 0\,0\,1 & 1\,0\,1 \end{pmatrix} \quad , \quad \boldsymbol{H} = \begin{pmatrix} 1\,0\,1 & 1\,0\,0 \\ 1\,1\,0 & 0\,1\,0 \\ 0\,1\,1 & 0\,0\,1 \end{pmatrix}.$$

Zu den sieben Fehlermustern

$$000000, 000001, 000010, 000100, 001000, 010000, 100000$$

ergeben sich die Syndrome

$$000, 001, 010, 100, 101, 011, 110.$$

Zum Syndrom 111 gehört die Nebenklasse $\mathcal{M}_7 =$

$$\{100001, 000111, 110010, 010100, 101100, 001010, 111111, 011001\},$$

in der es drei mögliche Wörter $\boldsymbol{e}_7$ minimalen Gewichts gibt. Für $\boldsymbol{y} = 011011$ ergibt sich $\boldsymbol{s} = 101$ und damit $\hat{\boldsymbol{a}} = \boldsymbol{y} - 001000 = 010011$.

Für $\boldsymbol{y} = 000111$ ergibt sich $\boldsymbol{s} = 111$: Wenn beispielsweise $\boldsymbol{e}_7 = 100001$ gewählt wurde, ergibt sich $\hat{\boldsymbol{a}} = \boldsymbol{y} - 100001 = 100110$; wenn dagegen $\boldsymbol{e}_7 = 010100$ gewählt wurde, ergibt sich $\hat{\boldsymbol{a}} = \boldsymbol{y} - 010100 = 010011$.

4.13. Durch Spaltenvertauschungen nimmt die Prüfmatrix aus Beispiel 4.3(1) die Form

$$\boldsymbol{H} = \begin{pmatrix} 0\,0\,0\,1\,1\,1\,1 \\ 0\,1\,1\,0\,0\,1\,1 \\ 1\,0\,1\,0\,1\,0\,1 \end{pmatrix}$$

an. Dazu ergibt sich folgende Tabelle:

μ	s_μ	e_μ
0	000	0000000
1	001	1000000
2	010	0100000
3	011	0010000
4	100	0001000
5	101	0000100
6	110	0000010
7	111	0000001

Wenn das Syndrom als Dualzahl interpretiert wird, ergibt sich direkt der Fehlerort und damit natürlich auch der Fehlerwert. Folglich braucht die Tabelle nicht abgespeichert zu werden. $\boldsymbol{y} = 0011100$ ergibt $\boldsymbol{s} = 010$ und damit $\hat{\boldsymbol{a}} = 0111100$.

4.14. „(1) ⇒ (2)“: Sei $\boldsymbol{e}, \boldsymbol{e}' \in \mathcal{E}$ mit $\boldsymbol{e} \neq \boldsymbol{e}'$. Falls $\boldsymbol{e}\boldsymbol{H}^T = \boldsymbol{e}'\boldsymbol{H}^T$ gelten würde, so folgt $\boldsymbol{e} - \boldsymbol{e}' = \boldsymbol{a} \in \Gamma$. Aus $-\boldsymbol{a} + \boldsymbol{e} = \boldsymbol{0} + \boldsymbol{e}'$ folgt ein Widerspruch zu (1).

„(2) ⇒ (1)“: Sei $\boldsymbol{a}, \boldsymbol{a}' \in \Gamma$ mit $\boldsymbol{a} \neq \boldsymbol{a}'$ und $\boldsymbol{e}, \boldsymbol{e}' \in \mathcal{E}$. Falls $\boldsymbol{e} = \boldsymbol{e}'$ gilt, folgt $\boldsymbol{a} + \boldsymbol{e} \neq \boldsymbol{a}' + \boldsymbol{e}'$. Falls andererseits $\boldsymbol{e} \neq \boldsymbol{e}'$ gilt, folgt $\boldsymbol{e}\boldsymbol{H}^T \neq \boldsymbol{e}'\boldsymbol{H}^T$ und damit $(\boldsymbol{a} + \boldsymbol{e})\boldsymbol{H}^T \neq (\boldsymbol{a}' + \boldsymbol{e}')\boldsymbol{H}^T$ und somit $\boldsymbol{a} + \boldsymbol{e} \neq \boldsymbol{a}' + \boldsymbol{e}'$.

5.1. Sei $\bar{a}(x)$ das reziproke Polynom zu $a(x)$ (siehe Abschnitt A.6). Das Skalarprodukt $\sum_i a_i b_i$ ist der höchste Koeffizient in $R_{x^n-1}[\bar{a}(x)b(x)]$.

5.2. $R_{x^n-1}[a(x)b(x)]$ hat den Koeffizienten $\sum_{i=0}^{n-1} a_i b_{\nu-i \text{ modulo } n}$ bei x^ν und das Skalarprodukt von $\bar{\boldsymbol{a}}$ und der m-fachen Verschiebung von $\boldsymbol{b}$ ergibt sich als $\sum_{i=0}^{n-1} a_i b_{m-1-i \text{ modulo } n}$.

5.3. $w_H(g(x)) =$ gerade ist äquivalent mit $g(1) = 0$ bzw. äquivalent damit, daß 1 eine Nullstelle von $g(x)$ ist bzw. weiter äquivalent damit, daß $x - 1$ ein Teiler von $g(x)$ ist (Satz A.6).

Der Teil „$x+1$ teilt $g(x) \Rightarrow w_H(g(x))$ gerade“ wurde bereits mit Satz 5.10 gezeigt.

5.4. Erste Äquivalenz: „⇒“: Mit $n = mr$ gilt $\sum_{i=0}^{r-1} x^{mi} = \frac{x^{mr} - 1}{x^m - 1} = \frac{x^n - 1}{x^m - 1}$ und somit ergibt sich $x^n - 1$ als Vielfaches von $x^m - 1$.

„⇐“: Aus $0 = R_{x^m-1}[x^n - 1] = x^{n \text{ modulo } m} - 1$ ergibt sich n als Vielfaches von m.

Bei der zweiten Äquivalenz folgt „⇒" aus der ersten Äquivalenz. Für „⇐" sei $n = \alpha m + r$: Wenn

$$s^n - 1 = s^r(s^{\alpha m} - 1) + s^r - 1 = s^r(s^m - 1)\sum_{i=0}^{\alpha-1} s^{mi} + s^r - 1$$

modulo $s^m - 1$ betrachtet wird, folgt $0 = s^r - 1$ und damit $r = 0$.

5.5. Die Vereinigung linearer Codes ergibt nicht einen linearen Code, wie $\{00, 01\} \cup \{00, 10\}$ zeigt. Bei der Durchschnittsbildung bleibt dagegen Linearität und Zyklizität erhalten. $\Gamma_1 \cap \Gamma_2$ hat das Generatorpolynom $g(x) = \text{KGV}(g_1(x), g_2(x))$.

5.7. Ein Code mit $g(x)$, der nur Wörter geraden Gewichts hat, muß Teilcode des Parity Check Codes sein, der das Generatorpolynom $x+1$ hat. Nach Aufgabe 5.6 muß $g(x)$ also ein Vielfaches von $x + 1$ sein bzw. es muß $g(1) = 0$ sein bzw. $w_H(g(x))$ muß gerade sein.

5.8. Sei n beliebig: „⇒": Wenn das Einswort ein Codewort ist, muß ein $u(x)$ mit $\frac{x^n - 1}{x - 1} = u(x) \cdot \frac{x^n - 1}{h(x)}$ existieren und somit gilt $h(x) = u(x)(x-1)$ und folglich $h(1) = 0$.

„⇐": Wegen $h(1) = 0$ existiert eine Darstellung $h(x) = (x - 1)u(x)$. Das Einswort ist Codewort zum Infowort $u(x)$.

Sei n ungerade: „⇒": Aus $h(1) = 0$ folgt wie zuvor $1 + x + \cdots + x^{n-1} = u(x)g(x)$. Für $x = 1$ folgt $1 = n = u(1)g(1)$ und somit $g(1) \neq 0$ bzw. $g(1) = 1$.

„⇐": Aus $x^n - 1 = g(x)h(x)$ folgt $0 = g(1)h(1)$. Wegen $g(1) = 1$ folgt $h(1) = 0$.

Ein Gegenbeispiel wird durch $\Gamma = \{0000, 1010, 0101, 1111\}$ mit $g(x) = h(x) = x^2 - 1$ gegeben.

5.9. Nach Satz A.8 existieren $s(x) = s_l(x)$ und $t(x) = t_l(x)$ mit

$$1 = \text{GGT}(g(x), h(x)) = s(x)g(x) + t(x)h(x).$$

Setze $c(x) = s(x)g(x) = 1 - t(x)h(x) \in \Gamma$, denn nach (A.7.15) gilt Grad $s(x) \leq k - 1$. Für $a(x) = u(x)g(x)$ gilt

$$c(x)a(x) = a(x) - t(x)h(x)u(x)g(x) = a(x) \text{ modulo } x^n - 1.$$

Mit x^i enthält $c(x)$ auch die Potenzen x^{2i}, x^{4i}, ... Für den $(7,4)_2$-Hamming-Code mit $g(x) = x^3 + x + 1$ und $h(x) = x^4 + x^2 + x + 1$ gilt $s(x) = x$ und $t(x) = 1$ und folglich $c(x) = x^1 + x^2 + x^4$.

5.11. Bei zyklischen Verschiebungen ändern sich nicht die Gewichte. Bei n = Primzahl entstehen dabei jeweils andere Codewörter, sofern vom Nullwort oder Einswort abgesehen wird. Folglich muß n ein Teiler von A_i bei $0 < i < n$ sein und somit auch von $2^k - 1 - A_n = A_1 + \cdots + A_{n-1}$.

Ein Gegenbeispiel wird durch $\Gamma = \{0000, 1010, 0101, 1111\}$ gegeben.

5.12. Für einen zyklischen $(7,5)$-Code müßte $R_7[32] \in \{1,2\}$ nach Aufgabe 5.11 gelten. Auch aus der Zerlegung

$$x^7 - 1 = (x+1)(x^3+x+1)(x^3+x^2+1)$$

in irreduzible Faktoren (siehe Beispiel 5.3) folgt, daß $x^7 - 1$ keinen Teiler vom Grad 5 hat.

Aus $R_{17}[2^k] \in \{1,2\}$ folgt $k \in \{1,8,9,16\}$ bzw. $n - k \in \{1,8,9,16\}$. Tatsächlich existieren entsprechende zyklische Codes, wie die Zerlegung $x^{17} - 1 = (x+1)(x^8+x^5+x^4+x^3+1)(x^8+x^7+x^6+x^4+x^2+x+1)$ in irreduzible Faktoren zeigt.

5.13. 1011 wird zu 0001011 und 1101 wird zu 0011101 encodiert.

5.14. $h(x) = x^{10} + x^9 + x^8 + x^6 + x^5 + x^2 + 1$.

5.15. $h(x) = x^5 + x^3 + x + 1$, 10101 wird zu 111000100110101 encodiert.

5.16. Die Zerlegung $x^{15} - 1 = (x+1)(x^2+x+1)(x^4+x+1)(x^4+x^3+1)$ $(x^4+x^3+x^2+x+1)$ in irreduzible Faktoren wird durch Probieren gefunden (bzw. wird in Beispiel 6.5 noch analytisch berechnet). Mit 5 Faktoren können insgesamt $\binom{5}{1}+\binom{5}{2}+\binom{5}{3}+\binom{5}{4} = 30$ Generatorpolynome gebildet werden.

5.17. Annahme: Der Code ist zyklisch. (1) Wegen $x^8 - 1 = (x+1)^8$ muß $g(x) = (x+1)^4 = x^4 + 1$ sein, was ein Widerspruch zu $d_{\min} = 4$ ist. (2) In der Generatormatrix aus Beispiel 4.9 ist Zeile 4 eine zyklische Verschiebung von Zeile 1 und Zeile 3 ist eine zyklische Verschiebung von Zeile 2. Aufgrund der speziellen Form der Zeilen kann durch zyklische Verschiebung nicht wieder das gleiche Wort entstehen. Folglich hat der Code mindestens 16 Wörter ungleich dem Nullwort, was $k = 4$ widerspricht.

5.18. Vergleich der Codeparameter: $(2^r, 2^r - r - 1, 4)_2$ für den expandierten Hamming-Code und $(2^r - 1, 2^r - r - 2, 4)_2$ für den CRC-Code. Die Anzahl der Prüfstellen und die Minimaldistanz ist gleich, alle Wörter haben jeweils gerades Gewicht, alle Fehlermuster ungeraden Gewichts werden jeweils erkannt. Die Coderate des CRC-Codes ist etwas kleiner: Als Vorteil ist der CRC-Code zyklisch und erkennt garantiert alle Bündelfehler bis zur Länge $r+1$.

5.19. Ähnlich wie bei der Begründung zu Bild 5.1 gilt mit der Abkürzung $R[.] = R_{g(x)}[.]$:

$$s(x) = \underbrace{R[y_0 + x\,\underbrace{R[y_1 + \cdots + x\,\underbrace{R[y_{n-2} + x\,\underbrace{R[y_{n-1} + 0]}_{=r^{(1)}(x)}]}_{=r^{(2)}(x)} \cdots]}_{=r^{(n-1)}(x)}]}_{=r^{(n)}(x)}\,.$$

Also gilt $r^{(0)}(x) = 0$ sowie $r^{(i)}(x) = R_{g(x)}[y_{n-i} + xr^{(i-1)}(x)]$. Mit $R_{g(x)}[x^{n-k}] = -g_0x^0 - \cdots - g_{n-k-1}x^{n-k-1}$ und $\alpha_{n-i} = r^{(i-1)}_{n-k-1}$ folgt

$$\begin{aligned} r^{(i)}(x) &= (y_{n-i} - g_0\alpha_{n-i}) + x(r_0^{(i-1)} - g_1\alpha_{n-i}) \\ &\quad + \cdots + x^{n-k-1}(r^{(i-1)}_{n-k-2} - g_{n-k}\alpha_{n-i}) \end{aligned}$$

Durch Koeffizientenvergleich folgt sofort $r_0^{(i)} = y_{n-i} - g_0\alpha_{n-i}$ sowie $r_j^{(i)} = r_{j-1}^{(i-1)} - g_j\alpha_{n-i}$ für $1 \leq j \leq n-k-1$ und diese Operation wird im Schieberegister realisiert. Aus $r^{(i)}(x) = y_{n-i} + xr^{(i-1)}(x) - \alpha_{n-i}g(x)$ folgt:

$$\begin{aligned} s(x) &= r^{(n)}(x) = y_0 + xr^{(n-1)}(x) - \alpha_0 g(x) \\ &= (y_0 + xy_1) + x^2 r^{(n-2)}(x) - (x\alpha_1 + \alpha_0)g(x) \\ &= \ldots = y(x) - \alpha(x)g(x). \end{aligned}$$

5.20. Rechne modulo 77:

$$\begin{aligned} 2^{1000000} &= 2^{12\cdot 83333+4} = (53 \cdot 77 + 15)^{83333} \cdot 16 = 15^{2\cdot 41666} \cdot 15 \cdot 16 \\ &= (3 \cdot 77 - 6)^{41666} \cdot 15 \cdot 16 = 6^{10\cdot 4166+6} \cdot (3 \cdot 77 + 9) \\ &= (785275 \cdot 77 + 1)^{4166} \cdot (5453 \cdot 77 + 23) = 23. \end{aligned}$$

5.21. In Kurzschreibweise wird i für x^i geschrieben. Dividiere x^{16} durch $g(x)$:

```
16                            : 3 1 0 = 13 11 10 9 6 4 3 2
16 14 13
--------
   14 13
   14 12 11
   --------
      13 12 11
      13 11 10
      --------
         12 10
         12 10 9
         -------
               9
               9 7 6
               -----
                 7 6
                 7 5 4
                 -----
                   6 5 4
                   6 4 3
                   -----
                     5 3
                     5 3 2
                     -----
                         2
```

Also gilt $x^{16} + x^9 = (x^9 + \cdots)g(x)$ und $x^{16} + x^2 = (x^2 + \cdots)g(x)$ und somit ist $n = 7$ und $n = 14$. Trivialerweise ist $x^{14} - 1 = (x^7 - 1)^2$.

5.22. $n = 17$.

6.1. $x^5 - x^4 - 4x + 4 = (x-1)(x-\sqrt{2})(x+\sqrt{2})(x-j\sqrt{2})(x+j\sqrt{2})$.

6.2. Rest $= -1/8$ in $\mathbb{Q}$, Rest $= 6$ in $\mathbb{F}_7$.

6.3. Annahme: Das Divisionstheorem gilt. Zu x und 2 existieren $\alpha(x)$ und r_0 mit $x = (\alpha_0 + \alpha_1 x) \cdot 2 + r_0$, was modulo 4 unmöglich ist.

6.4. Reduzible Polynome vom Grad 2 oder 3 haben einen Linearfaktor $x - a$ und somit die Nullstelle a (siehe auch Beispiel A.11).

6.5. Es existieren Zahlen s und t mit $1 = \mathrm{GGT}(6, 127) = s \cdot 6 + t \cdot 127$. Satz A.8 liefert $s = -21$ und $t = 1$. Modulo 127 gilt also $6^{-1} = -21 = 106$ und $47/6 = 47 \cdot 106 = 29$.

6.6. $p = 3, 5, 11, 13$.

6.8. Wegen $x^4+x^2+1 = (x^2+x+1)^2$ ist das Polynom stets reduzibel. Wenn $a \in \mathbb{F}_q$ eine Nullstelle von x^4+x^2+1 ist, so ist $b = a^2$ eine Nullstelle von x^2+x+1. Folglich muß x^2+x+1 Minimalpolynom sein, was in $\mathbb{F}_2$ und $\mathbb{F}_8$ nicht der Fall ist. In $\mathbb{F}_4$ mit $z^2 = z+1$ gilt $x^4+x^2+1 = (x+z^2)^2(x+z)^2$ und in $\mathbb{F}_{16}$ mit $z^4 = z+1$ gilt $x^4 + x^2 + 1 = (x + z^{10})^2(x + z^5)^2$.

6.9. $x^5 + x^3 + 1$, $x^5 + x^4 + x^3 + x^2 + 1$, $x^5 + x^4 + x^3 + x + 1$ sowie die jeweils reziproken Polynome.

6.10. In $\mathbb{F}_{32}$ gibt es $\varphi(31) = 30$ primitive Elemente und $30/5 = 6$ primitive Polynome. Nach Aufgabe 6.9 gibt es nur 6 irreduzible Polynome.

6.11. Zerlegung in irreduzible Faktoren über $\mathbb{F}_2[x]$:

$$\begin{aligned}
x^2 - 1 &= (x+1)^2 \\
x^3 - 1 &= (x+1)(x^2+x+1) \\
x^4 - 1 &= (x+1)^4 \\
x^5 - 1 &= (x+1)(x^4+x^3+x^2+x+1) \\
x^6 - 1 &= (x+1)^2(x^2+x+1)^2 \\
x^7 - 1 &= (x+1)(x^3+x+1)(x^3+x^2+1) \\
x^8 - 1 &= (x+1)^8 \\
x^9 - 1 &= (x+1)(x^2+x+1)(x^6+x^3+1) \\
x^{10} - 1 &= (x+1)^2(x^4+x^3+x^2+x+1)^2.
\end{aligned}$$

6.13. Für $\mathbb{F}_9$ gilt $p = 3$, $m = 2$, $n = 8$. Primitive Elemente sind z, z^3, z^5, z^7.

Äquivalenzklasse	Minimalpolynom	Ordnung
$\{z^1, z^3\}$	$x^2 + 2x + 2$	8
$\{z^5, z^7\}$	$x^2 + x + 2$	8
$\{z^2, z^6\}$	$x^2 + 1$	4
$\{z^4\}$	$x + 1$	2
$\{z^0\}$	$x + 2$	1

Für $\mathbb{F}_{32}$ gilt $p = 2$, $m = 5$, $n = 31$. Außer 0 und 1 sind alle Elemente primitiv.

Äquivalenzklasse	Minimalpolynom	Ordnung
$\{z^1, z^2, z^4, z^8, z^{16}\}$	$x^5 + x^2 + 1$	30
$\{z^3, z^6, z^{12}, z^{24}, z^{17}\}$	$x^5 + x^4 + x^3 + x^2 + 1$	30
$\{z^5, z^{10}, z^{20}, z^9, z^{18}\}$	$x^5 + x^4 + x^2 + x + 1$	30
$\{z^7, z^{14}, z^{28}, z^{25}, z^{19}\}$	$x^5 + x^3 + x^2 + x + 1$	30
$\{z^{11}, z^{22}, z^{13}, z^{26}, z^{21}\}$	$x^5 + x^4 + x^3 + x + 1$	30
$\{z^{15}, z^{30}, z^{29}, z^{27}, z^{23}\}$	$x^5 + x^3 + 1$	30
$\{z^0\}$	$x + 1$	1

6.14. Abgesehen von 0 und 1 besteht $\mathbb{F}_{2048}$ aus 176 Äquivalenzklassen mit je 11 primitiven Elementen (also insgesamt 1936 primitive Elemente und 176 primitive Polynome) sowie 10 Äquivalenzklassen mit jeweils 11 Elementen, die jeweils die Ordnung 89 oder 23 haben.

6.15. Das Polynom $p(x) = x^2 + 1 \in \mathbb{R}[x]$ ist irreduzibel. Die rein imaginäre Zahl $j = \sqrt{-1}$ ist Nullstelle und primitives Element. In Komponentendarstellung gilt $\mathbb{C} = \{u + jv | u, v \in \mathbb{R}\}$. Das Minimalpolynom zu $a = u + jv$ ist $f_a(x) = x^2 - 2ux + u^2 + v^2 = (x - a)(x - a^*)$ bei bei $v \neq 0$ bzw. $f_a(x) = x - u$ bei $v = 0$. Also haben $a = u + jv$ und $a^* = u - jv$ das gleiche Minimalpolynom, d.h. $[a] = [a^*] = \{a, a^*\}$.

6.16. In $\mathbb{F}_{16}$ ist $z^3 + z = z^9$ und somit $(z^3 + z)^{-1} = z^6 = z^3 + z^2$, d.h. $x^3 + x^2$ ist das Ergebnis. Mit Satz A.8 werden $s(x) = x^2 + x + 1$ (wird nicht explizit benötigt) und $t(x) = x^3 + x^2$ bestimmt, so daß

$$1 = \text{GGT}(x^4 + x + 1, x^3 + x) = s(x)(x^4 + x + 1) + t(x)(x^3 + x)$$

gilt und folglich ist $t(x)$ das Ergebnis.

6.17. Nach den Aufgaben 5.6 und 5.7 ist nur zu zeigen, daß für den durch das primitive Polynom $p(x)$ vom Grad r generierten Code $d_{\min} \geq 3$ gilt. Gegenannahme: Es existiert ein Codewort $x^j + x^i = x^j(1 + x^{i-j})$ mit $0 \leq j < i \leq n - 1 = 2^r - 2$. Somit ist $p(x)$ ein Teiler von $x^l - 1$ mit $l \leq 2^r - 2$, was nach Satz 6.4 ausgeschlossen ist.

6.18. Nach Satz 6.3 hat $x^n - 1 = g(x)h(x)$ nur verschiedene Nullstellen. Für $n = 4$ gibt $g(x) = h(x) = (x-1)^2$ ein Gegenbeispiel.

6.19. „$\Rightarrow$“: Damit die Teil-Beziehung auch zwischen den multiplikativen Gruppen gilt, muß $p^m - 1$ ein Teiler von $p^s - 1$ sein. Nach Aufgabe 5.4 muß m dann ein Teiler von s sein.

„$\Leftarrow$“: Wenn m ein Teiler von s ist, dann ist p^m ein Teiler von p^s und $p^m - 1$ ist ein Teiler von $p^s - 1$. Sei z primitives Element in $\mathbb{F}_{p^s}$. Setze $w = z^l$ mit $l = (p^s-1)/(p^m-1)$. Offensichtlich enthält

$$\mathcal{F} = \{0, w^1, w^2, \ldots, w^{p^m-2}, w^{p^m-1} = z^{p^s-1} = 1\}$$

genau p^m Elemente, die abgesehen von 0 genau die Nullstellen von $x^{p^m-1} - 1$ bilden. Die multiplikative Abgeschlossenheit von $\mathcal{F}$ ist trivial und die additive Abgeschlossenheit folgt so: Für $a, b \in \mathcal{F} \subseteq \mathbb{F}_{p^s}$ gilt $(a+b)^{p^m} = a^{p^m} + b^{p^m} = a+b$ nach Satz 6.2(3) und folglich ist $a+b \in \mathcal{F}$. Insgesamt erweist sich $\mathcal{F}$ als Körper mit p^m Elementen, der somit $\mathbb{F}_{p^m}$ entspricht.

$\mathbb{F}_4$ als Teilkörper von $\mathbb{F}_{16}$ wird durch $w = z^5$ gemäß

$$\{0, w, w^2, w^3\} = \{0, z^5, z^{10}, 1\} = \{a \in \mathbb{F}_{16} \mid a^4 = a\}$$

erzeugt. Beachte $z^5 + z^{10} = 1$. $\mathbb{F}_8$ ist kein Teilkörper von $\mathbb{F}_{16}$, da $\mathbb{F}_{16}$ kein Element der Ordnung 7 enthält. Nach Aufgabe 6.13 existiert auch in $\mathbb{F}_{32}$ kein Element der Ordnung 7, jedoch nach Beispiel 6.6 in $\mathbb{F}_{64}$.

6.20. „$\Rightarrow$“: Die Rechnung modulo $f(x)$ erzeugt nach Satz A.9 einen Körper, der trivialerweise p^s Elemente enthält und somit als $\mathbb{F}_{p^s}$ aufgefaßt werden kann. Alle Nullstellen von $f(x)$ liegen in $\mathbb{F}_{p^s}$, so daß nach Satz 6.7(6) $f(x)$ ein Teiler von $x^{p^s-1} - 1$ ist. Nach (5.9.2) ist $p^s - 1$ ein Teiler von $p^m - 1$ und nach (5.9.1) ist $x^{p^s-1} - 1$ ein Teiler von $x^{p^m-1} - 1$.

„$\Leftarrow$“: Jede Nullstelle von $f(x)$ ist auch Nullstelle von $x^n - 1$ und liegt somit in $\mathbb{F}_{p^m}$. Nach Satz 6.7(6) ist s ein Teiler von m.

6.21. Aus $z^{L(L(i))} = z^{L(i)} + 1 = (z^i + 1) + 1 = z^i$ folgt $L(L(i)) = i$ und aus $z^{L(n-i)} = z^{n-i} + 1 = z^{-i}(z^i + 1) = z^{-i+L(i)}$ folgt $L(n-i) = L(i) - i$. Tabelle für $\mathbb{F}_{16}$:

i	–	0	1	2	3	4	5	6	7	8	9	10	11	12	13	14
$L(i)$	0	–	4	8	14	1	10	13	9	2	7	5	12	11	6	3

6.23. Es gilt für $\mathbb{F}_4$:

$$\boldsymbol{T}_{\mathrm{DFT}} = \begin{pmatrix} 1 & 1 & 1 \\ 1 & z & z^2 \\ 1 & z^2 & z \end{pmatrix} \quad , \quad \boldsymbol{T}_{\mathrm{IDFT}} = \begin{pmatrix} 1 & 1 & 1 \\ 1 & z^2 & z \\ 1 & z & z^2 \end{pmatrix}.$$

6.24. Für die DFT ist lediglich maßgebend, daß $w^0, \ldots, w^{l-1}$ verschieden sind und $w^l = 1$ gilt.

Für $l = 3, 5, 15$ ist $\boldsymbol{A} \in \mathbb{F}_{16}^l$ und speziell für $\boldsymbol{a} \in \mathbb{F}_4^3$ gilt sogar $\boldsymbol{A} \in \mathbb{F}_4^3$, weil $\mathbb{F}_4$ ein Teilkörper von $\mathbb{F}_{16}$ ist. Mit einem Element der Ordnung 7 aus $\mathbb{F}_{64}$ kann nicht $l = 7$ für $\boldsymbol{a} \in \mathbb{F}_{16}^7$ definiert werden, da $\mathbb{F}_{16}$ kein Teilkörper von $\mathbb{F}_{64}$ ist. In $\mathbb{F}_{256}$ mit $n = 255 = 3 \cdot 5 \cdot 17$ ist $l = 17$ möglich, allerdings ist $\boldsymbol{A} \in \mathbb{F}_{256}^{17}$ und nicht $\boldsymbol{A} \in \mathbb{F}_{16}^{17}$.

In $\mathbb{F}_{4096}$ mit $n = 4095 = 3 \cdot 3 \cdot 5 \cdot 7 \cdot 13$ ist $l = 3, 5, 7, 9, 13, 15$ möglich, wobei allerdings $\boldsymbol{A} \in \mathbb{F}_{4096}^l$ gilt. Für $l = 15$ gilt jedoch $\boldsymbol{A} \in \mathbb{F}_{16}^{15}$.

7.1. Es resultiert ein $(2^m - 1, 2^m - 5, 5)_{2^m}$-Code mit $t = 2$. Auch in binärer Interpretation sind nur $t = 2$ beliebige Fehler garantiert korrigierbar, bei günstiger Lage jedoch bis $2m$ Fehler.

7.3. Es resultiert ein $(4, 2, 3)6_5$-Code mit $g(x) = (x - z^1)(x - z^2) = x^2 + 3x + 2$ und $h(x) = (x - z^0)(x - z^3) = x^2 + 2x + 2$.
Aus $\boldsymbol{G} = \begin{pmatrix} 2\,3\,1\,0 \\ 0\,2\,3\,1 \end{pmatrix}$ folgt $\boldsymbol{a} = \boldsymbol{uG} = (2u_0, 3u_0 + 2u_1, u_0 + 3u_1, u_1)$ und $A_0 = u_0 + u_1$, $A_1 = A_2 = 0$, $A_3 = 2u_0 + 4u_1$. Eine Kontrolle ist durch $a_i = -A(z^{-i}) = -(u_0 + u_1) - (2u_0 + 4u_1)z^{-3i}$ möglich.

7.4. Mit $z^3 = z + 1$ gilt:

$$g(x) = (x - z^1)(x - z^2)(x - z^3)(x - z^4) = x^4 + z^3x^3 + x^2 + zx + z^3$$
$$h(x) = (x - z^0)(x - z^5)(x - z^6) = x^3 + z^3x^2 + z^2x + z^4.$$

Es gilt $g(x)h(x) = x^4 - 1$. Für die Prüfmatrizen nach (5.3.3) bzw. (7.1.7) gilt

$$\begin{pmatrix} 1 & z^3 & z^2 & z^4 & & & \\ & 1 & z^3 & z^2 & z^4 & & \\ & & 1 & z^3 & z^2 & z^4 & \\ & & & 1 & z^3 & z^2 & z^4 \end{pmatrix} \quad \text{bzw.} \quad \begin{pmatrix} 1 & z^1 & z^2 & z^3 & z^4 & z^5 & z^6 \\ 1 & z^2 & z^4 & z^6 & z^1 & z^3 & z^5 \\ 1 & z^3 & z^6 & z^2 & z^5 & z^1 & z^4 \\ 1 & z^4 & z^1 & z^5 & z^2 & z^6 & z^3 \end{pmatrix}.$$

7.5. Falls $d = 2t + 1$ gelten würde, so liegen die $d - 1 = 2t$ Paritätsfrequenzen bei $z^0, z^1, \ldots, z^{2t-1}$. Wegen $z^{2t} \in [z^t]$ ist jedoch auch z^{2t} eine Paritätsfrequenz.

7.6. Direkt aus Beispiel 6.5 folgt mit $n = 15$:

l	0	1	2	3	4	5	6	7	8	9	10	11	12	13	14
$\lvert[z^l]\rvert$	4	4	4	4	4	2	4	4	4	4	2	4	4	4	4
$\lvert[z^{l+1}]\rvert$	4	4	4	4	2	4	4	4	4	2	4	4	4	4	1
Grad $g(x)$	5	4	8	8	6	6	8	8	8	6	6	8	8	4	5

Nur für $l = 1$ und $l = 13$ gilt $[z^l] = [z^{l+1}]$. Neben den BCH-Codes im engeren Sinn gibt es in diesem Beispiel also nur noch eine weitere Lage der Paritätsfrequenzen mit minimaler Anzahl von Prüfstellen.

7.8. Setze $\mathcal{M}_t = [z^1] \cup [z^2] \cup \ldots \cup [z^{2t-1}] \cup [z^{2t}] = \mathcal{M}_{t-1} \uplus \mathcal{D}_t$ (disjunkte Vereinigung), wobei $\mathcal{D}_t = ([z^{2t-1}] \cup [z^{2t}]) \setminus \mathcal{M}_{t-1}$ sein soll. Für den t-Fehler-korrigierenden BCH-Code gilt $n-k = |\mathcal{M}_t| = |\mathcal{M}_{t-1}| + |\mathcal{D}_t|$:

t	$\mathcal{D}_t$	denn	$\lvert\mathcal{D}_t\rvert$	$\lvert\mathcal{M}_t\rvert$	k
1	$[z^1]$	$z^2 \in [z^1]$	6	6	57
2	$[z^3]$	$z^4 \in [z^1]$	6	12	51
3	$[z^5]$	$z^6 \in [z^3]$	6	18	45
4	$[z^7]$	$z^8 \in [z^1]$	6	24	39
5	$[z^9]$	$z^{10} \in [z^5]$	3	27	36
6	$[z^{11}]$	$z^{12} \in [z^3]$	6	33	30
7	$[z^{13}]$	$z^{14} \in [z^7]$	6	39	24
8	$[z^{15}]$	$z^{16} \in [z^1]$	6	45	18
9	$\emptyset$	$z^{17} \in [z^5], z^{18} \in [z^9]$	0	45	18
10	$\emptyset$	$z^{19} \in [z^{13}], z^{20} \in [z^5]$	0	45	18
11	$[z^{21}]$	$z^{22} \in [z^{11}]$	2	47	16
12	$[z^{23}]$	$z^{24} \in [z^3]$	6	53	10
13	$\emptyset$	$z^{25} \in [z^{11}], z^{26} \in [z^{13}]$	0	53	10
14	$[z^{27}]$	$z^{28} \in [z^7]$	3	56	7
15	$\emptyset$	$z^{29} \in [z^{23}], z^{30} \in [z^{15}]$	0	56	7
16	$[z^{31}]$	$z^{32} \in [z^1]$	6	62	1

7.9 Für die Äquivalenzklassen gilt $[z^1] = \{z^1, z^3, z^9\}$ und $[z^2] = \{z^2, z^6, z^{18}\}$ und $[z^4] = \{z^4, z^{12}, z^{36} = z^{10}\}$. Wegen $n-k = |[z^1] \cup [z^2] \cup [z^3] \cup [z^4]| = 9$ resultiert ein $(26, 17, 5)_3$-Code mit $g(x) = f_{[z^1]}(x) f_{[z^2]}(x) f_{[z^4]}(x)$ und $f_{[z^1]}(x) = (x - z^1)(x - z^3)(x - z^9)$, $f_{[z^2]}(x) = (x - z^2)(x - z^6)(x - z^{18})$, $f_{[z^4]}(x) = (x - z^4)(x - z^{10})(x - z^{12})$. Beispielsweise gilt $z^3 = z + 2$, $z^4 = z^2 + 2z$, $z^5 = 2z^2 + z + 2$, ..., $z^{13} = 2$, ..., $z^{26} = 1$.

7.10. Für den RS-Code mit $n = 7$ gilt

$$g_{\text{RS}}(x) = (x - z^1)(x - z^2) = x^2 + z^4 x + z^3 \leftrightarrow (z^3, z^4, 1, 0, 0, 0, 0).$$

Durch DFT folgt $G_{\text{RS}}(x) = (z^2, 0, 0, z^5, z^3, z^2, z^5)$. In binärer Interpretation hat $g_{\text{RS}}(x) \leftrightarrow (110, 011, 100, 000, 000, 000, 000)$ das Gewicht 5. Für den BCH-Teilcode muß nach Aufgabe 5.6 $g_{\text{BCH}}(x)$ ein Vielfaches von $g_{\text{RS}}(x)$ sein sowie $g_{\text{BCH}}(x) \in \mathbb{F}_2[x]$. Aus

$$g_{\text{BCH}}(x) = \text{KGV}\Big(f_{[z^1]}(x), f_{[z^2]}(x)\Big) = f_{[z^1]}(x) = x^3 + x + 1$$

folgt $d = 3$ und $k = 4$. Wegen $g_{\text{BCH}}(x) \in \Gamma_{\text{BCH}}$ gilt $d_{\text{min}} = 3$. Für $u(x) = x - z^4$ gilt $g_{\text{BCH}}(x) = u(x) g_{\text{RS}}(x)$. In binärer Interpretation besteht keine Teilcode-Beziehung, da die Blocklängen verschieden sind.

7.11. In $\mathbb{F}_7$ sind die Werte modulo 7 und die Potenzen modulo $n = 6$ zu verstehen. Vermerkt wird $z^1 = 3$, $z^2 = 2$, $z^3 = 6$, $z^4 = 4$, $z^5 = 5$, $z^{-1} = 5$, $z^{-2} = 4$, $z^{-3} = 6$, $z^{-4} = 2$, $z^{-5} = 3$. Es gilt

$$g(x) = x^4 + 2x^3 + 5x^2 + 5x + 1 \quad , \quad h(x) = x^2 + 5x + 6.$$

Die Transformationsmatrizen ergeben sich als

$$\boldsymbol{T}_{\mathrm{DFT}} = \begin{pmatrix} 1\,1\,1\,1\,1\,1 \\ 1\,3\,2\,6\,4\,5 \\ 1\,2\,4\,1\,2\,4 \\ 1\,6\,1\,6\,1\,6 \\ 1\,4\,2\,1\,4\,2 \\ 1\,5\,4\,6\,2\,3 \end{pmatrix} \quad , \quad -\boldsymbol{T}_{\mathrm{IDFT}} = \begin{pmatrix} 6\,6\,6\,6\,6\,6 \\ 6\,2\,3\,1\,5\,4 \\ 6\,3\,5\,6\,3\,5 \\ 6\,1\,6\,1\,6\,1 \\ 6\,5\,3\,6\,5\,3 \\ 6\,4\,5\,1\,3\,2 \end{pmatrix}.$$

Aus $(S_0, S_1, S_2, S_3, *, *)^T = \boldsymbol{T}_{\mathrm{DFT}} \cdot (y_0, y_1, y_2, y_3, y_4, y_5)^T$ wird das Syndrom berechnet. Die Schlüsselgleichung (SG) hat wie in Beispiel 7.7 die Lösung

$$\begin{pmatrix} C_2 \\ C_1 \end{pmatrix} = \frac{1}{S_0 S_2 - S_1^2} \begin{pmatrix} S_2 & -S_1 \\ -S_1 & S_0 \end{pmatrix} \begin{pmatrix} -S_2 \\ -S_3 \end{pmatrix}.$$

Für $\boldsymbol{y}_1 = (4,6,0,1,4,3)$ gilt $(S_0, S_1, S_2, S_3) = (4,3,2,5)$. Aus der SG folgt $C(x) = 1 + 3x^2 = (1 - xz^2)(1 - xz^5)$ bzw. $I = \{2,5\}$. Aus (7.4.17) folgt $e_2 = 1$, $e_5 = 3$. Die rekursive Ergänzung liefert $E_4 = 1$, $E_5 = 6$. IDFT ergibt $e_2 = 1$, $e_5 = 3$ und somit $\hat{\boldsymbol{a}} = \boldsymbol{y} - \boldsymbol{e} = (4,6,6,1,4,0)$. Die $T(x)$-Berechnung ergibt $T_0 = 3$, $T_1 = 4$. Der Forney-Algorithmus liefert die gleichen e_i-Werte wie die IDFT. Der BMA liefert das gleiche $C(x)$ mit $e = 2$.

Für $\boldsymbol{y}_2 = (4,6,0,1,4,0)$ gilt $(S_0, S_1, S_2, S_3) = (1,2,4,1)$. Die Matrix aus der 2-dim. SG ist singulär. Für $\tau = 1$ folgt $C(x) = 1 + 5x = (1 - xz^2)$ bzw. $I = \{2\}$. Aus (7.4.17) folgt $e_2 = 1$. Die rekursive Ergänzung liefert $E_2 = 4$ (bek.), $E_3 = 1$ (bek.), $E_4 = 2$, $E_5 = 4$. IDFT ergibt $e_2 = 1$ und somit $\hat{\boldsymbol{a}} = (4,6,6,1,4,0)$. Die $T(x)$-Berechnung ergibt $T_0 = 6$. Der Forney-Algorithmus liefert $e_2 = 1$ wie die IDFT. Der BMA liefert das gleiche $C(x)$ mit $e = 1$.

Für $\boldsymbol{y}_3 = (3,1,6,1,2,0)$ gilt $(S_0, S_1, S_2, S_3) = (6,4,6,2)$. Aus der SG folgt $C(x) = 1 + 2x$ mit dem Grad 1, obwohl die Matrix nicht-singulär ist, d.h. es wird ein unkorrigierbares Fehlermuster entdeckt. Der BMA stoppt mit dem gleichen $C(x)$, aber mit $e = 2$ und zeigt deshalb ebenfalls ein unkorrigierbares Fehlermuster an.

Für $\boldsymbol{y}_4 = (2,1,6,1,3,2)$ gilt $(S_0, S_1, S_2, S_3) = (1,3,1,0)$. Aus der SG folgt $C(x) = 1 + 4x + x^2$, was jedoch keine Nullstelle in $\mathbb{F}_7$ hat, d.h. es wird ein unkorrigierbares Fehlermuster entdeckt. Der BMA liefert das gleiche $C(x)$ mit $e = 2$.

Für $\boldsymbol{y}_5 = (5,0,5,0,5,0)$ gilt $(S_0, S_1, S_2, S_3) = (1,0,0,1)$. Die Matrix aus der 2-dim. SG ist singulär und aus der 1-dim. SG folgt $C(x) = 1$. Wegen $S(x) \neq 0$ wird damit ein unkorrigierbares Fehlermuster angezeigt. Der BMA liefert mit $C(x) = 6x^3 + 1$ und $e = 3$ ein Polynom vom Grad $> t$ und zeigt deshalb ebenfalls ein unkorrigierbares Fehlermuster an.

Für $\boldsymbol{y}_6 = (2,1,3,5,5,6)$ gilt $(S_0, S_1, S_2, S_3) = (1,0,6,5)$. Aus der SG folgt $C(x) = 1 + 5x + x^2 = (1-x)^2$, d.h. die Anzahl der verschiedenen Nullstellen entspricht nicht dem Grad und somit wird ein unkorrigierbares Fehlermuster entdeckt. Der BMA liefert das gleiche $C(x)$ mit $e = 2$.

Für $\boldsymbol{y}_7 = (4,0,0,1,0,6)$ gilt $(S_0, S_1, S_2, S_3) = (4,5,1,4)$. Die Matrix aus der 2-dim. SG ist singulär. Für $\tau = 1$ folgt $C(x) = 1 + 4x = (1 - xz^1)$ bzw. $I = \{1\}$. Aus (7.4.17) folgt $e_1 = 4$. Die rekursive Ergänzung liefert $E_2 = 1$ (bek.), $E_3 = 3$ (Widerspruch zu $S_3 = 4$), $E_4 = 2$, $E_5 = 6$. IDFT ergibt $\boldsymbol{e} = (0,4,0,0,0,0)$ und somit $\hat{\boldsymbol{a}} = \boldsymbol{y} - \boldsymbol{e} = (4,3,0,1,0,6)$. Wegen $\hat{\boldsymbol{A}} = (0,0,0,1,1,1)$ ist das kein Codewort (decoder malfunction). Die $T(x)$-Berechnung ergibt $T_0 = 3$. Der Forney-Algorithmus liefert $e_1 = 4$ wie die IDFT. Der BMA liefert das gleiche $C(x)$ mit $e = 1$.

7.12. Für $\boldsymbol{y}_8 = (?,?,?,1,4,?)$ mit $I_v = \{0,1,2,5\}$ gilt $\tau_v = 4$ und $\tau = 0$ sowie $C_v(x) = 1 + 3x + 6x^2 + 2x^3 + 2x^4$. Aus $\boldsymbol{y} = (0,0,0,1,4,0)$ folgt durch DFT $\boldsymbol{Y} = (5,1,2,3,3,0) = (V_0, V_1, V_2, V_3, *, *)$. Die rekursive Ergänzung liefert $V_4 = 2$, $V_5 = 5$. IDFT von $\boldsymbol{V} = (5,1,2,3,2,5)$ ergibt $\boldsymbol{v} = (3,1,1,0,0,0)$, wobei $v_i = 0$ für $i \notin I_v$ zwangsläufig ist. Somit folgt $\hat{\boldsymbol{a}} = \boldsymbol{y} - \boldsymbol{v} = (4,6,6,1,4,0)$. Die $T_v(x)$-Berechnung ergibt $T_{v,0} = 2$, $T_{v,1} = 5$, $T_{v,2} = 0$, $T_{v,3} = 3$. Der Forney-Algorithmus liefert die gleichen v_i-Werte.

Für $\boldsymbol{y}_9 = (?,6,0,1,4,?)$ mit $I_v = \{0,5\}$ gilt $\tau_v = 2$ und $\tau \le 1$ sowie $C_v(x) = 1 + x + 5x^2$ mit der IDFT $\boldsymbol{c}_v = (0,2,6,2,5,0)$, wobei $c_{v,i} = 0$ für $i \in I_v$ zwangsläufig ist. Aus $\tilde{\boldsymbol{y}} = (0,5,0,2,6,0)$ ergibt sich durch DFT $\tilde{\boldsymbol{Y}} = (6,2,3,6,4,0)$. Damit ist das Syndrom $\boldsymbol{S} = (\tilde{E}_2, \tilde{E}_3) = (\tilde{Y}_2, \tilde{Y}_3) = (3,6)$ bekannt. Aus der 1-dim. SG $\tilde{E}_3 + C_1\tilde{E}_2 = 0$ folgt $C(x) = 1 + 5x = 1 - xz^2$ und damit $I = \{2\}$.

Für die Ausfallkorrektur wird nun $I_v = \{0,2,5\}$ mit $\tau_v = 3$ gesetzt. Es ergibt sich $C_v(x) = 1 + 6x + 3x^2 + 4x^3$. Aus $\boldsymbol{y} = (0,6,0,1,4,0)$ folgt durch DFT $\boldsymbol{Y} = (4,5,0,4,6,2) = (V_0, V_1, V_2, *, *, *)$, wobei $V_3 = 4$ eigentlich bekannt ist, weil es durch das Codewort nicht beeinflußt wird. Die rekursive Ergänzung liefert $V_3 = 4$, $V_4 = 5$, $V_5 = 0$. IDFT von $\boldsymbol{V} = (4,5,0,4,5,0)$ ergibt $\boldsymbol{v} = (3,0,1,0,0,0)$, wobei $v_i = 0$ für $i \notin I_v$ zwangsläufig ist. Somit folgt $\hat{\boldsymbol{a}} = \boldsymbol{y} - \boldsymbol{v} = (4,6,6,1,4,0)$. Die $T_v(x)$-Berechnung ergibt $T_{v,0} = 3$, $T_{v,1} = 6$, $T_{v,2} = 0$. Der Forney-Algorithmus liefert die gleichen v_i-Werte.

7.13. Das Polynom aus (7.11.1) hat einen Grad $\le \tau - 1 = |I| - 1$. Durch elementare Umformungen ergibt sich $C(x)E(x)/(x^n - 1)$ und damit $T(x)$ nach (7.6.1). Für $i \in I$ gilt $C(z^{-i}) = 0$, also $W(z^{-i}) = T(z^{-i})$ und damit gilt der Forney-Algorithmus auch für $W(x)$ anstelle von $T(x)$. Für den binären BCH-Code gilt $e_i = 1$ für $i \in I$ und mit elementarer Rechnung folgt $xC'(x) = W(x)$. Also ergibt sich das Fehlerwertpolynom direkt aus dem Fehlerstellenpolynom.

7.14. Für den $(15,5,7)_2$-BCH-Code ($l=0$) mit $I=\{0,4,10\}$ gilt $C(x) = 1+z^8x+z^{13}x^2+z^{14}x^3$ und $(S_0,S_1,S_2,S_3,S_4,S_5) = (1,z^8,z,z^{12},z^2,1)$ nach Beispiel 7.14. Aus (7.6.3) folgt $T_0=1$, $T_1=0$, $T_2=z^{13}$. Nach (7.11.1) und (7.11.4) folgt ebenfalls jeweils $T(x)=1+z^{13}x^2$.

Für den $(6,2,5)_7$-RS-Code ($l=0$, $z=3$) mit dem Fehlermuster $e(x) = 3x+x^4$ gilt $C(x)=1+5x^2$ und $(S_0,S_1,S_2,S_3)=(4,6,1,5)$. Aus (7.6.3) folgt $T_0=3$, $T_1=1$. Nach (7.11.1) folgt ebenfalls $T(x)=3+x$.

8.1. Für $d_f \geq 5$ muß $w_H(\boldsymbol{G}) \geq 5$ gelten, d.h. neben $g_1(x)=1+x+x^2$ gibt es für $w_H(g_2(x)) \geq 2$ folgende Möglichkeiten: Bei $g_2(x)=1+x+x^2$ resultiert ein katastrophaler Code mit $d_f=4$, bei $g_2(x)=1+x$ und $g_2(x)=x+x^2$ resultiert jeweils $d_f=4$ (setze dazu $u(x)=1+x$).

8.2. $d_f = 4$.

8.3. Beide Encoder sind nicht-katastrophal.

8.4. $d_f = 4$.

8.5. $T(D,I,J) = \dfrac{D^3IJ^2}{1-DIJ}$, $w_r=1$ für $r \geq 3$, $c_r = r-2$ für $r \geq 3$.

8.7. $(f_1(x), f_2(x)) = (x^2+x^4, 1+x+x^2+x^3+x^4)$.

8.8. Für den Encoder gilt

$$\boldsymbol{a}(x) = \boldsymbol{u}(x)\begin{pmatrix} x & 1+x & 0 \\ 1+x^2 & x & 1 \end{pmatrix}$$

und für das Encoder-Inverse gilt

$$\hat{\boldsymbol{u}}(x) = \boldsymbol{a}(x)\begin{pmatrix} 1 & 0 \\ 1 & 0 \\ 1+x+x^2 & 1 \end{pmatrix}.$$

8.9. Nach (8.8.13) gilt

$$T(D,I,1) = \frac{D^5I}{1-2DI} = \sum_{r=0}^{\infty} 2^r D^{5+r} I^{1+r}$$

und somit ist $\delta = 4$.

8.10. Wenn der Encoder nicht-katastrophal ist, kann das Encoder-Inverse als Polynom gemäß Satz 8.1 konstruiert werden. Wenn umgekehrt ein polynomiales Encoder-Inverse existiert, so impliziert eine endliche Codefolge eine endliche Infofolge.

8.11. Durch den katastrophalen Encoder $\boldsymbol{G}(x) = (1 + x + x^2, 1 + x + x^2)$ wird ein Gegenbeispiel gegeben: Die Schleife $\zeta_2, \zeta_4, \zeta_3, \zeta_2$ entsteht mit der Infofolge 101 und hat die Codeblockfolge 00 00 00. Zur Schleife ζ_4, ζ_4 gehört dagegen der Codeblock 11.

8.12. Sei $p(x) = 1 + p_1 x + \cdots + p_s x^s$. Aus

$$1 = p(x)u(x) = \sum_{r=0}^{\infty} \left(\sum_{j=0}^{s} p_j u_{r-j} \right) x^r$$

folgt $u_0 = 1$ und $u_r = -(p_1 u_{r-1} + \cdots + p_s u_{r-s})$.

8.13. Dem linken rückgekoppelten Schieberegister entspricht

$$a(x) = u(x) \frac{\alpha_0 + \alpha_1 x + \cdots + \alpha_m x^m}{1 - \beta_1 x - \cdots - \beta_m x^m}$$

und dem rechten rückgekoppelten Schieberegister entspricht

$$\hat{u}(x) = a(x) \frac{-\beta_0 - \beta_1 x - \cdots - \beta_m x^m}{1 + \alpha_1 x + \cdots + \alpha_m x^m}.$$

Wegen $\alpha_0 = 1$ und $\beta_0 = -1$ folgt $\hat{u}(x) = u(x)$.

8.14. Ein systematischer Encoder mit Rückkopplung für das Standardbeispiel wird durch

$$\boldsymbol{G}_s(x) = \left(1, \frac{1 + x^2}{1 + x + x^2} \right) = \frac{1}{1 + x + x^2} \cdot \boldsymbol{G}(x)$$

gegeben. Eine unendliche Infofolge impliziert trivialerweise eine unendliche Codefolge. Die durch $\boldsymbol{G}_s(x)$ und $\boldsymbol{G}(x)$ erzeugten Codes werden mit Γ_s und Γ bezeichnet. Mit $a(x) = u(x)\boldsymbol{G}(x)$ und $u_s(x) = u(x)(1 + x + x^2)$ folgt $a(x) = u_s(x)\boldsymbol{G}_s(x)$ und somit $\Gamma \subseteq \Gamma_s$. Mit einer beliebigen Infofolge $u_s(x)$ ist nach Aufgabe 8.12 auch $u(x) = u_s(x)/(1 + x + x^2)$ eine bei Null beginnende Infofolge, d.h. mit $a(x) = u_s(x)\boldsymbol{G}_s(x)$ gilt auch $a(x) = u(x)\boldsymbol{G}(x)$ und somit $\Gamma_s \subseteq \Gamma$.

8.15. Zur Infolge 1111... gehört die Codefolge 1000.... Der Encoder wird durch $a_r = u_r + u_{r-1}$ und das Encoder-Inverse wird durch $\hat{u}_r = a_r + \hat{u}_{r-1}$ beschrieben.

Bei Vertauschung von Encoder und Encoder-Inversem entsteht ein nicht-katastrophaler rückgekoppelter Encoder, der jede unendliche Infofolge $u(x)$ in eine unendliche Codefolge $a(x) = u(x)/(1+x)$ überführt (denn endliches $a(x)$ und unendliches $u(x) = a(x)(1 + x)$ ergäbe einen Widerspruch).

8.16. Das Punktierungsschema erstrecke sich auf die Codeblöcke $\boldsymbol{a}_0$ bis $\boldsymbol{a}_7$. Das Infobit u_3 wirkt nur auf die 5 Codeblöcke $\boldsymbol{a}_3$ bis $\boldsymbol{a}_7$, von denen aber sämtliche Codebits punktiert werden. Folglich steckt im Sendesignal keine Information über u_3.

9.1. Die ML-Schätzung ergibt 1101(00) bei Terminierung. Ohne Terminierung gilt $\mu_6(1) = 12$, $\mu_6(2) = 10$, $\mu_6(3) = 9$, $\mu_6(3) = 9$: Bei der Best State Rule wird wieder auf 110100 entscheiden, bei der Zero State Rule mit ζ_4 jedoch eventuell (wegen Mehrdeutigkeiten) auf 011111.

9.2. Bei $\boldsymbol{y} = 11\ 11\ 01\ 01\ 10\ 11$ wird richtig auf 1101(00) entschieden.

Bei $\boldsymbol{y} = 11\ 11\ 10\ 01\ 10\ 11$ treten Mehrdeutigkeiten auf: Die beiden möglichen ML-Schätzungen 0101(00) bzw. 1001(00) weisen jeweils einen Fehler auf.

9.3. Es gilt $R_{\text{punktiert}} = 3/4$ und es wird richtig auf 1101(00) entschieden.

9.4 Zunächst gilt

$\alpha(\log_{10} P(y\|x) + \beta_y)$	$y=0$	$y=1$
$x=0$	$\alpha(-0{,}046 + \beta_0)$	$\alpha(-1{,}000 + \beta_1)$
$x=1$	$\alpha(-0{,}523 + \beta_0)$	$\alpha(-0{,}155 + \beta_1)$

und mit $\beta_0 = 0{,}523$, $\beta_1 = 1$ und $\alpha = 8{,}4$ ergibt sich in guter Näherung:

$\mu(y\|x)$	$y=0$	$y=1$
$x=0$	4	0
$x=1$	0	7

Bei Empfang von $y = 1$ ist die Entscheidung über x sicherer als beim Empfang von $y = 0$. Deshalb ist $\mu(1|1) > \mu(0|0)$.

9.5. Die ML-Schätzung ergibt 111010(00) mit $\mu_8(1) = 65$, während bei fehlerfreier Übertragung $\mu_8(1) = 8 \cdot 2 \cdot 6 = 96$ gelten würde.

9.6. In guter Näherung ergibt sich

$\mu(y\|x)$	$y=0$	$y=0'$	$y=0''$	$y=0'''$	$y=1'''$	$y=1''$	$y=1'$	$y=1$
$x=0$	8	5	3	1	0	0	0	0
$x=1$	0	0	0	0	1	3	5	8

bzw.

$\mu(y\|x)$	$y=0$	$y=0'$	$y=0''$	$y=0'''$	$y=1'''$	$y=1''$	$y=1'$	$y=1$
$x=0$	+8	+5	+3	+1	−1	−3	−5	−8
$x=1$	−8	−5	−3	−1	+1	+3	+5	+8

Abgesehen von der Skalierung entspricht das den Mittelpunkten der Quantisierungsintervalle aus Bild 1.4, d.h. die Viterbi-Metrik für den oktal quantisierten AWGN und den wertkontinuierlichen AWGN sind nahezu identisch.

9.7. Die ML-Schätzung ergibt die richtige Infofolge 1101(00) bei oktaler Quantisierung und die falschen Infofolgen (Mehrdeutigkeiten treten auf) 1100(00), 1010(00), 1001(00) bei binärer Quantisierung.

9.8. Nach dem Beweis von Satz 9.1 gilt $P(r,l) \leq \gamma^{d_l}$, wobei $P(r,l)$ die Wahrscheinlichkeit ist, daß zur Zeit r der l-te FWeg beginnt. Somit folgt:

$$P_{\text{FWeg}} = \sum_{l=0}^{\infty} P(r,l) \leq \sum_{l=0}^{\infty} \gamma^{d_l} = \sum_{d,i,j} t(d,i,j)\gamma^d.$$

10.1 $\Delta_0 = \sqrt{2(5-2\sqrt{2})/5} = 0{,}93200$. Gegenüber 8-PSK beträgt der Gewinn 1,71 dB und gegenüber 2-PSK beträgt der Verlust 6,63 dB.

10.2 Die unendliche Infoblockfolge $u(x) = (1/(1+x), x/(1+x))$ führt zur endlichen Codeblockfolge $c(x) = (1, x, 0)$. Die 3 Determinanten $1+x$, $x(1+x)$ und $x^2(1+x)$ gemäß Satz 8.1 haben einen gemeinsamen Teiler.

10.3. Encoder: $c_{r,0} = u_{r-1,1}$, $c_{r,1} = u_{r,1} + u_{r-1,2}$, $c_{r,2} = u_{r-2,1} + u_{r,2}$.

10.4. $\boldsymbol{H}(x) = (1+x+x^4, x^2, x+x^2+x^3) \leftrightarrow (23, 04, 16)_{\text{oktal}}$ entspricht Tabelle 10.4 und 10.5 bei 16 Zuständen.

10.5. Sei ν die Anzahl der Zustände. Mit

$$\{h_0(x) \cdot (u_1(x), \ldots, u_M(x)) \mid \text{Grad } u_i(x) < L\}$$

werden 2^{ML} Infoblockfolgen der Länge $L+\nu$ beschrieben, die zu 2^{ML} Codeblockfolgen der Länge $L+\nu$ führen.

10.6. Für $h_1(x) = a + x + bx^2$ gilt $\mathbf{c}(x) = \left(\dfrac{a+x+bx^2}{1+x^2} u_1(x), u_1(x), u_2(x)\right)$. Sei $\boldsymbol{u}^{(1)}(x) = (0,0)$ mit $\mathbf{c}^{(1)}(x) = (0,0,0)$.

(1) Für $\boldsymbol{u}^{(2)}(x) = (1,1)$ folgt $\mathbf{c}^{(2)}(x) = (a + x(\ldots), 1, 1)$. Bei $a \neq 0$ gilt also $d_E(x_0^{(1)}, x_0^{(2)}) = d_E(\xi_0, \xi_7) = \Delta_0$, d.h. $x_0^{(1)}, x_0^{(2)}$ sind aus verschiedenen Teilmengen $\mathcal{B}_i^{(1)}$.

(2) Für $\boldsymbol{u}^{(2)}(x) = (1+x^2, x^2)$ folgt $\mathbf{c}^{(2)}(x) = (a+x+bx^2, 1+x^2, x^2)$. Bei $b \neq 0$ gilt der gleiche Schluß wie zuvor.

10.7. Mit $\mathcal{C}_0 \uplus \mathcal{C}_1 = \mathbb{F}_2^{m+1}$ wird eine Nebenklassen-Zerlegung im Sinne von Abschnitt 4.6 bzw. (A.4.3) gegeben. Für 8-PSK folgt sofort $\mathcal{C}_0 = \{000, 010, 001, 011\}$ und $\mathcal{C}_1 = \{100, 110, 101, 111\}$.

10.8. Nach Tabelle 10.5 sind 4 bzw. 8 (knapp) bzw. 64 Zustände erforderlich.

10.9. Bei ASK verdoppeln sich bei jedem Teilungsschritt die Distanzen Δ_l. Bei 8-ASK gilt $\Delta_0^2 = 4/21$, $\Delta_1^2 = 16/21$, $\Delta_2^2 = 64/21$. Es folgt $\Delta_f^2 =$

$\Delta^2_{\text{fnp}} = \Delta_1^2 + \Delta_0^2 = 20/21$ und der asymptotische Codierungsgewinn beträgt 0,76 dB.

10.10. Der asymptotische Codierungsgewinn beträgt $10 \cdot \log_{10}\left(\frac{9(4^M - 1)}{4^{M+1} - 1}\right)$ dB mit den Werten 2,55 dB ($M = 1$); 3,31 dB ($M = 2$); 3,47 dB ($M = 3$); 3,51 dB ($M = 4$) und 3,52 dB ($M \to \infty$).

10.11. Sowohl bei PSK wie bei ASK beträgt der fundamentale Codierungsgewinn jeweils $10 \cdot \log_{10}(\min\{2, 1 + D/4\})$ dB mit den Werten 0,97 dB ($D = 1$); 1,76 dB ($D = 2$); 2,43 dB ($D = 3$) und 3,01 dB ($D \geq 4$).

10.12. Im 1-dimensionalen Fall beträgt der Anstieg 6,23 dB und im 2-dimensionalen Fall nur 3,01 dB.

10.13. Die spektrale Bitrate beträgt 2,07 Bit/s/Hz und der asymptotische Codierungsgewinn 3,01 dB. Bei 8-PSK MTCM mit 2 Zuständen erfordert das ein 8-dimensionales Verfahren, bei 8-PSK TCM sind 4 Zustände erforderlich.

10.14. Die spektrale Bitrate beträgt 2,07 Bit/s/Hz und der asymptotische Codierungsgewinn gegenüber 4-PSK beträgt 3,80 dB bei QAM bzw. 0,57 dB bei PSK.

10.15. Es gilt $\boldsymbol{c}(x) = (1+x+x^2+x^3+x^6, 1+x^2+x^3+x^5+x^6, u_2(x))$. Bei PTCM mit $u_2(x) = x^5$ gilt $d_E^2 = 9{,}17$ und bei TCM mit $u_2(x) = 1+x^2+x^3+x^6$ gilt $d_E^2 = 4{,}93$.

Abkürzungs- und Symbolverzeichnis

Abküzungen

ACS	Add-Compare-Select
AKF	Autokorrelationsfunktion
ARQ	Automatic Repeat Request
ASK	Amplitude Shift Keying (Amplitudenumtastung)
AWGN	Additive White Gaussian Noise
BC	Blockcode
BCH	Bose-Chaudhuri-Hocquenghem (-Code)
BCM	Blockcodierte Modulation
BDD	Begrenzter-Distanz-Decoder
BEC	Binary Erasure Channel (Auslöschungskanal)
BER	Bit Error Rate (Fehlerrate)
BMA	Berlekamp-Massey-Algorithmus
BMD	Begrenzter-Minimaldistanz-Decoder
BSC	Binary Symmetric Channel
BSEC	Binary Symmetric Erasure Channel
BVD	Big Viterbi Decoder
CCH	Control Channel (GSM)
CCITT	Comité Consultatif Int. de Télégraphique et Téléphonique
CCSDS	Consultative Committee for Space Data Systems
CD	Compact Disc
CDMA	Code Division Multiple Access
CIRC	Cross-Interleaved Reed-Solomon Code
CPFSK	Continuous Phase Frequency Shift Keying
CPM	Continuous Phase Modulation
CRC	Cyclic Redundancy Check (-Code)
CSI	Channel State Information
DAT	Digital Audio Tape
DC	Discrete Channel
DCC	Digital Compact Cassette
DFE	Decision Feedback Equalizer
DFT	Diskrete Fouriertransformation
DMC	Discrete Memoryless Channel
DRI	Decoder Reliability Information
EA	Euklidischer Algorithmus

EFM	Eight-to-Fourteen Modulation
ETT	European Transactions on Telecommunications
FC	Faltungscode
FCS	Frame Checking Sequence
FDMA	Frequency Division Multiple Access
FE	Fehlerereignis
FEC	Forward Error Correction
FFT	Fast Fourier Transformation
FIR	Finite Impulse Response (-Filter)
FSK	Frequency Shift Keying (Freqenzumtastung)
GF	Galoisfeld
GGT	Größter Gemeinsamer Teiler
GMD	Generalized Minimum Distance Decoder
GMSK	Gaussian Minimum Shift Keying
GSM	Global System for Mobile Communications
IDFT	Inverse Diskrete Fouriertransformation
IEEE	Institute of Electrical and Electronics Engineers
IEEE-COM	IEEE Transactions on Communications
IEEE-IT	IEEE Transactions on Information Theory
IEEE-SAC	IEEE Transactions on Selected Areas in Communications
ISI	Intersymbol-Interferenzen (-Kanal)
ITU	International Telecommunication Union
KGV	Kleinstes Gemeinsames Vielfaches
LFSR	Linear Feedback Shift Register
MAP	Maximum Aposteriori Decoder
MD	Mini Disc
MDS	Maximum Distance Separable (-Code)
MLD	Maximum Likelihood Decoder
MLSE	Maximum Likelihood Sequence Estimation
MSK	Minimum Shift Keying
MTCM	Mehrdimensionale Trelliscodierte Modulation
OSI	Open Systems Interconnection
PDP	Power Delay Profile
PSK	Phase Shift Keying (Phasenumtastung)
PTCM	Pragmatische Trelliscodierte Modulation
QAM	Quadraturamplitudenmodulation
RACH	Random Access Channel (GSM)
RCPC	Rate Compatible Punctured Convolutional (Code)
RC-CPM	Raised Cosine CPM
REC-CPM	Rectangular CPM
RM	Reed-Muller (-Code)
RS	Reed-Solomon (-Code)
SACCH	Slow Associated Control Channel (GSM)
SAI	Source Apriori / Aposteriori Information

SCH	Synchronisation Channel (GSM)
SDH	Synchrone Digitale Hierarchie
SG	Schlüsselgleichung
SNR	Signal-to-Noise Ratio
SOVA	Soft-Output Viterbi-Algorithmus
SPCC	Single Parity Check Code
SSI	Source Significance Information
TCH	Traffic Channel (GSM)
TCH/FS	Traffic Channel Full-Rate Speech (GSM)
TCH/HS	Traffic Channel Half-Rate Speech (GSM)
TCM	Trelliscodierte Modulation
TDMA	Time Division Multiple Access
UEP	Unequal Error Protection
UMTS	Universal Mobile Telecommunication System
VA	Viterbi-Algorithmus

Codes und Decodierung

$\Gamma, \Gamma^{\perp}$	Code, dualer Code
n	Blocklänge (BC, FC)
k	Länge Infowort (BC, FC, TCM)
q	Stufenzahl der Info- und Codesymbole mit $q = p^m$ (BC) und $q = 2$ (FC) bzw. $q = 2^{M+1}$ (TCM)
p	Primzahl für q
m	natürliche Zahl für q bzw. Gedächtnislänge (FC, TCM)
M	Anz. Infobits pro Signalpunkt bzw. spektrale Bitrate (TCM)
R, R_b	Coderate ($R = k/n$, $R_b = R \cdot \log_2 q$)
r_b, r_c	Infobitrate, Codebitrate (Einheit: Bit/s)
r_s	Symbolrate (Einheit: Symbol/s)
t	Anzahl korrigierbarer Fehler bzw. Bündelfehlerlänge (BC)
t'	Anzahl erkennbarer Fehler bzw. Bündelfehlerlänge (BC)
τ, τ_v	Anzahl tatsächlicher Fehler, Ausfälle (BC)
$d_{\min}$	Minimaldistanz (min. Hammingabst. zw. Codewörtern, BC)
d_{f}	freie Distanz (min. Hammingabst. zw. Codefolgen, FC)
Δ_{f}	min. euklid.Abst. zw. Codefolgen bei Norm. $E_{cs} = 1$ (TCM)
Δ_{fnp}	min. euklid.Abst. zw. Codefolgen ohne parallele Übergänge bei Norm. $E_{cs} = 1$ (TCM)
$\Delta_{\mathrm{p}}(L)$	Produktdistanz zur effektiven Länge L bei Norm. $E_{cs} = 1$ (TCM)
Δ_l	min. euklid.Abst. in $\mathcal{B}_i^{(l)}$ bei Norm. $E_{cs} = 1$ (TCM)
$\Delta_{\min}$	minimaler euklidischer Abstand bei BCM
$\mathcal{B}_i^{(l)}$	TCM-Partitionierung: $\lvert\mathcal{B}_i^{(l)}\rvert = 2^{M+1-l}$ $(i = 0, \ldots, 2^l - 1)$
D	Parameter für $2D$-dimensionale MTCM
G_{a}	asymptotischer Codierungsgewinn
$\boldsymbol{u}, u(x)$	Infowort, Infopolynom

$\hat{\boldsymbol{u}}, \hat{u}(x)$	geschätztes Infowort, Polynom des geschätzten Infowortes
$\boldsymbol{a}, a(x)$	Codewort, Codepolynom
$\hat{\boldsymbol{a}}, \hat{a}(x)$	geschätztes Codewort, Polynom des geschätzten Codewortes
$c_{r,i}$	Input des TCM-Mappers zur Zeit r
$\boldsymbol{y}, y(x)$	Empfangswort, Empfangspolynom
$\boldsymbol{a}(x), \boldsymbol{y}(x)$	Codefolge, Empfangsfolge (FC)
$\boldsymbol{e}, e(x)$	Fehlerwort (Fehlermuster), Fehlerpolynom
$\boldsymbol{s}, s(x)$	Syndrom, Syndrompolynom
$\boldsymbol{E}_k$	Einheitsmatrix der Dimension k
$\boldsymbol{G}, g(x)$	Generatormatrix, Generatorpolynom (BC)
$\boldsymbol{G}(x), g_\nu(x)$	Generatormatrix, Generatorpolynom (FC)
$\boldsymbol{H}, h(x)$	Prüfmatrix, Prüfpolynom (BC)
$\boldsymbol{A}, A(x)$	Codewort, Codepolynom im Frequenzbereich (BC)
$\boldsymbol{Y}, Y(x)$	Empfangswort, Empfangspolynom im Frequenzbereich (BC)
$\boldsymbol{E}, E(x)$	Fehlerwort, Fehlerpolynom im Frequenzbereich (BC)
$\boldsymbol{V}, V(x)$	Ausfallwort, Ausfallpolynom im Frequenzbereich (BC)
$\boldsymbol{S}, S(x)$	Syndrom, Syndrompolynom im Frequenzbereich (BC)
$C(x), I$	Fehlerstellenpolynom, Fehlerstellenmenge (BC)
$C_v(x), I_v$	Ausfallstellenpolynom, Ausfallstellenmenge (BC)
$T(x)$	Fehlerwertpolynom (BC)
$A(Z), W(X,Y)$	Gewichtsfunktion (BC)
A_r	Anzahl der Codewörter vom Gewicht r (BC)
$T(D,I,J)$	Gewichtsfunktion (FC)
$t(d,i,j)$	Fundamentalwegekoeffizienten (FC)
c_d, w_d	Distanzspektren (FC)
z_r	Zustand zur Zeit r (FC, TCM)
ζ_i	angenommener Zustand zur Zeit r (FC, TCM)
$\mu(y\|x)$	Viterbi-Metrik (FC)
$\mu_r(i)$	Survivor-Metrik (FC)

Kanäle und Stochastik

$\mathcal{A}_{\text{in}}, \mathcal{A}_{\text{out}}$	Eingangsalphabet mit Mächtigkeit q, Ausgangsalphabet
x, ξ	DC-Input, angenommener Wert in $\mathcal{A}_{\text{in}}$
y, η	DC-Output, angenommener Wert in $\mathcal{A}_{\text{out}}$
ν	Rauschwert beim AWGN ($\nu = \nu_I + j\nu_Q$ im 2-dim. Fall)
a, α	Fadingamplitude bei Fadingkanälen, angenommener Wert
$E(.), D^2(.)$	Erwartungswert, Varianz einer Zufallsgröße
$H(.)$	Entropie einer Zufallsgröße
$H_2(.)$	binäre Entropiefunktion
$I(x;y)$	Transinformation zweier Zufallsgrößen
C, C^*	Kanalkapazität (Einheit: Infobit/Kanalben., Infobit/s)
R_0	R_0-Wert
γ	Bhattacharyya-Schranke
N_0	einseitige Rauschleistungsdichte (Einheit: Watt/Hz)

S, N	Signalleistung, Rauschleistung (Einheit: Watt)
W	Bandbreite (Einheit: Hz)
E_b, E_c, E_{cs}	Energie pro Infobit, Codebit, Codesymbol (Einheit: Watt·s)
$P(y\|x)$	Übergangswahrscheinlichkeit = Kanalstatistik des DC
$P(x)$	Apriori-Wahrscheinlichkeit = Quellenstatistik
$P(y)$	Empfängerstatistik
p_e	Fehlerwahrscheinlichkeit des BSC
P_b, P_w, P_s	Bit-, Wort-, Symbol-Fehlerwahrschein. nach Decodierung
P_{ue}	Wahrscheinlichkeit unerkannter Fehler nach Decodierung
P_{ee}	Wahrscheinlichkeit eines Kanal-Fehlermusters ungleich Null
P_{FE}	Wahrscheinlichkeit eines Fehlerereignisses bei Decodierung
$P(\boldsymbol{x} \to \hat{\boldsymbol{x}})$	2-Codewörter-Fehlerwahrscheinlichkeit
$Q(.)$	komplementäre Gaußsche Fehlerfunktion

Algebra und Sonstiges

$\mathbb{N}, \mathbb{Z}$	Menge der natürlichen (einschl. 0), der ganzen Zahlen
$\mathbb{Q}, \mathbb{R}, \mathbb{C}$	Körper der rationalen, der reellen, der komplexen Zahlen
$\mathbb{K}$	allgemeiner Körper
$\mathbb{F}_q, \mathbb{F}_{p^m}$	Galoisfeld mit $q = p^m$ Elementen (p=Primzahl, $m \in \mathbb{N}$)
$\mathbb{F}_q^k, \mathbb{F}_q^{k,n}$	Menge der k-dim. (Zeilen-)Vektoren bzw. Menge der (k, n)-dim. Matrizen mit Koeff. aus $\mathbb{F}_q$
$\mathbb{F}_q[x], \mathbb{F}_q[x]_{n-1}$	Menge der Polynome beliebigen Grades bzw. Menge der Polynome vom Grad $\leq n-1$ mit Koeff. aus $\mathbb{F}_q$
$p(x)$	primitives Polynom vom Grad m mit Koeff. aus $\mathbb{F}_p$
z	primitives Element
$f_{[a]}(x)$	Minimalpolynom zu a
$[a]$	Äquivalenzklasse $\{a^{p^0}, a^{p^1}, a^{p^2}, a^{p^3}, \ldots\}$
$\langle a \rangle$	erzeugte multiplikative Gruppe $\{a^0, a^1, a^2, a^3, \ldots\}$
$\varphi(.)$	Eulersche φ-Funktion
$R_{g(x)}[b(x)]$	$b(x)$ modulo $g(x)$
$\boldsymbol{a} \circ\!\!-\!\!\bullet \boldsymbol{A}$	Fouriertransformation
$d_H(\boldsymbol{x}, \boldsymbol{y}), w_H(\boldsymbol{x})$	Hammingabstand, Hamminggewicht
$K_r(\boldsymbol{x})$	Kugel um $\boldsymbol{x}$ mit Hammingradius r
$d_E(\boldsymbol{x}, \boldsymbol{y}), \\|\boldsymbol{x}\\|$	Euklidischer Abstand, eukl. Norm ($d_E(\boldsymbol{x}, \boldsymbol{y}) = \\|\boldsymbol{x} - \boldsymbol{y}\\|$)
$\lfloor \lambda \rfloor, \lceil \lambda \rceil$	größte ganze Zahl $\leq \lambda$, kleinste ganze Zahl $\geq \lambda$

Literaturverzeichnis

Bücher

[1] Adamek,J.: Foundations of Coding. Chichester: Wiley 1991.

[2] Anderson,J.B.; Aulin,T.; Sundberg,C.-E.: Digital Phase Modulation. New York: Plenum Press 1986.

[3] Anderson,J.B.; Mohan,S.: Source and Channel Coding. Boston: Kluwer Academic Publishers 1991.

[4] Benedetto,S.; Biglieri,E.; Castellani,V.: Digital Transmission Theory. Englewood Cliffs (NJ): Prentice-Hall 1987.

[5] Berlekamp,E.R.(Ed.): Key Papers in the Development of Coding Theory. New York: IEEE Press 1974.

[6] Berlekamp,E.R.: Algebraic Coding Theory. Laguna Hills (CA): Aegan Park Press 1984.

[7] Beutelspacher,A.: Lineare Algebra. Braunschweig: Vieweg 1994.

[8] Biglieri,E.; Divsalar,D.; McLane,P.J.; Simon,M.K.: Introduction to Trellis-Coded Modulation with Applications. New York: Macmillan 1991.

[9] Biglieri,E.; Luise,M. (Eds.): Coded Modulation and Bandwidth-Efficient Transmission. Proceedings of the Fifth Tirrenia International Workshop on Digital Communications (September 1991). Amsterdam: Elsevier 1992.

[10] Bingham,J.A.C.: The Theory and Practice of Modem Design. New York: Wiley 1988.

[11] Birkhoff,G.; Bartee,T.C.: Angewandte Algebra. München: R.Oldenbourg 1973.

[12] Blahut,R.E.: Theory and Practice of Error Control Codes. Reading (MA): Addison-Wesley 1983.

[13] Blahut,R.E.: Fast Algorithms for Digital Signal Processing. Reading (MA): Addison-Wesley 1985.

[14] Blahut,R.E.: Principles and Practice of Information Theory. Reading (MA): Addison-Wesley 1987.

[15] Blahut,R.E.: Digital Transmission of Information. Reading (MA): Addison-Wesley 1990.

[16] Blahut,R.E.: Algebraic Methods for Signal Processing and Communications Coding. New York: Springer 1992.

[17] Blahut,R.E.; Costello,D.J.; Maurer,U.; Mittelholzer,T.(Eds.): Communications and Cryptography. Boston: Kluwer Academic Publishers 1994.

[18] Bossert,M.: Kanalcodierung. Stuttgart: Teubner 1992.

[19] Clark,G.C.; Cain,J.B.: Error-Correcting Coding for Digital Communications. New York: Plenum Press 1981.

[20] Conway,J.H.; Sloane,N.J.A.: Sphere Packings, Lattices and Codes. New York: Springer 1988.

[21] Cover,T.M.; Thomas,J.A.: Elements of Information Theory. New York: Wiley 1991.

[22] Dankmeier,W.: Codierung – Fehlerbeseitigung und Verschlüsselung. Braunschweig: Vieweg 1994.

[23] Dholakia,A.: Introduction to Convolutional Codes with Applications. Boston: Kluwer Academic Publishers 1994.

[24] Ebeling,W.: Lattices and Codes. Braunschweig: Vieweg 1994.

[25] Gallagher,R.G.: Information Theory and Reliable Communication. New York: Wiley 1968.

[26] Gitlin,R.D.; Hayes,J.F.; Weinstein,S.B.: Data Communications Principles. New York: Plenum Press 1992.

[27] Golomb,W.G.; Peile,R.E.; Scholtz,R.A.: Basic Concepts in Information Theory and Coding. New York: Plenum Press 1994.

[28] Gray,R.M.: Entropy and Information Theory. New York: Springer 1990.

[29] Hagenauer,J.(Ed.): Advanced Methods for Satellite and Deep Space Communications. Berlin: Springer LNCS 182, 1992.

[30] Hamming,R.W.: Coding and Information Theory. Englewood Cliffs (NJ): Prentice-Hall (2.Ed.) 1986.

[31] Haykin,S.: Digital Communications. New York: Wiley 1988.

[32] Heise,W.; Quattrocchi,P.: Informations- und Codierungstheorie. Berlin: Springer (3. Aufl.) 1995.

[33] Henze,E.; Homuth,H.H.: Einführung in die Codierungstheorie. Braunschweig: Vieweg 1974.

[34] Henze,E.; Homuth,H.H.: Einführung in die Informationstheorie. Braunschweig: Vieweg 1974.

[35] Heuser,H.; Wolf,H.: Algebra, Funktionalanalysis und Codierung. Stuttgart: Teubner 1986.

[36] Hoffman,D.G.; Leonard,D.A.; Lindner,C.C; Phelps,K.T.; Rodger,C.A.; Wall, J.R.: Coding Theory – The Essentials. New York: Marcel Dekker 1991.

[37] Huber,J.: Trelliscodierung. Berlin: Springer 1992.

[38] Jamali,S.H.; Le-Ngoc,T.: Coded-Modulation Techniques for Fading Channels. Boston: Kluwer Academic Publishers 1994.

[39] Johannesson,R.: Informationstheorie. Lund: Addison-Wesley 1992.

[40] Kafka,G.: Grundlagen der Datenkommunikation. Bergheim: Datacom (2.Aufl.) 1992.

[41] Krieg,B.: Digitale Audiotechnik. München: Franzis-Verlag 1992.

[42] Lidl,R.; Niederreiter,H.: Introduction to Finite Fields and their Applications (Rev.Ed.). Cambridge University Press 1994.

[43] Lin,S.; Costello,D.J.: Error Control Coding. Englewood Cliffs (NJ): Prentice-Hall 1983.

[44] van Lint,J.H.: Introduction to Coding Theory. Graduate Texts in Mathematics Bd. 86. Berlin: Springer (2.Ed.) 1992.

[45] MacWilliams,F.J.; Sloane,N.J.A.: The Theory of Error-Correcting Codes. Amsterdam: North-Holland 1977.

[46] Mansuripur,M.: Introduction to Information Theory. Englewood Cliffs (NJ): Prentice-Hall 1987.

[47] McEliece,R.J.: The Theory of Information and Coding. Reading (MA): Addison-Wesley 1977.

[48] McEliece,R.J.: Finite Fields for Computer Scientists and Engineers. Boston: Kluwer Academic Publishers 1987.

[49] Michelson,A.M.; Levesque,A.H.: Error-Control Techniques for Digital Communication. New York: Wiley 1985.

[50] Mildenberger,O.: Informationstheorie und Codierung. Braunschweig: Vieweg 1990.

[51] Mouly,M.; Pautet,M.-B.: The GSM System for Mobile Communications. Palaiseau: 1992.

[52] Papoulis,A.: Probability, Random Variables, and Stochastic Processes. New York: McGraw-Hill (3.Ed.) 1991.

[53] Peterson,W.W.; Weldon,E.J.: Error-Correcting Codes. Cambridge (MA): MIT Press 1972.

[54] Pless,V.: Introduction to the Theory of Error-Correcting Codes. New York: Wiley 1989.

[55] Ploi,A.; Huguet,L.: Error Correcting Codes. Masson and Prentice-Hall 1992.

[56] Pretzel,O.: Error-Correcting Codes and Finite Fields. Oxford: Claredon Press 1992.

[57] Proakis,J.G.: Digital Communications. New York: McGraw-Hill (2.Ed.) 1989.

[58] Proakis,J.G.; Salehi,M.: Communication Systems Engineering. Englewood Cliffs (NJ): Prentice-Hall 1994.

[59] Rhee,M.Y.: Error Correcting Coding Theory. New York: McGraw-Hill 1989.

[60] Rhee,M.Y.: Cryptography and Secure Communications. Singapur: McGraw-Hill 1994.

[61] Rohling,H.: Einführung in die Informations- und Codierungstheorie. Stuttgart: Teubner 1995.

[62] Roman,S.: Coding and Information Theory. Graduate Texts in Mathematics Bd. 134. New York: Springer 1992.

[63] Schulz,R.-H.: Codierungstheorie. Braunschweig: Vieweg 1991.

[64] Sklar,B.: Digital Communications. Englewood Cliffs (NJ): Prentice-Hall 1988.

[65] Slepian,D.(Ed.): Key Papers in the Development of Information Theory. New York: IEEE Press 1973.

[66] Sloane,N.J.A.; Wyner,A.D.(Eds.): Claude Elwood Shannon Collected Papers. New York: IEEE Press 1993.

[67] Steele,R.: Mobile Radio Communications. London: Pentech Press 1992.

[68] Sweeney,P.: Codierung zur Fehlererkennung und Fehlerkorrektur. München: C.Hanser / Prentice-Hall 1992.

[69] Tanenbaum,A.S.: Computer Networks. Englewood Cliffs (NJ): Prentice-Hall (2.Ed.) 1989. Deutsche Übersetzung: Computer-Netzwerke. Wolfram's Verlag 1992.

[70] Tilborg,H.van: Error-Correcting Codes. Lund: Chartwell Brett 1993.

[71] Tzschach,H.; Haßlinger,G.: Codes für den störungssicheren Datentransfer. München: R.Oldenbourg 1993.

[72] Vanstone,S.A.;van Oorschot,P.C.: An Introduction to Error Correcting Codes with Applications. Boston: Kluwer Academic Publishers 1989.

[73] Viterbi,A.J.; Omura,J.K.: Principles of Digital Communication and Coding. Tokio: McGraw-Hill 1979.

[74] Webb,W.; Hanzo,L.: Modern Quadrature Amplitude Modulation: Principles and Applications for Fixed and Wireless Communications. New York: IEEE Press / London: Pentech Press 1994.

[75] Wicker,S.B.: Error Control Systems for Digital Communication and Storage. Englewood Cliffs (NJ): Prentice-Hall 1995.

[76] Wicker,S.B.; Bhargava,V.K.(Eds.): Reed-Solomon Codes and their Applications. New York: IEEE Press 1994.

[77] Widrow,B.; Stearns,S.D.: Adaptive Signal Processing. Englewood Cliffs (NJ): Prentice-Hall 1985.

[78] Wiggert,D.: Codes for Error Control and Synchronisation. Norwood (MA): Artech House 1988.

[79] Wozencraft,J.M.; Jacobs,I.M.: Principles of Communication Engineering. New York: Wiley 1965.

[80] Ziemer,R.E.; Peterson,R.L.: Introduction to Digital Communication. New York: Macmillan 1992.

[81] Zobel,R.: Diskrete Strukturen. Reihe Informatik Bd. 49. Mannheim: BI-Wissenschaftsverlag 1987.

Zeitschriften- und Konferenzbeiträge, Sonstiges

[82] Berrou,C.; Glavieux,A.; Thitimajshima,P.: Near Shannon Limit Error-Correcting Coding and Decoding: Turbo-Codes. Proc. Int. Conf. Comm. (ICC), Genf, 1993, S. 1064-1070.

[83] Beth,T.; Lazic,D.E.: If Binary Codes exceeding the Gilbert-Varshamov Bound are to exist, they cannot reach the Cutoff Rate of the Binary Symmetric Channel. Proc. International Symposium on Information Theory (ISIT), 1995.

[84] Calderbank,A.R.; Mazo,J.E.: A new Description of Trellis Codes. IEEE-IT, 30(1984)6, S. 784-791.

[85] Calderbank,A.R.; Sloane,N.J.A.: Four-Dimensional Modulation with an Eight-State Trellis Code. AT&T Tech.J., 64(1985)5/6, S. 1005-1018.

[86] CCITT (ITU) Study Group 14: Draft Recommendation V.34: A Modem Operating at Data Signalling Rates of up to 28800 Bit/s for Use on the General Switched Telephone Network and on Leased Point-to-Point 2-Wire Telephone-Type Circuits. Juni 1994.

[87] Coffey,J.T.; Goodman,R.M.: Any Code of which we cannot think is good. IEEE-IT, 36(1990)6, S. 1453-1461.

[88] Consultative Committee for Space Data Systems: Recommendations for Space Data Systems Standard: Telemetry Channel Coding. CCSDS Blue Book Issue 2, Januar 1987.

[89] Dorsch,B.: Codiertechniken für moderne Nachrichtensysteme. COMETT-Seminar Darmstadt 1993.

[90] Dür,A.: Avoiding Decoder Malfunction in the Peterson-Gorenstein-Zierler Decoder. IEEE-IT, 39(1993), S. 640-643.

[91] Eyuboğlu,M.V.; Forney,G.D.: Trellis Precoding: Combined Coding, Precoding and Shaping for Intersymbol Interference Channels. IEEE-IT, 38(1992)2, S. 301-314.

[92] Eyuboğlu,M.V.; Forney,G.D.; Dong,P.; Long,G.: Advanced Modulation Techniques for V.Fast. ETT, 4(1993)3, S. 243-256.

[93] Forney,G.D.: Convolutional Codes I: Algebraic Structure. IEEE-IT, 16(1970), S. 720-738.

[94] Forney,G.D.: Maximum-Likelihood Sequence Estimation of Digital Sequences in the Presence of Intersymbol Interference. IEEE-IT, 18(1972), S. 363-378.

[95] Forney,G.D.: The Viterbi Algorithm. Proceedings IEEE, 61(1973), S. 268-278.

[96] Forney,G.D.; Gallagher,R.G.; Lang,G.R.; Longstaff,F.M.; Qureshi,S.U.: Efficient Modulation for Band-Limited Channels. IEEE-SAC, 2(1984)5, S. 632-647.

[97] Forney,G.D.: Coset Codes. Part I: Introduction and Geometrical Classification. Part II: Binary Lattices and Related Codes. IEEE-IT, 34(1988)5, S. 1123-1187.

[98] Forney,G.D.; Eyuboğlu,M.V.: Combined Equalization and Coding Using Precoding. IEEE Comm. Mag., 29(1991)12, S. 25-34.

[99] Forney,G.D.: Trellis Shaping. IEEE-IT, 38(1992)2, S. 281-300.

[100] Franchi,A.; Harris,R.A.: On the Error Burst Properties of the „Standard" K=7, Rate-1/2 Convolutional Code with Soft-Decision Viterbi Decoding. ETT, 6(1995)3, S. 337-351.

[101] Friederichs,K.-J.: Powerful Forward Error Correction Coding for SDH Radio Transmission. 3rd Europ. Conf. on Radio-Relay Systems, S. 358-363. Paris: Dezember 1991.

[102] Friedrich,J.; Herbig,P.; Reuber,H.-J.: Theorie und Praxis bandbreiteneffizienter Modulations- und Codierungsverfahren. ANT Nachrichtentechnische Berichte, Heft 11, März 1994, S. 23-40.

[103] Friedrichs,B.: Ein Beitrag zur Theorie und Anwendung wertdiskreter Adaptionsverfahren in digitalen Empfängern. Dissertation Universität Erlangen-Nürnberg 1990.

[104] Friedrichs,B.: Zur Fehlererkennungsfähigkeit von Random Codes am Beispiel des Message Authentication Code. ITG-Fachtagung „Codierung für Quelle, Kanal und Übertragung", Band 130, S. 145-152. München: Oktober 1994.

[105] Haccoun,D.; Bégin,G.: High-Rate Punctured Convolutional Codes for Viterbi and Sequential Decoding. IEEE-COM, 37(1989)11, S. 1113-1125.

[106] Hagenauer,J.: Rate-Compatible Punctured Convolutional Codes (RCPC Codes) and their Applications. IEEE-COM, 36(1988)4, S. 389-400.

[107] Hagenauer,J.; Höher,P.: A Viterbi Algorithm with Soft-Decision Outputs and its Applications. Proc. GLOBECOM'89, Dallas, Nov. 1989, S. 1680-1686.

[108] Hagenauer,J.: The Promise of Information Theory – Does It Pay Off in Practice? Frequenz, 43(1989)9, S. 222-227.

[109] Hagenauer,J.: Soft-In/Soft-Out: The Benefits of Using Soft-Decisions in All Stages of Digital Receivers. Proc. 3. Int. Workshop on DSP Techniques Applied to Space Communications. ESTEC, Noordwijk (NL): September 1992.

[110] Hagenauer,J.; Robertson,P.; Papke,L.: Iterative („Turbo") Decoding of Systematic Convolutional Codes with the MAP and SOVA Algorithms. ITG-Fachtagung „Codierung für Quelle, Kanal und Übertragung", Band 130, S. 21-29. München: Oktober 1994.

[111] Hagenauer,J.: Source-Controlled Channel Decoding. Eingereicht bei IEEE-COM, 1993.

[112] Imai,H.; Hirakawa,S.: A New Multilevel Coding Method using Error Correction Codes. IEEE-IT, 23(1977)3, S. 371-377.

[113] Isard,M.; Meißner,D.: Modem Design for the Transmission of SDH Signals in Standard CCIR Channel Arrangements with Frequency Reuse. 3rd Europ. Conf. on Radio-Relay Systems, S. 127-132. Paris: Dezember 1991.

[114] Jacobs,I.M.: Practical Applications of Coding. IEEE-IT, 20(1974), S. 305-310.

[115] Kalouti,H.: Konstruktion asymptotisch optimaler linearer Blockcodes für den binären symmetrischen Kanal. Diplomarbeit, Institut für Algorithmen und Kognitive Systeme, Universität Karlsruhe, 1994.

[116] Kasami,T.; Takata,T.; Fujiwara,T.; Lin,S.: A Concatenated Coded Modulation Scheme for Error Control. IEEE-COM, 38(1990)6, S. 752-763.

[117] Kofman,Y.; Zehavi,E.; Shamai,S.: A Multilevel Coded Modulation Scheme for Fading Channels. Archiv f. Elektronik u. Übertragungstechnik AEÜ, 46(1992)6, S. 420-428.

[118] Kreßel,U.: Informationstheoretische Beurteilung digitaler Übertragungsverfahren mit Hilfe des Fehlerexponenten. Fortschrittberichte Reihe 10, Bd. 121. Düsseldorf: VDI-Verlag 1989.

[119] Lee,P.J.: Constructions of Rate $(n-1)/n$ Punctured Convolutional Codes with Minimum Required SNR Criterion. IEEE-COM, 36(1988)10, S. 1171-1174.

[120] Leung-Yan-Cheong,S.K., Barnes,E.R.; Friedman,D.U.: On some Properties of the Undetected Error Probability of Linear Codes. IEEE-IT, 25(1979), S. 110-112.

[121] Li,Y.; Vucetic,B.; Sato,Y.: Optimum Soft-Output Detection for Channels with Intersymbol Interference. IEEE-IT, 41(1995)3, S. 704-713.

[122] Liesenfeld,B.: Zur Trellisdecodierung linearer Blockcodes. 8.Aachener Kolloquium Signaltheorie „Mobile Kommunikationssysteme“, S. 85-88. Aachen: März 1994.

[123] Massey,J.L.: Coding and Modulation in Digital Communications. Proc. Int. Zürich Seminar, März 1974.

[124] Massey,J.L.: Coding Techniques for Digital Data Networks. Proc. Int. Conf. Inform. Theory and Systems, NTG Fachberichte Band 65, Sept. 1978, S. 307-315.

[125] Massey,J.L.: The How and Why of Channel Coding. Proc. Int. Zürich Seminar, März 1984, S. 67-73.

[126] Massey,J.L.: A Short Introduction to Coding Theory and Practice. Proc. URSI Int. Symp. on Signals, Systems and Electronics. Erlangen, Sept. 1989, S. 629-633.

[127] Mester,R.: Reed-Solomon-Decoder. Deutsches Patentamt: Offenlegungsschrift DE 43 16 813 A1, 1994.

[128] Müller,J.-M.; Wächter,B.; Stäbler,T.: The ANT Proposal for the GSM Half Rate Codec. 8.Aachener Kolloquium Signaltheorie „Mobile Kommunikationssysteme“, S. 37-40. Aachen: März 1994.

[129] Peterson,J.: Implementierungsaspekte zur Symbol-by-Symbol MAP-Decodierung von Faltungscodes. ITG-Fachtagung „Codierung für Quelle, Kanal und Übertragung“, Band 130, S. 41-48. München: Oktober 1994.

[130] Pierce,J.N.: Limit Distribution of the Minimum Distance of Random Linear Codes. IEEE-IT, 13(1967)4, S. 595-599.

[131] Pietrobon,S.S.; Deng,R.H.; Lafanchére,A.; Ungerböck,G.; Costello,D.J.: Trellis-Coded Multidimensional Phase Modulation. IEEE-IT, 36(1990)1, S. 63-89.

[132] Sayegh,S.I.: A Class of Optimum Block Codes in Signal Space. IEEE-COM, 34(1986)10, S. 1043-1045.

[133] Schlegel,C.; Costello,D.J.: Bandwidth Efficient Coding for Fading Channels: Code Construction and Performance Analysis. IEEE-SAC, 7(1989), S. 1356-1368.

[134] Srinivasan,M.; Sarwate,D.V.: Malfunction in the Peterson-Gorenstein-Zierler Decoder. IEEE-IT, 40(1994), S. 1649-1653.

[135] Stenbit,J.P.: Table of Generators for Bose-Chaudhuri Codes. IEEE-IT, 10(1964), S. 390-391.

[136] Sundberg,C.-E.W.; Seshadri,N.: Coded Modulations for Fading Channels: An Overview. ETT, 4(1993)3, S. 309-324.

[137] Truong,T.K.; Eastman,W.L.; Reed,I.S.; Hsu,I.S.: Simplified Procedure for Correcting Both Errors and Erasures of Reed-Solomon Code using Euclidean Algorithm. IEE Proc. Part E, 135(1988)6, S. 318-324.

[138] Ungerböck,G.: Channel Coding with Multilevel/Phase Signals. IEEE-IT, 28-(1982)1, S. 55-67.

[139] Ungerböck,G.: Trellis-Coded Modulation with Redundant Signal Sets. Part I: Introduction. Part II: State of the Art. IEEE Comm. Mag., 25(1987)2, S. 5-11, 12-21.

[140] Viterbi,A.J.: Error Bounds for Convolutional Codes and an Asymptotically Optimum Decoding Algorithm. IEEE-IT, 13(1967), S. 260-269.

[141] Viterbi,A.J.; Wolf,J.K.; Zehavi,E.; Padovani,R.: A Pragmatic Approach to Trellis-Coded Modulation. IEEE Comm. Mag., 27(1989)6, S. 11-19.

[142] Wei,L.-F.: Rotationally Invariant Convolutional Channel Coding with Expanded Signal Space. Part I: 180°. Part II: Nonlinear Codes. IEEE-SAC, 2(1984)5, S. 659-671, 672-686.

[143] Wei,L.-F.: Trellis-Coded Modulation with Multidimensional Constellations. IEEE-IT, 33(1987)4, S. 483-501.

[144] Wei,L.-F.: Rotationally Invariant Trellis-Coded Modulations with Multidimensional M-PSK. IEEE-SAC, 7(1989)9, S. 1281-1295.

[145] Wörz,T.; Hagenauer,J.: Decoding of M-PSK-Multilevel Codes. ETT, 4(1993)3, S. 299-308.

[146] Wolf,J.K.; Efficient Maximum Likelihood Decoding of Linear Block Codes Using a Trellis. IEEE-IT, 24(1978)1, S. 76-80.

[147] Wolf,J.K.; Michelson,A.M.; Levesque,A.H.: On the Probability of Undetected Error for Linear Block Codes. IEEE-COM, 30(1982), S. 317-324.

[148] Wolf,J.K.; Zehavi,E.: P^2-Codes: Pragmatic Trellis Codes Utilizing Punctured Convolutional Codes. IEEE Comm. Mag., 33(1995)2, S. 94-99.

[149] Yuen,J.H.; Simon,M.K.; Miller,W.; Pollara,F.; Ryan,C.R.; Divsalar,D.; Morakis,J.: Modulation and Coding for Satellite and Space Communications. Proceedings IEEE, 78(1990)7, S. 1250-1266.

Sachverzeichnis

Springer-Verlag und Umwelt

Als internationaler wissenschaftlicher Verlag sind wir uns unserer besonderen Verpflichtung der Umwelt gegenüber bewußt und beziehen umweltorientierte Grundsätze in Unternehmensentscheidungen mit ein.

Von unseren Geschäftspartnern (Druckereien, Papierfabriken, Verpackungsherstellern usw.) verlangen wir, daß sie sowohl beim Herstellungsprozeß selbst als auch beim Einsatz der zur Verwendung kommenden Materialien ökologische Gesichtspunkte berücksichtigen.

Das für dieses Buch verwendete Papier ist aus chlorfrei bzw. chlorarm hergestelltem Zellstoff gefertigt und im pH-Wert neutral.

MIX
Papier aus verantwortungsvollen Quellen
Paper from responsible sources
FSC® C105338

If you have any concerns about our products,
you can contact us on
ProductSafety@springernature.com

In case Publisher is established outside the EU,
the EU authorized representative is:
Springer Nature Customer Service Center GmbH
Europaplatz 3, 69115 Heidelberg, Germany

Printed by Libri Plureos GmbH
in Hamburg, Germany